普通高等院校数据科学与大数据技术专业"十三五"规划教材

分布式系统与云计算

FENBUSHI XITONG 与 YUNJISUAN

云计算

——原理、技术与应用

（下册）

余腊生 ◉ 编著

中南大学出版社
www.csupress.com.cn
·长沙·

图书在版编目（CIP）数据

分布式系统与云计算——原理、技术与应用／余腊生
编著. —长沙：中南大学出版社，2019.6
ISBN 978 - 7 - 5487 - 2472 - 8

Ⅰ.①分… Ⅱ.①余… Ⅲ.①分布式操作系统－研究
②云计算－研究 Ⅳ.①TP316.4②TP393.027

中国版本图书馆 CIP 数据核字（2018）第 071037 号

分布式系统与云计算——原理、技术与应用
FENBUSHI XITONG YU YUNJISUAN——YUANLI、JISHU YU YINGYONG

余腊生　编著

□责任编辑	韩　雪
□责任印制	易红卫
□出版发行	中南大学出版社
	社址：长沙市麓山南路　　　　邮编：410083
	发行科电话：0731 - 88876770　　传真：0731 - 88710482
□印　　装	长沙印通印刷有限公司

□开　　本　787×1092　1/16　□印张 48　□字数 1221 千字
□版　　次　2019 年 6 月第 1 版　□2019 年 6 月第 1 次印刷
□书　　号　ISBN 978 - 7 - 5487 - 2472 - 8
□定　　价　108.00 元

普通高等院校数据科学与大数据技术专业"十三五"规划教材

编委会

总序

Big Data

Preface

随着移动互联网的兴起，全球数据呈爆炸性增长，目前 90% 以上的数据是近年产生的，数据规模大约每两年翻一番；而随着人工智能下物联网生态圈的形成，数据的采集、存储及分析处理、融合共享等技术需求都能得到响应，各行各业都在体验大数据带来的革命，"大数据时代"真正来临。这是一个产生大数据的时代，更是需要大数据力量的时代。

大数据具有体量巨大、速度极快、类型众多、价值巨大的特点，对数据从产生、分析到利用提出了前所未有的新要求。高等教育只有转变观念，更新方法与手段，寻求变革与突破，才能在大数据与人工智能的信息大潮面前立于不败之地。据预测，中国近年来大数据相关人才缺口达 200 万人，全世界相关人才缺口更超过 1000 万人之多。我国教育部门为了响应社会发展需要，率先于 2016 年开始正式开设"数据科学与大数据技术"本科专业及"大数据技术与应用"专科专业，近几年，全国形成了申报与建设大数据相关专业的热潮。随着专业建设的深入，大家发现一个共同的难题：没有成系列的大数据相关教材。

中南大学作为首批申报大数据专业的学校，2015 年在我校计算机科学与技术专业设立大数据方向时，信息科学与工程学院院领导便意识到系列教材缺失的严重问题，因此院领导规划由课程团队在教学的同时积累素材，形成面向大数据专业知识体系与能力体系、老师自己愿意用、学生觉得买得值、关联性强的系列教材。经过两年的准备，根据 2017 年《教育部办公厅关于推荐新工科研究与实践项目的通知》的精神，中南大学出版社组织相关专家、老师出版"高等院校数据科学与大数据技术专业'十三五'规划教材"。

该套系列教材具有如下特点：

1. 本套教材主要参照"数据科学与大数据技术"本科专业的培养方案，综合考虑专业的来源与特点，如从计算机类专业、数学统计类专业以及经济类专业发展而来；同时适当兼顾了专科类偏向实际应用的特点。

2. 注重理论联系实际，注重能力培养。该系列教材中既有理论教材也有配套的实践教程。力图通过理论或原理教学、案例教学、课堂讨论、课程实验与实训实习等多个环节，训练学生掌握知识、运用知识分析并解决实际问题的能力，以满足学生今后就业或科研的需求；同时兼顾"全国工程教育专业认证"对学生基本能力的培养要求与复杂问题求解能力的要求。

　　3. 在规范教材编写体例的同时，注重写作风格的灵活性。本套系列教材中每本书的内容都由教学目的、本章小结、思考题或练习题、实验要求等组成。每本教材都配有 PPT 电子教案及相关的电子资源，如实验要求及 DEMO、配套的实验资源管理与服务平台等。本套系列教材的文本层次分明、逻辑性强、概念清晰、图文并茂、表达准确、可读性强，同时相关配套电子资源与教材的相关性强，形成了新媒体式的立体型系列教材。

　　4. 响应了教育部"新工科"研究与实践项目的要求。本套教材从专业导论课开始设立相关的实验环节，作为知识主线与技术主线把相关课程串接起来，力争让学生尽早具有培养自己动手能力的意识、综合利用各种技术与平台的能力。同时为了避免新技术发展太快、教材纸质文字内容容易过时的问题，在相关技术及平台的叙述与实践中，融合了网络电子资源容易更新的特点，使新技术保持时效性。

　　5. 本套丛书配有丰富的多媒体教学资源，将扩展知识、习题解析思路等内容做成二维码放在书中，丰富了教材内容，增强了教学互动，增加了学生的学习积极性与主动性。

　　本套丛书吸纳了数据科学与大数据技术教育工作者多年的教学与科研成果，凝聚了作者们的辛勤劳动，同时也得到了中南大学等院校领导和专家的大力支持。我相信本套教材的出版，对我国数据科学与大数据技术专业本科、专科教学质量的提高将有很好的促进作用。

桂卫华

2018 年 11 月

前言
Preface

随着信息技术的广泛应用和快速发展，分布式与云计算作为一种商业计算模型日益受到人们的广泛关注。本书是一本完整讲述分布式系统与云计算基本理论及其应用的教材。云计算是分布式系统中有着巨大商业前景的学科前沿，它是虚拟化、效用计算、基础设施即服务、平台即服务和软件即服务等概念混合演进的结果。

分布式系统与云计算相关课程是高等学校大数据、计算机科学与技术、物联网和软件工程等专业的专业课程，是高等学校培养计算机类专业新兴人才的重要课程。本书是笔者在长期的教学讲义和科研基础上，立足分布式系统原理，结合国内外云计算最新发展，对云计算的基本概念、核心技术、国内外应用与产业现状等进行了较为深入的剖析。本书旨在通过介绍分布式系统与云计算相关的理论与技术，使读者掌握分布式系统与云计算的概念，理解并掌握当前分布计算领域的主流技术，了解分布计算与云计算研究的方向，为从事分布式应用开发、云计算研究打下一定的基础。

本书为《分布式系统与云计算——原理、技术与应用》下册，主要内容包括 Web 服务、云计算、移动系统和无处不在系统等，内容覆盖云计算的由来、概念、云计算原理与技术、面向服务的云计算、虚拟化技术、集群技术。最后通过云数据中心和大型网站架构设计等深化云计算的相关内容。

本书阐述了云架构以及架构中各个层次的核心功能，云计算中的关键技术和挑战，当前云计算技术的发展现状和业界动态，介绍了虚拟化技术原理以及业界主流虚拟化软件产品，并以 Xen、KVM 开源软件为例分析了虚拟化软件的架构及其实现方法；介绍了最近十分流行的面向服务架构包括 RESTful 风格架构、微服务等。本书还讨论了数据中心在云计算环境下数据中心及分布式数据中心的架构、原理及实现，剖析了大型网站技术架构模式，讲述了大型互联网架构设计的核心原理以及性能优化方法，使读者领会其基本思想和分析与解决问题的思路，从而综合运用所学的软件设计技术来研究和设计分布式与云计算系统。

本书力求在以下四个方面能具有自己的特色：

（1）内容全面，涵盖广泛。本书不仅覆盖传统分布式数据库系统的经典理论和技术，还用大篇幅介绍了现代分布式计算技术，包括云计算、虚拟化技术、集群技术、面向服务的体系结构、分布式云数据中心、大型网站架构技术等，面向互联网 + 应用的新需求，与时俱进，突出先进性。

（2）理论与实际相结合，实用性强。本书各章都以基本原理为基础，在充分讨论和说明各主体的基本原理的基础上，每一章都尽量引入相关的实例，通过实例加深读者的理解，云计算部分的实例来自主流分布式计算供应商，如亚马逊、微软、谷歌等。

（3）基本技术与最新发展相结合。分布式计算技术是正在发展的技术。新的方法和技术途径层出不穷。本书在把握基本技术的基础上，也结合了最新的技术进展。

（4）成熟技术与可能问题相结合。在讨论成熟技术的基础上，尽可能提出一些问题。引导学生在掌握成熟技术基础上作进一步思考，使读者认识到科学技术发展的无穷尽。强调开发分布式和云计算系统的普适性、灵活性、有效性、可扩展性、可用性和可编程性。

（5）适合读者自学的以及扩展性内容设置为通过二维码扫描后阅读。

本书适合作为高年级本科生、研究生分布式系统或分布式系统与云计算课程教材，同时也适合互联网行业或其他从事分布式系统云计算实践的工程人员、行业专业人士以及相关学科的研究者作参考书。本书的内容反映了当前计算机研究与应用的热点，具有广泛的市场需求。

本书的出版得到了中南大学出版社的大力支持，同时承担了许多具体工作，在此一并表示感谢。

最后，要特别感谢这个时代，互联网让我们更方便地享受这个时代的成果。感谢那些为分布式、云计算做出贡献的先驱，是你们让我们可以站在更高的"肩膀"上！感谢那些为本书提供基础的佳作，包括《分布式系统概念与设计》《分布式系统原理与范式》《云计算与分布式系统：从并行处理到物联网》《分布式系统及云计算概论》《云计算架构技术与实践》《分布式计算系统导论——原理与组成》《分布式云计算中心》《分布式计算、云计算与大数据》《分布式数据库系统》，等等，详细的书单请参阅本书最后的"参考文献"部分，在此深表感谢。

编　者

2019 年 3 月

目 录

Contents

第 9 章 云计算原理与技术

在过去的 20 年里，互联网将全世界的企业与个人连接了起来，并深刻地影响着每个企业的业务运作及每个人的日常生活。用户对互联网内容的贡献空前增加，软件更多地以服务的形式通过互联网被发布和访问。计算模式的变革必将带来一系列的挑战。如何获取海量的存储和计算资源？如何在互联网这个无所不包的平台上更经济地运营服务？各种新的 IT 技术对各行业将会产生怎样的影响？如何才能使互联网服务更敏捷、更随需应变？如何让企业和个人用户更加方便、透彻地理解与运用层出不穷的服务？"云计算"正是顺应时代大潮而诞生的。目前，无论是信息产业的行业巨头还是新兴科技公司，无不把云计算作为企业发展战略中的重要组成部分。

著名科学家、"人工智能之父"麦卡锡早在 20 世纪中叶就预言了云计算的出现，他曾经提出一个观点，即未来计算资源会被整合成某种服务提供给客户。Google、亚马逊、IBM 和微软等 IT 巨头们以前所未有的速度和规模推动云计算技术和产品的普及，一些学术活动迅速将云计算提上议事日程，支持和反对的声音不绝于耳。时至今日，云计算的概念越来越受到关注，云计算蓬勃发展的同时也给人们留下了一个个疑问：云计算到底是什么？发展现状如何？它的实现机制是什么？……本章将分析讨论这些问题，帮助读者熟悉理解云计算。

9.1 走进云计算

9.1.1 云计算概述

云计算(cloud computing)是在 2007 年第 3 季度才诞生的新名词，但仅仅过了半年多，其受关注的程度就超过了网格计算(grid computing)，如图 9 - 1 所示。

对于云计算，就连众多行业精英和学术专家们也很难对其给出一个准确的定义。对于到底什么是云计算，至少可以找到 100 种解释。这体现了云计算包罗万象的特质，也说明业界对它的重视——既然所有人都希望成为云计算产业链中的一个角色，自然都会从自身的角度出发来定义云计算，对于概念的提取就是一个求同存异的过程。

下面先列举一些被人们普遍认可的云计算定义。

在维基百科中，"云计算"被表述为是一种基于互联网的计算，在其中共享的资源、软件和信息按需提供给计算机和设备，就如同日常生活中的电网一样。

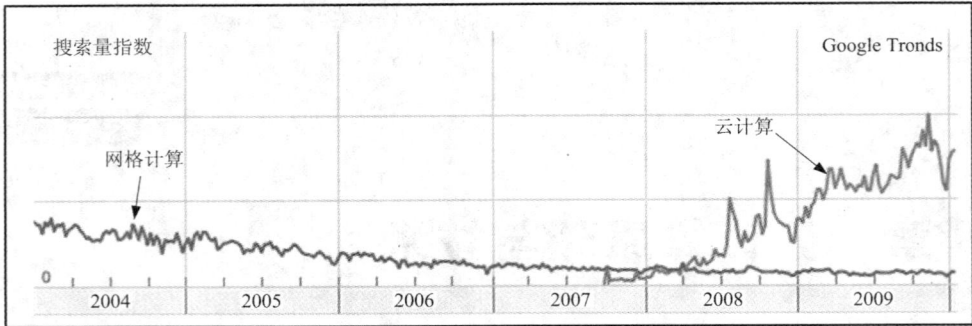

图 9 – 1   云计算和网格计算在 Google 中的搜索趋势

salesforce.com 认为云计算是一种更友好的业务运行模式。在这种模式中，用户的应用程序运行在共享的数据中心中，用户只须通过登录和个性化定制就可使用这些数据中心的应用程序。

NIST(national institute of standards and technology)对云计算的定义中包括了五个基本特征、三个云服务模式以及四个云部署模型。图 9 – 2 对它们进行了形象的汇总，下文会有详细的描述。

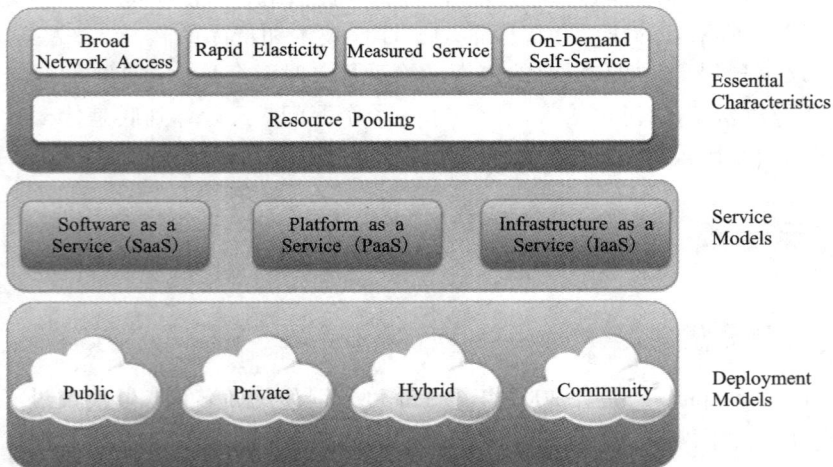

图 9 – 2   NIST 云计算定义的直观模型

专业的 IT 名词百科 whatis.com 援引来自 SearchCloudComputing.com 的定义，广义地将云计算解释为一切能够通过互联网提供的服务，这些服务被划分为三个层次：基础设施服务(infrastructure as a service，IaaS)、平台服务(platform as a service，PaaS)和软件服务(software as a service，SaaS)。

在美国加州大学伯克利分校发表的一篇关于云计算的报告中，云计算既指在互联网上以服务形式提供的应用，也指在数据中心里提供这些服务的硬件和软件，而这些数据中心里的硬件和软件则被称为云。

《商业周刊》(bussinessweek.com)发表文章指出,Google 的云就是由网络连接起来的几十万甚至上百万台的廉价计算机,这些大规模的计算机集群每天都处理着来自互联网的海量检索数据和搜索业务请求。《商业周刊》在另一篇文章中总结说,从 Amazon 的角度看,云计算就是在一个大规模的系统环境中,不同的系统之间相互提供服务,软件都是以服务的方式运行的,当所有这些系统相互协作并在互联网上提供服务时,这些系统的总体就成为"云"。

IBM 认为云计算是一种革新的信息技术与商业服务的消费与交付模式,用户可以采用按需的自助模式,通过访问无处不在的网络,获得来自与地理无关的资源池中被快速分配的资源,并按实际使用情况付费。这种模式的主体是所有连接着互联网的实体,可以是人、设备,也可以是程序。这种模式的客体是服务本身,包括我们现在接触到的以及会在不远的将来出现的各种信息与商业服务。这种模式的核心原则是:硬件和软件都是资源并被封装为服务,用户可以通过网络按需地访问和使用。

概括起来,云计算可以从狭义和广义两个方面进行理解。

狭义云计算是 IT 基础设施的交付和使用的模式,指通过网络以按需、易扩展的方式获得所需的资源(硬件、平台、软件),提供资源的网络被称为"云"。用户眼中的"云"资源是可以无限扩展并可以随时获取的。

广义云计算是服务的交付和使用的模式,指通过网络以按需、易扩展的方式获得所需的服务。这种服务可以是基于互联网的软件服务、带宽服务,也可以是任意其他的服务。所有这些网络服务可以理解为网络资源,由众多资源形成所谓"资源池",这种资源池也被称为"云"。"云"是一些可以自我维护和管理的虚拟计算资源,通常为一些大型服务器集群,包括计算服务器、存储服务器、宽带资源等。云计算将所有的计算资源集中起来,并由软件实现自动管理,无须人为参与。这使得应用提供者能够更加专注于自己的业务,有利于创新和降低成本。

从技术层面看,云计算并不是一项技术,而是一系列计算方式发展趋势的综合概念,是并行计算、分布式计算和网格计算的发展。事实上,云计算不是指一项独立的技术,而是在从 C/S 结构、分布式计算到网格计算、效用计算、SaaS 的计算方式发展大趋势下,一系列包括虚拟化、按需服务在内的概念总和。

从运营层面看,云计算提供了按需租用计算能力的服务,对于外部使用者来说,这种服务就像天上的云一样透明,不需要考虑其背后的实现细节,从而可以专注于自身业务,有利于创新及节约成本。对整个行业来说,这是一次革命性的创新。可以说,云计算不仅仅是技术的进一步发展,更是一种业务模式的创新。如果用一个简单的公式来表达云计算,就是:

$$云计算 = (基础设施 + 平台 + 软件 + 数据) \times 服务$$

其中,基础设施、平台、软件、数据可以理解为云计算的技术层面。但仅有技术是不够的,还要具备良好的服务,两者是相乘的关系。即在同等技术条件下,服务越好,云计算的价值就越大。

从研究现状上看,云计算具有以下特点。

(1)超大规模。"云"的规模超大,Google 云计算已经拥有 100 多万台服务器,亚马逊、IBM、微软和 Yahoo 等公司的"云"也都拥有几十万台服务器。"云"能赋予用户前所未有的计算能力。

（2）虚拟化。云计算支持用户在任意位置、使用各种终端获取服务。所请求的资源来自"云"，而不是固定的有形的实体，应用在"云"中某处运行。用户无须了解应用运行的具体位置，就可以通过网络服务来获取各种能力超强的服务。虚拟机已成为了一种标准部署对象并由此进一步增强了灵活性，因为它把硬件概括到这样一个高度：在硬件上面，可以在不需要连接具体物理服务器的情况下部署和重新部署软件栈。虚拟化使得应用程序与计算、存储和网络资源的关系可动态变化，以适应工作负荷和业务需求。由于应用程序部署与服务器部署相分离，因而可以快速部署和扩展应用程序。

（3）高可靠性。"云"使用了数据多副本容错、计算节点同构可互换等措施来保障服务的高可靠性，使用云计算比使用本地计算机更加可靠。

（4）通用性。云计算不针对特定的应用，在"云"的支持下可以构造出千变万化的应用，同一片"云"可以同时支撑不同的应用运行。服务能力通过网络和标准的机制提供，促进瘦或胖客户端异构平台（如移动电话、笔记本电脑和 PDA），以及其他传统的或基于云的软件服务的使用。

（5）快速弹性扩展。服务能力可以快速和弹性地供应，在某些情况下能自动地实现快速扩展、快速释放和回收。对于用户来说，可供应的服务能力近乎无限，可以随时按需购买。"云"的规模也可以动态伸缩，满足应用和用户规模增长的需要。

（6）通过网络提供服务。云计算显然扩大了通过网络提供服务的已有趋势。几乎每个商业机构都认可与其应用程序连接的基于 Web 接口的价值。当然，基于互联网的服务提供的美妙之处就在于可以随时随地使用应用程序。

（7）硬件和软件资源池化。这些资源形成相应的资源池，通过网络以服务的方式提供给用户，并且可以根据需要来进行动态扩展和配置。这些资源在物理上以分布式的方式存在，为云中的用户所共享，但最终在逻辑上以单一整体的形式呈现，如图 9-3 所示。提供商的计算资源汇集到资源池中，采用多租户模式，按照用户需要，将不同的物理和虚拟资源动态地分配或重新分配给多个消费者使用。

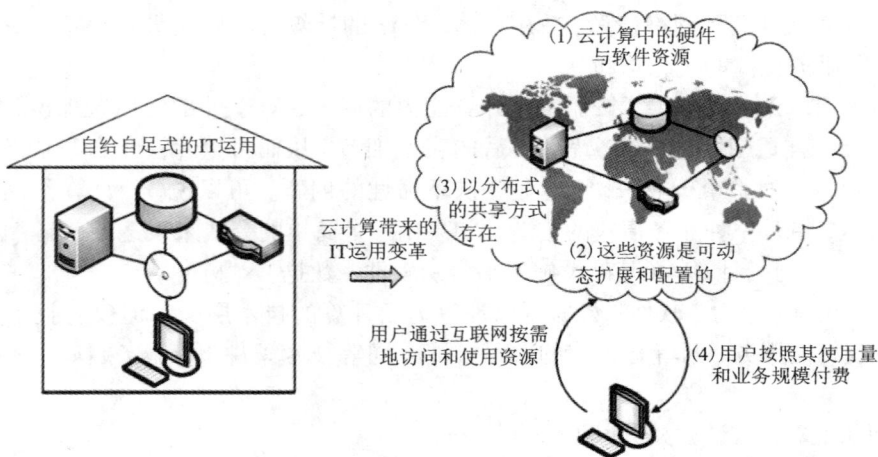

图 9-3　云计算资源

（8）按需服务。"云"是一个庞大的资源池，用户按需购买，像自来水、电和煤气那样计费。用户按需使用云中的资源，按实际使用量付费，而不需要管理它们。从企业的观点看，云计算的按需性质有助于支持服务水平目标的性能和容量方面。机构可以创造根据工作负荷和目标性能参数进行扩展和收缩的弹性环境。云计算的按使用情况付费的性质可以采取设备租赁的形式。设备租赁保证了云提供商能提供一种最低的服务水平，并且仅对使用的资源付费的能力，把购买基础设施的风险从开发应用程序的机构转移给云提供商。

（9）基础设施可以编程。过去，架构设计师确定一个应用程序的各种组件如何在一组服务器上进行布局，即如何连接、固定、管理和扩展这些组件。现在，不仅开发人员可以使用云提供商的 API 在虚拟机上创建应用程序的初始结构，而且还确定该应用程序如何扩展和演进以适应工作负荷的变化。开发人员可以轻而易举地发现和连接一项服务，使它们可以将一个应用程序扩展到这样一个高度：该应用程序可使用成千上万个虚拟机来适应需求激增情况。动态编写应用程序架构的程序的能力使开发人员拥有了巨大权力，同时也承担相应大的责任。

（10）极其廉价。"云"的特殊容错措施使得可以采用极其廉价的节点来构成"云"；云的公用性和通用性使资源的利用率大幅提升；"云"设施可以建在电力资源丰富的地区，从而大幅降低能源成本，因此"云"具有前所未有的性能价格比。Google 中国区前总裁李开复称，Google 每年投入约 16 亿美元构建云计算数据中心，所获得的能力相当于使用传统技术投入的 640 亿美元，节省了 40 倍的成本。

9.1.2 云计算的发展历程

云计算从提出到如今的广泛应用，经历了数十年的发展历程。云计算的发展越来越体现在以下几个方面。

云计算发展历程

1. 企业级云计算市场需求空间加速扩大

2013 年，随着云计算产品服务不断创新、应用加速落地，企业和个人用户的数量都实现了极大增长。百度、腾讯、奇虎等企业的云服务平台聚集用户均超过 1 亿，阿里和金蝶云服务支持的中小企业数量超过 50 万家。随后几年，我国云计算市场空间进一步扩大，用户数量在加速增多。随着云服务认定办法陆续出台，企业云服务功能不断加强，企业用户对云服务的认可程度普遍提高，使用信心逐渐增强，部分企业级公有云平台逐渐找到了有效的商业运营模式，为其他企业及行业混合云的发展起到一个引领的作用。

2. 云计算发展进入高增长阶段，国内外企业在华寻找角色定位

Amazon、IBM、Microsoft 等国外企业纷纷在华推出公有云服务，加速抢占国内云计算市场。微软与世纪互联一对一合作运营的云服务 Azure 已拥有超过 3000 家企业客户。其中，160 余家企业客户的业务已经在 Microsoft Azure 上正式开展商业运营。亚马逊公有云不仅绑定了网宿科技、云果信息、竹云科技等合作伙伴，还绑定了政府。AWS 中国与北京市政府、宁夏回族自治区政府、宽带中国四方签署了备忘录，在宁夏建立数据中心，运营中心放在北京，实行前店后厂模式。随着对公有云标准制定的逐渐明朗，未来跨国企业将陆续通过与国内企业合作等方式，加速进入国内市场，对中国云计算生态链的健康有序发展起到一定的积

极作用。

国内以百度、阿里为代表的互联网企业，联想、华为、用友等传统软硬件公司，以及各类云服务提供商也在云计算领域加紧部署，国内市场竞争愈加激烈。其中，阿里云以"飞天"平台为基石，通过"生态扶持＋平台升级＋大规模降价"的策略，整合云生态链上的各方力量，全面布局云生态圈。华为依靠自身硬件优势更多的是在 IaaS 和 PaaS 层面发展业务，在软件层面与 SAP(system applications and products)等合作伙伴共同开发，采用多家协作模式来经营云生态链。预计未来 ICT(information communications technology)企业将全面转型幕后，渗透到云计算最基础的层面去提供 IaaS、PaaS 服务；而互联网企业则转型去重点开发 PaaS 和 SaaS 服务。

3.服务环节在云计算中的比重持续增大，为方案商转型带来更多机会

在产业规模快速增长的同时，我国云计算产业结构也在不断优化，服务占据了越来越大的比重。我国进军公共云服务领域的企业进一步增多。2013 年，腾讯继阿里和百度之后推出开发者云市场，华为云服务业务开始商用。2014 年，浪潮全面开展政务云领域的布局，与多个城市签订合作协议。中国电信和中国联通正式推出名为"天翼云"和"沃云"的云计算品牌，推出云存储等面向用户的全系列产品；苏宁电器将名称变更为"苏宁云商集团股份有限公司"，以期更好地向云服务模式转型。随着公共云服务领域的云计算企业数量进一步增多，服务种类将进一步丰富，面向中小企业的 IaaS 服务和 SaaS 服务将快速发展，使得服务环节在云计算生态链中的比重持续增大。这也让厂商和企业用户之间的渠道更趋扁平化，而传统 IT 方案商将拥有更多的向云计算业务转型的机会。

9.1.3　云计算的应用

1.云计算应用场景标准

要使云计算富有生命力，就必须能够解决用户的实际问题，这些问题通常为业务难点与重点。只有解决了用户的实际问题，才能为用户带来明显价值。

云计算的应用分布在云(软件、存储)、管(数据通信与传输网)、端(个人、家庭、企业终端)上。下面列举些典型的应用场景。

云概念手机：云手机就是手机上装了一个云系统。装了云系统的手机，其性能会有无限大的提高。例如，无限大的内存、无限大的硬盘、无比强大的 CPU 使在手机上玩魔兽世界有了可能。

LBS：基于位置的服务(location based service, LBS)，它是通过电信移动运营商的无线电通信网络(如 GSM 网、CDMA 网)或外部定位方式(如 GPS)获取移动终端用户的位置信息(地理坐标，或大地坐标)，在 GIS(geographic information system, 地理信息系统)平台的支持下，为用户提供相应服务的一种增值业务。

Iphone 皮：由讯盈科技研发的 iPhone4 代苹果皮 P 皮是一款专门针对 iPhone4 设计的增强型通信产品，无须剪卡，让 iPhone4 瞬间变成一款三卡三待的强机。体积小，完全贴合机身打造，制造工艺精细，手感舒适，完美兼容普通 SIM 卡，自带大容量电池，大幅延长 iPhone4 待机时间，彻底解决了"果粉"们担心待机时间短、不想换号的后顾之忧。

B2B：（business to business），是互联网市场领域的一种，是企业对企业间的营销关系。它将企业内部网通过 B2B 网站与客户紧密结合，通过网络的快速反应，为客户提供更好的服务，从而促进企业的业务发展。近年来 B2B 发展势头迅猛，趋于成熟。例如：阿里巴巴、慧聪等。

B2C：（business to customer），其中文简称为"商对客"。"商对客"是电子商务的一种模式，也就是通常说的商业零售，直接面向消费者销售产品和服务。这类电子商务一般以网络零售业为主，主要借助于互联网开展在线销售活动。企业通过互联网为消费者提供购物环境——网上商店，消费者通过网络在线购物、在线支付。这种模式节省了客户和企业的时间和空间，大大提高了交易效率。例如：当当、卓越、优凯特等。

C2C：（consumer to consumer），即消费者间，实际是电子商务的专业用语，是个人与个人之间的电子商务。例如：淘宝、拍拍、易趣。

C2B：（customer to business），是电子商务模式的一种，即消费者对企业，最先从美国开始流行。C2B 模式的核心是通过聚合分散分布但数量庞大的用户来形成一个强大的采购集团，以此来改变 B2C 模式中用户一对一出价的弱势地位，使之享受到以大批发商的价格买单件商品的利益。目前国内很少厂家真正完全采用这种模式。如果能解决初期的用户聚合问题，将更易取得成功。

O2O：移动互联从线上到线下的应用。从虚拟的线上到现实的线下，这中间穿越的是最复杂的人心，而在 O2O 复杂链条里，最重要的则是人的感受。可以这样定义：O2O 就是在移动互联网时代，生活消费领域通过线上（虚拟世界）和线下（现实世界）互动的一种新型商业模式。

桌面云与云终端技术："桌面云"是指利用虚拟化技术实现基础设施、桌面、应用等资源的共享，并对其进行集中部署和管理，在数据中心统一托管以服务方式交付桌面的云系统。基于桌面云平台，能实现通过任何设备，在任何地点、任何时间访问网络上的个人桌面系统。其实质是 PC 计算环境的松耦合化，通过共享实现集中管理和低成本。

2. 云计算应用领域示例

（1）电子政务领域。

云计算将助力中国各级政府机构"公共服务平台"建设，努力打造"公共服务型政府"的形象，在此期间，需要通过云计算技术来构建高效运营的技术平台，其中包括：利用虚拟化技术建立公共平台服务器集群，利用 PaaS 技术构建公共服务系统等方面。利用技术构建平台，进而实现公共服务平台内部可靠、稳定的运行，提高平台不间断服务能力。

（2）教育领域。

云计算将在我国高校与科研领域得到广泛的应用普及，各大高校将根据自身研究领域与技术需求建立云计算平台，并对原来各下属研究所的服务器与存储资源加以有机整合，提供高效可复用的云计算平台，为科研与教学工作提供强大的计算机资源，进而大大提高研发工作效率。

（3）医药医疗领域。

在"新医改"政策推动下，医药企业与医疗单位将对自身信息化体系进行优化升级，以适应医改业务调整要求。在此影响下，以"云信息平台"为核心的信息化集中应用模式将孕育而生，逐步取代各系统分散为主体的应用模式，进而提高医药企业的内部信息共享能力与医疗信息公共平台的整体服务能力，编者曾经研究的社区医疗服务力求解决孤寡老人的健康监护问题。

（4）制造领域。

随着"后金融危机时代"的到来，制造企业的竞争将日趋激烈，企业在不断进行产品创新、管理改进的同时，也在大力开展内部供应链优化与外部供应链整合工作，进而降低运营成本、缩短产品研发生产周期。未来云计算将在制造企业供应链信息化建设方面得到广泛应用，特别是通过对各类业务系统的有机整合，形成企业云供应链信息平台，加速企业内部"研发－采购－生产－库存－销售"信息一体化进程，进而提升制造企业竞争实力。

（5）金融与能源领域。

金融、能源企业一直是国内信息化建设的"领军性"行业用户，在未来几年里，中石化、中保、农行等行业内企业信息化建设已经进入"IT资源整合集成"阶段，利用"云计算"模式，搭建基于IaaS的物理集成平台，对各类服务器基础设施应用进行集成，形成能够高度复用与统一管理的IT资源池，对外提供统一硬件资源服务，同时在信息系统整合方面，建立基于PaaS的系统整合平台，实现各异构系统间的互联互通。

9.1.4　云计算的优势

达尔文在其著作《物种起源》中指出，自然界中的生物是按照物竞天择、适者生存的规律一步一步进化而来的，优秀的物种会发展出适应当前环境的特征。云计算作为互联网时代最新提出的IT运用模式，必然有其独到的优势。本节按照从商业到技术的顺序，首先从优化产业布局和推进专业分工的角度分析云计算的优势，再逐渐深入到云计算的运行和维护层面，从提升资源效率、减少运营投资、降低管理成本的角度分析云计算的本质优势。

1. 优化产业布局

进入云计算时代后，IT产业已经从以前那种自给自足的作坊模式，转化为具有规模化效应的工业化运营，一些小规模的单个公司专有的数据中心将被淘汰，取而代之的是规模巨大而且充分考虑资源合理配置的大规模数据中心。而正是这种更迭，生动地体现了IT产业的一次升级，从以前分散的、高耗能的模式转变为集中的、资源友好的模式，顺应了历史发展的潮流。

2. 推进专业分工

云计算提供商普遍采用大规模数据中心，比中小型数据中心更专业，管理水平更高，提供单位计算力所需的成本更低廉，如表9-1所示。例如，中小规模的数据中心采用风冷的方式进行温度调节，空调耗电量较大，而大型数据中心一般采用专业的水冷与风冷相结合的方式进行温度调节，这样的数据中心一般建立在水资源丰富的河边，将用于制冷的水抽取到制冷单元，当水温升高后再送到室外自然冷却，相对风冷来说这是一种既节能环保又经济的温度调节方式。

表 9 - 1　大型数据中心与中小型数据中心相比的成本优势

数据中心属性	中小型数据中心	大型数据中心
服务器台数	< 2000	> 2000
每个管理员管理服务器台数	< 500	> 500
PUE 值	2.0 ~ 2.5	1.0 ~ 1.5
服务器供电方式	交流电	直流电
电价	高	低
制冷方式	风冷	水冷 + 风冷
提供单位计算力的成本	高	低

表 9 - 1 中 PUE 即 power usage effectiveness，是数据中心总设备能耗与 IT 设备能耗的比值，PUE 越接近 1，表明数据中心的能效水平越好。

同时，专业的云计算提供商可以有更多的科研和经费投入来推动数据中心的技术革新。例如，目前大多中小型数据中心采用交流电的供电方式，仅能达到约 75% 的能效比。但通过技术革新，改用直流电源的方式进行供电，仅此一项，大型专业数据中心就可以节电约 30%。

除了在硬件上更加专业，云计算提供商还具有更完善的软件，这包括具有丰富知识和经验的管理团队及与其配套的管理软件。在中小型的数据中心，平均每个工作人员最多可以管理 170 台服务器。而在大型数据中心，由于有专业团队和工具的支持，每个工作人员可以同时管理的服务器数量达 1000 台以上。

由此可见，云计算带来的是更加专业的分工，更进一步优化的 IT 产业格局。通过让专业的人做专业的事，各取所长，扬长避短，有效避免了 IT 产业中可能产生的内耗。另一方面，专业分工也孕育了新的产业契机，除了现有的大型 IT 公司外，一批新兴的高科技企业也将在云计算中找到自己的位置并逐渐成长起来。

3. 提升资源利用率

在云计算模式下，高科技企业、传统行业甚至互联网公司的 IT 业务都可以在不同程度上外包给专业的云计算提供商进行管理。Giftag 公司就将其设计的 Web 2.0 应用交由 Google App Engine 托管，Giftag 并不是 Google App Engine 平台上唯一的托管应用。实际上，它与成千上万其他的 Web 应用一起共享这个平台提供的服务与资源。

如图 9 - 4 所示是一个 Web 应用的典型负载变化图，从图中可以看出负载呈现出三个主要规律：其一是负载的周期性变化规律，通常由昼夜差异和周末与工作日的差异引起，基本可以通过长期观察来预测；其二是一次性任务或突发事件引起的负载，例如，某热门话题会引起网站的访问量激增，通常无法预测；其三是由于业务增长引起的负载长期增长趋势，一定程度上可以预测。

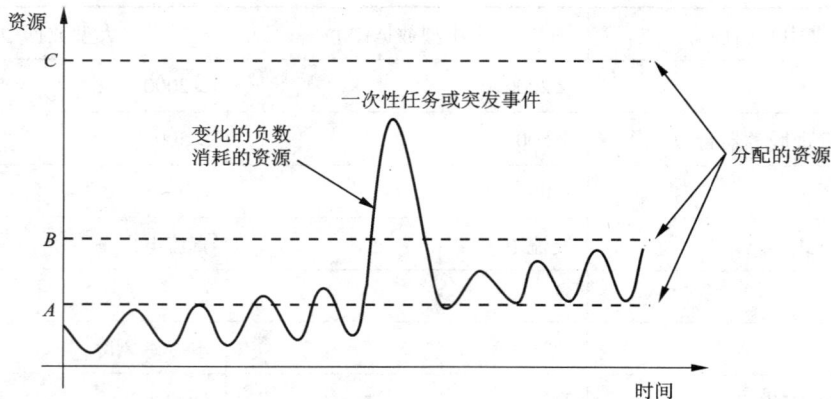

图 9-4   典型的业务系统负载变化及传统的资源分配方式

4. 缩短运行时间和响应时间

对于弹性地使用云来运行批量作业的应用程序来说，云计算使得使用 1000 台服务器在相当于单个服务器所需的千分之一的时间里完成一项任务变得非常简单。对于需要向其客户提供良好响应时间的应用程序来说，重构应用程序以便把任何 CPU 密集型任务外包给虚拟机，有助于优化响应时间，同时还能根据需求进行伸缩，从而满足客户需求。

5. 最大限度地减轻基础设施投入风险

越来越多的案例表明，云提供商的基础设施规模巨大，以至于可以容纳各个客户的业务量增长和工作负荷尖峰情况，减轻了这些客户由于购置基础设施所面临的经济风险。云计算最大限度地减轻基础设施投入风险的另一条途径是实现超负荷计算，其中企业数据中心（也许是实现专用云的数据中心）是通过一个允许其向一个公用云发送超溢工作来扩大其处理工作负荷尖峰情况的能力的。在一个资源不再稀缺而且能够以较低成本更好地满足资源需求的环境中，可以更好地处理应用程序生命周期管理问题。

6. 降低入市成本

云计算的许多属性有助于降低进入新市场的成本。

由于基础设施是租用的而不是购买的，成本得到控制，而且资本投资可能为零。除购买计算周期和存储空间来降低购置成本之外，云提供商的巨大规模也有助于最大限度地降低成本，从而有助于进一步降低入市成本。

应用程序与其说是通过汇编倒不如说是通过编程来开发的。这种快速应用程序的开发方法非常规范，有助于缩短入市时间，因而在云环境中部署应用程序的机构有可能先于竞争者入市。

7. 减少初期投资

从云服务提供商的角度看，同时托管多个服务提高了资源利用率，也降低了长期的运营成本。同样，对于将自己的 IT 业务外包给云计算提供商的公司，他们的一次性 IT 投入也降到了最低，从而有效地规避了财务风险。

云计算帮助用户降低 IT 成本体现在两个方面：

(1)用户不再需要进行巨大的一次性 IT 投资，彻底省去了购置、安装、管理软硬件的费用，因为他们可以从云计算提供商那里租用这些 IT 基础设施。

(2)用户在使用这些 IT 资源时，可以按照自己的实际使用量付费。

综上所述，云计算提供的这种在类型和时间上更加细粒度、在租期和要约上更加灵活的计费模型将有助于用户根据自身业务需求的特点来进行因地制宜的选择，达到减少初期 IT 投资的目标。

8. 降低运营成本

对于云计算的用户来说，除了降低 IT 的使用门槛，更重要的是云计算平台可以帮助他们实现应用的自动化管理。云计算的出现能够使用户对应用的运行和管理获得更高的灵活性和自动化。

对应用管理的动态、高效率、自动化是云计算的核心。它要保证用户在创建一个服务时，能够用最少的操作和极短的时间就完成资源分配、服务配置、服务上线和服务激活等一系列操作。与此类似，当用户需要停用一个服务的时候，云计算能够自动完成服务停止、服务下线、删除服务配置和资源回收等操作。

除了应用的部署与删除，在应用的整个生命周期中，时时刻刻需要按照其当前状态进行动态管理，比如根据业务需求增删功能模块、增减资源配置等。在云计算中，这些工作也将在不同程度上由云平台自动完成，云平台为用户提供了灵活的业务管理和便捷的服务。

9. 产生新创价值

作为一种革命性的信息产业浪潮，云计算能够形成新的业务价值链，促进跨领域的创新协作，从而产生更高的价值。在以云计算推动的新价值链产生过程中，能够创造更多的就业机会，产生更多的新兴服务，建立新兴产业。

云计算的革新虽然来自于 IT 行业，却将对诸如行政、教育、医疗等各个行业产生深远的影响。例如，未来学生连书包也不用带，市民看病也有统一的电子病历。云计算有助于实现信息的整合与快速获取，将流程化繁为简，改变人们的生活形态，并在这种新的形态中孕育创新价值。

9.1.5　云计算的分类

下面分别从云计算提供的服务类型和服务方式的角度出发，为云计算分类。

1. 按服务类型分类

云计算的服务类型，就是指为用户提供什么样的服务，通过这样的服务，用户可以获得什么样的资源以及用户该如何去使用这样的服务。云计算按照服务类型分为以下三类，如图 9−5 所示。

图 9−5　云计算的服务类型

（1）基础设施云（infrastructure cloud）。

比如 Amazon EC2，这种云为用户提供的是底层的、接近于直接操作硬件资源的服务接口。通过调用这些接口，用户可以直接获得计算资源、存储资源和网络资源，而且非常自由灵活，几乎不受逻辑上的限制。但是，用户需要进行大量的工作来设计和实现自己的应用，因为基础设施云除了为用户提供计算和存储等基础功能外，不做进一步任何应用类型的假设。

（2）平台云（platform cloud）。

Google 的 Google App Engine 就是平台云。这种云为用户提供一个托管平台，用户可以将他们所开发和运营的应用托管到云平台中。但是，这个应用的开发和部署必须遵守该平台特定的规则和限制，如语言、编程框架、数据存储模型等。通常，能够在该平台上运行的应用类型也会受到一定的限制，比如 Google App Engine 主要为 Web 应用提供运行环境。但是，一旦客户的应用被开发和部署完成，所涉及的其他管理工作，如动态资源调整等，都将由该平台层负责。

（3）应用云（application cloud）。

例如，Salesforce.com。这种云为用户提供可以为其直接所用的应用，这些应用一般是基于浏览器的，针对某一项特定的功能。应用云最容易被用户使用，因为它们都是开发完成的软件，只需要进行一些定制就可以交付。但是，它们也是灵活性最低的，因为一种应用云只针对一种特定的功能，无法提供其他功能的应用。

表 9−2 总结了从服务类型的角度来划分的云计算类型。

表 9-2 按服务类型划分云计算

分类	服务类型	运用的灵活性	用户使用的难易程度
基础设施云	近原始的计算存储能力	高	难
平台云	应用的托管环境	中	中
应用云	特定功能的应用	低	易

2. 按服务方式分类

云计算作为一种革新性的计算模式，不可否认地也带来了一系列挑战，比如安全问题、可靠性问题以及监管问题等。针对这些问题，业界以云计算提供者与使用者的所属关系为划分标准，将云计算分为三类，即公有云、私有云和混合云，如图 9-6 所示。用户可以根据需求选择适合自己的云计算模式。

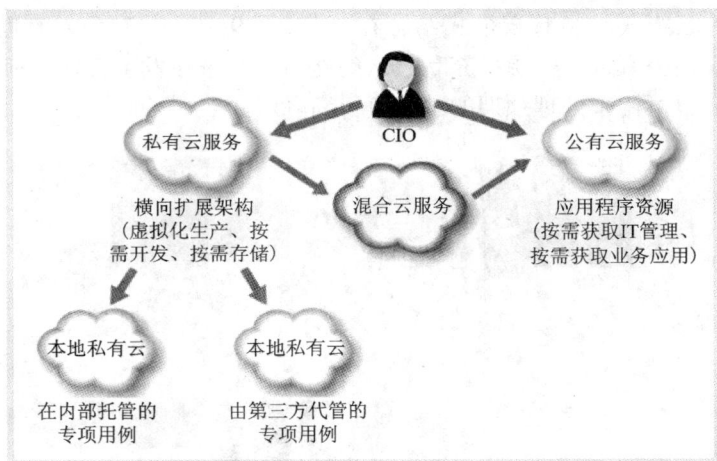

图 9-6 云计算的服务方式

(1) 公有云(public cloud)。

公有云是由若干企业和用户共同使用的云环境。IT 业务和功能通过互联网，以服务的方式向广泛的外部用户提供。前面所列举的 Amazon EC2、Google AppEngine 和 Salesforce. com 都属于公有云的范畴。在公有云中，用户所需的服务由一个独立的、第三方云提供商提供。该云提供商也同时为其他用户服务，这些用户共享这个云提供商所拥有的资源。

公有云由第三方运行，而不同客户提供的应用程序可能会在云的服务器、存储系统和网络上混合在一起。公有云通常在远离客户建筑物的地方托管，而且它们通过提供灵活甚至临时的扩展，降低客户风险和成本。

公有云还可以是排他的公有云或开放的公有云。

(2) 私有云(private cloud)。

私有云是由某个企业独立构建和使用的云环境。IT 能力通过企业内部网，在防火墙内以服务的形式向企业内部用户提供。私有云的所有者不与其他企业或组织共享任何资源，例如，前面提及的 IBM RC2。私有云用户是这个企业或组织的内部成员，他们共享着该云计算环境所提供的所有资源，公司或组织以外的用户无法访问它提供的服务。

私有云提供对数据、安全性和服务质量的最有效控制。私有云可部署在企业数据中心中，也可以部署在一个主机托管场所。

除了完全由自己拥有和运维的私有云外，用户还可以选择"被管理的私有云"和"被托管的私有云"两种提供模式。

（3）混合云（hybird cloud）。

混合云是整合了公有云与私有云所提供服务的云环境。用户根据自身因素和业务需求选择合适的整合方式，制订其使用混合云的规则和策略。在这里，自身因素是指用户本身所面临的限制与约束，如信息安全的要求、任务的关键程度和现有基础设施的情况等，而业务需求是指用户期望从云环境中所获得的服务类型。有研究表明，如网络会议、帮助与培训系统这样的服务适合于从公有云中获得，而如数据仓库、分析与决策系统这样的服务适合于从私有云中获得。

混合云把公有云模式与私有云模式结合在一起（图9-7）。混合云有助于提供按需的、外部供应的扩展。用公有云的资源扩充私有云的能力可用来在发生工作负荷快速波动时维持服务水平。混合云也可用来处理预期的工作负荷高峰。

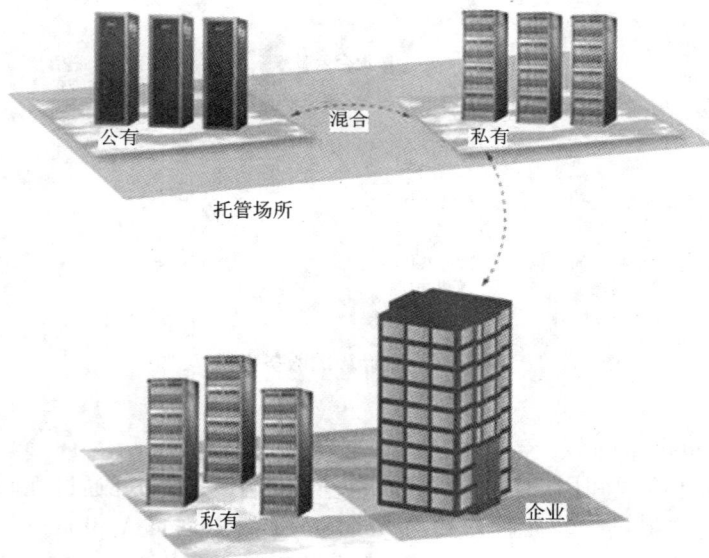

图9-7　混合云

混合云引出如何在公有云与私有云之间分配应用程序的复杂性。需要考虑的问题包括数据和处理资源之间的关系。如果数据量小，或应用程序无状态，则必须把大量数据传输到一个公有云中进行小量处理。

一般来说，对安全性、可靠性及 IT 可监控性要求高的公司或组织，如金融机构、政府机关、大型企业等，是私有云的潜在使用者。他们也可以选择混合云，将一些对安全性和可靠性需求相对较低的日常事务性的支撑性应用部署在公有云上，来减轻对自身 IT 基础设施的负担。

　　值得注意的是，虽然私有云能够为企业或组织创建一个独占的云环境，具有防火墙内的信息安全保障，提供资源与服务共享的便利，但是拥有并运维一个私有云需要较高的资金投入与持续的技术支持，即便是实力雄厚的公司也会力不从心。同样，虽然公有云能够为用户快速而便捷地提供 IT 能力，但是有些企业和组织希望能够获得更强的私密性，因此，在现实的生产环境中，云的私有性和公有性并不是泾渭分明的。

9.1.6　标准云计算生态系统模型

　　基于对云计算领域各类企业业务结构的分析与归纳，根据企业面对客户群的不同，BPC-TINO 定义了 6 种不同的渠道类型，在此基础上根据业务结构的差异细分出了 12 个渠道角色，这些不同类型的渠道角色组成了一个标准的云生态系统模型，如图 9-8 所示。

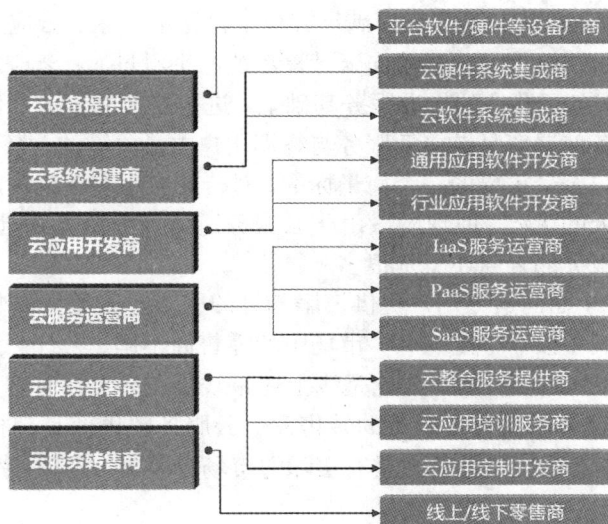

图 9-8　BPC-TINO 定义的标准云生态系统模型

　　（1）云设备提供商：面向全生态系统提供软硬件设备。传统的 ICT 软、硬件设备供应商大部分都在向这个角色过渡。众多的服务器、存储硬件厂商，数据库、安全等软件产品厂商以及网络设备厂商都希望在云计算市场仍能占有更大的市场份额。同时，芯片制造商、嵌入式设备制造商也有机会在云计算市场中扮演重要角色。

　　（2）云系统构建商：面向云服务运营商提供系统搭建服务，分为云硬件系统集成商和云软件系统集成商。与传统的 SI（service integrator）和 ISV（independent software vendors）的区别在于，云系统构建商面对的客户群为云服务运营商而非终端客户，企业的核心竞争力更多的来自对云计算平台系统级的几类，而非传统 SI 和 ISV 对终端客户应用的深层把握。大型的 SI 和一些有 PaaS 平台开发背景的 ISV 在这个角色上更有优势。

　　（3）云应用开发商：面向云服务运营商提供应用开发服务。分为通用应用软件开发商和行业应用软件开发商，与 ISV 的区别在于，面对的客户是云服务运营商而非终端用户，业务分成的盈利模式也将部分取代按项目收费的模式。ISV 几乎都可以向这个角色过渡,传统业务积累的行业经验仍将在云应用开发中发挥重要的作用,但在与云生态系统中其他角色的配合上会面临较多挑战。

(4)云服务运营商:面向全生态系统及用户提供基础云服务。包含 IaaS、PaaS、SaaS 三种渠道角色,云服务运营商是云生态系统中真正意义上的面向终端客户实现交付的渠道类型。同时,云服务运营商还可为其他云渠道角色,如云服务部署商提供支持,从而为客户提供更灵活的服务(如混合云服务)。云服务运营商对资金、技术等方面都有较高要求,同时,服务运营商需要具备 IDC、ISP 等相关资质。

(5)云服务部署商:以面向最终用户提供云及增值服务、交付云服务、部署商云服务等运营商提供的服务为基础,通过自身的增值(咨询、培训、定制开发等)服务,通过满足客户个性化的需求实现盈利。包含云整合服务商、云应用培训服务商和云应用定制开发商三种角色。其中,云整合服务商可整合多家云服务运营商的服务,或将客户原有信息化系统与云服务商的服务整合,实现混合云应用,从而满足客户个性化的需求;云应用培训服务商通过专业培训帮助企业实现由传统信息化系统向云计算系统的平滑过渡;云应用定制开发商则以客户业务为核心,在云服务运营商的标准服务基础上,进行定制化开发,使云服务与用户的业务逻辑更契合。云服务部署商是链接云服务与终端用户中最关键的一环,是现阶段整个云计算生态系统落地成功与否最重要的一个衡量标准,对行业应用有深刻理解的方案商在云服务部署商的角色上有先天的优势,但现阶段由于云服务运营商的服务还处于逐步完善的阶段,因此真正意义上的云服务部署商还不是很多。

(6)云服务转售商:面向最终用户提供云服务订阅服务。云服务转售商以向客户提供标准的云服务订阅为盈利手段。与传统 ICT 市场中的零售商不同,云计算所带来的交付方式的变化给转售商带来了最大的灵活性,无论是线上还是线下,只要拥有客户资源,即使本身没有任何 IT 服务能力,也可以成为云服务的转售商。云服务转售商是门槛最低的一类云渠道角色,但只有等待云生态系统完善后才具有实际的市场竞争力,现阶段仍缺乏提供给云服务转售商的生存土壤。

9.1.7　云计算发展现状

云计算是多种技术混合演进的结果,其成熟度较高,又有大公司推动,发展极为迅速。Google、Amazon、IBM、微软和 Yahoo 等是云计算的先行者。云计算领域的众多成功公司还包括 VMware、Salesforce、Facebook、YouTube、MySpace 等。云计算的解决方案正在不断地演进,虽然讨论它的全景图超出了本书的范围,但下面这张 OpenCrowd Cloud Solutions 分类图(图 9-9)展示了由上述几种部署模型衍生而来的种种云解决方案。

有关云际计算(jointcloud computing)的详细讨论超越了本书的范畴,有兴趣的读者可自行查阅文献学习。

Infrastructure Services

Storage
- Amazon S3 & EBS
- Rackspace Cloud Files
- Nirvanix
- AT&T Synaptic
- Zetta

Cloud Broker
- RightScale
- enStratus
- Kaavo
- Elastra
- CloudKick
- CloudSwitch

Compute
- Amazon EC2
- Serve Path GoGrid
- Rackspace Cloud Servers
- Joyent Cloud
- Flexiant Flexiscale
- Elastichosts
- Terremark
- iTRICITY
- LayeredTech
- Savvis Cloud Compute
- Verizon CaaS
- AT&T Synaptic
- Sungard Enterprise Cloud
- Navisite

Services Management
- Scalr
- CohesiveFT
- Ylastic
- CloudFoundry
- NewRelic
- Cloud42
- Amazon CloudWatch
- Amazon VPC

SaaS Data Security
- Navajo
- PerspecSys

Data
- 10Gen MongoDB
- Apache CouchDB
- Apache HBase
- Hypertable
- Tokyo Cabinet
- Cassandra
- memcached
- Clustrix
- FlockDB
- Gizzard
- Redis
- BerkeleyDB
- Voldemort
- Terrastore

Cloud Software

Compute
- Globus Toolkit
- Xeround
- Sun Grid Engine
- Hadoop
- OpenCloud
- Gigaspaces
- DataSynapse

File Storage
- EMC Atmos
- ParaScale
- Zmamda
- CTERA
- Appistry

Cloud Management
- CA Turn-key Cloud
- OpenNebula
- Open.ControlTier
- Enomaly Enomalism
- VMware vCloud
- CohesiveFT VPN Cubed
- Hyperic
- Eucalyptus
- Puppet Labs
- Appistry
- IBM CloudBurst
- Cisco UCS
- Zenoss
- Surgient

CLOUD TAXONOMY

Platform Services

General Purpose
- Force.com
- Etelos
- LongJump
- Rollbase
- Bungee Connect
- Google App Engine
- Engine Yard
- Caspio
- Qrimp
- MS Azure
- Mosso Cloud Sites
- VMforce
- Intuit Partner Platform
- Joyent Smart Platform

Business Intelligence
- Aster DB
- Quantivo
- Cloud9 Analytics
- K2 Analytics
- LogiXML
- Oco
- PivotLink
- Clario Analytics
- ColdLight Neuron
- Vertica

Integration
- Amazon SQS
- Amazon SNS
- Boomi
- SnapLogic
- IBM Cast Iron
- gnip
- Appian Anywhere
- HubSpan
- Informatica On-Demand

Development & Testing
- Keynote Systems
- SOASTA
- SkyTap
- Aptana
- LoadStorm
- Collabnet
- Rational Software Delivery Services

Database
- Amazon SimpleDB
- Mosso Drizzle
- Amazon RDS

Software Services

Financials
- Concur
- Xero
- Workday
- Expensify
- Intuit Quickbooks Online

Content Management
- Clickability
- SpringCM
- CrownPoint

Collaboration
- Box.net
- CubeTree
- SocialText
- Basecamp
- Assembla
- DropBox

Sales
- Xactly
- StreetSmarts
- Success Metrics

Desktop Productivity
- Zoho
- Google Apps
- HyperOffice
- MS Office Web Apps.

Billing
- Aria Systems
- eVapt
- Redi2
- Zuora

Social Networks
- Ning
- Zembly
- Amitive
- Jive SBS

CRM
- NetSuite
- Parature
- Responsys
- Rightnow
- LiveOps
- MSDynamics
- Salesforce.com
- Oracle On Demand

Document Management
- NetDocuments
- DocLanding
- Knowledge TreeLive
- SpringCM

Updated as of June 8, 2010

OpenCrowd

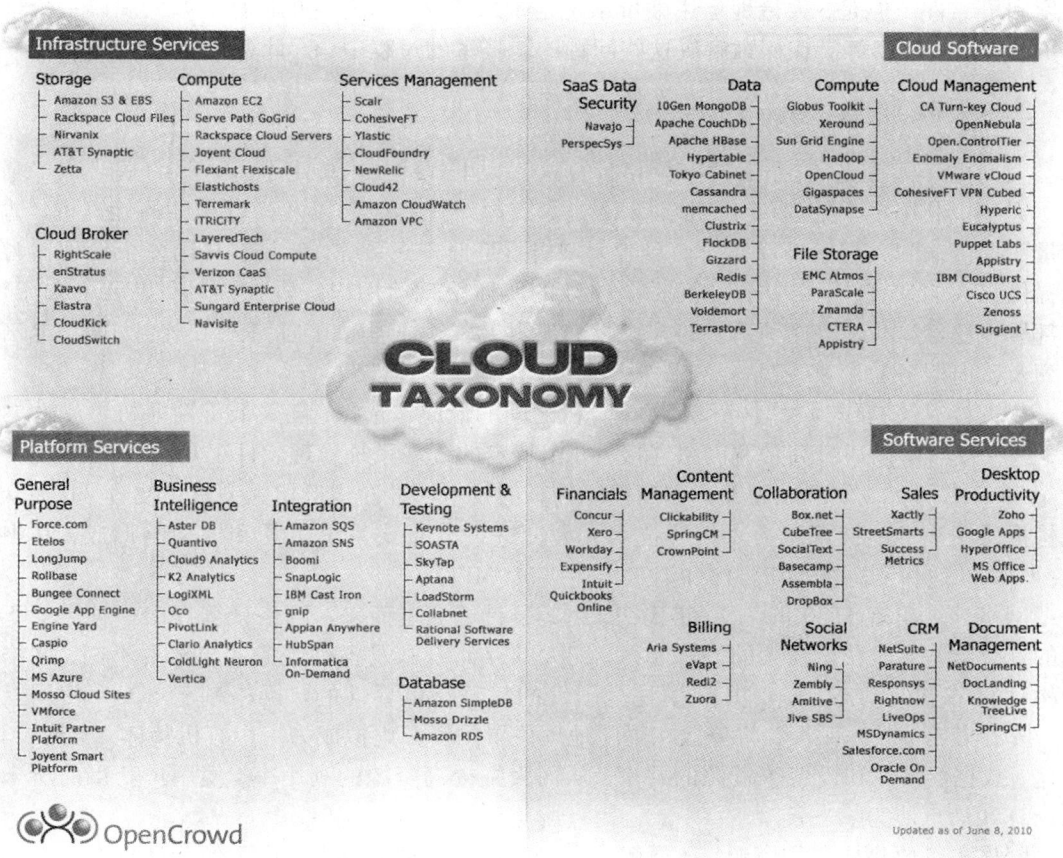

图 9 – 9　OpenCrowd Cloud Solutions 分类图

9.1.8　云计算实现机制

1.芯片与硬件技术

半导体芯片技术遵循着摩尔定律在不断发展,约每隔 18 个月便会增加一倍,性能也将提升一倍,同时计算能力、内存容量、磁盘存储容量也相应地快速提升。多核技术可以在处理器中集成多个完整的计算引擎,它的出现规避了为提高单核芯片速度而产生过多热量且无法带来相应的性能改善的问题。处理器位数的提高与总线技术的提升,使系统能够支持容量与吞吐量都有更大的内存,满足日益增长的应用需求,使更多的任务可以同时运行。随着磁记录技术和机械工艺的不断改进,磁盘的存储容量在增大,数据传输率在提高,寻迹时间在缩短。这些芯片与硬件技术的变革直接作用于计算机系统,使单个系统的能力越来越强,成本越来越低。

此外,系统间的通信能力也在增强。IEEE 802.3ae 定义了带宽为 10 GB 的以太网标准,企业级交换机也支持了 10 GB 全速第二层转发。大量相对廉价的 X86 系统可以通过高速网络被组织成为大规模的分布式系统，通过协同和冗余来获得以往在大型机上才能达到的处理速度和可靠性。但是，大量地运用廉价系统也带来了这样或那样的问题，如大规模系统难于维护、资源消耗高等。在探索解决这些问题的新技术的过程中，云计算应运而生。

2. 三大里程碑技术

大型机计算系统、集群计算和网格计算这三大里程碑技术奠定了云计算的基础。

大型机利用多个处理单元完成计算，是具有超级计算能力以及高可靠性的计算机，适合大量数据传输和大规模 I/O 操作。尽管大型机不是分布式系统，但是它采用多个处理器为用户提供强大的计算能力，并且作为一个单独的实体呈现给用户。现在，大型机已不太流行，其部署也已经减少，但这种系统的升级版仍被用于事务处理（如网上银行、航空订票、电信运营商及政府服务）。

集群计算最初作为大型机和超级计算机之间的低成本选择，随着低价商业机可用性的提升，这些机器可以通过高带宽网络连接，并由特定的统一系统管理软件工具进行控制。从 20 世纪 80 年代开始，集群成为并行和高性能计算的技术标准。集群比大型机更便宜，并为众多机构提供了高性能计算能力。集群技术大大促进了分布式系统工具和框架的形成，其中包括：Condor、并行虚拟机（PVM）和消息传递接口（MPI）。

网格计算出现于 20 世纪 90 年代初，由集群计算演进而来。网格计算提出一种类似于电网的计算方法，以获得强大的计算能力、庞大的存储设施及各种服务。与集群不同，网格是异构计算节点的动态聚合，其规模是全国性的甚至是世界性的。网格基于 SOA，使用互操作、按需集成等技术手段，将分散在不同地理位置的资源虚拟成为一个有机整体，实现计算、存储、数据、软件和设备等资源的共享，从而大幅提高资源的利用率，使用户获得前所未有的计算和信息能力。

网格不仅要集成异构资源，还要解决许多非技术的协调问题，也不像云计算有成功的商业模式推动，但对于高端科学或军事应用而言，云计算无法满足其需求，必须依靠网格来解决。未来的科学研究主战场，将建立在网格计算之上。相信在不久的将来，建立在云计算之上的"商业 2.0"与建立在网格计算之上的"科学 2.0"都将取得成功。

通常认为云计算是网格计算的继任者，它体现了以上三大技术的各个方面。正如大型机一样，云的特征是拥有几乎无限的容量、很强的容错能力和不间断的服务。在许多情况下，构成云计算基础设施的计算节点是由商业机组成的集群。云供应商提供的服务按使用量计费，充分体现了网格计算所提出的效用计算的构想。

3. 资源虚拟化

虚拟化是云计算的另一个核心技术。虚拟化是将一些计算的基本构件（如硬件、运行环境、存储和网络）进行抽象化的方法。目前，虚拟化成为支撑云计算的最重要的技术基石，对于按需提供 IT 基础设施的解决方案尤为重要。虚拟化带来了一定程度的可自定义性和可控性，使得云计算对用户而言充满吸引力，同时，对云服务供应商而言，采用云计算也可以实现持续发展。

虚拟化实质上是一种创建不同计算环境（虚拟环境）的技术。之所以称为虚拟环境，是因为其模拟了用户所需要的接口。云计算解决方案可以按需提供虚拟服务器的基本技术，如亚马逊 EC2、RightScale，VMware vCloud 等。硬件虚拟化、存储和网络虚拟化一起，构成了仿真 IT 基础设施所需的技术。

虚拟化技术也可用于复制程序的运行环境。在 Java 或 .NET 等技术的流程虚拟机应用中，应用程序不在操作系统中执行，而是在称为虚拟机的特定程序环境中执行。这种技术允许隔离应用程序的执行，并对它们所访问的资源进行更加精确的控制。云计算中采用这种方法来为按需扩展的应用程序提供平台，如谷歌 App Engine 和 Windows Azure。

也正是由于虚拟化技术的成熟和广泛运用，云计算中计算、存储、应用和服务都变成了资源，这些资源可以被动态扩展和配置，云计算最终在逻辑上以单一整体形式呈现的特性才能实现。

4. 海量分布式存储技术

为保证高可性、高可靠性和经济性，云计算采用分布式存储的方式来存储数据，采用冗余存储的方式来保证存储数据的可靠性，以高可靠软件来弥补硬件的不可靠，从而提供廉价可靠的海量分布式存储和计算系统。云计算的数据存储系统主要有 Google GFS（google file system）和 Hadoop 的开源系统 HDFS（hadoop distributed file system）。大部分 IT 厂商及互联网服务商，包括雅虎、Intel、Facebook 的云计划采用的都是 HDFS 的数据存储技术。

5. 面向服务架构

面向服务架构（service oriented architecture，SOA）是一种 IT 架构设计模式，通过这种设计，用户的业务可以被直接转换成为能够通过网络访问的一组相互连接的服务模块。当使用面向服务架构来实现业务时，用户可以快速创建适合自己的商业应用，并通过流程管理技术来加速业务的处理，促进业务的创新。面向服务架构还可以为用户屏蔽掉运行平台及数据来源上的差异，从而使得 IT 系统能够以一种一致的方式提供服务。

面向服务架构的设计思想引领了 Web 服务技术的发展，使得开放式的数据模型和通信标准越来越广泛地为人们使用，促进了已有信息系统的互联。面向服务架构通过基础设施层、业务层、服务层、流程层的层次划分，将模块化的服务和标准化的流程封装成为可以被用户直接应用的组件，允许用户按照自己的实际情况选择、搭建灵活的 IT 架构，满足个性化的业务需求。

资源和功能服务化是云计算的一个核心思想。云计算利用面向服务架构的思想，通过标准化、流程化和自动化的松耦合组件为用户提供服务。

6. 软件即服务

面向服务是云计算系统的核心参考模型，它将服务作为应用和系统开发的主体模块。面向服务计算（SOC）支持快速、低成本、灵活、可交互和可扩展的应用和系统开发。服务是对自描述和平台无关组件的抽象描述，事实上，任何一段完成某一任务的代码都可以转换成服务，并通过网络访问协议发布其功能。服务应该是松耦合、可重用、独立于编程语言和位置透明的。服务采用面向服务架构（SOA）来组成和聚集。

软件即服务技术是云计算的先行者，比如软件的远程使用、按需付费模式。然而软件即服务提供商一般仅仅提供某一种特定的应用软件。云计算就是把这种单一的模式转为更广泛推广的技术，其采用的虚拟化等技术使得普通软件也可以成为服务。

7.互联网技术

近二十年来，互联网的带宽和可靠性都得到了大幅提升，互联网已成为世界运转不可缺少的平台。网上纷繁复杂的业务对于互联网上资源的稳定性、可靠性、安全性、可用性、灵活性、可管理性、自动化程度甚至是节能环保等特性都提出了苛刻的要求，这一切都在不断推动着互联网技术的发展。正是由于互联网的发展，使得云计算中跨地域的资源共享与服务提供成为可能。

除了骨干网的发展，互联网的接入方式也发生了质的转变。从 PSTN 拨号上网到 ADSL 宽带上网，从单一的有线连接到灵活的无线接入，从高速而廉价的 WiFi 到潜力巨大的 5G 和 LTE，从单一的计算机接入到手机、汽车及各种家用电器的接入，可以说，互联网已经是随时随处可用了。正是由于互联网接入的普及和改善，使得用户通过互联网使用远程云端的服务成为可能，在用户和云之间搭起了宽阔的桥梁。

8. Web2.0 技术出现

尽管出现了 Web3.0 乃至 5.0，云计算的发展还是得益于 Web 2.0。以博客、内容聚合（RSS）、百科全书（Wiki）、社会网络（SNS）和对等网络（P2P）为代表的 Web 2.0 应用已经被用户广泛地接受和使用。Web 2.0 的出现让用户从信息的获得者变成了信息的贡献者，也让富互联网应用（rich internet application，RIA）成为网络应用的发展趋势。

Web 2.0 应用程序的例子有：谷歌文档、谷歌地图、Facebook、Twitter、Flickr、YouTube、Blogger 和维基百科。在社交网站中，Web 2.0 技术应用最多。例如，Facebook、Flickr 等网站的信息交互程度，如果没有 AJAX、RSS（really simple syndication）和其他有效的信息交互工具的支持，是不可能实现的。

9.效用计算

效用计算定义了一种计算服务的提供模式，将存储、计算能力、应用程序和基础设施等资源封装为服务，并基于使用量付费。把计算作为像天然气、水、电和电话一样的公共基础设施使用的想法已经存在很长时间了，但是直到云计算的到来，这个想法才变为了现实。这一设想最早由美国科学家 John McCarthy 于 1961 年在麻省理工学院百年庆典上提出：有一天，计算可能会被构建成公共基础设施，就像电话系统那样……计算基础设施服务可能会成为一个新的重要产业的基础。

应用程序不仅是分布的，而且由不同实体提供的服务可以组成一个服务网，并可以付费使用这些通过互联网访问的服务。不仅是计算能力和存储，服务和应用程序组件也可以按需使用和集成。这些因素促进了效用计算概念的发展，并提出了实现云计算的重要步骤，在云计算中，效用计算的概念得到了充分体现。

9.1.9　构建云计算环境

云计算环境的构建既包括基于云计算解决方案的应用和系统开发，也包括框架、平台及交付云计算服务的架构。

1.应用程序开发

面向云计算的应用开发可以从按需动态扩展的能力中获益。其中最能充分利用这一特点的应用是 Web 应用程序，其性能通常受到由不同用户需求产生的工作负载的影响。另一类体现云计算潜在优势的应用是资源密集型应用程序，包括数据密集型和计算密集型应用程序。在这两种情况下，需要相当多的资源在一段合理的时间内来完成执行，而并不是持续地、长时间地需要大量资源。在这种情况下，云计算可以作为解决方案。

云计算提供了对整个参考模型按需创建和动态扩展的解决方案。实现方式包括：①提供租用计算能力、存储和连接网络的方法；②提供支持可扩展性和动态性的运行环境；③提供模仿桌面应用程序的服务，但是这些服务完全由服务供应商来托管和管理。基于 SOA，所有功能都可以简单地、无缝地集成到现有系统中。开发人员可以利用表征状态转移（representational state transfer，REST）Web 服务来实现这些功能。

2.基础设施和系统开发

分布式计算、虚拟化、面向服务和 Web 技术构成了在全球各个地方提供云服务所需要的核心技术。此外，需要从设计和开发的角度应对新的问题和挑战。

分布式计算是云计算的基础模型。除了大多与访问云中资源相关的管理任务之外，云系统的极端动态特性，即按需提供新的节点和服务，是工程师和开发人员面临的主要挑战，这是云计算解决方案特有的性质。云资源和已有系统部署之间的集成是另一个值得关注的因素。

云计算服务采用 Web 技术接口进行交付、管理和配置。除了通过 Web 浏览器与各种接口交互之外，从编程的角度来看，Web 服务已经成为云计算系统的主要访问方式。云计算经常表示为 XaaS，即一切皆作为服务，明确地强调了面向服务的核心作用。

虚拟化是云计算的另一个重要技术基础，这项技术是云服务供应商使用的硬件基础设施的核心特色。云应用程序的开发者需要注意所采用虚拟化技术的局限性，以及系统中一些组件的波动性带来的影响。

3.云计算平台和技术

利用提供不同类型服务的平台和框架，目前已开发了多种云计算应用程序，从 IT 基础设施服务到用户定制的应用服务。

（1）亚马逊 Web 服务（AWS）。

AWS 提供全面的云计算 IaaS 服务，从虚拟计算、存储、网络连接到云参考模型的各层服务。

（2）谷歌 GAE。

谷歌应用引擎 GAE 是一个用于执行 Web 应用程序的可扩展运行环境，它利用了谷歌大型计算基础设施的优势，可随时间变化按需求动态扩展。GAE 提供了安全的执行环境和各种服务的集合，简化了可扩展的高性能 Web 应用程序的开发。开发人员可以使用 GAE 软件开发包（SDK）在自己的机器上构建和测试应用程序；SDK 复制了系统运行环境，有助于测试和配置应用程序。一旦开发完成，开发人员可以轻松地将其应用程序迁移到 GAE 上，设置服务价格，使其服务在世界范围内可用。GAE 目前支持的语言包括 Python、Java、PHP 和 Go 等。

（3）微软 Azure。

微软 Azure 是一个云操作系统和一个用于开发云应用程序的平台，一般为 Web 应用和分布式应用提供可扩展的运行环境。Azure 上的应用程序以角色的概念组织起来，用以标识应用的一个分配单元，体现应用的逻辑。目前，有三种类型的角色：Web 角色、工作者角色、虚拟机角色。Web 角色用来承载 Web 应用程序；工作者角色是一个更通用的应用程序容器，还可以用来执行工作负载的处理；虚拟机角色提供了一个可以完全定制云参考模型中各层服务（包括操作系统）的虚拟环境。除了这些角色之外，Azure 还提供了一套执行补充应用的附加服务，如用于存储（关系数据和非关系数据）的支持、网络、缓存、内容服务等。

（4）Hadoop。

Apache Hadoop 是一个开源框架，适于处理商用机上的大型数据集。Hadoop 是谷歌设计的应用程序编程模型 MapReduce 的实施方案，MapReduce 提供了数据处理的两种基本操作：map 和 reduce。前者转换并合成用户输入的数据，后者聚合由 map 操作得到的输出结果。Hadoop 提供了运行环境，开发人员只需要提供输入数据，指定需要执行的 map 和 reduce 函数。Yahoo！是 Apache Hadoop 项目的倡导者，致力于将该项目应用于数据处理的企业级云计算平台。Hadoop 是 Yahoo！云计算基础设施的组成部分，支持该公司的多项业务处理。

（5）Force.com 和 Salesforce.com。

Force.com 是用于开发社交网络应用程序的云计算平台。作为 SalesForce.com 的基础平台，SalesForce（CRM）是客户关系管理的 SaaS 解决方案。

（6）Manjrasoft Aneka。

Manjrasoft Aneka 是用于快速创建可扩展应用的云应用平台，可以无缝且弹性地部署到不同类型的云平台。

以上这些平台是应用云计算技术的主要实例，涵盖了云计算参考模型中的三大部分：IaaS、PaaS、SaaS。

9.2　云计算的架构

作为一种新兴的计算模式，云计算能够将各种各样的 IT 资源、应用和平台等以服务的方式通过网络交付给用户。这些服务包括种类繁多的互联网应用、运行应用的中间件平台及虚拟的服务器、存储等 IT 基础资源。当云计算环境将硬件、软件和各种相关技术有效地组织在一起并作为云计算服务提供时，应当考虑需要面临的大规模性、可用性、可伸缩性及其对性能、信息安全等方面的要求。云计算系统的组织方式即为云计算架构（云架构）。

9.2.1 云架构的层次

从基本的功能来看，云分为基础设施云、平台云和应用云。这样的分类方式其实已经包含了云架构的基本层次，云架构通过虚拟化、标准化和自动化的方式有机地整合了云中的硬件和软件资源，并通过网络将云中的服务交付给用户。

云计算可以按需提供弹性资源，它的表现形式是一系列服务的集合。结合当前云计算的应用与研究，其体系架构可分为基础设施服务、核心服务、服务管理、用户访问接口四个层次，如图 9－10 所示。基础设施服务层将硬件基础设施、网络设施等抽象为服务，核心服务层将软件运行环境、数据库和应用程序抽象成服务，这些服务具有可靠性强、可用性高、规模可伸缩等特点，满足多样化的应用需求。服务管理层为核心服务提供支持，进一步确保核心服务的可靠性、可用性与安全性。用户访问接口层实现端到云的访问。

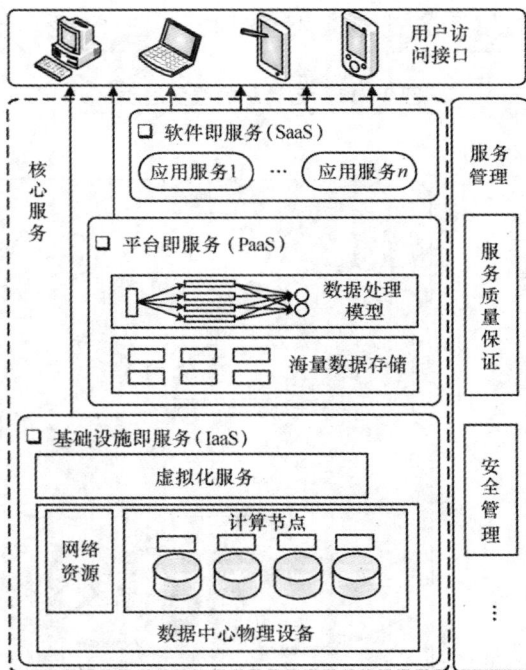

图 9－10 云计算基本架构

云计算核心服务通常可以分为 3 个子层：基础设施即服务层（IaaS）、平台即服务层（PaaS）、软件即服务层（SaaS），如图 9－11 所示。

基础设施层 IaaS 通过虚拟化技术提供硬件基础设施部署服务，为用户按需提供实体或虚拟的计算、存储和网络等资源。借助于 Xen、KVM、VMware 等虚拟化工具，可以提供可靠性高、可定制性强、规模可扩展的 IaaS 层服务。IaaS 的实现机制，如图 9－12 所示。

图 9 – 11   云计算的服务层次

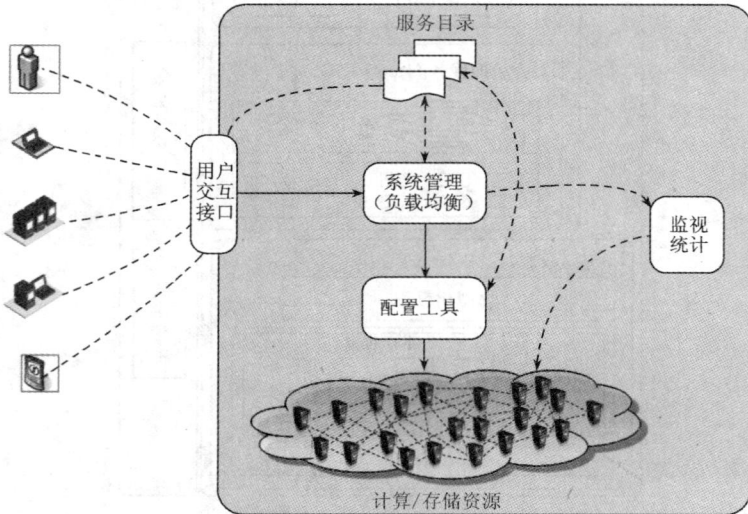

图 9 – 12   简化的 IaaS 实现机制图

　　用户交互接口向应用以 Web Services 方式提供访问接口，获取用户需求。服务目录是用户可以访问的服务清单。系统管理模块负责管理和分配所有可用的资源，其核心是负载均衡。配置工具负责在分配的节点上准备任务运行环境。监视统计模块负责监视节点的运行状态，并完成用户使用节点情况的统计。执行过程并不复杂，用户交互接口允许用户从目录中选取并调用一个服务，该请求传递给系统管理模块后，它将为用户分配恰当的资源，然后调用配置工具为用户准备运行环境。

　　PaaS 是云计算应用程序运行环境，提供应用程序部署与管理服务，它是具有通用性和可复用性的软件资源的集合，为云应用提供开发、运行、管理和监控的环境。通过 PaaS 层的软件工具和开发语言，应用程序开发者只须上传程序代码和数据即可使用服务，而不必关注底层的网络、存储、操作系统的管理问题。由于目前互联网应用平台（如 Facebook、Google、Taobao 等）的数据量日趋庞大，PaaS 层应当充分考虑对海量数据的存储与处理能力，并利用有效的资源管理与调度策略提高处理效率。

SaaS 是基于云计算基础平台所开发的应用程序。云应用种类繁多，既可以是受众群体庞大的标准应用，也可以是定制的服务应用，还可以是用户开发的多元应用。第一类主要满足个人用户的日常生活办公需求，比如文档编辑、日历管理、登录认证等；第二类主要面向企业和机构用户的可定制解决方案，比如财务管理、供应链管理和客户关系管理等领域；第三类是由独立软件开发商或开发团队为了满足某一类特定需求而提供的创新型应用，一般在公有云平台上搭建。企业可以通过租用 SaaS 层服务解决企业信息化问题，普通用户可以将桌面应用程序迁移到互联网，实现应用程序的泛在访问。

服务管理层对核心服务层的可用性、可靠性和安全性提供保障。服务管理包括服务质量（quality of service，QoS）保证和安全管理等。然而云计算平台规模庞大且结构复杂，很难完全满足用户的 QoS 需求。为此，云计算服务提供商需要和用户进行协商，并制定服务水平协议（service level agreement，SLA），使得双方对服务质量的需求达成一致。

此外，数据的安全性一直是用户较为关心的问题。云计算数据中心采用的资源集中式管理方式使得云计算平台存在单点失效问题。保存在数据中心的关键数据会因为突发事件（如地震、断电）、病毒入侵、黑客攻击而丢失或泄露。根据云计算服务特点，研究云计算环境下的安全与隐私保护技术（如数据隔离、隐私保护、访问控制等）是保证云计算得以广泛应用的关键。

除了 QoS 保证、安全管理外，服务管理层还包括计费管理、资源监控等管理内容，这些管理措施对云计算的稳定运行同样起到重要作用。

用户访问接口实现云计算服务的泛在访问，通常包括命令行、Web 服务、Web 门户等形式。命令行和 Web 服务的访问模式既可为终端设备提供应用程序开发接口，又便于多种服务的组合。Web 门户是访问接口的另一种模式。通过 Web 门户，云计算将用户的桌面应用迁移到互联网，从而使用户随时随地通过浏览器访问数据和程序，提高工作效率。虽然用户通过访问接口使用便利的云计算服务，但是由于不同云计算服务商提供接口标准不同，导致用户数据不能在不同服务商之间迁移。为此，在 Intel、Sun 和 Cisco 等公司的倡导下，云计算互操作论坛（cloud computing interoperability forum，CCIF）宣告成立，并致力于开发统一的云计算接口（unified cloud interface，UCI），以实现全球环境下不同企业之间可利用云计算服务无缝协同工作的目标。

需要注意的是，并不是所有的云都必须在这三个层次上分别提供服务。如 Amazon EC2、Google App Engine 和 Salesforce CRM，它们就只分别向用户交付基础设施层、平台层或应用层上的服务。对于云提供商来说，交付的层次越高，其内部需要实现的功能就越多。例如，Amazon EC2 为用户提供的是虚拟化的硬件资源，并提供对这些资源的管理；Google App Engine 除了对硬件资源进行抽象和管理外，还为用户提供统一的应用开发和运行环境。对于 Salesforce CRM，不仅要提供对底层硬件和上层软件平台的支持，还要为用户开发立即可用的软件或软件功能模块。

9.2.2　云架构的特性

1. 大规模

近些年来，信息技术和信息产业的发展见证了 IT 系统和应用的大规模（large scale）特征。通过互联网的传递，一个应用如搜索、社交网络、微博、科学计算等每天可以被遍及全球成百万、千万或者上亿的用户使用。为了支撑这样的应用，需要成百上千的服务器、TB 或者 PB 级的存储空间及 Gbps 或 Tbps 级的传输带宽。例如，Facebook 有超过 6 亿的用户，总共上载了数千亿张照片，是世界上最大的照片共享服务商。微软的 Hotmail 有超过 3 亿的用户，它的搜索每个月要响应 30 亿次查询请求，并且它的 Messager 也有上亿的账户。为了支持这样的业务，微软的数据中心有数十万台的服务器，而其中一半以上的服务器用于搜索业务。这样的应用和实现系统无疑是大规模这个词汇的有力注解。

2. 高可用

可用性（availability）是指软件系统在一段给定时间内正常工作的时间占总时间的比值，通常用百分比来衡量。云计算系统中需要采用冗余和灾难备份等方式来保证服务的可用性。然而，这些冗余或者灾难备份系统的引入又带来新的问题，比如冗余备份带来一致性问题，以及更高的采购和管理开销。云计算高可用性的本质是通过技术创新，保证即使软、硬件出现问题后服务仍然可用。比如虚拟化技术提供的快速部署、虚拟机实时迁移能力，都将云计算环境的可用性提高到了一个新的高度。

为了提供真正高可用的服务，云计算的提供商正在研究常见故障的分析及预测模型。基于对这些模型的研究，云计算服务商希望能够预测到可能的可用性问题，并通过提前准备副本、提前解决故障、通知用户等手段来避免这些故障的发生，或者减少故障发生带来的损失。

3. 可伸缩

可伸缩性（scalability）是软件系统的一种特性，具备伸缩性的软件系统能够通过资源的增加或减少来应对负载的变化，并保持一致的性能。可伸缩性管理的实现方法主要是垂直伸缩和水平伸缩。垂直伸缩是指在现有的服务节点上增加或者减少资源，比如增加或减少 CPU、内存、线程池和存储空间等。而水平伸缩是指在现有的服务节点基础上增加或者减少服务节点，从而支持变化的服务请求。水平伸缩需要原有系统提供对多个服务器组成的集群的管理，包括数据同步、统一监控、负载均衡和性能调优等。

在云计算环境中，对于应用的垂直伸缩和水平伸缩都可以通过云计算的基础设施平台得到支持。比如在一个基于服务器虚拟化的云基础设施中，垂直伸缩可以通过对虚拟机的资源调整来实现。虚拟化平台提供了丰富的接口，使管理员可以方便地调整一个虚拟机的 CPU、内存或存储资源。对于水平伸缩，则可以通过增加或减少应用所需的虚拟机节点来完成。在云计算的环境中，应用在理论上可以做到按需伸缩，即应用所占用的资源随着负载的增加或降低而增加或减少，从而保证在不同的负载下仍然能获得一致的性能。

4.高性能

通过对大量服务器的整合和调度，一个云计算环境能够为用户提供远远超过传统计算环境的计算、存储和网络性能。但是，云环境所承担的计算、存储和网络方面的负载也远远大于传统的环境。

9.2.3 云架构的准则

1.信息安全与保密

在云计算环境中，用户不再拥有基础设施的硬件资源，软件都运行在云中，业务数据也存储在云中，因此云计算安全关系到云计算这种计算模式是否能被业界接受。云计算的安全问题主要有两方面：一是云计算自身环境特有的安全问题，二是云计算对现有的软件系统安全防护模式的挑战。

当然，云环境也为安全策略提供了新的思路。例如，传统的病毒防护模式需要杀毒软件在用户本地储存病毒特征库并及时对其进行更新，从而对本地的病毒进行实时监控。用户需要经常从杀毒软件公司的数据库下载最新的病毒特征库，用户之间是相互独立的。而在云计算环境中，用户高度互联，任何一个用户遇到问题，几乎可以实时地发布给云内的其他用户，多个用户可以协同解决这个问题，这样就避免了频繁更新病毒特征库的操作，而可以直接使用最新的安全服务。

2.集成与标准化

越来越多的企业在构建自己的云计算平台，也有越来越多的企业和个人在使用云计算平台。从云计算平台提供者的角度来说，大部分云计算的平台是只能提供一类或者几类功能的，比如提供开发测试功能、海量计算功能，或者分析优化功能等。虽然 Google、Amazon 等公司试图提供一个大而全的云计算平台，但是他们的云计算平台提供的功能更多地是满足规模用户的需求，而不能完全满足用户的个性化需求。

从云计算用户的角度来说，当用户使用云计算时，很有可能要同时使用多个云计算平台，而为了维护业务的连续性和一致性，用户需要维护多个云之间的数据同步、应用版本同步，或者使应用在多个云之间能够互操作。应对这种需求，理想的情况是多个云的操作方式、操作接口都是统一的，或者说这些云是同构的，那么用户就可以通过统一的操作方式来访问。但在大部分情况下，多个厂商提供的云是异构的，在这种情况下，就需要通过一种方法来将多个云抽象成一个，提供统一的操作方式和操作接口，以此来降低使用的复杂性。

云计算为客户创造价值并不仅仅局限于公有云服务，比如要求客户将自己的核心业务迁移到公有云中是不可行的，因为一方面商业机密泄露的风险变大了，另一方面，成本和迁移的不确定性也会在一定程度上增加业务风险，因此很多有实力的公司除了将非关键业务迁移到公有云中降低运维成本外，还通过打造私有云来提高关键业务的服务质量和管理的自动化程度。很多时候公有云和私有云中的业务需要交换数据，这就需要一种集成服务将这些业务集成起来。

云集成服务需要 VPN 等技术将企业内外的网络连接起来。更重要的是，云集成服务需要访问云平台的 API，对不同云中的应用进行管理和数据访问。如果没有云计算的标准化，那么云集成服务将会变得极为复杂，甚至只能根据具体解决方案开发专用的云集成服务。这无疑会大大增加客户使用云计算的成本。IBM 收购过一家云计算集成公司 Cast Iron，该公司能够帮助客户自动集成在 Amazon 和 Google 等云上运行的应用。

关于云计算的标准化工作还在努力之中。

9.3　云计算核心技术

云计算的理念生动体现了互联网时代的信息服务特性，并且正在推动一系列技术创新去解决互联网平台的服务生命周期管理问题，大规模分布式计算、存储、通信问题，以及资源按需提供、按需计费问题。本节从技术维度深入讨论云计算，着重介绍云计算中的主要关键技术。

9.3.1　快速部署

自数据中心诞生以来，快速部署就是一项重要的功能需求。数据中心管理员和用户一直在追求更快、更高效、更灵活、功能更齐全的部署方案。云计算环境对快速部署的要求将会更高。首先，在云环境中资源和应用不但规模变化范围大而且动态性高。用户所需的服务主要采用按需部署的方式，即用户随时提交对资源和应用的请求，云环境管理程序负责分配资源、部署服务。其次，不同层次云计算环境中服务的部署模式是不一样的，比如虚拟化的基础设施云上的应用都被打包在虚拟机里面，而多租户平台上的应用则会选择更加轻量级的打包方案。另外，部署过程所支持的软件系统形式多样，系统结构各不相同，部署工具应能适应被部署对象的变化。

基于流传输的虚拟机部署方法可以有效减少单个虚拟机的部署时间，但是包含的操作系统、中间件、应用软件的虚拟机镜像，大小通常为几个 GB 到几十个 GB，镜像的复制速度会严重影响虚拟机的部署速度和用户体验。另外，虚拟机的激活涉及整个软件栈的配置和关联关系，操作非常复杂，自动化程度的高低直接关系着虚拟机部署的效率。因此，即使采用了流传输来部署，这个过程仍然会耗费大量时间。在部署多个虚拟机时，基于流传输的虚拟机部署采用的是顺序的、串行的部署方法。

并行部署是指将传统的顺序部署方式改变为并行执行，同时执行多个部署任务，将虚拟机同时部署到多个物理机上，如图 9 - 13 所示。

理想情况下，并行部署可以成倍地减少部署所需时间，但存储镜像文件所在的部署服务器的读写能力或者部署系统的有限网络带宽却制约着实际的并行程度。

协同部署技术的核心思想是将虚拟机镜像在多个目标物理机间的网络中传输，而不是仅仅在部署服务器和目标物理机之间传输，从而提高部署速度。通过协同部署，部署服务器的网络带宽不再成为制约部署速度的瓶颈，部署的速度上限取决于目标物理机之间的网络带宽的总和。基于虚拟化技术和协同部署技术，可以构建一个协同部署系统，从而提高服务的部署速度、效率和质量。如图 9 - 14 所示，协同部署系统的架构包括部署服务器节点（图中的云部署服务器）和被部署节点（图中的物理主机 A、B、C），关键模块包括部署控制器、镜像拷贝器、协同部署器和协同控制器等。

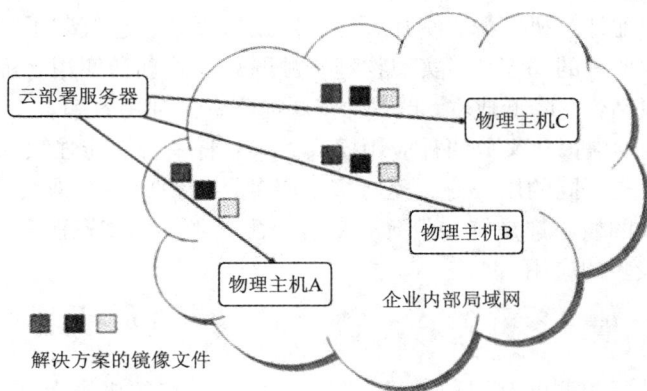

图 9-13 并行部署系统架构

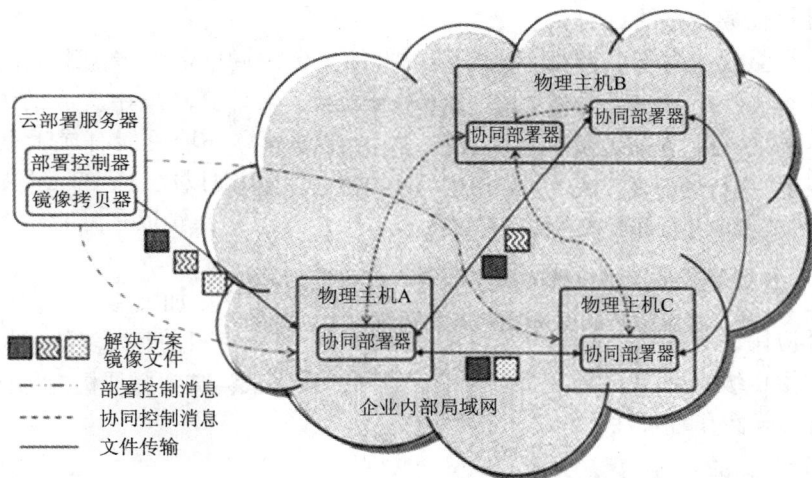

图 9-14 协同部署系统结构

部署服务器负责将协同部署器及用户空间文件系统(通过 I/O 操作截获技术,将用户的本地文件访问重定向到网络上)的安装文件发送到被部署节点,并发起部署任务;部署控制器负责协调各个节点之间的部署进度,交换文件片信息;被部署节点在部署任务开始以后,根据启动顺序向用户空间文件系统发出虚拟镜像文件块请求,用户空间文件系统调用协同部署器获取文件块。

9.3.2 虚拟化技术

虚拟化是云计算最重要的核心技术之一,它为云计算服务提供基础架构层面的支撑,是 ICT 服务快速走向云计算的最主要驱动力。可以说,没有虚拟化技术,也就没有云计算服务的落地与成功。

从技术上讲，虚拟化是一种在软件中仿真计算机硬件，以虚拟资源为用户提供服务的计算形式，旨在合理调配计算机资源，使其更高效地提供服务。它打破了应用系统各硬件间的物理划分，从而实现架构的动态化，实现物理资源的集中管理和使用。虚拟化的最大好处是增强系统的弹性和灵活性、降低成本、改进服务、提高资源利用效率。

从表现形式上看，虚拟化又分两种应用模式。一是将一台性能强大的服务器虚拟成多个独立的小服务器，服务不同的用户。二是将多个服务器虚拟成一个强大的服务器，完成特定的功能。这两种模式的核心都是统一管理，动态分配资源，提高资源利用率。在云计算中，这两种模式都有比较多的应用。

9.3.3　资源调度

实现计算任务的资源调度有两种途径：在计算任务所在的机器上调整它的资源使用量，或者将计算任务转移到其他机器上。目前的技术已经实现了在几秒钟内（暂时停机时间为毫秒级）将一个操作系统进程从一台机器迁移到另一台机器。虚拟机的出现使得所有的计算任务都被封装在一个虚拟机内部，由于虚拟机具有隔离特性，因此可以采用虚拟机的动态迁移方案来达到计算任务迁移的目的。

云计算的海量规模为资源调度带来了新的挑战。资源调度需要考虑资源的实时使用情况，这要求对云计算环境的资源进行实时监控和管理。云计算环境中资源的种类多、规模大，对资源的实时监控和管理十分困难。此外，一个云计算环境可能有成千上万的计算任务，这对调度算法的复杂性和有效性提出了挑战。对于基于虚拟化技术的云基础设施层，虚拟机的大小一般都在几个 GB 以上，大规模并行的虚拟机迁移操作很有可能会因为网络带宽等各因素的限制而变得非常缓慢。

从调度的粒度来看，虚拟机内部应用的调度是云计算用户更加关心的。如何调度资源满足虚拟机内部应用的服务级别协定也是目前待解的一个难题。目前，大多数虚拟化管理方案只能通过在虚拟机级别上的调度技术结合一定的调度策略来尝试为虚拟机内部应用做资源调度，普遍缺乏精确性和有效性。

9.3.4　多租户技术

与传统的软件运行和维护模式相比，云计算要求硬件资源和软件资源能够更好地共享，具有良好的可伸缩性，任何一个企业用户都能够按照自己的需求对 SaaS 软件进行客户化配置而不影响其他用户的使用。多租户（multi‐tenant）技术就是目前云计算环境中能够满足上述需求的关键技术。

多租户技术是一项云计算平台技术，该技术使得大量的用户能够共享同一堆栈的软、硬件资源，每个用户能够按需使用资源，能够对软件服务进行客户化配置，而且不影响其他用户的使用。这里，每一个用户被称为一个租户，如图 9‐15 所示。

多租户的最简单形式就是多个消费者同时使用属于同一组织或不同组织的资源和应用。多租户的影响主要是残留数据可见性和对其他用户或租户操作的追踪。

云服务模式中的"多租户"（图 9‐16）意味着满足不同客户场景对策略驱动的安全增强、分段、隔离、监管、服务水平以及相应的计费/返款等模型的不同需求。消费者可以以用户的身份使用公有云服务提供商的服务，或者是私有云服务中一个实例，一个组织可以将共享同

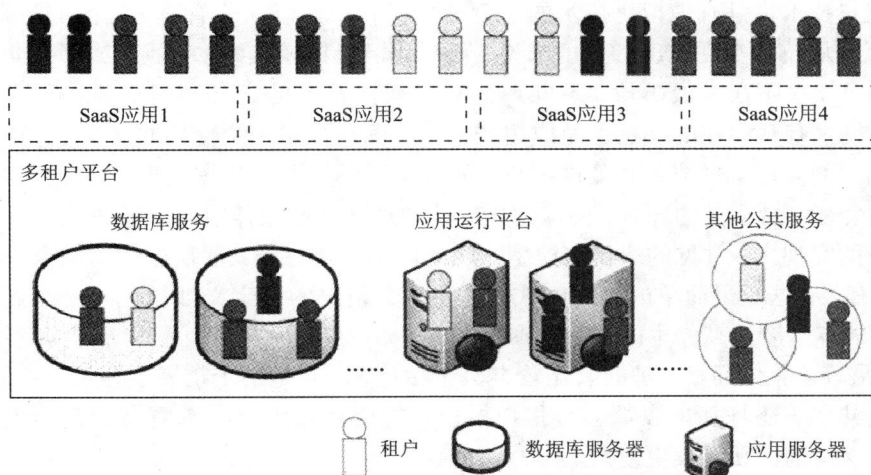

图 9-15 多租户平台

一个公共基础的用户分隔为不同的业务单元 BU(business unit)。从提供商的角度来看，多租户对架构和设计提出的要求是通过在很多不同消费者之间杠杆式地分享基础设施、数据、元数据、服务和应用等，来实现可扩展、可用性、管理、分区、隔离以及运行效率等方面的"经济性"。

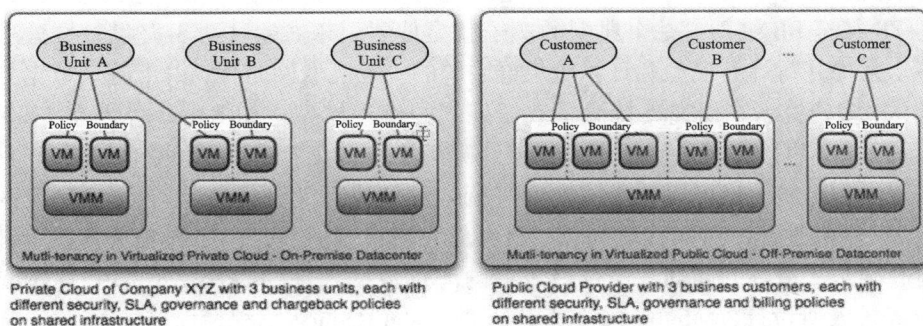

图 9-16 云服务模式中的多租户

目前普遍认为，采用多租户技术的 SaaS 应用需要具有两项基本特征：第一点是 SaaS 应用是基于 Web 的，能够服务于大量的租户并且可以非常容易地伸缩；第二点则在第一点的基础上要求 SaaS 平台提供附加的业务逻辑，使得租户能够对 SaaS 平台本身进行扩展，从而满足更大型企业的需求。目前，多租户技术面临的技术难点包括数据隔离、客户化配置、架构扩展和性能定制。

IT 人员经常会面临选择虚拟化技术还是多租户技术的问题。多租户与虚拟化的不同在于：虚拟化后的每个应用或者服务都单独地存在一个虚拟机里，不同虚拟机之间实现了逻辑的隔离，一个虚拟机感知不到其他虚拟机；而多租户环境中的多个应用其实运行在同一个逻辑环境下，需要通过其他手段，比如应用或者服务本身的特殊设计，来保证多个用户之间的隔离。多租户技术也具有虚拟化技术的一部分好处，如可以简化管理、提高服务器使用率、节省开支等。从技术实现难度的角度来说，虚拟化已经比较成熟，并且得到了大量厂商的支持，而多租户技术还在发展阶段，不同厂商对多租户技术的定义和实现还有很多分歧。当然，多租户技术有其存在的必然性及应用场景。在面对大量用户使用同一类型应用时，如果把每一个用户的应用都做成单独的虚拟机，可能需要成千上万台虚拟机，这样会占用大量的资源，而且会有大量重复的部分，使虚拟机的管理难度及性能开销大大增加。

在已有的实现中，常见的多租户模型之间的区别主要在于其底层采用的数据库模式。

（1）私有表：这是最简单的扩展模式，它为每个租户的自定义数据创建一个新表。其优点是简单，缺点是涉及高成本的 DDL（data definition language）操作，并且整合度不高。

（2）扩展表：总体而言，扩展表比较类似于私有表，但是一个扩展表会被多个租户共享，所以无论是共享表还是基本表都会有租户栏位。扩展表比私有表有更高的整合度和更少的 DDL 操作，但架构比私有表更复杂。

（3）通用表：通用表主要用来存放所有自定义信息，里面有租户栏位和许许多多统一的数据栏位。这种统一的数据栏位会使用非常灵活的格式转储各种类型的数据。由于每一行中的数据栏位都会以一个键、一个值的形式存放所有自定义数据，这样通用表的行都会很宽，而且空值很多，所以也被称为稀疏列。但它具有极高的整合度并避免了 DDL 操作，在整体实现方面难度加大。

9.3.5　海量数据处理与并行编程模式

以互联网为计算平台的云计算，将会更广泛地涉及海量数据处理任务，通常数据的规模可以达到 TB 甚至 PB 级别。一个典型的例子就是搜索引擎。以往对于海量数据处理的研究通常是基于某种并行计算模型和计算机集群系统的。在互联网时代，由于海量数据处理操作非常频繁，很多研究者在研究支持海量数据处理的编程模型。如 Remzi 等人在 1999 年设计的 River 编程模型的目标就是使基于大规模计算机集群的编程和计算更加容易，并且获得极佳的计算性能。开发人员可以基于该模型进行开发和执行计算任务。River 模型有两个核心设计特性：一个高性能的分布式队列和一个存储冗余机制。因此，River 需要对磁盘和网络的数据传输进行非常精心的调度。当今最流行的海量数据处理的编程模型是由 Google 公司的 Jeffrey Dean 等人所设计的 MapReduce 编程模型。MapReduce 编程模型将一个任务分成很多更细粒度的子任务，这些子任务能够在空闲的处理节点之间调度，使得处理速度越快的节点处理越多的任务，从而避免处理速度慢的节点延长整个任务的完成时间。

9.3.6　大规模消息通信

云计算的一个核心理念就是资源和软件功能都是以服务的形式进行发布的，不同服务之间经常需要通过消息通信进行协作。可靠、安全、高性能的通信基础设施对于云计算的成功至关重要。

云计算也给分布式系统中的消息通信带来了新的挑战。首先，消息通信服务必须足够稳定，以保证在应用程序需要使用消息服务的时候该服务一定是可用的，并且保证消息在互联网传输过程中不会丢失。其次，消息通信服务必须能够伸缩，从而支持大规模节点同时执行高性能的消息读写操作。云计算的安全问题一直以来备受关注，因此消息通信服务还要保证消息的传递是安全的，从而保证业务是安全的。此外，紧凑、高效的消息内容模型对提高消息处理效率非常重要，这在云计算这样的大规模消息通信处理环境中体现得尤为明显。

9.3.7　大规模分布式存储

云计算的出现给分布式存储带来了新的需求和挑战。在云计算环境中，数据的存储和操作都是以服务的形式提供的；数据的类型多种多样，包括了普通文件、虚拟机镜像文件这样的二进制大文件，类似 XML 的格式化数据，甚至数据库的关系型数据等；云计算的分布式存储服务设计必须考虑到各种不同数据类型的大规模存储机制，以及数据操作的性能、可靠性、安全性和简单性。

目前，在云计算环境下的大规模分布式存储方向已经有了一些研究成果和应用。如 Bigtable 是 Google 公司设计的用来存储海量结构化数据的分布式存储系统，Google 公司使用它将网页存储成分布式的、多维的、有序的图。Dynamo 是 Amazon 公司设计的一种基于键值对的分布式存储系统，能够提供非常高的可用性。Amazon 公司的 S3 是一个支持大规模存储多媒体这样的二进制文件的云计算存储服务。Amazon 公司的 SimpleDB 是建立在 S3 和 Amazon EC2 之上的用来存储结构化数据的云计算服务。

9.3.8　许可证管理与计费

许可证管理与计费涉及 IT 基础设施的最终支付环节，牵涉到服务提供商与用户的切身利益。用户通过购买许可证或者支付费用获得对软件、硬件、服务的产权或使用权利，以及相应的售后服务支持，而提供商获得用户支付的费用。

仅从软件的许可证计费模型来看，在传统的软件许可证购买方式下，用户需要估算自己需要使用的软件数量、资源规模、用户数目，然后根据软件发售商提供的许可证计算方法，得到一个需要购买的许可证数目的最大值，作为最终购买的数量。例如，用户的数据中心有 100 台机器要使用一个软件，每台机器有 1 个 CPU，那么用户购买软件时，需要购买 100 个许可证。但在实际使用时，可能只有几台机器在使用这个软件，而使用软件机器的 CPU 占用率也远远不足 100%。也就是说，用户购买了远远超过其真实使用量的许可证数目，花了不必要的费用。在按需付费模式下，用户可以估计自己对于软件许可证的使用情况，决定自己采购的许可证数量。云计算环境会根据用户的支付给用户一定量的许可证，并按照用户在云计算环境中的使用情况计算已使用的许可证数目或释放许可。当剩余的许可证数量少于某一个特定的阈值时，系统会提醒用户，让用户决定是否追加付费，或者减少他当前使用的许可证数。

在按使用计费的模式下，用户甚至不用提前估计自己需要的许可证数，系统会自动跟踪用户在云计算环境里的使用情况，定期生成许可证账单。也就是说，未来用户使用云计算环境中的资源，会像使用水和电一样简单方便。虽然云计算的新型计费模型被设想得非常美好，但是要实现这些设想还有很多工作要做。其中，最迫切的一个问题就是，大量的软件提供商目前还没有制定出其产品在云计算环境下的计费模式。

目前比较成熟的云计算计费模型是 Amazon 公司提供的 Amazon EC2 和 Amazon S3 的按量计费模型，用户按占用的虚拟机单元、IP 地址、带宽和存储空间付费。具体来说，在 EC2 中，对虚拟机单元计费分为两类，一类是按需要的虚拟机单元，即用户使用时才生成、部署，EC2不保证该单元一直在系统中存活；另一类是预留的虚拟机单元，该类虚拟机单元一旦被购买，EC2 会为该虚拟机预留空间，并根据用户的需求一直保持开机状态。两种计费类型都支持按使用时间计费。

在 S3 中，存储服务被分为三类：数据存储、数据传输和数据请求操作。S3 对数据存储和数据传输按流量计费，且流量越大，单位存储的资费越低。对于数据请求操作，按照请求的类别按次计费：put、copy、post 三个占用存储空间的操作以及 list 这个比较复杂的操作费用较高，get 这个最常用的但不占用存储空间的操作，费用为前面几个操作费用的十分之一，而 delete 这个释放空间的操作不收取费用。

9.3.9　信息安全

调查数据表明，安全已经成为阻碍云计算发展的最主要原因之一。数据显示，32% 已经使用云计算的组织和 45% 尚未使用云计算的组织将云安全作为进一步部署云的最大障碍。因此，要想保证云计算能够长期稳定、快速发展，安全是首先需要解决的问题。

在云计算体系中，安全涉及很多层面，包括网络安全、服务器安全、软件安全、系统安全等。因此，有分析师认为，云安全产业的发展，将把传统安全技术推向一个新的阶段。

现在，不管是软件安全厂商还是硬件安全厂商都在积极研发云计算安全产品和方案。包括传统杀毒软件厂商、软硬防火墙厂商、IDS/IPS 厂商在内的各个层面的安全供应商都已加入到云安全领域。相信在不久的将来，云安全问题将得到很好的解决。

9.3.10　云计算平台管理

云计算资源规模庞大，服务器数量众多并分布在不同的地点，同时运行着数百种应用，如何有效地管理这些服务器，保证整个系统提供不间断的服务是巨大的挑战。云计算系统的平台管理技术需要具有高效调配大量服务器资源，使其更好协同工作的能力。其中，方便地部署和开通新业务、快速发现并且恢复系统故障，通过自动化、智能化手段实现大规模系统的可靠运营是云计算平台管理技术的关键。

对于提供者而言，云计算的三种部署模式，即公有云、私有云和混合云对平台管理的要求大不相同。对于用户而言，由于企业对于 ICT 资源共享的控制、对系统效率的要求以及 ICT 成本投入预算不尽相同，企业所需要的云计算系统规模及可管理性能也大不相同。因此，云计算平台管理方案要更多地考虑到定制化需求，能够满足不同场景的应用需求。

Google 内部把云计算平台的管理技术称为 Borg。熟悉美国科幻剧《星际迷航》的读者知道，Borg 是外星人中的巨无霸，可以无敌于天下，而 Google 一定是认为其云计算平台管理技术非常强大，所以才自称 Borg。进行云计算研发的人都知道，对于 GFS、MapReduce 以及 BigTable，都有论文对其技术进行公开发表。唯有 Borg 仍保持着神秘，没有一篇论文涉及这一最为关键的领域，而开源 Hadoop 也没有相应的管理和监控部分的内容。

包括 Google、IBM、微软、Oracle/Sun 等在内的许多厂商都有云计算平台管理方案推出。这些方案能够帮助企业实现基础架构整合，实现企业硬件资源和软件资源的统一管理、统一分配、统一部署、统一监控和统一备份，打破应用对资源的独占，让企业云计算平台价值得以充分发挥。

9.3.11　绿色节能技术

节能环保是全球整个时代的大主题。云计算也以低成本、高效率著称。云计算具有巨大的规模经济效益，在提高资源利用效率的同时，节省了大量能源。绿色节能技术已经成为云计算必不可少的技术，未来会有越来越多的节能技术被引入到云计算中来。

Carbon Disclosure Project(碳排放披露项目，简称 CDP)发布了一项有关云计算有助于减少碳排放的研究报告。报告指出，迁移至云的美国公司每年就可以减少碳排放 8570 万吨，这相当于 2 亿桶石油所排放出的碳总量。

云计算技术降低了服务器的采购成本，电源消耗所带来的运营成本成为云计算数据中心的主要开支之一，为了进一步降低成本，Google 在绿色节能技术上进行了大量探索。

9.4　基础设施即服务

前文已经介绍了云服务层次。IaaS 是将硬件资源进行虚拟化，将计算基础设施(CPU/内存和存储/操作系统)等以出租的方式提供给用户的服务模式。PaaS 是由云计算服务提供商搭建云计算资源服务平台，并将平台能力以开发、运行环境的方式提供给用户进行程序的编码、开发、部署和管理的服务模式。SaaS 是云计算服务提供商通过互联网向用户提供软件应用能力，并按订购的服务量和时长向用户收取费用的服务模式。每个层次涉及的技术如图 9 – 17 所示。本节开始分别讨论这三个层次的相关内容。

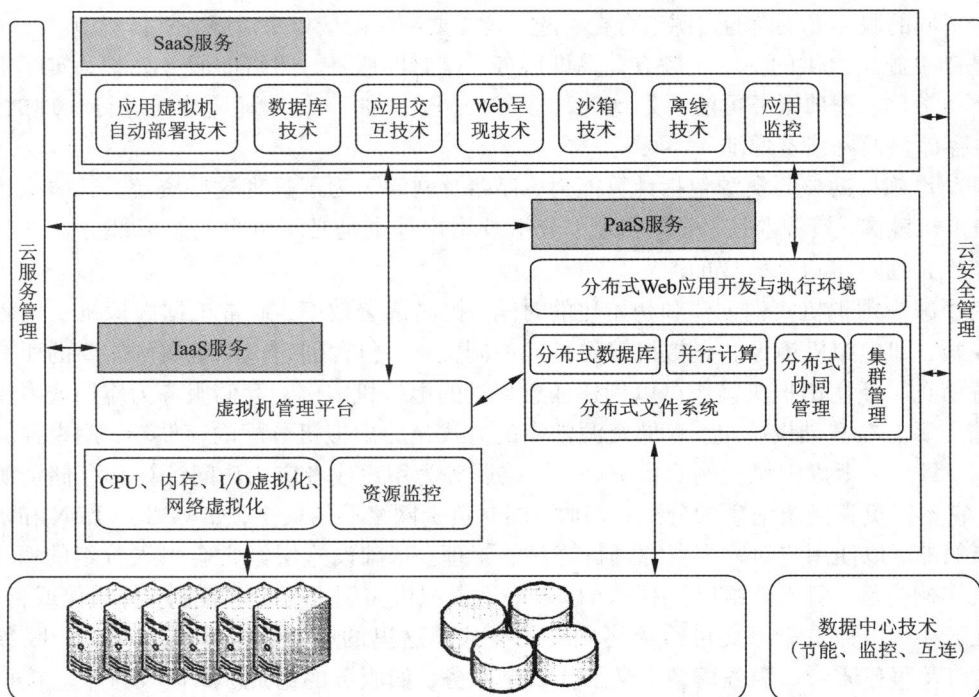

图 9 – 17　云服务层次及相关技术

　　基础设施即服务交付给用户的是基本的基础设施资源。用户无须购买、维护硬件设备和相关系统软件，就可以直接在基础设施即服务层上运行软件系统和应用。基础设施即服务层向用户提供了虚拟化的计算资源、存储资源、网络资源和信息安全保障。基础设施层根据用户的需求动态分配这些资源，相对于平台即服务层和软件即服务层，基础设施即服务层所提供的服务比较偏底层，能够灵活适应用户的需求。

9.4.1　服务模型与接口

　　为了向用户提供计算、存储和网络等服务，基础设施层需要基于物理资源灵活而动态地提供用户所需的能力，因而需要具备相应的基本要素。对内来说，基础设施层采用资源抽象的方式整合各类异构的物理资源；对外而言，基础设施层通过服务模型和简化、易于操作的接口来供用户调用。

　　在基础设施层，弹性意味着计算资源能够根据负载进行调整，负载高的时候分配更多的资源从而保证服务的质量，负载低的时候释放多余的资源从而节省成本。无限意味着用户需要多少资源云平台都能够提供，并能满足用户不断增长的需求。服务也是一个重要的特性，既然作为服务提供，基础设施层不仅要保证服务的功能，也要保证可用性、可靠性、安全性和服务质量等，还要为应用提供一些监控信息，如 CPU 的平均使用率、内存的占用情况等。

　　这三个特性与模型接口的定义是息息相关的。弹性意味着资源要能够自由地伸缩，实现这个特性的一个重要方式就是降低系统之间的耦合性，而常用的方法就是模块提供独立的服务接口，而通过服务接口进行整合。由于数据中心的规模限制，某一个数据中心的资源往往是有限的。为了提供近似无限的资源，需要将同一个服务提供商的多个数据中心整合在一起，甚至是将多个不同的服务提供商的资源整合在一起。这需要统一的接口来对服务进行规范。

　　基础设施层提供的基本服务有计算即服务、存储即服务、网络即服务三类，实际中三者是密不可分的，一项服务可能会是这三种服务的组合，如一个对海量数据进行处理的集群，计算、存储以及网络资源缺一不可。

　　基础设施层的核心资源包括计算能力、存储及网络。为了管理这些资源，云虚拟数据中心、虚拟机镜像、资源监控、安全机制、分组及用户等也是必不可少的组成部分。这些对象的操作也是通过接口来完成的。

　　为了减少虚拟机实例创建和初始化的时间，提高部署效率，通常根据虚拟机实例创建虚拟机模板，即虚拟机镜像。虚拟机镜像是二进制文件，包含创建虚拟机实例需要的所有文件和配置信息。使用虚拟机镜像可以创建任意数量的虚拟机实例。存储服务为应用或者用户提供存储资源。在基础设施层，存储资源常用的方式是为虚拟机分配的存储卷，用来存储应用的数据、日志或者虚拟机实例的备份等。网络服务为用户或者应用访问计算和存储资源提供可能，它不仅负责网络信息的分配和回收，同时负责网络层的安全，如 VPN、VLAN 和防火墙等安全策略，以便用户对一组资源进行统一的管理。基础设施层经常会引入分组的概念，以虚拟机实例为例，引入分组后，用户可以对一组虚拟机实例进行统一控制，如启停或备份等。

　　在云中，服务是资源交付给最终用户的方式。这里的服务由三个要素组成：服务的模型、接口及服务质量。服务模型定义了什么是服务，如服务的组成、属性及特征。接口规范了服务支持的功能及相应的操作。服务质量是提供商和用户之间的协议，是服务供应商对用户提供服务的质量承诺。

　　IaaS 可以提供服务器、操作系统、磁盘存储、数据库和/或信息资源。IaaS 通常会按照"弹性云"的模式引入其他的使用和计价模式，也就是在任何一个特定的时间，都只使用你需要的服务，并且只为之付费。

　　典型的基础设施层服务流程分为规划、部署和运行三个阶段。在规划阶段，基础设施层对硬件资源进行虚拟化，使其成为一个逻辑的资源池，并且配置安全管理模块，控制用户对资源池的访问。基础设施层还要具备对数据尤其是对虚拟镜像文件的管理功能，同时提供给用户访问这些镜像或者上传自定义镜像的服务。在部署阶段，基础设施层实现自动资源提供的功能来支持用户通过系统管理服务进行应用系统部署和卸载。部署阶段过后就进入了运行阶段。在这个阶段，用户的应用系统已经运行在基础设施层提供的虚拟资源上了。此时，基础设施层需要持续地对该系统进行资源监控、负载管理和安全管理，同时为用户提供系统运行状态监控和计费服务。

　　通过 IaaS 这种模式，用户可以从供应商那里获得他所需要的计算或者存储等资源来装载相关的应用，并只须为其所租用的那部分资源付费，而同时这些基础设施烦琐的管理工作则交给 IaaS 供应商来负责。

　　从商业模式方面来说，IaaS 是根据用户的实际使用量来收费，而不是传统的包月形式；从技术上来说，IaaS 应该向用户提供富有弹性的资源，用户需要则提供，不需要则立即自动收回。

9.4.2　IaaS 云计算整体架构

　　虚拟化技术主要实现了对底层物理资源的抽象，使其成为一个个可以被灵活生成、调度、管理的基础资源单位。而要将这些资源进行有效的整合，从而生成一个可统一管理、灵活分配调度、动态迁移、计费度量的基础服务设施资源池，并向用户提供自动化的基础设施服务，就需要 IaaS 管理平台。该管理平台包括两部分：资源管理平台和业务服务管理平台，如图 9 – 18 所示。

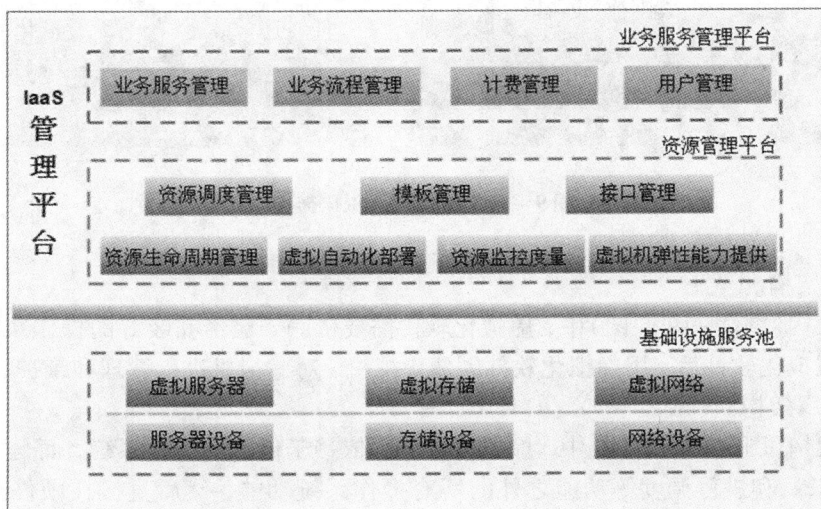

图 9 – 18　IaaS 管理平台

➢ 资源管理平台负责对物理资源和虚拟化资源进行统一的管理和调度，形成统一的资源池，实现 IaaS 服务的可管、可控，其核心是对每个基础资源单位的生命周期管理能力和对资源的管理调度能力。

➢ 业务服务管理平台负责将资源封装成各种服务，以方便易用的方式对外提供给用户，实现 IaaS 服务的可运营条件，主要包括业务服务管理、业务流程管理、计费管理和用户管理。

管理器以两种方式对每个虚拟机进行管理：

➢ 黑盒式管理，主要是针对虚拟机整体进行的管理，与虚拟机内部运行什么软件无关，比如虚拟机的内存调整等。这种方式的管理是通过企业集成管理器与系统管理器的直接交互完成的。

➢ 白盒式管理，主要是对虚拟机内部软件栈进行的管理，比如中间件的监控和配置等。这种方式的管理是通过企业集成管理器与虚拟机内部的代理之间的交互来完成的。

9.4.3　关键技术

1. IaaS 服务器虚拟化

服务器虚拟化是指能够在一台物理服务器上运行多台虚拟服务器的技术，并且上述虚拟服务器在用户、应用软件甚至操作系统看来，几乎与物理服务器没有区别，用户可以在虚拟服务器上灵活地安装任何软件。同时服务器虚拟化技术还应该确保上述多个虚拟服务器之间的数据是隔离的，虚拟服务器对资源的使用是可控的。

服务器虚拟化通常有两种架构，包括寄生架构和裸金属架构，见图 9 – 19。

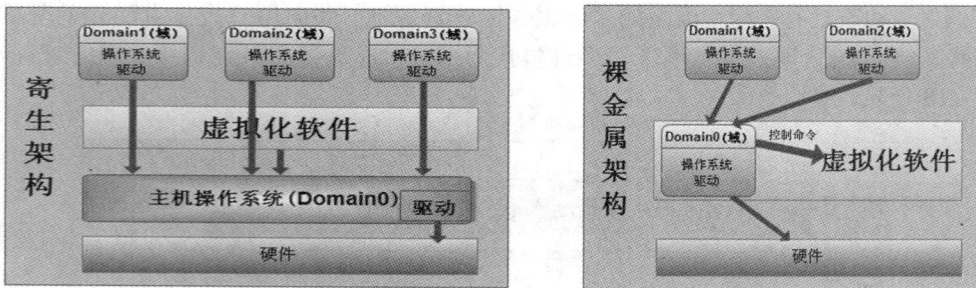

图 9 – 19　服务器虚拟化架构

（1）寄生架构。

在寄生架构（图 9 – 19 左图）中，虚拟化软件需要依赖于已经安装好的操作系统，在操作系统上安装虚拟化软件后，用虚拟化软件创建虚拟机，对虚拟机进行管理和维护。

（2）裸金属架构。

裸金属架构（图 9 – 19 右图）中，虚拟化软件不依赖于传统的操作系统，而是集成了操作系统中处理 CPU 和进程调度等功能之外的所有操作系统功能，然后直接在硬件上建立虚拟化环境，用来管理和维护虚拟机。

2. IaaS 存储虚拟化

从云存储即服务的角度来看，主要给用户提供以下几种形式的服务：①提供块级别的存储服务，如 Amazon EBS；②提供文件级别的存储服务，如 Amazon S3；③提供结构化数据的存储服务，如 Amazon SimpleDB。

存储即服务是为用户或者应用提供数据存储的服务。在基础设施层上，它通常是为虚拟机实例提供额外的存储，如块存储设备或者文件系统。Amazon EBS 服务是商业化存储即服务的实例。通过采用存储服务，可以将应用产生的日志、数据进行持久化，采用灵活多样的方式访问云中的数据，而无须关注虚拟机实例的状态。

基础设施层提供存储服务的优势在于：①数据存储和计算的分离，降低系统间的耦合性，提高系统的可靠性，计算服务服务器的失效不会影响对数据的直接访问；②提高系统的可扩展性，存储作为单独的服务提供，可以灵活地根据需要动态地进行资源调整，而这一切对计算模块是透明的；③按需付费，根据使用的资源大小进行计费；④降低成本，通过专业化的公司提供服务，通过规模化可以减少用户的成本。

在基础设施层，存储即服务提供的主要功能有：申请新的存储，将存储划分给虚拟机实例，调整虚拟机的存储，回收存储资源等。将存储作为服务提供时，存储对象一般包含以下属性：卷组的名称、对卷组的简单描述属性、存储卷的格式、存储卷的大小、存储卷的状态（如当前存储卷是否与虚拟机实例绑定及是否正被使用等）以及创建时间等。

存储虚拟化是一种将存储系统的内部功能从应用、主机或者网络资源中抽象、隐藏或者隔离的技术（图 9 – 20），其目的是进行与应用和网络无关的存储或数据管理。虚拟化技术为底层资源的访问提供了简单、统一的接口，使用户不必关心底层系统的复杂实现。

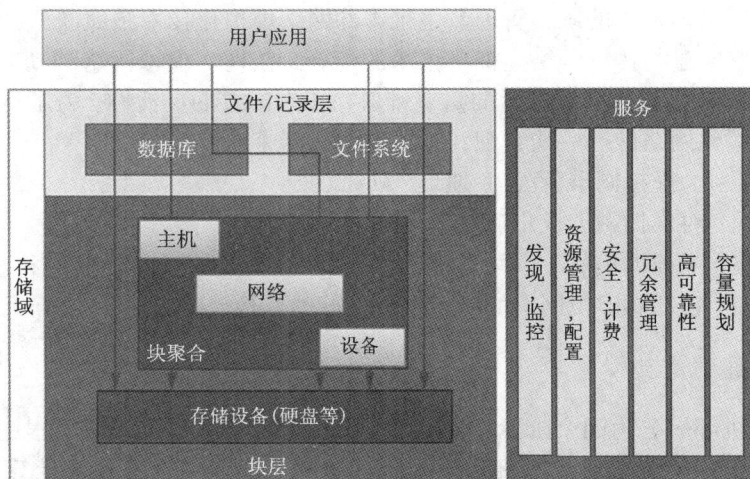

图 9 – 20　存储虚拟化

对存储虚拟化而言，不同层次的虚拟化实现具有不同的目标：

（1）存储设备层：存储设备层的存储资源是最底层的物理设备，通过数据块存储地址的虚拟化，实现对存储内容的快速寻址。

（2）块聚合层。将存储设备层的物理存储设备虚拟化，通过合理的组织，将其构建为能被统一访问的物理资源池。

（3）文件/记录层。进一步对物理资源进行抽象，将其虚拟化为逻辑资源，并为上层应用使用。

3. IaaS 网络虚拟化

网络资源作为传统 IT 系统的基础部分为人们所熟悉。网络即服务是网络资源和云计算技术的结合和演变，是为满足云计算服务的需要而进行的对传统网络资源的改进和创新。

云服务所具有的特点如大规模、高可靠、伸缩灵活、部署快速高效等，对网络也提出了更大的挑战。

网络即服务是将网络资源以服务的方式提供给用户。常见的网络资源包括路由器、交换机、负载均衡设备，以及其他为云平台定制的网络设备及管理系统。实现云计算的重要基础就是实现虚拟化，对于网络也不例外，通过对网络资源的虚拟化，能够屏蔽底层硬件设备的差异，支持灵活的资源部署和配置，并能够根据业务的需求按需调整。

网络即服务是基础设施的重要一环。网络即服务为云中的业务提供多种多样的服务，包括网络地址和域名管理服务、弹性灵活动态的负载均衡服务，以及对网络虚拟化的 VLAN 和 VPN 服务等。常见的网络地址和域名管理服务负责 IP 地址分配、调整、回收、寻址以及域名解析服务。弹性的负载均衡服务可以动态按需地在用户的多个计算节点之间实现对业务的请求进行动态调度。VLAN 技术可以将企业网络划分为虚拟网络 VLAN 网段，简化网络管理和增强网络安全。

网络虚拟化主要包括三个方面：一是物理主机内部网络虚拟化；二是对网络交换设备的虚拟化；三是对网络虚拟化的统一管理。主机内部网络虚拟化技术是面向云计算的网络虚拟化技术的核心，它通过与传统网络虚拟化技术的配合，在现实虚拟网络的动态性、安全性等方面发挥了重要的作用。网络虚拟化的重要价值在于它配置的灵活性，为了达到灵活配置的目的，需要对虚拟化网络做统一的管理，主要涉及：

（1）资源分配：为虚拟网卡分配 IP 地址、MAC 地址。

（2）流量监控：对虚拟网卡设定流量上限。

（3）实时迁移：当虚拟机从一台物理机迁移到另一台物理机时，实时迁移其网络配置。

（4）状态监控：包括对虚拟网卡的状态及流量等的监控。

4. 虚拟机快速部署技术

传统的虚拟机部署分为四个阶段：创建虚拟机；安装操作系统与应用程序；配置主机属性（如网络、主机名等）；启动虚拟机。该方法部署时间较长，达不到云计算弹性服务的要求。尽管可以通过修改虚拟机配置（如增减 CPU 数目、磁盘空间、内存容量）来改变单台虚拟机性能，但是更多情况下云计算需要快速扩张虚拟机集群的规模。为了简化虚拟机的部署过程，虚拟机模板技术被应用于大多数云计算平台。虚拟机模板预装了操作系统与应用软件，并对虚拟设备进行了预配置，可以有效减少虚拟机的部署时间。然而虚拟机模板技术仍不能满足快速部署的需求：一方面，将模板转换成虚拟机需要复制模板文件，当模板文件较大时，复制的时间开销不可忽视；另一方面，因为应用程序没有加载到内存，所以通过虚拟机模板转换的虚拟机需要在启动或加载内存镜像后，方可提供服务。为此，有学者提出了基于 fork 思想的虚拟机部署方式。该方式受操作系统的 fork 原语启发，利用父虚拟机迅速克隆出大量子虚拟机。与进程级的 fork 相似，基于虚拟机级的 fork，子虚拟机可以继承父虚拟机的内存状态信息，并在创建后即时可用。当部署大规模虚拟机时，子虚拟机可以并行创建，并维护其独立的内存空间，而不依赖于父虚拟机。为了减少文件的复制开销，虚拟机 fork 采用了写时复制（copy on write，COW）技术：子虚拟机在执行写操作时，将更新后的文件写入本机磁盘；在执行读操作时，通过判断该文件是否已被更新，确定本机磁盘或父虚拟机的磁盘在读取文件。

5.虚拟机在线迁移技术

虚拟机在线迁移是指虚拟机在运行状态下从一台物理机移动到另一台物理机。虚拟机在线迁移技术对云计算平台的有效管理具有重要意义。

（1）提高系统可靠性。一方面，当物理机需要维护时，可以将运行于该物理机的虚拟机转移到其他物理机。另一方面，可利用在线迁移技术完成虚拟机运行时备份，当主虚拟机发生异常时，可将服务无缝切换至备份虚拟机。

（2）有利于负载均衡。当物理机负载过重时，可以通过虚拟机迁移达到负载均衡，优化数据中心性能。

（3）有利于设计节能方案。通过集中零散的虚拟机，可使部分物理机完全空闲，以便关闭这些物理机（或使物理机休眠），达到节能目的。

此外，虚拟机的在线迁移对用户透明，云计算平台可以在不影响服务质量的情况下优化和管理数据中心。在线迁移技术于 2005 年由 Clark 等人提出，通过迭代的预复制（pre - copy）策略同步迁移前后的虚拟机的状态。利用虚拟机的在线迁移技术，Remus 系统设计了虚拟机在线备份方法。当原始虚拟机发生错误时，系统可以立即切换到备份虚拟机，而不会影响到关键任务的执行，提高了系统可靠性。

6.IaaS 服务运营

系统集成服务从一开始是以硬件主导，到现在系统集成服务逐渐软化，随着 IT 行业的发展，系统集成行业将会出现软件服务化、服务产品化。而云计算本身就是一个融合了底层（IaaS）、中间层（PaaS）、上层（SaaS）的一整套服务集合。IaaS 云是一种业务模式，它以服务器虚拟化、网络虚拟化、存储虚拟化等各种虚拟化技术为基础，向云用户提供各种类型能力的服务。

为了能够得到云计算低成本和高效管理的优点，想要搭建私有云服务的企业将越来越多。作为系统集成商，为了能够更好地服务于客户，为用户搭建高质量的私有云环境，需要对通过各种虚拟化技术构成的资源池进行有效的管理，同时能够对已经交付给用户的服务进行监控和管理。

9.5 平台即服务 PaaS

PaaS 是指将软件研发的平台作为一种服务，以 SaaS 的模式提交给用户。PaaS 平台在云架构中位于中间层，其上层是 SaaS，其下层是 IaaS，基于 IaaS 之上的是为应用开发（可以是 SaaS 应用，也可以不是）提供接口和软件运行环境的平台层服务。

PaaS 是云计算平台层的外在表现形式，是云计算平台提供的一类重要的功能集合。平台层需要解决的问题是为某一类应用提供一致、易用而且自动的运行管理平台及相关的通用服务。编者于 2014—2015 年在福州研发的《物联网应用服务公共平台》也是 PaaS 的例子。平台层通过一系列的面向应用需求的基本服务和功能来提供应用运行管理的基础，而它也屏蔽了基础设施层的多样性。

业界对 PaaS 的认知分为好多种，狭义上讲有像 Google App Engine 这些最基本的开发平台，广义上讲有向 SaaS 上拓展的，诸如 NetSuite 公司的 SuiteCloud 之类平台（这种平台包括了专门针对某一种应用程序类型的预制业务对象），以及向 IaaS 上拓展的 Windows Azure。这里讨论的是狭义上的 PaaS，也就是最核心的开发平台。

PaaS 也可以算作是 SaaS 模式的一种应用。同时，PaaS 的出现可以加快 SaaS 的发展，尤其是加快 SaaS 应用的开发速度。PaaS 能够提供企业进行定制化研发的中间件平台，同时涵盖数据库和应用服务器等。用户或者厂商基于 PaaS 平台可以快速开发自己所需要的应用和产品。此外，PaaS 可以帮助 SaaS 运营商进行产品多元化和产品定制化。

1. PaaS 是云环境下的应用基础设施

有人认为 PaaS 的核心就是分布式技术，如分布式计算、分布式存储、分布式数据库等，目的是把多台计算机虚拟成一台性能极强的超级计算机。也有人认为 PaaS 是一种面向开发人员的云服务，能提供由提供者托管于硬件基础设施上的软件和产品开发工具，开发人员可直接在上面创建和运行新的应用程序。

实际上，分布式技术（类 Hadoop 技术）仅是 PaaS 的基础技术之一，并不是 PaaS 的全部。当然也不能把 PaaS 局限在 APaaS（application platform as aservice，如 GAE 和 Heroku）上。APaaS 主要提供开发 SDK 和应用运行环境。完整的 PaaS 平台除了 APaaS 功能外，还应提供 IPaaS（Integration platform as a service）所包括的集成、编排和互操作等功能。

从传统角度来看，PaaS 实际上就是云环境下的应用基础设施，也可理解成中间件即服务，如图 9-21 所示。

当前，PaaS 上运行的应用主要分为两类，一类是 Web 服务，另一类是数据分析服务。前一类主要是通过浏览器访问、采用请求-应答模式进行交互的应用，称为事务处理类应用。事务处理应用的要求主要包括快速响应、高可用性、大并发量等。后一类应用主要是对大量的数据进行分析处理，称为数据分析应用。数据分析应用主要要求强大的计算能力

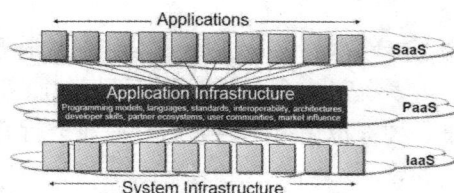

图 9-21   PaaS 应用基础设施服务

和存储能力,对于实时性的要求不高。根据所针对的应用类型,PaaS 通过编程模型和接口与应用进行交互。关于所支持的编程模型,PaaS 可以基于标准编程模型,也可以基于自定义编程标准。基于标准编程模型可以降低用户的使用门槛,并且使得已有的应用系统更容易迁移到云平台上,比如在 Google App Engine 中,可以直接使用 J2EE 模型进行 Web 编程。某些 PaaS 为了更好地解决云计算中的某类特殊问题而采用了自定义的编程模型,比如 force.com 为了更好地支持多租户技术而自己定义了 Apex 编程模型。对于数据分析类应用,PaaS 通常支持 MapReduce 模型。

作为支持某种类型应用的通用基础功能的集合,平台即服务的类型与功能也随着应用的发展而变化。例如,支持大规模网络游戏的基础平台、支持社交网络的平台,或者面向大规模数据存取操作的半结构化数据存储和非关系型数据查询平台,都可能或者正在发展形成新型的 PaaS 类型。可以预见,随着市场规模的扩大和市场细分的深化,PaaS 的种类及提供 PaaS 的厂商将会不断增加。

2. PaaS 的功能

从平台层所处的架构层次和所针对的用户需求来看,PaaS 的本质是以共享和基础服务的方式来满足多样性应用运行管理过程中的共性需求。因此,从用户需求的不同角度来看,PaaS 也展现出了不同的面貌特征:从架构层次来看,它是共享的中间件平台;从功能特征来看,它是集成的软件和服务平台;从使用模式来看,它又是虚拟的应用平台。

共享的中间件平台:从架构层次上来看,平台层是为了有效支撑大量应用实例的运行管理,它是一类应用运行所需要的资源和服务集中起来并进行共享的中间件平台。每个应用都在云平台上统一进行管理和运行。平台层既提高了资源的利用率,又通过对应用和平台进行概念和功能的分离进一步简化了应用和平台的运营和管理。PaaS 将"共享"扩展到更大的范围。与基础设施层所共享的对象不同,PaaS 所共享的对象是应用运行所需的资源和基础功能。PaaS 通过动态资源调度实现了计算资源在不同应用之间的共享和按需供给;通过基础服务如流量平衡器、专门的消息服务机制实现了不同应用之间的基础功能;通过统一的管理平台实现应用运维管理的功能和方法的共享。

集成的软件和服务平台:从功能特征的角度来看,平台层整合各种不同的软硬件资源向应用提供一致而统一的资源和功能。通过整合,应用运行所需的各种资源和基础功能以统一的编程模型和调用接口暴露给应用使用,应用无须关注下层的细节。同时,PaaS 平台根据所支持的应用类型,可以精心选择和优化所提供给应用的资源和服务,使得应用的开发和运行变得更为简单高效。

如图 9-22 所示,平台即服务可能建立在多个基础设施服务之上,需要对应用提供一个一致的、单一的基础设施视图。PaaS 还需要面向云环境中的应用提供应用在开发、测试和运行过程中所需的基础服务。平台层除了提供 Web 服务器、应用服务器、消息服务器等传统的中间件以外,还需要提供其他相关的管

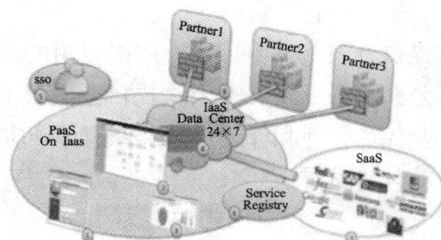

图 9-22　PaaS 集成的软件和服务平台

理支撑服务如应用部署、应用性能管理、使用计量和计费等。另外，云应用本身可能就集成来自不同云服务提供商所提供的功能或服务，这些也需要平台层提供相关的支持。为了支持应用这些功能需求，PaaS 应该提供一致的访问接口和编程模型，从而使得应用通过简单的接口调用就可获得相应的功能，而无须单独与各自的服务分布打交道。例如，上层应用通过PaaS 所提供的统一接口来对本 PaaS 内部的数据和存储在 S3 中的数据进行透明访问。

虚拟的应用平台：从使用模式上看来，作为应用运行管理的环境，PaaS 模糊了物理资源的限制，在应用看来是一个按需索取、无限可扩的虚拟平台。以 PaaS 作为云应用的运行环境，云应用通过 PaaS 所提供的编程接口(API)获取运行所需要的各种(虚拟的)资源和能力。一般来讲，资源的获取是动态即时的。例如，平台层根据应用程序的负载起伏，动态估计所需的计算和存储资源，按照服务质量的约定(SLA)提供所需资源。从自动化的角度来看，PaaS 的基本目标是使应用更加专注在用户的功能性需求上，而平台则自动为应用满足诸如负载均衡、自动规模调整等非功能性的需求及管理的需要。

PaaS 为部署和运行应用系统提供所需的基础设施资源和应用基础设施，应用开发人员无须关心应用的底层硬件和应用基础设施，并且可以根据应用需求动态扩展应用系统所需的资源。完整的 PaaS 平台应提供如图 9 - 23 所示的功能。

图 9 - 23   PaaS 功能

(1)应用运行环境。

①分布式运行环境。

②多种类型的数据存储。

③动态资源伸缩。

(2)应用全生命周期支持。

①提供开发 SDK、IDE 等加快应用的开发、测试和部署。

②公共服务：以 API 形式提供公共服务，如队列服务、存储服务和缓存服务等。

③监控、管理和计量：提供资源池、应用系统的管理和监控功能，精确计量。应用使用所消耗的计算资源。

(3)集成、复合应用构建能力。

除了提供应用运行环境外，还需要提供连通性服务、整合服务、消息服务和流程服务等用于构建 SOA 架构风格的复合应用。

PaaS 的优化在两个层次上进行：在应用层次，针对应用的性能和配置策略，PaaS 动态调整应用所使用的资源,在保证达到应用要求的前提下尽量提高资源的使用率,降低应用的运行费用;在平台层次,PaaS 在保证各个应用的运行要求下,通过资源的共享和复用降低平台的运行开销,提高运行效率。可以看出,这两个层次的优化在目标、范围、手段和实施者等方面是各不相同的。

由于规模和自动化的要求,PaaS 的优化也将面临着大量的挑战。这是未来大规模分布式系统研究和实践的重要方面。

3. PaaS 的关键技术

PaaS 作为核心服务的中间层,既为上层应用提供简单、可靠的分布式编程框架,又需要基于底层的资源信息调度作业、管理数据、屏蔽底层系统的复杂性。随着数据密集型应用的普及和数据规模的日益庞大,PaaS 层需要具备存储与处理海量数据的能力。下面介绍 PaaS 的几个关键技术。

(1)海量数据存储与处理技术。

云计算环境中的海量数据存储既要考虑存储系统的 I/O 性能,又要保证文件系统的可靠性与可用性。

Ghemawat 等人为 Google 设计了 GFS。根据 Google 应用的特点,GFS 对其应用环境做了 6 点假设:①系统架设在容易失效的硬件平台上;②需要存储大量 GB 级甚至 TB 级的大文件;③文件读操作以大规模的流式读和小规模的随机读构成;④文件具有一次写多次读的特点;⑤系统需要有效处理并发的追加写操作;⑥高持续 I/O 带宽比低传输延迟重要。

Bigtable 是基于 GFS 开发的分布式存储系统,它将提高系统的适用性、可扩展性、可用性和存储性能作为设计目标。Bigtable 的功能与分布式数据库类似,用以存储结构化或半结构化数据,为 Google 应用(如搜索引擎、Google 地球等)提供数据存储与查询服务。在数据管理方面,Bigtable 将一整张数据表拆分成许多存储于 GFS 的子表,并由分布式锁服务 Chubby 负责数据一致性管理。在数据模型方面,Bigtable 以行名、列名、时间戳建立索引,表中的数据项由无结构的字节数组表示。这种灵活的数据模型保证 Bigtable 适用于多种不同应用环境。图 9 – 24 展示了如何在 Bigtable 中存储网页,其中 $t_1 \sim t_5$ 为时间戳。

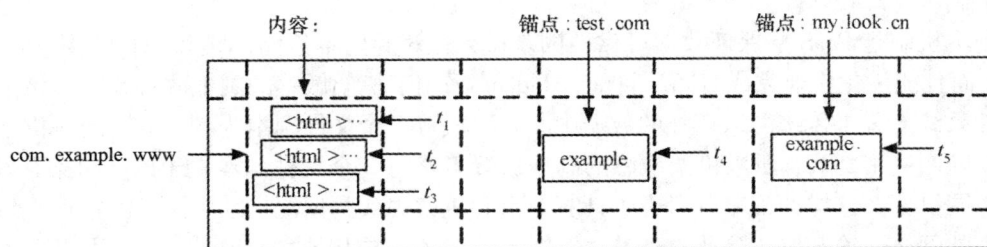

图 9 – 24　Bigtable 存储网页

由于 Bigtable 需要管理节点集中管理元数据,所以存在性能瓶颈和单点失效问题。为此,DeCandia 等人设计了基于 P2P 结构的 Dynamo 存储系统,并应用于 Amazon 的数据存储平台。借助于 P2P 技术的特点,Dynamo 允许使用者根据工作负载动态调整集群规模。另外,在可用性方面，Dynamo 采用零跳分布式散列表结构减少操作响应时间；在可靠性方面，Dynamo 利用文件副本机制应对节点失效。由于保证副本强一致性会影响系统性能，所以，为了承受每天数千万的并发读写请求，Dynamo 中设计了最终一致性模型，弱化副本一致性，以提高性能。

（2）数据处理技术与编程模型。

PaaS 平台不仅要实现海量数据的存储，而且要提供面向海量数据的分析处理功能。由于 PaaS 平台部署于大规模硬件资源上，所以海量数据的分析处理需要抽象处理过程，并要求其编程模型支持规模扩展，屏蔽底层细节并且简单有效。

MapReduce 是 Google 提出的并行程序编程模型，运行于 GFS 之上。如图 9-25 所示，一个 MapReduce 作业由大量 map 和 reduce 任务组成，根据两类任务的特点，可以把数据处理过程划分成 map 和 reduce 两个阶段：在 map 阶段，map 任务读取输入文件块，并行分析处理，处理后的中间结果保存在 map 任务执行节点；在 reduce 阶段，reduce 任务读取并合并多个 map 任务的中间结果。

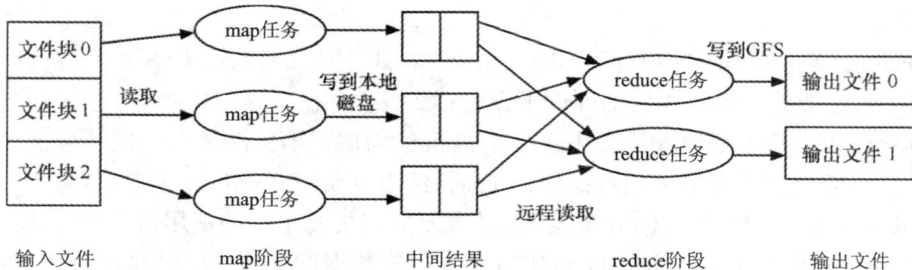

图 9-25   MapReduce

（3）资源管理与调度技术。

研究有效的资源管理与调度技术可以提高 MapReduce、Dryad 等 PaaS 层海量数据处理平台的性能。

①副本管理技术。

副本机制是 PaaS 层保证数据可靠性的基础，有效的副本策略不但可以降低数据丢失的风险，而且能优化作业完成时间。目前，Hadoop 采用了机架敏感的副本放置策略。该策略默认文件系统部署于传统网络拓扑的数据中心。以放置 3 个文件副本为例，由于同一机架的计算节点间网络带宽高，所以机架敏感的副本放置策略将 2 个文件副本置于同一机架，另一个置于不同机架。这样的策略既考虑了计算节点和机架失效的情况，也减少了由数据一致性维护带来的网络传输开销。除此之外，文件副本放置还与应用有关。Eltabakh 等人提出了一种灵活的数据放置策略 CoHadoop，用户可以根据应用需求自定义文件块的存放位置，使需要协同处理的数据分布在相同的节点上，从而在一定程度上减少了节点之间的数据传输开销。有学者提出了三阶段数据布局策略，分别针对跨数据中心数据传输、数据依赖关系和全局负载均衡 3 个目标对数据布局方案进行求解和优化。

②任务调度算法。

PaaS 层的海量数据处理以数据密集型作业为主,其执行性能受到 I/O 带宽的影响。但是,网络带宽是计算集群(计算集群既包括数据中心中物理计算节点集群,也包括虚拟机构建的集群)中急缺的资源:a. 云计算数据中心考虑成本因素,很少采用高带宽的网络设备;b. IaaS 层部署的虚拟机集群共享有限的网络带宽;c. 海量数据的读写操作占用了大量带宽资源。因此 PaaS 层海量数据处理平台的任务调度需要考虑网络带宽因素。

为了减少任务执行过程中的网络传输开销,可以将任务调度到输入数据所在的计算节点,因此,需要研究面向数据本地性(data - locality)的任务调度算法。Hadoop 以"尽力而为"的策略保证数据本地性。虽然该算法易于实现,但是没有做到全局优化。为了全局优化,Fischer 等人为 MapReduce 任务调度建立数学模型,并提出了 HTA(Hadoop task assignment)问题。该问题为一个变

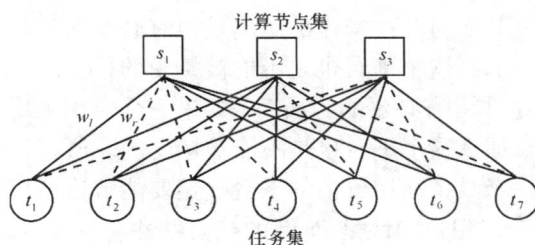

图 9 - 26　HTA 问题模型

形的二部图匹配(图 9 - 26),目标是将任务分配到计算节点,并使各计算节点负载均衡,其中 s_i、t_j 分别表示计算节点和任务,实边表示 s_i 有 t_j 的输入数据,虚边表示 s_i 没有 t_j 的输入数据,w_l 和 w_r 分别表示调度开销。该研究利用 3 - SAT 问题证明了 HTA 问题是 NP 完全的,并设计了 MaxCover - BalAssign 算法解决该问题,尽管该算法的理论上限接近最优解,但是时间复杂度过高,难以应用在大规模环境中。为此,Jin 等人设计了 BAR 调度算法,基于"先均匀分配再均衡负载"的思想,得到优于 MaxCover - BalAssign 算法的调度结果。

除了保证数据本地性,PaaS 层的作业调度器还需要考虑作业之间的公平调度。PaaS 层的工作负载中既包括了子任务少、执行时间短、对响应时间敏感的即时作业(如数据查询作业),也包括子任务多、执行时间长的长期作业(如数据分析作业)。研究公平调度算法可以为即时作业及时分配资源,使其快速响应。因为数据本地性和作业公平性不能同时满足,所以 Zaharia 等人在 max - min 公平调度算法的基础上设计了延迟调度(delay scheduling)算法。该算法通过推迟调度一部分作业并使这些作业等待合适的计算节点,以达到较高的数据本地性。但是过度的等待开销会影响作业完成时间。

③任务容错机制。

研究任务容错机制可以使 PaaS 平台在任务发生异常时自动从异常状态恢复。MapReduce 的容错机制在检测到异常任务时,会启动该任务的备份任务。备份任务和原任务同时进行,当其中一个任务顺利完成时,调度器立即结束另一个任务。Hadoop 的任务调度器实现了备份任务调度策略。但是现有的 Hadoop 调度器检测异常任务的算法存在较大缺陷:如果一个任务的进度落后于同类型任务进度的 20%,则 Hadoop 把该任务当作异常任务,然而,当集群异构时,任务之间的执行进度差异较大,因而在异构集群中很容易产生大量的备份任务。为此,Zaharia 等人研究了异构环境下异常任务的发现机制,并设计了 LATE(longest approximate time to end)调度器。通过估算 map 任务的完成时间,LATE 为估计完成时间最晚的任务产生备份。虽然 LATE 可以有效避免产生过多的备份任务,但是该方法是假设 map 任

务处理速度是稳定的，所以在 map 任务执行速度变化的情况下（如先快后慢），LATE 便不能达到理想的性能。

④沙盒技术。

沙盒是用于实现平台上应用之间隔离的计算。提供 PaaS 服务的平台除了要能承载应用以外，一个需要解决的非常重要的安全问题是，如何将应用进行必要的隔离。首先，如果没有隔离，当一个应用调用"退出进程"API 或命令的时候，平台没有采取任何措施，那么整个平台（作为操作系统的一个进程）就将退出，平台上的其他应用也将退出——这显然是错误的。所以，对非法操作的隔离是很有必要的。其次，如果一个应用能够随意读写其他应用的数据，那么这个平台也是不能被接受的，因为它连基本的安全都无法保证。因此，数据的隔离也是非常有必要的。最后，如果一个应用占用了大量的平台资源而导致其他应用不能正常运行，那么这个平台也是不能被接受的。所以，性能的隔离也是 PaaS 不可或缺的一部分。因此，一个具备使用价值的平台一定要能解决应用隔离的问题，这也是沙盒技术的使用目的。

⑤多租户弹性是 PaaS 的核心特性。

PaaS 的特性有多租户（multi - tenancy）、弹性（资源动态伸缩）、统一运维、自愈、细粒度资源计量、SLA 保障等。其中多租户弹性是 PaaS 区别于传统应用平台的本质特性，其实现方式也是用来区别各类 PaaS 的最重要标志，因此是 PaaS 的最核心特性。

多租户是指一个软件系统可以同时被多个实体所使用，每个实体之间是逻辑隔离、互不影响的。一个租户可以是一个应用，也可以是一个组织。弹性（elasticity）是指一个软件系统可以根据自身需求动态地增加、释放其所使用的计算资源。多租户弹性（multi - tenancy elastic）是指租户或者租户的应用可以根据自身需求动态地增加、释放其所使用的计算资源。

从技术上来说，多租户有如下几种实现方式：

a. Shared - Nothing：为每个租户提供一套和 On - premise 一样的应用系统，包括应用、应用基础设施和基础设施。Shared - Nothing 的好处是整个应用系统栈都不需要改变，隔离非常彻底，但是技术上没有实现资源弹性分配，资源不能共享。Shared - Nothing 仅在商业模式上实现了多租户。

b. Shared - Hardware：共享物理机，虚拟机是其弹性资源调度和隔离的最小单位，典型例子是微软 Azure。传统软件巨头如微软和 IBM 等拥有非常广的软件产品线，在 on - premise 时代占据主导地位后，他们在云时代的策略就是继续将 on - premise 软件装到虚拟机中并提供给用户。

c. Shared - OS：共享操作系统，进程是其弹性资源调度和隔离的最小单位。相比于 Shared - Hardware，Shared - OS 能实现更小粒度的资源共享，但是安全性方面会差些。

d. Shared - Everything：基于元数据模型以共享一切资源，典型例子是 force. com。Shared - Everything 方式能够实现最高效的资源共享，但实现技术难度大，安全和可扩展性方面面临很大的挑战。

4. PaaS 的战略核心地位

在云产业链中，PaaS 将会是产业链的制高点。无论是在大型企业私有云中，还是在中小企业和 ISV（independent software vendors）所关心的应用云中，PaaS 都将起到核心的作用。

（1）以 PaaS 为核心构建企业私有云。

大型企业都有复杂的 IT 系统，甚至自己筹建了大型数据中心，其运行维护工作量非常大，同时资源的利用率又很低，据统计，大部分企业数据中心的计算资源利用率都不超过30%。在这种情况下，企业迫切需要找到一种方法，整合全部 IT 资源，进行池化，并且以动态可调度的方式供应给业务部门。大型企业建设内部私有云有两种模式，一种以 IaaS 为核心，另外一种以 PaaS 为核心，如图 9 - 27 所示。

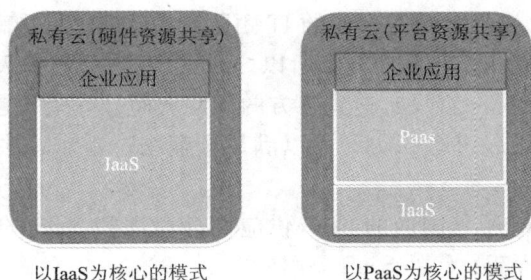

图 9 - 27　私有云建设模式

企业采用成熟的虚拟化技术实现基础设施的池化和自动化调度。当前，有大量电信运营商、制造企业和产业园区都在进行相关的试点。在 IaaS 的技术基础上进一步架构企业 PaaS平台才能带来更多的业务价值（图 9 - 28）。PaaS 的核心价值是让应用及业务更敏捷、IT 服务水平更高，并实现更高的资源利用率。

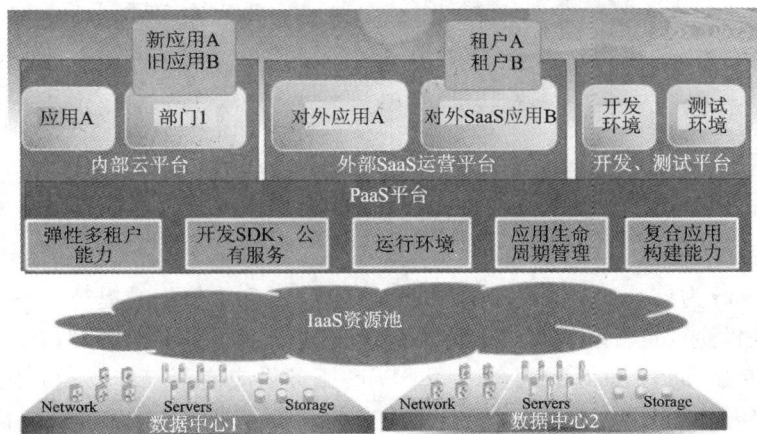

图 9 - 28　在 IaaS 基础上架构企业 PaaS 平台

以 PaaS 为核心的私有云建设模式是在 IaaS 的资源池上进一步构建 PaaS 能力，提供内部云平台、外部 SaaS 运营平台和统一的开发、测试环境。其中内部云平台建立业务支撑平台，外部 SaaS 运营平台向企业外部供应商或者客户提供 SaaS 应用，开发、测试环境为开发人员提供统一的开发和测试环境平台。

以某航空运输领域的集团为例。它正从单一的航空运输企业,转型为以航空旅游、现代物流、现代金融服务三大链条为支柱,涵盖"吃、住、行、游、购、娱"六大产业要素的现代服务业综合运营商,其产业覆盖航空运输、旅游服务、现代物流、金融服务、商贸零售、房地产开发与管理、机场管理。对于这么一个大型企业集团,当前信息化的挑战不仅在于如何高效整合、集中管控整个集团的 IT 资源,更重要的是在于如何快速地、更好地满足客户的需求,如何更高效地整合外部供应商,使 IT 真正成为其创新的驱动力。

(2)以 PaaS 为核心构建和运营下一代 SaaS 应用。

对于中小企业来说,大部分缺乏专业的 IT 团队,并且难以承受高额的前期投入,他们往往很难通过自建 IT 的思路来实现信息化,所以 SaaS 是中小企业的天然选择。然而,SaaS 这么多年来在国内的发展状况一直没有达到各方的预期。抛开安全问题不讲,最主要的其他两个原因是传统 SaaS 应用难以进行二次开发以满足企业个性需求,并缺少能够提供一站式的 SaaS 应用服务的运营商。

无论是 salesforce.com 还是国内的 SaaS 供应商都意识到 SaaS 的未来在于 PaaS,需要以 PaaS 为核心来构建和运营新一代的 SaaS 应用(图 9 - 29)。

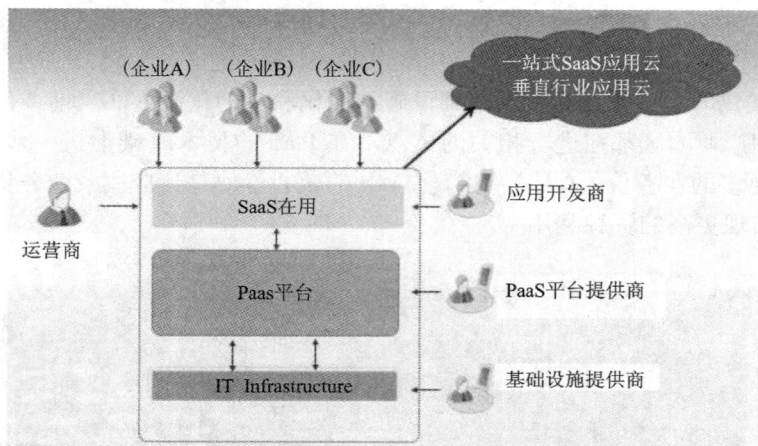

图 9 - 29   以 PaaS 为核心构建运营 SaaS

在这个以 PaaS 为核心的生态链中,每个参与者都得到了价值的提升。

所有重要软件企业厂商和大型的云计算专业公司都推出平台即服务(PaaS)产品,同时,PaaS 已经渐渐变为 PaaS + IaaS 的融合,大型 PaaS 服务供应商不仅能够让开发商或用户在其 PaaS 平台上面构建和运行应用,同时还负责供应并维护底层的基础架构,包括虚拟化、操作系统修补、安全问题等。

9.6 软件即服务

作为一种软件交付模式,软件即服务(SaaS)方兴未艾,成为一种不断扩展的软件使用模式。不同于基础设施层和平台层的是,软件即服务层中提供给用户的是千变万化、层出不穷的应用。每一个成功的应用都有它的突出点,如满足用户需求的巧妙创意。软件即服务的基本功能就是要为用户提供尽可能丰富的创新应用，为企业和机构用户简化 IT 流程，为个人用户提高日常生活的效率。这些应用有它们的共同点，那就是让应用能够在云端运行的技术。通过多年的实践，业界将这些技术或者功能进行总结、抽象，并定义为 SaaS 平台。开发者可以方便地使用 SaaS 平台提供的常用功能，减少应用开发的复杂度和时间，而专注于业务自身及其创新性。

在现实世界中，不同的提供商会选择不同的切入点，比如针对其中一点来优化投资或进行垂直整合来获得更大的控制力和更广的影响。以 SaaS 应用提供商为例，为了向用户交付一项软件功能，可以选择不同的实现层次。

在第一类实现层次中，应用提供商依靠 SaaS 运行平台实现应用的交付，专注于用户需求。这种方式会牺牲一定的系统灵活性和性能，但是能够以较低的投入来快速实现功能，适用于规模较小或正在起步的公司。在第二类实现层次中，应用提供商依靠云中的应用环境和系统资源来搭建完整的 SaaS。这种方式对应用提供商的要求更高，但是也赋予其更强的控制能力，使其能够针对应用的类型来优化 SaaS 基础功能，适用于规模较大、相对成熟的公司。在第三类实现层次中，应用提供商不依赖于云中的服务，在自有的资源和运行环境上提供 SaaS 应用，采用这种实现层次的公司往往具有雄厚的资金和技术实力，它们不仅可以为最终消费者提供服务，也可以作为运营商为在其他层次实现 SaaS 的公司提供平台服务。可见，在 SaaS 生态系统中，不同类型的公司都可以找到适合自己的实现层次，为用户提供不同类型的应用。

9.6.1　大规模多租户支持

这是 SaaS 模式成为可能的基础。由于 SaaS 改变了传统应用用户购买许可证、本地安装复本、自行运行和维护的使用模式，并向在线订阅、按需付费、无须维护的模式发展，这就自然要求运行在应用提供者或者平台运营者端的 SaaS 能够同时服务于多个组织和使用者，而多租户技术是使该需求成为可能的基础。这里，每一个租户代表一个企业，租户内部有多个用户。在多租户作为一项平台技术时，需要考虑提供一层抽象层，将原来需要在应用中考虑的多租户技术问题，抽象到平台级别来支持，需要考虑的方面包括安全隔离、可定制性、异构服务质量、可扩展性，以及编程透明性等。同时需要考虑到应用在各个层面(用户界面、业务逻辑、数据)可能涉及的各种资源，各个层面对应用中可能涉及的各种资源提供相应的平台级多租户技术的支持。

9.6.2　认证和安全

这也是多租户的必要条件，它改变了以往资源非共享、数据自有的应用运行模式。当应用操作请求到来时，其发起者的身份需要被认证，其操作的安全性需要被监控。虽然诸如数据与环境隔离等基础功能是由多租户技术本身保证的，但是作为应用的前端，认证和安全仍是 SaaS 安全的第一道防线。用户的登录、访问和应用使用行为需要被记录下来，这就是日志模块的主要功能。按策略维护访问日志和用户行为不仅仅是个常规的记录行为，更可以为其他系统模块所用。在安全层面，这些数据可以被入侵检测系统利用，通过筛选行为规则来强化安全保护；在性能方面，这些数据可以被业务系统利用，通过分析关键节点的分布来优化业务逻辑；在系统方面，这些数据可以作为用户计费的依据。

9.6.3 定价和计费

这是 SaaS 模式的客观要求，由于 SaaS 直接服务于最终消费者，具有服务对象分散、需求多样、选择多的特点，因此一组合理、灵活、具体而便于用户选择的定价策略成为了 SaaS 成功的关键，此外，由于 SaaS 较多采用在线订阅的方式进行购买，如何将 SaaS 的定价以一种清晰、直观而便于用户理解的方式呈现也至关重要。而计费是保证整个生态系统能够良性运转和发展的最关键经济环节，也需要技术层面的有力支持。

9.6.4 服务整合

这是 SaaS 模式长期发展的动力，由于 SaaS 应用提供商通常规模较小，难以独立提供用户尤其是商业用户所需要的完整产品线，因此需要依靠与其他产品进行整合来提供整套解决方案。这种整合包括两种类型，第一种是与用户现有的应用进行整合；第二种是与其他 SaaS 应用进行整合。只有通过整合和共同发展，才能营造云中良好的 SaaS 生态系统。

整合的对象既有可能是企业现有 IT 系统中的应用，也可能是企业订阅的其他 SaaS 应用。服务整合自上而下地针对三个层次：

（1）界面的整合。作为应用的前端，整合界面将来自于不同应用的数据、信息组合在一起，以一种自然的方式展现在用户面前，不至于带来割裂感和陌生感。

（2）流程的整合。作为应用的逻辑，整合的流程不仅要求能够沟通各个业务环节，还应具有一定的灵活可变性，使流程能够根据实际情况进行动态调整。

（3）数据的整合。作为应用的基础，数据整合需要对已有的业务数据进行验证、整理和必要的转换，使它们能够在不同的应用间传递，数据的传递是服务整合的关键。

9.6.5 开发和定制

这是服务整合的内在需要，虽然 SaaS 所提供的已经是完备的软件功能，但是为了便于与其他软件产品进行整合，SaaS 应用需要具有一定的二次开发功能，如公开 API 和提供沙盒、脚本运行环境等。此外，为了应对来自上层不同应用的需求和来自下层不同运行环境的约束，SaaS 应具有可定制的能力来适应这些因素。

1. 配置的实现基础：元数据（MetaData）

系统通过配置数据展现不同的外观和行为，对整个系统来说，配置数据就是系统中的元数据。如何设计出结构灵活、功能强大、兼容性好的元数据结构，如何在代码中提供最有效率的元数据服务（metadata service），如何定义元数据的元数据（metadata of metadata），如何保证在元数据结构发生变化的时候不影响程序的运行，这一切都需要在对元数据本身的语义特性和可能的技术支持手段进行过调研之后才能得出。SaaS 的基本架构如图 9 - 30 所示。

图 9 - 30 的左半部分给出了 SaaS 参考体系结构的一个概念模型，右半部分则给出了对应于体系结构的每一部分现有的可能采取的技术手段。应注意到，元数据服务和元数据数据结构定义是里面唯一的盲区。

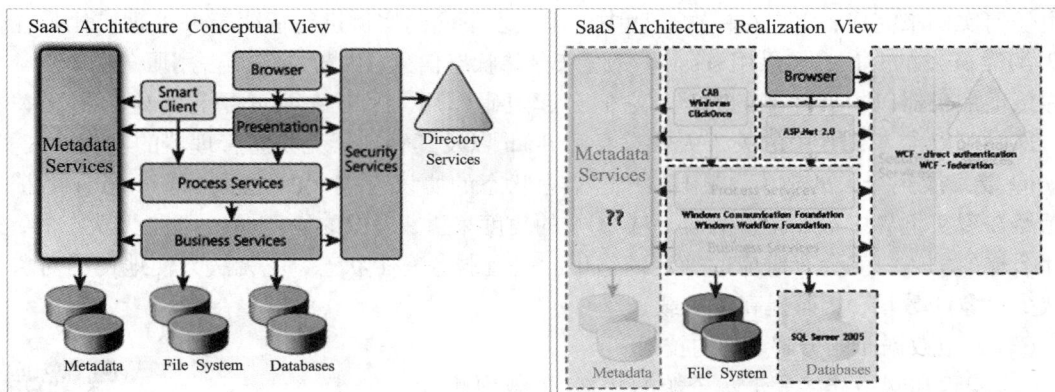

图 9 – 30 SaaS 参考体系结构

图 9 – 31 是 Matias Woloski 给出的对元数据服务各主要配置模块(界面、业务规则、多用户数据结构、访问控制)提供的元数据服务的可能解决方案,也许可以作为进一步深入的线索。

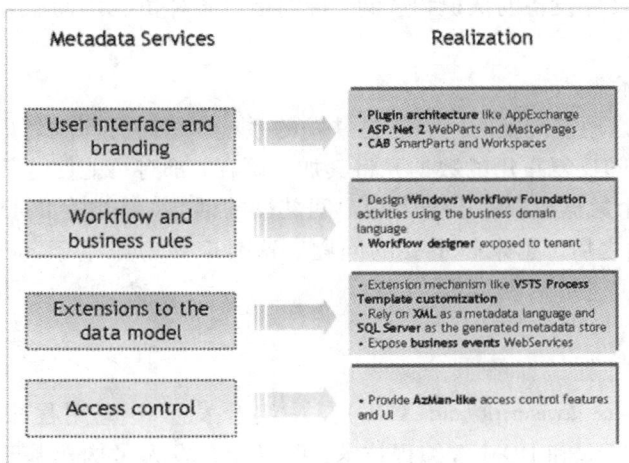

图 9 – 31 元数据服务各主要配置模块及方案

2. 可扩展性及相关技术

应用的可扩展性包含两个方面的要求:①高效地利用应用资源,从而最大限度地提高并行性。②当原先的服务器资源确实无法满足不断增加的用户数量时,可以很方便地通过向上扩展(提升硬件性能)或横向扩展(增加硬件数量)来提高整个系统的并发处理能力。

(1)应用的无状态模式。

如何设计应用,使之运行在无状态模式下?也就是说,要让所有必须的用户和会话数据都存储在客户端或分布式存储设备上，任何应用实例都能访问。无状态是指每个事务处理都能由任何实例来完成，用户在一次会话中可用众多不同的实例进行透明事务处理。比如在做ASP. NET 开发的时候，如果用 session 变量来存储状态信息，由于它需要占用服务器资源，故当你想增加机器以扩展性能的时候，它们会起阻碍作用，因为 session 是与特定机器相关联的。这时可以参考 EJB 中的关于无状态会话 Bean 以及其管理器无状态管理器的实现。其实，Internet 能发展到今天的规模，跟 HTTP 这个无状态的协议有很大的关系，而 Internet 的扩展性已经在现实世界中被印证。另外，从 SOA 的角度来讲，提倡的 service 一般是无状态的，给定什么样的输入，就会有对应的确定的输出。一旦服务有了状态，就无法方便地使用对象池来减少对象的数量，从而提高了负载。

（2）大型数据库的分解、重构技术。

（3）线程和网络连接等汇集资源的共享（负载均衡）。

将线程、网络连接和数据库连接等资源集中，有助于使计算资源最大化，并提高预测资源使用的能力。当然，在这些方面，其实 IIS 和 ADO. NET 等基础的资源服务系统已经作了很多相关的考虑。可以参考.Net对线程池的管理，也可以参考 ADO. NET 对连接池的管理。另外，在进行资源调度和管理的时候，要充分考虑整个网络的拓扑结构，并充分借鉴分布式系统在实现方式特别是资源调度算法上的一些考虑和特点。负载均衡除了上面提到的这些软件方面的手段，还包括对一些硬件设备的认识和选购，特别是对各种负载均衡服务器的性能和功能的掌握。

大型数据库的分解、重构技术MySpace

（4）多级缓存技术。

缓存，说白了就是用空间换时间。越是并发的系统，越需要仔细考虑缓存的问题，每发现一处可以在多用户间反复重用的数据并将其加入缓存，都有可能使这部分数据的生成效率提高上千倍（如果这个数据可以在上千个用户间共享的话）。另外，如何提高缓存的命中率，也是当规模逐渐变大之后，越来越重要的问题。这时应该考虑基于 memcache 的缓存解决方案。

3. AJAX 技术

AJAX(asynchronous javascript and XML) 是一组开发 Web 应用程序的技术，它结合了JavaScript、XML、DHTML 和 DOM 等编程技术，可以让开发人员构建基于 AJAX 技术的 Web应用，并打破了使用页面重载的惯例。它使浏览器可以为用户提供更为自然的浏览体验。每当需要更新时，客户端 Web 页面的修改是异步和逐步增加的。这样，AJAX 在提交 Web 页面内容时大大提高了用户界面的速度。在基于 AJAX 的应用程序中没有必要长时间等待整个页面的刷新。页面中需要更新的那部分才进行更改，如果可能的话，更新是在本地完成的，并且是异步的。让用户享受 SaaS 应用服务的同时可以实现页面的局部刷新，使用基于浏览器的 B/S 软件像使用传统的 C/S 软件一样习惯、流畅。像 Ajax 这样的应用正不断通过 SaaS 使用到软件行业中来。

4. Web Service 技术

Web Service 是一种以 SOAP 为轻量型传输协议、以 XML 为数据封装标准、基于 HTTP 的

组件集成技术。Web Service 主要是为了使原来各孤立的站点之间的信息能够相互通信、共享而提出的一种接口。Web Service 使用的是 Internet 上统一、开放的标准，所以 Web Service 可以在任何支持这些标准的环境（如 Windows，Linux）中使用。

在 SaaS 软件中，Web Service 提供组件之间相互沟通的机制。Web Service 技术将极大提高系统的扩展性，使各种不同平台、不同开发工具的应用系统无缝集成起来。同时，作为 Web Service 技术核心的 Soap 是一个开放的标准协议，提供了强大的系统弹性。

（1）单点登录技术。

对现代网络应用易用性的基本要求之一就是至少在系统内部做到用户一次登录，即可访问他有权访问的所有子系统。

单点登录就是要实现通过一次登录就可自动访问所有授权的应用软件系统，从而提高整体安全性，而且无须记忆多种登录过程、ID 或口令。

在 Web Service 环境中，单点登录扮演着非常重要的角色。在 Web Service 环境中，各式各样的系统间需要相互通信，但要求每个系统都维护彼此之间的访问控制列表是不实际的。用户需要更好的体验而不希望通过烦琐的多次登录和身份验证来使用一个业务过程中涉及的不同系统。在 Web Service 的单点登录环境下，还包含这样一些系统，它们有着自己的认证和授权实现，因此需要解决用户的信任状在不同系统间进行映像的问题，并且需要保证一旦一个用户被删除，则该用户将不能访问所有参与的系统。

SAML 是一个将认证和授权信息以 XML 格式进行编码的标准。一个 Web Service 因此能够从一个 SAML 兼容的认证和授权服务中请求并收到 SAML 断言，并据此验证和授权一个服务请求者。SAML 可以用来在多个系统间传递信任状，并因此被用于单点登录的方案中。

（2）安全权限的继承性。

系统的授权（authorization）一般都是根据用户组/角色/role 来进行的，在对授权的管理上，MS 提出了一个"配置域"的概念。访问控制由配置域管理。每个配置域根据应用的关系策略继承上级配置域的角色、许可和商务规则，并可在适当的时候对其进行修改、添加和删除。从概念上来说这是非常合理的，比如，一个企业内的部门是一个配置域，它的上级配置域就是企业，而下级配置域可能会具体到每个最终用户（也可能是部门内的小组）。

（3）用户的不同等级。

按 MS 的文档，将用户区分为"用户"和"最终用户"。其实这里的"用户"指的就是一个单位或组织，不同"用户"之间的数据至少在逻辑上是互相隔离的。而"用户"可以为自己企业内部的多个"最终用户"授权，使最终用户能在用户的控制之下访问到用户数据的一个子集。

这种把用户分成等级来处理的方式是很有意义的，比如在建立受信任连接的时候，就可以采用用户模拟和非用户模拟这两种方式的结合。对用户采用模拟方式，对最终用户采用非模拟方式。比如在存储结构设计的时候，可以为用户单独建立数据库。

（4）活动目录。

如果所有的数据都取自关系数据库服务器，那么可能永远不需要活动目录。但有些资源是存储在文件系统中的，这就需要活动目录提供存取服务了。除此之外，还需要研究 Active Directory 技术，以及刚提出的 ADAM（active directory application mode）等技术。

9.7　移动计算和无处不在计算

随着科技的迅速发展，现在的终端设备不断的缩小化以及无线连接的发展，使得移动计算已经无处不在。移动计算是指用户在移动或访问某个非常规环境时执行计算任务。它与一般计算模型的最大不同点在于它的不可预见性，因为周围的环境随着物体的移动或者其他条件会不时改变，而且改变的频率还比较高。因为计算的移动性比较强，所以对安全性和隐私性要求也比较高。

据美国趣味科学网站报道，20多年前，位于美国加利福尼亚州的施乐公司帕洛阿尔托研究中心的科学家从理论上推断了计算机应用领域的下一次跳跃——普适计算（无处不在计算）将"飞入寻常百姓家"。术语"无处不在"意指小型计算设备最终将在不会引人注意的日常物品中普及。也就是说，它们的计算行为将透明地紧密捆绑到这些日常物品的物理功能上。科学家认为，普适计算将同10年前个人计算领域发生的革新一样具有深远的影响。

普适计算是指对在用户的物理环境（包括家庭、办公室和其他自然环境）中存在的多个小型、便携的计算设备的利用。科学家认为，普适计算是计算机历史上的第三次浪潮。第一次浪潮就是大型机时代——许多人共享一台大机器；第二次浪潮是个人电脑时代——一个人享用一台计算机；第三次浪潮则是普适计算时代——一个人享用多台计算机。在普适计算的环境中，人们能够在任何时间、任何地点、以任何方式进行信息的获取与处理，所有的过程在计算设备的帮助下高度自动化地完成。科学家认为，普适计算是一种状态，在这种状态下，iPad 等移动设备、谷歌文档或远程游戏技术 Onlive 等云计算应用程序、4G 或广域 WiFi 等高速无线网络将整合在一起，清除"计算机"作为获取数字服务的中央媒介的地位。随着每辆汽车、每台照相机、每台电脑、每块手表以及每个电视屏幕都拥有几乎无限的计算能力，计算机将彻底退居到"幕后"，以至于用户感觉不到它们的存在。

移动 M2M 通过移动运营商现成的网络覆盖以及随时随地的接入能力，将设备与设备、设备与应用、设备与人连接，提供无线接入和互联网应用。可以预见，移动 M2M 具有广泛的业务前景，通信距离甚至可以跨越数千公里。

图 9-32 中的感知层列举了典型的设备接入网络的方式，图中的三个层次也是典型物联网的基本构型。

无线传感器网络（wireless sensor network，WSN）由部署在监测区域内的大量的廉价微型传感器组成，通过无线通信方式形成一个多跳的自组织的网络系统，协作地感知、采集和处理网络覆盖区域中被感知对象的信息，并发送给观察者。传感器、感知对象和观察者构成了无线传感器网络的三个要素。目前，无线传感器网络包括 Zigbee、Bluetooth、WiFi 等多种无线互联技术。

工业信息化融合（两化融合）是指以信息化带动工业化、以工业化促进信息化，走新型工业化道路。两化融合的核心就是信息化支撑，以及追求可持续发展模式。两化融合最基础的传统技术是基于短距离有线通信的现场总线的各种控制系统，如 PLC、DCS、HMI、SCADA 等。

RFID 射频识别是一种非接触式的自动识别技术，它通过射频信号自动识别目标对象并获取相关数据，识别工作无须人工干预，可工作于各种恶劣环境。RFID 技术利用无线射频方

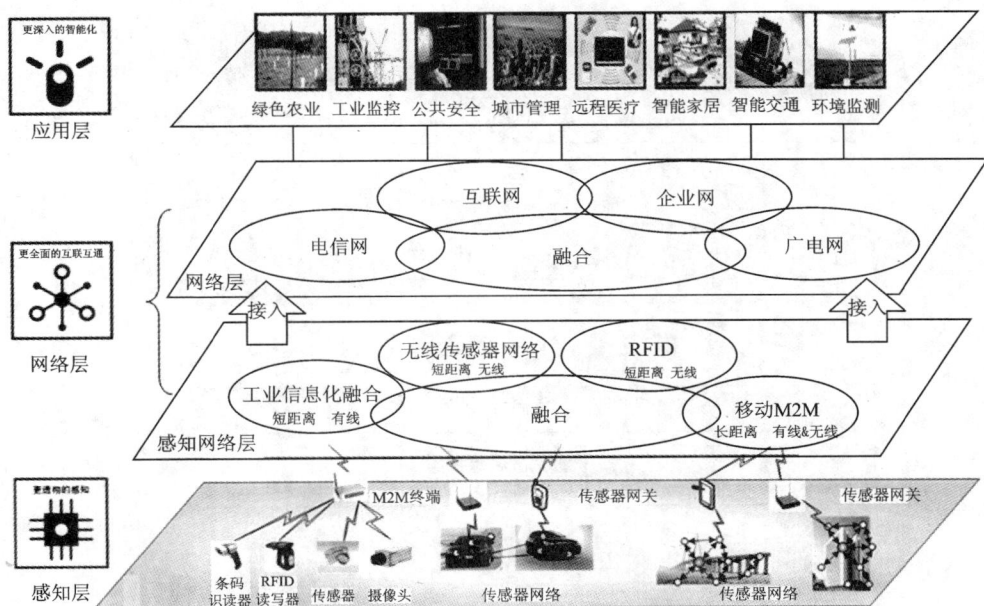

图 9 – 32 便携式设备接入云计算

式在阅读器和射频卡之间进行非接触双向传输数据，已达到目标识别和数据交换的目的。

近年来，普适计算研究者提出不同的情境管理方法来满足不同智能空间的需求，如智能家庭、智能办公室、智能医院等。这些情境管理被设计来存储本地空间产生的情境信息并为本地应用提供调用接口。随着普适计算技术的发展和普及，可以预测，在不久的将来，现实生活中将布满各种智能空间，人们在这些不同的智能空间之间移动，在不同的智能空间里留下不同的情境，这些情境综合起来构建出用户真实而完整的上下文信息，形成所谓的社群智能（群智），如图 9 – 33 所示。这样就产生了一个新的挑战——当智能空间由单个转为多个时如何管理在这些异构空间中产生的情境。由于用户的移动性，用户情境可能分布于不同智能空间，当一个空间查询某个用户或某移动实体的情境时究竟应该从哪个空间获取？

在虚拟空间和真实空间融合的背景下，情境在虚实之间的融合也相当重要。针对移动终端上的微博浏览问题，微软亚洲研究院谢幸等人综合利用时间、地点、浏览历史、社会关系和活动构成用户浏览时的情境。首先学习微博内容和用户情境之间的关系，然后通过检测当地的微博话题，根据用户的利益偏好推荐用户相关话题，直至找到用户首选的内容。

普适计算领域顶级期刊"*IEEE Pervasive Computing*"的编委文斯·斯坦福（Vince Stanford）指出，基于普适计算的老年人生活辅助技术将成为未来解决老年人日常生活问题最有效、最具活力的技术之一。编者于 2010—2011 年在日本留学的时候也在这方面做过研究并发表了相关研究论文。论文主要研究了利用传感器、机顶盒等设备接入社区看护网络系统实施对社区内孤寡老人进行健康监护的问题。

随着硬件技术的发展，各种智能终端层出不穷。智能手机正在迅速成为个人计算和通信的核心设备，以可穿戴设备为代表的新型异构终端不断涌现。这些终端设备融合了感知技术

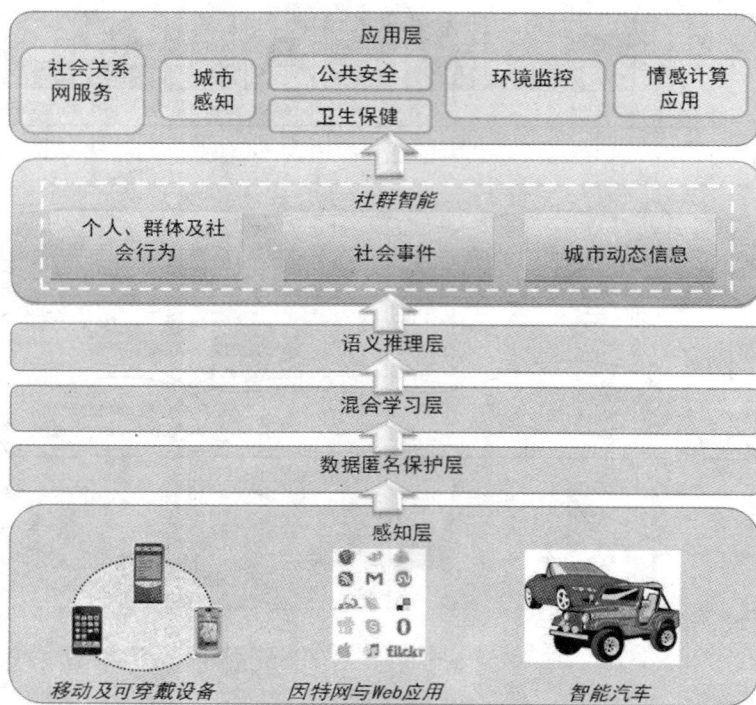

图 9 - 33   群智感知计算体系架构

和交互技术领域的最新进展，将形成以人为中心的普适感知源和服务源，也为无处不在计算开辟了新的天地。

9.8   Google 云计算原理

Google 拥有全球最强大的搜索引擎。除了搜索业务以外，Google 还有 Google Maps、Google Earth、Gmail、Google Wave、YouTube 等各种业务。这些应用的共性在于数据量巨大，而且要面向全球用户提供实时服务，因此 Google 必须解决海量数据存储和快速处理问题。Google 的诀窍在于它发展出简单而又高效的技术，让多达百万台的廉价计算机协同工作，共同完成这些前所未有的任务，这些技术是在诞生几年之后才被命名为 Google 云计算技术。Google 云计算技术具体包括：Google 文件系统 GFS、分布式计算编程模型 MapReduce、分布式锁服务 Chubby 和分布式结构化数据存储系统 Bigtable 等。其中，GFS 提供了海量数据的存储和访问的能力，MapReduce 使得海量信息的并行处理变得简单易行，Chubby 保证了分布式环境下并发操作的同步问题，Bigtable 使得海量数据的管理和组织十分方便。本节将对这四种核心技术进行详细介绍。

9.8.1 Google 文件系统 GFS

Google 文件系统(Google file system, GFS)是一个大型的分布式文件系统。它为 Google 云计算提供海量存储,并且与 Chubby、MapReduce 以及 Bigtable 等技术结合十分紧密,处于所有核心技术的底层。GFS 的精彩在于它采用了多种方法,从多个角度,使用不同的容错措施来确保整个系统的可靠性,有关 GFS 的详细讨论,见第 6 章。

9.8.2 并行数据处理 MapReduce

MapReduce 是 Google 提出的一个软件架构,是一种处理海量数据的并行编程模式,用于大规模数据集(通常大于 1 TB)的并行运算。"map(映射)""reduce(化简)"的概念和主要思想,都是从函数式编程语言和矢量编程语言借鉴来的。正是由于 MapReduce 有函数式和矢量编程语言的共性,使得这种编程模式特别适合于非结构化和结构化的海量数据的搜索、挖掘、分析与机器智能学习等。

MapReduce 把对数据集的大规模操作,分发给一个主节点管理下的各分节点共同完成,通过这种方式实现任务的可靠执行与容错机制。在每个时间周期,主节点都会对分节点的工作状态进行标记,一旦分节点状态标记为死亡状态,则这个节点的所有任务都将分配给其他分节点重新执行。

MapReduce 框架从 Lisp 及很多其他类似的语言中获得灵感,研究人员发现大多数分布式运算可以抽象为 map 和 reduce 两个步骤,从而实现可靠、高效的分布式应用。map 步骤负责根据输入的键值(Key/Value)对生成中间结果,中间结果同样采用键值对的形式。reduce 步骤则将所有的中间结果根据 key 进行合并,然后生成最终结果。开发者只需要实现 map 和 reduce 函数的逻辑,然后提交给 MapReduce 运行环境,计算任务便会在由大量计算机组成的集群上被启动、并行地调度执行。运行环境负责将输入数据进行分割、调度任务、自动处理运行过程中的机器失效,以及协调不同节点之间的数据通信。图 9-34 描绘了 Jeffrey Dean 等人所设计的 MapReduce 框架的基本工作流程。

MapReduce 的运行环境由两种不同类型的节点组成:master 和 worker。Worker 负责数据处理,master 负责任务调度及不同节点之间的数据共享。

在设计 MapReduce 的时候,研究人员考虑了很多大规模分布式计算机集群进行海量数据处理时所要考虑的关键问题:容错处理保证了在 master 和 worker 都失效的情况下计算任务仍然能够正确执行;操作本地化保证了在网络等资源有限的情况下,最大程度地将计算任务在本地执行;任务划分的粒度使得任务能够更加优化地被分解和并行执行;对于每个未完成的子任务,master 节点都会启动一个备份子任务同时执行,无论初始任务还是备份子任务处理完成,该子任务都会立即被标记为完成状态,通过备份任务机制可以有效避免因个别节点处理速度过慢而延误整个任务的处理速度。

例如,假设我们想用 MapReduce 来计算一个大型文本文件中各个单词出现的次数,map 的输入参数指明了需要处理哪部分数据,以 <在文本中的起始位置,需要处理的数据长度> 表示,经过 map 处理,形成一批中间结果 <单词,出现次数>。而 reduce 函数则是把中间结果进行处理,将相同单词出现的次数进行累加,得到每个单词总的出现次数。

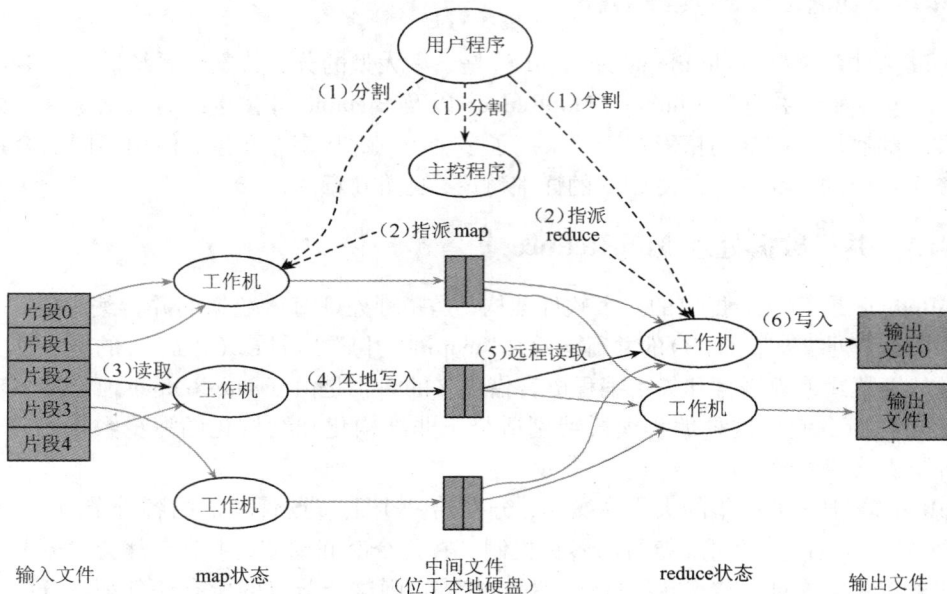

图 9 – 34　MapReduce 工作流程

9.8.3　分布式锁服务 Chubby

Chubby 是 Google 设计的提供粗粒度锁服务的一个文件系统，它基于松耦合分布式系统，解决了分布的一致性问题。通过使用 Chubby 的锁服务，用户可以确保数据操作过程中的一致性。不过值得注意的是，这种锁只是一种建议性的锁（advisory lock）而不是强制性的锁（mandatory lock），如此选择的目的是使系统具有更大的灵活性。

GFS 使用 Chubby 选取一个 GFS 主服务器，Bigtable 使用 Chubby 指定一个主服务器并发现、控制与其相关的子表服务器。除了最常用的锁服务之外，Chubby 还可以作为一个稳定的存储系统存储包括元数据在内的小数据。Google 内部还使用 Chubby 进行名字服务（name server）。

1. Paxos 算法

Paxos 算法是由供职于微软的 Leslie Lamport 最先提出的一种基于消息传递（messages passing）的一致性算法。在目前所有的一致性算法中，该算法最常用并且被认为是最有效的。在 Lamport 提出的 Paxos 算法中，节点被分成了三种类型：proposers、acceptors 和 learners。其中 proposers 提出决议（value），acceptors 批准决议，learners 获取并使用已经通过的决议。一个节点可以兼有多重类型。在这种情况下，满足以下三个条件就可以保证数据的一致性：

（1）决议只有在被 proposers 提出后才能批准。

（2）每次只批准一个决议。

（3）只有决议确定被批准后 learners 才能获取这个决议。

为了减少决议发布过程中的消息量，acceptors 将这个通过的决议发送给 learners 的一个子集, 然后由这个子集中的 learners 去通知所有其他的 learners。一般情况下, 以上的算法过程就可以成功地解决一致性问题, 但是也有特殊情况。根据算法一个编号更大的提案会终止之前的提案过程, 如果两个 proposer 在这种情况下都转而提出一个编号更大的提案, 那么就可能陷入活锁。此时需要选举出一个 president, 仅允许 president 提出提案。

2. Chubby 系统设计

通常情况下 Google 的一个数据中心仅运行一个 Chubby 单元, 而这个单元需要支持包括 GFS、Bigtable 在内的众多 Google 服务。这种苛刻的服务要求使得 Chubby 在设计之初就要充分考虑到系统需要实现的目标以及可能出现的各种问题。

Chubby 的设计目标主要有以下几点:

(1)高可用性和高可靠性。这是系统设计的首要目标, 在此基础上考虑系统吞吐量和存储能力。

(2)高扩展性。将数据存储在价格较为低廉的 RAM, 支持大规模用户访问文件。

(3)支持粗粒度的建议性锁服务。提供这种服务的根本目的是提高系统的性能。

(4)服务信息的直接存储。直接存储包括元数据、系统参数在内的有关服务信息。

(5)支持通报机制。客户可以及时地了解到事件的发生。

(6)支持缓存机制。通过一致性缓存将常用信息保存在客户端, 避免了频繁地访问主服务器。

在分布式系统中保持数据一致性最常用也最有效的算法是 Paxos, 很多系统就是将 Paxos 算法作为其一致性算法的核心。但是 Google 并没有直接实现一个包含了 Paxos 算法的函数库, 相反, Google 设计了一个全新的锁服务 Chubby。

一般来说分布式一致性问题通过 quorum 机制(简单来说就是少数服从多数选举原则)作出决策。Chubby 在自身服务的实现时利用若干台机器实现了高可用性, 而外部用户利用 Chubby 则只须一台机器就可以保证高可用性。为此, Google 设计了 Chubby, 在 Chubby 系统中采用了建议性的锁而没有采用强制性的锁。两者的根本区别在于用户访问某个被锁定的文件时, 建议性的锁不会阻止这种行为, 而强制性的锁则会, 实际上这是为了便于系统组件之间的信息交互行为。另外 Chubby 还采用了粗粒度(coarse - grained)锁服务而没有采用细粒度(fine grained)锁服务, 两者的差异在于持有锁的时间。细粒度的锁持有时间很短, 常常只有几秒甚至更少, 而粗粒度的锁持有的时间可长达几天, 做出如此选择的目的是减少频繁换锁带来的系统开销。当然用户也可以自行实现细粒度锁, 不过建议还是使用粗粒度的锁。

图 9-35 就是 Chubby 的基本架构。Chubby 被划分成两个部分: 客户端和服务器端。客户端和服务器端之间通过 RPC 连接。每个客户应用程序都有一个 Chubby 程序库(chubby library), 客户端的所有应用都是通过调用这个库中的相关函数来完成的。服务器一端称为 Chubby 单元, 一般是由五个对等的称为副本(replica)并且配置上完全一致的服务器组成的。这些副本通过 quorum 机制选举产生一个主服务器(master), 并保证在一定的时间内有且仅有一个主服务器, 这个时间就称为主服务器租约期(master lease)。如果某个服务器被连续推举为主服务器的话, 这个租约期就会不断地被更新。租约期内所有的客户请求都是由主服务器来处理的。客户端如果需要确定主服务器的位置, 可以向 DNS 发送一个主服务器定位请求, 非主服务器的副本将对该请求作出回应, 通过这种方式能使客户端快速、准确地对主服务器

作出定位。

3. Chubby 文件系统

Chubby 系统本质上就是一个分布式的、存储大量小文件的文件系统，它所有的操作都是在文件的基础上完成的。例如，在 Chubby 最常用的锁服务中，每一个文件就代表了一个锁，用户通过打开、关闭和读取文件，获取共享（shared）锁或独占（exclusive）锁。选举主服务器的过程中，符合条件的服务器都同时申请打开某个文件并请求锁住该文件。成功获得锁的服务器自动成为主服务器并将其地址写入这个文件夹，以便其他服务器和用户可以获知主服务器的地址信息。

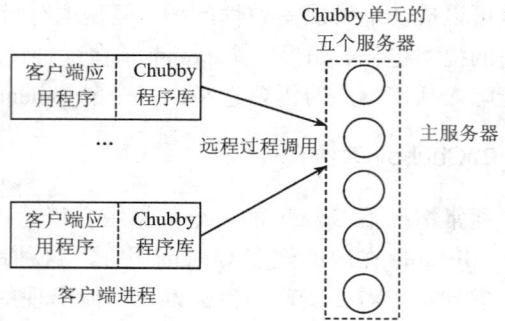

图 9-35 Chubby 的基本架构

4. 通信协议

客户端和主服务器之间的通信是通过 KeepAlive 握手协议来维持的，图 9-36 就是这一通信过程的简单示意图。

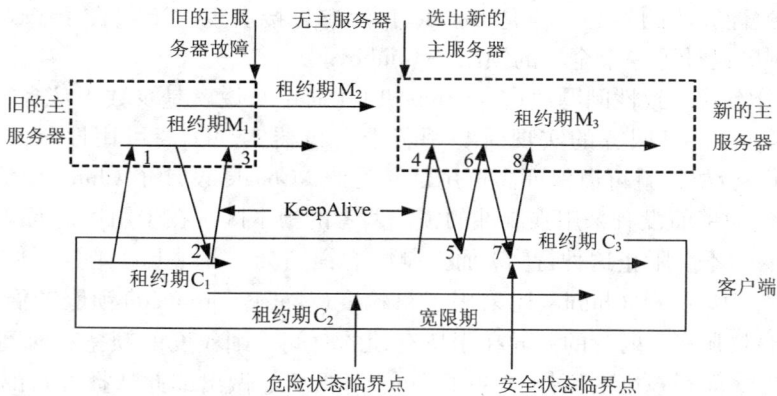

图 9-36 Chubby 客户端与服务器端的通信过程

图 9-36 中从左到右时间在增加，斜向上的箭头表示一次 KeepAlive 请求，斜向下的箭头则是主服务器的一次回应。M_1、M_2、M_3 表示不同的主服务器租约期。C_1、C_2、C_3 则是客户端对主服务器租约期时长作出的一个估计。KeepAlive 是周期发送的一种信息，它主要有两方面的功能：延迟租约的有效期和携带事件信息告诉用户更新。主要的事件包括文件内容被修改、子节点的增加、删除和修改、主服务器出错、句柄失效等。正常情况下，通过 KeepAlive 握手协议租约期会得到延长，事件也会及时地通知给用户。但是由于系统有一定的失效概率，引入故障处理措施是很有必要的。通常情况下系统可能会出现两种故障：客户

端租约期过期和主服务器故障,对于这两种情况系统有着不同的应对方式。

在客户端和主服务器端进行通信时可能会遇到主服务器故障,图 9 - 36 就出现了这种情况。正常情况下旧的主服务器出现故障后系统会很快地选举出新的主服务器,新选举的主服务器在完全运行前需要经历以下 9 个步骤:

(1)产生一个新的纪元号以便今后客户端通信时使用,这能保证当前的主服务器不必处理针对旧的主服务器的请求。

(2)只处理主服务器位置相关的信息,不处理会话相关的信息。

(3)构建处理会话和锁所需的内部数据结构。

(4)允许客户端发送 KeepAlive 请求,不处理其他会话相关的信息。

(5)向每个会话发送一个故障事件,促使所有的客户端清空缓存。

(6)等待直到所有的会话都收到故障事件或会话终止。

(7)开始允许执行所有的操作。

(8)如果客户端使用了旧的句柄,则需要为其重新构建新的句柄。

(9)一定时间段后(1 min),删除没有被打开过的临时文件夹。

如果这一过程在宽限期内顺利完成,则用户不会感觉到任何故障的发生,也就是说新旧主服务器的替换对于用户来说是透明的,用户感觉到的仅仅是一个延迟。使用宽限期的好处正是如此。

在系统实现时,Chubby 还使用了一致性客户端缓存(consistent client - side caching)技术,这样做的目的是减少通信压力,降低通信频率。在客户端保存一个和单元上数据一致的本地缓存,这样需要时客户可以直接从缓存中取出数据而不用再和主服务器通信。当某个文件数据或者元数据需要修改时,主服务器首先将这个修改阻塞;然后通过查询主服务器自身维护的一个缓存表,向所有对修改的数据进行了缓存的客户端发送一个无效标志(invalidation);客户端收到这个无效标志后会返回一个确认(acknowledge),主服务器在收到所有的确认后才会解除阻塞并完成这次修改。这个过程的执行效率非常高,仅需要发送一次无效标志即可,因为主服务器对于没有返回确认的节点就直接认为其是未缓存的。

9.8.4　分布式结构化数据表 Bigtable

Bigtable 是 Google 开发的基于 GFS 和 Chubby 的分布式存储系统。Google 的很多数据,包括 Web 索引、卫星图像数据等在内的海量结构化和半结构化数据,都是存储在 Bigtable 中的。从实现上来看,Bigtable 并没有什么全新的技术,但是如何选择合适的技术并将这些技术高效、巧妙地结合在一起恰恰是最大的难点。Google 的工程师通过研究以及大量的实践,完美实现了相关技术的选择及融合。

1. 数据模型

Bigtable 是一个分布式多维映射表,表中的数据是通过一个行关键字(row key)、一个列关键字(column key)以及一个时间戳(time stamp)进行索引的。Bigtable 对存储在其中的数据不做任何解析,一律看作字符串。具体数据结构的实现需要用户自行处理。Bigtable 的存储逻辑可以表示为:

(row：string，column：string，time：int64)→string

Bigtable 数据的存储格式如图 9 – 37 所示。

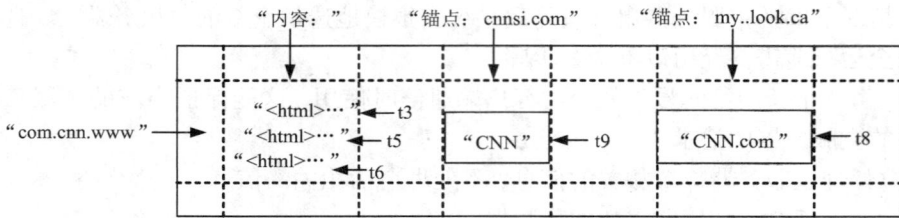

图 9 – 37   Bigtable 数据模型

为了简化不同版本的数据管理，Bigtable 目前提供了两种设置：一种是保留最近的 N 个不同版本，图 9 – 37 中数据模型采取的就是这种方法，它保存最新的三个版本数据。另一种就是保留限定时间内的所有不同版本，比如可以保存最近 10 天的所有不同版本数据。失效的版本将会由 Bigtable 的垃圾回收机制自动处理。

2. 系统架构

Bigtable 是在 Google 的另外三个云计算组件基础之上构建的，其基本架构如图 9 – 38 所示。图 9 – 38 中 WorkQueue 是一个分布式的任务调度器，它主要被用来处理分布式系统队列分组和任务调度，关于其实现 Google 并没有公开。

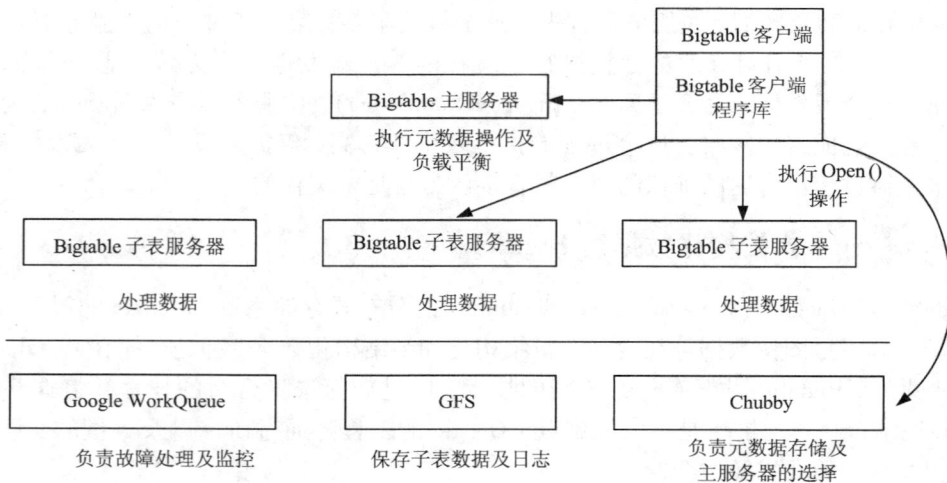

图 9 – 38   Bigtable 基本架构

另外在 Bigtable 的实际执行过程中，Google 的 MapReduce 和 Sawzall 也被用来改善其性能，不过需要注意的是这两个组件并不是实现 Bigtable 所必须的。

Bigtable 主要由三个部分组成：客户端程序库（client library）、一个主服务器（master server）和多个子表服务器（tablet server），这三个部分在图 9 – 38 中都有相应的表示。从

图 9 – 38 中可以看出，客户需要访问 Bigtable 服务时首先要利用其库函数执行 Open( ) 操作来打开一个锁（实际上就是获取了文件目录），锁打开以后客户端就可以和子表服务器进行通信了。和许多具有单个主节点的分布式系统一样，客户端主要与子表服务器通信，几乎不和主服务器进行通信，这使得主服务器的负载大大降低。主服务主要进行一些元数据的操作以及子表服务器之间的负载调度问题，实际的数据是存储在子表服务器上的。客户程序库的概念比较简单，这里不做讲解。

3. 主服务器

主服务器的主要作用如图 9 – 39 所示。

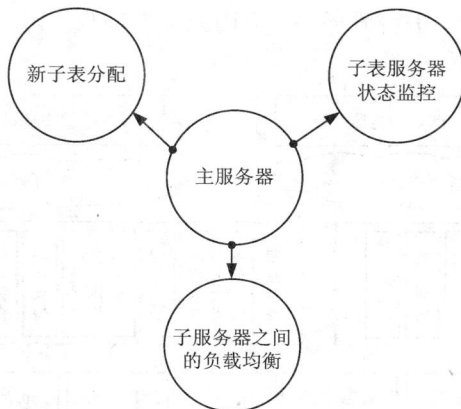

图 9 – 39　主服务器的主要作用

4. 子表服务器

Bigtable 中实际的数据都是以子表的形式保存在子表服务器上的，客户一般也只和子表服务器进行通信，所以子表以及子表服务器是我们重点讲解的概念。子表服务器上的操作主要涉及子表的定位、分配以及子表数据的最终存储问题。

目前包括 Google Analytics、Google Earth、个性化搜索、Orkut 和 RRS 阅读器在内的几十个项目都使用了 Bigtable。这些应用对 Bigtable 的要求以及使用的集群机器数量都是各不相同的，但是从实际运行来看，Bigtable 完全可以满足这些不同需求的应用，而这一切都得益于其优良的架构以及恰当的技术选择。与此同时，Google 还在不断地对 Bigtable 进行一系列的改进，通过技术改良和新特性的加入提高系统运行效率及稳定性。

子表服务器

9.9　国内外云计算产业

近年来，随着云计算由概念推广到逐步落地，各企业纷纷开展云计算服务，并在云服务技术和商业模式方面不断创新，中国乃至全球 IT 服务市场正在加速步入云时代。

9.9.1   中国云计算产业发展现状

全球云计算产业是增速最快的领域，未来发展空间十分广阔。

现阶段，中国云计算服务市场处于发展前期，云计算技术与设备已具备一定的发展基础，追赶势头明显，发展空间非常巨大。近年来，中国政府陆续出台了若干扶持和鼓励云计算发展的相关规定，各部委在重大专项、973 项目、863 项目中对云计算都给予了大力支持，各地也积极开展云计算试点工作。继北京、上海、深圳、杭州、无锡等城市开展云计算创新发展试点示范工作后，北京和上海分别推出"祥云计划"和"云海计划"，深圳成立云计算产学研联盟，并启动"鲲云计划"。

在政府及企业的联合推动下，中国云计算产业正处在大规模爆发的前夜。政务云计算的基本架构主要由基础设施层、平台服务层、应用服务层构成，如图 9 - 40 所示。

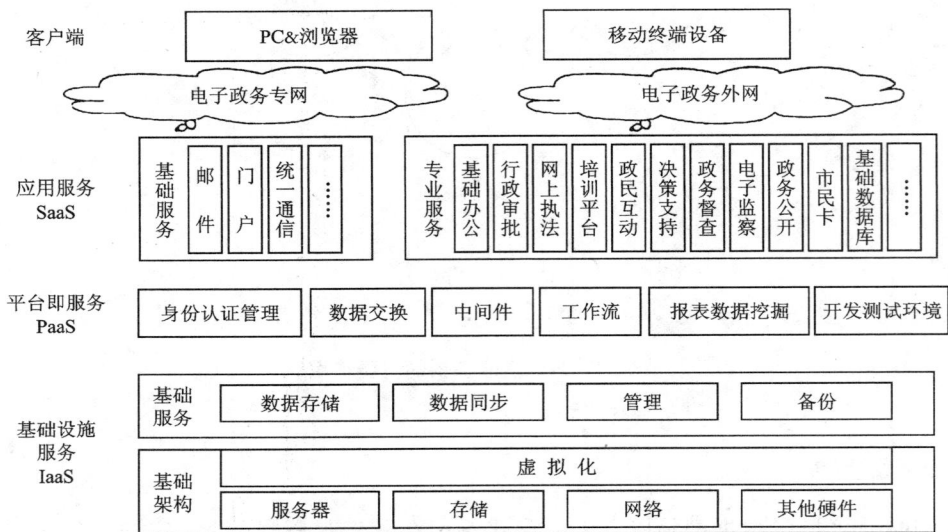

图 9 - 40   政务云架构图

基础设施层包括服务器、存储、网络及其他硬件在内的硬件设备，通过虚拟化技术进行整合，在经过资源的池化管理和自动化部署后，形成一个有机整体，同时通过云管理门户，对外提供计算环境、数据存储、容灾备份等基础服务。这一层也是云架构的关键所在。

平台服务层主要在基础设施层之上提供统一的平台化系统软件支撑服务，包括统一身份认证服务、数据交换、访问控制服务、工作流引擎服务、开发测试服务等。这一层不同于以往传统方式的平台服务，这些平台服务也要满足云架构的部署方式，通过虚拟化、集群、负载均衡等技术提供云状态服务，可以根据需要随时定制功能及进行相应的扩展。

最上的一层即应用服务层，是整个电子政务对外提供的终端服务。前期已经构建的很多集中部署的应用系统都可以划入此范畴。如基础办公、行政审批、电子监察、统一通信、网上执法等应用系统，通过应用部署模式和底层的稍微变化，都可以在云架构下实现灵活地扩展和管理。

9.9.2　国外云服务提供商案例

1. Amazon

2006 年 3 月，云计算的市场先行者 Amazon 推出首个商用云计算简单存储服务 S3 和弹性计算云 EC2，并由此拉开了一系列商用云服务的序幕。随后陆续推出 Simple Queue Service、Flexible Payment Service、SimpleDB、CloudFront、EBS、AWS、Virtual Private Cloud、Elastic Load Balancing 等 AWS 云服务。当前，Amazon 能够提供覆盖 IaaS、Paas、SaaS 的 AWS 云产品体系。Amazon 的产品计费模式复杂多样。AWS 新用户第 1 年的 EC2 服务每月可减免部分费用，EC2 按不同地区、操作系统、模式、计算能力等计费。Amazon 的 AWS 云服务营收增长稳健，从 2009 年约 4 亿美元，猛增到 2011 年的 12 亿美元，2015 年这一数字增加至 26 亿美元。

Amazon 弹性计算云服务（elastic compute cloud，EC2）为 Amazon 云计算环境的基本平台。S3（simple storage services）是 Amazon 推出的简单存储服务，用户通过 Amazon 提供的服务接口可以将任意类型的文件临时或永久地存储在 S3 服务器上，S3 的总体设计目标是可靠、实用及很低的使用成本。

2. Rackspace

Rackspace 是一家全球领先的托管服务提供商。在全球拥有 10 个以上数据中心，管理超过 64000 台服务器。发布的云产品包括 Cloud Servers（云主机）、Cloud Sites（云站点）、Cloud Files（云文件）、Cloud Block Storage（云块存储）、Cloud Databases（云数据库）、Cloud Backup（云备份）、Cloud Load Balancers（云负载均衡）、Cloud Monitoring（云监控）、Cloud DNS（云 DNS）和 Rackspace Private Cloud（私有云）等，提供物理托管、云托管、虚拟化、存储备份和安全等云服务。

3. Google

作为目前全球最大规模的搜索引擎，Google 每天有 PB 量级的数据需要分析和处理。2004 年前后，Google 公布了分布式处理方面的三驾马车：GFS、MapReduce、Bigtable。在此基础上，Google 推出了 Google App Engine（GAE）云服务，为应用开发者提供了一个开发简单、部署方便、伸缩快捷的 Web 应用运行和管理平台，在 PaaS 服务领域取得了巨大成功。

Google 也积极开拓 SaaS 服务市场。2006 年，在私有云基础上推出了 Google Docs，提供基于互联网的免费文档编辑服务。2007 年 2 月，推出办公软件套装 Google Apps Premier Edition，囊括 Gmail、Google Talk、Google Calendar、Docs & Spreadsheets、Page Creator 及 Start Page 等多款软件，向用户提供电子邮件、即时通信、日程表、文字处理、电子表格和网页编辑等服务。

4. 微软

多年来微软几乎统治了用户的桌面系统，成为了"端"的霸主，建立起了微软的软件帝国，而云计算的出现使软件帝国感到了前所未有的危机。云计算在基本理念上是可以完全抛弃"端"的，虽然这只是理论上的可以完全抛弃，为了不逆潮流否定云计算，微软提出了"云

+端"的云计算构想,强调"端"在云计算中的重要性,试图确保在进军云计算的途中自己的传统地盘也不丢失。微软云计算平台称为 Azure Service Platform。

微软的 Azure 服务平台是一个应用在云计算云端的技术,通过它向应用开发者提供一系列特定的服务来时实现云计算。如图 9－41 所示,Azure 服务平台既可以在云端下被调用,也可以被本地系统调用。

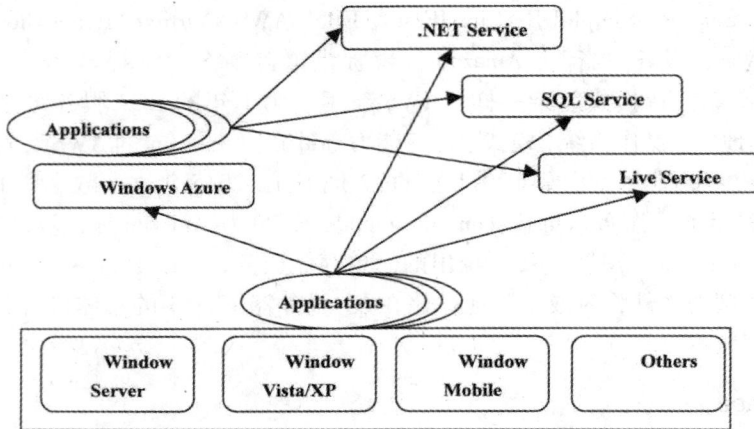

图 9－41　Azure 服务平台架构图

Azure 服务平台的组件能被在本地运行的各种系统中的软件调用,其中包括 Windows、移动设备和其他平台。由于在软件领域的技术和市场积累以及用户的认可,微软会成为云计算技术的一个有力竞争者。

5. IBM

2007 年,IBM 公司发布了蓝云(blue cloud)计划。用 IBM 自己的话说,这套产品将通过分布式的全球化资源,让企业的数据中心像互联网一样运行。蓝云包括虚拟化 Linux 服务器、并行工作负载日程安排和 IBM 的 Tivoli 管理软件。IBM 的云计算几乎包括了它所有的业务和产品线。

蓝云计划建立于以往对于大规模计算应用、部署的经验之上,基于自身在网格、分布式存储、动态负载上领先的技术。这一切先期的准备使得 IBM 的云更能得到客户的信赖。IBM 的云不是 SaaS 的演化产品,而是从企业内部的需求逐渐上升为企业对于未来互联网及公众需求的一种智慧领悟。

IBM 在高性能并行机集群技术上有着领导性的优势,世界上最快的高性能计算机大多出自 IBM,拥有从"深蓝"集群"蓝色基因"到网格计算的数十年大规模计算方面的丰富经验。这使得蓝云的提出理所当然。IBM 的每一步都是在迈向云计算,只不过从高端走到了通用,从云端走向云中更能赢得云中客户的信赖。不过 IBM 需要面对的是其高端服务器战略与Google 采用低端服务器战略的冲击。

IBM 为企业提供开发并测试一体化的云计算解决方案,在保证业务的安全性与弹性的同时,保持了企业最佳的业务运营水平。与此同时,IBM 也提供可供客户及合作伙伴直接使用的云服务和软件。

IBM 蓝云的体系可以说是整合了 IBM 的技术资源而推出的，是一项较为务实的计划，依托 IBM 在服务器领域的传统优势，有望成为未来云计算市场一支重要力量。

6. Salesforce

Salesforce 创建于 1999 年，是一家客户关系管理（CRM）软件服务提供商。在其成立之初，Salesforce 便提出了云计算和 SaaS 的理念，基于网络向企业用户提供在线 CRM 销售云和服务云，使得用户可以避免购买硬件、开发软件等前期投资以及复杂的后台管理问题。Salesforce 的这种服务理念完美地呼应了当年他们的豪言："微软已死，软件已死"。多年以后，尽管"软件终结"并未真正来临，但是整个行业的风向已然发生了改变，软件作为服务 SaaS 成为了一种趋势。

2009 年 11 月，Salesforce 在原有服务的基础上，又推出了销售云 2（sales cloud 2）和服务云 2（service cloud 2）。前者帮助客户实现前所未有的成功并创造市场动力，后者则充分利用社群的专业意见，降低了成本，提升了客户服务质量。二者共同携手，为 SalesforceCRM 未来的成功奠定了基础。

7. Sun

如果要说远见，Sun 应该是当之无愧的，Sun 创立之初的理念和口号是："网络就是计算机。"这一点和云计算的理念是基本一致的。

从提出"网络就是计算机"开始，Sun 就是思想上的先行者，这一口号也是 Sun 引以为傲的思想。凭借这一口号，Sun 认为自己是云计算思想的真正最早提出者，为了巩固自己在思想上的领先性，Sun 公开发布了一批云计算技术白皮书，如《云计算基础设施和体系架构指南》等。Sun 深知攻城须先攻心的道理，通过白皮书来奠定自己在云计算中的地位不失为一种好的战略方法。

8. EMC

美国 EMC 公司是全球信息存储系统、软件、网络和服务等领域的领导者，向全球各种规模的企业和机构提供自动化网络存储解决方案。2003 年 12 月，EMC 公司宣布以 6.35 亿美元收购 VMware 公司。VMware 于 1998 年成立于美国加州的 PaloAlto，主要研究虚拟化技术。不久前又公布了和思科的合作计划。至此，EMC 将云计算最为关键的两个技术依托（网络性能、虚拟化技术）全盘整合到自己的云计划中，从而提供了一套完整的产品、服务和解决方案。

EMC 有两方面技术，一方面是信息基础架构，包括信息管理技术、内容管理技术、安全技术等，另外一方面是虚拟架构技术，包括 VMware（EMC 推出的任何存储平台产品，都必须是"Virtual Awareness"，就是说，是具备虚拟化意识、适用于虚拟化环境的存储系统）。

EMC 凭借在虚拟化技术中的领先优势，在云计算系统架构中获得先机，云计算的出现为 EMC 的虚拟化技术找到了一个更为广阔的应用领域，对于 EMC 来说是一个千载难逢的重要机会。如果 EMC 能保持其在虚拟化技术中的领导地位，肯定能在云计算时代有所建树。

9. 思科

思科公司是世界级的网络设备提供商，现行网络中的大量设备都是由其提供的，未来云计算时代用户和企业对网络的依赖更为严重，同时思科一直以来就想直接进军云计算。

思科的云计算平台被命名为思科统一服务，其系统结合了思科 CRS-1 核心网络路由器、Nexus 7000 数据交换机以及其名为统一计算的系统(UCS)，其中 UCS 是集成了刀片服务器、交换机存储、虚拟化管理等多方面技术及产品的整体解决方案。作为统一交付服务的一部分，思科推出新的更高速模式的 CRS-1 的数据中心计算技术，这其中还包含了虚拟化、通过 WAN 网络与服务供应商对等以及网络互联应用等。这款平台将大大优化其所提供的服务及 IP 网络资源等，为客户带来具有更佳客户体验的语音、数据以及视频，并为其降低运营成本。

不管思科在云技术本身上是否取得成功，思科的网络设备提供商的身份将使其成为渔翁得利者。Sun 公司的"网络就是计算机"的说法就说明了网络在云计算时代的重要性。云计算时代大量的应用严重依赖网络，用户的软件、数据都存在于服务器端，云计算中的大量应用也对网络的带宽和可靠性提出了相当高的要求，这一切都是思科在云计算时代的机会，不管是哪一家云计算服务提供商获得了胜利，大家对网络的需求都是不变的，因此思科肯定也会积极地推动云计算的发展，这一技术趋势是对思科有利的趋势。

习　题

1. 什么是云计算？云计算有哪些特点？
2. 促进云计算发展的主要分布式计算技术有哪些？
3. 云计算按照服务类型可以分为哪几类？
4. 什么是效用计算？
5. 请描述云计算技术体系结构。
6. 请简述云计算与网格计算的异同。
7. 描述云计算的发展前景。
8. 简要概括云计算参考模型。
9. 云计算的主要优势是什么？
10. 简要概括云计算所面临的挑战。
11. 云应用开发和传统软件开发有什么区别？
12. 讨论云计算系统中的关键核心技术有哪些？
13. 云计算在哪些领域有所应用？
14. 请简述移动计算和普适计算的区别。
15. 云安全研究有哪些？请查阅相关文献，至少列举两点。
16. Google 云计算技术包括哪些内容？
17. 请写出 MapReduce 分布式编程环境中的 Map/Reduce 原理，用基本概念、关键词排序的图描述思路。
18. 什么是沙盒技术？

19. 阐述什么是 Chubby 锁机制。

20. 阐述什么是 Bigtable 优化机制。

21. 假设应用(企业软件)如何通过云计算转化成服务,如 Webservice 服务进行改造? 安全和隐私问题如何兼顾?

22. 在社会计算和移动计算迅猛发展的潮流下涌现了许多著名的互联网公司,假设你和你的朋友也准备加入创业大潮中,建立自己的企业,且你们公司的主要业务是移动设备的互联网信息搜索和挖掘,如使用手机拍下某图书封面就可以得到各个图书网站关于该书的价格及其对图书的评价,拍下某个人的头像可以得到这个人在社交网站的主页以及微博等相关信息。你们已经设计了比较好的图形匹配算法及搜索算法,并计划使用云计算来进行处理,根据以上背景回答下面问题:

(1)你们公司需要构建数据中心,且现在由你来负责,根据新一代数据中心的需求请说说你在构建数据中心的时候需要注意什么。

(2)在数据中心使用虚拟化技术是必须的,请说说你打算如何部署、管理虚拟化解决方案,又如何使用商业公司的现有虚拟化产品。

(3)受经济危机的影响以及公司盈利能力的不确定性,风险投资公司决定减少对你们公司的投资。现在构建数据中心已经不可能了,你需要将业务创建在云计算平台上,请说说:

①与建立自己的数据中心相比,使用商业公司的云计算平台有什么优点和缺点?

②云构架的基本层次有哪些? 并给出各个层次的实例? 谈谈你如何在云计算平台上部署公司业务?

③你对云计算发展有什么看法?

第 10 章　面向服务的分布式计算

面向服务的计算是一个伞状术语(umbrellaterm)，它代表新一代分布式计算平台。面向服务的计算以服务的形式来组织分布式系统，此服务表征了构建系统的主要抽象。面向服务将应用和软件系统表示为在面向服务架构(SOA)中协同工作的服务的聚集。尽管还没有专门用于开发面向服务软件系统的技术，但 Web 服务却是实际上用来开发基于 SOA 系统的方法。Web 服务作为实现云计算系统的重要组件，通过互联网建立用户与系统之间的主要交互通道。

10.1　概述

面向服务的计算构建在分布式计算平台之上，同时引入了新的设计层面、构建因素以及一个庞大的技术实现集合。

1. 什么是服务

服务是一个普遍的抽象概念，包括使用不同技术和协议的多种不同的实现。服务封装了一组具有紧密相关功能的软件组件，其功能可被重用并被集成到更大、更复杂的应用中。DonBox 给出了标识一个服务的四大特点。

(1)边界明确。面向服务的应用程序通常由分布在不同领域、不同受信机构和执行环境的服务组成。一般情况下，跨越上述边界代价很高，通过设计和利用消息传递可以完成服务调用。分布式对象编程的远程方法调用是透明的，在面向服务的计算环境中，服务的交互是显式的，服务的接口保持最小化，以促进其重用并简化交互。

(2)服务自治。服务是已有的提供某种功能的组件，服务被聚合并协同以构建更为复杂的系统。这些组件不是为某个特定系统而设计的，甚至可以同时被集成到多个软件系统中。面向服务关注的是作为自治组件的服务的设计。

(3)服务共享模式和契约。服务不像在面向对象系统中那样被表示为类或接口，而是由模式和契约来定义。一个服务通过一个契约描述为可被发送或接收以及附加约束的消息的结构。同时，由于更改可能会传播给所有潜在的客户，所以面向服务要求契约和模式保持稳定。比如，XML 和 SOAP 技术提供了合适的工具来支持这些特性，而不是类的定义或接口的声明。

(4)服务的兼容性由策略决定。面向服务将结构兼容性从语义兼容性中分离出来。结构兼容性基于契约和模式，可以基于机器学习技术进行验证或强制执行。语义兼容性以定义了服务功能和服务需求的策略形式表示。策略以表达式的形式组织起来，为了使服务可以正常运作，这些表达式必须为真。

　　服务通常实现为粗粒度的可发现软件实体，它作为单个实例存在，并且通过松散耦合的基于消息通信模型来与应用程序和其他服务交互。在图 10 - 1 中展示了重要的面向服务术语。

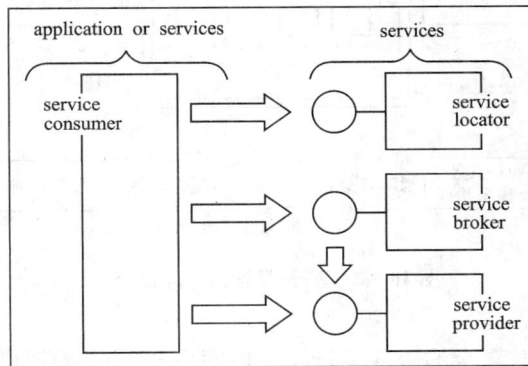

图 10 - 1　面向服务的术语

　　(1)服务(services)：逻辑实体，由一个或多个已发布接口定义的契约。

　　(2)服务提供者(service provider)：实现服务规范的软件实体。

　　(3)服务使用者(或请求者，service consumer)：调用服务提供者的软件实体。传统上，它称为"客户端"。服务使用者可以是终端用户应用程序或另一个服务。

　　(4)服务定位器(service locator)：一种特殊类型的服务提供者，作为一个注册中心，它允许查找服务提供者接口和服务位置。

　　(5)服务代理(service broker)：一种特殊类型的服务提供者，它可以将服务请求传送到一个或多个其他的服务提供者。

2.服务化

　　软件工程的一个核心的问题就是如何应对变化。在软件的整个生命周期中，变化是经常的，是不可避免的，"唯一不变的就是变化本身"。但是软件系统的改变通常是非常困难的。30 年前，软件工程就提出了"为变化而设计"的思想，并在接下来发明了很多方法，如"封装""数据抽象""设计与实现相分离"都是将软件变化的部分进行隔离和封装。

　　使软件设计能够灵活应对各种变化，这也是 SOA 的基本思想。服务化就是指将各种软件工程封装成一种服务的过程。一个服务化的系统有很大的好处，因为它可以在很短时间内自动重新组装或是配置系统，使其成为另外一个系统，这样可以使系统更好地适应变化，满足顾客的需求。

　　根据 SOA 的规范，服务可以在运行期动态发现和协同，因此即使在应用程序部署之后，仍然可以用新的、更好的服务来替换较老和较差的服务。SOA 通过把动态组合、动态重组和重构的特性融入系统工程模型，较好地解决了上述问题。传统的三层设计改为基于服务重组和重构的 SOA 设计，如图 10 - 2 所示。

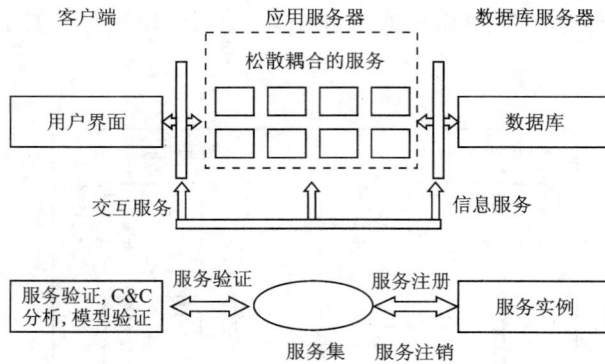

图 10 - 2   基于服务的三层设计

如图 10 - 2 所示，松散耦合的服务运行在应用服务器上，取代了以前紧密耦合和静态绑定的组件对象，不断涌现的新的、更好的服务在服务集中得以动态发现并绑定到应用逻辑中，参与应用程序的工作流；在动态重构技术的支持下，系统的工作流亦得以持续改进。此外服务集还以服务的形式为用户界面和数据库服务器提供标准的客户交互服务和信息服务，以消除因三个模块的内部变化给其他模块带来的影响，从而把整个系统的维护和升级开销降到最低水平。

3. 分层应用程序体系结构

面向对象的技术和语言是实现组件的极好方式。虽然组件是实现服务的最好方法，但是好的基于组件的应用程序未必就构成好的面向服务的应用程序。

一旦理解了服务在应用程序体系结构中所起的作用，组件开发人员就很有可能会利用现有的组件。进行这种转变的关键是认识到面向服务的方法意味着附加的应用程序体系结构层。图 10 - 3 演示了如何将技术层应用于程序体系结构以提供粒度更粗的实现（它更靠近应用程序的用户）。为称呼系统的这一部分而创造的术语是"应用程序边界"，它反映了服务是公开系统的外部视图的极好方法的事实（通过内部重用并结合使用传统组件设计）。

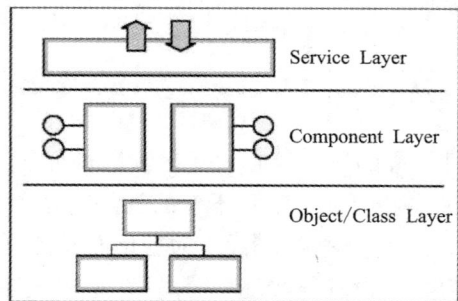

图 10 - 3   应用程序实现层：服务、组件、对象

4. 面向服务的架构(SOA)

1996 年，Gartner 在其研究报告中提出 SOA 概念，其目的是有效地解决在分布、动态、异构环境下，数据、应用和系统继承问题。面向服务在传统的面向对象、基于构件的开发、分布式对象计算及 Web 技术基础上，提出了一种新的软件开发、部署和集成模式。

先来看一个 CD 机的例子：将一张 CD 盘插入任何一台兼容的 CD 机中，便可以播放 CD 音乐。也就是说，如果想听音乐，可以选择任意一张盘，也可以选择任意一台 CD 机，因为他们都遵从了统一的数据格式标准。当然，不同的 CD 机，其播放质量是不一样的。CD 机就是提供了 CD 播放的"服务"架构或者体系结构，而 CD 盘则是服务的内容。这就是面向服务的最基本的想法。

SOA 定义了一种由服务提供者、服务中介代理和服务消费者相对独立的三方共同构成的协同工作方式，如图 10 - 4 所示。"服务"由服务提供者定义、开发并提交给服务中介；服务中介接受、注册并发布服务；服务消费者通过复用和组装已经发布的服务来构建应用系统，满足特定的业务需求。"服务"可以在开放的环境中，动态地发布、发现、组装和绑定，不依赖于任何特定平台。

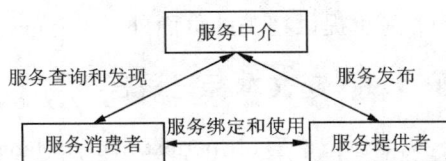

图 10 - 4　SOA 通用模型

SOA 实现了一种基于标准协议的互操作模式。SOA 是支持面向服务的架构。它将一个软件系统组织成可互操作服务的集合。SOA 给出一系列设计原则，涵盖了系统开发结构和将组件集成为连贯的非集中化系统的方法。基于 SOA 的计算将功能封装成一组互操作的服务，这些服务可以集成到不同业务领域的不同软件系统中。

服务化使得软件具有基于标准协议与外界应用实现互操作的能力，其对外表现为标准的访问接口，而屏蔽了内部实现细节和集成要求。这些服务通过服务中介注册，而服务中介提供了类似于电话"黄页""白页"和"绿页"的功能，能够提供诸如等级、检索、查询等服务。

SOA 提供了用于多种软件系统架构的参考模型，尤其是企业业务应用和系统。在此环境中，互操作性、标准化和服务契约扮演了重要角色。以下指导原则表征了 SOA 平台的特性，在企业环境中突显了其优势。

与上述原则配套的，还有将 SOA 用于企业应用集成(EAI)的其他参考资料。此外，建模框架和方法，如面向服务的模型框架(SOMF)以及由先进架构标准化组织(OASIS)引入的参考架构，提供了用于有效实现 SOA 的方法。

SOA指导原则

与 OO 及 CBSE 等技术相比，SOA 具有更高的抽象层次。SOA 关注的是服务的接口、无须代码集成的重用和通过组合方式构建应用系统。因此，采用 SOA 方法，其重点不在于每一个类和构件的编码实现，而在于定义每个计算单元的可重用方式(服务接口规约)、服务之间的逻辑关系(工作流)、服务之间协同的模式和策略。

10.2 Web 文档服务

今天，只要用一台计算机连到 Internet 上，就可以访问 Internet 任何位置的 Web 站点，实现全球访问。Web 犹如一个巨大的分布式图书馆，任何上网的人都会有这种感觉，通过 Web 页面(文档)服务总能找到所需要或相近的资料。

本质上，Web 是基于客户－服务器结构或者说浏览器－服务器结构。客户机的客户进程(客户代理或称浏览器)向 Web 服务器发出 Web 页面请求；Web 服务器对其上资源执行请求操作或通过公共网关接口(common gateway interface，CGI)查询数据库后，向客户返回响应，并在浏览器上显示 Web 页面。Web 页面包括文本、图像、视频、音频等多种信息类型，故称为超文本。Web 页面也叫 Web 文档，在 Web 技术中称为资源。Web 文档(页面)服务面向最终用户，除了提供精美的页面外，还能进行网上银行和网上购物等事务处理。

10.2.1 超文本标记语言

超文本标记语言(hypertext markup language，HTML)是 Web 页面创作工具。这一小节简要介绍 HTML 的基本语法和文档结构，不讨论 Web 页面和 Web 服务器的设计。Web 发明者 T. Berners－Lee 以标准通用标记语言(standard generalized markup language，SGML)为原型设计了 HTML，称为一个 SGML 应用。D. W. Connolly 给出了 HTML 的文档类型定义(document type definition，DTD)。HTML 已有多个版本，最新版本是 HTML5。

1. HTML 基本语法

HTML 是一种描述性标记语言而不是程序设计语言，被用来创建与平台无关的文档，浏览器根据语言的标记以规定的形式显示文档。文档类型定义(DTD)规定了标记结构的语法，包括元素和它们之间关系的定义规则，元素使用属性、实体和符号的规则。HTML 文档的基本单位是元素(element)。

2. HTML 文档结构

HTML 文档(页面)通常由三部分组成，即版本信息行、说明性 HTML 标题(head)和文档主体(body)。主体是 HTML 文档的具体内容。HTML 文档的结构是：

```
  <！HTML 版本信息说明>
<HTML>
  <HEAD>
    <TITLE>MyfirstHTMLdocument</TITLE>
  </HEAD>
  <BODYbgcolor = "white" text = "red">
    <P>Helloworld！
  </BODY>
</HTML>
```

Web 页面包括文本、列表、表格、对象、图像和小应用、表单和脚本、文档表述与窗框等元素,才能设计出精美的页面,这里就不一一讨论了。想设计 Web 页面和 Web 服务器的读者请参考 HTML 有关文献。

10.2.2　超链接

通用资源标识(URI)和超链接用来标识与定位 Web 页面(资源),点击一个超链接可以访问同一 Web 服务器的另一个 Web 资源或不同 Web 服务器的 Web 资源,从而能导航到 Internet 世界的各个角落,获取所需要的知识。一个超链接是从一个 Web 资源连接到另一个 Web 资源。一个超链接有两个端点和一个方向,端点也称锚点,链接的方向是从源锚点指向目标锚点。目标锚点可以是任何 Web 资源,如图像、一段视频、一段音频、一个程序或 HTML 文档以及文档中的元素。尽管某些 HTML 元素和属性可以创建一个对其他资源的超链接,然而,本小节只讨论由 LINK 和 A 元素创建的锚点和超链接。LINK 元素只能出现在文档的标题部分,A 元素只能出现在文档的主体部分。Web 资源是用通用资源标识(URI)定位和标识,称为 Web 资源路径信息。

10.2.3　超文本转移协议

超文本转移协议(hypertext transfer protocol,HTTP)用来传送从浏览器到 Web 服务器的请求消息和从 Web 服务器(站点)到浏览器的响应消息。

浏览 Web 时,浏览器通过 HTTP 与 Web 服务器交换信息。在 TCP/IP 体系结构中,HTTP 属于应用层协议,位于 TCP/IP 协议层之上。因此,它在设计和使用过程中,要依靠 TCP/IP 协议族,如通过域名服务解析 Web 服务器的 IP 地址。HTTP 之所以成为 Web 的基本协议,是因为它有以下特点:

(1)HTTP 采用客户 – 服务器工作模式。HTTP 支持客户(浏览器)与 Web 服务器通信,交换数据。一个 Web 服务器可为分布在世界各地的客户服务。

(2)HTTP 是无状态的。浏览器与服务器每进行一次 HTTP 操作,都要建立一次连接,操作完毕就断开此连接。浏览器和服务器都不会记忆这次连接状态。HTTP 采用无状态机制,提高了服务器的工作效率。

(3)HTTP 使用元信息作为头标。HTTP1.0 对事务处理都加上了头标,头标包含元信息。可以利用元信息进行有条件的请求,或报告一次事务处理是否成功。

(4)HTTP 支持动态格式。浏览器与服务器联络时,将它能识别的数据格式告知服务器,服务器则按相应格式返回数据。这样,客户和服务器就可用特定的数据格式交换信息。

(5)HTTP 支持两种请求和响应格式:简单请求 – 响应和完全请求 – 响应。简单请求 – 响应只使用 get 方法,不必指定 HTTP 版本,无 HTTP 头标,不支持多功能 Internet 邮件扩展(multipurpose internet mail extension,MIME)格式和编码,目的是保证 HTTP 向后兼容。

(6)HTTP 是基于文本的简单协议,具有很好的可读性。

1. HTTP 工作过程

每个 Web 主机都有一个服务器进程监听的 TCP 端口 80,以便与前来建立连接的客户取得联系。连接建立后,客户发送一个请求,服务器返回一个响应,然后释放连接。假设用户点击一个指向 http://www.w3c.org/hypertext/WWW/TheProject.html 页面的超链接,想获取该页面。在用户点击之后到页面显示之前，浏览器和服务器之间的交互过程是：

（1）浏览器确定页面的 URL 为 http：//www.w3c.org/hypertext/WWW/TheProject.html。

（2）浏览器向域名服务 DNS 查询 Web 主机 www.w3c.org 的 IP 地址，例如，DNS 返回 18.23.0.23。

（3）浏览器向 18.23.0.23 的端口 80 请求建立 TCP 连接，服务器响应建立连接。

（4）浏览器向服务器发送 GET/hypertext/WWW/TheProject.html 请求消息。

（5）www.w3c.org 服务器返回响应消息，响应消息体承载文件 TheProject.html。

（6）TCP 连接被释放。

（7）浏览器显示 TheProject.html 中的全部文本。

（8）浏览器再次执行 HTTP，以获取和显示 TheProject.html 中的全部图像。

2. HTTP 消息

HTTP 的消息包括从客户到服务器的请求消息和相应的从服务器到客户的响应消息。

为了传送消息实体（消息载荷），请求消息和响应消息都采用 RFC822 定义的消息格式。消息由 4 个部分组成：起始行、零个或多个消息头标、一个指明头标结束的空行和消息体。

HTTP 的消息体携带与请求或响应有关的实体（资源）。消息体与实体的区别仅仅是消息体采用了 Transfer – Encoding 编码，对消息体解码后便得到实体。

（1）请求消息。

请求消息包括一个请求起始行，零个或多个一般头标、请求头标或实体头标，表示头标结束的空行和可选的消息体。请求起始行包括方法、请求资源的 URI 和 HTTP 版本号。它们之间用空格隔开。方法指定对请求 URI 资源执行操作。

（2）响应消息。

响应消息包括一个状态起始行，零个或多个一般头标、响应头标或实体头标，表示头标结束的空行和可选的消息体。状态起始行包括 HTTP 版本号、状态码和原因短语，它们之间用空格隔开。状态码和原因短语指出请求消息在服务器上执行的结果。原因短语力图为状态码给出简短的文字表述，状态码是三位数字编码，高位数字指明状态码分类，HTTP 定义的状态码类别如下。

①1XX：通知，请求被接收，但过程还将继续。

②2XX：成功，请求的活动被成功地接受和理解。

③3XX：重定向，为了完成请求操作必须采取进一步操作。

④4XX：客户端错误，请求包含了错误语法或不可能实现。

⑤5XX：服务器错误，服务器对一个有效的请求执行失败。

HTTP 具体定义的状态码和原因短语，请参考有关文献。

3. HTTP 头标

请求消息包括一般头标、请求头标或实体头标，而响应消息包括一般头标、响应头标或实体头标。

4.公共网关接口

过去，Web 的大多数信息是静态的，信息内容只有站点管理人员更新后才能发生变化。静态页面缺乏交互性，用户获取的信息由提供者决定，用户处于被动状态。

公共网关接口(common gateway interface, CGI)改变了这种局面，使 Web 访问达到半自动化水平。让 HTML 文档在客户机和服务器之间有了更多的交互性，使信息网关、反馈机制、访问数据库、订货和查询等一系列复杂操作成为可能。用户可以将 Web 看成交互性媒体，利用在线购物、访问数据库等方式主动寻找感兴趣的信息。

Web 服务器调用 CGI 程序时，必须执行以下步骤：调用 CGI 程序并提供所需的数据(来自浏览器)；给 CGI 的环境变量赋值；处理 CGI 程序的输出数据。

(1)从 Web 服务器传送数据到 CGI。

Web 服务器到 CGI 程序可采用下面三种机制传送数据。

①命令行参数：服务器采用命令行方式调用 CGI 程序。

②标准输入：CGI 程序将 HTTP 的 POST 方法中的消息体作为标准输入，从中读出由服务器传送的浏览器信息。

③环境变量：调用 CGI 程序前，服务器在特定的环境变量中放入信息，CGI 程序从环境变量中读取所需的信息。

CGI 程序究竟用哪种机制获取来自客户端的数据，与查询使用的 HTTP 方法和附加在 URL 上的查询行密切相关。服务器将客户端的请求进行相应转化并存入环境变量，接着调用 CGI 程序。CGI 先取环境变量 request – method 的值，如果查询方法是 GET，则应从环境变量 query_string 中读取数据。如果是 POST 或 PUT，则应该从标准输入 Stdin 中读取数据，其长度由环境变量 content_length 指定。

(2)从 CGI 返回数据给 Web 服务器。

CGI 程序按照 HTTP 要求，将 CGI 头标字段和信息实体从标准输出送给服务器，服务器除了计算信息实体的长度外，还要再加入一般头标字段，然后形成给客户端的响应，连同 CGI 输出的信息实体一起返回给客户端。

CGI 程序可以进行各种处理。例如，使用 CGI 可以建立搜索程序、可点击图像等，也可以作为数据库的接口、转换到其他协议的网关等。

10.3　Web 服务

Web 服务技术能很好满足业务逻辑对分布式结构的要求。与 Web 文档服务不同，Web 服务的用户是应用程序，而不是最终用户。Web 服务是指在网络上发布的一些应用程序接口，可供网络中其他应用程序访问和调用。Web 服务预示着一种新的应用程序开发架构的出现，互联网中的应用程序将以 Web 服务的形式体现。开发应用程序的工作将转向使用 Web 服务来组建应用程序。

Web 服务的使用场合通常是：

(1)企业之间的数据交互系统。Web 服务允许文档和知识共享或相关服务集成。例如 Web 服务可以帮助电子商务公司与货运公司的系统相关联，自动填写货运申请提交给货运公司。

（2）作为企业内部不同系统之间的连接工具。使用 Web 服务可以将一个企业的销售管理系统和人力资源管理系统相关联。

（3）作为分布式应用程序的交互接口。一个分布式网络应用系统的各部分与服务器之间进行数据交换，采用 Web 服务将是一种非常简便的方式。

（4）作为开发人员的预创建模块。比如，第三方的 Web 服务提供商可以创建用于认证的 Web 服务，供其他应用程序调用。

10.3.1　Web Service

Web Service 是一个可通过网络（如因特网）使用的自描述、自包含软件模块，这些软件模块可完成任务、解决问题或代表用户、应用程序处理事务。Web Service 建立了一个分布式计算的基础架构。这个基础架构由许多不同的、相互之间进行交互的应用模块组成。这些应用模块通过专用网络或公共网络（包括因特网和万维网）进行通信。

Web Service 可以是：①自包含的业务任务，如提款或取款服务；②成熟的业务流程，如办公用品的自动采购；③应用程序，如人寿保险应用程序、需求预测与库存补充应用程序；④已启用服务的资源，如访问特定的用来保存患者病历的后台数据库。Web Service 的功能千差万别，既可以是进行简单的请求，如信用卡的核对与授权、价格查询、库存状态检查或者天气预报等，也可以是需要访问和综合多个数据源的信息完整的业务应用程序，如保险经纪人系统、旅行自动规划或者包裹跟踪系统等。

Web Service 技术的远期目标是实现分布式应用，按照不断变化的业务需求动态组配应用程序，并可根据设备（如个人电脑、工作站、便携式计算机、Wap 手机、PDA）、网络（如有线电视线缆、移动通信系统、各种数字用户线路、蓝牙等）和用户访问的情况定制具体的分布式应用，保证所需之处都可广泛利用任何业务逻辑的具体片段。一旦部署了一个具体的 Web Service，其他的应用和 Web Service 就能发现和调用这个 Web Service。

经过业界的努力，Web 服务建立在一组标准之上，这组标准都是基于扩展标记语言（extensible markup language，XML）的，包括简单对象访问协议（simple object access protocol，SOAP）、Web 服务描述语言（web service description language，WSDL）和通用描述发现与集成（universal description discovery integration，UDDI）。Web 服务标准栈如图 10-5 所示。

SOAP 是 Web 开发者发布和查询 UDDI 的通信协议，由 HTTP 等协议承载。WSDL 用于对 Web 服务的描述与定义。UDDI 对于 Web 服务开发者是一个注册服务器，对于 Web 服务消费者是一个目录服务器。

按照拓扑结构，Web Service 可以分成两类。第一种类型是信息型，Web Service 仅支持简单的请求-响应操作。Web Service 一般在等待请求，然后处理并响应请求。第二种类型是复合型，Web Service 在进入操作（inbound operation）和离开操作（outbound operation）之间进行一定形式的协调。这两类模型各自都有一些重要的特性，并都可进一步划分成一些更细的类别。

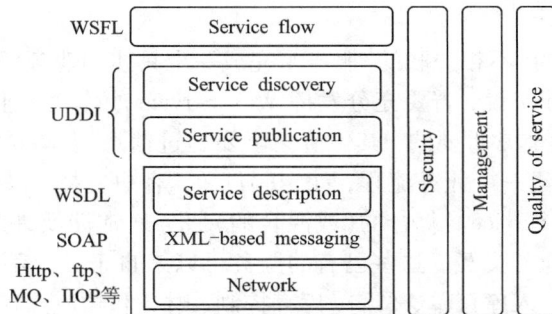

图 10－5　Web 服务标准栈

1. 简单服务或信息型服务

信息型服务比较简单，它们可访问一些内容，最终用户通过请求－响应序列与这些内容进行交互。信息型服务也可将后端业务应用程序暴露（或者构成这些应用程序的组件）给其他的应用程序，则这类 Web Service 通常称为编程序服务。例如，它们可以暴露功能调用，这些功能调用通常是使用如 Java/EJB、VisualBasic 或 C＋＋等编程语言编写的。这类被暴露的编程序简单服务完成请求－响应类型的业务任务，并可被视为"原子"（或单元）操作。使用 Web Service 描述语言 WSDL 可定义编程序接口。通过这些标准的编程序接口执行 Web Service，应用程序将可访问功能调用。

按照所解决的业务类别的不同，信息型服务可以进一步细分为三类：

（1）纯内容服务：编程序访问内容，诸如访问天气预报信息、简单的财经信息、股票价格信息、规划信息、时事新闻等。

（2）简单的交易服务：简单的交易服务是一种比较复杂的信息服务。简单的交易服务可以跨不同的系统和信息源（包括不同的后端系统），对于业务系统进行编程序访问，以便请求者可以作出合理的决策。这类服务请求的实现可能比较复杂。

（3）信息联合服务：信息联合服务是一些增值信息 Web Service，指嵌入到不同类型的商业网站，如网上交易市场、销售网站等。这些服务通常由第三方提供，包括各类商务服务，诸如物流、支付、履约、跟踪服务，以及其他的一些增值服务，如缴费服务等。联合服务的典型例子包括旅行网站的预订服务或者保险网站的保单服务。

信息型服务于本质上并不属于事务性服务（虽然信息型服务的后端实现也许是事务型服务）。信息型服务并不会保留不同请求之间的信息。从这个角度看，信息型服务也称为无状态的 Web Service。

信息型服务需要得到三个不断发展的标准的支持：①通信协议（简单对象访问协议）；②服务描述（Web Service 描述语言，简称 WSDL）；③服务发布和发现（统一描述、发现和集成基础架构）。

2.复合服务或业务流程

企业可以使用单个的(不相关联的)服务来完成一个具体的业务任务,诸如账单处理或库存控制。然而,对于企业来说,若要充分发挥 Web Service 的作用,业务流程 Web Service 和事务类 Web Service 也是非常重要的,其价值甚至要超过信息型 Web Service。当企业需要将几个服务组合在一起创建一个业务流程,如定制订单、客户支持、采购和物流支持等,企业则需要使用复合的 Web Service。复合的(或混合的)服务通常涉及许多已有服务的装配和调用,从而完成多步骤的业务交互。这些已有的服务可以来自于多个不同的企业。例如,供应链应用将涉及订单受理、入库订单、采购、库存控制、财务和物流。在流程中,将会出现大量的文档交换,包括查询价格、返回价格查询的结果、下订单、订单确认、送货信息等。长事务和异步消息也会发生,并且在达成最终协议以前,也可能会发生业务商谈甚至业务谈判。这种功能通常是业务流程(或者复合服务)的特性。

复合服务可以按照它们组成简单服务的方式依次进行分类。

(1)构成编程序 Web Service 的复合服务:这些 Web Service 的客户可将它们装配为复合服务。具有编程序行为的简单服务的典型例子是库存检查服务,该服务是构成库存管理流程的一部分。

(2)构成交互式 Web Service 的复合服务:这些服务暴露了 Web 应用的表示(浏览器)层的功能。它们通常暴露多步骤应用的行为,Web 服务器、应用服务器和底层的数据库系统相互协作,将应用直接提交给浏览器,并最终与人进行交互。这些 Web Service 的客户可以将交互的业务流程合并到他们的 Web 应用中,将外部的 Web Service 集成到应用中。显然,编程序服务可与交互式服务相互集成,从而实现通常既包含业务逻辑的功能又具有浏览器交互性的业务流程。

复合 Web Service 的标准还在不断修订,并集中在通信协议(简单对象访问协议)、WSDL、统一描述发现和集成基础架构、WS-Meta data exchange(WS-Meta data exchange 允许服务端点向请求者提供元数据信息,并支持 Web Service 交互的自启动)以及 Web Service 业务流程执行语言(简称 BPEL)。

3.功能属性和非功能属性

可使用描述语言对服务进行描述。服务描述有两个主要的相互关联的组件:功能特性和非功能特性。功能性描述详述了操作特性。操作特性定义了服务的整个行为,例如,定义了如何调用服务、在何处调用服务等细节。功能性描述还描述了消息的语法规则,以及如何配置发送消息的网络协议。非功能性描述则主要描述服务质量的有关属性,如服务计量和代价、性能度量、响应时间或精度、安全性属性、授权、认证、(事务的)完整性、可靠性、可伸缩性和可用性。非功能性描述还关于服务请求者的运行环境,如包括指定非功能性需求的 SOAP 头,非功能性需求可能会影响服务请求者选择服务提供者。

4.状态属性

Web Service 既可以是无状态的,也可以是有状态的。假如服务可以被重复调用,且无须维持上下文或状态,这样服务则称为无状态的服务。反之,需要维持上下文或状态的服务则称为有状态的服务。服务访问协议通常是无连接的。无连接的协议没有作业或会话的概念，并对最终的提交不进行任何假定。

最简单形式的 Web Service，如信息型天气预报服务，并不会"记忆"请求之间所发生的状态，因此是无状态 Web Service。无状态意味着每当用户和 Web Service 交互一次，就会完成一个处理。在返回服务调用的结果之后，处理就完成了。后面紧接着的调用将与前面的没有任何关系。

与无状态的 Web Service 相比，有状态的 Web Service 维持不同操作调用之间的状态，无论这些操作调用是由 Web Service 的同一个客户端发出还是由不同的客户端发出。假如一个特定的"会话"或"对话"涉及组合的 Web Service，则操作调用间的瞬态数据是有状态的。发送到 Web Service 有状态实例的消息的解释将与其具体的实例的状态相关。通常情况下，业务流程规定了涉及合作伙伴间的消息交换的有状态交互。其中，业务流程的状态包括了在业务逻辑中以及发送合作伙伴的消息中交换信息以及中间数据。例如，在订单管理应用中，卖方的业务流程可能会提供一个服务，这个服务可能首先通过输入信息接收订购单，假如能够履行订单，则向顾客返回一个确认。应用程序然后将会继续向顾客发送消息，如发货通知和开发票等。当顾客与卖方之间同步执行许多采购流程时，卖方的业务流程必须"记得"每个订购单各自的交互状态。

5. 松耦合

Web Service 彼此进行动态交互，并且 Web Service 使用的是因特网标准技术，这使得系统间的融合成为可能。否则的话，需要大量的开发工作才可能融合这些系统。"耦合"这一术语表示了两个系统之间彼此相互依赖的程度。

使用 Web Service 方式从服务请求者到服务提供者之间的绑定是松耦合的。这意味着服务请求者无须了解服务提供者实现的具体技术细节，如编程语言、部署平台等。服务请求者通常使用消息来调用服务，即服务请求者通过消息请求，服务提供者也通过消息响应，而不是使用应用编程接口或文件格式。

6. 服务粒度

Web Service 的功能可以千差万别，既可以是简单的请求，也可以是一个存取和综合多个信息源的信息的复杂系统。简单请求通常是细粒度的，例如，它们通常不可再分。反之，复合服务通常是粗粒度的，例如，SubmitPurchaseOrder（提交订购单）流程通常涉及在一个或多个会话中和其他服务或最终用户进行交互。粗粒度的通信意味着更大型、更丰富的数据结构（例如 XML 模式所支持的数据结构），并且使松耦合成为可能。反过来，松耦合又使得异步通信成为可能，从而使得完成整个任务所需的信息交换最小化。

7. 同步/异步

对比服务的两类编程方式：一类是同步或远程过程调用（RPC）方式；另一类是异步或消息方式。

同步服务：同步服务的客户端将它们的请求表示为带变量的方法调用，方法返回一个包含返回值的响应。这意味着，当客户端发送一个请求消息时，它会首先等待响应消息，然后才会继续向下运行。这就使得整个调用不是完全成功就是完全失败。假如某个操作由于某种原因不能成功，则其他所有的依赖操作也都将失败。由于在客户端和服务之间的双向通信，RPC 类型的服务在客户端和服务提供者之间需要紧耦合的通信模式。简单的 RPC 类型的同步服务的典型例子包括：返回特定股票的当前价格，提供特定地区的当前天气情况。

异步服务：异步服务是文档类型的服务或消息驱动类型的服务。当客户端调用消息类型的服务时，客户端通常发送整个文档（如订购单），而不是单独发送一些参数。服务收到整个文档后，会处理它，然后返回（也可能不返回）一个结果消息。调用异步服务的客户端在继续运行应用程序的其他部分之前，并不需要等待响应，从服务发回的响应可以在数小时甚至数天后才出现。

在松耦合环境中，异步交互（消息）是一个核心设计模式。消息使得应用所处的松耦合环境既不需要了解如何进行通信的技术细节，也不需要了解其他应用程序的接口。这使得任何两个流程之间的通信操作可以是自包含的、独立的工作单元。

8. 良定义

服务间的交互必须是良定义的。应用程序使用 WSDL 可以向其他的应用程序描述连接和交互的规则。对于抽象服务接口及支持服务的具体的协议绑定，WSDL 提供了对它们进行描述的统一机制。服务描述主要是关于操作如何与服务进行交互、消息如何调用操作、构建这类消息的详细信息，以及在哪里发送消息等（如确定服务的接入点）。

9. 服务的使用环境

除了上面提到的 Web Service 的类别和特性，从 Web Service 请求者的角度，将信息服务划分为不同的类别也是有价值的。在这里，可细分为可代替的服务与关键任务服务这两类。

可代替的 Web Service 是多个提供者都可提供的服务。只要服务接口是相同的，将可代替 Web Service 的服务提供者由一个换成另一个并不会影响应用程序的功能。假如服务因为某些原因暂时不可用，但可以选择其他的服务提供者作为后备，则系统的实际应用就不会受到很大的影响。

关键任务 Web Service 是很可能只被一个特定的服务者提供的服务。假如关键任务 Web Service 被替换，则可能会严重影响整个应用程序的功能。假如该服务因为某些原因暂时不可用，则可能给应用系统造成极大的影响。这类服务通常处理一些关键的业务数据，并通常在流程级进行集成。

10. 服务接口和实现

服务的一个重要方面是对接口和实现具有明显的区分。

服务接口部分定义了外部世界可以看到的服务功能，并提供了访问这些功能的方式。服务描述了它自身的接口特性，操作的可用性、参数、数据类型及访问协议。在这点上，服务是契约化的软件模块，因为服务公开了用于访问服务的接口特性，从而潜在客户将可绑定到该服务。服务客户端使用服务接口描述绑定到服务提供者，并调用服务所提供的功能。服务部分实现了具体的服务接口。对于服务的用户来说，服务的实现细节是隐藏的。

无论服务是由若干个小组件的组合所提供，还是由 ERP 这样的单个系统所提供，服务客户端都无须关心这一点。然而对于实现服务的开发者来说，考虑粒度问题依然是非常重要的。为了优化性能，有时需要修改服务的具体实现，粒度问题涉及是否能够最大程度地减少对其他组件、应用及服务的影响。

为了将服务组合进业务流程中，引入一个新的概念——服务编配接口。服务编配接口必须明确地描述组合服务客户端所期望的全部接口，以及那些组合到服务中的由环境所提供的接口。

服务编配接口的思想如图 10 - 6 所示。在图 10 - 6 中，定义了服务的封装边界。若要使用导入服务并且无须了解服务的具体实现，这是可靠地设计服务的唯一方式。由于服务的具体开发将需要处理多个导入的服务接口，因此引入"服务使用接口"这一概念也是很有价值的。服务使用接口简化了向客户所需暴露的服务接口，隐藏了内部服务编配接口（假如有的话）的具体细节。服务使用接口是客户端应用程序唯一可以查看的接口。

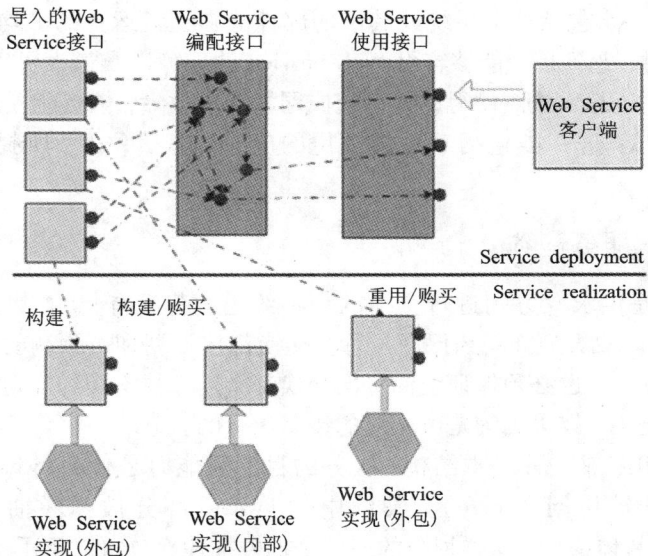

图 10 - 6　服务、接口和服务的实现

图 10 - 6 区分了服务的两个重要方面：服务的部署和服务的实现。服务的实现策略涉及服务的许许多多的不同选择。例如，服务可能有不同的组合方式，包括由企业内部设计和实现服务、购买/租赁/支付服务、外包服务的设计与实现，以及使用包装器（wrapper）和/或适配器对遗留系统的功能进行转换，封装遗留系统的内部组件，并将其与最新的应用进行融合。

在 Web Service 应用中，QoS 可以视为是对数量特性集的保证。可以根据一些重要的功能性和非功能性的服务质量属性以及其他一些重要的服务特性来定义 QoS。其中，服务质量属性既包含实现阶段也包含部署阶段，而其他一些重要的服务特性如服务计量和开销、性能度量（如响应时间）、安全性需求、（事务）完整性、可靠性、可伸缩性和可用性等。

为了确保所选择的服务提供者能提供所需的服务质量的等级，需要使用 SLA。SLA 是提供者与客户之间的一种正式协定（契约），在某种程度上对 Web Service 的详细情况（内容、价格、交互过程、验收标准、质量标准、罚款等,通常都是可度量的内容)进行了形式化,从而保证了服务提供者和服务请求者之间的相互了解、相互预期。

SLA 既可以是静态的,也可以是动态的。在多个服务时间间隔中,静态 SLA 一般都保持不变。服务时间间隔既可以是在 SLA 中指定的业务流程的月历,也可以是事务的时间周期,或者其他流程可度量的、相关的时间周期。它们可用于评估服务提供者和用户之间所协定的QoS。在不同的服务期中,为了顺应所提供的服务的变化,动态的 SLA 通常会发生相应的变化。

度量 SLA 中的 QoS 的等级最终涉及从多个方面(区域、技术、应用和供应商)追踪 WebService。为了更明确地度量 SLA,可将前面所介绍的 Web Service 的 QoS 要素分为下面三大类:

(1)性能和能力:这一类包括事务量、吞吐率、系统规模、利用水平、底层系统是否设计为可满足最大负荷测试(并经过测试),以及请求 - 响应时间的重要性。

(2)可用性:这一类包括整个系统或其中的部件能够正常运行的平均时间、灾难恢复机制、恢复的平均耗时,业务是否能够容忍 Web Service 的故障以及最大可以容忍的故障时间,以及是否具有充分的冗余,从而使得即使系统或网络出现故障,依然能提供服务。

(3)安全性/隐私:这一类包括对系统入侵的应对、隐私顾虑、所提供的认证/授权机制等。

10.3.2　Web 服务契约

契约(contract)是供求双方间进行交换的一种约定。若没有契约,世界(特别是商业世界)就无法有序运转。双方遵守契约保证了每次交换都按计划和可预测的方式实施。在设计两个程序来交换数据时,也必须保证它们每次交换都会遵守技术契约规定的条款。在面向服务的分布式计算系统中,技术契约是由相应的接口执行的。

Web 服务契约组织成一种基本结构:服务的目的和能力是什么(what),如何访问服务(how),服务在何处被访问(where)。契约中的"what"部分被称为抽象描述,"how"和"where"部分被称为具体描述,这样划分的好处是抽象描述部分可以重用。

1. 服务功能描述(What)

契约的服务功能描述也称抽象描述,它实质上是表达契约的公开接口,它的组成部分如下:

(1)端口类型(接口)定义:一个 Web 服务契约可拥有一个或多个端口类型,每个端口类型实质上代表一个技术接口,是 Web 契约的基石。

(2)操作定义:一个 Web 服务想要被另一个程序所使用,必须暴露它的可被外部消费的能力或功能。这些能力或功能被称为操作。一个端口可以拥有多个操作,端口是作为相关操作集合的容器。

(3)消息定义:当一个 Web 服务被操作调用的时候,消费者程序需要与它交换数据,才能使 Web 服务执行所请求的功能。消息定义规定了三类消息:消费者程序发送给 Web 服务的输入消息、Web 服务发送给消费者程序的输出消息和故障消息。

（4）类型定义：一个给定的输入、输出或故障消息需要拥有一个预先定义的数据类型。这样，Web 服务就可知道它是否在接受或发送有效的数据。

（5）策略定义：抽象描述中前四个定义给出了 Web 契约的功能。策略定义可以对技术接口进行扩展，进一步表达 Web 服务的行为需求和功能。

2. 服务访问描述（How）

契约的服务访问描述是一种具体描述，为抽象描述补充相关的实现细节，即如何访问服务。这些细节在服务消费者程序调用 Web 服务并与之通信时是必须的。

（1）端口类型（接口）绑定（port binding）：用来详细描述可被消费者程序调用并与之交互的通信技术，包括消息协议绑定和传输协议绑定。前者定义一种技术或产业标准，用来指定在发送者打包和接收者解包时需要遵循的消息格式，后者指定在网络中消息传输的通信技术（传输协议）。

（2）操作绑定：表示与端口类型绑定的类型相同的绑定定义，区别是它只和操作相关。如果操作没有被指定该绑定，便从它的上层端口类型继承绑定设置。

（3）消息绑定：表示一种细粒度的绑定，是与每个输入或输出消息相关。如果没有提供消息绑定，消息会从它的上层操作或上层端口类型继承绑定设置。

（4）策略定义：可为具体描述中各部分规定其策略。绑定定义的策略常和某个特定消息或传输协议的配置相关。

3. 服务位置描述（Where）

契约的服务位置描述也是一种具体描述，它关注的是从何处得到所需要的服务。

（1）服务定义：简单地把相关的端口定义组合起来。

（2）端口定义：每个绑定定义都需要与一个端口定义相关联，端口定义只是地址定义的一个容器。同一端口定义可被不同端口类型、操作或消息绑定使用。

（3）地址定义：指定一个物理网络地址。基于访问该地址定义的端口类型、操作或消息绑定所指定的传输协议的不同，实际地址值可以是 WebURL、邮件地址或其他类型的地址。

（4）策略定义：可以为具体描述中与地址相关的定义创建策略。

4. 契约组成部分之间的关系

理顺契约组成部分之间的关系，对于更好理解契约的实质可能会有帮助。

（1）一个抽象描述可以拥有一个或多个相关联的具体描述，每个具体描述会指定一种不同的消息和/或传输协议。

（2）一个端口类型定义可以拥有多个操作定义，每个操作定义可以引用多个消息定义。每个消息定义可以引用多个类型定义。

（3）一个端口类型定义可以关联多个绑定定义。每个绑定定义可以拥有多个端口类型定义。

（4）一个服务定义可以聚合多个端口类型定义。

（5）策略定义可以应用于上述大多数定义。

5. Web 服务所用的语言

Web 服务契约是用 Web 服务描述语言(WSDL)、简单对象访问协议(SOAP)、XML 模式语言和 Web 服务策略语言刻画和描述的。它们都基于 XML。

WSDL 刻画和描述契约的抽象描述包括端口类型、操作和消息定义。WSDL 也刻画和描述契约的具体描述,包括端口类型、操作和消息的绑定定义以及端口和地址定义。WSDL 和 XML 模式共同刻画和描述 Web 服务契约的类型部分,其中 WSDL 作为一种容器存放 XML 模式表示的类型。

作为通信协议,SOAP 关联着端口类型绑定定义、消息绑定定义、端口定义和地址定义。策略定义可以用 Web 服务策略语言刻画和描述,这些策略可以附加到 WSDL 语句中。

10.3.3 扩展标记语言

扩展标记语言(XML)的设计宗旨是传输和存储数据,方便实现不同平台和不同应用程序设计语言之间交换数据,其关注点是数据的内容。XML 是"不作为"的,除了存储和传输信息外不会做其他任何事情。不像 HTML 定义了一组元素及其标记,XML 没有预先定义的元素和标记。XML 已于 1998 年成为了 W3C 的推荐标准,它可被用来创建新的 Internet 语言,如 Web 服务描述语言(WSDL)。

XML 是与编程语言无关的,这使得不同操作系统、不同编程语言的数据交互成为可能。

10.3.4 Web 服务描述语言

Web Service 描述语言(WSDL)是一个基于 XML 的语言,用于描述 Web Service 及其函数、参数和返回值。因为是基于 XML 的,所以 WSDL 既是机器可阅读的,又是人可阅读的。一些最新的开发工具既能根据你的 Web Service 生成 WSDL 文档,又能导入 WSDL 文档,生成调用相应 Web Service 的代码。

WSDL 文档是由规定的元素组成,这些元素包含有属性。元素 < definitions > 定义了一个 Web 服务的 WSDL 文档,下列主要元素描述一个 Web 服务。

(1)类型元素 < type >。是 Web 服务所用的数据类型定义的容器,大多数平台是用 XMLSchema 语法定义数据类型。

(2)消息元素 < message >。被交换的类型化的数据定义。每个消息可以包含一个和多个子元素 < part >。< part >类似于常规程序设计语言的函数调用。

(3)端口类型元素 < portType >。包含一个和多个端口支持的操作元素 < operation > 定义。portType 和 operation 元素描述了 Web 服务的接口并定义了它的方法。operation 元素使用一个或者多个 message 类型来定义它的输入和输出的有效负载。端口操作类型包括如下几种。

➢ 单向操作:端口接收请求消息,没有返回响应消息。

➢ 请求 – 响应:端口接收请求消息,而后返回响应消息。

➢ 征求(solicit)响应:等待响应消息返回后发送者才发出一个请求消息。

➢ 通知操作:发送者只发出一个请求消息,不等待响应消息。

➢ 绑定元素 < binding >。具体端口类型(端点)的协议和数据格式的规范说明。

➤ 服务元素 < service > 。包含多个端口元素 < port > 及其地址元素 < address > 。
WSDL 的文档结构如下：

```
< definitions >
    < type > 数据类型定义… < /type >
    < message > 被交换数据类型定义… < /message >
    < portType > 一组操作… < /portType >
    < binding > 协议和数据格式的规范说明… < /binding >
    < service > 端口和地址信息… < /service >
< /definitions >
```

10.3.5　UDDI

UDDI(通用发现、说明和集成)是 Web 服务的黄页，是一套基于 Web 的、分布式地为 Web Service 提供信息注册中心的实现标准，同时包含一组能使企业将自身提供的 Web Service 注册使得别的企业能够发现的访问协议。与传统黄页一样，你可以搜索提供所需服务的公司，阅读了解所提供的服务，然后与其联系以获得更多信息。

10.4　面向服务的体系结构

一般来说，SOA 是关于如何设计一套使用服务的软件系统，使其通过已发布或可发现的接口使用新的或已有的应用。这些应用程序通常发布在网络上。SOA 还旨在使得服务的互操作性变得可扩展和有效。万维网联盟(world wide web consortium, W3C)定义 SOA 为一种分布式系统体系结构，具有以下典型属性：

(1)逻辑视图：SOA 是实际程序、数据库、商业流程等的抽象逻辑视图，定义了它所做的事情，通常执行企业级的操作。服务是依据提供商代理和请求者代理之间交换的消息来进行形式化定义。

(2)消息方面：提供商和请求者的内部结构包括实现语言、进程结构和数据库结构。使用 SOA 的架构，客户不必也不需要知道实现服务的代理是如何构造的。这样做的一个关键好处是关联到旧的系统，不需要知道代理的任何内部结构，就可以将任何软件组件或应用程序"包装"在消息处理代码中，并使它完全符合形式化的服务定义。

(3)描述方面：服务由机器可执行的元数据来描述。描述中只包括那些公开可访问的且对于服务应用来说很重要的细节。服务语义应通过其描述直接或间接地文档化。

(4)粒度：服务倾向于使用较少数量的操作，使用大而复杂的消息。

(5)网络方面：服务往往是在网络上沿着使用的方向，尽管这不是一个必须的要求。

(6)平台中立性：消息按照平台中立性、标准化的格式通过接口发送，XML 是满足这个约束条件的常用格式。

10.4.1　面向服务的体系结构与元素

面向服务的体系结构提供了一种方法，可以构建分布式系统来将应用程序功能作为服务提供给终端用户应用程序或其他服务。其组成元素可以分成功能元素和服务质量元素。图

10 – 7 展示了体系结构堆栈以及在一个面向服务的体系结构可能观察到的元素。

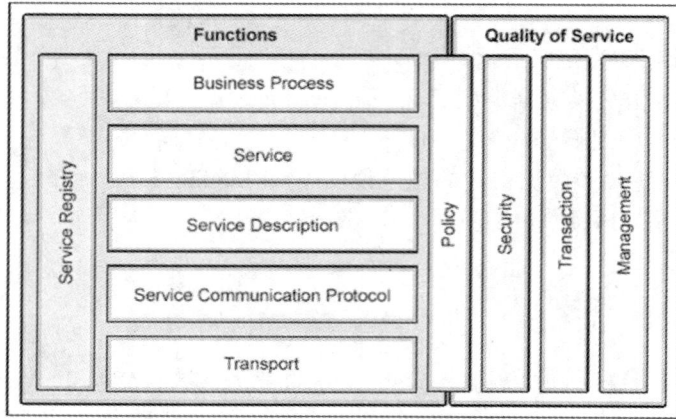

图 10 – 7   面向服务的体系结构的元素

体系结构堆栈分成两半,左边的一半集中于体系结构的功能性方面,而右边的一半集中于体系结构的服务质量方面。这些元素详细描述如下。

功能性方面包括:

(1)传输是一种机制,用于将来自服务使用者的服务请求传送给服务提供者,并且将来自服务提供者的响应传送给服务使用者。

(2)服务通信协议是一种经过协商的机制,通过这种机制,服务提供者和服务使用者可以就将要请求的内容和将要返回的内容进行沟通。

(3)服务描述是一种经过协商的模式,用于描述服务是什么、应该如何调用服务以及成功地调用服务需要什么数据。

(4)服务描述实际可供使用的服务。

(5)业务流程是一个服务的集合,可以按照特定的顺序并使用一组特定的规则进行调用,以满足业务要求。注意,可以将业务流程本身看作是服务,这样就产生了业务流程可以由不同粒度的服务组成的观念。

(6)服务注册中心是一个服务和数据描述的存储库,服务提供者可以通过服务注册中心发布它们的服务,而服务使用者可以通过服务注册中心发现或查找可用的服务。服务注册中心可以给需要集中式存储库的服务提供其他的功能。

服务质量方面包括:

(1)策略是一组条件和规则,在这些条件和规则之下,服务提供者可以使服务用于使用者。策略既有功能性的方面,也有与服务质量有关的方面;因此,我们在功能和服务质量两个区中都有策略功能。

(2)安全性是规则集,可以应用于调用服务的服务使用者的身份验证、授权和访问控制。

(3)传输是属性集,可以应用于一组服务,以提供一致的结果。例如,如果要使用一组服务来完成一项业务功能,则所有的服务都必须完成,或者没有一个完成。

(4)管理是属性集,可以应用于管理提供的服务或使用的服务。

10.4.2　SOA 的核心要素

要准确全面理解 SOA，首先必须理解 SOA 的核心要素，如图 10 - 8 所示。

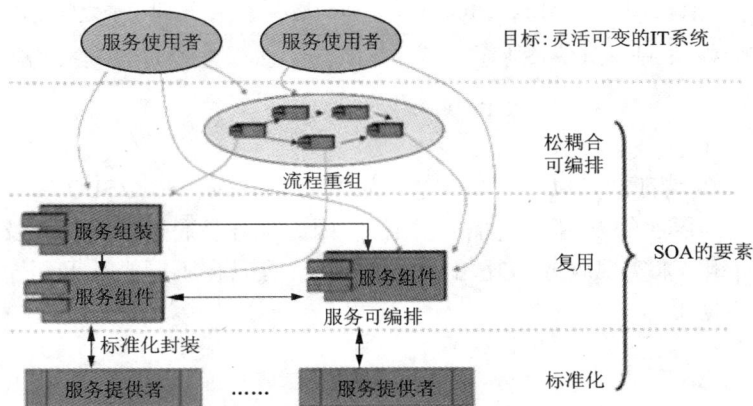

图 10 - 8　SOA 的核心要素

SOA 的目标就是实现灵活可变的 IT 系统。要达到灵活性，通过三个途径来解决：标准化封装、复用、松耦合可编排。互操作(标准化封装)、复用、松耦合等 SOA 技术的内在机制，也是中间件技术和产品的本质特征。

1. 标准化封装(互操作性)

传统软件架构，因为封装的技术和平台依赖性，一直没有彻底解决互操作问题。互联网前所未有的开放性意味着各节点可能采用不同的组件、平台技术，对技术细节进行了私有化的约束，构件模型和架构没有统一标准，从而导致架构平台自身在组件描述、发布、发现、调用、互操作协议及数据传输等方面呈现出巨大的异构性，最终导致了跨企业/部门的业务集成和重组难以灵活快速地进行。

在软件的互操作方面，传统中间件只是实现了访问互操作，即通过标准化的 API 实现了同类系统之间的调用互操作，而连接互操作还是依赖于特定的访问协议，如 Java 使用 RMI，CORBA 使用 IIOP 等。SOA 通过标准的、支持 Internet、与操作系统无关的 SOAP 协议实现连接互操作。而且，服务的封装采用 XML 协议具有自解析和自定义的特性，这样，基于 SOA 的中间件还可以实现语义互操作。

SOA 要实现互操作，就是通过一系列的标准来实现访问、连接和语义等各种层面的互操作。

2. 软件复用

软件复用，即软件的重用，也叫再用，是指同一事物不作修改或稍加改动就多次重复使用。从软件复用技术的发展来看，就是不断提升抽象级别，扩大复用范围，如图 10 - 9 所示。

复用对象	复用范围
子程序	一个可执行程序内复用，静态开发期复用
组件（DLL，Com 等）	系统内复用，动态运行期复用
企业对象组件（Com +，. NET，EJB 等）	企业网络内复用，不同系统之间复用
服务（如 Web Service，SCA/SDO）	不同企业之间，全球复用，动态可配置

图 10 - 9   软件复用

现代 SOA 的重要特征就是以服务为核心，如 Web Service，SCA/SDO 等。通过服务或者服务组件来实现更高层次的复用、解耦和互操作。因为服务是通过标准封装及服务组件之间的组装、编排和重组，来实现服务的复用。这种复用，可以在不同企业乃至全球间复用，并且是动态可配置的复用。

3. 耦合关系

传统软件架构将软件之中核心三部分，即网络连接、数据转换、业务逻辑全部耦合在一个整体之中，形成"铁板一块"的软件，"牵一发而动全身"，软件就难以适应变化。分布式对象技术将连接逻辑进行分离，消息中间件将连接逻辑进行异步处理，增加了更大的灵活性。消息代理和一些分布式对象中间件将数据转换也进行了分离。而 SOA 架构，通过服务的封装，实现了业务逻辑与网络连接、数据转换等完全的解耦。

SOA 基本上来说与 Web Service 并不是同一个概念，SOA 并不一定需要 Web Service 实现，理论上可以在其他技术体系下实现 SOA。但到目前为止，能够实现 SOA 架构风格的技术就是 Web Service，因为它的特性和厂商的支持力度，使得 Web Service 成为了 SOA 实现技术的事实标准。

10.4.3   SOA 协作

SOA 的主要组成部分涉及三方面，这是由 SOA 中的三个主要角色决定的，而三个主要角色对应于体系结构中的相应模块。这三个角色分别是服务提供者、服务注册（或称服务注册中心、服务注册机构等）和服务使用者（或称客户端）。服务提供者是提供服务的软件代理。提供者负责发布服务的描述，服务将服务描述提供给服务注册机构。客户端是请求执行服务的软件代理。代理既是服务客户端，同时又是服务提供者。客户端必须能够发现所需的服务描述，并能与相应的服务进行绑定。为了实现这一功能，SOA 建立在目前 Web Service 所采用的一些基本规范之上，如 SOAP、WSDL、UDDI 和 BPEL for Web Service。

面向服务的体系结构中使用遵循"查找、绑定和调用"范例的协作。其中，服务使用者执行动态服务定位，方法是查询服务注册中心来查找与其标准匹配的服务。如果服务存在，注册中心就给使用者提供接口契约和服务的端点地址。

（1）Web Service 提供者。

从业务角度看，Web Service 提供者是拥有 Web Service 的组织，并实现了通过服务体现出来的业务逻辑。从体系结构角度看，Web Service 提供者是一个平台，驻留和控制对服务的访问。服务提供者是一个可通过网络寻址的实体，它接受和执行来自使用者的请求。它将自己的服务和接口契约发布到服务注册中心，以便服务使用者可以发现和访问该服务。Web Service 提供者负责发布 Web Service。服务注册机构驻留于服务发现机构，可提供 Web Service 的发布信息，这涉及对业务、服务及 Web Service 技术信息的描述，以及按照发现机构所规定的格式将信息注册到 Web Service 注册机构。

（2）Web Service 使用者。

从业务角度看，Web Service 使用者（客户端）是需要满足一定功能的企业。从体系结构角度看，它是搜寻并调用服务的应用。它发起对注册中心中的服务的查询，通过传输绑定服务，并且执行服务功能。服务使用者根据接口契约来执行服务。

为了找到所需的 Web Service，Web Servic 使用者将搜索服务注册机构。这意味着，在发现机构提供的注册机构中发现 Web Service 的描述，这也意味着可使用描述信息将客户端绑定到服务中。Web Service 使用者可分为两类，使用者既可以是由最终用户驱动的浏览器，也可以是另一个 Web Service。

（3）Web Service 注册中心。

Web Service 注册机构是一个可供搜索的目录，可在该目录中发布和搜索服务描述。服务注册中心是服务发现的支持者。它包含一个可用服务的存储库，并允许感兴趣的服务使用者查找服务提供者接口。服务使用者可在注册中心发布发现服务描述，并能获取服务的绑定信息。服务使用者使用这些绑定信息即可联系服务提供者或绑定到服务提供者，从而利用所提供的服务。

面向服务的体系结构中每个实体都扮演着服务提供者、使用者和注册中心这三种角色中的某一种（或多种）。面向服务的体系结构中的操作包括：

（1）发布操作。

Web Service 只有在发布后，其他用户或应用才能发现这个 Web Service。发布操作实际上由两个同样重要的操作组成。一个操作是对 Web Service 本身的描述，另一个操作是对 Web Service 的注册。

服务提供者首先需要使用 WSDL 正确地描述 Web Service，这是发布 Web Service 首先需要完成的工作。正确地描述 Web Service 需要以下三类基本信息：

①业务信息：有关 Web Service 提供者或服务实现的信息。

②服务信息：Web Service 的特征信息。

③技术信息：有关 Web Service 的实现细节及调用方法的信息。

Web Service 发布后，紧接着就需要注册。注册涉及将服务的三类基本描述信息存储到 Web Service 注册机构中。为了让 Web Service 使用者能够发现 Web Service，需要将该 Web Service 描述信息至少发布到一个发现机构中。

（2）查找操作。

与发布操作类似，Web Service 的发现也是由两个操作组成。若要发现所需的 Web Service，首先需要在发现机构的注册中心中搜索服务，然后从搜索结果中选择所需的 Web Service。

搜索 Web Service 时，将在发现机构的注册中心中查询满足 Web Service 请求者需求的 Web Service。查询包含一些搜索条件，如服务类型、首选的价格范围、与服务相关的产品、与服务相关的公司和产品类别，以及服务的其他一些技术特性等。若执行查询，则将检索

Web Service 提供者在注册机构中输入的 Web Service 信息。

搜索操作将会返回一个 Web Service 结果集。作为发现操作的另一个组成部分,选择操作需要决定在结果集中调用哪一个具体的 Web Service。有两类选择方法:手动选择和自动选择。手动选择意味着 Web Service 请求者直接人工查看搜索操作返回的 Web Service 的结果集,并选择所需的 Web Service。而自动选择则从 Web Service 结果集中自动选择最符合要求的 Web Service。

(3)绑定操作。

在绑定操作中,服务使用者使用绑定信息定位并联系服务,从而调用或者初始化一个运行时交互。在这里,将用到 Web Service 提供者注册到注册机构的技术信息。有两类不同类型的调用:一类是 Web Service 请求者使用服务描述中的技术信息直接调用 Web Service。另一类是在调用 Web Service 时,由发现机构进行中转。

10.4.4　SOA 中的层次

SOA 是一个灵活的体系结构,它提供了一个集成框架。基于这个集成框架,软件架构师能够使用可复用的功能单元(服务)集和良定义的接口,并将它们融合成一个逻辑流,从而构建整个应用。应用在接口(约定)级进行集成,而不是在实现级进行集成。由于这种构建方式与接口具体实现方式无关,无须考虑特定系统或实现的特征或特性,因此将具有更大的灵活性。

SOA 的另一个重要特性是可以进行多对多的集成。例如,跨企业的各类客户可以各种不同的方式使用和复用应用程序。这种能力可极大地降低集成不兼容的应用的成本/复杂性比率,并能提高开发者针对新的业务需求快速创建、重新配置、创新运用应用程序的能力。其他的一些益处还包括可降低 IT 管理开销,更容易实施那些跨组织部门和贸易伙伴的业务流程的集成以及可进一步增强业务的灵活性。

根据使用 SOA 的企业需求和业务重点的不同,有三类不同的 SOA 入口点:实现企业服务编配,提供给整个企业的服务以及实现端到端协作型业务流程。

SOA入口点

当在企业层次实施 SOA 时,或者实施一个跨企业的协作 SOA 时,会出现一个问题,就是如何管理 SOA 模型,如何在模型中将单元分类以及如何组织它们才能使得不同的人都能理解。将 SOA 进行分层是非常合理的,SOA 包含许多不同的抽象层次,尤其是服务接口、服务实现以及将服务组合成更高层的业务流程。

将 SOA 进行分层的方式如图 10-10 所示。在图中,SOA 包含六个不同的层次:域、业务流程、业务服务、基础架构服务、服务实现及运营系统。通过定义一些公共的企业要素,每一个层次都描述了一个关注点逻辑分离。在图 10-10 中,每一个层次都使用它的下一层次的功能,在此基础上再加上一些新的功能,从而完成它自身的目标。

在分层的 SOA 开发模型中,应用的逻辑流程主要致力于自顶向下的开发方式,该方式强调将业务流程分解为业务服务集合,并利用企业已有的应用程序实现这些服务。其他的方式还包括自底向上(主要用于企业信息系统)和较常见的中间会师式。自底向上的方式主要强调如何将已有的应用转换为业务服务,以及如何将业务服务组合成业务流程。Web Service 的各种开发方式都属于 Web Service 的设计与开发方法学的一部分。

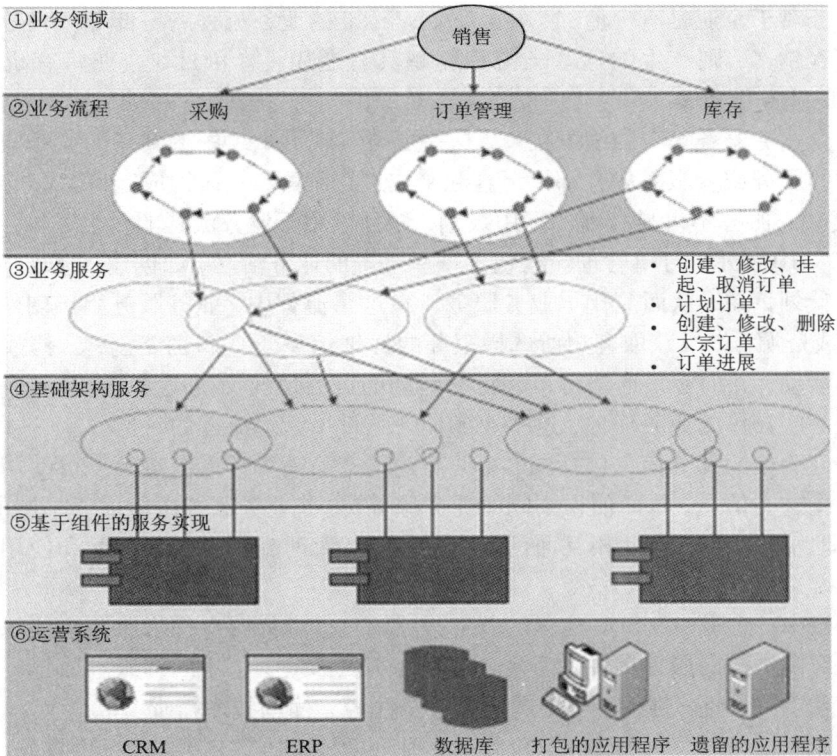

图 10 – 10　SOA 分层

最顶层(第一层)的划分是基于如下观察：企业中的所有业务流程都是服务于业务领域。业务领域是一个功能域，它包含若干当前或未来的业务流程，这些业务流程具有共同的性能与功能，并且这些流程之间能够相互协作，从而完成更高层次的业务目标，如贷款、保险、银行业务、财务、制造、营销、人力资源等。这样，一个企业将能划分为若干不相交的领域。

SOA 从流程(诸如订单管理)的角度来看待企业，并将企业看成是一个良定义的、核心业务流程的集合。在 SOA 模型中，第二层是业务流程层，它是业务领域的划分，例如，营销可以划分为几个核心业务流程，如采购、订单管理和库存，这些业务流程非常标准化，可在整个企业中使用，如图 10 – 10 所示。这三个流程是良定义的粗粒度流程。由于大量的细粒度的流程会导致极大的开销，从而导致系统低效，所以粒度问题是一个重要的设计议题。无疑，在很多情况下采用粗粒度的流程通常是更佳的选择。

现在以订单管理流程为例。该流程通常按地区、产品或时间段进行订单量分析、利润分析、销售预测和需求预测。它也能按照产品、销售代表、顾客、仓库、订单类型、支付条件及时间段等，提供有关订单履约的汇总数据和交易的详细数据。此外，它还能跟踪订货量、支付的款项、过去的利润以及下一批货，并可取消每一个订单。在 SOA 中，可以将这类业务流程看作由人员、业务流程及业务服务间的接口组成。

在分层的 SOA 模型中，如何给如订单管理这样的流程规定合适的业务服务(由第三层组成)呢？方法之一就是将流程不断细分为更小的子流程，直到无法再分。对于实现来说，这些细分的子流程可以成为无形的(单独的)业务服务，而业务服务自动处理一般的业务任务。这些业务任务对于企业是有价值的，并且它们是标准的业务流程的一部分。企业使用这种方式分解的流程越多，则产生的这些子流程就越具有通用性。因此，企业将有机会构建合适的、可复用的业务服务集。

依靠联合业务服务集合的编配接口，这一层可实现可重组的端到端的业务流程。具有不同粒度级别的服务或者服务集合都可组合起来或进行编配，从而构成"新的"复杂的服务。这些"新的"复杂的服务不仅具有新的复用级别，而且可用于业务流程的重组。

如图 10 - 10 所示，订单管理流程包含一些基本的业务活动，如创建、修改、挂起、取消、查询订单及计划订单，从而简化了业务服务。在这个流程中，业务服务用于创建和跟踪产品订单、服务或资源，以及获取客户所选择服务的详细信息。它们也能创建、修改和删除大宗订单及订购活动，并向客户通报订单和订购活动的进展情况。这类业务服务是细粒度的，它们自动处理一些具体的业务任务，这些业务任务是订单管理流程的一部分。

获取的订购单的部分信息包括顾客账户信息、产品销售计划信息等。可使用公共的数据词汇表来描述这类信息，从而使得不同的业务服务(这些业务服务可能属于不同的组织)间可以毫无歧义地解释消息、彼此相互通信，并能在订单管理流程中一起编配和使用这些不同的业务服务。

在这一层中，使用如 WSDL 这样的服务描述语言，可将接口作为服务描述导出。同一服务描述可由许多不同的服务提供者实现，每一个实现都提供了不同的服务质量的选择。服务质量的确定基于可用性、性能、可扩展性和安全性等方面的技术需求。

当定义业务服务时，利用已有的应用程序中的逻辑将它们暴露为一些服务也非常重要。所暴露的服务本身并不确定整个业务流程，而是确定实现流程的机制。这个过程中，将生成两类服务：业务功能服务和细粒度的公共服务集合。业务功能服务可以跨多个流程复用。公共服务也称为商品型服务(没有在图 10 - 10 中显示)，跨组织的业务都可共享它们。公共服务的例子包括实现计算、算法、目录管理等的服务。

从此以后，除非在需要区分，不然不再区分业务服务和基础架构服务这两个术语，而是统称为 Web Service。SOA 需要一些基础架构服务，这些基础架构服务并不针对某一个特定的业务，而是可跨多个业务复用。基础架构服务可划分为技术公共服务、访问服务、管理和监控服务、交互服务。第四层中的技术服务是粗粒度的服务，提供了开发、交付、维护的技术基础架构，还提供了单个的业务服务(在第三层)、由业务服务所集成的流程(在第二层)，以及提供了维护如安全性、性能和可用性这类 QoS 的能力。

访问服务用于转换数据以及将遗留应用和功能集成到 SOA 环境中。这包括遗留功能的打包和服务使能。在有关分布式计算的文献中，访问服务通常被称为适配器。在分层 SOA 模型中，访问服务的作用与传统的适配器并不相同，它们可将遗留系统和企业应用系统中的一些资源转换为单独的业务服务和业务流程。基础架构服务也提供管理与监控服务。管理服务不仅管理系统内的资源，而且可以跨系统管理资源。管理服务收集所管理的系统和资源的状态信息、性能信息，并提供一些具体的管理任务，如失效的根本原因分析、服务等级协议监控和报告、容量规划。监控服务监控 SOA 应用的状态，严密监控系统和网络的运行情况，深入了解应用程序的状态和行为模式，从而为关键任务提供更合适的计算环境。管理和监控服务依赖于新近诞生的一些标准。服务与外部世界的交互并不仅局限于人机交互。在有些情况下，交互逻辑需要将接口编配到交通工具、传感器、RFID 技术设备、环境控制系统、流程控制设备等。所有的基础架构服务都可视为企业服务总线的一个有机组成部分。在 SOA 环境中，企业服务总线使得标准化的集成成为可能。

在图 10 - 10 中，第五层是组件实现层，用于实现运营系统中已有的应用和系统的服务。这一层使用组件实现所需的功能。第四层的技术服务将使用这些组件来实现定义业务服务的内容以及构建业务服务。例如，使用转换程序，并将业务服务与其他相关的业务服务进行编配，从而创建业务流程。对于服务实现来说，组件技术是首选技术。业务服务的实现通常包括应用的完整装配以及跨不同应用的潜在集成起来的中间件的功能。这类功能是由第六层中的运营系统提供的。

最后，组件使用第六层中的运营系统实现业务服务和流程。第六层包含已有的企业系统或应用，包括客户关系管理(CRM)和 ERP 系统与应用、遗留应用、数据库系统与应用、其他打包的应用程序等。这些系统通常称为企业信息系统。这阐明了 SOA 如何使用面向服务的集成技术来利用并集成这些已有的系统。

10.4.5　SOA 标准模型

由 IBM 提案、国际开放群组(the open group，TOG)提出的 SOA 架构的参考模型是目前产业界最权威和严谨的 SOA 架构标准。TOG 是一个非营利标准化组织，致力于提出各种技术框架和理论结构。TOG 在中国的创始会员为金蝶集团，金蝶集团负责成立了中国分会。TOG 在 1993 年提出的 The Open Group Architecture Framework(TOGAF)架构框架是一套行之有效的企业架构。它历经 15 年 9 个版本发展，支持开放、标准的 SOA 参考架构，已被 80% 的福布斯(Forbes)全球排名前 50 的公司使用。图 10 - 11 显示了这个 SOA 参考模型。

根据这个模型，完整的 SOA 架构由五大部分组成，分别是：基础设施服务、企业服务总线、关键服务组件、开发工具、管理工具等。

SOA 基础实施是为整个 SOA 组件和框架提供一个可靠的运行环境以及服务组件容器，它的核心组件是应用服务器等基础软件支撑设施，提供运行期完整、可靠的软件支撑。

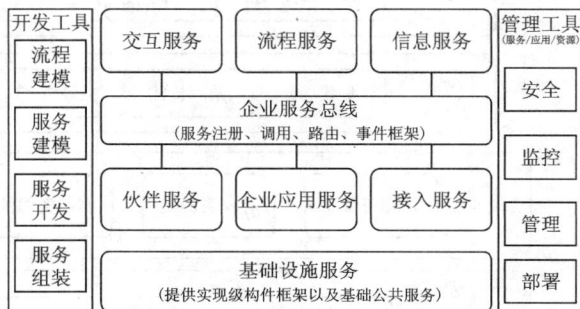

图 10 - 11　SOA 参考模型

企业服务总线是指由中间件基础设施产品技术实现的、通过事件驱动和基于 XML 消息引擎，为 SOA 提供的软件架构的构造物。企业服务总线 ESB 提供可靠消息传输、服务接入、协议转换、数据格式转换、基于内容的路由等功能，屏蔽了服务的物理位置、协议和数据格式。在 SOA 基础实现的方案上，应用的业务功能可以被发布、封装和提升成为业务服务；业务服务的序列可以编排成为 BPM 的流程，而流程也可以被发布和提升为复合服务，业务服务还可以被外部的 SOA 系统再次编排和组合。ESB 是实现 SOA 治理的重要支撑平台，是 SOA 解决方案的核心，从某种意义上说，如果没有 ESB，就不能算作严格意义上的 SOA。

关键服务实现，是 SOA 在各种业务服务组件的分类。一般来说，一个企业级的 SOA 架构通常包括：交互服务、流程服务、信息服务、伙伴服务、企业应用服务和接入服务。这些服务可能是一些服务组件，也可能是企业应用系统（如 ERP）所暴露的服务接口等。这些服务都可以接入 ESB，进行集中统一管理。

开发工具和管理工具：提供完善的、可视化的服务开发和流程编排工具，涵盖服务的设计、开发、配置、部署、监控、重构等完整的 SOA 项目开发生命周期。

按照这个模型，许多 SOA 解决方案是只提供部分实现。应该说真正按照 SOA 的思想和模型来构建整个企业的 IT 架构的案例是非常之少的。

10.4.6　云服务平台架构模型

图 10 - 12 给出了一个基本完整具有代表性的云计算技术体系结构。结构主要分为四层：SOA 构建层、管理中间件层、资源池层、物理资源层。

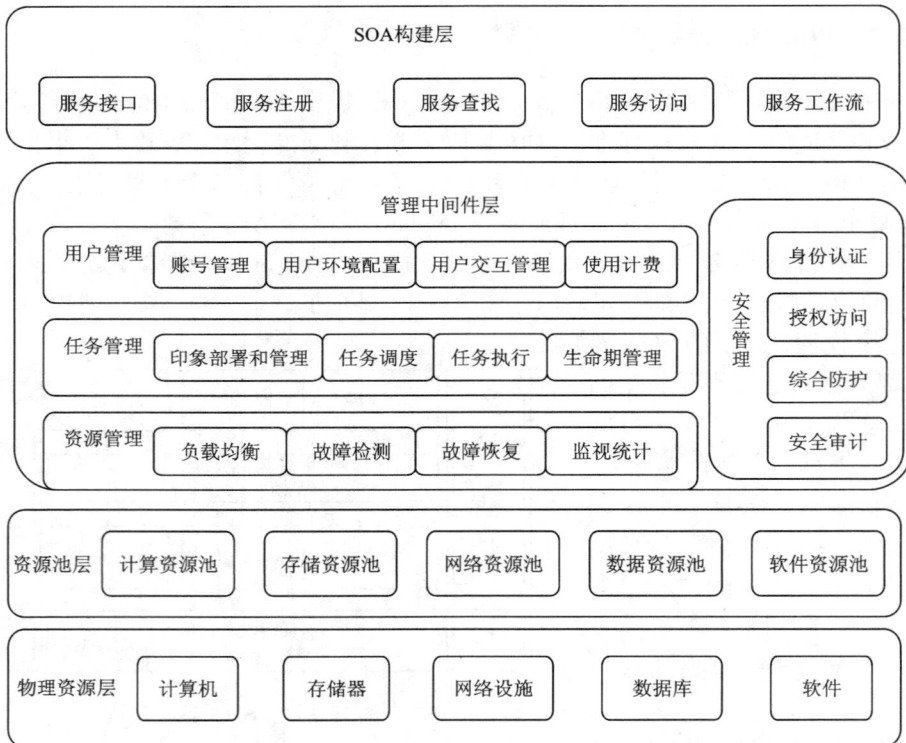

图 10 - 12　云计算技术体系结构

其中 SOA 构建层将云计算能力封装成标准的 Web Service 服务，并纳入到 SOA 体系进行管理和使用，其中就包括服务接口、服务注册、服务查找、服务访问、服务工作流等。

管理中间件层负责对云计算的资源进行管理，并对众多应用任务进行调度，使资源能够高效、安全地为应用提供服务，其中包括了用户管理、任务管理、资源管理以及安全管理四方面。

资源池层是将大量相同类型的资源构成同构或接近同构的资源池，如计算资源池、数据资源池等，资源池构建主要是物理资源的集成和管理工作。

物理资源层包括常用的实现云计算平台的物理资源，如计算机、内存、网络设施、数据库和软件等。

根据图 10 - 12 所示的体系结构，可以简述一下典型的云计算服务平台的实现机制，如图 10 - 13 所示。

在这个云计算服务平台中，用户首先要做的是通过用户交互接口以 Web Service 的方式向应用方提供访问接口需求，用户交互接口获取用户响应。然后用户从服务目录中获得可访问的服务代码，系统管理模块则负责管理和分配所有可用的资源，其中一个核心作用是负载均衡。配置工具则负责在分配的节点上准备任务的运行环境。监视统计模块则负责监视节点的运行状态，进行用户使用节点完成应用的情况统计。

这个执行过程并不复杂，简单来说就是用户从用户交互接口选取并调用一个服务，接着该请求传递给系统管理模块，系统管理模块将为用户分配恰当的资源，最后调用配置工具为用户准备运行环境，如图 10 - 13 所示。

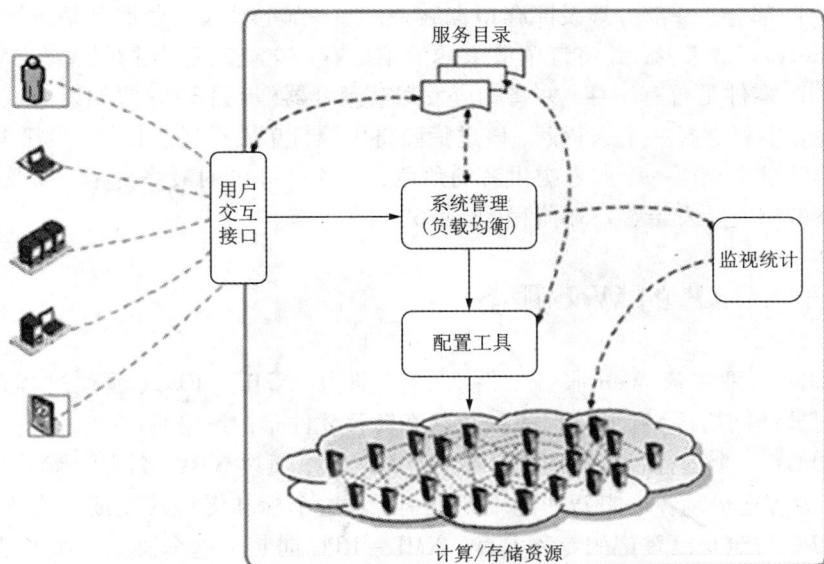

图 10 - 13　典型的云计算平台实现机制

10.4.7　SOA 复合服务实例

下面以一个订购单处理的业务流程为例。假设一个大型制造商构建了一个业务，可根据现货和合同提供一些特殊产品和个性化的塑料配件。在供应链中，如在精炼厂这样的商品供应商和消费性包装产品这样的制造商之间，需要公司管理多个业务伙伴的关系，甚至需要在供应商和客户之间充当中介商。

该例涉及了一些 Web Service，包括订购单、信用核查、自动账单、库存更新，以及将不同的服务提供者提供的商品进行打包,最后一并发送给用户。可根据这些 Web Service 间的交互开发订购单处理流程。为了进行简化,假设订购单流程应用了一个相当简单的复合服务。这个由供应商提供的服务由两个独立的服务组成,即库存服务和送货服务。这类聚合的 SOA 表示如图 10 – 14 所示。该图显示了一个使用关系,这个关系对于理解依赖性管理及整体状况非常关键。

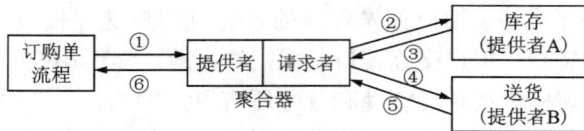

图 10 – 14　SOA 复合服务的实例

　　为了表示这个复合 Web Service 的需求,图 10 – 14 涉及一个层次型服务提供模式,其中请求者(客户端)向聚合器发送一个请求,聚合器是一个向诸如订单管理(步骤 1)这类应用提供复合 Web Service 的系统。聚合器(零件供应商)是另一个服务提供者,它接受最初的请求,并将其分解为两部分,一部分涉及库存检查服务,另一部分涉及送货服务请求。聚合器充当了一个 Web Service 请求者,并将订单请求转发给库存(步骤 2)服务提供者。库存服务提供者确定所订购的零件是否有库存,并将响应发送给聚合器(步骤 3)。假如以上这些步骤都已成功完成,聚合器将选择一个送货商,该送货商将按照订单安排送货计划(步骤 4 和步骤 5)。最终,聚合器反过来充当一个服务提供者的角色,并计算订单的最终价格,以及向客户递交账单,将最终的响应转发给客户端流程(步骤 6)。

10.5　基于 SOAP 的 Web 服务

　　目前已知的三种主流 Web 服务实现方案分别为:XML – RPC(远程过程调用协议)、SOAP(简单对象访问协议)和 REST(表征化状态转移软件架构风格)。

　　XML – RPC:一个远程过程调用的分布式计算协议,通过 XML 将调用函数封装,并使用 HTTP 协议作为传送机制。后来新功能不断被引入,这个标准慢慢演变成为今天的 SOAP 协定。XML – RPC 协定是已登记的专利项目。XML – RPC 向装了这个协定的服务器发出 HTTP 请求。这种远程过程调用使用 HTTP 作为传输协议,XML 作为传送信息的编码格式。XML – RPC 的定义尽可能地保持了简单,但同时能够传送、处理、返回复杂的数据结构。一个 XML – RPC消息就是一个请求体为 XML 的 HTTP POST 请求,被调用的方法在服务器端执行并将执行结果以 XML 格式编码后返回。

　　简单对象访问协议(simple object access protocol, SOAP)是 XML – RPC 的扩展和进化版本,它是一种基于 XML 的语言,以与平台无关的方式交换结构化信息,是用于 Web 服务方法调用的协议。在分布式网络环境下,SOAP 被认为是一种应用层协议,利用传输层协议 HTTP 实现 IPC。基于 SOAP 的 Web 服务有时也称为"大网络服务"。SOAP 以结构化消息的形式交互信息,而消息本身是 XML 文档,这种 XML 文档仿照了包含信封、信头和信体内容的信件结构。信封定义了 SOAP 消息的边界。信头是可选的,包含如何处理消息的相关信息，此外，还包含如路由和传送设置、身份验证和授权声明，以及处理环境等信息。信件主体包含了实际待处理的消息。

　　SOAP 消息主要用于方法调用和结果返回。尽管 XML 文档易于在任何平台或编程语言中生成和处理，人们还是经常认为 SOAP 效率不高，因为其过度使用 XML 强加的标记将信息组织为较好形式的文档。因此，已经提出了支持 Web 服务的 SOAP/XML 轻量级替代方案。最相关的替代是表征状态转移协议（REST），REST 提供了用客户端－服务器模型设计基于网络的软件系统的模型，并无附加条件地利用由 HTTP 为实现 IPC 而提供的功能。

　　在 RESTful 系统中，客户使用标准 HTTP 方法（put、get、post 和 delete），通过 HTTP 发送一个请求，服务器发出一个包含资源表现形式的响应。依靠这种最小支集，可以提供任意所需的替换 SOAP 的基本功能也是最重要的功能，即方法调用。get、put、post 和 delete 方法构成了检索、添加、修改和删除数据的最小操作集合。利用 URI 识别资源可以实现 Web 服务所需的所有原子操作。数据的内容仍然由 XML 传输，并作为 HTTP 内容的一部分，但是 SOAP 需要的附加标记被删除了。因此，REST 代表了轻量级 SOAP，在超出 HTTP 管理范围的某些方面，它可以有效、安全地工作。RESTful Web 服务十分流行且用于企业级传输功能，Twitter、Yahoo!（搜索 API、地图、照片等）、Flickr 和 Amazon. com 都使用了 REST。

　　目前，XML－RPC 已慢慢地被 SOAP 所取代，现在很少采用了。本节和下一节将讨论 SOAP 和 REST。

10.5.1　SOAP

　　SOAP 对消息进行编码，使它们能够灵活地通过传输协议（如 HTTP、IIOP、SMTP 或其他协议）在网络上传递。

　　SOAP 是一种使用可扩展标记语言（XML）来定义的规范，所以具有 XML 的所有优点。它允许在不同对象之间通信，通信双方无须事先了解对方或对方所在的平台。客户端应用程序可以在松耦合的环境中互操作，以发现和动态地连接到服务，而这并不需要事先在应用程序与服务之间建立一种协定。SOAP 为一个在松散的、分布的环境中使用 XML，并对等地交换结构化的和类型化的信息提供了一个简单的机制。

　　SOAP 的出现与 Web 服务的发展紧密相关。Web 服务是封装成单个实体并发布到网络上以供其他程序使用的功能集合。它是用于创建开放分布式系统的构件。在 Web 服务中，所有主要供应商都支持 SOAP 这一新标准协议，这样就避免了在 CORBA、DCOM 和其他协议之间转换的麻烦。SOAP 的引入使得可以用任何语言来编写 Web 服务，开发者无须更改他们的开发环境就可生产和使用 Web 服务。正是 SOAP 的引入，使 Web 服务得以满足互操作性、普遍性和低进入屏障。

1. SOAP 消息

　　首先看一个例子。假设要在线查询火车票的票价。

　　（1）发送一个 SOAP 请求。

```
< SOAP － ENV：Envelope
xmlns：SOAP － ENV = " http：// { soaporg } / envelope/ "
SOAP － ENV：encodingStyle = " http：// { soaporg } / encoding/ " >
```

$$< SOAP - ENV：Body >$$
$$< m：Getting - Price\ xmlns：m = "Some - URI" >$$
$$< symbol > T109 </symbol >$$
$$</m：Getting - Price >$$
$$</SOAP - ENV：Body >$$

</SOAP - ENV：Envelope >

（2）得到一个 SOAP 应答。

< SOAP - ENV：Envelope

xmlns：SOAP - ENV = "http：//｛soaporg｝/envelope/"

SOAP - ENV：encodingStyle = "http：//｛soaporg｝/encoding/" >

$$< SOAP - ENV：Body >$$
$$< m：Getting - Price\ Response\ xmlns：m = "Some - URI" >$$
$$< return > 146.5T109 </return >$$
$$</m：Getting - Price\ Response >$$
$$</SOAP - ENV：Body >$$

</SOAP - ENV：Envelope >

2. SOAP 消息的结构

SOAP 消息是基于 SOAP 协议的 XML 文档，它由四个部分组成：

（1）SOAP < envelope > 元素。这是 SOAP 消息的根元素，它包含可选的 SOAPheader 和强制的 SOAPbody 元素。

（2）可选的扩展 < header > 元素描述元数据，比如安全性、事务以及对话式状态信息。

（3）强制性的 < body > 元素包含发送方的 XML 文档。

（4）< faults > 元素可以被处理节点（SOAP 中介或最终 SOAP 目的地）用于描述所遇到任何异常状况。

W3C 还指定了一种方法来嵌入并描述 SOAP 消息的附件。附件可以是任何类型的文件，既可以是基于二进制的，也可以是基于字符的。附件规范使用 MIME 规范，而不是创建新的编码模式。如图 10 - 15 所示。

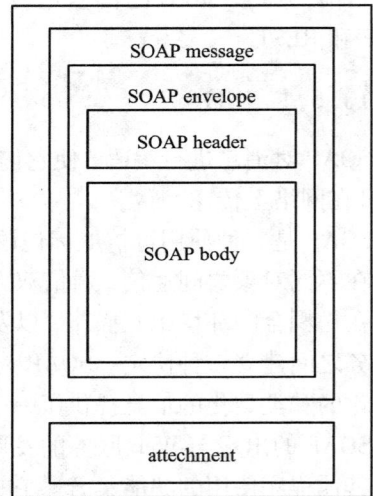

图 10 - 15   SOAP 消息

10.5.2   SOAP 在 Web 服务中的实现

用 SOAP 实现远程过程调用，就是在相同或不同平台之间完成客户端和服务器端的通信。即客户端发送 SOAP 请求，服务器端接受请求，分析其中包含的信息调用相应的函数并将返回值封装成 SOAP 消息发送给客户端，最后客户端解析应答消息。

首先给出 SOAP 实现的整体架构图，如图 10 - 16 所示。

可以看到，所有的 SOAP 消息发送都使用 HTTP POST 方法，并且所有 SOAP 消息的 URI

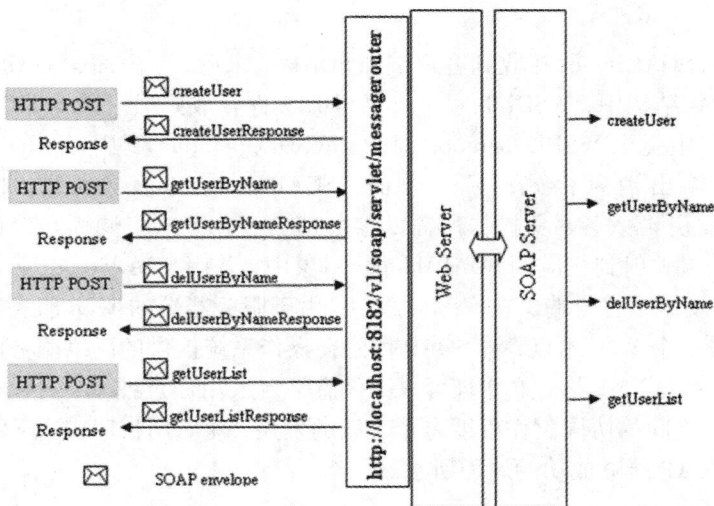

图 10 – 16　SOAP 实现架构

都是一样的，这是基于 SOAP 的 Web 服务的基本实践特征。

下面描述 SOAP 协议在 Web 服务中的实现过程。

用户程序通过 SOAP 实现远程过程调用。首先，用户程序向一个名为 SOAPClient 的对象发送消息请求服务器上某一名为 Operation 的操作，SOAPClient 处理该消息后向服务器发出 SOAP 请求。在服务器端，由一个名为 SOAPServer 的对象接受请求调用相应的组件方法执行相应的操作，SOAPServer 获得操作结果后将其以 SOAP 应答的形式返回给客户端。最后，客户端的 SOAPClient 处理 SOAP 应答并将结果封装在消息中发送给用户程序。这样，通过 SOAPClient 和 SOAPServer 的桥梁作用，客户端便可像调用本地函数一样调用服务器端的函数。

在实际应用中，当使用 SOAPClient 和 SOAPServer 进行 SOAP 的请求应答时，客户端和服务器端都必须先通过一个名为 WSDLReader 的对象来获取 WSDL 文件中的 SOAP 消息结构，以此保证通信的一致性。下面分别描述客户端和服务器端的具体实现情况。

1. 客户端

SOAPClient 在接受用户程序的远程服务请求后，一方面，通过 WSDLReader 从服务器上获取 WSDL 文件，为相应的服务操作产生一个名为 WSDLOperation 的对象，WSDLOperation 调用名为 GetOperationParts 的方法，获得操作的输入输出消息格式；另一方面，SOAPClient 为服务操作的每个参数产生一个名为 SOAPMapper 的对象，并调入各对象操作所需的参数值。一个名为 SOAPSerializer 的对象从相应的 SOAPMapper 中建立 SOAP 请求消息并通过一个名为 SOAPConnecter 的对象发送给服务器，同时侦听服务器的应答。当服务器处理 SOAP 请求并将 SOAP 应答返回给客户端后，SOAPReader 将结果赋值给相应的 SOAPMapper，同时也将结果返回给用户程序。

2.服务器端

当服务器端的 SOAPServer 接收到客户端的 SOAP 请求后，一方面，SOAPReader 将请求消息存放到一个 DOM 结构中，WSDLReader 将 WSDL 文件存放到另一个 DOM 结构中，然后分析该请求并为其产生一个 WSDLOperation 对象，WSDLOperation 调用 GetOperationParts 方法，获得操作的输入输出消息格式；另一方面，SOAPServer 为服务操作的每个参数产生 SOAPMapper 对象，并调入各对象操作所需的参数值。SOAPServer 调用与该操作相应的组件方法后，将返回结果映射到相应的 SOAPMapper 对象中，并用 SOAPSerializer 将返回值封装在 SOAP 应答消息中发送至客户端。在实际应用中，由于服务器端的 Web 服务随时都可能被访问，一般为它开设一个 Web 站点，将 SOAP 依附在操作系统提供的网络服务上。

SOAP 采用简单的 XML 格式，并且可以在任意平台采用任意技术，可以使用开放源代码资源。它使开发者之间的协同工作程度有了飞跃的发展，使应用程序实现了真正的分布式结构，这也许就是 SOAP 能够成功的原因所在。

10.6　基于 REST 的 Web 服务

10.6.1　REST 产生背景

前面的 Web 服务讨论是建立在 SOAP 上，并没有直接建立在 HTTP 上，仅仅使用 HTTP 作为一种夹带其他的应用协议穿越防火墙的方法，可以说，这没有充分挖掘并利用 HTTP 协议。HTTP 协议（hyper text transfer protocol）并不是一种传输协议，它是一种转移协议，尽管 HTTP 传入国内时，被翻译为"超文本传输协议"。在 HTTP 协议中，消息通过在那些资源的表述上的转移和操作，来对资源执行一些动作，从而反映出 Web 架构的语义，因此使用这个非常简单的接口来获得广泛的功能是完全有可能的。

Roy Fielding 博士在 2000 年提出了表述化状态转移（representational state transfer，REST）这种软件架构风格。REST 软件架构风格迅速成为当今世界上最成功的互联网的超媒体分布式系统，它让人们真正理解网络协议 HTTP 的本来面貌，正在成为网络服务的主流技术。

REST 软件架构是一个抽象的概念，是一种实现超媒体分布式系统的行动指南，利用任何的技术都可以实现这种理念。而实现这一软件架构最著名的就是 HTTP 协议。通常把 REST 也写作为 REST/HTTP，在实际中往往把 REST 理解为基于 HTTP 的 REST 软件架构。

尽管网络服务目前是以 SOAP 技术为主，但是 REST 将成为网络服务的另一选择，并且是真正意义上的网络服务。目前在三种主流的 Web 服务实现方案中，因为 REST 模式与复杂的 SOAP 和 XML - RPC 相比更加简洁，越来越多的 Web 服务开始采用 REST 风格设计和实现。

10.6.2　理解 REST

要深入理解 REST，需要理解 REST 的五个关键词：

（1）资源（resource）。

（2）资源的表述（representation）。

（3）状态转移（state transfer）。

（4）统一接口（uniform interface）。

（5）超文本驱动（hypertext driven）。

1. 资源

资源是一种看待服务器的方式，即将服务器看作是由很多离散的资源组成。每个资源是服务器上一个可命名的抽象概念。因为资源是一个抽象的概念，所以它不是仅能代表服务器文件系统中的一个文件、数据库中的一张表等具体的东西，而是可以将资源设计得要多抽象有多抽象，只要想象力允许而且客户端应用开发者能够理解。一个资源可以由一个或多个 URI 来标识。URI 既是资源的名称，也是资源在 Web 上的地址。对某个资源感兴趣的客户端应用，可以通过资源的 URI 与其进行交互。

2. 资源的表述

资源的表述是一段对于资源在某个特定时刻的状态的描述。可以在客户端－服务器端之间转移（交换）。资源的表述可以有多种格式，例如，HTML/XML/JSON/纯文本/图片/视频/音频等。资源的表述格式可以通过协商机制来确定。

3. 状态转移

状态转移（state transfer）与状态机中的状态迁移（state transition）的含义是不同的。状态转移说的是在客户端和服务器端之间转移（transfer）代表资源状态。通过转移和操作资源的表述，来间接实现操作资源的目的。

4. 统一接口

REST 要求，必须通过统一的接口来对资源执行各种操作。对于每个资源只能执行一组有限的操作。以 HTTP/1.1 协议为例，HTTP/1.1 协议定义了一个操作资源的统一接口，主要包括以下内容：

（1）7 个 HTTP 方法：get/post/put/delete/patch/head/options。

（2）HTTP 头信息（可自定义）。

（3）HTTP 响应状态代码（可自定义）。

（4）一套标准的内容协商机制。

（5）一套标准的缓存机制。

（6）一套标准的客户端身份认证机制。

REST 还要求，对于资源执行的操作，其操作语义必须由 HTTP 消息体之前的部分完全表达，不能将操作语义封装在 HTTP 消息体内部。这样做是为了提高交互的可见性，以便于通信链的中间组件实现缓存、安全审计等功能。

5. 超文本驱动

"超文本驱动"又名"将超媒体作为应用状态的引擎"（hypermedia as the engine of application state，来自 Fielding 博士论文中的一句话，缩写为 HATEOAS）。将 Web 应用看作是一个由很多状态(应用状态)组成的有限状态机。资源之间通过超链接相互关联,超链接既代表资源之间的关系,也代表可执行的状态迁移。在超媒体之中不仅仅包含数据,还包含了状态迁移的语义。以超媒体作为引擎,驱动 Web 应用的状态迁移。通过超媒体暴露出服务器所提供的资源,服务器指出了哪些资源是在运行时通过解析超媒体发现的,而不是事先定义的。从面向服务的角度看,超媒体定义了服务器所提供服务的协议。客户端应该依赖的是超媒体的状态迁移语义,而不应该对于是否存在某个 URI 或 URI 的某种特殊构造方式作出假设。一切都有可能变化,只有超媒体的状态迁移语义能够长期保持稳定。

一旦读者理解了上述 REST 的五个关键词,就很容易理解 REST 风格的架构所具有的 6 个主要特征:

(1)面向资源(resource oriented)。

(2)可寻址(addressability)。

(3)连通性(connectedness)。

(4)无状态(statelessness)。

(5)统一接口(uniform interface)。

(6)超文本驱动(hypertext driven)。

这 6 个特征是 REST 架构设计优秀程度的判断标准。其中,面向资源是 REST 最明显的特征,即 REST 架构设计是以资源抽象为核心展开的。可寻址是每一个资源在 Web 之上都有自己的地址。连通性是应该尽量避免设计孤立的资源,除了设计资源本身,还需要设计资源之间的关联关系,并且通过超链接将资源关联起来。无状态、统一接口是 REST 的两种架构约束,超文本驱动是 REST 的一个关键词,在前面都已经解释过,就不再赘述了。

10.6.3 RESTful Web Service

RESTful Web Service 是实现 Web Service 的一种方式。那么到底什么是 RESTful Web Service 呢?

REST 是一种架构方式和约定,和具体实现无关,也不一定必须基于 Web。一般把采用 REST 架构的 Web Service 称为 RESTful Web Service。在实际项目应用中,严格来说,应该称这种 Web Service 为具有 REST 风格的 Web Service。原因是在处理和解决某些实际问题时,这种 Service 可能并不完全严格遵守 REST 架构的所有必要约定。

RESTful Web Service 和基于 SOAP 的 Web Services 有着本质的不同。使用 SOAP 的 Web Service 实际上是以协议(protocol)的形式工作的。因为 SOAP Web Service 严格规定了如何发现和描述 API,其传输的消息也有严格统一的格式(例如,传输的载体 XML 有严格的格式规范)。而 RESTful Web Service 并不是协议,它没有规定传输消息的具体格式,它只是一种约定使用 REST 架构实现的 Web Service。RESTful Web Service 相比 SOAP Web Service 更加简单和轻量级。现在大部分 RESTful Web Service 都使用类似的形式,例如,都使用 HTTP 传输,使用风格类似的 URL 作为 API 和使用 JSON 或者 XML 来传输数据等(目前 JSON 占据主导地位,并且有持续流行的趋势)。

Roy Fielding 在他的论文中,从下面 6 个方面阐述了 REST 架构的约定。

(1)CS 结构。

客户端是一个相对独立的实现,它不必考虑数据的持久化存储问题。服务端拥有和保存数据，服务端不去关心客户端内部实现，也不用关心客户端请求的上下文。服务端和客户端之间遵守相同的接口规范。在遵守相同接口规范的前提下，二者都可以独立演化，甚至可以被其他的实现替代。

（2）无状态。

任何时候一个客户端的请求数据都包含着能够让服务端完成请求的充分信息，服务端不依赖前后不同请求的顺序和状态信息来完成请求。请求的 session 信息由客户端持有，并在必要时连同请求数据一起发送。服务端可以使用请求中的 session 信息去其他外部服务或者数据库获取相关内容，以便对该请求做权限验证等操作。

如果所需数据要通过多次请求才能完成，客户端必须自己负责记录状态（因为服务器不跟踪客户端的状态），在下次请求时附带发出。一个典型的例子是分页的实现，客户端需要自己保存当前页数，请求下一页时作为参数一起发给服务端，服务端使用该参数返回正确的下一页数据。有些设计，比如 Facebook API，服务端返回数据中包含下一页数据的请求 URL，客户端只要记录这个 URL 即可发起下一页的请求。

服务端不依赖客户端的请求顺序和状态提高了服务器的可扩展性。比如在使用 Load balancer 的情况下，避免了因为某个请求被分配到其他服务器而丢失某些信息从而返回不正确的数据。

无状态的约定也提高了系统的健壮性。如果集群服务器中的其中一台发生故障也不会对系统的平稳运行造成太大影响。不过无状态的约定也是有缺点的，客户端必须每次都要带上相同重复的信息来确定自己的身份和状态，这就造成了传输数据的冗余性。

（3）缓存机制。

服务端应该明确规定返回数据的缓存机制，包括是否可缓存，缓存如何失效以及利用缓存获取增量数据而不必每次获取全部数据等。合理的缓存设计可以减少请求次数，进而提高服务器的效率和性能。

（4）系统分层。

客户端不用知道数据是从服务端直接返回还是通过中转代理返回。这样的设计也同样提高了系统的可扩展性。比如可以使用负责均衡和反向代理等技术来对系统进行水平扩展和缓存处理，把系统划分成不同的层次。使用分层设计也方便我们管理不同资源的权限，有利于提高系统的安全性。

（5）可定制代码（可选）（code on demand）。

服务端可选择临时给客户端下发一些功能代码让客户端来执行，从而定制和扩展客户端的某些功能。比如服务端可以返回一些 Javascript 代码让客户端执行，去实现某些特定的功能。

（6）一致的接口（uniform interface）。

一致的接口对 REST 服务至关重要。基于统一的接口规则可以简化系统实现，降低子系统之间的耦合度，因为子系统只要关注实现接口即可。在保证接口一致的情况下，不同的实现可以各自独立演化。

REST 的接口约定为设计 RESTful Web Service 时提供了一个绝佳的范本。套用这个范本，在设计 Web Service 时，可以在一定程度上避免很多问题和少走弯路。因为这些约定本质上都是对现实系统设计优点的提炼和总结，它已经比较周全地考虑了可能出现的问题，并且提供了解决问题的基本原则和方向。

10.6.4　REST 和 REST 系统

REST 是应用于分布式系统的软件体系结构风格，尤其适合像万维网这样的分布式超媒体系统。因为它简单、容易被客户端发布和使用，REST 受到谷歌、亚马逊、雅虎等公司，尤其是社会网络公司（如 Facebook 和 Twitter）的欢迎。

REST 的 Web 服务可以视为 SOAP 栈的替代，因为它们有简单性、轻量级的本质以及与 HTTP 集成。在 URI 和超链接的帮助下，REST 可发现 Web 资源而不需要基于中心存储库登记。近来又提出了 Web 应用描述语言（web application description language，WADL）用作 XML 词汇表来描述 REST 风格的 Web 服务，使得它们能立即被潜在客户端发现并访问。不过，用于 REST 应用开发的工具集还不多。此外，受到 get 长度的限制，不允许对 URL 中超过 4 kB 的数据进行编码，因为服务器会拒绝这类畸形的 URI，甚至可能崩溃。

REST 的体系结构元素列在表 10 – 1 中。其中融合了几个 Java 框架用来构造 REST 的 Web 服务。一个轻量级框架 Restlet 实现了 REST 的体系结构元素，如资源、表示、连接器和用于 Web 服务在内的任何 REST 系统的媒体类型。在 Restlet 框架中，客户端和服务器都是组件。组件之间通过连接器进行通信。

表 10 – 1　REST 体系结构元素

REST 元素	元素	示例
数据元素	资源	一个超文本引用的概念目标
	资源标识符	URL
	表示	HTML 文档、JPEG 图像、XML 等
	表示元数据	媒体类型，上一次修改时间
	资源元数据	资源链接，别名，变异
	控制数据	如果 – 已修改 – 由于，高速缓存 – 控制
连接器	客户端	libwww, libwww – perl
	服务器	libwww, ApacheAPI, NSAPI
	高速缓存	浏览器高速缓存, Akamai 高速缓存网络
	解析器	绑定（DNS 查找库）
	隧道	HTTP connect 之后的 SSL
组件	原始服务器	Apachehttpd, MicrosoftIIS
	网关	Squid, CGI, 反向代理服务器
	代理服务器	CERN 代理服务器, Netscape 代理服务器
	用户代理	Netscape Navigator, Lynx, MOMspider

从图 10 – 17 可以看到，连接器是被作为能够支持组件间通信的协议端口包含到系统中

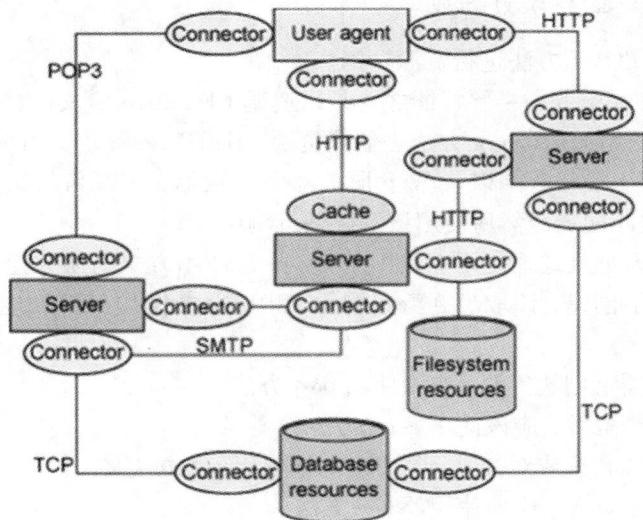

图 10 - 17　REST 实体间的交互

的。注意，REST 系统中的任何组件都可以使用多个客户机和/或服务器连接器处理与其他组件之间的通信。

　　Sun Microsystem 提供的规范 JSR - 311(JAX - RS)定义了一组 Java API，可以用来开发 REST 的 Web 服务。该规范提供了一组相关的类和接口的注解，可以用于将 Java 对象公开为 Web 资源。通过使用注解，JSR - 311 提供了 URI 和相应资源之间，以及 HTTP 方法与 Java 对象方法之间的清晰映射。这些 API 支持范围广泛的 HTTP 实体内容类型，包括 HTML、XML、JSON、GIF、JPG 等。Jersey 是用来构建 REST Web 服务的一个 JSR - 311 规范的参考实现。另外，它还提供了一个 API，使得开发者可以根据自己的需要来扩展 Jersey。

　　JAX - RS 为在 Java 上构建 RESTful 风格的 Web Service 提供了一组标准 API。这组 API 基本上由一组注解(annotations)和相关的类和接口组成。JAX - RS 提供一些标注将一个资源类、一个 POJO(plain old java object) Java 类封装为 Web 资源。标注包括：

　　(1)@ path，标注资源类或者方法的相对路径。

　　(2)@ get, @ put, @ post, @ delete，标注方法是 HTTP 请求的类型。

　　(3)@ produces，标注返回的 mime 媒体类型。

　　(4)@ consumes，标注可接受请求的 mime 媒体类型。

　　(5)@ pathparam、@ queryparam、@ headerparam、@ cookieparam、@ matrixparam、@ formparam，分别标注方法的参数来自于 HTTP 请求的不同位置。例如，@ pathparam 来自于 URL 的路径，@ queryparam 来自于 URL 的查询参数，@ headerparam 来自于 HTTP 请求的头信息，@ cookieparam 来自于 HTTP 请求的 cookie。

　　基于 JAX - RS 实现的框架有 CXF、Jersey、Restlet、RESTEasy 等。现在 SpingMVC 也已经支持 REST 了。

10.6.5 REST 基本设计原则

原则一：使用 HTTP 的方法进行资源访问。

基于 REST 的 Web 服务的主要特征之一是以遵循 RFC 2616 定义的协议的方式显式使用 HTTP 方法。例如，使用 HTTP post 方法去创建资源。HTTP get 被定义为数据产生方法，旨在由客户端应用程序用于检索资源以从 Web 服务器获取数据，或者执行某个查询并预期 Web 服务器将查找某一组匹配资源然后使用该资源进行响应。

REST 要求开发人员显式地使用 HTTP 方法，并且使用方式与协议定义一致。这个基本 REST 设计原则建立了创建、读取、更新和删除（CRUD）操作与 HTTP 方法之间的一对一映射。根据此映射：

（1）若要在服务器上创建资源，应该使用 post 方法。

（2）若要检索某个资源，应该使用 get 方法。

（3）若要更改资源状态或对其进行更新，应该使用 put 方法。

（4）若要删除某个资源，应该使用 delete 方法。

原则二：使用无状态/无会话的服务设计。

很长时间以来，人们采用有状态的服务设计从而在客户端与服务端的多次交互中维护一定的上下文。然而，有状态的设计使得程序很难随着工作负载的增加而进行伸缩。比如某个服务实例拥有 10000 个会话的状态，则通常很难通过增加服务实例来分担其工作负载。反之，如果程序被设计成一个无状态的，则可以自由增加服务实例，并且在这些实例之间平衡负载，从而使得服务具有较好的伸缩性，这在大规模分布式系统中尤其重要。

完整、独立的请求不要求服务器在处理请求时检索任何类型应用程序的上下文或状态。REST Web 服务应用程序（或客户端）在 HTTP Header 和请求正文中包括服务器端组件生成响应所需要的所有参数、上下文和数据。这种意义上的无状态可以改进 Web 服务性能，并简化服务器端组件的设计和实现，因为服务器上没有状态，从而消除了与外部应用程序同步会话数据的需要。

原则三：用目录结构风格的 URI 设计来表示资源。

用清晰的 URI 路径表示资源可以使客户端更容易理解和操作资源。不需要太多解释就可以让人明白该 URI 指向的是什么资源以及如何获得相关的资源。例如：

http：//www. foo. com/research/articles/{article_title}

http：//www. foo. com/research/articles/{year}/{month}/{day}/{article_title}

URI 具有层次结构，其根为单个路径，从根开始分支的是公开服务的主要方面的子路径。根据此定义，URI 并不只是用斜杠分隔的字符串，而是具有在节点上连接在一起的下级和上级分支的树。例如，在一个收集从 Java 到报纸的各种主题讨论的线程服务中，您可能定义类似如下的结构化 URI 集合：

http：//www. myservice. org/discussion/topics/{topic}

根/discussion 之下有个/topics 节点。该节点之下有一系列主题名称，例如，闲谈、技术等，每个主题名称指向某个讨论线程。在此结构中，只须在/topics/后面输入某个内容即可容易地收集讨论线程。

在某些情况下，指向资源的路径尤其适合于目录式结构。例如，以按日期进行组织的资源为例，这种资源非常适合于使用层次结构语法。

例如：http：//www.myservice.org/discussion/2008/12/10/{topic}

在考虑基于 REST 的 Web 服务的 URI 结构时，需要指出的一些附加指导原则包括：

（1）隐藏服务器端脚本技术文件扩展名（.jsp、.php、.asp）——如果有的话，以便能够移植到其他脚本技术而不用更改 URI。

（2）将所有内容保持小写。

（3）将空格替换为连字符。

（4）尽可能多地避免查询字符串。

（5）如果请求 URI 用于部分路径，与使用 404 Not Found 代码不同，应该始终提供缺省页面或资源作为响应。

URI 还应该是静态的，以便在资源发生更改或服务的实现发生更改时，链接保持不变。这可以实现书签功能。URI 中编码资源之间的关系与在存储资源的位置表示资源关系的方式无关也是非常重要的。

原则四：使用 XML 或 JSON 来传输数据。

服务和请求的消息数据中包含了对于资源的属性的描述，服务应该采取结构良好并且易于阅读的方式来描述资源。XML、JSON 都是结构良好的语言，并适于阅读，JSON 比 XML 更加简洁。

10.6.6　REST 安全性

REST/HTTP 网络服务直接暴露在客户端面前，如何确保服务的安全？

安全 1：REST/HTTP 网络服务的信息包可以被防火墙理解和控制。你可以按照操作和链接进行过滤信息包操作。例如，你可以规定从外部来的只能读取（get 操作）自己服务器的资源。这样对于系统管理员而言使得软件管理更为简单。

安全 2：REST 的安全性还可以利用传输安全协议 SSL/TLS、HTTP 基本认证和摘要式认证。

（1）HTTP 基本认证的优点是逻辑简单明了、设置简单。但缺点显而易见，即使是 BASE64 后也是可见的明文，很容易被破解、非法利用。还有就是 HTTP 是无状态的，同一客户端每次都需要验证。HTTP 认证的不安全性，可以启用 HTTPS（SSL/TLS）认证作为补充。

（2）摘要认证的优点是摘要验证很好地解决了使用基本验证所担心的安全性问题。但是永远没有绝对的安全，当用户使用字典进行穷举破解时，还是会存在一些被破解的隐患。

安全 3：可以利用像 WS – Security 作为安全认证的补充方案。

安全 4：用第三方开源的 OpenID 和 OAuth 类库作为安全认证方案的选择。

10.6.7　Restlet 框架

达芬奇有一句名言："简洁就是终极复杂"。万维网的实现非常简单，并且无可置疑地获得了成功。REST 正是利用了 Web 的简单性，并因此造就了高度可伸缩的、松散耦合的系统，而且很容易构建。

构建 RESTful 应用程序最难的部分在于确定要公开的资源。解决了这个问题之后，再使用开源 Restlet 框架构建 RESTfulWeb 服务就是小菜一碟了。

　　Restlet 应用程序与 Servlet 应用程序有一个相似点，就是它们都处在容器中，但实际上它们在两个方面是截然不同的。第一，Restlet 不使用 HTTP 的直接概念或其状态显示，如 cookies 或者 session。第二，Restlet 框架极其轻便。正如将要看到的，只用几个核心 Restlet 基类扩展出来的几个类就能够构建一个功能完善的 RESTful 应用程序。配置和部署利用现有的容器模型，所以只须更新原来的 web. xml，并部署一个标准 Web 归档文件（WAR）就可以了。

　　基本上，一个用 Restlet 框架构建的 RESTful 应用程序的大部分都需要使用两个基类：Application 和 Resource。逻辑上，Application 实例将 URI 映射到 Resource 实例。Resource 实例处理基本的 CRUD 命令，当然，这些命令都要映像到 GET、POST、PUT 和 DELETE。

　　Restlet 项目（http：//www. restlet. org）为"建立 REST 概念与 Java 类之间的映像"提供了一个轻量级而全面的框架。它可用于实现任何种类的 REST 式系统，而不仅仅是 REST 式 Web 服务；而且，事实证明它自从 2005 年诞生之时起，就是一个可靠的软件。

　　Restlet 项目受到 ServletAPI、JSP（java server pages）、HttpURLConnection 及 Struts 等 Web 开发技术的影响。该项目的主要目标是：在提供同等功能的同时，尽量遵守 Roy Fielding 博士论文中所阐述的 REST 的目标。它的另一个主要目标是：提出一个既适于客户端应用又适于服务端应用的、统一的 Web 视图。

　　Restlet 的思想是：HTTP 客户端与 HTTP 服务器之间的差别，对架构来说无所谓。一个软件应可以既充当 Web 客户端又充当 Web 服务器，而无须采用两套完全不同的 APIs。

　　Restlet 包括 RestletAPI 和 Noelios Restlet Engine（NRE）两部分，NRE 是对 RestletAPI 的一种参考实现。这种划分，使得不同实现可以具有同样的 API。NRE 包括若干 HTTP 服务器连接器，它们都是基于 Mortbay 的 Jetty、Codehaus 的 AsyncWeb，以及 Simple 框架这些流行的 HTTPJava 开源项目的。它甚至提供一个适配器，使用户可以在标准 Servlet 容器（如 Apache Tomcat）内部署一个 Restlet 应用。

　　Restlet 还提供两个 HTTP 客户端连接器。它们一个是基于官方的 HttpURLConnection 类，一个是基于 Apache 的 HTTP 客户端库。还有一个连接器允许用户方便地按 REST 风格通过 XML 文档来处理 JDBC 源；此外，一个基于 JavaMail API 的 SMTP 连接器允许用户发送内容为 XML 的 Email。

　　RestletAPI 包括一些能够创建基于字符串、文件、流、通道及 XML 文档的表示，它支持 SAX、DOM 及 XSLT。使用 FreeMaker 或 Apache Velocity 模板引擎，用户可以很容易地创建基于 JSP 式模板的表示。用户甚至可以像普通 Web 服务器那样，用一个支持内容协商的 Directory 类来返回静态文件与目录。

　　简单性和灵活性是贯穿整个框架的设计原则。RestletAPI 旨在把 HTTP、URI 及 REST 的概念抽象成一系列类，同时又不把低层信息（如原始 HTTP 报头）完全隐藏起来。

　　Restlet 在术语上参照了 Roy Fielding 博士在讲解 REST 时采用的术语，如资源、表示、连接器、组件、媒体类型、语言等（图 10 - 18）。Restlet 增加了一些专门的类（如 Application、Filter、Finder、Router 和 Route）用以简化 restlets 的彼此结合，以及简化把收到的请求映射为处理它们的资源。

　　抽象类 Uniform 及其具体子类 Restlet，是 Restlet 的核心概念。正如其名称所暗示的，Uniform 暴露一个符合 REST 规定的统一接口。虽然该接口是按 HTTP 统一接口定义的，但它也可用于其他协议（如 FTP 和 SMTP）。

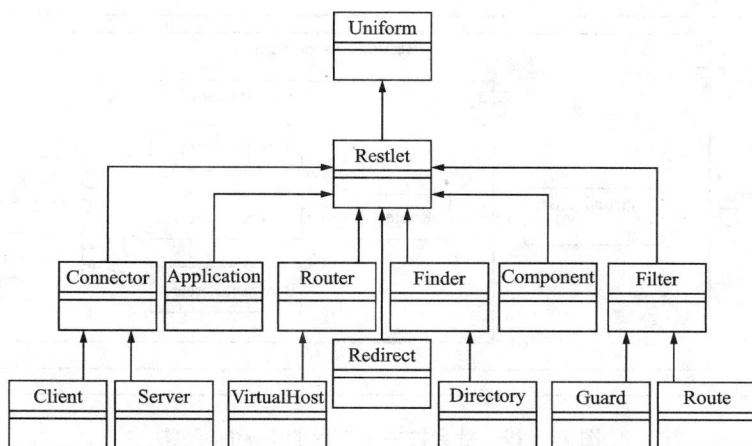

图 10 - 18 Restlet 的类层次结构

  handle 是一个重要的方法，它接受两个参数：Request 和 Response。从图 10 - 18 中看到的，每个暴露于网上的调用处理者（无论作为客户端还是服务端）都是 Restlet 的一个子类，也就是说，它是一个 restlets——遵守这个统一接口。由于有统一接口，restlets 可以非常复杂的方式组合在一起。

  Restlet 支持的每一个协议都是通过 handle 方法暴露的。这就是说，HTTP（服务器和客户端）、HTTPS、SMTP，以及 JDBC、文件系统，甚至类加载器都是通过调用 handle 方法来操作的。这减少了开发者须掌握的 APIs 的数量。

  过滤、安全、数据转换及路由是"通过把 Restlet 的子类链接起来"进行处理的。Filters 可以在处理下个 Restlet 调用之前或之后进行处理。Filters 实例的工作方式与 Rails 过滤器差不多，只不过 Filters 实例跟其他 Restlet 类一样响应 handle 方法，而不是具有一个专门的 API。

  一个 Router restlet 有许多附属的 Restlet 对象，它把每个收到的协议调用路由给适当的 Restlet 处理器。路由通常是根据目标 URI 进行的。

  除了这一常见用途，Router 还可用于其他用途。你可以用一个 Router 在多台远程机器之间以动态负载均衡的方式来转发调用。即使在这种复杂的情况下，它也一样响应 Restlet 的统一接口，并且可成为一个更大路由系统中的一个组件。VirtualHost 类（Router 的一个子类）使我们可以在同一台物理主机上运行多个具有不同域名的应用。在过去，引入一个前端 Web 服务器（如 Apache 的 httpd）才能实现此功能；而用 Restlet 的话，它只是另一个响应统一接口的 Router 实现。

  一个 Application 对象能够管理一组 restlets，并提供常见的服务，比方说对压缩的请求进行透明解码，或者利用 method 查询参数在重载的 POST 之上实现 put 和 delete 请求。最后，Component 对象可以包含并编配一组 Connectors、VirtualHosts 及 Applications（作为独立 Java 应用运行的，或者嵌入在一个更大系统中的，如 J2EE 环境）。

  由于 Restlet 未对资源设计作特别的限制，所以可以根据 ROA 的设计原则来进行资源类及 URIs 的设计。图 10 - 19 展示了 URI 是如何经由 Router 映射到资源，再映射到下层 Restlet 类的。

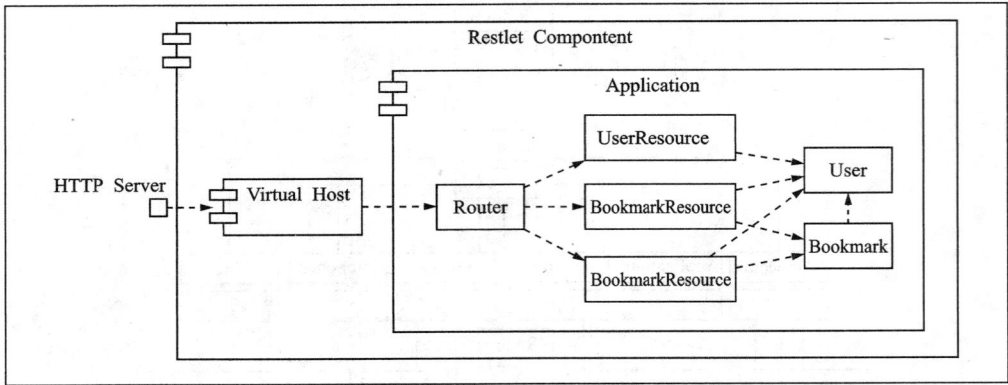

图 10 – 19   社会性书签应用的 Restlet 架构

为了理解如何用 Java 代码实现这些映射，下面看一下 Application 类及它的 createRoot 方法。

Application. createRoot 方法：实现 URI 模板到 restlet 的映射。

```
publicRestletcreateRoot() {
Routerrouter = newRouter(getContext());
//为用户资源增加路由
router. attach("/users/{username}", UserResource. class);
//为用户的书签资源增加路由
router. attach("/users/{username}/bookmarks", BookmarksResource. class);
//为书签资源增加路由
RouteuriRoute = router. attach("/users/{username}/bookmarks/{URI}",
BookmarkResource. class);
uriRoute. getTemplate(). getVariables()
. put("URI", newVariable(Variable. TYPE_URI_ALL));
}
```

在创建一个 Application 对象时，这段代码便会运行。它会在资源类 UserResource 与 URI 模板"/users/(username)"之间建立起清晰而直观的映射关系。Router 先拿请求的目标 URI 跟 URI 模板进行比较，然后把请求转发给一个新建的相应的资源类实例。模板变量的值被存放在请求的属性地图里，以便于在 Resource 代码中使用。这既有效，又易于理解。

10.6.8   使用 REST 实现 Web 服务

本节将基于 Restlet 框架来实现一个应用。

1. 设计

采用遵循 REST 设计原则的 ROA(resource – oriented architecture，面向资源的体系架构)进行设计。ROA 是一种把实际问题转换成 REST 式 Web 服务的方法，它使得 URI、HTTP 和 XML 具有跟其他 Web 应用一样的工作方式。

在使用 ROA 进行设计时，需要把真实的应用需求转化成 ROA 中的资源，基本上遵循以下步骤：

（1）分析应用需求中的数据集。

（2）映射数据集到 ROA 中的资源。

（3）对于每一资源，命名它的 URI。

（4）为每一资源设计其 Representations。

（5）用 hypermedialinks 表述资源间的联系。

接下来按照以上的步骤来设计本书的应用案例。在线用户管理所涉及的数据集就是用户信息，如果映射到 ROA 资源，主要包括两类资源：用户及用户列表。

用户资源的 URI 用 http：//localhost：8182/v1/users/{username} 表示。

用户列表资源的 URI 用 http：//localhost：8182/v1/users 表示。

它们的 Representation 如代码 10.1 和代码 10.2 所示的 XML 表述方式。

代码 10.1　用户列表资源 Representation

```
< ? xmlversion = "1.0" encoding = "UTF - 8" standalone = "no" ? >
< users >
  < user >
    < name > tester </name >
    < link > http：//localhost：8182/v1/users/tester </link >
  </user >
  < user >
    < name > tester1 </name >
    < link > http：//localhost：8182/v1/users/tester1 </link >
  </user >
</users >
```

代码 10.2　用户资源 Representation

```
< ? xmlversion = "1.0" encoding = "UTF - 8" standalone = "no" ? >
< user >
  < name > tester </name >
  < title > softwareengineer </title >
  < company > IBM </company >
  < email > tester@ cn. ibm. com </email >
  < description > testing！ </description >
</user >
```

客户端通过 UserListResource 提供的 LINK 信息（如：< link > http：//localhost：8182/v1/users/tester </link >）获得具体的某个 User Resource。

2. RestfulWeb 服务架构

Web 服务使用 REST 风格实现的整体架构图如图 10 - 20 所示。接下来基于该架构，使用 Restlet 给出应用的 RESTful Web 服务实现。

（1）客户端实现。

代码 10.3 给出的是客户端的核心实现部分，其主要由四部分组成：使用 HTTP put 增加、

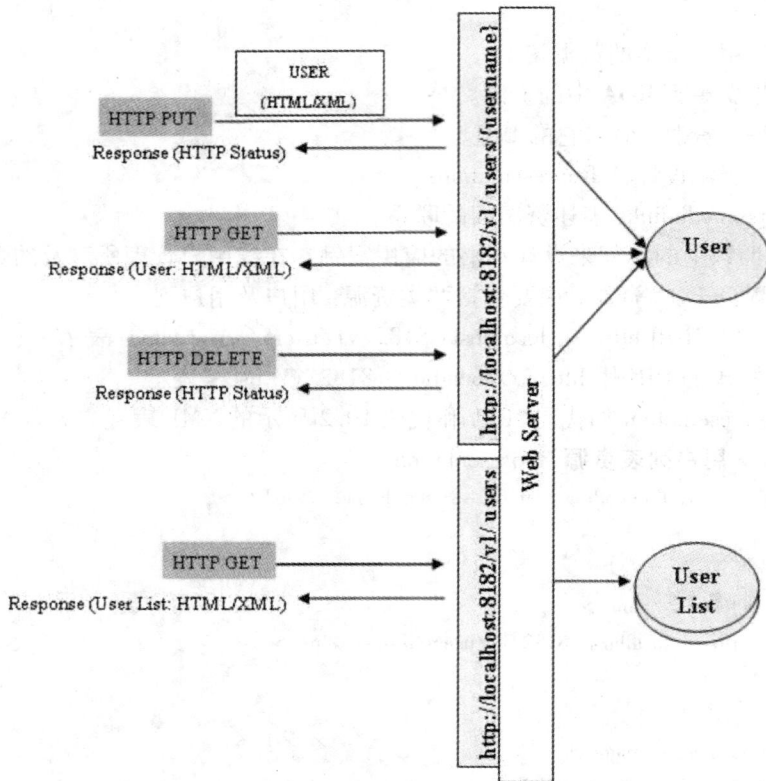

图 10 – 20   REST 实现架构

修改用户资源，使用 HTTP get 得到某一具体用户资源，使用 HTTP delete 删除用户资源，使用 HTTP get 得到用户列表资源。而这四部分也正对应了图 10 – 20 中关于架构描述的四对 HTTP 消息来回。

代码 10.3   客户端的核心实现

```
public class UserRestHelper {
//The root URI of our ROA implementation.
public static final tring APPLICATION_URI = "http://localhost:8182/v1";

//Get the URI of user resource by user name.
private static String getUserUri(String name) {
    return APPLICATION_URI + "/users/" + name;
}

//Get the URI of user list resource.
private static String getUsersUri() {
    return APPLICATION_URI + "/users";
}
```

```
//Delete user resource from server by user name.
//使用 HTTP DELETE 方法经由 URI 删除用户资源
public static void deleteFromServer(String name) {
    Response response = new Client(Protocol. HTTP). delete(getUserUri(name));
    ……

}
//Put user resource to server.
//使用 HTTP PUT 方法经由 URI 增加或者修改用户资源
public static void putToServer(User user) {
    //Fill FORM using user data.
    Form form = new Form();
    form. add("user[title]", user. getTitle());
    form. add("user[company]", user. getCompany());
    form. add("user[email]", user. getEmail());
    form. add("user[description]", user. getDescription());
    Response putResponse = new Client(Protocol. HTTP). put(
    getUserUri(user. getName()), form. getWebRepresentation());
    ……

}
//Output user resource to console.
public static void printUser(String name) {
    printUserByURI(getUserUri(name));

}


//Output user list resource to console.
//使用 HTTP GET 方法经由 URI 显示用户列表资源
public static void printUserList() {
    Response getResponse = new Client(Protocol. HTTP). get(getUsersUri());
    if (getResponse. getStatus(). isSuccess()) {
    DomRepresentation result = getResponse. getEntityAsDom();
//The following code line will explore this XML document and output
//each user resource to console.
    ……
    } else {
    System. out. println("Unexpected status:" + getResponse. getStatus());
    }

}


//Output user resource to console.
//使用 HTTP GET 方法经由 URI 显示用户资源
private static void printUserByURI(String uri) {
    Response getResponse = new Client(Protocol. HTTP). get(uri);
    if (getResponse. getStatus(). isSuccess()) {
```

```
    DomRepresentation result = getResponse. getEntityAsDom( );
    //The following code line will explore this XML document and output
//current user resource to console.
……
    } else {
    System. out. println("unexpected status:" + getResponse. getStatus( ));
    }
}
}
```

（2）服务器端实现。

代码 10.4 给出服务器端对用户资源类（UserResoure）的实现，其核心的功能是响应有关用户资源的 HTTP get/put/delete 请求，这些请求响应逻辑正对应了 UserRestHelper 类中关于用户资源类的 HTTP 请求。

代码 10.4　服务器端实现

```
public class UserResource extends Resource {
private User _user;
private String _userName;
public UserResource( Context context, Request request, Response response) {
//Constructor is here.
……
}
//响应 HTTP DELETE 请求逻辑
public void delete( ) {
    // Remove the user from container.
    getContainer( ). remove( _userName);
    getResponse( ). setStatus( Status. SUCCESS_OK);
}

//This method will be called by handleGet.
public Representation getRepresentation( Variant variant) {
Representation result = null;
if ( variant. getMediaType( ). equals( MediaType. TEXT_XML)) {
    Document doc = createDocument( this. _user);
    result = new DomRepresentation( MediaType. TEXT_XML, doc);
}
return result;
}
//响应 HTTP PUT 请求逻辑。
public void put( Representation entity) {
if ( getUser( ) = = null) {
//The user doesnt exist, create it
setUser( new User( ));
```

```
    getUser( ). setName( this. _userName) ;
    getResponse( ). setStatus( Status. SUCCESS_CREATED) ;
  } else {
    getResponse( ). setStatus( Status. SUCCESS_NO_CONTENT) ;
  }
  //Parse the entity as a Web form.
  Form form = new Form( entity) ;
  getUser( ). setTitle( form. getFirstValue( "user[ title ]" ) ) ;
  getUser( ). setCompany( form. getFirstValue( "user[ company ]" ) ) ;
  getUser( ). setEmail( form. getFirstValue( "user[ email ]" ) ) ;
  getUser( ). setDescription( form. getFirstValue( "user[ description ]" ) ) ;
  //Put the user to the container.
    getApplication( ). getContainer( ). put( _userName, getUser( ) ) ;
  }
  //响应 HTTP GET 请求逻辑。
  public void handleGet( ) {
    super. handleGet( ) ;
    if( this. _user ! = null ) {
      getResponse( ). setEntity( getRepresentation(
        new Variant( MediaType. TEXT_XML) ) ) ;
      getResponse( ). setStatus( Status. SUCCESS_OK) ;
    } else {
      getResponse( ). setStatus( Status. CLIENT_ERROR_NOT_FOUND) ;
    }
  }
  //build XML document for user resource.
  private Document createDocument( User user) {
  //The following code line will create XML document according to user info.
    ......
  }
  //The remaining methods here
  ......
  }
```

UserResource 类是对用户资源类的抽象，包括了对该资源的创建修改（put 方法），读取（handleGet 方法）和删除（delete 方法），被创建出来的 UserResource 类实例被 Restlet 框架所托管，所有操纵资源的方法会在相应的 HTTP 请求到达后被自动回调。

另外，在服务端，还需要实现代表用户列表资源的资源类 UserListResource，它的实现与 UserResource 类似，响应 HTTP GET 请求，读取当前系统内的所有用户信息，形成如代码 10.1 所示的用户列表资源 Representation，然后返回该结果给客户端。

10.6.9　REST 与 SOAP 的异同比较

REST 只是一种架构风格，而不是协议或标准，但这种风格对现有的以 SOAP 为代表的

Web Service 造成的冲击也是革命性的：因为它面向资源，甚至连服务也抽象成资源；因为它和 HTTP 紧密结合；因为它的服务器无状态。

REST 的优点：

（1）轻量级的解决方案：它不必像 SOAP 那样需要构建一个标准的 SOAP XML。

（2）可读性比较好：可以把 URL 的名字取得有实际意义。

（3）不需要 SDK 支持：直接一个 HTTP 请求就可以，但是 SOAP 则可能需要使用到一些 Web service 的类库（例如 Apache 的 Axis）。

SOAP 的优点：

（1）定义严格。必须符合 SOAP 的格式。

（2）某些时候使用比较方便。

（3）开发工具支持较多。

Google 基本上采用 SOAP 方式的 Web Service。

相对而言，SOAP 协议属于复杂的、重量级的协议。REST 是一种轻量级的 Web Service 架构风格，其实现和操作比 SOAP 和 XML – RPC 更为简洁，可以完全通过 HTTP 协议实现，还可以利用缓存 Cache 来提高响应速度，在性能、效率和易用性上都优于 SOAP 协议。REST 架构对资源的操作包括获取、创建、修改和删除资源的操作，正好对应 HTTP 协议提供的 get、post、put 和 delete 方法，这种针对网络应用的设计和开发方式，可以降低开发的复杂性，提高系统的可伸缩性。REST 架构尤其适用于完全无状态的 CRUD（create、read、update、delete，创建、读取、更新、删除）操作。它们之间的差异从下面几个方面讨论：

（1）接口抽象。

RESTfulWeb 服务使用标准的 HTTP 方法（get/put/post/delete）来抽象所有 Web 系统的服务能力，而不同的是，SOAP 应用都通过定义自己个性化的接口方法来抽象 Web 服务，这更像 RPC。RESTful Web 服务使用标准的 HTTP 方法优势，从大的方面来讲：标准化的 HTTP 操作方法结合其他的标准化技术，如 URI、HTML、XML 等，将会极大提高系统与系统之间整合的互操作能力。尤其在 Web 应用领域，RESTfulWeb 服务所表达的这种抽象能力更加贴近 Web 本身的工作方式，也更加自然。

同时，使用标准 HTTP 方法实现的 RESTfulWeb 服务也带来了 HTTP 方法本身的一些优势，比如无状态性。HTTP 协议从本质上说是一种无状态的协议，客户端发出的 HTTP 请求之间可以相互隔离，不存在相互的状态依赖。基于 HTTP 的 ROA，以非常自然的方式来实现无状态服务请求处理逻辑。对于分布式的应用而言，任意给定的两个服务请求 Request1 与 Request2，由于它们之间并没有相互之间的状态依赖，就不需要对它们进行相互协作处理，其结果是：Request1 与 Request2 可以在任何服务器上执行。这样的应用很容易在服务器端支持负载平衡。

（2）安全操作与幂指相等特性（safety idempotence）。

HTTP 的 GET、HEAD 请求本质上应该是安全的调用，即 GET、HEAD 调用不会有任何的副作用，不会造成服务器端状态的改变。对于服务器来说，客户端对某一 URI 做 n 次的 get、head 调用，其状态与没有做调用是一样的，不会发生任何的改变。

HTTP 的 put、delete 调用，具有幂指相等特性，即客户端对某一 URI 做 n 次的 put、delete 调用，其效果与做一次调用是一样的。HTTP 的 get、head 方法也具有幂指相等特性。

HTTP 的这些标准方法在原则上保证分布式系统具有这些特性, 以帮助构建更加健壮的分布式系统。

(3) 安全控制。

为了说明问题, 基于上面的在线用户管理系统, 给定以下场景。

参考一开始给出的用例图, 对于客户端 Client2, 希望它能以只读的方式访问 User 和 UserList 资源, 而 Client1 具有访问所有资源的所有权限。这样的安全控制如何达到?

通行的做法是: 所有从客户端 Client2 发出的 HTTP 请求都经过代理服务器 (Proxy Server)。代理服务器制订安全策略: 所有经过该代理的访问 User 和 UserList 资源的请求只具有读取权限, 即允许 get/head 操作, 而像具有写权限的 put/delete 是不被允许的。

如果对于 REST, 这样的安全策略是如何部署的? 如图 10 – 21 所示。

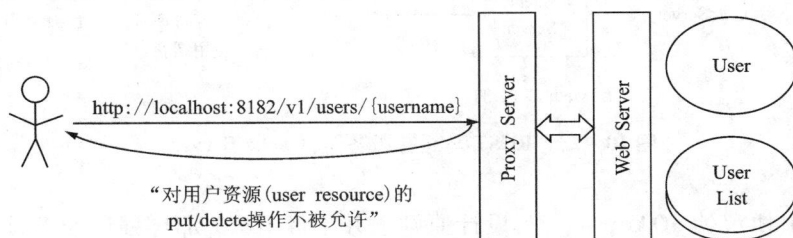

图 10 – 21　REST 与代理服务器 (Proxy Servers)

一般代理服务器的实现根据 (URI, HTTP Method) 两元组来决定 HTTP 请求的安全合法性。当发现类似于 (http: //localhost: 8182/v1/users/ {username}, delete) 这样的请求时, 予以拒绝。

对于 SOAP, 如果想借助于既有的代理服务器进行安全控制, 会比较尴尬, 如图 10 – 22 所示。

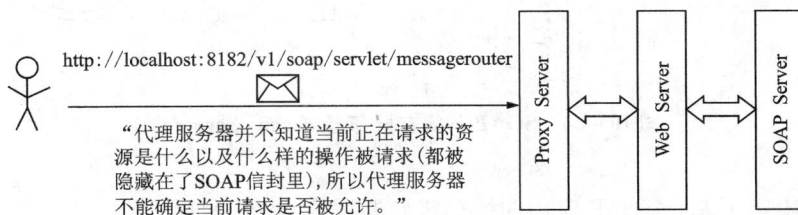

图 10 – 22　SOAP 与代理服务器 (Proxy Servers)

所有的 SOAP 消息经过代理服务器, 只能看到 (http: //localhost: 8182/v1/soap/servlet/ messagerouter, HTTP POST) 这样的信息, 如果代理服务器想知道当前的 HTTP 请求具体做的是什么, 必须对 SOAP 的消息体进行解码, 这样的话, 意味着第三方的代理服务器需要理解当前的 SOAP 消息语义, 而这种 SOAP 应用与代理服务器之间的紧耦合关系是不合理的。

(4) 关于缓存。

众所周知, 对于基于网络的分布式应用, 网络传输是一个影响应用性能的重要因素。如何使用缓存来节省网络传输带来的开销, 这是每一个构建分布式网络应用的开发人员必须考虑的问题。

　　HTTP 协议带条件的 HTTP get 请求(conditional get)被设计用来节省客户端与服务器之间网络传输带来的开销,这也给客户端实现 Cache 机制(包括在客户端与服务器之间的任何代理)提供了可能。HTTP 协议通过 HTTP Header 域:If – Modified – Since/Last – Modified,If – None – Match/ETag 实现带条件的 get 请求。

　　REST 应用可以充分挖掘 HTTP 协议对缓存支持的能力。当客户端第一次发送 HTTP get 请求给服务器获得内容后,该内容可能被缓存服务器(cache server)缓存(图 10 – 23)。当下一次客户端请求同样的资源时,缓存可以直接给出响应,而不需要请求远程的服务器获得。这一切对客户端来说都是透明的。

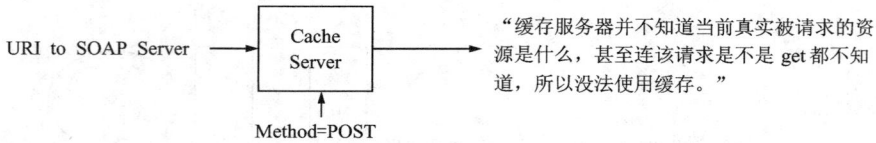

图 10 – 23　REST 与缓存服务器(Cache Server)

　　使用 HTTP 协议的 SOAP,由于其设计原则上并不像 REST 那样强调与 Web 的工作方式相一致,所以,基于 SOAP 应用很难充分发挥 HTTP 本身的缓存能力(图 10 – 24)。

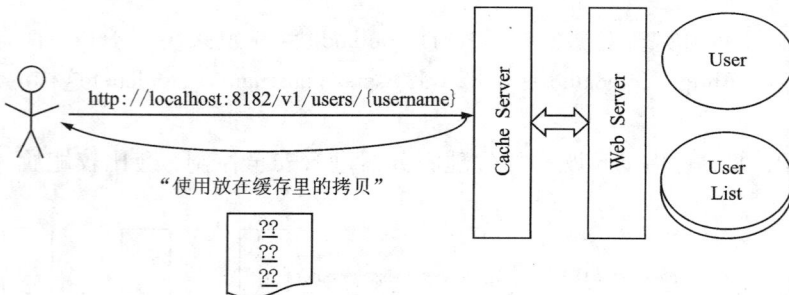

图 10 – 24　SOAP 与缓存服务器(Cache Server)

　　两个因素决定了基于 SOAP 应用的缓存机制要远比 REST 复杂:

　　其一,所有经过缓存服务器的 SOAP 消息总是 HTTPPOST,缓存服务器如果不解码 SOAP 消息体,便无法知道该 HTTP 请求是否是想从服务器获得数据。

　　其二,SOAP 消息所使用的 URI 总是指向 SOAP 的服务器,如例子中的 http://localhost:8182/v1/soap/servlet/messagerouter,这并没有表达真实的资源 URI,其结果是缓存服务器根本不知道哪个资源正在被请求,更不用谈进行缓存处理。

　　(5)关于连接性。

　　在一个纯的 SOAP 应用中,URI 本质上除了用来指示 SOAP 服务器外,本身没有任何意义。与 REST 的不同的是,无法通过 URI 驱动 SOAP 方法调用。例如,在例子中,当通过 getUserListSOAP 消息获得所有的用户列表后,仍然无法通过既有的信息得到某个具体的用户信息。唯一的方法只有通过 WSDL 的指示，通过调用 getUserByName 获得，getUserList 与 getUserByName 是彼此孤立的。

而对于 REST，情况是完全不同的：通过 http：//localhost：8182/v1/usersURI 获得用户列表，然后再通过用户列表中所提供的 LINK 属性获得 tester 用户的用户信息，例如，< link > http：//localhost：8182/v1/users/tester </link >。这样的工作方式，非常类似于在浏览器的某个页面上点击某个 hyperlink，浏览器会自动定向到想访问的页面，且并不依赖任何第三方的信息。

10.7　微服务的体系结构

过去 10 年，SOA 架构得到了广泛的应用，现在，随着云计算、移动互联网、Docker 容器等技术的快速发展和应用，"微服务"架构（micro service architecture，MSA）这一全新的架构风格越来越受到大家的关注，也有越来越多的企业和平台服务提供商在实践中尝试并使用它来解决具体业务问题，微服务架构的流行已经成为未来技术发展趋势之一。

微服务架构 MSA 是一种服务化架构风格，通过将功能分散为各个离散的服务以实现对解决方案的解耦。

10.7.1　微服务架构产生的历史背景

1.研发成本挑战

（1）代码重复率高。

通常企业类软件功能复杂、模块比较多，内部会划分成多个研发小组，每个小组负责一部分功能模块的开发、测试和打包，最后由集成小组负责各模块的集成打包。

各小组之间往往会存在交集，例如，用户身份证鉴权功能，在手机开户、资费套餐查询等业务中都会被调用，这就造成代码重复率高。一种比较好的做法是将身份证鉴权做成公共类库，供大家调用。此时需要成立一个公共类库小组，负责开发公共功能。但是随着时间的推移，我们会发现公共类库承载的职责越来越多，它需要了解其他模块的业务和功能，甚至依赖其他模块的接口或者类库，这种反向依赖最终会导致公共小组走向两个极端：要么因为职责不清而被解散下放到各个小组，要么臃肿膨胀什么都做，成为整个项目的瓶颈。

在实践中，这种公共小组更多是承载与具体业务模块不强相关的公共类库开发，例如，参数合法性校验、数据缓存、SLA 和流控等。

基于 MVC 架构开发的业务特点就是前后台分层、展示和控制层分离，这提升了前后台业务的开发效率。但是代码结构复杂、重复率高一直是个无法很好解决的难题。

在实际项目分工时，开发都是各自负责几个功能，即便开发之间存在功能重叠，往往也会选择自己实现。

（2）需求变更困难。

代码重复率变高之后，已有功能变更或者新需求加入都会变得非常困难，以充值缴费功能为例，不同的充值渠道开发了相同的限额保护功能，当限额保护功能发生变更之后，所有重复开发的限额保护功能都需要重新修改和测试，很容易出现修改不一致或者被遗漏，导致部分渠道充值功能正常，部分存在 bug 的问题。

2. 运维成本高

（1）代码维护困难。

在传统的 MVC 架构中，业务流程是由一长串本地接口或者方法调用串联起来的，臃肿而冗长，而且往往由一个人负责开发和维护。随着业务的发展和需求变化，本地代码在不断地迭代和变更，最后形成了一个个垂直的功能孤岛，只有原来的开发者才理解接口调用关系和功能需求，一旦原有的开发者离职或者调到其他项目组，这些功能模块的运维就会变得非常困难，如图 10 - 25 所示。

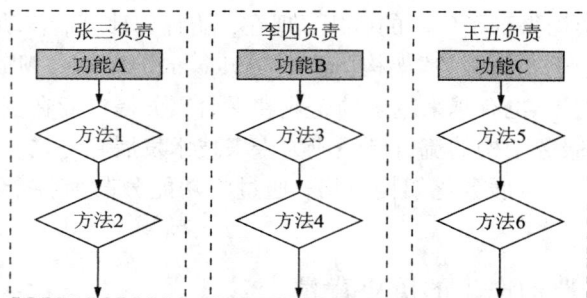

图 10 - 25   垂直功能划分

当垂直应用越来越多时，连架构师都无法描述应用间的架构关系，随着业务的发展和功能膨胀，这种架构很容易发生腐化。

（2）部署效率低。

部署效率低主要体现在以下三个方面：

①业务没有拆分，很多功能模块都打到同一个 war 包中，一旦有一个功能发生变更，就需要重新打包和部署。

②巨无霸应用由于包含功能模块过多，编译、打包时间比较长，一旦编译过程出错，需要根据错误重新修改代码再编译，耗时较长。

③测试工作量较大，因为存在大量重复的功能类库，需要针对所有调用方进行测试，测试工作量大；另外，由于业务混在一起打包，需要针对集成打包进行专项测试，客观上也增加了测试工作量。

3. 新需求上线周期长

传统垂直架构新需求上线周期较长的原因如下：

①新功能通常无法独立编译、打包、部署和上线，它可能混杂在老的系统中开发，很难剥离出来，导致无法通过服务灰度发布的形式快速上线。

②由于业务没有进行水平和垂直拆分，导致代码重复率高，新需求的开发、测试、打包和部署成本都比较高，制约了新需求的上线速度。

10.7.2　微服务架构带来的改变

1. 应用解耦

微服务化之前，一个大型的应用系统通常会包含多个子应用，不同应用之间存在很多重复的公共代码，所有应用共享一套数据库，它的架构如图 10－26 所示。

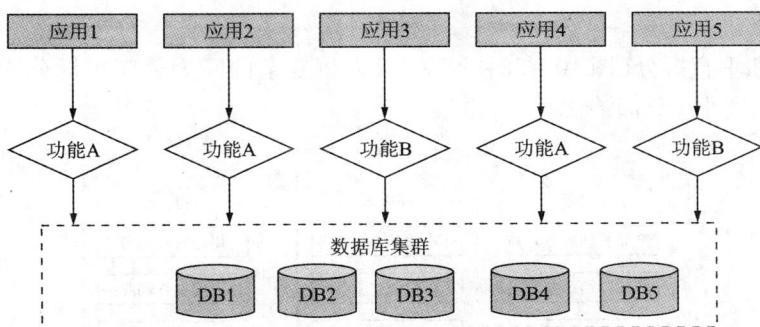

图 10－26　传统应用架构

将功能 A 和 B 服务化之后，应用作为消费者直接调用服务 A 和服务 B，这样就实现了对原有重复代码的收编，同时系统之间的调用关系也更加清晰，如图 10－27 所示。

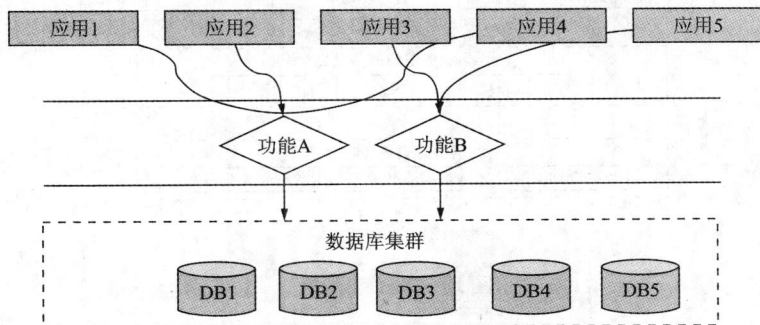

图 10－27　微服务化之后的调用关系

基于服务注册中心的订阅－发布机制，可以实现服务消费者和提供者之间的解耦，消费者不需要配置服务提供者的地址信息，即可以实现与位置无关的透明化路由。它的开发体验与本地 API 接口调用相似，但是却实现了远程服务调用。通过服务注册中心，可以管理服务的订阅和发布关系，也可以查看服务提供者和服务消费者的详细信息。有了服务订阅关系，业务和服务之间的调用关系变得透明化，不合理的接口依赖、调用关系一目了然。

2. 分而治之

当垂直应用越来越多时，应用之间的交互不可避免，将核心业务抽取出来，作为独立的服务，逐渐形成稳定的底层微服务，使前端应用能更快速地响应多变的市场需求。

应用的拆分分为水平拆分和垂直拆分两种，水平拆分以业务领域为维度，抽象出几个不同的业务域，每个业务域作为一个独立的服务中心对外提供服务，同时与其他业务领域解耦。

应用的垂直拆分主要包括前后台逻辑拆分、业务逻辑和数据访问层拆分。需要指出的是，业务垂直拆分之后，Web前台和后台采用分布式组网，通过分布式服务框架实现前后台业务调用。数据访问层服务可以选择和其他服务合设，也可以独立集群组网，这个需要根据具体的业务场景进行选择。

经过水平和垂直拆分(图10-28)之后，可以将复杂的巨无霸应用拆分成多个独立的微服务，系统由大到小，分而治之。

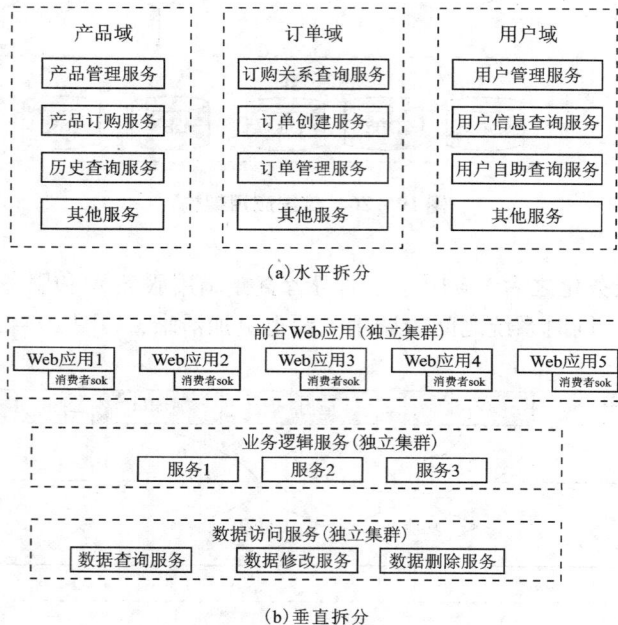

(a)水平拆分

(b)垂直拆分

图10-28   应用拆分

3.敏捷交付

软件解决方案的敏捷性，指的是它能够快速进行变更的能力。敏捷性是微服务架构特性中最显著的一点：敏捷性的产生，是将运行中的系统解耦为一系列功能单一服务的结果。微服务架构能够对系统中其他部分的依赖加以限制，这种特性能够让基于微服务架构的应用在应对 bug 或是对新特性需求时，能够快速地进行变更。这一点与传统的垂直架构恰恰相反，在传统架构中经常发生的一种情况是："要对应用程序中某个小部分进行变更，就必须对整体架构进行重新编译和构建，并且重新进行全局部署。"

10.7.3　微服务及特性

为了最大限度复用已有的资产，保护 IT 资产投资，大多数异构系统并没有使用统一的服务化框架进行深入改造。通过将业务接口发布成标准的 Web 服务（如 SOAP），利用 XML 串行化格式进行数据交换。部分遗留系统由于技术等原因无法改造，直接通过企业服务总线（ESB）进行异构协议的转换、DataMapper 和消息路由，实现与其他服务的互通。不同组件服务化使用的技术和划分原则不同，SOA 服务化之后的质量也良莠不齐，部分设计不合理的服务并没有体现服务化之后的价值。

微服务架构的诞生并非偶然：敏捷开发强调迭代开发，快速交付可用的功能；持续交付促使构建更快、更可靠、更频繁的软件部署和交付能力；CI 自动化构建帮助简化环境的创建、编译、打包和部署；DevOps 的流行促进小团队独立运作和交付。受这些因素的综合影响以及 SOA 服务化实施多年的经验积累，共同促使微服务架构诞生。

微服务架构的主要特征如下：

（1）原子服务，专注于做一件事：与面向对象原则中的"单一职责原则"类似，功能越单一，对其他功能的依赖就越少，内聚性就越强。

（2）高密度部署：重要的服务可以独立进程部署，非核心服务可以独立打包，合设到同一个进程中，服务被高密度部署。如果是物理机部署，可以在一台服务器上部署多个服务实例进程。如果是云端部署，则可以利用 LXC（Linux containers，如 Docker）实现容器级部署，以降低部署成本，提升资源利用率。

（3）敏捷交付：服务由小研发团队负责设计、开发、测试、部署、线上治理、灰度发布和下线，运维整个生命周期支撑，实现真正的 DevOps。

（4）微自治：服务足够小，功能单一，可以独立打包、部署、升级、回滚和弹性伸缩，不依赖其他服务，实现局部自治。

微服务架构与 SOA 的主要差异如下：

（1）服务拆分粒度：SOA 首先要解决的是异构应用的服务化。微服务强调的是服务拆分尽可能小，最好是独立的原子服务。

（2）服务依赖：传统的 SOA 服务由于需要重用已有的资产，因此存在着大量的服务间依赖。微服务的设计理念是服务自治、功能单一独立，避免依赖其他服务产生耦合，因为耦合会带来更高的复杂度。

（3）服务规模：传统 SOA 服务粒度比较大，多数会采用将多个服务合并打成 war 包的方案，因此服务实例数比较有限。微服务强调尽可能拆分，同时很多服务会独立部署，这将导致服务规模急剧膨胀，对服务治理和运维带来新的挑战。

（4）架构差异：微服务化之后，服务数量的激增会引起架构质量属性的变化，例如，企业集成总线 ESB（实总线）逐渐被 P2P 的虚拟总线替换。为了保证高性能、低时延，需要高性能的分布式服务框架保证微服务架构的实施。

（5）服务治理：传统 SOA 服务基于 SOAGovernance 的静态治理转型为服务运行态微治理、实时生效。

总结：量变引起质变，这就是微服务架构和 SOA 服务化架构的最大差异。

10.7.4 微服务架构解析

微服务架构旨在通过将功能分解到各个离散的服务中以实现对解决方案的解耦。

1. 微服务划分原则

实际上微服务本身并没有严格的定义，划分原则也有不同的实践，但是比较通用的划分原则是：微服务通常是简单、原子的微型服务，它的功能单一，只负责处理一件事，与代码行数并没有直接关系，与需要处理的业务复杂度有关。有些复杂的功能尽管功能单一，但是代码量可能成百上千行，因此不能以代码量作为划分微服务的维度。

微服务的"微"并不是一个真正可衡量、看得见、摸得着的"微"。这个"微"所表达的是一种设计思想和指导方针，是需要团队或者组织共同努力找到的一个平衡点，在实践中团队成员可以接受。微服务总结起来就是小，且专注于做一件事情。

2. 开发微服务

随着团队对业务的理解加深和对微服务实践的尝试，按照团队职责划分，基于微服务架构的开发环境被搭建起来。问题也随之出现了：对于不同的微服务，虽然实现逻辑不同，但是开发方式、持续集成环境、测试策略和部署机制以及后续的上线运维都是类似的，为了满足 DRY(don't repeat yourself)原则并消除浪费，需要搭建统一的开发打包和持续集成环境。

微服务开发套件工具集如图 10－29 所示。

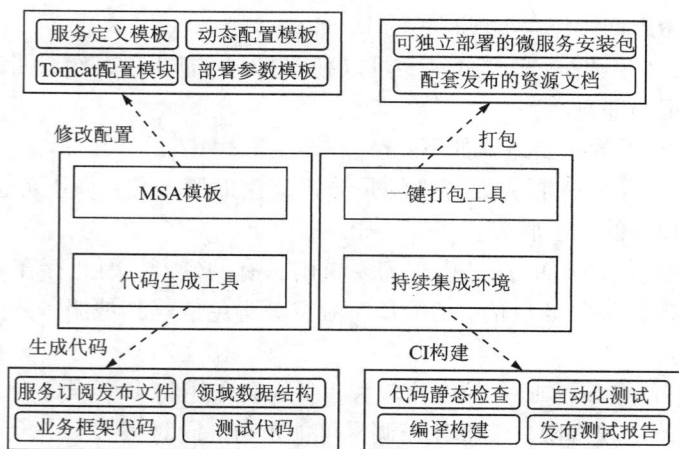

图 10－29　微服务开发套件工具集

MSA 模板是一个独立的代码工程库，主要包括微服务描述模板文件以及一系列配置文件模板。微服务描述模板文件类似于 Thrift 的 IDL 文件，用于描述服务的接口定义、数据结构以及操作集合和参数。微服务可以使用 TomcatWeb 容器部署，将常用的 Tomcat 参数配置提取到模板中，在开发态的时候可以基于界面模板进行修改，打包部署的时候可以替换 Tomcat 的相关配置，省去手工到 Tomcat 目录中修改配置的步骤。动态配置模板将运行时可能修改的参数提取到模板中，在开发态的时候可以设置默认值，例如，线程池配置、JVMGC 参数配置、任务队列配置等。部署参数配置将 Web 容器、微服务部署时需要设置的参数提取到模板中，在微服务安装部署的时候运维人员可以根据线上实际环境进行配置修改。

根据 MSA 模板文件，利用微服务 IDE 工具生成微服务代码，主要包括如下几部分：

(1)微服务提供者发布的服务配置文件、服务消费者订阅的服务配置文件。

(2)微服务的接口定义以及默认实现。

(3)微服务使用到的数据结构，通常包括请求参数和应答参数数据结构定义。

(4)微服务的测试代码，例如，远程服务提供者接口的本地 Mock 实现类。

微服务开发完成之后，需要本地打包和单元测试，利用微服务开发 IDE 工具提供的一键打包工具，可以生成完整的微服务部署包，包括：

(1)可以独立部署、升级和运维的微服务安装部署包。

(2)配套发布的资料文档，包括微服务的 API 接口文档、调用示例、安装指南、帮助指导等，这些不仅供消费者开发使用，同时也方便测试人员了解微服务的功能特性。

本地测试完成之后，开发人员将代码提交到配置库，由 CI 构建工具定时或者代码提交变更触发自动构建。自动构建流程主要包括：

(1)代码静态检查，包括是否符合项目的编码规范、圈复杂度检查、静态编译检查等，检查完成之后，生成代码静态检查报告，并发送给相关责任人，如果指标不达标，则进行整改。

(2)代码编译构建，如果编译或者构建失败，则生成 CI 构建失败报告，连同告警邮件一起发送给相关责任人。责任人根据 CI 构建错误原因进行问题排查和修复，手动或者自动触发 CI 构建流程，持续构建。

(3)构建成功之后，自动调用自动化测试框架，进行集成测试，并生成集成测试报告，包括微服务个数、测试用例个数、覆盖率、通过率、测试打分等。

(4)发布集成测试报告，CI 构建完成之后，微服务是否能够正式发布上线，取决于集成测试结果，根据测试结果，由测试和开发综合评估，决定哪些微服务可以发布上线，哪些需要做修复或者改进。

通过使用微服务框架开发套件，大大缩短了团队开发微服务的周期。

10.7.5　基于 Docker 容器部署微服务

微服务鼓励软件开发者将整个软件解耦为功能单一的服务，并且这些服务能够独立部署、升级和扩容。如果微服务抽象得足够好，那么微服务的这一优点将能够提升应用的敏捷性和自治理能力。

虽然微服务架构已经逐渐成为一种流行趋势，但在 2013 年，由 DockerInc. 公司所发布的 Docker 则给微服务的蓬勃发展注入了更强的活力。Docker 是一套开源工具，它能够以某种方式对现有的基于容器的虚拟化技术进行封装，使得它能够在更广阔的工程社区中得到应用。

Docker的吸引力

在 Docker 之前，容器技术已经出现了十几年，例如，基于轻量级进程的 LXC 容器。但是一直以来，容器技术只在部分公司和组织中得到应用，例如，Google 所有的应用和服务都部署、运行在容器中。Docker 出现之后，人们对容器的关注和应用产生了爆炸式的增长。

Docker 的吸引力主要来自两个方面：快速与可移植性。

10.7.6　治理和运维微服务

微服务架构对运维和部署流水线要求非常高，服务拆分的粒度越细，运维和治理成本就越高。主要有以下挑战：

（1）监控度量问题：海量微服务的各种维度性能 KPI 采集、汇总和分析，实时和历史数据同比和环比等，对采集模块的实时性、汇总模块的计算能力、前端运维 Portal 多维度展示能力要求非常高。

（2）分布式运维：服务拆分得越细，一个完整业务流程的调用链就越长，需要采集、汇总和计算的数据量就越大。分布式消息跟踪系统需要能够支撑大规模微服务化后带来的性能挑战。

（3）海量微服务对服务注册中心的处理能力、通知的实时性也带来了巨大挑战。

（4）微服务治理：微服务化之后，服务数相比于传统的 SOA 服务有了指数级增长，服务治理的展示界面、检索速度等需要能够支撑这种变化。

（5）量变引起质变：当需要运维的服务规模达到一定上限后，就由量变引起质变，传统的运维框架架构可能无法支撑，需要重构。

解决微服务运维的主要措施就是：分布式和自动化。利用分布式系统的性能线性增长和弹性扩容能力，支撑大规模微服务对运维系统带来性能冲击。其中涉及的运维功能包括：

（6）分布式性能数据采集、日志采集。

（7）分布式汇总和计算框架。

（8）分布式文件存储服务。

（9）分布式日志检索服务。

（10）分布式报表展示框架。

上述几个分布式组件/服务可以根据业务的实际情况选择自研或者使用开源，例如，分布式日志采集可以使用 Flume，分布式文件存储可以使用 HDFS，分布式日志检索可以使用 ElasticSearch 等。

10.7.7　微服务架构下的分布式数据管理

为了确保微服务之间松耦合，每个服务都有自己的数据库，有的是关系型数据库（SQL），有的是非关系型数据库（NoSQL）。

开发企业事务往往牵涉到多个服务，要想达到多个服务数据的一致性并非易事，同样，在多个服务之间进行数据查询也充满挑战。

下面以一个在线 B2B 商店为例，客户服务包括了客户的各种信息，例如，可用信用等。管理订单和提供订单服务则需要验证某个新订单与客户的信用限制没有冲突。

在单体应用中，订单服务只需要使用传统事务交易就可以一次性检查可用信用和创建订单。相反，在微服务架构下，订单和客户表分别是相应服务的私有表，如图 10-30 所示。

订单服务不能直接访问客户表，只能通过客户服务发布的 API 来访问或者使用分布式事务，也就是众所周知的两阶段提交（2PC）来访问客户表。

这里存在两个挑战，第一个挑战是 2PC 除要求数据库本身支持外，还要求服务的数据库

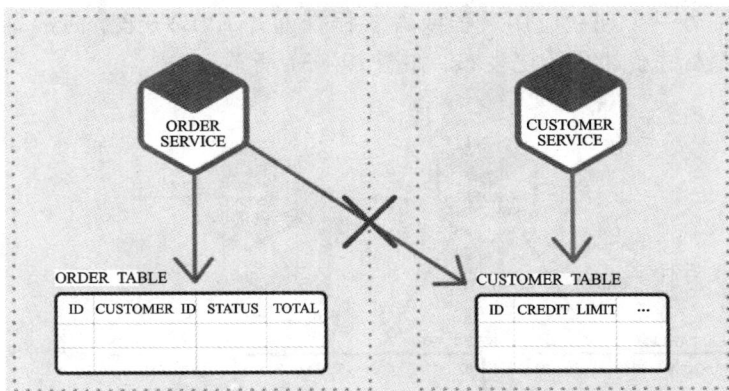

图 10 - 30　微服务架构下的订单与客户

类型需要保持一致。但是现在的微服务架构中，每个服务的数据库类型可能是不一样的，有的可能是 MySQL 数据库，有的也可能是 NoSQL 数据库。第二个挑战是如何实现从多个服务中查询数据。假设应用程序需要显示一个客户和他最近的订单。如果订单服务提供用于检索客户订单的 API，那么应用程序端可以通过 JOIN 方式来检索此数据，即应用程序首选从客户服务检索客户，并从订单服务检索客户的订单。

　　然而，如果订单服务仅支持通过其主键查找订单（也许它使用仅支持基于主键的检索的 NoSQL 数据库），在这种情况下，就没有方法来检索查询所需的数据。为此需要使用到分步式数据管理。Chris Richardson 作为微服务架构设计领域的权威，给出了分布式数据管理的最佳解决方案。对于大多数应用而言，要实现微服务的分布式数据管理，需要采用事件驱动架构。在事件驱动架构中，当某件重要事情发生时，微服务会发布一个事件，如更新一个业务实体。当订阅这些事件的微服务接收此事件时，就可以更新自己的业务实体，或者可能会引发更多的事件发布，让其他相关服务进行数据更新，以实现分布式数据最终一致性。可以使用事件来实现跨多服务的业务交易。交易一般由一系列步骤构成，每一步骤都由一个更新业务实体的微服务和发布激活下一步骤的事件构成。

　　而避免事件重复消费则要求消费事件的服务实现幂等性，比如支付服务不能因为重复收到事件而多次支付。当前流行的消息队列如 Kafka 等，都已经实现了事件的持久化和 at least once 的投递模式，所以可靠事件投递的第二条特性已经满足，这里就不展开论述。这里重点讲述如何实现可靠事件投递的第一条特性和避免事件重复消费，即服务的业务操作和发布事件的原子性和避免消费者重复消费事件要求服务实现幂等性。

　　事件驱动架构会碰到数据库更新和发布事件原子性问题。例如，订单服务必须向 ORDER 表插入一行，然后发布 Order Created event。这两个操作都需要具有原子性。比如，更新数据库后，由于故障造成事件未能发布，系统变成不一致状态。那么如何实现服务的业务操作和发布事件的原子性呢？

　　（1）使用本地事务发布事件。

　　获得原子性的一个方法是将服务的业务操作和发布事件放在一个本地数据库事务里，这需要在本地建立一个 EVENT 表，此表在存储业务实体数据库中起到消息列表功能。当应用发起一个(本地)数据库交易，更新业务实体状态时，会向 EVENT 表中插入一个事件，然后提交此次交易。另外一个独立应用进程或者线程查询此 EVENT 表，向消息代理发布事件，然后使用本地交易标志此事件为已发布，如图 10 – 31 所示。

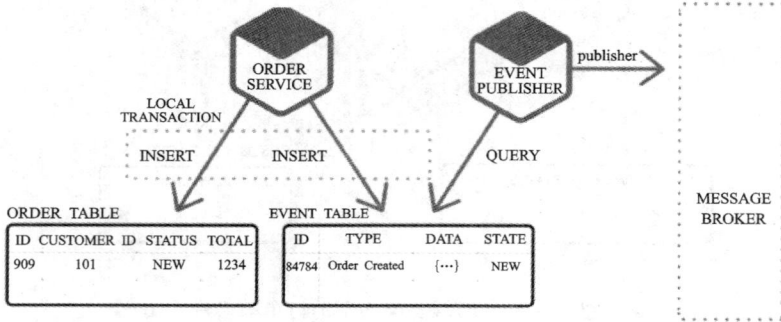

图 10 – 31　利用本地事务发布事件

订单服务向 ORDER 表插入一行，然后向 EVENT 表中插入 order Created event，事件发布线程或者进程查询 EVENT 表，请求未发布事件，发布他们，然后更新 EVENT 表，标志此事件为已发布。此方法的优点是可以确保事件发布不依赖于 2PC，应用发布业务层级事件而不需要推断他们发生了什么，而缺点在于此方法由于开发人员必须牢记发布事件，因此有可能出现错误。

（2）使用事件源。

event sourcing(事件源)通过使用以事件中心的数据存储方式来保证业务实体的一致性。事件源保存了每个业务实体所有状态变化的事件，而不是存储实体当前的状态。应用可以通过重放事件来重建实体现在的状态。只要业务实体发生变化，新事件就会添加到事件表中。因为保存事件是单一操作，因此肯定是原子性的。

为了理解事件源工作方式，考虑以事件实体作为一个例子说明。传统方式中，每个订单映像为 ORDER 表中的一行。但是对于事件源方式，订单服务以事件状态的改变方式来存储一个订单：创建的、已批准的、已发货的、取消的。每个事件包括足够信息来重建订单的状态。

事件源方法有很多优点：解决了事件驱动架构关键问题，使得业务实体更新和事件发布原子化。但是也存在缺点，因为是持久化事件而不是对象，导致数据查询时，必须使用 command query responsibility segregation(CQRS)来完成查询业务，从开发角度看，存在一定挑战。

（3）如何避免事件重复消费？

要避免事件重复消费，需要消费事件的服务实现服务幂等，因为存在重试和错误补偿机制，不可避免会在系统中存在重复收到消息的场景，而服务幂等能提高数据的一致性。在编程中，一个幂等操作的特点是其任意多次执行所产生的影响均与一次执行的影响相同，因此需要开发人员在功能设计实现时，需要特别注意服务的幂等性。

10.7.8　事件驱动架构下的分布式数据查询

微服务架构下，由于分布式数据库的存在，导致在执行用户业务数据查询时，通常需要跨多个微服务数据库进行数据查询，也就是分布式数据查询。那么问题来了，由于每个微服务的数据都是私有化的，只能通过各自的 REST 接口获取，如果负责业务查询的功能模块，通过调用各个微服务的 REST 接口来分别获取基础数据，然后在内存中进行业务数据拼装后，再返回给用户，则该方法无论从程序设计还是查询性能角度看，都不是一个很好的方法。那么如何解决微服务架构下的分布式数据查询问题呢？在给出解决方案之前，首先了解下物化视图和命令查询职责分离等相关概念。

（1）物化视图。

物化视图是包括一个查询结果的数据库对象，它是远程数据的本地副本，或者用来生成基于数据表求和的汇总表。物化视图存储基于远程表的数据，也可以称为快照。这个基本上就说出了物化视图的本质，它是一组查询的结果，这样势必会在将来再次需要这组数据时大大提高查询性能。物化视图有两种刷新模式——on demand 和 on commit，用户可根据实际情况进行设置。

物化视图对于应用层透明，不需要任何的改动，终端用户甚至都感觉不到底层是用的物化视图。总之，使用物化视图的目的一个是提高查询性能，另一个是由于物化视图包含的数据是远程数据库的数据快照或拷贝，微服务可通过物化视图和命令查询职责分离（CQRS）技术（参见下节）实现分布式数据查询。

（2）命令查询职责分离（CQRS）。

在常用的单体应用架构中，通常都是通过数据访问层来修改或者查询数据，一般修改和查询使用的是相同的实体。在一些业务逻辑简单的系统中可能没有什么问题，但是随着系统逻辑变得复杂，用户增多，这种设计就会出现一些性能问题。另外更重要的是，在微服务架构下，通常需要跨多个微服务数据库来查询数据，此时，可借助命令查询职责分离（CQRS）来有效解决这些问题。

CQRS 使用分离的接口将数据查询操作（queries）和数据修改操作（commands）分离开来，这也意味着在查询和更新过程中使用的数据模型也是不一样的。这样读和写逻辑就隔离开来了。使用 CQRS 分离了读写职责之后，可以对数据进行读写分离操作来改进性能，同时提高可扩展性和安全性。

（3）实现事件驱动架构下的数据查询服务。

事件驱动不仅可以用于分布式数据一致性保证，还可以借助物化视图和命令查询职责分离等技术，使用事件来维护不同微服务所拥有数据预连接（pre - join）的物化视图，从而实现微服务架构下的分布式数据查询。维护物化视图的服务订阅了相关事件并在事件发生时更新物化视图。例如，客户订单视图更新服务（维护客户订单视图）会订阅由客户服务和订单服务发布的事件（还可以使用事件来维护由多个微服务拥有的数据组成的物化视图。维护该视图的服务订阅了相关事件来触发更新该物化视图）。

如图 10 - 32 中间所示的"客户订单视图更新"服务，主要负责客户订单视图的更新。该服务订阅了客户服务和订单服务发布的事件。当"客户订单视图更新"服务收到了上图左侧的客户或者订单更新事件，则会触发更新客户订单物化视图数据集。这里使用文档数据库

（如 MongoDB）来实现客户订单视图，为每个用户存储一个文档。而图 10 – 32 右侧的客户订单视图查询服务负责响应对客户以及最近订单（通过查询客户订单视图数据集）的查询。

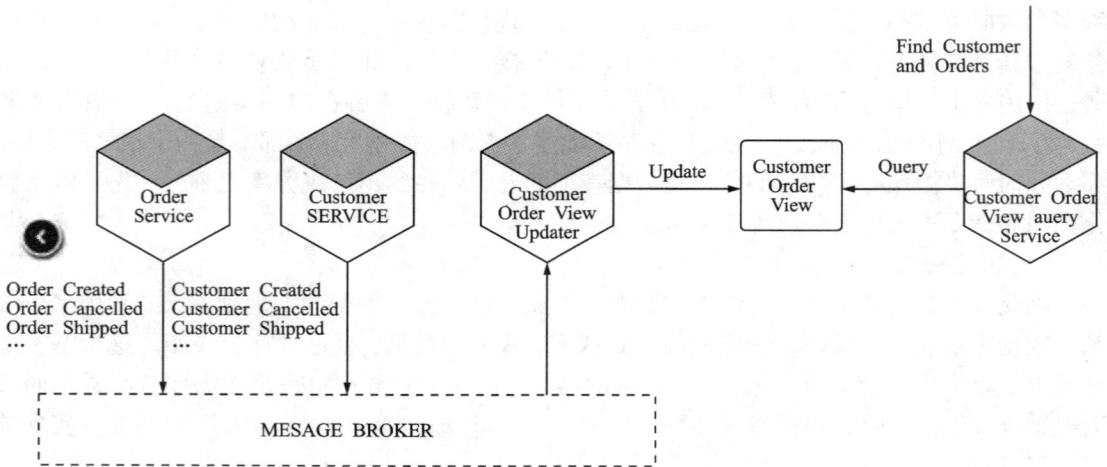

图 10 – 32   订单查询服务

总之，图 10 – 32 所示的业务逻辑用到了事件驱动、物化视图和命令查询职责分离等技术，有效解决了微服务架构下分布式数据查询的问题。

事件驱动架构既有优点也有缺点，优点在于，此架构可以实现跨多个服务的事务实现，且提供最终数据一致性，并且使得服务能够自动维护查询视图。而缺点在于编程模式比传统基于事务的交易模式更加复杂，必须实现补偿事务以便从应用程序级故障中恢复。例如，如果信用检查不成功则必须取消订单。另外，应用必须应对不一致的数据，比如，当应用读取未更新的最终视图时也会遇见数据不一致问题。另外一个缺点在于订阅者必须检测和忽略冗余事件，避免事件重复消费。

10.8   面向服务体系结构中的工作流

10.8.1   工作流的基本概念

工作流是"对服务之间交互进行编程"的方法。这是一个非常活跃的研究领域，有不同的研究方法，分别强调控制流、调度和数据流。必须注意工作流意味着分布式系统的两层编程模型。基本服务采用传统语言（C、C + +、Fortran、Java、Python）进行编程，工作流描述了服务之间彼此交互的粗粒度编程。每一个服务使用传统的语言进行编程，而它们之间的交互用工作流描述。

工作流的概念最早是工作流管理同盟提出的，这个同盟已经存在了约 20 年，并产生了标准参考模型、文档和大量的工具及工作流管理支持产品。然而，这个同盟主要是关于商业过程管理，常常涉及人类而不是计算机的工作流。例如，Allen 把工作流定义为商业过程的整体或部分自动化，在这个过程中，文档、信息或任务根据一套过程规则从一个参与者传到另一个。可见，这里介绍的工作流和工作流管理同盟所解决的问题是非常不同的。

　　工作流概念和系统的发展是网格和分布式系统社区所取得的主要成就。服务当然是同等重要的，但是这个想法的本质来源于商业系统。历史上，工作流概念从使用像 Linda、HeNCE、AVS、Khoros 和复杂 Shell(Perl)脚本这样的系统进行分布式编程进化而来。Petri 网也可以被认为是对工作流重要的早期创意之一。虽然有几个比较好的工作流系统建构在 Petri 网之上，但是目前最流行的系统并不是基于 Petri 网。有些重要的商业领域使用与科学工作流类似的环境，包括分析实验数据的系统，称为实验室信息系统或 LIMS 或通用资源。

10.8.2　工作流标准

　　和其他 Web 服务的相关概念类似，OASIS、OMG 和 W3C 也做了大量的工作，它们常常含有互相重复的目标。今天我们更强调轻量级系统，互操作性当需要时可以通过临时的变换得到。

　　成功的活动都有商业过程的气息，对于科学工作流来说，BPEL 是最相关的标准，它是基于早期推荐的 WSFL(web services flow language)和 XLANG 之上。注意到，虽然 XML 可以很好地表示数据结构，但它并不是非常适合规定程序结构。用现代的脚本语言表示工作流更加适合基于 XML 的标准。

10.8.3　工作流体系结构和规范

　　和任何编程环境中的语言和运行时组件相对应，大多数工作流系统都有两个关键组件。称为工作流规范和工作流运行引擎。它们通过接口相互链接，通过使用诸如 BPEL 标准文档指定接口。

　　基于脚本的工作流系统可以用与 Python、JavaScript 或 Perl 类似的传统语言句法来指定工作流。虽然位于底层，但也可以直接定义驱动执行引擎的(XML)接口文档。

10.8.4　工作流运行引擎

　　有许多不同的工作流系统，工作流一般没有很强的性能约束。同一特征常常使得工作流可以通过分布式方式来运行——长通信跳数带来的网络延时通常并不重要。BPEL 指定了工作流的控制而不是数据流。当然，控制结构意味着对于给定节点集的数据流结构。

　　一般的工作流结构是有向无环图，它是顶点和有向边的集合，每一条边从一个节点连到另一个，这样里面没有环。除了复杂的专业工作流系统外，使用传统语言和工具集的脚本是构建工作流的主要技术。通常这可以使用任何分布式计算(互联网)支持的环境以非正式的方式实现；PHP 肯定是构建混搭系统的最流行环境，但是 Python 和 JavaScript 用起来也很好。图 10-33 示例了一个简单的循环图。须注意到，最复杂的工作流系统支持层次化规范，即工作流的节点可以是服务或服务集(子工作流)。

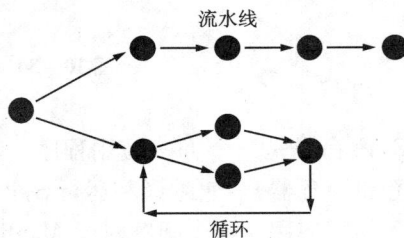

图 10-33　包括说明流水线和循环的子图的工作流图

在活跃的研究社区里需要工作流引擎解决的问题很好理解，但是无法用集成的方式来描述。显然，对于分布式系统、云计算和网格讨论的许多甚至可能所有的运行问题都隐含地或明显地与工作流运行引擎相关。在工作流里，有不同的通信模式——长运行时间的作业输入和输出的大量数据集。读/写付出的代价常常是可以接受的，并允许更简单的容错实现。当然，我们可以使用前面介绍的消息传递系统来管理工作流中的数据传递，以及在极端情况下的简单模型，即所有的通信都由一个单独的中央"控制节点"处理。

很显然，后一种情况会导致不好的性能，它不会随工作流规模的增加而正确地扩展。例如，CORBA 这样的分布式对象技术也可以用在发现中间件中通信。实际上，在工作流环境中常常有两种通信系统，分别对应"控制"和"数据"。显然，控制通信通常会使用小的报文，需求也和数据网络截然不同。在这个方面，应该提到代理模型，它常常在网格体系结构和工作流中使用。

10.8.5 脚本工作流系统 Swift

Swift 是一个并行脚本语言，其中，应用程序可以表示为函数，变量可以映射为文件。使用结构和数组抽象来并行地处理多个文件。Swift 有一个基于数据流的功能执行模型，其中所有的语句都是隐式并行的。并行的循环结构显式地指定了大规模并发处理。图 10 - 34 给出了 Swift 工作流系统的体系结构。

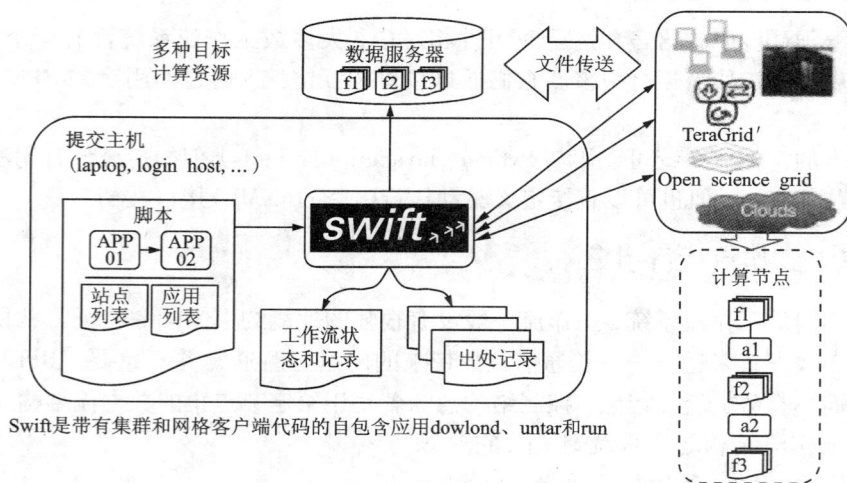

图 10 - 34 Swift 工作流系统的体系结构

Swift 命令是一个 Java 应用程序，它运行在用户可以访问的任何一台计算机上（如工作站或者登录服务器）。它编译和运行 Swift 脚本，协调远程数据传递，并且在本地和分布式并行资源上执行应用。这个问题对于 MapReduce 非常完美。基于 Swift 的隐式数据流模型，当数组 splitseqs 的成员变得可用时，foreach 循环会自动开始。

Swift 系统通过 BLAST 搜索程序处理一套未知功能的蛋白质序列，在标准数据库"NR"中与每个已知功能的蛋白质序列进行匹配。例如，给定 100 个处理器，脚本可以并行地执行100 个 BLAST 调用来快速地搜索 NR 数据库。它的目的是搜索确定未知蛋白质本质的线索。

习　题

1. 什么是 Web Service?

2. 阐述 Web Service 与应用服务提供商以及基于 Web 的应用的不同之处。

3. 列举并简要描述 Web Service 的各种类别。

4. 什么是有状态的服务? 什么是无状态的服务? 请给出具体样例进行说明。

5. 什么是服务粒度? 分别举出细粒度服务和粗粒度服务的典型样例。

6. 阐述同步服务和异步服务的不同之处。

7. 什么是松耦合的服务? 对松耦合的服务和使用紧耦合的服务进行比较,并分别举出使用松耦合服务技术的例子和使用紧耦合服务技术的例子。

8. 阐述面向服务的体系结构的重要意义。

9. 列举并描述 SOA 中的角色和操作。

10. 简述什么是 SOAP,以及 SOAP 与 XML 之间的关系。

11. 列举 SOA 的一些主要作用。

12. SOA 中的主要层次有哪些? 它们的作用分别是什么?

13. 什么是 Web Service 的技术架构?

14. 什么是服务质量? 对于 Web Service 来说,为何服务质量非常重要? 服务等级协议的作用是什么?

15. 列举 Web Service 的一些优缺点。

16. 什么是微服务? 简述你心目中的微服务架构。

17. 简述面向服务的工作流体系结构。

18. 举出一些使用 Web Service 解决复杂的业务问题的典型例子。在传统的业务解决方案中,通常使用纸质文件、传真和邮件,请阐明基于 Web Service 的解决方案与传统的解决方案这两者之间的区别。

19. 开发一个应用程序,要求:①包含若干单个的 Web Service;②并将这些应用组合成复合服务(业务流程)。指出并证明所设计的业务流程是无状态的还是有状态的,以及比较简单服务和复合服务的粒度级别。你自己的评价是什么?

20. 假设现有一个生产定制的个人电脑和设备的消费类电子设备公司。该公司每六个月就会发布新产品。例如,一个顾客今天所买的电脑与该顾客六个月前买的电脑的款式会有所不同。通常,这些产品依然会使用已有的主板接口,但是因重新配置了零部件,从而会提供一些新功能或特殊功能。开发一个 SOA 解决方案,以便该公司的顾客可以很容易地不断对计算机的配置进行升级。请阐述设计方案,并描述在 SOA 解决方案中将要使用的 Web Service。

21. 按照订购单、供应商、购买者、核准者、库存项、账户一览表以及未开据发票的收入,销售域中的采购流程将提供订单的详细信息。这样,采购部门将可分析各类订购单所进行的采购,包括总括订购单、计划订单及标准订购单,并且采购部门也可分析供应商的绩效、订货至交货的时间(基于订货时希望的时间以及交货的截止时间)。该流程也可帮助分析已收到的货物及已收到的发票,并可在账户中分析销售所涉及的发货费用。将这个标准的业务流程分解为若干合适的服务，并指出这些服务之间是如何进行相互交互的。

22.上题中，销售域中的销售库存流程跟踪现有库存量及即将到货的物品，并监控实际库存的变化趋势。该流程也通过不同的账户、仓库、子库存分析库存事务，并在任何时候都可通过仓库跟踪整个企业的现有库存。可根据到货日期、地理位置监控库存物品，并确保库存量满足实际需要。这样，就能很快发现周转速度较慢的库存及作废存货，从而使部门主管减少库存成本。将这个标准的业务流程分解为若干合适的服务，并指出这些服务之间是如何进行相互交互的。

第 11 章　虚拟化技术

虚拟化技术(virtualization)是伴随着计算机技术的产生而出现的,在计算机技术的发展历程中一直扮演着重要的角色。20 世纪 50 年代,从虚拟化概念的提出到虚拟化的商用,从操作系统的虚拟内存到 Java 语言虚拟机,再到目前基于 X86 体系结构的服务器虚拟化技术的蓬勃发展,都为虚拟化这一看似抽象的概念添加了极其丰富的内涵。

虚拟化是一种从逻辑角度出发的资源配置技术,是物理实际的逻辑抽象。比如说,当前只有一台计算机,通过虚拟技术,在不同用户看来,却感觉是多台,每台都有其各自的 CPU、内存、硬盘等物理资源。这些虚拟硬件资源与本地真实硬件资源可以是同平台的也可以是不同平台的,统称为虚拟机。虚拟机是指使用系统虚拟化技术,运行在一个隔离环境中、具有完整硬件功能的逻辑计算机系统,包括客户操作系统和其中的应用程序。从软件层角度出发,虚拟机与真实机器没有区别,即虚拟机的实现与运行对于软件程序是透明的。对于用户,虚拟化技术实现了软件跟硬件分离,用户不需要考虑后台的具体硬件实现,而只须在虚拟层环境上运行自己的系统和软件。

虚拟化是云计算的核心技术之一,它可以让 IT 基础设施更加灵活化,更易于调度,且能更强地隔离不同的需求应用。

11.1　虚拟化简介

在计算机技术中,虚拟化是一种资源管理技术,是将计算机的各种实体资源,如服务器、网络、内存及存储等,予以抽象、转换后呈现出来,打破实体结构间的不可切割的障碍,使用户可以比原本的配置更好的方式来应用这些资源。这些资源的新虚拟部分不受现有资源的架设方式及地域或物理配置的限制。

11.1.1　走近虚拟化

一般来说,计算机系统分为若干层次,从下至上包括底层硬件资源、操作系统、操作系统提供的应用程序编程接口,以及运行在操作系统之上的应用程序。虚拟化技术可以在这些不同层次之间构建虚拟化层,向上提供与真实层次相同或类似的功能,使得上层系统可以运行在该中间层之上。这个中间层解除了上下两层间原本存在的耦合关系,使上层的运行不依赖于下层的具体实现。由于引入了中间层,虚拟化不可避免地会带来一定的性能影响,但是随着虚拟化技术的发展,这样的开销在不断地减少。

虚拟化是一个广泛而变化的概念,因此要给出一个清晰而准确的虚拟化定义并不是一件容易的事情。目前业界对虚拟化定义有多种，这里列举部分如下。

（1）Wikipedia（维基百科）：虚拟化是表示计算机资源的抽象方法，通过虚拟化可以用与访问抽象前资源一致的方法访问抽象后的资源。这种资源的抽象方法不受实现、地理位置或底层资源的物理配置的限制。

（2）WhatIs. com（信息技术术语库）：虚拟化是为某些事物创造的虚拟（相对于真实）版本，比如操作系统、计算机系统、存储设备和网络资源等。

（3）Open Grid Services Architecture：虚拟化是为一组类似资源提供一个通用的抽象接口集，从而隐藏属性和操作之间的差异，并允许通过一种通用的方式来查看并维护资源。

尽管上述几种定义表述方式不尽相同，但不难发现它们都表达了三层含义：

（1）虚拟化的对象是各种各样的资源。

（2）经过虚拟化后的逻辑资源对用户隐藏了不必要的细节。

（3）用户可以在虚拟环境中实现其在真实环境中的部分或者全部功能。

因此，虚拟化的本质在于对计算资源的划分和抽象，也就是把物理资源转变为逻辑上可以管理的资源，以打破物理结构之间的壁垒（图11-1）。虚拟化技术通过有效管理虚拟资源和物理资源之间的映射关系来达到充分共享物理资源的目的，同时为应用系统提供较好的服务水准。未来所有的资源都透明地运行在各种各样的物理平台上，资源的管理都将按逻辑方式进行，完全实现资源的自动化分配。

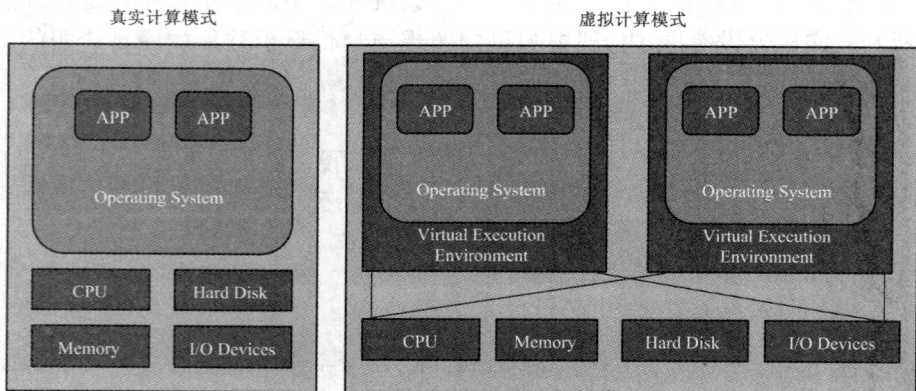

图11-1   虚拟化的实质

11.1.2   虚拟化常见类型

在虚拟化技术中，被虚拟的实体是各种各样的IT资源。按照这些资源的类型分类，可以定义不同的虚拟化。目前，大家接触最多的就是系统虚拟化。比如使用VMware Workstation在个人电脑上虚拟出一个逻辑系统，用户可以在这个虚拟的系统上安装和使用另一个操作系统及其应用程序，就如同在使用一台独立的电脑。一般地将该虚拟系统称作"虚拟机"，而VMware Workstation这样的软件就是"虚拟化软件套件"，它们负责虚拟机的创建、运行和管理。虽然虚拟机或者说系统虚拟化是当前最常使用的虚拟化技术，但它并不是虚拟化的全部。下面介绍虚拟化的几种常见类型。

1. 按抽象层次划分

计算机系统的高度复杂性是通过各种层次的抽象来控制的,每一层都通过层与层之间的接口对底层进行抽象,隐藏底层具体实现而向上层提供较简单的接口。如图 11-2 所示,计算机系统包括五个抽象层:硬件抽象层,指令集架构层,操作系统层,库函数层和应用程序层。相应地,虚拟化可以在每个抽象层来实现。无论是在哪个抽象层实现,其本质都是一样的,那就是它使用某些手段来管理分配底层资源,并将底层资源反映给上层。

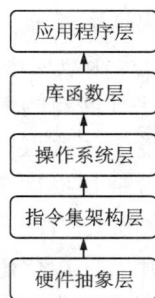

(1)硬件抽象层虚拟化。

硬件抽象层的虚拟化技术是指有硬件支持的虚拟化技术,它是在芯片级别实现的。它使得一个硬件平台表现为多个独立的与实际硬件有着相同指令体系结构的硬件平台,每个虚拟的硬件平台上可以分别运行不同的操作系统,并且每个操作系统都以为自己独自占有整个硬件平台。硬件级虚拟化又被称为系统级虚拟化,其实质是多个虚拟机复用一个物理主机。由虚拟机管理器实现对物理主机资源的划分和共享,向上表现出多个虚拟机,其上能同时运行独立的操作系统,各虚拟机相互隔离,这种隔离不仅表现在客户机之间,也表现在客户机和宿主机之间。目前 Intel 和 AMD 都分别发布了针对 X86 架构的硬件虚拟化技术,即 Virtualization Technology(VT)和 Secure Virtual Machine(SVM)。另外,Xen、KVM、VMWare 公司的虚拟化产品、Virtual PC 以及 UML 都利用这种硬件虚拟化技术提升了性能。

(2)指令集架构层(ISA)虚拟化。

指令集层的虚拟化是以软件的方式通过指令模拟来实现的,这层的虚拟机需要模拟所有可能的指令行为,包括数据运算、内存访问和设备访问等。这层虚拟化的优点是,通过指令的模拟可以实现对多个平台的抽象,比如在 X86 平台上模拟出 ARM、SPARC、MIPS 或者 Alpha 平台的指令集。用二进制翻译技术来代替指令解释可以有效地提升效率,二进制翻译技术是通过每次翻译一个基本块的方式来减少上下文切换,并且通过翻译代码缓存、执行路径动态预测等方式来提高执行效率的。这类典型的虚拟机,如模拟器 BochS,它是开放源代码的 X86 PC 模拟器,可运行在主流的硬件平台上,如 X86、PowerPC、Alpha 等,模拟大多数版本的 X86 计算机。

(3)操作层虚拟化。

操作系统层的虚拟化重用操作系统的功能来管理和分配底层的硬件资源给虚拟机,而不需要在硬件的基础上重新实现操作系统已经提供的某些功能。这种虚拟化中将每个虚拟机视为一个独立的上下文,通过操作系统层面的设计来实现不同的上下文切换和隔离。虚拟机实质是应用软件的虚拟运行环境,而虚拟运行环境的操作系统实质是虚拟层软件根据应用的要求而生成的物理机器操作系统的副本。操作系统层虚拟化和硬件抽象层虚拟化的主要区别在于系统安全和资源隔离的实现上。硬件抽象层虚拟化的主要隔离是在硬件抽象层来实现的,比如虚拟地址空间、总线地址、设备和特权指令等,而操作系统层虚拟化则是通过操作系统层面的对象来控制的,比如进程 ID、用户 ID 等。这个层次虚拟化的典型例子有 Virtuozzo 的 OpenVZ,Free BSD 的 Jail。其中 Jail 是基于 FreeBSD 的具有划分虚拟执行环境的虚拟软件,

图 11-2　按抽象层次划分

划分后的虚拟执行环境被称为 Jail，每个 Jail 都包含典型的操作系统资源，例如，进程、文件系统、网络资源等，且各 Jail 间具有较好的隔离性。

（4）库函数层虚拟化。

几乎在所有的系统中，应用程序都是通过调用底层的应用编程接口（API）来实现的，这些 API 隐藏了底层的具体实现细节，而呈现给应用程序一个抽象的接口。库函数层虚拟化的本质是在底层操作系统（宿主操作系统）上实现运行另一个操作系统（客户操作系统）应用程序（客户应用程序）所依赖的 API，完成客户操作系统 API 的仿真工作。这种虚拟化技术的特点是应用程序源代码跨操作系统的移植，即客户应用程序源代码无须修改，但必须在宿主操作系统上与仿真 API 重新编译生成本地应用后才可运行。这方面最著名的例子是 Wine 和 Cygwin。Wine 使得在 Windows 上面编译的程序可以执行在 Linux 上面。Cygwin 的实现方式与 Wine 类似，只不过它是在 Windows 上面模拟出 Linux 的 API。

（5）应用程序层虚拟化。

应用程序层虚拟化又称为高级语言层虚拟化。应用程序层虚拟化的本质是在现有的操作系统的架构上，建立一种公共的中间编程语言，从而隐藏了与特定操作系统有关的内容，这样程序只需要解释该编程语言，就可以在多种平台上流畅地执行。举例来讲，Java 虚拟机（java virtual machine，JVM）引入一种中间语言层，增加了一种新的指令集，隐藏了与底层平台有关的特性，应用程序移植性较好。

2. 按所处位置划分

操作系统与硬件资源之间通过硬件实现的 ISA 联系起来。ISA 由用户级 ISA（User ISA）与系统级 ISA（System ISA）构成。用户级 ISA 表达了用户级程序可见的机器特性，即非特权指令，包括常见的计算指令、访存指令、控制转移指令等；系统级 ISA 包含只有操作系统可见的机器特性，即特权指令，比如访问系统寄存器、I/O 访问等指令。应用软件与操作系统之间则通过操作系统提供的系统调用联系起来。系统调用提供所有操作系统可提供的服务接口，它和用户级 ISA 结合起来被称为 ABI。

虚拟机可以视为一种计算机系统平台间的接口适配技术，是针对系统平台的 ISA 层面或者 ABI 层面的模拟与仿真。它模糊了上下两个抽象层之间的接口，解除了抽象与特定接口之间的依赖关系。根据新增的软件层所处的位置，可以将虚拟机分为系统级虚拟机（SVM）和进程级虚拟机（PVM）。图

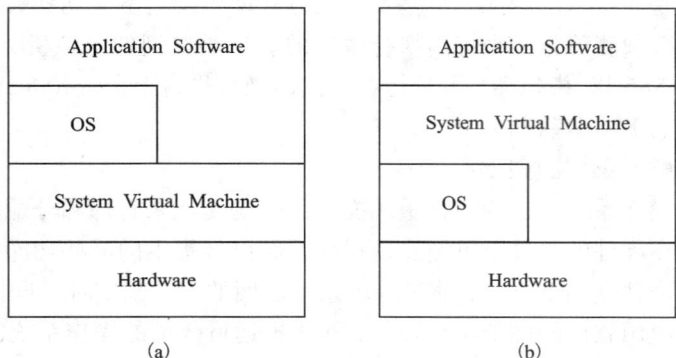

图 11-3　系统级虚拟机和进程级虚拟机

11-3 反映了两种虚拟机各自在计算机系统中所处的层次。

（1）系统级虚拟机。

系统级虚拟机［图 11-3（a）］处于 ISA 接口上，采用虚拟硬件的模式，在计算机、存储和

网络硬件间建立了一个抽象的虚拟化平台,使得所有的硬件被统一到一个虚拟化层中,为上层提供同样的硬件结构,实现了更好的可迁移性。目前,此类虚拟机的典型产品有 VMware Workstation、ESX Server 和 Microsoft 的 Virtual PC、KVM、Xen 等。

(2)进程级虚拟机。

进程级虚拟机[图 11-3(b)]处于 ABI 接口上,采用虚拟操作系统模式,基于主机操作系统创建一个虚拟层,在这个虚拟层之上,可以创建多个相互隔离的虚拟专用服务器(virtual private server,VPS)。对于用户和应用程序来说,每一个 VPS 平台都与一台独立主机完全相同,而且每一个 VPS 中的应用服务都是安全隔离的。进程级虚拟机解决了在单个物理服务器上部署多个应用程序时面临的挑战,但是这类虚拟机只能运行在同一种操作系统之上。比较成熟的产品如 FX!32、开源软件 Wine 以及 Java 虚拟机等都属于进程级虚拟机。另一典型的进程级虚拟机是多源多目标动态二进制翻译器 CrossBit。它是由上海交通大学可扩展计算与系统实验室历时 3 年开发的,目前可以支持 MIPS、IA32、SPARC 处理器到 IA32 或 PowerPC 处理器上的跨平台执行的工作。

3. 按应用领域划分

(1)服务器虚拟化。

关于服务器虚拟化的概念,各个厂商有自己不同的定义,然而其核心思想是一致的,即它是一种能够通过区分资源的优先次序并随时随地能将服务器资源分配给最需要它们的工作负载来简化管理和提高效率,从而减少为单个工作负载峰值而储备资源的方法。

服务器虚拟化技术有两个方向来帮助服务器更加合理地分配资源,一种方向就是把一个物理的服务器虚拟成若干个独立的逻辑服务器,使用户可以在这些看似独立的虚拟服务器上运行不同的操作系统和应用,这个方向的典型代表就是分区。虚拟技术的另一个方向,就是把若干个分散的物理服务器虚拟为一个大的逻辑服务器,使用户可以像使用同一台服务器的资源一样支配这些物理上独立的服务器,从而达到最大化利用资源的目的,这个方向的典型应用就是网格。

(2)网络虚拟化。

网络虚拟化技术将网络的硬件与软件资源进行整合,向用户提供虚拟网络连接的虚拟化技术,并随着数据业务要求有不同的形式。多种应用承载在一张物理网络上,通过网络虚拟化分割(称为纵向分割)功能使得不同企业机构相互隔离,但可在同一网络上访问自身应用,从而实现将物理网络进行逻辑纵向分割虚拟化为多个网络。多个网络节点承载上层应用,基于冗余的网络设计带来了复杂性,而将多个网络节点进行整合(称为横向整合),虚拟化成一台逻辑设备,在提升网络可用性、节点性能的同时将极大简化网络架构。

网络虚拟化可以分为局域网络虚拟化和广域网络虚拟化两种形式。在局域网络虚拟化中,多个本地网络被组合成为一个逻辑网络,或者一个本地网络被分割为多个逻辑网络,并用这样的方法来提高大型企业自用网络或者数据中心内部网络的使用效率。该技术的典型代表是虚拟局域网(virtual LAN,VLAN)。对于广域网络虚拟化,目前最普遍的应用是虚拟专用网(virtual private network,VPN)。虚拟专用网抽象化了网络连接,使得远程用户可以随时随地访问公司的内部网络,并且感觉不到物理连接和虚拟连接的差异性。同时,VPN 保证这种外部网络连接的安全性与私密性。

如图 11-4 所示，网络虚拟化技术通过网络接入控制来对接入网络的终端进行接入安全保障和资源访问授权。建议采用终端准入控制系统，对通过认证的用户动态下发 VPN 和对应的资源访问和使用权限，加强对用户的集中管理，统一实施企业安全策略，提高网络终端的主动抵抗能力。通过中央服务器和客户端的配合，还可以监控接入用户的安全状态，拒绝非法接入网络，防止终端 ARP 欺骗和攻击，进一步加强了整网的稳定和安全。

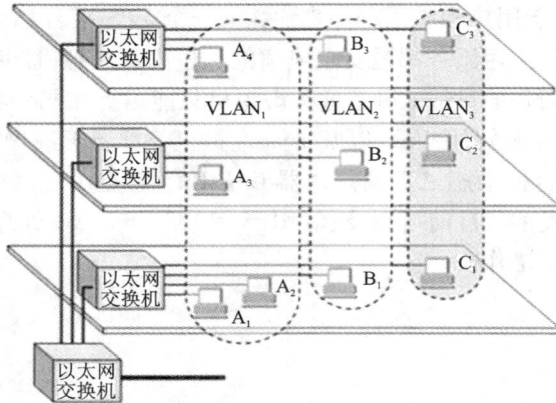

图 11-4　网络虚拟化

网络虚拟化技术通过 VLAN/VRF(虚拟路由与转发)/MPLS(多协议标签交换) VPN 技术对不同的应用、业务和群组用户进行安全隔离，把不同用户、不同应用的数据横向隔离开来，保证数据传输的私密性和安全性。从业务隔离的灵活性、配置/管理复杂度、扩展性、组网对设备的要求等多方面对比，建议大、中型园区内应用 MPLS L3VPN 技术进行业务逻辑隔离。

通过计算虚拟化、存储虚拟化、虚拟安全等技术，为整网的隔离用户提供统一的安全策略部署、集中的服务、统一的网络监控/管理软件、统一的 Internet/WAN 出口等服务，提高资源的利用率、降低管理复杂度。

(3)存储虚拟化。

随着信息业务的不断运行和发展，存储系统网络平台已经成为一个核心平台，大量高价值数据积淀下来，基于这些数据的应用对存储平台的要求也越来越高，除了存储容量外，还包括数据访问性能、数据传输性能、数据管理能力、存储扩展能力等多个方面。存储网络平台综合性能的优劣直接影响到整个系统的正常运行。由此，存储虚拟化技术应运而生。

存储虚拟化技术为物理的存储设备提供一个抽象的逻辑视图，用户通过这个视图中的统一逻辑接口来访问被整合的存储资源。存储虚拟化主要有基于存储设备的存储虚拟化和基于网络的存储虚拟化两种主要形式。磁盘阵列技术(redundant array of inexpensive disks，RAID)是基于存储设备的存储虚拟化的典型代表。该技术通过将多块物理磁盘组合成为磁盘阵列，用廉价的磁盘设备实现了一个统一的、高性能的容错存储空间，如图 11-5 所示。网络附加存储(network attached storage，NAS)和存储区域网(storage area network，SAN)则是基于网络的存储虚拟化技术的典型代表。

存储虚拟化把物理上分散存储的众多文件整合为一个统一的逻辑视图，方便用户访问，提高了文件管理的效率。存储设备和系统通过网络连接起来，用户在访问数据时并不知道其真实的物理位置。它还使管理员能够在一个控制台上管理分散在不同位置上的异构设备的数据。

存储虚拟化可以定义为在物理存储设备或低级逻辑存储设备之上，能够提供简化的逻辑存储资源视图的提取层。这种提取可以发生在主机或存储阵列中，也可以发生在 SAN 内部。另外，它既可以在带内执行（如对称），使控制和数据在同一条路径上；又可以在带外执行（如非对称），使控制和数据使用不同的路径。带内解决方案非常依赖作为主机网络和存储池中间设备的硬件（虚拟化服务器）。所有事务处理都将通过该设施，因而会产生对潜在性能的限制，并使可用性复杂化。带内设施还须拥有"恢复"功能，否则，通过一组设施执行 I/O 就会产生单故障点。另外，由于不能总集中管理这些设施，因而会产生多个管理点。带外解决方案虽然可能会部署一些分布式硬件以便处理元数据，但主要基于软件。数据直接从服务器传输至存储子系统，因此，性能和可用性都不会受到影响。

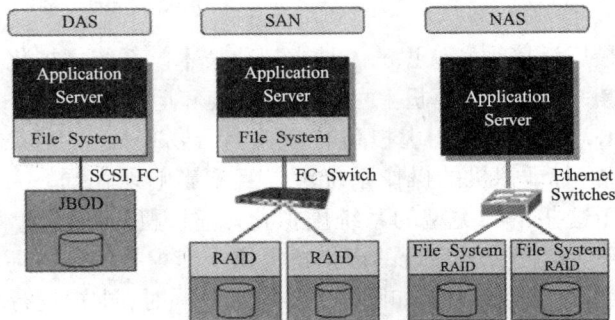

图 11-5　存储虚拟化

（4）应用虚拟化。

应用虚拟化将应用程序与操作系统解耦合，为应用程序提供了一个虚拟的运行环境。在这个环境中，不仅包括应用程序的可执行文件，还包括它所需要的运行时环境。当用户需要使用某款软件时，应用虚拟化服务器可以实时地将用户所需的程序组件推送到客户端的应用虚拟化运行环境。当用户完成操作关闭应用程序后，他所做的更改和数据将被上传到服务器集中管理。这样，用户将不再局限于单一的客户端，可以在不同的终端上使用自己的应用。

（5）桌面虚拟化。

桌面虚拟化解决个人电脑的桌面环境（包括应用程序和文件等）与物理机之间的耦合关系。经过虚拟化的桌面环境被保存在远程的服务器上，当用户使用具有足够显示能力的兼容设备（如 PC、智能手机等）在桌面环境上工作时，所有的程序与数据都运行和最终保存在这个远程的服务器上。桌面虚拟化采用的是集中化管理方式，IT 人员无须逐一维护终端设备，所有桌面镜像都存储在远程服务器上，因而增强了数据安全性，简化了数据备份和恢复操作。由于用户可按需访问其完整的桌面环境，再也不用依靠单一的专用设备进行访问，大大提高了灵活性，可随时随地开展工作。

4. 从实现的层次分

（1）基础设施虚拟化。

由于网络、存储和文件系统同为支撑数据中心运行的重要基础设施，因此将硬件虚拟化、网络虚拟化、存储虚拟化、文件虚拟化归为基础设施虚拟化。

①硬件虚拟化：是用软件虚拟一台标准计算机硬件配置，如 CPU、内存、硬盘、声卡、显卡、光驱等，可以成为一台虚拟裸机，在其上安装操作系统。

②网络虚拟化：将网络的硬件和软件资源整合，向用户提供网络连接的虚拟化技术，即可将多个本地网络组合成为一个逻辑网络或一个本地网络，并分割成多个逻辑网络。

③存储虚拟化：为物理的存储设备提供统一的逻辑接口，用户通过该接口来访问被整合的存储资源。

④文件虚拟化：是指把物理上分散存储的众多文件整合为一个统一的逻辑接口，方便用户访问，提高文件管理效率。

（2）系统虚拟化。

系统虚拟化是被最广泛接受和认识的一种虚拟化技术。系统虚拟化实现了操作系统与物理计算机的分离，使得一台物理计算机上可以同时安装和运行一个或多个虚拟的操作系统。

系统虚拟化的核心思想是：使用虚拟化软件在一台物理机上虚拟出一台或多台虚拟机（virtual machine，VM）。各虚拟机的操作系统可以互不影响地在同一台物理机上同时运行，复用物理机资源。对于这些不同类型的系统虚拟化，虚拟机运行环境的设计和实现不尽相同。但是，虚拟运行环境都需要为运行的虚拟机提供一套虚拟的硬件环境，包括虚拟的处理器、内存、设备与 I/O 及网络接口等，如图 11－6 所示。同时，虚拟运行环境也为这些操作系统提供了诸多特性，如硬件共享、统一管理、系统隔离等。核心思想：使用虚拟化软件在一台物理机上虚拟出一台或多台虚拟机。

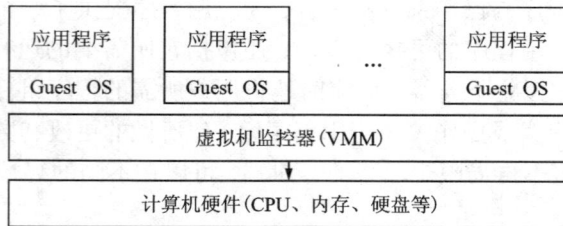

图 11－6　系统虚拟化

系统虚拟化更大的价值在于服务器虚拟化。由于服务器通常具有很强的硬件能力，如果在同一台物理服务器上虚拟出多个虚拟服务器，每个虚拟服务器运行不同的服务，这样便可提高服务器的利用率，减少机器数量，降低运营成本，节省物理存储空间及电能，从而达到既经济又环保的目的。

除了在个人电脑和服务器上采用虚拟机进行系统虚拟化以外，桌面虚拟化同样可以达到在同一个终端环境运行多个不同系统的目的。桌面虚拟化解除了个人电脑的桌面环境（包括应用程序和文件等）与物理机之间的耦合关系。经过虚拟化后的桌面环境被保存在远程的服务器上，而不是在个人电脑的本地硬盘上。这意味着当用户在桌面环境上工作时，所有的程序与数据都运行和最终被保存在这个远程的服务器上，用户可以使用任何具有足够显示能力的兼容设备来访问自己的桌面环境，如个人电脑、智能手机等。

（3）软件虚拟化。

除了针对基础设施和系统的虚拟化技术，还有另一种针对软件的虚拟化环境，如用户所使用的应用程序和编程语言，都存在着相对应的虚拟化概念。目前，业界公认的这类虚拟化技术主要包括应用虚拟化和高级语言虚拟化。

应用虚拟文在前文已介绍。高级语言虚拟化解决的是可执行程序在不同体系结构计算机间迁移的问题。在高级语言虚拟化中，由高级语言编写的程序被编译为标准的中间指令。这些中间指令在解释执行或动态翻译环境中被执行，因而可以运行在不同的体系结构之上。

11.1.3　虚拟机监控器

目前存在各种各样的虚拟机，但基本上所有虚拟机都基于图 11 - 6 给出的模型。系统级虚拟化实际上就是在多任务操作系统所提供的"虚拟化"基础上，再增添一级虚拟化。从图 11 - 6 中，可以看到虚拟机监控器（virtual machine monitor，VMM）是计算机硬件和 Guest OS 之间的一个抽象层，它运行在最高特权级，负责将底层硬件资源加以抽象，提供给上层运行的多个虚拟机使用，并且为上层的虚拟机提供多个隔离的执行环境，使得每个虚拟机都以为自己在独占整个计算机资源。虚拟机监控器主要的任务有两方面：第一，管理所有的物理资源，如 CPU、内存和 I/O 设备等；第二，给客户操作系统提供虚拟的运行环境，即虚拟机。显然，这非常类似于传统操作系统的任务——管理物理资源和为进程运行提供环境。因此，虚拟机监控器也可以看作是一种操作系统，只不过它的客户不是进程，而是客户操作系统。

从硬件管理的角度上，操作系统的功能模块主要由三部分组成：处理器管理模块、内存管理模块和 I/O 设备管理模块。一方面，虚拟机监控器可以独立实现以上所有的管理模块。这些功能模块既需要具备硬件管理功能，又必须实现硬件虚拟化功能。对 I/O 设备管理模块来说，一般要将设备模型和设备驱动做任务分离，前者实现 I/O 设备的虚拟化，后者负责设备的驱动。另一方面，鉴于虚拟机监控器与传统操作系统功能上的相似性，虚拟机监控器也可以重用已有操作系统的硬件管理模块，从而简化它的实现。因此，根据以上两种实现方式，虚拟机监控器可以分为裸金属型和宿主型。此外，还有一种结合它们各自优点的折中方案——混合型。下面将分别介绍这三种虚拟机监控器的基本原理。

（1）裸金属型虚拟机监控器。

裸金属型虚拟机监控器独立实现所有的管理模块，不需要基于任何已有的操作系统。图 11 - 7（a）是裸金属型虚拟机监控器的基本结构，它具备自己的处理器、内存及 I/O 设备的管理模块，同时完成硬件的管理和虚拟化任务。裸金属型的优点在于物理资源的虚拟化效率会比较高，因为其硬件管理模块同时具有资源管理和虚拟化功能。与此同时，虚拟机的安全也只依赖于虚拟机监控器。不过，它的缺点也很明显：实现以上所有管理模块需要较大的工作量，尤其是如果要支持各种硬件平台，设备驱动部分将变得极其庞大。

（2）宿主型虚拟机监控器。

宿主型虚拟机监控器利用它与传统操作系统的相似性，重用已有操作系统的管理模块。换句话说，它将部分硬件管理任务转交给宿主操作系统，而其自身则专注于提供硬件虚拟化

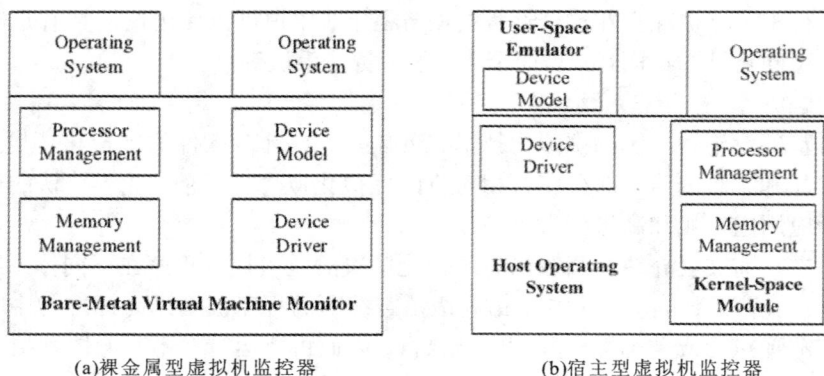

(a)裸金属型虚拟机监控器   (b)宿主型虚拟机监控器

图 11 –7   虚拟机监控器类型

功能。图 11 –7(b)反映了典型的宿主型虚拟机监控器的基本结构。

典型的宿主型虚拟机监控器由基于宿主操作系统的两部分组成：内核模块和用户态模拟器。前者提供处理器和内存的管理模块，主要完成它们的虚拟化功能；后者提供 I/O 设备模型，完成 I/O 设备的虚拟化功能。至于所有硬件资源的管理和驱动功能，则都由宿主操作系统负责，用户态模拟器可以通过调用宿主操作系统的服务来请求访问资源。在这种模型中，虚拟机通常作为宿主操作系统的一个进程，因而宿主操作系统的进程管理、时间管理等模块都可以得到重用。

宿主型的优点是可以充分利用宿主操作系统的设备驱动，无须为各种平台的 I/O 设备重新实现驱动程序，大大降低了工作量，可以专注于物理资源的虚拟化。此外，宿主型还可以利用宿主操作系统的其他功能模块，如进程管理、电源管理等，这些都不需要重新实现就可以直接使用。宿主型的缺点则是硬件资源的虚拟化效率会受到限制。因为硬件资源的管理和虚拟化分为由宿主操作系统和虚拟机监控器负责，而虚拟硬件最终也要利用真实硬件来完成设备功能，因此虚拟机监控器必须要调用到宿主操作系统的系统服务，将造成一定的调用和通信开销。此外，在宿主模型中，虚拟机的安全不仅依赖于虚拟机监控器，而且还依赖于宿主操作系统。

(3)混合型虚拟机监控器。

混合型虚拟机监控器是裸金属型和宿主型的一种结合，图 11 –8 反映了它的基本结构。一方面，表现裸金属型的在于虚拟机监控器位于最底层，拥有所有的物理资源；另一方面，表现宿主型的在于虚拟机监控器将让出 I/O 设备的控制权，交由一个运行在运行虚拟机中的特权操作系统(privileged operating system)来控制。这样，处理器和内存的管理和虚拟化依然由虚拟机监控器来负责，而 I/O 设备的管理由特权操作系统负责，I/O 设备的虚拟化则由两者共同合作完成。

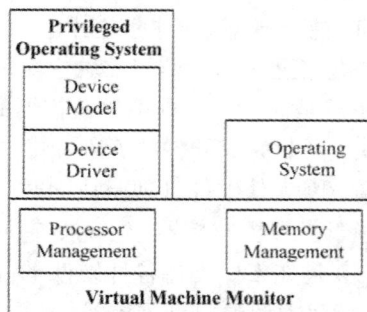

图 11 –8   混合型虚拟机监控器

　　显然，混合型结合了裸金属型和宿主型各自的优点：一方面，虚拟机直接控制处理器和内存，虚拟化的效率可以比较高；另一方面，虚拟机监控器可以重用已有操作系统的 I/O 设备驱动，不需要重新开发，这将省去极大的工作量。然而，混合型也有缺点：由于设备驱动任务由一个运行在虚拟机上的特权操作系统承担，因而任何其他虚拟机有涉及 I/O 设备的操作，都必须先经过这个特权虚拟机。这种 I/O 模型会引入频繁的虚拟机上下文切换开销，不仅影响运行性能，而且也会降低 I/O 响应性能。

11.1.4　系统虚拟化技术的分类

　　基于采用技术和实现的不同，业界常将系统虚拟化技术分为 5 大类，具体如下所示。

1.硬件仿真

　　硬件仿真（emulation）属于托管模式，它在物理机的操作系统上创建一个模拟硬件的程序（硬件 VM）来仿真所想要的硬件，并在这个程序上运行虚拟机，而且虚拟机内部的客户操作系统（guestOS）无须修改。知名的产品有 Bochs、QEMU 和微软的 VirtualPC（它还使用少量的全虚拟化技术）。

　　由于能轻松模拟硬件，所以硬件仿真非常适合于操作系统开发，同时也有利于进行固件和硬件的协作开发。但因为是完全模拟硬件的运行，所以性能比较低。尽管在速度方面劣势明显，但硬件仿真技术在系统开发方面仍有一席之地。

2.全虚拟化

　　全虚拟化（full virtualization）的实现机制如图 11 - 9 所示，主要是在客户操作系统和硬件之间捕捉和处理那些对虚拟化敏感的特权指令，使客户操作系统无须修改就能运行，速度会根据不同的实现而不同。这种方式是业界现今最成熟、最常见的属于托管模式和 Hypervisor 模式的产品都有，知名的产品有 IBM CP/CMS、VirtualBox、KVM、VMwareWorkstation 和 VMwareESX。

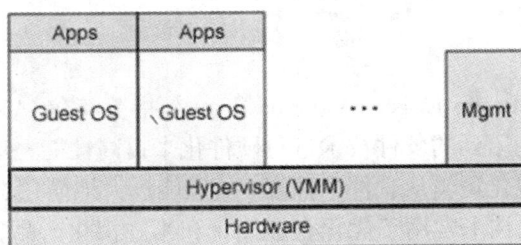

图 11 - 9　完全虚拟化使用 Hypervisor 来共享底层硬件

　　在全虚拟化模式下，客户操作系统无须修改，而且速度还可以，更重要的是，不论是VMware 的产品还是 Oracle 的 VirtualBox，使用起来都非常简单，而且还支持三维加速等常用功能。由于一些基于托管模式的全虚拟产品在性能方面不是特别优异，特别是 I/O 方面，比如 VMware Workstation，所以这些产品不是特别适合服务器类型的应用。但 VMwareESX 这种Hypervisor 类型的全虚拟化产品对服务器类型的应用有很多支持。总体来说，由于使用这种模式不仅使客户操作系统免于修改，而且将通过引入硬件辅助虚拟化技术来提高其性能，相信在未来它还是主流。

3. 半虚拟化

半虚拟化（paravirtualization）与全虚拟化有一定的相似之处。这种方法使用了一个 Hypervisor 来实现对底层硬件的共享访问，还将与虚拟化有关的代码集成到了操作系统本身中（如图 11 – 10 所示）。这种方法不再需要重新编译或捕获特权指令，因为操作系统本身在虚拟化进程中会相互紧密协作。

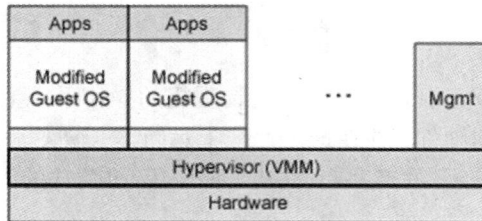

图 11 –10   半虚拟化与客户操作系统共享进程

它也利用虚拟机管理程序来实现对底层硬件的共享访问，但是由于在虚拟机管理程序上面运行的客户操作系统已经集成了与半虚拟化有关的代码，这使得客户操作系统能够非常好地配合虚拟机管理程序来实现虚拟化。通过这种方法，无须重新编译或捕获特权指令，其性能非常接近物理机。其中，最经典的产品就是 Xen。微软的 Hyper – V 所采用的技术和 Xen 类似，也可以把 Hyper – V 归属为半虚拟化产品。

和全虚拟化相比，这种模式的架构更精简，而且在整体速度上有一定的优势，虽然它需要对客户操作系统进行修改，所以在用户体验上不够优秀，但它提供了与未经虚拟化的系统相接近的性能。

4. 硬件辅助虚拟化

硬件辅助虚拟化（hardware assisted virtualization）是指英特尔/AMD 等硬件厂商通过对部分全虚拟化和半虚拟化使用到的软件技术进行硬件化来提高性能，并且由于通过硬件辅助虚拟化能将大量复杂的虚拟化逻辑从软件中抽离，所以能极大地简化虚拟化产品的架构。在使用方面，硬件辅助虚拟化技术常用于优化全虚拟化和半虚拟化产品，而不是独创一派。最出名的例子莫过于 VMware Workstation，它虽然属于全虚拟化，但是在它的 6.0 版本中引入了硬件辅助虚拟化技术，比如英特尔的 VT – x 和 AMD 的 AMD – V。用户在使用时，可以选择是否开启硬件辅助虚拟化模式。现在市面上的主流全虚拟化和半虚拟化产品都支持硬件辅助虚拟化，包括 VirtualBox、KVM、VMwareESX 和 Xen 等。还有，业界常使用 HVM（hardware virtual machine）这个缩写来指代硬件辅助虚拟化。

通过引入硬件技术，虚拟化技术的速度更接近物理机，但现有的硬件实现不够优化，还有进一步提高的空间。总体而言，利用硬件技术不仅能提高速度，而且能简化虚拟化产品的架构，所以可以预见，硬件技术将会被大多数虚拟化产品所采用。

5. 操作系统级虚拟化

操作系统级虚拟化通过对服务器操作系统进行简单的隔离来实现虚拟化，主要用于 VPS 等服务。主要的技术有 Unix 类系统上的 Chroot 和 Solaris 上的 Zone 等。

这种技术对操作系统只进行少许的修改，实现成本低而且性能不错，但在资源隔离方面表现欠佳，而且对客户操作系统的型号和版本有限定，所以这种技术的未来不是特别明朗。

11.2 服务器虚拟化

11.2.1 服务器虚拟化技术概述

服务器虚拟化将系统虚拟化技术应用于服务器上，将一个服务器虚拟成若干个服务器使用。如图 11 - 11 所示，在采用服务器虚拟化之前，三种不同的应用系统分别运行在三个独立的物理服务器上。在采用服务器虚拟化之后，这三种应用运行在三个独立的虚拟服务器上，而这三个虚拟服务器可以被一个物理服务器托管。服务器虚拟化为虚拟服务器提供了能够支持其运行的硬件资源抽象，包括虚拟 BIOS、虚拟处理器、虚拟内存、虚拟设备与 I/O，并为虚拟机提供了良好的隔离性和安全性。

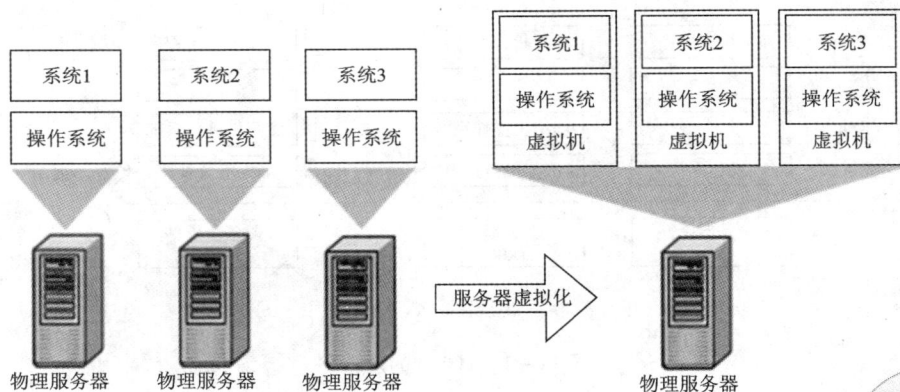

图 11 - 11 服务器虚拟化

服务器虚拟化通过虚拟化软件向上提供对硬件设备的抽象和对虚拟服务器的管理。

服务器虚拟化类型

目前，业界在描述这样的软件时通常使用虚拟机监视器(virtual machine monitor，VMM)和虚拟化平台(hypervisor)两个专用术语。虚拟机监视器负责对虚拟机提供硬件资源抽象，为客户操作系统提供运行环境。虚拟化平台负责虚拟机的托管和管理。它直接运行在硬件之上，因此其实现直接受底层体系结构的约束。这两个术语通常不做严格区分，其出现源于虚拟化软件的不同实现模式。在服务器虚拟化中，虚拟化软件需要实现对硬件的抽象，资源的分配、调度和管理，以及虚拟机与宿主操作系统和多个虚拟机间的隔离等功能。这种软件提供的虚拟化层处于硬件平台之上、客户操作系统之下。

服务器虚拟化必备的是对三种硬件资源的虚拟化：CPU、内存、设备与 I/O。此外，为了实现更好的动态资源整合，当前的服务器虚拟化大多支持虚拟机的实时迁移。本节将介绍 X86 体系结构上这些服务器虚拟化的核心技术，包括 CPU 虚拟化、内存虚拟化、设备与 I/O 虚拟化和虚拟机实时迁移。

11.2.2　CPU 虚拟化

CPU 虚拟化技术把物理 CPU 抽象成虚拟 CPU，任意时刻一个物理 CPU 只能运行一个虚拟 CPU 的指令。每个客户操作系统可以使用一个或多个虚拟 CPU。在这些客户操作系统之间，虚拟 CPU 的运行相互隔离，互不影响。

在 X86 体系结构中，处理器有 4 个运行级别，分别为 Ring0、Ring1、Ring2 和 Ring3。其中，Ring0 级别具有最高权限，可以执行任何指令而没有限制。运行级别从 Ring0 到 Ring3 依次递减，应用程序一般运行在 Ring3 级别，操作系统内核态代码运行在 Ring0 级别，因为它需要直接控制和修改 CPU 的状态，而类似这样的操作需要运行在 Ring0 级别的特权指令才能完成。

在 X86 体系结构中实现虚拟化，需要在客户操作系统层以下加入虚拟化层，来实现物理资源的共享。这个虚拟化层运行在 Ring0 级别，而客户操作系统只能运行在 Ring0 以上的级别，如图 11-12 所示。

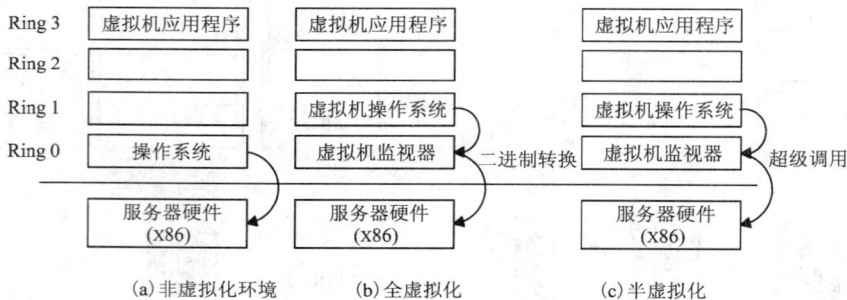

图 11-12　CPU 的虚拟化

但是，客户操作系统中的特权指令，如中断处理和内存管理指令，如果不运行在 Ring0 级别将会具有不同的语义，产生不同的效果，或者根本不产生作用。由于这些指令的存在，使虚拟化 X86 体系结构并不那么简单。问题的关键在于这些在虚拟机里执行的敏感指令不能直接作用于真实硬件之上，而需要被虚拟机监视器接管和模拟。

针对 X86 体系结构下的 CPU 虚拟化问题，业界使用了全虚拟化和半虚拟化两种不同的软件方案，如图 11-12 所示。除了通过软件的方式实现 CPU 虚拟化外，业界还提出了在硬件层添加支持功能的硬件辅助虚拟化方案来处理这些敏感的高级别指令的方法。

全虚拟化上要采用特权级压缩技术和二进制代码动态翻译技术来解决客户操作系统的特权指令问题，如图 11-12(b)所示。特权级压缩能让虚拟化管理程序和客户机(指的是运行在虚拟化管理程序之上的虚拟机)运行在不同的特权级下。对 X86 架构而言，就是虚拟化管理程序运行在特权级最高的 Ring0 下，客户机的内核代码运行在 Ring1 下，客户机的应用代码运行在 Ring3 下。通过这种方式，能让虚拟化管理程序截获一部分在客户机上执行的特权指令，并对其进行虚拟化。而二进制代码动态翻译，是指在虚拟机运行时，在敏感指令前插入陷入指令，将执行陷入到虚拟机监视器中。虚拟机监视器会将这些指令动态转换成可完成相同功能的指令序列后再执行。通过这种方式，全虚拟化将在客户操作系统内核态执行的敏感指令转换成可以通过虚拟机监视器执行的具有相同效果的指令序列，而对于非敏感指令则可以直接在物理处理器上运行。全虚拟化的优点在于代码的转换工作是动态完成的，无须修改客户操作系统，因而可以支持多种操作系统。然而，全虚拟化中的动态转换需要一定的性能开销。

半虚拟化也采用特权级压缩技术，并且通过修改客户操作系统的源代码，将那些和特权指令相关的操作都转换为会发给虚拟化管理程序的超级调用并让它来执行。在半虚拟化中，被虚拟化平台托管的客户操作系统需要修改其操作系统，将所有敏感指令替换为对底层虚拟化平台的超级调用(hypercall)，如图 11-12(c)所示。虚拟化平台也为这些敏感的特权指令提供调用接口。超级调用支持批处理和异步这两种优化方式。通过利用超级调用，虚拟机能得到近似于物理机的速度。在半虚拟化中，客户操作系统和虚拟化平台必须兼容，否则虚拟机无法有效地操作宿主物理机，所以半虚拟化对不同版本操作系统的支持有所限制。

硬件辅助虚拟化主要有英特尔的 VT-x 和 AMD 的 AMD-V，而且这两种技术在核心思想上非常相似，都是通过引入新的指令和运行模式来让客户操作系统和虚拟化管理程序分别运行在合适的模式下。在实现方面，VT-x 支持两种处理器工作方式：第一种称为根模式(root operation)，虚拟化管理程序运行于此模式，用于处理特殊指令；另一种称为非根模式(non-root operation)，客户操作系统运行于此模式。在根操作模式下，所有的指令行为与传统 IA32 没有区别；在非根操作模式下所有的敏感指令都被重新定义，使它们不经虚拟化就可以直接运行或者通过引起异常退出到根操作模式来执行。由根操作模式进入非根操作模式是通过 VM Entry 进行的，由非根操作模式进入根操作模式是通过 VM Exit 进行的(图 11-13)。

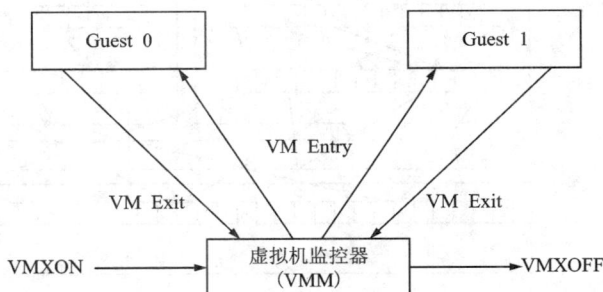

图 11-13　操作模式的切换

为了实现 CPU 虚拟化，VT-x 还引入了虚拟机控制块(Virtual Machine ControlStructure，简称 VMCS)，用来保存虚拟 CPU(VCPU)运行需要的相关状态。每个虚拟 CPU 对应一个 VMCS 结构，VMCS 有 4 kB 的地址空间，前 8 个字节保存了 VMCS 的版本标识和 VMX 中止指示器后面的空间是 VMCS 的数据区。VMCS 数据区控制着 VMX 非根操作和 VMX 切换。

由于硬件辅助虚拟化支持客户操作系统直接在其上运行，无须进行二进制翻译或超级调用,因此减少了相关的性能开销,简化了虚拟化平台的设计。目前,主流的虚拟化软件厂商也在通过和 CPU 厂商的合作来提高其虚拟化产品的性能和兼容性。

11.2.3   内存虚拟化

内存虚拟化技术对物理机的真实物理内存进行统一管理,包装成多个虚拟的物理内存分别供若干个虚拟机使用,使得每个虚拟机拥有各自独立的内存空间。在服务器虚拟化技术中,因为内存是虚拟机最频繁访问的设备,因此内存虚拟化与 CPU 虚拟化具有同等重要的地位。

在内存虚拟化中,虚拟机监视器要能够管理物理机上的内存,并按每个虚拟机对内存的需求划分机器内存,同时保持各个虚拟机对内存访问的相互隔离。物理机的内存是一段连续的地址空间,上层应用对于内存的访问多是随机的,因此虚拟机监视器需要维护物理机的内存地址块和虚拟机内部看到的连续内存块的映射关系,保证虚拟机的内存访问是连续的、一致的。现代操作系统中对于内存管理采用了段式、页式、段页式、多级页表、缓存、虚拟内存等多种复杂的技术,虚拟机监视器必须能够支持这些技术,使它们在虚拟机环境下仍然有效,并保证较高的性能。

为了在物理服务器上能够运行多个虚拟机,虚拟机监视器必须具备虚拟机内存管理单元。虚拟机内存管理与经典的内存管理有所区别。虚拟机中操作系统看到的"物理"内存不再是真正的物理内存,而是被虚拟机监视器管理的"伪"物理内存。与这个物理内存相对应的是新引入的概念——机器内存。机器内存是指物理服务器硬件上真正的内存。在内存虚拟化中存在着逻辑内存、"物理"内存和机器内存三种内存类型,如图 11 – 14 所示。而这三种内存的地址空间被称为逻辑地址、"物理"地址和机器地址。

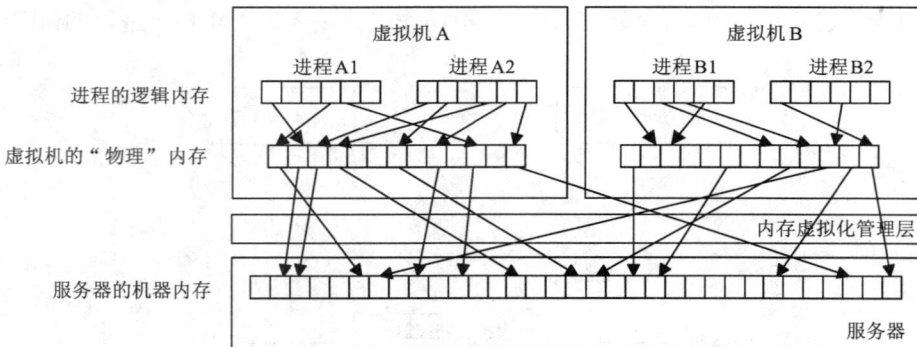

图 11 – 14   内存虚拟化

在内存虚拟化中,逻辑内存与机器内存之间的映射关系是由内存虚拟化管理单元来负责的。内存虚拟化管理单元的实现主要有两种方法。

第一种是影子页表法,如图 11 – 15(a)所示。客户操作系统维护自己的页表,该页表中的内存地址是客户操作系统看到的"物理"地址。同时,虚拟机监视器也为每台虚拟机维护着一个对应的页表,只不过这个页表中记录的是真实的机器内存地址。虚拟机监视器中的页表是以客户操作系统维护的页表为蓝本建立起来的,并且会随着客户操作系统页表的更新而更新,就像它的影子一样,所以被称为"影子页表"。VMware Workstation、VMware ESX Server 和 KVM 都采用了影子页表技术。

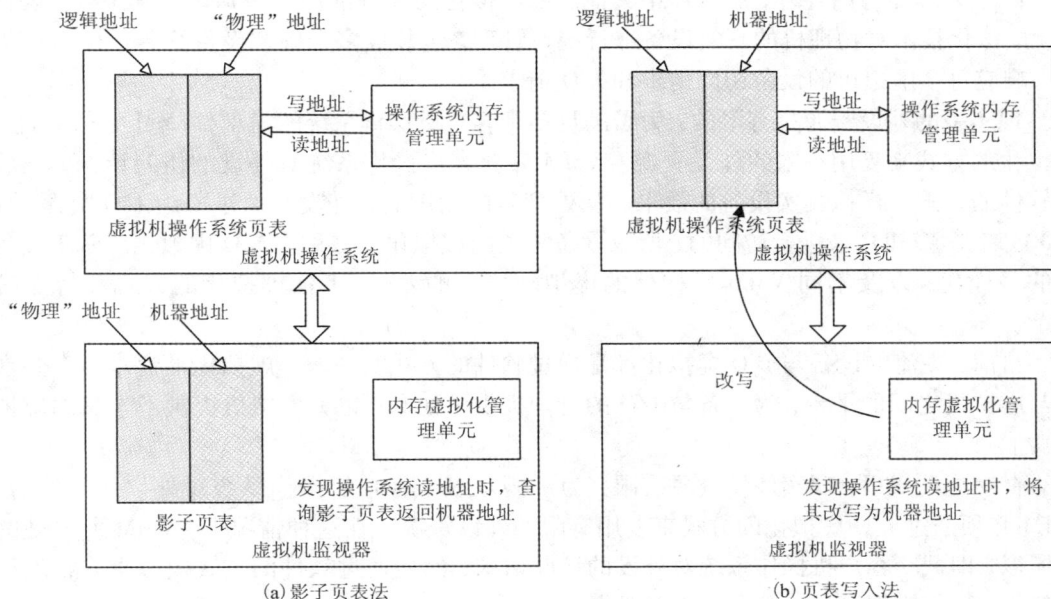

图 11-15 内存虚拟化实现

第二种是页表写入法,如图 11-15(b)所示。当客户操作系统创建一个新页表时,需要向虚拟机监视器注册该页表。此时,虚拟机监视器将剥夺客户操作系统对页表的写权限,并向该页表写入由虚拟机监视器维护的机器内存地址。当客户操作系统访问内存时,它可以在自己的页表中获得真实的机器内存地址。客户操作系统对页表的每次修改都会陷入虚拟机监视器,并由虚拟机监视器来更新页表,保证其页表项记录的始终是真实的机器地址。页表写入法需要修改客户操作系统,Xen 是采用该方法的典型代表。

(1)全虚拟化。

全虚拟化采用的是影子页表(shadow page table)技术,就是为每个客户机都维护一个"影子页表",在这个表中写入虚拟化之后的内存地址映射关系,而客户操作系统的页表则无须变动,最后虚拟化管理程序将影子页表交给 MMU(memory management unit,内存管理单元)进行地址转换。

(2)半虚拟化。

页表写入法是半虚拟化的首选,其机制是当客户操作系统创建一个新的页表时,它会向虚拟化管理程序注册该页表,之后在客户机运行的时候,虚拟化管理程序将不断地管理和维护这个表,使客户机上面的程序能直接访问到合适的地址。

(3)硬件辅助虚拟化。

它引入了 EPT(extended page table,扩展页表)技术。EPT 通过使用硬件技术,使其能在原有页表的基础上增加一个 EPT 页表。通过这个页表,能够将客户机的物理地址直接翻译为主机的物理地址,从而降低整个内存虚拟化所需的成本。

11.2.4 设备与 I/O 虚拟化

除了处理器与内存外，服务器中其他需要虚拟化的关键部件还包括设备与 I/O。设备与 I/O 虚拟化技术对物理机的真实设备进行统一管理，包装成多个虚拟设备给若干个虚拟机使用，响应每个虚拟机的设备访问请求和 I/O 请求。

现实中的外设资源是有限的，为了满足多个客户机操作系统的需求，VMM 必须通过 I/O 虚拟化的方式来复用有限的外设资源。VMM 截获客户操作系统对外设的访问请求，然后通过软件的方式来模拟真实设备的效果。从处理器的角度看，外设是通过一组 I/O 资源（端口 I/O 或者是 MMIO）来进行访问的，所以设备相关的虚拟化又被称作 I/O 虚拟化。基于设备类型的多样化，以及不同 VMM 所构建的虚拟环境上的差异，I/O 虚拟化的方式和特点纷繁复杂。

目前，主流的设备与 I/O 虚拟化都是通过软件的方式实现的。虚拟化平台作为在共享硬件与虚拟机之间的平台，为设备与 I/O 的管理提供了便利，也为虚拟机提供了丰富的虚拟设备功能。

在虚拟环境里，现实外设资源有限，为了满足多个客户机操作系统对外设访问的需求，VMM 必须通过 I/O 虚拟化的方式来复用有限的外设资源。在这种情况下，VMM 所要做的还是模拟，即截获客户机操作系统对外设的访问请求，然后通过软件的方式模拟真实物理设备的效果，这种模拟过程，就是 I/O 虚拟化。

以 VMware 的虚拟化平台为例，虚拟化平台将物理机的设备虚拟化，把这些设备标准化为一系列虚拟设备，为虚拟机提供一个可以使用的虚拟设备集合，如图 11 - 16 所示。值得注意的是，经过虚拟化的设备并不一定与物理设备的型号、配置、参数等完全相符，然而这些虚拟设备能够有效地模拟物理设备的动作，将虚拟机的设备操作转译给物理设备，并将物理

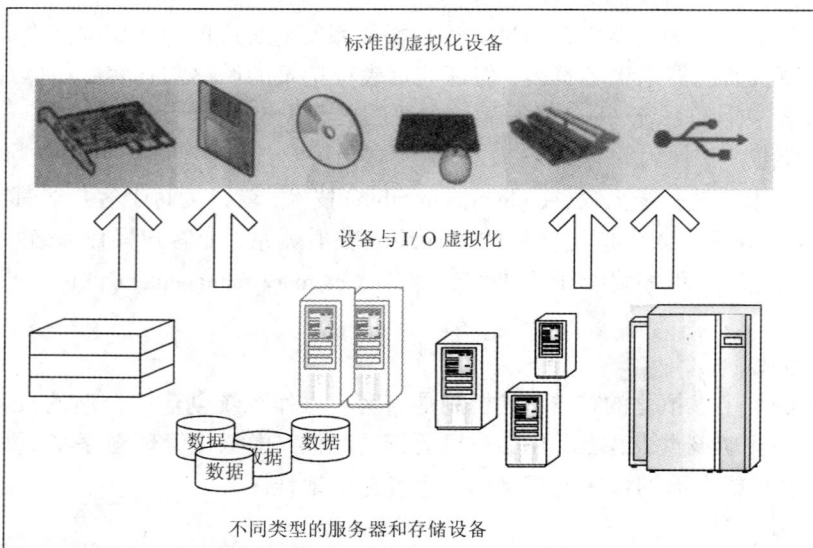

图 11 - 16　VMware 的虚拟化平台

设备的运行结果返回给虚拟机。这种将虚拟设备统一并标准化的方式带来的另一个好处就是虚拟机并不依赖于底层物理设备的实现。因为对于虚拟机来说，它看到的始终是由虚拟化平台提供的这些标准设备。这样，只要虚拟化平台始终保持一致，虚拟机就可以在不同的物理平台上进行迁移。

I/O 虚拟化并不需要完整地虚拟化出所有外设的所有接口，这完全取决于设备与 VMM 的策略以及客户机操作系统的需求。虚拟完成后，只要客户机操作系统中有驱动程序遵从该虚拟设备的接口定义，它就可以被客户机操作系统所使用。

在服务器虚拟化中，网络接口是一个特殊的设备，具有重要的作用。在服务器虚拟化中每个虚拟机都变成了一个独立的逻辑服务器，它们之间的通信通过网络接口进行。每一个虚拟机都被分配了一个虚拟的网络接口，从虚拟机的内部看来就是一块虚拟网卡。服务器虚拟化要求对宿主操作系统的网络接口驱动进行修改。经过修改后，物理机的网络接口不仅要承担原有网卡的功能，还要通过软件虚拟出一个交换机，如图 11-17 所示。虚拟交换机工作于数据链路层，负责转发从物理机外部网络投递到虚拟机网络接口的数据包，并维护多个虚拟机网络接口之间的连接。当一个虚拟机与同一个物理机上的其他虚拟机通信时，它的数据包会通过自己的虚拟网络接口发出，虚拟交换机收到该数据包后将其转发给目标虚拟机的虚拟网络接口。这个转发过程不需要占用物理带宽，因为有虚拟化平台以软件的方式管理着这个网络。

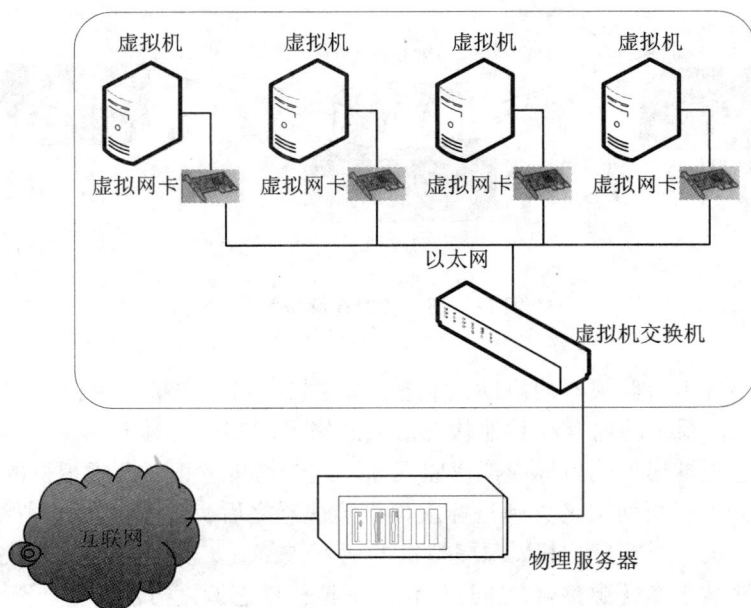

图 11-17 网络接口虚拟化

11.2.5　实时迁移技术

实时迁移(live migration)技术是在虚拟机运行过程中，将整个虚拟机的运行状态完整、快速地从原来所在的宿主机硬件平台迁移到新的宿主机硬件平台上，并且整个迁移过程是平滑的，用户几乎不会察觉到任何差异，如图 11－18 所示。由于虚拟化抽象了真实的物理资源，因此可以支持原宿主机和目标宿主机硬件平台的异构性。

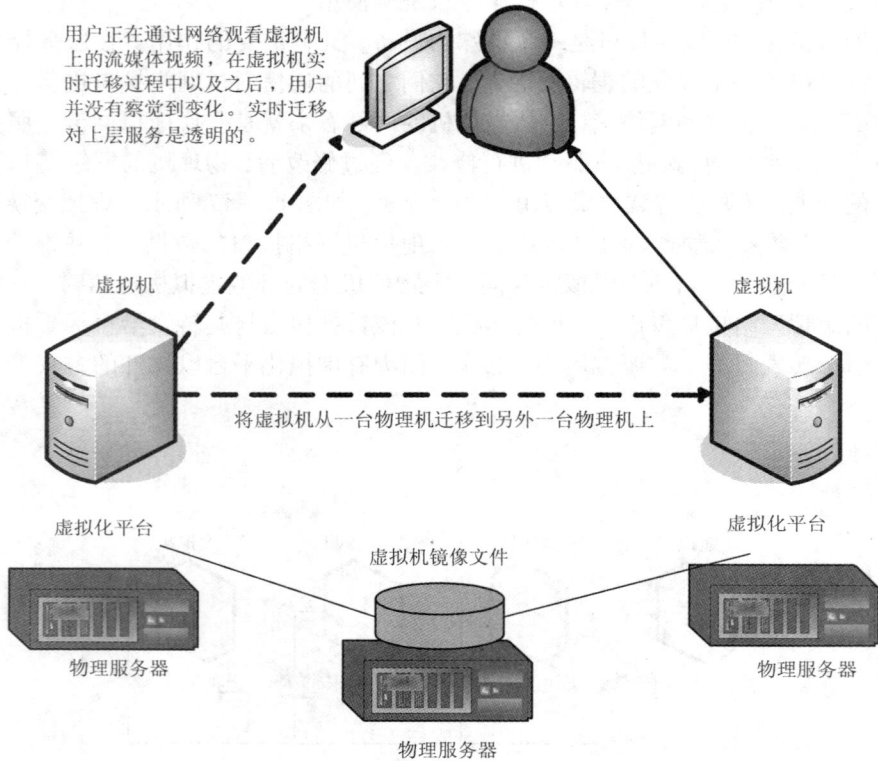

图 11－18　实时迁移技术

实时迁移需要虚拟机监视器的协助，即通过源主机和目标主机上虚拟机监视器的相互配合，来完成客户操作系统的内存和其他状态信息的拷贝。实时迁移开始以后，内存页面被不断地从源虚拟机监视器拷贝到目标虚拟机监视器。这个拷贝过程对源虚拟机的运行不会产生影响。最后一部分内存页面被拷贝到目标虚拟机监视器之后，目标虚拟机开始运行。虚拟机监视器切换源虚拟机与目标虚拟机，源虚拟机的运行被终止，实时迁移过程完成。目前，实时迁移技术更多地被用作资源整合，通过优化的虚拟机动态调度方法，提升资源利用率。

11.2.6　性能分析

服务器虚拟化的性能一直是人们所关注的问题。一方面，采用服务器虚拟化技术以后，虚拟服务器上的应用与直接运行在物理服务器上的应用相比，性能是否有很大差异；另一方面，服务器虚拟化的不同实现技术所提供的性能是否有很大差异。

首先，从应用对资源的利用情况进行服务器虚拟化的性能分析，大致可以把应用分为三种类型：处理器密集型、内存密集型和输入输出密集型。

对于处理器密集型应用，需要消耗大量处理器资源，使得处理器保持一个较高的利用率，而处理器的调度是由物理服务器的操作系统内核或虚拟化平台的内核管理的。在物理服务器上，操作系统直接对应用的进程进行调度；在虚拟化平台上，操作系统直接对虚拟机的进程进行调度，并间接地影响虚拟机内部应用的进程，引入调度开销。对于不同的虚拟化平台，实现处理器调度的机制和策略不同，开销的大小也有差异。

对于内存密集型应用，它们需要频繁使用内存空间，而物理内存和虚拟内存的映射和读写操作也是由物理服务器的操作系统内核或虚拟化平台的内核管理的。在物理服务器上，内存管理单元直接负责虚拟内存和物理内存的寻址；而在虚拟化平台下，虚拟机操作系统所管理的是虚拟内存和伪物理内存间的映射，虚拟化平台的内存管理单元管理着伪"物理"内存和真正的机器内存之间的映射，增加的这层映射关系造成了内存寻址的开销。各种虚拟化平台所采用的内存寻址机制也有差别，这导致了性能的不同。

对于输入/输出密集型应用，它们需要通过网络和外界进行频繁的通信。在物理服务器上，操作系统的网络驱动直接作用于物理网卡上，因此，应用能够直接通过网络驱动和物理网卡与外界进行通信。而虚拟化平台为每个虚拟机创建的是虚拟网卡，这些虚拟网卡分时共享真正的物理网卡，应用在网络通信过程中，数据包会在虚拟网卡到物理网卡之间进行分发和转换，造成一定的开销。

VMware 公司曾经公布过一份服务器虚拟化(全虚拟化)的性能报告，它评估了上述三类应用分别在物理服务器、VMware ESX V3.01GA 和 Xen V3.03 - 0 上运行的性能。在这份报告公布后不久，Xen 公司也发布了一份类似的报告，不过它评估的是应用在物理服务器、Xen Enterprise v3.2 (公共测试版)和 VMwareESX v3.0.1GA 上的性能。这两份报告验证了虚拟服务器与物理间的性能差异并不明显，而两款不同的虚拟化软件则是各有千秋。

除了从不同类型对应用进行评估，也可以从服务质量的维度来评估服务器虚拟化的性能。衡量 Web 服务的两个重要指标是吞吐量和响应时间。相同条件下，吞吐量越大，说明服务同时处理请求的能力越强、响应时间越短，即服务处理单个事务的速度越快。

11.2.7　主要厂商示例

1. 国外主流厂商

(1) VMware vSphere。

VMware 的服务器虚拟化软件 ESX Server 是在通用环境下分区和整合系统的虚拟主机软件，同时也是一个具有高级资源管理功能高效灵活的虚拟主机平台。VMware 的虚拟化架构分为寄生架构和裸金属架构两种。寄生架构(如 VMware workstation)是安装在操作系统上的应用程序，依赖于主机的操作系统对设备的支持和对物理资源的管理。裸金属架构(如 VMware vSpere)是直接安装在服务器的硬件上，并允许多个未经修改的操作系统及其应用程序在共享物力资源的虚拟机中运行。

(2) Citrix XenServer。

思杰的 XenServer 是一款基于 Xen hypervisor 的开源虚拟化产品，它为客户提供了一个开放性架构，允许客户按照与自身物理和虚拟服务器环境相同的方法来进行存储管理，其管理工具 CUI 是最大的亮点。

（3）Microsoft Hyper – V。

微软的服务器虚拟化软件 Hyper – V 是微软提出的一种系统管理程序虚拟化技术，是微软第一个采用类似 VMware 和 Citrix 开源 Xen 的基于 hypervisor 的技术。微软 Hyper – V 的优势则在于免费的 Hyper – V。因为 Hyper – V 是与 Windows Server 集成的。

2. 国内主流厂商

（1）华为 FusionSphere。

FusionSphere 是华为自主知识产权的云操作系统，集虚拟化平台和云管理特性于一身，让云计算平台建设和使用更加简捷，专门满足企业和运营商客户云计算的需求。FusionShpere 包括 FusionCompute 虚拟化引擎和 FusionManager 云管理等组件，能够为客户大大提高 IT 基础设施的利用效率，提高运营维护效率，降低 IT 成本。

FusionCompute 是云操作系统基础软件，主要由虚拟化基础平台和云基础服务平台组成，主要负责硬件资源的虚拟化，以及对虚拟资源、业务资源、用户资源的集中管理。它采用虚拟计算、虚拟存储、虚拟网络等技术，完成计算资源、存储资源、网络资源的虚拟化；同时通过统一的接口，对这些虚拟资源进行集中调度和管理，从而降低业务的运行成本，保证系统的安全性和可靠性，协助运营商和企业客户构建安全、绿色、节能的云数据中心。华为 FusionManager 是云管理系统，通过统一的接口，对计算、网络和存储等虚拟资源进行集中调度和管理，提升运维效率，保证系统的安全性和可靠性，帮助运营商和企业构筑安全、绿色、节能的云数据中心。

（2）中兴 ZXCLOUD iECS。

中兴通信虚拟化软件 ZXCLOUD iECS 是基于开源 Xen 进行开发的。它能够提供完善的管理功能以及用户定制化需求的开发，是中兴云计算架构中最基础和最核心的组件之一，为云计算架构提供虚拟化基础设施，实现包括虚拟机以及管理平台在内的完善的虚拟化解决方案。通过使用虚拟化软件 ZXCLOUD iECS，解决资源的整合问题，在整合过程中对计算、存储、网络等各种资源进行标准化；并将资源划分为更小的可以更好调度的资源单位，以达到调度过程中充分利用硬件资源的能力。

11.3   其他虚拟化技术

本节将介绍前面提及的其他几个较为重要的虚拟化技术，它们是网络虚拟化、存储虚拟化、应用虚拟化和桌面虚拟化。

11.3.1   网络虚拟化

网络虚拟化通常包括虚拟局域网和虚拟专用网。对于网络设备提供商来说，网络虚拟化是对网络设备的虚拟化，即对传统的路由器、交换机等设备进行增强，使其可以支持大量的可扩展的应用，同一网络设备可以运行多个虚拟的网络设备，如防火墙、VoIP、移动业务等。

网络虚拟化是目前业界关于虚拟化细分领域界定最不明确、存在较多争议的一个概念。

微软眼中的"网络虚拟化",是指虚拟专用网络(VPN)。VPN 对网络连接的概念进行了抽象,它允许远程用户访问组织的内部网络,就像物理上连接到该网络一样。网络虚拟化可以帮助保护 IT 环境,防止来自 Internet 的威胁,同时使用户能够快速安全地访问应用程序和数据。

网络巨头思科(Cisco)认为理论上的网络虚拟化能将任何基于服务的传统客户端/服务器安置到"网络上",这意味着可以让路由器和交换机执行更多的服务。自然,思科在业界的重要性和销售额由此都将大幅增加。思科表示,网络虚拟化由三个部分组成:访问控制、路径提取,以及服务优势。

作为网络阵营的另一巨头,3Com 公司在网络虚拟化方面的动作比思科更大。3Com 的路由器中可以插入一张工作卡。该卡上带有一套全功能的 Linux 服务器,可以和路由器中枢相连。在这个 Linux 服务器中,你可以安装诸如 Sniffer、VoIP、安全应用等。此外,该公司还计划未来在 Linux 卡上运行 VMware,以方便用户运行 Windows Server。3Com 的这个开源网络虚拟化活动名为 3Com ON(又名开放式网络)。

总体来说,网络虚拟化分为纵向分割和横向分割两大类概念。

(1)纵向分割。

网络虚拟化技术要求多种应用承载在一张物理网络上,通过分割(称为纵向分割,图 11 - 19)功能使得不同企业机构相互隔离,但可在同一网络上访问自身应用,从而实现了将物理网络进行逻辑纵向分割虚拟化为多个网络。如果把一个企业网络分隔成多个不同的子网络——它们使用不同的规则和控制,用户就可以充分利用基础网络的虚拟化路由功能而不是部署多套网络来实现这种隔离机制。

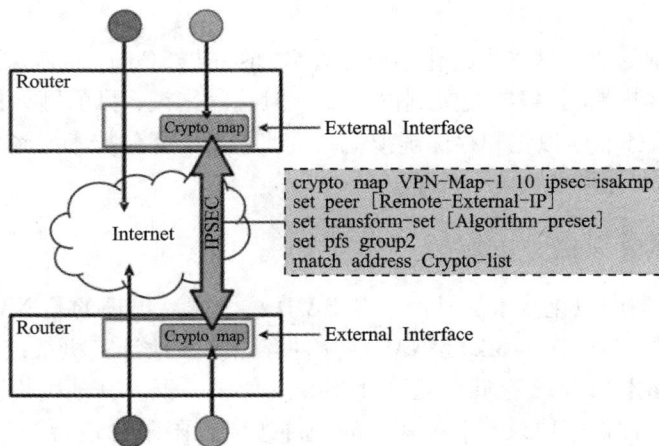

图 11 - 19 纵向分割

出于将多个逻辑网络隔离、整合的需要,VLAN、MPLS - VPN、Multi - VRF 技术在路由环境下实现了网络访问的隔离。虚拟化分割的逻辑网络内部有独立的数据通道,终端用户和上层应用均不会感知其他逻辑网络的存在,但在每个逻辑网络内部,仍然存在安全控制需求,因此,有必要在网络上提供逻辑网络内的安全策略,而不同逻辑网络的安全策略有各自独立的要求。虚拟化安全技术可将一台安全设备分割成若干台逻辑安全设备(成为多个实例），从而很好地满足了虚拟化的深度强化安全要求。

（2）横向分割。

从另外一个角度来看，多个网络节点承载上层应用，基于冗余的网络设计带来了复杂性，而将多个网络节点进行整合（称为横向整合），虚拟化成一台逻辑设备，在提升网络可用性、节点性能的同时将极大简化网络架构，如图 11 - 20 所示。

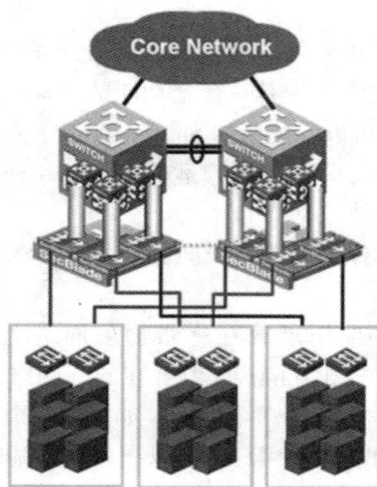

图 11 - 20　横向分割

纵向和横向分割的业界网络虚拟化的倡导者为 Cisco 与 3Com，这两家巨头更希望能将任何基于服务的传统客户端/服务器安置到网络上。但总的来说，目前网络虚拟化并无业界标准，成熟程度不如服务器虚拟化和存储虚拟化，而且相当一部分技术已经包含在设备采购中（比如 VPN、VLAN），无须单独统一部署。

11.3.2　存储虚拟化

RAID 技术是存储虚拟化技术的雏形。在 RAID 技术之后出现的是 NAS(network attached storage) 和 SAN(storage area network)。NAS 将文件存储与本地计算机系统解耦合，把文件存储集中在连接到网络上的 NAS 存储单元，如 NAS 文件服务器。其他网络上的异构设备都可以通过标准的网络文件访问协议，来对其上的文件按照权限限制进行访问和更新，如 UNIX 系统下的 NFS(network file system) 和 Window 系统下的 SMB(server message block)。与 NAS 不同，SAN 一般是由磁盘阵列连接光纤通道组成，服务器和客户机通过 SCSI 协议进行高速数据通信，SAN 用户感觉这些存储资源和直接连接在本地系统上的设备是一样的，如图 11 - 21 所示。在 SAN 中，存储的共享是在磁盘区块的级别上，而在 NAS 中是在文件级别上。业界虚拟存储产品主要有 EMC 的 Invista，HDS UPS 和 IBM 的 SVC。

目前，不限于 RAID、NAS 和 SAN，存储虚拟化可以使逻辑存储单元在广域网范围内整合（图 11 - 22），并且可以不需要停机就从一个磁盘阵列移动到另一个磁盘阵列上。此外，存储虚拟化还可以根据用户的实际使用情况来分配存储资源。例如，操作系统磁盘管理器给用户分配了 300 GB 空间，但用户当前使用量只有 2 GB，而且在一段时间内保持稳定，则实际被分配的空间可能只有 10 GB，小于提供给用户的标称容量。而当用户实际使用量增加时，再适当分配新的存储空间，这样有利于提升资源利用率。

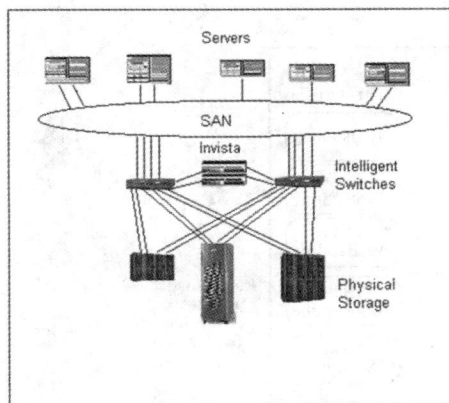

图 11-21 SAN

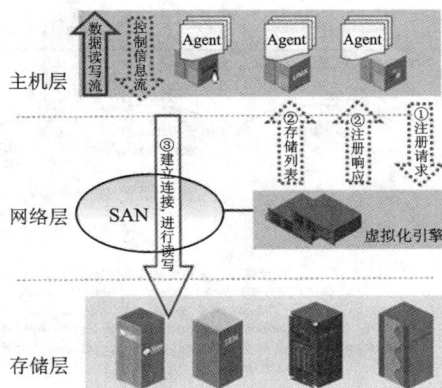

图 11-22 SAN 的广域化

SAN 的广域化则旨在将存储设备实现成为一种公用设施，任何人员、任何主机都可以随时随地获取各自想要的数据。目前讨论比较多的包括 iSCSI、FC Over IP 等技术，由于一些相关的标准还没有最终确定，但是存储设备公用化、存储网络广域化是一个不可逆转的潮流。

2013 年 10 月 Gartner 发布的 2014 年十大战略技术中，重要的组成部分就有：软件定义一切。Gartner 认为，软件定义一切囊括了在基础设施可编程性标准提升下不断增长的市场势头、由云计算内在自动化驱动的数据中心互通性、DevOps 和快速的基础设施提供等。软件定义一切还包括各种举措，如 Open Stack、Open Flow、Open Compute Project 和 Open Rack，它们都共享相同的愿景。开放性将成为供应商的目标，SDN（网络）、SDDC（数据中心）、SDS（存储）和 SDI（基础架构）技术的供应商都力图成为所在领域的领导。

作为 VMware 软件定义数据中心五大组成部分之一，软件定义存储（software defined storage，SDS）的概念也在全球范围内首次被提出，如图 11-23 所示。VMware 认为，软件定义的存储产品是一个将硬件抽象化的解决方案，它使你可以轻松地将所有资源池化并通过一个友好的用户界面（UI）或 API 来提供给消费者。一个软件定义的存储的解决方案使得你可以在不增加任何工作量的情况下进行纵向扩展（scale up）或横向扩展（scale out）。

SDS 的定义仍没有统一的标准，各家权威咨询机构、各大厂商，都对这一概念有着不同的定义或描述。下面再来看看 SNIA 对 SDS 描述。SNIA 是 Storage Networking Industry Association 的简称，即全球网络存储工业协会。SNIA 对 SDS 的看法比较权威，其内容也确实有助于大家更深刻地理解 SDS。

SNIA 认为，存储服务的接口需要允许数据拥有者（存储用户）同时表达对于数据和所需服务水准的需求。数据的需求，就是 SDS 建立在数据路径（data path）的虚拟化，而控制路径（control path）也需要被抽象化成为存储服务。云、数据中心和存储系统，或者数据管理员能够被用于部署这个服务（指 control path）。

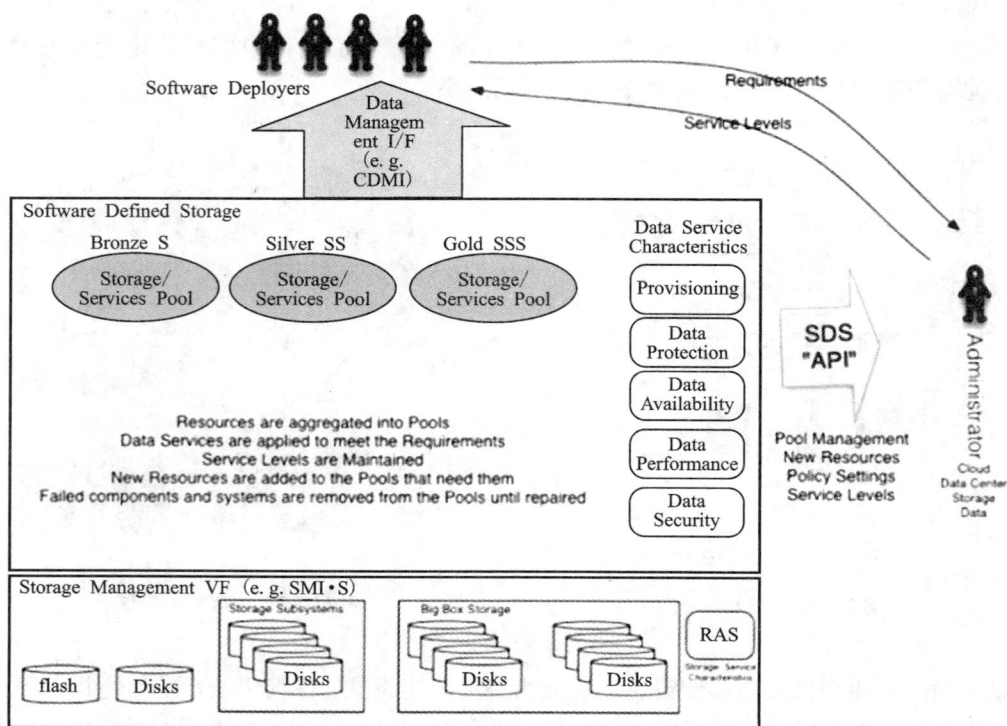

图 11－23   软件定义存储

在 SNIA 对 SDS 的看法中，贡献最大也是最有价值的部分是 SNIA 关于 Data Path（数据路径）和 Control Path（控制路径）以及手动传送数据请求和应用通过元数据来传送请求的对比描述。它帮助大家清晰地了解了两者的区别，并描绘了未来理想的 SDS 的蓝图，为如何发展 SDS 指明了方向。

SDS 包括数据路径和控制路径。数据路径由以往的标准接口（块、文件和对象）组成。那么控制路径呢？在传统存储中，其实就是指存储管理员为数据提供部署数据的服务。在使用传统存储的大多数情况下，每一个数据服务有着各自的管理接口。变更数据服务，会导致所有存放在相应虚拟存储空间的数据都受到影响。

存储虚拟化特点

11.3.3   桌面虚拟化

桌面虚拟化将用户的桌面环境与其使用的终端设备解耦合。服务器上存放的是每个用户的完整桌面环境。用户可以使用不同的具有足够处理和显示功能的终端设备，如个人电脑或智能手机等，通过网络访问该桌面环境，如图 11－24 所示。桌面虚拟化的最大好处就是能够使用软件从集中位置来配置 PC 及其他客户端设备。系统维护部分可以在云端或数据中心，这减少了现场支持工作，并且加强了对应用软件和补丁管理的控制。

桌面虚拟化将众多终端的资源集合到云端或数据中心，以便管理者对企业数百上千个终端进行统一认证、统一管理和更为灵活地调配资源。终端用户在使用中不会改变任何使用习

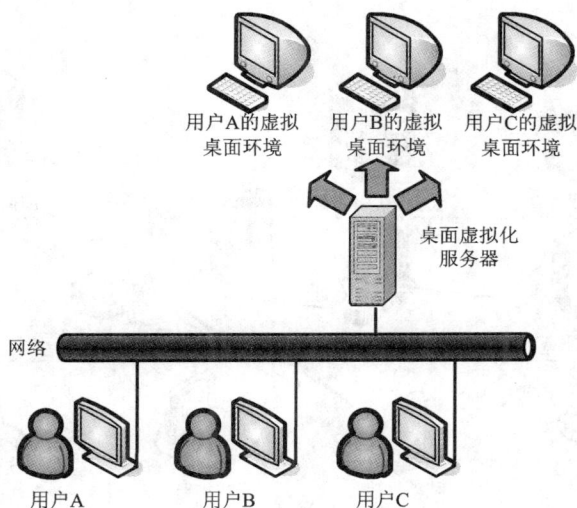

图 11－24　桌面虚拟化

惯，通过提供特殊身份认证的智能授权装置，登录任意终端即可获取自身相关数据，继续原有业务，这意味着灵活性也将大大提高。同时通过桌面虚拟化，所有数据、认证都能做到策略一致、统一管理，有效地提高了企业的信息安全级别。进一步说，通过实施桌面虚拟化，用户可将原有的终端数据资源甚至操作系统都转移到后台数据中心的服务器中，而前台终端则转化为以显示为主、计算为辅的轻量级客户端。

桌面虚拟化可以协助企业进一步简化轻量级客户端架构。与现有的传统分布式 PC 桌面系统部署相比，采用桌面虚拟化的轻量级客户端架构部署服务可为企业减少硬件与软件的采购开销，并进一步降低企业的内部管理成本与风险。随着硬件的快速更新换代、应用软件的增加和分布、工作环境的分散，管理和维护终端设备的工作变得越来越困难。桌面虚拟化可以为企业降低电费、管理、PC 购买、运行和维护等成本。

桌面虚拟化的另一个好处是，由于用户的桌面环境被保存成一个个虚拟机，通过对虚拟机进行快照、备份，就可以对用户的桌面环境进行快照、备份。当用户的桌面环境被攻击，或者出现重大操作错误时，用户可以恢复保存的备份，这样大大降低了用户和系统管理员的维护负担。

1．桌面虚拟化架构组成

对于企业来说，在适当增加预算的前提下最好地提高 IT 运维总效率的方法也是搭建属于企业自身的私有云。企业私有云最好解决也是最实际解决的就是桌面虚拟化技术。它采用集中资源计算，根据分布终端显示的原则，运用服务器的虚拟化技术，将用户从客户端提交的计算数据合为一起，在企业内部数据中心进行统一运算。而桌面客户端用户使用瘦客户机连接虚拟化计算中心，瘦客户机只负责数据输入与输出以及服务器图形界面显示，不参与任何的存储和计算。

一个完整的桌面虚拟化架构包括三部分：虚拟化桌面服务器、管理服务器、用户桌面终端。桌面虚拟化架构如图 11 – 25 所示。

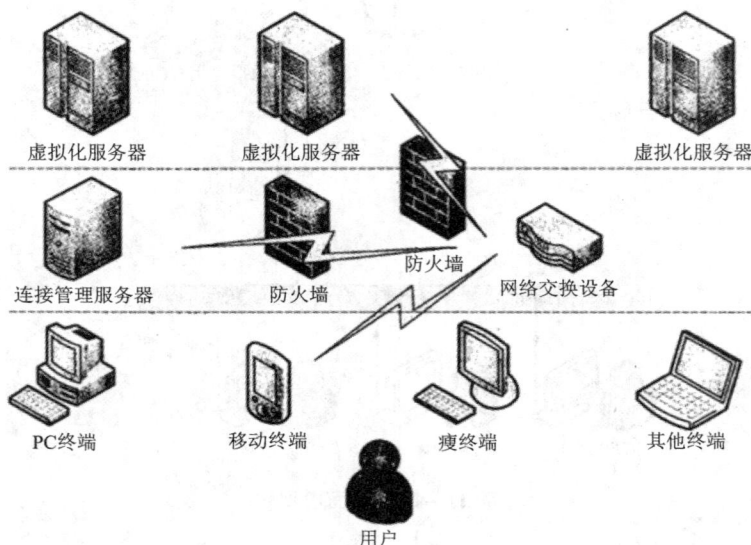

图 11 – 25   桌面虚拟化架构

（1）虚拟化桌面服务器。

虚拟化桌面服务器利用虚拟化技术，通过在服务器上配置虚拟化系统将服务器虚拟化，然后在虚拟化平台上建立多个虚拟机，为每一个虚拟机安装用户需要的桌面操作系统、每一个虚拟机与一个桌面终端相对应、用户使用桌面终端操作对应虚拟机，同时系统为每一个虚拟机分配用户申请虚拟硬件资源。

（2）管理服务器。

管理服务器又称为管理中间件，是一个用户连接管理、虚拟机申请分配、虚拟机管理的管理服务器。一个连接管理服务器可能要同时管理成百上千台虚拟机以及数量众多的终端用户，监控虚拟化平台同时监控物理服务器的状态，是否有故障、是否宕机，CPU、内存、I/O是否满载等。连接管理服务器非常必要与关键，它不只是监控物理主机和虚拟主机状态，还要做用户连接认证、连接时段控制、信息转发、资源协调等工作。

（3）用户桌面终端。

终端用户使用瘦客户机连接分配好的虚拟主机。每个终端用户通过 IP 地址连接管理服务器，通过管理服务器认证后用户即可连接至虚拟主机，而终端用户只需要可以上网的瘦客户机、鼠标、键盘、显示器即可。通过特殊的桌面显示协议，用户可以实时无缝地对服务器端的虚拟桌面环境进行访问。

2. 桌面虚拟化显示协议

虚拟化桌面显示协议是用户桌面虚拟化服务器和终端之间传输桌面显示信息的协议。桌面虚拟化平台（virtual desktop infrastructure，VDI）为现代企业和个人用户提供了一种新的桌面系统和应用的特殊交付方式，而这一切都离不开虚拟化桌面传输协议的支持。显示协议是影响终端用户使用体验的关键因素，虚拟化桌面传输协议用来连接服务器虚拟桌面和用户终端，将客户端的输入信息经过特定算法压缩打包后加密传输至虚拟服务器进行相应操作并计算，而服务器端的运算结果通过压缩打包进行加密传输，再在客户端进行解密解析呈现出来。当前主流桌面传输协议包括 VMware 公司的 PCoIP 协议、微软公司的 RDP 协议（以及 RDP 协议的改进版本）、Citrix 公司的 ICA 协议以及 Red Hat 公司的 SPICE 协议。表 11－1 中对这几种主流的桌面传输协议进行了特性比较。

表 11－1　主流的桌面传输协议比较

	ICA	PCoIP	RDP	SPICE
带宽要求	低	高	高	中
图像体验	中	高	低	高
双向音频	高	低	中	高
视频播放	中	低	中	高
用户外设	高	代	高	中
安全性	高	高	中	高
开发厂商	Citrix	VMware	Microsoft	Red Hat

影响远程访问服务流畅性的最根本因素是传输协议对传输带宽的要求。在这四种协议中，ICA 协议具有极高的数据压缩比和处理性能，对带宽的要求降至了极低的水平。桌面图像体验展示出 ICA 协议具有很高的画质带宽比。VMware 公司的 PCoIP 协议采用的是分层渐进的方式在客户端显示桌面图像，相对于其他厂商所采用的类似于分行扫描的方式，PCoIP 的视觉体验更佳。

桌面虚拟化后，虚拟机管理集中，备份恢复灵活，特别适合中小型企业、呼叫中心、高校等需求多变、规模较大、人员较多的应用场景。

11.3.4　应用虚拟化

应用程序在很大程度上依赖于操作系统为其提供的功能，比如内存分配、设备驱动、服务进程、动态链接库等。这些应用程序之间也存在着复杂的依存关系。如果一个程序的正确运行需要一个特定版本的动态链接库，而另一个程序需要这个动态链接库的另一个版本，那么在同一个系统上同时安装这两个应用程序，就会造成动态链接库的冲突。因此，系统或其他应用程序的改变（如执行升级补丁等）都有可能导致应用之间的不兼容。因此，当安装新应用时，总是要进行严格而烦琐的测试，来保证新应用与系统中的已有应用不产生冲突。这个过程需要耗费大量的人力、物力和财力。应用虚拟化技术由此应运而生，如图 11－27 所示。

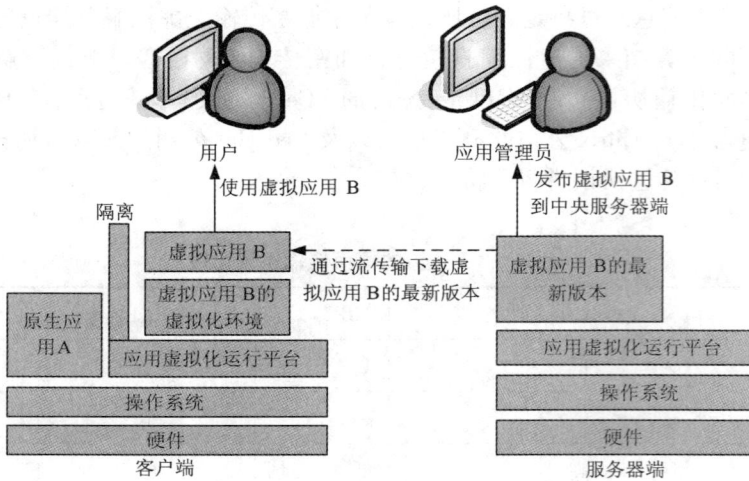

图 11 –26   应用虚拟化

2006 年 7 月，由 Forrester 咨询公司在美国所做的一项研究显示，当今的机构将应用虚拟化当作是业务上的一个必由之路。有了应用虚拟化，应用可以运行在任何共享的计算资源上。应用虚拟化为应用程序提供了一个虚拟的运行环境。在这个环境中，不仅拥有应用程序的可执行文件，还包括它所需要的运行时环境。应用虚拟化为企业内部的 IT 管理提供了便利，管理员只需要更新虚拟环境中的应用程序副本，并将其发布出去。使用者也与传统的应用程序安装方式不同，程序并不是完全安装在本地机器的硬盘上，而是从一个中央服务器上下载下来，运行在本地的应用虚拟化环境中。当用户关闭应用程序后，已经下载下来的部分可以被完全删除，就像它从来没有在本地机器里运行过一样。

应用虚拟化的应用也可以流的方式发布到客户端。采用这种方式，仅当用户需要时按需地将程序的部分或者全部内容以流的方式传送到客户端。这种用流方式传送应用程序的方式要求一定的网络带宽和质量来保证应用在客户端的可用性与易用性。

从本质上说，应用虚拟化是把应用对底层的系统和硬件的依赖抽象出来，从而解除应用与操作系统和硬件的耦合关系。应用程序运行在本地的应用虚拟化环境中，这个环境为应用程序屏蔽了底层可能与其他应用产生冲突的内容，这简化了应用程序的部署或升级。

从技术角度来讲，应用虚拟化可以简单描述为："以 IT 应用客户端集中部署平台为核心，以对最终用户透明的方式完全使用用户的应用和数据在平台上统一计算和运行，并最终让用户获得与本地访问应用同样的应用感受和计算结果。"

目前，主流的应用虚拟化厂商有 Citrix 的 XenDesktop，VMware View（以前的 VMware VDI），微软的 App – V（以前的 soft grid）。国内最具实力的应用虚拟化厂商极通科技，也在 2008 年 7 月向全球推出极通 EWEBS 2008 应用虚拟化系统。

11.4　虚拟化技术六大安全问题及保障措施

随着虚拟化技术不断向前发展,虚拟化已经成为其架构中的重要组成部分。随着机构对灾难恢复和业务连续性的重视,特别是在金融界,虚拟环境正变得越来越普遍。我们应该关注这种繁荣背后的隐忧。

11.4.1　使用虚拟化环境时存在的缺陷

使用虚拟机环境时可能存在的缺陷如下:

(1)如果主机受到破坏,那么主要的主机所管理的客户端服务器有可能被攻克。

(2)如果虚拟网络受到破坏,那么客户端也会受到损害。

(3)需要保障客户端共享和主机共享的安全,因为这些共享有可能被不法之徒利用漏洞。

(4)如果主机有问题,那么所有的虚拟机都会产生问题。

(5)虚拟机被认为是二级主机,它们具有类似的特性,并以与物理机的类似的方式运行。在以后的几年中,虚拟机和物理机之间的不同点将会逐渐减少。

(6)在涉及到虚拟领域时,最少特权技术并没有得到应有的重视,甚至遭到了遗忘。这项技术可以减少攻击面,并且应当在物理的和类似的虚拟化环境中采用这项技术。

11.4.2　保障虚拟服务器环境安全的措施

针对上述问题,业界中常常使用的对策如下:

(1)升级操作系统和应用程序,这应当在所有的虚拟机和主机上进行。主机应用程序应当少之又少,仅应当安装所需要的程序。

(2)在不同的虚拟机之间,用防火墙进行隔离和防护,并确保只能处理经许可的协议。

(3)使每一台虚拟机与其他的虚拟机和主机相隔离。尽可能地在所有方面都进行隔离。

(4)在所有的主机和虚拟机上安装和更新反病毒机制,因为虚拟机如同物理机器一样易受病毒和蠕虫的感染。

(5)在主机和虚拟机之间使用 IPSEC 或强化加密,因为虚拟机之间、虚拟机与主机之间的通信可能被嗅探和破坏。

(6)不要从主机浏览互联网,间谍软件和恶意软件所造成的感染仍有可能危害主机。

(7)在主机上保障管理员和管理员组账户的安全,因为未授权用户对特权账户的访问可能导致严重的安全损害。调查发现,主机上的管理员(根)账户不如虚拟机上的账户安全。记住,你的安全性是由最弱的登录点决定的。

(8)强化主机操作系统,并终止和禁用不必要的服务。保持操作系统的精简,可以减少被攻击的机会。

(9)关闭不使用的虚拟机。如果不需要一种虚拟机,就不要运行它。

(10)将虚拟机整合到企业的安全策略中。

(11)保证主机的安全,确保在虚拟机离线时,非授权用户无法破坏虚拟机文件。

(12)采用可隔离虚拟机管理程序的方案,这些系统可以进一步隔离和更好地保障虚拟环境的安全。

（13）确保主机驱动程序的更新和升级，这会保障你的硬件以最优的速度运行，而且软件的更新可极大地减少漏洞利用和拒绝服务攻击的机会。

（14）要禁用虚拟机中未用的端口。如果虚拟机环境并不利用端口技术，就应当禁用它。

（15）监视主机和虚拟主机上的事件日志和安全事件。这些日志应当妥善保存，用于日后的安全审计。

（16）限制并减少硬件资源的共享。从某种意义上讲，安全与硬件资源共享，如同鱼与熊掌，不可兼得。在资源被虚拟机轮流共享时，除发生数据泄漏外，拒绝服务攻击也将是家常便饭。

（17）在可能的情况下，保证网络接口卡专用于每一个虚拟机。这可以再次减轻资源共享问题，并且虚拟机的通信也得到了隔离。

（18）投资购买可满足特定目的并且支持虚拟机的硬件。不支持虚拟机的硬件会产生潜在的安全问题。

（19）分区可产生磁盘边界，它可用于分离每一个虚拟机并可在其专用的分区上保障安全性。如果一个虚拟机超出了正常的限制，专用分区会限制它对其他虚拟机的影响。

（20）要保证如果不需要互联的话，虚拟机不能彼此连接。前面我们已经说过网络隔离的重要性。要进行虚拟机之间的通信，可以使用一个在不同网络地址上的独立网络接口卡，这要比将虚拟机之间的通信直接推向暴露的网络要安全得多。

（21）NAC正走向虚拟机，对于基于虚拟机服务器的设备来说尤其如此。如果这是一种可以启用的特性，那么，正确地实施NAC将会带来更长远的安全性。

（22）严格管理对虚拟机特别是对主机的远程访问可以使暴露的可能性更少。

（23）记住，主机代表着单个失效点，备份和连续性要求可以有助于减少这种风险。

（24）避免共享IP地址，这又是一个共享资源而造成问题和漏洞的典型实例。

（25）业界已经开始认识到，虚拟化安全并不是像我们看待物理安全那样简单。这项技术带来了新的需要解决的挑战。

11.5 华为云计算整体解决方案

华为云计算解决方案FusionCloud包含下面两个解决方案：

（1）数据中心虚拟化解决方案。

提升IT效率和创造客户价值。数据中心虚拟化以FusionSphere为基础，软件整合和抽象数据中心全部IT资源，构建数据中心虚拟化资源池，集中管理和统一调度，实现资源动态伸缩和业务的"弹"和"飘"。

（2）桌面云解决方案。

桌面云解决方案是基于华为云平台的一种虚拟桌面应用，通过在FusionSphere上部署华为桌面云软件FusionAccess，使终端用户通过瘦客户端或者其他任何与网络相连的设备来访问跨平台的应用程序以及整个客户桌面。华为桌面云解决方案涵盖云终端、云硬件、云软件、网络与安全、咨询与集成设计服务，为客户提供端到端的解决方案。

11.6　虚拟化架构分析

云计算离不开底层的虚拟化技术支持。维基百科列举的虚拟化技术超过 60 种，基于 X86(CISC)体系的超过 50 种，也有基于 RISC 体系的。其中，有 4 种虚拟化技术是当前最为成熟而且应用最为广泛的，分别是：VMWARE 的 ESX、微软的 Hyper－V、开源的 Xen 和 KVM。云计算平台选用何种虚拟化技术将是云计算建设所要面临的问题，本章就 4 种主流虚拟化技术的架构层面进行了对比分析。

11.6.1　VMware ESX 的虚拟化架构

从某种意义上说，VMware 就是 X86 虚拟化技术的代名词，不论是客户端的 VMware Workstation 系列，还是服务器端的 VMware Infrastructure 系列，都属于 X86 虚拟化技术的代表之作。

ESX 是 VMware 的企业级虚拟化产品(图 11－27)，2001 年开始发布 ESX 1.0，到 2011 年 2 月发布 ESX 4.1 Update 1。2015 年出现了 VMware ESXi6.0。

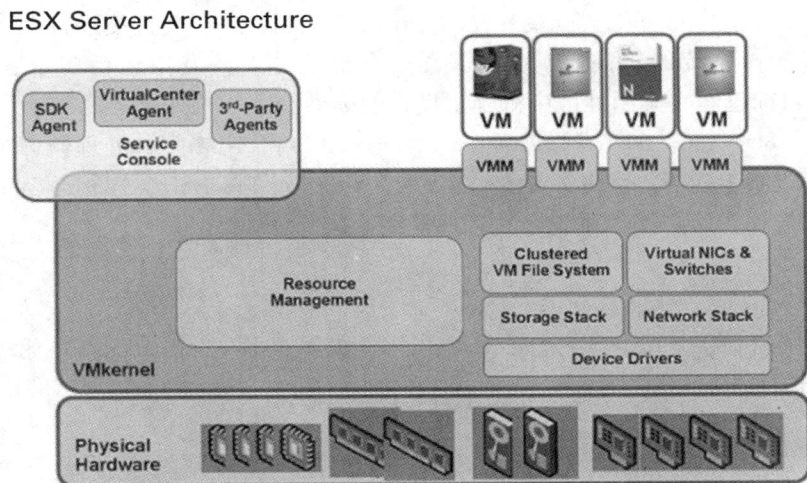

图 11－27　ESX 服务器架构

ESX 主要可被分为两部分：其一是用于提供管理服务的 Service Console，其二是 ESX 的核心，也是主要提供虚拟化能力的 VMKernel。

ESX 的物理驱动是内置在 Hypervisor 中，所有设备驱动均是由 VMware 预植入的。因此，ESX 对硬件有严格的兼容性列表，不在列表中的硬件，ESX 将拒绝在其上面安装。

11.6.2　Hyper－V 的虚拟化架构

微软在虚拟化战略上非常重视服务器虚拟化、应用虚拟化、桌面虚拟化及虚拟化管理产品。

微软虚拟化产品线布局如下：

（1）以 Virtual Server 和 Hyper - V 为代表的服务器虚拟化。

（2）以 Application Virtualization 为代表的应用虚拟化。

（3）以 VDI 为代表的桌面虚拟化。

（4）以 System Center 为代表的虚拟化管理软件。

其目标是实现"从数据中心到桌面"的虚拟化战略。

Hyper - V 是微软新一代的服务器虚拟化技术，首个版本于 2008 年 7 月发布，目前最新版本是 2011 年 4 月发布 R2 SP1 版。Hyper - V 有两种发布版本：一是独立版，如 Hyper - V Server 2008，以命令行界面实现操作控制，是一个免费的版本；二是内嵌版，如 Windows Server 2008，Hyper - V 作为一个可选开启的角色。

Hyper - V 的 Hypervisor 是一个非常精简的软件层，不包含任何物理驱动。物理服务器的设备驱动均是驻留在父分区的 Windows Server 2008 中，驱动程序的安装和加载方式与传统 Windows 系统没有任何区别。因此，只要是 Windows 支持的硬件，也都能被 Hyper - V 所兼容。

11.6.3　Xen 的虚拟化架构

Xen 是由剑桥大学计算机实验室开发的一个开源项目，是一个直接运行在计算机硬件之上的用以替代操作系统的软件层，它能够在计算机硬件上并发地运行多个客户操作系统（guest OS）。目前已经在开源社区中得到了极大的推动。

Xen 支持 X86、X86 - 64、安腾（Itanium）、Power PC 和 ARM 多种处理器，因此 Xen 可以在大量的计算设备上运行。目前 Xen 支持 Linux、NetBSD、FreeBSD、Solaris、Windows 和其他常用的操作系统作为客户操作系统在其管理程序上运行。

1. Xen 虚拟化类型

Xen 对虚拟机的虚拟化分为两大类：半虚拟化（para virtualization）和完全虚拟化（hardware virtual machine）。

2. Xen 基本组件

Xen 的基本组件如图 11 - 28 所示。

（1）Xen Hypervisor：直接运行于硬件之上是 Xen 客户操作系统与硬件资源之间的访问接口。通过将客户操作系统与硬件进行分类，Xen 管理系统允许客户操作系统安全独立地运行在相同硬件环境之上。

（2）Domain O：运行在 Xen 管理程序之上，具有直接访问硬件和管理其他客户操作系统的特权的客户操作系统。

（3）Domain U：运行在 Xen 管理程序之上的普通客户操作系统或业务操作系统，不能直接访问硬件资源（如内存、硬盘等），但可以独立并行地存在多个。

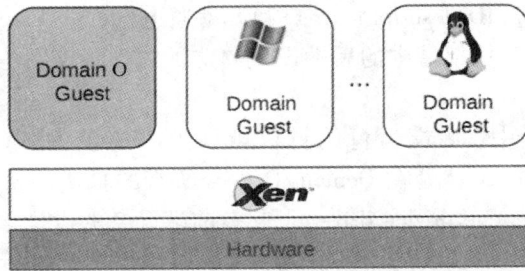

图 11 - 28　Xen 的组件

3. Xen 基本体系架构及运行原理

（1）Xen 体系架构。

Xen 的超级管理程序 VMM（Xen hyperviso）位于操作系统和硬件之间（图 11 - 29），负责为上层运行的操作系统内核提供虚拟化的硬件资源、管理和分配这些资源，并确保上层虚拟机（称为域 domain）之间的相互隔离。Xen 采用混合模式，因而设定了一个特权域用以辅助 Xen 管理其他的域，并提供虚拟的资源服务，该特权域称为 Domain O，而其余的域则称为 Domain U。

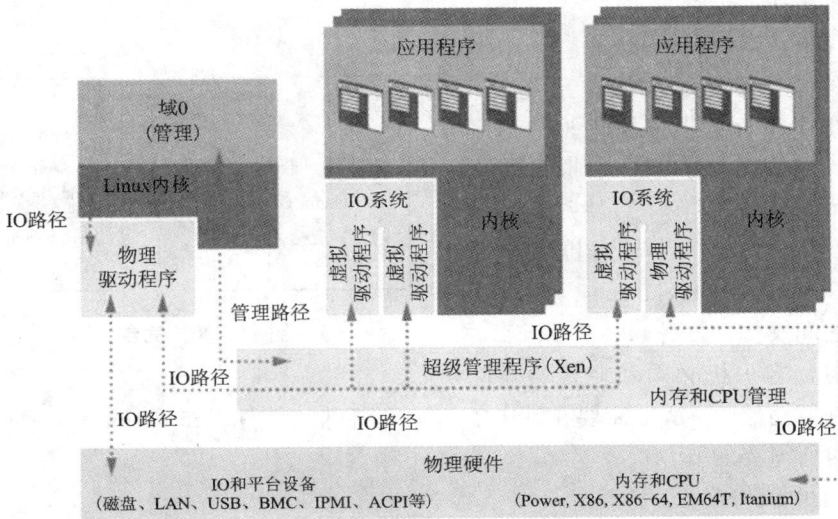

图 11 - 29　Xen 体系结构

Xen 向 Domain 提供了一个抽象层，其中包含了管理和虚拟硬件的 API。Domain O 内部包含了真实的设备驱动（原生设备驱动），可直接访问物理硬件，负责与 Xen 提供的管理 API 交互，并通过用户模式下的管理工具来管理 Xen 的虚拟机环境。

Xen2.0 之后，引入了分离设备驱动模式。该模式在每个用户域中建立前端设备，在特权域中建立后端设备。所有的用户域操作系统像使用普通设备一样向前端设备发送请求，而前端设备通过 IO 请求描述符（IO descripror ring）和设备通道（device channel）将这些请求以及用户域的身份信息发送到处于特权域中的后端设备。这种体系将控制信息传递和数据传递分开处理。

在 Xen 体系结构设计中，后端运行的特权域称为隔离设备域（isolation device domain，IDD），而在实际设计中，IDD 就处在 Domain O 中。所有的真实硬件访问都由特权域的后端设备调用本地设备驱动（native device drive）发起。前端设备的设计十分简单，只需要完成数据的转发操作。由于它们不是真实的设备驱动程序，所以也不用进行请求调度操作。而运行在 IDD 中的后端设备，可以利用 Linux 的现有设备驱动来完成硬件访问，需要增加的只是 IO 请求的桥接功能——能完成任务的分发和回送。

（2）不同虚拟技术的运行机制。

①半虚拟化技术。

采用半虚拟化技术的虚拟机操作系统能够识别自己是运行在 Xen Hypervisor 而非直接运行于硬件之上，并且也可以识别到在相同的机器上运行的其他虚拟机系统，运行的操作系统都需要进行相应的修改。

半虚拟化客户机（Domain U PV guests）包含两个用于操作网络和磁盘的驱动程序——PV Network Driver 和 PV Block Driver。

PV Network Driver 负责为 Domain U 提供网络访问功能。PV Block Driver 负责为 Domain U 提供磁盘操作功能。

②完全虚拟化技术。

完全虚拟化客户机（domain U HVM guests）运行的是标准版本的操作系统，因此其操作系统中不存在半虚拟化驱动程序（PV driver），但是在每个完全虚拟化客户机都会在 Domain O 中存在一个特殊的精灵程序 Qemu – DM，Qemu – DM 帮助完全虚拟化客户机（Domain U HVM guest）获取网络和磁盘的访问操作，如图 11 – 30 所示。

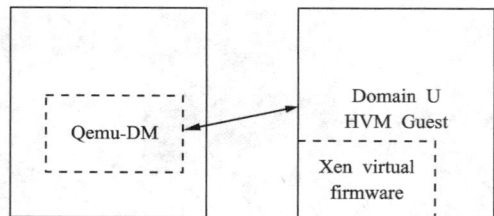

图 11 – 30　完全虚拟化

完全虚拟化客户机必须和在普通硬件环境下一样进行初始化，所以需要在其中加入一个特殊的软件 Xen virtual firmware 来模拟操作系统启动时所需要的 BIOS。

③Domain 管理和控制。

开源社区中将一系列的 Linux 精灵程序分类为"管理"和"控制"两大类。这些服务支撑着整个虚拟环境的管理和控制操作，并且存在于 Domain O 虚拟机中。为了清晰地描述 Xen 的运行流程，画图时将精灵程序放在 Domain O 外部来描述，但事实上精灵程序都存在于 Domain O 之中。

Xen 的 Hypervisor 层非常薄，少于 15 万行的代码量，不包含任何物理设备驱动，这一点与 Hyper – V 是非常类似的，物理设备的驱动均是驻留在 Domain O 中，可以重用现有的 Linux 设备驱动程序。因此，Xen 对硬件兼容性也是非常广泛的，Linux 支持的，它就支持。

11.6.4　KVM 的虚拟化架构

KVM 的全称是 kernel – based virtual machine，字面意思是基于内核虚拟机。其最初是由 Qumranet 公司开发的一个开源项目，2007 年 1 月首次被整合到 Linux 2.6.20 核心中；2008 年，Qumranet 被 RedHat 所收购，但 KVM 本身仍是一个开源项目，由 RedHat、IBM 等厂商支持。KVM 作为 Linux 内核中的一个模块，与 Linux 内核一起发布。

从图 11 – 31 所示的 KVM 架构中可以看到，KVM 作为一个轻量级的虚拟化管理程序模块，利用 Linux 做大量 Hypervisor 能做的事情，如任务调度、内存管理与硬件设备交互等。

KVM 具有高性能、高扩展与高安全性特点，适合运行 Linux 或 Windows 的环境，在异构环境下也能很好地进行管理，而在虚拟化桌面方面，可以提供可靠的可扩展的镜像服务器。

KVM 是基于虚拟化扩展（Intel VT 或 AMD – V）的 X86 硬件平台实现的 Linux 的全虚拟化解决方案，其基本结构由两部分组成：一个是 KVM Driver，是

图 11 –31　KVM 虚拟化架构

Linux 内核的一个模块，负责虚拟机的创建、虚拟内存的分配、虚拟 CPU 寄存器的读写以及虚拟 CPU 的运行等；另一个是稍微修改过的 Qemu，用于模拟 PC 硬件的用户空间组件，模拟 I/O 设备模型及提供访问外设的途径。

通过 KVM 模块的加载将 Linux 内核转变成 Hypervisor，KVM 在 Linux 内核的用户（user）模式和内核（kernel）模式基础上增加了客户（guest）模式。Linux 本身运行于内核模式，主机进程运行于用户模式，虚拟机则运行于客户模式，这使得转变后的 Linux 内核可以将主机进程和虚拟机进行统一的管理和调度，这也是 KVM 名称的由来。客户模式有自己的用户模式和内核模式。guest 是在 host 中作为一个用户态进程存在的，这个进程就是 Qemu。Qemu 本身就是一个虚拟化程序，只是纯软件虚拟化效率很低，它被 KVM 进行改造后，作为 KVM 的前端存在，用来进行进程创建或者 I/O 交互等。而 KVM Driver 则是 Linux 内核模式，它提供 KVM fd 给 Qemu 调用，用来进行 CPU 虚拟化、内存虚拟化等。

KVM 加入到标准的 Linux 内核中，被组织成 Linux 中标准的字符设备（/dev/kvm）。Qemu 利用 KVM 提供的 LibKvm 应用程序接口，通过 ioctl 系统调用创建和运行虚拟机。KVM Driver 使得整个 Linux 成为一个虚拟机监控器，并且在原有的 Linux 两种执行模式（内核模式和用户模式）的基础上，新增加了客户模式，使客户模式拥有自己的内核模式和用户模式。在虚拟机运行下，三种模式的分工如下：

（1）客户模式：执行非 I/O 的客户代码，虚拟机运行在客户模式下。在 KVM 模型中，每一个 Guest OS 都作为一个标准的 Linux 进程，可以使用 Linux 的进程管理指令管理。

（2）Linux 用户模式：代表客户执行 I/O 指令。Qemu 运行在这种模式下。

（3）Linux 内核模式：实现到客户模式的切换，处理因为 I/O 或者其他指令引起的从客户模式的退出。KVM Driver 工作在这种模式下。

用户模式的 Qemu 利用接口 LibKvm 通过 ioctl 系统调用进入内核模式。KVM Driver 为虚

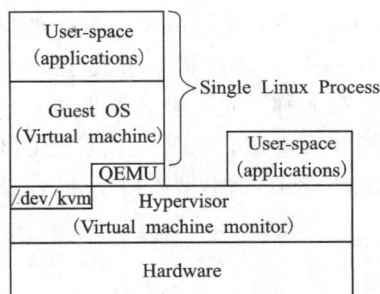

拟机创建虚拟内存和虚拟 CPU 后执行 Vmlauch 指令进入客户模式，然后装载 Guest OS 执行。如果 Guest OS 发生外部中断或者影子页表缺页之类的事件，则暂停 Guest OS 的执行，退出客户模式进行一些必要的处理，然后重新进入客户模式，执行客户代码。如果发生 I/O 事件或者信号队列中有信号到达，就会进入用户模式处理。

　　KVM 充分利用了 CPU 的硬件辅助虚拟化能力，并重用了 Linux 内核的诸多功能，使得 KVM 本身是非常瘦小的。KVM 的创始者 Avi Kivity 声称 KVM 模块仅有约 10000 行代码，但我们不能认为 KVM 的 Hypervisor 就是这个代码量，因为从严格意义来说，KVM 本身并不是 Hypervisor，它仅是 Linux 内核中的一个可装载模块，其功能是将 Linux 内核转换成一个裸金属的 Hypervisor。这相对于其他裸金属架构来说，它是非常特别的，有些类似于宿主架构，业界甚至有人称其是半裸金属架构。

　　与 Xen 类似，KVM 支持广泛的 CPU 架构，除了 X86/X86_64 CPU 架构之外，还将会支持大型机（S/390）、小型机（PowerPC、IA64）及 ARM 等。

习　题

1. 什么是虚拟化？其优点是什么？有哪些常见类型？
2. 虚拟化环境的特点是什么？
3. 描述不同层次的虚拟化分类。
4. 简述虚拟化的实现层次。
5. 比较服务器虚拟化的两种典型方式。
6. 简述服务器虚拟化的特性。
7. 虚拟机的两种架构的本质差别表现在哪些方面？
8. 什么是硬件虚拟化技术？
9. 简要说明网络虚拟化、存储虚拟化、应用虚拟化和桌面虚拟化的各自使用范围。
10. 列出并详述不同类型的虚拟化。
11. 云计算环境中虚拟化的优势是什么？
12. 简述虚拟化与云计算的关系。
13. 虚拟化的缺点是什么？
14. SAN 和 NAS 在存储虚拟化方面有哪些不同？
15. 什么是 Xen？描述其虚拟化原理。
16. 描述完全虚拟化的参考模型。
17. 论述 Hyper-V 的架构及其在云计算中的应用。
18. 谈谈你对 IBM 公司虚拟化管理的认识。
19. 解释全虚拟化和半虚拟化的差别，并为这两种虚拟化类型分别给出示例 VMM。
20. 在装有 Windows XP 或 Vista 系统的个人计算机或笔记本电脑上安装 VMware Workstation，并在 VMware Workstation 之上安装 RedHat Linux 和 Windows XP。为 RedHat Linux 和 Windows XP 配置网络使之可以访问互联网。为 VMware Workstation、RedHat Linux 和 Windows XP 系统编写安装和配置手册，其中包括故障提示。
21. 使用两种不同的方法在 RedHat Linux 系统上安装 Xen，分别从二进制代码或从源代码安装，并分别编写安装指南。描述依赖的工具和软件包以及故障提示。

22.描述在 Xen 域之间交换数据的方法，并设计实验比较域之间的数据通信性能。例如，为了回答这个问题，首先需要熟悉 Xen 的编程环境，然后可能需要更长时间来移植 Xen 代码、实现应用程序代码、进行实验、收集性能数据并解释结果。

23.使用 VMware Workstation 构造自己的局域网。要求机器 A 安装 RedHat Linux，机器 B 安装 Windows XP。

24.内存的迁移是虚拟机在线迁移中的核心，对迁移的时间的影响最大。Xen 将其分为三个阶段，即 Push(推)阶段：根据不同的内存迁移算法策略，把符合迁移条件的一部分脏页通过网络从源域拷贝到目的域上；Stop and Copy 阶段停止源 VM 上的服务，把 Push 阶段未能传送的脏页和一直没被传送过的内存页传送到目的主机，待源 VM 和目标 VM 内存完全一致后，在目的主机启动新的目标 VM；Pull(拉)阶段：目标 VM 在目的主机上被启动运行以后，若发现其上应用程序需要进行页面读写但该页面尚未被传送，则将从源 VM 的内存中相关位置上把该页复制过来。

设计一个实验来分析 Xen 在线迁移 I/O 读密集型应用的性能。性能指标包括预复制阶段所消耗的时间、停机时间、拉阶段所消耗的时间及迁移的全部时间。

25.设计一个实验来测试 Xen 在线迁移 I/O 写密集型应用的性能。性能指标包括预复制阶段所消耗的时间、停机时间、拉阶段所消耗的时间及迁移的全部时间。

26.基于 VMware 服务器设计并实现一个用于网格计算的虚拟机执行环境。该执行环境应该使得网格用户和资源提供商能使用对基于虚拟机的方法和分布式计算一致的服务。用户可以自定义执行环境，且执行环境可被归档、复制、共享，并实例化多个运行时副本。

27.设计一个大规模虚拟集群系统。该问题可能需要三个学生共同工作一个学期。假设用户可以一次创建多个虚拟机，用户也能同时操作和配置多个虚拟机。公共软件(如操作系统或库)被预安装为模板。这些模板使得用户可以快速创建一个新的虚拟执行环境。最后，假设用户有他们自己的配置文件，其中存储了数据块的标识信息。

第 12 章　分布式集群技术

集群(clustering)并不是一个全新的概念，早在 20 世纪 70 年代，计算机厂商和研究机构就开始了对集群系统的研究和开发。通过集群技术，可以在付出较低成本的情况下获得性能、可靠性、灵活性方面的相对较高的收益，其任务调度则是集群系统中的核心技术。

12.1　大规模并行集群

计算机集群由相互联系的个体计算机聚集组成，这些计算机之间相互联系并且共同工作，对于用户来说，计算机集群如同一个独立完整的计算资源池。集群系统的性能随着 CPU 个数的增加几乎是线性变化的。计算机集群化在科学与商业应用中实现了可扩展并行计算和分布式计算。计算机集群和大规模并行处理器(MPP)的优点包括：可扩展性能、高可用性、容错、模块化增长和使用商用组件。这些特征能够维持在硬件、软件和网络组件上经历的生成变化。

12.1.1　集群概述

集群是指一组相互独立的计算机利用高速通信网络组成的一个计算机系统，每个集群节点(即集群中的每台计算机)都是运行其自己进程的一个独立服务器。这些进程可以彼此通信，对网络客户机来说就像形成了一个单一系统，协同起来向用户提供应用程序、系统资源和数据，并以单一系统的模式加以管理。一个客户机与集群相互作用时，集群像是一个独立的服务器。

按照处理器、内存、OS 以及互联方法来进行并行系统的分类，在参考彼此可扩展性和单系统镜像(single system image, SSI)这两个方面，能够得到图 12 - 1 的图形。

图 12 - 1 中，节点可以是一台 PC、一台工作站或者 SMP 服务器。节点的复杂性指的是软件和硬件的能力。一般来说，集群节点要比 MPP 复杂一些，因为每个集群节点都有独立的操作系统和外围设备，而 MPP 中的节点可能仅仅是操作系统的一个微内核。

SMP 服务器的节点比 PC 以及商用集群的复杂性相对高一些。比如 X86 架构 SMP 服务器，不但主板、总线技术都远远比 PC 复杂，而且为了支持企业级应用环境，SMP 还需要支持更多的高端外设，提供存储设备的热拔插能力、内存数据纠错等高端技术，这些技术的应用势必会增加 SMP 的复杂程度。

MPP 通常是指采用无共享资源结构的大型并行处理系统，一般包括几百个处理器节点，节点一般运行一个不完整的 OS(也叫微内核)，节点之间通过高速开关互联。这样的专有系统往往具有比较好的可扩展能力,但是在技术换代上受限于专有系统本身。

SSI 作为集群实现的一大要素,其范围包括了单一的应用层次、子系统、运行时系统、操作系统内核以及硬件层次。或者说,SSI 不是绝对的,是一个相对的概念,取决于用户从什么样的角度看待系统,是 IP 层面上还是内存空间上或者是文件系统的 SSI,这都由最终的应用环境决定。

到了分布式系统范畴,系统往往提供多个系统镜像,呈现出一个多入口、多镜像的系统集合,每个节点具有很高的自治能力。而 MPP、SMP 则以紧凑的方式提供相对单一的计算资源,如同一个巨大的工作站。在分布式系统中,除了使用同构节

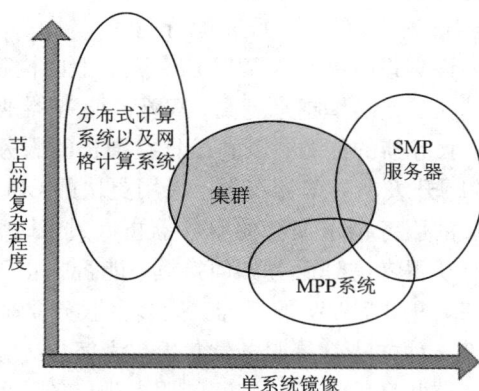

图 12 - 1　集群、分布式系统、MPP、SMP 的体系结构比较

点外,还根据需要常常使用异构的平台,这势必会增加分布式系统的设计难度和管理复杂性。其他特性见表 12 - 1。

表 12 - 1　各类并行系统的比较

特征	MPP	SMP	集群	分布式系统
节点个数	100 ~ 1000 数量级	10 ~ 100 数量级	100 左右的数量级	10 ~ 1000 以上数量级
节点复杂性	细粒度到中粒度	中粒度或粗粒度	中粒度	大范围
节点间通信	消息传递或者共享变量	共享存储器	消息传递	共享文件、RPC、消息传递
任务调度	主机单一队列	单一运行队列	多队列协同运行	独立的运行队列
单一系统映像	部分支持	支持完全的 SSI	某一层次支持	目前不支持
节点操作系统	一个主要的内核和多个微内核	独立的完整的 OS	N 个同类 OS	同类 OS 或异构 OS
地址空间	多/单地址空间(分布式共享内存)	单一	多	多
系统可用性	低或中	低	高或者容错	中等
归属单位	一个组织	一个组织	可以多个组织(复用)	多组织
连接距离	紧耦合,在一个物理空间内	紧耦合,在一个机箱内	松耦合,楼区范围(依赖于连接介质)	松耦合,跨地域(地区或国家)

对于这四类系统来说,SMP 的 SSI 程度最高,它是在所有的层次上提供 SSI,即共享一切系统资源:单一的地址空间、单一的文件系统、单一的操作系统内核等,看起来和一台单独的单 CPU 没什么两样。MPP 仅仅在某些应用层和系统层支持 SSI。集群提供的 SSI 程度更低,一般只能满足某一两个方面的 SSI 要求。而对于分布式系统,比如网格,其 SSI 的实现程

度就低得多了。通过类似 Java 这样的跨平台工具，分布式系统或许可以提供某一定义下的 SSI 能力，比如单一的 Java 运行空间。

假设架设了一台 WWW 服务器，上面构建了一个电子商务网站，随着时间的推移，名声越来越大，点击率越来越高，WWW 服务器的负载也就越来越高。在这种情况下，必须提升 WWW 服务器的能力，以满足日益增长的服务请求。这时有两种选择：

（1）升级 WWW 服务器。采用更快的 CPU，增加更多的内存，使其具有更强的性能。但日益增长的服务请求又会使服务器再次过载，需要再次升级，这样就陷入了升级的怪圈。另外升级时还得考虑到服务如何接续、能否中止等问题。

（2）增加 WWW 服务器，让多台服务器来完成相同的服务。

第二种方法就是服务器集群，为客户工作站提供高可靠性的服务。一个服务器集群包含多台拥有共享数据存储空间的服务器，各服务器之间通过内部局域网进行相互通信。当其中一台服务器发生故障时，它所运行的应用程序将由其他的服务器自动接管。在大多数情况下，集群中所有的计算机都拥有一个共同的名称，集群系统内任意一台服务器都可被所有的网络用户所使用。在集群系统中运行的服务器并不一定是高档产品，但服务器的集群却可以提供相当高性能的不停机服务；每一台服务器都可承担部分计算任务，因此，整体系统的计算能力将有所提高；同时，每台服务器还能承担一定的容错任务，当其中某台服务器出现故障时，系统可以在专用软件的支持下将这台服务器与系统隔离，并通过各服务器之间的负载转移机制实现新的负载平衡，同时向系统管理员发出报警信号。

目前，有两种常用的服务器集群方法，一种是将备份服务器连接在主服务器上，当主服务器发生故障时，备份服务器才投入运行，把主服务器上所有任务接管过来。另一种方法是将多台服务器连接，这些服务器一起分担同样的应用和数据库计算任务，改善关键大型应用的响应时间。同时，每台服务器还承担一些容错任务，一旦某台服务器出现故障，系统可以在系统软件的支持下，将这台服务器与系统隔离，并通过各服务器的负载转嫁机制完成新的负载分配。

12.1.2　集群发展趋势

计算机集群化已由高端大型计算机的相互连接转变为使用大量的 X86 引擎。计算机集群化由大型计算机（如 IBM Sysplex 和 SGI Origin 3000）之间的链接发展而来。其目的是满足协同组计算的需求，并为关键企业级应用提供更高的可用性。随后，集群化的发展更多面向网络中的大量小型计算机。例如，DEC 的 VMS 集群化是由共享同一套磁盘/磁带控制器的多个 VAX 互连组成。Tandem 的 Himalaya 是为容错在线事务处理（online transaction processing，OLTP）应用而设计的商业集群。

在 20 世纪 90 年代早期，建立了基于 UNIX 工作站集群，其中具有代表性的是 Berkely NOW（network of workstations）和基于 AIX 的 IBM SP2 服务器集群。2000 年以后，集群发展趋势变为 RISC 或 X86 个人计算机引擎的集群化。集群产品目前已出现在集成系统、软件工具、可用基础设施和操作系统扩展中。从 IBM、DEC、Sun 和 SGI 到 Compaq 和 Dell，计算机工业的发展使得可以采用低成本服务器或 X86 台式计算机实现具有成本效益、可扩展性和高可用性特征的集群化。

集群化已成为计算机体系结构中的热门研究方向，快速通信、作业调度、SSI 和 HA 是集群研究中的活跃课题。表 12 -2 中列出了部分里程碑式的集群研究项目和商业集群产品，这些项目在过去 20 年内带领着集群化硬件和中间件的发展，列表中的每个集群均有一些独特特征。

表 12 -2　研究或商业集群计算机系统的里程碑

项目	支持集群化的具体特征
DEC VAXcluster（1991）	运行 VMS/OS 及其扩展的 SMP 服务器组成的 UNIX 集群，主要用于高可用性应用
加州大学伯克利分校 NOW 项目（1995）	工作站的无服务器网络，具有动态消息传递、合作归档和 GLUnix 开发的特征
莱斯大学的 TreadMarks（1996）	软件驱动的分布式共享内存，用于基于页面迁移的 UNIX Ti 工作站集群
Sun Solaris MC Cluster（1995）	建立于 Sun Solaris 工作站之上的研究集群，部分集群操作系统功能得以发展，但是从未商用
Tandem Himalaya Clustrer（1994）	用于 OLTP 和数据库进程的可扩展与容错集群，由不间断操作系统支持构建
IBM SP2 服务器集群（1996）	由 Power2 节点和 Omega 网络构建的 AIX 服务器集群，并获得 IBM Loadleveler 和 MPI 扩展的支持
谷歌搜索引擎集群（2003）	具有 4000 个节点服务器的集群，用于互联网搜索和 Web 服务应用，提供分布式文件系统和容错
MOSIX（2010）	分布式操作系统，用于 Linux 集群、多集群、网格和云，被研究机构使用

12.1.3　集群系统的设计宗旨

集群系统的分类方式有多种，按照现实中集群设计的情况，一般应该考虑：

（1）提高性能。

一般都使用计算机集群技术处理一些计算密集型应用，如天气预报、核试验模拟等。提高处理性能一直是集群技术研究的一个重要目标之一。

（2）降低成本。

通常一套较好的集群配置的软硬件开销要超过 10 万美元，但与价值上百万美元的专用超级计算机相比已属相当便宜。集群系统的并行性降低了处理的瓶颈，提供了全面改进的性能，也就是说，集群系统提供了更好的性能价格比。

（3）提高可扩展性。

集群系统可以增量扩展，并能方便地修改或扩展系统以适应变化的环境而无须中断其运行。对于客户来说，服务无论是连续性还是性能都几乎没有变化，好像系统在不知不觉中完成了升级。

（4）增强可靠性。

依靠存储单元和处理单元的多重性，集群系统在系统出现故障的情况下仍可以继续工作，将系统停运时间减到最小。集群系统在提高系统可靠性的同时，也大大减小了故障损失。

（5）保障固有的应用。

集群系统以一种很自然的方式开始存在。在从个人计算向集群分布式计算迁移的时候，往往可以保留原有在个人计算系统上的应用，并可直接将原有的应用重新运行于新的集群系统中，以获得性能的提升。

（6）提供高可用性。

单一服务器的解决方案并不是一个健壮方式，因为容易出现单点失效。像银行、账单处理这样一些关键的应用程序是不能容忍哪怕是几分钟的死机的。集群方案通过在集群中增加的冗余的服务器，保证其中一台服务器失效后仍能提供服务，从而获得高的可用性。

（7）均衡负载。

负载均衡是集群的一项关键技术，通过把请求分发给不同的服务器，从而获得高可用性和较好的性能。一个负载均衡器可以是从一个简单的 Servlet 或 Plug – Ins，也可以是昂贵的内置 SSL 加速器的硬件。除此之外，负载均衡器还需执行一些其他的重要任务，如"会话胶粘"让一个用户会话始终存在于一个服务器上，"健康检查"用于防止将请求分发到已失效的服务器上。

（8）容允差错。

在集群中，当一个服务器实例失效后，服务仍然是有效的，这是因为新的请求将被冗余服务器处理。但是，当一个请求在一个正在失效的服务器中处理时，可能得到不正确的结果。不管有多少个错误，容错的服务应当能确保有严格的正确的行为。

（9）保障安全性。

集群内通信可以是开放的或封闭的。开放集群节点间的通信路径对外界显示。外界机器可采用标准协议（如 TCP/IP）访问通信路径，从而访问单独节点。这种集群容易实现，但有几个缺点：

①由于开放，集群内通信变得不安全，除非通信子系统提供附加的功能来确保隐私和安全。

②外界通信可能以不可预测的形式干扰集群内通信。

③标准通信协议往往具有巨大的开销。

在封闭集群中，集群内通信与外界相隔离，从而缓解了上述问题。其不利条件是目前还没有高效、封闭的集群内通信标准。因此，大多数商业或学术集群按照各自的协议实现高速通信。

（10）考虑专用集群或企业集群。

专用集群通常安装在中央计算机机房的台前架上。专用集群由相同类型的计算机节点同构配置，并且由一个类似前端主机的独立管理组管理。专用集群被用于代替传统的大型机或超级计算机。专用集群极大地提高了吞吐量，并且减少了响应时间。

企业集群主要利用节点的闲置资源，每个节点通常是一个完整的 SMP、工作站或 PC 及其所有必要的外部设备。这些节点通常在地理上是分散的，不一定在同一个房间甚至同一幢楼里。这些节点分别被多个所有者拥有。集群管理员只有有限的控制权，因为一个节点可以在任何时候被它的所有者关闭，且所有者的"本地"作业比企业作业具有更高的优先级。这类集群通常是由异构计算机节点配置的，一般由低成本的以太网网络连接。

12.1.4　基础集群设计问题

本节将讨论集群和 MPP 系统中的主要设计问题，包括物理和虚拟集群。这些系统经常出现在计算网格、商业数据中心、超级计算机网站和虚拟云平台中。

1.可扩展性能

资源扩展（集群节点、内存容量、I/O 带宽等）使性能成比例增长。当然，基于应用需求或者成本效益考虑，扩大和减少的能力都是必须的。集群化因为其可扩展性得以发展，在任何集群或 MPP 计算机系统应用中都不应忽视可扩展性。

2.单系统镜像（SSI）

采用以太网连接的工作站集合不一定就是一个集群。集群是一个独立的系统。例如，假设一个工作站拥有一个 300 Mflops/s 的处理器、512 MB 内存和 4 GB 硬盘，并且能够支持 50 位活跃用户和 1000 个进程。100 个这样的工作站组成的集群能否看作为单一的系统，即相当于拥有一个 30 Gflops/s 处理器、50 GB 内存和 400 GB 的磁盘，并能支持 5000 位活跃用户和 100000 个进程的巨大工作站或大规模站（megastation）呢？这是一个吸引人的目标，但是难以实现。而 SSI 技术旨在达成这个目标。

3.可用性支持

集群能够利用处理器、内存、磁盘、I/O 设备、网络和操作系统镜像的大量冗余，提供低成本、高可用性的性能。然而，要实现这一潜力，可用性技术是必须的。

4.集群作业管理

集群尝试使用传统工作站或 PC 节点实现高系统利用率，而这些资源通常不能被很好地利用。作业管理软件需要提供批量、负载均衡和并行处理等功能。

5.节点间通信

集群由于具有更高的节点复杂度，故不能被封装得像 MPP 节点一样简洁。集群内节点之间的物理网线长度比 MPP 长。长网线会导致更大的互联网络延迟。更重要的是，长网线会产生可靠性、时钟偏差和交叉会话等更多方面的问题。这些问题要求使用可靠和安全的通信协议，而这会增加开销。集群通常使用 TCP/IP 等标准协议的商用网络（如以太网）。

6.容错和恢复

机器集群能够消除所有的单点失效。因为冗余，集群能在一定程度上容忍出错的情况。心跳机制可以监控所有节点的运行状况。如果一个节点发生故障，那么在该节点上运行的关键作业可以被转移到正常运行的节点上。回滚恢复机制通过周期性记录检查点来恢复计算结果。

12.1.5　集群的分类

最常见的三种集群类型包括：

（1）高性能集群，即科学集群 HP（high performance）。

（2）负载均衡集群 LB（load balancing）。

（3）高可用性集群 HA（high availability）。

1. 高性能集群 HP

通常，高性能集群涉及为集群开发并行编程应用程序，以解决复杂的科学问题。这是并行计算的基础，尽管它不使用专门的并行超级计算机，但它却使用商业系统。例如，通过高速连接来链接的一组单处理器或双处理器 PC，并且在公共消息传递层上进行通信以运行并行应用程序。

一个很好的例子是用于天气状况数值模拟的集群。计算集群不需要处理很多的 I/O 操作，如数据库服务。但单一计算作业需要集群中节点间的频繁通信，因此，该集群必须共享一个专用网络，因而这些节点大多是同构和紧耦合的。这种类型的集群也被称为贝奥武夫集群。

当集群需要在少量重负载节点间通信时，其从本质上就是众所周知的计算网格。紧耦合计算集群用于超级计算应用。计算集群应用中间件（如消息传递接口 MP）或并行虚拟机 PVM，将程序传递到更广的集群。

高性能集群系统目前在国内的应用领域主要集中在气象云图分析和石油勘探的领域。这样的应用对于高性能集群系统来说门槛比较低，所以目前这些领域都采用了国内厂商构建的集群系统。

2. 负载均衡集群

负载均衡集群为企业需求提供了更实用的系统。负载均衡集群使负载可以在计算机集群中尽可能平均地分摊处理。负载通常包括应用程序处理负载和网络流量负载。这样的系统非常适合向使用同一组应用程序的大量用户提供服务。每个节点都可以承担一定的处理负载，并且可以实现处理负载在节点之间的动态分配，以实现负载均衡。对于网络流量负载，当网络服务程序接受了高入网流量，以致无法迅速处理时，网络流量就会发送给在其他节点上运行的网络服务程序。同时，还可以根据每个节点上不同的可用资源或网络的特殊环境来进行优化。大多数情况下，负载均衡集群中的每个节点都是运行单独软件的独立系统。但是，不管是在节点之间进行直接通信，还是通过中央负载均衡服务器来控制每个节点的负载，在节点之间都有一种公共关系。通常，使用特定的算法来分发该负载。

（1）负载均衡技术主要应用。

①DNS 负载均衡。最早的负载均衡技术是通过 DNS 来实现的，在 DNS 中为多个地址配置同一个名字，因而查询这个名字的客户机将得到其中一个地址，从而使得不同的客户访问不同的服务器，以达到负载均衡的目的。DNS 负载均衡是一种简单而有效的方法，因此，对于同一个名字，不同的客户端会得到不同的地址，也就联结不同地址上的 Web 服务器，从而达到负载平衡的目的。

②代理服务器负载均衡。使用代理服务器，可以将请求转发给内部的服务器，使用这种加速模式显然可以提升静态网页的访问速度。然而，也可以考虑这样一种技术，使用代理服务器将请求均匀转发给多台服务器，从而达到负载均衡的目的。

③地址转换网关负载均衡。支持负载均衡的地址转换网关，可以将一个外部 IP 地址映射为多个内部 IP 地址，对每次 TCP 连接请求动态使用其中一个内部地址，达到负载均衡的目的。

④协议内部支持负载均衡。除了这三种负载均衡方式之外，有的协议内部支持与负载均衡相关的功能，如 HTTP 协议中的重定向能力等。

⑤NAT 负载均衡。NAT(network address translation，网络地址转换)简单地说就是将一个 IP 地址转换为另一个 IP 地址，一般用于未经注册的内部地址与合法的、已获注册的 Internet IP 地址间进行转换。适用于解决 Internet IP 地址紧张、不想让网络外部知道内部网络结构等场合。

⑥反向代理负载均衡。普通代理方式是代理内部网络用户访问 Internet 上服务器的连接请求，客户端必须指定代理服务器，并将本来要直接发送到 Internet 上服务器的连接请求发送给代理服务器处理。反向代理(reverse proxy)方式是指以代理服务器来接受 Internet 上的连接请求，然后将请求转发给内部网络上的服务器，并将从服务器上得到的结果返回给 Internet 上请求连接的客户端，此时代理服务器对外就表现为一个服务器。反向代理负载均衡技术是把将来自 Internet 上的连接请求以反向代理的方式动态地转发给内部网络上的多台服务器进行处理，从而达到负载均衡的目的。

⑦混合型负载均衡。在有些大型网络中，由于多个服务器群内硬件设备、各自的规模、提供的服务等差异，可以考虑给每个服务器群采用最合适的负载均衡方式，然后又在这多个服务器群间再一次负载均衡或群集起来以一个整体向外界提供服务(即把这多个服务器群当作一个新的服务器群)，从而达到最佳性能。这种方式称之为混合型负载均衡。

(2)负载均衡实现的两种方式。

①硬件实现。

如果搜一搜"负载均衡"，会发现大量的关于 F5 负载均衡器等的内容，基于硬件的方式，能够直接通过智能交换机实现，处理能力更强，而且与系统无关，这也是其存在的理由。但缺点也很明显：首先是成本高，这个高不仅体现在一台设备上，而且体现在冗余配置上。很难想象后面服务器形成一个集群，而最关键的负载均衡设备却是单点配置，一旦负载均衡设备出了问题，整个系统就会瘫痪。其次是对服务器及应用状态的掌握：硬件负载均衡，一般都不管实际系统与应用的状态，而只是从网络层来判断，所以有时候系统处理能力已经不行了，但网络可能还来得及反应(这种情况非常典型，比如应用服务器后面内存已经占用很多，但还没有彻底崩溃，如果网络传输量不大就未必会在网络层反映出来)。

所以硬件方式更适用于设备众多、访问量大、简单应用的场合。一般而言，硬件负载均衡在功能、性能上优于软件方式，不过成本昂贵。

②软件实现。

软件负载均衡解决方案是指在一台或多台服务器相应的操作系统上安装一个或多个附加软件来实现负载均衡，它的优点是基于特定环境，配置简单，使用灵活，成本低廉，可以满足一般的负载均衡需求。著名项目有 LVS。

3. 高可用性集群

高可用集群的出现是为了使集群的整体服务尽可能可用，从而减少由计算机硬件和软件易错性所带来的损失。它通过保护用户的业务程序对外不间断提供的服务，把因软件/硬件/人为造成的故障对业务的影响降低到最小程度。如果某个节点失效，它的备援节点将在几秒钟的时间内接管它的职责。因此，对于用户而言，集群永远不会停机。高可用集群软件的主要作用就是实现故障检查和业务切换的自动化。

高可用性集群使服务器系统的运行速度和响应速度尽可能快。它们经常利用在多台机器上运行的冗余节点和服务来相互跟踪。

高可用性是通过下面的过程来实现的。

首先，资源监视器根据设定的时间间隔对资源进行 LookAlive 和 IsAlive 两种级别的检查，一旦发现某一个资源不可用，就会试图重新启动该资源。根据阈值的设定，如果在某一时间段内，资源不可用的情况达到了设定的阈值时，就会发生故障切换。经过故障切换的过程，对应的资源组会在另外一个节点上重新启动，继续为客户机提供服务，这就完成了一次故障切换。对客户来说，工作没有受到影响。当出现故障的节点恢复正常以后，如果事先对该资源组设定了首选节点，就会把该资源组移回该首选节点。

Linux 平台常见的高可用集群有：开放源代码的 HA 项目（http：//www. linux – ha. org/），RedHat 公司的开放源代码 RedHat Cluster Suite，简称 RHCS，Novell 公司的开放源代码高可用集群 HA 套件，Novell 公司的 Novell Cluster Service、Steeleye Lifekeeper for Linux、HP MC/Service Guard for Linux、Turbolinux 高可用集群系统等。

在实际的使用中，集群的这三种类型相互交融，如高可用性集群也可以在其节点之间均衡用户负载。同样，也可以从要编写应用程序的集群中找到一个并行集群，它可以在节点之间执行负载均衡。从这个意义上讲，这种集群类别的划分是一个相对的概念，不是绝对的。

12.2　计算机集群和 MPP 体系结构

大多数集群关注更高的可用性和可扩展性能。集群化趋势从支持大型高端计算机系统转变为大容量桌面或桌边计算机系统，这正符合计算机工业中缩小体积的发展趋势。

12.2.1　集群组织和资源共享

1. 基本集群体系结构

图 12 – 2 显示了建立在个人计算机或工作站上的计算机集群的基本体系结构。该图展示了一个由商用组件构建的简单计算机集群，并且集群完全支持必需的单系统镜像特征和高可用性能力。处理节点均为商用工作站、个人计算机或服务器。这些商用节点能够很方便地替换或升级为新一代硬件。节点的操作系统支持多用户、多任务和多线程应用程序。节点由一个或多个快速商用网络连接，这些网络使用标准通信协议，并且速度比当前以太网 TCP/IP 速度高两个数量级。

网卡连接到节点的标准 I/O 总线（如 PCI）。当处理器或操作系统发生改变时，只需要改

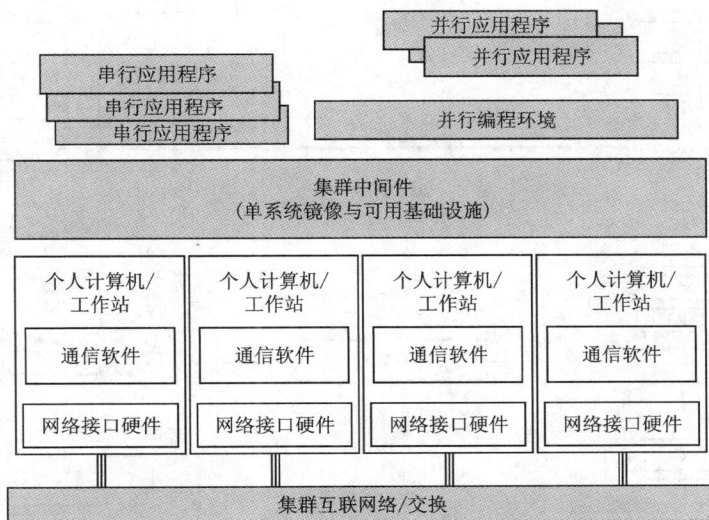

图 12－2 由商用硬件、软件、中间件和网络组件构成的计算机体系结构，支持 HA 和 SSI

变驱动软件。我们希望在节点平台之上建立一个与平台无关的集群操作系统，但这种集群操作系统并不能商用，可以在用户空间部署一些集群中间件来粘合所有的节点平台。中间件能够提供高可用的服务。单系统镜像层提供单一入口、单一文件层次、单一控制点和单一作业管理系统。单内存可由编译库或运行库辅助实现，单进程空间并不是必须的。

一般来说，理想中的集群包含三个子系统。首先，传统的数据库和 OLTP 监视器为用户提供一个使用集群的桌面环境。在运行串行用户程序之外，集群使用 PVM、MPI 和 OpenMP，同时支持基于标准语言和通信库的并行程序。编程环境还包括调试、仿形（profiling）、监测等工具。用户界面子系统需要综合 Web 界面和 Windows GUI 的优点。集群还应该提供不同编程环境、作业管理工具、超文本的用户友好链接和搜索支持，使得用户可以在计算集群中很容易获得帮助。

2. 集群资源共享

小节点集群的发展将会提高计算机销量，同时集群化也增进了可用性及性能。这两个集群化目标并不一定是冲突的。部分高可用性集群使用硬件冗余来扩展性能。集群节点的连接可以采用图 12－3 所示的三种方式之一。大多数的集群采用不共享体系结构，这些集群中的节点通过 I/O 总线连接。共享磁盘体系结构有利于商业应用中小规模可用集群。当一个节点失效时，其他节点可以接管。

图 12－3（a）所示的不共享结构通过以太网等局域网简单地连接两个或更多的自主计算机。图 12－3（b）所示的是共享磁盘集群。这类结构是大多数商业集群所需要的，可以在节点失效的情况下实现恢复。共享磁盘能存储检查点文件或关键系统镜像，从而提高集群的可用性。如果没有共享磁盘，就无法在集群中实现检查点机制、回滚恢复、失效备援和故障恢复。图 12－3（c）所示的共享内存集群实现起来十分困难。节点由可扩展一致性接口（SCI）环连接，SCI 通过 NIC 模块连接每个节点的内存总线。在其他两种结构中是通过 I/O 总线连接

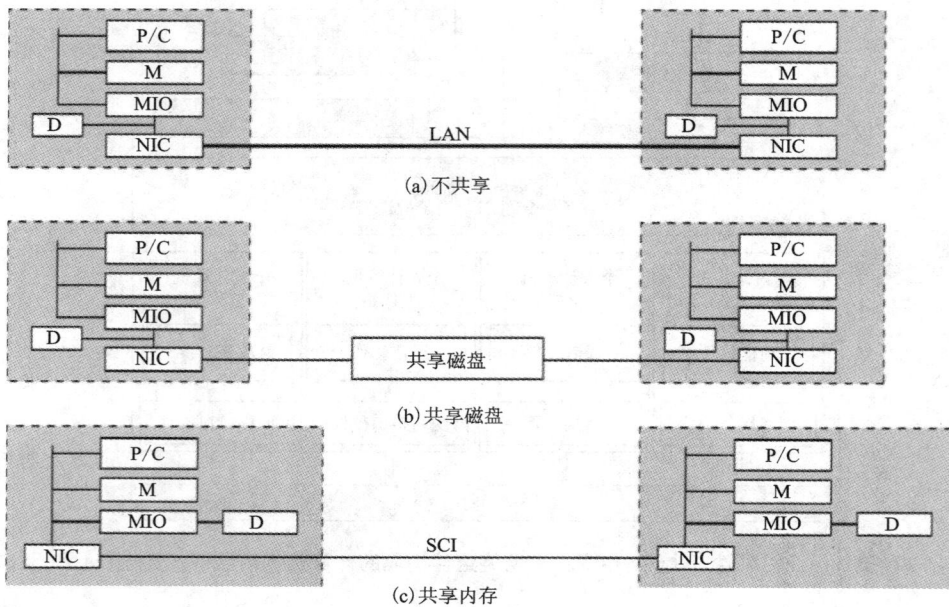

图 12 - 3　连接集群节点的三种方式

（P/C：处理器和缓存；M：内存；D：磁盘；NIC：网卡；MIO：内存 - I/O 桥）

的，内存总线工作频率高于 I/O 总线。

12.2.2　节点结构和 MPP 封装

在构建大规模集群或者 MPP 系统时，集群节点分为两类：计算节点和服务节点。计算节点大量用于大规模搜索或并行浮点计算。服务节点可以使用不同的处理器来处理 I/O、文件访问和系统监控。在 MPP 集群中，计算节点占系统成本的主要部分，因为在单个大型集群系统中，计算节点的个数可能是服务节点的 1000 倍。表 12 - 3 介绍了两种具有代表性的计算节点结构：同构设计和混合节点设计。

表 12 - 3　用于大型集群构造的样本计算节点体系结构

节点体系结构	主要特征	代表系统
同构节点，使用相同的多核处理器	多核处理器安装于同一节点上，通过交叉开关连接到共享内存或本地磁盘	Cray XT5 的每个计算节点具有 2 个 6 核 AMD Opteron 处理器
混合节点，使用 CPU 和 GPU 或者 FLP 加速器	通用 CPU 用于整型计算，GPU 作为协作处理器以加速 FLP 操作	中国天河 1 号的每个计算节点使用 2 个 Intel Xeon 处理器与 1 个 Nvidia GPU

以往，大多数 MPP 采取同构体系结构，连接大量相同的计算节点。2010 年，Cray XTS Jaguar 系统由 224162 个 AMD Opteron 处理器组成，其中每个处理器有 6 个核。Tianhe - 1A 采用混合节点设计，每个计算节点有 2 个 Xeon CPU 和 2 个 AMD CPU。GPU 可以用特殊浮点加

速器替代。同构节点设计使得编程和系统维护变得容易。

12.2.3　集群系统互连

1.高带宽互连

表 12 -4 比较了 4 种高带宽系统之间的互连。2007 年，以太网连接的速度为 1 Gbps，同时最快的 InfiniBand 连接可以达到 30 Gbps 的速度。Myrinet 和 Quadrics 的性能在以上两者之间。MPI 的延迟表示了远程消息传递的状态。这 4 种技术能够实现任意的网络拓扑结构，包括纵横交换、胖树和环状网络。InfiniBand 的连接速度最快，但是费用也最高。以太网仍是最经济有效的选择。超过 1024 个节点的集群互连的两个例子将在图 12 -4 和图 12 -6 中介绍。图 12 -5 将会比较 5 种集群互连的普及程度。

表 12 -4　4 种集群互连技术的比较(2007 年)

特征	Myrinet	Quadrics	InfiniBand	以太网
可用连接速度	1. 28 Gbps (M - XP) 10Gbps (M - 10G)	2. 8 Gbps (QsNet) 7. 2 Gbps (QsNetU)	2. 5 Gbps (IX) 10 Gbps (4X) 30 Gbps (12Z)	1 Gbps
MP1 延迟	~3 μs	~3 μs	~4.5 μs	~40 μs
网络处理器	是	是	是	否
拓扑结构	任意	任意	任意	任意
网络拓扑	Clos	胖树	胖树	任意
路由	源路由，直通	源路由，直通	目的路由	目的路由
流控制	停和行	Worm - hole	基于信用	802. 3x

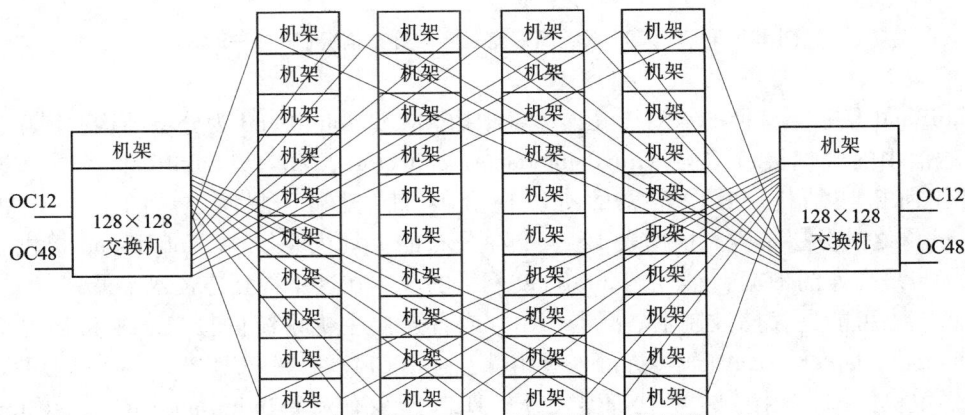

图 12 -4　谷歌搜索引擎集群体系结构

谷歌的很多数据中心使用低成本个人计算机引擎集群。这些集群主要用于谷歌 Web 搜索业务。图 12 - 4 显示了一个谷歌集群通过两个 128 × 128 以太网交换机连接 40 台个人计算机引擎机架。每个以太网交换机可以处理 128 个带宽为 1 Gbps 的以太网链接。一台机架上有 80 台个人计算机。这是一个早期的 3200 台个人计算机的集群，而谷歌的搜索引擎集群具有比这多得多的节点。现在谷歌的服务器集群是由货柜车安装在数据中心的。两个交换机用于提高集群的可用性。即使其中一个交换机不能提供个人计算机间的连接，集群仍可以正常工作。交换机的前端通过 2.4 Gbps 的 OC12 连接到互联网，与附近数据中心网络的连接则采用 622 Mbps 的 OC12。如果 OC48 连接失效，集群仍然可以通过 OC12 连接到外界。因此，谷歌集群避免了单点失效现象。

2. 系统互连共享

图 12 - 5 显示了从 2003 年到 2008 年的 Top500 系统中大规模系统互连的分布情况。千兆位以太网因为低成本及符合市场需求而最受欢迎，InfiniBand 网络由于其高带宽性能而用于 150 个系统。Gray 互连是专为 Gray 系统所设计的。

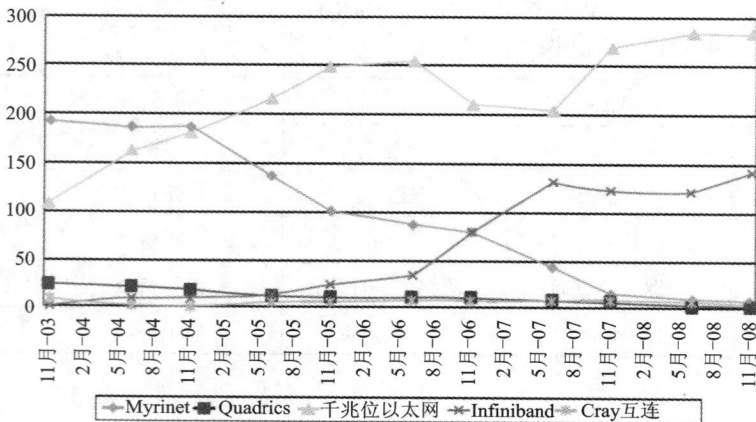

图 12 - 5   Top500 系统高带宽互连的分布情况(2003—2008)

InfiniBand 是基于交换的点对点互连体系结构。大型 InfiniBand 为分层结构，其互连支持分布式通信中的虚拟接口结构(virtual interface architecture，VIA)。InfiniBand 交换和连接能够组成任何拓扑结构。其中常见的有纵横交换、胖树和环状网络。图 12 - 6 展示了 InfiniBand 网络的分层结构。根据表 12 - 5，在公布的大规模系统中，InfiniBand 提供了最快速的连接与最高速的带宽。然而，InfiniBand 网络的成本在这 4 种互连技术中最高。

每个端点可能是存储控制器、网卡(NIC)或者连接主机系统的接口。主机通道适配器(host channel adapter，HCA)通过标准外设组件互连(PCI)、扩展 PCI(PCI - X)或者 PCI 专用总线提供主机接口，连接到主机处理器。每个 HCA 至少有一个 InfiniBand 端口。目标通道适配器(target channel adapter，TCA)使得 I/O 设备可以装载在网络中。TCA 包括一个 I/O 控制器，使用特定的设备协议(如 SCSI)、光纤通道或以太网。该体系结构可以很容易应用于由上千台甚至更多的主机互连构成的大规模集群。

表 12 - 5　不同类型计算机系统的可用性

系统类型	可用性/%	每年停机时间
传统工作站	99	3.6 天
高可用性系统	99.9	8.5 小时
故障可恢复系统	99.99	1 小时
容错系统	99.999	5 分钟

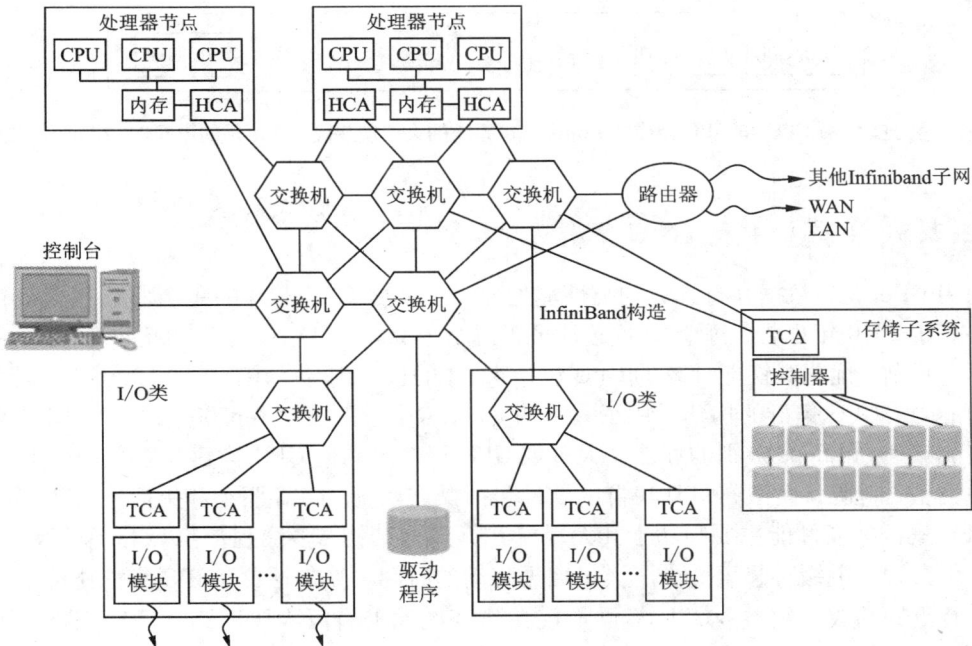

图 12 - 6　InfiniBand 系统构造在典型高性能计算机集群中的应用

12.2.4　硬件、软件和中间件支持

实际上，集群中 SSI 和 HA 的目标必须有相应的硬件、软件、中间件以及操作系统扩展的支持。硬件设计和操作系统扩展中的改变须由制造商完成。硬件和操作系统支持对于普通用户可能费用过高。编程水平对于集群用户却是一个不小的负担。因此，应用层上中间件支持的实现费用是最少的。如图 12 - 7 所示，在一个典型的 Linux 集群系统中，中间件、操作系统扩展和硬件支持需要达成高可用性。接近用户程序端时，中间件封装在集群管理级执行：可用于故障管理，并支持失效备援和故障恢复。可以使用失效检测与恢复及包交换实现高可用性。如图 12 - 7 中间位置所示，需要修改 Linux 操作系统来支持高可用性，同时需要特定的驱动支持高可用性、I/O 和硬件设备。如图 12 - 7 底部所示，需要特定的硬件来支持热交换设备和提供路由接口。

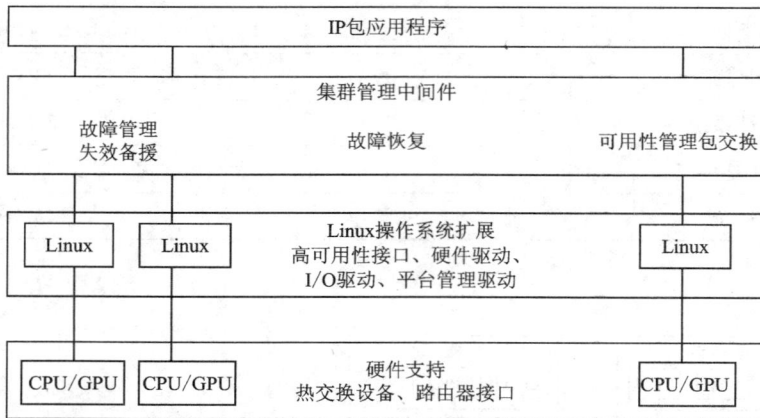

图 12-7　用于支持由 CPU 和 GPU 组成的 Linux 集群系统的大规模并行与高可用的中间件、Linux 扩展和硬件

12.2.5　大规模并行 GPU 集群

商用 GPU 成为数据并行计算的高性能加速器。现代 GPU 芯片的每个芯片包含上百个处理器。基于 2010 年报告，每个 CPU 芯片可以进行 1 Tflops 单精度计算和超过 80 Gflops 双精度计算。目前，优化高性能计算的 GPU 包括 4 GB 的板上内存，并有持续 100 GB/s 以上内存带宽的能力。GPU 集群的构建采用了大量的 GPU 芯片。在一些 Top500 系统中，GPU 集群已经证实能够达到 Pflops 级别的性能。大多数 GPU 集群由同构 GPU 构建，这些 GPU 具有相同的硬件类型、制造和模型。GPU 集群的软件包括操作系统、GPU 驱动和集群化 API，如 MPI。

GPU 集群的高性能主要归功于其大规模并行多核结构、多线程浮点计算中的高吞吐量，以及使用大型片上缓存显著减少了大量数据移动的时间。换句话说，GPU 集群比传统的 CPU 集群具有更好的成本效益。GPU 集群不仅在速度性能上有巨大飞跃，而且显著降低了对空间、能源和冷却的要求。GPU 集群相较于 CPU 集群，能够在使用较少操作系统镜像的情况下正常工作。在电力、环境和管理复杂性方面的降低使得 GPU 集群在未来高性能计算应用中非常有吸引力。

GPU 集群通常是一个异构系统，包含三个主要组件：CPU 主机节点、GPU 节点和它们之间的集群互连。GPU 节点由通用目的 GPU 组成，被称为 GPGPU。为了保证性能，多核 GPU 需要提供充足的高带宽网络和内存数据流。主机内存应该被优化，从而能匹配 GPU 芯片上的缓存带宽。

12.3　计算机集群的设计原则

集群设计应具有可扩展性和可用性。这一节将会介绍通用目的计算机和协作计算机集群的单系统镜像、高可用性、容错和回滚恢复。

12.3.1 单系统镜像特征

单系统镜像 SSI 指的并不是驻留在 SMP 或者工作站内存中的操作系统镜像的单一复制。相反，它是关于单一系统、单一控制、对称性和透明性的描述，具体特征如下：

(1)单一系统。用户将整个集群作为一个多处理器系统。

(2)单一控制。逻辑上，一个终端用户或系统用户在一个地方只能通过单一的接口使用服务。例如，用户提交一批作业至队列；系统管理员经由一个控制点配置集群的所有硬件和软件组件。

(3)对称性。用户可以从任意节点使用集群服务。换句话说，除了受到访问权限保护的部分，所有集群服务和功能对于所有节点和所有用户都是对称的。

(4)位置透明性。用户并不了解提供服务的设备处于什么位置，例如，用户可以使用磁带驱动器连接到任意集群节点，就像连接到本地节点一样。

集群中的每个计算机都有自己的操作系统镜像。由于所有节点计算机的独立操作，因此一个集群可以显示出多个系统镜像。决定如何在集群中合并多个系统镜像，与在社区中调节许多特征到单一特性一样困难。由于不同程度的资源共享，多个系统可以被整合，从而在不同的操作水平上实现单系统镜像。

1. 单一入口

单系统镜像(SSI)包括单一入口、单文件层次、单一 I/O 空间、单一网络机制、单一控制点、单一作业管理系统、单一内存空间和单一进程空间。单一入口使得用户登录(例如，通过 Telnet、rlogin 或 HTTP)集群就像登录一个虚拟主机一样，虽然该集群可能有多个物理主机节点为登录会话服务。系统透明地分配用户登录和连接请求至不同的物理主机以平衡负载。在互联网集群服务器上，成千上万的 HTTP 或 FTP 请求可能同时到达，建立多个主机的单一入口并不是一件容易的事。许多问题必须得到解决，下面是部分问题的列表：

➤ 主目录。用户的主目录放在什么位置?

➤ 认证。如何认证用户登录?

➤ 多重连接。如果同一个用户重复登录了几次相同的用户账户，该怎么办?

➤ 主机失效。如何处理一个或多个主机失效?

2. 单文件层次

单文件层次表示单一的、巨大的文件系统镜像，该文件系统镜像透明地整合本地和全局磁盘以及其他文件设备(如磁带)。换句话说，用户所需的所有文件被存储在根目录"/"的一些子目录中，可以通过普通 Unix 调用(如 open、read 等)访问。请注意不能将其与工作站中多个文件系统作为根目录的子目录相混淆。

单文件层次的功能已经由现有的分布式文件系统，如网络文件系统(network file system，NFS)和 Andrew 文件系统(Andrew file system，AFS)提供了一部分。从进程的角度来看，文件能够存放在集群中的三种不同类型的位置，如图 12 - 8 所示。

本地存储是进程所在的本地节点上的磁盘。远程节点上的磁盘是远程存储。一个稳定的存储需要满足两个条件：第一，它是持续的，这意味着数据一旦写入稳定存储，将会保留一

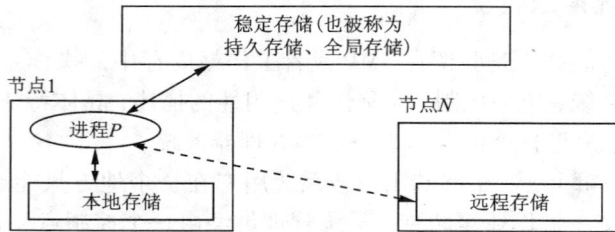

图 12 – 8   单文件层次中存储的三种类型。
实线表示进程 P 可以访问，虚线表示 P 可能被允许访问

段足够长的时间（例如，一个星期）；利用冗余和定期磁带备份，它在某种程度上是容错的。

图 12 – 8 中使用了稳定存储。稳定存储中的文件称为全局文件，同理，本地存储中的文件称为本地文件，远程存储中的文件称为远程文件。稳定存储可由一个集中的大规模 RAID 磁盘实现，但也可以利用分布式集群节点的本地磁盘实现。第一种方法因使用大规模磁盘，存在着单点失效问题和潜在性能瓶颈。第二种方法比较难实现，但是可能会更经济、更有效、更可用。在许多集群系统中，系统允许用户进程在单文件层次上可见下列目录：传统 Unix 工作站中常用的系统目录，如/usr 和/usr/local；以及拥有小磁盘配额（1 ~ 20 MB）的用户主目录 ~/，用户在这里存放代码文件和其他文件。但是大数据文件必须存放在其他地方。

➤ 全局目录被所有用户和进程共享。该目录拥有若干 GB 的大磁盘空间，用户能够在这里存储他们的大型数据文件。

➤ 在集群系统中，进程能够访问本地磁盘上的特定目录。该目录具有中介的功能，与全局目录相比能够被更快地访问。

3. 文件可见性

可见性在这里意味着进程能够使用 fopen、fread 和 fwrite 等传统 Unix 系统或库函数访问文件。值得注意的是，集群中有多个本地擦除目录。远程节点的本地擦除目录不在单文件层次中，对进程并不能直接可见。但用户进程通过指定节点名和文件名，使用 rcp 等命令或一些特殊库函数仍然可以访问这些目录。

擦除表明该存储用来作为暂时的信息存储。本地擦除空间的信息可以在用户退出后丢弃。全局擦除空间的文件通常在用户退出后仍被保留，但是如果在一段预定时间内未被访问，将会被系统删除。这对其他用户来说是免费的磁盘空间，周期的长短可由系统管理员设定，范围一般从一天到几个星期。一些系统定期或在删除文件之前，会将全局擦除空间中的信息备份至磁盘。

4. 单文件层次支持

人们希望单文件层次结构具有单系统镜像属性。

集群文件系统应该维持比如 Unix 语义：每个文件操作（fopen、fread、fwrite、fclose 等）均是一个事务。在 fwrite 修改文件之后，fread 访问该文件，fread 应该获得已经更新的文件。然而，现有的分布式文件系统并不完全符合 Unix 语义，一些文件系统只会在关闭或清除时更新文件。在集群中组织全局存储有多种选择。一种极端方法是使用具有巨大 RAID 的主机作为单一文件服务器,该方案很简单,使用当前软件(如 NFS)能够很容易实现,但是文件服务器将成为性能瓶颈,并面临单点失效的问题。另一种极端方法是利用所有节点的本地磁盘组成全局存储,这可以解决单一文件服务器的性能及可用性问题。

5. 单一 I/O、网络和内存空间

图 12 - 9 所示例子中,每个节点恰好有一个网络连接。4 个节点中的两个节点分别有两个 I/O 附设。

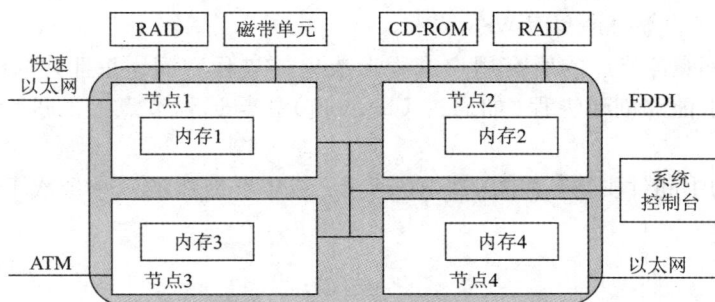

图 12 - 9　具有单一网络连接、单一 I/O 空间、单一内存和单点控制的集群

单一网络:正确设计的集群应该表现得像一个系统(阴影区域)。换句话说,该集群就如同一个具有 4 个网络连接和 4 个 I/O 附设的大规模工作站。任意节点上的任意进程能够使用任意网络和 I/O 设备,就像它们连接在本地节点上。单一网络还意味着任意节点能够访问任意网络连接。

单点控制:系统管理员应该能够通过单一入口配置、监视、测试和控制整个集群和每个独立的节点。许多集群通过与所有集群节点连接的系统控制台来辅助实现这一点。该系统控制台通常与外部局域网(未在图 12 - 9 中显示)连接,这样管理员能够在局域网的任何地方远程登录系统控制台,进行管理员的工作。

值得注意的是,单点控制并不意味着所有系统管理工作必须由系统控制台单独执行。实际上,很多管理功能分布在集群上。这意味着管理集群不应该比管理 SMP 或主机困难。管理相关的系统信息(如各种配置文件)应该保存在一个逻辑空间中。管理员使用图形工具监控集群,图形工具显示集群的完整信息。

单一内存空间:单一内存空间为用户提供一个大规模集中式主内存的假象,但实际上可能是分布式本地内存空间的集合。PVP、SMP 和 DSM 在这方面比 MPP 集群优秀,因为它们允许程序利用全局或本地内存空间。

假设图 12 - 9 中的每个节点有 2 GB 的用户可用内存。理想的单一内存镜像应该允许该集群运行需要 8 GB 内存的串行程序。这使得集群运行时如同一个 SMP 系统。为了实现集群上的单一内存空间,可以尝试几种方法。其中一种方法是让编译器将应用程序的数据结构分布于多个节点之上。开发有效的、平台无关的并且支持串行二进制代码的单一内存机制是具有挑战性的任务。

单一 I/O 地址空间：假设集群被用来作为一个 Web 服务器，Web 信息数据库分布在两个 RAID 上。每个节点启动一个 HTTP 后台程序处理来自网络连接的 4 个 Web 请求。单一 I/O 空间意味着任意节点能够访问这两个 RAID。

6. 其他 SSI 所需特征

SSI 的最终目标是使得集群如同台式计算机一样易于使用。下面是 SSI 额外特征，这些特征存在于 SMP 服务器中：

单一作业管理系统：所有集群作业能够由任意节点提交到单一作业管理系统。

单一用户接口：用户通过单一图形界面使用集群。这适用于工作站和个人计算机，发展集群 GUI 的一个好的方向是利用 Web 技术。

单一进程空间：各节点的所有用户进程形成单一进程空间，并且共享统一进程认证机制。在任意节点上能够创建进程（如通过 Unix fork）并与远程节点上的进程通信（如通过信号、管道等）。

SSI 集群化的中间件支持：如图 12 - 10 所示，在集群应用的三个层次上，中间件支持各种 SSI 特征。

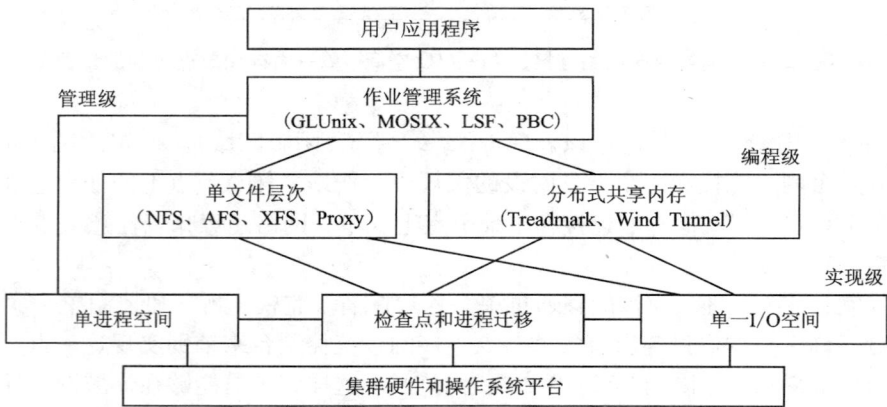

图 12 - 10　在作业管理、编程和实现级上集群化中间件的关系

管理级：该级处理用户应用程序，并且提供作业管理系统，如 GLUnix、MOSIX、Load Sharing Facility（LSF）或 Codine。

编程级：该级提供单一文件层次（NFS、XFS、AFS、Proxy）和分布式共享内存（TreadMark、Wind Tunnel）。

实现级：该级支持单一进程空间、检查点机制、进程迁移和单一 I/O 空间。这些特征必须与集群硬件和操作系统平台结合。

12.3.2　冗余高可用性

当设计鲁棒的高可用系统时，三个术语经常一起使用：可靠性、可用性和可服务性（reliability，availability and serviceability，RAS）。RAS 需求由实际市场的需求决定。最近的 Find/SVP 调研结果显示，世界 1000 强企业中，计算机平均每年发生 9 次故障，平均每次故障时间为 4 小时。由于故障过程中可能造成的巨大损失，许多公司都在努力提供 24/365 可用的系统，即该系统每天 24 小时，每年 365 天都是可用的。

1.可用性和失效率

如图 12 – 11 所示，计算机系统通常在发生故障前会运行一段时间。故障被修复后，系统恢复正常运行，然后不断重复这个运行 – 修复周期。系统可靠性由平均失效发生时间（MTTF）衡量，该时间指的是系统（或系统部件）发生故障前正常运行的平均时间。可服务性的度量标准是平均修复时间（MTTR），该时间为发生故障后修复系统及还原工作状态的平均时间。

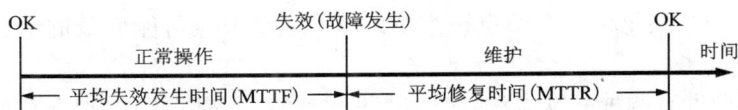

图 12 – 11　计算机系统的运行 – 修复周期

系统可用性定义为：

$$可用性 = MTTF/(MTTF + MTTR)$$

2.计划停机和意外失效

学习 RAS 时，任意使得系统不能正常执行的事件称为失效（failure）。这包括：
（1）意外失效：由于操作系统崩溃、硬件失效、网络中断、人为操作失误以及断电等引起的。系统必须修复这些失效。
（2）计划停机：系统没有被损坏，但是周期性中止正常运行以进行升级、重构和维护。系统也可能在周末或假日关闭。图 12 – 11 所示的 MTTR 是关于这类失效的计划停工时间。

表 12 – 5 显示了几种具有代表性的系统可用性值。例如，传统工作站具有 99% 的可用性，意味着建立和运行的时间占总时间的 99%，或者每年只停机 3.6 天。可用性的乐观定义并不考虑计划停机时间，这可能是有实际意义的。例如，许多超级计算机设置为每周几小时的计划停机时间，而电话系统却不能忍受每年几分钟的停机时间。

3.暂时性失效和永久性失效

很多失效是暂时的，它们短暂出现然后消失。处理这类失效不需要更换任何组件，一个标准的方法是回滚系统至已知状态，然后重新开始。例如，通过重启计算机来恢复诸如键盘或窗口不响应等暂时性失效。而永久性失效不能通过重启来修复，必须维修或更换某些硬件或软件组件。例如，如果系统硬盘坏了，重启也不能恢复正常工作。

4. 部分失效和整体失效

使得整个系统不可用的失效称为整体失效。系统在一个较低的水平仍可以运行、只影响了部分系统的失效称为部分失效。提高可用性的关键方法是系统地移除单点失效，使得失效尽可能是部分失效，因为硬件或软件组件的单点失效会影响到整个系统。

5. 冗余技术

考虑上述二维码示例中的集群。假设只有一个节点失效时，系统的其余部分（例如，互连和共享 RAID 磁盘）是 100% 可用的，该节点的工作量不需要额外时间便可转移到另一个节点上。若忽略计划停机时间，集群的可用性如何？若集群需要 1 小时/周的维护时间，集群的可用性又如何？若每周关闭一小时，每次只关闭一个节点，集群的可用性又如何？

从表 12-5 可知，工作站的可用性高达 99%。两个节点都停机的时间仅占 0.01%。因此，可用性为 99.99%。目前的故障恢复系统每周只有一个小时的停机时间，计划停机时间为 52 小时/年，即 $52/(365 \times 24)=0.0059$。总停机时间是 $0.59\% + 0.01\% = 0.6\%$。集群的可用性为 99.4%。如果忽略一个节点被维护时，另一个节点可能失效的情况，其可用性是 99.99%。

提高系统可用性有两种基本方法：增加 MTTF 或减少 MTTR。增加 MTTF 等同于增加系统可靠性。目前工作站的 MTTF 的范围从数百到数千小时不等。然而，进一步提高 MTTF 是非常困难和昂贵的。于是，集群提供了一种基于减少系统 MTTR 的高可用性解决方法。一个多节点集群比工作站具有较低的 MTTF（因而具有较低的可靠性），然而，其失效可以被快速解决，以提供较高的可用性。

6. 隔离冗余

提高任何一个系统可用性的关键技术是利用冗余组件。当一个组件（主组件）失效时，该组件提供的服务可由另一个组件（备份组件）接管。此外，主组件和备份组件应该相互隔离，这意味着它们不会因为相同的原因失效。集群通过电能供应、风扇、处理器、内存、磁盘、I/O 设备、网络和操作系统镜像等的冗余，提供高可用性。在一个设计优良的集群中，冗余也是相互隔离的。隔离的冗余提供了几个好处：

（1）考虑隔离冗余的组件不会发生单点失效，因此该组件的失效不会导致整个系统失效。

（2）失效的组件可以在系统其余部分正常工作时被修复。

（3）主组件和备份组件可以彼此相互检测及调试。

7. 用 N 版本编程来增强软件可靠性

构造关键任务软件系统的通用冗余方法被称为 N 版本编程。软件由 N 个独立的队列执行，这些队列甚至不知道彼此的存在，不同的队列要求使用不同的算法、编程语言、环境工具甚至平台执行软件。在一个容错系统中，这 N 个版本同时运行并且不断比较它们的结果。如果结果不一致，系统提示发生故障。由于隔离冗余，因此在同一时间内，某一故障导致大多数 N 版本失效是几乎不可能的，所以系统可根据多数表决产生的正确结果继续工作。在一个高可用非关键任务系统中，在某一时间只须运行一个版本。每一版本内置自动检测功能。当某个版本失效时，另一版本能够接管其任务。

成本分析示例

12.3.3　容错集群配置

集群解决方案的目标是为两个服务器节点提供三个不同级别上的可用性支持：热备份、主动接管和容错。在这一节中将考虑恢复时间、回滚特征和节点主动性。可用性水平促进从备份变化为主动和容错集群配置。恢复时间越短，集群的可用性越高。回滚指的是一个恢复节点在修复和维护后回归正常执行的能力。主动性指的是该节点在正常运行中是否用于活跃任务。

热备份服务器集群：在一个热备份集群中，一般情况下只有主要节点积极完成所有有用的工作。备份节点启动（热）和运行一些监控程序来发送与接收心跳信号以检测主要节点的状态，但并不会积极运行其余有价值的工作。主要节点必须备份所有数据至共享磁盘存储，该存储可被备份节点访问。

主动接管集群：在这个例子中，多个服务器节点的体系结构是对称的。两个服务器都是主要的，正常完成有价值的任务。两个服务器节点通常都支持故障切换和恢复。当一个节点失效时，用户应用程序转移至集群中的其他可用节点。由于实施故障切换需要时间，用户可能会遇到一些延迟或者丢失在最后检查点前未保存的部分数据。

故障切换集群：故障切换可能是目前商业应用集群所需的最重要特征。当一个组件失效时，该技术允许剩余系统接管之前由失效组件提供的服务。因此，故障切换机制必须提供一些功能，如失效诊断、失效通知和失效恢复。失效诊断是指失效以及导致该失效的故障组件位置的检测。一种常用的技术是使用心跳消息，集群节点发送心跳消息给对方，如果系统没有接收到某个节点的心跳消息，那么可以判定节点或者网络连接失效了。

失效一旦被诊断，系统将通知需要知道该失效的组件。失效通知是必要的，因为不仅仅只有主节点需要了解这类信息。例如，某个节点失效，DNS 需要被通知，以至不会有更多的用户连接到该节点。资源管理器需要重新分配负载，同时接管失效节点上的剩余负载。系统管理员也需要被提醒，这样他能够进行适当的操作来修复失效节点。

失效恢复是指接管故障组件负载的必须动作。恢复技术有两种类型：在向后恢复中，集群上运行的进程持续地存储一致性状态（称为检查点）到稳定的存储。失效之后，系统被重新配置以隔离故障组件，恢复之前的检查点，以及恢复正常的操作。这称为回滚。

然而，回滚意味着浪费了之前的执行结果。如果执行时间是至关重要的，如在实时系统中，那么回滚时间是无法容忍的，应该使用向前恢复机制。在这个机制下，系统并不回滚至失效前的检查点。相反，系统利用失效诊断信息重建一个有效的系统状态，并继续执行。向前恢复是与应用相关的，并且可能需要额外的硬件，而向后恢复与应用无关，相对容易实现，已被广泛使用。

12.3.4　检查点和恢复技术

检查点和恢复这两种技术必须共同发展，才能提高集群系统的可用性。某个进程周期性地保存执行程序的状态至稳定存储器，系统在失效后能够根据这些信息得以恢复。每一个被保存的程序状态称为检查点，包含被保存状态的磁盘文件称为检查点文件。虽然目前所有的检查点软件在磁盘中都保存着程序状态，但是使用节点内存替代稳定存储器来提高性能还处在研究阶段。

检查点及恢复技术

检查点技术不仅对可用性有帮助，同时对程序调试、进程迁移和负载均衡也是有用的。许多作业管理系统和一些操作系统支持某种程度上的检查点。Web 资源包含众多与检查点相关的 Web 网站，还包括一些公共领域软件，如 Condor 和 Libckpt。

12.4　集群作业和资源管理

本节介绍在集群系统上执行多个作业的多种调度方法。描述集群计算的中间件以及在大规模集群或云中，用于资源管理的分布式操作系统 MOSIX。

12.4.1　集群作业调度方法

集群作业可能在一个指定的时间(日历调度)，或者在特定事件发生(事件调度)时被调度运行。表 12 - 6 总结了用于解决集群作业调度问题的各种方案。根据提交时间、资源节点、执行时间、内存、磁盘、作业类型及用户认证的优先级来执行作业调度。静态优先级指的是根据预定的方案，作业被分配的优先级。其中一个简单的方案是采用先到先服务的形式调度作业。另一种方案是为用户分配不同的优先级，而作业的动态优先级可能会随时间发生变化。

表 12 -6　集群节点的作业调度问题和机制

问题	机制	关键问题
作业优先级	非抢占式	高优先级作业被延迟
	抢占式	开销、实现
资源需求	静态	负载不平衡
	动态	开销、实现
资源共享	专用	低利用率
	空间共享	分块、大规模作业
	时间共享	基于进程的作业控制与上下文切换开销
调度	独立	严重减速
	组调度	实现困难
与外界(本地)作业竞争	驻留	本地作业减速
	迁移	迁移阈值、迁移开销

共享集群的专用模式中，在某一时间的集群中只有一个作业运行，在某一时间的一个节点至多被分配一个作业进程。作业直至运行完成，才释放集群让其他作业运行。值得注意的是，即使在专用模式中，也有一些节点可能保留，以供系统使用，不对用户作业开放。除此之外，所有集群资源用于运行单一作业，这可能会导致系统利用率低。作业资源需求可以是静态的，也可以是动态的。静态机制在单一作业的整个周期，固定分配一定数目的节点。静态机制可以充分利用集群资源，它无法处理所需节点变得不可用的情形，例如，单工作站的所有者关闭了机器。

动态资源允许作业在运行中获得或释放节点。然而，这需要运行的作业和 Java 信息服务（java message service，JMS）协作。作业对 JMS 提交异步添加/删除资源的请求。JMS 需要通知该作业何时将资源变得可用，而同步意味着作业会被请求/通知推迟（阻塞）。作业和 LMS 的协作需要修改编程语言/库。此协作的原始机制存在于 PVM 和 MPI 中。

1. 空间共享

常用的方案是在日间赋予短的交互作业较高的优先级，而在晚间使用瓷砖式覆盖。在这个空间共享模式中，多个作业可以在分离的节点分区（组）同时运行。一个进程在某一时间至多被分配到一个节点。虽然部分节点只分配给一个任务，但是互连和 I/O 子系统都可能被所有作业共享。因此，空间共享必须解决瓷砖式覆盖问题和大规模作业问题。

图 12-12 描述了瓷砖式覆盖技术。在图 12-12(a) 中，JMS 在 4 个节点上按照先到先服务的策略调度 4 个作业。作业 1 和作业 2 较小，因此被分配至节点 1 和节点 2。作业 3 和作业 4 是并行的，且每个均需要 3 个节点。当作业 3 到达时，它不能够立即运行，它必须等待作业 2 完成，并释放其使用的节点。如图 12-12(b) 所示，瓷砖式覆盖会增加节点的利用率，在可用节点上重新装载这 4 个作业，从而减少这些作业的整体执行时间。

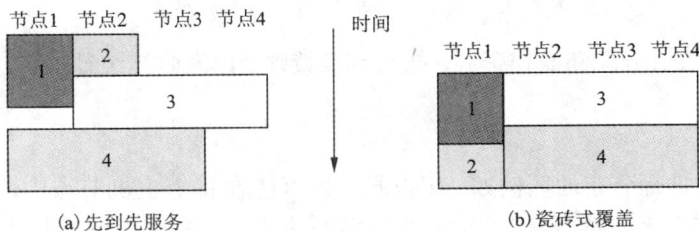

图 12-12　用于集群节点上作业调度的瓷砖式覆盖技术减少了整体时间，因此增加了作业吞吐量

这个问题在专用模式或者空间共享模式中不能得到解决。然而，通过分时操作，该问题能够得以缓和。

2. 分时

在专用或者空间共享模式中，每个节点只分配了一个用户进程。然而，该节点上的系统进程或后台程序仍在运行。在分时模式中，多个用户进程被分配至相同的节点，引入了下列并行调度策略：

（1）独立调度。分时的最直接实现如同传统的工作站，使用集群中每个节点的操作系统来调度不同的进程，这称为局部调度或独立调度。然而，这会导致并行作业的性能明显降低，因为执行并行作业的进程之间需要交互。例如，当一个进程试图与另一个进程界限同步，后者可能已被调度出去，于是第一个进程必须等待。而当第二个进程被重新调度时，第一个进程可能已被替换。

（2）组调度。是指组调度机制共同调度并行作业的全部进程。一个进程活跃，则所有的进程都活跃。集群节点并不完全锁同步。事实上，大多数系统是异步系统，不由同一时钟驱动。尽管所有进程将在同一时间运行，但是它们不会十分精确地在同一时刻开始。在第一个进程开始和最后一个进程开始之间，组调度倾斜具有最大差异。组调度倾斜越大，并行作业的运行时间就越长，从而导致了更长的运行时间。如果使用同构集群，组调度更有效。然而，由于实施困难，组调度在大多数集群中并未实现。

（3）与外界（本地）作业竞争。当集群作业和本地作业都运行时，调度变得更复杂。本地作业的优先级应高于集群作业，集群作业可以驻留在工作站节点或者迁移到另一个空闲节点。驻留方案可以避免迁移开销，但集群进程以最低优先级运行。工作站周期可以分为三个部分：内核进程、本地进程和集群进程。然而，驻留降低了本地和集群作业的速度，尤其是当集群作业是一个需要频繁同步和通信的负载均衡的并行作业时，因此，将作业转移到可用周围节点，以平衡负载。

12.4.2　集群作业管理系统

作业管理也称为负载管理或负载共享。作业管理系统（job management system，JMS）具有三部分：

（1）用户服务器：提交用户作业至一个或多个队列，为每个作业指定资源需求，将作业从队列中删除，以及询问作业或队列的状态。

（2）作业调度器：根据作业类型、资源需求、资源可用性和调度策略，执行任务调度和排队。

（3）资源管理器：分配和监控资源，执行调度策略，以及收集统计信息。

1. JMS 管理

JMS 的功能通常是分布的。例如，用户服务器可能在每个主机节点中，而资源管理器则可能跨越所有集群节点。然而，JMS 的管理应该是集中的，所有配置与日志文件应该维护在同一地点，并且需要一个单一用户界面以便使用 JMS。强制用户使用某一软件包运行 PVM 作业，使用另一软件包运行 MPI 作业，以及使用剩余的某一软件包运行 HPF 作业，是不受欢迎的。

JMS 应该能够在对运行作业产生最小影响的情况下，动态重新配置集群。管理员的开始和结束脚本应该能够在安全检查、统计和清除作业之前及之后运行。用户应该能够干净地清除他们自己的作业。管理员或 JMS 应该能够干净地暂停或清除任何作业。干净意味着当某一作业中止或死亡时，必须涵盖所有它的进程。否则，有些"孤儿"进程遗留在系统中，会浪费系统资源并且可能最终导致系统无法使用。

2. 集群作业种类

一个集群上可以运行几类作业。串行作业在单个节点上运行。并行作业使用多个节点。交互作业需要快速的周转时间,并且其输入/输出指向一个终端。这些作业不需要大量资源,但用户期望作业被立即执行,不需要在队列中等待。批量作业通常需要更多的资源,如大内存空间和长 CPU 时间,但是它们不要求立即反馈结果,于是它们被提交至作业队列,当资源可用时(如在空闲时间),被调度执行。

相较于交互作业和批量作业由 JMS 管理,外界作业是在 JMS 之外被创建的。例如,当工作站网络作为集群时,用户可以向 JMS 提交交互作业或批量作业。同时,工作站的所有者可以在任意时间创建一个外界作业,该作业不通过 JMS 提交。这类作业也被称为本地作业,相对于集群作业(交互或批量、并行或串行),本地作业的特征是响应迅速。所有者希望所有资源执行他的作业,就好像集群作业不存在一样。

3. 集群负载特征

为了解决作业管理问题,还必须了解集群的工作行为。在实际集群上,基于长期操作数据来描述负载似乎是理想的。下列负载特征基于伯克利 Now 项目得到,当然,不同的负载可能有不同的统计结果。

(1)约一半的并行作业在正常工作时间内提交。

约 80% 的并行作业运行持续 3 min 甚至更少。

运行时间超过 90 min 的并行作业占用整个系统多于 50% 的运行时间。

(2)串行负载显示,60%~70% 的工作站可以在任意时间执行并行作业,即使在日间高峰时间。

(3)在工作站中,53% 的空闲时间为 3 min 或者更少,但是 95% 的空闲时间是在超过或等于 10 min 的时间段中花掉的。

(4)2:1 法则。即一个包含 64 个工作站的网络,具有合适的 JMS 软件,除了原有的串行负载,还能够维持一个 32 节点的并行负载。

4. 迁移机制

一个迁移机制必须考虑以下三个问题:

(1)节点可用性。这涉及作业迁移时的节点可用性。伯克利 Now 项目声称大学校园环境内还存在这样的情形。即使在高峰时间,伯克利校园集群中 60% 的工作站是可用的。

(2)迁移开销。迁移时间会显著影响并行作业运行,降低迁移开销(如通过提高通信子系统)或尽量少迁移是很重要的。如果一个并行作业运行在 2 倍规模的集群上,其减速时间将显著降低。例如,一个 32 节点的并行作业在一个 60 节点集群上运行,由迁移造成的减速时间不超过 20%,即使迁移有 3 min 之长。这是因为多个节点是可用的,因此迁移需求减少了。

(3)迁移阈值。最坏的情况下,当进程迁移到某一节点,该节点立即被它的所有者控制。因此,进程必须再次迁移,甚至不断循环下去。迁移阈值是在集群认为某工作站是空闲节点之前,该工作站闲置的时间。

12.4.3 集群计算的负载共享设备(LSF)

LSF 是平台计算中的商用负载管理系统。在并行作业和串行作业中,LSF 强调作业管理和负载共享。此外,它还支持检查点、可用性、负载迁移和单系统镜像。LSF 具有高扩展性,并且能够支持上千个节点的集群。LSF 服务于各种 Unix 和 Windows/NT 平台。目前,LSF 不仅在集群中使用,也在网格和云中使用。

1. LSF 体系结构

LSF 支持大多数 Unix 平台,并采用标准 IP 进行 JMS 通信。正因为如此,它可以使 Unix 计算机的异构网络成为一个集群,而没有必要修改潜在的操作系统内核。终端用户使用有效命令集合调用 LSF 功能。LSF 支持 PVM 和 MPI,提供命令执行界面及 GUI,同时 LSF 也为熟练用户提供了名为 LSLIB(load sharing library, 负载共享库)的运行时库的 API。使用 LSLIB 应明确要求用户修改应用程序代码,而不是使用实用命令。集群中的每个服务器有两个 LSF 维护进程。负载信息管理器(load information managers, LIM)定期交换负载信息。远程执行服务器(remote execution server, RES)执行远程任务。

2. LSF 实用命令

集群节点可能是具有单处理器主机或多处理器的 SMP 节点,但总是只运行节点上操作系统的单一备份。下面是构建 LSF 设备的一些有趣特征。

LSF 支持交互、批量、串行和并行作业的任意组合。不通过 LSF 执行的作业称为外界作业。服务器节点是可以运行 LSF 作业的节点。客户端节点是可以初始化或提交但不能执行 LSF 作业的节点。只有服务器节点的资源可以共享。服务器节点也可以初始化或提交 LSF 作业。

LSF 为从 LSF 获取信息和远程执行作业提供了一套工具(lstools)。例如, lshosts 列出了集群中每个服务器节点的静态资源,命令 lsrun 用于执行远程节点上的程序。

当用户在客户端节点输入命令"% lsrun – R'swp > 100'myjob",应用程序 myjob 将自动选择负载最轻的服务器节点运行,该节点的可用交换空间大于 100 MB。

工具 lsbatch 允许用户通过 LSF 提交、监控及执行批量作业。该工具是常用的 Unix 命令解释器 tcsh 的负载共享版本。一旦用户进入 lstcsh shell,每个输入的命令将自动地在合适节点上运行。这是透明的:用户所看见的 shell,如同 tcsh 在本地节点上运行一样。

工具 lsmake 是 Unix 工具 make 的并行版本,使生成文件可在多个节点上同时执行。

例:计算机集群上的 LSF 应用。假设一个集群由 8 个昂贵的服务器节点和 100 个廉价的客户端节点(工作站或个人计算机)组成。服务器节点昂贵是因为它有更好的硬件和软件,包括应用软件。授权协议允许安装 Fortran 语言编译器和计算机辅助设计(CAD)模拟软件包,最多对 4 个用户有效。使用一个 JMS(如 LSF),服务器节点的所有硬件和软件资源都是透明地提供给客户端的。

用户坐在客户终端前感觉本地客户端节点具有所有软件及服务器性能。输入 lsmake my. makefile,用户可以在 4 个服务器上编译源代码。因为 LSF 选择负载最少的节点,所以使用 LSF 也有益于资源利用。例如,如果用户想要运行 CAD 模拟,可以提交批量作业。一旦软件变得可用, LSF 将会调度这个作业。

12.5　LVS

互联网企业常用的集群软件有: LVS、keepalived、haproxy、nginx、apache、heartbeat, 联网企业常用的集群硬件有: F5、Netscaler、Radware 等。本节介绍 LVS 集群的体系结构以及 LVS 提供的负载均衡技术及其配套集群管理软件; 并且将 LVS 集群应用于建立可伸缩的 Web、Media、Cache 和 Mail 等网络服务。

12.5.1　LVS 集群的通用体系结构

Linux Virtual Server(LVS)是由中国、Linux 程序员章文嵩博士发起和领导的, 基于 Linux 系统的服务器集群解决方案, 其实现目标是创建一个具有良好的扩展性、高可靠性、高性能和高可用性的体系。许多商业的集群产品, 比如 RedHat 的 Piranha、Turbo Linux 公司的 Turbo Cluster 等, 都是基于 LVS 的核心代码的。

LVS 集群采用 IP 负载均衡技术和基于内容请求分发技术。调度器具有很好的吞吐率, 将请求均衡地转移到不同的服务器上执行, 调度器能自动屏蔽掉服务器的故障, 从而将一组服务器构成一个高性能的、高可用的虚拟服务器。整个服务器集群的结构对客户透明, 无须修改客户端和服务器端的程序。

一般来说, LVS 集群采用三层结构, 其体系结构如图 12 – 13 所示, 三层主要组成部分为:

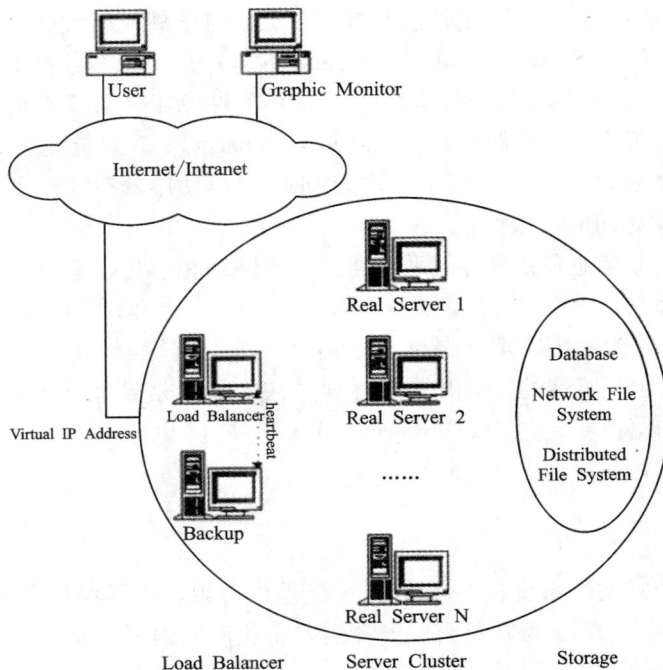

图 12 – 13　LVS 集群的体系结构

（1）负载调度器（load balancer）。它是整个集群对外的前端机，负责将客户的请求发送到一组服务器上执行，而客户认为服务是来自一个 IP 地址（称之为虚拟 IP 地址）上的。

（2）服务器池（server pool）。它是一组真正执行客户请求的服务器，执行的服务有 Web、Mail、FTP 和 DNS 等。

（3）共享存储（shared storage）。它为服务器池提供一个共享的存储区，这样很容易使得服务器池拥有相同的内容，提供相同的服务。

调度器是服务器集群系统的唯一入口点，它可以采用 IP 负载均衡技术、基于内容请求分发技术或者两者相结合。在 IP 负载均衡技术中，需要服务器池拥有相同的内容、提供相同的服务。当客户请求到达时，调度器只根据服务器负载情况和设定的调度算法从服务器池中选出一个服务器，将该请求转发到选出的服务器，并记录这个调度；当这个请求的其他报文到达，也会被转发到前面所选出的服务器。在基于内容请求分发技术中，服务器可以提供不同的服务，当客户请求到达时，调度器可根据请求的内容选择服务器执行请求。因为所有的操作都是在 Linux 操作系统核心空间中完成的，它的调度开销很小，所以它具有很高的吞吐率。

服务器池的节点数目是可变的。当整个系统收到的负载超过目前所有节点的处理能力时，可以在服务器池中增加服务器来满足不断增长的请求负载。对大多数网络服务来说，请求间不存在很强的相关性，请求可以在不同的节点上并行执行。整个系统的性能基本上可以随着服务器池的节点数目增加而线性增长。

共享存储通常是数据库、网络文件系统或者分布式文件系统。服务器节点需要动态更新的数据一般存储在数据库系统中，同时数据库会保证并发访问时数据的一致性。静态的数据可以存储在网络文件系统（如 NFS/CIFS）中，但网络文件系统的伸缩能力有限，一般来说，NFS/CIFS 服务器只能支持 3 ~ 6 个繁忙的服务器节点。对于规模较大的集群系统，可以考虑用分布式文件系统，如 AFS、GFS、Coda 和 Intermezzo 等。当不同服务器上的应用程序同时读写访问分布式文件系统上同一资源时，应用程序的访问冲突需要消解才能使得资源处于一致状态，这需要一个分布式锁管理器（distributed lock manager），它可能是分布式文件系统内部提供的，也可能是外部的。开发者在写应用程序时，可以使用分布式锁管理器来保证应用程序在不同节点上并发访问的一致性。

负载调度器、服务器池和共享存储系统通过高速网络相连接，避免了当系统规模扩大时互联网络成为整个系统的瓶颈。

Graphic Monitor 是为系统管理员提供整个集群系统的监视器，它可以监视系统的状态。Graphic Monitor 是基于浏览器的，所以无论管理员在本地还是异地都可以监测系统的状况。为了安全的原因，浏览器要通过 HTTPS（secure HTTP）协议和身份认证后，才能进行系统监测，并进行系统的配置和管理。

1. 共享存储

共享存储如分布式文件系统在 LVS 集群系统是可选项。当网络服务需要有相同的内容时，共享存储是很好的选择，否则每台服务器需要将相同的内容复制到本地硬盘上。当系统存储的内容越多，这种无共享结构（shared - nothing）的代价越大，因为每台服务器需要一样大的存储空间，任何更新都需要涉及每台服务器，系统的维护代价会非常高。

共享存储为服务器组提供统一的存储空间，这使得系统的内容维护工作比较轻松，如

Webmaster 只需要更新共享存储中的页面，对所有的服务器都有效。对于大多数 Internet 服务来说，它们都是读密集型(read – intensive)的应用。分布式文件系统在每台服务器使用本地硬盘作 Cache(如 2 Gbytes 的空间)，可以使得访问分布式文件系统本地的速度接近于访问本地硬盘。

此外，存储硬件技术的发展也促使从无共享的集群向共享存储的集群迁移。存储区域网技术解决了集群的每个节点可以直接连接/共享一个庞大的硬盘阵列，硬件厂商也提供多种硬盘共享技术，如光纤通道(fiber channel)、共享 SCSI(shared sCSI)。InfiniBand 使得存储区域网以更低的延时传输 I/O 消息和集群通信消息，并且提供很好的伸缩性。InfiniBand 得到了绝大多数的大厂商的支持，如 Compaq、Dell、Hewlett – Packard、IBM、Intel、Microsoft 和 SUN Microsystems 等，正在成为一个业界的标准。这些技术的发展使得共享存储变得容易，规模生产也会使得成本逐步降低。

2. 高可用性

集群系统的特点是它在软硬件上都有冗余。系统的高可用性可以通过检测节点或服务进程故障和正确地重置系统来实现，使得系统收到的请求能被存活的节点处理。

通常，在调度器上由资源监测进程来时刻监视各个服务器节点的健康状况。当服务器对 ICMP ping 不可达时或者探测该网络服务在指定的时间没有响应时，资源监测进程通知操作系统内核将该服务器从调度列表中删除或者失效。这样，新的服务请求就不会被调度到坏的节点。资源监测进程能通过电子邮件或传呼机向管理员报告故障。一旦监测进程到服务器恢复工作，通知调度器将其加入调度列表进行调度。另外，通过系统提供的管理程序，管理员可发布命令，随时可以将新机器加入服务来提高系统的处理性能，也可以将已有的服务器切出服务，以便对服务器进行系统维护。

3. 可伸缩 Web 服务

基于 LVS 的 Web 集群的体系结构如图 12 – 14 所示：第一层是负载调度器，一般采用 IP 负载均衡技术，可以使得整个系统有较高的吞吐率；第二层是 Web 服务器池，在每个节点上可以分别运行 HTTP 服务或 HTTPS 服务，或者两者都运行；第三层是共享存储，它可以是数据库，可以是网络文件系统或分布式文件系统，或者是三者的混合。集群中各节点是通过高速网络相连接的。

对于动态页面(如 PHP、JSP 和 ASP 等)，需要访问的动态数据一般存储在数据库服务器中。数据库服务运行在独立的服务器上，为所有 Web 服务器共享。无论是同一 Web 服务器上多个动态页面访问同一数据，还是不同 Web 服务器上多个动态页面访问同一数据，数据库服务器有锁机制使得这些访问能有序地进行，从而保证了数据的一致性。

对于静态的页面和文件(如 HTML 文档和图片等)，可以存储在网络文件系统或者分布式文件系统中。至于选择哪一种，视系统的规模和需求而定。通过共享的网络文件系统或者分布式文件系统，Webmaster 可以看到统一文档存储空间，使维护和更新页面比较方便，且共享存储中页面的修改对所有的服务器都有效。

在这种结构下，当所有服务器节点超载时，管理员可以很快地加入新的服务器节点来处理请求，而无须将 Web 文档等复制到节点的本地硬盘上。

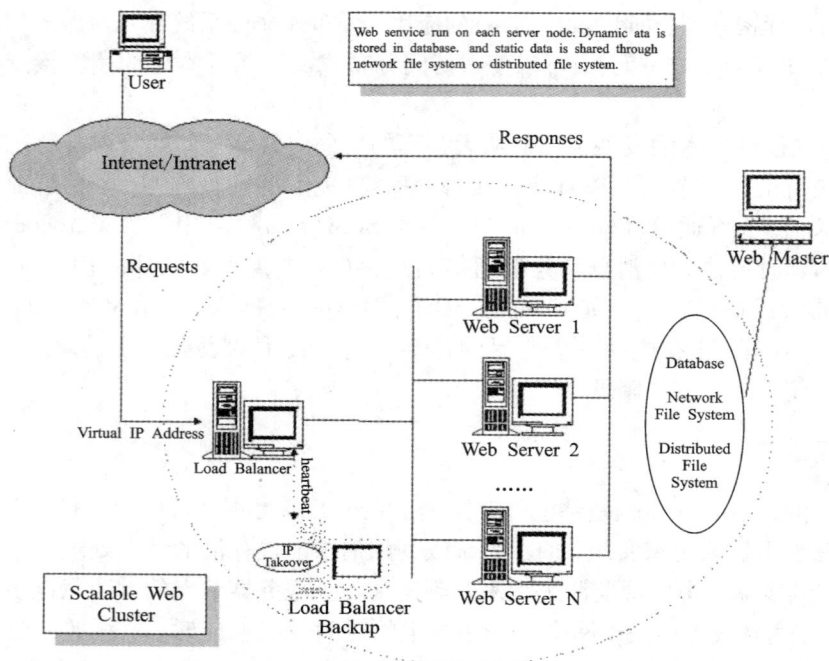

图 12 – 14　基于 LVS 的 Web 集群

　　有些 Web 服务可能用到 HTTP Cookie，它是将数据存储在客户的浏览器来追踪和标识客户的机制。使用 HTTP Cookie 后，来自同一客户的不同连接存在相关性，这些连接必须被发送到同一 Web 服务器。一些 Web 服务使用安全的 HTTPS 协议，它是 HTTP 协议加 SSL（secure socket layer）协议。当客户访问 HTTPS 服务（HTTPS 的缺省端口为 443）时，会先建立一个 SSL 连接，来交换对称公钥加密的证书并协商一个 SSL Key，以加密以后的会话。在 SSL Key 的生命周期内，后续的所有 HTTPS 连接都使用这个 SSL Key，所以同一客户的不同 HTTPS 连接也存在相关性。针对这些需要，IPVS 调度器（LVS 核心软件）提供了持久服务的功能，它可以在设定的时间内，使来自同一 IP 地址的不同连接被发送到集群中同一个服务器节点。这可以很好地解决客户连接的相关性问题。

　　4. 可伸缩媒体服务

　　基于 LVS 的媒体集群的体系结构如图 12 – 15 所示：第一层是负载调度器，一般采用 IP 负载均衡技术，使得整个系统有较高的吞吐率；第二层是 Web 服务器池，在每个节点上可以运行相应的媒体服务；第三层是共享存储，通过网络文件系统/分布式文件系统存储媒体节目。集群中各节点通过高速网络相连接。

　　IPVS 负载调度器一般使用直接路由方法（即 VS/DR 方法）来架构媒体集群系统。调度器将媒体服务请求较均衡地分发到各个服务器上，而媒体服务器将响应数据直接返回给客户，这样可以使得整个媒体集群系统具有很好的伸缩性。

　　媒体服务器可以运行各种媒体服务软件。目前，LVS 集群对于 Real Media、Windows

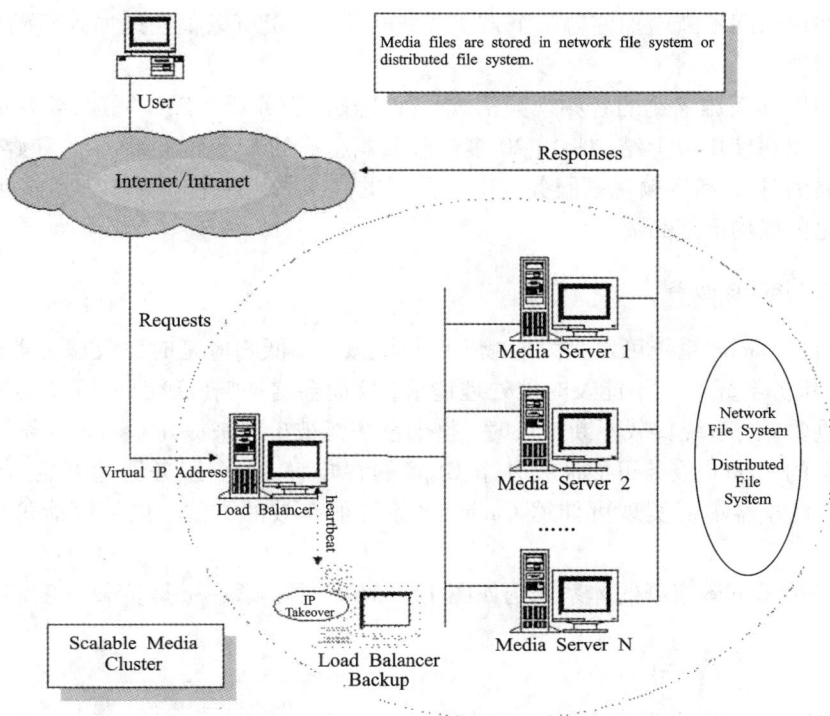

图 12 – 15　基于 LVS 的媒体集群

Media 和 Apple Quicktime 媒体服务都有很好的支持，都有真实的系统在运行。一般来说，流媒体服务都会使用一个 TCP 连接(如 RTSP：real – time streaming protocol 协议)进行带宽的协商和流速的控制，通过 UDP 将流数据返回客户。这里，IPVS 调度器提供功能将 TCP 和 UDP 集中考虑，保证来自同一客户的媒体 TCP 和 UDP 连接会被转发到集群中同一台媒体服务器，保证媒体服务准确无误地进行。

　　共享存储是媒体集群系统中最关键的问题，因为媒体文件往往非常大(一部影片需要几百兆到几千兆的存储空间)，这对存储的容量和读的速度有较高的要求。对于规模较小的媒体集群系统，如只有 3 ~ 6 个媒体服务器节点，存储系统可以考虑用带千兆网卡的 Linux 服务器，使用软件 RAID 和日志型文件系统，再运行内核的 NFS 服务，会有不错的效果。对于规模较大的媒体集群系统，最好选择对文件分段存储和文件缓存有较好支持的分布式文件系统；媒体文件分段存储在分布式文件系统的多个存储节点上，可以提高文件系统的性能和存储节点间的负载均衡；媒体文件在媒体服务器上自动地被缓存，可提高文件的访问速度。也可以考虑在媒体服务器上开发相应的工具，如缓存工具定时地统计出最近的热点媒体文件，将热点文件复制到本地硬盘上，通知其他媒体服务器节点它所缓存的媒体文件以及负载情况；在媒体服务器上有应用层调度工具，它收到客户的媒体服务请求，若所请求的媒体文件缓存在本地硬盘上，则直接转给本地媒体服务进程服务，否则先考虑该文件是否被其他媒体服务器缓存；如该文件被其他服务器缓存并且该服务器不忙，则将请求转给该服务器上的媒体服务进程处理，否则直接转给本地媒体服务进程，从后端的共享存储中读出媒体文件。

共享存储的好处是媒体文件的管理人员看到统一的存储空间，使得媒体文件维护工作比较方便。当客户访问不断增加使得整个系统超载时，管理员可以很快地加入新的媒体服务器节点来处理请求。

Real 公司以其高压缩比的音频视频格式、Real 媒体服务器和媒体播放器 RealPlayer 而闻名。Real 公司正在使用以上结构将由 20 多台服务器组成的 LVS 可伸缩 Web 和媒体集群，为其全球用户提供 Web 和音频视频服务。Real 公司的高级技术主管声称 LVS 击败所有他们尝试过的商品化负载均衡产品。

5. 可伸缩 Cache 服务

有效的网络 Cache 系统可以大大地减少网络流量、降低响应延时以及服务器的负载。但是，若 Cache 服务器超载而不能及时地处理请求，反而会增加响应延时。所以，Cache 服务的可伸缩性很重要，当系统负载不断增长时，整个系统能被扩展来提高 Cache 服务的处理能力。尤其主干网上的 Cache 服务可能需要几个 Gbps 的吞吐率，单台服务器远不能达到这个吞吐率。通过 PC 服务器集群实现可伸缩 Cache 服务是很有效的方法，也是性能价格比最高的方法。

基于 LVS 的 Cache 集群的体系结构如图 12－16 所示：第一层是负载调度器，一般采用

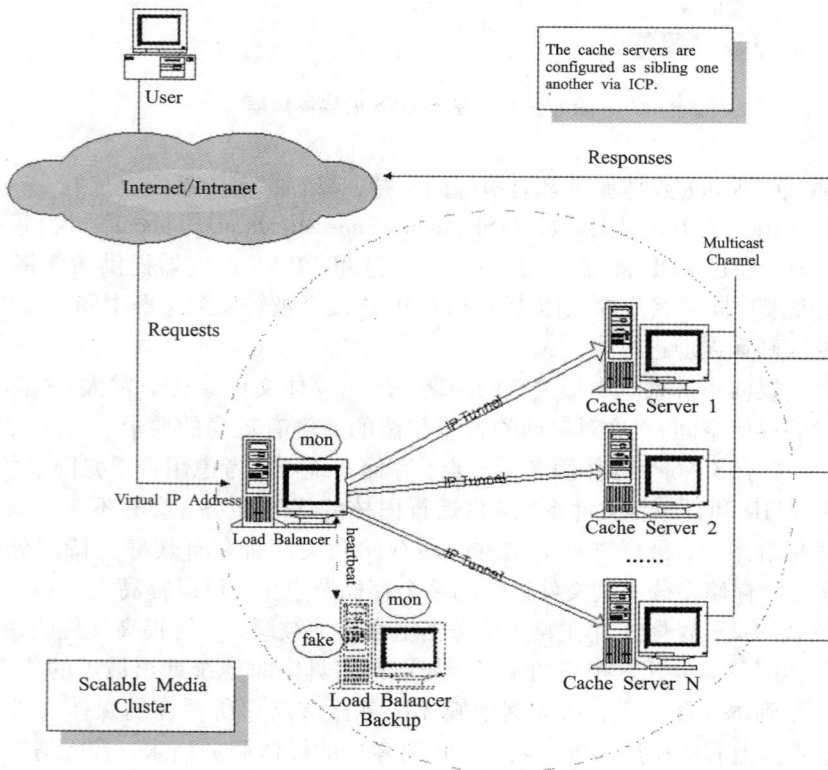

图 12－16　基于 LVS 的 Cache 集群

IP 负载均衡技术,可以使得整个系统有较高的吞吐率;第二层是 Cache 服务器池,一般 Cache 服务器放置在接近主干 Internet 连接处,它们可以分布在不同的网络中。调度器可以有多个,一般放在与客户接近的地方。

IPVS 负载调度器一般使用 IP 隧道方法(即 VS/TUN 方法)来架构 Cache 集群系统,因为 Cache 服务器可能被放置不同的地方(如在接近主干 Internet 连接处);而调度器与 Cache 服务器池可能不在同一个物理网络中。采用 VS/TUN 方法,调度器只调度 Web Cache 请求,而 Cache 服务器将响应数据直接返回给客户。在请求对象不能在本地命中的情况下,Cache 服务器要向源服务器发送请求,将结果取回,最后将结果返回给客户;若采用 NAT 技术的商品化调度器,需要四次进出调度器,完成这个请求。而用 VS/TUN 方法(或者 VS/DR 方法),调度器只调度一次请求,其他三次都由 Cache 服务器直接访问 Internet 完成。所以,这种方法对 Cache 集群系统特别有效。

Cache 服务器采用本地硬盘来存储可缓存的对象,因为存储可缓存的对象是写操作,且占有一定的比例,通过本地硬盘可以提高 I/O 的访问速度。Cache 服务器间有专用的多播通道(multicast channel),通过 ICP 协议(internet cache protocol)来交互信息。当一台 Cache 服务器在本地硬盘中未命中当前请求时,它可以通过 ICP 来查询其他 Cache 服务器是否有请求对象的副本,若存在,则从邻近的 Cache 服务器获取该对象的副本,这样可以进一步提高 Cache 服务的命中率。

6. 可伸缩邮件服务

随着 Internet 用户的不断增长,很多 ISP 面临着其邮件服务器超载的问题。当邮件服务器不能容纳更多的用户账号时,有些 ISP 买更高档的服务器来代替原有的,而将原有服务器的信息(如用户邮件)迁移到新服务器是很烦琐的工作,会造成服务的中断;有些 ISP 设置新的服务器和新的邮件域名、新的邮件用户放置在新的服务器上,这样静态地将用户分割到不同的服务器上,会造成邮件服务器负载不平衡,系统的资源利用率低,对用户来说邮件的地址比较难记。

可以利用 LVS 框架实现高可伸缩、高可用的邮件服务系统。它的体系结构如图 12 – 17 所示:在前端是一个采用 IP 负载均衡技术的负载调度器;第二层是服务器池,有 LDAP(lightweight directory access protocol)服务器和一组邮件服务器;第三层是数据存储,通过分布式文件系统来存储用户的邮件。集群中的各节点通过高速网络相连接。

用户的信息如用户名、口令、主目录和邮件容量限额等存储在 LDAP 服务器中,可以通过 HTTPS 让管理员进行用户管理。在各个邮件服务器上运行 SMTP、POP3、IMAP4 和 HTTP/HTTPS 服务。SMTP 接收和转发用户的邮件,SMTP 服务进程查询 LDAP 服务器获得用户信息,再存储邮件。POP3 和 IMAP4 通过 LDAP 服务器获得用户信息,口令验证后,处理用户的邮件访问请求。

IPVS 调度器将 SMTP、POP3、IMAP4 和 HTTP/HTTPS 请求流负载较均衡地分发到各邮件服务器上,从上面各服务的处理流程来看,不管请求被发送到哪一台邮件服务器处理,其结果是一样的。这里,将 SMTP、POP3、IMAP4 和 HTTP/HTTPS 运行在各个邮件服务器上进行集中调度,有利于提高整个系统的资源利用率。

系统中可能的瓶颈是 LDAP 服务器,对 LDAP 服务中 B + 树的参数进行优化,再结合高

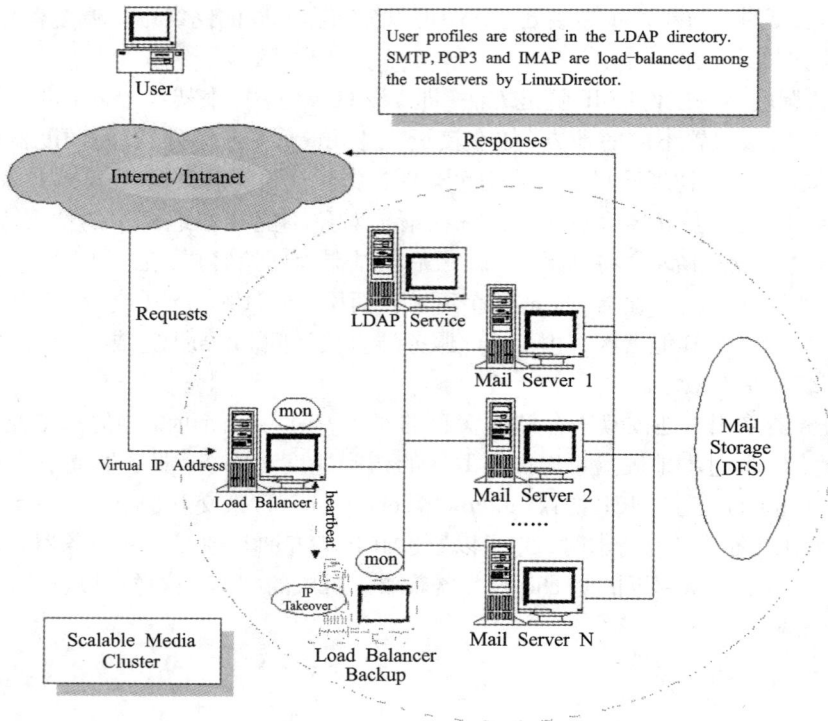

User profiles are stored in the LDAP directory.
SMTP, POP3 and IMAP are load-balanced among
the realservers by LinuxDirector.

图 12 – 17　基于 LVS 的可伸缩邮件集群

端的服务器,可以获得较高的性能。若分布式文件系统没有多个存储节点间的负载均衡机制,则需要相应的邮件迁移机制来避免邮件访问的倾斜。

12.5.2　负载均衡器运行模式

使用 LVS 架设的服务器集群系统从体系结构上看是透明的,最终用户只感觉到一个虚拟服务器。物理服务器之间可以通过高速的 LAN 或分布在各地的 WAN 相连。最前端是负载均衡器,它负责将各种服务请求分发给后面的物理服务器,让整个集群表现得像一个服务于同一 IP 地址的虚拟服务器。

LVS 有实现 3 种 IP 负载均衡技术和 8 种连接调度算法的 IPVS 软件。在 IPVS 内部实现上,采用了高效的 Hash 函数和垃圾回收机制,能正确处理所调度报文相关的 ICMP 消息。虚拟服务的设置数目没有限制,每个虚拟服务有自己的服务器集。它支持持久的虚拟服务(如 HTTP Cookie 和 HTTPS 等需要该功能的支持),并提供详尽的统计数据,如连接的处理速率和报文的流量等。

(1) Virtual Server via NAT(VS – NAT):用地址翻译实现虚拟服务器。地址转换器有能被外界访问到的合法 IP 地址,它修改来自专有网络的流出包的地址。当外界包送到转换器时,它能判断出应该将包送到内部网的哪个节点。这样能节省 IP 地址,能对内部进行伪装;缺点是效率低,因为返回给请求方的流量经过转换器。

整个过程如图 12-18 所示。其中，CIP 为客户 Client 的 IP，VIP 为服务器对外提供服务的 IP，RIP 为内部真实服务器的 IP，DIP 为 Director 与内部服务器节点通信的 IP。

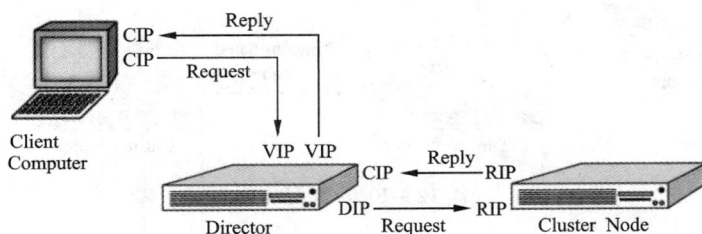

图 12-18 VS-NAT

（2）Virtual Server via Direct Routing（VS-DR）：用直接路由技术实现虚拟服务器（图 12-19）。当参与集群的计算机和作为控制管理的计算机在同一个网段时可以用此法。控制管理的计算机接收到请求包时直接送到参与集群的节点。直接路由模式工作在数据链路层上（二层）。其原理为，DR 和 Real Server 都使用同一个 IP 对外服务，但只有 DR 对 ARP 请求进行响应，所有 Real Server 对本身这个 IP 的 ARP 请求保持静默。也就是说，网关会把对这个服务 IP 的请求全部定向给 DR，而 DR 收到数据包后根据调度算法，找出对应的 Real Server，把目的 MAC 地址改为 Real Server 的 MAC 并发送给这台 Real Server。这时 Real Server 收到这个数据包，则等于直接从客户端收到这个数据包，处理后直接返回给客户端。由于 DR 要对二层包头进行改换，所以 DR 和 Real Server 之间必须在一个广播域，也可以简单地理解为在同一台交换机上。

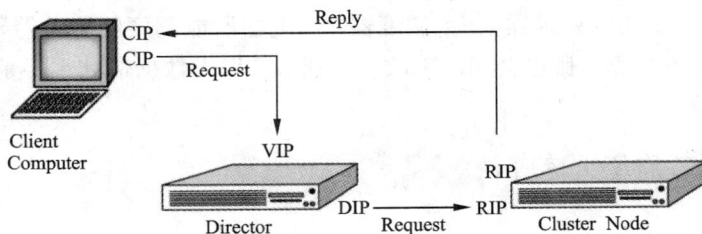

图 12-19 VS-DR

（3）Virtual Server via IP Tunneling（VS-TUN）：用 IP 隧道技术实现虚拟服务器（图 12-20）。这种方式是集群的节点不在同一个网段时可用的转发机制，是将 IP 包封装在其他网络流量中的方法。出于安全考虑，应该使用隧道技术中的 VPN，也可使用租用专线。集群所能提供的服务是基于 TCP/IP 的 Web 服务、Mail 服务、News 服务、DNS 服务、Proxy 服务等。

TUN 模式：采用 NAT 技术时，由于请求和响应报文都必须经过调度器地址重写，当客户请求越来越多时，调度器的处理能力将成为瓶颈。为了解决这个问题，调度器把请求报文通过 IP 隧道转发至真实服务器，而真实服务器将响应直接返回给客户，所以调度器只处理请求报文。由于一般网络服务应答比请求报文大许多，采用 VS/TUN 技术后，集群系统的最大吞

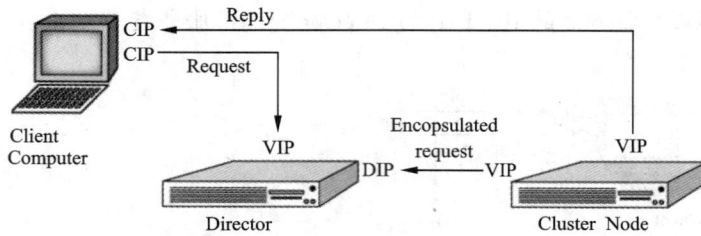

图 12 - 20　VS - TUN

吐量可以提高 10 倍。

三种 IP 负载均衡技术的优缺点归纳在表 12 - 7 中。

表 12 - 7　三种 IP 负载均衡技术

	VS/NAT	VS/TUN	VS/DR
server	any	tunneling	non - arp device
server network	private	LAN/WAN	LAN
server number	low（10 ~ 20）	high（100）	high（100）
server gateway	load balancer	own router	own router

注：以上三种方法所能支持的最大服务器数目的估计是假设调度器使用 100M 网卡，调度器的硬件配置与后端服务器的硬件配置相同，而且是对一般 Web 服务。使用更高的硬件配置（如千兆网卡和更快的处理器）作为调度器，调度器所能调度的服务器数量会相应增加。当应用不同时，服务器的数目也会相应地改变。所以，以上数据估计主要是对三种方法的伸缩性进行量化比较。

12.5.3　负载均衡调度算法

1. IPVS 调度器实现的 8 种典型负载调度算法

（1）轮叫（round robin）。

调度器通过轮叫调度算法将外部请求按顺序轮流分配到集群中的真实服务器上，它均等地对待每一台服务器，而不管服务器上实际的连接数和系统负载。

（2）加权轮叫（weighted round robin）。

调度器通过加权轮叫调度算法以真实服务器的不同处理能力来调度访问请求。这样可以保证处理能力强的服务器能处理更多的访问流量。调度器可以自动问询真实服务器的负载情况，并动态地调整其权值。

（3）最少链接（least connections）。

调度器通过最少连接调度算法动态地将网络请求调度到已建立链接数最少的服务器上。如果集群系统的真实服务器具有相近的系统性能，采用最小连接调度算法可以较好地均衡负载。

（4）加权最少链接（weighted least connections）。

在集群系统中的服务器性能差异较大的情况下，调度器采用加权最少链接调度算法优化负载均衡性能，具有较高权值的服务器将承受较大比例的活动连接负载。调度器可以自动问询真实服务器的负载情况，并动态地调整其权值。

（5）基于局部性的最少链接（locality – based least connections）。

基于局部性的最少链接调度算法是针对目标 IP 地址的负载均衡，目前主要用于 Cache 集群系统。该算法根据请求的目标 IP 地址找出该目标 IP 地址最近使用的服务器，若该服务器是可用的且没有超载，则将请求发送到该服务器；若服务器不存在，或者该服务器超载且有服务器处于一半的工作负载，则用最少链接的原则选出一个可用的服务器，并将请求发送到该服务器。

（6）带复制的基于局部性最少链接（locality – based least connections with replication）。

带复制的基于局部性最少链接调度算法也是针对目标 IP 地址的负载均衡，目前主要用于 Cache 集群系统。它与 LBLC 算法的不同之处是，它要维护从一个目标 IP 地址到一组服务器的映射，而 LBLC 算法维护从一个目标 IP 地址到一台服务器的映射。该算法根据请求的目标 IP 地址找出该目标 IP 地址对应的服务器组，按最小连接原则从服务器组中选出一台服务器，若服务器没有超载，将请求发送到该服务器；若服务器超载，则按最小连接原则从这个集群中选出一台服务器，将该服务器加入到服务器组中，并把请求发送到该服务器。同时，当该服务器组有一段时间没有被修改时，将最忙的服务器从服务器组中删除，以降低复制的程度。

（7）目标地址散列（destination hashing）。

目标地址散列调度算法根据请求的目标 IP 地址，作为散列键（hash key）从静态分配的散列表找出对应的服务器，若该服务器是可用的且未超载，将请求发送到该服务器，否则返回空。

（8）源地址散列（source hashing）。

源地址散列调度算法根据请求的源 IP 地址，作为散列键（hash key）从静态分配的散列表中找出对应的服务器，若该服务器是可用的且未超载，将请求发送到该服务器，否则返回空。

这里描述的只是负载均衡的基本算法，在实际设计负载均衡集群时，需要将它们进行组合，针对特定的应用或者特定的系统进行优化，以提供更有用、更实际的网络负载平衡。考虑主要的优化面有：优化网络流量、节点负载公平分布、路由优化（拓扑优化）、响应时延最小化、管理或安全优化、特定应用性能优化等。

多数复杂的负载均衡算法是几个优化方案的组合。在核心网络的负载均衡设备中，主要考虑流量优化、路由优化和响应延时；在一般的商务集群中，主要考虑响应延时和安全、管理方面的优化；如果是针对特定应用的负载均衡器（第七层交换），就要考虑特定应用的性能问题。

2.典型的网络负载均衡高级方法的例子

（1）基于源网络流量。

这种方法要求平衡器主动监视不同来源的流量，根据以往历史预测从一个网络源地址过来的流量大小，并进行负载分配。最简单的处理形式就是在查找表中保留有特定源地址的流量计数。分配可基于简单加权，根据节点的负载能力分配（也就是说，预测新来的流量越高，被分配的节点权值应该越大，是一种"最优适应"的算法）。分配算法可以使用前面的任意一种简单算法，但与节点的当前负载情况无关，适用于节点的配置和处理能力比较接近的情况。

（2）基于节点信息。

这是一种基于预测的系统，根据节点的运行情况（可用缓冲区、可用内存、CPU 占空比等等）获取节点在网络流量处理、应用负载能力等方面的信息，借此判断节点将来（到下一次预测前）可用的性能，并根据性能的高低进行优先级的划分以提供基于权值（通过性能指标计算而来）的负载调度算法。它可以和最低缺失法、轮叫法和最快响应法合用，但主要搭配的方法是最少连接法。

（3）基于节点流量。

在这种方法中，进入集群的访问请求是根据能够反映各节点流量程度的可用网络缓冲区大小来分配的，这与基于源网络流量的技术恰恰相反（它是基于源流量的历史数据）。为了获得每个节点的网络缓存信息，平衡器要在节点上先设一个软件代理来记录网络缓存状态，然后分配流量到拥有最可用缓存的节点上。这种方法受网络接口卡的影响比较大，低端的网络接口卡缺少大的缓冲区，同时存在内存通道访问技术上的不足，会引起节点频繁处于中断处理例程中，降低节点 CPU 的处理效率。而高端网卡不但具有独立处理内存数据的能力，而且还具有端口带宽聚合的功能，可以大大提高节点处理流量的绝对速度。

（4）基于节点负载。

这种方法将流量分配到处理器负载最小的节点上。平衡器在节点上维护一个反映当前负载状况的监视程序，定时从各个节点获取必要的信息。反映机器的 CPU 使用率或系统的负载是很主观的。在 Unix 系统中，平均负载不是由硬盘或网络状态单方面决定，而是由系统的综合状况来反映的。这种方法要求节点运行在相似配置和相同的操作系统中；或者针对不同类型的操作系统采用不同的反映负载的代理软件。就目前的操作系统而言，Windows 的性能监视软件可以比较精确地反映负载情况，而在类 Unix 和 Linux 系统中，就需要针对各个参数来设计出能够反映负载状况的采集程序了。如何准确反映系统真实的负载情况并据此做出合理的预测，一直是集群技术领域里的热点和难点。

（5）基于拓扑结构的重定向。

这种方法对网络中存在多个集群，或者集群的节点分布在一个范围比较大的远程网络时很有效。它根据网络拓扑结构将流量重定向到离用户最近的集群节点或者集群分组上，有两种方法测算用户与集群节点间的距离：跳计数法和网络延迟法。

跳计数就是包到达目的地需要经过的路由器数。数值越大，距离越远。网络延迟，以毫秒为单位，是网络包在用户与集群平衡器之间通过的时间。Linux 下的 trace 就是跟踪路由信息的一个很方便的工具。多数的路由信息是静态的，因而跳计数往往是稳定的，除非有多个路由可供选择；而网络延迟则随某时刻网络流量、路由器负载而相差很大。延迟有助于测量网速，因为它不仅考虑了路由器，还考虑了当前网络带宽。

要想获得某一时刻集群中针对某个用户请求的最佳路由并进行拓扑重定向操作，需要均衡器收集所有集群节点或者分组的响应延迟并作出最短路径判定。可使用一种叫作 Ping 三角法的方法来动态地确定用户和集群之间的拓扑信息。

可以看出，这是广域网模型中采用的最快响应法，这种方法有时根据节点参数使用动态加权，每次用户产生新的连接时，也许会分配给相同的节点。由于网络拓扑结构随连接而变化，所以这种分配也会变化，在这里平衡器维护了必要的节点可达性和用户响应时间的全局表。

（6）基于策略的重定向。

这种方法是一套决定加权平衡规则的数学或函数集。规则集可简可繁，简单的可以用 IP 地址和用户账号作为规则匹配的关键字；复杂的可以借助有针对性的扩展分析程序进行语法分析或特制的 ASIC（特定应用集成电路）进行处理。不过一般来说，规则集越简单，处理和负载平衡越快。策略需要人工配置，网络管理员可以改变策略，将高权值依次赋给优先项目。

（7）基于安全策略。

大多数的安全系统都是基于密钥加密技术进行可靠数据传输的。现有的安全 Web 服务使用 HTTPS 协议。当客户访问 HTTPS 服务时，会在服务和客户端之间先建立一个 SSL 连接，以交换对称公钥加密的证书并协商一个 SSL Key，来加密以后的会话。在 SSL Key 的生命周期内，后续的所有 HTTPS 连接都使用这个 SSL Key，所以同一客户的不同 HTTPS 连接也存在相关性。平衡器在工作的时候就需要能够识别这类安全会话，并根据其关键信息将请求分配到生产初始密钥的站点，以保证客户在使用上的一致性。

（8）基于带宽分配策略。

这种方法根据新来的流量的类型建立优先级，为高优先级的流量分配更多的带宽和节点，比如网络中管理控制信息和安全控制信息的优先级就要高于其他类型的数据。实质上这是 QoS 的实现，现在我们可以通过自己扩展的软件来弥补 IPv4 这方面的不足。它一般使用最快响应和最少连接算法来决定最可用的节点。

（9）特定应用的重定向。

这种方法依赖于应用类型或用户试图访问的资源。由于在 TCP/IP 协议体系中没有统一的独立会话层，一些应用建立了自己的会话系统，因而平衡器厂商不得不在产品的可能结构中加入对这些会话类型的支持。

数据库和 Web 负载平衡是最通用的特定应用的重定向。在数据库中，数据信息可能分散在多个节点上，当新的查询到来时，平衡器能够分解这个查询，在每个节点上获得部分数据后再合并成最终的应答返回给用户。

静态的 Web 访问通常都是读取 HTML 文件，而每个 Web 页面内可能包含多个互相独立、类型不同的文件。比如，一个带有 Frame（框架）的页面里，包含多个独立的 HTML 源文件和多个独立的 Gif 图片文件或者其他媒体文件。平衡器可以分解用户的请求 URL，识别出存放在不同节点上的文件，将负载分散到多个服务器上。

较复杂的情况是脚本访问。一些 Web 脚本需要按顺序在同样用户和服务器上执行。如果连续的脚本每次被分送到不同的节点上，就可能会由于多个副本在集群上传输而破坏脚本。一种解决方法是让所有节点访问后端的一个独立数据库，但这又产生了数据库瓶颈，妨碍了负载平衡。另一种较好的方法是记录用户与一个特定节点间的 Web 会话，即使节点重载了，也要维持二者之间的流量，而不是重分配负载。

(10) 基于内容的调度。

在基于 IP 负载调度技术中，当一个 TCP 连接的初始 SYN 报文到达时，调度器就选择一台服务器，将报文转发给它。此后通过查发报文的 IP 和 TCP 报文头地址，保证此连接的后继报文被转发到该服务器。这样，IPVS 无法检查到请求的内容后再选择服务器，这就要求后端服务器组提供相同的服务，不管请求被发送到哪一台服务器，返回结果都是一样的。但是，在有些应用中后端服务器功能不一，有的提供 HTML 文档，有的提供图片，有的提供 CGI，这就需要基于内容的调度(content-based scheduling)。

由于用户空间 TCP Gateway 的开销太大，在操作系统的内核中实现 Layer-7 交换方法，来避免用户空间与核心空间的切换和内存复制的开销。在 Linux 操作系统的内核中，实现 Layer-7 交换，称之为 KTCPVS(kernel TCP virtual server)。目前，KTCPVS 已经能对 HTTP 请求进行基于内容的调度，但它还不很成熟，在其调度算法和各种协议的功能支持等方面，有大量的工作需要做。

虽然应用层交换处理复杂，伸缩性有限，但应用层交换会带来以下好处：相同页面的请求被发送到同一服务器，可以提高单台服务器的 Cache 命中率。Layer-7 交换可以充分利用访问的局部性，将相同类型的请求发送到同一台服务器，使得每台服务器收到的请求具有更好的相似性，可进一步提高单台服务器的 Cache 命中率。后端服务器可运行不同类型的服务，如文档服务、图片服务、CGI 服务和数据库服务等。

习 题

1. 区分并举例说明以下集群的相关术语：
① 紧凑集群和松弛集群；
② 集中式集群和分散集群；
③ 同构集群和异构集群；
④ 封闭集群和开放集群；
⑤ 专用集群和企业集群。

2. 本题与冗余技术相关。假设当一个节点失效时，它需要 10 s 诊断故障，并需要 30 s 转移其负载。
① 如果忽略计划停机时间，集群的可用性如何？
② 如果集群每周需要 1 小时的停机维护时间，但每次只停止一个节点，集群的可用性又如何？

3. 研究 2010 年 11 月发布的 TOP500 名单中排名第一的超级计算机(即 Tianhe-IA)的相关细节。研究应包括以下内容：
① 深入评估 Tianhe-IA 体系结构、硬件组成、操作系统、软件支持、并行编译器、封装、冷却和新型应用。

②分析 Tianhe‑IA 的优势和局限性。如果你找到充足的基准测试数据进行比较研究，则可以用电子表格或曲线图表示。

4. 本题包括与集群计算相关的两个部分：

①定义并说明可扩展性(机器规模上的可扩展性、问题规模上的可扩展性、资源可扩展性、世代可扩展性)；

②解释三种可用集群配置(热备份、主动接管和容错集群)之间的体系结构和功能差异。给出每种可用集群配置的两个商用集群系统示例。评价在商业应用中，它们的相对优势和缺点。

5. 基于结构、资源共享和处理器间通信，说明多处理器和多计算机之间的区别。

6. 假设一个顺序计算机具有 512 MB 的主内存和足够的磁盘空间。对大规模数据块，其磁盘读/写带宽是 1 MB/s。下面的代码需要应用检查点：

```
do 1000 iterations
A = foo ( C from last iteration )    /* this statement takes 10 minutes */
B = goo ( A )                        /* this statement takes 10 minutes */
C = hoo ( B )                        /* this statement takes 10 minutes */
end do
```

A、B 和 C 分别都是 120 MB 的数组。所有代码的其余部分、操作系统和库，最多占用 16 MB 的内存。假设计算机恰好失效一次，并且忽略了恢复计算机的时间。

①如果执行检查点，成功运行该代码的最坏执行时间是多少？

②如果简单透明地执行检查点，成功运行该代码的最坏执行时间是多少？

③在②中使用分支检查点是否有帮助？

④如果执行用户指导的检查点，该代码的最坏执行时间是多少？在代码中显示加入用户指示的位置。

⑤如果在②中使用分支检查点，该代码的最坏执行时间是多少？

7. 什么是 SSI？举例说明。

8. 构建 LVS 集群。

9. 考虑图 12‑21 中的服务器‑客户端集群中两台相同服务器之间的主动接管配置。其中服务器通过 SCSI 总线共享磁盘、客户端(PC 或工作站)和以太网不会失效。当一台服务器失效时，它的负载将被转移至运行的服务器。

假定每台服务器的 MTTF 为 200 天，MTTR 为 5 天。磁盘的 MTTF 为 800 天，MTTR 为 20 天。此外，每台服务器由于维护每周需要被关闭 1 天，每次只关闭 1 台服务器。在此期间服务器被认为是不可用的。失效率包括正常失效和定期维护。SCSI 总线的失效率为 2%。服务器和磁盘的失效相互独立。磁盘和 SCSI 总线并没有计划关闭。客户端机器永远不会失效。

①只要至少有 1 台服务器可用，服务器便被认为是可用的。两台服务器的组合可用性如何？

②在正常操作中，集群必须同时有 SCSI 总线、磁盘和至少 1 台可用的服务器。在该集群中，单点失效的可能性如何？

③该集群不能接受 2 台服务器在同一时间失效。此外，当 SCSI 总线或磁盘发生故障时，集群被认为是不可用的。基于上述情况，整个集群的系统可用性如何？在上述失效和维护的

情况中，提出一种改进的体系结构来消除所有的单点失效。

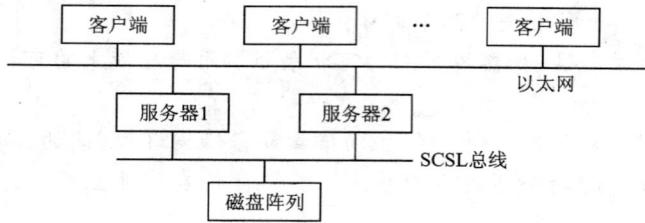

图 12 – 21   习题 9 图

10. 学习集群负载均衡的有关算法。

11. 查阅公开文献，了解由设计者和开发者提出的支持 Linux 集群、GPU 集群、多集群甚至虚拟云的目前特征。从用户的角度讨论其优点与不足。

第 13 章　云计算安全

　　云计算作为一种对基于网络的、可配置的共享计算资源池进行便捷、随需访问的服务模式，具有诸多优点。云计算将资源的所有权、管理权及使用权分离，进行多租户的资源池化共享，能获得规模化的效益、按需付费、易部署、可扩展、可用性高、资源有限共享等，同时也带来了很大的安全风险。一般来说，云安全包括两层含义：一是云计算自身的安全，包括技术和社会两个层面。技术层面的安全涉及系统、数据、内容和使用，社会层面的安全是云计算面临的最大挑战，涉及法律、标准等软环境建设。云安全的另一层含义是指将云计算技术应用于信息安全，利用云计算来做安全产品，云杀毒技术是其典型代表。

　　目前，云计算自身的安全问题是国内外共同关注的热点，也是各国政府、公共部门和企业力图解决的难题。在全球信息安全领域最具权威的年度峰会 RSA 大会上，云计算的安全问题已成为绝对的主流议题。

13.1　云计算安全概述

　　目前，云计算自身的安全问题是国内外共同关注的热点，也是各国政府、公共部门和企业力图解决的难题。国际标准组织、产业联盟和研究机构等针对云计算安全风险开展了研究，并陆续发布了一系列重要报告和文件。例如，云安全联盟（cloud security alliance，CSA）发布了《云计算关键领域安全指南》《云计算面临的主要威胁》，美国国家标准与技术研究院发布了《公共云计算安全与隐私指南》，欧洲网络与信息安全局发布了《云计算安全风险评估规范》《政府云计算安全与可恢复性》，国际电信联盟发布了《云安全》《云计算中的隐私》。这些报告与文件分析了云计算面临的主要安全问题，并提出了相关建议。尽管各机构对云计算安全风险分析的角度不尽相同，但普遍认为共享环境数据和资源隔离、云中数据保护以及云服务的管理和应用接口的安全是最值得关注的问题。

　　此外，在利用云计算技术实现安全方面，趋势科技、瑞星、迈克菲、金山等信息安全领域的领头企业都陆续推出了云安全解决方案。云安全融合了并行处理、网格计算、未知病毒行为判断等新兴技术和概念，依靠庞大的网络服务实现病毒识别和查杀，可以更好地保护用户和整个互联网的安全。

国家企业云安全
举措示例

13.1.1　云计算安全威胁与风险分析

　　据全球领先的信息技术研究和顾问公司 Gartner 预测，全球公有云服务市场最高增速来自基础架构即服务 IaaS。到 2016 年，IT 投入中的大部分将与云计算相关，甚至有超过一半的企业把客户敏感数据存到公共云中。具体到中国，Gartner 在 2012 年发布的报告中认为，中国云计算服务市场规模到 2016 年将达到 112.4 亿美元，如图 13-1 所示。

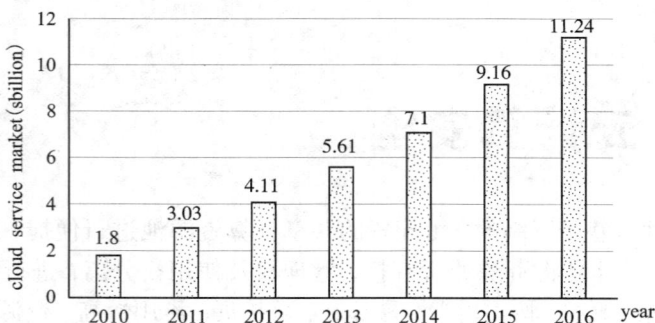

图 13-1　Gartner 预测的中国云计算服务市场（2010—2016）

　　云计算的吸引力之一在于由规模经济、重用和标准化带来的成本效益，为了支撑这种成本效益，云提供商提供的服务必须足够灵活，以达到可能的用户群和其最大化目标市场的最大化。不幸的是，将安全集成到这些服务方案中常会被认为使方案变得僵化。这种僵化体现在与传统 IT 相比，在云环境中无法获得同等的安全控制部署。

　　和云计算一样，关于云计算安全业界也没有统一的定义，但是基本思路都差不多，云计算的安全就是确保用户在稳定和私密的情况下在云计算中心上运行应用，并且保证存储于云中的数据的完整性和机密性。

　　云计算中的安全威胁指某些人、事或物对云计算平台中的数据保密性、完整性、真实性，资源的可用性，事件的可审查性产生的危害。风险则指由于云计算平台存在的脆弱性，人为或自然的威胁导致安全事件发生所造成的影响。这里的安全威胁和风险，主要是云计算中特有的，或者是在云计算中更突出的问题。

　　(1)资源共享引发的风险。云计算是资源池化的，多租户与资源共享是其重要特征。云计算中使用硬盘分区、CPU 缓冲等机制，而为了保证可动态扩展，计算能力、存储与网络资源在多用户间共享，这些都难以保证良好的隔离性。这种风险会导致攻击者能对共享环境下的其他用户数据进行非法操作，或者云平台中某租户的恶意行为影响到同个环境下其他租户的声誉。

　　(2)云计算服务的对外 API 存在漏洞。服务供应商通过公开 API 让客户与云平台进行交互，通过部分接口能控制大量的虚拟机。一些第三方组织基于这些接口为客户提供增值服务，这更增加了层次化的 API 复杂性。混合使用远程访问机制及 Web 浏览器时，这些接口存在被漏洞利用的可能。

　　(3)虚拟层穿透。云计算时代，一台宿主机上可能运行着多台虚拟机，这些虚拟机可能属于多个不同的用户。入侵了一台宿主机，其危害性与入侵了传统时代的一个交换机相当。与交换机相比，这台宿主机更容易被入侵。首先，攻击者的 VM 直接运行在这台宿主机的内存里面，仅仅是使用一个虚拟层隔离，一旦攻击者掌握了可以穿透虚拟层的漏洞，就可以完成入侵，常见的虚拟化层软件如 Xen、KVM 都能找到类似的安全漏洞。

（4）传统攻击风险扩大。为了方便让 VM 故障漂移以及其他原因，云计算网络一般都会基于大二层架构，甚至是跨越机房、跨越城市的大二层架构。一个 VLAN 不再是传统时代的 200 多台服务器，数量会多达几百台、几千台。在大二层网络内部，二层数据交换依赖交换机的 CAM 表寻址。当 MAC 地址的规模达到一定规模之后，甚至可能导致 CAM 表被撑爆。类似的，ARP 欺骗、以太网端口欺骗、ARP 风暴、NBNS 风暴等二层内部攻击手法的危害性都远远超过了它们在传统时代的影响。

（5）存储与传输中数据丢失或泄露的风险。云计算中，大量重要的私密数据被集中存储和相互传输，在出现意外的情况下产生数据丢失的后果是相当严重的。另一方面，云计算使用分布式架构，意味着比传统的基础设施有更多的数据传输，攻击者能通过嗅探、中间人攻击、重放攻击来窃取或篡改加密强度较弱的数据。

（6）云计算被不法分子滥用。出于抢占市场或其他目的的考虑，某些云服务供应商对登记流程管理不严格，云服务较容易获得。不法分子能低成本地利用云计算平台发送大量垃圾邮件、破解密码、实施分布式拒绝服务攻击、制造及管理僵尸网络等。

（7）被特定云平台锁定的风险。目前，云计算数据、应用或服务实现可移植性的通用标准推广程度不高，这使客户难以做到云际迁移。当云供应商破产或倒闭时，这种数据被锁定的结果是灾难性的，即使能转移，其成本也将非常昂贵。可以说，客户存储越多数据到云中，被锁定的数据会越多，风险会越大。

（8）来自法规遵从的风险。使用云计算可能不符合某些工业标准、法律规定的要求而产生矛盾或纠纷。例如，有些法规要求特定数据不能与其他数据混杂保存在共享的服务器或数据库上，有些国家严禁本国公民的私密数据保存于其他国家的服务器中，有些银行监管部门要求客户将数据保留在本国等，而这些严格的禁令让不少云服务供应商难以遵从。

除了以上八类风险，云计算中影响较大的安全威胁与风险还有：

（1）存在有恶意企图的内部人员。尽管不使用云计算的组织中可能存在有恶意企图的内部人员，但在云计算模式下其危害更加突出。因为在这种场景下，所有 IT 设备或数据被放到一起集中管理，内部人员拥有的权限让他能获取机密数据甚至得到整个云平台的完全控制权却难以被发现。

（2）管理、控制不全面的风险。客户把大部分数据控制权交给了供应商，但服务水平协议不可能面面俱到——详细指明供应商对各安全问题的承诺。更进一步的，云服务供应商可能把服务外包给第三方，而后者很可能不提供前者在服务水平协议中提出的保障。

（3）来自黑客集中性攻击的风险。云计算平台由于其用户、信息资源的高度集中，容易成为黑客攻击的目标，平台遭遇拒绝服务攻击造成的后果和破坏性将会明显超过传统的企业网应用环境。由于用户多样性以及规模巨大，遭受的攻击频率也急剧增大。以阿里云现在的规模，平均每天遭受数百起 DDoS 攻击，其中 50% 的攻击流量超过 5 GBit/s。针对 Web 的攻击以及密码破解攻击更是以亿计算。

要解决上述的这些风险，基于传统的防御思路，需要在网络中部署访问控制策略，实施流量监控系统等。但是对于云来说，实施过程中会遭遇到巨大的挑战。

为此，业内成立的非营利性的国际组织——云安全联盟发布了《*Security Guidance for Critical Areas of Focus in Cloud Computing*》（《云计算关键领域安全指南》）。指南中总结了云计算中 14 个关键的安全研究领域，具体包括：云计算体系架构、治理与企业风险管理、合同与电子取证、合规与审核、信息管理与数据安全、互操作性与可移植性、业务连续性与灾难恢复、数据中心运营、事故响应、应用安全、加密与密钥管理、身份授权和访问管理、虚拟化、安全即服务等。

13.1.2　云计算服务发展过程中的安全事故

云计算的发展与应用面临众多挑战，安全是阻挡其推广的关键难题。因为云计算使用虚拟化、分布式等还在发展中的较新的技术，将资源的所有权、管理权及使用权分离，进行多租户的资源池化共享，导致大量数据集中，一旦产生问题，影响范围很广，后果非常严重。

在云计算快速推进的过程中，安全故障也频繁发生，包括亚马逊、Google、微软等都没能幸免。

这些安全事件的出现，加深了人们对云计算安全的担忧；部分安全专家也指出，云计算的广泛运用需要向云计算架构中加入更强大的安全措施才能确保其安全性，否则，云计算机中存储的数据量以及处理量不仅将无法控制，而且将对用户的数据以及与数据有关的人构成安全和隐私风险。

13.1.3　云计算环境下安全防护的主要思路

云计算中的安全控制，大部分与其他 IT 环境中的安全控制并没有什么不同。然而，在不同的云服务模式中，提供商和用户的安全职责有很大的不同。例如，Amazon 的 AWS EC2 基础设施作为服务，供应商负责 Hypervisor 层以下层次的安全责任，即他们只负责诸如物理安全、环境安全和虚拟化安全等这些安全控制。用户则负责与 IT 系统（实例）相关的安全控制，包括操作系统、应用和数据。Salesforce.com 的客户关系管理 SaaS 产品正好相反。由于 Salesforce.com 提供了整个服务，提供商不仅负责物理和环境安全控制，还必须解决基础设施、应用和数据相关的安全控制，这减轻了许多用户的直接运行责任。

目前还没有一种方式，可以让一个没有经验的云服务用户简单地理解他/她的责任，但 CSA 和其他组织正在努力进行与云审计相关的标准的制定。

1. 现有安全系统的不足

在谈论云计算的时候，很多人总是善意地忽略企业内部的数据中心本身在安全性方面存在的很多不足，认为企业内部的数据中心是固若金汤的。其实，企业的数据中心也有很多不足之处：

（1）成本高。由于大多数企业都不配备安全方面非常专业的开发团队，所以企业需要在数据中心或者服务的运行初期投入巨资来采购昂贵的第三方安全解决方案，而且在运行的时候，也需要拥有一个专业的运维团队来支持这套解决方案。

（2）复杂度高。首先，出于安全的考虑，一个大中型企业需要制订烦琐的规则和流程，才能基本上面面俱到。比如，国内一家大型 IT 企业的信息安全条例长达两万多字，这么长的条例不仅在实施上难度和成本皆高，而且由于其复杂性，很有可能带来新的安全漏洞和隐患。其次，由于企业架构普遍存在严重的异构性，这让企业的安全更难于管理。

（3）内部盗窃。曾经有一个报告，其中有一个非常触目惊心的数据，那就是 60% 的企业核心数据被盗系企业内部人员所为。虽然 60% 这个比率稍显夸张，但是这种现象绝对不容小视。

2. 安全防护的主要思路

（1）建设高性能高可靠的网络安全一体化防护体系。

为了应对云环境下的流量模型变化，安全防护体系的部署需要朝着高性能的方向调整。在现阶段企业私有云的建设过程中，多条高速链路汇聚成的大流量已经比较普遍，在这种情况下，安全设备必然要具备对高密度的 10 G 甚至 100 G 接口的处理能力；无论是独立的机架式安全设备，还是配合数据中心高端交换机的各种安全业务引擎，都可以根据用户的云规模和建设思路进行合理配置；同时，考虑到云计算环境的业务永续性，设备的部署还要考虑到高可靠性的支持，如双机热备、配置同步、电源风扇的冗余、链路捆绑聚合、硬件 BYPASS 等特性，真正实现大流量汇聚情况下的基础安全防护。

（2）建设以虚拟化为技术支撑的安全防护体系。

目前，虚拟化已经成为云计算服务商提供"按需服务"的关键技术手段，只有基于这种虚拟化技术，才可能根据不同用户的需求，提供个性化的存储计算及应用资源的合理分配，并利用虚拟化实例间的逻辑隔离实现不同用户之间的数据安全。安全无论是作为基础的网络架构，还是基于安全即服务的理念，都需要支持虚拟化，这样才能实现端到端的虚拟化计算。典型的示意图如图 13 - 2 所示。

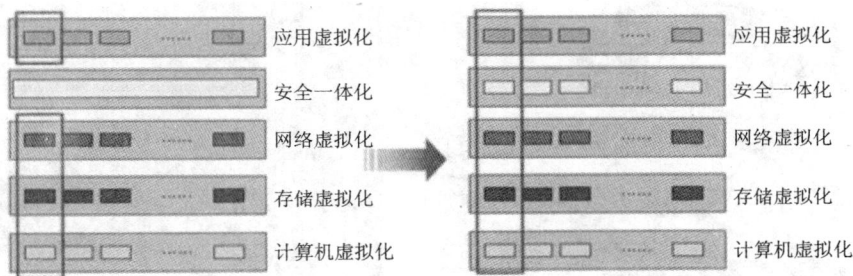

图 13 - 2　以虚拟化为技术支撑的安全防护体系

从网络基础架构的角度（如状态防火墙的安全隔离和访问控制），需要考虑支持虚拟化的防火墙，不同用户可以基于 VLAN 等映射到不同的虚拟化实例中，每个虚拟化实例具备独立的安全控制策略，以及独立的管理职能（如图 13 - 3 所示）。从安全即服务的角度，云计算服务商联合内容安全提供商提供类似防病毒和反垃圾邮件等服务，当同一服务器运行多个相互独立的操作系统及应用软件时，每个用户的保密数据在进行防病毒和反垃圾邮件检查的时候，数据不能被其他虚拟化系统引擎所访问，只有这样才能保证用户数据的安全。

（3）以集中的安全服务中心应对无边界的安全防护。

和传统的安全建设模型强调边界防护不同，存储计算等资源的高度整合，使得不同的企业用户在申请云计算服务时，只能实现基于逻辑的划分隔离，不存在物理上的安全边界。在这种情况下，不可能基于每个或每类型用户进行流量的汇聚并部署独立的安全系统。因此安全服务部署应该从原来的基于各子系统的安全防护，转移到基于整个云计算网络的安全防护，建设集中的安全服务中心，以适应这种逻辑隔离的物理模型，服务中心相关的关键技术是本章研究的重点。

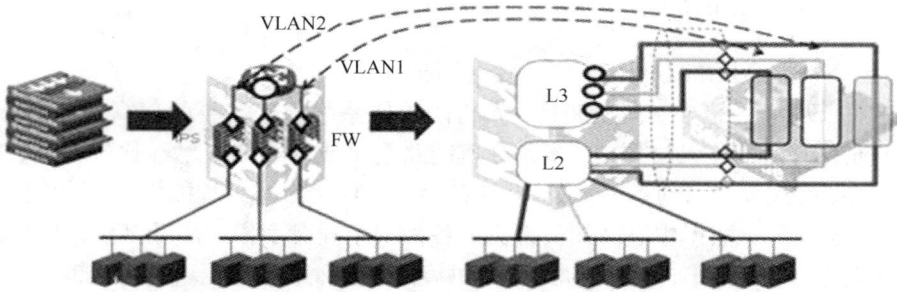

图 13-3　不同用户基于 VLAN 映射到不同的虚拟化实例，每个虚拟化实例具备独立的安全控制策略和管理职能

云计算服务商或企业私有云管理员可以将需要进行安全服务的用户流量，通过合理的技术手段引入到集中的安全服务中心，完成安全服务后再返回到原有的转发路径。这种集中的安全服务中心，既可以实现用户安全服务的单独配置提供，又能有效地节约建设投资，其部署示意图如图 13-4 所示。

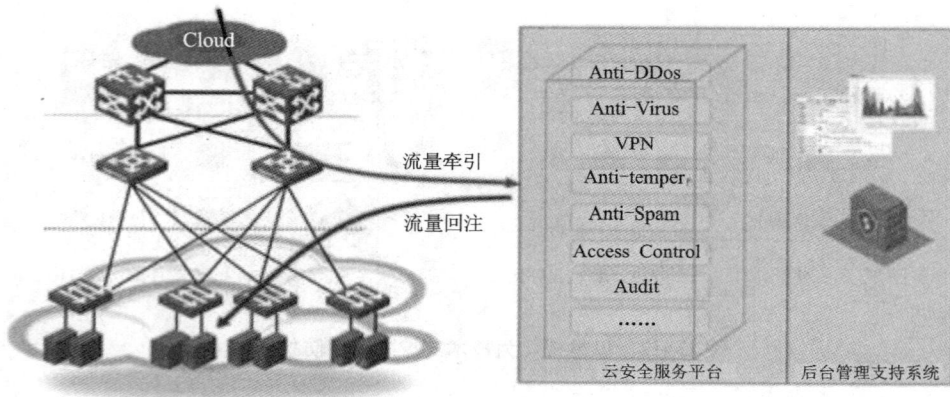

图 13-4　集中的安全服务中心部署

（4）充分利用云安全模式加强云端和客户端的关联耦合。

在云安全建设中，充分利用云端的超强计算能力实现云模式的安全检测和防护，是后续的一个重要方向。与传统的安全防护模型相比，云安全模型除了要求挂在云端的海量本地客户端具备基础的威胁检测和防护功能外，更强调其对未知安全威胁或是可疑安全威胁的传感检测能力。基于该模式建立的安全防护体系将真正实现 PDRR（protection、detection、reaction、restore）的安全闭环（参考图 13-5 的示意图），这也是云检测模式的精髓所在。

3. 云安全问题立方（Cloud Security Problem Cube，CSPC）模型

数据安全问题、访问控制和权限管理问题、服务可用性问题是所有服务模式面临的共性问题。同时云服务不透明问题也是所有服务层次都面临的问题，虽然 IaaS 和 PaaS 对接口和

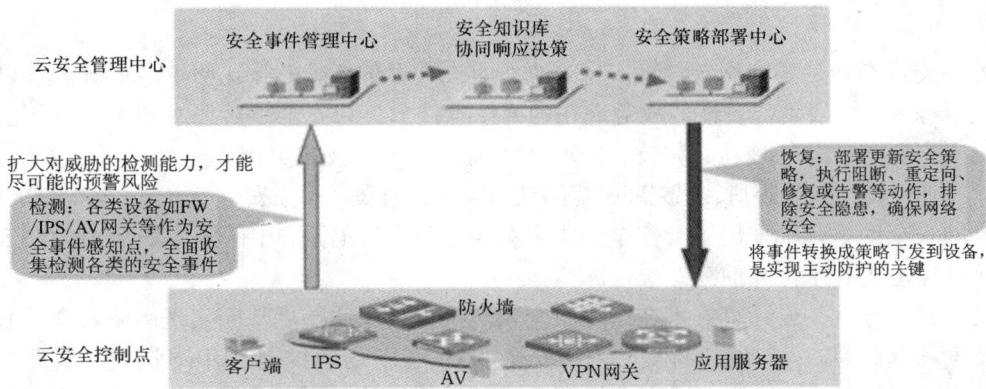

图 13 – 5 云安全模式管理示意图

服务提供了一定的开放，但是仍不能提供给用户足够的信息，不清晰的第三方平台使用户无法有效评估自己的数据和服务的安全性，从而使云系统充满了未知的风险。而 API 的安全问题则是 PaaS 层与 IaaS 层所共有的问题。

根据云计算的分类模型可知，云计算除了有三层服务模式，也有三种主要的部署模式：私有云、公有云和混合云。不同的部署模式也会面临不同的安全问题。对于私有云来说，用户不用担心这种新模式带来的新的安全问题。虽然用户的 IT 架构可能会随着私有云的部署发生变化，但是这个系统的网络拓扑不会有明显的变化，用户可以完全掌握私有云的安全边界。而在公有云和混合云中，由于用户会将服务和数据托管到第三方云平台，就会面临前面两节总结的安全问题。将云计算的分类模型与云计算安全问题结合在一起，可构建出云安全问题立方(cloud security problem cube, CSPC)模型，如图 13 – 6 所示。

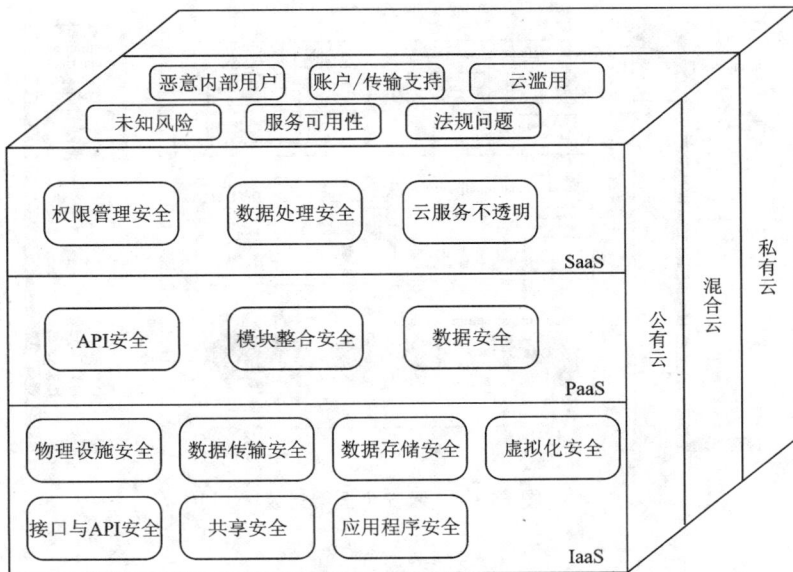

图 13 – 6 云安全问题立方模型 CSPC

13.1.4   安全云服务

另一类云安全是指利用云计算实现安全，即狭义上的"云安全"(cloud security)，以提供安全云服务来说，最具代表性的就是现在的云杀毒技术。云安全是云技术的重要应用。最早提出云安全这一概念的是趋势科技。2008 年 5 月，趋势科技在美国正式推出了云安全技术。瑞星、趋势科技、卡巴斯基、迈克菲、赛门铁克、江民科技、熊猫安全、金山、360 安全卫士、卡卡上网安全助手等都推出了云安全解决方案。值得一提的是，中国网络安全企业在云安全的技术应用上走到了世界前列。

安全云服务就是云计算技术在网络安全领域进行应用和拓展从而实现网络安全即服务的一种技术和业务模式。它通过将提升网络安全能力（包括访问控制、DDoS 防护、病毒和恶意代码的检测和处理、网络流量的安全检测和过滤、邮件等应用的安全过滤、网络扫描、Web 等特定应用的安全检测、网络异常流量检测等）等的资源集群和池化，使用户在不需要自身对安全设施进行维护管理以及最小化服务成本与业务提供商交互的情况下，通过互联网络得到便捷、按需、可伸缩的网络安全防护服务。

安全云服务不是本书的重点，本章主要讨论在云计算中的安全风险及相应的应对措施。

13.2   云计算安全技术框架建议

解决云计算安全问题的当务之急是，针对威胁，建立综合性的云计算安全框架，并积极开展其中各个云安全的关键技术研究。这里给出一个参考性的云安全框架建议，如图 13－7 所示。由于云计算安全监管技术与管理的特殊性，本章不予讨论。该框架包括云计算安全服务体系与云计算安全标准及其测评体系两大部分，为实现云用户安全目标提供技术支撑。

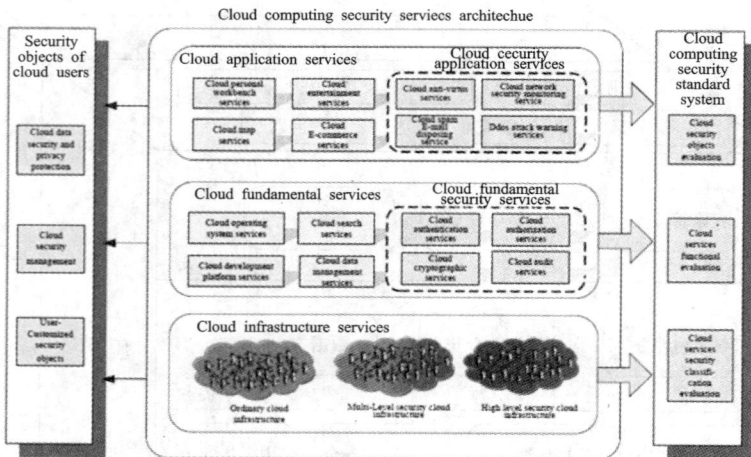

图 13－7   云安全框架建议

13.2.1 云用户安全目标

云用户的首要安全目标是数据安全与隐私保护服务，主要防止云服务商恶意泄露或出卖用户隐私信息，或者对用户数据进行搜集和分析，挖掘出用户隐私数据。例如，分析用户潜在而有效的盈利模式，或者通过两个公司之间的信息交流推断他们之间可能有的合作等。数据安全与隐私保护涉及用户数据生命周期中创建、存储、使用、共享、归档、销毁等各个阶段，同时涉及所有参与服务的各层次云服务提供商。

云用户的另一个重要需求是安全管理。即在不泄露其他用户隐私且不涉及云服务商的商业机密的前提下，允许用户获取所需安全配置信息以及运行状态信息，并在某种程度上允许用户部署实施专用安全管理软件。

13.2.2 云计算安全服务体系

云计算安全服务体系由一系列云安全服务构成，是实现云用户安全目标的重要技术手段。根据其所属层次的不同，云安全服务可以进一步分为可信云基础设施服务、云安全基础服务以及云安全应用服务。

1. 安全云基础设施服务

云基础设施服务为上层云应用提供安全的数据存储、计算等 IT 资源服务，是整个云计算体系安全的基石。这里，安全性包含两个层面的含义：其一是抵挡来自外部黑客的安全攻击的能力；其二是证明自己无法破坏用户数据与应用的能力。一方面，云平台应分析传统计算平台面临的安全问题，采取全面严密的安全措施。例如，在物理层考虑厂房安全，在存储层考虑完整性和文件/日志管理、数据加密、备份、灾难恢复等，在网络层应当考虑拒绝服务攻击、DNS 安全、网络可达性、数据传输机密性等，系统层则应涵盖虚拟机安全、补丁管理、系统用户身份管理等安全问题，数据层则包括数据库安全、数据的隐私性与访问控制、数据备份与清洁等，而应用层应考虑程序完整性检验与漏洞管理等。另一方面，云平台应向用户证明自己具备某种程度的数据隐私保护能力。例如，存储服务中证明用户数据以密态形式保存，计算服务中证明用户代码运行在受保护的内存中，等等。由于用户安全需求方面存在着差异，云平台应具备提供不同安全等级的云基础设施服务的能力。

2. 云安全基础服务

云安全基础服务属于云基础软件服务层，为各类云应用提供共性信息安全服务，是支撑云应用满足用户安全目标的重要手段。其中比较典型的几类云安全服务包括：

(1)云用户身份管理服务。主要涉及身份的供应、注销以及身份认证过程。在云环境下，实现身份联合和单点登录可以支持云中合作企业之间更加方便地共享用户身份信息和认证服务，并减少重复认证带来的运行开销。但云身份联合管理过程应在保证用户数字身份隐私性的前提下进行。由于数字身份信息可能在多个组织间共享，其生命周期各个阶段的安全性管理更具有挑战性，而基于联合身份的认证过程在云计算环境下也具有更高的安全需求。

(2)云访问控制服务。云访问控制服务的实现依赖于如何妥善地将传统的访问控制模型(如基于角色的访问控制、基于属性的访问控制模型以及强制/自主访问控制模型等)和各种授权策略语言标准(如 XACML、SAML 等)扩展后移植入云环境。此外,鉴于云中各企业组织提供的资源服务兼容性和可组合性的日益提高,组合授权问题也是云访问控制服务安全框架需要考虑的重要问题。

(3)云审计服务。由于用户缺乏安全管理与举证能力,要明确安全事故责任就要求服务商提供必要的支持。因此,由第三方实施的审计就显得尤为重要。云审计服务必须提供满足审计事件列表的所有证据以及证据的可信度说明。当然,若要该证据不会披露其他用户的信息,则需要特殊设计的数据取证方法。此外,云审计服务也是保证云服务商满足各种合规性要求的重要方式。

(4)云密码服务。由于云用户中普遍存在数据加、解密运算需求,云密码服务的出现也是十分自然的。除最典型的加、解密算法服务外,密码运算中密钥管理与分发、证书管理及分发等都可以基础类云安全服务的形式存在。云密码服务不仅为用户简化了密码模块的设计与实施,也使得密码技术的使用更集中、规范,也更易于管理。

3.云安全应用服务

云安全应用服务与用户的需求紧密结合,种类繁多。典型的例子,如 DDoS 攻击防护云服务、Botnet 检测与监控云服务、云网页过滤与杀毒应用、内容安全云服务、安全事件监控与预警云服务、云垃圾邮件过滤及防治等。传统网络安全技术在防御能力、响应速度、系统规模等方面存在限制,难以满足日益复杂的安全需求,而云计算优势可以极大地弥补上述不足:云计算提供的超大规模计算能力与海量存储能力,在安全事件采集、关联分析、病毒防范等方面实现了性能的大幅提升,可用于构建超大规模安全事件信息处理平台,提升全网安全态势把握能力。此外,还可以通过海量终端的分布式处理能力进行安全事件采集,并上传到云安全中心进行分析,这极大地提高了安全事件搜集与及时地进行相应处理的能力。

13.3　传统安全机制

很多组织经常忽略那些 IT 设备、网络技术和通信网络上过时的物理安全措施。这将导致很多组织在楼宇里安装计算机设备、网络和网关时,都没有采取正确的、可确保资产安全或维护方便的物理设施。

要为云计算环境中的 IT 设备、网络技术和通信资产建立恰当的物理安全,将责任落实到云计算服务提供商组织中的具体人员是至关重要的。在云服务提供商组织内部,一个承担具体管理职责的个体有责任对相关的规划和程序进行有效的管理、规划、实施和维护。负责物理安全的员工需要接受培训,并且需要评估其工作能力。为了建立适合云计算环境的物理安全机能,必须考虑以下问题:

(1)各受保护设备和服务的安全需求。

(2)被安排来负责物理安全的人力资源情况。

(3)将遗留应用迁移到云之前,对其物理安全是如何管理和分工的。

(4)可投入到安全方面的资金情况。

物理安全可以如增加一扇带锁的门一样简单,也可以像实施一个包括障碍物和武装安全保卫人员的多层安全防御方案一样复杂。一个正确的物理安全实施方案应该使用多层防御概念，采用恰当的组合，通过阻止和延迟物理安全威胁来对风险进行管理。对基础设施、人员和系统构成物理安全威胁的攻击不只是局限于入侵行为。为了抵御这些风险，必须组合部署各种主动和被动防御措施，这些措施包括：

（1）用来阻止和延迟事件、事故和攻击的障碍。

（2）用来监控安全和系统环境状态的检测系统。

（3）用来击退、拘押或劝阻攻击者的安全响应措施。

物理安全在设计和实施时通常采用如下几种形式之一：

（1）环境设计。

（2）机械的、电子的、程序控制。

（3）检测、响应和恢复过程。

（4）人员识别、认证、授权和访问控制。

（5）安全策略和过程，包括对人员的培训。

13.3.1　物理安全评估

当评估一个云服务提供商的传统物理安全时，云用户需要 IaaS 多个方面的信息，或者基础数据中心提供商的物理存在相关的信息，包括物理设施的物理位置以及对关键风险和恢复要素的文档记载等。物理安全通常是第一道防线，防御未经授权以及经授权访问一个组织的实物资产，防御物理窃取档案资料、商业秘密、工业间谍活动和欺诈。

1. 云服务提供商（Cloud Service Provider，CSP）设施的物理位置

云用户应该对数据中心的物理位置进行一个关键评估。如果它们依赖于一个云供应链，则应清楚地知道云基础设施的哪些部分的存在依赖性。以下是在评估设施物理位置时的一些建议：

（1）检查这些设施的位置是否位于任何地震活跃地带，以及地震活动可能造成的风险。

（2）这些设施不应该位于存在：洪水、滑坡或者其他自然灾害风险的地理区域。

（3）这些设施不应该位于那些高犯罪率、政治或社会动荡的区域。

（4）检查对这些设施的位置的可达性（以及不可达可能发生的频率）。

2. 文档审查

那些支持业务恢复操作的文档对于评估托管企业能在发生灾难性事件时及时响应的能力是至关重要的。

这些文档中，有一些需要云服务购买者重点关注，以确保减低使用云服务的风险。

相关建议

当云用户将他们的业务迁移到云计算平台中，需要确保他们的业务和利益，二维码中给出的建议非常关键。

3. 国际/工业标准安全合规

（1）确保云服务提供商实现诸如全球安全标注 ISO 27001 信息安全管理体系或者其他工业标准，诸如 TOGAF、SABSA、ITIL、COSO 或者 COBIT 的合规。合规活动将被证明为云服务

提供商的安全级别和成熟度评估提供了价值。

（2）验证合规性证书以及其有效性。

（3）寻找资源分配的可验证的证据。例如，为了维持合规性项目的预算和人力资源。

（4）验证内审报告和审核发现补救措施的证据。

4. 实地考察 CSP 设施覆盖区域

进行数据中心边界安全评估时，应确定哪些方面需要物理覆盖。

13.3.2　安全基础设施

边界安全作为阻止入侵者和不必要访问者的第一道防线非常重要，随着技术进步，边界安全的原则已经发生了翻天覆地的变化。边界安全针对有意访问设施的入侵者，可以用威慑（deter）、检测（detect）、延缓（delay）和拒绝（deny）等 4D 来概括。

选择物理基础设施提供商时，应优先考虑以下特质：①根据不同云服务供应商的设计和功能，应严格按照过程遵循。②应当关注以确保物理基础设施具有适当的大小、性质和经营规模。③安全控制应战略性地部署和符合可接受的质量标准，并与普遍准则和最佳实践保持一致。

13.3.3　人力资源物理安全

人力资源物理控制的目的是最小化接近数据的相关人员，干扰运行和危及云服务的风险。一个能够接触到控制台的有经验的入侵者能够通过重启系统或者访问当前已经是 root 或者管理员权限的系统绕过大多数逻辑保护措施。配线间可能被用来隐蔽访问或者破坏现有网络。应考虑如下手段：

（1）角色和职责［通过类似 RACI（Responsible, Accountable, Consulted, and Informed）方式的控制矩阵表示表示］。

（2）背景调查和审查协议。

（3）雇佣协议（保密协议）。

（4）公司策略的认知和培训（代码和商业行为）。

13.4　评估 CSP 安全性

云计算服务提供商的基础设施的传统或物理安全很重要，需要按照各种参数进行彻底的评估。对 CSP 的"人员、流程、技术"模式或理念有一个全面的观点和理解，将极大地有助于评估 CSP 的成熟度。标记还未解决的问题，并提出实现安全的解决方法。

组织的成熟度和经验对有效处理物理安全的程序和任何可能出现的突发事件有很大贡献。总是有很强的人为因素参与有效管理物理安全程序。管理层的支持程度和安全领导的能力水平是保护公司资产的关键因素，而管理层的支持至关重要。

13.4.1　程序

云服务提供商应确保可以应用户要求提供下列文件用于审查：

（1）第三方提供的背景调查（每年一次）。

（2）保密协议（NDA）。

（3）实现"需要知道"和"需要具备"的政策，用于信息共享。

（4）职责分离。

（5）用户访问管理。

（6）定义职位描述（角色和责任）。

（7）基于角色的访问控制系统。

（8）用户访问评审。

13.4.2　安保人员

人工监测和干预是必要的，由警卫、监管人员和管理职员组成的物理安保人员应该部署（基于 24×7 的基础）在 CSP 的基础设施处。

13.4.3　环境安全

安全服务提供商的设施需要通过实施控制来保护人员和资产，以保护环境免遭危害。这些控件包括但不限于：温度和湿度控制器、烟雾探测器和自动灭火系统。

1. 环境控制

数据中心应根据公布的内部标准、本地和/或地区的法规或法律，配备支持特定环境的设备，包括紧急/不间断电源保护环境控制所需的设备，减少来自环境的威胁和危害的风险及降低对信息未经授权访问的风险。

2. 设备的位置和保护

被列为包含限制或机密信息的系统，必须考虑以下控制：

（1）将设备放置在一个物理上安全的位置，以尽量减少不必要的访问。

（2）湿度等环境条件会对计算机系统运行产生不利影响，需要受到监控。

（3）安保人员应考虑附近的楼宇发生灾难的潜在影响。例如，邻近建筑物发生火灾，从屋顶或地面以下楼层发生的漏水，或街上发生的爆炸等。

（4）彻底销毁和处置废弃媒质的方法（如磁盘驱动器）。

3. 设备维护

为了确保设备持续的可用性和完整性，需要按照设备维护控制进行恰当的维护，包括：

（1）按照供应商推荐的维修间隔和规范维护设备。

（2）仅允许授权的维修人员进行设备的维修和服务。

（3）维护所有可疑的或实际故障和预防性及矫正性维护的记录。

（4）当发送设备离开场所所进行维护时，使用适当的控制。适当的控制措施的例子包括适当的包装和密封容器，存储在安全可靠的地方和清晰完整的运输和追踪指导。

（5）维护适当的资产控制政策和程序。包括保留所有硬件、固件和软件及追溯性、责任制和所有权的记录。

全面评估 CSP 的设施将使未来的用户理解和评估安全程序的成熟度和经验。一般情况下，专注于 IT 安全，物理安全仅获得有限的关注。然而，在威胁场景盛行的今天，当务之急是物理安全应受到的关注。尤其是在一个客户的数据可能与许多其他共同托管的客户（包括竞争对手）共存的环境中，物理安全承担更大意义。物理安全是防御入侵者和恶意访问 CSP 设施的企业破坏者的防线之一。

13.4.4　业务连续性

传统意义上，信息安全的三大宗旨是保密性（confidentiality）、完整性（integrity）和可用性（availability），并称为信息安全的 CIA 三要素。业务连续性则涉及上述三方面需求的持续性部分。向云服务提供商的过渡将包括对供应商合约承诺的正常运行时间进行评估。然而仅通过服务水平协议（SLA）可能还无法满足客户，应充分考虑典型业务中断造成的潜在影响，服务连续性维护应作为维持业务运营的关键保障。

1. 业务连续性计划应该充分考虑组织对信息安全的需求

（1）进行风险识别。首先列出关键业务流程中涉及的所有资产，然后基于组织涉及的各类业务所处的环境分析其面临的威胁并对其脆弱性进行推断，完成风险识别，推断由信息安全事故引起的业务中断对业务可能产生的影响，并且确定应急及恢复的业务目标。

（2）提供资源保障。在这个过程当中，组织需要确保有足够的金融的、机构的、技术的和环境资源去满足确定的信息安全需求。

（3）商定所有业务流程。梳理并商定组织全部业务工作流程，同时组织应确保把业务连续性的管理包含在组织的过程和结构中。业务连续性管理过程的职责应分配给组织当中适当级别的管理层。

2. 建立业务连续性计划

组织根据形成的业务连续性战略，根据战略，建立业务连续性计划。

3. 建立业务连续性框架

为每一个业务连续性计划进行连续性的方法的说明，也就是在具体的执行层面去解释每一个业务连续性计划。每个计划应具有一名特定的责任人。

需要提一下的是，培训计划和相关人员的职责应针对工作角色进行描述，对事不对人，要落实到工作中的岗位角色上，不要落实到具体人名，这样若某个人调动部门或离职了，不至于受到影响。

13.4.5　灾难恢复

容灾管理主要是对云计算生产系统及其容灾系统的人员组织和流程规划相关的管理。应建立有效的容灾管理组织机构，制订灾难应对计划，并对灾难应对计划进行有效的管理和维护。其中，容灾管理流程应包括容灾预警流程和容灾恢复流程。预警流程分为以下几个主要处理步骤：风险上报、风险评估、风险决策、风险告知、风险警备、发起数据恢复/应用接管、预警总结。容灾恢复优先采用本地恢复，若无法本地恢复，则应进入灾难恢复流程。灾难恢复流程应包括数据恢复、应用接管和应用回切流程。

对于 IT 而言，云存储很有挑战性的一方面是如何利用它来完成备份与灾难恢复（diaster recovering，DR）。云备份与灾难恢复服务的目标是降低基础架构、应用以及总体业务流程的成本。云备份与灾难恢复应该是一种可靠、相对廉价且容易管理的服务。云存储、云备份与灾难恢复所面对的挑战主要包括可移动性、可用性、可扩展性、信息如何传入传出云、保障最佳的业务连续性以及计量计费。云灾难恢复构建于以下三个基础要素：一个完全虚拟化的存储基础架构，一个可扩展的文件系统以及一个可以应对客户紧急业务需求的自服务灾难恢复程序。

由于容灾系统建设成本较高，在具体应用方面，应在综合评估云计算平台安全及业务运营需求的基础上，根据业务发展需要，逐步开展云计算平台容灾中心的建设，以应对在因突发事件造成整个云计算平台中心瘫痪的极端情况下，能快速切换到容灾系统，进一步提升系统的连续运行能力。

容灾可划分为数据级、应用级和业务级三个层级。另外，根据生产中心和容灾中心承担的角色进行分类，可分为主备中心和双中心两种运营方式。在建设云计算平台容灾系统时，应结合云计算应用的具体需求，综合考虑成本因素，选择合适的容灾等级、运营方式。

为提高容灾系统的可用性，应定期进行容灾演练、容灾测试，以及开展容灾培训工作。

13.4.6　安全建议

此节内容请扫描二维码学习。

安全建议

13.5　云计算核心架构安全

IaaS 的虚拟化技术、PaaS 的分布式技术以及 SaaS 的在线软件技术是构建云计算核心架构的关键技术，是开展云计算服务的技术基础，其安全重要性不言而喻。云服务模式（IaaS、PaaS、SaaS）明确区分了客户对于基础 IT 系统和其他提供计算环境的基础架构的可见程度和控制程度，该模式适用于事故响应的各个阶段。本节针对 IaaS、PaaS、SaaS 分别提出安全防护措施及相关安全策略要求，以提高云计算底层架构的安全性。云服务的交付可以分为三种模式以及不同的衍生组合。图 13-8 说明了这些问题在 SaaS 环境中，安全控制及其范围通过协商在服务合同中确认；服务等级、隐私和合规性等也都在合同中涉及。在 IaaS 环境中，底层基础设施和抽象层的安全防护属于提供商的职责，其他部分安全防护职责则属于客户。PaaS 介于两者之间提供了一个平衡，平台自身的安全防护转由提供商负责，而平台上应用的安全性及如何安全地开发这些应用则属于客户的职责。

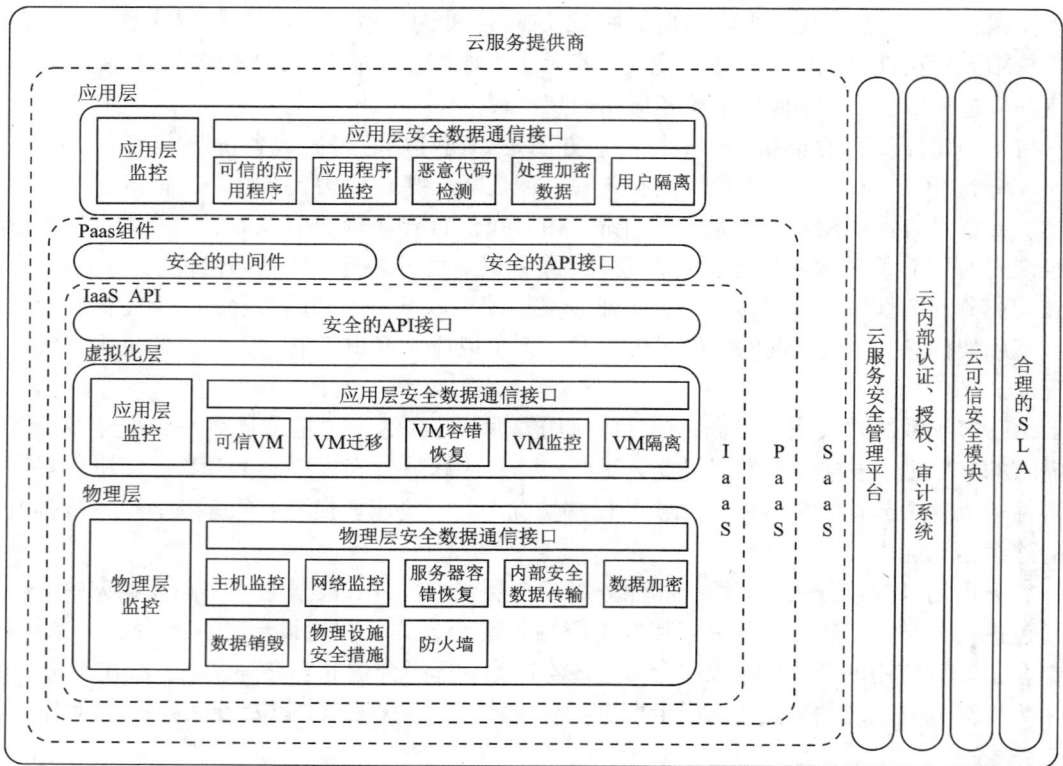

图 13 - 8　云系统内部安全技术架构

13.5.1　IaaS 核心架构安全

从功能角度看，IaaS 系统的逻辑架构如图 13 - 9 所示，包含业务管理平台、虚拟网络系统、虚拟存储系统、虚拟处理系统，以及最上层的客户虚拟机。

其中虚拟网络系统是通过在物理网络上运行虚拟化将物理网络虚拟成多个逻辑独立的网络，如虚拟交换机等。主要涉及的物理设备有服务器、交换机、路由器、网卡等部件。

虚拟存储系统是通过在主机和物理存储系统上运行虚拟化软件将物理存储虚拟成满足上层需要的特定存储服务。主要涉及的物理设备有存储交换机、磁盘阵列等部件。

虚拟处理系统是通过在物理主机上运行虚拟机平台软件将异构的物理主机虚拟成满足上层需要的虚拟主机。主要涉及的物理设备有主机服务器。虚拟处理系统可以使用本

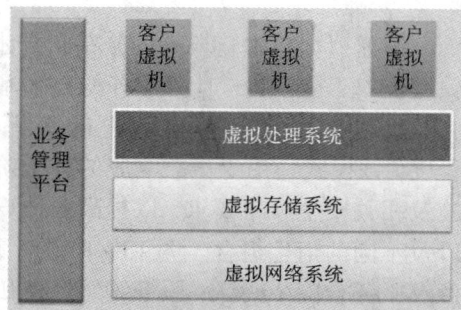

图 13 - 9　IaaS 系统逻辑架构

地硬盘、SAN、ISCSI 等作为存储，也可以使用虚拟存储系统作为存储。客户虚拟机是虚拟处理系统将物理主机进行虚拟产生的虚拟机，是客户操作系统安装的位置。

业务管理平台负责向用户提供业务受理、业务开通、业务监视、业务保障等能力。业务平台通过与客户、计费系统、虚拟化平台的交互实现 IaaS 业务的端到端运营和管理。

1. IaaS 风险分析

（1）虚拟安全。

虚拟安全是云服务安全最关注的风险之一。虚拟安全的相关工作可分为安全隔离、完整性测量和监测。

①安全隔离。在近些年的虚拟化技术发展中，虚拟机已经从先前的物理环境隔离，发展到动态业务逻辑隔离。Reiner Sailer 等人在 IBM 的一个研究报告中提出了全方位隔离管理程序 sHype。这个架构对虚拟机之间的信息流进行监控和控制，实现信息安全隔离。在云计算安全领域，虚拟主机监测系统 VMM 的系列产品 VMware vShield 能够实现不同信任级别应用程序的隔离，并把敏感区域的数据进行分类。

②完整性测量。虚拟技术是通过一系列虚拟软件来实现的，而系统不可靠的基本原因之一是由恶意软件或代码造成的系统完整性破坏。因此，确保软件来源于可信方是保证系统内在安全的一个有效方法。完整性测量可以有效地证明供应商和来源是可靠的和负责任的，也就意味着软件文件没有被损坏或篡改。Reiner Sailer 等人提出了 Linux 系统的完整性测量模型，这个模型把完整性测量扩展到动态的可执行文件内容中，这样就可以检测到数据的不良调用信息。

③监测技术是保持虚拟系统健康运行的另一种重要途径。Bradley Wheeler 等人认为云计算监控应该对事件系统的每一个细节进行追踪和监控管理。Benjamin Konig 等人则提出了云基础设施的弹性监测架构，这个架构可以跨层对所有网络系统进行快速监测，并提供详细的监测信息和统计结果，方便对云计算系统进行改进。

（2）数据安全。

云计算数据存储服务以分布式网络、伸缩性存储、虚拟化技术为基础，其数据可能存储在网络上任何一个节点。因其数据存储位置不确定、存储边界模糊、数据共享存储等特点给数据安全带来了新的不稳定因素。主要涉及数据隔离、数据恢复、数据消除、数据传输、存储边界等风险。

（3）计算服务性能不稳定。

主要包括硬件与软件问题。硬件问题包括服务器、存储、网络的问题，如硬件的不兼容、不稳定以及不易维护性都有可能造成计算机性能的不可靠；软件主要指统一部署与硬件上的虚拟化软件的可靠性能，如兼容性、稳定性、可维护性等。

（4）服务中断。

包括数据中心宕机，停止对外服务，以及战争、灾难、电力供应等的毁灭性破坏。此类破坏大部分为不可抗拒性破坏。由于从 IaaS 层面上来说其更接近底层硬件设施，因而对硬件设施的这些问题，应该给予更多的关注。此类事件一旦发生，便会造成数据中心毁灭性的破坏。

（5）远程管理认证危险。

IaaS 资源在远端，因此需要某些远程管理机制，这就存在认证上的危险。比如账户的盗用、冒用、丢失等。

（6）用户本身的焦虑。

包括用户数据放在哪里、如何保证用户的数据安全性等。

2. IaaS 架构安全

在虚拟化安全方面，应充分利用虚拟化平台提供的安全功能，进行合理配置，防止客户虚拟机恶意访问虚拟平台或其他客户的虚拟机资源。

（1）服务器虚拟化安全。

虚拟机管理器 VMM 是用来运行虚拟机 VM 的内核，代替传统操作系统管理着底层物理硬件，是服务器虚拟化的核心环节。其安全性直接关系到上层的虚拟机安全，因此 VMM 自身必须提供足够的安全机制，防止客户机利用溢出漏洞取得高级别的运行等级，从而获得对物理资源的访问控制，给其他客户带来极大的安全隐患。

在具体的安全防护及安全策略配置上，应满足如下要求：

①虚拟机管理器应启用内存安全强化策略，使虚拟化内核、用户模式应用程序及可执行组件（如驱动程序和库）位于无法预测的随机内存地址中。在将该功能与微处理器提供的不可执行的内存保护结合使用时，可以提供保护，使恶意代码很难通过内存漏洞来利用系统漏洞。

②虚拟机管理器应开启内核模块完整性检查功能，利用数字签名确保由虚拟化层加载的模块、驱动程序及应用程序的完整性和真实性。

③在安全管理上采取服务最小化原则。虚拟机管理器接口应严格限定为管理虚拟机所需的 API，并关闭无关的协议端口。

④规范虚拟机管理器补丁管理要求。在进行补丁更新前，应对补丁与现有虚拟机管理器系统的兼容性进行测试，确认后与系统提供厂商配合进行相应的修复。同时应对漏洞发展情况进行跟踪，形成详细的安全更新状态报表。

⑤对每台物理机之上的虚拟平台，严格控制对虚拟平台提供的 HTTP、Telnet、SSH 等管理接口的访问，关闭不需要的功能，禁用明文方式的 Telnet 接口。

在用户认证安全方面，采用高强度口令，降低口令被盗用和破解的可能性。

另外，在服务器虚拟化高可用性方面，目前一些主流虚拟化软件的提供商推出了成熟的虚拟化高可用性技术或方案。如高可用性 HA（high availability）、零宕机容错 FT（fault tolerance）、备份与恢复 DT（data recovery）等方式快速恢复故障用户的虚拟机系统，提高用户系统的高可用性。

（2）网络虚拟化安全。

网络虚拟化安全主要通过在虚拟化网络内部加载安全策略，增强虚拟机之间以及虚拟机与外部网络之间通信的安全性，确保在共享的资源池中的信息应用仍能遵从企业级数据隐私及安全要求。

（3）存储虚拟化安全。

存储虚拟化通过在物理存储系统和服务器之间增加一个虚拟层，使物理存储虚拟化成逻辑存储，使用者只访问逻辑存储，从而把数据中心异构的存储环境整合起来，屏蔽底层硬件的物理差异，向上层应用提供统一的存取访问接口。虚拟化的存储系统应具有高度的可靠性、可扩展性和高性能，能有效提高存储容量的利用率，简化存储管理，实现数据在网络上共享的一致性，满足用户对存储空间的动态需求。

（4）业务管理平台安全。

业务管理平台指的是支撑 IaaS 业务提供、业务运营的系统，其既可由虚拟化厂家提供，也可由第三方厂家提供。参考 eTOM 以及 TMF 相关标准的系统架构，业务管理平台功能可分为业务规划、业务订购、业务开通、业务监视、业务保障、业务计费等。业务管理平台的安全性直接影响着 IaaS 系统能否安全、稳定地运行。

业务管理平台在安全管理功能方面应能满足如下要求：

①具备宿主服务器资源监控能力，可实时监控宿主服务器物理资源利用情况，包括 CPU 利用率、内存利用率、磁盘使用情况等。要求在宿主服务器出现性能瓶颈，如 CPU 利用率过高时发出警告。

②具备虚拟机性能监控能力，可实时监控物理机上各虚拟机的运行情况，包括 VCPU 利用率、内存利用率、磁盘利用率等。要求在虚拟机出现性能瓶颈，如 VCPU 利用率超过 90% 时发出警告。

③支持设置单一虚拟机的资源限制量，保护虚拟机的性能不因其他虚拟机尝试消耗共享硬件上的太多资源而降低。在虚拟机资源分配时，应充分考虑资源预留情况，通过设置资源预留和限制量，保护虚拟机的性能不会因其他虚拟机过度消耗宿主服务器硬件资源而降低。

在业务管理平台自身安全性方面，应能满足如下安全要求：

①业务管理平台应具备高可靠性和安全性，具备多机热备功能和快速故障恢复功能。

②对管理系统本身的操作进行分权、分级管理，限定不同级别的用户能够访问的资源范围和允许执行的操作。

③对用户进行严格的访问控制，采用最小授权原则，分别授予不同用户为完成各自承担的任务所需的最小权限。

（5）建立安全的远程管理机制。

根据定义，IaaS 资源在远端，因此会需要某些远程管理机制。最常用的远程管理机制包括：①VPN：提供一个到 IaaS 资源的安全连接。②远程桌面、远程 Shell：最常见的解决方案是 SSH。③Web 控制台 UI：提供一个自定义远程管理界面，通常它是由云服务提供商开发的自定义界面（如管理亚马逊 AWS 服务的 RightScale 界面）。

对应安全策略如下：

①缓解认证威胁的最佳办法是使用双因子认证，或使用动态共享密钥，或者缩短共享密钥的共享期。

②不要依赖于可重复使用的用户名和密码。

③确保安全补丁及时打上。

④对于这些程序，采取以下措施：SSH，使用 RSA 密钥进行认证；微软的远程桌面：使用强加密，并要求服务器认证；VNC，在 SSH 或 SSL/TLS 隧道上运行它；Telnet：不要使用它，如果必须使用，则最好通过 VPN 使用。

⑤对于自身无法保护传输数据安全的程序，应该使用 VPN 或安全隧道（SSL/TLS 或

SSH)，推荐首先使用 IPSEC，然后是 SSLv3 或 TLSvl。

（6）针对突然的服务中断等不可抗拒新因素，采取两地中心策略。

服务中断等风险在任何 IT 环境中都存在，在部署云计算数据中心时，最好采取基于两地三中心的策略，进行数据与环境的备份。如图 13 – 10 所示。

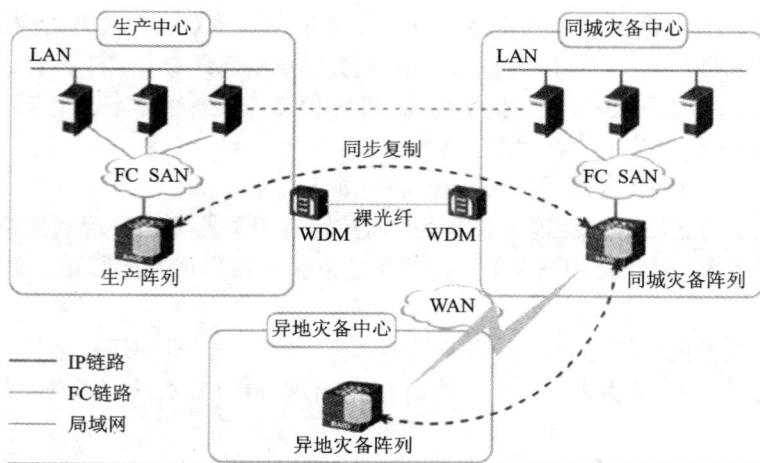

图 13 – 10　两地三中心策略

生产中心与同城灾备中心一般在同一个城市，距离在 10 km 以内。异地灾备中心通常在国家的另一个区域，距离可以跨越数个省份。

生产中心为对外提供服务的主中心，由于与同城灾备中心距离近，可以采取裸光纤相连，采取同步复制模式，数据实时保持同步。同城灾备中心与异地灾备中心数据由于距离远，只能采取 WAN 连接，因此采取异步复制模式。

图 13 – 10 中，一旦生产中心发生毁坏，同城灾备中心可以实时承接对外服务的任务，在此情况下，用户感觉不到任何的服务中断。在发生地震或者战争等大面积毁坏的情况下，生产中心与同城灾备中心服务同时中断，可以启用异地灾备中心对外服务。在这种情况下，由于数据需要恢复，用户感觉到服务中断，但短时间内会恢复，不会造成严重事故。

13.5.2　PaaS 核心架构安全

PaaS 是把分布式软件的开发、测试和部署环境当作服务，通过互联网提供给用户。PaaS 为用户提供了包括中间件、数据库、操作系统、开发环境等在内的软件栈，允许用户通过网络来进行应用的远程开发、配置、部署。

1. PaaS 风险分析

（1）应用配置不当。在云基础架构中运行应用以及开发平台时，应用在默认配置下安全运行的概率基本为零。因此，最需要做的事就是改变应用的默认安装配置，熟悉应用的安全配置流程。

（2）任何平台都存在漏洞的风险，有些平台极端环境下的可用性、完成性的工作能力不够，比如在大量网络连接下，Web 服务器的承受能力等。在对外提供 API 的平台应用中，编程环境的漏洞、堆栈溢出的漏洞、高权限非法获取的漏洞都会存在。

（3）SSL 协议及部署缺陷。对 PaaS 用户而言，第三个需要考虑的威胁是 SSL 攻击。SSL 是大多数云安全应用的基础。目前，众多黑客社区都在研究 SSL，SSL 在不久的将来或许会成为一个主要的病毒传播媒介。因此，客户必须明白当前的形势，并采取可能的办法来缓解 SSL 攻击。

（4）云数据中的非安全访问许可。尽管这似乎是一个特定环境下的问题，但许多应用于实际上存在严重的信息漏洞，数据的基本访问许可往往设置不当。从安全的角度讲，这意味着系统需要批准的访问权限太多。

2. PaaS 架构安全

对 PaaS 来说，数据安全、数据与计算可用性、针对应用程序的攻击是主要的安全问题。

（1）分布式文件安全。

分布式文件系统构建在大规模廉价服务器群上，面临以下一些挑战：

①服务器等组件的失效现象将经常出现，须解决系统的容错问题。

②提供海量数据的存储和快速读取。

③多用户同时访问文件系统，须解决并发控制和访问效率问题。

④服务器增减频繁，须解决动态扩展问题。

⑤须提供类似传统文件系统的接口以兼容上层应用开发，支持创建、删除、打开、关闭、读/写文件等常用操作。

为了提高分布式文件系统的健壮性和可靠性，当前的主流分布式文件系统如 GFS 和 HDFS 等，通过设置辅助主服务器（secondary master）作为主服务器的备份，以便在主服务器故障停机时迅速恢复。系统采取冗余存储的方式来保证数据的可靠性，每份数据在系统中保存 3 个以上的备份。

在数据安全性方面，需要考虑数据的私有性和冲突时的数据恢复。透明性要求文件系统给用户的界面是统一完整的，且至少需要保证位置透明、并发访问透明和故障透明。此外，扩展性也是分布式文件系统需要重点考虑的问题，增加或减少服务器时，分布式文件系统应能自动感知，而且不对用户造成任何影响。

（2）分布式数据库安全。

分布式数据库同样面临以下一些挑战：

①组件的失效问题，要求系统具备良好的容错能力。

②海量数据的存储和快速检索能力。

③多用户并发访问问题。

④服务器频繁增减导致的可扩展性问题。

⑤对分布式数据库来说，数据冗余、并行控制、分布式查询、可靠性等是设计时须主要考虑的问题。

数据冗余是分布式数据库区别于其他数据库的主要特征之一，它保证了分布式数据库的可靠性，同时也是并行的基础。数据冗余有两种类型：①复制型数据库，局部数据库存储的数据是对总体数据库全部或部分的复制；②分割型数据库，数据集被分割后存储在每个局部数据库里。冗余保证了数据的可靠性，但也带来了数据一致性问题。

在分布式数据库中，分布式查询（并行查询）是提升查询性能的最重要手段。可靠性是衡量分布式数据库优劣的重要指标，当系统中的个别部分发生故障时，可靠性要求对数据库应用的影响不大或者无影响。

（3）用户接口和应用安全。

对于 PaaS 服务来说，它使客户能够将自己创建的某类应用程序部署到服务器端运行，并且允许客户端对应用程序及其计算环境配置进行控制。然而来自于客户端的代码可能会是恶意的，如果 PaaS 服务暴露过多的接口，可能会给攻击者带来机会。比如，用户提交的代码可能会恶意抢占 CPU 时间、内存空间和其他资源，也可能会攻击其他用户，甚至可能会攻击提供运行环境的底层平台。

用户接口包括提供代码库、编程模型、编程接口、开发环境等。代码库封装平台的基本功能如存储、计算、数据库等，供用户开发应用程序时使用。编程模型决定了用户基于云平台开发的应用程序类型，它取决于平台选择的分布式计算模型。

在运营管理方面，为保证应用程序的可靠运行，系统需要考虑不同应用程序间的相互隔离问题，可以引入沙箱隔离技术，让它们在安全的沙箱环境中可靠运行，防止影响到 PaaS 底层承载平台或系统。

13.5.3　SaaS 核心架构安全

SaaS 的实现方式主要有两种：一种是通过 PaaS 平台来开发 SaaS。PaaS 平台提供了一些开发应用程序的环境和工具，可在线直接使用它们来开发 SaaS 应用。例如，salesforce.com 推出的 Force.com 平台，它提供了对 SaaS 架构的完整支持，包括对象、表单和工作流的快速配置，开发人员可以很快地创建并发布 SaaS 服务。另一种是采用多用户架构和元数据开发模式，使用 Web 2.0、Struts、Hibernate 等技术来实现 SaaS 中各层的功能。

由于 SaaS 服务端暴露的接口相对有限，并处于软件栈的顶端，即系统安全权限最低之处，因此一般不会给其所处的软件栈层次以下的更高系统安全权限层次带来新的安全问题。

1. SaaS 风险及对策

（1）审计和法规遵从风险。

尽管服务商为云服务的安全性提供支持，但最终是用户自身对数据的安全负责，这意味着第三方审计工作尤为重要。用户数据可能位于同一位置，亦会在不断变化的主机和数据中心组之间传播。因此，如果不能获得服务商的支持，外部审计将很难进行。而外部审计工作又是保证云服务商满足各种法规遵从的重要手段，服务商只有满足合规性要求，才能根本保障各级云计算服务的安全问题，所以审计和法规遵从风险是云服务安全风险不可忽略的重要部分。

（2）信息隐私。

云计算环境下，用户的个人信息可能分散在不同的虚拟数据中心，云数据一旦被用户上传到云服务器上，就变成对云服务商绝对透明的数据，难以防止云服务商对这些数据信息进行泄露、利用等，如挖掘用户信息实现其盈利目的等；同时在开放的云环境中很难控制特权制访问人员的数据泄露风险。云计算的这种服务模式对用户的信息隐私造成极大的风险。解决数据隐私风险的对策主要有 IAM(身份和访问管理)和隐私保护系统。

2. SaaS 架构安全

对于 SaaS 服务而言,SaaS 底层架构安全的关键在于如何解决多租户共享情况下的数据安全存储与访问问题。主要包括多租户下的安全隔离、数据库安全和应用程序安全等方面的问题。

(1)建立可信安全平台。

结合防火墙、入侵检测、病毒防治、权限控制以及安全邮件技术,保证网络传输时系统的应用和数据存储、传输的安全性。

(2)多租户安全。

在多租户的典型应用环境下,可以通过物理隔离、虚拟化和应用支持的多租户架构等三种方案实现不同租户之间数据和配置的安全隔离,以保证每个租户数据的安全与隐私。

物理隔离法为每个用户配置其独占的物理资源,实现在物理层面上的安全隔离。同时,可以根据每个用户的需求,对运行在物理机器上的应用进行个性化设置。该模式安全性较好,但硬件成本较高,一般只适合对数据隔离要求比较高的大中型企业,如银行、医院等。

虚拟化方法通过虚拟技术实现物理资源的共享和用户的隔离,每个用户独享一台虚拟机,不足之处是当面对成千上万的用户时,给每个用户都建立独立的虚拟机是不合理和没有效率的。虚拟机的主要目的是减少为达到隔离目的而产生的独占性资源。

应用支持的多租户架构包括了应用池和共享应用实例两种方式。应用池是将一个或多个应用程序链接到一个或多个工作进程集合的配置,是用来隔离应用实例的服务器端沙箱。在某个应用池中的应用程序不会受到其他应用池中应用程序所产生的问题的影响。每个应用池都有一系列的操作系统进程来处理应用请求。通过设定每个应用池中的进程数目,能够控制系统最大资源利用情况和容量评估等。这种方式被很多的托管商用来托管不同客户的 Web 应用,也就是通常所说的 Hybrid Multi-Tenancy。共享应用实例是在一个应用实例上,为成千上万个用户提供服务,用户间是隔离的,并且用户可以用配置的方式,对应用进行定制,也就是通常所说的 Native Multi-Tenancy。这种技术的好处是由于应用本身对多租户架构的支持,所以在资源利用率和配置灵活性上都要比虚拟化方式好,并且由于是一个应用实例,在管理维护方面也比虚拟化的方式方便。

(3)数据库安全。

SaaS 服务普遍采用大型商用关系型数据库和集群技术,在数据库的设计上,多重租赁的软件一般采用三种设计方法。

①每个用户独享一个数据库 instance。

②每个用户独享一个数据库 instance 中的一个 schema。

③多个用户以隔离和保密技术原理共享一个数据库 instance 的一个 schema。

出于成本考虑,多数 SaaS 服务均选择后两种方案,也就是说,所有用户共享一个数据库 license,从而降低成本。数据库隔离的方式经历了从 instance 隔离、schema 隔离、partition 隔离、数据表隔离,到应用程序的数据逻辑层提供的根据共享数据库进行用户数据增删改授权的隔离机制,从而在不影响安全性的前提下实现效率最大化。

（4）应用程序安全。

应用程序的安全主要体现在提升 Web 服务器安全性上。基于 Apache、IIS 等 Web 服务器，主流厂商多采用 J2EE 或.NET 开发技术，并采用特殊的 Web 服务器或服务器配置以优化安全性、访问速度和可靠性。身份验证和授权服务是系统安全性的起点，J2EE 和.NET 自带全面的安全服务。J2EE 提供 Servlet Presentation Framework，.NET 提供.NET Framework，并持续升级。应用程序通过调用安全服务的 API 接口对用户进行授权和上下文继承。

在应用程序的设计上，安全服务通过维护用户访问列表、应用程序 Session、数据库访问 Session 等进行数据访问控制，并需要建立严格的组织、组、用户树和维护机制。

ACL 和密码保护策略也是提高 SaaS 安全性的重要方面，用户可以在自己的系统中修改相关策略。有些厂商还推出了浏览器插件来保护客户登录安全。

（5）选择可靠的操作系统，定期升级软件补丁，关注版权信息。

选择稳定的主流操作系统，定期更新操作系统与软件补丁，定时扫描漏洞。有条件的客户可以选择安全专家对系统做评估，并选用定制的网络设备或者硬件设施。

（6）对服务器跟客户端的安全都要重视。

对于客户端，最好采用通过 SSL 服务器端认证的 HTTPS 协议，保证所有传输的数据都是加密过的，以保证数据传输安全。同时对于身份认证，可以考虑给予 USB Key 的方式，唯一识别客户身份。

对于服务器方面，前端可以部署负载均衡设备，后端可以部署高可用集群，以保证任意一台服务器出现故障，不会影响系统的整体可用性。

（7）选择可靠的 SaaS 提供商。

首先，可靠的 SaaS 提供商应该具有业界领先的成熟的安全技术。比如对于 SaaS 邮件提供商，成熟的反病毒、反垃圾邮件技术必不可少。其次，知识产权也比较重要。SaaS 提供商拥有核心知识产权，可以保证以后服务的延续性与可靠性。最后，SaaS 提供商最好要有业界良好的信誉以及安全资质，可以保证服务运行的可靠性与可信度，并能够提供持续的技术支持。

（8）安全管理。

首先，最好建立第三方监理制度。应用第三方监理确保科学化、公平化、专业化，才能使 SaaS 更合理、有效地运营下去。其次，安全制度也非常重要。要建立服务商与客户之间的诚信体系，社会方面也需要提供外部的法律支持，使泄露客户商机的行为能够受到惩处。良好的信用体系是 SaaS 安全发展的一个必要条件。再次，需要加强对人员技术知识和应急安全事件处理能力的培训，增强安全管理意识，并遵守安全管理规范。

13.6　用于云应用安全的身份、授权和访问管理

传统的企业内部应用可以通过传统的边界安全控制予以保护，比如防火墙、代理服务器等。当用户将这些应用迁移入云时，所有传统的控制都不足以保护它们，因为这些应用运行在不受信任的网络上（非参数化）。来自相同服务提供商（资源池）不同租户的应用程序可能放在一起，并且可以通过任意设备从任意地点进行访问。www.rationalsurvivability.com 定义的典型的云构造如图 13-11 所示。

Devices	• Laptops, smartphones, tablets
Infostructure	• Content & Context Applications, Information, Services
Metastructure	• Glue & Guts-IPAM, IAM, BGP, DNS, etc.
Infrostructure	• Sprockets & Moving Parts-Compute, Network, Storage

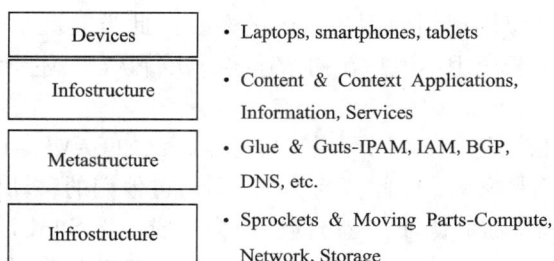

图 13 – 11　云交付组成

根据图 13 – 11 能清晰地看到，应用是通向数据的窗口，新的边界线是内容（数据）和用户用以访问数据的上下文。这使得在云应用上实施安全控制变得至关重要。访问该数据的上下文需要附带一系列的丰富标识符和属性来制定访问决策。随着 IT 的消费化，企业现在正面临"用户自带设备（BYOD）"的现实，因此设备身份和设备属性也变成了确定访问控制的重要因素。

身份不应只被视为认证实体时参考，还应该收集更多关于用户的信息来帮助进行访问决策。身份还包括运行应用的设备的身份信息（VM image 的标识）、管理该 VM Image 的特权用户（可能是企业用户也可能是服务提供商用户）、该应用需要与其交互的其他应用或服务的身份信息，该应用的系统管理员用户身份信息，以及企业之外的需要访问该应用的外部（应用或服务的，比如 B2B、B2C 等）身份信息。值得注意的是，访问决策还可能基于身份无关的属性，策略授权/管理工具需要支持这类的非身份属性。

本节将研究认证、授权和访问管理使云计算应用安全上的相关问题。

13.6.1　认证

认证指的是在应用中创建或者断言身份。认证通常分为两个阶段：澄清身份和验证已经提供给用户的凭证。云应用认证的驱动因素是设备独立性、普通且简单的用户界面（UI）以及设备通用的单一协议。

在常规企业应用中，认证的完成依赖于企业的用户存储，而认证凭证通常是用户 ID 和密码。对于基于云的应用，使用企业凭证的认证更复杂。某些企业在服务提供商到企业网站间建立了 VPN 通道，使得它们可以通过企业用户目录进行认证，但同时也应该考虑延迟、连通性和 BCP/DR（business continuity plan/disaster recovery）规划等方面的问题，并且该方案也不一定在新的云应用中使用到或设计上支持。企业应该规划采用开放标准，如 SAML 和 WS – Federation。

企业合作伙伴和客户不想为其第三方访问维护独立的身份（但是现在常常别无选择）。所以企业应该规划采用"自带身份"机制，并且云计算应用需要设计为支持多个机构的身份和属性。

由于云计算应用可通过多种设备进行访问，消费者应该考虑用于原始身份确认的强大认证并确定能满足其风险需求的凭证类型（RSA Token、经由短信或手机的 OTP、智能卡/PKI、生物特性认证等），通过高水平认证将认证者和属性传递给云应用，以便授权层可以对访问管理作出更好的风险决策。

企业应该为其云计算应用规划使用基于云的验证。此类验证基于设备标识码、地理位置、ISP、启发式信息等。云应用不该只在初始连接时执行认证，还应该在应用内部发生交易时执行基于风险的认证。

此外，云计算应用还应该充分利用可应用的标准，比如 SAML 和 OAuth。云服务 API 专门设计用来接受标识而不是密码，因此，当用户试图通过他们的移动设备访问云计算服务的时候，必须先通过身份提供商的认证，身份提供商会生成一份 SAML 声明并递交给云计算服务提供商。SAML 声明成功批准后，会生成一个 OAuth 令牌并发送到移动设备上，然后移动设备会传递这些令牌到要访问的云计算服务 API。

13.6.2　授权和访问控制

广义上，授权是指强制执行基于资源授权的访问规则。授权过程实现了业务策略，进而转化成对企业资源的访问。对于基于云计算的应用，授权不应只基于内容执行，还应该参考上下文环境。

对于以用户为中心的授权模型而言，用户是策略决策点（PDP）。用户决定对资源的访问，而服务提供商充当策略执行点（PEP）。OAuth 广泛地用于该模型，用户管理访问（UMA）也是该领域的一个新兴标准。

对于以企业为中心的授权模型，企业就是 PDP 或者策略访问点（PAP），而服务提供商充当 PEP。在某些情况下，企业为 PEP 实施云计算安全网关。企业客户应该考虑使用 XACML 和集中的策略管理。

云应用可以利用多种类型的服务，尽管 Web 服务接口已经进行了抽象，但是交付供应链的多样性还是可能让治理流程复杂化。设计时治理包括定义服务、开发服务、注册服务并为访问这些服务执行策略需求。运行时间治理包括发现服务、为调用服务实施安全限制、为访问服务强制执行安全限制以及审核所有访问。运用开放的标准如 W3C 的 WS - ploicy 来定义安全和管理策略申明，使用 WS - security 来强制执行访问限制，使用 WS - trust 实现安全令牌服务（STS）来验证并颁发令牌、交换令牌格式等。

还有一些不同类型的授权模型，如基于角色的、基于规则的、基于属性的访问，基于声明的以及基于授权的访问控制（如 ZBAC）。拥有 Web 访问管理（WAM）解决方案的企业应该利用这些解决方案来无缝地保护其云计算应用。大部分 WAM 产品都支持基于规则和角色的访问控制。

应用架构师或者设计师应该有计划地迁移到基于规则的解决方案，通过如上所述的授权过程采用申明和标签作为规则的资源，而逐渐摒弃其他传统的解决方案。

13.6.3　管理

在企业中身份管理（IDM）主要关注管理用户和管理访问策略。IDM 是 IdEA（identity, entitlement, and access management，身份、授权和访问管理）的一个重要组成部分，它不但可用来给用户提供及时的访问，还可以在用户离职时及时撤销访问或在用户切换到其他角色时及时管理访问。在企业内部，身份管理通常与数据存储（用户、策略等）高度集成，并直接连接。由于云的分布式本质，可能没有办法使用相同的部署方法，因为 IDM 可能不能直接访问服务提供者的数据存储。此外，也没有标准的 API 可用于开通，很多服务提供商也还未采用服务开通标记语言(SPML)。

云计算环境中的 IDM 不应只管理用户身份，它还应该扩展到管理云计算应用/服务的身份，这些云计算应用/服务的访问控制策略，用于这些应用/服务的特权身份等。

简单云身份管理(SCIM)是一种新兴标准，其主要目的是通过更简易更快速的实现，以达到更省钱的身份管理。另一个目的是简化用户身份进出云的迁移。SCIM 因为使用了定义良好的核心模式而简单，同时因为它使用了 REST API(众多云服务提供商支持)而云端友好，另外因为兼容很多现有协议(比如 SAML、OpenID 连接等)而支持身份管理。基于这些事实，SCIM 可能会被采纳为身份权限管理的一个行业标准。

13.6.4 审计/合规

使用云服务的企业应回答以下三个基本问题：

(1)用户可以访问哪些云资源？

(2)用户实际访问了哪些云资源？

(3)运用何种访问策略规则作为决策的基础？

在现在的云部署下，企业客户获得的云服务提供商的可见性有限，难以支持数据审计。企业需要访问这些数据，不只是为了满足业务驱动的合规，还是为了满足行业法规和欺诈纠纷的处理。

现有的 IDM 市场正在转向身份和访问治理(IAG)市场。企业还应考虑使用 SIEM(安全事故和事件管理)工具把云应用访问日志数据和策略数据进行关联生成策略合规报告，也可以使用可审计的行业标准，如 ISAE 3402/SSAE 16、HIPPA、DSS PCI、ISO27002 等。

有关云应用安全的通用 IdEA 考虑有：

(1)身份、授权和访问管理不应是事后追加的内容，而是一体化到应用的软件开发生命周期，从收集需求时就开始。

(2)在设计阶段，尽可能地使用基于声明的访问来控制到应用的访问。

(3)考虑使用 SAPM(共享账户密码管理)之类的工具来管理应用内部的高特权账户，同时考虑职责分离(SOD)和最小特权。

(4)如果企业已经有 Web 访问管理工具，应确保这些工具可以扩展到云环境中，比如通过添加 SAML 支持能力。

(5)云应用也许会需要利用服务提供商提供的服务，如日志、数据库连通性等。大多服务提供商将服务作为 Web 服务或 API 来发布。访问这些服务应由令牌控制，因此，云应用应该考虑支持多种令牌类型，如 OAuth、API Keys 等。

(6)应确保遵循敏捷开发过程，应用由模块化组件构建而成。这样应用可以在未来使用新兴标准，如 Mozilla 的浏览器 ID、Microsoft 的 U – Prove 和 Kantara Initiative 的 UMA(用户管理访问)。

13.6.5 策略管理

访问策略管理(当以授权为主时称为"授权管理")是访问策略中指定并维护对资源访问的过程。它基于的属性包括调用者的相关身份和相关属性(如调用者认证)、上下文属性(如环境/业务/IT 相关)及目标相关的属性(如限制或 QoS 访问策略)。

授权管理是组成授权和访问管理的一部分,它还包括为非身份相关但必须的属性(除身份和其属性之外)编制和维护策略,以制定有意义的访问决策。

授权也考虑那些与身份无关的属性,例如:

(1)IT 状况的一般状态、业务/业务流程、IT 系统或业务流程的互连性,或者环境(如危机等级、紧急情况)等。

(2)其他实体作出的其他决策(如批准、事前决策)。

(3)保护目标资源的相关属性(如 QoS 或节流策略)。

一般来说,授权管理、决策和实施过程在下面的三种情况下执行:

(1)使用集中/外部的策略实施点/策略服务器/策略即服务(Policy – as – a – Service)。

(2)作为云应用的组成部分嵌入。

(3)使用身份即服务或角色即服务(一个实体角色是它的身份再加上选定的属性)。

1. 云问题 vs. 政策管理

首先,面向云的授权管理(entitlement management)有特定问题。在云设施中,云用户通常对技术准入策略、决策制定和执行没有足够的控制权。目前,大部分云提供商不提供用户可配置的管理策略实施点(例如,基于 OASIS XACML 标准),且云提供商不能针对用户来预先配置用户特定的策略。

其次,用于相互联结的云(混搭式)授权管理的复杂性在于,访问控制是针对互联云混搭的需求,而不只针对每一个独立的云节点。这意味着该策略的制定需要出于跨互联云混搭的服务链和委托方面考虑。

2. 授权管理最佳实践

确定是否是一个以身份为中心或以权限(entitlement)为中心的视角是企业制定并维护管理策略的最佳方式。很多情况下,以受保护资源为中心的视角也许更易于制定和维护,因为目标常是受保护资源。同时,为了自动的策略实施,策略常分布到受保护的终端系统(如在授权和权限管理系统中)。在这种情况下,身份仅仅是访问策略中的一个属性。

确保策略采用可管理的表单明确提出。这包括策略是通用的,在足够高的抽象层面描述,并且表述能够接近于相关企业/业务/人的认知。通过这些可管理的表单,可采用工具生成详细的技术访问策略规则(如使用模型驱动的安全策略自动化)。

3. 与访问策略提供者对接的架构

使用标准协议(如 XACML)或专有协议(直接的 Web 服务或其他中间件调用)的策略决策/实施点(PEP/PDP)可以访问策略服务器(它包含用于互联云混搭的法规)。如果该策略涵盖了一个单一信任域(如企业内网),该架构通常是一(服务器)对多(PDP/PEP)的。但是在大型部署中,可能有很多联合的策略服务器服务于很多不同的 PDP/PEP。某些访问管理产品现在支持授权管理规则(如在 XACML 中),这可用来展现身份的权限(entitlement)。另外,某些授权管理产品可以目标资源为中心的角度来授权策略。

4.访问策略的开通

在身份+属性的开通之外，访问策略也需要开通。此外，非身份属性需要基于目录服务或其他属性源开通。两者都需要对 PDP/PEP 开通，其中，时效性和正确性扮演着重要角色。

13.6.6　管理云的访问策略

创建和维护访问策略可管理是一项重大的挑战。通常有太多简单的技术规则需要管理，使用的策略语言和属性与人类管理员的理解不匹配，有些技术规则需要频繁地更新，以保证在每次的系统更新后保持正确(如用于敏捷云混搭)。在技术策略的执行上要建立与人类管理员意图相匹配的信心/保障级别很困难。因此，关键是要仔细规划工具和流程，通过它们让这个访问策略制作/更新过程自动化，以达到可管理。

现有解决方案为将高级别的安全策略转为(低级别)技术访问规则的自动化方法，具体包括：

(1)模型驱动安全。以有工具支持的流程对安全需求在更高抽象层次上建模，使用该系统的其他可用信息来源(由其他利益相关者产生)。这些输入都以域特定语言(DSL)描述，随后它们会在尽可能少的人类干预下转换成可执行的安全法规。它还包括运行时安全管理(如权限/授权)。例如，运行时执行针对受保护 IT 系统的策略、动态的策略更新以及监控策略违规行为。

(2)将技术访问规则聚类到相似的群组以便减少复杂性。

(3)通过视觉化使技术策略更易于理解。

13.6.7　云中授权的最佳实践

(1)仔细考虑相对以身份为中心的角度而言，从受保护资源为中心角度来创建访问策略是否更适合自己的环境。

(2)确保访问策略的可管理性，尤其是面向动态变更的云混搭应用时。包括策略制定、策略分发、实施和更新的一致性。考虑使用自动化工具和方法(如模型驱动的安全)生成策略执行所需的技术访问规则。

(3)为策略管理和策略审计指定明确的责任。

(4)确保云提供者提供授权管理 PEP/PDP，可以通过特定用户的授权策略进行配置，且策略服务器可以与所选的策略正确对接。

(5)如果需要为云混搭应用打造一个集中的策略服务器，应考虑使用"策略即服务"作为策略服务器。

13.6.8　云中的应用渗透测试

渗透测试包含评估应用或系统层出现残余漏洞的过程，外部或内部黑客可能恶意地利用这些漏洞。该测试一般会包括对"黑盒"应用或系统表面的主动分析，并且试图识别可能普遍存在的由不良编程或安全加固实践导致的典型漏洞。

开放 Web 应用安全计划(OWASP)在其 OWASP 测试指南 V3.0 中推荐了以下 9 个类别的主动安全测试：

①配置管理测试。

②业务逻辑测试。

③认证测试。

④授权测试。

⑤会话管理测试。

⑥数据验证测试。

⑦拒绝服务测试。

⑧Web 服务测试。

⑨Ajax 测试（RIA 安全测试）。

上面的安全测试类别同样可应用到即将部署在云中的应用，因为应用漏洞的本质不会改变。

但是根据云部署模型的类别来看，可能还包含额外的威胁向量（这在非云中部署没有）。在 SaaS 部署中，这样一个威胁向量的例子由多租户引起（图 13 - 12），它发生在相同的应用运行时间用来服务多个租户及其隔离数据的时候。

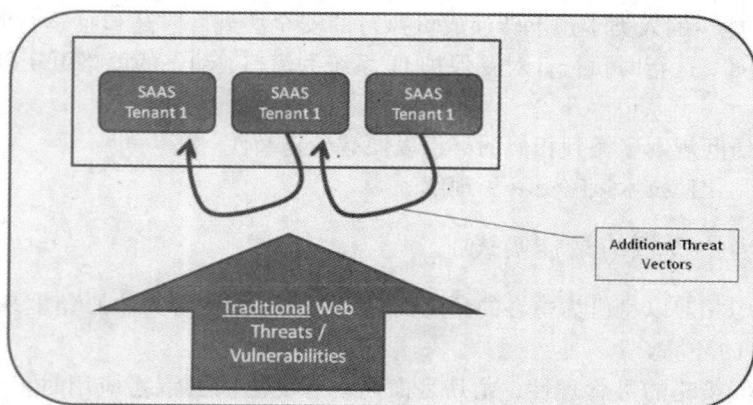

图 13 - 12　威胁向量继承

13.6.9　云中的应用监控

1. 云中的应用监控

这里限定"监控"专注于应用安全监控，特别是下列各项指标应该得到解决：

（1）日志监控。它不仅仅是出于合规目的而归档日志。应了解可能这些日志的潜在产出，并监控可操作的事件。

（2）性能监控。它是共享云计算的一个重要因素。一个应用性能的显著变化可能源于一名客户对受限资源（如 CPU、内存、SAN 存储）的使用超过了公平分配的资源限制，或者源于受监控的应用或者是在共享基础设施中的其他应用中存在恶意行为。

（3）监控恶意使用。当恶意用户企图访问或使用他们没有的权限时，企业必须了解发生了什么。审计日志必须记录失败（和成功）的登录尝试。如果一个应用经历了流量负载的大幅度增长，则应在某处创建一个警告。

（4）监控违规。这里的关键在于企业如何快速、高效地响应违规。根据应用的复杂性，决定违规也许相对容易些（如用户 A 登录了两次），也可能需要更多的努力（如开发启发式算法来监控数据的使用）。

（5）监控违反策略（尤其是访问控制）行为。监控和审计一个策略决策点时，如何作出决策很重要。例如，应用了哪些策略规则来作出特定的访问决策。这符合策略驱动的监控方法，该方法能避免误报及事件超负荷等一般监控问题。

2. 监控不同云类型中的应用

对于基于 IaaS 的应用，相比于部署在非共享环境中的"遗留"应用，监控该类应用几乎是"正常的"。客户需要监控共享基础设施的事件或恶意合租户（co - tenant）对应用的无授权访问尝试。

监控部署在平台云的应用需要额外的工作。除非平台提供商还提供能够监控已部署应用的监控方案，否则客户只有两个选择：要么编写另外的应用逻辑来执行平台内的监控任务，要么把日志发送到一个远程监控系统。这个系统可以是客户的内部监控系统，也可以是一个第三方服务。

在使用 SaaS 产品之前，客户必须对以下问题有个通透的了解：

（1）提供商如何监控其应用？

（2）提供商会给客户发送什么类型的审计、日志或警告信息？客户能选择他们将接收什么信息？

（3）提供商用何种方式向客户传递信息？（Twitter？邮件？定制的 API？）

云中应用安全监测要考虑的最后一点是：虽然提供商（或第三方云监控服务）搭建了一个监控系统来监控客户的应用，但这些监控系统正监控着几百甚至几千个客户。提供商作为一个企业，当然希望这个监控系统能够工作得"足够好"。如果客户有资源，运行只监控自己应用的自主监控系统通常会比云提供商的系统响应更快，信息量更多。

13.7　加密与密钥管理

在云计算环境中，由于有多于一个的租户，以及为别人工作的管理员，需要加密的数据急剧增加。下面讨论加密与密钥管理相关问题。

13.7.1　加密起因

随着由系统内部管理的机密信息不断地迁移到云中，与之相应，需要花同样的力气去保护这些机密信息。将数据迁移到云中对提高机密性和数据保护没有任何帮助，相反，将会增加数据保护的复杂度，欺诈的风险也会上升。

有很多因素促使云中数据加密，包括：

（1）在将数据迁移到云中时通过加密来保护数据，所需要做的多于仅仅确保使用安全转移通道（如 TLS）。在数据传输过程中加密不能确保数据在云中能得到保护。一旦数据达到云中，这些数据无论在云中还是在使用时都需要保护。

（2）对于在云中存储或共享时必须保护的无结构文件。这些文件可能通过以数据为中心的加密进行保护，或者在能够直接对文件进行保护时将加密嵌入到文件格式之中。

（3）理解在数据的整个生存周期中，如何管理加密或解密的密钥。尽可能避免依赖云服务提供商去保护，适当地使用密钥去保护你的关键信息。

（4）加密可以避免因为雇员失误造成的损失或者区域法律造成的麻烦。除非需要委托别人访问你的加密文件。如果只有你自己有密钥，那么也只有你有资格访问你的文件。

（5）不要忘记保护那些经常被忽略的文件，因为它们经常包含敏感信息。登录文件和元数据可能是数据泄露的途径。

（6）使用足够耐用的加密强度（如 AES－256）的加密技术，遵守同一公司规定批准的方式去维护机密的文件。使用公开有效的格式，只要有可能的地方都应避免使用专用加密格式。

13.7.2　可供选择的加密方法

在云计算里，有充分的因素促使用户去寻找加密数据的方法。因为很多组织将数据发送到云中就相当于转移了保管关系。对于这些组织，将不安全的数据发送到组织外部要注意：

（1）令牌化：私有云可以整合成为公有云服务以存储敏感数据，发往公有云的数据已作改变，且包含残留在私有云里的数据的参考。

（2）数据匿名：在处理之前去除个人可识别信息（PII）和敏感个人信息（SPI）。

（3）利用云数据库控制：访问控制植入数据库可视为提供了合适的等级隔离规则，在将数据迁移至云中之前好的数据管理措施是至关重要的。

数据共享的风险可分解为两个基本的类别：泄露（公开）和滥用，包括以下方面：

（1）意外公开泄露——使得信息或数据可被一般的公众通过公共网站获取。

（2）意外或恶意泄露——由于不恰当的数据保护使信息或数据被第三方利用。

（3）强迫公开给第三方——以诉讼的形式要求数据公开。

（4）政府公开——依据法律或法院命令将数据对政府公开。

（5）滥用用户或网络档案资料——通过分析和数据挖掘，从看似为交通数据的数据中提取出敏感信息，以揭露用户行为、关系、偏好或兴趣。

（6）滥用推理——能够合成一阶或二阶识别器去描绘推理关于个人的行为或身份。

（7）滥用重鉴定和去匿名——通过访问足够的匿名信息以推测原始主题。

13.7.3　云部署中的密码编码

在加密部分常用两个互补的概念，它们是：

（1）内容感知加密：在数据防泄露中使用，内容感知软件理解数据或格式，并基于策略设置加密。例如，在使用 Email 将一个信用卡卡号发送给执法部门时会自动加密。

（2）保格式加密：加密一个消息后产生的结果仍像一个输入的消息。例如，一个 16 位信用卡卡号加密后仍是一个 16 位的数字，一个电话号码加密后仍像一个电话号码，一个英文单词加密后仍像一个英语单词等。

从企业内部到云上时加密过程可以不需要用户干预是保障数据安全的首选方式。如果软件能配置协议感知、内容感知软件，则能够促进公有云加密的改善，加密的领域可从 REST 事务拓展到公有云应用等领域；现今的数据防泄露（DLP）应用案例能增强对将要离开企业的数据（通常以 Email 形式）的保护，并在数据离开企业之前加密。这种原理可用于云数据保护，数据防泄漏或许产生警告。一个内容感知服务需要探测、加密和记录而不是警告。

保格式加密比内容感知更进一步，通过检测数据的敏感程度来决定加密及维持数据格式和类型。通过保持数据类型和格式，这一服务能在众多的协议上有秩序地轻易改变很多数值。保格式加密的关键挑战是加密大规模的明文数值，如存储在云中的 Email。大规模加密通常是使用块加密算法，基于文本数据进行。在保格式的应用中，需要花费一定的时间将每一个单词加密成相同长度的字符串，不过，加密后的密文结果能像原始明文一样存储在相同数据类型的文件中。

一个应用需要在数据库中找到记录或对象时，可采用另外一种方式来存储唯一的值，如令牌化。令牌常被用在信用卡环境中，以确保信用卡卡号在应用中以最低程度被访问。从数值中产生的唯一的令牌能被用于产生新的主键，这些主键可以在公有云上的应用中使用，而不会暴露敏感数据。在可能的情况下，密钥不应存储在云中，而必须被企业本身或一个可信的密钥管理服务提供商所维护。

数据加密会带来复杂度和性能上的成本。除了加密之外，还有一些别的有效方法：

（1）使用对象安全。使用 SQL 准许及废除声明去约束账户访问这些数据。准许访问的账户必须严格控制，以确保只有授权的用户才能访问。

（2）存储安全哈希值。存储这些数据的哈希值而不是直接存储这些数据，这允许你的程序能证明持有者有正确的值而不必实际存储它。

13.7.4 密钥管理

在公有云计算中一个很困难的过程就是密钥管理，公有云中的多租户模型造成其上运行的过程需要考虑密钥管理问题。

最简单的应用案例是在公有云中有应用程序运行，加密数据从企业内部流到公有云中，密钥仅供企业内部使用。有的加密引擎能够在数据流出时加密，在数据流入时解密。当公有云上的其他处理过程（如批处理），需要访问密钥去解密数据时，一个使用密钥的应用程序将变得复杂。

企业中使用者需要拥有他们自己的密钥，而不是一个能用于访问整个企业的单独的共享密钥。最简单的解决方法是采用一个加密引擎，基于实体身份信息为每一个用户或实体分配（或管理）一个密钥。如果一个群体内的实体需要共享数据，那么可以为管理群体访问的应用程序分配一个群体级别密钥，并在群体内的实体间共享密钥。

如果云服务提供商和用户没有一个有效的密钥管理过程，加密数据就没有多大价值。在服务提供方，需要关注的因素包括：服务器拥有加密的数据，访问密钥服务器的职责划分；数据库管理员能访问个人密钥；或数据库服务架构依赖于单一密钥等。

使用密钥加密密钥，在内存中产生加密密钥，以及只存储密钥服务器的加密密钥，都是能控制和保护密钥本身的有效架构解决方案。构建任何解决方案时都应该考虑这些。

1.密钥存储

如果密钥不是在使用中临时产生并一次性使用，则它们必然要经历存储的过程。密钥存储设备应该对密钥的安全性提供保证，对秘密密钥提供机密性、真实性和完整性保护措施；对公开密钥提供真实性和完整性保护措施。

2.密钥管理

密钥管理就是在密钥通信各方之间建立和维护密钥关系的一整套技术和程序。密钥管理是密码学之中的一个重要分支，同时也是密码学最重要和最困难的部分，其负责密钥从产生至最终销毁的整个过程。这个过程包括密钥的生成、存储、分配、使用、备份/恢复、更新、撤销和销毁等。密钥管理是提供云计算环境机密性、数据源认证、实体认证、数据完整性和数字签名等安全密码技术的基础。由于现代密码学要求所有密码体制使用的密码算法必须经过公开评估，对密码设备、密码算法的保证并不能保证整个密码系统的安全性，密钥安全才是关键，一旦密钥遭受泄露、窃取、破坏，机密信息对于攻击者来说已失去保密性。

密钥管理是一项综合性系统工程，其要求密钥技术与密钥管理同等重要，它的实施与技术性因素、人的因素密切相关。其中人的因素主要包括密钥管理等相关的行政管理制度和密钥管理人员自身的素质。所以，只有当技术和管理共同作用，才能确保密钥管理的有效性。

13.8　访问控制理论与技术研究

13.8.1　云计算访问控制的需求

"云访问控制服务是云安全的基础服务""云访问控制是云计算安全的关键技术"，NIST的《*Guidelines on Security and Privacy in Public Cloud Computing*》(《公共云中的安全与隐私管理指南》)把"身份与访问管理"列为云计算关键安全问题之一。

资源共享引发的风险、存储与传输中的数据泄露风险、资源被滥用的风险、来自内部恶意员工的风险等的共同解决方案都涉及访问控制。

由于受到虚拟化、弹性变化等特性的影响，与传统相比，云计算中的安全设备和安全措施的部署位置有所不同，安全责任的主体发生了变化，常规的访问控制模型并不完全适用于新的环境。需要针对云计算的特点，将传统的访问控制模型扩展后移植到云环境。

13.8.2　访问控制基本理论

下面介绍访问控制的基本概念、形式化方法在访问控制研究中的作用，并分析经典的访问控制模型在云计算中的适用性。

1.访问控制的概念

根据 ISO 7498 - 2 中的定义，访问控制是信息安全的重要组成部分，关键的过程包括认证(鉴别)与授权：通过鉴别(authentication)来检验主体的合法身份，通过授权(authorization)来限制用户对资源的访问级别。

一般地，访问控制模型都会用到主体、客体、操作、权限等概念，对访问控制的研究最早是由 Lampson 以形式化方法进行的，他引入了上述的主体、客体概念，并首创了访问矩阵的理念。主体指可以对其他实体施加动作的主动实例，包括用户或其他任何代理用户行为的实体，如进程、作业和程序，一个用户可以有多个主体；客体指接受其他实体动作的被动实体，如一个可界定的资源，一个客体可以包含其他客体；权限指主体在受系统保护的客体上可执行操作的许可，权限是客体和操作的联合。

2. 访问控制的相关语言

在访问控制技术发展和工程实践中，出现了许多对用户访问、授权管理、访问流程进行描述的语言，这些语言作为访问控制理论和工程实践之间的桥梁，起着至关重要的作用，这里介绍两种语言。

（1）XAMCL：可扩展的访问控制标记语言 XACML（extensible access control markup language）是由结构化信息标准促进组织 OASIS（organization for the advancement of structured information standards）提出的一种以 XML 为基础的策略表述、访问控制决策请求/响应语言。XACML 主要定义了一种表示规则和策略的标准格式，还定义了一种对规则和策略进行评估以作出授权决策的标准方法。

（2）SAML：安全断言标记语言 SAML（security assertion markup language）是由 OASIS 基于 XML 提出的，用于在不同安全域中交换认证与授权数据的体系和协议。SAML 提供以下三种申明（断言）：

①身份验证断言：申明由某权威颁发，断言中的主体通过了身份验证，通常用于单点登录。主要元素是主体 < subject > 和身份验证断言 < authnstatement >。

②授权决策断言：表明断言中主体请求操作某种资源的判决结果，在该断言中使用 URI 来描述相应的资源。主要元素是主体 < subject > 与授权决策断言 < authndecisionstatement >。

③属性断言：表明由某权威颁发，断言中的主体拥有某些属性。主要元素是主体 < subject > 与属性断言 < attributestatement >。

SAML 是一种与平台、消息机制、传输协议无关的安全信息交换方案，能与其他安全系统的体系结构和实现相独立，任何安全服务引擎均可以使用 SAML，有利于异构安全系统间的交互操作。

13.8.3 经典的访问控制模型

目前学术界对云计算中访问控制的研究方向较多，主要是以传统的或现有的访问控制模型为基础进行改进和扩展，使模型更好地为云计算服务。根据出现的时间，从抽象模型而非具体技术实现的角度来看，传统的经典访问控制可分为自主访问控制和强制访问控制。根据基础的不同，可分为基于角色的访问控制、基于属性的访问控制、基于行为的访问控制、基于任务的访问控制、基于信任的访问控制和基于使用的访问控制等。以下对它们进行简要介绍，并分析其在云计算中的适用性。

（1）自主访问控制。

自主访问控制 DAC（discretionary access control）是指一个主体可以自主地将它拥有的对某个客体的访问权限授予其他主体，并可对这些授权予以撤销。DAC 的安全模型体现为访问矩阵与访问控制列表 ACL，优点是有很好的灵活性，易于个性订制，缺点是权限管理过于宽松，对资源的保护力度较弱。由于 DAC 是个体自主的，对已经授予出去的权限难以控制，进行云计算环境下权限的全局管理较为困难。而且，云计算中的用户安全意识有高有低，采用 DAC 可能出现合法用户自主地将权限授予非法或恶意用户的情况。另外，随着用户和资源数量的增长，DAC 中的访问控制列表规模会剧增，严重影响管理与维护。

（2）强制访问控制。

强制访问控制 MAC（mandatory access control）是指一个标记过密级的主体必须经过系统的授权才可以对某些已标记的客体进行访问以及由系统决定该主体的访问形式。具体的模型有 BLP（Bell - Ia Padula）模型、Biba 模型、Chinese Wall 模型。其优点是可控制性高、保密性强，但缺点是操作缺乏灵活性，系统配置属于粗粒度，不能很好地体现最小特权的安全原则。云计算是一种多用户参与的模式，可能有些客体是在不同的主体间共享的，或者需要由不同的主体进行维护与操作。例如，公司将数据中心部署在云平台中，而公司内部在完成某个项目时，需要对这些项目资源进行共享，以保证团队各个参与者都能访问，但这些参与者可能来自公司中不同部门或所处级别不一，或者是经常变动的，如果系统使用了 MAC，则事先就已经对各参与者的权限和资源的安全级别进行了标识，再进行调整的工作量巨大。

（3）基于角色的访问控制。

基于角色的访问控制 RBAC（role based access control）通过角色的概念实现了主体与访问权限的逻辑分离。具体是指在一个系统机构里，系统为不同的职位指定角色，对每个角色指定不同的访问权限，用户根据所分配的角色对资源执行角色对应的访问。其优点是管理较为简单、实用性强，缺点是权限无法动态变化，约束粒度较大。云计算有可能是跨域的，不同域中的角色存在兼容性问题，又由于用户可能有众多的身份，难以通过有限的角色来表达其所需的权限。如果要进行细粒度的访问控制，要定义大量的角色，这给角色的分配与管理带来困难。另外，云计算中用户属性的动态变化也使得通过预先分配角色来指定权限的做法不再有效。

由于 RBAC 成熟度高、应用广，云计算中基于 RBAC 的扩展研究很多。美国国家信息技术委员会（Chief Information Officers Council）与 NIST 在发布的《Proposed Security Assessment & Authorization for US Government Cloud Computing》中就建议使用 RBAC 与其他相关技术结构实施云计算中的访问控制。较早进行云计算中的 RBAC 扩展研究的是 Sirisha 等，他提出了 API 层面的一种基于 RBAC 的两阶段访问控制机制，只允许白名单中的用户进行访问，但这与云计算的开放性不符。金诗剑等基于 RBAC 提出的模型分为平台与租户两个层次，以解决用户访问平台公共资源和租户专属资源以及用户在访问不同租户内部资源时的访问隔离问题，但未进行实际云环境下的实现。赵明斌等考虑了时态、环境等约束条件，引入了主客体属性及主体角色的可变机制，既可保证云环境下数据的安全性和可靠性，又具有一定的灵活性，并在基于云计算的医疗保健系统中予以形式化的应用，但未考虑使用中的权限验证。

（4）基于身份的访问控制。

基于身份的访问控制 IBAC（identity based access control），这是指根据用户用于身份认证的信息进行访问控制，这些信息可以是口令、数字证书、门禁卡等。用户对资源的访问权限是与身份信息绑定的。

（5）基于属性的访问控制。

ABAC（attribute based access control）把相关实体（主体、客体及环境等）的属性作为授权的依据来进行访问决策，能解决复杂信息系统中的细粒度访问控制与大规模用户动态扩展的问题。ABAC 在云安全领域的研究，主要集中在将 RBAC 与 ABAC 结合起来，既保证用户的隐私，又支持访问控制。Byung Rae 等指出云计算中与访问控制相关的实体有 4 个：请求者、服务、资源与环境。根据 4 个实体的属性来判决权限，使用构建的 ABAC 模型对云计算系统中的典型策略进行了描述。

（6）基于行为的访问控制。

Action BAC（action based access control）中的行为指角色在某种环境下、某段时间内实现某个功能所需权限集合的描述，即用户在启动会话获得权限时所需的角色、时态和环境信息。基于行为的访问控制适用于云计算这种开放网络环境下动态变化的信息系统的访问控制。林果园等通过基于行为的访问控制技术来动态调节主体的访问范围，定义的层次化行为随着角色、时态和环境的不同而动态变化，但其"上读、下写"的特性使模型的可用性有所降低。

（7）基于任务的访问控制。

Task BAC（task based access control）的研究在云计算中采用面向任务的观点，从任务的角度来建立安全模型和实现安全机制。即从应用与企业层的视角而不是传统的系统层面来解决安全问题，在任务处理的过程中提供动态的、实时的安全管理。有学者将云计算中的工作流分解为相互依赖的任务，再分配给角色，角色通过具体的执行任务的节点来指定，云服务器通过资源拥有者授权获取权限，并作为可信中间人传递访问请求，减轻了用户的负担。也有文献提出，先在云计算服务端分解角色，并指定给客体，之后在任务分配权限时对权限进行分类，可更好地解决主体对于客体访问过程中产生的低效率与频繁访问的问题。

（8）基于信任的访问控制。

Trust BAC（trust based access control）模型在信任管理的基础上，把信任机制引入到访问控制技术中，能从权限对用户的具体要求出发，综合计算用户的多种信任特征，安全合理地为用户分配所需的权限，实现细粒度、灵活的授权机制。有学者进行了将信任与角色相结合引入云计算的理论分析，进而 Lin 等人考虑到云计算存在多个安全管理域的特点，对信任采用分层的管理模型，并进行动态的信任计算。进一步的，Tan 等人给出了云平台中信任度的详细计算过程，并根据用户的角色信息和信任度为其分配资源的访问控制权限，这样能够降低云计算中通信的安全隐患并提高安全性。

（9）基于使用的访问控制。

传统的访问控制模型有一个突出的局限性是仅关注访问控制的授权过程。为克服这个缺陷，Sandhu 等人提出了基于使用的访问控制 UCON（usage control）模型。UCON 包含三个核心组件和三个额外组件，前者包括主体 subject、客体 object 和权限 right，后者包括传统的 authorization 元素，还新增了职责义务 obligation 与环境条件 condition 两个元素，所以 UCON 又称为 UCONABC 模型。

当主体提出访问请求时，授权 authorizatoin 组件将根据主体请求的权限，检查主体与客体的安全属性，如账户、角色、安全级别、IP 地址、信用度等，从而决定该请求是否被允许；义务 obligation 则指主体在访问之前或访问中必须执行的动作，如下载某些文档前必须接受相应的使用协议，观看在线电影时需要持续打开某个广告窗口；条件 condition 是指访问请求的执行必须满足某些系统和环境的约束，条件可以是动态的或静态的，如系统的负载、当前时间。

UCON 模型引入了两种新的特性——授权的连续性与属性的可变性。UCON 能在整个资源的使用过程实现持续的、实时的监控，连续性控制可以在访问使用资源之前（before usage）进行，也可以在访问使用资源过程中（on going usage）进行；可变属性的更新可以发生在使用资源之前（pre – update）、之中（on going update）或者之后（post – update），属性的变动会影响当前或下次的权限判决，这些性质如图 13 – 13 所示。

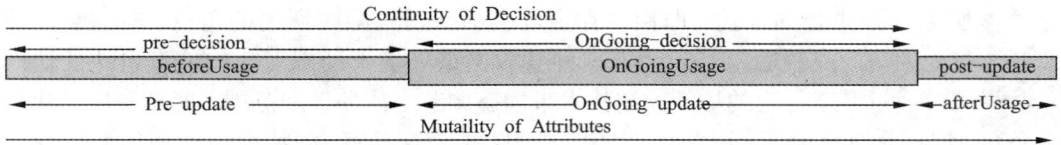

图 13 – 13   UCON 的连续性与可变性

authorizatoin（简写为 A），obligation（简写为 B），condition（简写为 C）这三个判决因素可以进行组合，作为形式化的谓词，从而得到了 UCONABC 模型族，可表达为 16 种可能的访问控制模型，如表 13 – 1 所示。

表 13 – 1   UCON 可表达的子模型

决策	属性	0（无更新）	1（使用前更新）	2（使用中更新）	3（使用后更新）
preA		Y	Y	N	Y
onA		Y	Y	Y	Y
preB		Y	Y	N	Y
onB		Y	Y	Y	Y
preC		Y	N	N	N
onC		Y	N	N	N

其中前缀 pre、on、post 分别表示在主体使用前、使用中、使用后进行授权判决。使用控制 UCON 具有极强的表达能力，可以兼容多种访问控制模型。其中，使用前决策相当于传统的访问控制，而 UCON 的属性更新机制相当于基于属性的访问控制 ABAC。UCON 能适用于分布式网络环境，能满足大多数权限管理与权限授予的访问控制描述，可实现复杂的、动态的授权过程。

Gouglidis 通过一个四层次（熵、资产、管理、逻辑）的云计算概念化目录，指出 UCON 是除了管理层外的最佳解决方案。但近年来，UCON 应用到云计算方面的研究并不多。有学者根据 SaaS 中对于数据的保密性、完整性的要求和功能的可扩展性要求，在 UCON 核心组件的基础上，扩展了一个使用后义务判决模型，得到 SaaS_UCONpreApreBonBpostB 访问控制流，进行了形式化的推理。

　　以上介绍的访问控制模型各有优缺点：传统的访问控制分别从不同的角度解决了访问控制问题，但它们都是静态的，未考虑动态的上下文环境对授权的影响，未能从综合的、系统的角度来控制主体对资源的使用，将它们应用于云计算中要预先定义大量的规则。

　　主流的云服务供应商与开源云框架在提升云计算服务性能的同时，也在不断增强云平台的安全能力。其采用的访问控制手段总结如下：

　　（1）亚马逊的 AWS。

　　AWS 采用 IAM（identity and access management）身份联合账户认证、访问控制策略、查询字符串（query string）认证三种机制来保障数据的安全性。

　　（2）OpenStack 开源云框架。

　　OpenStack 的 Keystone 模块有 Identity 功能，为云平台提供了用户认证和管理、授权、审计和角色维护服务。

　　（3）OpenNebula 开源云框架。

　　OpenNebula 默认以用户名/密码形式认证，也支持数字证书、SSH、LDAP 的认证。内建管理员、普通用户、公众用户、服务用户四类用户，每个用户都有一个唯一的 ID，并属于某个组。类似于 OpenStack，OpenNebula 内部组件之间使用 token 进行认证，使用 SSH 或 X509 安全机制时，生成的 token 也需要手动设置有效期。OpenNebula 支持 ACL，并提出了配额（quota）机制以防止资源滥用，主要思想是当租户使用的资源已达到配额时，会关闭最开始启动的资源。OpenNebula 也能够使用外置的验证组件。

　　（4）国内商业云平台。

　　盛大云存储服务的访问控制在相当大的程度上参考了 AWS 的做法。使用了与 AWS 一致的 AccessKey 访问控制机制、查询字符串机制，另外，支持使用 Bucket Policy 的 ACL 来进行访问控制，如防盗链、限制 IP 来源、要求使用 SSL 等。

　　阿里云的访问控制同样借鉴了 AWS 的做法。通过 AccesSId 和 AccessKey 安全加密对来对云服务用户进行身份验证，也支持基于安全组的访问控制，安全组提供了类似防火墙的访问控制功能，通过设定各安全组间的安全规则，可搭建复杂的多层访问控制体系。阿里云内部服务之间的相互认证是基于 Kerberos 安全协议来完成的，而对内部服务的访问授权是基于 POSIX 1e 标准中的 capability 权能（基本思想是仅授予主体完成特定任务所需要的最小访问特权）技术来实现的。

　　目前主流的云服务供应商与开源的云计算框架都在不同程度上实现了一些基本的访问控制技术，而 AWS 的做法已成为很多其他厂商的范本。开源云计算框架内置的访问控制机制则相对简单，ID/密码对、AccessKey、数字证书认证是当前各类云计算平台应用最为广泛的身份认证技术，ACL 是常用的访问控制实施手段。

13.9　云计算应用安全策略部署

　　对于不同的云计算应用而言，其在进行安全策略部署时的侧重点也有所不同，本节将以两种典型的云计算应用服务——公共基础设施云服务和企业私有云为例，对其安全应用策略部署提出建议。

13.9.1 公共基础设施云安全策略

云服务提供商的公共基础设施云主要是基于云计算平台的 IT 基础设施为用户提供租用服务，如 IDC 等。对于该类云服务而言，一方面仍然是基于传统的 IT 环境，面临的安全风险和传统的 IT 环境并没有本质的不同；另一方面，云服务模式、运营模式和云计算新技术的引入，给服务提供商带来了比传统 IT 环境更多的安全风险。

对于公共基础设施云服务而言，重点需要解决云计算平台安全、多租户模式下的用户信息安全隔离、用户安全管理，以及法律与法规遵从等方面的安全问题。由于公有云平台承载了海量的用户应用，因此如何保障云计算平台的安全高效运营至关重要。而在公有云典型的多租户应用环境下，能否实现用户信息的安全隔离直接关系到用户的安全隐私能否得到有效保护。同时法律与法规的遵从也是非常重要的内容。作为云服务提供商对外提供服务，需要考虑满足相关法律法规要求。

对于云服务提供商而言，当前云计算服务还处于演进阶段，实现全面的安全功能和技术要求并非一蹴而就的，需要结合具体的业务应用发展，循序渐进地开展安全部署和管理工作。其主要安全部署策略可包括如下内容。

（1）基础安全防护：建立公共基础设施云的安全体系，保障云计算平台的基础安全，主要包括构建涵盖云计算平台基础网络、主机、管理终端等基础设施资源的安全防护体系，建设云平台自身的用户管理、身份鉴别和安全审计系统等。针对一些关键应用系统或 VIP 客户，可考虑建设容灾系统，以进一步提升其应对突发安全事件的能力。

（2）数据监管风险规避：目前国际社会对日趋全球化的云计算服务中的跨境数据存储、流动和交付的监管政策尚未达成一致，在发生安全事件后如何对造成的损失进行评估及赔偿可能存在较多争议，因此，云服务提供商需要在商业合同中的司法管辖权和 SLA 条款中进行合理设定，并对运营管理制度、业务提供的合规性进行合理规范，以规避不必要的经营风险。

（3）安全增值服务提供：在构建基础设施层面的安全防护体系的基础上，为进一步提高用户的黏性，为用户提供可选的应用、数据及安全增值服务，提高安全服务的商业价值，同时为提高用户对安全性的感知度，可通过安全报表、安全外设等方式实现安全的显性化。

13.9.2 企业私有云安全策略

对于很多大中型企事业单位而言，目前还不能接受公有云服务的安全性，主要焦点在于对数据直接控制权的弱化。因此，他们主要通过在内部打造私有云来提高自身关键业务的服务质量、成本控制水平和管理自动化水平。通过构建私有云，用户对其物理乃至安全性的控制更为直接。因此，从总体上讲，私有云的安全部署策略相对公有云来说要简单些。一方面是由于私有云一般部署在企业网内部，不是完全开放在互联网上；另一方面，私有云在用户管理、上层应用等方面，相对公有云而言较为单一，因而有助于实施较为一致的安全策略。

但由于私有云一般承载着企业的日常运作流程或重要信息系统，其安全性和安全稳定运行对于企业的正常运作非常重要。在构建私有云安全防护体系时，除了需要在网络层、虚拟化层、操作系统、私有云平台自身应用和用户安全管理、安全审计、入侵防范等层面进行安全策略部署，做好基础的安全防护工作，同时还应满足如下要求：

（1）与现有 IT 系统安全策略相兼容。一般来说，私有云是渐进式部署，而不是一次性部署完成。因此，私有云安全架构将能够与其他安全基础架构交换、共享安全策略，以满足企业的整体安全策略要求。

（2）具备安全回退机制。需要对企业关键应用和相关重要信息进行定期备份，并制订相关应急处理预案。在私有云发生突发安全事件后，能够快速恢复，甚至可以回退到传统 IT 应用平台。

13.10　安全云服务

13.10.1　安全云服务的定义和特征

安全云服务是将云计算技术和业务模式应用于网络安全领域而出现的产物，所谓安全云服务就是云计算技术在网络安全领域的应用和拓展，从而实现网络安全即服务的一种技术和业务模式。它通过提升网络安全能力（包括访问控制、DDoS 防护、病毒和恶意代码的检测和处理、网络流量的安全检测和过滤、邮件等应用的安全过滤、网络扫描、Web 等特定应用的安全检测、网络异常流量检测等）等的资源集群和池化，使用户在不需要自身对安全设施进行维护管理以及最小化服务成本与业务提供商交互的情况下，通过互联网络得到便捷、按需、可伸缩的网络安全防护服务。

根据以上定义，安全云服务具备五个方面的特征：

（1）安全云服务以网络安全资源的集群和池化为基础。这些安全资源包括了满足各类客户安全防护需求的各种安全能力，包括在定义中指出的访问控制、DDoS 防护、病毒和恶意代码的检测和处理、网络流量的安全检测和过滤、邮件等应用的安全过滤、网络扫描、Web 等特定应用的安全检测、网络异常流量检测等，并且这些安全资源的池化过程还因为其安全防范特点及安全云服务模型的不同而不同。

（2）安全云服务以互联网络为中心，互联网络为其服务提供的唯一途径。根据这一特征，传统的一些安全服务，例如，可管理的安全服务（managed security service，MSS）（包括传统的安全事件监控、安全接入、防病毒、木马查杀、内容安全监控、入侵检测、DDoS 攻击防护、安全扫描等安全服务）、网络安全管理（security operation center，SOC）业务通过适当的改造，将可以成为安全云服务的重要组成部分。而一些传统的并非以网络为提供途径的安全服务，如安全代维业务（security outsourcing）将不被列入安全云服务的范畴。由于网络安全本身的特点，注定了部分安全服务将无法在网络提供上具备所期望的优势，特别是在电信运营商未介入安全云服务市场时，此种情况尤为明显。

（3）安全云服务应该具备按需的可伸缩服务。安全云服务的这种特征来源于两个方面。首先，安全云服务系统在设计中具备了各种安全防护能力的分离和按需提供能力，客户可以灵活地根据其业务特点和安全防护需求选择相应的安全业务。其次，安全云服务提供容量上的可伸缩的业务提供能力，这种容量的可伸缩依安全能力的种类而不同，可以是网络带宽，也可以是相应的 IP 地址数量等。

（4）安全云服务的透明化。安全云服务系统通过合理的设计使用户可以在不必了解内部部署方式的前提下享受相应的安全防护能力，安全云服务通过整体的安全池中安全设施的单机和集群的维护实现客户在业务使用中的零维护、零管理，并通过安全云服务自服务系统的开发实现客户自助服务和客户与业务提供商的最小化交互。

（5）安全云服务的服务化。用户可不必投资、拥有和维护在安全云中所能提供相应能力的安全设备，而直接购买安全云提供的各种业务。因此，在安全云服务中提供合理的计费和 SLA 服务指标将是其业务提供的重要组成部分。

在明确了安全云服务的五大特征之后，还需要了解安全云服务的几个特点，并在安全云服务的设计和实施中加以关注：

（1）并非所有的网络安全防范能力都能在云计算的引入中获益，因此在安全云服务的设计和部署中要注意避免人云亦云。

（2）由于网络安全自身的特点，在很多的服务提供中安全云服务通常需要终端和桌面的代理来协助，因此，纯云的模式将很难实现，云＋端模式将是安全云服务设计和部署的选择。

（3）根据网络安全防范的木桶效应，即决定网络整体安全水平的关键因素不是安全性最好的方面，而是安全性最差的方面。正如决定木桶盛水量多少的关键因素不是其最长的木板，而是最短的木板，由于安全云服务未能提供所有的网络安全防范能力，因此在企业安全设计中除了使用安全云服务之外，还需要根据安全防范要求考虑相应的安全防范措施。

13.10.2　安全云服务技术与实现

对于一个安全云服务提供商，如何具备各种安全能力的提供能力是首先要解决的问题。此外，根据云计算的 SPI 模型，云计算服务有不同的业务提供级别，安全云服务也一样，按照安全基础设施、安全平台、安全软件等提供能力可以得到安全的 SPI 模型，能够提供不同层次的用户级别的服务，来满足不同客户的安全能力要求。本节将结合对云计算 SPI 模型的理解和分析，提出安全云服务层次模型，并在此基础上讨论如何在技术上实现安全资源池化、安全云服务的网络化提供、按需服务、透明化等问题。

1. 安全云服务的层次模型

云计算的 SPI 业务提供模型包括 SaaS、PaaS 和 IaaS 三种不同层次的业务提供模式。基于对云计算业务模式的分析，将云计算应用于网络安全领域时可以采取两种不同的技术路线。

第一种技术路线是技术应用模式。这种技术路线的基础是研究和探索三种不同云计算业务模式的核心技术如何应用于网络安全领域。例如，研究在服务器虚拟化后如何进行网络安全部署来获得独立的虚拟化的安全服务能力，又比如通过 PaaS 的分布式计算技术来提升网络安全分析和计算能力等。这种技术路线尽管可以通过目前常见的云计算技术，在提升网络安全服务能力以及网络安全分析和防御能力上起到一定的作用，但在网络安全领域，由于安全防范能力作为一种特殊的 IT 资源，其业务特点与传统的 IT 计算和存储能力完全不同，因而这种云计算技术的直接套用所能起到的作用将大打折扣。

第二种技术路线是业务应用模式。这种技术路线的核心是以 IaaS、PaaS、SaaS 的业务提供层次为基础，将网络安全基础设施、网络安全平台能力和网络安全在线软件服务为业务提供目标，研究和解决在这三种安全业务能力构建和网络化提供中所涉及的各种技术和解决方案。这种技术路线的关键在于基于云服务的理念探索以及安全云的技术实现，在其技术实现中将充分考虑目前的网络安全能力要求、设备现状和发展需求，因此将更能符合网络安全的防范特点和要求。根据这种技术路线,安全云服务主要提供以下三种层次的安全服务能力。

(1)安全基础设施即服务(security infrastructure as a service,SIaaS)。

(2)安全平台即服务(security platform as a service,SPaaS)。

(3)安全软件即服务(security software as a service,SSaaS)。

在安全云服务层次的 SIaaS 层,主要将安全基础设施作为一种云资源提供给用户使用,包括了防火墙的访问控制、DDoS 攻击防护、网络异常流量检测过滤、邮件等应用的安全过滤、网络安全扫描、安全管理等安全能力。典型应用包括以中国电信为代表的电信运营商开展的基于云计算架构的大容量 DDoS 攻击防御平台、安全云宽带、云安全业务运营平台 SOC 等。

在安全云服务层次的 SPaaS 层,主要将安全能力以安全中间件的形式提供给第三方或上层应用,安全服务或安全产品的开发商通过接口调用这些资源后进一步开发后提供给用户,主要包括集中的病毒库、木马库、垃圾邮件库、URL 黑白名单库,以及提供给 DDoS 攻击防御等产品作进一步分析的 netflow 异常流量检测能力等。典型应用包括:绿盟科技的云安全平台、Cisco Sensorbase 等安全云数据中心所提供的病毒库、垃圾邮件库、URL 黑白名单库等产品。

在安全云服务层次的 SSaaS 层,主要面向最终用户通过瘦客户端的方式提供服务,主要包括在线的病毒、木马检测和处理,以及 Web 等特定应用的安全检测等。典型的应用包括:瑞星安全云服务、360 木马云查杀等在线病毒、木马检测等特定应用的安全检测等。

在理解安全云服务层次模型时需要注意,由于安全云服务的层次模型以业务应用模式为基础,因此同一安全能力的业务应用模式不同,其所对应的安全云服务层次也可能不同。以异常流量检测这一安全能力为例,如果直接面向客户提供异常流量检测业务,那么就认为这种安全能力是一种基础安全云资源,处于安全基础设施即服务这一层次;但如果将异常流量检测到的信息作为输入提供给第三方应用系统(如 DDoS 攻击防御平台)作进一步的分析,则认为这种安全能力是一种安全中间件,处于安全平台即服务这一层次。

2. 安全云服务的资源池化和虚拟化

云计算的核心理念就是通过互联网络为用户提供按需的 IT 资源服务。为了达到这个目标,云服务提供商首先要保证拥有一个容量充足的资源池,以满足在并发的业务高峰时刻仍能满足用户的服务要求。这就是云服务的资源池化,而且这个容量充足、可扩展的资源池也就是按需业务提供的基础。另一方面,由于用户在使用云服务时无须了解云中的实际架构和技术实现,从用户感知上使用的是独立完整的设备或计算资源,用户在使用云服务时对计算资源的这种独立性要求,将驱动云服务解决方案在实现资源池化的基础上提供将计算资源划分为多组的业务逻辑单元并提供给用户的能力,这就是云服务的资源虚拟化。

在理想的状态下,云计算的技术方案最好能做到资源池化和虚拟化的无缝连接,也就是在资源池的构建上可以通过物理设备的加入实现弹性的动态容量扩展。另一方面,在已经构建的资源池上进行灵活的按需独立逻辑分组。在实际实现时,由于目前云计算技术的限制,在很多资源的云化提供上并未能完全实现这一点。例如,在设备的虚拟化方面,目前跨物理主机的虚拟设备解决方案就尚未成熟。

在各种安全云服务中，为了获得特定的业务能力，所采用的安全设备、安全软件各不相同，其资源池化和虚拟化采用的方法也各不相同，实现的难度也各异。

根据安全云服务的实现特点，可以将各种安全云服务能力大致分为三种。

安全云服务的资源
池化与虚拟化

（1）流量检测和控制类安全能力。

包括防火墙访问控制、DDoS 攻击防护、入侵检测和防护、网络异常流量的检测等。这类能力的特点是用户本身的网络流量必须流经安全云服务中心，并由安全云服务中心根据策略作出相应的控制和处理。此类安全服务在安全云服务体系中属于 SIaaS 的范畴。

（2）安全检测和分析类安全能力。

包括特定应用的安全检测和过滤（如 Email、Web 的内容过滤，木马、病毒等恶意代码的检测和过滤，特定 URL 流量过滤，垃圾邮件过滤等）、网络安全脆弱性扫描检测、Web 等特定应用的安全检测、安全事件的监控和分析等，这类能力的特点是与用户本身的流量无关，依赖于特定的平台或系统，为客户提供远程的网络或应用安全性检测或特定的安全性分析，根据此类服务的业务模式和特点，在安全云服务体系中既可以属于 SIaaS，也可以属于 SPaaS 的范畴。

（3）在线软件类安全能力。

包括在线病毒和木马查杀、在线终端安全性检测等。这类能力的特点是利用在线软件的方式，通过 Web 为用户提供病毒木马检测、终端安全性检测等安全业务。此类业务在安全云服务中处于 SSaaS 范畴。

在以上所述的三类安全能力中，第三类在线软件类的安全能力的资源池化和虚拟化的难度相对而言是最低的，此类服务的业务容量主要取决于 Web 服务器的能力。因此其资源池化主要针对安全软件所运行的服务器。对于 Web 服务器的集群，目前一般采用七层交换机的负载均衡的方式，实现方案简单成熟，同时其虚拟化的技术难度也相对较低，只要完成用户标识、认证、用户的业务自服务、用户检测报告的隔离等工作，就基本能满足该类业务虚拟化的要求。

对于安全检测和分析类能力，一般在资源池化实现中采用两种方式。第一种方式是采用多台检测和分析类设备或安装了相应分析软件的服务器堆叠，开发相应的任务调度和管理系统，实现资源的管理，由任务调度管理系统智能感知各设备或服务器的性能、任务运行现状等，并根据新用户的需求合理分配相应的物理处理设备。另外一种方式是采用分布式计算技术，开发特定安全分析功能的云分析处理系统，来完成分析资源的池化。在完成资源池化的基础上，由用户自服务系统实现资源的虚拟化，用户通过服务系统实现与其他用户间的隔离，并完成业务参数的设置以及检测分析报告的获取。

在资源池化和虚拟化过程中难度最大的是第一类，也就是流量检测和分析类安全能力。这类业务能力不仅涉及多用户的流量分配问题，而且一旦处理不当很容易导致用户网络性能的急剧下降。同时此类业务很多时候还须考虑基于应用状态或上下文的安全策略检测和特征检测，这也给资源池化和管理带来了很大的压力。另外，即便是属于同一类的安全能力，在池化过程中也会因为业务特征不同而带来实施方案的差异。

3. 安全云服务的网络化提供

不同的安全云服务采用的组网技术和方案多种多样。

在前面所述的三类安全云服务中,第三类在线软件安全能力的网络化提供最为简单。由于此类服务以 Web 在线软件的方式提供,用户通过 Web 浏览器即可享受该服务。而服务提供商的 Web 服务器一般放置于可连接 Internet 的 IDC 机房,因此只须用户能接入 Internet 并访问到服务提供商的 Web 服务器即可,服务的实现不涉及中间的组网过程。

第二类安全检测和分析类安全能力的网络化提供的实现比第一类较为复杂。由于其需要为客户提供远程的网络或应用安全性检测或特定的安全性分析,往往通过在客户端部署代理来收集特定的安全信息并发送到统一的安全云中心进行分析处理,因此,此类业务的网络化提供就是要解决采集到的安全信息如何安全发送到安全云中心的问题。在具体实现中可采用 GRE 隧道、MPLS VPN、专线等方式。

第一类流量检测和控制类安全能力的网络化提供实现难度相对最大。由于用户本身的网络流量必须流经安全云服务中心,并由安全云服务中心根据策略作出相应的控制和处理,而用户的网络流量在使用该类服务之前一般不会流经一个集中的出口,因此在组网过程中如何将用户流量牵引至安全云服务中心是需要解决的一个关键问题。同时,对于 DDoS 攻击防护类的业务来说,由于其在客户网络检测到 DDoS 攻击时才要求将特定流量牵引至云服务中心进行流量的检测和过滤,因此其流量牵引的过程较防火墙访问控制类业务更为复杂,同时由于其在对客户流量检测过滤后还须将流量发送回客户网络,因此其网络化提供实现中还涉及了流量回送的问题。

4. 安全云服务的透明化

安全云服务的透明化主要通过整体的安全池中安全设施的单机和集群的维护以及安全云服务的自服务实现。安全设施的单机和集群的维护涉及维护组织、人员、职责、流程等管理方面的内容,本书不作进一步探讨,以下将主要阐述安全云服务的自服务实现。

安全云服务的自服务从某种程度上也体现了云计算的安全显性化。在云计算服务中,出于用户对云服务提供的安全性的担忧,为了使用户认为云服务安全可靠从而放心使用,云服务提供商通常需要将云服务所采用的各种安全措施所取得的效果展现给用户,这就是所谓的云服务安全显性化。例如,在云主机服务中,通常会将用户所使用的云主机资源的 CPU、内存、流量、安全扫描情况等定期报告给用户。而在安全云服务中,由于安全是作为一种服务能力提供的,因此安全显性化本身就是伴随着安全云服务的提供而实现,这也是安全云服务可感知的一个重要方面。同时与云计算服务类似,安全云服务也需要让用户知道自己所使用的安全云服务资源是安全的,例如,在防火墙访问控制和 DDoS 攻击防护类业务中通常需要将防火墙、DDoS 攻击防护设备的 CPU、内存等状态信息告知用户。

为了实现安全云服务高效、自动化提供,在实现安全云的自服务、设计自服务平台时需要体现服务可感知以及服务可定制的原则,也就是说用户在使用安全云服务时不但能够及时感知服务的状态、质量和安全云服务带来的收益,而且能便利地对所订购的安全云服务进行自配置和管理。

依照上述原则,安全云服务自服务应为用户提供可定制的报表呈现和灵活的服务自定制等自服务能力。对于报表的设计应满足用户可感知的需求，灵活采用多种方式呈现，如采用柱状图、曲线图、饼状图等图形化手段，以及 Word、PDF、Excel 等多种制式，同时综合提供月报表、季度报表、年度报表等多种时间区域的统计报表，以方便用户查阅。针对安全云服务的不同，用户报表的设计也有所差异，例如，提供防火墙访问控制能力类的安全云服务可在报表中体现用户访问控制资源使用、访问控制策略变更统计、防护统计等信息；提供 DDoS 攻击防御能力类的安全云服务可在报表中体现攻击特征、处理情况、相关安全建议等信息；提供安全扫描能力类的安全云服务可从多个视角提供安全风险统计报表以及安全加固建议。此外，用户对报表的发送周期、频率、类型、展现形式等还要拥有自主权，因此可对这些条件进行个性化定制。

在安全云服务的服务自定制的设计上应给予客户充分的自主性，根据各类安全云服务实现提供对应的服务自定制能力，例如，对防火墙访问控制策略、IP 地址、DDoS 攻击防护的流量资源等的定义和变更，对报表的发送周期、频率、类型、展现形式等进行定制，对服务提供时间、次数等要求进行确定。

安全云服务的自服务往往通过 Web 门户实现，服务提供商通过 Web 方式向用户进行信息发布、业务受理以及个性化服务，而用户则可通过 Web 门户获得业务导航支持、产品订购支持、信息黏着、业务搜索、个性化设置、费率查询、产品订购及费用明细查询、总账查询和支付账户维护等自助服务。此外，在提供实时安全监控能力类安全云服务时，还可通过自服务的 Web 门户为用户开放部分自监控权限。例如，在利用云安全运营平台 SOC 提供安全服务时，可将虚拟子 SOC 出租给用户，采用分权分域的方式实现用户的自监控能力。

13.10.3　安全云服务部署和应用

安全云服务产业链主要由网络安全设备提供商、安全云服务提供商和最终用户共同组成。其中，安全云服务提供商是云安全服务的主要提供者和推动者，由于电信运营商和大型安全服务提供商在安全基础设施资源、运营人才、资金等方面具有优势，将成为主要的云安全服务提供商，安全设备提供商也将逐步利用各种云计算技术实现安全设备的云化，从而涉足安全云服务市场。本节将从设备提供商、传统安全服务提供商、电信运营商等几个层面来探讨不同层面安全云服务提供商如何提供安全云服务、在部署和应用中有什么问题、具有哪些优势和劣势等问题。

1. 安全云部署方式

目前，安全云部署方式主要有中心云和分布式终端两种。

（1）中心云：中心云的核心思想是利用云端的海量计算能力，即依托庞大服务器/设备集群组成的中心架构云计算系统，实现超大规模的计算和存储能力，全面提升安全系统的服务效能。

（2）云＋端：云＋端的核心思想是利用海量终端的分布式处理能力，即由分布在互联网各处的海量终端采集安全信息，进行本地处理后，上传到安全云服务中心平台进行协同分析。

这两种部署方案均是云计算技术及理念在安全领域的具体应用。在安全云服务体系中，不同安全服务能力的提供分别采用上述不同的部署方式，如防火墙访问控制、网络入侵检测和防护等安全能力提供就采用中心云的部署方式,利用防火墙或入侵检测/防护设备集群组成中心架构的安全能力资源池实现资源的按需提供。而 DDoS 攻击防护、安全事件检测分析、木马库、病毒库等安全能力提供则采用云+端的部署方式,通过分布式终端收集、处理安全信息并上传到安全云服务中心进行处理,实现安全能力资源的云化提供。

2. 安全云服务的应用

纵观目前市场上所提供的安全云服务,不难发现,目前业界提供的业务主要是在线的病毒查杀、恶意代码检测和过滤、Web 应用的云检测、邮件的安全检测和过滤等,而对于像防火墙访问控制、DDoS 攻击防护、入侵检测和防护等方面的安全云服务则还比较少见。通过分析安全云服务的发展现状可以发现,在目前业界已经推出的这些安全云服务中,除了邮件的安全检测和过滤业务之外,几乎都属于在线安全软件服务范畴,而唯一例外的邮件的安全检测和过滤业务也是与集中的邮件服务相结合的。也就是在业务提供中,邮件安全检测和过滤业务的客户必须为服务提供者的邮件系统用户。而纯粹意义上的流量检测和过滤类业务还相当少见。

13.10.4 安全云服务案例

1. VMware vShield

vSield 可以监视虚拟数据中心内的网络流量,强制其符合公司安全策略,并确保遵从法规。借助 VMwarev Shield Zones,可以在共享的计算资源池中高效地运行应用程序,同时仍保持用户和敏感数据的信任及网络分段。

使用 VMwarev Shield Zones 可以监视、记录和阻止 ESX 主机内部或集群中主机之间的虚拟机间流量,无须通过静态物理阻塞点在外部转移流量。

VMwarev Shield Zones 针对整个虚拟机和虚拟网络部署,提供以虚拟化为中心的熟悉视图,便于根据逻辑容器(如主机、集群、交换机和 VLAN)配置基于区域的直观策略,并减少出错风险。

VMwarev Shield Zones 的内部网络分区可以确保在整个虚拟机生命周期中(从虚拟机在线的那一刻起,一直到虚拟机最终停用)都备有网络安全策略,甚至通过 VMotion 实时迁移提供无中断的持续保护。

按网络或应用程序协议(如 HTTP、RDP、SNMP)对流量进行分类,通过状态封包检测(SPI)高效过滤流量,跟踪 FTP 等协议的动态端口连接,跨 VMware VMotion 迁移事件来跟踪网络连接。

vShield 还提供了 HTTP 流量的负载均衡功能。负载均衡(包括第七层协议的支持)功能允许 Web 应用自动扩展。客户可以把外部(或公网)IP 地址映射到一组内部服务器上,以实现负载均衡。

VMware vShield 云计算安全解决方案在 IaaS 层面提供保护。解决数据认证、信息泄露、虚拟化技术所带来的风险、服务不可靠等云计算安全问题。

2. 趋势科技云安全智能保护网络

2008 年 7 月，趋势科技举办了主题为"Web 安全云时代"的发布会，展示了其基于云安全技术架构的下一代内容安全防护解决方案。趋势科技云安全智能保护网络的核心在于借助威胁信息汇总的全球网络，采用趋势科技的云安全技术，在最新的 Web 威胁到达网络或计算机之前即可对其予以拦截。

趋势科技云安全智能保护网络针对所有网络威胁类型提供实时的"共同智能"保护——从恶意文件、垃圾邮件、网络钓鱼和网络威胁到拒绝服务攻击、网络漏洞甚至是数据丢失。通过把各种活动联系起来判断它们是否有害。

3. 瑞星云安全系统

2008 年 7 月，随着瑞星卡卡 6.0 的发布，瑞星正式推出云安全（cloud security）系统，实现了对互联网上新出现的木马病毒全面、精确、实时的监控和查杀。用户只须安装瑞星卡卡即可加入云安全。随后，瑞星升级了云安全系统，在检测、查杀木马病毒的基础上，增加了对挂马网站的拦截、监测和封杀功能，并于 2009 年 1 月推出全球唯一一个恶意网站监测网（mwm. rising. com. cn）。从本质上说，瑞星云安全建立的初衷，就是应对木马病毒互联网化的危机，以杀毒软件的互联网化来应对木马病毒的互联网化。

瑞星卡卡 6.0 的自动在线诊断模块，是云安全的核心之一，每当用户启动电脑，该模块都会自动检测并提取电脑中的可疑木马样本，并上传到瑞星木马/恶意软件自动分析系统（RsAMA），整个过程只需要几秒钟。随后 RsAMA 将把分析结果反馈给用户，查杀木马病毒，并通过瑞星安全资料库分享给其他所有瑞星卡卡 6.0 用户。由于此过程是通过互联网并经程序自动控制，可以在最大程度上提高用户对木马和病毒的防范能力。理想状态下，从一个盗号木马开始攻击某台电脑，到整个云安全网络对其拥有免疫、查杀能力，仅须几秒钟的时间。

瑞星云安全系统具备三大特点：

（1）改变了反病毒工程师的工作内容，从手工分析病毒到人工 + 机器智能，处理效率更高。

（2）绝大多数需要耗费资源的任务被放到了服务器端。例如，虚拟机里进行的仿真环境分析病毒、通过网页爬虫搜索与挂马网站连接的黑客网站等。客户端只要连接服务器，就可以获取最新的功能。这样，云安全客户端（瑞星杀毒软件）的体积就会越来越小，功能则越来越强，可以最大限度减少对用户电脑资源的消耗。

（3）通过实时分析海量客户端上报的攻击信息，研究其中的挂马网站发展趋势、智能主动防御拦截到的可疑文件行为，瑞星可以事先预测到大规模的挂马网站攻击、病毒感染等，从而提前做好相应的防范。

瑞星于 2013 年 1 月 15 日发布的《瑞星 2012 年中国信息安全综合报告》显示，2012 年 1 月至 12 月，瑞星"云安全"系统共截获新增病毒样本 1181 万余个，病毒总体数量比 2011 年上升了 28.1%。其中，木马病毒 886 万余个，占总体比例的 75.06%，是第一大类病毒。而恶意网站方面，2012 年云安全系统全年共截获挂马网站 516 万余个（以网页个数统计），比 2011 年上升了 48.7%；钓鱼网站 597 万余个（以 URL 计算），比 2011 年上升了 24.38%。

习　题

1. 分布式云计算系统存在什么样的威胁？应该采取什么样的安全措施？

2. 描述你所在机构的一些物理安全策略，参照一个计算机化的门锁系统中实现的方式来表达。

3. 举例说明传统的电子邮件易受到窃听、伪装、篡改、重播以及拒绝服务攻击的情形。针对每种攻击形式下电子邮件应如何采取相应的保护措施提出建议。

4. 什么是对称密码体制？有哪些对称密码体制？

5. 什么是公钥密码系统？它们基于的是什么原理？

6. 研究学习加密解密算法。

7. 散列函数在安全系统中的作用是什么？

8. 分析不同的访问控制技术。

9. 讨论客户认证与授权的基本策略。

10. 基于自身理解，怎样管理云的访问？

11. 试估计使用一个 2000 MIPS（每秒兆指令）的工作站，通过强行攻击破解一个 56 比特 DES 密钥需要的时间。已知强行攻击程序的内循环对于每个密钥值需要 10 个指令，再加上加密一个 8 比特明文的时间。再对一个 128 比特 IDEA 密钥进行同样的计算，并推测如果使用一个 200000 MIPS 的并行处理器（或是一个具有相同处理能力的互联网社团）所需的破解时间。

12. 什么是安全云服务？

13. 应用（企业软件）如何通过云计算转化成服务？转化过程中，安全和隐私问题如何兼顾？

第 14 章　基于云计算的数据中心

随着 IT 技术的飞速发展，数据中心的功能在短短 50 年的发展过程中经历了数据存储中心、数据处理中心、数据应用中心和数据运营服务中心四大发展阶段，成为了 IT 系统最重要的组成部分。其形态也从机房发展到数据中心，再发展到云数据中心。

数据中心与每个人的生活可以说是紧密相连的。当你在银行办理业务时，整个交易的流程都在银行的数据中心中完成。当你在互联网上冲浪搜索信息时，请求都被搜索引擎的数据中心接收、处理和返回。如果说信息是血液，网络是血管，那么数据中心就是最关键的心脏，是信息世界的核心所在。

超宽带网络的高速发展，SDN（软件定义网络）技术的出现，以及云计算涉及的多种技术，十几年来的发展正在推动数据中心的新一轮变革。如何把握机遇、引领变革，充分利用已建成系统的优势，引入符合行业需求的全新架构，避免传统数据中心集约化建设带来的大投资、长周期、高能耗、低资源利用率、系统孤立问题以及业务响应能力缓慢、高 OPEX（运营成本）的运营模式，是所有企业面对的挑战。

本章介绍数据中心的基本概念、核心功能、管理和维护工作以及新一代数据中心的需求和挑战。

14.1　数据中心概述

14.1.1　数据中心的概念

数据中心是信息系统的中心，通过网络向企业或公众提供信息服务。具体来说，数据中心是在一幢建筑物内，以特定的业务应用中的各类数据为核心，依托 IT 技术，按照统一的标准，建立数据处理、存储、传输、综合分析为一体的一体化数据信息管理体系。信息系统为企业带来了业务流程的标准化和运营效率的提升，数据中心则为信息系统提供稳定、可靠的基础设施和运行环境，并保证可以方便地维护和管理信息系统。

图 14-1 展示了数据中心的逻辑示意图。一个完整的数据中心在其建筑之中，由支撑系统、计算设备和业务信息系统这三个逻辑部分组成。支撑系统主要包括建筑、电力设备、环境调节设备、照明设备和监控设备，这些系统是保证上层计算机设备正常、安全运转的必要条件。计算设备主要包括服务器、存储设备、网络设备、通信设备等，这些设施支撑着上层的业务信息系统。业务信息系统是为企业或公众提供特定信息服务的软件系统，信息服务的质量依赖于底层支撑系统和计算机设备的服务能力。只有整体统筹兼顾，才能保证数据中心

的良好运行，为用户提供高质量、可信赖的服务。

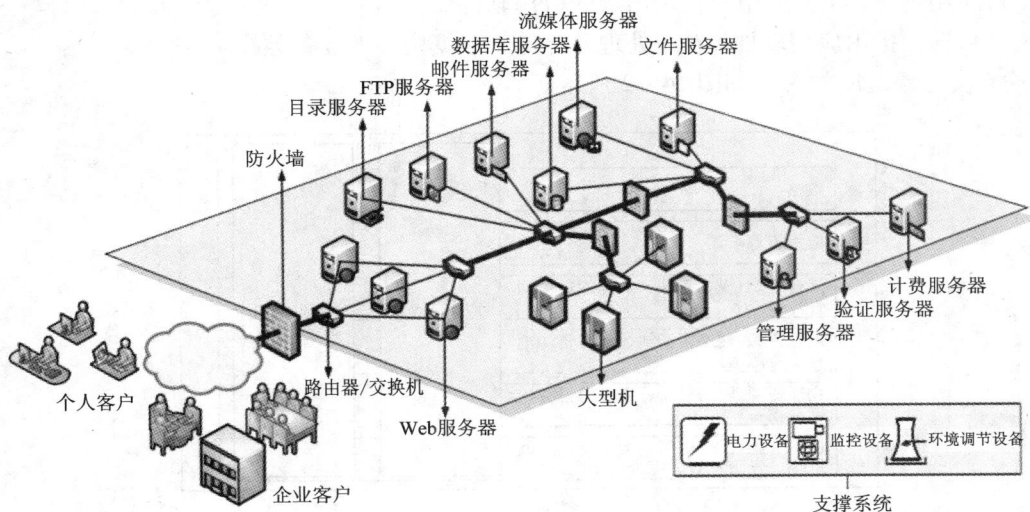

图 14-1　数据中心主要服务

数据中心并不单单是指在一个建筑物中的电力、环境调节、照明和监控管理，以及运行在其中的各种 IT 设备，还包括应用系统以及应用数据。在 ITSS《信息技术服务运行维护第 4 部分：数据中心服务规范》中，根据数据中心的特点，将数据中心的服务对象分为机房基础设施、物理资源、虚拟资源、平台资源、应用资源和数据 6 类。这 6 类对象的集合构成应用系统。

（1）机房基础设施：指确保机房环境满足计算机相关设备正常运行要求的各类设施，包括机房电力系统（供配电系统、UPS 系统、发电机系统）、空调系统（精密空调系统、新风系统）、安防系统（防雷接地系统、消防系统、视频监控系统、门禁系统）、综合布线系统等。

（2）物理资源（网络设备、服务器设备、存储设备）：

①网络及网络设备。指保持数据中心内部各系统之间、数据中心与外部系统连接的网络及网络设备，包括内部局域网、外部广域网、互联网、专线、拨号网络、VpN 以及路由器、交换机、防火墙、入侵检测、负载均衡、语音设备等。

②服务器设备。实现各种高性能计算服务的硬件，包含 PC 服务器、小型机等。

③存储设备。实现数据存放的各种存储产品，包括磁盘阵列和磁带库等。

（3）虚拟资源（网络资源池、计算资源池、存储资源池）：

①网络资源池。将网络资源进行统一管理和调度，构成一个网络资源池，通过各种虚拟化技术（如 VLAN、VPN、VDC、VPC、VRF、VSwitch、VSS 等），为用户提供按需服务。

②计算资源池。指通过虚拟化技术，将数据中心内计算设备的计算能力整合为一个大的计算资源池，对需要不同计算能力的业务系统进行合理、灵活的分配。

③存储资源池。通过虚拟化技术，将不同品牌、不同档次存储产品的容量整合为一个存储资源，对业务系统需要的存储空间容量进行合理、灵活的分配。

（4）平台资源（操作系统、数据库、中间件等）：指支持应用软件运行的系统软件，包括操作系统、数据库、中间件等。

（5）应用资源：指实现用户特定需求的应用软件。

（6）数据。指由应用软件产生、处理并存储于数据中心的业务数据。

这6类对象之间的关系如图14-2所示。

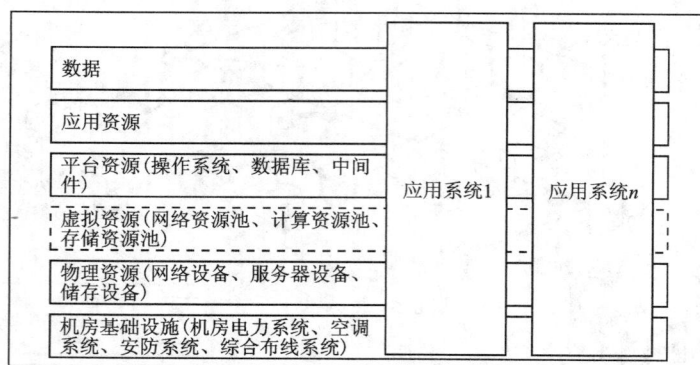

图14-2　6类对象之间的关系

可见，数据中心的概念既包括物理的范畴，也包括数据和应用的范畴。数据中心容纳了支撑业务系统运行的基础设施，为其中的所有业务系统提供运营环境，并具有一套完整的运行、维护体系，以保证业务系统高效、稳定、不间断地运行。

14.1.2　数据中心的演变

随着技术的不断进步，数据中心也在不断地演变和发展。从功能的角度来看，可以将数据中心的演变和发展分为五个阶段。

1. 数据存储中心阶段

数据中心承担了数据存储和管理的功能。因此，数据中心的主要特征仅仅是有助于数据的集中存放和管理以及单向存储和应用。由于这一阶段的数据中心功能较为单一，因此其对整体可用性的需求也较低。

2. 数据处理中心阶段

由于广域网、局域网技术的不断普及和应用，数据中心已经可以承担核心计算的功能。这一阶段数据中心开始关注计算效率和运营效率，并且安排了专业工作人员维护数据中心。然而，这一阶段的数据中心整体可用性仍然较低。

3. 虚拟化数据中心阶段

这个阶段主要解决的是资源虚拟化共享问题，数据中心早期转型大部分进行的是数据中心虚拟化（图14-3）。IaaS是云计算最成熟的服务模式。在IaaS中，各种型号的计算和存储设备差异都被屏蔽，形成一个统一的资源池供不同用户按需使用。用户看到的不再是一个个独立的设备，而是一个巨大的、多人共享的资源池，并可以根据业务的需求弹性扩展容量。

数据中心中托管的不再是客户的设备，而是计算能力和 IT 可用性。数据在"云端"进行传输，数据中心为其调配所需的计算能力，并对整个基础架构的后台进行管理。从软件、硬件两方面运行维护，软件层面不断根据实际的网络使用情况对平台进行调试，硬件层面保障机房环境和网络资源正常运转调配。数据中心完成整个 IT 的解决方案，客户可以完全不用操心后台，就有充足的计算能力(像水电供应一样)可以使用。

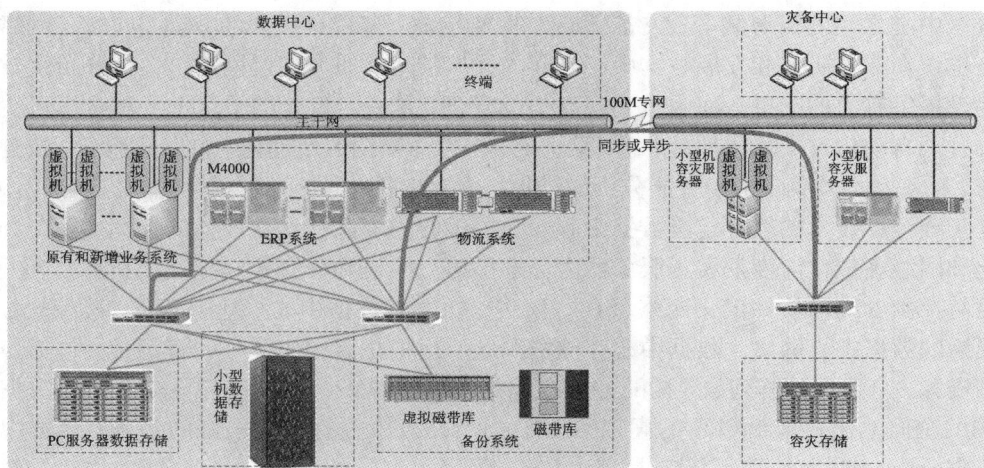

图 14 - 3   以虚拟化为基础的数据中心

在这个虚拟化数据中心阶段，计算、存储、网络设备被虚拟成各个资源池实现共享，但是这 3 种设备之间仍然保持传统的形态，其部署、管理、维护仍然是分离的。

4. 云数据中心阶段

这阶段以计算、网络、存储融合的新一代 IT 基础设施架构为主要特征。资源服务化、服务差异化(金、银、铜服务)是这个阶段的主要特征。虚拟化数据中心需要对多个数据中心的资源做统一管控和调度，对于各种服务的使用者，需要有管理和审批的功能。VDC(virtual data center，虚拟数据中心)的租户，DCaaS(data center as a service)可以管理自己所租用的 IT 资源，IaaS 的租户可以在线申请、扩容、延期资源。而且需要提供开放的 API，使有定制化需求的客户可以做二次开发，满足用户的个性化需求。

但是目前的云数据中心技术仍然存在着很大的发展空间，比如还在着重解决单个数据中心内部的问题。随着全球化的深入发展，越来越多的集团企业有跨地域建立分支机构的需要，各区域、各层级的数据中心也应运而生，各部委、各级政府的各个部门也都建立了自己的数据中心。这些众多的数据中心还处于烟囱式的建设和管理状态——各个数据中心之间各自为政。

因此，单点的云数据中心方案已经不再能满足客户的需求，只有从整个数据中心集群的架构入手，解决各个数据中心之间的协同运行、统一管理和调度问题，才能从整体上解决集团 IT 系统的利用率、管理效率和业务体验难题。

5.分布式云数据中心阶段

Gartner 公司的分析师 Carl Claunch 在他的名为"影响数据中心的十大颠覆性技术"演示中指出，数据中心将逐渐分散修建，而不是作为一个整体结构来建立。从技术上来讲，分布式云数据中心技术将朝着以下几个主要方向发展。

分布式建设模式。数据中心管理工具（DCIM）的重构和发展将成为核心的控制点。由于用电、占地、网络等各种因素的限制，集团企业、政府机构的分区域建设数据中心将成为必然。数据中心之间的资源共享、灾备已成为业界各大厂家重点投入的方向，同时各网络交换机厂商也正在深入研究和发展数据中心之间的连接技术，如大二层网络，将为分布式数据中心的建设提供有力的支持。而为了实现高效的管理，统一、智能的 DCIM 工具必不可少。数据中心管理自动化方面也包括统一管理/呈现、全生命周期的自动化、自助式服务、快速发放和部署、动态负载均衡、基于智能分析的维护、故障诊断、容量规划和性能调优等方面。

基于云计算技术的软件定义数据中心。数据中心内资源池化从最初的计算虚拟化向存储虚拟化和网络虚拟化深度发展。服务器内标准虚拟交换机和分布式虚拟交换机向可编程、数据转发与控制分离的软件定义网络（SDN）演进，构建跨数据中心、基于 SLA、可编码、高弹性和灵活的数据中心网络。数据中心存储资源统一虚拟化后构成统一的资源池，包括服务器内存储资源、直连存储阵列、异构的各类存储系统，如 NAS、SAN 和统一存储等。数据中心 IT 资源的全面池化为基于 SLA 的虚拟数据中心（VDC）服务打下了很好的基础：数据中心内资源按需分配，包括计算、存储、网络和安全等所需资源，用户可在几分钟内按需构建自己的 VDC。

数据向集中化管理方面发展，可靠性成为未来数据中心的基础能力。集中数据管理和资源整合是当前各行业信息化发展的实际需求，目前几乎所有类型的公司都在尝试将 IT 资源进行整合和集中，因为集中化的数据更便于备份、冗余和控制。随着数据越来越集中，可靠性成为数据中心建设中一个关键的问题，在数据中心建设的初始阶段就应该构建可靠的灾难恢复方案，或建立异地的灾难备份中心。目前传统的数据中心灾备技术主要是两地三中心技术，但是灾备中心建设的投资巨大且每年运维成本极高，如果资源处于闲置状态，则是相当浪费的。目前，双活、多活等数据中心灾备技术已经日渐成熟并开始规模应用。

所以，该阶段以分布式云数据中心架构为主要特征，实现各数据中心之间物理分散、逻辑统一，它将企业分布于各地的数据中心整合起来，统一对外提供服务，以达到整体效率的最优化。这个阶段主要解决的是多数据中心融合提升企业整体 IT 效率的问题。去地域化、数据中心可定义化、自动化是这个阶段的主要特征。

分布式云数据
中心价值

14.1.3 几种典型的数据中心网络结构

目前有代表性的数据中心网络结构有 Fat－Tree、DCell，BCube、VL2 和雪花结构等。

（1）Fat－Tree。

Fat－Tree 结构将服务器分为 k 个子群，每个子群包含两层端口数为 k 的 $k/2$ 个交换机，下层每个交换机的 $k/2$ 个端口连接到 $k/2$ 台主机，其余 $k/2$ 个端口分别与每个聚合层交换机连接；核心层需要 $(k/2)^2$ 个端口数为 k 的核心交换机，最多能支持 $k^3/4$ 台主机（图 14－4）。

Fat－Tree 抛弃了传统数据中心的专用交换机模式，采用商业以太网交换机，提高了性价比。它能为包含上万台服务器的数据中心提供高聚合带宽，不需要对主机网络接口、操作系统进行修改便可构建，与以太网、TCP/IP 等通信协议兼容良好。Fat－Tree 各层的链路数相等，使得所有服务器产生的最大流量和核心层的最大吞吐量相等，不存在网络瓶颈，并且它采用两张路由表进行两级路由，采用一定的链路错误检测机制来实现容错路由。

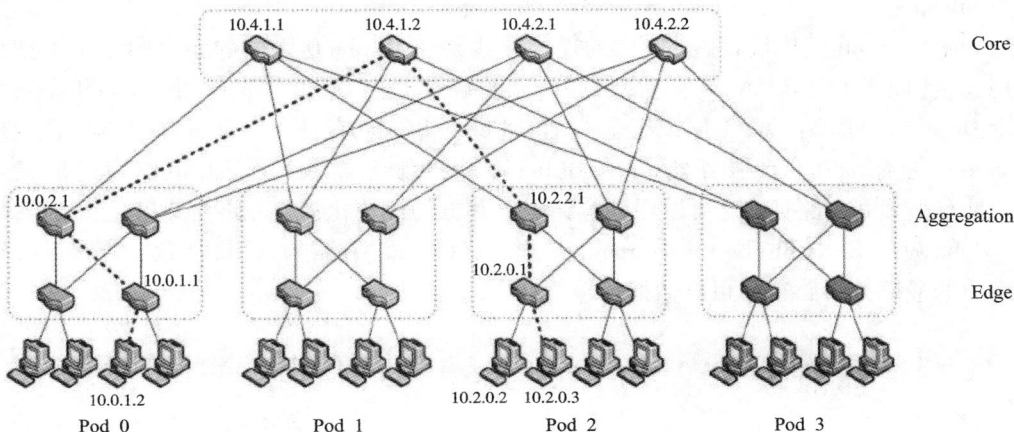

图 14－4　Fat－Tree 胖树

Fat－Tree 结构解除了上层链路对吞吐量的限制，为内部节点间通信提供多条并行链路。但是 Fat－Tree 的扩展性受限于核心交换机端口数量，目前比较常用 48 端口 10 G 核心交换机，在三层树结构中能够支持 27648 台主机。Fat－Tree 的另一个缺点是容错性差，具体表现为处理交换机故障能力不足及路由协议容错性不强。因为 Fat－Tree 仍然是树结构，本质上具有树结构的缺陷。

（2）DCell。

DCell 是一种递归定义的网络结构，使用位于第 $i-1$ 层的 DCell 构建第 i 层的 DCell。当节点度增加时 DCell 的规模接近以 2 的指数次方扩展。通常 DCell 0 内包含常数服务器，一般为 3～8 台，并通过微型交换机互连（图 14－5）。

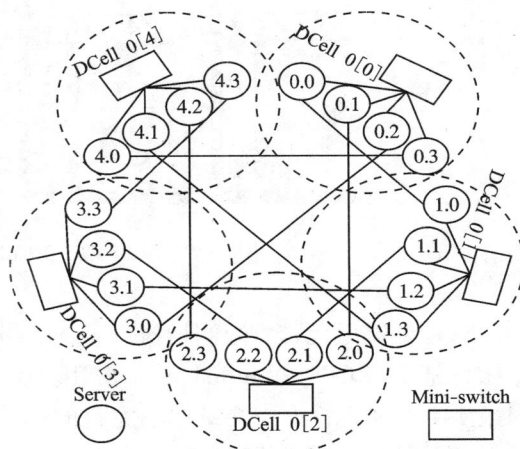

图 14－5　Dcell 结构图（含 5 个 DCell 0）

DCell 容错性较好，没有单点故障并且能够在严重的链路和节点故障的情况下利用其分布式协议实现接近最短路径的路由。DCell 还能为各种各样的服务提供比传统树结构更高的网络容量。另外 DCell 可以增量扩展。虽然 DCell 0 很小，但 DCell 能支持的服务器数量是惊人的。例如，当 DCell_0 包含 6 台主机时，DCell_3 可以支持 326 万台服务器。

由于 DCell 的连接方式接近完全图，并且 DCell 路由协议（DCell fault - tolerant routing, DF）利用链路状态和贪心算法来实现容错路由，所以 DCell 可以在服务器、链路或交换机严重故障的情况下，实现性能较好的路由。但 DCell 也有不足：①完全图的连接方式可能带来巨大花费，实际链路规模庞大，连接和维护困难；②流量在不同层次分布不均匀，level 0 承担了过多流量，严重影响吞吐量；③网络延迟较大。

（3）BCube。

BCube 是 DCell 的模块化版本，它的连接方式是在 BCube 0 以外的层次中采用微型交换机实现连接（如图 14 - 6 所示）。它在每层单元的数量上与 DCell 不同，如果 DCell 在第 k 层有 n 个 $DCell_{k-1}$，那么第 $k+1$ 层则有 $n+1$ 个 $DCell_k$；BCube 在任一级都具有相同的单元数 n，即 BCube 一拥有 $nk+1$ 台服务器（n 为 BCube 0 中的服务器数）。交换机作为连接媒介使 BCube 具有很多冗余路径，这可以保证容错路由并方便模块化连接，路由速度也比 DCell 快。另外 BCube 应用 BSR（BCube source routing）选取路径，采用路径自适应协议，能够很好地实现网络中的最短并行路径与可靠数据传输。

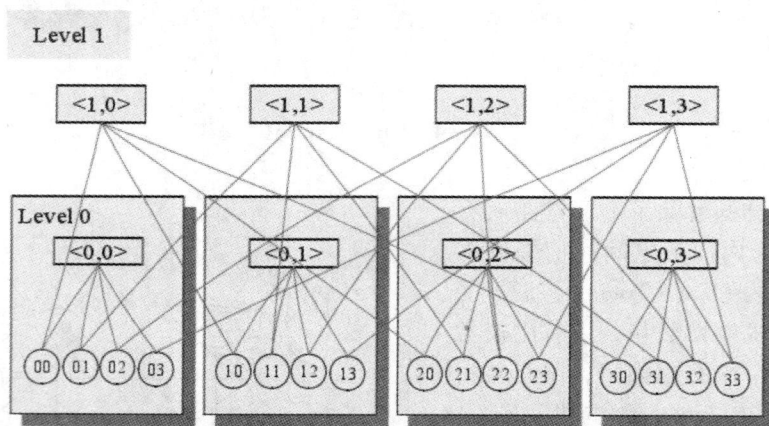

图 14 - 6　BCube_1 结构图

BCube 能够高效无带宽限制地执行 one to one、one to all、one to several、all to all 类型的通信，很好地支持 GFS、MapReduce 类应用。BCube 的连接方式和递归结构使得数据中心可以模块化建设，实现性好。在结构不完整的情况下 BCube 表现出比 DCell 具有更好的性能。BCube 的不足体现在可扩展性上，BCube 在 $k=3$，$n=8$ 时（k 为 BCube 层次，n 为 BCube 中服务器数），仅支持 4096 台服务器，与 DCell 差距较大。

（4）VL2。

如图 14 - 7 所示，VL2 是一种可扩展的灵活的数据中心网络结构，它能够支持超大规模的数据中心，为服务器间提供均衡的高带宽通信性能、服务间的性能隔离及以太网第二层语义。第二层语义是指将第二层所有的域虚拟化为统一的域，在这个层面上所有主机都位于同一个域中。

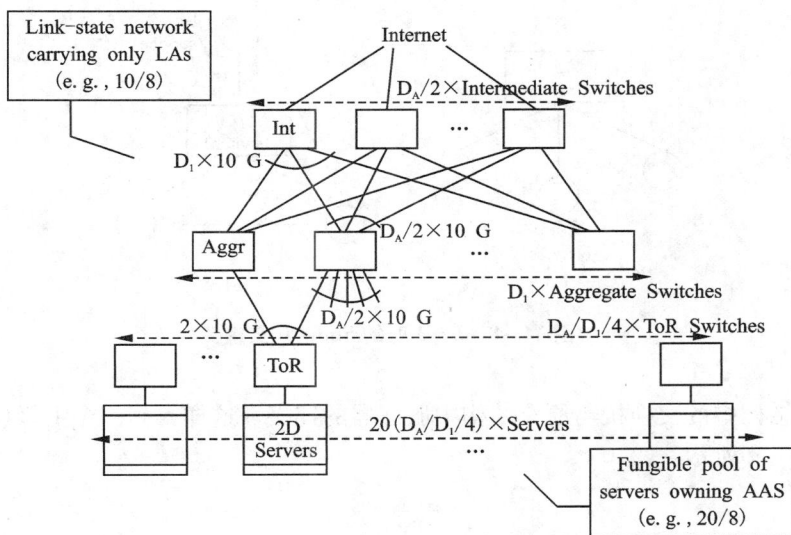

图 14 – 7　VL2 结构图

　　VL2 在结构上改变的是第三层交换机的连接方式,采用特殊协议实现虚拟第二层,而其他结构在物理连接方面的改变是整体。另外,地址表示和路由协议在 VL2 中更为重要,直接关系到虚拟第二层的实现。VL2 中采用 VLB(valiant load balancing)进行路由,为均衡各路径流量,VL2 将各中间交换机设为相同 IP,采用随机的方式选择一个中间交换机实现路由。

　　(5)雪花结构——新型云计算数据中心网络结构。

　　之所以称为雪花结构,是因为这种结构的构建依据科赫曲线,形似科赫雪花。

　　雪花结构包含两个组成部分:服务器和微型交换机。DCell 和 BCube 结构均采用了递归的方法来定义各自结构。在雪花结构中,同样采用递归定义的方法。在 $n-1$ 级雪花结构的基础上添加若干个 0 级雪花结构,构成 n 级雪花结构。这样用添加某种固定结构的方式尽可能地将结构模块化处理,有利于结构的模块化连接;其次,当 n 级结构没有扩展完全时,继续扩展 $(n+1)$ 级结构也较容易。此时,若发现 n 级结构没有扩展完全,可以在不改变已有$(n+1)$级结构的情况下,继续补充不完全的 n 级结构,有利于结构的扩展。雪花结构的构建方法详细描述如下。

　　0 级雪花结构 Snow 0 由一个微型交换机和若干个服务器组成。借鉴已有数据中心结构,设置服务器的个数最少为 3 个,不超过 8 个。如图 14 – 8(a)所示,以 3 个服务器为例。$k=3$ 将 3 个服务器连接到一个 n 端口的微型交换机上。如图 14 – 8(b)所示,调整 3 个服务器的理论位置,为 3 个服务器的两两直接互联添加了三条虚线。这三条虚线并非实际的服务器互联,而是为了方便说明构造下一级雪花结构,称之为虚连接,即不存在的网络连接,只是为了方便说明结构的构建。

　　在 Snow 0 基础上,断开三条虚连接,如图 14 – 8(b)所示。每断开一条虚连接,即添加一个 0 级雪花结构,将该新添 0 级结构中的微型交换机分别与虚连接的两端节点相连。相对于虚连接,这样的连接称为实连接,即断开虚连接重新构建的连接。实连接是实际存在的连

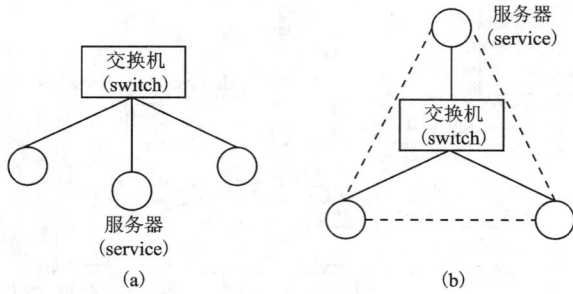

图 14 - 8 k = 3 时的 Snow_0 结构

接，是新添加结构中的交换机与原有结构中服务器的连接。这样得到一个 1 级（Snow 1）雪花结构，如图 14 - 9 所示。

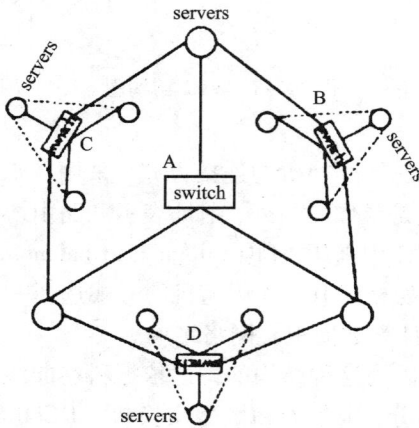

图 14 - 9 k = 3 时的 Snow_1 结构

由于是在断开的虚连接处添加 0 级雪花，此时虚连接的状态已经变为实连接（1 条虚连接转化为 2 条实连接），链接状态从无到有，因此在此处不再添加虚连接。注意实连接不只是实际存在的连接，更体现了由虚连接到实连接这种连接从无到有的变化状态，因此在 Snow 0 中服务器与交换机相连的三处不看作是实连接，它虽然是实际存在的连接，但是并没有状态变化的体现。

仔细观察可以发现，断开虚连接添加的 0 级结构与 Snow 0 是有区别的，它缺少了一条虚连接，并不是真正意义上的 Snow 0 结构。为了区分二者，将这种后来断开虚连接、不断添加、缺少一条虚连接的 0 级结构称为 Cell，以区分 Snow 0。Snow 1 包含有 6 条实连接和 6 条虚连接。在之后的每一级雪花结构中，总是断开上一级中包含的所有实连接和虚连接，添加 Cell，构成新的高级结构。图 14 - 10 显示了 k 为 3 时的 2 级（Snow 2）雪花结构。

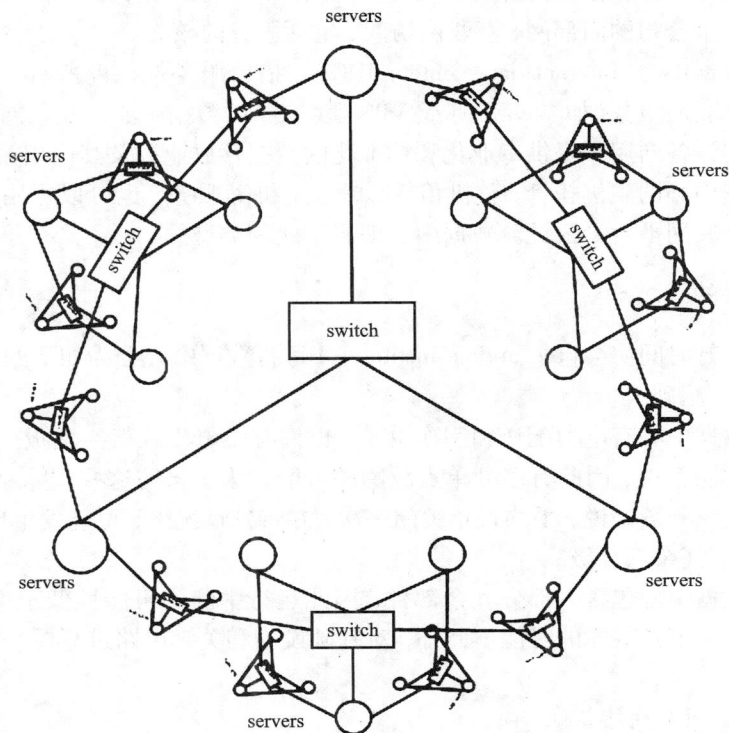

图 14-10　$k=3$ 时的 Snow_2 结构

14.1.4　数据中心分类与分级

1.数据中心的分类

各类数据中心的业务各异,其地位、规模、作用、配置和分类方法也有很大的不同。目前主要从以下两方面进行分类。

(1)根据数据中心服务的规模分类。

数据中心按照规模划分,可以划分为大、中、小型数据中心,但这也只是一个相对的概念,没有严格的量化标准。在我国,从规模上来分,省、部级以上级别(或相当级别)的企业与机构所建立的数据中心一般属于大型数据中心;省辖市级(或相当级别)的企业与机构所建立的数据中心一般属于中型数据中心;县辖级(或相当级别)的企业与机构及小型企业所建立的数据中心一般属于小型数据中心。

(2)根据数据中心服务的对象和范围分类。

根据数据中心服务的对象和范围,常常将数据中心分为企业数据中心和互联网数据中心。

①企业数据中心(corporation data center,CDC)。国内也称 EDC(enterprise data center),

泛指由企业与机构所有和使用的数据中心，目的是为自己的组织、合作伙伴和客户提供数据处理和数据访问的支撑。企业内部的 IT 部门或合作方负责数据中心设备的运行维护。企业型数据中心是一个公司的内部网、互联网访问、电话服务的核心。

②互联网数据中心（Internet data center，IDC）。指由服务提供商所有，并向多个客户提供有偿的数据互联网服务（如 Web 服务或 VPN 服务等）的数据中心。互联网数据中心是一种利用电信级机房设备向用户提供专业化和标准化的数据存放业务及其他相关服务的中心。用户可以享受数据中心的主机托管、整机租赁、虚拟主机等服务，也可以租用数据中心的技术来搭建自己的互联网平台。云计算数据中心即属于此种类型。

2. 数据中心的等级

国际正常运行时间协会（the uptime institute，UI）将数据中心分为如下四个等级：

（1）第一级：基础级。

这一级的数据中心有电力配送和制冷设备，也许有发电机或架空地板。然而，数据中心内设备属于单模块系统，因此有多处单点故障的可能。为了预防这些故障，需要手动关闭数据中心内的设施。一般来说，平均每年关闭一次；在特殊情况下，可能发生更频繁的关闭。

（2）第二级：冗余部件级。

这一级的数据中心包含一部分冗余部件，因此运行中断的可能性低于第一级数据中心。配备的发电机具有单点故障的可能。此外，对基础设施和关键电路进行维护时仍需要关闭相关设备。

（3）第三级：可并行维护级。

这一级的数据中心有了显著改善。自然故障或操作错误会引起数据中心运行中断；然而，保护性的和程序式的维护、维修和元件替换，增加或者减少与处理能力相关的部件，对部件和系统进行测试等活动已经不需要中断硬件设备。因此，数据中心的可用性得到提升。此外，当客户的业务需求允许增加成本进行更高级保护时，第三级数据中心通常可以升级到第四级数据中心。

（4）第四级：容错级。

这一级的数据中心要求所有计算机硬件具备双电源输入，并且任何活动均不会引起关键负载的中断。因此可用性得到大大提升。此外，基础设施的容错能力也能够容错至少一次最糟糕情况，如设备故障等。根据消防和供电安全规范的要求，还会有由于火灾报警或启动了紧急停电程序而导致的停机事件的发生。云计算数据中心应属于第四级数据中心。

14.2   分布式云数据中心提供的关键服务和关键技术

14.2.1   分布式云数据中心总体架构

1. 分布式云数据中心的总体架构

针对传统数据中心架构面临的主要挑战以及对数据中心的理解，分布式云数据中心的总体架构设计如图 14 - 11 所示。

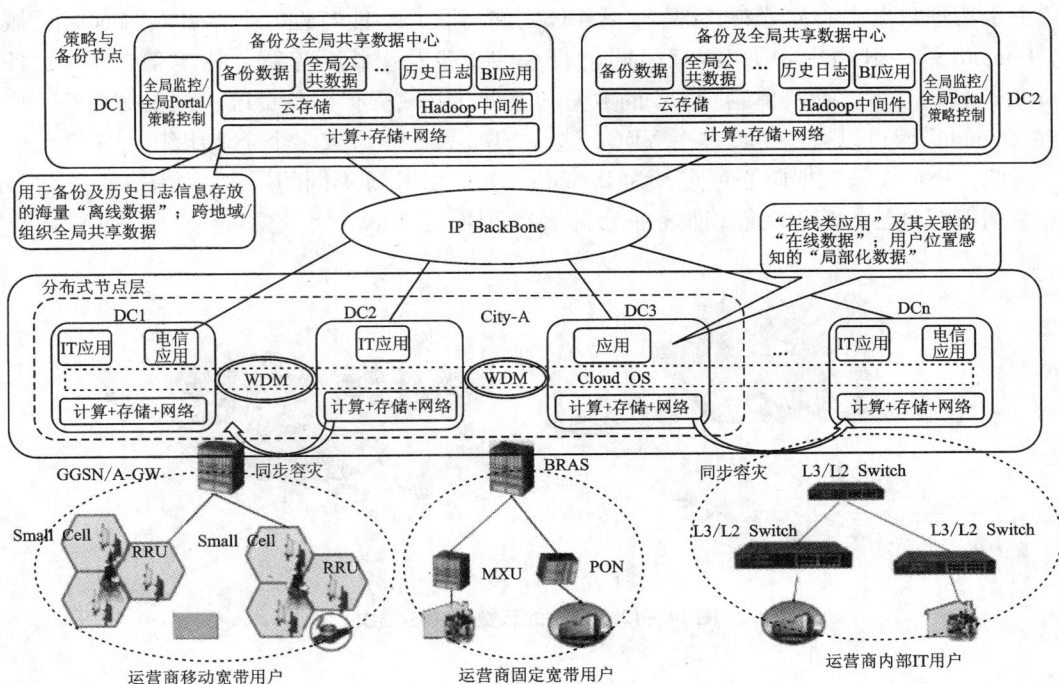

图 14-11　分布式云数据中心架构

分布式云数据中心架构逻辑上包含两类数据中心：策略与备份节点类数据中心和分布式业务节点类数据中心。

策略与备份类节点数据中心负责整个数据中心的统一管理、备份及全局数据共享：统一门户入口，提供全局跨多个分布式数据中心基础设施资源状态信息统一管理门户，以及全局容灾与业务请求路由策略的管理界面；在多个数据中心之间共享的公共数据(如用户签约与认证数据、内部子网间结算数据、运营商间结算数据等)；在线业务应用及 IT 应用数据的备份数据、历史归档以及日志数据等，以及依托这些数据进行初步商业智能 BI 分析与挖掘的平台和应用逻辑；为加速数据访问，分布式节点数据中心会缓存频繁访问的策略与备份节点的共享数据镜像拷贝，同时将策略与备份节点的数据变更同步到分布式节点侧。

分布式业务节点类数据中心负责在线业务应用以及在线内部 IT 办公自动化及 ERP/CRM/SCM/PLM/HRM 类等应用，支撑应用的各类中间件(数据库、Web 框架、SDP 等)和上述应用所需读写访问的系统配置数据、用户签约数据以及用户媒体类数据(如个人邮箱、电子书、相片、视频、博客内容等)。

策略与备份节点数据中心和分布式业务节点数据中心物理上可以合设，也可以分开。

2. VDC 概念介绍

VDC 是一个独立的实体，并具备有自身的管理系统、自身的 IP 地址管理、自身的网络通信等。一个物理 DC 资源可被多个 VDC 共享，同时如果多个物理 DC 之间有一定的联邦关系，则一个 VDC 可跨多个 DC。

　　由于物理数据中心的分布式部署，且 DC 之间有联邦功能特性，业界引入"Domain"域概念。Domain 是一组物理 DC，具有相同治理模型（涉及组织、流程、技术等内容），且是"Domain"域所有者。而具体物理 DC 的数量和类型，由域所有者负责统一调配和管理，所以一个"Domain"域可以有一个或多个 VDC，这些 VDC 属于一个或多个企业组织。

　　因此，分布式云数据中心可定义为 Domain、DC、VDC 等不同的层次，如图 14 – 12 所示。每个级别都有自己的管理功能，业务平台部署在 VDC 之上。

图 14 – 12　分布式云数据中心层次

3.分布式云数据中心数据部署策略

　　分布式云数据中心通过以下策略优化数据部署，用户接入位置感知及资源的全局调度保证用户的卓越业务体验，同时支持多层级的业务容灾方案保证业务连续性，为用户提供 SLA 保障的云服务。

　　（1）热数据就近计算与冷数据集中存储。

　　由于数据中心间的带宽相比数据中心内通常有 10～1000 倍以上的收敛，因此，对于需要被计算节点频繁访问的在线类数据（热数据）来说，原则上计算集群与作为热数据载体的存储集群应就近部署以取得更佳的性能表现，否则可能带来在线类应用性能的大幅下降。

　　对于离线类不经常访问的冷数据，比如企业备份数据、业务与操作日志数据、话单与统计数据等，数据存储与计算可以远端解耦，数据可以考虑尽量集中式存放，实现大规模集中化部署，从而可以最大限度地发挥数据中心超大规模存储资源池带来的存储瘦分配、压缩、去重等技术带来的规模经济优势。集中化部署后为大数据分析挖掘数据价值提供了极佳条件。

　　（2）最佳业务体验。

　　①就近接入。

　　云服务的时延影响用户的业务体验，分布式云数据中心遵循就近接入原则，尽可能地减少从接入点到数据中心的汇聚接入中转时延和带宽消耗，一般原则是确保其小于 50 ms 的延迟。并且所有"业务应用""IT 应用"的在线处理数据，包括系统镜像、应用镜像、业务配置、用户签约、用户私有数据以及媒体数据等，均缺省分布在最接近用户的数据中心内。

②统一资源请求路由。

各数据中心内的计算、存储以及网络资源，逻辑上隶属于同一"数据中心资源池"或"逻辑资源池"。同一"逻辑资源池"内的所有数据中心均可受理来自本地 Portal 或全局 Portal 的资源请求，并支持资源请求到数据中心的智能路由，确保按预设定的策略选择一个最合适的数据中心负责提供所需的虚拟机/物理资源服务。

（3）业务连续性。

①数据中心内业务连续性。

跨物理机 FT(fault torelance，实时热备故障冗余)使主机与备机保持实时运行态的镜像同步，从而实现零中断业务连续性保障，但运行状态同步对网络带宽需求较大；跨物理机 HA 基于共享存储，主机宕机后，备机依据心跳机制在备份节点启动并接替主机的对外服务。FT 技术如图 14－13 所示。

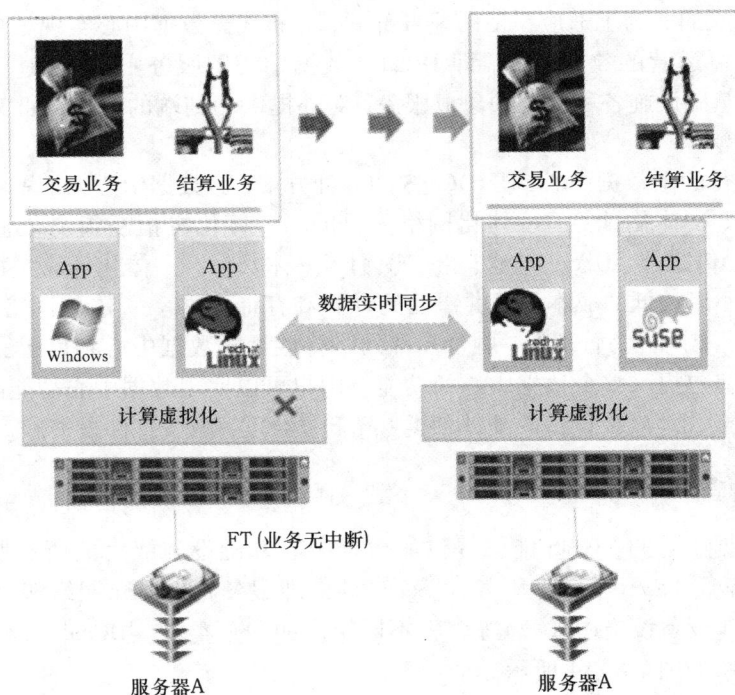

图 14－13　业务连续性

②跨数据中心业务连续性。

a. 多活部署。

隶属于同一城市的多个数据中心，若其传输距离小于 300 km，有专用光纤带宽确保数据中心之间的传输时延小于 5 ms，则 DC2(distributed cloud data genter)可将多个数据中心划归到同一个"多活容灾池"，在这个统一"多活容灾池"实现数据中心间的实时 I/O 同步，从而在某站点故障后，池内互助站点可立刻接管；对于 300 km 以上城市之间的数据中心，如果同步时需要的带宽和时延能满足具体业务的要求，也可以异地多活容灾部署。

b. 异步容灾。

针对异地非同城的数据中心，通常传输距离大于 300 km，带宽及传输延迟均无稳定保障，因此分布式云数据中心缺省采用"异步容灾"模式，即部署在异地数据中心的特定应用之间保持一定周期的数据同步，尽管该同步不保证实时一致性，但保证容灾站点拥有在发生故障之前的最近周期快照点的一致性数据；当其中一个数据中心发生故障时，其容灾数据中心的接管应用可以在最近的快照点继续提供服务，以保障业务的连续性。

14.2.2　DCaaS 服务

1. DCaaS

提供服务是数据中心的存在目的和价值，按需提供服务是云计算诞生的源动力。云计算兴起前期业界热炒的 IaaS、PaaS 和 SaaS 都是数据中心系统里某一个部分提供的单独服务，而服务的内容是有限的。为了适应灵活的业务部署，分布式云数据中心实现了更敏捷的数据中心的服务模式：可运营的数据中心，即 DCaaS（数据中心即服务）。它通过云计算的相关技术，把数据中心基础设施各种能力抽象成服务，对外提供端到端的业务，如 VDC 业务、备份服务、快照服务等。

目前业界流行的微数据中心就是 DCaaS 的一种方案，微数据中心（如华为的 MicroDC）以提供一体化机柜、一体化计算、一体化网络为目的。一体化机柜是指一个整体机柜包含制冷、静音、监控、传感器、UPS、电池、指纹识别等整体交付。一体化计算是指借助虚拟化和分布式存储计算，以较低的成本，提供弹性的计算和存储资源。一体化网络是融合路由器、交换机、防火墙、上网行为管理等，融合多种网络特性。微数据中心将以上三者组合形成模块式的方案，为客户提供整个数据中心的功能。用户可以实现数据中心功能的按需部署，按需扩容。它可以极大地减少设备的硬件种类，降低复杂度，减少备件投资。

2. DCaaS 包含的内容

分布式云数据中心的 DCaaS 能够提供的数据中心基础设施能力的所有服务，包括 IaaS（基础设施即服务）、PaaS（平台即服务）、SaaS（软件即服务）、NaaS（网络即服务）、MaaS（管理即服务）、FaaS（设备设施即服务）等多种不同层次的服务类型。DCaaS 各种服务和数据中心各层的逻辑关系如图 14 – 14 所示。

（1）IaaS。

IaaS（infrastructure as a serive）是最常见、最基本的服务，主要包括计算即服务和存储即服务两类。

①计算即服务。

计算平台提供以下不同方式的服务：

物理主机服务，提供不同规格的物理主机资源。

VM 虚拟机服务，资源池提供不同规格的 CPU、内存、存储和操作系统类型。

单独的物理主机，如 IBM 大型机。

②存储即服务。存储平台提供以下不同方式的服务：

SAN 存储服务，提供块存储 SAN 服务，包括 IP SAN 和 FC SAN 架构。

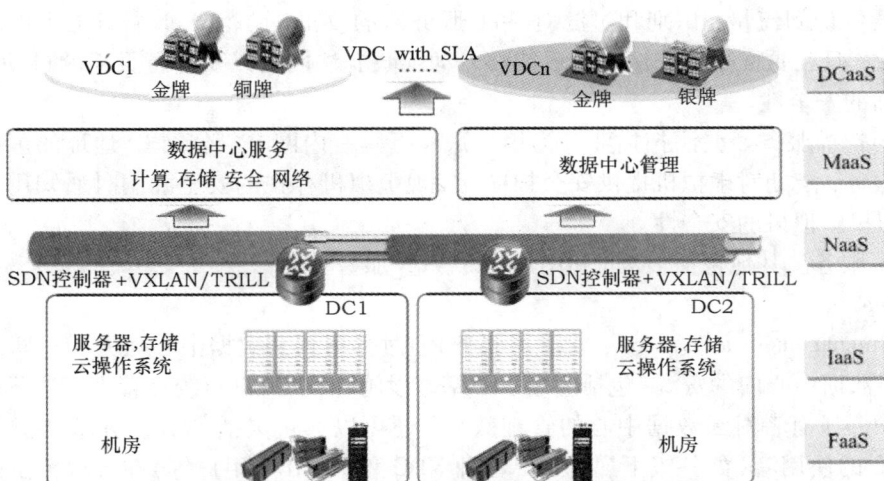

图 14 - 14 DCaaS

云存储服务,提供基于如 X86 架构的分布式对象存储服务。

(2) NaaS。

NaaS(network as a serive)通过网络虚拟化、安全设备虚拟化、SDN、大二层网络等技术,为各种用户提供以下不同方式的网络服务:

①公网/私有 IP 地址服务。提供公网或私有的 IP 地址服务给任何主机(物理主机或虚拟主机),相同的公网 IP 地址在同一时间不能被两个或多个业务共享。

②带宽服务。带宽服务为用户的虚拟主机/物理主机提供网络接入服务,带宽服务仅针对公网流量,当用户申请公网 IP 资源后,才可以申请带宽资源,并且申请的带宽与公网 IP 关联。当公网 IP 地址绑定到虚拟主机/物理主机的时候,该虚拟主机/物理主机将获得公网 IP 所关联的带宽。当公网 IP 取消时,与之关联的带宽也一并取消。该服务不独立存在,而是依赖于公网 IP 资源池提供分配的带宽。

③虚拟防火墙服务。资源池提供了一个虚拟的防火墙,通过物理防火墙虚拟化技术虚拟出多个虚拟实例,每个用户都拥有完整独立分离的实例设备。

④负载均衡服务。弹性负载均衡为用户虚拟主机/物理主机提供负载均衡服务,用于将访问请求分摊到用户多台虚拟主机/物理主机上,提高用户系统的业务处理能力。

⑤自动化的网络配置服务。资源池管理员接收网络配置服务请求后,将网络设备的配置信息分发给不同的网络设备,实现自动化的网络配置服务。例如,配置 VLAN、私有 IP 地址等。

⑥入侵检测服务。入侵检测业务为客户的网络设备和应用提供网络入侵检测服务,对典型的网络攻击进行实时检测并告警,以提高网络设备和应用系统的安全性,同时对可疑的访问操作进行记录,在安全事件发生时能够提供有效的安全事件日志以进行追踪分析。

⑦流量过滤服务。流量过滤业务为用户的网络设备和应用提供异常流量过滤服务,对 DDoS 攻击等损害网络可用性的攻击流量进行过滤,提高客户系统的安全性。

⑧Web 应用防护服务。Web 应用防护业务为用户的网站系统提供防篡改服务，实时监测 Web 服务器的访问流量，识别和过滤对 Web 服务器的攻击，防范 Web 服务器上的网站页面被非法篡改，且在页面遭受非法篡改后能够自动屏蔽非法网页以及进行页面的自动恢复，提高客户网站的安全性。

⑨漏洞扫描服务。漏洞扫描业务为用户账户下具有内网 IP、公网 IP 地址的虚拟机提供安全扫描服务，定期对虚拟机提供安全扫描，发现虚拟机存在的安全漏洞时通知用户进行修补，提高用户虚拟机的安全性。

⑩VPN 服务。其他包括 DC 间和用户接入 VPN 服务。

（3）MaaS。

MaaS（management as a serive，管理即服务）通过分布式云数据中心强大的运营运维管理系统，对多数据中心内的资源（包括应用、IT 基础设施和机房）进行统一管理。这不仅极大地提高数据中心所有者对云数据中心的管理效率，还可以通过灵活的分权分域功能和自助功能，使 VDC 的使用者（如各级下属部门、各种 VDC 租户、IDC 用户等）在授权范围内自由地管理和运营自己的 VDC，也就是需要对租户提供管理的服务。因此 MaaS 是分布式云数据中心中不可或缺的一环，MaaS 所需具备的主要功能有如下几点：

①分权分域。用户只能管理自己权限范围内的资源，确保不影响其他租户的使用，保证其他用户的数据安全。

②多数据中心统一管理功能。在分布式云数据中心中通常会存在多个不同地域的数据中心。为了提高运营运维效率，对多个数据中心的统一管理是必备条件，在技术上可通过 VXLAN 或 IP 网关等方法来实现。

③机房、IT 基础设施和应用的统一管理。数据中心是一个非常复杂的系统，管理系统目前存在的普遍问题是各部件的管理分开，不仅造成管理效率的低下，而且无法满足 VDC 环境下租户的管理要求。

④云与非云的统一管理，异构云操作系统的统一管理。由于目前在数据中心中普遍存在的情况是云与非云在相当长的一段时间内（目前业界预测大致为 10 年）共存，而且在数据中心内部通常会有多种云操作系统的存在。为了提高管理效率、满足 VDC 租户的必需要求，应对云与非云、异构云操作系统进行统一管理。

（4）FaaS。

FaaS（facility as a serive，设备设施即服务）通过模块化的建设模式，向用户提供机房空间、机柜等基础设施资源的按需服务。在分布式云数据中心采用模块化机房，部署效率更高，业务扩展更方便快捷（只须按模块简单增加机柜）。模块化机房建设通常有如下两种方式：

①室内机房：模块化机房集机柜、配电、制冷、监控、综合布线、消防等系统于一体，实现了供电、制冷、IT 设备和管理组件的集成，可满足新一代数据中心机房的快速部署。扩容时可简单增加模块化机房内的 IT 机柜，当该机房达到满配时，则新增加一个模块化机房即可。

②室外机房：一般以集装箱的形式存在，也称集装箱数据中心。集装箱数据中心的最大优点就是可以野外作业，移动方便。数据中心规模小的时候，集装箱数据中心可以将供电、制冷和 IT 设备放在同一个集装箱里，扩容时简单增加集装箱内的 IT 机柜即可；较大规模时，

可以将这三者各放到一个集装箱中，即有专门的供电箱、制冷箱和 IT 箱，一个供电箱和制冷箱可同时对多个 IT 箱进行供电和制冷。因此当业务扩容时，一个 IT 柜满配后简单增加另一个 IT 柜即可。

PaaS(platform as a service)和 SaaS(software as a service)业务不是分布式云数据中心强相关的内容，并且在前面章节已经介绍，所以这里不再描述。

3. 数据中心服务的用户角色模型

对于可运营的数据中心，建议划分成五类角色：(n 表示用户角色之间的关系)，如图 14 -15 所示。

Domain 管理员控制 Domain 域中的资源，包括配置、监控、IT 服务管理、IT 运营管理。Domain 服务经理设计和管理 Domain 级通用模板，包括 VDC 模板、业务模板、VM 模板等，管理全局的软件库，定义 Domain 全局的通用服务目录，管理 VDC 实例等。DC 管理员负责本 DC 的资源管理，包括资源配置和监控等。VDC 服务经理负责操作和维护 VDC 内的资源管理和服务目录定义等。服务使用者是资源的最终使用者，部署企业的业务平台。

作为租用户的 VDC，每个租户只能使用和管理属于他们的资源，不同租户的资源逻辑隔离；VDC 服务经理可以定义自己的 VDC 服务目录，管理 VDC 内的用户，并拥有自己的 O&M 报告(包括监测仪表板、容量报告、会计报表等)。

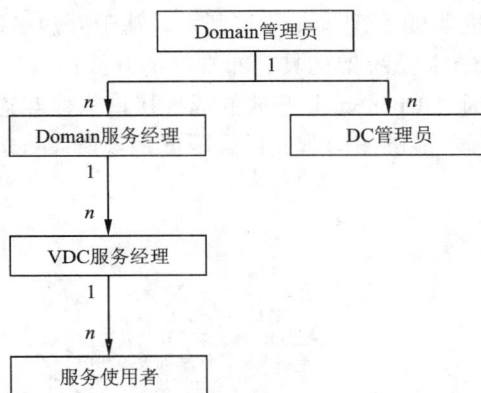

图 14 - 15　数据中心建议角色

4. 数据中心服务目录规划

分布式云数据中心通过灵活的服务目录规划，提供按需的 DCaaS 服务。建议将其规划成两层的服务目录，包括全局的服务目录(global services catalog)和 VDC 级别服务目录(VDC services catalog)：

全局的服务目录：包括基础服务(包括 DNS 服务、NTP 服务、AAA 服务等)和增值服务(金级备份服务、铜级备份服务等)。

VDC 级别服务目录：VDC 服务经理负责 VDC 级别服务目录的维护，包括从 Domain 级订阅的基础服务和增值服务，以及 VDC 自定义服务。

Domain 服务经理管理全局的服务目录和服务模板；当 Domain 服务经理使用 VDC 模板来创建 VDC 时，VDC 的服务目录中将产生默认的基本服务。

VDC 服务经理负责管理 VDC 服务目录，当 VDC 服务经理希望使用增值服务(VAS)，如备份服务时，VDC 服务经理会通过全局的服务目录，选择并订阅增值服务。

当全局的服务目录不能满足 VDC 的要求时，那么 VDC 服务经理可以定制自己的服务目录。

最终的服务使用者只能通过 VDC 的服务目录订阅所需的服务，不能通过全局的服务目录订阅。

14.2.3　IaaS 服务关键技术：数据中心云操作系统

在 IaaS 中，最核心的技术就是云操作系统，或者叫作虚拟化操作系统。云操作系统将各个单独的计算和存储硬件通过虚拟化软件组成一个资源池，为用户提供按需使用的服务模式。

前文提到的 OpenStack 项目面向所有类型的公有云和私有云，提供开源代码的云计算操作系统，致力于建立云计算平台的开放标准。OpenStack 独立于任何企业，在开源社区坚持完全透明的管理、设计与开发。基于开放 API 和完全解耦的模块化系统架构设计思路使得 OpenStack 系统架构具有非常好的开放性与兼容性。

通过 OpenStack 开放的标准接口构建互连互通、各核心部件及应用独立发展的云计算生态系统，能够使运营商最大限度地规避 Vendor – Lock – In 的风险（图 14 – 16）。

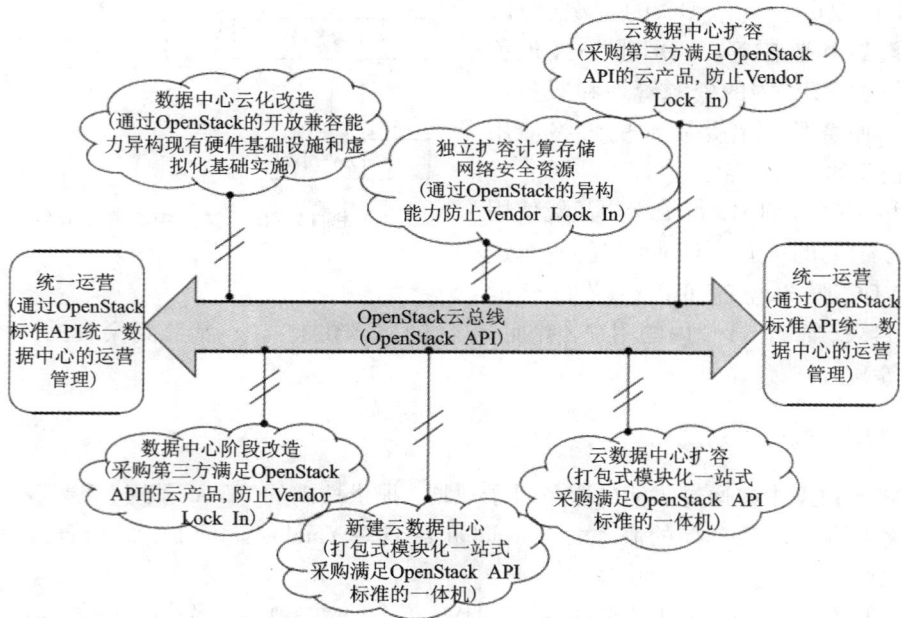

图 14 – 16　OpenStack API

这样，计算、存储、网络以及虚拟化平台分层采购、建设和集成的模式，演变为通过 OpenStack 开放 API 云总线进行互连互通，这将为云计算平台建设交付模式与商业模式的变革带来契机。

具备异构物理资源和虚拟化资源能力的基于 OpenStack 扩展的云操作系统及其关联的集成咨询服务可帮助企业和运营商现有 IT 基础设施的"云化"与"智能化"改造，实现现有异构计算、存储、网络、完全乃至虚拟化软件资源的大颗粒资源池化，从而有效降低企业 IT 基础设施 TCO，并提升企业核心业务应用部署与生命周期管理的敏捷性。"横向整合"的总体目标是在资源利用的前提下，对现有 IT 基础设施资源调度与管理效率进行提升。

如图 14 – 17 所示，云操作系统主要包括计算虚拟化、存储虚拟化、网络虚拟化和云管理几个部分。

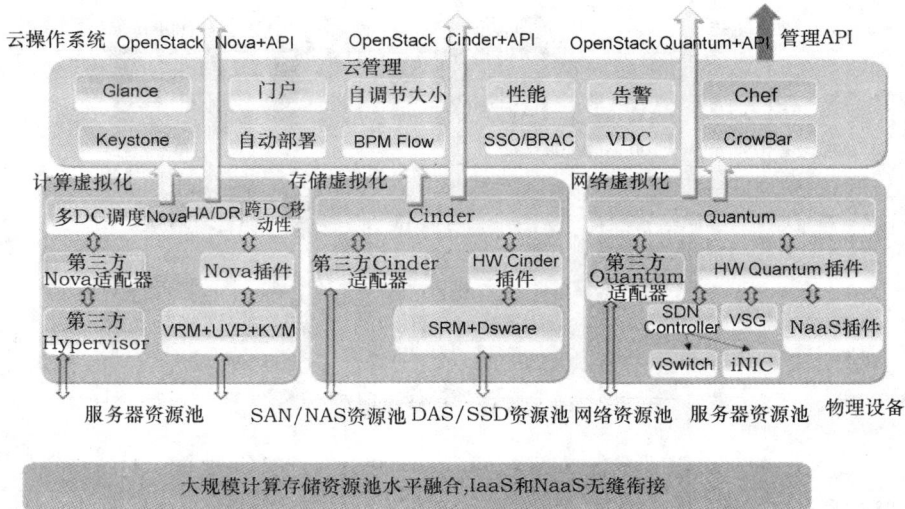

图 14 – 17　云操作系统组成

1. 计算虚拟化

计算虚拟化将全网基础设施资源虚拟化并构成单一统一的"逻辑资源池"，实现跨所有物理数据中心站点实现全局拉通的管理与调度。扁平化、分布式的数据中心构成了百万主机级的超大规模云数据中心，基于 OpenStack 开放架构确保兼容异构的物理设备、多 HyperVisor 和第三方虚拟化平台。服务器、存储、网络和安全设备等 IT 基础设施资源被全面和深度虚拟化后，通过细粒度的、跨数据中心的资源调度、基于 SDN 虚拟化网络的流量工程等核心技术实现了数据中心资源使用率最大化和全局能效比最大化。这保障了用户业务的 SLA 体验最佳化，并最终保证企业/运营商的 TCO 为最低(图 14 – 18)。

计算虚拟化具有对业务无感知、多活容灾、主备容灾和备份等运营商电信业务及关键 IT 应用需要的高可靠性保障特性。在带宽和网络质量均有保障的情况下，数据中心间的容灾资源池依托计算虚拟化的存储快照或 I/O 分流机制实现生产与灾备数据中心之间的 I/O 同步容灾，从而在某站点故障后，池内互助站点可立刻接管故障 DC 站点的原有业务负载；针对异地非同城的数据中心站点(通常传输距离大于 300 km)，带宽及网络质量均无稳定保障，则缺省采用"异步容灾"模式。同时计算虚拟化还提供备份模式，使得存储数据在数据中心间或者数据中心内的不同存储资源之间进行备份。对于主备容灾，提供多 vCPU(虚拟机 CPU)的 FT (fault tolerance)容灾部署和 HA(high availability)容灾部署。

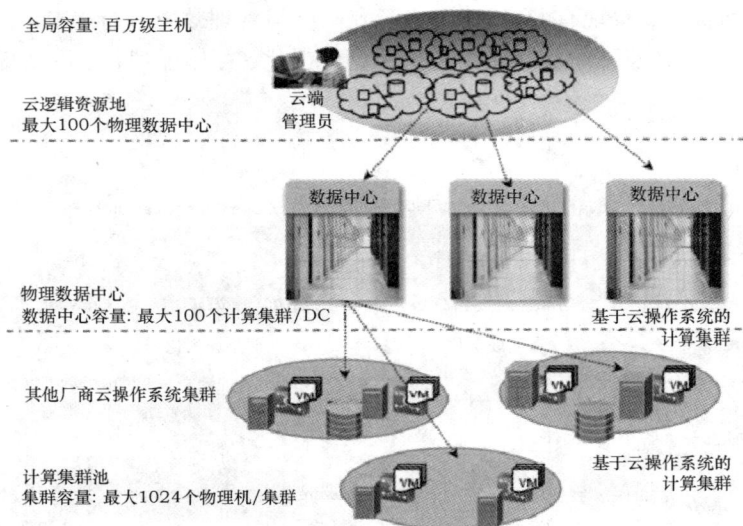

图 14-18　计算虚拟化

2.存储虚拟化

云操作系统将内部 SSD/HDD 硬盘、直连存储系统和外置异构的 SAN/NAS 存储系统虚拟化和全面池化,对其进行统一的管理和基于 SLA 的调度,使之构成面向应用的存储虚拟化系统。服务器内软件定义存储层将各种异构存储系统虚拟化,并纳入统一虚拟化资源池,进行统一的、基于策略的存储资源调度,保护运营商现有存储系统的投资。将其服务器内所有 SSD 资源虚拟化形成高性能 SSD 资源池,同时应用缓存、重删和压缩、无级水平扩展、瘦分配和 Scale-out 等关键技术,基于各类存储介质的性能、容量和成本特征,结合用户业务的 SLA 需求,采用智能的存储资源调度算法,最终实现存储资源利用的最佳化,即性价比最高(图 14-19)。

3.云管理系统

云管理系统可以将离散异构资源变为统一的资源池,通过单一入口集中管理所有软硬件资源、异构虚拟化基础设施/HyperVisor,并能够对这些资源自动发现、自动配置、统一监控。它运用单板(物理服务器)接入系统,从发现到加入资源池管理全过程都是自动化完成的。

云管理系统集中业务发放和维护,实现一键式划分、自动部署所需组织资源,并提供分权分域等灵活、全面的安全管理。通过资源池整合共享、云管理智能调度,它可以平衡不同应用间使用的资源,并实现动态能耗管理,在资源空闲时通过虚拟机迁移进行智能节能管理。应用的部署是模板化、图形化、自动化的,可实现一键式基于应用模板自动部署业务:

图形化拖拽业务模板设计:通过所见即所得的方式设计业务部署模板,极大地降低了业务部署设计难度。

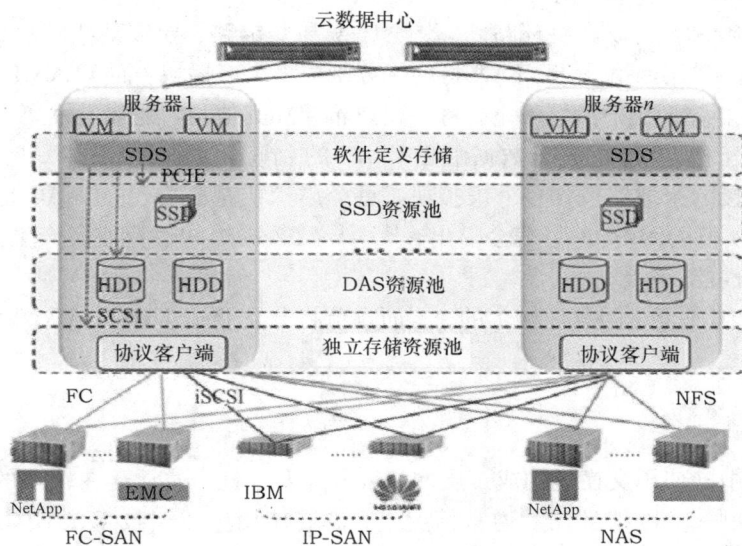

图 14 - 19　存储虚拟化

企业常用应用模板开箱即用:系统预集成企业常见基础应用部署模块,提供开箱即用的 IT 服务。

全自动的业务部署/卸载模式:一键式业务的部署、回收可以快速实现企业 IT 服务的发放及资源的回收。

基于策略的资源弹性伸缩:通过弹性伸缩组和伸缩策略,实现应用资源的自动弹性伸缩,提高 IT 对业务的响应能力。

云管理系统集中,可扩展地统一基础设施运维,实现对多厂商存储、服务器与交换机的监控、拓扑、告警、日志、容量、设备状态的统一维护,完成云资源与非云资源的统一管理。

14.2.4　NaaS 服务关键技术: TRILL, VXLAN, SDN

NaaS 是分布式云数据中心内至关重要的一环,扮演着各数据中心桥梁的角色。分布式云数据中心的网络技术相对于传统网络有了革命性的变化,通过网络资源池化和大二层技术,虚拟机可以在各数据中心之间进行无用户感知的漂移,解决地域限制的问题,真正做到网络即服务。可以说,NaaS 的出现使分布式云数据中心的实施成为可能。NaaS 涉及的主要技术要点有 TRILL、VXLAN、SDN 和网络虚拟化。

1.传统网络技术在云计算时代的挑战

随着越来越多的数据中心业务运行在虚拟机上,同时虚拟机所具有的动态、弹性的部署、迁移、启动、停止特性对传统的以静态业务为主的网络架构带来了巨大的挑战。

为了支持虚拟机 live migrate 的特性,必须保证虚拟机的 IP 地址和 MAC 地址在迁移前后保持不变。目前数据中心的虚拟机只能在同一个 IP 子网内实现 live migrate。通常同一个 IP 子网的虚拟机配置在一个 VLAN 中,而一个 VLAN 只能在一个二层网络中,即目前的虚拟机只能在二层网络中实时迁移,无法支持任意位置的迁移。

　　二层网络采用 STP 协议解决环路问题,会闭塞一些链路,导致某些端口处于闲置状态,产生浪费。当前的二层网络采用 VLAN 将网络分割成多个广播域,而 VLANID 只有 12bit,表示 4094 个 VLAN。在多租户的场景下,每个租户希望和其他租户逻辑上隔离,每个租户的各应用之间也希望互相隔离,这样云数据中心 VLAN 的数量很可能会超过 4094。

　　交换机所连接的服务器包含多个虚拟机,每个虚拟机都有自己的 MAC 地址,当虚拟机数量很多时,交换机的 MAC 地址表会溢出,从而导致数据帧的丢弃或者产生大量的广播帧,严重影响网络的性能。

　　NaaS 正是为解决上述问题而产生的,下面章节将分别介绍 TRILL、VXLAN、SDN 和网络虚拟化的技术方案。

2. TRILL

　　传统的数据中心使用交换机构成二层网络,为了安全性,通常存在较多的冗余链路,这样就产生一个问题——网络环路。通常情况下,需要使用生成树技术(STP/RSTP/MSTP)来清除二层的环路。

　　但是生成树技术有一些固有的问题:

　　(1)通过阻塞端口来解决环路问题,无法利用冗余链路的带宽。

　　(2)生成树所有的流量都经过根桥,流量转发效率低。

　　(3)拓扑发生变化时,网络收敛时间较长,造成业务中断时间过长。

　　(4)生成树环路存在临时环路。

　　TRILL 方案可为虚拟化系统构在分布式数据中心之间建立大规模、高可靠性的大二层网络。

　　(1)TRILL 方案基本原理。

　　运行 TRILL 协议的 Bridge 称之为 RBridge,即具有路由转发特性的网桥设备,由 RBridge 构建的 TRILL 网络称之为 trill campus,Rbridge 通过运行自己的链路状态协议(通过 IS－IS 扩展的)认知 trill campus 的拓扑,并使用最短路径树算法生成从该 Rbridge 到达 trill campus 里的各个 Rbridge 的路由转发表(trill 路由表)。RBridge 通过 ESADI(end station address distribution information,终端地址交互协议)交互学习各自的 Mac 地址。Rbridge 收到普通以太网数据帧时(专指 802.1)查找 Mac 表,若该 Mac 源发自某 Trill edge Rbridge,就将数据帧转换成 TRILL 数据帧在 trill campus 里转发。TRILL 数据帧包含有源目 Rbridge 信息,而 Rbridge 则有到达各 Rbridge 的路由信息,这样 Rbridge 可以对 TRILL 数据帧进行转发。当一台 Rbridge 接收到一个 TRILL 数据帧时,该数据帧的目的 Rbridge 为其自身解封装 TRILL 报头,获得最初进入 trill campus 的以太网数据帧,再进行转发。

　　这也就是说 TRILL 作为二层转发技术,通过引入三层路由的链路状态发现协议将此前的 Bridget 升级为了具备路由能力的 Route－Bridge。

　　TRILL 的运行原理并不仅仅局限于此,事实上以上所描述的仅仅为 802.1 单播数据帧的转发功能,根据数据报类型还可分为广播报文和多播报文,此类报文的处理正是二层链路协议的核心和重点,不合理或存在漏洞的二层链路协议会造成二层环路,纯 802.1 二层网络一旦出现环路,将造成广播报文的激增,整网将处于瘫痪状态,直到环路解除为止。

TRILL 协议首先针对二层环路没有 TTL 的问题进行了改进,在 TRILL 报文头中引入了 TTL 字段,这样 TRILL 报文在 trill campus 中即使发生了环路问题也不至于造成严重的后果。

另外 TRILL 协议对多播及广播报文的转发设计了分发树(distribution tree)的多播转发行为,当然它的分发树类似于 STP 的生成树,它也有一个类似于根桥的 root bridge,与 STP 的生成树算法不同的是 TRILL 的分发树是从 ISIS 的网络拓扑中计算产生的,并为每一个 VLAN 生成一棵分发树,在发生 VLAN 变化或接口变化时,这种分发树的过程不需要额外的配置,完全是由 Rbridge 自动完成。当一台边缘 Rbridge 收到一个某 VLAN 的广播帧或多播帧时,Rbridge 除了向自己的其他普通 VLAN 口分发该数据帧外,还要封装该数据帧为 TRILL 数据帧,目的 Rbridge 为该 VLAN 分发树的根桥,通过根桥将该数据帧扩散到与该 VLAN 相关的其他所有 Rbridge 设备上。

由 RB 组成的区域称为 TRILL 区域,当以太网帧进入 TRILL 区域,原始的以太网帧碰到第一个路由桥——RB1,它把收到的帧打上一个 TRILL 头,并指定最后一个路由桥——RB3,该帧在该 RB 上解封装。RB1 被称为"入口路由桥",RB3 称为"出口路由桥"。

(2)TRILL 方案组网。

TRILL 方案组网允许任意拓扑组网、使用最短路径转发、负载分担转发、收敛亚秒级、支持单播和组播。

(3)TRILL 方案特点。

TRILL 主要用于大规模数据中心解决方案,扩大服务器虚拟化的迁移范围;通过 TRILL 构建的大二层网络,VM 可以在整个 DC 范围内实现大范围动态迁移。TRILL 标准采用 VLAN ID 作为租户标识,通过 VLAN 对不同租户流量进行隔离。TRILL 网络相当于是数据中心的总线,它从物理上拓展了数据中心二层网络的范围,从而可实现虚拟机大范围的迁移,但是需要数据中心交换机的端到端支持,而且目前各主要厂家支持的协议各不相同,存在互通性问题。

3. VXLAN

在云计算数据中心部署中,各客户的应用程序之间需要逻辑隔离。而现有 VLAN 分段技术难以满足多租户和规模扩展的要求。VMware 与领先的网络连接和电子设备供应商(包括 Cisco)合作,创建了 VXLAN(Virtual eXtensible Local Area Network)技术。VXLAN 是一种在常用的网络和虚拟基础架构的顶层"浮动"虚拟域的方法。通过利用行业标准的以太网技术,在现有网络之上可以创建大量虚拟域,并且它们彼此之间以及与底层网络之间完全隔离。

(1)VXLAN 方案基本原理。

VXLAN 是一种将二层报文用三层协议进行封装的技术,可以对二层网络在三层范围进行扩展。它应用于数据中心内部,使虚拟机可以在互相连通的三层网络范围内迁移,而不需要改变 IP 地址和 MAC 地址,来保证业务的连续性。VXLAN 使用 24 - bit 网络标识 VNID(VXLAN network identifier),使用户可以创建 16 MB 个相互隔离的虚拟网络,突破了目前广泛采用的 VLAN 所能表示的 4 kB 个隔离网络的限制,这使得大规模多租户的云环境中具有了充足的虚拟网络分区资源(图 14 - 20)。

外部MAC目的地址	外部MAC源地址	外部802.1Q	外部IP目的地址	外部IP源地址	外部UDP	VXLANID(24位)	内部MAC目的地址	内部MAC源地址	可选内部802.1Q	原以太网有效载荷	CRC

← ——— VXLAN封装 ——— → ← ——— 原以太网帧 ——— →

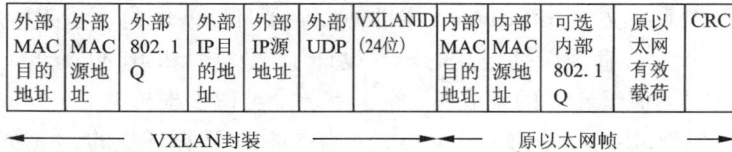

图 14 – 20　VXLAN 的网络标识

VXLAN 通过在物理网络的边缘设置智能实体 VTEP(VXLAN tunnel end point)，实现了虚拟网络和物理网络的隔离。VTEP 之间建立隧道，在物理网络上传输虚拟网络的数据帧，物理网络不感知虚拟网络。VXLAN 虚拟网络的示意图，如图 14 – 21 所示。

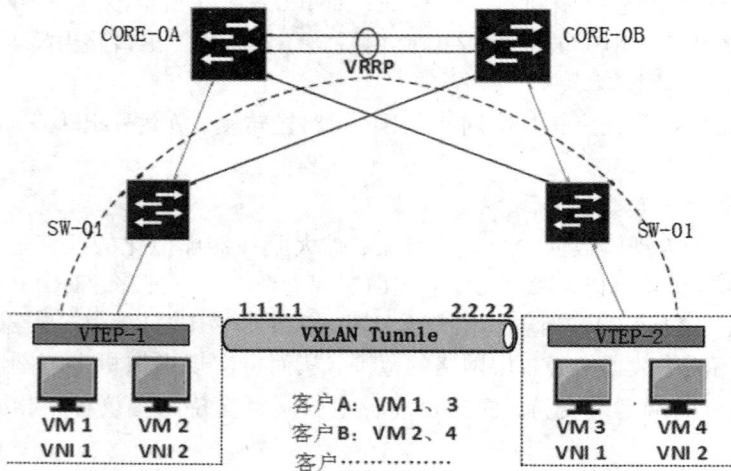

图 14 – 21　使用 VXLAN 后突破传统 VLAN 数量限制

如图 14 – 22 所示，在 VXLAN 环境中应用部署不受物理位置和三层网络边界限制，例如，某应用的地址段为 192.168.1.0/24，在传统网络中所有该应用服务器或者虚拟机必须在同一三层网络内部署，否则会产生路由或者地址冲突问题。

传统以太网帧无法穿越三层网络，部署 VXLAN 后，VTEP 之间数据基于三层寻址，网络互联接口不再是二层接口，可以将交换机之间互联接口部署为三层模式，消除生成树阻塞端口，提高网络利用率，支持 ECMP(equal – cost multipath)和链路聚合协议，如图 14 – 23 所示。

（2）VXLAN 的客户收益。

①虚拟机可以跨三层网络实时迁移，不需要对物理网络重新配置，业务不中断。

②废弃 STP 协议，充分利用链路。

③可以创建 16 MB 互相隔离的虚拟子网，充分满足多租户数据中心的需求。

④接入交换机只学习物理服务器的 MAC 地址，不需要学习每个虚拟机的 MAC，极大地节省 MAC 表空间提升的交换性能。

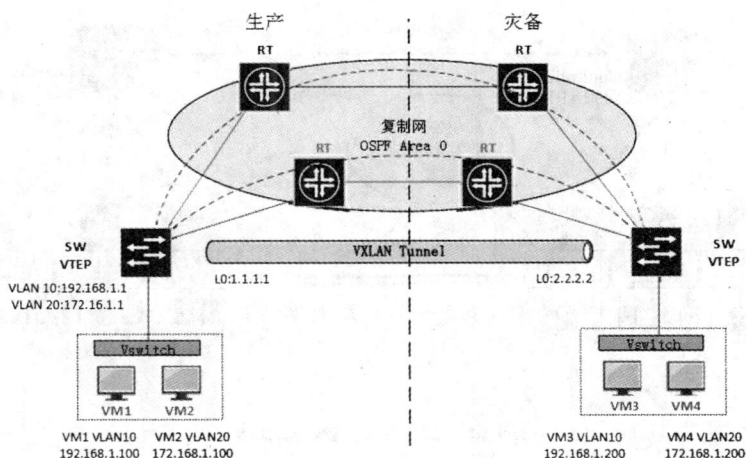

图 14－22　使用 VXLAN 后可灵活部署应用，不受物理位置和三层网络边界限制

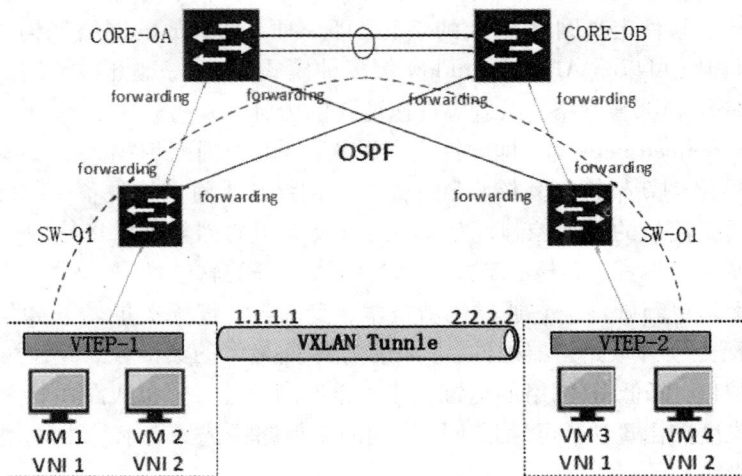

图 14－23　使用 VXLAN 后使用三层接口互联消除生成树阻塞端口

（3）VXLAN 的组播问题。

VXLAN 的数据平面需要依赖物理交换机的组播功能（IGMP、PIM），将 VXLAN 内的广播映射为组播，而物理交换机对于 IGMP 组播组的数量支持往往有限，它虽然能够利用将多个 VXLAN 加入同一个组播组的方法缓解交换机组播组规格不足的问题，但存在网络性能下降等问题。另外广域网络通常不支持组播转发，无法直接实现 VXLAN 在不同数据中心之间的扩展。为此，组播的问题通过 SDN controller 与 VXLAN 配合来解决，其原理如图 14－24 所示。

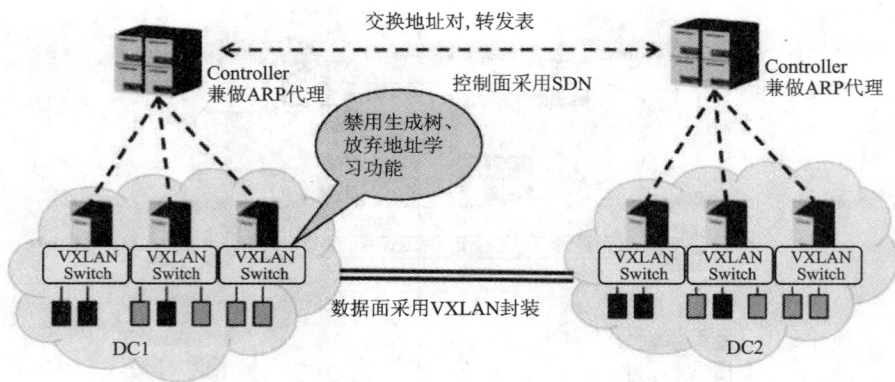

图 14－24　VXLAN 的组播

4. SDN

由于数据中心业务快速变化，当前网络逐渐向动态、协同、可编程、整合优化的网络转变，这种转变推动了软件定义网络 SDN 的兴起，即一种灵活开放的网络架构，一种将部分或全部网络功能软件化（可以是 API、OpenFlow 等多种模式），更好地开放给用户和业务，让用户和业务更好地使用和部署网络，以适应快速变化的云计算业务。

SDN（software defined network，即软件定义网络）是由美国斯坦福大学 Clean Slate 研究组提出的一种新型网络创新架构。其核心目标是通过网络技术将网络设备控制面与数据面分离开来，从而实现网络流量的灵活控制，为核心网络及应用的创新提供良好的平台。SDN 对外呈现的能力是开放、可编程，其核心支撑技术是网络设备的软硬件灵活性。SDN 可在线升级各种承载协议，无须更新硬件。它通过创新技术，实现与协议无关的转发架构，可以按需改变基础承载协议而无须升级路由器硬件，实现数据平面最大的灵活性；SDN 可实现转发和控制分离，控制集中化，降低 IP 网络的运维成本；通过高性能、分布式路由计算能力，SDN 可采用定制化、多维度路由算法，可满足不同应用的流量路径选择需求，最大化网络利用率。

（1）SDN 的路线。

对于互联网企业，最有影响力的 SDN 就是 Google 的 SDN G－Scale。Google 利用 SDN 架构实现统一调度和优化广域网络的流量，网络采用 OpenFlow 交换机设备。而腾讯认为标准路由协议（如 OSPF）对控制平面负担重，路由计算和收敛时间较长，并且规模和扩展性也不强；因此腾讯希望网络设备开放，由腾讯 SRP 服务器统一计算和下发 SRP 路由到各个设备，链路故障路由收敛由网络设备自行完成。由此来看互联网企业对 SDN 的诉求是开放网络设备层，接入其网络控制器，由网络控制器统一控制网络解决其网络问题。

对于运营商，2012 年 4 月，ONF Summit 2012 上 Verizon 通过 Hybrid 路由器的集中控制优化 RAN 网络流量，同时发布协同其伙伴在视频分发业务上已部署基于 SDN 的 overlay 网络；NTT 展示利用完整 OpenFlow 的 SDN 架构包括控制器和网络设备实现云计算多租户网络的快速发放。由此可见，运营商对 SDN 的核心诉求是降低成本和减少业务发放时间，从网络角度来看运营商聚焦在网络资源层开放而不是网络设备层，即厂商提供完整 SDN 解决方案，将网络整个资源开放出来，并与运营商业务系统对接，实现快速业务发放。

　　从客户调研角度来看，企业对 SDN 的需求是真实存在的，只是企业聚焦于业务运营，而不是 SDN 本身。从网络的视角来看，企业更多地关注 SDN 网络业务层开放，即 SDN 提供定制化的接口和业务编排，实现网络业务的自动化部署和发放。

　　（2）SDN 架构。

　　SDN 是最近几年在网络领域具有革命性的架构变革，其核心思想是将传统网络设备的数据平面和控制平面分离，将控制平面的功能集中放在控制器上实现。通过集中式的控制器以标准化的接口对各种网络设备进行管理和配置，为网络资源的设计、管理和使用提供更多的可能性，从而更容易推动网络的革新与发展。

　　ONF 提出的 SDN 架构如图 14 – 25 所示。

　　该逻辑架构分为 3 层：应用层、控制层、基础设施层。

　　基础设施层主要由网络设备即支持 OpenFlow 协议的 SDN 交换机组成，它们是保留了传统网络设备数据面能力的硬件，负责基于流表的数据处理、转发和网络状态收集。

　　控制层主要包含 OpenFlow 控制器及网络操作系统，负责处理数据平面资源的编排、维护网络拓扑、状态信息等；控制器是一个平台，该平台向下可以直接与使用 OpenFlow 协议的交换机（简称 SDN 交换机）进行会话；向上，为应用层软件提供开放接口，用于应用程序检测网络状态、下发控制策略。

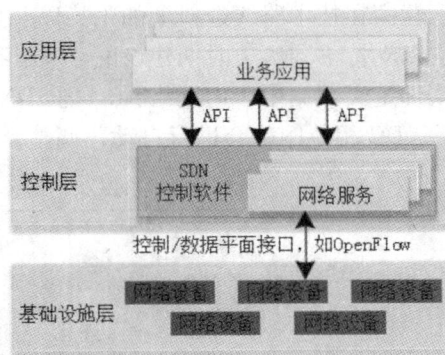

图 14 – 25　SDN 的逻辑结构

　　位于顶层的应用层由众多满足用户需求的应用软件构成，这些软件能够根据控制器提供的网络信息执行特定控制算法，并将结果通过控制器转化为流量控制命令，下发到基础设施层的实际设备中，从而完成动态接入控制、无缝切换、负载均衡和网络虚拟化等功能。

　　SDN 网络控制器与网络设备之间通过专门的控制面和数据面接口连接，该接口是支持 SDN 技术实现的关键接口。目前，SDN 的研究重点之一是对该接口的定义和规范。很多研究将该接口等同于现有网络中用于管理不同厂商设备的南向接口（southbound interface），但重新定义了其需要承担的功能，如网络编程、资源虚拟化、网络隔离等；同时，在应用层与网络基础设施层之间定义了类似于传统网络设备上用于设备制造商或网络运营商进行设备接入和管理的北向接口（north – bound interface），并明确了该接口在路由、网络设备管理、网络策略管理等方面的能力要求。此外，为支持不同的网络控制系统之间的互通，有研究还定义了支持网络控制系统之间互联的东西向接口（east – west interface）和其在支持网络域间控制、互操作、网络部署等方面的功能需求。

　　从虚拟化数据中心层面来看，SDN 集中的控制面掌握数据中心网络的拓扑信息，虚拟机的 MAC/IP/位置属性，通过集中式的控制器实现 ARP 学习功能，可以避免大量 ARP 报文对服务器性能的冲击；另外 SDN 控制器提供开放 API 接口，可实现灵活的可编程能力，为网络

虚拟化、自动化、各种网络服务、新业务开发提供了一个开放平台。

在分布式数据中心场景下，网络分为数据中心内网络、数据中心间网络。SDN 整体架构如图 14-26 所示。

端到端 SDN 控制器支持网络自动化业务部署及发放，网络服务 SLA 控制，异构 DC 互联。通过 IT 和 CT 的协同控制和管理，可实现 DC 内、DC 间 E2E 的自动化业务部署。通过在线的软件配置就可以灵活支持各类数据中心技术方案而无须升级设备硬件，规避数据

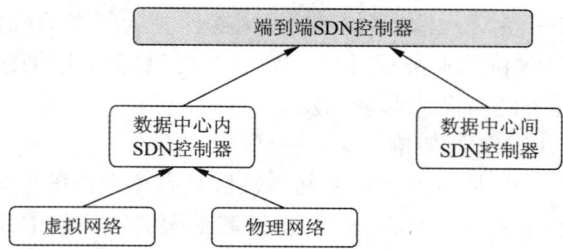

图 14-26　SDN 整体架构

中心运营商在技术路线选择上的困扰以及对后续平滑演进的担忧；通过软件定义的 DC 互联网关可以支持不同历史时期建设的、采用不同技术方案的数据中心无缝互联。

软件定义数据中心内网络：DC 内 SDN 采用 VXLAN 方案，支持 overlay 虚拟网络，虚拟机迁移后，DC 相应网络会进行自动化调整，如图 14-27 所示。

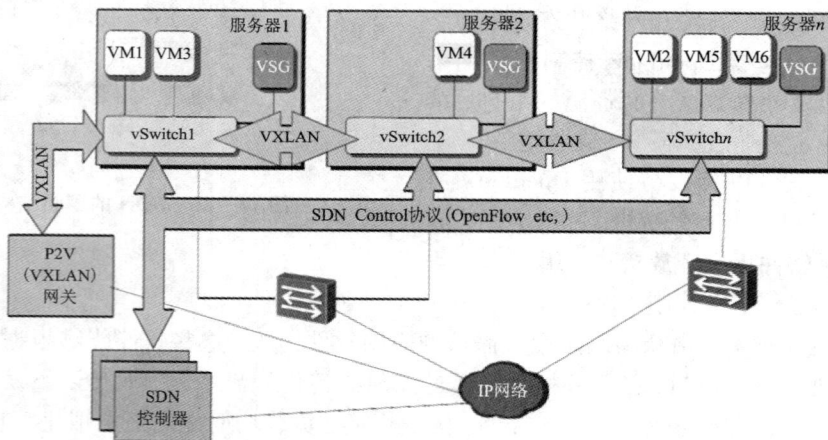

图 14-27　软件定义数据中心内网络

软件定义的智能 WAN 路由：SDN Controller 部署在广域网中，控制数据中心之间的选路和 QoS，其工作原理如图 14-28 所示。

租户（VXLAN ID）需求通过 PE（provider edge，运营商边缘路由器）反馈到 SDN Controller，SDN Controller 根据网络资源、用户需求（带宽、时延等）动态选路。Controller 形成租户的个性路径并下发到转发层面执行。

在 SDN 的帮助下，网络资源将被更有效、动态地利用，比如流量工程 TE 可以将整体资源利用率从 50% 提升到 75%。

（3）网络虚拟化。

网络虚拟化在利用传统数据中心网络交换设备基础上，实现了传统数据中心网络架构向

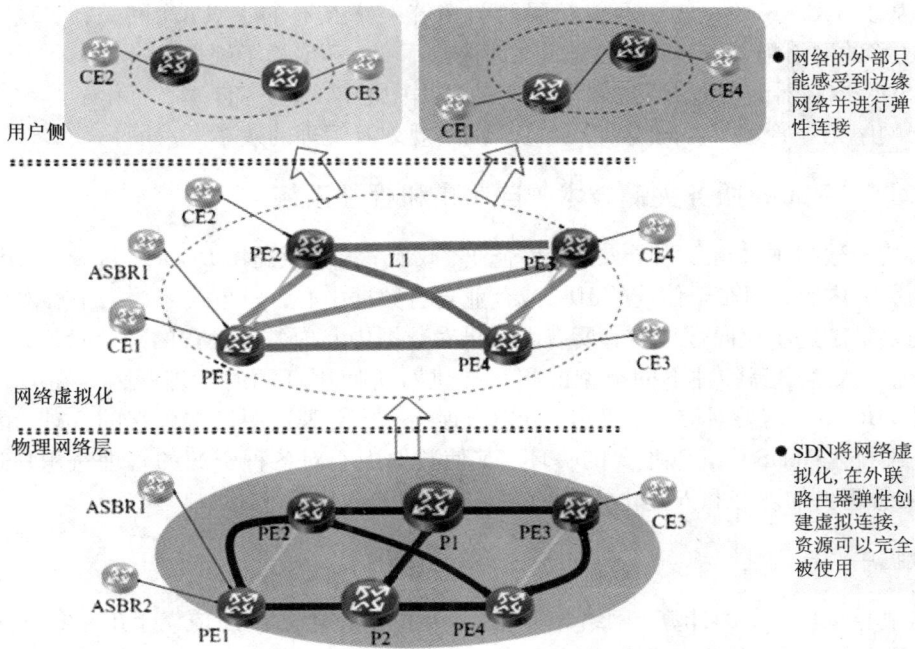

图 14－28　软件定义的智能 WAN 路由

以"网络功能服务化""网络设备管道化"以及"网络控制软件化"为关键特征的软件定义网络（SDN）目标架构的演进与转换，从而完美地应对并解决了云虚拟化环境下的大规模、多租户、弹性的虚拟网络发放的挑战。网络虚拟化下的分布式云数据中心网络架构如图 14－29 所示。

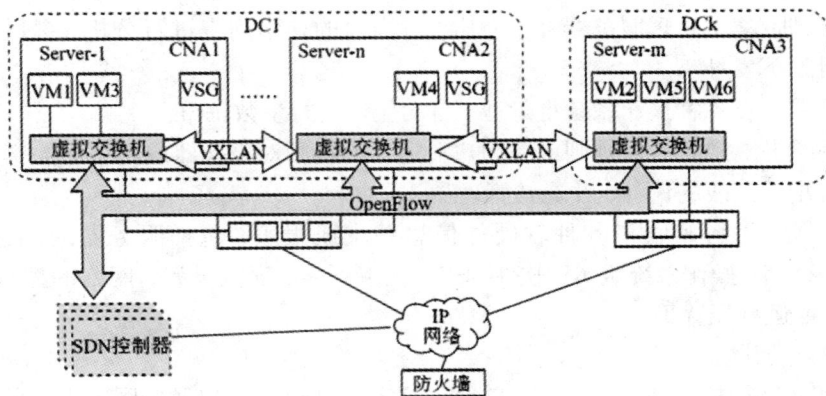

图 14－29　网络虚拟化

支持分布式云数据中心的网络虚拟化应具有如下特征：

(1)X86 平台之上的叠加模式的分布式虚拟交换，实现了基于二层交换的 QoS、安全策略控制完全独立于外部交换机和路由器等物理设备。

（2）基于 VXLAN 的大二层网络扩展及与传统网络互通的 VXLAN 网关，实现 VM 跨集群、DC 迁移的网络配置、QoS 和安全属性都保持不变，不依赖于硬件交换机。

（3）SDN 控制器的多节点无级扩展，支持数据中心网络动态伸缩，简化了跨数据中心的统一二层网络拓扑管理与协同规划，提高了网络规划及管理的效率。

14.2.5　MaaS 服务关键技术：自动化和管理系统

分布式云数据中心可以为个人、中小企业、政府、大企业提供 DCaaS、IaaS、NaaS 和 FaaS 等丰富的服务内容，相对于传统的 IDC 或企业自有数据中心，分布式云数据中心对管理提出了更高的要求。这不仅向数据中心所有者提供对数据中心内各种设备的高效管理，还可以向个人、企业、大客户等各种不同类型的租户提供对所使用资源的管理服务。在 DCaaS 服务中，不同 VDC 租户需要对应用、机房、计算、存储、网络等资源做端到端的管理，因此自动化和服务编排是 MaaS 中非常重要的一环，其使数据中心对各种资源的管理对租户透明，使得 VDC 的管理更加友好和人性化，满足各种客户的差异化需求。

1. 数据中心自动化

数据中心包含复杂的计算、网络等资源，大型的数据中心单纯依靠手工维护几乎没有可能，服务器自动化、网络自动化等自动化技术大大减少了维护人力，降低了操作复杂度和误操作可能性。

（1）服务器自动化。

①软件安装：集中管理服务器操作系统介质和安装脚本，批量安装多种操作系统，包括 Windows、Linux、Solaris、AIX、ESX 等。由可实现跨越操作系统的统一服务器管理，为物理、虚拟和公共云基础设施提供统一的支持，其中包括裸机安装、应用程序部署和系统配置的即开即用能力。借助软件打包和 OS 安装管理功能，IT 团队能够实现服务部署任务标准化，并提高一致性、缩短供给周期。

②补丁管理：集中管理服务器补丁介质，对当前的补丁列表进行分析，提供需安装的补丁建议，并批量下发补丁。

③系统配置：在各种操作系统批量地、自动化地进行参数调整。

④巡检和合规检查：通过规则或者用户自定义的规则对服务器或网络的关键配置进行检查，及时发现配置基线的偏移，并通知管理员。

⑤自动巡检：可自动收集各种软硬件信息并生成报表，包括服务器的制造商、型号、BIOS、板卡、存储、操作系统版本、软件列表、补丁列表、安全设置、网络的型号、模块、版本、启动配置、运行配置等。

（2）网络自动化。

①配置和网络拓扑发现：数据中心自动化可实现自动发现和采集网络设备的配置，比如设备类型、设备型号、硬件信息、操作系统版本、startup config、running config、VLAN 等，以及跟踪它们的变化。

②网络策略配置：可自动批量下发路由表和防火墙策略。

③操作审计：可自动记录所有对网络设备的变更，并提供回退机制。

④巡检和合规检查：可通过内置的合规性检查策略，针对 CIS、DISA、NSA，对系统、设备等进行自动化的合规检查，并给出检查报告。同时用户也可以定义自己的合规策略。

（3）配置自动化与流程编排。

①配置自动化。

配置自动化一般具有变更检测和配置合规检查的功能。用户可以创建配置基线，利用它来对服务器进行比较。配置基线是管理员规定的适用于特定环境的正确配置与设置信息。一台服务器可以有多个配置基线。用户指定配置基线后，可以利用它来比较服务器之间的区别，并查看比较结果，包括每个服务器所安装的组件以及两个服务器之间的区别。

关于变更检测，用户（管理人员）可以创建基准快照，以确定服务器在一段时间内的变更情况。一台服务器只能有一个指定的基准快照。用户指定基准快照之后，可以运行变更检测来查看变更事件的发生情况。

②流程编排。

分布式云数据中心的核心需求是生成 VDC 为核心的服务自动化，要实现软件定义的 DCaaS，必须使用流程编排来满足数据中心业务发放和资源协调，拉通 IT 和网络资源。例如，用户需要一套 LAMP（Linux + Apache + Mysql + Perl/PHP/Python）的软件，则可搭建一个 Web 应用程序平台。对于服务提供商来说，这需要一系列的操作，创建虚拟机，安装操作系统，在网络上隔离出安全的区域，对接服务保障系统，对接计费系统，等等。这些复杂的、一系列的操作可以通过服务编排功能来完成。流程编排在分布式云数据中心中的位置和各种服务之间的关系，如图 14-30 所示。

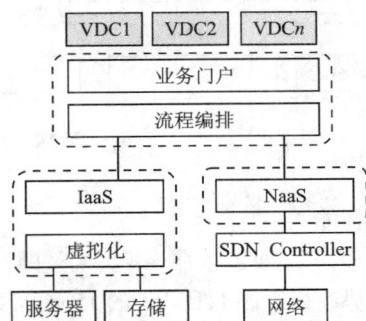

图 14-30 流程编排在分布式云数据中心中的位置和各种服务之间的关系

通过服务编排，可以端到端地集成对接计算、存储、网络、应用程序等业务单元，流程化地处理各个业务单元操作，并提供回退、逻辑判断等能力，从而快速提供各种 IaaS、PaaS、SaaS 等云服务，同时协助消除人工错误。

2.管理解决方案

分布式云数据中心管理需要提供一个敏捷的数据中心支撑平台，支撑数据中心的业务运营和运维，为客户提供高质量、高效率的数据中心服务。由于分布式云数据中心包括公有云、私有云等多种业务，因此管理系统需要一个统一平台，统一支撑传统电信运营商公有云、企业公有云、政府/园区的公共服务公有云以及企业私有云，来为企业简化运维，降低 OPEX。一个高效、联动、便捷的管理系统的架构如图 14-31 所示。

分布式数据中心管理系统主要包括管理门户、运营管理、IT 服务管理、资源管理、IT 运维管理、基础设施管理 6 个模块。

运营管理包含用户管理、产品管理、资产管理、订单管理、计量管理、自助服务系统等。华为云业务运营管理流程参考了业界先进的管理模型，结合华为在运营商领域的经验，提供融合统一的运营管理模型，其主要优势有：模块化架构，低时间门槛；运营流程简单有效，可

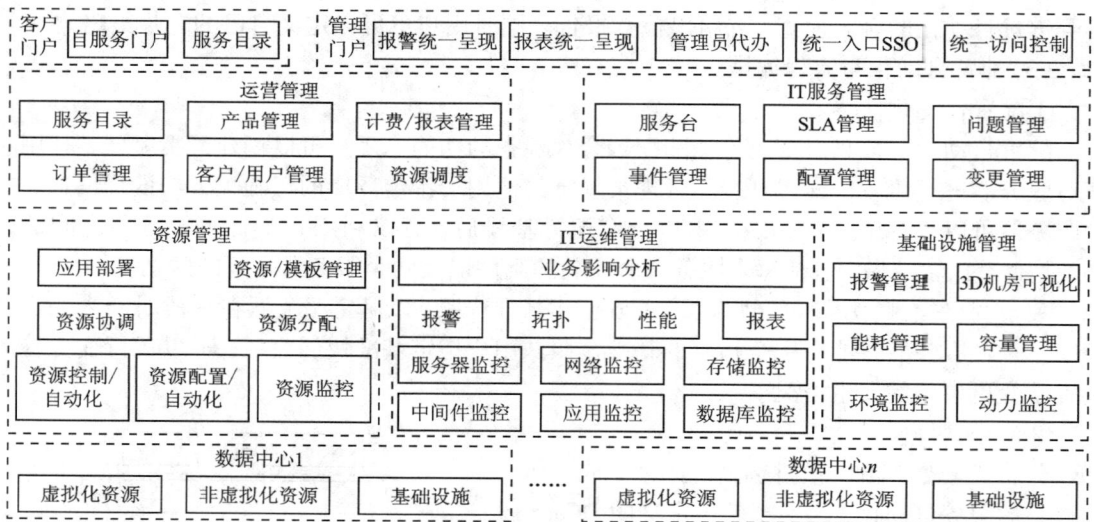

図 14-31   分布式数据中心管理系统

提升盈利能力。

IT 服务管理包含服务台、事件管理、SLA 管理、问题管理、配置管理和变更管理等。其主要优势有：遵循 ITIL V3 的 15 项认证；完全基于 Web，集成简单，操作方便；SDM 和 CMDB 完整融合，能够跨越所有 IT 领域实施管理任务。

IT 运维管理主要包括业务影响分析、报警、拓扑、性能、报表、服务器监控、存储监控、网络监控、数据库监控、中间件监控以及应用性能监控等。其主要优势有：跨平台支持，实时性能监控、自动门限值设定、直观的管理界面和集中性能配置管理。

资源管理包括应用部署、资源管理、分配和自动化部署和配置，支持对物理资源和虚拟资源的自动化管理。其主要优势有：可视化设计、集成功能通用、自动发现、配置。

基础设施管理包括 3D 机房可视化、能耗管理、动力管理、环境监控等。其主要优势有：可监控的底层设备多样化，包含动力监控、环境监控和视频监控；3D 可视化技术使展示更直观。

3. 运营管理方案

运营管理主要是出租各种数据中心资源给用户，提供工具以实现最终用户按需使用各种资源。运营和服务平台包括如下层次：

客户自助管理系统：用来为客户提供对订购资源的管理，包括用户管理、信息查询（合同、订单、费用等）、资源部署、资源状态监控。

Web 访问层：用来提供用户访问功能，具体提供的特性包括表单和页面组管理、数据分析、服务接口、安全管理。

业务管理与运营层：用来实现具体的业务管理和运营流程与功能。在本方案中需要实现的流程和功能包括客户管理、服务目录、服务级别管理、计费管理、合同管理、订单管理、价格管理及资源管理、故障管理、投诉管理、知识管理等。

对象处理层：用来对各个业务管理和运营流程进行后台逻辑分析和处理，具体提供的特性包括流程引擎、数据管理、访问控制、集成接口、配置管理、开发定制。

数据存储层：用来存储 IT 服务管理的各种数据，具体提供的特性包括虚拟数据服务、CDB。

业务管理平台通过接口可以实现与服务保障平台的集成，达到信息的共享和 IT 对业务的支撑，还可以实现与邮件系统、短信系统、BOSS、4A 系统的集成，将需要转送的信息及时通知业务相关人员，与 BOSS 和 4A 系统同步业务和管理数据。

4. 运维管理方案

运维管理方案以业务服务管理为核心，以性能管理、数据库监控、网络流量分析、应用响应时间监控和应用监控分析为支撑子系统，达到为用户实现基于 SLA 的高效运维。

分布式云数据中心的运维管理方案总体架构主要包括：

（1）业务服务管理。

业务服务管理系统，整合客户的 IT 监控能力，对关键的业务服务提供一个 360°的可用性和性能视图。帮助客户做到：

①快速发现和定位修复服务质量和可用性问题。

②主动地控制性能风险，防止问题的发生。

③减少 IT 支撑的时间效率和 IT 成本。

④基于开放接口的集成平台，可以对接 IBM Tivoli、HP OpenView 等第三方监控系统。

⑤基于动态服务模型的服务性能和资源性能的拓扑。

⑥输出服务 SLA、健康和性能风险报告。

⑦事件和报警对服务性能影响和根源分析。

（2）应用响应时间监控。

应用响应时间是反映用户体验的重要指标，应用响应时间监控可以帮助对各种应用以及其服务器的性能、SLA 进行监控和分析，确保用户体验和满意度，具体功能包括：

①监控所有应用的响应时间性能，可区分网络和服务器的性能、IP 地址标识的客户性能。

②监控基于 Web 应用的 SLA，业务级交易端到端性能，USER ID 标识的客户体验。

③监控云管理节点控制协议（REST/SOAP）和控制服务器的性能。

④监控云应用服务器的性能，如 Java/.NET 应用服务器性能、应用组件性能、后端组件（数据库，Web Service 等）性能。

⑤监控服务器的配置，支持各种版本服务器，支持集群，满足大规模应用监控。

（3）网络流量分析。

网络流量分析功能主要包括以下几个方面：

①网络拓扑自动发现。

②监控网络拓扑、网络设备和服务器设备。

③网络流量的基线计算、趋势和容量预测。

④网络流量分析。

（4）性能管理。

性能管理需要对数据中心的各种设备进行全面的性能监控，主要包括以下几个方面：

①监控 OS 性能。利用主机 OS 中安装的 SNMP 代理软件，获取性能 counter 值，进行相应的性能管理。如历史性能统计、基线生成、阈值报警、基线动态报警、性能报表生成等。

②监控中间件性能。监控应用中间件 J2EE 应用服务器（webLogic、webSphere、Oracle IAS、Tomcat、JBOSS、SunONE 等）性能，监控.NET 中间件，监控类似 MQSeries 消息中间件，监控 Tuxedo、CICS 等交易中间件。

③监控虚拟化环境的拓扑、CPU、内存、I/O、网络、磁盘等状态和性能。

（5）数据库监控。

对数据库的软硬件性能进行全方位的监控和分析，主要包括：

①可以自动发现数据库，并自动进行监控。

②因为性能数据依赖于与数据库之外的交互，需要同时监控操作系统和 I/O 活动。

③支持实时及历史数据库监控、诊断、处理和全面的性能管理，包括数据库内部配置、状态、SQL 捕获、CPU 利用率、内存利用率和 I/O 访问。

④同时提供实时及历史分析总结性能趋势和诊断信息，保证快速解决问题的能力。

⑤关键的性能指标可以分组、汇总，用户可以快速地发现性能异常、趋势以及约束条件。如想进一步了解，也可以直接钻取访问的性能扫描和统计数据。

14.3　数据中心的设计和构建

数据中心的设计和构建是一项系统工程，相关人员需要相互协作来完成总体设计、建筑和基础设施的构建，以及软硬件的采购和上线。

数据中心的设计是一个系统、复杂、迭代的过程。数据中心设计者要在特定预算的情况下，让数据中心能够满足公司现有及将来不断增长的业务需求。数据中心的设计过程需要各类参与者不断地协商，平衡多方面的因素，比如在预算的限制和数据中心的性能间进行平衡。通常情况下，设计阶段决定了落成后数据中心的质量。合理的评估规划、全面周详的设计是构建数据中心关键的第一步。

从 20 世纪 60 年代初开始，世界各地的工程人员在构建数据中心的过程中不断总结，形成了系统的数据中心建设标准，如我国的国家标准《电子信息系统机房设计规范》（GB 50174—2008）和美国的《数据中心电信基础设施标准》（TIA - 942）。这些标准为数据中心的设计，尤其是建筑、机电、通风等基础设施的规划提供了基本的依据。除了有标准可以依据外，设计人员还可以参考以往工程中积累下来的实践经验，以现实需求为基础，合理运用新技术，提高数据中心的管理效率和整体性能。

建设数据中心的目标是为了满足企业信息化建设中的各项信息服务的需求，为它们提供高性能、高可用、高可扩展的安全的基础设施及软件平台。建设数据中心包括建设机房环境，为数据中心提供可靠、易用的电力、环境控制、消防等辅助配套设施，提供高效的网络环境，构建高效、稳定的服务器系统和存储系统，并建立安全体系和灾备系统。

构建数据中心需要遵守一些核心设计理念，遵守这些理念可以使得数据中心的设计清晰、高效、有条理。简单的理念要求设计容易被理解和验证；灵活的理念保证数据中心能不断适应新的需求；可扩展的理念使数据中心系统机构和设备易于扩展，能够随着业务的增长而扩大；模块化的理念是将复杂的工程分解为若干个小规模任务，使设计工作可控而易管理；标准化的理念要求采用先进成熟的技术和设计规范，保证能够适应信息技术的发展趋势；经济性的理念要求选用性价比高的设备，系统可以方便地升级，充分利用原有投资。

14.3.1　建筑的设计和构建

构建一个数据中心有多种方式，究竟采用什么方式取决于企业的发展战略和预算。租用机房对于资金较少的公司是一个不错的选择，这样可以节省建设机房及管理维护数据中心的成本。对于需要拥有独立数据中心的企业，可以选择利用现有的建筑构建数据中心或者设计修建一个新的建筑作为数据中心。数据中心的建筑在安全、高度和承重方面都有严格的标准，无论是利用现有的建筑还是修建新的建筑都需要考虑数据中心构建标准。

14.3.2　基础设施的设计和构建

为了确保设备的正常运行，网络、电力和环境控制设施等基础设施是必不可少的。电力是数据中心运行的动力，网络保证了服务器及存储的互联和访问，环境控制设施为设备运行提供了合适的温度、湿度等环境条件。基础设施的设计同 IT 设备的规模是紧密相关的。比如服务器的数量直接影响所需要的电量；服务器数量越多，释放出来的热量会随之增长，制冷设备也需要相应增加。为了使 IT 设备相互连接，网络设施的设计建造同样是至关重要的。

14.3.3　数据中心上线

数据中心上线包括以下几个步骤：选择服务器、选择软件、机器上架及软件部署和测试。下面将分别介绍这些步骤。

选择服务器需要综合考虑多方面因素，比如数据中心支持的服务器数量及数据中心将来要达到的规模和服务器的性能等。由于服务器是主要的耗电设备，所以节能也是一个重要的考虑因素。数据中心的服务器按照类型可以分为塔式服务器、机架式服务器和刀片服务器这三大类。

数据中心的软件主要包括操作系统、数据中心管理监控软件和与业务相关的软件（中间件、邮件管理系统、客户关系管理系统等软件）。

目前数据中心服务器操作系统主要有三大类：Unix 系统、Windows 系统和 Linux 系统。数据中心要根据具体的业务需求选择适合的操作系统。

常见的服务器

数据中心大多以 Web 的形式向外提供服务。Web 服务一般采用三层架构，从前端到后端依次为表现层、业务逻辑层和数据访问层。三层架构目前均有相关中间件的支持，如表现层的 HTTP 服务器，业务逻辑层的 Web 应用服务器，数据访问层的数据库服务器。主要产品有WebSphere（HTTP 服务器，Web 应用服务器）和 DB2（数据库服务器），开源的产品有 Apache（HTTP 服务器）、Tomcat（Web 应用服务器）和 MySQL（数据库服务器）等。

数据中心的管理和监控软件种类繁多，功能涵盖系统部署、软件升级、系统、网络、中间件及应用的监控等。比如 IBM 的 Tivoli 系列产品和 Cisco 的网络管理产品等，用户可以根据自己的需要进行选择。

机器上架和系统初始化阶段主要完成服务器和系统的安装和配置工作。首先将机架按照

数据中心设计的拓扑结构进行合理摆放，服务器组装完成后进行网络连接，最后安装和配置操作系统、相应的中间件和应用软件。这几个阶段都需要专业人员的参与，否则系统可能无法发挥最大的性能，甚至不能正常工作。举例来说，数据库软件安装完成后，需要根据服务器的硬件配置及应用的需求进行性能调优，这样才能最大程度地发挥数据库系统的性能。

服务器和软件安装配置完成后，就要开始对整个系统进行联合测试，检验软件是否正常运行、网络带宽是否足够，以及应用性能是否达到预期等。这个阶段需要参照设计阶段的文档逐条验证，以测试系统是否满足设计要求。

14.4　数据中心的管理和维护

数据中心的管理和维护包含很多工作，涉及多种角色，包括系统管理员、应用管理员、硬件管理员、机房管理员、数据管理员和网络管理员等，每个角色都不可或缺。在中小规模的数据中心里，经常一人身兼若干角色。

14.4.1　硬件的管理和维护

硬件的管理和维护包括对硬件的升级、定期维护和更新等。业务规模的增长和系统负载的增加要求对服务器进行升级以适应业务发展的需要。系统运行一段时间后要定期对硬件进行检查和维护，以保证硬件的稳定运行。当服务器发生硬件故障时，需要及时检测和定位故障，更换发生故障的部件。

升级或者更换部件时，不但要考虑服务器内各种部件的兼容性，还要协调这些部件的性能，消除性能瓶颈。服务器的 CPU 频率、内存大小、磁盘容量、I/O 性能、网络带宽和电源供给能力等要达到均衡和协调，才能避免浪费并且使系统整体性能达到最优。在选取组件时，应尽量选取同一品牌和型号的组件，一方面可以提高不同服务器组件之间的可替换性和兼容性，另一方面可以减少由于组件型号不同而对系统性能产生的影响。

灰尘是导致服务器故障的一个重要因素，服务器的散热风扇在运转时容易将尘土带入机箱，尘土中夹带的水分和腐蚀性物质附着在电子元件上，会影响散热或产生短路，增加系统的不稳定性。因此，定期清理除尘是必不可少的。

14.4.2　软件的管理和维护

数据中心的常见软件包括操作系统、中间件、业务软件和相关的一些辅助软件，其管理和维护工作包括软件的安装、配置、升级和监控等。

操作系统的安装主要有两种方式：通过系统安装文件安装和克隆安装。安装文件的优势是支持多种安装环境和机器类型，但是安装中大多需要人工干预，容易出错，而且效率较低。对同一类服务器，则可以采用镜像克隆方式安装，以避免手动安装引入的错误，减少人为原因引起的配置差异，提高部署效率。系统升级需要遵守严格的流程，包括新补丁的测试、验证及最后在整个数据中心进行规模分发和安装。补丁的分发有两种方式：一种是"推"方式，由中央服务器将软件包分发到目标机器上，然后通过远程命令或者脚本安装；另一种是"拉"方式，在目标机器上安装一个代理，定期从服务器上获取更新。

安全性是操作系统管理和维护的重要内容，常见的措施包括安装补丁、设置防火墙、安装杀毒软件、设置账号密码保护和检测系统日志等。遵循稳定优先的原则，服务器一旦运行在稳定的状态，应避免不必要的升级，以免引入诸如软件和系统不兼容等问题。中间件和其他软件的管理和维护工作与操作系统类似，包括软件的安装、配置、维护和定期升级等。

14.4.3　数据的管理和维护

数据是信息系统最重要的资产。采用有效的数据备份和恢复策略能保证企业数据的安全，即使灾难发生，也能快速地恢复数据。数据中常常包含企业的商业机密，因此数据维护是数据中心维护工作的重中之重。

数据管理和维护主要包括数据备份与恢复、数据整合、数据存档和数据挖掘等。

数据备份是指创建数据的副本，在系统失效或数据丢失时通过副本恢复原有数据。数据备份的种类包括文件系统备份、应用系统备份、数据库备份和操作系统备份等。数据库备份应用最为广泛，主流的数据库产品都提供数据备份和恢复功能，支持不同策略的数据备份机制，并在需要时将系统数据恢复到备份时刻。为了保证数据安全，备份数据应存储在和原数据不同的物理介质上，以规避物理介质损坏所产生的风险。

数据整合通过将一种格式的数据转换成另一种格式，实现在多个系统之间共享。一些企业由于历史原因拥有多个信息系统，各个系统承担不同的功能，在某种程度上又和其他系统有交叉，数据整合可以满足这些系统间的数据共享需求。数据归档是指将长期不用的数据提取出来保存到其他数据库的过程。数据挖掘是从归档数据库中分析寻找有价值的信息的过程。归档的数据库也被称为数据仓库，可以为企业经营决策提供数据依据。保存在数据仓库中的数据一般只能被添加和查找，不能被修改和删除。归档时可按需对数据进行一些处理：首先，清洗数据，去除错误或无效的数据；其次，精简数据，将数据中可用于统计分析的信息抽取出来，将无用的信息删除，从而减少存档数据量。数据精简往往需要进行数据格式的转换。

14.5　新一代数据中心的需求

新一代数据中心与传统数据中心有着几方面差异：首先，现有的数据中心基本上是基于比较低的标准进行建设的；其次，原来机构往往把数据中心建设工作看成是一个装修工程，新一代数据中心则是把数据中心建设看成一个系统工程，而且主要是关于机电设施建设的系统工程。它不仅要有一个足够强壮的供电系统、制冷系统以及动态分配系统，还能满足 IT 高可用性、高连续性、高灵活性要求。

对于新一代数据中心，目前国内外均没有统一和权威的定义，各厂商从自身的发展策略和产品线出发，提出了各自的看法。国际上普遍认为新一代数据中心必须具备如下几个基本特征：虚拟化、整合、绿色节能、安全、自动化、性能优化等，也就是说，只有符合这些特点的数据中心，才能够称之为新一代数据中心。新一代数据中心应当具备如下特点。

（1）灵活性。

灵活性是新一代数据中心的重要指标之一，同时也是机构业务变更过程中的必然需求。机构在扩展、增加业务时，必然要对 IT 资源作出动态调整。虚拟化技术是实现业务灵活性的重要手段，使用较少的硬件和电力能耗能实现更大处理能力。大量的机构为了资源整合采用了虚拟化产品，这些产品能够使虚拟化应用扩展到服务器以外的领域，包括存储和网络设备。

（2）绿色节能。

能耗是数据中心主要的运维成本，建设绿色数据中心可以达到节省运维成本、提高数据中心容量、提高电源系统的可靠性及可扩展的灵活性等效果。理想状态下，通过虚拟化、刀片服务器、水冷方式等多种降耗方式，在满足同等 IT 设备供电情况下，绿色数据中心可以降低 20%～45% 的空调能耗。因此，绿色数据中心是新一代数据中心发展的重要方向之一。服务商可以从数据中心生命周期的角度，从建设到运维，全面实施绿色节能策略。

（3）模块化。

新一代数据中心应当具备模块化的特征，这些模块是基于标准的，能够被灵活地采购和获取，具有极高的安全特性，尤其重要的是应该采用面向服务的架构，从而使机构可以更加灵活、动态地部署新业务和应用。

数据中心采用模块化方式构建将更灵活、更适应未来数据中心发展的需要。可以将数据中心按应用、服务类型和资源耗费率将数据中心分成多个功能区域。各个功能区域在不影响其他区域运行的情况下，可以动态升级和维护。比如，按照密度可以分为高密度区和普通密度区。在高密度区，地板承重、冷却系统及电源供给配置都更高，可以满足更高要求的数据中心服务需求。当然，还有很多其他分类方式，比如，按照应用类型，可以将数据中心分为运行中心、测试中心、灾备中心等独立区域。

（4）整合。

整合是新一代数据中心领域需关注的重要管理手段。机构可以通过重新设置服务器，提高服务器利用效率或者采用新型刀片服务器等多种方式提升数据中心的利用效率。机构也可以通过采用虚拟化技术及关闭高能耗、低效率数据中心等手段整合数据中心资源。

（5）自动化。

新一代数据中心应当具备快速服务交付能力，实现可视性、可控性的自动化管理；同时，能够提供更高的效率、更经济的成本和更快的响应速度，使机构能够轻松应对服务变化和发展的需要。在新一代数据中心中，需要自动化管理工具对大量的复杂的 IT 管理任务进行智能化和自动化的部署。新一代自动化管理技术将涵盖桌面设备、服务器、网络、存储与备份等平台设备，减少人工干预，从而有效避免人为错误导致的断电和其他问题的发生。

（6）稳定和安全。

早期的数据中心基础设施无法从中断事故中快速恢复，同时，网络攻击和网络病毒给数据中心的安全制造了诸多的麻烦。系统稳定和安全必将成为新一代数据中心的基本属性。虚拟化技术在系统的可靠性方面扮演着越来越重要的角色，它能够整合各种异构的资源。当某个系统出现故障时，可以实现动态迁移，从而保障应用的不中断运行。

（7）虚拟化和云计算。

新一代数据中心应该具备虚拟化的特征，虚拟化将打破 IT 用户和 IT 资源之间的束缚，让复杂的系统简化。虚拟化是影响新一代数据中心发展的重要技术之一。虚拟化的优势在于有效地提高了数据中心的利用效率，降低了投资成本，整合、优化了现有服务器的资源和性能，可以灵活、动态地满足业务发展的需要。虚拟化让数据中心所承载的基础设施资源可以像水、像电一样被随意取用。

习 题

1. 什么是数据中心? 简述数据中心的演变历程。
2. 什么是分布式云数据中心?
3. 简述典型的数据中心网络结构。
4. 研讨分布式云数据中心的基本架构。
5. 研讨数据中心服务计算的关键技术。
6. 谈谈对 DCaaS 的理解。
7. 新一代数据中心有些什么样的需求?
8. 怎样保障数据中心的可靠性?
9. 怎样保障数据中心的可扩展性?
10. 学习理解 NAAS 服务关键技术。
11. 什么是绿色数据中心? 简要说明。
12. 通过云计算做数据中心 DC(data-center)的关键问题是什么? 怎么解决?
13. 结合某集团公司业务情况,设计一数据中心为其提供服务。

第 15 章　大型网站架构设计

15.1　大型网站概述

一个小型的网站，比如个人网站，只须使用最简单的 HTML 静态页面就可实现，配合一些图片便能达到美化效果。所有的页面均存放在一个目录下，这样的网站对系统架构、性能的要求都很简单。随着互联网业务的不断丰富，网站相关的技术经过多年的发展，已经分得很细，尤其对于大型网站来说，所采用的技术的涉及面更是非常广，从硬件到软件、编程语言、数据库、Web Server、防火墙等各个领域都有了很高的要求，已经不是原来简单的 HTML 静态网站所能比拟的。

同样，对于什么是大型网站在学术上也没有精确地定义。

与传统网站相比，大型网站系统有以下特点：

（1）高并发用户，大流量访问。例如，Google 日均 PV（页面浏览量）数高达 35 亿，日均 IP 访问数 3 亿；腾讯 QQ 的最大在线用户数 1.4 亿；淘宝 2012 年"双十一"活动一天交易额超过 191 亿元，活动开始第一分钟独立访问用户达 1000 万。大型网站应该是流量大的，但流量大的不一定就是大型网站。从 www. alexa. com 上可以看到不同网站的大概访问量，排在前面的都是比较出名且大型的网站。一般来说，日均流量至少 IP > 1000000 才算大型网站（表 15 - 1）。对于较复杂的服务，服务器往往要维护大量用户会话的信息，例如，一个互联网网站如果每天有 100 万次用户会话、每次 20 min 的话，那平均同时就会有约 14000 个并发会话。

表 15 - 1　网站流量

网站	日均流量［IP/PV］
www. hao123. com	IP ≈ 5972587 PV ≈ 9376962
www. facebook. com	IP ≈ 229680000 PV ≈ 2955981600
www. sina. com. cn	IP ≈ 25680000 PV ≈ 222132000
www. tianya. cn	IP ≈ 5532000 PV ≈ 25723800
www. pingan. com	IP ≈ 300000 PV ≈ 747000

（2）系统 7 × 24 小时不间断服务。大型互联网站的宕机事件通常会成为新闻焦点，例如，2010 年百度域名被黑客劫持导致不能访问，成为重大新闻热点。

（3）存储、管理海量数据。Facebook 每周上传的照片数接近 10 亿，百度收录的网页数有数百亿，Google 有近百万台服务器为全球用户提供服务。访问量和数据量二者缺一不可。对于仅有数据量的情况，可以简单想象一下，一个网站有非常多的数据，可是每天访问量很低，页面浏览量 PV 也很低，那这个网站肯定也不算是大型网站。另外网站内容是否"动态"也是衡量是否为大型网站的关键。

（4）用户分布广泛，网络情况复杂：许多大型网站用户分布范围广，各地网络情况千差万别。在国内，还有各个运营商网络互通难的问题。另外，大型网站几乎每天都会被黑客攻击。

（5）渐进式发展：几乎所有的大型互联网站都是从一个小网站开始，渐进地发展起来的。比如，Facebook 是伯克扎克在哈佛大学的宿舍里开发的，Google 的第一台服务器也是部署在斯坦福大学的实验室里。

（6）技术和业务的结合。一个大型网站应该是技术和业务的结合，系统的复杂度高。一个满足某些用户需求的网站只要技术和业务二者有一方难度很大，必然会让企业投入更多的、更优秀的人力成本去实现它，那么这样的网站也应该是大型网站。

大型网站在面对大量用户访问、高并发请求方面，基本的解决方案集中在这样几个环节：使用高性能的服务器、高性能的数据库、高效率的编程语言、还有高性能的 Web 容器。但是除了这几个方面，还没法根本解决大型网站面临的高负载和高并发问题。

本章主要介绍大型网站架构及其相关技术。

15.2　大型网站的目标及挑战

大型网站的 3 个主要目标是高可用性、高性能以及可扩展性。对这几个目标的追求，一直是大型网站设计的原动力，也是大型网站构架的挑战。

每个目标背后都面临着技术、设计、维护等诸多方面的挑战。而目标本身的期望值也会根据实际情况进行调整，这也意味着网站架构建设是个不断调整的过程。

15.2.1　大规模网站系统的扩展性

网站系统的规模和复杂度会随着业务系统的增长和多样性而发生变化。在网站系统的不断更新和变化中，会产生成倍的图片、视频等大容量附件以及一些垃圾信息。网站系统在规划的过程中，要充分考虑耦合度和容量扩展的问题，将网站程序、数据、文件等资源分布在不同的服务器上，根据具体的应用调整服务器的硬件配置，以达到最佳性能。在设计方面，力求数据和页面分离、内容和表现分离，使各功能模块相互独立，有效提高网站的扩展性。

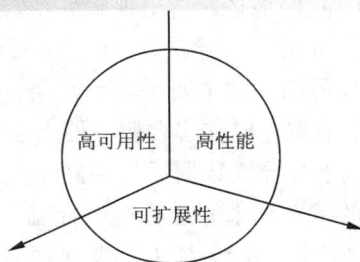

图 15－1　大型网站目标

网站的扩展性架构直接关注网站的功能需求，而衡量网站架构扩展性好坏的主要标准就是在网站增加新的业务产品后是否可以实现对现有产品透明无影响，不需要任何改动或者很少改动既有业务功能就可以上线新产品。

网站可扩展架构的主要手段是事件驱动架构和分布式服务。

与可扩展相关的概念是可伸缩性。所谓伸缩性是指通过不断向集群中加入服务器的手段来缓解不断上升的用户并发访问压力和不断增长的数据存储需求。

衡量架构伸缩性的主要标准为：是否可以用多台服务器构建集群，向集群中添加新的服务器是否容易，加入新的服务器后是否可以提供和原先无差别的服务，集群中可容纳的总的服务器数量是否有限制等。

对于应用服务器集群，只要服务器上不保存数据，所有服务器都是对等的，通过使用合适的负载均衡设备就可以向集群中不断加入服务器。

对于缓存服务器集群，加入新的服务器可能会导致缓存路由失效，进而导致集群中大部分缓存数据都无法被访问。虽然缓存的数据可以通过数据库重新加载，但是如果应用严重依赖缓存，可能会导致整个网站崩溃。需要通过改进缓存路由算法以保证缓存数据的可访问性。

关系数据库虽然支持数据复制、主从热备等机制，但是很难做到大规模集群的可伸缩性，因此关系数据库的集群伸缩性方案必须在数据库之外实现，通过路由分区等手段将部署有多个数据库的服务器组成一个集群。

至于大部分 NoSQL 数据库产品，由于其先天就是为海量数据而生，因此其对伸缩性的支持通常都非常好，可以做到在较少运维参与的情况下实现集群规模的线性伸缩。

15.2.2 大规模网站系统的高可用性

衡量一个系统架构设计是否满足高可用的要求，就是看假设系统中任何一台或者多台服务器宕机时以及出现各种不可预期的问题时，系统整体是否依然可用。

对一个大规模网站系统而言，其基本要求就是能够承载大量用户同时访问，并提供高效可靠的服务。网站全天 24 小时提供不间断服务，需要网站系统本身既要具备长时间提供服务的高性能和持续性，也需要在网站出现故障时能够及时排查问题并恢复网站运行。

网站使用的服务器硬件通常是普通的商用服务器，这些服务器的设计目标本身并不保证高可用。也就是说，很有可能出现服务器硬件故障，即俗称的服务器宕机。网站高可用架构设计的前提是必然会出现服务器宕机，高可用设计的目标就是当服务器宕机时，服务或者应用依然可用。

高可用性的主要手段是冗余，建立高可用集群服务，应用部署在多台服务器上同时提供访问，数据存储在多台服务器上互相备份，任何一台服务器宕机时都不会影响应用的整体可用，也不会导致数据丢失。另外，提高高可用性 HA 的重要方法是使用负载均衡，根据网站访问的带宽和来源进行有效分流，减轻单台服务器的访问压力。对于应用服务器，一个前提条件是在应用服务器上不能保存请求的会话信息，否则服务器宕机，会话丢失，即使把用户请求转发到其他服务器上也无法完成业务处理。

由于存储服务器存储着数据，需要对数据进行实时备份，当服务器宕机时，需要将数据访问转移到可用的服务器上，并进行数据恢复以保证数据依然可用。

除了运行环境，网站的高可用还需要软件开发过程的质量保证。网站需要保证 7 × 24 小时高可用运行，同时又需要发布新功能以满足用户的需求。代码在发布到线上服务器之前需要进行严格的测试，在网站发布时，应先发布到预发布机器上，开发工程师和测试工程师在预发布服务器上进行预发布验证，执行业务流程，确认系统没有问题后才正式发布。可以采用灰度发布模式，把集群服务器分成若干部分，每天只发布一部分服务器，观察运行是否稳定以及是否存在故障，第二天继续发布一部分服务器，持续几天才把整个集群全部发布完毕，其间如果发现问题，只需要回滚已发布的一部分服务器即可。

15.2.3　高性能及性能测试

性能测试是性能优化的前提和基础，也是性能优化结果的检查和度量标准。不同视角下的网站性能有不同的标准，也有不同的优化手段。

1. 不同视角下的网站性能

软件工程师说到网站性能的时候，通常和用户说的不一样。

从用户角度，网站性能就是用户在浏览器上直观感受到的网站响应速度，即快或慢。用户感受到的时间，包括用户计算机和网站服务器通信的时间、网站服务器处理的时间、用户计算机浏览器请求解析响应数据的时间，如图 15－2 所示。

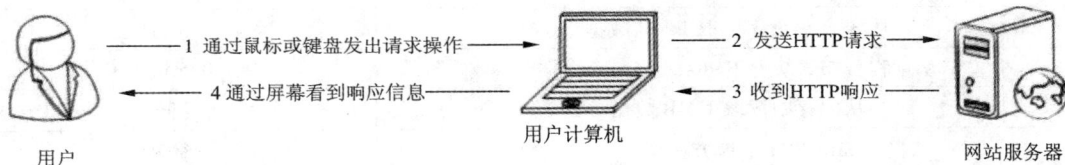

图 15－2　用户视角的网站性能

不同计算机的性能差异，不同浏览器解析 HTML 速度的差异，不同网络运营商提供的互联网宽带服务的差异等，这些差异最终导致用户感受到的响应延迟可能会远远大于网站服务器处理请求需要的时间。

在实践中，使用一些前端架构优化手段，通过优化页面 HTML 式样、利用浏览器端的并发和异步特性、调整浏览器缓存策略，使用 CDN 服务、反向代理等手段，使浏览器尽快地显示用户感兴趣的内容、尽可能近地获取页面内容，即使不优化应用程序和架构，也可以很大程度地改善用户视角下的网站性能。

（1）开发人员视角的网站性能。

开发人员关注的主要是应用程序本身及其相关子系统的性能，包括响应延迟、系统吞吐量、并发处理能力、系统稳定性等技术指标。主要的优化手段有使用缓存加速数据读取，使用集群提高吞吐能力，使用异步消息加快请求响应及实现削峰，使用代码优化手段改善程序性能。

（2）运维人员视角的网站性能。

运维人员更关注基础设施性能和资源利用率，如网络运营商的带宽能力、服务器硬件的配置、数据中心网络架构、服务器和网络带宽的资源利用率等。主要优化手段有建设优化骨干网、使用高性价比定制服务器、利用虚拟化技术优化资源利用等。

2.性能测试指标

不同视角下有不同的性能标准，不同的标准有不同的性能测试指标，从开发和测试人员的视角，网站性能测试的主要指标有响应时间、并发数、吞吐量、性能计数器等。

（1）响应时间。

指应用执行一个操作需要的时间，包括从发出请求开始到收到最后响应数据所需要的时间。响应时间是系统最重要的性能指标，直观地反映了系统的"快慢"。表 15-2 列出了一些常用的系统操作需要的响应时间。

表 15-2　常用系统操作响应时间表

操作	响应时间
打开一个网站	几秒
在数据库中查询一条记录（有索引）	十几毫秒
机械磁盘一次寻址定位	4 ms
从机械磁盘顺序读取 1 MB 数据	2 ms
从 SSD 磁盘序读取 1 MB 数据	0.3 ms
从远程分布式缓存 Redis 读取一个数据	0.5 ms
从内存中读取 1 MB 数据	十几微秒
Java 程序本地方法调用	几微秒
网络传输 2 kB 数据	1 微秒

（部分数据来源：http：//www.eecs.berkeley.edu/~rcs/research/interactive_latency.html）

测试程序通过模拟应用程序，记录收到响应和发出请求之间的时间差来计算系统响应时间。实践中通常采用的办法是重复请求，比如一个请求操作重复执行一万次，测试一万次执行需要的总响应时间之和，然后除以一万，得到单次请求的响应时间。

（2）并发数。

并发数指系统能够同时处理请求的数目，这个数字也反映了系统的负载特性。对于网站而言，并发数即网站并发用户数，指同时提交请求的用户数目。

与网站并发用户数相对应的还有网站在线用户数（当前登录网站的用户总数）和网站系统用户数（可能访问系统的总用户数，对多数网站而言就是注册用户数）。其数量比较关系为：

网站系统用户数 > 网站在线用户数 > 网站并发用户数

测试程序通过多线程模拟并发用户的办法来测试系统的并发处理能力，为了真实模拟用户行为，测试程序并不是启动多线程然后不停地发送请求，而是在两次请求之间加入一个随机等待时间，这个时间被称作思考时间。

（3）吞吐量。

指单位时间内系统处理的请求数量，体现系统的整体处理能力。对于网站，可以用"请求数/秒"或是"页面数/秒"来衡量，也可以用"访问人数/天"或是"处理的业务数/小时"等来衡量。TPS（每秒事务数）是吞吐量的一个常用量化指标，此外还有 HPS（每秒 HTTP 请求数）、

QPS(每秒查询数)等。

在系统并发数由小逐渐增大的过程中,系统吞吐量先是逐渐增加,达到一个极限后,随着并发数的增加反而下降,达到系统崩溃点后,系统资源耗尽,吞吐量为零。而这个过程中,响应时间则是先保持小幅上升,到达吞吐量极限后,快速上升,到达系统崩溃点后,系统失去响应。

网站性能优化的目的,除了改善用户体验的响应时间,还要尽量提高系统吞吐量,最大限度利用服务器资源。

(4)性能计数器。

它是描述服务器或操作系统性能的一些数据指标。包括 System Load、对象与线程数、内存使用、CPU 使用、磁盘与网络 I/O 等指标。这些指标也是系统监控的重要参数,对这些指标设置报警阈值,当监控系统发现性能计数器超过阈值时,就向运维和开发人员报警,提醒其及时发现处理系统异常。

System Load 即系统负载,指当前正在被 CPU 执行和等待被 CPU 执行的进程数目总和,是反映系统忙闲程度的重要指标。在 Linux 系统中使用 top 命令查看,该值是三个浮点数,表示最近 1 分钟、10 分钟、15 分钟的运行队列平均进程数。如图 15 - 3 所示。

```
top - 16:36:49 up 1 day,  5:53,  7 users,  load average: 0.14, 0.20, 0.16
```

图 15 - 3 在 Linux 命令行查看系统负载

3. 性能测试方法

性能测试是一个总称,具体可细分为性能测试、负载测试、压力测试、稳定性测试以及安全性测试。常见的测试工具有:网络性能分析仪 Smartbits 600B 等,应用层流量分析仪 CLR4005 等,压力测试工具 WebStress、Lxia、OneAPMWeb 等,安全测试工具 Nessus、AppScan、Suricata、DT10 等。

(1)性能测试。

性能测试反映的是系统在实际生产环境中使用时,在用户并发访问数量不断增加情况下系统的处理能力。与性能曲线相对应的是用户访问的等待时间(系统响应时间),如图 15 - 4 所示。

(2)负载测试。

对系统不断地增加并发请求以增加系统压力,直到系统的某项或多项性能

图 15 - 4 响应时间与并发数的关系

指标达到安全临界值,如某种资源已经呈饱和状态,这时继续对系统施加压力,系统的处理能力不但不能提高,反而会下降。

(3)压力测试。

超过安全负载的情况下,对系统继续施加压力,直到系统崩溃或不能再处理任何请求,以此获得系统最大压力承受能力。

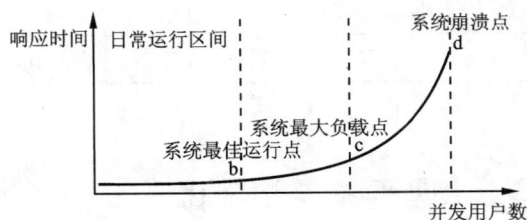

（4）稳定性测试。

被测试系统在特定硬件、软件、网络环境条件下，给系统加载一定业务压力，使系统运行一段较长时间，以此检测系统是否稳定。由于在不同生产环境、不同时间点的请求压力是不均匀的，呈波浪特性，因此为了更好地模拟生产环境，稳定性测试也应不均匀地对系统施加压力。

（5）安全性测试。

核实下列情况下的性能行为：软件平台的安全性；相关的重要信息是否写进日志、是否可追踪；使用安全套接字时，测试加密是否正确，信息是否完整。

另外还有易用性测试，即测试系统是否易于安装、操作是否方便、界面是否友好。具体就是核实下列情况下的性能行为：系统安装参数给出默认值或提示，需要用户干预的地方尽量少；操作方便、界面简洁、美观、实用，风格相对一致；符合系统访问者操作习惯；系统数据检索方便、灵活，输出结果简洁、直观、易懂、易用；流程配置符合访问者操作习惯，易于掌握操作方法。

4. 性能测试报告

测试结果报告应能够反映上述性能测试曲线的规律，阅读者可以得到系统性能是否满足设计目标和业务要求、系统最大负载能力、系统最大压力承受能力等重要信息，表 15 – 3 是一个简单示例。

表 15 – 3   测试报告示例

并发数	响应时间/ms	TPS	错误率/%	Load	内存/GB	备注
10	500	20	0	5	8	性能测试
20	800	30	0	10	10	性能测试
30	1000	40	2	15	14	性能测试
40	1200	45	20	30	16	负载测试
60	2000	30	40	50	16	压力测试
80	超时	0	100	不详	不详	压力测试

15.3   大型网站架构演化

在互联网站发展的短短 20 多年时间里，人们的生活因为互联网而产生了巨大改变。从信息检索到即时通信，从电子购物到文化娱乐，互联网已渗透到生活的每个角落。同时也应该看到，在互联网跨越式发展的进程中，在火热的市场背后却是不堪重负的网站架构，比如，某些 B2C 网站逢促销必宕机几乎成为一种惯例，而铁道部电子客票官方购票网站也是频繁故障和操作延迟。

如何打造一个高可用、高性能、易扩展、可伸缩且安全的网站？如何让网站随应用所需灵活变动？

一个成熟的大型网站(如淘宝、京东等)的系统架构并不是开始设计就具备完整的高性能、高可用、安全等特性,而是随着用户量的增加、业务功能的扩展逐渐演变完善的。在这个过程中,开发模式、技术架构、设计思想也发生了很大的变化,就连技术人员也从几个人发展到一个部门甚至一条产品线。不同业务特征的系统,会有各自的侧重点,例如,淘宝要解决海量的商品信息的搜索、下单、支付问题;而腾讯要解决数亿的用户实时消息传输问题;百度要处理海量的搜索请求……它们都有各自的业务特性,系统架构也有所不同。尽管如此,从这些不同的网站背景下,仍可以找出其中共用的技术,这些技术和手段可以广泛运行在大型网站系统的架构中。下面就通过介绍大型网站系统的演化过程,来认识这些技术和手段。

15.3.1　大型网站架构演化发展历程

大型网站的技术挑战主要来自于庞大的用户群、高并发的访问和海量的数据,任何简单的业务一旦需要处理数 PB 级的数据和面对数以亿计的用户,问题就会变得很棘手。大型网站架构主要就是解决这类问题。

1. 初始阶段的网站架构

说到做网站,不管大家是自己动手实践过还是只是听说过,肯定能想到很多技术名词,例如,LAMP、MVC 框架、JSP、Spring、Struts、Hibernate、HTML、CSS、JavaScript、Python 等。

首先看一下采用 Java 技术、使用单机构建的网站的样子。选择一个开源的 Server 作为容器,直接使用 JSP/Servlet 等技术或者使用一些开源框架来构建我们的应用;选择一个数据库管理系统来存储数据,通过 JDBC进行数据库的连接和操作——这样,一个最基础的环境就可以工作了。相信很多在学校接触网站开发的同学都是这样开始的。

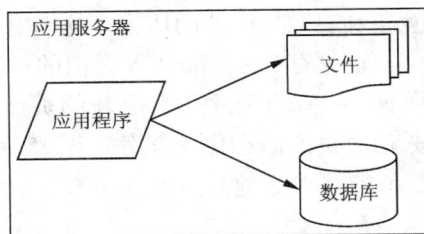

图 15 - 5　最初的网站架构

小型网站最开始时没有太多人访问,只需要一台服务器就绰绰有余,这时的网站架构如图 15 - 5 所示。应用程序、数据库、文件等所有的资源都在一台服务器上。

这种设计的缺点十分明显:①应用服务和数据库服务共同使用一台主机,当应用服务器使用资源过多或者数据库服务器使用资源过多时,将会耗尽主机资源,应用系统难以得到响应;②可扩展性差,当应用系统规模增长之后,无法通过增加主机数量的方式来横向扩展;③容错性差,如果主机的硬件或者关键软件出了问题,整个应用系统将面临瘫痪。

2. 应用服务和数据服务分离

随着网站对外服务后,访问量不断增大,服务器的负载持续升高,一台服务器已经不能满足需求:越来越多的用户访问导致性能越来越差,越来越多的数据导致存储空间不足。先不考虑更换机器或各种软件层面的优化而考查结构上的变化,首先可以做的就是把数据库与应用从一台机器分到两台机器,将网站结构变成图 15 - 6 所示的样子。

图 15-6 中，应用和数据分离后整个网站使用三台服务器：应用服务器、文件服务器和数据库服务器。这三台服务器对硬件资源的要求各不相同，应用服务器需要处理大量的业务逻辑，因此需要更快更强大的 CPU；数据库服务器需要快速磁盘检索和数据缓存，因此需要更快的硬盘和更大的内存；文件服务器需要存储大量用户上传的文件，因此需要更大的硬盘。

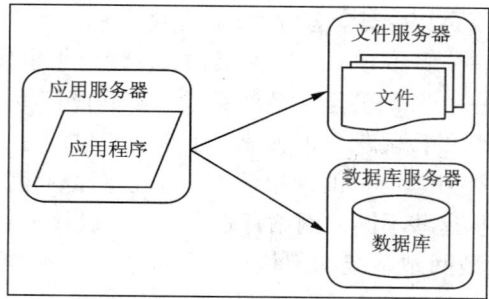

图 15-6　应用服务和数据服务分离

应用和数据分离后，不同特性的服务器承担不同的服务角色，网站的并发处理能力和数据存储空间得到了很大改善，支持网站业务进一步发展。但是随着用户逐渐增多，网站又一次面临挑战：数据库压力太大导致访问延迟，进而影响整个网站的性能，用户体验受到影响。这时需要对网站架构进一步优化。

3. 使用缓存改善网站性能

随着访问的人越来越多，响应速度又开始变慢了，究其原因，发现是访问数据库的操作太多，导致数据连接竞争激烈，所以响应变慢，但数据库连接又不能开太多，否则数据库服务器压力会很高，所以考虑采用缓存机制来减少数据库连接资源的竞争和对数据库读的压力。这个时候首先也许会选择采用前端页面缓存技术 Squid 等类似的机制来将系统中相对静态的页面（如一两天才会有更新的页面）进行缓存（当然，也可以采用将页面静态化的方案）（图 15-7），这样程序上不做修改，就能够很好地减少对 WebServer 的压力以及减少数据库连接资源的竞争。

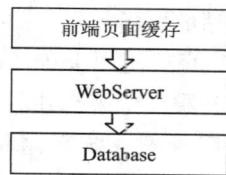

图 15-7　前端页面缓存

增加了 Squid 做缓存后，整体系统的速度确实是提升了，WebServer 的压力也开始下降了，但随着访问量的增加，系统又开始变慢了，在尝到了 Squid 之类的动态缓存带来的好处后，试图让现在那些动态页面里相对静态的部分也缓存起来，因此考虑采用类似 ESI 之类的页面片段缓存策略，如图 15-8 所示。

采用 ESI 之类的技术再次提高了系统的缓存效果，系统的压力进一步降低了。然而，随着访问量的增加，系统又开始变慢。实际上，网站访问特点和现实世界的财富分配一样遵循二八定律：80% 的业务访问集中在 20% 的数据上。淘宝买家浏览的商品集中在少部分成交数多、评价良好的商品上；百度搜索关键词集中在少部分热门词汇上；只有经常登录的用户才会发微博、看微博，而这部分用户也只占总用户数目的一小部分。既然大部分的业务访问集中在一小部分数据上，那么如果把这一小部分数据缓存在内存中，就可以减少数据库的访问压力，提高整个网站的数据访问速度，改善数据库的写入性能。于是将这些数据缓存到本地内存，如图 15-8(b) 所示，改变完成后，系统的响应速度又恢复了，数据库的压力也再度降低了不少。

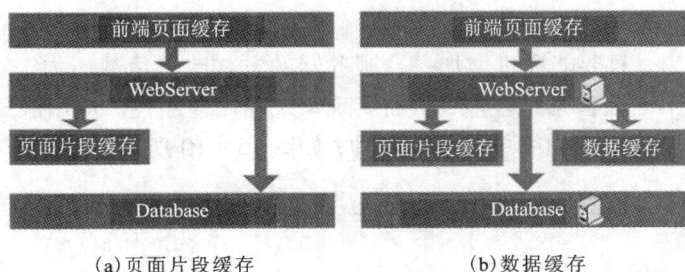

图 15 – 8　页面片段缓存与数据缓存

缓存实现常见的方式是本地缓存和分布式缓存(图 15 – 9)。本地缓存是将数据缓存在 Web 服务器本地,分为页面缓存和数据缓存,一般页面文件缓存在硬盘上,而数据缓存在内存中。本地缓存的特点是速度快,但会对 Web 服务器产生额外的负担。分布式缓存是采用独立的服务器来缓存数据,适用于海量数据以及并发度很高的场景。

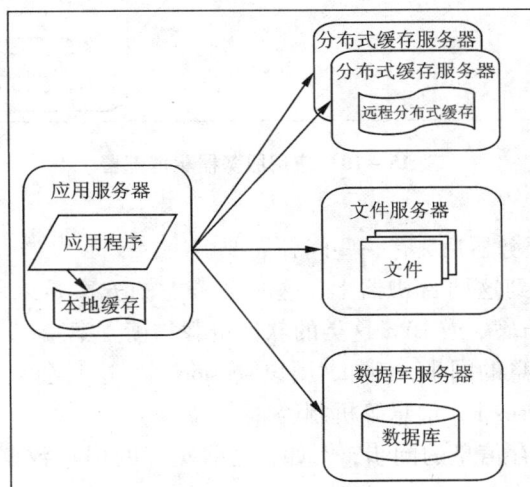

图 15 – 9　本地缓存与分布式缓存

虽然缓存机制减少了热点数据的访问路径,减少了数据库服务器的压力,但没有减少应用服务器所面临的压力,单一应用服务器能够处理的请求连接有限,在网站访问高峰期,应用服务器成为整个网站的瓶颈,并且应用服务器依旧不能横向扩展。

4. 使用应用服务器集群改善网站的并发处理能力

应用服务器压力变大时,根据对应用的监测结果,可以有针对性地进行优化。这里介绍的是把应用从单机变为集群的优化方式。

使用集群是网站解决高并发、海量数据问题的常用手段。当一台服务器的处理能力、存储空间不足时,不要企图去换更强大的服务器,对大型网站而言,不管多么强大的服务器,都满足不了网站持续增长的业务需求。这种情况下，更恰当的做法是增加一台服务器分担原有服务器的访问及存储压力。

对网站架构而言，只要能通过增加一台服务器的方式改善负载压力，就可以以同样的方式持续增加服务器不断改善系统性能，从而实现系统的可伸缩性。应用服务器实现集群是网站可伸缩集群架构设计中较为简单成熟的一种，如图 15 – 10 所示。

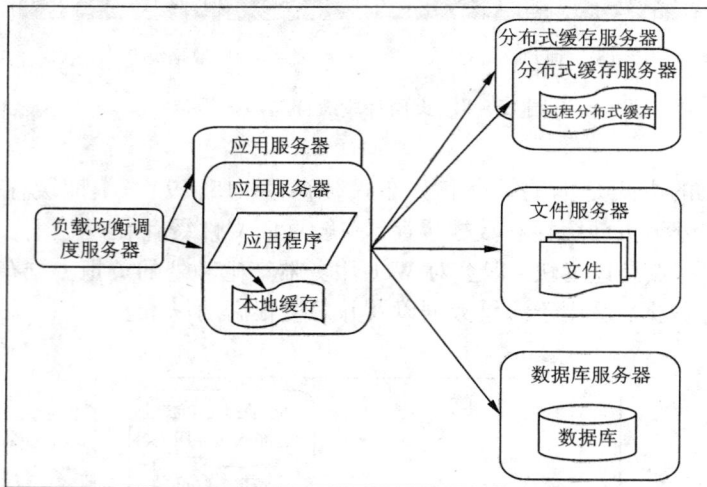

图 15 – 10　应用服务器集群部署

在增加了一台应用服务器后，有一些问题需要解决：

（1）如何让访问分配到这两台机器上，这时会考虑的方案是采用 DNS 来解决或者使用 Apache 自带的负载均衡方案，或 LVS 这类的软件负载均衡方案。

（2）如何保持状态信息的同步，例如，用户 session 等。这时会考虑的方案有写入数据库、写入存储、cookie 或同步 session 信息等机制等。

（3）如何保持数据缓存信息的同步，例如，之前缓存的用户数据等。这时通常会考虑的机制有缓存同步或分布式缓存。

（4）如何让上传文件这些类似的功能继续正常，这时可以考虑的机制是使用共享文件系统或存储等。

显然，通过负载均衡调度服务器，可将来自用户浏览器的访问请求分发到应用服务器集群中的任何一台服务器上，如果有更多的用户，就在集群中加入更多的应用服务器，使应用服务器的负载压力不再成为整个网站的瓶颈。

应用服务器集群可以利用多个应用服务器进行并行计算从而获得很高的计算速度，并提高网站应用的响应速度。但此种架构模式的瓶颈依旧是基于海量数据下的数据库服务器压力。

5.数据库读写分离

网站在使用缓存后，使绝大部分数据读操作访问都可以不通过数据库就能完成，但是仍有一部分读操作(缓存访问不命中、缓存过期)和全部的写操作需要访问数据库。当网站的用户达到一定规模后,数据库因为负载压力过高而成为网站的瓶颈。

对于大型网站来说,有不少业务是读多写少的,这个状况也会直接反映到数据库上。对于这样的情况,可以考虑使用读写分离的方式,即将读数据和写数据的操作分配到不同的服务器上。对于查询数据请求,分配到读库(备用库)上执行,对于写数据的请求,分配到在写库(主库)上执行。如图 15 – 11 所示。通过读写分离模式,数据库的压力被分摊到不同的服务器上,可以部分地解决数据库瓶颈问题。并且,读库服务器可以横向扩展,能很好地解决读取数据比较集中的应用对数据库服务器产生的压力问题。目前大部分的主流数据库都提供主从热备功能,通过配置两台数据库的主从关系,可以将一台数据库服务器的数据更新同步到另一台服务器上。

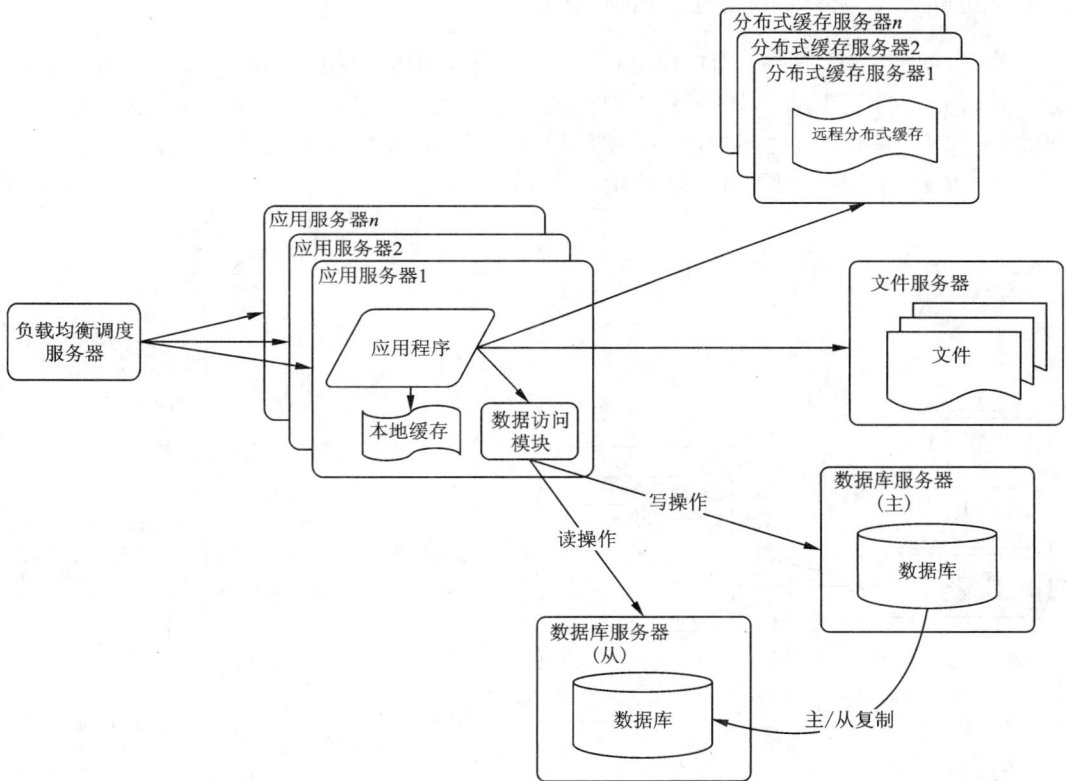

图 15 – 11　数据库读写分离

应用服务器在写数据的时候,访问主数据库,主数据库通过主从复制机制将数据更新同步到从数据库,这样当应用服务器读数据的时候,就可以通过从数据库获得数据。为了便于应用程序访问读写分离后的数据库,通常在应用服务器端使用专门的数据访问模块,使数据库读写分离对应用透明。

既然希望通过读库来分担主库上读的压力,那么就需要解决数据怎么复制到读库的问题。数据库系统一般都提供了数据复制的功能。对于数据复制,还需要考虑数据复制时延问题以及复制过程中数据的源和目标之间的映射关系及过滤条件的支持问题。数据复制延迟带来的就是短期的数据不一致。

事实上，广义的读写分离可以扩展到更多的场景。读写分离更合适的说法应该是增加了读"源"，因为它不一定是数据库，而只是提供读服务的，分担原来的读写库中读的压力。因为增加的是一个读"源"，所以需要解决向这个"源"复制数据的问题。

读写分离模式的主要缺点是数据的实时性问题，网站应用程序将数据写入数据库后，客户并不能及时读取最新的数据，因为写入数据库时是将数据写入主库、读取数据时是从备用库读取的，主库的数据一般是通过时间触发机制，每隔一段时间将数据同步到备用库，而两次同步的时间间隔也不能过短，否则会对主库和备用库产生额外的负担，所以采用这种模式，客户要容忍数据的延时问题。读写分离模式的另一个缺点是主库无法横向扩展。

6. 使用反向代理和 CDN 加速网站响应

随着网站业务不断发展，用户规模越来越大，不同地区的用户访问网站时，速度差别也极大。有研究表明，网站访问延迟和用户流失率正相关，网站访问越慢，用户越容易失去耐心而离开。为了提供更好的用户体验，留住用户，网站需要加速网站访问速度。主要手段有使用 CDN 和反向代理，如图 15 – 12 所示。

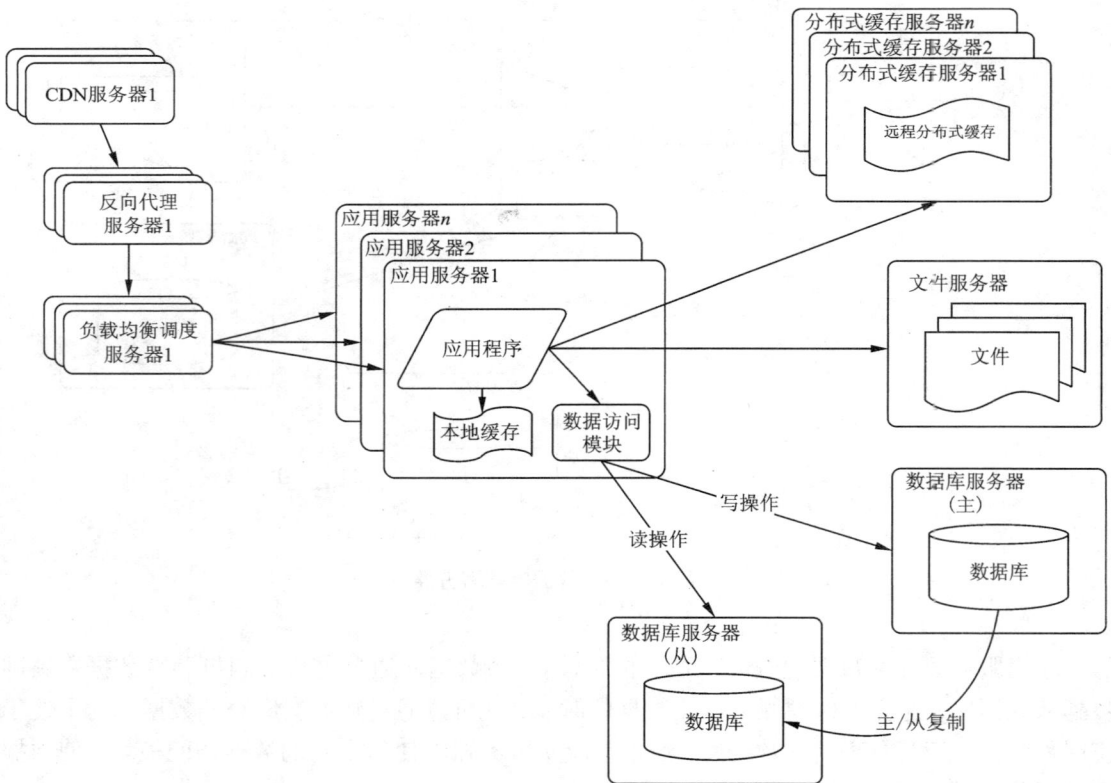

图 15 – 12　网站使用反向代理和 CDN 加速访问

　　CDN 的全称是 content delivery network，即内容分发网络，也就是将一个服务器的内容，平均分部到多个服务器上，服务器智能识别，让用户获取离用户最近的服务器从而提高速度。其目的是通过在现有的 Internet 中增加一层新的网络架构，将网站的内容发布到最接近用户的网络"边缘"，使用户可以就近取得所需的内容，解决 Internet 网络拥挤的状况，提高用户访问网站的响应速度，从技术上全面解决由于网络带宽小、用户访问量大、网点分布不均等原因所造成的用户访问网站响应速度慢的问题。它适合静态内容很多（如静态页面、图片、视频等）及页面内容实时性要求不高的网站，如新闻类门户网站。

　　反向代理也是一种可以帮助实现网站静态化的重要技术。和反向代理相对应的是正向代理，正向代理也就是常说的代理服务。正向代理是非常常见的，例如，在某些公司里想使用互联网，那么就得在浏览器里设置一个代理服务器，通过代理服务器才能正常使用互联网，而这个代理服务器就是一个正向代理服务器。公司里使用代理服务器主要是为了安全的考虑。很多公司内部都有自己的局域网，一般称之为内网，内网里有公司的各种资源，如果公司员工的电脑随意连接到互联网，一旦碰到那些别有用心的黑客，通过攻击员工的工作电脑截取了公司重要的文件资料，就会造成公司的重大损失。正向代理除了能防范外部的黑客攻击外，还能监控和控制公司内部员工将公司重要文件通过互联网传递给不恰当的人，因此公司让员工使用代理上网基本都是出于安全的角度来考虑的。

　　反向代理和正向代理从技术角度上基本上是一致的，区别是基于浏览器的不同侧为基准。正向代理是代理浏览器来访问互联网，反向代理是指代理不再是代理浏览器侧了，而是反过来代理浏览器需要访问的应用服务器。反向代理技术也基本上是互联网公司的一个标配技术。

　　CDN 和反向代理的基本原理都是缓存，区别在于 CDN 部署在网络提供商的机房，使用户在请求网站服务时，可以从距离自己最近的网络提供商机房获取数据；而反向代理（HAProxy、Nginx、Apache、Lighttpd 等）则部署在网站的中心机房，当用户请求到达中心机房后，首先访问的服务器是反向代理服务器，如果反向代理服务器中缓存着用户请求的资源，就将其直接返回给用户。

　　显然，使用 CDN 和反向代理的目的都是尽早返回数据给用户，一方面加快用户访问速度，另一方面也减轻后端服务器的负载压力。

7. 使用分布式文件系统和分布式数据库系统

　　随着系统的运行，系统又开始变慢了。经过分析，发现数据库写入、更新的这些操作的部分数据库连接的资源竞争非常激烈，导致了系统变慢。此时可选的方案有数据库集群和分库策略。集群方面像有些数据库支持得并不是很好，因此分库会成为比较普遍的策略，文件系统也是一样，需要使用分布式文件系统，如图 15 - 13 所示。使用分布式数据库和文件系统后系统速度比以前更快。

　　分布式数据库是网站数据库拆分的最后手段，只有在单表数据规模非常庞大的时候才使用。网站更常用的数据库拆分手段是业务分库，将不同业务的数据库部署在不同的物理服务器上。这一步更多的是需要从业务上做合理的划分，以实现分库。但随着数据量的增大和分库的进行，在数据库的设计、调优以及维护上需要做得更好。

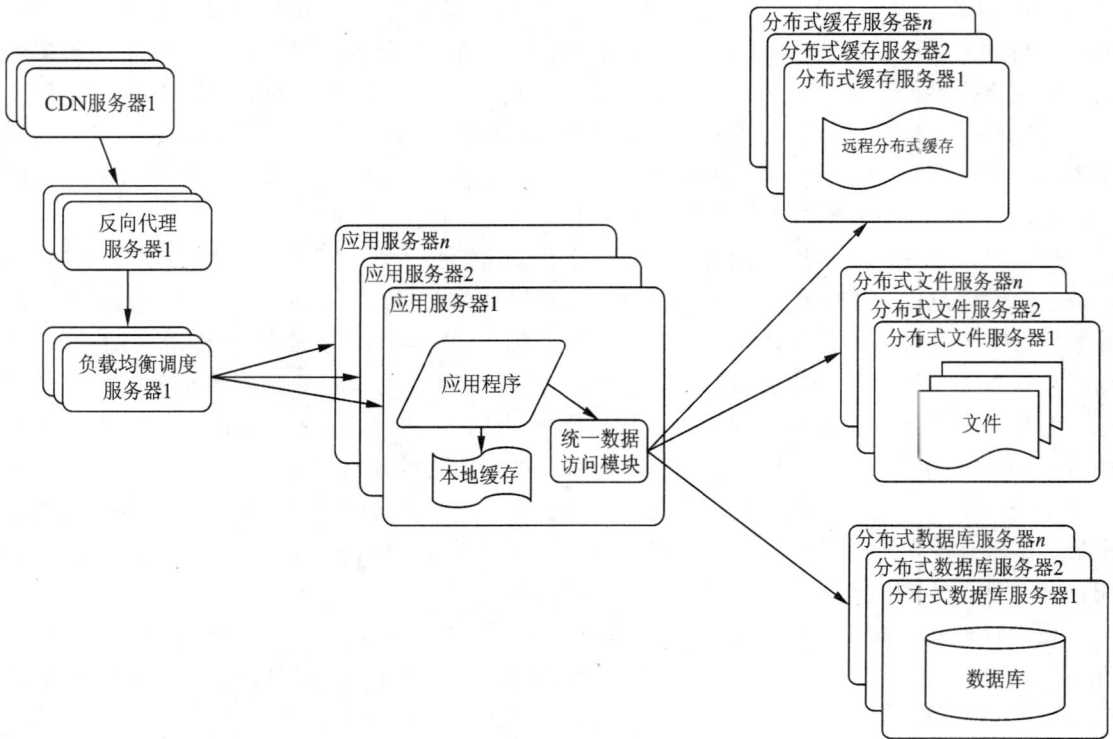

图 15 – 13　使用分布式文件和分布式数据库系统

垂直(纵向)拆分:是指按功能模块拆分,比如分为订单库、商品库、用户库等。这些数据库之间的表结构不同。

水平(横向)拆分:是指将同一个表的数据分块保存到不同的数据库中。这些数据库中的表结构完全相同。

良好的松耦合的模块化设计是垂直分库的前提。使用垂直拆分如图 15 – 14(a)所示,主要看应用类型是否适合这种拆分方式,如系统可以分为订单系统、商品管理系统、用户管理系统等,业务系统比较明了的情况下,垂直拆分能很好起到分散数据库压力的作用。但是垂直拆分方式并不能彻底解决所有压力问题,例如,有一个 5000 万行的订单表,操作起来订单库的压力仍然很大,如需要在这个表中增加(insert)一条新的数据,insert 完半后,数据库会针对这张表重新建立索引,5000 万行数据建立索引的系统开销还是不容忽视的,反过来,假如将这个表分成 100 个 table 呢?从 table_001 一直到 table_100,5000 万行数据平均下来,每个子表里边就只有 50 万行数据,这时候向一张只有 50 万行数据的 table 中 insert 数据后建立索引的时间就会呈数量级的下降,极大了提高了 DB 的运行时效率,提高了 DB 的并发量,这种拆分就是横向拆分[图 15 – 14(b)]。

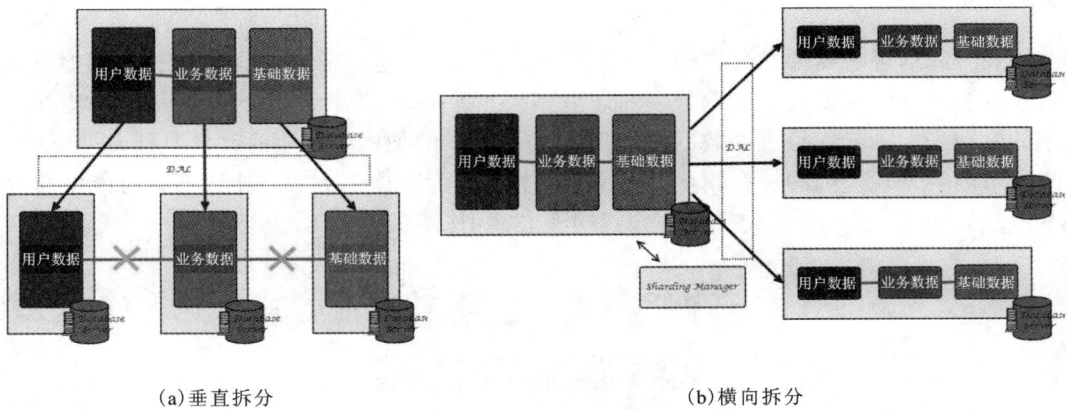

（a）垂直拆分　　　　　　　　　　　　　　（b）横向拆分

图 15 - 14　重直拆分与横向拆分

8. 使用 NoSQL 和搜索引擎

随着网站业务越来越复杂，对数据存储和检索的需求也越来越复杂，网站需要采用一些非关系数据库技术如 NoSQL 和非数据库查询技术如搜索引擎，如图 15 - 15 所示。

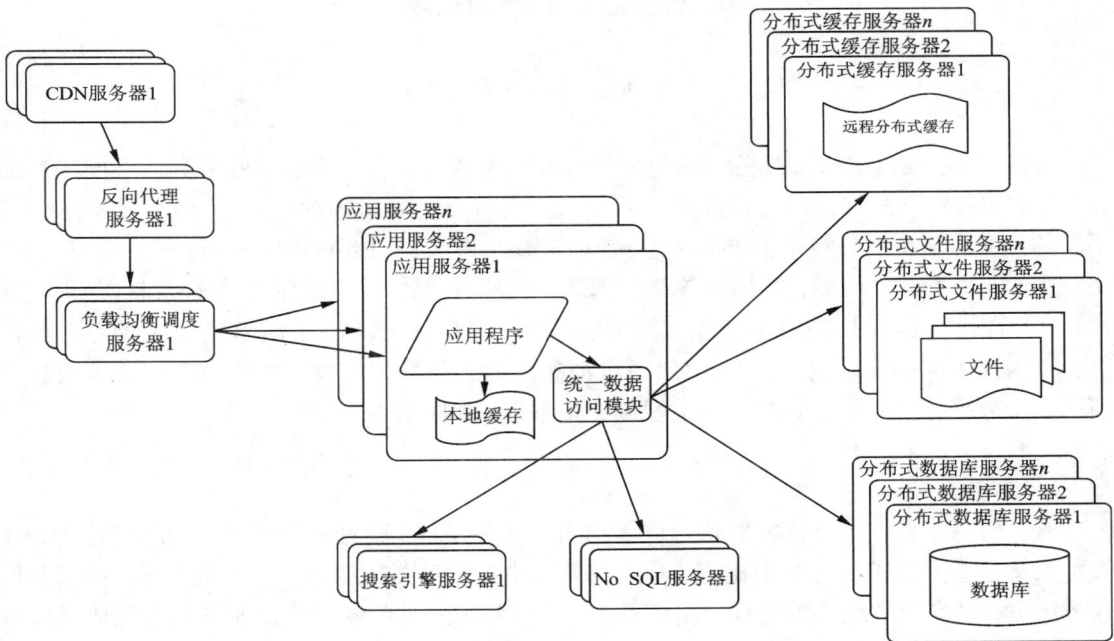

图 15 - 15　使用 NoSQL 系统和搜索引擎

NoSQL 和搜索引擎都是源自互联网的技术手段，对可伸缩的分布式特性具有更好的支持。应用服务器则通过一个统一数据访问模块访问各种数据，减轻应用程序管理等诸多数据源的麻烦。

9. 业务拆分

按照分库的思想需要做分表的工作，当然，不可避免地会需要对程序进行一些修改，这个时候就会发现应用要关心分库分表的规则等，还是有些复杂。考虑的方案是能否增加一个通用的框架来实现分库分表的数据访问，这个在 Ebay 的架构中对应的就是 DAL，同时，在这个阶段可能会发现之前的缓存同步方案出现问题，因为数据量太大，导致不太可能将缓存存在本地然后同步，此时，需要采用分布式缓存方案了（图 15 – 16）。

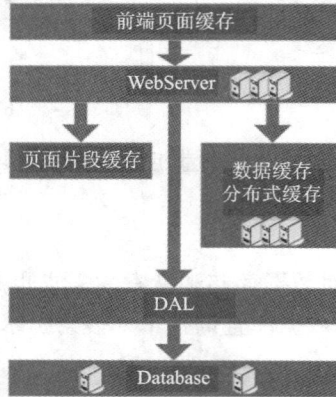

图 15 – 16   DAL、分布式缓存

分表更多的是业务上的划分，通过使用分而治之的手段将整个网站业务分成不同的产品线，如大型购物交易网站就会将首页、商铺、订单、买家、卖家等拆分成不同的产品线，分归不同的业务团队负责。技术上涉及的会有动态 hash 算法、consistent hash 算法等；DAL 涉及比较多的复杂技术，例如，数据库连接的管理（超时、异常）、数据库操作的控制（超时、异常）、分库分表规则的封装等；应用之间可以通过一个超链接建立关系（在首页上的导航链接每个都指向不同的应用地址），也可以通过消息队列进行数据分发，当然最多的还是通过访问同一个数据存储系统来构成一个关联的完整系统，如图 15 – 17 所示。

10. 分布式服务

既然每一个应用系统都需要执行许多相同的业务操作，比如用户管理、商品管理等，那么可以将这些共用的业务提取出来，独立部署。由这些可复用的业务连接数据库，提供共用业务服务，而应用系统只需要管理用户界面，通过分布式服务调用共用业务服务完成具体业务操作，如图 15 – 18 所示。

大型网站的架构演化到这里，基本上大多数的技术问题都得以解决，如跨数据中心的实时数据同步和具体网站业务相关的问题也都可以通过组合改进现有技术架构来解决。当然，每步采取的方案，演变的步骤有可能有不同。另外，由于网站的业务不同，会有不同的专业技术的需求，这里更多的是从架构的角度来讲解演变的过程，当然，也还有很多的技术也未在此提及，像数据库集群、数据挖掘、搜索等。

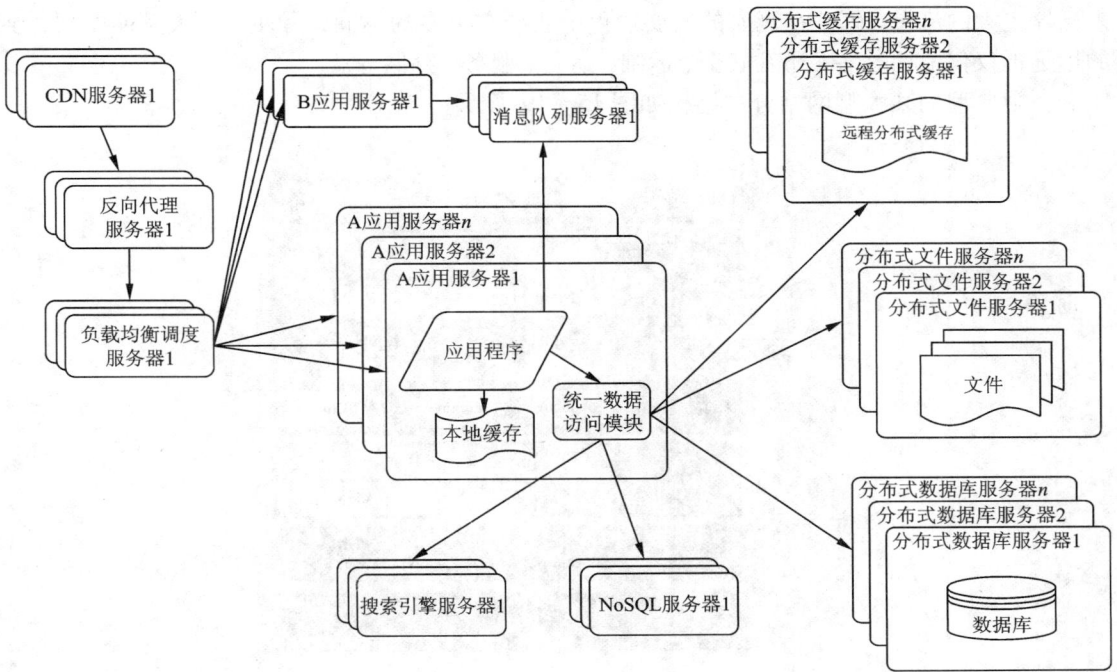

图 15 – 17　业务划分

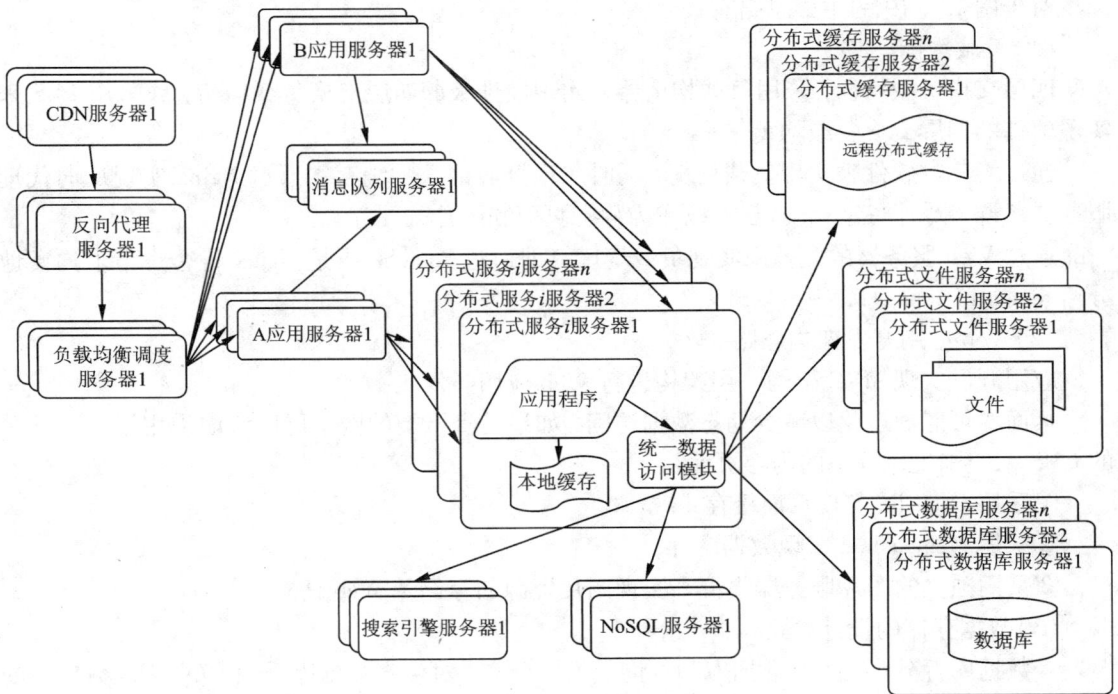

图 15 – 18　分布式服务

在真实的演变过程中还会借助像提升硬件配置、网络环境、改造操作系统、CDN 镜像等来支撑更大的流量，因此在真实的发展过程中还会有很多的不同，另外一个大型网站要做到的远远不仅仅上面这些，还有安全、运维、运营、服务、存储等。

一个典型的某大型网站分层结构如图 15－19 所示。

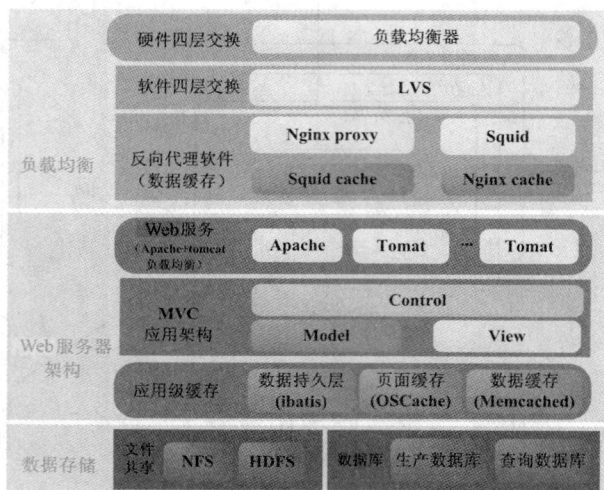

图 15－19　某大型网站分层架构

对于图 15－19 的主要思路有：

（1）负载均衡。

四层交换负载均衡：采用负载均衡器来实现硬件级的四层交换负载均衡，或采用 LVS 来实现软件的四层交换负载均衡。

通过第三方软件来实现负载均衡，同时实现页面请求的缓存。通过 Nginx 实现反向代理服务器集群，同时搭建 squid 集群以作为静态页面和图片的缓存。

通过 Web 服务器的配置来实现负载均衡。即通过 Apache 或是 Nginx 将客户请求均衡地分给 tomcat1，tomcat2，…去处理。

（2）Web 应用开发架构思路。

应用开发实现 MVC 架构三层架构进行 Web 应用开发。

页面尽可能静态化以减少动态数据访问，如果是资讯类的网站可以考虑采用第三方开源的 CMS 系统来生成静态的内容页面。

①采用 Oscache 实现页面缓存；

②采用 Memcached 实现数据缓存；

③采用独立的图片服务器集群来实现图片资源的存储及 Web 请求。

（3）数据存储的设计思路。

①数据库拆分。把生产数据库和查询数据库分离，对生产数据库采用 RAC 实现数据库的集群。

②采用高效的网络文件共享策略，采用图片服务器来实现页面的图片存储。

（4）不同网络用户访问考虑。

通过引入 CDN 来解决不同网络服务商的接入速度问题，一般只能解决静态页面的访问问题。

在不同运营商机房部署服务器，通过镜像技术来实现不同网络服务商的接入速度问题。

网站对应的开发架构与拓扑结构分别如图 15 – 20、图 15 – 21 所示。

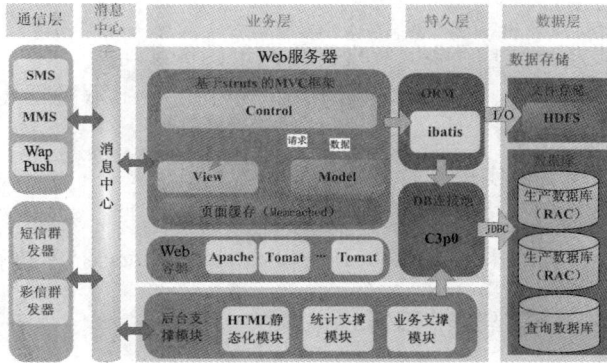

图 15 – 20　某大型网站开发架构

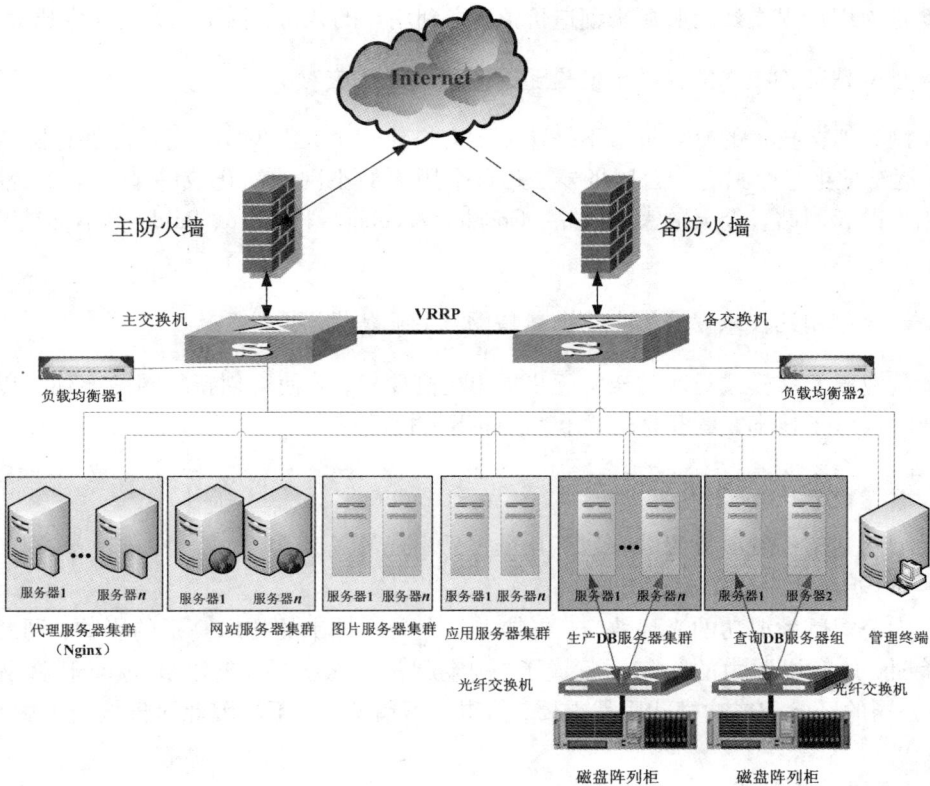

图 15 – 21　某大型网站拓扑结构

对于图 15－21 有如下考虑：

①采用双防火墙双交换机做网络冗余，保障平台服务。

采用双防火墙通知接通 2 线路互联网接入，设备之间采用 VRRP 协议，在任何一个防火墙、互联网发生故障后均可自动将流量切换到另一端，保证网站的正常运行。

采用双千兆交换机分别接在 2 台防火墙上，当某台设备或者网络链路发生故障后，好的设备会自动接管已坏设备的工作，不会影响网站的整体运行，而且根据业务及真实服务器的数量，交换机可以随时增加。

②通过采用硬件设备负载均衡器，实现网络流量的负载均衡。

使用硬件设备负载均衡器，将网络流量均衡的分担到 Web 服务器集群各节点服务器，保障平台服务器资源均衡使用。

③通过采用代理服务器，实现软件级的网络负载均衡。

④数据库服务器分离成生产数据库集群和查询数据库集群，实现生产读写与后台查询统计进行分离，同时生产数据库采用 RAC（real application clusters）技术进行。

15.3.2　大型网站架构演化的价值观

网站的价值在于它能为用户提供什么价值，在于网站能做什么，而不在于它是怎么做的，所以在网站还很小的时候就去追求网站的架构是舍本逐末、得不偿失的。小型网站最需要做的就是为用户提供好的服务来创造价值，得到用户的认可，活下去，坚强生长。

1.大型网站架构技术的核心价值是随网站所需灵活应对

大型网站架构技术的核心价值不是从无到有搭建一个大型网站，而是能够伴随业务的逐步发展，逐渐地把一个只有一台服务器、几百个用户的小网站演化成一个几十万台服务器，数十亿用户的大网站。今天的大型网站，Google、Facebook、Taobao、Baidu 莫不都是遵循这样的技术演化路线。

2.驱动大型网站技术发展的主要力量是网站的业务发展

创新的业务发展模式对网站架构逐步提出更高要求，才使得创新的网站架构得以发展成熟。是业务成就了技术，是事业成就了人，而不是相反。

15.3.3　网站架构设计误区

在大型网站架构发展过程中有如下几个容易出现的误区。

（1）一味追随大公司的解决方案。

由于大公司巨大成功的光环效应，再加上从大公司挖来的技术高手的影响，网站在讨论架构决策时，最有说服力的一句话就成了"淘宝就是这么搞的"或者"Facebook 就是这么搞的"。大公司的经验和成功模式固然重要，值得学习借鉴，但不能因此而盲从，失去坚持自我的勇气。

（2）为了技术而技术。

网站技术是为业务而存在的，除此毫无意义。在技术选型和架构设计中，脱离网站业务发展的实际，一味追求时髦的新技术，可能会将网站技术发展引入崎岖小道，架构之路越走越难。

（3）企图用技术解决所有问题。

最典型的例子就是 2012 年初"12306"故障事件后，软件开发技术界的反应。各路专业和非专业人士众说纷纭地帮"12306"的技术架构出谋划策，甚至有人提议帮"12306"写一个开源的网站，解决其大规模并发访问的问题。"12306"真正的问题其实不在于它的技术架构，而在于它的业务架构："12306"根本就不应该在几亿中国人一票难求的情况下以窗口售票的模式在网上售票（零点开始出售若干天后的车票）。"12306"需要重构的不仅是它的技术架构，更重要的是它的业务架构：调整业务需求，换一种方式卖票，而不要去搞促销秒杀这种噱头式的游戏。后来证明"12306"确实是朝这个方向发展的：在售票方式上引入了排队机制、整点售票调整为分时段售票。其实如果能控制住并发访问的量，很多棘手的技术问题也就不是什么问题了。

技术是用来解决业务问题的，而业务的问题，也可以通过业务的手段去解决。

15.4　大型网站架构模式

模式的关键在于模式的可重复性，问题与场景的可重复性带来解决方案的可重复使用。网站架构也可以抽象出一些共同的模式，这些模式已经被许多大型网站一再验证，通过对这些模式的学习，可以掌握大型网站架构的一般思路和解决方案，以指导网站架构设计。

15.4.1　分层

分层是企业应用系统中最常见的一种架构模式，将系统在横向维度上切分成几个部分，每个部分负责一部分相对比较单一的职责，然后通过上层对下层的依赖和调用组成一个完整的系统。

分层架构模式都会分成四层：展示层（presentation）、业务层（business）、持久层（persistence）、数据库层（database）。某些情况下，业务层和持久层会合并成一个业务层，尤其是当持久化逻辑嵌入在业务层组件中。

分层架构模式的每一层对应着网站的特定功能。例如，持久层负责处理用户交互和浏览器通信逻辑，业务层负责执行特定的与请求相关的业务规则。架构中的每一层将需要完成的工作进行抽象，来满足特定的业务请求。展示层不需要知道也不需要关心如何获取用户数据，它只需要将信息以特定的格式展示到界面上。相似的，业务层不需要关心如何展示数据和数据从哪来，它需要从持久层获取数据，对数据进行业务逻辑处理（计算、聚合等），并将结果向上传递给展示层。

分层架构必须合理规划层次边界和接口，在开发过程中，严格遵循分层架构的约束，禁止跨层次的调用（应用层直接调用数据层）及逆向调用（数据层调用服务层，或者服务层调用应用层）。

15.4.2　分割

分层是将软件在横向上进行切分，而分割是在纵向上对软件进行切分。

网站越大，功能越复杂，服务和数据处理的种类也越多，将这些不同的功能和服务分割开来，包装成高内聚低耦合的模块单元，一方面有助于软件的开发和维护；另一方面，便于不同模块的分布式部署，提高网站的并发处理能力和功能扩展能力。在实践中，架构师要对整个网站的功能进行拆分，然后分别部署，比如淘宝网就将天猫、聚划算、阿里旅行等不同的功能模块，部署在不同的服务器上。

对于大型网站，如何分割功能模块？分割粒度取多大？这是一件比较复杂的事情，关键是必须理清网站的业务逻辑，做好网站的功能模块划分，然后编写相应的功能类或函数，形成高内聚、低耦合的应用模块，这里面涉及面向对象、接口、服务等不同的设计原则，需要架构师在开发过程中不断积累经验。

15.4.3　分布式

分布式意味着可以使用更多的计算机完成同样的功能，能够处理更多的并发访问和更大的数据量，进而能够为更多的用户提供服务。

但分布式在解决网站高并发问题的同时也带来了其他问题。首先，分布式意味着服务调用必须通过网络，这可能会对性能造成比较严重的影响；其次，服务器越多，服务器宕机的概率也就越大，一台服务器宕机造成的服务不可用可能会导致很多应用不可访问，使网站可用性降低；再次，数据在分布式的环境中保持数据一致性也非常困难，这对网站业务正确性和业务流程有可能造成很大影响；最后，分布式还导致网站依赖错综复杂，开发管理维护困难。因此分布式设计要量力而行，切莫为了分布式而分布式。

网站应用中常用的分布式方案

15.4.4　集群

使用分布式虽然将分层和分割后的模块独立部署，但是对于用户访问集中的模块（比如网站的首页），还需要将独立部署的服务器集群化，即多台服务器部署相同应用构成一个集群，通过负载均衡设备共同对外提供服务。

因为服务器集群有更多服务器提供相同服务，因此可以提供更好的并发特性，当有更多用户访问时，只需要向集群中加入新的机器即可。同时，当某台服务器发生故障时，负载均衡设备或者系统的失效转移机制会将请求转发到集群中其他服务器上，使服务器故障不影响用户使用。

15.4.5　缓存

大型网站架构设计在很多方面都使用了缓存设计。

CDN：即内容分发网络，部署在距离终端用户最近的网络服务商，用户的网络请求总是先到达其网络服务商，在这里缓存网站的一些静态资源（较少变化的数据），可以就近以最快速度返回给用户，如视频网站和门户网站会将用户访问量大的热点内容缓存在CDN。

反向代理：反向代理属于网站前端架构的一部分，部署在网站的前端，当用户请求到达网站的数据中心时，最先访问到的就是反向代理服务器，这里缓存网站的静态资源，无须将请求继续转发给应用服务器就能返回给用户。

本地缓存：在应用服务器本地缓存着热点数据，应用程序可以在本机内存中直接访问数据，而无须访问数据库。

分布式缓存：大型网站的数据量非常庞大，即使只缓存一小部分，需要的内存空间也不是单机能承受的，所以除了本地缓存，还需要分布式缓存，将数据缓存在一个专门的分布式缓存集群中，应用程序通过网络通信访问缓存数据。

本地缓存性能优秀，但容量有限，无伸缩性。采用分布式缓存方案可以突破容量限制，具备良好伸缩性；但分布式涉及远程网络通信消耗其性能，并涉及节点状态维护及数据复制问题，其稳定性和可靠性是个挑战。目前流行分布式缓存方案有 Memcached、Membase、Redis 等。

网站缓存的实现方式

使用缓存有两个前提条件，一是数据访问热点不均衡，某些数据会被更频繁地访问，这些数据应该放在缓存中；二是数据在某个时间段内有效，不会很快过期，否则缓存的数据就会因已经失效而产生脏读，影响结果的正确性。网站应用中，缓存除了可以加快数据访问速度，还可以减轻后端应用和数据存储的负载压力，这一点对网站数据库架构至关重要，网站数据库几乎都是以有缓存的前提进行负载能力设计的。

15.4.6　异步

大型网站架构中，系统解耦合的手段除了前面提到的分层、分割、分布等外，还有一个重要手段是异步，业务之间的消息传递不是同步调用，而是将一个业务操作分成多个阶段，每个阶段之间通过共享数据的方式异步执行进行协作。

在大型网站架构中，采用异步模式可以降低网站的耦合度。当用户向 Web 服务器发出请求，网站应用层要对用户的业务逻辑进行处理，然后将处理的结果返回给用户，若采用同步的架构模式，当业务逻辑处理的时间比较长时，用户将出现长时间的等待，大大降低了网站的用户体验度。如果采用异步的方式，当用户发出请求后就可以继续处理其他的业务，Web 服务器接收到请求信息并处理完成后，通过异步的方式把执行结果返回给用户。

在大型网站中，一般采用消息队列的方式来实现异步的架构模式。目前在生产环境，使用较多的消息队列有 ActiveMQ、RabbitMQ、ZeroMQ、Kafka、MetaMQ、RocketMQ 等。网站的应用层执行完相关业务后，把消息给消息队列然后直接返回客户端，这样就避免了处理复杂的业务逻辑然后同步地插入到数据库后再返回造成的响应延迟，实现了应用解耦。在单一服务器内部可通过多线程共享内存队列的方式实现异步，处在业务操作前面的线程将输出写入到队列，后面的线程从队列中读取数据进行处理；在分布式系统中，多个服务器集群通过分布式消息队列实现异步，分布式消息队列可以看作内存队列的分布式部署。

比如用户下单后，订单系统需要通知库存系统。传统的做法是，订单系统调用库存系统的接口。如图 15-22(a)所示。

引入应用消息队列后的方案，如图 15-22(b)所示。此时：

订单系统：用户下单后，订单系统完成持久化处理，将消息写入消息队列返回用户订单下单成功。

库存系统：订阅下单的消息，采用拉/推的方式，获取下单信息，库存系统根据下单信息，进行库存操作。

这样即使下单时库存系统不能正常使用也不影响正常下单，因为下单后，订单系统写入消息队列就不再关心其他的后续操作了，这样就实现了订单系统与库存系统的应用解耦。

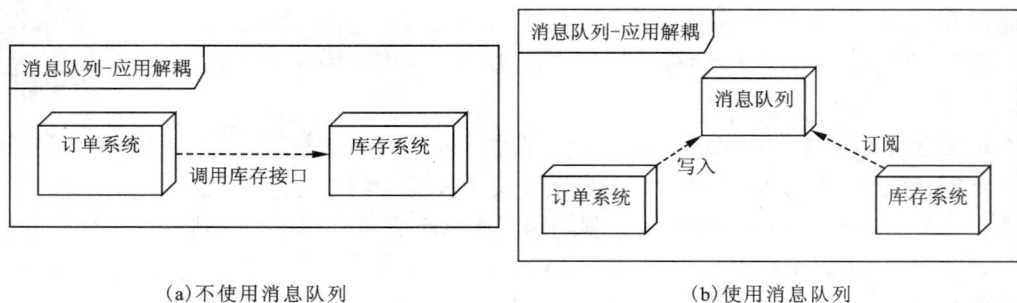

(a)不使用消息队列   (b)使用消息队列

图 15 – 22   消息队列

流量削峰也是消息队列的常用场景，一般在秒杀或团抢活动中使用广泛。用户的请求被服务器接收后，首先写入消息队列。假如消息队列长度超过最大数量，则直接抛弃用户请求或跳转到错误页面；秒杀业务根据消息队列中的请求信息，再做后续处理。

需要注意的是，使用异步方式处理业务可能会对用户体验、业务流程造成影响，需要网站产品设计方面的支持。

15.4.7   冗余

网站需要 7×24 小时连续运行，但是服务器随时可能出现故障，特别是服务器规模比较大时，出现某台服务器宕机是必然事件。要想保证在服务器宕机的情况下网站依然可以继续服务，不丢失数据，就需要一定程度的服务器冗余运行，以及数据冗余备份，这样当某台服务器宕机时，可以将其上的服务和数据访问转移到其他机器上。即使访问和负载很小的服务也必须部署至少两台服务器构成一个集群，通过冗余实现服务高可用。数据库除了定期备份、存档保存，实现冷备份外，为了保证在线业务高可用，还需要对数据库进行主从分离，实时同步实现热备份。

为了避免地震、海啸等不可抗力导致网站完全瘫痪，某些大型网站会对整个数据中心进行备份，在全球范围内部署灾备数据中心。网站程序和数据实时同步到多个灾备数据中心。

15.4.8   自动化

在无人值守的情况下网站可以正常运行、一切都可以自动化是网站的理想状态。目前大型网站的自动化架构设计主要集中在发布运维方面。

发布对网站来说是头等大事，许多网站故障出在发布环节，网站工程师经常加班也是因为发布不顺利。减少人为干预、使发布过程自动化可有效减少故障。发布过程包括诸多环节，如自动化代码管理，代码版本控制、代码分支创建合并等过程自动化、自动化测试、自动化安全检测、自动化部署。

此外，网站在运行过程中可能会遇到各种问题：服务器宕机、程序 bug、存储空间不足、突然爆发的访问高峰。网站需要对线上生产环境进行自动化监控，对服务器进行心跳检测，并监控其各项性能指标和应用程序的关键数据指标。如果发现异常、有超出预设的阈值，就进行自动化报警，向相关人员发送报警信息，警告故障可能会发生。在检测到故障发生后，系统会进行自动化失效转移，将失效的服务器从集群中隔离出去，不再处理系统中的应用请求。待故障消除后，系统进行自动化失效恢复，重新启动服务，同步数据保证数据的一致性。在网站遇到访问高峰、超出网站最大处理能力时，为了保证整个网站的安全可用，还会进行自动化降级，通过拒绝部分请求及关闭部分不重要的服务将系统负载降至一个安全的水平，必要时，还需要自动化分配资源，将空闲资源分配给重要的服务，扩大其部署规模。

15.4.9　安全

互联网的开放特性使得从诞生起就面对巨大的安全挑战，网站在安全架构方面也积累了许多模式：通过密码和手机校验码进行身份认证；登录、交易等操作需要对网络通信进行加密，网站服务器上存储的敏感数据如用户信息等也进行加密处理；为了防止机器人程序滥用网络资源攻击网站，网站使用验证码进行识别；对于常见的用于攻击网站的 XSS 攻击、SQL 注入进行编码转换等相应处理；对于垃圾信息、敏感信息进行过滤；对交易转账等重要操作根据交易模式和交易信息进行风险控制。

安全性是网站系统的生命线，任何网站首先要保证的就是其自身的安全。尤其对于大规模网站系统而言，安全性涉及多个应用模块和应用系统，保证每个环节的安全性才能够保证整体架构的安全。网站系统的安全性包括硬件安全和软件安全两个方面。

网站的安全架构旨在保护网站不受恶意访问和攻击，保护网站的重要数据不被窃取。对于网站应用的攻击与防御涉及：①跨站点脚本攻击，一般都是在请求中嵌入恶意脚本。可通过对某些 html 危险字符转义来防止大部分攻击。②SQL 注入攻击，在 HTTP 请求中注入恶意 SQL 命令。可以通过请求参数消毒、参数绑定来防止攻击。③跨站请求伪造，攻击者通过跨站请求，以合法用户的身份进行非法操作。可以通过表单 Token、验证码和 Referer 检查来防止攻击。④保护网站的敏感数据，对其进行加密处理。

15.5　系统架构设计理论与原则

1. 关于数据一致性——ACID vs BASE

ACID 遵循 ACID 原则强调一致性，对成本要求很高，对性能影响很大。BASE 是 Basically Available、Soft state、Eventually consistent 三个词组的简写，是对 CAP 中 C 和 A 的延伸。

2. CAP 理论

CAP 理论指出：一个分布式系统不可能同时满足一致性、可用性和分区容忍性这三项需求，最多只能同时满足其中两个。

CAP、BASE 理论是当前在互联网领域非常流行的 NoSQL 的理论基础。

3. 无共享架构

无共享架构是一种分布式计算架构，这种架构中不存在集中存储的状态，系统中每个节点都是独立自治的，整个系统中没有资源竞争，这种架构具有非常强的扩张性，目前在 Web

应用中被广泛使用。

无共享架构的一个重要实践指导原则就是避免在互联系统中使用 Session，因为实践已经证明，在一个集群分布式计算环境中，若 Session 状态维护在各个节点服务器上，为了保证状态一致性，节点间 Session 数据需要互相拷贝同步，这严重影响性能，需要尽可能地改造现有架构不要使用 Session。如图 15 – 23 所示。

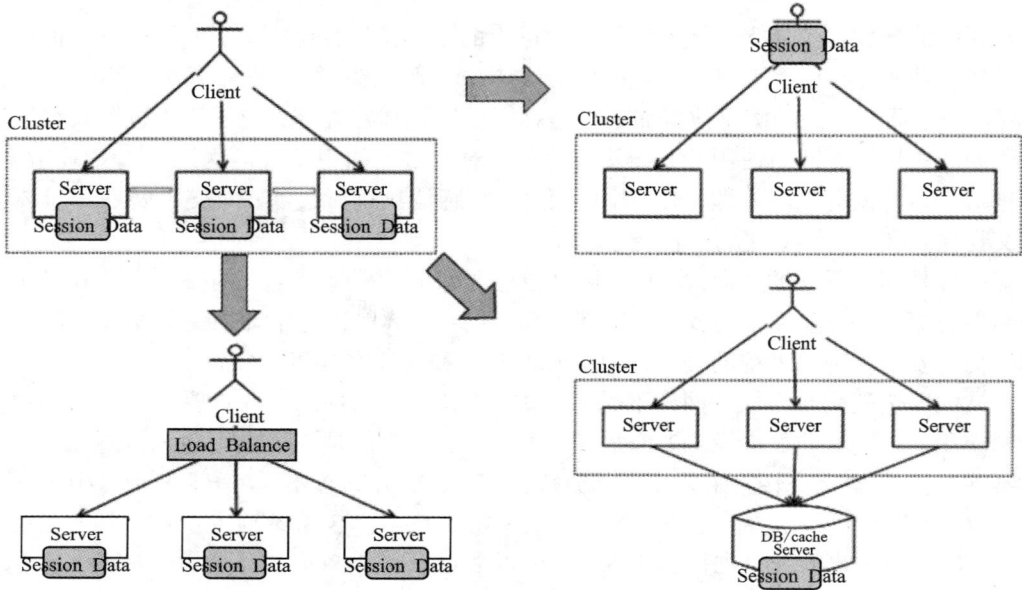

图 15 – 23　消除各节点 Session

Shared – Nothing 与 Shared – Memory、Shared – Disk 是并行系统最常使用的模式（图 15 – 24）。

Shared Memory 和 Shared Disk 的基本问题是当添加更多的 CPU 时，系统反而减慢，因为增加了对内存访问（memory access）和网络带宽（network bandwidth）的竞争，由此 Shared Nothing 体系得到了广泛的推广。

➢ 分布式 Share – Nothing。

Shared – Nothing 降低了竞争资源的等待时间，从而提高了性能。反过来，如果一个数据库应用系统要获得良好的可扩展的性能，它从设计和优化上就要考虑 Shared Nothing 体系结构。

在 Shared – Nothing 架构中，每一个节点都拥有自己的内存和存储，都保留数据的完整副本。通常来说，又可以分为可以负载均衡和不可以负载均衡两种。

对于不可负载均衡的集群，集群中的节点会被分为主节点和辅助节点，主节点向外提供服务，辅助节点作为热备（二阶段事务提交）或暖备（不需要保证事务同步），同时有可能使得辅助节点提供只读的服务。使用这个架构的技术包括：SQL Server AlwaysOn，SQL Server Mirror，Oracle Data Guard。

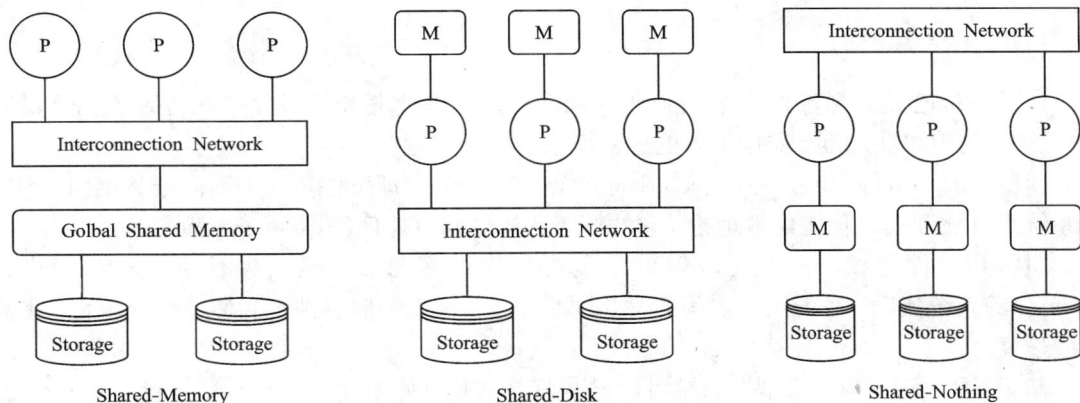

图 15 - 24 并行系统最常使用的模式

另一类 Shared - Nothing 架构中，是允许负载均衡的。所谓负载均衡就是将对数据库的负载分布到集群中的多个节点上，在集群中的每一个节点都可以对外提供服务，从而达到更高的吞吐量、更好的资源利用率和更低的响应时间。前端通过代理进行调度。使用该类架构的技术包括：MySQL 上的 Amoeba，MySQL 上的 HA Proxy，格瑞趋势(www. grqsh. com)在 SQL Server 上的 Moebius 集群。

可负载均衡的 Share - Nothing 架构的好处是每台服务器都能提供服务，能充分利用现有资源，达到更高的吞吐量。其中 Amoeba 中可能会涉及数据分片，数据分片的好处是对于海量数据的处理更加高效，但该类架构需要实施人员水平比较高，且需要应用层面做调整，因此更适合于互联网企业。

不涉及数据分片的 Share - Nothing 架构，比如一类是使用组合方案(如 Oracle RAC + F5)。另一类是使用单个厂商提供的方案，比如说 SQL Server 上的 Moebius。这类方案集群中的每个节点都会对外提供服务，有如下好处：

(1)由于每一个节点都可以对外提供服务，因此可以提升性能。

(2)扩展性得到提升，可以通过向集群添加节点直接进行 Scale - Out 扩充。

(3)由于前端应用通过代理连接到集群，而集群中的每一个节点都保持完整的数据集，因此不存在分片不到位反而造成性能下降的问题，对应用程序端完全透明。

相比较于 MySQL 的数据分片，该类方案的弊端显而易见，因为每一个节点都需要完整的数据集，因此需要占用更多的存储空间。

而对于分片方式的 Shared Noting，需要确立一种分片策略，使得依据不同的分片策略，减少资源竞争。三种基本的分片策略结构如下：

(1)功能分片：根据多个功能互相不重叠的特点进行分片，这种方式已经在 Ebay 取得巨大成功。缺点也很明显，即技术人员需要深入理解应用领域，才能更好地分片。

(2)键值分片：在数据中找到一个可以均匀分布到各个分片中的键值。

(3)查表：在集群中有一个节点充当目录角色，用于查询哪个节点拥有用户要访问的数据。缺点在于这个表可能成为整个系统的瓶颈及单点失效点。常见的开源 DAL(data access layer，如 CobarClient、Fastser – DAL、Uncode – DAL 等）实现的"路由"功能就有查表的影子。

4. ED – SOA 架构

这种架构已经成为各种大中型企业的标配，尤其是业务和关系复杂的互联系统，没有 ED – SOA 的组织和调度，应用很可能经常面临着各种问题。

ED – SOA（event driven – service oriented architecture），即事件驱动的面向服务架构。SOA 是系统组件化和模块化构建性理论，它的核心是暴露然后处理（expose and handle）。

EDA 以事件为核心，直观理解就是负责什么时候触发，然后做什么。SOA 使事件（Event）跨系统流动，系统组件之间通常是同步通信，可以采取事件机制使通信异步化，提高响应速度。

基于 ED – SOA 构建松耦合系统可以显著改善网站可伸缩性。

关于 ED – SOA 的理论和实践文章很多，有兴趣的读者可以自行查阅学习。

5. 奥卡姆剃刀定律

奥卡姆剃刀定律又称"奥康的剃刀"，由 14 世纪逻辑学家、圣方济各会修士奥卡姆的威廉提出。其核心为"如无必要，勿增实体"，即"简单有效原理"：通过进化寻找最适合的，通过退化简化不必要的。

15.6 大型网站架构优化分析

对于网站经营者来说，让用户等待的时间过长，也许会造成毁灭性的后果。这段等待的时间大概经历了以下几部分时间：

（1）数据在网络上传输的时间。

（2）站点服务器处理请求并生成回应数据的时间。

（3）浏览器本地计算和渲染的时间。

数据在网络上传输的时间总的来说包括两部分，即浏览器端主机发出的请求数据经过网络到达服务器的时间，以及服务器的回应数据经过网络回到浏览器端主机的时间。这两部分时间的决定因素主要包括发送的数据量和网络带宽。

站点服务器处理请求并生成回应数据的时间主要消耗在服务器端，包括非常多的环节，一般用另一个指标来衡量这部分时间，即每秒处理请求数（也称吞吐率）。注意这里的吞吐率不是指单位时间内处理的数据量，而是请求数。影响服务器吞吐率的因素非常多，比如服务器的并发策略、I/O 模型、I/O 性能、CPU 核数等，当然也包括应用程序本身的逻辑复杂度等。

浏览器本地计算和渲染的时间自然消耗在浏览器端，它依赖的因素包括浏览器采用的并发策略、样式渲染方式、脚本解释器的性能、页面大小、页面组件的数量、页面组件缓存状况、页面组件域名分布以及域名 DNS 解析等，并且其中任一因素都随着各厂商浏览器版本的不同而略有变化。

15.6.1　Web 前端性能优化

一般说来 Web 前端指网站业务逻辑之前的部分，包括浏览器加载、网站视图模型、图片服务、CDN 服务等。主要优化手段有优化浏览器访问、使用反向代理、CDN 等。

1. 浏览器访问优化

（1）减少 HTTP 请求。

HTTP 协议是无状态的应用层协议，每次 HTTP 请求都需要建立通信链路、进行数据传输，而在服务器端，每个 HTTP 都需要启动独立的线程去处理。这些通信和服务的开销都很昂贵，减少 HTTP 请求的数目可有效提高访问性能。减少 HTTP 的主要手段是合并 CSS、合并 JavaScript、合并图片。将浏览器一次访问需要的 JavaScript、CSS 合并成一个文件，这样浏览器就只需要一次请求。

（2）使用浏览器缓存。

对一个网站而言，CSS、JavaScript、Logo、图标这些静态资源文件更新的频率都比较低，而这些文件又几乎是每次 HTTP 请求都需要的，如果将这些文件缓存在浏览器中，可以极好地改善性能。通过设置 HTTP 头中 Cache Control 和 Expires 的属性，设定浏览器缓存，缓存时间可以是数天乃至几个月。

有时静态资源文件变化需要及时应用到客户端浏览器，这可以通过改变文件名实现，即生成一个新的 JS 文件并更新 HTML 中的引用。

使用浏览器缓存策略的网站在更新静态资源时，应采用批量更新的方法，比如需要更新10 个图标文件时，应一个文件一个文件逐步更新，并有一定的间隔时间，以免用户浏览器突然大量缓存失效，集中更新缓存，造成服务器负载骤增、网络堵塞的情况。

（3）启用压缩。

在服务器端对文件进行压缩，在浏览器端对文件解压缩，可有效减少通信传输的数据量，HTML、CSS、JavaScript 文件启用 GZip 压缩可达到较好的效果。

（4）CSS 放在页面最上面、JavaScript 放在页面最下面。

浏览器会在下载完全部 CSS 之后才对整个页面进行渲染，因此最好的做法是将 CSS 放在页面最上面，让浏览器尽快下载 CSS。JavaScript 则相反，浏览器在加载 JavaScript 后立即执行，有可能会阻塞整个页面，造成页面显示缓慢，因此 JavaScript 最好放在页面最下方。但如果页面解析时就需要用到 JavaScript，这时放在底部就不合适了。

（5）减少 Cookie 传输。

一方面，Cookie 包含在每次请求和响应中，太大的 Cookie 会严重影响数据传输，因此哪些数据需要写入 Cookie 需要慎重考虑，尽量减少 Cookie 中传输的数据量。另一方面，对于某些静态资源的访问，如 CSS、Script 等，发送 Cookie 没有意义，可以考虑静态资源使用独立域名访问，避免请求静态资源时发送 Cookie，减少 Cookie 传输的次数。

2. CDN 加速

CDN 的本质仍然是一个缓存，而且将数据缓存在离用户最近的地方，使用户以最快速度获取数据，即所谓网络访问第一跳。

由于 CDN 部署在网络运营商的机房，这些运营商又是终端用户的网络服务提供商，因此用户请求路由的第一跳就到达了 CDN 服务器。当 CDN 中存在浏览器请求的资源时，从 CDN 直接返回给浏览器，加快用户访问速度，减少数据中心负载压力。

CDN 能够缓存的一般是静态资源，如图片、文件、CSS、Script 脚本、静态网页等，但是这些文件访问频度很高，将其缓存在 CDN 可极大改善网页的打开速度。

3. 反向代理

传统代理服务器位于浏览器一侧，代理浏览器将 HTTP 请求发送到互联网上，而反向代理服务器位于网站机房一侧，代理网站 Web 服务器接收 HTTP 请求。如图 15 – 25 所示。

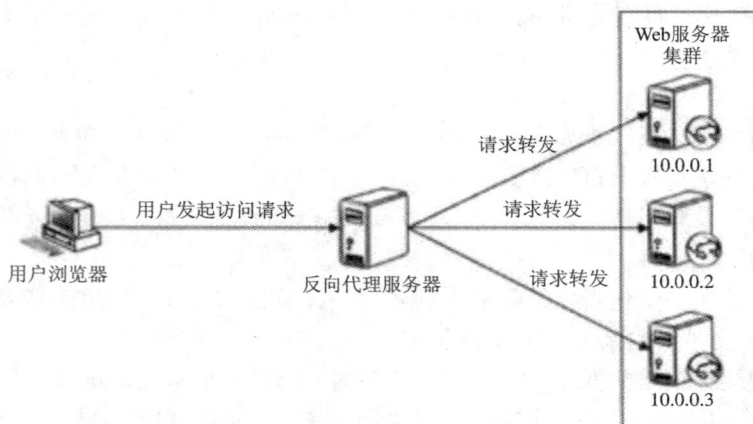

图 15 – 25   反向代理

反向代理服务器具有保护网站安全的作用，来自互联网的访问请求必须经过代理服务器，相当于在 Web 服务器和可能的网络攻击之间建立了一个屏障。除了安全功能，代理服务器也可以通过配置缓存功能加速 Web 请求。当用户第一次访问静态内容的时候，静态内容就被缓存在反向代理服务器上，这样当其他用户访问该静态内容的时候，就可以直接从反向代理服务器返回，加速 Web 请求响应速度，减轻 Web 服务器负载压力。有些网站会把动态内容也缓存在代理服务器上，比如维基百科及某些博客论坛网站，把热门词条、帖子、博客缓存在反向代理服务器上以加速用户访问速度，当这些动态内容有变化时，通过内部通知机制通知反向代理缓存失效，反向代理会重新加载最新的动态内容再次缓存起来。

此外，反向代理也可以实现负载均衡的功能，而且通过负载均衡构建的应用集群可以提高系统总体处理能力，进而改善网站高并发情况下的性能。

15.6.2   应用服务器性能优化

应用服务器就是处理网站业务的服务器，网站的业务代码都部署在这里，是网站开发最复杂、变化最多的地方，优化手段主要有缓存、集群、异步等。

1. 分布式缓存

回顾网站架构演化历程，当网站遇到性能瓶颈时，第一个想到的解决方案就是使用缓存。在整个网站应用中，缓存几乎无所不在，既存在于浏览器，也存在于应用服务器和数据库服务器；既可以对数据缓存，也可以对文件缓存，还可以对页面片段缓存。合理使用缓存，对网站性能优化意义重大。

缓存指将数据存储在相对较高访问速度的存储介质中，以供系统处理。一方面缓存访问速度快，可以减少数据访问的时间；另一方面如果缓存的数据是经过计算处理得到的，那么被缓存的数据无须重复计算即可直接使用，因此缓存还起到减少计算时间的作用。

缓存主要用来存放那些读写比很高、很少变化的数据，如商品的类目信息、热门词的搜索列表信息、热门商品信息等。应用程序读取数据时，先到缓存中读取，如果读取不到或数据已失效，再访问数据库，并将数据写入缓存。

网站数据访问通常遵循二八定律，即 80% 的访问落在 20% 的数据上，因此利用 Hash 表和内存的高速访问特性，将这 20% 的数据缓存起来，可很好地改善系统性能，提高数据读取速度，降低存储访问压力。然而不合理地使用缓存非但不能提高系统的性能，还会成为系统的累赘，甚至导致风险。实践中，缓存滥用的情景屡见不鲜，如过分依赖低可用的缓存系统、不恰当地使用缓存的数据访问特性等。比如，如果缓存中保存的是频繁修改的数据，就会出现数据写入缓存后，应用还来不及读取缓存，数据就已失效的情形，徒增系统负担。一般说来，数据的读写比在 2:1 以上，即写入一次缓存，在数据更新前至少读取两次，缓存才有意义。实践中，这个读写比通常非常高，比如新浪微博的热门微博，缓存以后可能会被读取数百万次。

使用缓存时，一般会对缓存的数据设置失效时间，一旦超过失效时间，就要从数据库中重新加载。因此应用要容忍一定时间的数据不一致，如卖家已经编辑了商品属性，但是需要过一段时间才能被买家看到。在互联网应用中，这种延迟通常是可以接受的，但是具体应用时仍需慎重对待。还有一种策略是数据更新时立即更新缓存，不过这也会带来更多系统开销和事务一致性的问题。

还要注意的是，随着业务的发展，缓存会承担大部分数据访问的压力，当缓存服务崩溃时，数据库会因为完全不能承受如此大的压力而宕机，进而导致整个网站不可用，这种情况被称作缓存雪崩。发生这种故障时，甚至不能通过简单地重启缓存服务器和数据库服务器来恢复网站访问。

分布式缓存是以集群方式提供缓存服务，其架构方式有两种，一种是以 JBoss Cache 为代表的需要更新同步的分布式缓存（图 15 - 26），一种是以 Memcached 为代表的不互相通信的分布式缓存。

JBoss Cache 的分布式缓存在集群中所有服务器中保存相同的缓存数据，当某台服务器有缓存数据更新的时候，会通知集群中其他机器更新缓存数据或清除缓存数据。JBoss Cache 通常将应用程序和缓存部署在同一台服务器上，应用程序可从本地快速获取缓存数据，但是这种方式带来的问题是缓存数据的数量受限于单一服务器的内存空间，而且当集群规模较大的时候，缓存更新信息需要同步到集群所有机器，其代价惊人。因而这种方案更多见于企业应用系统中，而很少在大型网站使用。

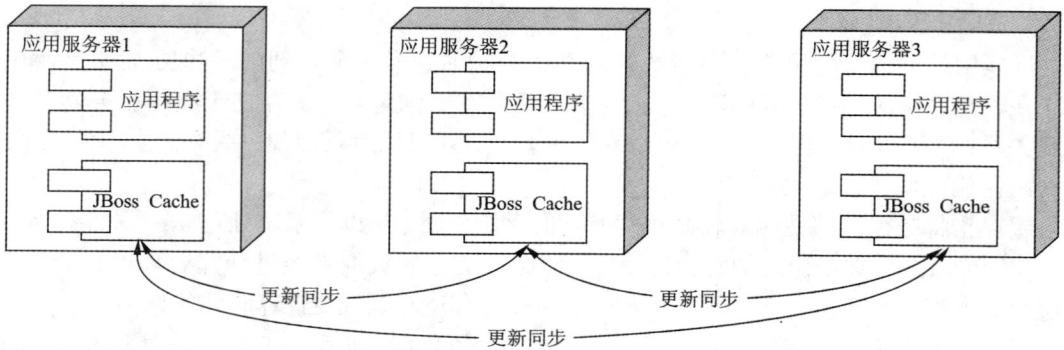

图 15－26　需要更新同步的 JBoss Cache

　　大型网站需要缓存的数据量一般都很庞大，可能会需要数 TB 的内存做缓存，这时候就需要另一种分布式缓存，如图 15－27 所示。Memcached 采用一种集中式的缓存集群管理，也被称为互不通信的分布式架构方式。缓存与应用分离部署，缓存系统部署在一组专门的服务器上，应用程序通过一致性 Hash 等路由算法选择缓存服务器远程访问缓存数据，缓存服务器之间不通信，缓存集群的规模可以很容易地实现扩容，具有良好的可伸缩性。

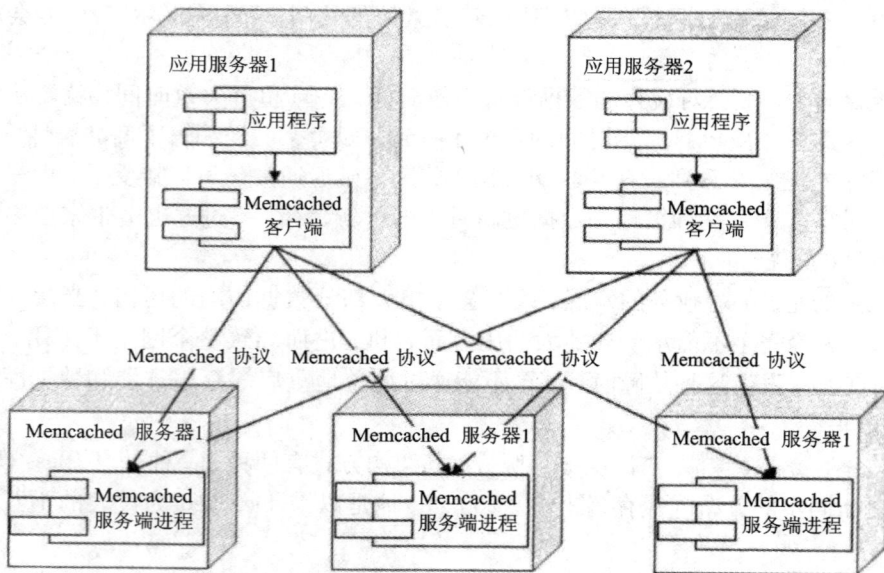

图 15－27　不互相通信的 Memcached

　　Memcached 曾一度是网站分布式缓存的代名词，被大量网站使用。其简单的设计、优异的性能、互不通信的服务器集群、海量数据可伸缩的架构令网站架构师们趋之若鹜。

（1）简单的通信协议。

远程通信设计需要考虑两方面的要素：一是通信协议，即选择 TCP 协议还是 UDP 协议，或 HTTP 协议；二是通信序列化协议，数据传输的两端必须使用彼此可识别的数据序列化方式才能使通信得以完成，如 XML、JSON 等文本序列化协议，或者 Google Protobuffer 等二进制序列化协议。Memcached 使用 TCP 协议（UDP 也支持）通信，其序列化协议则是一套基于文本的自定义协议，非常简单，以一个命令关键字开头，后面是一组命令操作数。例如，读取一个数据的命令协议是 get < key >。Memcached 以后，许多 NoSQL 产品都借鉴了或直接支持了这套协议。

（2）丰富的客户端程序。

Memcached 通信协议非常简单，只要支持该协议的客户端都可以和 Memcached 服务器通信，因此 Memcached 发展出非常丰富的客户端程序，几乎支持所有主流的网站编程语言，如 Java、C/C ++/C#、Perl、Python、PHP、Ruby 等，因此在混合使用多种编程语言的网站，Memcached 更是如鱼得水。

（3）高性能的网络通信。

Memcached 服务端通信模块基于 Libevent，一个支持事件触发的网络通信程序库。Libevent 的设计和实现有许多值得改善的地方，但它在稳定的长连接方面的表现却正是 Memcached 需要的。

（4）高效的内存管理。

内存管理中一个令人头痛的问题就是内存碎片管理。Memcached 使用了一个非常简单的办法：固定空间分配。Memcached 将内存空间分为一组 slab，每个 slab 里又包含一组 chunk，同一个 slab 里的每个 chunk 的大小是固定的，拥有相同大小 chunk 的 slab 被组织在一起，叫作 slab_class，如图 15 - 28 所示。存储数据时根据数据的 size 大小，寻找一个大于 size 的最小 chunk 将数据写入。这种内存管理方式避免了内存碎片管理的问题，内存的分配和释放都是以 chunk 为单位的。和其他缓存一样，Memcached 采用 LRU 算法释放最近最久未被访问的数据占用的空间，释放的 chunk 被标记为未用，等待下一个合适大小数据的写入。

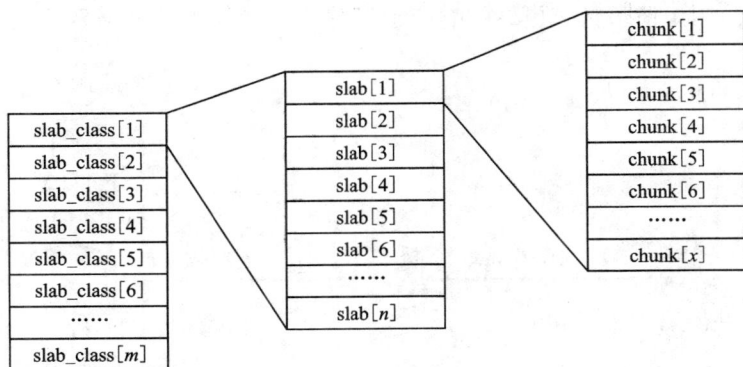

图 15 - 28　Memcached 内存管理

当然这种方式也会带来内存浪费的问题。数据只能存入一个比它大的 chunk 里，而一个 chunk 只能存一个数据，其他空间被浪费了。如果启动参数配置不合理，浪费会更加惊人，可能没有缓存多少数据，内存空间就用尽了。

（5）互不通信的服务器集群架构。

如上所述，正是这个特性使得 Memcached 从 JBoss Cache、OSCache 等众多分布式缓存产品中脱颖而出，满足网站对海量缓存数据的需求。而其客户端路由算法一致性 Hash 更成为数据存储伸缩性架构设计的经典范式。事实上，正是集群内服务器互不通信使得集群可以做到几乎无限制地线性伸缩，这也正是目前流行的许多大数据技术的基本架构特点。

虽然近些年 NoSQL 产品层出不穷，在数据持久化、支持复杂数据结构甚至性能方面有许多产品优于 Memcached，但 Memcached 由于其简单、稳定、专注的特点，仍然在分布式缓存领域占据着重要地位。

2. 异步操作

使用消息队列将调用异步化，可改善网站的扩展性与网站系统的性能。使用消息队列后，用户请求的数据发送给消息队列后立即返回，再由消息队列的消费者进程（通常独立部署在专门的服务器集群上）从消息队列中获取数据，异步写入数据库。由于消息队列服务器处理速度远快于数据库（消息队列服务器也比数据库具有更好的伸缩性），因此用户的响应延迟可得到有效改善。

需要注意的是，由于数据写入消息队列后立即返回给用户，数据在后续的业务校验、写数据库等操作可能失败，因此在使用消息队列进行业务异步处理后，需要适当修改业务流程进行配合，如订单提交后，订单数据写入消息队列，不能立即返回用户订单提交成功，需要在消息队列的订单消费者进程真正处理完该订单，甚至商品出库后，再通过电子邮件或 SMS 消息通知用户订单成功，以免交易纠纷。

3. 使用集群

在网站高并发访问的场景下，可使用负载均衡技术为一个应用构建一个由多台服务器组成的服务器集群，将并发访问请求分发到多台服务器上处理，避免因单一服务器负载压力过大而响应缓慢，使用户请求具有更好的响应延迟特性，如图 15 - 29 所示。

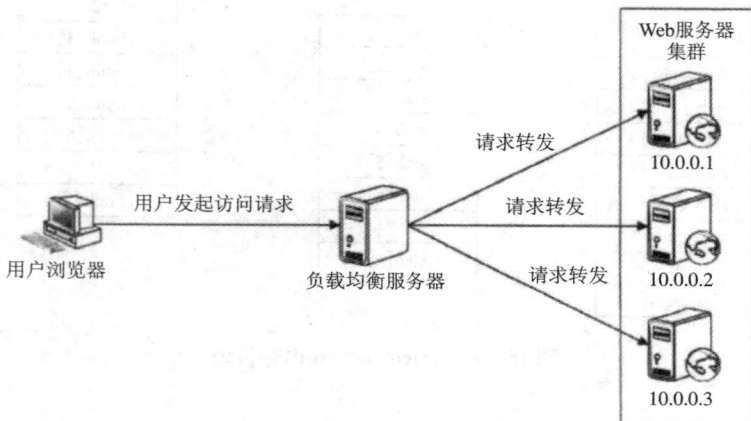

图 15 - 29 利用负载均衡技术改善性能

三台 Web 服务器共同处理来自用户浏览器的访问请求,这样每台 Web 服务器需要处理的 HTTP 请求只有总并发请求数的三分之一,根据性能测试曲线,使服务器的并发请求数目控制在最佳运行区间,获得最佳的访问请求延迟。

15.6.3　代码优化

网站的业务逻辑实现代码主要部署在应用服务器上,需要处理复杂的并发事务。合理优化业务代码,可以很好地改善网站性能。不同编程语言的代码优化手段有很多,这里关注比较重要的几个方面。

1. 多线程

多用户并发访问是网站的基本需求,大型网站的并发用户数会达到数万,单台服务器的并发用户也会达到数百。CGI 编程时代,每个用户请求都会创建一个独立的系统进程去处理。由于线程比进程更轻量,更少占有系统资源,切换代价更小,所以目前主要的 Web 应用服务器都采用多线程的方式响应并发用户请求,因此网站开发非常适合多线程编程。

网站的应用程序一般都被 Web 服务器容器管理,用户请求的多线程也通常被 Web 服务器容器管理,但不管是 Web 容器管理的线程,还是应用程序自己创建的线程,一台服务器上启动多少线程合适呢? 假设服务器上执行的都是相同类型的任务,针对该类任务启动的线程数有个简化的估算公式可供参考:

启动线程数 = [任务执行时间 ÷ (任务执行时间 − IO 等待时间)] × CPU 内核数

最佳启动线程数和 CPU 内核数量成正比,和 IO 阻塞时间成反比。如果任务都是 CPU 计算型任务,那么线程数最多不超过 CPU 内核数,因为启动再多线程,CPU 也来不及调度。相反如果任务需要等待磁盘操作、网络响应,那么多启动线程有助于提高任务并发度,提高系统吞吐能力,改善系统性能。

2. 资源复用

系统运行时,要尽量减少那些开销很大的系统资源的创建和销毁,比如数据库连接、网络通信连接、线程、复杂对象等。从编程角度,资源复用主要有两种模式:单例(singleton)和对象池(object pool)。

单例虽然是 GoF 经典设计模式中较多被诟病的一个模式,但由于目前 Web 开发中主要使用贫血模式,从 Service 到 Dao 都是些无状态对象,无须重复创建,使用单例模式也就自然而然了。事实上,Java 开发常用的对象容器 Spring 默认构造的对象都是单例(需要注意的是 Spring 的单例是 Spring 容器管理的单例,而不是用单例模式构造的单例)。

对象池模式通过复用对象实例,减少对象创建和资源消耗。对于数据库连接对象,每次创建连接,数据库服务端都需要创建专门的资源以应对,因此频繁创建关闭数据库连接,对数据库服务器而言是灾难性的,同时频繁创建关闭连接也需要花费较长的时间。实践中,应用程序的数据库连接基本都使用连接池(connection pool)的方式。数据库连接对象创建好以后,将连接对象放入对象池容器中,应用程序要连接的时候,就从对象池中获取一个空闲的连接使用,使用完毕再将该对象归还到对象池中即可,不需要创建新的连接。

前面说过,对于每个 Web 请求(HTTP request),Web 应用服务器都需要创建一个独立的线程去处理，这方面，应用服务器也采用线程池（thread pool）的方式。这些所谓的连接池、线程池，本质上都是对象池，即连接、线程都是对象，池管理方式也基本相同。

3. 数据结构

数据结构对于编程的重要性不言而喻。在不同场景中合理使用恰当的数据结构，灵活组合各种数据结构改善数据读写和计算特性可极大优化程序的性能。

Hash 表的读写性能在很大程度上依赖 HashCode 的随机性，即 HashCode 越随机散列，Hash 表的冲突就越少，读写性能也就越高。目前比较好的字符串 Hash 散列算法有 Time33 算法，即对字符串逐字符迭代乘以 33，求得 Hash 值，算法原型为：

$$hash(i) = hash(i-1) \times 33 + str[i]$$

Time33 虽然可以较好地解决冲突，但是有可能相似字符串的 HashCode 也比较接近，如字符串"AA"的 HashCode 是 2210，字符串"AB"的 HashCode 是 2211。这在某些应用场景是不能接受的，这种情况下，一个可行的方案是对字符串取信息指纹，再对信息指纹求 HashCode，由于字符串微小的变化就可以引起信息指纹的巨大不同，因此可以获得较好的随机散列。

4. 垃圾回收

如果 Web 应用运行在 JVM 等具有垃圾回收功能的环境中，那么垃圾回收可能会对系统的性能特性产生巨大影响。理解垃圾回收机制有助于程序优化和参数调优，以及编写内存安全的代码。

以 JVM 为例，其内存主要可划分为堆（heap）和堆栈（stack）。堆栈用于存储线程上下文信息，如方法参数、局部变量等。堆则是存储对象的内存空间，对象的创建和释放、垃圾回收就在这里进行。在 JVM 分代垃圾回收机制中，将应用程序可用的堆空间分为年轻代（young generation）和年老代（old generation），其中又将年轻代分为 Eden 区（eden space）、From 区和 To 区，新建对象总是在 Eden 区中被创建，当 Eden 区空间已满，就触发一次 Young GC（garbage collection，垃圾回收），将还被使用的对象复制到 From 区，这样整个 Eden 区都是未被使用的空间，可供继续创建对象，当 Eden 区再次用完，再触发一次 Young GC，将 Eden 区和 From 区还在被使用的对象复制到 To 区。再下一次 Young GC 则是将 Eden 区和 To 区还被使用的对象复制到 From 区。因此，经过多次 Young GC，某些对象会在 From 区和 To 区多次复制，如果超过某个阈值对象还未被释放，则将该对象复制到 Old Generation。如果 Old Generation 空间也已用完，那么就会触发 Full GC，即所谓的全量回收。全量回收会对系统性能产生较大影响，因此应根据系统业务特点和对象生命周期，合理设计 Young Generation 和 Old Generation 大小，尽量减少 Full GC。事实上，某些 Web 应用在整个运行期间可以做到从不进行 Full GC。

15.6.4　存储性能优化

在网站应用中，海量的数据读写对磁盘访问会造成巨大压力，虽然可以通过 Cache 解决一部分数据读压力，但很多时候，磁盘仍然是系统最严重的瓶颈，而且磁盘中存储的数据是网站最重要的资产，磁盘的可用性和容错性也至关重要。

1. B + 树 vs. LSM 树

为了改善数据访问特性，文件系统或数据库系统通常会对数据排序后存储，加快数据检索速度，这就需要保证数据在不断更新、插入、删除后依然有序。传统关系数据库的做法是使用 B + 树。目前数据库多采用两级索引的 B + 树，树的层次最多三层。因此可能需要 5 次磁盘访问才能更新 1 条记录（3 次磁盘访问获得数据索引及行 ID，然后再进行 1 次数据文件读操作及 1 次数据文件写操作）。

但是由于每次磁盘访问都是随机的，而传统机械硬盘在数据随机访问时性能较差，每次数据访问都需要多次访问磁盘，影响数据访问性能。

目前许多 NoSQL 产品采用 LSM（log – structured merge tree）树作为主要数据结构，如图 15 – 30 所示。

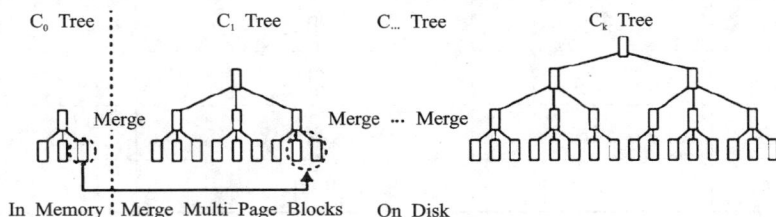

图 15 – 30　LSM 树

LSM 树可以看作是一个 N 阶合并树。LSM 树把一棵大树拆分成 N 棵小树，它首先写入内存中，随着小树越来越大，内存中的小树会 flush 到磁盘中，磁盘中的树定期做 merge 操作，合并成一棵大树，以优化读性能。其设计思想非常朴素：将对数据的修改增量保持在内存中，达到指定的大小限制后将这些修改操作批量写入磁盘，不过读取的时候稍微麻烦，需要合并磁盘中历史数据和内存中最近修改操作，所以写入性能大大提升，读取时可能需要先看是否命中内存，否则需要访问较多的磁盘文件。

数据写操作（包括插入、修改、删除）都在内存中进行，并且都会创建一个新记录（修改会记录新的数据值，而删除会记录一个删除标志），这些数据在内存中仍然还是一棵排序树，当数据量超过设定的内存阈值后，会将这棵排序树和磁盘上最新的排序树合并。当这棵排序树的数据量也超过设定阈值后，和磁盘上下一级的排序树合并。合并过程中，会用最新更新的数据覆盖旧的数据（或者记录为不同版本）。

在进行读操作时，总是从内存中的排序树开始搜索，如果没有找到，就按磁盘上的排序树顺序查找。

LSM 和 B + 的差异主要在于对读性能和写性能进行舍和求的选择不同。LSM 具有批量特性，存储延迟。当写读比例很大的时候（写比读多），LSM 树相比于 B + 树有更好的性能。

2. RAID vs. HDFS

RAID（廉价磁盘冗余阵列）技术主要是为了改善磁盘的访问延迟，增强磁盘的可用性和容错能力而服务。目前服务器级别的计算机都支持插入多块磁盘（8 块或者更多），通过使用 RAID 技术，实现数据在多块磁盘上的并发读写和数据备份。

在相同磁盘数目相同的情况下，各种 RAID 技术的比较如表 15-4 所示。

RAID 技术可以通过硬件实现，比如专用的 RAID 卡或者主板直接支持，也可以通过软件实现。RAID 技术在传统关系数据库及文件系统中应用比较广泛，但是在大型网站比较喜欢使用的 NoSQL 以及分布式文件系统中，RAID 技术遭到了冷落。

例如，在 HDFS(Hadoop 分布式文件系统)中，系统在整个存储集群的多台服务器上进行数据并发读写和备份，可以看作在服务器集群规模上实现了类似 RAID 的功能，因此不需要磁盘 RAID。

表 15-4　几种 RAID 技术比较

RAID 类型	访问速度	数据可靠性	磁盘利用率
RAID0	很快	很低	100%
RAID1	很慢	很高	50%
RAID10	中等	很高	50%
RAID5	较快	较高	$(N-1)/N$
RAID6	较快	较(RAID5)高	$(N-2)/N$

HDFS 以块(block)为单位管理文件内容，一个文件被分割成若干个 block，当应用程序写文件时，每写完一个 block，HDFS 就将其自动复制到另外两台机器上，保证每个 block 有三个副本，即使有两台服务器宕机，数据依然可以访问，相当于实现了 RAID1 的数据复制功能。当对文件进行处理计算时，通过 MapReduce 并发计算任务框架，可以启动多个计算子任务(MapReduce Task)，同时读取文件的多个 Block，并发处理，相当于实现了 RAID0 的并发访问功能。

HDFS 配合 MapReduce 等并行计算框架进行大数据处理时，可以在整个集群上并发读写访问所有的磁盘，无须 RAID 支持。

15.6.5　优化实践

1.采取缓存处理

架构方面的缓存，对 Apache 比较熟悉的人都能知道 Apache 提供了自己的缓存模块，也可以使用外加的 Squid 模块进行缓存，这两种方式均可以有效地提高 Apache 的访问响应能力。网站程序开发方面的缓存，Linux 上提供的 Memory Cache 是常用的缓存接口，可以在 Web 开发中使用，比如用 Java 开发的时候就可以调用 Memory Cache 对一些数据进行缓存和通信共享，一些大型社区使用了这样的架构。另外，在使用 Web 语言开发的时候，各种语言基本都有自己的缓存模块和方法，如 PHP 有 Pear 的 Cache 模块，Java 就更多了。缓存处理机制涉及客户端(浏览器)缓存、前端页面缓存、页面片段缓存、本地数据缓存/数据库缓存与分布式缓存。

2. 增加机器做高可用性(HA)、数据库读写分离

这种方式的优点是增加服务器和 HA 机制,使系统性能及可用性得到保证。缺点是读写分离,增加了程序难度,使架构变复杂,维护难度增加。其主要技术点为:负载均衡、DAL(数据访问层)、数据库读写分离。

缓存处理机制

(1)负载均衡。

LVS 集群采用 IP 负载均衡技术和基于内容请求分发技术。调度器具有很好的吞吐率,将请求均衡地转移到不同的服务器上执行,且调度器自动屏蔽掉服务器的故障,从而将一组服务器构成一个高性能的、高可用的虚拟服务器。整个服务器集群的结构对客户是透明的,而且无须修改客户端和服务器端的程序。

(2)数据库读写分离及 DAL。

各个关系数据库厂商针对 DAL 及 Replication 都有自己方案,如独立的 DAL Proxy 服务器(MySQL:mysqlproxy, Amoeba;PostgreSQL:PL/Proxy);DAL API(Java:Hibernate Shard, Ibatis Shard, HiveDB, Guzz;Python:Pyshards)。

3. HTML 静态化

其实大家都知道,效率最高、消耗最小的就是纯静态化的 HTML 页面,所以尽可能使网站上的页面采用静态页面来实现,这是个最简单的方法,其实也是最有效的方法。但是对于大量内容并且频繁更新的网站,出现了常见的信息发布系统 CMS,像各个门户站点的新闻频道,甚至他们的其他频道,都是通过信息发布系统来管理和实现的。信息发布系统可以实现最简单的信息录入自动生成静态页面,还能具备频道管理、权限管理、自动抓取等功能,对于一个大型网站来说,拥有一套高效、可管理的 CMS 是必不可少的。

除了门户和信息发布类型的网站,对于交互性要求很高的社区类型网站来说,尽可能地静态化也是提高性能的必要手段,将社区内的帖子、文章进行实时的静态化,有更新的时候再重新静态化也是大量使用的策略,像猫扑的大杂烩就是使用了这样的策略,网易社区等也是如此。

同时,HTML 静态化也是某些缓存策略使用的手段,对于系统中频繁使用数据库查询但是内容更新很小的应用,可以考虑使用 HTML 静态化来实现。比如论坛中的公用设置信息,这些信息目前的主流论坛都可以进行后台管理并且存储在数据库中。这些信息其实大量被前台程序调用,但是更新频率很小,可以考虑将这部分内容在后台更新的时候进行静态化,以避免大量的数据库访问请求。

静态的 HTML 页面严格地由标准的 HTML 标示语言构成,并不需要服务器端即时运算生成。这意味着,对一个静态 HTML 文档发出访问请求后,服务器端只是简单地将该文档传输到客户端。从服务器运行的那个时间片来看,这个传输过程仅仅占用了很小的 CPU 资源。

在进行 HTML 静态化的时候还可以使用一种折中的方法,就是前端继续使用动态实现,在一定的策略下通过后台模块进行定时把动态网页生成静态页面,并定时判断调用,这样能实现很多灵活性的操作。

页面静态化就是采用效率最高、消耗最小的纯静态化的 HTML 页面来替换动态页面,同时采用第三方开源的 CMS 系统来实现网站内容的管理。

提高静态 HTML 的访问效率可以对网络带宽、磁盘 I/O 以及 Cache（高速缓冲存储器）进行优化。

4.图片服务器分离

对于 Web 服务器来说，不管是 Apache、IIS 还是其他容器，图片是最消耗资源的，于是有必要将图片与页面进行分离，这是基本上大型网站都会采用的策略，它们都有独立的图片服务器，甚至有很多台图片服务器。这样的架构可以降低提供页面访问请求的服务器系统压力，并且保证系统不会因为图片问题而崩溃，在应用服务器和图片服务器上，可以进行不同的配置优化。比如 Apache 在配置 ContentType 的时候可以尽量少支持，尽可能少地 Load Module，保证更高的系统消耗和执行效率。

5.数据库集群和库表散列

在数据库集群方面，很多数据库都有自己的解决方案，Oracle、Sybase 等都有很好的方案，常用的 MySQL 提供的 Master/Slave 也是类似的方案，针对采用了的 DB 类型参考相应的解决方案来实施即可。

上面提到的数据库集群由于在架构、成本、扩张性方面都会受到所采用 DB 类型的限制，于是需要从应用程序的角度来考虑改善系统架构，库表散列是常用并且最有效的解决方案。通过在应用程序中安装业务、应用或者功能模块将数据库进行分离，不同的模块对应不同的数据库或者表，再按照一定的策略对某个页面或者功能进行更小的数据库散列，比如用户表，按照用户 ID 进行表散列，这样就能够低成本地提升系统的性能并且获得很好的扩展性。Sohu 的论坛就是采用了这样的架构，将论坛的用户、设置、帖子等信息进行数据库分离，然后对帖子、用户按照板块和 ID 进行数据库和表散列，最终在配置文件中进行简单的配置便能让系统随时增加一台低成本的数据库进来补充系统性能。

6.分布式 session

传统的应用服务器，如 Tomcat、Jboss 等，其自身所实现的 session 管理大部分都是基于单机的。对于大型分布式网站来说，支撑其业务的远远不止一台服务器，而是一个分布式集群，请求将在不同服务器之间跳转。那么，如何保持服务器之间的 session 同步呢？传统网站一般通过将一部分数据存储在 cookie 中来规避分布式环境下 session 的操作。这样做的弊端很多，一方面 cookie 的安全性一直广为诟病，另一方面 cookie 存储数据的大小是有限制的。随着移动互联网的发展，很多情况下还得兼顾移动端的 session 需求，使得采用 cookie 来进行 session 同步的方式的弊端更为凸显。分布式 session 正是在这种情况下应运而生的。

对于系统可靠性要求较高的用户，可以将 session 持久化到 DB 中，这样可以保证宕机时会话不易丢失，但缺点也是显而易见的，系统的整体吞吐情况将受到很大的影响。另一种解决方案便是将 session 统一存储在缓存集群上，如 Memcache。这样可以保证较高的读、写性能，这一点对于并发量大的系统来说非常重要。并且从安全性考虑，session 毕竟是有效期的，使用缓存存储，也便于利用缓存的失效机制。使用缓存的缺点是，一旦缓存重启，里面保存的会话也就丢失了，需要用户重新建立会话。

如图 15 – 31 所示，前端用户请求经过随机分发之后，可能会命中后端任意的 Web Server，并且 Web Server 也可能会因为各种不确定的原因宕机。在这种情况下，session 是很难在集群间同步的，而通过将 session 以 sessionid 作为 key，保存到后端的缓存集群中，使得不管请求如何分配，即便是 Web Server 宕机，也不会影响其他 Web Server 通过 sessionid 从 Cache Server 中获得 session，这样既实现了集群间的 session 同步，又提高了 Web Server 的容错性。

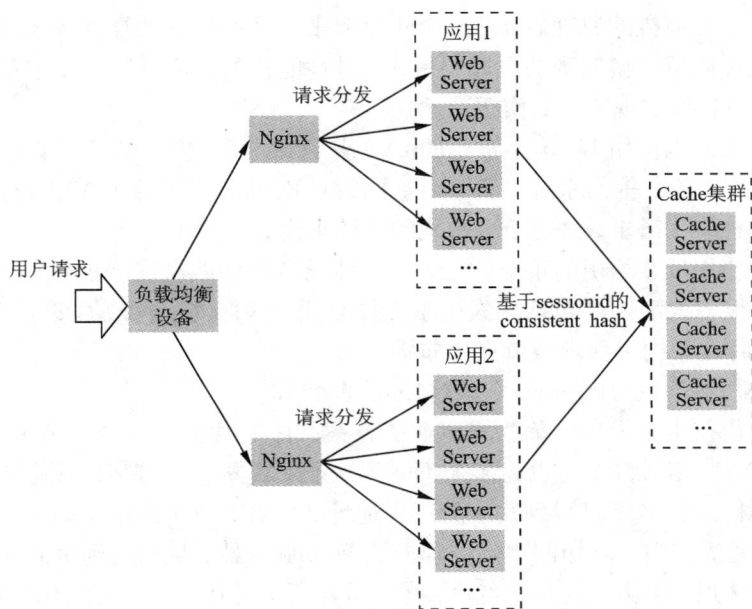

图 15 – 31　session 缓存到缓存集群

7. 镜像

镜像是大型网站常采用的提高性能和数据安全性的方式，镜像的技术可以解决不同网络接入商和地域带来的用户访问速度差异，比如 ChinaNet 和 EduNet 之间的差异就促使了很多网站在教育网内搭建镜像站点，数据进行定时更新或者实时更新。在镜像的细节技术方面，这里不阐述太深，有很多专业的现成的解决架构和产品可选。也有廉价的通过软件实现的思路，比如 Linux 上的 rsync 等工具。

8. 负载均衡

负载均衡是大型网站解决高负荷访问和大量并发请求采用的终极解决办法。负载均衡技术发展了多年，有很多专业的服务提供商和产品可以选择，这里给出一些方案给大家参考。

（1）硬件四层交换。

第四层交换使用第三层和第四层信息包的报头信息，根据应用区间识别业务流，将整个区间段的业务流分配到合适的应用服务器进行处理。第四层交换功能就像是虚 IP，指向物理服务器。它传输的业务服从的协议多种多样，有 HTTP、FTP、NFS、Telnet 或其他协议。这些业务建立在物理服务器基础上，需要复杂的载量平衡算法。在 IP 世界，业务类型由终端 TCP 或 UDP 端口地址来决定，在第四层交换中的应用区间则由源端和终端 IP 地址、TCP 和 UDP 端口共同决定。

在硬件四层交换产品领域，有一些知名的产品可以选择，比如 Alteon、F5 等，这些产品很昂贵，但是物有所值，能够提供非常优秀的性能和很灵活的管理能力。Yahoo 中国当初接近 2000 台服务器使用了三四台 Alteon 就搞定了。

（2）软件四层交换。

理解硬件四层交换机的原理后，基于 OSI 模型来实现的软件四层交换也就应运而生，这种解决方案与硬件四层交换实现的原理一致，不过性能稍差。但是满足一定量的压力还是游刃有余的，有人说软件实现方式其实更灵活。

软件四层交换可以使用 Linux 上常用的 LVS 来解决，LVS 提供了基于心跳线 heartbeat 的实时灾难应对解决方案，提高系统的鲁棒性，同时可供了灵活的虚拟 VIP 配置和管理功能，可以同时满足多种应用需求，这对于分布式的系统来说必不可少。

一个典型的使用负载均衡的策略就是，在软件或者硬件四层交换的基础上搭建 squid 集群，这种思路在很多大型网站包括搜索引擎上被采用，这样的架构成本低、高性能，还有很强的扩张性，随时往架构里面增减节点都非常容易。

（3）基于 DNS 的负载均衡——一个域名绑定多个 IP。

DNS 负载均衡技术是最早的负载均衡解决方案，它是通过 DNS 服务中的随机名字解析来实现的。在 DNS 服务器中，可以为多个不同的地址配置同一个名字，而最终查询这个名字的客户机将在解析这个名字时得到其中的一个地址。因此，对于同一个名字，不同的客户机会得到不同的地址，它们也就访问不同地址上的 Web 服务器，从而达到负载均衡的目的。

这种技术的优点是，实现简单、实施容易、成本低、适用于大多数 TCP/IP 应用。但是，其缺点也非常明显：首先这种方案不是真正意义上的负载均衡，DNS 服务器将 HTTP 请求平均地分配到后台的 Web 服务器上，而不考虑每个 Web 服务器当前的负载情况；如果后台的 Web 服务器的配置和处理能力不同，最慢的 Web 服务器将成为系统的瓶颈，处理能力强的服务器不能充分发挥作用；其次未考虑容错，如果后台的某台 Web 服务器出现故障，DNS 服务器仍然会把 DNS 请求分配到这台故障服务器上，导致不能响应客户端。最后一点是致命的，有可能造成相当一部分客户不能享受 Web 服务，并且由于 DNS 缓存的原因，所造成的后果要持续相当长一段时间（一般 DNS 的刷新周期约为 24 小时）。所以在国外最新的建设中心 Web 站点方案中，已经很少采用这种方案了。

（4）通过反向代理服务器实现负载均衡。

反向代理服务器又称为 Web 加速服务器，它位于 Web 服务器的前端，充当 Web 服务器的内容缓存器（图 15 - 32）。当互联网用户请求 Web 务时，DNS 将请求的域名解析为反向代理服务器的 IP 地址，这样 URL 请求将被发送到反向代理服务器，由反向代理服务器负责处理用户的请求与应答、与后台 Web 服务器交互。利用反向代理服务器减轻了后台 Web 服务器的负载，提高了访问速度，同时避免了因用户直接与 Web 服务器通信带来的安全隐患。

目前有许多反向代理软件，比较有名的有 Nginx 和 Squid，其他还包括 Socks、Apache、Jigsaw、Delegate 等。

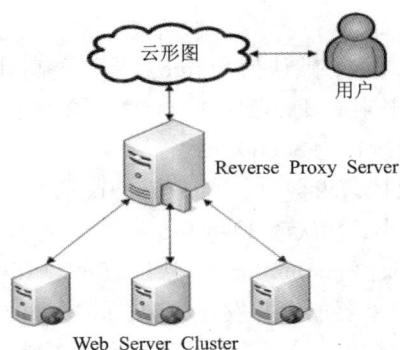

图 15 - 32　通过反向代理实现负载均衡

9. 系统软件参数优化

在一定的架构基础上，要提高并发处理能力则需要调整服务器的操作系统内核参数、Web 服务器(Tomcat 的参数、Apache 的参数、Nginx 的参数)，以使其性能达到最优化。

(1)操作系统优化。

调整系统的内核参数，增大连接数及 TCP/IP 的超时设置。比如 Linux 系统中：

在/etc/sysctl. conf 配置文件中增加如下内核参数：

net. ipv4. tcp_syncookies = 1

net. ipv4. tcp_tw_reuse = 1

net. ipv4. tcp_tw_recycle = 1

net. ipv4. tcp_fin_timeout = 5

(2)Tomcat 服务器优化。

增大并发连接数，调整内存参数的设置。

①JDK 内存优化。

当应用程序需要的内存超出堆的最大值时，虚拟机就会提示内存溢出，并且导致应用服务崩溃。因此一般建议堆的最大值设置为可用内存最大值的 80%。Tomcat 默认可以使用的内存为 128 MB，在较大型的应用项目中，这点内存是不够的，需要调大。

Tomcat 默认可以使用的内存为 128 MB，内存定义在 Windows 文件/bin/catalina. bat 或 Unix 文件/bin/catalina. sh 的前面，增加如下设置：JAVA_OPTS = ' - Xms[初始化内存大小] - Xmx[可以使用的最大内存]'，注意，需要把这个两个参数值调大。例如：JAVA_OPTS = ' - Xms256m - Xmx512m' 表示初始化内存为 256 MB，可以使用的最大内存为 512 MB。

②连接器优化：在 Tomcat 配置文件 server. xml 中的配置中和连接数相关的参数有：

MaxThreads：Tomcat 使用线程来处理接收的每个请求。这个值表示 Tomcat 可创建的最大的线程数。默认值 150。

AcceptCount：指定当所有可以使用的处理请求的线程数都被使用时，可以放到处理队列中的请求数，超过这个数的请求将不予处理。默认值 10。

MinSpareThreads：Tomcat 初始化时创建的线程数。默认值 25。

MaxSpareThreads：一旦创建的线程超过这个值，Tomcat 就会关闭不再需要的 socket 线程。默认值 75。

EnableLookups：是否反查域名，默认值为 true。为了提高处理能力，应设置为 false。

ConnnectionTimeout：网络连接超时，默认值 60000，单位：ms。设置为 0 表示永不超时，但这样设置有隐患的。通常可设置为 30000 ms。

MaxKeepAliveRequests：保持请求数量，默认值 100。

BufferSize：输入流缓冲大小，默认值 2048 bytes。

Compression：压缩传输，取值 on/off/force，默认值 off。其中和最大连接数相关的参数为 MaxThreads 和 AcceptCount。如果要加大并发连接数，应同时加大这两个参数。

Web Server 允许的最大连接数还受制于操作系统的内核参数设置，通常 Windows 是 2000 个左右，Linux 是 1000 个左右。

（3）Apache 服务器优化。

加大并发数量和关闭不需要的模块，因为 Apache 非常消耗内存，尽量轻量化。

Apache 在配置 ContentType 的时候可以尽量少支持，尽可能少的 LoadModule，保证更高的系统消耗和执行效率。同时配置 Apache 和 Tomcat 的组合使之能作到动静分离，Apache 处理静态页面，Tomcat 处理动态页面。在处理静态页面或者图片、JS 等访问方面，可以考虑使用 Lighttpd 代替 Apache，它提供了更轻量级和更高效的处理能力。

（4）Nginx 服务器的优化。

参数 worker_processes 的值最好跟 CPU 核数相等，才能够发挥最大性能，如果 Nginx 所在服务器为 2 颗双核的 CPU，则建议设定为 4。

15.7　大型网站架构实例

15.7.1　维基百科的高性能架构设计分析

维基百科（www. wikipedia. org）于 2001 年创建时是使用 Perl CGI 脚本编写的、只有一台服务器的网站，但到 2012 年已经成为流量排名全球第 6 名的大型网站。和 www. wikipedia. org 的流量在相同级另外的其他大型网站，如百度、雅虎，其背后都是市值数百亿美金、员工上万的巨无霸企业，运行网站的服务器规模也数以万计。而维基百科不过只有区区数百台服务器，并仅由十余名技术人员维护，不得不说是一个奇迹。维基百科对资源的利用、对性能的优化很具有典型性，有许多值得学习的地方。

1. 维基百科网站整体架构

目前维基百科网站建立在 LAMP（Linux + Apache + MySQL + PHP）之上，其他基础技术组件也全部采用免费的开源软件。因为维基百科是非盈利的，所以尽可能地使用免费的软件和廉价的服务器，这种技术倾向使得技术团队不得不量体裁衣、看米下锅，榨尽系统所有资源的利用价值，用最少的资源成就最不可思议的奇迹，最终也让技术团队获得了真正的成长。维基百科的架构如图 15 - 33 所示。

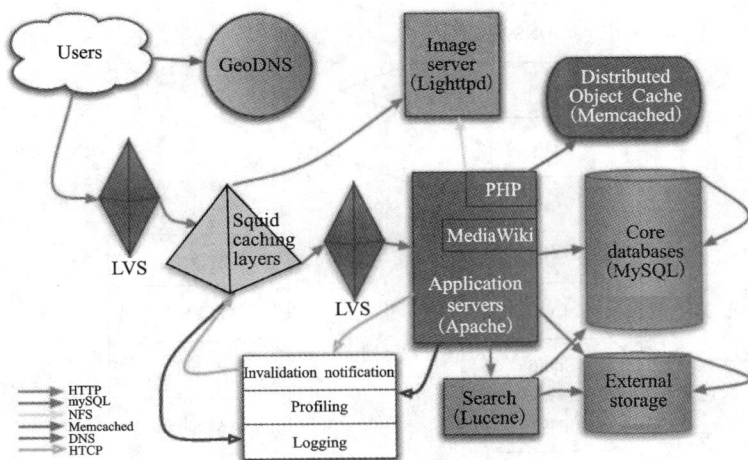

图 15－33　维基百科的架构

维基百科架构的主要组成部分如下。

（1）GeoDNS：基于开源域名服务器软件 BIND（berkeley internet name domain）的增强版本，可将域名解析到离用户最近的服务器。

（2）LVS：基于 Linux 的开源负载均衡服务器。

（3）Squid：基于 Linux 的开源反向代理服务器。

（4）Lighttpd：开源的应用服务器，较主流的 Apache 服务器更轻量、更快速。实践中，有许多网站使用 Lighttpd 作为图片服务器。

（5）PHP：免费的 Web 应用程序开发语言，目前最流行的网站建站语言。

（6）Memcached：无中心高性能的开源分布式缓存系统，稳定、可靠，是网站分布式缓存服务必备的。

（7）Lucene：由 Apache 出品，Java 开发的开源全文搜索引擎。

（8）MySQL：开源的关系数据库管理系统，被 Oracle 收购，但开源社区将其继续开源发展。

2. 维基百科性能优化策略

作为一个百科服务类网站，维基百科主要面临的挑战是如何应对来自全球各地的巨量并发词条的查询请求。相对其他网站，维基百科的业务比较简单，用户操作大部分是只读的，这些前提使维基百科的性能优化约束变得简单，可以让技术团队将每一种性能优化手段都发挥到极致，且业务束缚较少。因此维基百科的性能优化比较有典型意义。

（1）维基百科前端性能优化。

所谓网站前端是指应用服务器之前的部分，包括 DNS 服务、CDN 服务、反向代理服务、静态资源服务等，如图 15－34 所示。对维基百科而言，80% 以上的用户请求可以通过前端服务返回，请求根本不会到达应用服务器，这也就使网站最复杂、最有挑战的应用服务端和存储端的压力得以骤减。

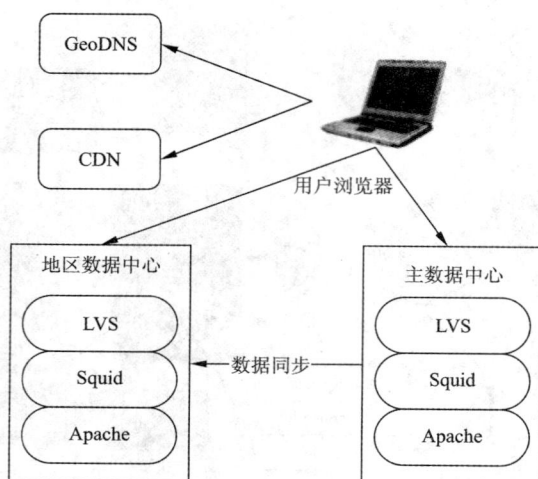

图 15 - 34 维基百科的前端架构

维基百科前端架构的核心是反向代理服务器 Squid 集群，大约部署有数十台服务器，请求通过 LVS 负载均衡地分发到每台 Squid 服务器，热点词条被缓存在这里，大量请求可直接返回响应，请求无须发送到 Apache 服务器，减轻应用负载压力。Squid 缓存不能命中的请求再通过 LVS 发送到 Apache 应用服务器集群，如果有词条信息更新，应用服务器使用 Invalidation Notification 服务通知 Squid 缓存失效，重新访问应用服务器更新词条。

而在反向代理 Squid 之前，则是被维基百科技术团队称为"圣杯"的 CDN 服务，CDN 服务对于维基百科性能优化居功至伟。因为用户查询的词条大部分集中在比重很小的热点词条上，将这些词条内容页面缓存在 CDN 服务器上，而 CDN 服务器又部署在离用户浏览器最近的地方，用户请求直接从 CDN 返回，响应速度非常快，这些请求甚至根本不会到达维基百科数据中心的 Squid 服务器，服务器压力减小，节省的资源可以更快地处理其他未被 CDN 缓存的请求。

维基百科 CDN 缓存的几条准则为：

①内容页面不包含动态信息，以免页面内容缓存很快失效或者包含过时信息。

②每个内容页面有唯一的 REST 风格的 URL，以便 CDN 快速查找并避免重复缓存。

③在 HTML 响应头写入缓存控制信息，通过应用控制内容是否缓存及缓存有效期等。

(2)维基百科服务端性能优化。

服务端主要是 PHP 服务器，也是网站业务逻辑的核心部分，运行的模块都比较复杂笨重，需要消耗较多的资源，维基百科将最好的服务器部署在这里(和数据库配置一样的服务器)，从硬件上改善性能。

除了硬件改善，维基百科还使用许多其他开源组件对应用层进行如下优化：

①使用 APC，这是一个 PHP 字节码缓存模块，可以加速代码执行减少资源消耗。

②使用 Imagemagick 进行图片处理和转化。

③使用 Tex 进行文本格式化，特别是将科学公式内容转换成图片格式。

④替换 PHP 的字符串查找函数 strtrO，使用更优化的算法重构。

（3）维基百科后端性能优化。

包括缓存、存储、数据库等被应用服务器依赖的服务都可以归类为后端服务。后端服务通常是一些有状态的服务，即需要提供数据存储服务。这些服务大多建立在网络通信和磁盘操作基础上，是性能的瓶颈，也是性能优化的重灾区。

后端优化最主要的手段是使用缓存，将热点数据缓存在分布式缓存系统的内存中，加速应用服务器的数据读操作速度，减轻存储和数据库服务器的负载。维基百科的缓存使用策略如下：

①热点特别集中的数据直接缓存到应用服务器的本地内存中，因为要占用应用服务器的内存且每台服务器都需要重复缓存这些数据，因此这些数据量很小，但是读取频率极高。

②缓存数据的内容尽量是应用服务器可以直接使用的格式，比如 HTML 格式，以减少应用服务器从缓存中获取数据后解析构造数据的代价。

③使用缓存服务器存储 session 对象。

相比数据库，Memcached 的持久化连接非常廉价，如有需要就创建一个 Memcached 连接。

15.7.2　其他案例

1. Twitter 技术架构

Twitter 平台大致由 twitter.com、手机以及第三方应用构成，如图 15 - 35 所示（其中流量主要以手机和第三方为主要来源）。

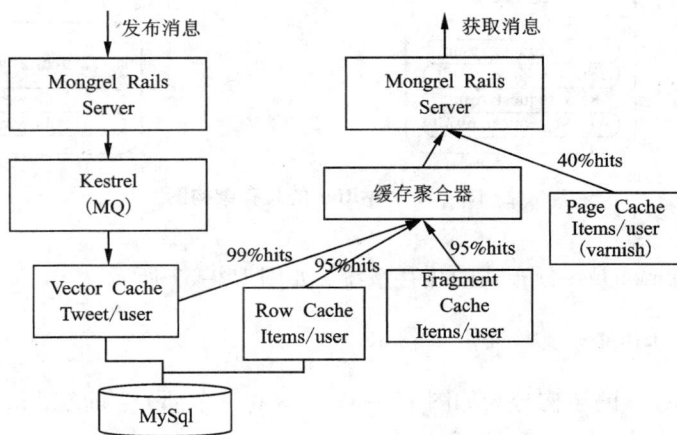

图 15 - 35　Twitter 的整体架构设计图

缓存在大型 Web 项目中起到了举足轻重的作用，毕竟数据越靠近 CPU 存取速度越快。图 15 - 36 是 Twitter 的缓存架构图。

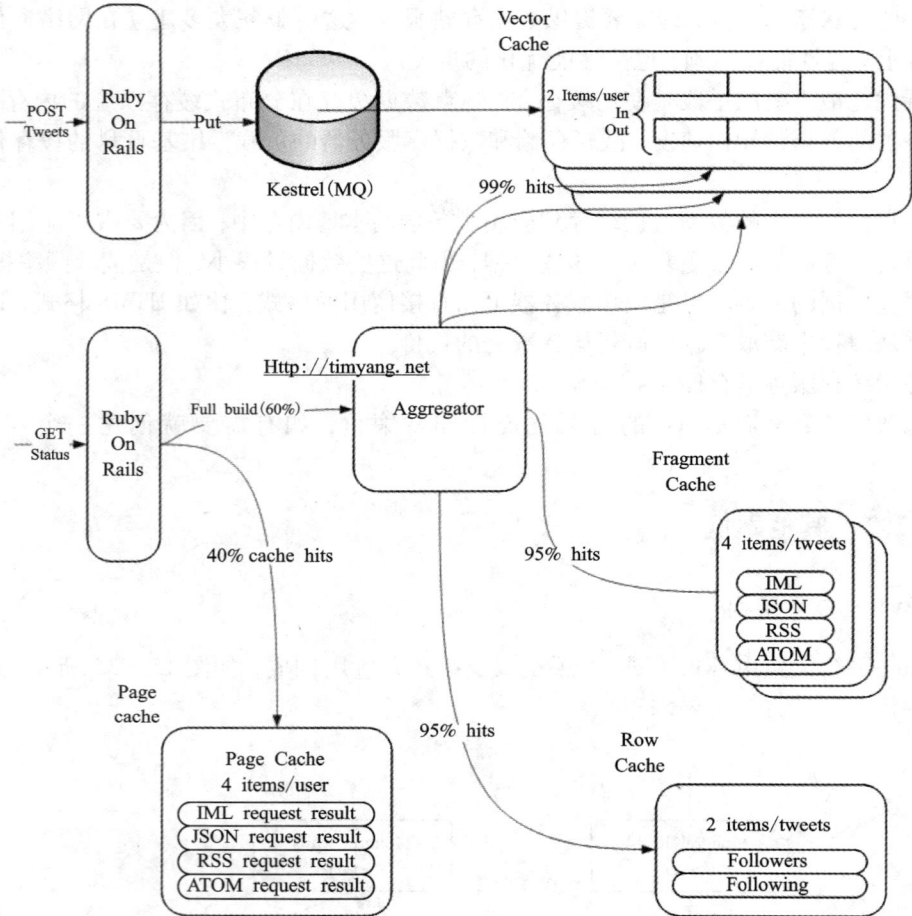

图 15 – 36　Twitter 的缓存架构图

Twitter 采用 Memcached 分布式的缓存系统，如图 15 – 37 所示。

2. Google App Engine 技术架构

Google App Engine 的架构分为如图 15 – 38 所示的三个部分：前端，DataStore 和服务群。
前端包括 4 个模块：Front End、Static Files、App Server、App Master。

DataStore 是基于 BigTable 技术的分布式数据库，虽然其也可以被理解成为一个服务，但
是由于其是整个 App Engine 唯一存储持久化数据的地方，所以是 App Engine 中一个非常核
心的模块。

整个服务群包括很多服务，供 App Server 调用，比如 Memcache、图形、URL 抓取和任务
队列等。

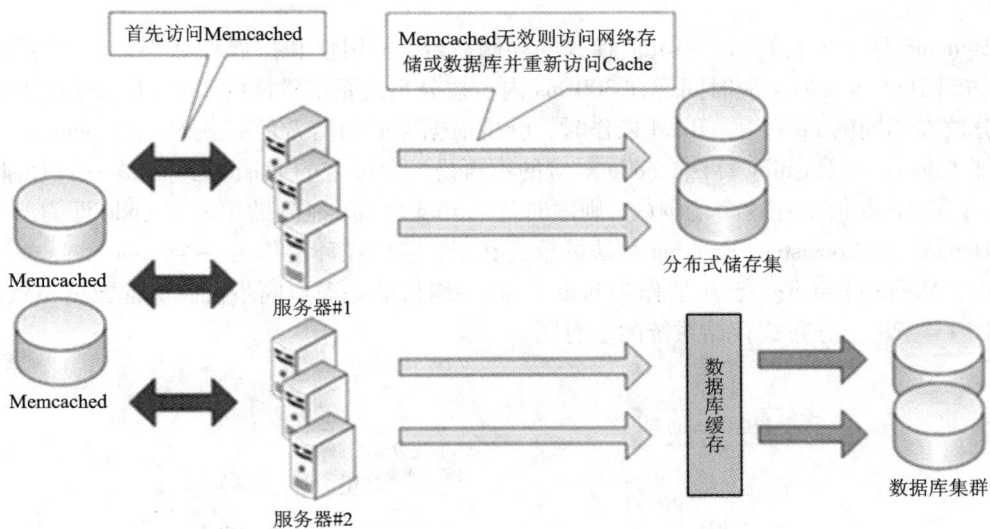

图 15-37 缓存系统

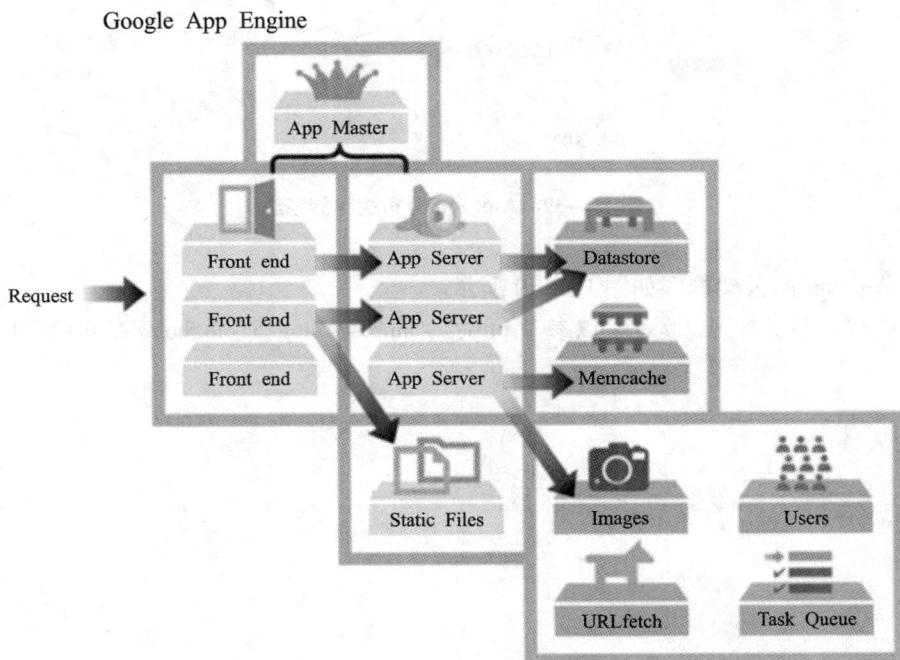

图 15-38 GAE 的架构图

3. Amazon 技术架构

Dynamo 是亚马逊的 key - value 模式的存储平台,可用性和扩展性都很好,性能也不错:读写访问中 99.9% 的响应时间都在 300 ms 内。按分布式系统常用的哈希(Hash)算法切分数据,分放在不同的 node 上。Read 操作时,也是根据 key 的哈希值寻找对应的 node。Dynamo 使用了 Consistent Hashing 算法,node 对应的不再是一个确定的 Hash 值,而是一个 Hash 值范围,key 的 Hash 值落在这个范围内,则顺时针沿 ring 寻找,碰到的第一个 node 即为所需。

Dynamo 对 Consistent Hashing 算法的改进在于:它放在环上作为一个 node 的是一组机器(而不是 Memcached 把一台机器作为 node),这一组机器是通过同步机制保证数据一致的。

图 15 - 39 是分布式存储系统的示意图。

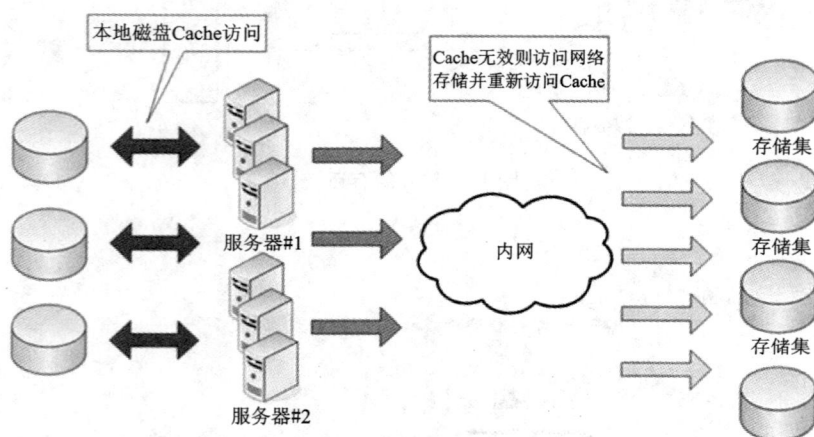

图 15 - 39　Amazon 分布式存储系统

对应 Amazon 的云架构图如图 15 - 40 所示。

限于篇幅,更多案例,读者可以参考 http://hmrose. blog. 51cto. com/2249176/1073079。

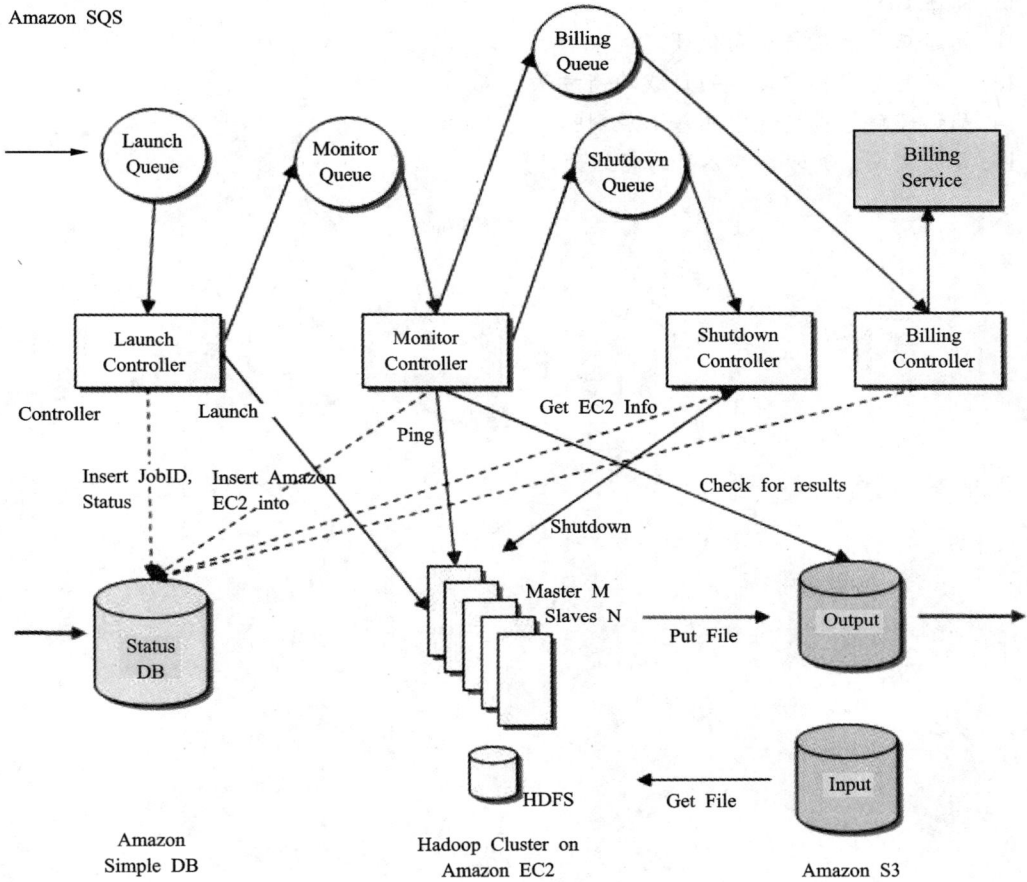

图 15 –40　Amazon 的云架构图

习 题

1. 怎样评估网站是否为大型网站?

2. 简述大型网站的目标。

3. 研讨提高大型网站高可用性的基本策略。

4. 论述大型网站演变过程中涉及的策略。

5. 简述分层机制。

6. 简述分割的方法。

7. 讨论缓存的主要思想。

8. 什么是分布式缓存?

9. 页面静态化是什么意思? 实现策略有哪些?

10. 大型网站架构优化如何进行的？请结合案例说明。

11. 简述 CDN。

12. 简述正向代理与反向代理。

13. 论述大型网站中常用的负载均衡方法。

14. 如何理解架构设计中的基本原则？

15. 查阅文献，研讨著名公司的网站设计架构。

参考文献

[1] Coulouris G. 分布式系统：概念与设计[M]. 北京：机械工业出版社，2013.

[2] Kshemkalyani A D, Singhal M, 等. 分布式计算：原理、算法与系统[M]. 北京：高等教育出版社，2012.

[3] Liu M L, 顾铁成, 等. 分布式计算原理与应用[M]. 影印版. 北京：清华大学出版社，2004.

[4] 特南鲍姆，范施特恩，杨剑峰. 分布式系统原理与范型[M]. 北京：清华大学出版社，2004.

[5] 林伟伟，刘波. 分布式计算、云计算与大数据[M]. 北京：机械工业出版社，2015.

[6] 胡亮，徐高潮，魏晓辉. 分布计算系统[M]. 北京：高等教育出版社，2012.

[7] 黄光球，陆秋琴，李艳. 分布式系统设计原理与应用[M]. 西安：西北工业大学出版社，2008.

[8] 李文军. 分布式计算[M]. 北京：机械工业出版社，2012.

[9] 彭渊. 大规模分布式系统架构与设计实战[M]. 北京：机械工业出版社，2014.

[10] 胡建平，胡凯. 分布式计算系统导论：原理与组成[M]. 北京：清华大学出版社，2014.

[11] Lynch N A. 分布式算法[M]. 北京：机械工业出版社，2004.

[12] 加利. 分布式操作系统：原理与实践[M]. 北京：机械工业出版社，2003.

[13] 何炎祥，苏开根，刘栋臣. 分布式操作系统导论[M]. 北京：学术期刊出版社，1989.

[14] 贾丽云，张向利，张红梅. 分布式系统下的启发式任务调度算法[J]. 计算机工程与应用，2017，53（12）：68 – 74.

[15] 孟宪福. 分布式对象技术及其应用[M]. 第 2 版. 北京：清华大学出版社，2014.

[16] 谢太军. 分布式系统高精度时钟同步的研究与实现[D]. 上海：上海交通大学，2015.

[17] 李滚，等. 分布式系统中的时钟同步新方法[J]. 天文学报，2016，57(2)：196 – 210.

[18] 厄兹叙，瓦尔杜里兹. 分布式数据库系统原理[M]. 北京：清华大学出版社，2014.

[19] 拉希米. 分布式数据库管理系统实践[M]. 北京：清华大学出版社，2014.

[20] 于戈，申德荣. 分布式数据库系统[M]. 北京：机械工业出版社，2016.

[21] 徐俊刚，邵佩英. 分布式数据库系统及其应用[M]. 北京：科学出版社，2012.

[22] 周龙骧. 分布式数据库管理系统实现技术[M]. 北京：科学出版社，1998.

[23] 陆嘉恒. 分布式系统及云计算概论[M]. 北京：清华大学出版社，2013.

[24] Hwang K, 等. 云计算与分布式系统[M]. 北京：机械工业出版社，2013.

[25] Erl T, 等. 云计算：概念、技术与架构[M]. 北京：机械工业出版社，2014.

[26] 顾炯炯. 云计算架构技术与实践[M]. 第 2 版. 北京：清华大学出版社，2016.

[27] 胡毅时，怀进鹏. 基于 Web 服务的单点登录系统的研究与实现[J]. 北京航空航天大学学报，2004，30(3)：236 – 239.

[28] 虚拟化与云计算小组. 云计算宝典：技术与实践[M]. 北京：电子工业出版社，2011.

[29] 祁伟. 云计算：从基础架构到最佳实践[M]. 北京：清华大学出版社，2013.

[30] 郎为民. 大话云计算[M]. 北京：人民邮电出版社，2012.

[31] 朱朝悦. 面向移动设备的志愿者分布式计算[D]. 广州：华南理工大学，2016.

[32] 朱近之，岳爽. 智慧的云计算：物联网的平台[M]. 北京：电子工业出版社，2011.

[33] 童晓渝，张云勇. 智能普适网络[M]. 北京：人民邮电出版社，2012.

[34] 丘群业. 企业私有云计算基础架构研究与设计[D]. 广州：华南理工大学，2012.

[35] 王鹏. 云计算的关键技术与应用实例[M]. 北京：人民邮电出版社，2010.

[36] 刘鹏. 云计算[M]. 第2版. 北京：电子工业出版社，2011.

[37] 雷葆华. 云计算解码[M]. 北京：电子工业出版社，2012.

[38] 雷万云. 云计算——技术、平台及应用案例[M]. 北京：清华大学出版社，2011.

[39] 沈伟. 云计算平台下分布式缓存系统的性能优化研究[D]. 西安：西安电子科技大学，2014.

[40] 邓子云. SOA 实践者说：分布式环境下的系统集成[M]. 北京：电子工业出版社，2010.

[41] 李林锋. 分布式服务框架原理与实践[M]. 北京：电子工业出版社，2016.

[42] Linthicum D S. 云计算与 SOA[M]. 北京：人民邮电出版社，2011.

[43] Josuttis N M，约祖蒂斯，等. SOA 实践指南：分布式系统设计的艺术[M]. 北京：电子工业出版社，2008.

[44] 柴晓路. Web 服务架构与开放互操作技术[M]. 北京：清华大学出版社，2002.

[45] 高攀攀，王健，黄颖，等. 互联网上基于 SOAP 和 REST 的 Web 服务的对比分析[J]. 小型微型计算机系统，2015，36(11)：2417－2421.

[46] 杨传辉. 大规模分布式存储系统：原理解析与架构实战[M]. 北京：机械工业出版社，2013.

[47] 刘刚，侯宾，翟周伟. Hadoop 开源云计算平台[M]. 北京：北京邮电大学出版社，2011.

[48] 王庆波. 虚拟化与云计算[M]. 北京：电子工业出版社，2009.

[49] Hess K，Newman A，等. 虚拟化技术实战[M]. 北京：人民邮电出版社，2012.

[50] 广小明. 虚拟化技术原理与实现[M]. 北京：电子工业出版社，2012.

[51] 王春海. VMware 虚拟化与云计算应用案例详解[M]. 北京：中国铁道出版社，2016.

[52] 任永杰，单海涛. KVM 虚拟化技术实战与原理解析[M]. 北京：机械工业出版社，2013.

[53] 范伟，孔斌，张珠君，等. KVM 虚拟化动态迁移技术的安全防护模型[J]. 软件学报，2016，27(6)：1402－1416.

[54] 金华敏. 云计算安全技术与应用[M]. 北京：电子工业出版社，2012.

[55] 陈晓峰. 云计算安全[M]. 北京：科学出版社，2016.

[56] Bruce G，Dempsey R. 分布式计算安全原理[M]. 北京：机械工业出版社，2002.

[57] Winkler V. 云计算安全：架构、战略、标准与运营[M]. 北京：机械工业出版社，2013.

[58] Ronald L，Krutz，等. 云计算安全指南[M]. 北京：人民邮电出版社，2013.

[59] 张玉清，等. 云计算环境安全综述[J]. 软件学报，2016，27(6)：1328－1348.

[60] 中国电信网络安全实验室. 云计算安全：技术与应用[M]. 北京：电子工业出版社，2012.

[61] 王于丁，杨家海，等. 云计算访问控制技术研究综述[J]. 软件学报，2015，26(5)：1129－1150.

[62] 于新征，蒋哲远. 面向服务的云工作流模型与调度研究[J]. 微电子学与计算机，2016，33(7)：44－48.

[63] 张型龙，李松犁，肖俊超. 面向服务集成的工作流模型及其实现方法[J]. 计算机应用，2015，35(7)：1993－1998.

[64] 王斌锋，苏金树，陈琳. 云计算数据中心网络设计综述[J]. 计算机研究与发展，2016，53(9)：2085－2106.

[65] Joysula V，等. 云计算与数据中心自动化[M]. 北京：人民邮电出版社，2012.

[66] 袁玉宇，刘川意，郭松柳. 云计算时代的数据中心[M]. 北京：电子工业出版社，2012.

[67] 郑叶来，陈世峻. 分布式云数据中心的建设与管理[M]. 北京：清华大学出版社，2013.

[68] 陈康贤. 大型分布式网站架构设计与实践[M]. 北京：电子工业出版社，2014.

普通高等院校数据科学与大数据技术专业"十三五"规划教材

分布式系统

FENBUSHI
XITONG

与

YUNJISUAN

云计算

——原理、技术与应用

（上册）

余腊生 ◉ 编著

中南大学出版社
www.csupress.com.cn

·长沙·

　　随着移动互联网的兴起，全球数据呈爆炸性增长，目前90%以上的数据是近年产生的，数据规模大约每两年翻一番；而随着人工智能下物联网生态圈的形成，数据的采集、存储及分析处理、融合共享等技术需求都能得到响应，各行各业都在体验大数据带来的革命，"大数据时代"真正来临。这是一个产生大数据的时代，更是需要大数据力量的时代。

　　大数据具有体量巨大、速度极快、类型众多、价值巨大的特点，对数据从产生、分析到利用提出了前所未有的新要求。高等教育只有转变观念，更新方法与手段，寻求变革与突破，才能在大数据与人工智能的信息大潮面前立于不败之地。据预测，中国近年来大数据相关人才缺口达200万人，全世界相关人才缺口更超过1000万人之多。我国教育部门为了响应社会发展需要，率先于2016年开始正式开设"数据科学与大数据技术"本科专业及"大数据技术与应用"专科专业，近几年，全国形成了申报与建设大数据相关专业的热潮。随着专业建设的深入，大家发现一个共同的难题：没有成系列的大数据相关教材。

　　中南大学作为首批申报大数据专业的学校，2015年在我校计算机科学与技术专业设立大数据方向时，信息科学与工程学院院领导便意识到系列教材缺失的严重问题，因此院领导规划由课程团队在教学的同时积累素材，形成面向大数据专业知识体系与能力体系、老师自己愿意用、学生觉得买得值、关联性强的系列教材。经过两年的准备，根据2017年《教育部办公厅关于推荐新工科研究与实践项目的通知》的精神，中南大学出版社组织相关专家、老师出版"高等院校数据科学与大数据技术专业'十三五'规划教材"。

　　该套系列教材具有如下特点：

　　1. 本套教材主要参照"数据科学与大数据技术"本科专业的培养方案，综合考虑专业的来源与特点，如从计算机类专业、数学统计类专业以及经济类专业发展而来；同时适当兼顾了专科类偏向实际应用的特点。

　　2. 注重理论联系实际，注重能力培养。该系列教材中既有理论教材也有配套的实践教程。力图通过理论或原理教学、案例教学、课堂讨论、课程实验与实训实习等多个环节，训练学生掌握知识、运用知识分析并解决实际问题的能力，以满足学生今后就业或科研的需求；同时兼顾"全国工程教育专业认证"对学生基本能力的培养要求与复杂问题求解能力的要求。

3. 在规范教材编写体例的同时，注重写作风格的灵活性。本套系列教材中每本书的内容都由教学目的、本章小结、思考题或练习题、实验要求等组成。每本教材都配有 PPT 电子教案及相关的电子资源，如实验要求及 DEMO、配套的实验资源管理与服务平台等。本套系列教材的文本层次分明、逻辑性强、概念清晰、图文并茂、表达准确、可读性强，同时相关配套电子资源与教材的相关性强，形成了新媒体式的立体型系列教材。

4. 响应了教育部"新工科"研究与实践项目的要求。本套教材从专业导论课开始设立相关的实验环节，作为知识主线与技术主线把相关课程串接起来，力争让学生尽早具有培养自己动手能力的意识、综合利用各种技术与平台的能力。同时为了避免新技术发展太快、教材纸质文字内容容易过时的问题，在相关技术及平台的叙述与实践中，融合了网络电子资源容易更新的特点，使新技术保持时效性。

5. 本套丛书配有丰富的多媒体教学资源，将扩展知识、习题解析思路等内容做成二维码放在书中，丰富了教材内容，增强了教学互动，增加了学生的学习积极性与主动性。

本套丛书吸纳了数据科学与大数据技术教育工作者多年的教学与科研成果，凝聚了作者们的辛勤劳动，同时也得到了中南大学等院校领导和专家的大力支持。我相信本套教材的出版，对我国数据科学与大数据技术专业本科、专科教学质量的提高将有很好的促进作用。

桂卫华

2018 年 11 月

前言
Preface

随着信息技术的广泛应用和快速发展，分布式与云计算作为一种商业计算模型日益受到人们的广泛关注。本书是一本完整讲述分布式系统与云计算基本理论及其应用的教材。云计算是分布式系统中有着巨大商业前景的学科前沿，它是虚拟化、效用计算、基础设施即服务、平台即服务和软件即服务等概念混合演进的结果。

分布式系统与云计算相关课程是高等学校大数据、计算机科学与技术、物联网和软件工程等专业的专业课程，是高等学校培养计算机类专业新兴人才的重要课程。本书是笔者在长期的教学讲义和科研基础上，立足分布式系统原理，结合国内外云计算最新发展，对云计算的基本概念、核心技术、国内外应用与产业现状等进行了较为深入的剖析。本书旨在通过介绍分布式系统与云计算相关的理论与技术，使读者掌握分布式系统与云计算的概念，理解并掌握当前分布计算领域的主流技术，了解分布计算与云计算研究的方向，为从事分布式应用开发、云计算研究打下一定的基础。

本书为《分布式系统与云计算——原理、技术与应用》上册，主要介绍了分布式系统理论与技术，包括分布式计算的基本原理、核心技术、相关开发技术与方法，内容涵盖相关概念、分布式计算范型、分布式同步与互斥、分布式资源管理、分布式资源调度与负载均衡、分布式数据管理包括分布式文件系统和分布式数据库系统以及分布式容错技术。作为分布式与云计算后端架构的"九阳神功"，分布式存储技术包括分布式文件系统、分布式键值系统、分布式表格系统以及分布式数据库在这一部分也做了介绍。

通过本书的学习，使读者了解分布式计算系统的体系结构，认识分布式计算的实质，使读者对分布式系统的基本概念、有关体系结构、分布式系统设计原理与方法有一个系统的掌握，能深入理解一些典型的分布式计算系统，掌握几种重要而成熟的分布式系统模型和云架构。

本书力求在以下四个方面能具有自己的特色：

（1）内容全面，涵盖广泛。本书不仅覆盖传统分布式数据库系统的经典理论和技术，还用大篇幅介绍了现代分布式计算技术，包括云计算、虚拟化技术、集群技术、面向服务的体系结构、分布式云数据中心、大型网站架构技术等，面向互联网+应用的新需求，与时俱进，突出先进性。

（2）理论与实际相结合，实用性强。本书各章都以基本原理为基础，在充分讨论和说明各主体的基本原理的基础上，每一章都尽量引入相关的实例，通过实例加深读者的理解，云计算部分的实例来自主流分布式计算供应商，如亚马逊、微软、谷歌等。

（3）基本技术与最新发展相结合。分布式计算技术是正在发展的技术。新的方法和技术途径层出不穷。本书在把握基本技术的基础上，也结合了最新的技术进展。

（4）成熟技术与可能问题相结合。在讨论成熟技术的基础上，尽可能提出一些问题。引导学生在掌握成熟技术基础上作进一步思考，使读者认识到科学技术发展的无穷尽。强调开发分布式和云计算系统的普适性、灵活性、有效性、可扩展性、可用性和可编程性。

（5）适合读者自学的以及扩展性内容设置为通过二维码扫描后阅读。

本书适合作为高年级本科生、研究生分布式系统或分布式系统与云计算课程教材，同时也适合互联网行业或其他从事分布式系统云计算实践的工程人员、行业专业人士以及相关学科的研究者作参考书。本书的内容反映了当前计算机研究与应用的热点，具有广泛的市场需求。

本书的出版得到了中南大学出版社的大力支持，同时承担了许多具体工作，在此一并表示感谢。

最后，要特别感谢这个时代，互联网让我们更方便地享受这个时代的成果。感谢那些为分布式、云计算做出贡献的先驱，是你们让我们可以站在更高的"肩膀"上！感谢那些为本书提供基础的佳作，包括《分布式系统概念与设计》《分布式系统原理与范式》《云计算与分布式系统：从并行处理到物联网》《分布式系统及云计算概论》《云计算架构技术与实践》《分布式计算系统导论——原理与组成》《分布式云计算中心》《分布式计算、云计算与大数据》《分布式数据库系统》，等等，详细的书单请参阅本书最后的"参考文献"部分，在此深表感谢。

编　者

2019 年 3 月

目 录

Contents

第 1 章　绪论

计算机系统的发展是伴随着一场场技术革命而进行的。现代计算机时代是从 1945 年开始的，到 1985 年，这期间计算机一直是庞大而昂贵的物品。从 20 世纪 80 年代中期开始，两方面的技术进步改变了这种局面：首先是计算机软硬件技术特别是高性能微处理器的开发以及快速普及；其次是计算机网络技术的极速发展，利用局域网技术可以将位于同一区域里的不同机器连接起来，通过广域网技术可以连接不同区域、全国乃至全球范围内数百万台机器。与此同时，城域网（MAN）和广域网（WAN）也变得越来越快和更加可靠。这两项技术的进步不仅改变了人们对计算机的使用方式，同时也使得人们对包括计算能力和数据的透明访问、实现高性能和高可靠性的目标——分布式计算系统的追求不再是梦想。在分布式计算系统中，多台计算机组成一个完整的系统，逻辑上可以看成一个单机系统。对用户来说，不必了解系统中有多少台机器，它们的位置在哪里，它们的功能是什么，文件在哪里，作业在哪一台机器上运行等任何有关硬件物理分布乃至软件实现的细节。随着因特网和万维网的爆炸性增长，分布式系统从传统的应用领域，如工业自动化、国防和电信，扩展到了几乎所有的领域，包括电子商务、金融服务、医疗保健、政府部门以及娱乐业等。分布式计算机系统强调资源、任务、功能和控制的全面分布。就资源分布而言，既包括处理机、输入/输出设备、通信接口和辅助存储器等物理资源，也包括进程、文件、目录、表和数据库等逻辑资源。它们分布于物理上分散的若干场点中，而各场点经互联网络连接，彼此通信构成统一的计算机系统。

1.1　分布式系统简述

1.1.1　分布式系统的定义

分布式系统又叫分布计算系统、分布式计算机系统。关于分布式系统的定义，有许多不同的描述，比如，分布式的、网络的、并行的、并发的和分散的，目前还没有一致的定义。与顺序计算相比，并行的、并发的和分布式的计算包括多个处理机/单元（PE）间的集体协同动作。Andrew S. Tanenbaum 教授给出的定义如下：分布计算系统是由多个独立的计算机系统相互连接而成的计算系统，从用户的角度来看它好像是一个集中的单机系统。一般认为，分布式计算系统是由多个通过网络相互连接的计算机组成的一个整体，这些计算机在一组系统软件（分布式操作系统或中间件）环境下，合作执行共同的或不同的任务。Enslow 建议分布式系统用硬件、控制、数据三个维度加以检验。即

分布式系统 = 分布式硬件 + 分布式控制 + 分布式数据

Enslow 的定义同时还要求资源的分布必须对用户透明。如果系统所有三个维度（硬件、控制和数据）都达到一定程度的分散，系统就可以被归类为分布式系统。

基于这个定义，可以发现：

（1）系统是由多个计算机或计算机族（集群）组成，这些计算机或集群可以是异构的。

（2）这些计算机在物理上是独立的，在地理上是分散的，计算机运行其自身的操作系统（局部操作系统）。局部操作系统也可以是异构的。一个作业或程序可以在一个或多个计算机节点运行，每个节点具有自治能力。

（3）各计算机的地位是平等的。除了受全局分布式操作系统或中间件协同工作外，不存在或很少有主从控制或某种集中控制环节。

（4）这些计算机组成一个整体，对用户是透明的，尽力呈现出单一系统视图。用户使用任何资源不必知道这些资源的位置，即感觉不到计算机的内部组成结构、边界或网络的存在。

总结不同研究者给出的不同定义，可以概括如下：分布式计算机系统是由若干非共享内存和时钟的计算机或自治处理单元（PE）组成，它们通过一个计算机网络彼此交换消息，并且每个 PE 有自己的内存和运行自己的操作系统，它们在整个系统的控制下可协作执行一个共同的任务。在这些 PE 间有紧密的合作，系统支持任意数量的进程和 PE 的动态扩展。分布式系统的系统结构图如图 1-1 所示。

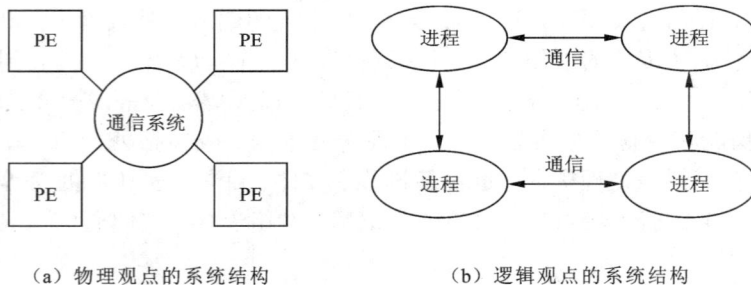

(a) 物理观点的系统结构   (b) 逻辑观点的系统结构

图 1-1 分布式系统的系统结构

图 1-1 从物理和逻辑的观点表示了分布式系统要求的基本属性：

（1）任意数目的进程。每个进程被称做一个逻辑资源。

（2）系统由多个地位相等的 PE 或计算机系统组成。每个 PE/计算机系统被称做一个物理资源。

（3）计算资源可以是物理上相邻的、由机器内部总线或开关连接的处理器，通过共享主存进行通信；这些计算资源也可以是在地理上分开的、由计算机通信网络（远程网或局域网）连接的计算机系统，通过消息传递通信。

（4）所有资源组成一个整体，用户使用任何资源时不必知道这些资源在哪里。

（5）应用程序和数据可分散到各个计算资源上运行。

（6）合作式进程。进程间以一种合作的方式交互，或者说多个进程用于解决一个共同的应用而不是几个独立的应用。

(7)通信延迟。两个 PE 间的通信延迟不可忽略。

作为分布式系统还应有以下属性：

(1)资源故障独立。没有任何单个逻辑或物理的资源故障会导致整个系统的瘫痪，不过 Leslie Lamport(美国著名计算机科学家)指出，"分布式系统就是这样一种系统，系统中一个甚至你都不知道的计算机出了故障，却可能导致你自己的计算机不可用。"

(2)故障化解。系统必须提供在资源故障的情况下重新配置系统拓扑和资源分配的手段。

基于以上定义，计算机网络(局域网、城域网和广域网)不被认为是分布式系统。这是因为不同地点(或站点)的进程没有协同工作。一个物理共享存储器多处理机不是分布式系统，因为它没有故障独立性。分布式共享存储器(DSM)是一个逻辑共享存储器系统，但它具有资源故障独立性并支持故障化解。DSM 系统一般被当做特殊的分布式系统。

分布式计算机系统的工作方式也是分布的。各场点可以根据下面两个原则进行分工：一种是把一个任务分解成多个可以并行执行的子任务，分配给各场点协同完成，这种方式称为任务分布。另一种是把系统的总功能划分成若干子功能，分配给各场点分别承担，这种方式称为功能分布。不论是任务分布还是功能分布，各个场点能够较均等地分担控制功能，独立地发挥自身的控制作用，并且相互配合，在彼此通信协调的基础上实现全系统的全局管理。这种分布与协作就好比一根筷子可以被轻易地折断，而一把筷子就很难被折断。

与分布式计算类似的计算形式有很多，下面介绍单机计算、并行计算、网络计算、集群计算、网格计算、志愿计算和云计算这七种形式，以便更好地区分和理解分布式计算的概念。

1. 单机计算

单机计算是最简单的计算形式，即利用单台计算机(如 PC)进行计算，计算机不与任何网络互连。在最基本的单用户单机计算模式中，一台计算机在任何时刻只能被一个用户使用。用户在该系统上执行应用程序，不能访问其他计算机上的任何资源。多用户也可参与单机计算。在该计算形式中，并发用户可通过分时技术共享单台计算机中的资源，这种计算方式称为集中式计算。

与单机计算模式不同，分布式计算包括在通过网络互连的多台计算机上执行的计算，每台计算机都有自己的处理器及其他资源。用户可以通过工作站来完全使用与其互连的计算机上的资源。此外，通过与本地计算机及远程计算机交互，用户可访问远程计算机上的资源。WWW 是该类计算的最佳例子。

2. 并行计算

并行计算(或称并行运算)是相对于串行计算的概念，最早出现于 20 世纪 60—70 年代，指在并行计算机上所做的计算，即采用多个处理器来执行单个指令。通常并行计算是指同时使用多种计算资源解决计算问题的过程，是提高计算机系统计算速度和处理能力的一种有效手段。并行计算可分为时间上的并行和空间上的并行。时间上的并行指流水线技术，而空间上的并行指用多个处理器并发地执行计算。并行计算与分布式计算的区别是，分布式计算强调任务的分布执行，而并行计算强调任务的并发执行。

3. 网络计算

网络计算是一个比较宽泛的概念，随着计算机网络而出现。网络技术的发展，在不同的时代有不同的内涵。网络计算的核心思想是，把网络连接起来的各种自治资源和系统组合起来，以实现资源共享、协同工作和联合计算，为各种用户提供基于网络的各类综合性服务。

在一个分布式系统中，一组独立的计算机展现给用户的是一个统一的整体，就好像是一个系统似的。分布式系统的各个计算机之间相互通信，无主从关系，系统中存在一个以全局的方式管理计算机资源的分布式操作系统，它可以为用户任意调度网络资源，并且调度过程是"透明"的。通常，对用户来说，分布式系统只有一个模型或范型。在操作系统之上有一层软件中间件(middle ware)负责实现这个模型。

在计算机网络中，这种统一性、模型以及其中的软件都不存在。网络操作系统要求网络用户在使用网络资源时必须了解网络资源，必须知道网络中各计算机的功能与配置、软件资源、网络文件结构等情况；用户看到的是实际的机器，计算机网络并没有使这些机器看起来是统一的。如果这些机器有不同的硬件或者不同的操作系统，那么，这些差异对于用户来说都是完全可见的。如果用户希望在一台远程机器上运行一个程序，那么，他必须登录到远程机器上，然后在那台机器上运行该程序。

分布式系统和计算机网络系统的共同点是，多数分布式系统是建立在计算机网络之上的，即分布式系统与计算机网络在物理结构上是基本相同的。

4. 集群计算

计算机集群(clustering)是指将一组松散集成的计算机软件或硬件连接起来高度紧密地协作完成计算工作。在某种意义上，它们可以被看作是一台计算机。集群系统中的单个计算机通常称为节点，通常通过局域网连接，但也有其他连接方式。集群计算机通常用来改进单个计算机的计算速度或可靠性。根据组成集群系统的计算机之间体系结构是否相同，集群可分为同构与异构两种。集群计算机按功能和结构可以分为高可用性集群、负载均衡集群、高性能计算集群。

5. 网格计算

网格计算是指利用互联网把地理上广泛分布的各种资源(计算、存储、带宽、软件、数据、信息、知识等)连成一个逻辑整体，就像一台超级计算机一样，为用户提供一体化信息和应用服务(计算、存储、访问等)。网格计算强调资源共享，任何节点都可以请求使用其他节点的资源，任何节点都需要贡献一定资源给其他节点。

6. 志愿计算

志愿计算作为分布式计算的一种，其基本思想来源于20世纪90年代中期的两个项目——GIMPS和Distributed.net。项目负责人之一的Anderson也成为了志愿计算的提出者。其核心思想就是资源提供者主动提供不连续空闲时间，以此来组成一个可共享的、持续稳定的计算资源。现行志愿计算项目有很多，如搜索地外文明的SETI@home拥有超过50万的志愿者，用于预测天气的Climateprediction.net以及计算DNA折叠的Folding@home都是当今重大的志愿计算应用实例。

7.云计算

2006 年，Google 高级工程师克里斯托夫·比希利亚第一次提出"云计算"的想法，随后 Google 推出了"Google 101 计划"，该计划的目的是让高校的学生参与云的开发，为学生、研究人员和企业家提供 Google 式的无限计算处理能力，这是最早的"云计算"概念。云计算概念包含两个层次的含义：一是商业层面，即以"云"的方式提供服务；二是技术层面，即各种客户端的"计算"都由网络负责完成。

云计算通常是指由网格计算、分布式计算、并行计算、效用计算等传统计算机和网络技术融合而形成的一种商业计算模型。从技术上看，云计算是一种基于互联网的计算方式，通过这种方式，共享的软硬件资源和信息可以按需求提供给计算机和其他设备。当前，云计算的主要形式包括基础设施即服务、平台即服务和软件即服务。

云计算与其他
计算形式的关系

1.1.2　分布式系统中的主要特征

同一个分布式系统中的计算机在空间部署上是可以随意分布的，这些计算机可能被放在不同的机柜上，也可能被放在不同的机房中，甚至分布在不同的地域。无论如何，一个标准的分布式系统在没有任何特定业务逻辑约束的情况下，都会有如下几个特征。

1.分布性

分布式系统中的多台计算机都会在空间上随意分布，同时，机器的分布情况也会随时变动。

2.对等性

分布式系统中的计算机没有主从之分，既没有控制整个系统的主机，也没有被控制的从机，组成分布式系统的所有计算机节点都是对等的。副本(replica)是分布式系统最常见的概念之一，是分布式系统对数据和服务提供的一种冗余方式。数据和副本可以提供同等服务。

3.异构性

分布式系统一般由不同的网络、操作系统、计算机硬件和编程语言来构造，必须要考虑一种通用的网络通信协议来屏蔽异构系统之间的差异。这种异构性主要体现在下列几个方面：

（1）网络：在互联网中会存在多种网络，如 Ethernet、Token_ring 和 ATM 等，通过网络协议来屏蔽不同的网络。

（2）计算机硬件：各计算机的指令系统、数据表示方法、机器配置都存在差异，如整数类型在不同结构的计算机上会有不同的表示方法，现在存在两种不同字节顺序的整数表示，两种不同结构之间的消息交换需要处理这种整数表示的差别。

（3）操作系统：尽管网络上所有计算机的操作系统都要实现 Internet 协议，但它们不一定为应用程序提供相同的功能调用的语法、语义文件系统等。例如，在 UNIX 上调用消息交换是不同于 Windows NT 的。

（4）编程语言：不同程序设计语言的字符和数据结构（诸如数组和记录）的表示也不同。当不同语言彼此通信时，这种差别也必须解决。

（5）不同开发商的实现。如果不用统一的标准，不同开发商开发的程序也不能相互通信，因为网络通信中，原语数据项的表示和消息的数据结构都不同。

在分布式计算系统中，隐蔽异构性的主要办法是：

①中间件技术。中间件是一种软件层，掩盖底下网络、硬件、操作系统和程序设计语言的差别。大多数中间件是建立在 Internet 协议之上的，主要处理操作系统和硬件的差别。CORBA 和 COM/DCOM 是著名的中间件软件。除了解决异构问题外，中间件还提供一个统一的计算模型，以为服务器和分布式应用程序的开发者所用。可能的模型包括远程对象的方法引用、远程事件通知、远程 SQL 访问和分布式事务处理等。

②虚拟机技术。虚拟机技术是 Sun Microsystem 公司发明的一种编程技术。它提供一种方法，使代码在任何硬件上都能运行。一种特定语言编译器会产生一个虚拟机代码串来代替具体硬件的命令码。例如，Java 编译器产生 Java 虚拟机代码串；云计算也采用了虚拟技术。

4. 并发性

在一个分布式系统中，程序运行过程中的并发性操作是非常常见的行为。例如，同一个分布式系统中的多个节点，可能会并发地操作一些共享的资源，诸如数据库或分布式存储等，如何准确并高效地协调分布式并发操作也成为了分布式系统架构与设计中最大的挑战之一。分布式系统设计必须遵循 CAP 理论。CAP 理论源于加州大学伯克利分校的计算机科学家 Eric Brewer 在 2000 年的分布式计算原则研讨会（symposium on principles of distributed computing，PODC）上提出的一个猜想，他认为，对于一个分布式计算系统来说，不可能同时满足以下三点：

（1）一致性（consistency，C）：所有节点访问同一份最新的数据副本，分布式系统中的所有数据备份在同一时刻为同样的值。

（2）可用性（availability，A）：对数据更新具备高可用性，在集群中一部分节点发生故障后，集群整体还能响应客户端的读写请求。

（3）分区容忍性（partition tolerance，P）：当集群中的某些节点无法联系时仍能正常提供服务。以实际效果而言，分区相当于对通信的时限要求，系统如果不能在时限内达成数据一致性，意味着发生了分区，当前操作必须在一致性和可用性之间做出选择。

这个猜想在后来被证实和规范化，被称为 CAP 定理，正在极大地影响大规模 Web 分布式系统的设计。当 CAP 理论应用在分布式存储系统中时，最多只能实现其中的两点。而由于当前的网络硬件肯定会出现延迟丢包等问题，因此分区容忍性是必须要实现的，在设计分布式系统时只能在一致性和可用性之间进行权衡。

5. 缺乏全局时钟

在程序需要协作时，它们通过交换消息来协调它们的动作。密切的协作通常取决于对程序动作发生时间的共识。但是，事实证明，网络上的计算机与时钟同步所达到的准确性是有限的，即没有一个正确时间的全局概念，这是分布式系统以通过网络发送消息作为唯一通信方式所带来的直接结果。

6. 故障独立性

所有的计算机系统都可能出故障，一旦出现软硬件故障时，程序在完成预期任务前可能产生不正确结果或导致异常停止。分布式系统可能以新的方式出故障。虽然网络故障导致了网上互连的计算机的隔离，但这并不意味着它们会停止运行，事实上，计算机上的程序无法判断是网络出现故障还是网络运行得比通常慢。类似的，计算机的故障或系统中程序的异常终止（崩溃），并不能马上使与它通信的其他组件予以了解。系统的每个部件会单独地出现故障，而其他部件还在运行。

分布式系统中存在以下几种类型的系统故障：如果只是简单地停止了进程，那么就会发生崩溃性故障；如果进程对请求不响应，那么就会发生遗漏性故障；如果进程对请求响应得过快或过慢，就会发生定时性故障；如果以错误的方式响应请求，那么就是响应性故障；如果系统出现任意类型故障，这时称为任意性故障或拜占庭故障。

部件故障分类

7. 容错性

分布式系统设计中的一个重要目标是它可以从部分失效中自动恢复，而且不会严重地影响整体性能。如果系统可以在发生故障时继续操作，就称其具有容错性（fault tolerance）。

常用的容错方法是冗余配置，它有信息冗余、时间冗余、物理冗余三种形式。信息冗余就是增加额外的信息位使错误信息可以得到纠正。例如海明码是存储器设计中的重要冗余配置技术，它可以用于检测和恢复传输错误。时间冗余就是执行一个操作，如果需要就再次执行。原子事务就属于这种冗余，事务取消后，可以再做。时间冗余对于解决暂时性故障和间歇性故障非常有效。物理冗余就是增加额外的设备使系统可以承受某个部件的故障。例如，给系统增加额外处理机，如果某台处理机出错，系统可以马上切换到正常的处理机上继续执行。组织额外处理机有两种方法：活动备份法与主副结构法。比如对于一个服务器，如果使用活动备份法，则所有的处理机都会像服务器那样同时并行工作，以此来屏蔽故障，如果使用主副结构法，则使用一台处理机工作，当它出现故障时，再用备份机来替代它。

具体采用哪种办法，主要取决于应用对于以下几点的基本需求：所需的备份（冗余）程度；有故障时的平均和最坏性能；无故障时的平均和最坏性能。

8. 安全性

计算机安全问题，是指系统中的数据被有意或无意地泄露以及数据和其他系统资源被破坏的问题。为了解决安全问题，应根据分布式系统中可能存在的安全威胁和安全需求，来制定相应的安全策略，以便在计算机中实施相应的保护机制。

在分布式系统中，资源的私密性、完整性以及可用性都需要有相应的措施加以保证。安全性攻击会采取窃听、伪装、篡改和拒绝服务等形式。安全的分布式系统的设计者们必须在攻击者可能了解系统所使用的算法和部署计算资源的环境下，解决暴露的服务接口和不安全的网络所引发的问题。

1.1.3　分布式系统的目标

虽然分布式系统得到越来越广泛的应用，但是它的设计还在不断发展中。为了让用户更方便地使用系统，为用户提供更强大的服务和应用，主要在关键目标资源方面进行提高。分布式系统的几个关键目标是资源的可访问性、开放性、可扩展性、可用性、可靠性和透明性。

1. 可访问性

分布式系统的最主要目标是使用户能够方便地访问远程资源，并且以一种受控的方式与其他用户共享这些资源。资源几乎可以是任何东西，其典型例子包括打印机、计算机、存储设备、数据、文件、Web 页以及网络，但这些只是资源中的一小部分。资源共享的一个显而易见的理由是降低经济成本。例如，让若干用户共享一台打印机比为每一位用户购买并维护一台打印机要划算得多。基于同样原因，共享超级计算机和高性能存储系统等昂贵资源也是很有意义的。

2. 开放性

一个开放的分布式系统(open distributed system)可以根据一系列准则来提供服务，这些准则描述了所提供服务的语法和语义。在分布式系统中，服务通常是通过接口(interface) 指定的，而接口一般是通过接口定义语言(interface definition language，IDL)来描述的。用 IDL 编写的接口定义基本上只是记录服务的语法，即这些接口定义明确指定可用函数的名称、参数类型、返回值，以及指出可能出现的异常等。在实际应用中，这样的接口说明一般是用一种非正式的方式，通过自然语言给出的。

良好的接口定义允许需要某个接口的任意进程与提供该接口的进程进行通信。同时它也允许独立的双方各自完成截然不同的接口实现。良好的接口规范说明是完整且中立的。"完整"意味着完成接口实现不可少的所有内容都已经规定好了。然而，有许多接口定义都是不完整的，这样就需要开发人员添加针对特定实现的细节。同样重要的是，接口规范说明不应描述接口的实现应该是什么样子，它应该是中立的。完整性和中立性对于实现互操作性和可移植性很重要。

开放的分布式系统的另一个重要目标是，它必须是灵活的，要能够方便地把由不同开发人员开发的不同组件组合成整个系统。同时，还必须能够方便地添加新组件、替换现有的组件，而不会对那些无须改动的组件造成影响。换句话说，开放的分布式系统应该是可扩展的(extensible)。

要在开放的分布式系统中获得灵活性，关键是要把系统组织成规模相对较小而且容易替换或修改的组件的集合，并且将策略与机制相分离。比如 Web 缓存，理想情况下浏览器仅提供存储文档的功能，同时允许用户决定每个文档是否需要保存以及保存多久。在实际应用中，这可以通过为用户提供大量可以动态设置的参数来实现。更好的做法是用户可以通过某个能插入到浏览器中的组件来订制可实现其目标的策略。当然，这种组件必须具有浏览器可以识别的接口，以允许浏览器调用与该接口相对应的过程。

3. 可扩展性

可扩展性是指系统为了支持持续增长的任务数量可以不断扩展的能力，通过扩展能够获得高性能、高吞吐量和低延迟。由于数据容量不断增加或者工作量不断增加，系统会超出预期的规模，此时，则需要在不损失系统性能的情况下完成扩展。为此，可通过增加服务器数量的方式实现横向扩展，也可以考虑通过给每台服务器增加更多系统资源的方式实现纵向扩展。

系统的可扩展性度量至少包含三个方面。首先，系统要能在规模上扩展，也就是说可以方便地把更多的用户和资源加入到系统中去。其次，如果系统中的用户和资源可以相隔极为遥远，这种系统就称为地域上可扩展的系统。最后，系统在管理上是可扩展的，也就是说，即使该分布式系统跨越多个独立的管理机构，仍可方便地对其进行管理。但是，在以上这三个方面或其中某一两个方面上可扩展的系统常常在扩展之后表现出性能的下降。

另外，还有一个难以解决的问题就是如何对一个跨越多个独立管理域的分布式系统进行扩展。要解决的关键问题是分布式系统在资源使用(包括付费)、管理和安全问题上各方面有着相互冲突的策略。例如，一个位于单个域中的分布式系统的组件通常可以得到在同一个域中用户的信任。从本质上说，用户信任的是系统管理员，然而，这种信任无法自动拓展到域的边界之外。如果分布式系统拓展到了另一个域，就必须采取两种类型的安全措施。一方面，分布式系统必须保护自己免受来自新域的恶意攻击，例如，来自新域的用户可能只应该拥有对于系统原始域中文件服务的读权限。同样的道理，像昂贵的图像排版设备或者高性能计算机这样的设备不应该允许其他用户使用。另一方面，新域也必须保护自身免受来自分布式系统的恶意攻击。

将当前一个系统扩展为一个有数千万用户的分布式系统的指导原则是避免集中的组件、表和算法(表 1-1)。5 千万用户拥有同一台邮件服务器不是一个好主意。即使有足够高的 CPU 速度和足够大的存储容量，进出邮件服务器的网络通信容量也必然会出问题，并且，系统也不会容忍出现错误。

表 1-1　在超大型分布式系统中设计者应该尽量避免的潜在瓶颈问题

概念	例子
集中式组件	一个邮件服务器对应多个用户
集中式表	一个在线电话号码本
集中式算法	基于完全信息的路由器

解决可扩展性问题的成功技术，如数据多副本、缓存、部署多个服务器处理共同执行的任务(域名服务)和允许多个类似任务并发执行等，将在后面章节中进行较详细的讨论。

4. 可用性

可用性是一个系统尽可能地限制潜在风险发生的能力，涉及两种不同的机制：快速检测错误机制和快速启动恢复程序机制。这种建立一个能够迅速发现并解决节点故障的保护系统的过程通常称为故障转移。快速检测错误机制的关键在于定期检测每个服务器的状态，通常将此任务分配给任务管理者节点。如果没有一个特殊的管理者节点，那么通过分布式系统实现这种机制更加困难。在 P2P 结构中，经常将其中一个节点定义为超级节点，专用于负责后台检测。快速启动恢复程序机制通过复制（将数据复制到多台服务器）和冗余（每个实例连接多台服务器）来实现。

可用性（availability）是关于系统可供使用时间的描述，以丢失的时间为驱动（be driven by lost time）。在一个正常运作的系统中存在一个时间比例。如果一个用户不能访问系统比例增大，它被认为是不可用。可用性公式可以定义如下：

$$availability = uptime / (uptime + downtime)$$

uptime 是指正常运行时间，downtim 是机器出现故障的停机时间。通常大家习惯用 N 个 9 来表征系统可用性，如 99.9%（3 – nines availability），99.999%（5 – nines availability）。

5. 可靠性

可靠性指一个分布式系统在它的某一个或多个硬件的软件组件发生故障时，仍能提供服务的能力。可靠性 R（reliability）是关于系统无失效时间间隔的描述，以发生的失效个数为驱动（be driven by number of failure）。

$$R = e^{-\lambda t} = e^{-\frac{t}{\Theta}}$$

式中：t——运行时间（1 天，1 周，1 月，1 年等，可根据要求确定）；

λ——失效率；

$\Theta = 1/\lambda = $ MTTF（mean time to failure）或 MTBF（mean time between failures）。

当 MTTF、MTBF 或 MTBM（mean time between maintenance，平均维修间隔时间）与运行时间相比较长时，可用可靠性（reliability）去度量（如不发生失效的可能性）；当 MTTF、MTBF、MTBM 跟运行时间相比较短时，可用不可靠性（unreliability）去度量（如发生失效的可能性）。MTTF 针对不可修产品，表示产品的平均失效时间；MTBF 针对可修产品，表示产品平均失效间隔时间。

理论上，系统可靠性是所有组件可靠性的"布尔或"。例如，有 4 台文件服务器，每台在任一时刻能使用的概率为 0.95，所有 4 台同时坏掉的可能性是 0.000006，所以至少有一台能用的可能性是 0.999994，大大优于任意一个单独的服务器。有的分布式系统依靠的是一些专用服务器的正常工作，则其可用性是这些组件的"布尔与"而不是"布尔或"。

6. 透明性

透明性（transparency）是指分布式系统是一个整体，而不是独立组件的组合，系统对用户和应用程序屏蔽其组件的分离性。如果一个分布式系统能够在用户与应用程序面前呈现为单个的计算机系统，这样的分布式系统被称为是透明的。

透明性对用户和应用程序员隐藏了与手头任务无直接关系的资源，并使得这些资源能被匿名使用。分布式系统的重要目标之一是将它的进程和资源在多台计算机上分布的事实隐藏起来。分布式系统中一般有下列类型的透明性。

（1）访问透明（access transparency）：访问透明性是指对不同数据表示形式以及资源访问方式的隐藏，即用相同的操作访问本地资源和远程资源。例如，分布式系统中的多个计算机系统运行的可能是不同的操作系统，这些操作系统的文件命名方式不同。文件命名方式的差异以及由此引发的文件操作方式的差异都应该对用户和应用程序隐藏起来。

(2)位置透明(location transparency)：位置透明性指的是访问资源无须知道其物理或网络位置。命名在确保位置透明性方面扮演了重要角色。特别是，位置透明性可以通过仅为资源分配逻辑名来实现，这种逻辑名和资源的位置完全无关。例如，从 http：//www.163.com/index.html 这个 URL 看不出网易的主 Web 服务器的所在位置，同样也看不出 index.html 是一直位于现在所在的位置还是最近才移到那里的。

(3)迁移透明：如果分布式系统中的客户或资源的移动不会影响该资源的访问方式，就可以说这种分布式系统具有迁移透明(migration transparency)性。

(4)复位透明(relocation transparency)：如果资源可以在接受访问的同时进行重新定位，而不引起用户和应用程序的注意，拥有这种资源的系统无疑会更加强壮，也就可以说这种系统具有复位透明性。例如，当移动通信用户从一个地点移动到另一个地点时，可以一直使用他们的无线膝上型计算机，甚至连暂时的中断连接都不需要。

(5)复制透明(replication transparency)：复制透明是指对同一个资源存在多个副本这样一个事实的隐藏。为了对用户隐藏复制行为，所有副本的名字都必须相同。这样，支持复制透明性的系统必须同时也支持位置透明性，不然系统就无法引用位于不同位置的多个副本。复制在分布式系统里扮演了重要角色。例如，如果要增加系统的可用性或者提升系统性能，可以对资源进行复制，然后把其副本放在访问该资源的位置附近。

(6)并发透明(concurrency transparency)：分布式系统的重要目标之一是实现资源共享。多数情况下，资源共享是通过协作方式完成的，就像在通信中那样。然而，实际中还有许多竞争式资源共享的例子。例如，两个独立用户将各自的文件存储在同一台文件服务器上，或者访问位于一个共享数据库中的同一批表。在这种情况下，重要的是让任何一个用户都不会感觉到他人也在使用自己正使用的资源。这种现象称为并发透明。并发透明性必须确保对共享资源的并发访问不会破坏资源的一致状态，其实现的机制是：一旦某个用户开始使用一个资源时，系统就会自动锁定此资源，直到该用户使用完后再解锁。在这种方式下，所有资源只能串行使用，而决不是并发使用的。与并发透明相关联的是并行透明(parallelism transparency)。如果一个程序员知道他的分布式系统有 1000 个 CPU，而他想用其中的相当大一部分 CPU 去运行一个并行推演多个棋局的下棋程序时，又应该怎么办呢？理论上的答案是：通过对编译程序、运行期系统和操作系统的综合，设计出如何利用这种潜在的并行优势而不为程序员所察觉的方法。但是，目前的技术发展水平与此相去甚远。如果程序员真的想用多个 CPU 解决单个问题，将必须明确地进行编程，至少是在可以预见的将来仍然会是如此。并行透明被分布式系统设计者视为神圣的追求目标。

(7)故障透明(failure transparency)：如果一个分布式系统具有故障透明性，就意味着用户不会注意到某个资源(也许他从未听说过这个资源)无法正常工作。屏蔽故障是分布式系统中最难解决的问题之一，面临的最大困难在于无法区别出现故障的资源和反应速度极慢的资源。例如，在连接一台繁忙的 Web 服务器时，浏览器将会超时并且报告该 Web 页不可用。在这种情况下，用户无法判定该服务器是否真正崩溃了。

(8)持久性透明(persistence transparency)：持久性透明性，指的是对资源位于易失性存储器中还是位于磁盘上的隐藏。例如，许多面向对象的数据库提供直接调用存储对象的功能。在这个调用过程中发生的情况是，数据库服务器首先将对象的状态数据由磁盘复制到主存储器中再执行操作，然后可能会把状态写回到辅助存储装置中去，而用户觉察不到服务器将状态数据在主存储器和辅助存储器之间进行了移动。持久性在分布式系统中扮演着重要角色，而且它对于非分布式系统也是同样重要的。

除此之外，还有性能透明性和伸缩透明性。性能透明性是当负载变化时，系统能被重新配置以提高性能。伸缩透明性是指在不改变系统结构或应用算法情况下，系统和应用能够进行扩展。

其中最重要的两个透明性是访问透明性和位置透明性，它们的有无对分布式资源的利用有很大影响，有人将它们统称为网络透明性。

通过上面对透明性的描述，可以知道系统具有透明性时有以下优点：

(1)使软件的研制变得容易，因为访问资源的方法只有一种，软件的功能与其位置无关。

(2)系统的某些资源变动时不影响或较少影响应用软件。

(3)系统的资源冗余(硬件冗余和软件冗余)使操作更可靠，可用性更好。透明性使得在实现这种冗余时，各种冗余资源的互相替换变得容易。

(4)在资源操作方面，当把一个操作从一个地方移到其他地方时没有什么影响。

1.1.4   分布式系统的类型

在介绍分布式系统的原理之前，首先来看看分布式系统的不同类型。

1. 分布式计算系统

分布式系统中的一个重要类别就是用于高性能计算任务的系统。分布式计算是一种把需要进行大量计算的工程数据分割成小块，由多台计算机分别计算并上传运算结果后，将结果统一合并得出数据结论的科学方法。它研究如何把一个需要非常巨大计算能力才能解决的问题分成许多小的部分，然后把这些小的部分分配给许多计算机进行处理，最后把分散的计算结果综合起来得到最终的结果。粗略地说，它可以分成 3 个子分组：集群计算(cluster computing)(图 1 -2)、网格计算(图 1 -3)和云计算。

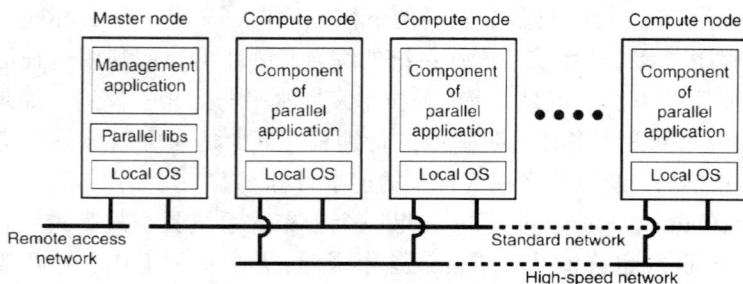

图 1 -2   基于 Linux 的 Beowulf 集群

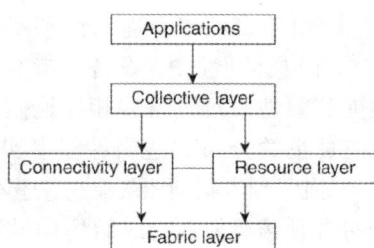

图 1-3　网格分层体系结构

2.分布式信息系统

分布式系统中另一个重要类别是在组织中的应用，这些组织面临大量的网络应用，但这些应用之间的互操作性很差。很多现有的中间件解决方案是使用一种基础设施，它可以把这些应用集成到企业范围内的信息系统中。分布式信息系统，是指以计算机网络为基础，将系统的数据与功能分布在地理上的不同位置，通过自然的数据与功能连接进行辅助决策的信息系统。分布式信息系统通常都由成千上万个组件构成，包括服务器、存储器、网络设备、操作系统、应用软件等。这些软硬件通常来自不同的厂家并有着自身特殊的结构和功能，同时它们之间又相互联系相互影响，使得分布式信息系统变得异常复杂。此外，分布式信息系统的动态性、异构性和不确定性又引入了另一维度的复杂性。最低级的集成就是允许客户端把多个请求(可能是发往多个服务器的)封装成单个较大的请求，并将这个较大的请求作为一个分布式事务处理(distributed transaction)来运行。其关键点是要么所有请求都被运行，要么所有请求都不被运行。随着应用程序变得更加复杂并逐步分割成各自独立的组件(如把数据库组件与事务处理组件分开)，显然，通过让应用程序直接与其他程序进行通信，也可以实现集成。这就是现在大型企业所关注的企业应用集成(enterprise application integration，EAI)。

3.分布式普适系统

普适计算是指无所不在的、随时随地可以进行计算的一种方式，主要针对移动设备，如信息家电或某种嵌入式设备，如掌上电脑、车载智能设备、笔记本计算机、手表、智能卡、智能手机(具有掌上电脑的一部分功能)、机顶盒、POS 销售机、屏幕电话等新一代智能设备。在这种分布式普适系统中的设备，往往具有体积小、由电池供电、可移动以及只有一个无线连接等特征(但并不是所有设备都同时具有这些特征)。普适计算设备可以一直或间断地连接着网络。与 Internet、Intranet 及 Extranet 连接，使用户能够随时随地获取相关的各种信息，并做出回应。

分布式普适系统是我们周围环境的一部分(它往往是分布式的)。分布式普适系统的一个重要特性是缺乏人的管理控制。这些设备充其量可以由它们的所有者进行配置，不然它们就需要自动发现它们的环境并尽可能"安置"于其中。其应用程序主要有三种需求：接受"上下文"的变化(设备知道其环境总在变化)、促使自主合成(容易配置设备上的应用程序族)以及认可共享为默认行为(要求有容易读取、存储、管理和共享信息的方法)。

在普适系统中，设备经常要加入到系统中，以便访问（或提供）信息，这就要求有容易读取、存储、管理和共享信息的方法。由于设备的不连续性和不断改变的连接性，可访问信息的存储空间也有可能总是变化的。在可移动性中，设备支持对本地环境的易适应性和与应用程序相关的易适应性，它们必须能有效地发现设备并相应地做出动作。从这些需求可以清楚地看出，在普适系统中，并不存在真正的分布式透明性。事实上，数据、过程和控制中的分布性为这些系统所固有，由于这个原因，与其试图隐藏它，还不如让它暴露出来。

例如，一个电子保健系统配有各种传感器，构成躯体局域网（图1-4）来完成医疗监护、远程诊断和会诊。

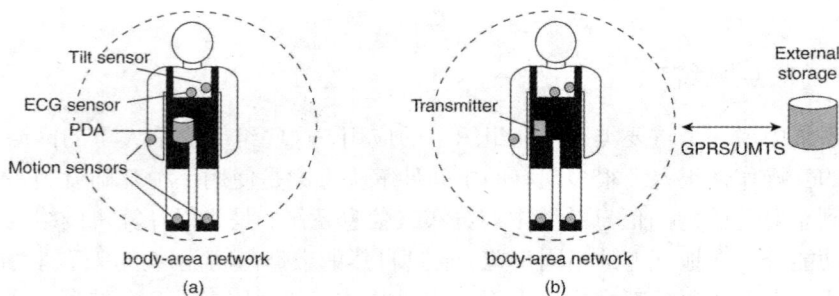

图1-4   躯体局域网

1.2   分布式系统的拓扑结构

分布式系统中的场点可用不同的方式将它们从物理上联结起来，每种方式都有优缺点。

为方便讨论，我们把各种拓扑结构用图形表示出来，其中的节点对应于场点，从节点A到节点B的连线对应于这两个场点之间的直接链路。

定义1.1   如果一个系统已被划分成两个或多个子系统，且不同子系统中的场点已不能再彼此通信，则该系统称之为分割的。

典型的分布式拓扑结构请扫描二维码学习。

分布式拓扑结构

1.3   分布式与计算机网络

过去几年中，人们已经提出过许多CPU计算机系统的分类方案，但却没有一种方案真正流行或者被广泛采用。在这些方案中最经常被引用的是Flynn的分类方案。Flynn提出了两个他认为十分重要的特征：指令流的数量和数据流的数量。

基于 Flynn 的分类，在图 1-5 中，把所有的 MIMD(multiple instruction stream, multiple data stream)计算机群分成两类：那些具有共享存储器的通常称为多处理机(multiprocessor)或多处理器；而不具有共享存储器的则称为多计算机(multicomputer)。它们之间的本质区别在于：在多处理机中，所有的 CPU 共享统一的虚拟地址空间。相反，在多计算机中，每个计算机有它自己私有的存储器。由网络连接的个人计算机的集合就是一个多计算机系统的普通实例。

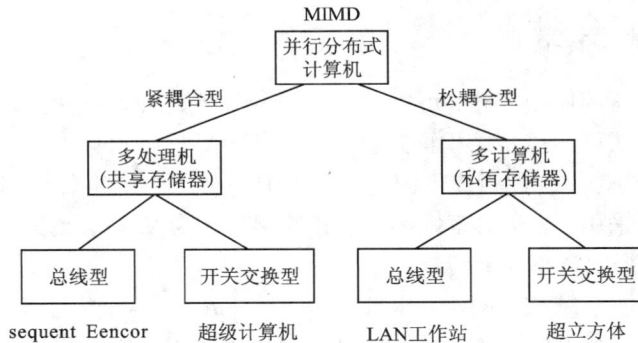

图 1-5　并行及分布式计算机系统分类法

这两种类型又可以根据互联网络的体系结构进一步细分。在图 1-5 中，这两种分类描述为总线型(bus)和开关交换型(switched)。所谓总线型是指只通过单个网络、底板、总线、电缆或其他介质将所有计算机联结起来。有线电视采用的就是与此十分类似的方案，即电缆公司在街道下面布线，所有的用户都通过分接头将他们的电视与这条总线联结起来。

开关交换型则是在机器和机器之间有独立的线路，在实际使用中还有许多不同的连线方式。信息沿着线路传送，在每一步都需要进行明确的路由选择以便将信息通过某个输出线路发送出去。世界范围的公共电话系统就是采用这种方式组织的。

另一种分类方法是，在一些系统中的机器是紧耦合型(tightly coupled)的，而在另一些系统中它们是松耦合型(loosely coupled)的。在紧耦合型系统中，一台计算机向另一台计算机发送信息的时延很短、数据传输速率高，即它每秒中所能够传送的比特数大。而在松耦合型的系统中则正好相反：机器间信息传送延迟大，数据传输速率也低。例如，同一个印刷电路板上由蚀刻在板上的电路连接的两个 CPU 芯片很可能是紧耦合的。然而，由 2400 bit/s 的调制解调器通过电话系统连接到一起的两台计算机必定是松耦合的。

紧耦合的系统多用于并行系统(共同处理一个问题)，而松耦合系统多用于分布式系统(处理一些不相关的问题)。当然也有例外，如一个著名的反例就是：全世界的数百台计算机一起工作，试图对一个巨大的数字(大约 100 位)进行因子分解，每台计算机被安排只计算某个指定范围中的除数。它们都在空闲的时间做这件事，完成后用电子邮件报告结果。

总的来说，多处理机的耦合程度要比多计算机高，因为它们能以存储速率交换数据，但一些基于光纤的多计算机也能以存储速率交换数据。

扫描右面二维码，可了解图 1-5 中所示的四个类别，即总线型多处理机、开关交换型多处理机、总线型多计算机、开关交换型多计算机。

1.4　分布式体系结构

分布式系统往往由各种复杂的系统组成，其组件按定义分散在多台机器之中。要理解这些复杂性，关键是恰当地组织好这些系统。查看分布式系统的组织结构的方法有很多种，其中常见的一种是区分软件组件集的逻辑组织和实际物理实现的差别。

1.4.1　体系结构样式

根据组件和链接器的使用方式，可以出现不同的配置，从而也就可以划分成不同的体系结构样式。现在已被认可的体系结构样式有多种，其中最重要的有以下几种。

（1）分层体系结构是由组件组成不同的层，其中一个层中的组件可以调用下面的层。此模型被网络通信广泛采用。一个关键因素是，其控制系统是从一层到另一层的：请求是从上往下传递，而请求结果则从下往上传递。

（2）基于对象的体系结构（object-oriented architecture）是一种很松散的组织结构。基本上，每个对象都对应一个组件，这些组件通过远程过程调用机制来连接。这种软件体系结构与客户－服务器系统体系结构很匹配。分层和基于对象的体系结构仍然是大型软件系统最重要的样式。

（3）以数据为中心的体系结构（data-centered architecture）是从这种思想发展而来：进程通信需要通过一个公用（被动或主动的）仓库。分布式系统认为这种体系结构与分层和基于对象的体系结构同等重要。例如，已经开发了很多网络应用程序，它们依赖一个共享的分布式文件系统，其中的所有通信都是通过文件虚拟发生的。同样，基于 Web 的分布式系统大部分也是以数据为中心的：进程通信使用了基于 Web 的共享数据服务。

（4）基于事件的体系结构（event-based architecture）：进程基本上是通过事件的传播来通信的，事件传播还可以有选择地携带数据。对分布式系统来说，事件传播通常与发布－订阅系统（publish/subscribe systems）有关。其基本思想是，进程发布事件，然后，中间件将确保那些订阅了这些事件的进程接收它们。基于事件的系统的主要优点是，进程是松耦合的。从原理上来说，它们无须明确地引用对方。这又称为是引用解耦（referentially decoupled）。

基于事件的体系结构可以与以数据为中心的体系结构组合，形成共享数据空间（shared data spaces）。共享数据空间的基本思想是，进程也可以是去耦的：它们不需要两者在通信发生时都是活动的。而且，很多共享数据空间使用类似于 SQL 的接口与共享仓库交互，在这种情况下，使用描述符而不是明确引用就可以访问数据，就像是使用文件一样。

对分布式系统来说，体系结构之所以重要，是因为它们都要获得（合适程度的）分布式透明性。由于没有哪一种解决方法能够满足所有分布式应用程序的需求，研究人员已经放弃了这样一种设想：可以用单个分布式系统来满足 90% 的可能情况。

1.4.2　分布式系统体系结构

1. 集中式体系结构

在关于分布式系统的很多问题上人们很少意见一致，但在下面问题上很多研究人员和实践人员都获得共识：根据从服务器请求服务的客户来考虑问题，有助于我们理解和管理分布式系统的复杂性，这是一个好事情。

在基本的客户－服务器模型中，分布式系统中的进程分成了两组(可能会有重叠)。服务器(server)是实现特定服务的进程，例如，文件系统服务或数据库服务。客户(client)是通过往服务器发送请求来请求服务、然后等待服务器回复的进程。这种客户－服务器交互又称为请求－回复行为(request-reply behavior)。

如果底层网络很可靠(像很多局域网就是这样)，通过简单的无连接协议就可以实现客户和服务器之间的通信。使用无连接协议的一个明显优点是高效，只要消息不丢失或损坏，请求－回复协议就能很好地工作。但是，要使该协议能抵抗突发的传输故障是很困难的。我们大概唯一能做的是，当没有回复消息到来时，让客户程序重新发送请求。但问题是，客户无法检测原始请求消息是否丢失，也无法检测回复消息的传输是否发生了故障。如果回复消息丢失，那么，重新发送请求消息会导致执行两次相同的操作。如果某个操作可以重复多次而所产生的影响均与一次执行的影响相同，那么就称它为幂等的(idempotent)。由于有些请求是幂等的，而有些则不是，因此不能用同样的解决方法来处理消息的丢失问题。另外，很多客户－服务器使用可靠的基于连接的协议。尽管这种解决方法由于其相对较低的性能而不是完全适用于局域网，但在广域网中则可以很好地工作，因为在广域网中的通信是不可靠的。例如，所有因特网应用协议都是基于可靠的 TCP/IP 协议。

很多客户－服务器应用程序由三个部分构建组成：一部分负责处理与用户的交互，另一部分负责操作数据库或文件系统，中间部分通常含有应用程序的核心功能。这个中间部分在逻辑上是位于处理层的。与用户接口和数据库不同，处理层没有太多的共同点。

作为示例，下面来看看因特网搜索引擎(图 1-6)。如果忽略掉所有的动画标语、图像和其他窗口修饰，搜索引擎的用户接口非常简单：用户输入关键字字符串，然后显示出 Web 网页的列表。后端由一个巨大的 Web 网页数据库组成，这些 Web 网页是预取的，且已加索引。搜索引擎的核心是把用户的关键字字符串转换成一个或多个数据库查询的程序。它可以把结果排名成一个列表，并把该列表转换成 HTML 页面列表。在客户－服务器模型中，这种信息检索部分往往放在处理层。

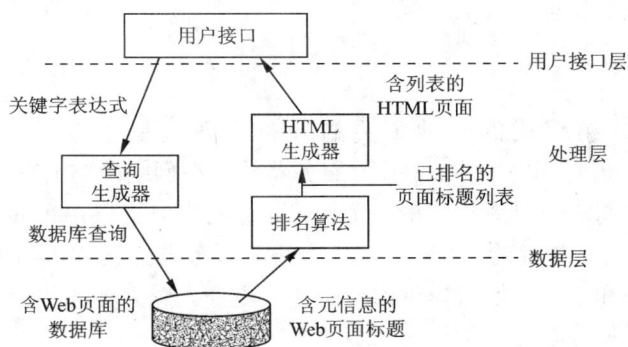

图 1-6 因特网搜索引擎简化成三个不同的层

客户－服务器模型中的数据层含有用于维护实际数据的程序，应用程序可以在这些数据上进行操作，其数据往往是持久的(persistent)，也就是说，即使应用程序没有运行，数据也会保存在某个地方以供日后使用。除存储数据外，数据层还负责保持不同应用程序之间的数据一致性。

近些年来，客户端软件不再放在终端用户机上了，大多数的处理操作和数据存储在服务器端完成。其原因很简单：尽管客户机可以做不少工作，但把更多的功能放在客户机上，使得客户端软件更容易出错，且更依赖于客户端的底层平台(如操作系统和资源)。从系统管理的角度来说，使用胖客户(fat client)并不是最优的，相反，使用瘦客户(thin client)配置更容易，可以使得用户接口不那么复杂。注意，这种趋势并不意味着我们不再需要分布式系统了。相反，随着单个服务器被运行在不同机器的多个服务器取代，服务器端的解决方法正变得越来越分布式。特别是在区分客户和服务器时，不要忽视了这样一点：有时候服务器可能需要起到一个客户的作用。

2. 非集中式体系结构

在很多商业环境中，分布式处理等同于把客户－服务器应用程序组成一个多层体系结构。一般把这种类型的分布称为垂直分布性(vertical distribution)。垂直分布性的特征是：它是通过逻辑把不同组件放在不同机器上来获得的。该术语与分布式关系数据库中所使用的垂直分割(vertical fragmentation)概念相关。在分布式关系数据库中，垂直分割就是把表按列分割，从而可分布在多台机器上。同样，从系统管理的角度来说，具有垂直分布性有助于功能从逻辑上和物理上分割在多台机器上，每台机器按特定的功能组进行定制。然而，垂直分布性只是组织客户－服务器应用程序的一种方法。在现代体系结构中经常包含了客户和服务器的分布性，可以称之为水平分布性(horizontal distribution)。在这种类型的分布式系统中，客户或服务器可能在物理上被分割成逻辑上相等的几个部分，但每个部分都操作在整个数据集中共享的部分，从而实现负载的平衡。

点对点系统(peer-peer system)，点对点体系结构绕过了覆盖网络(overlay network)中如何组织进程的问题，也就是说，网络中的节点是由进程和表示各种可能的通信通道的链接(通常为 TCP 连接)形成的。通常，一个进程不能与另外任意一个进程直接通信，而是要求通过一个可用的通信信道来发送消息。

两种类型的覆盖网络

3. 混合体系结构

按混合体系结构组织成的一种重要的分布式系统是边界服务器系统(edge-server system)。这种系统部署在因特网中，其中，服务器放置在网络的"边界"。这种边界是由企业网络和实际因特网之间的分界线形成的，例如，因特网服务提供商(Internet service provider, ISP)。终端用户，或者是常说的客户，利用一个边界服务器连接到因特网。边界服务器的主要目的是在进行过滤和编码转换后提供内容服务。更令人感兴趣的是边界服务器集可以用于优化内容和应用程序的分布性。

混合结构主要部署在协作分布式系统中。比如，文件共享系统 BitTorrent(图 1 － 7)。BitTorrent 是一种点对点文件下载系统。其基本思想是，当一个终端用户要查找某个文件时，他可以从其他用户那里下载文件块，直到所下载的文件块能够组装成完整的文件为止。混合结构一个重要的设计目标是确保协作性。

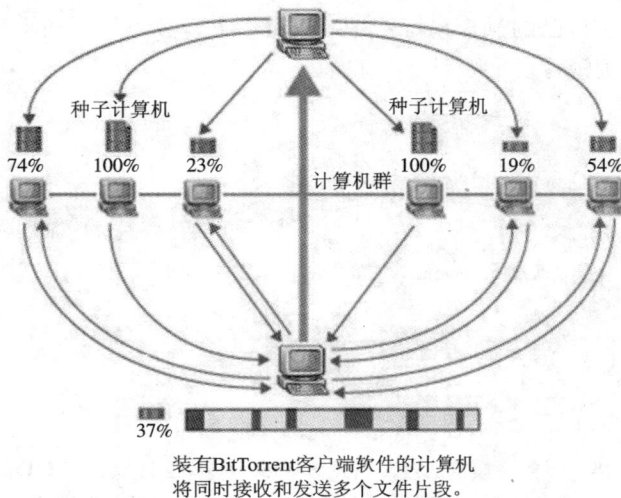

图 1 – 7　**BitTorrent** 工作原理

1.5　分布式和云计算系统模型

分布式和云计算系统都建立在大量自治的计算机节点之上。这些节点通过 SAN、LAN 或 WAN 以层次方式互连。利用现在的网络技术，几个 LAN 交换机可以方便地将数百台机器连接成一个工作集群。一个 WAN 可以连接许多本地集群形成一个大集群。从这个角度看，可以建立连接边际网络的数百万台计算机的大系统。

大系统被认为具有高可扩展性，并能在物理上或逻辑上达到 Web 规模互连。大系统被划分为四组：集群、P2P 网络、计算网格、大数据中心之上的互联网云。借助于节点数，这四个系统分类可能包括数百、数千甚至数百万台计算机作为协同工作节点。这些机器在各个级别共同、合力、协作地工作。

1.5.1　协同计算机集群

一个计算集群由互连的协同工作的独立计算机组成，这些独立计算机作为单一集成的计算资源协同工作。在过去，集群式的计算机系统在处理重负载大数据集任务方面已经发挥了重要作用。

1. 集群体系结构

图 1 – 8 是通常的建立在低响应时间、高带宽互连网络上的服务器集群体系结构。这个网络可以像 SAN(如 Myrinet)或 LAN(如以太网)一样简单。要建立更多节点的更大集群，互连网络可以建成千兆位以太网、Myrinet 或 InfiniBand 交换机组成的多级网络。通过使用

SAN、LAN 或 WAN 构成层次化结构，可以通过增加一定数量的节点建立可扩展的集群。集群通过虚拟专用网络(VPN)网关接入互联网。网关 IP 地址定位了集群。计算机的系统镜像由操作系统管理共享集群资源的方式决定。大多数集群的节点计算机是松耦合的。一个服务器节点的所有资源由它自己的操作系统管理。因此，大多数集群因在不同操作系统下有很多自治节点而有多个系统镜像。

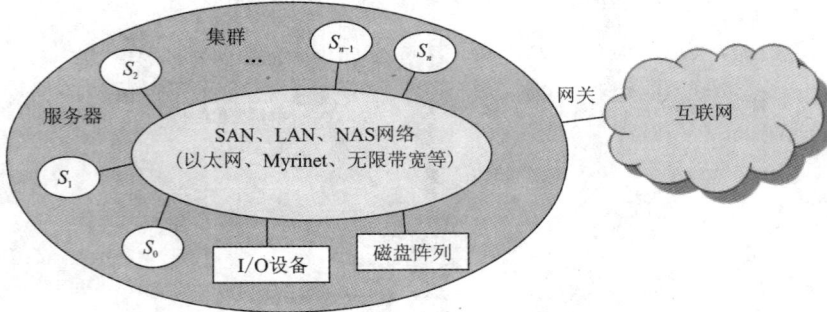

图 1 - 8   服务器集群通过高带宽 SAN 或 LAN 互连以共享 I/O 设备
和磁盘阵列；集群以一个单独计算机的身份接入互联网

2. 单系统镜像

Greg Pfister 声称一个理想的集群应该合并多个系统镜像到一个单系统镜像(single-system image，SSI)。集群设计者期待一个集群操作系统或者一些中间件在各个级别支持 SSI，包括跨越所有集群节点共享 CPU、内存和 I/O。SSI 是虚拟的、由软件或硬件资源集合为一个集成的、强大的资源镜像。SSI 使集群在用户看来像是一个单独的机器。一个有多个系统镜像的集群除了一群独立的计算机外什么都不是。

3. 硬件、软件和中间件支持

集群实践大规模并行通常称为 MPP，基本的构成部件包括计算机节点(PC、工作站、服务器或 SMP)、特殊的通信软件(如 PVM 或 MPI)和每个计算机节点上的网络接口卡。计算机节点通过高带宽网络(如千兆位以太网、Myrinet、InfiniBand 等)互连。

系统以特殊的集群中间件支持来实现 SSI 或高可用性(high availability，HA)。串行和并行程序都可以在集群上运行，以特殊的并行环境来促进集群资源的使用。例如，分布式的内存有多个镜像，用户可能想要通过分布式共享内存(distributed shared memory，DSM)使所有分布式内存在所有服务器上共享。许多 SSI 的特性在不同集群操作级别的实现是昂贵或难以达到的。在未实现 SSI 时，许多集群是机器间松耦合的。通过虚拟化，可以根据用户要求动态地建立许多虚拟集群。

4. 主要的集群设计问题

遗憾的是，现在仍没有一个适合集群的完全资源共享的操作系统。现有的中间件和操作系统扩展都是在用户空间开发的，以在特定功能级别实现 SSI。集群利益来自于可扩展的性能、有效的消息传递、高系统可用性、无缝容错和集群视角的作业管理。

1.5.2　计算网格

像电力网格一样，一个计算网格提供一个基础设施，可以把计算机、软件/中间件、特殊指令、人和传感器结合起来。网格通常被架构在 LAN、WAN 或者地区性、全国性或全球规模的互联网骨干网络上。企业或组织将网格呈现为集成的计算资源。它们也可以被视为支持虚拟组织的虚拟平台。网格中的计算机主要是工作站、服务器、集群和超级计算机。个人计算机、笔记本电脑和 PDA 都可以作为访问网格系统的设备。

图 1 - 9 所示是一个建立在为不同组织所拥有的多个计算资源上的计算网格的例子。资源站点提供补充的计算资源，包括工作站、大服务器、处理器网格和 Linux 集群来满足计算需求链。网格建立在各种 IP 宽带的网络上，包括互联网上已被企业和组织使用的 LAN 和 WAN。网格对用户来说是一个集成的资源池，如图 1 - 9 上半部分所示。在服务器端，网格是一个网络；在客户端，看到的则是有线或无线的终端设备。网格作为租用服务集成了计算、通信、内容和事务。

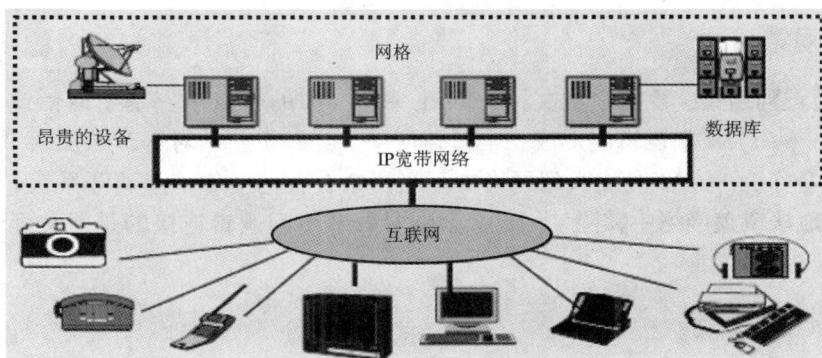

图 1 - 9　计算网格或数据网格通过资源共享和多个组织间合作提供了计算效用、数据和信息服务

1.5.3　对等网络家族

P2P 体系结构提供了一个分布式的网络化系统模型。最初，P2P 网络是面向客户端而不是面向服务器的。本节将针对物理层和逻辑层覆盖网络介绍 P2P 系统。

1. P2P 系统

在一个 P2P 系统中，每个节点既是客户端又是服务器，可提供部分系统资源。节点机器都是简单的接入互联网的客户机。所有客户机自治、自由地加入和退出系统。这表明对等节点间不存在主从关系，无须中心协作或中心数据库。换句话说，没有任何节点机器拥有整个 P2P 系统的全局视野，它们是系统在分布式控制下自组织的。

图 1 - 10 在两个抽象层次展示了 P2P 网络的体系结构。初始时，节点间是完全不相关的。每个节点自由地加入或退出 P2P 网络。任何时候都只有共同参加的节点形成物理网络。不像集群或网格，P2P 网络没有使用一个专一的互联网络。物理网络是一个简单的在各种互

联网域使用 TCP/IP 和 NAI 协议随机地形成的特殊网络。因此，物理网络因 P2P 网络中自由的组织关系而在大小和拓扑结构上动态变化。

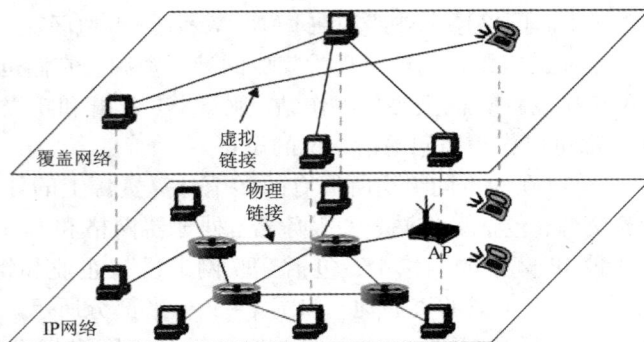

图 1-10 通过映射物理 IP 网络到一个覆盖网络建立虚拟链接的 P2P 系统结构

2. 覆盖网络

在一个覆盖网络中，数据项或文件分布在一起参加的节点中。基于通信或文件共享需求，对等节点(peer)ID 在逻辑层形成一个覆盖网络。当一个新的对等节点加入系统时，它的对等节点 ID 会作为一个节点加入到网络中。当一个存在的对等节点离开系统，它的对等节点 ID 会自动地从覆盖网络中移除。因此，刻画对等节点间逻辑连接的是前文提到的 P2P 覆盖网络。

3. P2P 计算挑战

P2P 计算在硬件、软件和网络需求上面临三类异构问题：有太多的硬件模型和体系结构而无法选择；软件和操作系统间不兼容；不同的网络连接和协议使其过于复杂而无法应用于实际应用。系统规模直接决定了性能和带宽。数据局部性、网络邻近性和互操作性是分布式 P2P 应用的设计目标。

1.5.4 互联网上的云计算

Gordon Bell、Jim Gray 和 Alex Szalay 提倡："计算科学正向数据密集型转变。超级计算机必须是一个平衡的系统，不仅是 CPU，还要有千兆规模的 I/O 和网络阵列。"将来，处理大数据集通常意味着把计算(程序)发送给数据，而不是复制数据到工作站。这反映了 IT 业计算和数据从桌面向大规模数据中心移动的趋势，以服务的方式按需提供软件、硬件和数据。

1. 互联网云

云计算提供了一个虚拟化的按需动态供应硬件、软件和数据集的弹性资源平台(见图 1-11)。它的思想是将桌面计算移到面向服务的平台上，使用数据中心的服务器集群和大数据库。云计算利用它的低成本和易用性，使用户和提供商达到双赢。云计算意图同时满足多用户应用，云生态系统必须被设计成安全、可信和可靠的。一部分计算机用户认为"云"就是一个集中式资源池；另一部分用户则认为"云"是在所有使用的服务器上实践分布式计算的服务器集群。

**图 1 - 11 数据中心的虚拟化资源形成互联网云，向付费用户
提供硬件、软件、存储、网络和服务以运行他们的应用**

2. 云前景

任何一个在互联网上提供该服务的公司都可以叫作云计算公司。云计算 Xass 是分层的，典型的是 Infrastructure（基础设施）- as - a - Service，Platform（平台）- as - a - Service，Software（软件）- as - a - Service。基础设施在最下端，平台在中间，软件在顶端。别的一些"软"的层可以在这些层上面添加，如图 1 - 12 所示。

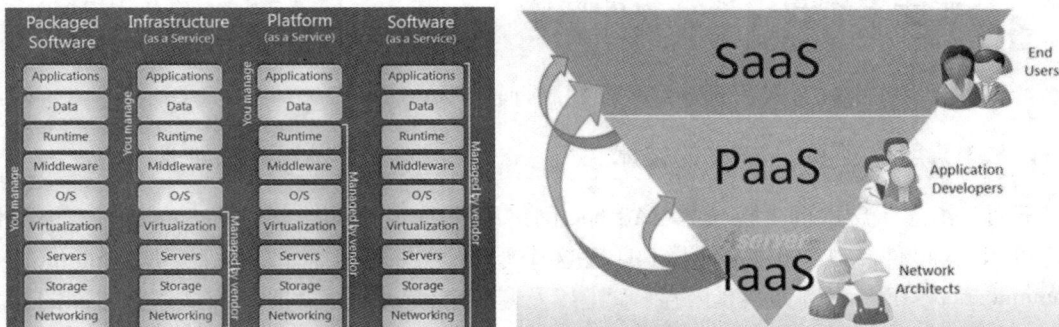

（a）Xass的层次表示   （b）IaaS、Paas、SaaS的关系

图 1 - 12 云计算的服务模式

基础设施即服务（IaaS）将用户需要的基础设施（即服务器、存储、网络和数据中心构造）组合在一起。用户可以在使用客户机操作系统的多个虚拟机上配置和运行指定应用。用户不管理或控制底层的云基础设施，但可以指定何时请求和释放所需资源。大的 IaaS 公司有 Amazon、Microsoft、VMWare、Rackspace 和 Red Hat。不过这些公司又都有自己的专长，如 Amazon 和 Microsoft 给用户提供的不只是 IaaS，他们还会将其计算能力出租给用户来 host 网站。

平台即服务（PaaS）使用户能够在一个虚拟的云平台上配置用户定制的应用。PaaS 包括中间件、数据库、开发工具和一些运行时支持（如 Web 2.0 和 Java）。平台包括集成了特定程序接口的硬件和软件。提供商提供 API 和软件工具（如 Java、Python、Web 2.0 和 .NET）。用户从云基础设施的管理中得以解脱。PaaS 公司在网上提供各种开发和分发应用的解决方案，比如虚拟服务器和操作系统。这节省了用户在硬件上的费用，也让分散的工作室之间的合作变得更加容易，如网页应用管理、应用设计、应用虚拟主机、存储、安全以及应用开发协作工具等。大的 PaaS 提供者有 Google App Engine、Microsoft Azure、Force. com、Heroku、Engine Yard。最近兴起的公司有 AppFog、Mendix 和 Standing Cloud。

软件即服务(SaaS)指面向数千付费云用户的初始浏览器的应用软件。SaaS 模型应用于业务流程、工业应用、客户关系管理(consumer relationship management，CRM)、企业资源计划(enterprise resource planning，ERP)、人力资源(human resources，HR)和合作应用。对用户而言，没有服务器或软件许可方面的前期投入。对提供商而言，与同传统的用户应用服务器相比，其成本相当低。用作商务的 SaaS 应用包括 Citrix 的 GoToMeeting、Cisco 的 WebEx，Salesforce 的 CRM、ADP、Workday 和 SuccessFactors。

在当今云计算环境当中，IaaS 是非常主流的，无论是 Amazon EC2、Linode 还是 Joyent 等，都在市场上占有一席之地，但是随着 Google 的 App Engine，Salesforce 的 Force. com 还有微软的 Windows Azure 等 PaaS 平台的推出，PaaS 也开始崭露头角。就短期而言，因为 IaaS 模式在支持的应用和学习难度这两方面具有优势，使得 IaaS 将会在短期之内成为开发者的首选，但是从长期而言，若 PaaS 能解决诸如通用性和支持的应用等方面的挑战，PaaS 模式的高整合率所带来的经济性将会促使其替代 IaaS 成为开发者的"新宠"。

1.6   分布式系统和云计算软件环境

本节将介绍使用分布式和云计算系统的流行软件环境。

1.6.1   用以支持分布式的技术

下面介绍 3 个层次的支持技术：Ad hoc 网络编程(ad hoc network programming)、结构化通信以及中间件。在 Ad hoc 网络编程这个层次，主要依靠进程间通信(interprocess communication，IPC)机制如共享内存、管道以及套接字(socket)，以便分布式组件之间的互联和信息交换。IPC 机制有助于解决分布式系统的一个关键问题——使不同地址空间的组件能够互相协作。

开发分布式系统时，如果只使用 Ad hoc 网络编程的话，也会有相应的缺点，比如，在应用代码中直接使用套接字会导致代码与套接字 API 紧耦合，这时如果向另一种 IPC 机制进行代码移植或者重新部署到其他节点上，就需要较大的开销。即便是将代码移植到同一操作系统的不同版本上，也可能由于各平台 IPC 相关的 API 的细微变动而导致对代码作出相应的修改。另外，直接使用 IPC 机制编程还会导致范式不匹配，例如，本地通信使用面向对象的类和方法调用，而远程通信却采用面向功能的套接字 API 和消息传递。

对分布式计算下一个层次的支持是结构化通信，它通过提供较高层次的通信机制，避免了应用代码与底层 IPC 机制的直接耦合，从而解决了 Ad hoc 网络编程的限制。结构化通信封装了与机器相关的细节，比如比特、字节以及二进制读写等。应用开发人员可以基于其所提供的编程模型来具体实现更贴近于应用领域的数据类型和通信方式。

迄今为止，比较有名的结构化通信示例是远程过程调用(remote procedure call，RPC)平台，比如 Sun RPC 以及分布式计算环境（DCE）。RPC 平台允许分布式应用像在本地环境一样互相协作：一个程序可以调用另一个程序的函数，传递调用参数以及接受函数调用的结果。RPC 平台隐藏了底层的操作系统 API 和 IPC 机制的细节。此外，还有一些其他结构化通信的例子，如 PROFInet 为工业自动化系统提供运行时模型，定义了几种面向消息的通信协议；ACE 则提供了可重用的 C++ 包，实现了不同操作系统间通信的通用框架。

尽管相对于 Ad hoc 网络编程而言，结构化通信已有所改进，但它并没有完全解决上一节中所描述的分布式系统面临的挑战。

上述这些挑战已经不是结构化通信所能解决的了，它需要专门的中间件驻留在应用和底层的操作系统、网络及数据库之间，以给分布式系统提供所需的基础设施。

IDC 曾经给中间件下的定义是："中间件是一种独立的系统软件或服务程序，分布式应用软件借助这种软件在不同的技术之间共享资源，中间件位于客户机服务器的操作系统之上，管理计算资源和网络通信。"

我国学术界一般认可的定义是："中间件是指网络环境下处于操作系统、数据库等系统软件和应用软件之间的一种起连接作用的分布式软件，主要解决异构网络环境下分布式应用软件的互连与互操作问题，提供标准接口、协议，屏蔽实现细节，提高应用系统的易移植性。

从中间件在软件支撑和架构的定位来看，它基本上可以分为三大类产品：应用服务类中间件、应用集成类中间件、业务架构类中间件。应用服务类中间件为应用系统提供一个综合的计算环境和支持平台，包括对象请求代理（ORB）中间件、事务监控交易中间件、Java 应用服务器中间件等。应用集成类中间件具有提供各种不同网络应用系统之间的消息通信、服务集成和数据集成的功能，包括常见的消息中间件、企业集成 EAI、企业服务总线以及相配套的适配器等。业务架构类中间件包括业务流程、业务管理和业务交互等几个业务领域的中间件。

中间件使得应用开发人员可以集中精力，关注他们的首要任务——实现应用领域相关的功能。在认识到中间件拥有广阔的市场需求后，微软、IBM、Sun 以及 OMG、W3C 等公司和组织纷纷开始发展分布式计算相关技术。下面将介绍一些流行的中间件技术，包括分布式对象计算中间件、组件中间件、发布－订阅中间件和面向消息的中间件、面向服务的体系结构（SOA）以及 Web 服务。

1.6.2 分布式对象计算中间件

分布式对象计算（distributed object computing，DOC）中间件技术出现于 20 世纪 80 年代后期和 90 年代初期，它对当时的分布式系统开发有着重要贡献。分布式对象计算中间件技术代表了两种主要信息技术的结合：基于 RPC 的分布式计算系统和面向对象的设计与编程技术；开发基于 RPC 的分布式技术，如 DCE，主要关注于如何将多台计算机集成起来，以作为统一的可扩展计算资源来使用。类似地，面向对象的系统开发技术则利用经典的设计模式和软件架构，通过创建可重用的框架和组件来降低复杂度。因此，分布式对象计算中间件可以利用面向对象技术灵活有效地分发多个、通常是异构的计算和网络元件，以提供可重用的服务和应用。

用来构建分布式系统应用的 CORBA 和 Java RMI 是分布式对象计算中间件技术的典范。它们通过在客户端和服务器端之间定义接口规范，达到客户端可以调用服务器所提供的对象服务而不必知道其具体位置的目的。标准的分布式对象计算中间件技术，如 CORBA，还允许自定义通信协议以及对象信息模型，这使得由不同语言编写的在不同平台上运行的各种应用能够相互协作。

1.6.3　组件中间件

　　为解决上述分布式对象计算中间件技术的缺陷，20 世纪 90 年代中后期出现了组件中间件技术。值得一提的是，为了解决缺少功能边界的问题，组件中间件技术允许一组高内聚的组件对象通过提供或请求接口的方式来实现交互，同时它还定义了在普通应用服务器上执行这些组件对象所需的标准运行时机制。为了解决缺少标准组件部署和配置机制的问题，组件中间件通常还详细描述了分包、定制、组装和在分布式系统中分发组件的基础机制。

　　EJB 和 CORBA 组件模型（CCM）是组件中间件技术的典型代表，它们定义了以下一些基本角色及其关系。

　　组件是功能实现的实体，它暴露了一套命名接口和连接点，以便组件之间可以互相协作。命名接口是指那些其他组件可以同步调用的服务方法。连接点与其他组件所提供的命名接口相联合，就可以建立客户端到服务器端的关联。有些组件模型还提供事件源和事件接收器，以实现异步消息传递。

　　容器为组件实现提供了服务器运行时的环境。容器包含了各种预定义的钩子函数和操作，这些内容使组件可以访问到相关的策略和服务，如持久化机制、事件通知、事务、复制、负载均衡以及安全机制。每个容器都定义了运行时策略的集合，包括事务、持久化、安全以及事件分发策略等。同时，容器还负责初始化托管组件并为其提供运行环境。组件的实现通常使用 XML 格式的关联元数据来指定所需的容器策略。

　　除了上述要素之外，组件中间件技术还利用说明性的元数据为开发过程的各个阶段提供全面的信息，进而为软件开发生命周期各个阶段的不同方面带来了自动化：组件实现、分包、装配以及部署。这些特点使得组件中间件技术能够以比分布式对象计算中间件技术更快更健壮的方式创建应用。

　　在组件架构中，定义良好的关联关系亦存在于组件与对象之间。一般而言，组件在构造时创建，可能在运行时载入，并定义了运行时行为的实现细节。同样地，对象在运行时创建，其类型在组件内封装，它们运行时的动作将最终决定程序的行为。由于存在这样的关联关系，组件能够被定义、构造和加载，而对象也会被创建并发生交互。

1.6.4　发布－订阅中间件和面向消息的中间件

　　RPC 平台、分布式对象计算中间件以及组件中间件技术，都是基于请求/响应的通信模型。然而，对于某些类型的分布式应用，特别是那些需要对外界刺激和事件做出反应的系统，如控制系统和在线股票交易系统，请求－响应答通信模型就不太适用了。这些不适用的方面包括：采用客户端和服务器的同步通信方式时，模型不能充分利用网络和终端系统的并行输入能力；采用指定的通信方式，客户端必须知道服务器的标识，这会导致其与特定的接收方紧耦合；如果使用点对点的通信方式，则客户端同一时刻只能和一个服务器通信，从而限制了客户端将信息传递到所有需要信息的接收方的能力。

　　正因为如此，在某些分布式系统中采用了备选的结构化通信方案，即采用面向消息的中

间件技术或者发布 – 订阅中间件，前者包括 IBM 的 MQ 系列、BEA 的 Message Q、TIBCO 的 Rendezvous 等，而后者则包括 Java 消息服务（JMS）、数据发布服务（DDS）、WS – NOTIFICATION 等。面向消息的中间件技术主要优势在于支持异步通信：发送方在传送数据给接收方后不需被阻塞以等待接收方的响应。很多面向消息的中间件平台提供了事务机制，消息能被可靠地排队或存储，直到接收方把它们取出来。发布 – 订阅中间件增强了这种异步通信的能力，它不需要通过传送事件数据来明确指定接收方地址，此时发布方和订阅方是松耦合关系，双方甚至都不需要知道彼此的存在；发布 – 订阅中间件还具备了组播的功能，可以实现多个订阅方同时接收同一个发布者发布的消息。

发布 – 订阅中间件技术主要包含以下角色：

发布方是事件源，它们产生要传播到系统的关于特定主题的事件消息。根据实现架构的不同，发布方可能需要描述所生成优先级的事件的类型。

订阅方是系统的事件接收方，它们使用自己感兴趣主题的数据。某些实现架构要求订阅方声明它们所希望接收信息的过滤信息。

事件通道是系统中将事件从发布方传播到订阅方的组件。它们可以把事件传播到分布式系统的远程订阅者那里，还可以完成各种服务，比如过滤及寻址功能、质量保证增强功能以及错误管理功能。

从发布方传递到接收方的事件可以有多种表现形式，从简单的纯文本消息到类型丰富的数据结构体等。相应地，用来发布和订阅事件的接口可以是通用的，比如用来交换 WS – NOTINFICATION 中任意动态类型的 XML 消息的 send 和 recv 方法；也可以是特定的，比如 DDS 中用于交换静态类型事件数据的数据读/写方法。

1.6.5　面向服务的体系结构（SOA）

面向服务的体系结构在软件的模型、结构、互操作以及开发方法四个方面提供了更强的应用支撑能力。

（1）模型：构件模型弹性粒度化，即通过抽象层度更高的构件模型，实现具备更高结构独立性、内容自包含性和业务完整性的可复用构件，即服务。并且在细粒度服务基础上，提供了更粗粒度的服务封装方式，即业务层面的封装，形成业务组件，可以实现从组件模型到业务模型的全生命周期企业建模的能力。

（2）结构：结构松散化，即完整地分离服务描述、服务功能实现以及服务的使用者和提供者，从而避免出现分布式应用系统在构建和集成时常见的技术、组织、时间等方面的不良约束。

（3）互操作：交互过程标准化，即将与互操作相关的内容进行标准化定义，如服务封装、描述、发布、发现、调用等契约，通信协议以及数据交换格式等，最终实现访问互操作、连接互操作和语义互操作。

（4）开发集成方法：应用系统的构建方式由代码编写转为主要通过服务间的快捷组合及编排，完成更为复杂的业务逻辑的按需提供和改善，从而大大简化和加速应用系统的搭建及重构过程。

SOA 通过标准的、支持 Internet、与操作系统无关的 SOAP 协议实现了连接互操作。而且，服务的封装采用 XML 协议，具有自解析和自定义的特性，这样，基于 SOA 的中间件还可以实现语义互操作。

图 1 – 13 显示了面向服务的体系结构。

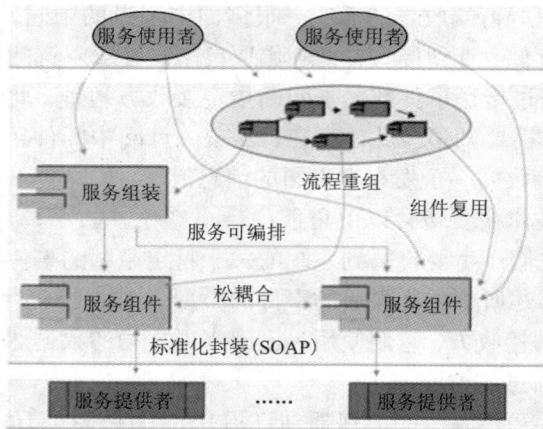

图 1 – 13 面向服务的体系结构

1. Web 服务分层体系结构

在这类分布式系统例子中，实体接口对应 Web 服务描述语言（Web services description language，WSDL）、Java 方法和 CORBA 接口定义语言（interface definition language，IDL）规范。它们的接口与定制化的高级通信系统连接：SOAP、RMI 和 IIOP。这些通信系统支持特殊消息模式［如远程过程调用（remote procedure call，RPC）］、错误恢复和专门路由。通常，这些通信系统建立了面向消息的中间件（企业总线）设备如 Web Sphere MQ，或者提供了丰富功能、支持虚拟化路由、发送者、接收者的 Java 消息服务（Java message service，JMS）。例如，JNDI（Jini and Java naming directory interface，Jini 和 Java 命名的目录接口）说明了 Java 中分布式对不同对象的模型的尝试。CORBA 交易服务、UDDI（通用描述、发现、集成）、LDAP（轻量级目录访问协议）和 ebXML（使用可扩展标记语言的电子商务）也是一些信息服务的例子。上述语言或接口术语形成了实体级能力集合。早些年间，CORBA 和 Java 方法比今天的 SOAP、XML 或 REST（表征性状态转移）更多地应用于分布式系统。

在容错的情况下，Web 服务可靠性消息传递（Web services reliable messaging，WSRM）框架的特性模拟 OSI 协议能力（如 TCP 容错）允许在实体级别修改以匹配不同的抽象（如消息对应包、虚拟化地址映像）。

2. Web 服务和工具

松耦合和异构实现支持使 Web 服务比分布式对象更有吸引力。Web 服务和 REST 系统都与建立可靠互操作的系统有明显差距。在 Web 服务中，意在详细说明服务的所有方面和环境。此规范带有简单对象访问协议（simple object access protocol，SOAP）的通信消息。主机环境成为一个使用 SOAP 消息达到完全分布式能力的通用分布式操作系统。这种方法已经混合成功，因为很难在协议关键部分达成一致并且通过软件（如 Apache Axis）更难有效实现协议。在 REST 方法中，采用简单原则(如通用原则)把大多数难以解决的问题交给应用(实现规范)软件。在一个 Web 服务语言中，REST 在信息头中信息量最小，消息主体(对通常的消息过程而言，这是不透明的)携带了所有需要的信息。显然，REST 体系结构更适合飞速发展的技术环境。然而，Web 服务的思想是重要的并将可能在一些成熟的系统被不同级别的协议栈(作为应用的一部分)所需要。注意，REST 可以用 XML 而非 SOAP 的一部分；"HTTP 之上的 XML"是这个关系中流行的设计选择。

在 CORBA 和 Java 中，分布式实体由 RPC 连接，构建组合应用的较为简单的方式是视实体为对象并使用传统的方式将它们连接到一起。对于 Java，这可以如同用远程方法调用(remote method invocation，RMI)代替方法调用编写一个 Java 程序一样简单，而 CORBA 支持一个类似的模型，该模型有一个反映 C + +实体(对象)接口样式的语法。

3. SOA 架构给信息化带来的新变革

SOA 系统架构的出现，将给信息化带来一场新的革命。纵观信息化建设与应用的历程，尽管出现过 XML、Unicode、UML 等众多信息标准，但是许多异构系统之间的数据源仍然使用各自独立的数据格式、元数据以及元模型，这是信息产品提供商一直以来形成的习惯。信息孤岛大量存在的事实，使信息化建设的 ROI 大大降低，ETL 成为集中这些异构数据的有效工具。ETL 常用于从源系统中提取数据，将数据转换为与目标系统相兼容的格式，然后将其装载到目标系统中。数据经过获取、转换、装载后，要产生应用价值，还需要另外的数据展现工具予以实现。如此复杂的数据应用过程，必定产生高昂的应用成本。结构化的数据管理尚可通过以上方法实现其集成应用，而在非结构化的内容方面，这些具有挑战性的问题更令人生畏。

采用信息集成的功能可以将散落在广域网和局域网上的文档、目录、网页轻松集成，以加强信息的协同相关性。同时，复杂的、成本高昂的数据集成，也转变为可以简单且低成本实现的参数设定，由此创建了完全集成的信息化应用新领域。在具体的功能实现上，SOA 协同软件所实现的功能包括了知识管理、流程管理、人事管理、客户管理、项目管理、应用集成等，从部门角度看涉及了行政、后勤、营销、物流、生产等。从应用思想上看，SOA 协同软件中的信息管理功能，全面兼顾了贯穿整个企业组织的信息化软硬件投入。将 SOA 的协同软件与 ERP、CRM 等传统应用软件相比，关键的不同在于它可以在合适的时间、合适的地点并且有正当理由为需要它提供服务的任何用户提供服务。

1.6.6　分布计算系统的设计问题

典型的 Watson 模型的每一层及其子层都有一些重要的设计问题，这些问题之间相互都有联系，需要根据问题的不同性质，用不同的机构来解决。有些问题可能是共同的，解决的办法也可以相同，或方法相互联系。下面的问题是很多层所共有的。

(1)命名问题。标识符代表一个对象，在保护、差错控制、资源管理、资源定位、资源共享、用简单对象创建较复杂对象时，都要用到标识符。整个系统各个层次上也都使用标识符，最低层的标识符就是机器地址。名字常在局部意义上使用，也有的名字在整个系统中是唯一的，这叫全局命名。命名直接影响透明性。

(2)差错控制问题。在系统内各个层次上都要检测差错，并使系统从差错状态恢复到正确状态。不可能只使用一种差错控制机构来解决所有层的问题。分布计算系统还产生一些特殊问题，例如：名字可能重复使用；在报文延迟、报文差错和系统故障期间仍必须维持；通信介质可能破坏差错控制信息等。

（3）资源管理问题。每一层都要对用于对象表示的主存、缓冲器空间、信道访问、通信带宽、CPU 机时、对硬件/固件的访问、地址空间等资源进行相应的管理。资源的分配和调度通常在本地完成，因为需要本地自治管理，此外还需要全局调度和分配。要同时达到报文低延迟和高吞吐量的目标，则要求长期保留某些状态信息和资源与功能在各层上的预分配。

（4）同步问题。通常是指合作的各个进程共享资源或共享事件的机制。在集中式系统中由于使用了共享主存，并且所有进程看到的系统状态是一致的，所以这个问题很简单。在分布计算系统中却不是这样。由于用于更新和报告状态的报文具有不可预知的延迟，合作的各个进程看到的系统状态不可能一样，即使没有差错和节点故障时也是如此。当发生差错时，问题就更复杂了。差错控制问题和同步问题之间相互作用，当有多个节点时问题就会更复杂。

（5）保护问题。比起单机系统来说，保护问题在分布计算系统中更为突出，因为系统在物理上是分散的，成分是异构的，控制是多重的。在单个处理机中，所有进程都相互信任，它们使用定义好的可靠的接口如 IPC 机制相互访问。在分布计算系统中，假定在每个节点上运行的核心操作系统和服务器是可信的，则可在所有的层上进行加密，以保护信息和整个系统。一种方法是使用访问控制表控制访问权限；另一种方法是使用权能(capability)技术，得到权能就有权进行访问。在单机系统中，这些权能可由内核管理，但在分布计算系统中这些权能就无法保持在一个可靠的地方。当然，服务器可将权能加密或使用口令保护它们不被伪造。

（6）对象表示、编码和转换问题。系统中每一层都要定义一些对象，如在高层定义文件、过程和目录，在 IPC 层定义包等，说明它们的表示方法及编码方法。如果对象从一个主机迁移到另一个主机时，两个机器上的表示和编码不一样，则需要进行转换。转换方法一般是把局部表示和编码都转成某一种标准形式。在需要自动转换时，通常都需传送类型信息以指出转换所需要的格式。用于通信的对象可以是数据或控制信息。

（7）测试问题。和集中式系统一样，分布计算系统也存在着逻辑差错、性能差错和硬件/固件故障，并需要进行测试。测试也是为了了解所采取的各种方案对性能的影响，以更好地了解系统是如何工作的。但在分布计算系统中，由于成分的异构性、控制的多重性和状态的分散性，所以这个问题更加复杂。它不能像单机那样，停止整个系统或一个部件的运行，单独对整个系统的一部分重复测试，设置断点或单步操作。如果使用自动差错控制，除非监视每个差错控制事件，否则不能发现失效和故障，所以需要创建更合适的工具和方法。对各层都行之有效的方法有：差错记录或计数、路线跟踪、在通路的每个节点获得相对时间戳、统计其他事件等。

除了以上和各层有关的问题外，还有关于全局优化的问题。例如，局部资源调度与分配和全局性能有何关系，对象应在什么时候以及怎样从一个节点移到另一个节点，如何保持多副本文件的一致性，是否需要全局名字服务，如何对整个系统进行正确的分层和确定其接口等。

上述 Watson 模型对于设计、组织和分析分布计算系统是很有用的，可用图 1 - 14 表示。

分布计算系统的所有问题都包括在这个三维模型中。图中 X 轴表示各层的共同问题，包括命名、差错控制、资源管理、保护、同步、编码和测试问题等，在每一层中可能有相同的解决办法，也可能有不同的解决办法。图中 Y 轴表示一个分布计算系统是由一系列的逻辑层次构成的。图中 Z 轴表示这个系统的全局实现和优化问题。如全局状态一致性、全局调度、优化资源定位、系统测试和测量等问题。

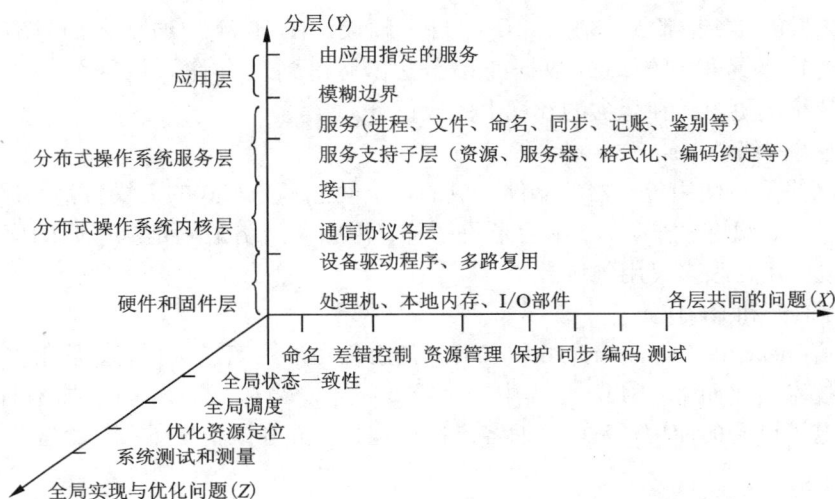

图 1-14　分布计算系统体系结构模型

　　显然，一个分布计算系统可认为是由如下四个层次组成的：第一层是硬件和固件层；第二层是分布式操作系统的内核层，包括 IPC、本地内存和 I/O 管理；第三层是分布式操作系统服务层，包括为应用程序或用户提供的各种服务（进程、文件、命名、同步等）和为提供服务分布式操作系统需要提供的支持子系统（资源、接口、服务器、有关的编码和约定等）；第四层是应用层，为应用提供各种特殊服务。

1.7　分布式系统的趋势

　　分布式系统正在经历巨大的变化，出现了以下一系列有影响力的趋势：
　　(1)出现了泛在联网技术。
　　(2)出现了无处不在计算。
　　(3)对多媒体设备的需求量增加。
　　(4)把分布式系统看作一个设施。

1.7.1　泛在联网和现代互联网

　　现代互联网是一个巨大的由多种类型计算机网络互连的集合，并且网络的类型一直在增加，目前已有多种多样的无线通信技术，如 WiFi、WiMAX、蓝牙和第四代移动电话网络。互联网已成为一个泛在的资源，设备可以在任何时间、任何地方被连接（如果愿意）。泛在网络有两层重要含义，第一层含义就是随时随地的网络；第二层含义是，所谓泛在网络，即网络的应用，网络的通信超越了人与人的通信，出现了人与物的通信、物与物的通信等。

以下几类重要技术的发展支持了泛在网络这一应用概念。

（1）M2M（machine to machine）。

M2M 一般认为是机器到机器的无线数据传输，有时也包括人对机器和机器对人的数据传输。有多种技术支持 M2M 网络中的终端之间的传输协议。目前主要有 IEEE802.11a/b/gWLAN 和 Zigbee。二者都工作在 2.4G 的自主频段，在 M2M 的通信方面各有优势：采用 WLAN 方式传输容易得到较高的数据速率，也容易得到现有计算机网络的支持，而采用 Zigbee 协议的终端更容易在恶劣的环境下完成任务。

（2）传感器网络（SensorNetwork）。

传感器网络是由使用传感器的器件组成的在空间上呈分布式的无线自治网络，它常用来感知环境参数，如温度、震动等。和互联网一样，传感器网络最早是从军队的应用环境演化而来，目前也应用在很多民用领域。

（3）近程通信和 RFID。

近程通信（near field communication，NFC）是新兴的短距离连接技术，从很多无接触式的认证和互联技术演化而来，RFID 是其中一个重要技术。当产品嵌入 NFC 技术时，将大大简化很多消费电子设备的使用过程，帮助客户快速连接、分享或传输数据，给客户带来很大简便性。

近程通信技术工作在 13.5 M 频段，以 424 kB/s 交换数据，当两个 NFC 兼容的物品相距 40 cm 时就可以进行数据传输，可读可写。NFC 技术与很多现有的技术兼容，如蓝牙、无线局域网。近程通信也遵从 ISO、ECMA 和 ETSI 等国际标准。

互联网作为一个超大的分布式系统，使得世界各地的用户都能利用诸如万维网、电子邮件和文件传送等服务（有时，Web 被不正确地等同于互联网）。服务集是开放的，它能够通过服务器计算机和新服务的增加而被扩展。也有些组织并不希望将他们的内部网络连接到互联网。例如，警察局与其他安全和法律执行机构都有一些内部网与外部世界隔离（没有与互联网进行任何物理连接——可能是最有效的防火墙）。当内部用户和外部用户之间需要资源共享时，对服务的合法访问会受到防火墙的阻碍，也会在分布式系统中出现问题。

1.7.2　移动计算和无处不在的计算

设备小型化和无线网络方面的技术进步已经逐步将小型和便携式计算设备集成到分布式系统中。这些设备至少包括以下几方面：

（1）笔记本电脑。

（2）手持设备。包括移动电话、智能电话、GPS 设备、传呼机、个人数字助理（PDA）、摄像机和数码相机等。

（3）可穿戴设备，如具有类似 PDA 功能的智能手表。

（4）嵌入在家电（如洗衣机、高保真音响系统、汽车和冰箱）中的设备。

这些设备大多数具有可携带性，再加上它们具有在不同地点方便地连接到网络的能力，使得移动计算成为可能。移动计算是指用户在移动或访问某个非常规环境时执行计算任务的性能。在移动计算中，远离其本地的企业内部网（指工作环境或其住处的企业内部网）的用户也能通过他们携带的设备访问资源。他们能继续访问互联网，继续访问他们本地内部企业网上的资源。为用户在其移动时提供资源（如打印机）或方便地利用附近销售点的情形也在不断增加，这也称为位置感知或上下文感知的计算。移动性为分布式系统引入了一系列的挑战，包括需要处理变化的连接甚至断连、需要在设备移动时维持操作。

无处不在计算是指对在用户的物理环境（包括家庭、办公室和其他自然环境）中存在的多个小型、便携式计算设备的利用。术语"无处不在"意指小型计算设备最终将在不会引人注意的日常物品中普及。也就是说，它们的计算行为将透明地紧密捆绑到这些日常物品的物理功能上。

1.7.3　分布式多媒体系统

另一个重要的趋势是在分布式系统中支持多媒体服务的需求增加。多媒体支持可以定义为以集成的方式支持多种媒体类型的能力。人们可以期望分布式多媒体系统支持离散类型媒体（如图片或正文消息）的存储、传输和展示。分布式多媒体系统应该能对连续类型媒体（如音频和视频）完成相同的功能，即它应该能存储和定位音频或视频文件，并通过网络传输它们（可能需要以实时的方式，因为流来自摄像机），从而能向用户展示多种媒体类型，以及在一组用户中共享多种类型的媒体。

连续媒体的重要特点是它们包括一个时间维度，如 2009—2010 年作者团队研发的中药灯检机系统。媒体类型的完整性从根本上依赖于在媒体类型的元素之间保持实时关系。例如，在视频展示中，保持给定的吞吐量是必要的，它以帧/秒计，而对实时流来说，是给定帧传递的最大延迟。

分布式多媒体计算的好处是相当大的，因为能在桌面环境提供大量的新（多媒体）服务和应用，包括访问实况或预先录下的电视广播、访问提供视频点播服务的电影资料库、访问音乐资料库、提供音频和视频会议设施、提供集成的电话功能等。

网络播放（web casting）是分布式多媒体技术的应用。网络播放是在互联网上广播连续媒体（典型的是音频或视频）的能力，现在常以这种方式广播主要的体育或音乐事件，经常吸引大量的观看者。

分布式多媒体应用（如网络播放）对底层的分布式基础设施提出了大量的要求，包括：

（1）提供对一系列（可扩展的）编码和加密格式的支持，如 MPEG 系列标准（包括如流行的 MP3 标准，称 MPEG - 1 音频第三层）和 HDTV。

（2）提供一系列机制来保障所需的服务质量能得到满足。

（3）提供相关的资源管理策略，包括合适的调度策略，来支持所需的服务质量。

（4）提供适配策略来处理在开放系统中遇到的不可避免的问题，即服务质量不能得到满足或维持。

1.7.4　把分布式计算看作一个公共设施

随着分布式系统基础设施的不断成熟，不少公司在推广这样的观点：把分布式资源看成一个商品或公共设施，把分布式资源和其他公用设施（如水或电）进行类比。采用这个模型：资源通过合适的服务提供者提供，被最终用户有效地租赁而不是拥有，服务将资源访问限制为一组定义良好的操作。这种模型可以应用到物理资源和更多的逻辑服务上。

联网的计算机可以存储和处理这样的物理资源,从而无须自己拥有这样的资源。从一个维度看,用户可以为其文件存储(如照片、音乐或视频等多媒体数据的存储)需求和/或文件备份需求选择一个远程存储设施。类似地,利用这个方法,用户能租用一个或多个计算节点,从而满足他们的基本计算需求或者完成分布式计算。从另一个维度看,用户现在能用像Amazon和Google之类的公司提供的服务访问复杂的数据中心或计算基础设施。操作系统虚拟化是该方法关键的使能技术,它意味着实际上可以通过一个虚拟的而不是物理的节点为用户提供服务(关于操作系统虚拟化的详细讨论见第7章)。

采用这种方法,软件服务也能跨全球互联网使用。现在许多公司提供一整套服务用于租赁,包括诸如电子邮件和分布式日历之类的服务。例如,Google将其旗下的一系列业务服务捆绑成Google Apps。

关于把计算看作公共设施,云计算(cloud computing)就是一个典型的案例。"云"被定义成一组基于互联网的应用,并且足以满足大多数用户需求的存储和计算服务的集合,这使得用户能大部分或全部免除本地数据的存储和应用软件的使用。云计算减少了对用户设备的需求,允许非常简单的桌面或便携式设备来访问可能很广范围内的资源和服务。

1.8　分布式系统的挑战

分布式系统是难于理解、设计、构建和管理的,它把比单个机器多几倍的变量引入到设计中,使应用程序的根源问题更难发现。SLA(服务水平协议)是衡量停机和性能下降的标准,大多数现代应用程序有一个期望的弹性SLA水平,通常按"9"的数量增加(如,每月99.9%或99.99%可用性)。

(1)分布式系统的故障表现为间歇性错误或性能下降(俗称的限电)。这些失败模式会耗费更多时间来诊断。例如,Joyent经营一些分布式系统作为其云计算基础设施的一部分,包括高可用性、分布式的键/值存储。Joyent最近遇到了瞬态应用程序超时问题。大多数用户系统运行正常,其反应延迟也在SLA范围内。然而,有5%~10%的请求超出了一个预定义的程序超时。这样的失败问题并没有重现在开发或测试环境中,它们经常会"消失"几分钟到几小时。排除这个故障需要进行大量数据存储的系统分析。

(2)固有的复杂度。其源于分布式系统基础原理的挑战。例如,分布式系统的组件通常驻留在不同节点的独立地址空间中,因此,与集中式系统不同,分布式系统节点间通信需要采用不同的机制、策略以及协议。此外,在分布式系统中,同步和互相协作也更加复杂,这是因为组件间可能并行运行,而网络通信则是异步的且具有不确定性。连接分布式系统中不同组件的网络会引入额外的影响因素,如延迟、抖动、瞬时失效以及过载等,这些都会对系统的效率、可预测性和可靠性产生相应的影响。

(3)附加的复杂度。其主要来自于软件工具和开发技术的局限性,如不可移植的编程API以及不成熟的分布式调试器。具有讽刺意味的是,很多附加复杂度的引入源于开发人员的有意选择,他们更倾向于使用那些在分布式系统中难于扩展的底层语言和平台,如C语言和基于C语言的操作系统API和库。随着应用需求复杂度的上升,新的分布式基础架构随之出现并被发布,但它们当中有些并不成熟可靠,这使得开发、继承和升级可用系统变得更加复杂。

（4）方法和技术上的不足。流行的软件分析方法和设计技术主要关注构建那些"尽力而为"满足 QoS 需求的单进程、单线程应用。而开发高质量的分布式系统——特别是那些有严格性能要求的系统，如视频会议或航空控制系统——往往被留给那些有经验的软件架构师和工程人员来完成。此外，获取开发分布式系统的经验不仅需要花费大量的时间去斟酌那些与平台相关的细节，还需要通过反复尝试的方法来修正出现的错误。

（5）对核心概念和技术持续的重新创建和重新发现。在软件产业的历史上，人们经常会为已解决的问题重新创建完全不兼容的解决方案。目前有许多通用或实时操作系统可以管理同样的硬件资源。类似地，还有许多互不兼容的操作系统封装库、虚拟机和中间件，以提供存在细微差别的 API 接口。这些接口实现了本质上基本相同的功能和服务。如果我们将精力集中于改进一小部分的解决方案，那么分布式系统的开发人员就可以通过重用通用工具、标准平台及组件的方式来进行快速革新。

1.9 分布式系统实例

1.9.1 电子商务类

以淘宝网站为例，淘宝面临的存储相关问题包括卖家商品、交易信息、用户信息、用户评价、用户收藏、购物车、图片等，并且淘宝累积存储了不同业务系统收集的海量业务数据，比如访问点击、交易过程、商品类目属性以及呼叫中心客服内容等。

淘宝网站大多数存储系统的特点是：数据量大，记录条数特别多，单点记录不大，读写比例高。由于访问量特别大，以前采用 Oracle + 小型机的解决方案，对于不需要事务的需求，可以通过 Mysql sharding 的方式实现。淘宝的小文件存储系统 TFS 已经开源了，目前主要用来存储海量图片文件。图片存储系统的特点主要有两个：

（1）用户一次性准备好文件所有数据并提交到文件系统，每个文件打开后一次性写入所有数据并关闭。

（2）用户不关心文件的名字，用户不会指定某个文件进行写操作，可以等到文件写成功后生成文件名并由客户端保存。

淘宝的工程师们利用这两个特点设计了通用的小文件存储系统 TFS（TFS 开源），大大地简化了文件系统写流程和元数据管理服务器的设计，而这也正是海量文件系统最为复杂之处。

淘宝是一个开放、共享的数据网站，它还通过数据仓库提供各种数据给客户。目前它使用 Oracle RAC 集群提供服务，当然，也通过 Hadoop + HIVE 进行一些线下的预处理。淘宝的主搜索其实是一个实时搜索，卖家更新的商品信息需要秒级别反映到用户的搜索结果中。淘宝的主搜索是很灵活的，可以根据商品类别、卖家名称、商品属性等进行搜索，因此，主搜索的存储系统需要建立不同维度的索引信息。主搜索使用内部的 iSearch 产品，机器被分成 56 组，每组 14 台，组内机器存储相同的数据。商品更新发生在 Oracle 商品库中，并以异步的方式同步到主搜索索引系统。

1.9.2　搜索类

搜索类公司或者说互联网公司的核心竞争力被认为是数据以及对数据的处理能力，比如商业价值挖掘、用户意图挖掘等。搜索类公司中成功的当然就是 Google，它在很大程度上得益于底层的 GFS/MapReduce/Bigtable 等带来的大规模数据处理能力。

搜索流程大致包括：抓取、数据分析、建立索引及索引服务。通过 Spider 将网页抓取过来后存储到本地的分布式存储系统，即网页库中。网页库的业务逻辑并不复杂，无非就是对某一个网页或者一批网页，如某个域名下的所有网页进行查询，删除一批网页或者更新网页相关的信息，如权重等。但是网页库的数据量太大，假设需要处理 500 亿个网页，每个网页平均存储大小为 50 kB，那么，网页库的大小为 50 GB × 50 kB = 2.5 PB，这已经远远超出了关系型数据库的处理能力。网页库应用为半线上应用，采用 GFS + Bigtable 的方案最为合适。不过为了规避复杂性，可以简单地将网页库通过 Hash 的方法分布到多台机器组成的分布式集群中，并通过支持 Map Reduce 来进行线下挖掘、Rank 调研等。

将网页库的内容进行一系列的处理如计算 Page Rank、网页去重后，最终将生成倒排表用于线上服务。搜索命令的处理大致分成两步：第一步，从倒排表中找出匹配的网页索引信息。第二步，根据索引信息从网页库中获取网页内容。倒排表有一个特点就是读取量特别大，要求延迟很小，且倒排表一般是定时生成的，也就是说，倒排表中的数据基本是静态的。

1.9.3　社交类

IM 类应用需要存储的数据有两类：用户数据及消息数据。用户数据的存储比较简单，假设每个用户的信息为 10 kB，有 10 亿用户，用户数据量为 10 kB × 1 GB = 10 TB，可以使用本书 6.4 节中的线上最终一致性系统方案或者专用的根据用户 ID 进行数据划分的方案。

消息分为在线消息和离线消息。其中，离线消息存储是一个必要的功能，而在线消息是一个 plus，它和离线消息在数据量上有巨大差距，可以选择不在服务器端存储。个人消息和群消息也存在一些区别。个人消息的处理比较简单，而群消息的处理是用户往群里发送一条消息，群消息可采取两种处理方法：第一种方法是推送给群里面的所有用户，第二种方法是直接保存到群中。采用第一种方法的群消息数据量会增大很多倍；采用第二种方法虽减少了群消息的数据量，但即使群消息是顺序存储的，几十上百个用户同时读取群消息，最后在磁盘上也将变成随机跳读。另外一种折中的方案是对在线用户采用第一种方法，离线用户采用第二种方法，即只将群消息推送给在线用户，离线用户上线后主动拉取群离线消息。

SNS 和微博的消息推送功能是通过将消息推送给所有的好友实现的，可以开发一个类似 Active MQ 的支持发布－订阅机制的消息队列。另外，微博支持实时搜索，例如新浪微博中搜索关注者发布的消息，这和邮件系统的搜索功能类似，只需要对用户订阅的消息进行字符串匹配即可。但一个难点问题是某些用户被关注程度特别高，如果采用推送的方式将对系统产生很大的压力，笔者认为可以采用推拉结合的方式。

1.9.4　邮箱类

邮箱类应用的需求有两类，一类是对邮件进行顺序读取（如邮件分页显示）、随机读取（读取某一封邮件）；另一类是根据关键词、标签进行检索。

第一类需求的业务逻辑比较简单，难点还是在于邮箱的数据量，假设邮件服务有 1 亿用户，每个用户平均占用空间 100 MB，总数据量为 0.1 GB × 100 MB = 10 PB。由于某些用户占用的空间很大，比如 10 GB，所以不能简单地通过 User_ID Hash 划分数据并限定用户的所有数据在一台机器中。

假设存储 10 PB 的数据还需要做很多工作，如集群规模可能接近万台，总控 master 节点需要优化甚至总控节点本身需要分布式实现。GFS + Bigtable 解决方案一般会采用廉价、故障率很高的硬件，如采用单机 12 块、每块 1 TB 的 SATA 磁盘，这样，存储三份 10 PB 数据需要的机器数为 10 PB × 3/12 TB = 2500 台，总控 master 单点优化后能够处理。另外，Bigtable 的 Tablet server 宕机时服务的数据范围需要等一段时间才能迁移到其他机器，这期间不能进行读写服务，因此，Bigtable 提供线上邮箱服务还需要支持集群异步拷贝功能，写操作同步到备份集群，备份集群可提供读服务。

第二类是根据标签和关键词的检索功能，在实现时需要扫描用户的全部数据，筛选出包含某个标签或者包含某个关键词的邮件，对存储系统而言，这其实是一个顺序扫描并进行字符串匹配的过程。

1.9.5　图片及视频类

图片类应用的特点是数据量和网络流量大且更新很少，系统架构上需要后台的大规模存储系统和靠近用户的 CDN 缓存系统支持。淘宝的核心系统部门在这方面做了非常出色的工作，CDN 通过各种方法，如优化的全局调度算法，采用 SSD + SAS + SATA 混合存储等技术，缩短访问延迟并节约成本，TFS 解决了百亿级淘宝图片存储问题。

视频类应用的特点是视频内存可能比较大，因此存储的时候需要对视频文件进行切片，可以将视频文件切片后存储到类似 TFS 的文件系统中，并在关系型数据库中保存视频切片的索引信息。

1.9.6　数据仓库类

数据仓库的特点是数据量特别大，数据列维度很高，且查询需要用到各种列维度的组合。

OLAP 分成两部分：数据 CUBE 预处理和 CUBE 实时查询。数据 CUBE 预处理涉及的数据量非常庞大，目前一般使用开源的 Hadoop 及其上封装的 HIVE 工具。数据 CUBE 预处理以后生成的 CUBE 数据提供线上服务，CUBE 数据可以采用线上最终一致性系统提供服务，也可以采用并行数据库提供服务。

数据仓库底层一般可以使用列式存储引擎，以提高压缩比和按列访问的效率。用户的查询操作发送到多个存储节点执行后再进行结果合并、排序(limit, order by)等。数据仓库的数据有一个特点：数据更新一段时间之后就不再更新了，即变成历史数据。实时数据一般比较少，可以存放到内存中，历史数据需要建立索引，一般的索引方法包括 Btree 索引、Bitmap 索引等。数据库的查询数量可能不多，如统计应用写多于读，但是每个查询涉及的数据量一般都很大。类似 max、min、count 这样的查询也可以生成一些视图(即冗余数据)，提高查询性能。

1.9.7　云服务类

云服务的问题很多，如研究人员经常提到的云安全问题。不过，云服务的第一步还是设计和实现一个多应用的、共享的、可扩展的通用存储系统。云服务提供商包括 Amazon、Google、Microsoft 等，其中 Amazon 和 Google 公布了其存储系统设计细节。

Amazon 云服务存储相关的系统 S3 内部的实现与 Dynamo 有些类似。Amazon 系统的优势是没有单点，因此某个模块设计或者编码出现问题都不会对整体系统造成特别大的影响，缺点就是一致性方面不够完美。

Google 的系统是贵族式的，在可扩展性及成本上具有无可比拟的优越性，缺点就是从硬件选型、文件系统、表格系统的设计到单点服务避免，是一个巨大的系统工程，对架构师和工程师要求都非常高。另外，由于 Google 的设计有单点，某些设计或者编码上的问题可能会导致系统整体停机现象，如 Gmail 停机。

习　题

1. 什么是分布式系统？实现分布式系统有什么好处？

2. 分布式系统的主要优点是什么？有什么新问题？

3. 用你自己的语言解释分布式系统、多处理机系统和网络系统之间的区别。

4. 什么是分布式系统的透明性？透明性主要表现在哪些方面？

5. 实现分布式系统的透明性有什么好处？

6. 影响分布式系统透明性的主要因素有哪些？

7. 名字透明和位置透明有什么区别？

8. 如何区分计算机网络和分布式系统？

9. 中间件在分布式系统中起什么作用？并给出例子。

10. 什么是分布式系统安全性？安全性措施有哪些？

11. 对于一个 $n \times n$ 的 2 维网格(mesh)、一个 $n \times n$ 的 2 维圆环(torus)和一个 n 维的超立方，分别计算：(1)节点度数；(2)直径；(3)对分宽度；(4)链路数。

12. 什么是开放的分布式系统？开放性带来哪些好处？实现开放性的基本技术途径是什么？

13. 什么是分布式系统的可扩展性？可扩展性设计面临的挑战是什么？

14. 什么是分布式系统的异构性？如何隐藏分布式系统的异构性？可以通过应用哪些技术来取得可扩展性呢？

15. 计算机系统的硬件异构性、软件异构性主要表现在哪几个方面？

16. 什么是同构型分布式系统？

17. 什么是幂等操作？简述幂等的含义以及其真正的价值。

18. "对普适系统来说，分布式透明性可能并不存在。"这句话并不是对所有的透明性都是正确的。请给出一个示例。

19. 什么是三层客户 - 服务器体系结构？

20. 垂直分布性和水平分布性的区别是什么？

21. 在结构化的覆盖网络中，消息是根据覆盖的拓扑结构来路由的。这种方法的主要缺点是什么？

22. 在非结构化的覆盖网络中，每个节点随机地选择 c 个邻节点。如果 P 和 Q 都是 R 的邻节点，那么 P 和 Q 互为邻节点的概率是多少？

23. 在非结构化的覆盖网络中，每个节点随机地选择 c 个邻节点。要查找一个文件，节点将泛洪一个请求给它的邻节点，这些请求又将再次泛洪。该请求将到达多少个节点？

24. 给出一些分布式系统应用的实际例子。

25. 使用现有的软件，实现一个基于 Bit Torrent 的系统，从单个功能强大的服务器发布文件给多个客户。

26. 请设计一个家庭系统，它有一个单独的媒体服务器，允许无线客户访问，无线客户可以连接到(模拟)音频/视频设备，并把数字化的媒体流转换为模拟输出。服务器运行在单独的机器上，可能连接到因特网上去，但没有连接键盘或监视器。

第2章　分布式计算范型

在分布式计算应用领域中，出现了大量的工具和设施，它们基于各种范型，可以提供不同程度的抽象。托马斯·库恩指出，科学革命的结构起始于前科学，或前范式科学，而范型的诞生使其进入常规科学。范型是一系列公认模型的集合体。范型是"一种模式、例子或模型"。在研究复杂问题时，识别出其基本模式或模型，并根据这些模型将细节分类，非常有用。

本章主要讲述分布式计算的范型分类。这些范型将按照抽象类别分别描述，包括分布式通信范型、网络服务范型、移动代理范型和云服务范型。

2.1　分布式通信范型

在分布式计算系统中，通信的两个进程可能处于同一个物理节点上，也可能分别处于两个不同的物理节点上。对于一个物理节点上不同进程之间的通信，绝大多数操作系统提供了管道、共享内存、消息队列方法。对于分别处于两个不同的物理节点上的进程，要想通过通信网络实现进程通信，必须规定一套通信协议。从硬件连接到实现进程通信，一般要经过四个层次，即物理层、数据链路层、网络层、传输层。分布式计算系统向用户提供的各种服务，都是建立在进程通信的基础上的。分布式计算系统内核经过进程通信接口向服务层提供进程通信服务。

通信范型最底层是消息传递即传输层，它封装的细节最少；对象(元组)空间处于最高层，抽象程度最高，如图2-1所示。

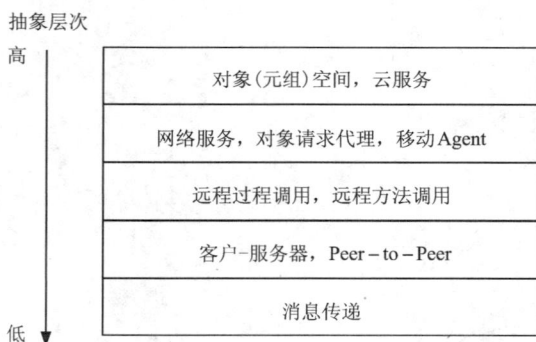

```
抽象层次
高
┌─────────────────────────────────────┐
│      对象(元组)空间，云服务           │
├─────────────────────────────────────┤
│  网络服务，对象请求代理，移动 Agent   │
├─────────────────────────────────────┤
│     远程过程调用，远程方法调用         │
├─────────────────────────────────────┤
│     客户-服务器，Peer-to-Peer        │
├─────────────────────────────────────┤
│            消息传递                    │
低
└─────────────────────────────────────┘
```

图2-1　各种分布式计算模型及抽象层次

进程通信原语是分布式程序设计语言的一部分，用于分布式进程间的通信和同步。集中式计算机系统和紧密耦合分布计算系统有共享的存储器，进程之间的通信和同步使用并发程序设计语言和共享变量。松散耦合分布计算系统不使用共享变量，物理上分开的进程之间的通信和同步通过消息传递方法进行。下面重点讨论在松散耦合分布系统中，一些基本的分布式通信方法。

2.1.1　进程间通信

1. 进程间通信的基本原理

在网络和分布程序设计中，进程间通信（inter-process communication，IPC）是非常重要的开发方法。进程间通信大致可以分为两类：一类是应用在同一节点上的进程间通信方法，主要有管道、信号、消息队列和共享内存等；另一类是应用在不同节点上的进程间通信方法，如典型的基于套接字（sockets）的消息传递。

2. 同一节点上的进程间通信

大多数 UNIX 系统提供多种进程通信方式，主要有信号（signal）、管道（pipe）、命名管道（FIFO）、消息队列（message queue）、信号灯（semaphore）、共享内存（shared memory）和内存映像（memory mapped file）等。这里简单地介绍管道、共享内存和消息队列。

管道通常被用作单向的通信信道，该信道将一个进程与另一个进程连接在一起。管道提供了一种简单的、同步的进程之间传送信息的方式。管道分为两类：无名管道和命名管道。无名管道简称管道，命名管道用 FIFO 表示。无名管道只能在有亲缘关系的进程之间使用（如父子进程、子子进程），并且与创建无名管道的进程一起存在。FIFO 管道作为拥有文件访问权限的目录入口，可以在彼此无关的进程之间使用。

消息队列是一个消息的链接列表，消息都保存在内核中。如果把一个消息添加到一个队列，新消息被添加到队列的末尾。但是和 FIFO 管道不同，队列中的消息能够以随意的顺序进行检索，因为可以通过消息的类型把消息从队列中检索出来。

共享内存是对将要在多个进程间映射和共享的内存区域（段）所作的映射。这是 IPC 的最快捷方式，因为这种通信方式没有中介（如管道、消息队列等）。相反，消息直接从某内存段映像到调用进程的寻址空间。使用共享内存技术，不同进程可以同时访问相同的内存区域，通过共享它们地址空间的若干部分，对存储在共享内存中的数据进行读和写，从而实现彼此直接通信。对进程通信来讲，这是一种最快但并非最容易的方法。这些数据可以以一种非顺序的随机方式来访问。为避免出现不一致的情况，常引入信号量来协调对共享内存段的访问，即必须解决复杂的同步和互斥问题。

共享内存的工作原理如图 2-2 所示。

3. 不同节点上的进程间通信

基于套接字的消息传递是不同节点上的进程间通信的基本途径。表示消息的数据在两个进程间交换：一个是发送者，另一个是接收者。一个进程发送代表请求的消息，该消息被传送到接收者；接收者处理该请求，并发送一条应答消息。随后，该应答可能触发下一个请求，

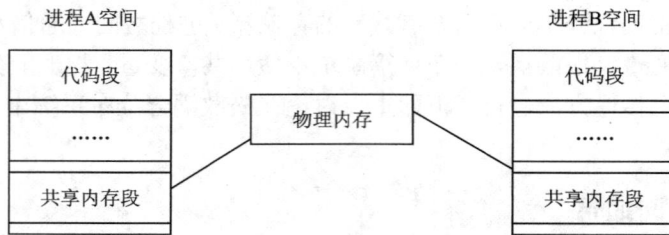

图 2-2　共享内存的原理

并导致下一个应答消息。如此不断反复传递消息，实现两个进程间的数据交换，如图 2-3 所示。

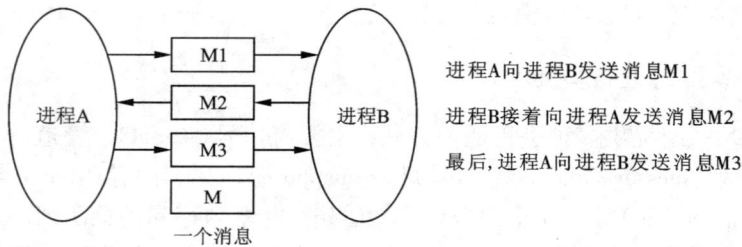

进程A向进程B发送消息M1

进程B接着向进程A发送消息M2

最后，进程A向进程B发送消息M3

图 2-3　进程间的消息传递

在分布式系统中，所有进程相互通信是通过彼此交换消息进行的。一个消息是从一些进程发往另一些进程的信息单位。消息通常用消息包或帧的形式发送，源进程通过执行 send 操作发送消息，宿进程则通过执行 receive 操作来获取消息；如果必要，在其获取消息后再通过执行 reply 操作给发送者一个回复。

消息传递允许一个进程将共享数据实际地拷贝到另一个进程的地址空间中去，从而达到进程通信的目的，它是通过一个进程向另一个进程发送一个包含共享数据的消息来完成的。这种通信方式对两个不共享内存空间的进程是最常用的，这两个进程可能处于不同的两个计算机系统中，也可能处于一个系统中但不共享内存。消息传递通信方式包含类似于如下形式的发送和接收原语：

send(b, msg);

receive(a, msg);

这些原语可以是阻塞性(blocking)的，也可以是非阻塞性(nonblocking)的，它们有各自的优缺点。

(1)阻塞原语。阻塞性消息通信原语也称为同步(synchronous)原语。阻塞原语不立即将控制权返回给调用该原语的进程，也就是说 send 一直被阻塞直到发送的信息被接收方收到并得到接收方的应答。同样地，receive 一直被阻塞，直到要接收的信息到达并被接收。当一个进程被阻塞，它不能执行该原语后的语句，直到它被解除阻塞为止。所以使用阻塞通信原语，两个进程不仅能进行通信还能进行同步。如果进程需要同步的话，使用阻塞原语是很方便的，但是它牺牲了并发性。

　　阻塞性原语可以有一个缓冲器，也可以没有缓冲器。有缓冲的阻塞原语中，发送的信息和对发送信息的应答都放在缓冲器中，直到相应的进程被解除阻塞为止。缓冲器可以放在操作系统内核地址空间，也可以放在进程的地址空间。在分布式环境中，由接收方机器维持缓冲器，但这容易引起一个问题，在接收方没有发出接收命令时没有缓冲器，对于发送方已经发送的消息，系统内核不知道该向哪里存放。

　　使用无缓冲的阻塞原语时，发送方的发送一直被阻塞，直到内核通知有接收为止，一旦通知有接收，发送方重新执行发送，然后继续执行。

　　一个进程是怎样知道它不再被阻塞的呢？可以采取探听（polling）的方法，当进程使用探听的方法时，它测试相关的信息是否在缓冲器中存在，这可以通过判断缓冲区的状态来实现，也可以采用定时检测的方式。一般来说，定时的时间间隔不能太短，否则会影响系统的性能。中断是一种更为有效的方法，因为进程不用浪费时间检测缓冲区。

　　对于同步的消息传递系统，发送和接收原语都必须是阻塞的。当测试过程失效或中断未能产生，进程可能会永远被阻塞。所以在阻塞原语中常使用定时器，该定时器有一个缺省的超时值或者定时值，并由程序员控制。如果采用无缓冲的实现方式，每当 read 原语执行时定时器启动计时，当定时超时时，还没有收到来自内核的通知，进程重复执行该原语，但重复的次数是有限的。如图 2－4 所示。

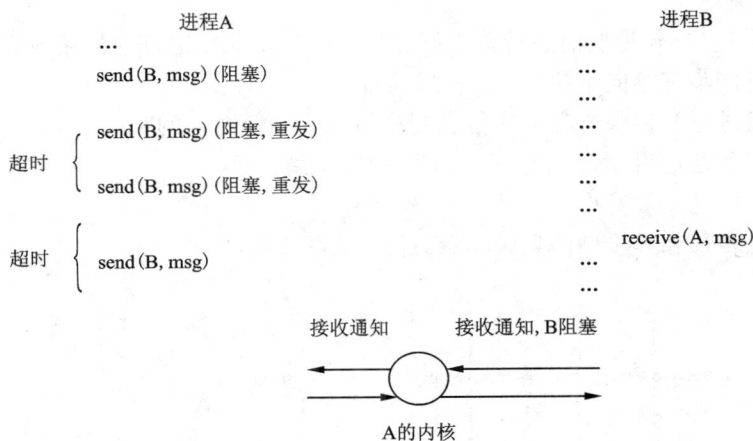

图 2－4　无缓冲的阻塞 send 和 receive 原语

　　在分布式环境中，通过网络不停地重复发送同一个消息的实现方法是不切实际的，所以在分布式环境下一般至少使用一个缓冲区，图 2－5 描述了有缓冲的阻塞 send 和 receive 原语。

　　（2）非阻塞原语。由于使用阻塞原语发送进程和接收进程都有可能等待，所以执行效率较低。有些进程不要求阻塞而追求并发性，这时候可以不要求同步。非阻塞 send 原语将要发送的消息送入一个缓冲区后，就立即将控制权归还给发送进程，发送进程开始执行下一条语句。当该消息发送完毕时，系统向发送者进程发出一个中断信号，通知它可以继续发送。非阻塞 receive 原语发出一个信号表示要接收一个消息并提供一个缓冲区存放该消息，然后

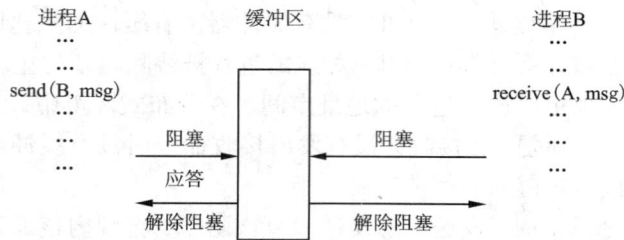

图 2-5　有缓冲的阻塞 send 和 receive 原语

立即将控制权归还给接收进程，接收进程开始执行下一条语句。当消息到达时，用中断信号通知接收者进程。非阻塞原语也被称为异步通信原语，因为它并不提供任何同步手段。

消息转移原语也分为两类：同步型和异步型。

（1）异步型：在这类通信机制中，转移消息的进程不等待接收者的回复，又称"不等"转移（send no wait），即允许发送方可任意超前于接收方，因而接收方收到的消息与发送方目前的状态是无关的。换言之，接收消息中反映的发送状态一般不是发送方的当前状态，为此，系统应具有"无限"的缓冲空间来容纳任意超前发出而尚未处理的消息，以此来解决消息发送速度和消息处理速度之间的差异。异步型能比较充分地利用系统的潜在能力，但实现时须解决许多实际的控制问题。

（2）同步型：它与异步型消息转移正好相反，总是要求发送方等待接收方的回复，然后，发送方与接收方同步继续向下执行。其主要特征是：

①消息的发送方和接收方在完成信息交换后彼此知道对方的状态。

②同步机制和通信机制合二为一，一般无须大的缓冲区。

③实现容易，但效率较低。

同步型消息转移和异步型消息转移示意图，见图 2-6。

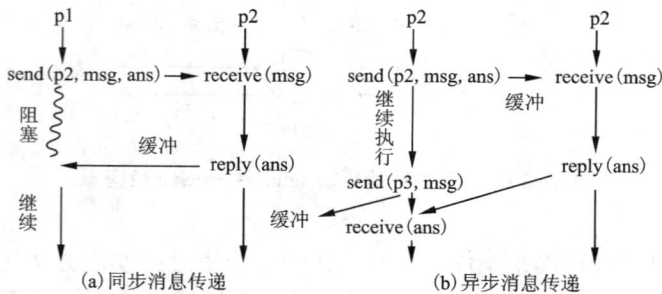

图 2-6　同步消息转移和异步消息转移

消息本身要占用存贮空间，并常常存放在系统的缓冲区中。当使用异步消息转移机制时，系统中的每个进程在某一时刻可能有多个尚未处理的消息。由于消息缓冲区是一个有穷的资源，因此，当使用异步消息转移方式转移消息时，可能会发生消息缓冲区溢出的情况。因此，异步消息转移需要特定的消息缓冲区管理算法来处理这方面的问题。而在采用同步消息转移方式时，系统中的每个进程决不可能存在一个以上尚未处理的消息，因此，其消息缓冲区的管理算法比较简单。

另外还有其他形式的 send/receive 原语。例如，选择性接收（selective receive）和条件发送（conditional send）。一个 selective receive 操作允许其用户选择一个进程或一组进程去接收发送来的消息。当执行 conditional send 操作时，如果相关的接收者不是处于阻塞状态正等待接收消息，那么它将立即完成而不发送消息。实际上，大多数异步 send 操作后紧随着一个 receive 操作。基于这个原因，许多分布式操作系统只提供同步消息转移原语。

4. 接口与接口定义语言

接口定义语言也称为接口描述语言（IDL），是描述软件组件接口的语言规范。IDL 用中立语言的方式进行描述，能使（用不同语言编写）软件组件间实现相互通信。IDL 提供了将对象的接口与其实现分离的能力和将事务与其具体实现分离的能力。它提供了一套通用的数据类型，使得我们可以用其来定义更为复杂的类型。除了 RPC、DCOM/COM＋以及 CORBA 之外，其他基于 IDL 的软件系统包括 Sun 公司的 ONC RPC、Open Group 公司的分布式计算环境（DCE）、IBM 公司的系统对象模型（System Object Model，SOM）、Facebook 公司的 Thrift、用于 Web Services 的 WSDL 等。

从本质上讲，OMG IDL 不是作为程序设计语言体现在 CORBA 体系结构中的，而是用来描述产生对象调用请求的客户对象和服务对象之间的接口的语言。OMG IDL 文件描述数据类型和方法框架，而服务对象则为一个指定的对象提供上述数据和方法。OMG IDL 文件描述了服务器提供的服务功能，客户机可以根据该接口文件描述的方法向服务器提出业务请求。在大多数 CORBA 产品中都提供 IDL 到相关编程语言的编译器。程序设计人员只需将定义的接口文件输入编译器，设定编译选项后，就可以得到与程序设计语言相关的接口框架文件和辅助文件。

5. 数据表示与编码

在网络体系的物理层中，数据被表示成二进制流，并作为模拟信号进行传输。在应用层中，为支持编程语言提供的数据类型和数据结构，如字符串、整数、浮点值、数组和记录等，需要用更为复杂的数据表示方法来表示待传输的数据。

例如，主机 A 上的进程 1 和主机 B 上的进程 2，参加了一个要求交换在运行过程中确定的整数值的协议。进程 1 计算数值并发出 send 操作，向进程 2 传送数据，进程 2 发起 receive 操作来接收该数值，并根据该值执行进一步处理。

进程 1 要发送的整数采用主机 A 上的整数表示，主机 A 是采用"big endian"多字节数据类型表示的 32 位机器（最左字节最重要）。主机 B 是采用"little endian"表示的 16 位机器（最右字节最重要）。假设数值作为 32 位流直接从进程 1 的内存空间发送并放入进程 2 的内存区域，因为主机 B 的整型值只占 16 位，因此发送数值的 16 位将要被截断；为使数值能被进程 2 正确解释，必须交换整数表示的字节顺序。

如本例所示，当 IPC 中涉及异构主机时，使用原始位流还不足以传输数值或数据结构，除非参与进程使用其他方式来准确地打包和解释数据。如在本例中，可以通过三种方案来实现：

（1）在发送 send 操作前，进程 1 将整型值转换成进程 2 的 16 位 little endian 数据表示。

（2）进程 1 以 32 位 big endian 方式发送数据。进程 2 接收到数据后，将其转换成 16 位 little endian 表示。

（3）让进程采用外部表示交换数据。采用外部表示发送数据，接收数据也按外部表示解释并转换成本地表示。

尽管可以编写专门定制的程序，以采用双方认同的任意一种数据组装方案执行 IPC，但通用的分布式应用要求为交换数据编码提供通用的、独立于平台的方案。因此，一些有关网络数据编码的标准应运而生。如图 2-7 所示为不同抽象层数据表示标准。

图 2-7   不同抽象层数据表示标准

如图 2-7 所示，在最简单的一层上，编码方案如外部数据表示（external data representation，XDR）允许为 IPC 操作指定一组经过选择的数据类型和数据结构。数据组装及解封由双方的 IPC 设施自动执行，这些操作对程序员来说是透明的。XDR 是 Sun Soft 提供的一种与体系结构无关的数据表示方法，解决了数据字节排序的差异、数据字节大小、数据表示和数据对准的方式问题。使用 XDR 的应用程序，可以在异构硬件系统上交换数据。

在较高抽象层上，有 ASN.1（abstract syntax notation one）等标准。ASN.1 是定义表示网络数据传输语法的一个开放系统互连标准。该标准包含广泛的数据结构（如集合、序列）和数据类型（如整型、布尔型），还支持数据标记概念。ASN.1 及其编码规则推进了结构化数据的传输，以一种独立于计算机架构和语言的方式来描述数据结构。在这种标准中，每个被传输的数据项都要采用一种语法来进行编码，该语法定义了数据项的类型、长度和值，还可以定义一个标记，以规定某种特定的解释语法的方式。

在更高抽象层上，有 XML 或 Json 等标准，主要用作应用间数据共享的数据描述语言，采用与 HTML 类似的语法规则。XML 继承了通用标记语言标准（standard for general markup language，SGML）具有的可扩展性（用户能够根据需要，自行定义新的标识及属性名）、结构性（XML 的文件结构嵌套可以复杂到任意程度，能表示面向对象的等级层次）及可校验性（XML 文件可以包括一个语法描述，使应用程序可以对此文件进行结构确认）。XML 比 ANS.1 更进一步，因为它允许用户使用定制标志定义数据内容单元。XML 能使异构系统间的数据交换更为容易，能从显示语法（用 HTML 书写）中分离出 Web 页的数据内容（用 XML 写），允许数据在应用间共享。

6. 开发工具实例

进程间通信的开发工具有 Socket 应用程序接口（Socket based API）和信息传递接口（message passing interface，MPI）等。实例请扫描二维码。

进程通信实例

2.1.2 客户–服务器范型及变体

客户–服务器范型(简称 CS 范型)是网络应用中使用最多的一种分布式计算范型,该模型将非对称角色分配给两个协作进程,如图 2–8 所示。其中,服务器进程扮演服务提供者角色,被动地等待请求的到达。另一个客户进程向服务器发起请求,并等待服务器响应。

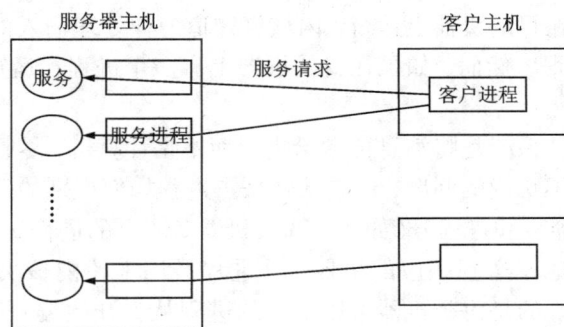

图 2–8 客户–服务器范型

客户–服务器模型由一组协同进程组成,该组进程称作服务器。为用户提供服务的进程称作客户,客户和服务器都运行在相同的微内核中。让客户和服务器都以用户进程方式运行,一个机器可以运行于单个进程、多个客户、多个服务器或者两者的混合。在客户–服务器模式中,所需的操作包括服务器侦听和接收请求,客户进程发起请求和接收响应。通过为双方分配非对称的角色,事件同步被简化了——服务器进程等待来自客户的请求,客户则等待来自服务器的响应,如图 2–9 所示。

图 2–9 客户服务器的请求与响应

网络中每台联网的计算机既为本地用户提供服务,也为网络的其他主机的用户提供服务。每台联网的计算机的硬件、软件与数据资源应该既是本地用户可以使用的资源,也是网络的其他主机的用户可以共享的资源。每一项网络服务都对应一个服务程序进程。服务程序进程要为每一个获准的网络用户请求执行一组规定的动作,以满足用户网络资源共享的需要。显然,网络中进程通信要解决进程间相互作用的模式。

许多 Internet 服务支持客户–服务器应用,如 HTTP、FTP、DNS、finger 和 gopher 等。如在 TCP/IP 协议体系中,进程间的相互作用采用客户–服务器模型。客户与服务器分别表示相互通信的两个应用程序的进程,客户向服务器发出服务请求,服务器响应客户的请求,提供客户所需的网络服务。

1. 寻址

为了发送消息给服务器，客户必须知道服务器的地址。下面是关于寻址问题的讨论。

假设给文件服务器分配了数字地址(234)。如果这指一台特定的机器，发送内核能从报文结构中取出它，并作为硬件地址将包发送给服务器。所有的发送内核用 234 作为数据链路地址的帧，发送到 LAN 上，服务器的接口将检查帧，辨认出 234 是自己的地址并接收它。

如果只有一个进程在目的机器上运行，内核将知道怎样处理输入的消息——把它交给一个唯一的正在运行的进程。然而，如果在目的机器上有多个进程在运行，哪一个进程将得到报文？

一个可供选择的寻址系统是将消息传送给进程而不是计算机，尽管这种方法减少了关于谁是真正的接收者意义不明确的问题，但它却带来了进程如何识别的问题。一个常见的设计就是用两部分名字：机器号和进程号(如 234.3 或机器 234 上的进程 3 等类似设计)。机器号用于使内核将消息正确地发送到相应的机器上，进程号用来使内核决定消息要给哪一个进程。这种解决办法中最好的是每个机器可以给它的进程从 0 开始编号，不需要互相协调，因为进程 0 在机器 243 上和进程 0 在机器 199 上不会存在不明确的地方，前一个形式是 234.0，后一个是 199.0，参见图 2 – 10(a)。

在这种寻址方式上的微小变化是用 machine. local – id(机器. 本地 – id)代替 machine. process(机器. 进程)。本地 id 字段常常是一个 16 位或 32 位的随机数，一个进程类似一个服

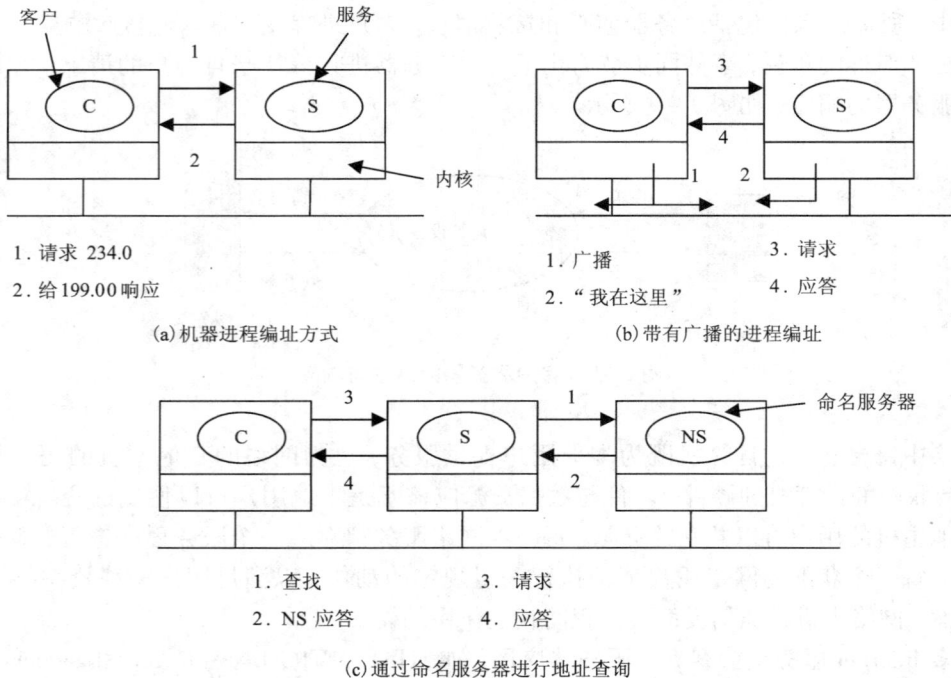

(a)机器进程编址方式   (b)带有广播的进程编址

(c)通过命名服务器进行地址查询

图 2 – 10   编址与寻址

务。在伯克利的 Unix 系统上，大部分通信都采用这种方式，即用 32 位 Internet 地址指定机器，给出 16 位数字用于本地 id 字段。

然而，machine. process(机器. 进程)寻址方式并不理想，假设文件服务器通常在机器 234 上运行，但有一天机器 234 坏了，机器 176 可用，但程序编译时使用的头文件中机器名是 234，如果机器 234 不能使用，机器 176 也无法工作，这种状况是我们所不希望的。此外当用户想要知道服务器在哪里时，这种方式是不透明的，而透明性正是分布式系统设计的目标。

一个可选择的方法是给每个进程分配唯一的地址，而不确定其机器号。如果要达到这个目标，必须有一个中央控制地址分配器，只包含一个计数器。当接收到一个地址请求时，它返回计数器的当前值并将计数器自动加 1。这个设计的缺点是，其无法用于一个大的系统，因此应该避免。

另一个分配进程标识号的方法是：让每个进程在相当大且专用的地址空间中选择自己的标识号，如 64 位二进制整数的空间。两个进程选择同一数字的可能性很小，系统平衡性很好。然而在这里也存在一个问题，发送内核怎么知道发送消息给哪一台机器呢。在支持广播的局域网中，发送者广播一个特殊的定位包，包含目的地进程的地址。因为这是一个广播包，在网络上所有的机器均可收到，所有的内核检查并查看地址是不是它们的，如果是则回答"我在这里"并给消息分配网络地址(机器号)，发送内核使用这个地址并"记住"它，避免下一次再广播，这种方法如图 2 – 10(b)所示。

尽管这种设计是透明的，甚至用了缓存，但广播给系统增加了额外的负担。其实可以用一台额外的机器提供高层的机器名和机器地址的映射来避免这种额外的负担，如图 2 – 10(c)所示。当使用这个系统时，进程像服务器一样，可用 ASCⅡ字符串来指出，并且这些字符串可以嵌入程序中，不用二进制的机器和进程号。每次客户机运行时，首先试图使用服务器，客户机发出请求消息给一台特殊映射服务器，称作命名服务器(name server)，询问一个目前服务器所在的机器号，有了这个地址后，可以直接发送请求。在上面的情况下，地址能被暂存。

总结一下，有以下几种给进程编址的方法：

(1)在客户机代码中指明机器进程号(machine. processnumber)。

(2)让进程选择随机地址，用广播定位进程。

(3)在客户机中存放 ASCⅡ服务器名字，运行时寻找它。

以上三种方法都存在不足之处：第一个不透明，第二个给系统造成额外负担，第三个需要一个中间部件——命名服务器。当然命名服务器可以复制，但这样做带来了维护其数据一致性的问题。一个完全不同的方法是用特殊的硬件，让进程选择随机地址，然而不同于用广播定位，网络接口电路设计成让处理机存储自己的进程号，帧使用进程地址而不是机器地址。每个帧来了以后，网络接口电路检查帧，看目的进程是否在它的机器上，如果是，帧将被接收，否则不被接收。

2. 阻塞原语和非阻塞原语

阻塞原语和非阻塞原语的选择一般取决于系统设计者(只有一个原语可用)，但是在一些系统中两种都可以使用，用户可以选择他所喜欢的一种。非阻塞原语有一个主要的缺点以至于掩盖了性能上的优点，即在消息被发送之前，发送者不能修改消息缓冲区。后继的进程在传输过程中覆盖该消息是很可怕的。更糟的是，发送的进程不知道传送何时进行，所以它无法知道什么时候重新使用缓冲区是安全的。这种情况几乎无法避免。

有两种可行的解决办法。第一个解决方法是内核将消息拷贝到内部缓冲区后允许进程继续执行。从发送者的观点看，这个方案和阻塞调用相同：一旦它获得控制权，就可以重新自由地使用缓冲区。当然，消息还没有被传送，所以发送者事实上并没有被它阻碍。这个方法的缺点是：每一个要传送的消息都要从用户区拷贝到内核区。对于许多网络接口，消息以后将被拷贝到硬件传输缓冲区，第一次拷贝显然被浪费了，额外的拷贝降低了系统的性能。第二个解决方法是当消息被发送后，中断发送者并通知它缓冲区可用，这里不需要备份，节省了时间。但用户级的中断使编程更具技巧性且更为困难，而且受制于竞争情况，可能导致结果不能再现。大多数专家都认为尽管这种方法高效且允许最大程度的并行化，缺点还是大于优点：基于中断的程序不易编写正确，因为当它们出错时几乎无法调试。有时可以在发送者的地址空间启动一个新的控制线程（在第 4 章介绍）来产生中断。尽管这种中断比原始中断清晰，但还是比同步通信复杂。

发送可以被阻塞或不被阻塞，接收也是一样。一个不被阻塞的接收原语能告诉内核缓冲区的位置，并几乎立即返回控制。那么，调用者怎样知道操作完成了？一种方法是提供一个明确的等待（wait）原语，它允许接收者在需要时阻塞。第二种方法是，设计者提供一个检测（test）原语以允许接收者进入内核检查其状态。这种想法的一个变种是有条件接收（conditional－receive），无论接收到消息还是信号失败，都可立即或在一定的时间间隔内返回。第三种方法是用中断来完成。大多数情况下，阻塞形式的 receive 原语更为简单并被广泛接受。

和阻塞及非阻塞调用联系很紧密的问题是超时。在使用阻塞的发送原语的系统中，如果没有应答，发送者将一直阻塞下去。为了防止这种情况发生，在一些系统中调用者采用在一个时间间隔内等待应答的方法，在此期间内如果没有应答，发送调用会认为这是个错误状态并终止等待。

3. 有缓冲和无缓冲原语

就像系统设计者可以选择阻塞和非阻塞原语一样，他们也可以选择有缓冲和无缓冲原语。上面描述的原语基本上是无缓冲原语。这意味着一个地址指定给一个特定进程，如图 2－11 所示。如调用 receieve(addr, &m) 告诉运行的机器内核，调用的进程正在监听地址 addr，并且准备接收发送到那个地址的消息。m 指出了一个消息缓冲区用于保存传送来的消息。当消息到来，调用接收原语的内核将消息拷贝到缓冲区，并解除该进程的阻塞。图 2－11(a) 说明了将一个地址指定给一个特定进程的情况。

只要服务器在客户机调用 send 原语之前调用 receive 原语，这个方案就可运行良好。receive 调用是这样一种机制，它告诉服务器正在使用的地址以及存放消息的位置。当发送比接收先发生，就会产生问题。服务器的内核不知道它的哪一个进程(如果有)在使用最近到达的消息中的地址，也不知道在哪里拷贝消息。

处理这个问题的一个方案是丢弃消息，使客户机超时，并希望服务器在客户机传送前调用接收原语。这个方法很容易实现。不幸的是，客户机(更可能的是客户机内核)可能在这以前已试了许多次。更糟的是，如果多次失败，客户机内核可能会放弃并错误地认为服务器损

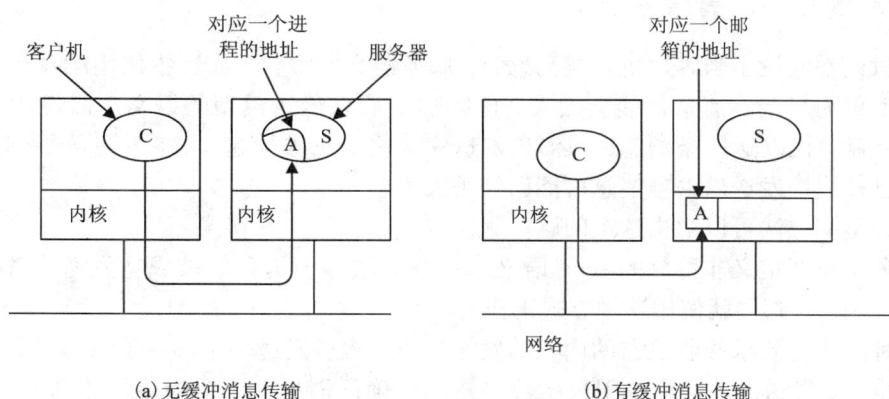

(a) 无缓冲消息传输　　　　(b) 有缓冲消息传输

图 2 - 11　无缓冲与有缓冲消息传输

坏或者该地址无效。

相似的，如图 2 - 11(a)所示，设想有两个或更多客户机使用服务器。服务器从其中一个客户机接受消息后，它不再监听自己的地址，直到完成工作并返回到循环开始时的 receive 调用。如果工作只进行了一会，而其他客户机多次试图向它发送消息，其中的一些可能放弃，这取决于它们重发计时器的值。

处理这个问题的另一种方法是：让接收内核在短时间内保存到来的消息，以防合适的 receive 原语可以很快完成。当一个"不想要"的消息到达时启动计数器，如果在合适的 receive 原语启动前计数器到时，则消息被丢掉。

尽管这些方法减少了消息被丢掉的可能性，但仍然产生了一个问题，即如何存储和管理过早到来的消息。这里需要缓冲区以及缓冲区的分配、释放和一般管理。处理缓冲区管理的一个简单的概念化方案是定义一个称为邮箱的新的数据结构。对接收消息感兴趣的进程可以让内核为之建立一个邮箱，并指定一个地址以便于寻找网络信包。因此，所有具有该地址的输入消息被放入邮箱中，调用 receive 时只要从邮箱中取出一条消息，邮箱为空时阻塞(对阻塞原语而言)。这样，内核知道如何处理到来的消息，并有地方存放它们。这个技术常常叫做有缓冲原语(buffered primitive)，如图 2 - 11(b)所示。

可以看到，邮箱的使用表面上消除了因为消息被丢掉或客户机放弃引起的竞争情况，然而事实上邮箱的容量是有限的。当一条消息到达一个已满的邮箱时，内核又将面临选择，是寄希望于至少一条消息被及时取出而暂时保存该消息，还是将之丢弃。在无缓冲情况下我们也需要做这样的选择。尽管我们可以减少错误的可能性，但我们不能消除它，甚至也不能试图改变它的本质。

在一些系统中，还有另外一种方法：如果目的地没有空间存储，则阻止进程发送消息。为实现这个方案，发送者必须阻塞到表明该消息已被接收的确认消息返回。如果邮箱已满，发送者发送的邮件可以被退回并被追溯地挂起，就像调度器在它试图发送消息前就决定挂起它一样。当邮箱中有空间可用时，发送者可以重试。

4. 可靠的和非可靠原语

以上讨论都假设了当客户机发送消息时，服务器会接收它。实际中使用的真正系统通常比抽象模型更为复杂。消息可能会丢失，这影响了消息传送模型的语义。假设使用阻塞原语：当一个客户机发送一条消息，在消息发送完毕之前它被挂起，当它重新开始时，并不能保证消息已被成功发送出去且消息可能已经丢失了。

有三种不同方法可以解决这个问题。

第一种是重新定义非可靠的 send 语义。系统无法保证消息能被成功发送，完成可靠的通信依赖于用户，邮局就使用这种方式工作。

第二种方法是要求接收机器的内核给发送机器的内核发送一个确认消息。只有当收到这个确认消息后，发送内核才释放用户(客户)进程。确认消息从一个内核传送到另一个内核，无论是客户还是服务器都看不到确认消息。正像客户到服务器的请求是由服务器的内核确认一样，从服务器返回客户机的应答由客户机的内核确认。因此一个请求和应答现在需要 4 条消息，如图 2 – 12(a) 所示。

第三种方法利用了客户 – 服务器通信的优点，事实上，客户 – 服务器通信由从客户到服务器的请求和从服务器到客户的应答构成。在这种方式中，客户机在发送消息后阻塞，服务器的内核不发送确认消息，而是将应答作为确认消息。因此，客户一直阻塞直到应答消息到来为止，如果时间太长，发送内核会重发请求以防消息丢失，这种方法如图 2 – 12(b)所示。

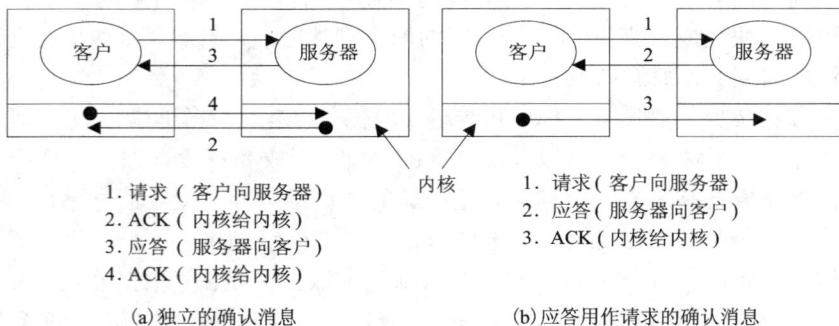

1. 请求（客户向服务器）
2. ACK（内核给内核）
3. 应答（服务器向客户）
4. ACK（内核给内核）

内核

1. 请求（客户向服务器）
2. 应答（服务器向客户）
3. ACK（内核给内核）

(a)独立的确认消息　　　　　(b)应答用作请求的确认消息

图 2 – 12　消息确认

* 需要注意的是应答全部由系统内核处理

尽管应答用于请求的确认，但没有对应答的确认。这个遗漏是否重要由请求的性质决定。例如：如果一个客户机请求服务器读一个文件块，如果应答丢失，客户机将重复请求，服务器重发文件块，没有什么损害且不浪费时间。另一方面，如果请求在服务器上进行大量的运算，在服务器确信客户机已经收到应答的情况下，丢失答案将是非常可惜的。因为这个原因，有时使用客户内核到服务器内核的确认。直到信包被接受，服务器的 send 原语还没有完成，服务器保持阻塞(设想使用了阻塞原语)。在任何情况下，如果应答丢失并重新传送请求，服务器的内核看到这个请求是原来的，不用唤醒服务器而仅仅重新发送应答。这样在某些系统中应答被确认而在有些系统中则不会。

一个折中方案常常是这样工作的：当一个请求到达服务器内核，计时器启动，如果服务器能很快给出应答(在计时器到时之前),这个回答就是确认消息。如果计时器超时,单独发送确认消息。这样在大多数情况下,只需要两条消息,只有当有复杂的请求出现时,才采用第三种方法。

5.客户-服务器模式变体

在客户-服务器端模型中重点考虑某些方面的因素,能派生出几个变种,如考虑到网络通信问题,派生出移动代码和移动代理;考虑到用户需要硬件资源有限的、基于管理的低价格的计算机,派生出网络计算机和瘦客户;为了能以方便的方式建立和删除移动设备,派生出移动设备和自组网络等。

(1)移动代码。

移动代码是指能从一台计算机上下载到另一台计算机运行的代码。例如,Applet(小移动应用程序)是一种众所周知的被广泛使用的移动代码:用户运行浏览器选择一个到 Applet 的链接,Applet 的代码存储在 Web 服务器上,代码被下载到浏览器并在那儿运行,如图 2-13 所示。例如,一个股票代理可以提供一个定制服务来通知客户股票价格的变化。为了使用这个服务,每个客户必须下载一个特别的 Applet,它从代理服务器那里接收更新,显示给用户,甚至执行自动的买和卖操作。

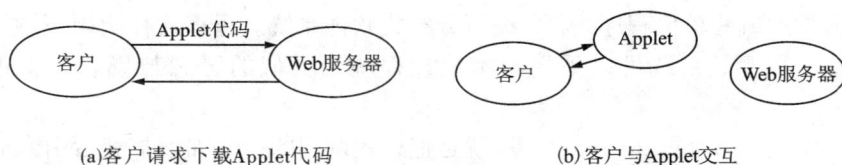

图 2-13 Web Applet 应用程序

本地运行下载代码的好处是,由于不会遭遇跟网络通信相关的延迟或带宽的变化(可变性),因此会得到很好的交互式响应。但是移动代码对于目的计算机里的本地资源有潜在的安全威胁,恶意的移动代码可能会降低系统的安全性能,如蠕虫病毒和木马程序,对本地计算机造成安全隐患,而浏览器也会因此而限制 Applet 对本地资源的访问。

(2)移动代理。

移动代理是可以从一台计算机移动到网络上另一台计算机访问本地计算机的资源,完成存储信息收集之类的任务,最后返回结果的一种程序,它包括代码和数据两部分。移动代理能在异构计算机网络中的主机间自主迁移,它在汲取传统分布计算技术的有益经验的基础上,为分布计算提供了一个全新的范型。移动代理的代理实体的运行不是固定在一台计算机,而是可以在多台计算机上。与移动代码相比,它是在服务器之间传递,而移动代码是在服务器与客户端之间传递代码。与远程调用相比,它可以减少数据传输,降低通信开销。移动代理系统的例子有:IBM 的 Aglet、Voyager 以及 AgentTCL 等。

与传统的代理相比,移动代理具有以下特点:

(1)主机间动态迁移。不同于传统构架中代理固定在特定的主机上,移动代理则可以在运行期间直接进行主机间迁移。传统的代理将收集到的数据发送给上级处理器或是其他代理，而移动代理在一台计算机上采集所需数据并进行处理后，在终止进程的情况下直接迁移到另一台主机运行，并保留了原进程数据。

（2）智能性。由于移动代理可以自由地在主机之间进行迁移，使得代理的运行场地不再局限在某一个特定位置，从而比较容易获得全面的、有针对性的数据。在这些数据的基础上，代理可以充分利用现有的人工智能和统计技术，做出更加及时和准确的判断。这种特性使得移动代理与传统代理相比，可以更有效地自主完成某一个特定的任务。

（3）平台无关性。多数移动代理采用与平台无关的语言，这样的程序可以跨平台运行。由于主流的平台无关语言（如 Java）在各种操作系统上都有其相应的实现，所以选用这些语言的移动代理可以很容易地完成跨平台的连接。另外，一般的移动代理体系都建立了与移动代理相配套平台无关的通信协议。通过这些协议，代理之间无须建立直接的通信连接而是利用虚拟机提供相应的消息服务，简化消息传递的操作。在这个基础上，可以更容易地开发异构平台上的应用系统。

（4）分布的灵活性。移动代理运行在整个分布式系统中，而不是固定在某一个特定的位置。这样，一旦需要，可以将自己或者所需的其他移动代理直接发送到所需的主机。

2.1.3 远程过程调用

随着应用程序变得复杂，需要为网络编程提供进一步的抽象。最好有这样的一种模型，它能使开发人员像编写单机程序一样，编写分布式软件系统。远程过程调用模型提供了这种抽象。利用这一模型，系统可以采用与本地过程调用类似的思想与概念，来进行进程间通信。

远程过程调用（remote procedure call）就是把过程调用的概念加以扩充后引入分析式环境中的一种形式。远程过程调用允许一个进程使用一个简单的过程调用通过网络和一个远程的进程通信。消息传递的通信方式下，进程之间传送的仅仅是简单的消息，而 RPC 不仅能允许两个进程间传送消息，还能传送如调用参数、返回结果等更为复杂的数据结构。远程过程的调用者发出远程过程调用后被阻塞等待返回值。所以远程过程调用提供同步，这和阻塞的消息传递通信方式一样，但是 RPC 等待的是一个返回值，而不像阻塞的消息传递那样等待的仅仅是一个应答。同消息传递相比，RPC 调用可能会阻塞更长的时间。

远程过程调用涉及两个独立的进程［图 2 - 14（a）］，它们可以分别位于两台独立的计算机上。如果进程 A 希望向另一个进程 B 发出请求，就可以向进程 B 发出一个过程调用，同时传递的还有一组参数值。与本地过程调用的情况一样，该远程过程调用也会触发进程 B 所提供的某一过程中预定义的动作。过程执行完毕后，进程 B 将返回一个值给进程 A。一个进程向另一个进程发出过程调用，数据作为参数传递［图 2 - 14（b）］。另一进程收到过程调用请求后，即开始执行被调用过程的代码。

通过比较可以发现，消息传递模型是面向数据的，动作是由所交换的消息触发的，而RPC 模型是面向动作的，数据是作为参数传递的。RPC 自 20 世纪 80 年代以来，一直被广泛应用于网络程序中。有两种主流的支持 RPC 调用的 API。第一种是基于开放式网络计算协议的远程过程调用（open network computing remote procedure call），该 API 源于 20 世纪 80 年代初 Sun Microsystem 公司的 RPC API。第二种 API 是 Open Group 的分布式计算环境 RPC。此外还有简单对象访问协议 SOAP，它实现了支持基于 Web 的远程过程调用。

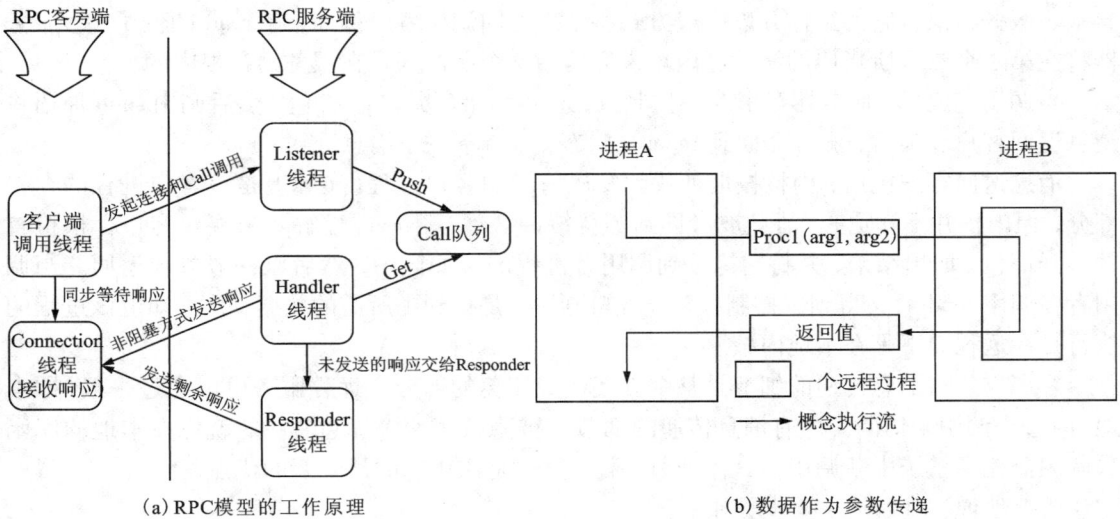

(a) RPC模型的工作原理　　　　　　　　(b) 数据作为参数传递

图 2 – 14　RPC

RPC 的内在思想是使远程的过程调用看上去就像在本地的过程调用一样。换句话说，我们希望实现 RPC 的透明性——调用者不应该意识到此调用的过程是在其他机器上执行的。

RPC 使用与本地调用相似的方法获得透明性。当 read 被一远程过程调用时(如运行在文件服务器上)，read 的不同版本，称为客户存根(client stub)，被放入库中。调用和激活与本地调用类似，不同的是，RPC 不是将参数放入寄存器中并要求内核返回结果，而是将参数打成信包，请求内核将该消息发送到服务器，如图 2 – 15 所示。在发送消息后，客户存根调用 receive 原语然后阻塞，直至收到服务器来的应答。

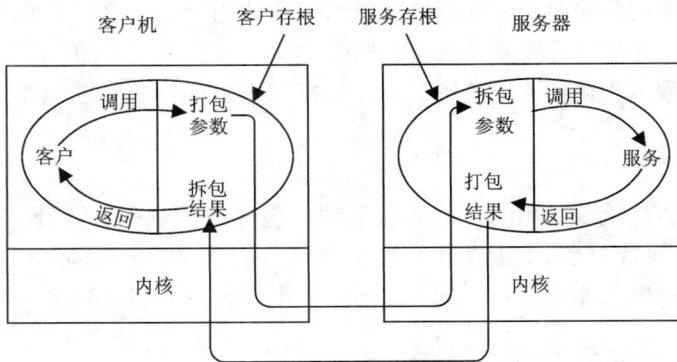

图 2 – 15　RPC 中的调用与消息

当消息到达服务器后，内核将消息传送给与实际服务器进程相捆绑的服务器存根(stub)。通常，服务器存根调用 receive，然后将自己阻塞，等待消息的到达。服务器存根拆开信包，从消息中取出参数，然后以一般方式调用服务器进程。从服务器进程的角度来看，就像由本地的客户进程直接调用一样——所有参数和返回地址都在它们的堆栈中，没有任何异常。服务器执行它的工作并以一般方式将结果返回调用者。例如，在 read 的例子中，服务器将在第二个参数所指向的缓冲区内填入数据。这个缓冲区是在服务器存根内的。

当调用完成后，服务器存根获得控制权，它将结果（缓冲区）打包，然后调用 send 原语将消息返回客户。最后，服务器回到 receive 状态，等待下一条消息。

消息送回客户机后，内核按地址找到发送请求的客户进程（实际上是该客户进程的存根部分，但内核并不知道）。消息被拷贝到等待缓冲区后，客户进程解除阻塞。客户存根检查并拆开信包，取出结果，并将它拷贝到调用者进程的缓冲区中，然后以一般方式返回。当调用者在调用 read 后又得到了控制权，他所知道的只是得到了所需的数据，并不知道该过程的执行是在远程而不是在本地内核。

客户方忽略消息传递的细节是整个方案中最完美的部分。远程服务可以通过一般（即本地）的过程调用来访问。所有消息传递的细节都被隐藏于两个库过程中，就像在本地的库函数调用掩盖了系统中断调用的具体细节一样，这也是该机制的最主要的优点。

概括地说，RPC 的主要步骤如下：

（1）客户过程以正常的方式调用客户存根。
（2）客户存根生成一个消息，然后调用本地操作系统。
（3）客户端操作系统将消息发送给远程操作系统。
（4）远程操作系统将消息交给服务器存根。
（5）服务器存根调用将参数提取出来，而后调用服务器。
（6）服务器执行要求的操作，操作完成后将结果返回给服务器存根。
（7）服务器存根将结果打包成一个消息，而后调用本地操作系统。
（8）服务器操作系统将含有结果的消息发送给客户端操作系统。
（9）客户端操作系统将消息交给客户存根。
（10）客户存根将结果从消息中提取出来，返回给调用它的客户存根。

这些步骤最主要的作用就是：将客户过程的本地调用转化为客户存根后，再转化为服务器过程的本地调用。对客户与服务器来说它们的中间步骤是不可见的。

设计和实现远程过程调用主要考虑的问题包括以下方面。

1. 参数传递

客户存根的功能是获取调用的参数并将参数打包放入消息中并送往服务器存根。而将参数打包形成消息的过程称为参数组装（parameter marshalling）。虽然这听起来很直接了当，但实际并不像表面上那么简单。

参数传递

2. RPC 客户和服务的绑定（Binding）

客户如何定位服务器呢？一种方法是将服务器的网络地址固化到客户机中。但是这种方法的适应性很差，当服务器移动、复制或者在改变其接口后，需要找出并重新编译它的许多有关程序。为避免这些麻烦，一些分布式系统采用了动态绑定的技术，以使客户能够定位服务器。在使用远程过程调用前，客户和服务器必须先建立通信。当客户向服务器发送一个远程过程调用前，服务器必须是存在并进行了注册的，注册时向系统内核的端口管理员（port

mapper)申请通信端口。在注册时要登记服务器的名字、版本号,通常有 32 位长的唯一标识符以及用于定位的句柄,以便客户进程能寻找到服务器进程。句柄随系统的不同而不同。它可能是以太网地址、IP 地址、x. 500 地址、一个稀疏进程标识或者其他地址。只要是能辨别出服务器进程的合法地址,均可作为句柄。服务器将监听这个端口和客户机进行通信。客户通过访问端口服务器而得到用于访问这个服务器的"句柄"(handle),这个句柄用于指引和低层的 socket 结合。这整个过程对程序员来说是透明的。图 2 - 16 描述了 RPC 建立通信的过程。

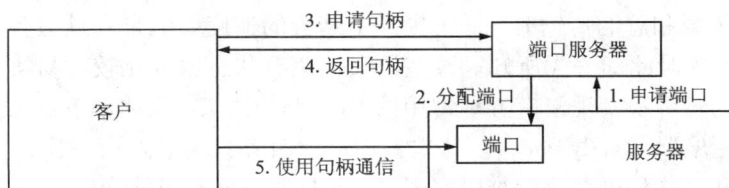

图 2 - 16　RPC 建立通信的过程

3. RPC 认证

在一个分布式计算系统中,客户可能需要对服务器的身份进行认证,或者服务器希望对客户的身份进行认证。

4. RPC 调用语义

远程过程调用和本地调用之间存在许多不同之处,导致出现很多问题。

首先,如果远程调用是在两种异型机器间进行,这就存在数据表示问题,例如,这两类机器的字长可能不同。解决这一问题的方法之一是在转移数据之前,让 RPC 机制将有关的数据转换成一种统一的格式,接收场点在接收数据时,再把它们转换成本地所允许的数据格式。

其次是如何解释指针的问题,更确切地说,一个指针到底访问的是什么,在不具有共享地址空间的情况下,RPC 不可能允许在网络范围内转移指针。因此,在 RPC 中是不可能用"引用(reference)方式"转移参数的。

更严重的问题是调用者和被调用者都可能在调用期间发生故障,而且经常是被调用者故障,留下调用者挂起。如果发生这种情况,调用者可能不得不中止调用,这在本地调用中是决不会出现的。

一个远程过程调用故障之后,调用者很难得知在故障发生前,该过程调用已经进行到了哪一步。这通常有以下四种可能:

(1)被调用者在接收到调用它的命令之前就发生了故障。

(2)被调用者在执行其过程体时发生了故障。

(3)被调用者正确地完成了其过程体的执行,但在把结果返回给调用者之前发生了故障。

(4)调用者在发出调用命令之后并在获得调用结果之前发生了故障。

由于调用者无法知道到底出现了哪种情况,因此,系统必须提供一些基本的保护机制来确保 RPC 的效果。不过，这个问题由于通信方面的可能出错以及系统试图进行错误矫正而混杂在一起，使得一个远程过程在成功地完成其执行之前，实际上可能被引用了若干次。不同的 RPC 实现方案定义的这种效果或 RPC 语义是有差别的。调用语义确定了同一个调用的多次重复请求所造成的后果。例如，当你使用 ATM 机取款 1000 元时，由于网络故障，ATM 可能发出重复多次请求，服务器执行了多次服务，即从你的账号上多次减去了 1000 元，而只有一次结果传达到 ATM 上，你只从 ATM 上得到了 1000 元。不同的应用需要不同的调用语义。精确描述调用语义要依赖于系统采用的是有状态服务还是无状态服务实现的。有状态服务使用状态表保持客户的状态信息，所以后续的一系列调用可使用以前调用的一些信息，从而减少了网络的负载和总的传输时间，也提高了结合的速度。但是一旦服务器崩溃，这些信息就会丢失，而客户对此却一无所知。某些语义使用有状态服务比较容易实现，而有些语义使用无状态服务比较容易实现。有五种常用的 RPC 调用语义，具体如下：

（1）恰好一次语义（exactly once）。每次调用请求服务只精确执行一次，它具有和本地过程调用相同的语义。这种语义比较难以实现，主要是服务器有可能崩溃。

（2）最多一次语义（at most once）。最多一次语义常使用有状态服务实现。这种语义保证一个调用的重复请求不被服务器执行，服务器根据状态表中的信息判断一个请求是否是一个重复的请求。

（3）至少一次语义（at least once）。这种语义保证对于一个远程执行请求，服务器会为它至少执行一次，可能会重复执行多次。因此这种语义无法保证给一个调用的哪个请求返回值，但是会给这个调用返回一个或多个值。

（4）多次中最后一次语义（last of many call）。这种语义要求给调用的每次请求一个顺序号，客户只接受最近一次请求的返回值。

（5）幂等语义（idempotent）。这种语义可以使用有状态服务，也可以使用无状态服务。在有多个客户请求远程过程调用的情况下，这种语义保证不会对结果构成不利影响。对于有状态服务，服务器所保持的状态不会被多个客户的请求所破坏。

5. 失败情况下的 RPC 语义

RPC 的目标是隐藏通信细节，使远程过程调用看起来和本地调用一样，但仍有一些方面无法满足此要求，如无法处理全局变量，以及使用复制/恢复而不是变参调用传递指针参数而引起的细微差别等。实际上，只要客户与服务器都正常运转，RPC 将工作良好。但是一旦出现了错误，就会产生一些问题。这时，远程过程调用与本地调用的差别是无法忽视的。

失败情况下
的RPC语义

6. 实例研究 DCE RPC

（1）DCE 简介。

DCE（distributed computing environment）是由 OSF（open software foundation）开发的一个中间件系统，它作为一个抽象层运行在现有的网络操作系统和分布式应用程序之间。DCE 最初是为 UNIX 系统设计的，现在已经被主要的操作系统如 VMS 和 Windows NT 所采用。它的主要意图是让用户将现有的机器连接起来，再加上 DCE 软件就可以执行分布式应用程序，并且不干扰现有的应用。尽管 DCE 软件包的绝大部分运行在用户空间，但是还是有少部分必须通过配置添加在内核中。

DCE 的编程模型都是客户 – 服务器模型。用户进程作为客户访问远程服务进程提供的服务器，其中一些服务器是由 DCE 本身提供的，另外一些服务器是由应用程序员编写的应用程序提供的。所有客户和服务器之间的通信都是使用 RPC 方式实现的。

许多服务器是 DCE 本身的一部分，它的基本服务器主要有：

①分布式文件服务器。分布式文件服务器是一个广域网范围的文件系统，用户能以相同的方式透明地访问任何文件。

②目录服务器。目录服务追踪系统中所有资源的位置，这些资源包括机器、打印机、服务器和数据等，并且它们可处于广域网的任意物理位置。目录服务器使得一个进程要访问一个资源时，不必关心资源所处位置，除非用户程序本身想要知道资源所处位置。

③安全服务器。安全服务器使得各种资源能够得到保护，所以对资源的访问仅限于有访问权限的用户。

④分布式时间服务器。这种服务器试图使不同机器上的时钟在全局上得到同步。全局时钟的概念使得在分布式计算系统中保证一致性变得容易。

(2) DCE RPC 的目标。

DCE RPC 系统的目标和传统的 RPC 差不多，主要有如下一些：

第一个目标也是最重要的目标就是能够让客户简单地调用一个本地过程就能访问到远程服务。RPC 的接口能够使得客户程序的编写变得简单，因为程序员能够以他们熟悉的简单方式编写客户程序(即应用程序)。同时，DCE RPC 能够比较容易地使大量的现有程序代码只经过很少的修改或根本不经过任何修改就运行在分布式环境中。

第二个目标是由 RPC 系统对客户隐匿通信的实现细节。某些情况下，需要进一步对服务器隐匿通信的细节。首先，RPC 系统能够正确地确定服务器的位置，继而在客户和服务器之间建立通信，即所谓客户和服务器的结合(binding)。其次，RPC 能够处理报文的双向传输及在需要的时候对报文进行分段和重新进行组装。例如，如果一个参数是一个很大的数组的时候，就需要将报文分段和重新进行组装。最后，RPC 系统能够自动地在客户和服务器之间进行数据类型的转换，客户和服务器可能运行在具有不同体系结构的计算机上且具有不同的字节顺序。

第三个目标是客户和服务器之间的高度独立性。由于 RPC 系统能够隐匿通信细节，所以服务器和客户是可以高度独立的。例如，客户可以用 Java 语言编写，而服务器则用 C 语言编写，反过来也是这样。客户和服务器能够运行在不同的硬件平台上及使用不同的操作系统。支持各种不同的网络类型和不同的数据表示，所有这些都不会对客户和服务器造成干扰。

(3) 编写客户和服务器程序。

DCE RPC 系统由许多方面的部分组成，这些部分包括语言、库程序、守护程序(daemon)、实用程序等。使用这些部分，就可以编写客户和服务器程序。

在客户 – 服务器系统中，将各部分连接起来的是接口定义，接口定义用接口定义语言 IDL 说明。每个 IDL 文件中最重要的元素是特定接口的全局唯一标识符，客户在它的第一个 RPC 报文中发送此标识符，由服务器确定它是否正确。如果由于客户的疏忽而试图与一个错误的服务器结合，或与一个正确服务器的错误版本结合，服务器会检测出错误，从而结合不会发生。

编写 DCE RPC 应用程序的过程由以下几个步骤组成：

①调用 uuidgen 程序，由该程序生成一个 IDL 范例文件。该范例文件包含一个接口标识符，需要保证该标识符不会被任何地方的 uuidgen 所生成的接口所使用。接口标识符是由 128 位二进制数表示的，在 IDL 文件中，它是用 16 进制表示的。接口的生成时间和生成地点编码进了该接口的标识符中，所以接口标识符是全局唯一的。

②编辑 uuidgen 程序生成的 IDL 文件，在该文件中添加远程过程的名字及其参数。

③编译 IDL 文件。当 IDL 文件编辑完毕，使用 IDL 编译器进行编译，编译后生成如下三个文件：头文件（如 interface.h）；客户代理（client stub）；服务代理（server stub）。

头文件包含唯一标识符、类型定义、常量定义和函数范例，通过使用#include 可以将该文件包含进客户程序代码中和服务程序代码中。客户代理包含客户程序将要调用的实际过程，这些过程负责将参数打包并集成到一个输出报文中，然后调用 RPC 运行时的系统发送报文，客户代理还要对返回给客户的应答及返回值进行拆包。服务代理包含了当请求报文到达时，服务机的 RPC 运行时系统需要调用的过程（为执行客户所要求工作的实际过程）。当然服务代理也处理诸如输入参数的拆包和返回值打包等任务。

④编写客户和服务程序代码。当客户程序、服务程序、客户代理和服务代理编译完成后，将客户目标文件、客户代理目标文件和 RPC 库连接就形成了客户的可执行代码文件。同样，将服务目标文件、服务代理目标文件和 RPC 库连接就形成了服务的可执行代码文件。分别在服务器和客户机上启动服务程序和客户程序，所实现的 RPC 应用就执行了。

2.1.4　远程方法调用

将面向对象应用到分布式系统中是面向对象软件开发技术的自然扩展，该模式使应用程序可访问分布于网络上的各个对象。通过对对象提供方法的调用，应用程序可获取对服务的访问。

1.分布式对象模型

（1）对象的概念。

对象是一个抽象体，它将相关的服务和数据封装在一起。对象服务以函数的形式提供，是对数据进行的操作，被称为对象的方法（method）。对象里的数据也被称为状态（state）。方法不能被独立地访问，访问方法必须通过对象，脱离了对象的本身访问方法没有什么实际意义。通过对象的接口调用对象的方法，可对对象的状态进行访问或操作，除此之外没有任何对对象的状态进行访问和操作的合法手段。一个对象可以实现多个接口；同样，给定一个接口的定义，多个对象可能对这一接口提供实现。

对象对接口的实现是独立的，这一点对分布式系统来说是至关重要的。这种独立性可以让我们在一台机器上设置一个接口，而对象本身驻留在另一个机器上，这通常被称为分布式对象。图 2－17 是分布式对象的一般组织方式。

当客户同远程对象连接时，被称为代理（proxy）的对象的接口被装入到客户的地址空间。proxy 类似于 RPC 的客户代理（client stub），它的功能是将客户程序发出的调用打包成报文，以及对返回给客户的报文进行拆包，得到方法调用的结果。实际的对象驻留在服务机上，对象的接口形式和客户方的接口形式是相同的，到达服务方的调用请求首先被传送到服务程序的代理，服务程序的代理在这里被称为 Skeleton，由它对请求进行拆包，通过接口请求对应的方法，对结果打包成应答报文，将应答报文传递给客户方的代理。

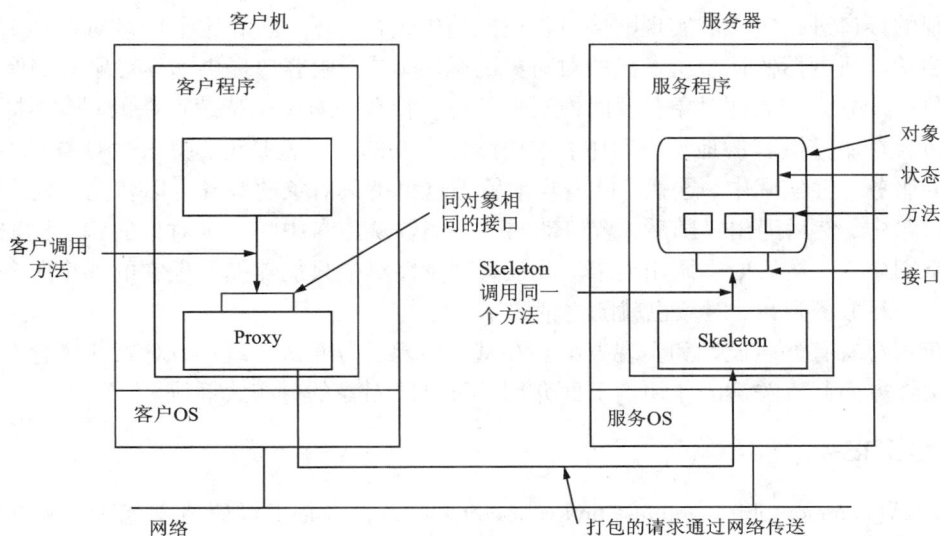

图 2 – 17　分布式对象的组织形式

对于绝大多数分布式对象而言它的状态并不是分布式的，状态只驻留在一个机器上，只有对象的接口在其他的机器上是可用的，所以这样的对象也称为远程对象。对于通常的分布式对象而言，状态本身也可能是物理地分布在多个机器上，但是这种物理的分布通过对象的接口对客户隐藏起来。

（2）对象的类型。

分布式系统中的对象可能以多种形式出现。其中使用最多的一种形式是语言层的对象，这种对象直接由诸如 Java，C ++ 这样的面向对象的程序设计语言支持，这种对象称为编译时对象（compile-time object）。在这种情况下，一个对象是程序所定义的类（class）的一个实例，一个类是一个模块的抽象描述，这个模块由一组数据元素和对这些数据的一组操作组成。

使用编译时对象经常使得一个分布式应用程序的建立变得很容易。例如，在 Java 中，对象可以完全通过它的类和类所实现的接口来定义。编译所定义的类所产生的代码可以产生类的实例，接口可以编译成客户代理和服务代理，这样就可以在远程机上对对象进行调用。

编译时对象的一个明显的缺点是它依赖于特定的程序设计语言。另外一种对象是在运行时通过明确的方式构建成为运行时对象（runtime object）。由于运行时对象不在乎分布式应用程序是使用什么语言编写的，所以这种方法在许多基于对象的分布式系统中得到采用。特别是，应用程序可以使用由多种语言编写的对象来实现。

在处理运行时对象时，实现对象的基本方法必须是开放的。例如，程序员可以编写 C 程序库，库里包含一些函数，这些函数都可以对普通数据文件进行操作。现在所要处理的基本问题是这些函数怎样作为对象的方法在远程机上进行调用。通常的方法是使用对象适配器

（object adapter），它的主要作用是将用户编写的程序包装成具有对象的外观。对象适配器允许将接口转变成客户所希望的形式和功能。例如，适配器可以将上面所描述 C 库函数动态地和对象绑定（bind）并打开对应的文件作为该对象的当前状态。

对象适配器在基于对象的分布式系统中具有重要的作用。为了使包装尽量容易，对象由它所实现的接口进行定义。实现的接口在适配器中进行注册，然后这个接口对远程请求来说就是可用的。适配器监视着所发出的对对象的调用请求，给客户提供远程对象的映像。

对象可以分为持久性对象和暂时性对象两种。持久性对象是持续存在的对象，即使当前它并不包含在服务进程的地址空间中，它仍然是存在的。也就是说，持久性对象并不依赖于它当前的服务。在实际中，这就意味着当前管理这个持久对象的服务可以将这个对象的状态保存在磁盘中，然后退出。随后，新启动的服务能够从磁盘中将这个对象的状态读取到自己的地址空间中去，然后处理调用请求。相反，暂时性对象只能伴随管理它的那个服务的存在而存在。一旦服务退出，对象也就随之消失了。

分布式对象有许多设计和实现方案。在基于对象的分布式系统中，对象的概念在实现分布式透明性方面起着关键的作用。下面介绍几种基于对象的分布式系统。

2. CORBA

CORBA（common object request broker architecture），即通用对象请求代理结构。严格地说，CORBA 并不是一个系统而是一个规范，是由对象管理组 OMG（object management group）制定的。CORBA 的主要目标是定义分布式系统，该系统可以克服在集成网络应用程序时所面临的许多互操作性问题。

（1）CORBA 的总体结构。

参照 CORBA 2.3 规范，OMG 给出了 CORBA 总体结构的参考模型，如图 2-18 所示。在这个参考模型中，CORBA 系统由四组构造元素组成，这四组构造元素由一个叫做 ORB（object request broker）的机构连接。ORB 是任何一个 CORBA 分布式系统的核心，它负责在对象和其客户之间建立通信，并将分布和异构性的问题隐藏起来。在许多系统中，ORB 是以库函数的形式实现的，由客户程序和服务程序连接，提供基本的通信服务。

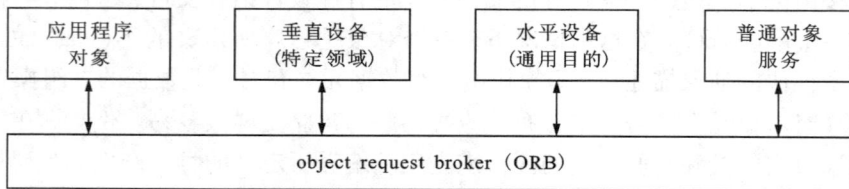

图 2-18   CORBA 总体结构图

应用对象是作为应用程序的一部分而建立的，除此之外，CORBA 还提供了一些设备，这些设备用于构建 CORBA 服务。参考模型对两类 CORBA 设备进行了区分，它们被分成两组，一组为水平设备，另一组为垂直设备。水平设备由通用的高层服务组成，当前包括为用户接口提供的服务、为信息管理提供的服务、为任务管理（用于定义工作流系统）提供的服务等。垂直设备由那些为特定的应用领域而提供的高层服务组成，如为电子商务、银行、制造业等提供的服务。

（2）CORBA 的对象模型。

CORBA 使用远程对象模型，在这种模型中，CORBA 对象只驻留在一个服务的地址空间中。虽然 CORBA 规范对此并没有明确的要求，但是，事实上所有的 CORBA 系统仅支持这种对象模型。

在 CORBA 中，使用 CORBA 的接口定义语言 IDL（interface definition language）对对象和服务进行说明。CORBA IDL 和其他的接口定义语言类似，在这种语言中，它提供了精确的语法用于表达方法和参数。在 CORBA IDL 中不能对语义进行描述。接口是多个方法的聚集（collection），并且为对象说明了它所要实现的是哪个或哪些接口。

接口说明可以只用 IDL 语言给出，但是在 CORBA 中，必须提供一个严格的规则来将 IDL 描述的接口说明转换成所使用的程序设计语言。CORBA 当前提供 IDL 到 C、C＋＋、Java、Smalltalk、Ada 和 COBOL 之间的转换。假定一个 CORBA 系统是一个客户－服务器模型的系统，那么这个系统的一般组织方式如图 2－19 所示。

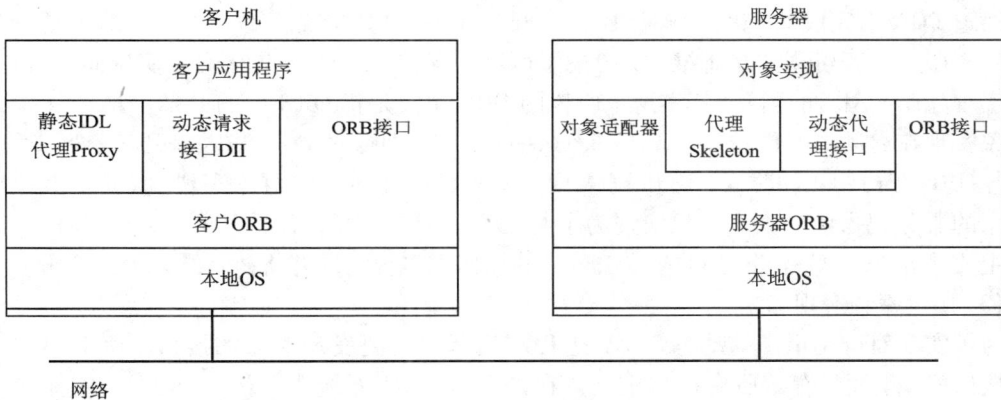

图 2－19 CORBA 的一般组织结构

无论是在客户方还是在服务方，底层的进程都是 ORB。ORB 是一个运行时系统，负责处理客户和对象之间的基本通信问题，这些通信保证请求被传送给对象的服务和应答返回给客户。从一个进程的观点来看，ORB 本身只提供少量的服务，这些服务之一就是处理对象引用（object reference），对象引用一般来说依赖于特定的 ORB。ORB 提供对对象引用的打包和拆包操作，使得进程之间能够交换信息，同时还提供引用之间的比较操作。ORB 所提供的其他操作还包括为一个服务找到对应的进程，这需要用到名字服务。

服务程序和客户程序看不见 ORB 的任何东西。相反，它们通常能够看见的只有代理，代理负责处理对特定对象的方法调用。客户应用程序有一个 Proxy 代理（静态代理），proxy 代理将调用请求打包传送给服务，并且将来自服务的响应进行拆包传送给客户程序。需要注意的是，Proxy 和 ORB 之间的接口不必是标准化的，因为 CORBA 假定所有的接口都是由 IDL 描述，CORBA 为用户提供了一个 IDL 编译器，这个编译器能够生成必要的代码用于处理客户和服务的 ORB 之间的通信。

在某些情况下，静态定义的接口对客户来说是不适用的，相反，客户需要在运行期间确定特定对象的接口是什么样的，然后构建一个对该对象的调用请求。为此，CORBA 为客户提供了一个动态调用接口 DII(dynamic invocation interface)。DII 提供了一个通用的调用操作，该操作从客户那里得到对象引用、方法标识符、一些作为参数的输入值和一些由调用者给出的变量，用于存放返回的结果。

在服务方，CORBA 提供了一个对象适配器(object adapter)，它负责将收到的请求转发给正确的对象。实际的拆包操作由 CORBA 中的服务方的代理 Skeleton 负责处理。同客户方的代理一样，服务方的代理可以是静态的，也可以是动态的。静态的代理由 IDL 所定义的说明编译得到。当使用动态的通用代理时，对象必须实现调用函数。

客户首先通过 ORB 核心提供的 ORB 接口得到对象引用。至于得到什么样的对象引用，取决于客户需要的服务。每个服务都会有一个标识，客户就是通过这个标识来识别服务的。ORB 核心在得到客户提供的服务标识之后，从它掌握的各个对象适配器(POA)中处于活跃状态的对象实现(服务提供者)中挑选一个。ORB 核心是通过查询 POA、对象实现(服务标识)列表来完成这一功能，并返回给客户对象引用。

ORB 核心是怎么得到并维护这个 POA 与服务标识的列表的呢？这个列表的创建与修改都是通过 POA 来完成的，因为与对象实现(服务提供者)直接交互的是 POA，而不是 ORB 核心。对于服务是否可用的状态维护，考虑了两种情况：一是 ORB 先于对象实现而运行；二是对象实现先于 ORB 而运行。其实这里所说的 ORB 主要是指 ORB 中的 POA。第一种情况下，由对象实现在启动的时候主动向 POA 完成注册登记，即通过 POA 写入该列表；第二种情况下，由 ORB 在初始化的时候，通知 POA 搜寻所有已经注册过的对象实现(服务提供者)，并把可用的服务记入该列表。对象实现为了与对象适配器交互，需要完成一个接口程序，它的作用主要是与 POA 联系并把 POA 传送过来的操作在本地实现并将执行结果返回给 POA。

(3)接口库和实现库。

为了实现对调用请求的动态解释，进程在运行时需要发现对象的接口。CORBA 提供了一个接口库，里面保存着所有接口定义。在许多 CORBA 系统中，有一个独立的进程提供了标准的接口用于向接口库保存和检索接口定义。接口库可以看作是在 CORBA 中运行时支持类型检查设备的一部分。

当接口定义被编译的时候，IDL 编译器会赋予这个接口一个库标识符，这个标识符是从库中检索接口定义的基本手段。标识符的缺省值由接口及其方法的名字确定。所有接口定义在接口库中存储是按它们的 IDL 语法进行的，所以可以用标准的方式对每一个接口定义进行组织。因而，CORBA 系统的接口库能够提供同样的操作对所有的接口定义进行浏览。

除了接口库之外，CORBA 一般还提供另一个库，即实现库。从概念上来说，实现库中包含了所有需要实现和激活的对象。实现库同对象服务的组织和实现是紧密结合的，对象适配器负责激活一个对象，保证对象能够在服务的地址空间中运行，从而使得对象的方法能够被调用。对一个给定的对象引用，适配器能够与实现库联系从而准确地找到一个对象的实现。例如，实现库应该维持一张表，该表记录了哪一个服务需要启动，服务需要为特定的对象监听哪个端口号。实现库还要提供服务需要装载和执行哪个可执行文件等信息。激活新的对象不一定要启动独立的服务，它可以把当前的服务链接到特定的程序库上的被请求的方法或对象。这些信息也需要保存在实现库中。

(4)CORBA 的服务。

所有的 CORBA 服务构成了 CORBA 参考模型的一个重要组成部分。这里所指的服务是通用目的的服务。CORBA 服务非常类似于操作系统所提供的各种类型的服务。CORBA 所提供的各种服务见表 2 - 1。

表 2 - 1　CORBA 的服务

服务	功能描述
收集	对象被分组聚集到一个链表中、一个队列中、一个堆栈中或一个集合中
查询	提供了一种手段构建对象组，使对象可以使用一种申明的方式进行查询
并发	允许对共享对象进行并发访问
事务处理	允许客户在事务处理中访问多个对象，支持平面的和嵌套的事务处理
事件	通过事件支持异步通信
通告	提供高级设备支持基于事件的异步通信
外观化	处理对对象打包或拆包，使对象可以被存储在磁盘上或者通过网络发送
生存周期	支持创建、删除、拷贝和移动对象
许可	允许对象的开发者将许可附加到对象
命名	提供对象名字到对象标识符之间的映射
性质	使用一些(参数，值)对来对对象的性质进行描述
交易	提供一些关于该对象的广告信息
持久性	支持对象的持久性存储
关系	表达对象之间的关系
安全性	提供诸如认证、权限、安全通信和管理的安全性
时间	在一定的误差范围内提供当前的时间

（5）CORBA 的通信。

通常的情况下，CORBA 使用简单的通信模型：客户调用对象的方法并等待应答。CORBA 还增加了一些通信设备。

在缺省的情况下，当客户调用对象时，它向对应的对象服务器发送请求，然后阻塞直到收到响应。在没有错误的情况下，这种语义严格地和通常的方法调用的情况相对应，在通常的方法调用情况下，调用者和被调用者是处于同一个地址空间的。这是一种同步的请求。

然而，在有错误的情况下，问题就变得复杂了。在同步请求的情况下，客户最终会收到异常信号，指出这次请求没有完全完成。在这种情况下，请求需要遵循最多一次(at-most-once)的语义。

当客户期望得到答案的情况下，同步请求是最合适的，当响应返回时，CORBA 保证方法被恰好调用了一次。然而，在不需要响应的情况下，最好是让客户在发出方法调用之后尽快地继续执行。在 CORBA 中，这种形式的异步请求被称作单程请求(one-way request)。只有在方法不返回结果的情况下，才能被指定为单程的形式。CORBA 中的单程请求只提供尽力传输(best-effort delivery)服务，不保证调用请求能够传送到对象的服务。

除了单程请求之外，CORBA 还支持延期的同步(deferred synchronous)请求，它实际上是将单程请求和让服务异步地向客户发送结果的方法结合起来。一旦客户向服务器发送请求之后，它不等待服务的响应而继续执行。客户在以后某个时刻阻塞等待响应。表2-2 对这三种不同的请求模型进行了总结。

表 2-2　CORBA 支持的三种不同请求模型

请求模型	失效语义	功能描述
同步	最多一次	调用者阻塞直到收到响应或者出现异常
单程	尽力传输	调用者立即继续执行不等待服务的响应
延期同步	最多一次	调用者立即继续执行，在以后某个时刻阻塞等待响应

(6)事件和通告服务。

CORBA 所提供的三种请求模型能够满足基于对象的分布式系统中的大多数通信要求，但是只支持方法请求的通信模型是不够的。CORBA 定义了一个事件服务，用于提供基于事件的通信。事件由供应者产生，由消费者接收，事件通过事件通道传输，如图2-20 所示，它描述的是事件通信中的推送(push)模型，在这种模型中，每当事件发生时，产生事件的供应者将事件通过事件通道推送给消费者，这种模型很适合大多数消费者以异步方式处理事件的行为。在这种模型中，消费者被动地等待事件，当事件发生时，消费者被中断。

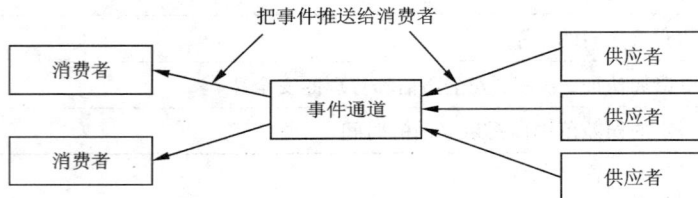

图 2-20　事件通信的推送模型

CORBA 支持的另一种事件通信模型为拉取(pull)模型，如图2-21 所示。在这种模型中，消费者检测事件通道看是否有事件发生，而事件通道检测各个供应者。

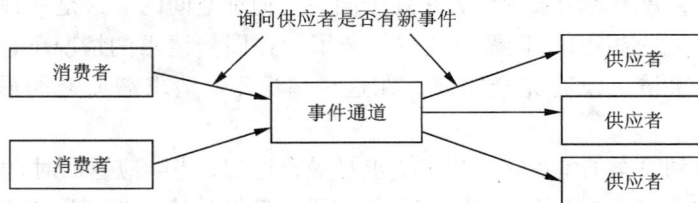

图 2-21　事件通信的拉取模型

虽然 CORBA 的事件服务为事件的传播提供了一个简单而直接的方式，但它还存在如下缺点：①为了传播事件，供应者和消费者必须都连接到事件通道上。如果消费者是在一个事件已经产生之后才连接到事件通道上的，那么这个事件就会丢失。也就是说，CORBA 的事件服务不支持持久性事件。②消费者无法对事件进行过滤，每个事件被传递给全部的消费者。如果要区分不同的事件类型，需要给每类事件独立地设立一个事件通道。CORBA 在通告（notification）服务中增加了过滤能力，在这种服务中，如果没有消费者对某个特定的事件感兴趣，则这个事件不会传播。③事件的传播是不可靠的，如果要进行可靠的通信，CORBA 必须选择其他的通信手段。

（7）消息队列。

上面所讨论的通信都是暂时性（transient）通信，也就是说，只有在发送者和接收者都在执行的时候，底层的通信系统才会保存它们之间的通信消息。许多应用程序需要持久性（persistent）通信，也就是说，当消息发出之后，无论发送者和接收者是否在执行，消息都要在底层的通信系统中保存，直到它被接收为止。

CORBA 的支持持久性通信的模型称为报文排队（message-queuing）模型，CORBA 使用了附加的消息服务（messaging service）来支持这种通信模型。与其他持久性通信所不同的是 CORBA 的持久性通信是基于对象的通信。

在消息服务的情况下，有两种附加的异步的调用请求方式，一种是回叫（callback）模式，另一种是收集（polling）模式。在回叫模式中，客户提供了一个对象，这个对象包含了一些方法，并实现了调用这些方法的接口，这些方法能够被底层的通信系统 ORB 调用以传递异步请求的结果。在这种模式中，客户负责将原先的同步请求转变成异步请求，而服务器的对象的实现不变，仍然将请求看成是同步的。

图 2 - 22（a）显示了这种回叫模式的异步调用请求。

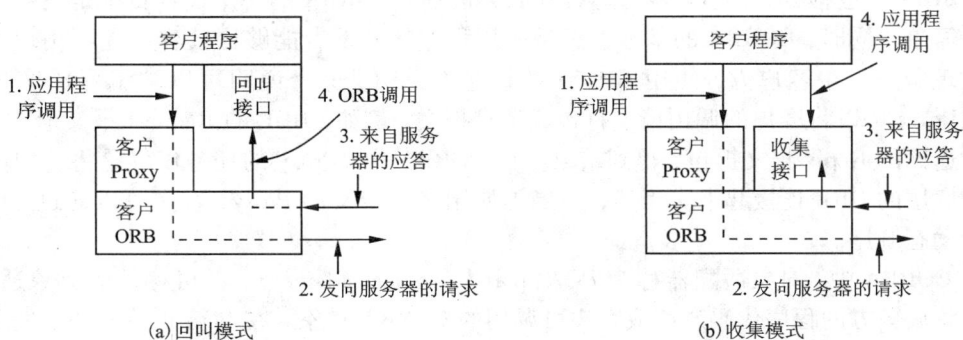

图 2 - 22　异步调用请求的两种模式

（8）互操作性。

为了解决互操作性问题，CORBA 引入了一个标准的协议，称为通用的 ORB 间互操作协议 GIOP（general inter ORB protocol），客户和服务都遵守这个协议。

GIOP 实际上是一个协议框架，它运行在现有的传输协议基础之上，要求传输协议具有可靠的、面向连接的、面向字节流的等特征。TCP 符合这些要求，如果 GIOP 运行在 TCP 之上，则被称为 Internet ORB 互操作协议 IIOP（internet inter ORB protocol）。表 2 - 3 中列有 8 种

GIOP 的不同消息，其中最重要的两个消息类型是 Request 和 Reply，它们构成了远程方法请求的实际实现的一部分。

表 2 – 3　GIOP 消息类型

消息类型	发送者	功能描述
Request	客户	包含调用请求
Reply	服务	包含对一个请求的响应
LocateRequest	客户	请求一个对象的准确位置
LocateReply	服务	包含一个对象的位置信息
CancelRequest	客户	取消一个请求，不再希望得到对应的应答
CloseConnection	客户或服务	指出要关闭连接
MessageError	客户或服务	包含一个错误信息
Fragment	客户或服务	对大的消息进行分段

Request 消息包含了一个被打包的调用请求，请求中包含对象的应用、被调用方法的名字以及所需要的输入参数。每个 Request 消息中还有自己的请求标识符，用于随后对对应的响应进行匹配。

Reply 消息包含了被打包的返回值和输出参数，不必明确指出对象和方法，只须用一个和对应的 Request 消息中的请求标识符相同的标识符即可。

(9) CORBA 的 POA。

CORBA 的进程分为两种：客户进程和服务进程。CORBA 的一个设计目标是使得客户进程尽量简单。同时，CORBA 的基本思想是应用程序的开发者能够比较容易地利用现有的服务来实现服务。在客户方，使用 IDL 对对象进行说明，这个说明可以被编译成客户方的 Proxy，Proxy 可以将客户的调用请求打包成请求报文。例如，IIOP 的 Request 报文形式，同时能够对返回的 Reply 报文拆包，得到结果。在 CORBA 中，Proxy 的任务仅仅是将客户的应用程序和底层的 ORB 连接起来。当然，如果不使用客户定义的 Proxy，客户可以通过 DII 对对象进行动态调用。

在 CORBA 中，对象适配器称为 POA(portable object adapter)，即可移动的对象适配器。它负责将服务方的程序代码改编成客户可调用的 CORBA 对象。在 POA 的支持下，使用何种语言书写服务方程序代码不依赖于特定的 ORB。

为了支持在不同的 ORB 之间移动，CORBA 采取了对象部分地由一个被称为雇佣(servant)的部件提供实现。雇佣是对象的一部分，它实现客户可以调用的方法。雇佣不可避免地要依赖于程序设计语言。例如，用 C++或者 Java 实现雇佣时，典型的做法是提供一个类的实例。另一方面，用 C 或其他程序语言编写的雇佣一般包含一组函数，这组函数对数据结构进行操作，这个数据结构代表对象的状态。

3. DCOM

DCOM 是分布式组件对象模型(distributed component object model)。DCOM 是由 COM 发

展而来，COM 是各种 Windows 的基本技术，这种技术首先使用在 Microsoft 的 Windows 95 上。尽管 COM 和 DCOM 起源于 Microsoft，但它们不再是 Microsoft 所私有的，而是由独立的 ActiveX 协会负责管理。

（1）COM 和 DCOM。

基本的 COM 模型能够将一些逻辑元素看作是独立的，同时使得灵活的二进制组件适应不同的配置和不同的机器，COM 被认为是 ActiveX 的核心技术。任何支持 COM 组件的软件工具自动地支持 DCOM，DCOM 是 COM 的分布式扩展，它允许软件组件通过网络直接进行通信。

COM 的目标是支持这样一类组件的开发，这类组件能够被动态激活，组件之间能够相互作用。COM 中的每个组件是一个可执行代码，可以包含在动态连接库中，也可以以可执行程序的形式存在。COM 本身是以库的形式提供，这个库连接到进程上。最初，COM 是用来支持复合文档（compound document）的，所谓复合文档是由不同类型的组成部分组成的文档，这些组成部分可以是文本、图像、数据表格等，每个部分分别由自己对应的应用程序处理。为此，Microsoft 需要一种通用的方法来区分文档的不同部分并且能够将它们黏合在一起。这就导致了 OLE 的出现，OLE 代表对象连接和嵌入（object linking and embedding）。OLE 的第一个版本使用原语和报文传递方式在文档的不同部分之间传递信息，不久就被 OLE 的新版本所取代。新版本的 OLE 建立在一个更为灵活的新软件层上，这个新的软件层被称为 COM，如图 2-23 所示。

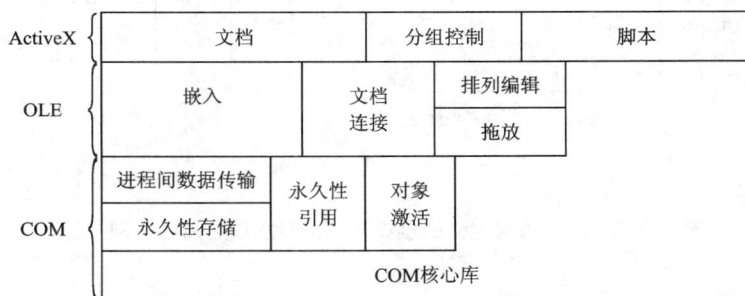

图 2-23　ActiveX、OLE 和 COM 的一般组织方式

由图 2-23 可见，覆盖了 OLE 的所有内容并增加了一些新的特点。这些新特征包括能够在不同的进程中灵活地启动组件，支持脚本，将对象分组（分组被称为 ActiveX 控制）。

DCOM 对上述组织结构的扩展是使得位于不同机器上的组件之间能够通信。然而，COM 和 DCOM 为组件之间交换信息而提供的机制常常是完全一样的。因此，对于程序员来说，COM 和 DCOM 之间的区别常常被各种接口掩盖起来。DCOM 提供基本的访问透明性，而其他形式的分布透明性则不够明显。

（2）DCOM 的对象模型。

同其他所有基于对象的分布式系统一样，DCOM 采用的是远程对象模型。事实上，在 DCOM 中，对象可以和客户在同一个进程中，也可以和客户在同一个机器中，还可以和客户分别处于不同的机器中。

DCOM 对象模型的中心问题是其接口的实现，对象可以同时实现多个接口。与 CORBA 所不同的是，DCOM 中对象的接口都是二进制接口。这种接口本质上是一个表，这个表指向对象的方法的实现，这些方法是接口的一部分。当然，同 CORBA 一样，接口的定义可以很方便地通过独立的接口定义语言 IDL 来完成。DCOM 的 IDL 称为 Microsoft IDL（MIDL），通过 IDL 可以生成一个标准的二进制接口方案。

使用二进制接口的好处是接口不依赖于程序设计语言。在 CORBA 的情况下，每当需要支持另外一种程序设计语言，那么从 IDL 说明到该语言的映像就需要进行标准化。在二进制接口的情况下，这种标准化是不需要的。图 2-24 描述了这两种方案之间的区别。

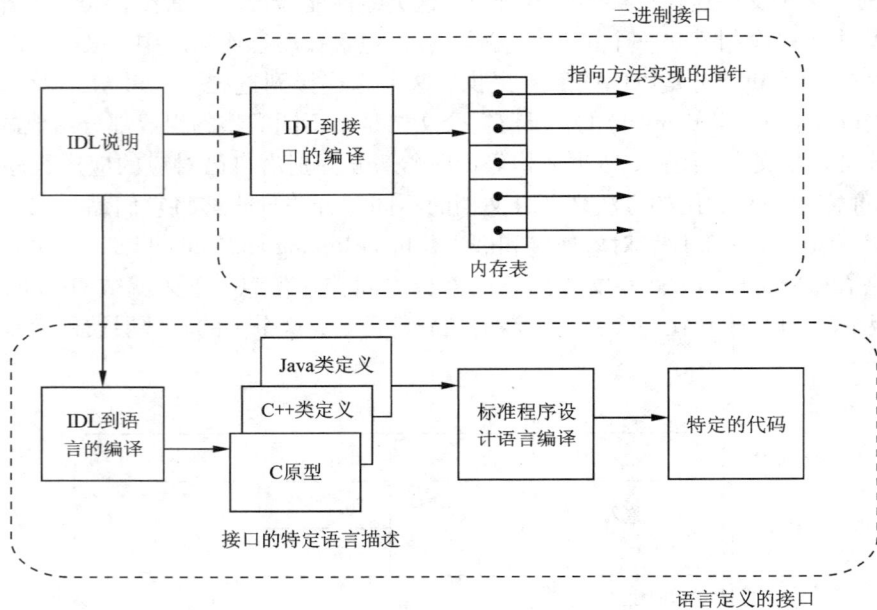

图 2-24   语言定义的接口和二进制接口之间的区别

DCOM 中的每个接口都有一个唯一的标识符，标识符长 128 位，称为接口标识符 IID（interface identifier），每个 IID 是全局唯一的。该接口标识符由三部分组成：一个大的随机数、本地时间和当前主机的网络接口地址。

同 CORBA 对象模型的一个重要区别是，在 DCOM 中，所有对象都是暂时性的。也就是说，一个对象一旦没有客户对它进行引用时，该对象就被销毁。通过调用 IUnkown 接口中的两个方法 AddRef 和 Release 对引用进行计数。

DCOM 也支持动态的对象调用。对象可以在调用请求产生时创建，动态的对象调用要求实现 IDispatch 接口。这个接口和 CORBA 中的动态调用接口 DII 类似。

（3）DCOM 的类型库和注册。

DCOM 的类型库和 CORBA 中的接口库相同。一个类型库一般对应一个应用程序或者由不同类对象组成的一个较大的组件。库本身可以以独立的文件的形式存储，或者作为应用程序的一部分包含在应用程序中。无论哪种情况，类型库首先用于方法的准确签名，使得该方法可以被动态地调用。除此之外，编程工具常用类型库来帮助程序开发，例如，将接口方便地显示在屏幕上。

为了实际地激活对象,即保证创建对象并将该对象置于进程的地址空间,从而能够接受对方法的调用,DCOM 使用了 Windows 的注册机制,该机制和一个被称为服务控制管理员 SCM(service control manager)的特殊进程结合在一起。注册用来记录对象标识符 CLSID 到本地文件名的映射,该文件包含了对应的类的实现。当进程想创建对象时,先要保证适当的类对象被装入。当对象要在远程机上执行时,客户需要和那台主机上的 SCM 联系,SCM 负责激活对象,这和 CORBA 中的实现库类似。远程机上的 SCM 浏览它自己的本地注册查找和指定的 CLSID 对应的库文件,然后启动进程,要执行的对象驻留在这个对象中。服务将接口指针打包并返回给客户,在客户方被拆包后传递给代理 Proxy。

图 2 - 25 描述了 DCOM 的总体结构以及类对象、对象和代理的相互作用关系。在客户方,给定的进程访问 SCM 和注册机构寻找远程对象,并且设置与这个远程对象的结合。客户方提供 Proxy 代理以实现这个对象的接口。

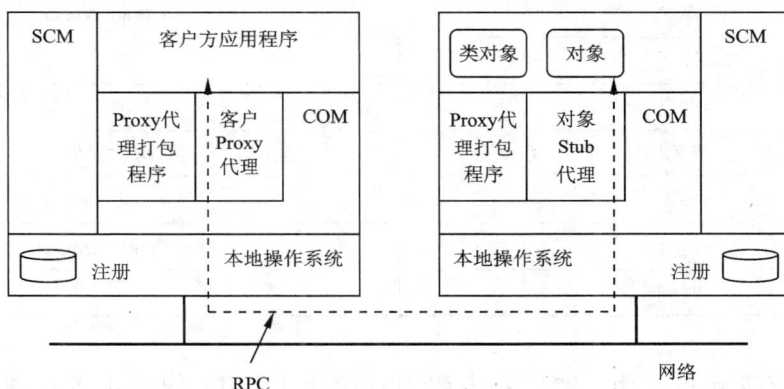

图 2 - 25 DCOM 的总体结构

对象服务方包含一个 Stub 代理,负责对调用请求进行打包或拆包,并传送给实际的对象。客户和服务之间的通信一般采用 RPC 机制,同时也提供了其他的通信原语。

(4)DCOM 的服务。

正如前面所述,DCOM 是 COM 的分布式扩展,DCOM 在 COM 的基础上增加了一些通信设施,从而可以访问远程对象。COM 本身也在向前发展,COM + 是 COM 的新版本,在 COM 的基础上也增加了一些新的服务。

DCOM 服务和 CORBA 服务的对应关系见表 2 - 4。值得注意的是,与 CORBA 不同的是,DCOM 实际上并不形成一个完全的分布式系统,因为它假定许多外部服务已经存在,这些外部服务不必要在 DCOM 内重复实现,所以 CORBA 服务要比 DCOM 服务多。

(5)DCOM 的通信。

同 CORBA 一样,DCOM 最初只支持同步通信,客户调用对象后会被阻塞,直到收到回答为止。对象的同步调用模型是 DCOM 的默认的对象调用模型,当出现错误的时候,客户会得到错误代码。在这种情况下,DCOM 本身试图重新调用该对象,即 DCOM 提供最多一次的调用语义。

表 2 – 4　DCOM 服务和 CORBA 服务的对应关系

CORBA 服务	DCOM/COM + 服务
收集	ActiveX 数据对象
查询	无
并发	线程并发
事务处理	COM + 的自主(Automatic)事务处理
事件	COM + 事件
通告	COM + 事件
外观化	打包设施
生存周期	类工厂，JIT 激活
许可	特殊的类工厂
命名	名字(monikers)
性质	无
交易	无
持久性	结构化存储
关系	无
安全性	授权(authorization)
时间	无

　　DCOM 也支持异步调用，这种异步调用对应于 CORBA 的异步方法请求中的收集(polling)模式，其实它们构建支持异步调用的接口的方案也是相同的。对于接口的 MIDL 说明来说，MIDL 编译器为这个接口中的每个方法 m 生成两个独立的方法：Begin_m 和 Finish_m。Begin_m 只有输入参数，输入参数来自于方法 m，而 Finish_m 只有输出参数。

　　客户从调用 Begin_m 开始，然后立即继续往下执行。对于对象来说，它并不区分是同步调用还是异步调用，对象的执行结果传送回客户，在客户方缓存，直到客户调用 Finish_m。

　　DCOM 的异步调用要求客户和对象都是启动起来的和运行着的，也就是说，通信是暂时性的。DCOM 的持久性通信需要通过报文队列支持。

　　DCOM 通过 COM + 提供了一个更为成熟的事件模型，这种模型更适合于实现我们所熟知的发布 – 订阅系统。其基本思想同 CORBA 的推送风格的事件模型非常类似。事件由方法来模拟，这个方法只有输入参数。所有事件被组织成为事件类，这个事件类由固定的 DCOM 类对象来描述，这个类对象有自己的类标识符 CLSID。没有必要单独实现事件类，DCOM 提供了默认的实现。当创建事件类的对象后，事件的提供者通过调用这个对象的适当的方法就可以产生事件。值得注意的是事件本身不是一个对象。

　　订阅事件同样也是很简单的。假设事件是由方法 m_event 表示的，订阅者必须提供这个方法的实现。为了订阅事件，订阅者将实现这个方法的接口的指针传送给事件系统。这样，只要事件提供者调用 m_event，事件系统查看 m_event 的版本号，将对 m_event 的调用请求传递给对应的订阅者。图 2－26 描述了 DCOM 中事件通信的基本原理，从图中我们可以看出它是和 CORBA 中的推送事件模型相对应的。

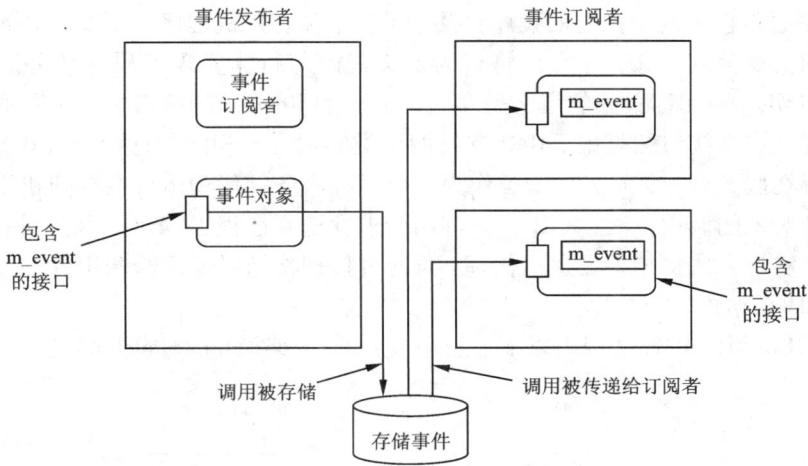

图 2－26　DCOM 中事件处理

DCOM 中的事件可以被存储起来。假设订阅者处于非活动状态时事件发生了，在这种情况下事件会被存储起来，以后再被订阅者获取。

除了支持暂时性异步通信之外，DCOM 还通过队列组件 QC（queued components）支持持久性的异步通信。QC 实际上是与 Microsoft 报文队列 MSMQ（microsoft message-queuing）的接口，QC 的作用就是将 MSMQ 对客户和对象隐匿起来，使得通过持久性异步通信进行的方法调用的处理方式和暂时性的异步通信相同。

DCOM的Moniker

4. 远程方法调用

远程方法调用（remote method invocation，RMI）是面向对象版本的 RPC。在该范型中，进程可以调用对象方法，而该对象可驻留于某远程主机中，如图 2－27 所示。与 RPC 一样，参数可随方法调用传递，也可提供返回值。与 Socket 不同，RMI 不需要应用程序级的协议。但是如果没有协议，客户与服务器之间又怎样知道如何进行通信呢？ 在 RMI 中，所有有关服务器的服务的信息，在远程接口定义中以方法签名（method signature）的形式提供。通过查看接口定义，程序员能够告诉服务器可以执行什么方法，包括它们接收以及发送什么数据。

远程接口定义说明了服务器所提供方法的特性，它们对客户是可见的。这些特性包括方法的签名。编写客户程序的程序员应该知道通过查看远程接口来了解服务器所提供的

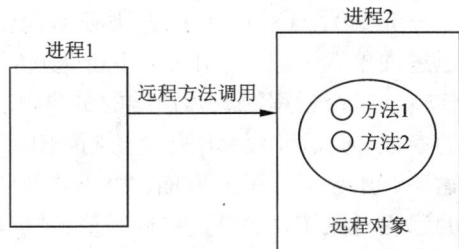

图 2－27　RMI 简图

方法以及如何简单地调用它们。客户程序通过 RMI 注册表(registry)获得对远程对象的引用，RMI 注册表是一个简单的名字服务。

RMI 的目的就是要使运行在不同的计算机中的对象之间的调用表现得像本地调用一样。RMI 应用程序通常包括两个独立的程序：服务器程序和客户机程序。Java RMI 需要将行为的定义与行为的实现分别定义，并允许将行为定义代码与行为实现代码存放并运行在不同的 JVM 上。在 RMI 中，远程服务的定义是存放在继承了 Remote 的接口中。远程服务的实现代码存放在实现该定义接口的类中。RMI 支持两个类实现一个相同的远程服务接口：一个类实现行为并运行在服务器上，而另一个类作为一个远程服务的代理运行在客户机上。客户程序发出关于代理对象的调用方法，RMI 将该调用请求发送到远程 JVM 上，并且进一步发送到实现的方法中。实现方法将结果发送给代理，再通过代理将结果返回给调用者。

(1)RMI 体系结构。

如图 2 – 28 所示，RMI 系统由以下三层组成：桩/构架(Stub/Skeleton)层、远程引用层和传输层。

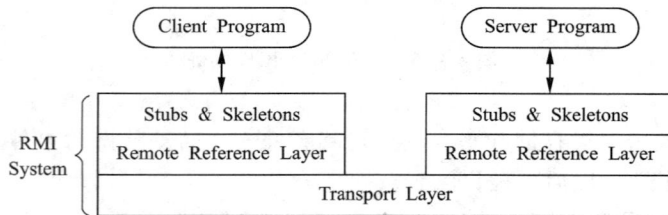

图 2 – 28   RMI 系统结构

在 RMI 这三个抽象层中，高层覆盖低层，分别负责 Socket 通信、参数和结果的序列化和反序列化等工作。桩(Stub)和构架(Skeleton)合在一起形成了 RMI 构架协议。每一层都是由特定的接口和协议来定义的。因此，每一层相对于它的相邻层是独立的。也就是说，某一层在实现上的改变，是不会影响到其他层的。例如，在 RMI 系统中，当前传输层是基于 TCP 的，它可以被基于 UDP 的传输层所替换。通过对象串行化的使用，从一个地址空间传输对象到另一个地址空间被显式地完成。

桩/构架层是应用程序层与系统其他部分的接口。当开发了服务器应用程序后，就使用 RMI 的 rmic 编译器产生桩/构架层(从 JDK5.0 以后，Stubs 和 Skeleton 的类的产生不需要使用单独的 rmic 编译器了)，它根据服务器程序的字节代码，产生代理类(扮演代理人)。桩/构架层通过抽象编组流(使用对象串行化)传输数据到远程引用层。所以，此层并不处理任何特定的传输。一个远程对象客户端的桩要负责许多项任务：初始化远程调用，串行化(marshal)发送的参数，提示远程引用层将进行调用，反串行化(unmarshal)返回值(或异常)以及提示远程传输层调用完成。另一方面，服务器端的构架要负责：反串行化客户端输入的参数，调用实际的远程对象实现，以及将返回值(或异常)串行化为流，以传输给客户。

远程引用层是桩/构架层和传输层的中间层。它负责为独立于客户桩和服务器构架的多种形式的远程引用和调用协议提供支持。它被用来寻找各自的通信伙伴，在这一层还有提供名字服务的部分，称为注册表(registry)。例如，单点传送协议可能提供点对点(point-to-point)的调用,多点传送协议可能提供对复制的(replicated)成组对象的调用。而另外一些协议则可能要处理特定的复制策略或对远程对象的持久性引用,例如,使能远程对象激活。然而,并不是所有这些功能都被 RMI 系统的所有版本所支持。

传输层是一个低级的层,它在不同的地址空间内传输串行化的流。传输层负责建立到远程地址空间的连接、管理连接、监听外来调用、维护驻留于同一个地址空间的远程对象表,为外来的调用建立连接、根据远程调用的目的定位调度程序,以及传递连接到该调度程序。在这一层,远程对象引用通过一个对象标识符和一个结束点(end-point)来表示,它被称为活动引用(live reference)。在一个给定的远程对象的活动引用中,对象标识符指出了远程调用的对象是什么,结束点则建立了到远程对象所驻留的地址空间的连接。RMI 使用基于 TCP 的传输,但由于对每一个地址空间,传输层支持多个传输协议,所以也可以使用基于 UDP 的传输。因此,在同一个地址空间或虚拟机上,可以支持 TCP 和 UDP 两种协议。

(2)RMI 工作流程。

当客户程序调用一个来自服务器的对象实现,RMI 的三个抽象层就开始工作了。对程序员来说,最重要的层就是桩/构架层。RMI 实现了 rmic 编译器,它根据用户定义的接口产生桩和构架。一般来说,桩是客户端的代理,而构架是服务器端的入口。桩允许客户与系统的其他层通信。当然,这是自动完成的。

首先,调用将通过桩/构架层传递,桩/构架层作为应用程序与 RMI 系统其他部分的接口来提供服务。它的唯一目的就是通过串行化流,传输数据到远程引用层。实际上,这也是对象串行化开始应用的地方——它使 Java 对象能够在不同的地址空间进行传输。一旦数据通过桩/构架传递,那么它就将通过远程引用层。远程引用层负责实现调用的语义,并且使用面向连接的流(如 TCP)将数据传递到传输层。这就意味着,远程引用层要负责确定对象的性质——它是驻留在本地机上,还是通过网络驻留于远程机器。远程引用层还要确定对象是否可以被实例化,以及是否可以自动启动,或者它是否需要事先声明和初始化。最后,数据将到达传输层。传输层负责建立连接并管理这些连接。

下面以图 2-29 说明这个调用过程。当客户端调用远程对象方法时,桩负责把要调用的

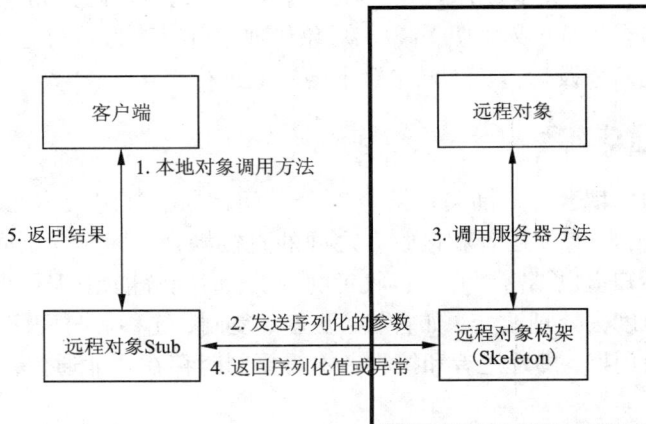

图 2-29　RMI 调用过程

远程对象方法的方法名及其参数编组打包，并将该包向下经远程引用层、传输层转发给远程对象所在的服务器。通过 RMI 系统的 RMI 注册表实现的简单服务器命名服务，可定位远程对象所在的服务器。该包到达服务器后，向上经远程引用层，被远程对象的 Skeleton 接收，Skeleton 解析客户包中的方法名及编组的参数后，在服务器端执行客户要调用的远程对象方法，然后将该方法的返回值（或产生的异常）打包后通过相反路线返回给客户端，客户端的 Stub 将返回结果解析后传递给客户端程序。事实上，不仅客户端程序可以通过桩调用服务器端的远程对象，而服务器端的程序亦可通过由客户端传递的远程接口回调客户端的远程。在分布式系统中，所有的计算机可以是服务器，同时又可以是客户机。

（3）分布垃圾回收。

当使用 Java 开发单机版的应用程序时，不再被任何客户程序所引用的对象将被自动删除。在开发分布式应用程序时，同样希望能够做到这一点。RMI 系统提供了一个分布的垃圾回收器，来自动删除不再被任何客户程序所引用的远程对象。RMI 使用一个引用计数（reference-counting）垃圾回收算法，它使 RMI 可以跟踪每一个虚拟机上的所有活动引用。当引用进入虚拟机，它的引用计数就增加。当活动引用结束，引用计数就减少。如果计数为 0，就说明没有活动引用，所以该对象就被回收。需要注意的是，由于对象可以通过网络传递，所以 RMI 系统还要保留对虚拟机标识符的跟踪，以确保 RMI 的垃圾回收器回收的是既没有被本地调用，也没有被远程调用的对象。另外，只要有对远程对象的本地引用存在，它就不能被回收，因为它将传递远程调用并返回给客户。传递远程对象将增加标识符到所传递对象的虚拟机的被引用集。

5. 对象请求代理范型

对象请求代理范型由对象请求者（object requestor）、对象提供者（object）和对象请求代理（object request broker，ORB）组成。在对象请求代理范型中，进程向对象请求代理发出请求，对象请求代理将请求转发给能提供预期服务的适当对象。

在支持远程过程调用方面，对象请求代理范型与 RMI 范型非常相似。两者的主要区别在于，对象请求代理范型多了对象请求代理，对象请求代理充当中间件角色，作为对象请求者的应用程序可访问多个远程（或本地）对象。对象代理还可以作为异构对象之间的协调者，允许由不同 API 实现的对象及运行于不同平台上的对象进行交互。

2.1.5 间接通信范型

通信中时间空间的耦合与解耦关系见表 2-5。间接通信被定义为在分布式系统中实体通过中介者进行通信，没有发送者和接收者之间的直接耦合。即实现空间解耦和时间解耦。空间解耦的发送者不知道也不需要知道接收者的身份，时间解耦则相反。空间解耦使得系统开发者有很大的自由度去处理改变：如替换、更新、复制、迁移。时间解耦是发送者和接收者可以有独立的生命周期，即发送者和接收者不需要同时存在才能通信，由此可以轻松适应易变的环境。

表 2 - 5　时空耦合与解耦

	时间耦合	时间解耦
空间耦合	与一个或一些给定的接收者直接通信；接收者必须在那个时刻存在 例如：消息传递(socket)、远程调用(rpc)	与一个或一些给定的接收者直接通信；发送者和接收者可以有自己的生命周期
空间解耦	发送者不需要知道接收者的身份；接收者必须在那个时刻存在 例如：IP 组播	发送者不需要知道接收者的身份，发送者和接收者可以有自己的生命周期 例如：组通信、发布 - 订阅系统、消息队列、分布式共享内存、元组空间

下面介绍一些常用的间接通信范型。

1. 组通信

前面所讲的进程通信都是属于两个进程间的通信。有时，通信不仅存在于两个进程之间，而且涉及两个以上的多个进程。例如为了容错，一个文件可能会有多个副本，这时候需要多个文件服务管理同一个文件。在这样的系统中，可能会要求客户将同一个报文发送到所有的文件服务器，以保证在有节点崩溃的情况下，客户的请求能够得到执行。组通信机制有许多方面的应用，如多副本的更新、视频/音频会议等。所谓组通信指的是一个报文能够被发送到多个接收者的通信。

一个组是指在某系统或用户指定方式下协同工作的多个进程的集合。所有组都具有的一个主要的性质是：当消息发送到该组后，组内的所有成员都能收到该消息。这就是一对多通信(一个发送者，多个接收者)的形式。它和点对点通信是有区别的，如图 2 - 30 所示。

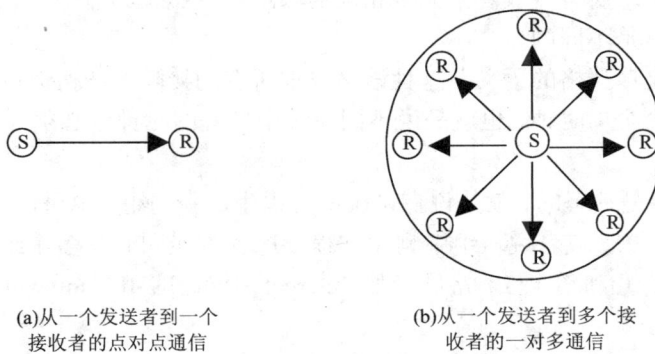

(a)从一个发送者到一个接收者的点对点通信　　(b)从一个发送者到多个接收者的一对多通信

图 2 - 30　组通信与点对点通信的区别

组是动态的，可创建新的组，也可注销旧的组。一个进程可以加入或离开一个组，也可以同时成为多个组的成员。因此，需要一种机制来管理组和组的成员。

(1)组通信的概念。

两个进程之间的通信称为一对一(one-to-one)的通信或点对点(point-to-point)的通信。一对一通信中的寻址方式分为显式(explicit)寻址和隐式(implicit)寻址两种形式。显式寻址通信中要求明确地以参数的形式给出通信的对方进程，这就是所谓的 unicast。而在隐式寻址的通信中，只需给出服务器的名字，而不是指出特定的进程，在这种情况下，任何提供这种服务的服务器都可以接收这个报文，但只有一个服务器接收这个报文，这就是所谓的 anycast。隐式寻址通信中的 send 原语可以看作是 send_to_any 命令，而 receive 原语可以看作是 receive_from_any 命令。

组通信对于并行和分布式系统是非常有用的。组通信进一步可分为三种情况：

①一对多（one-to-many）通信。在这种情况下，对于一个报文来说，它只有一个发送者，但是却有多个接收者。这种通信方式就是我们所熟知的组播（multicast）通信。如果所有的接收者都在某个网络上，并且网络中的所有成员都是接收者，那么这种一对多通信又称为广播（broadcast）通信。与隐式寻址的点对点通信不同的是，一对多通信中的接收组的每个成员都要接收这个报文。一对多通信对于许多应用是非常有用的，如定位一个可用的服务，或向某个组通报某个问题等。

②多对一（many-to-one）通信。在这种情况下，有多个发送者但是只有一个接收者。同隐式寻址的点对点通信一样，唯一的接收者从一组发送者中接收报文。与隐式寻址的点对点通信不同的是，隐式寻址的点对点通信只从一组发送者中的一个发送者中接收报文，而多对一通信还可以从一组发送者中的几个或所有发送者中接收报文。

③多对多（many-to-many）通信。在这种情况下，有多个发送者和多个接收者。在这种通信方式中，比较困难的是报文的排序工作。

当使用多对多通信时，许多应用程序要求所有的报文要以一种可接受的方式被接收。我们按接收语义从最松弛到最严格的顺序分成以下三种：捎带顺序、一致顺序、全局顺序。

捎带顺序语义是一种最松弛的但是最快的排序语义。这种语义保证了如果报文捎带了标识这些报文之间关联的一些信息，那么报文就能够以一种正确的顺序接收。

一致顺序语义要求所有接收者按完全相同的顺序接受报文，但是，一组报文的发送顺序和被接收的顺序可能是不同的。

全局顺序语义是最严格的语义。这种语义要求所有的接收者严格地按照报文的发送顺序接收。这就需要一个全局时钟，也就是说不同系统中进程的时钟是必须经过同步或使用全局时间戳。

在组通信中，组是动态的，就是说在系统中可以生成新的组，也可以删除旧的组。同时，进程可以加入到组中去，或者说从组中删除进程。进程可能同时是多个组的成员。所以，需要一种机制来管理组和管理组成员，如 Internet 中的 IGMP（internet group management protocol）。

组通信的一个最典型的例子就是 USENET 中的新闻组，在 USENET 中，有许多新闻组，每个新闻组都有一个主题。当用户向某个新闻组发送报文时，这个组的所有成员会收到报文，即使这个组中有成千上万个成员。新闻组是一个高层的组通信服务，高层组通信中的通信规则（如谁是组中的成员和采用什么样的报文传送语义）远不如操作系统中的组通信那么严格，因为，在大多数情况下，这种不严格并不会带来什么问题。

（2）组通信的设计问题。

组通信在许多方面和传统的报文传递是相同的，例如，通信是有缓冲的还是无缓冲的，是阻塞的还是非阻塞的，等等。然而，它毕竟不同于向单个进程发送报文，因此有它独有的设计方面的考虑。一般来说，它有如下设计方面的考虑：

①封闭组（closed group）和开放组（open group）。按谁能够向一个组发送报文，组通信可以分为封闭的组通信和开放的组通信（图 2 – 31）。封闭进程组是指只有这个组的成员才允许向这个组发送报文，组外的进程不能向整个组发送报文，但是可以向组内的某个成员发送报文。开放进程组是指系统中的所有进程都允许向这个组发送报文。封闭进程组常用于并行处理，如处理象棋游戏的一组进程应该组成封闭组，因为它们不需要和外部进程交互。而在多副本文件系统中，文件系统由多个服务器提供服务，这多个服务器组成进程组，这时就需要组外的进程（客户）向这个组发送报文。同时，组内的成员有时也需要用到组通信，如决定由哪个服务器来处理一个请求的时候。

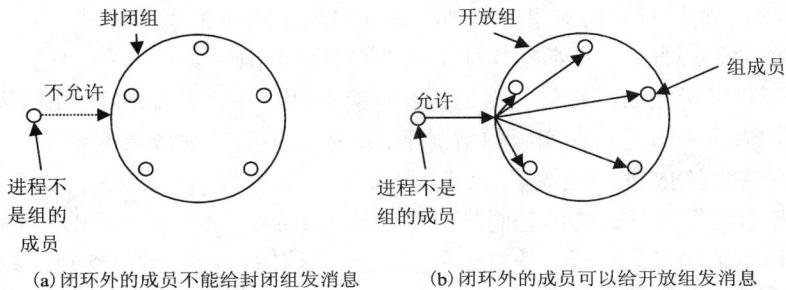

(a) 闭环外的成员不能给封闭组发消息　　(b) 闭环外的成员可以给开放组发消息

图 2 – 31　封闭组和开放组

②对等组（peer group）和分层组（hierarchical group）。按照进程组的内部结构，进程组可分为对等组和分层组（图 2 – 32）。所谓对等组是指组内的所有进程是平等的，没有进程处于主导地位，任何决定都是所有进程集体作出的。而在分层进程组中，组中进程存在着级别，例如，进程为协调者（coordinator），其他进程为工作者（worker）。无论请求是来自组外的客户，还是来自组内的工作者，这个请求被送到协调者，由协调者决定哪个工作者最适合处理这个请求。对等组和分层组各有自己的优缺点。对等组的优点在于它的对称性并且不存在单点失效的问题，当组中的进程崩溃时，这个进程组只是变小，但是仍可以继续提供服务。它的缺点是作出决定是个复杂的过程，当决定任何事情的时候需要较长的延迟和较高的代价。

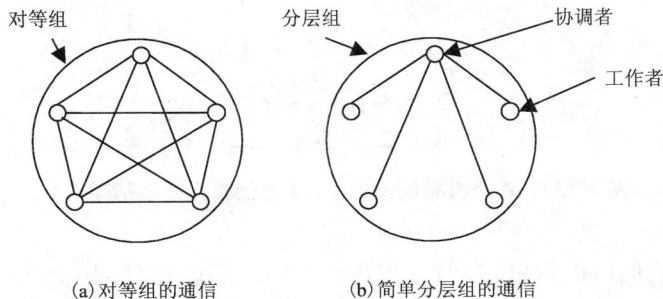

(a) 对等组的通信　　　　　(b) 简单分层组的通信

图 2 – 32　对等组和分层组

而分层组具有相反的特性，当协调者崩溃时，整个进程组再也不能提供服务，但是它可以很快地作出决定而不干扰组中的其他进程。

③组成员的管理。当组通信的时候，需要某种方法建立和删除一个组，同时需要提供一种方法允许进程加入到某个进程组或者离开某个进程组。组成员的管理有两种常见的方式：集中式管理方式和分布式管理。在集中式管理方式中，设置组管理服务器，任何管理请求都发向这个服务器，组管理服务器为所有进程组及其组成员设置数据库。集中式的管理方式比较直接、高效和易于实现，缺点是它存在着单点失效的问题，如果组管理服务失效，组管理机制不再存在，可能导致大部分或所有进程组需要重新构造。在分布式管理方式中不存在集中的组管理服务。在开放组中，要加入的外部进程只需向该组的所有成员宣布它的存在即可加入该组。在封闭组中，也需要做类似的操作（事实上，在新成员加入时封闭组也只能变为开放）。要离开组，成员只需给该组的其他所有成员发送再见消息即可。

无论采用哪种管理方式，都存在着如下需要解决的问题：第一个问题是，如果组成员崩溃，它实际上离开了所在的进程组，但是它并没有声明，在这种情况下，组管理员或组中的其他成员并不知道这种情况。在实际的情况下，如果组中的其他成员发现某个成员对任何事情没有响应，则认为该成员已经脱离该组，可以将它从进程组中删除。第二个棘手的问题是，加入与离开组必须与发送的消息同步。换句话说，从进程加入到组的瞬间开始，它必须接收所有发往该组的消息。同样，一旦进程已经离开该组，它就不应收到该组的任何消息。组内其他成员也不应收到这个成员发出的消息。保证把加入或离开的消息加入到消息流中的一种方法是将这个操作转换成发往整个组的消息。第三个与组成员相关的问题是，在许多机器出故障而导致组不能正常工作的情况下应怎么处理。这时需要一些协议来重新建组。某个进程总是带头开始工作，但是如果有两三个进程同时试图这样做会怎么样呢？这些协议将必须能够经受得起这样的考验。

④组重叠（overlapping groups）。正如前面所论述的，一个进程可能同时是多个进程组的成员。这种情况可能会导致一种新的不一致性。如图 2-33 所示，有两个进程组，即组1 和组2。进程 A、B、C 是组1 的成员，进程 B、C、D 是组2 的成员。假设进程 A 和 D 分别向它们自己所在的组同时发送报文，假设在组内使用前面所述的全局顺序语义并且假设组通信是使用前面所述的 unicast 技术实现，报文的顺序如图 2-33 所示。

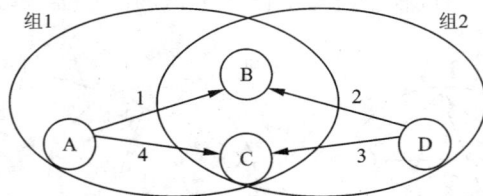

图 2-33   在组重叠的情况下，B 收到报文顺序不同于 C

从图 2-33 中我们可以看出，B 收到报文的顺序不同于 C，B 先收到来自于 A 的报文，后收到来自于 D 的报文；而 C 先收到来自于 D 的报文，后收到来自于 A 的报文。虽然在每个组内都使用了全局顺序语义，但还是出现了接收顺序的不一致。当然如果进程组不是重叠的，全局顺序语义就不会出现这种情况。

⑤组寻址（group addressing）。为了向进程组发送报文，进程必须能够确定它向哪个进程组发送，也就是说每个进程组必须有地址，正如进程必须有一个地址一样。组寻址的实现方法分为三类：由系统内核实现的方法、由发送进程实现的方法和预测寻址实现的方法。

⑥发送和接收原语。在理想的情况下，点对点通信和组通信应该合并使用同一组原语，然而 RPC 和组通信的合并非常困难。如果点对点通信和组通信应该合并使用同一组原语，则发送原语同样包含两个参数，一个是地址，另一个是指向报文的指针；如果地址是进程地址，则报文发送给指定的进程，如果地址是一个组地址，则报文发送给组中的所有成员。无论是点对点通信还是组通信，发送原语同样可以是有缓冲的或是无缓冲的、阻塞的或是无阻塞的、可靠的或是不可靠的。同样地，接收原语可以是阻塞的或是无阻塞的。由于点对点通信和组通信常用于不同的目的，所以有的系统专门提供了组通信原语 group_send 和 group_receive。

⑦原子性（atomicity）。对于组通信来说，当报文要发送到进程组，那么这个报文要么被组内的所有进程正确接收，要么没有一个进程接收。某些进程接收报文，而某些进程不接收的情况是不允许的。组通信的这种特性称为原子性。原子性使得分布式系统的程序设计变得很容易。当进程向进程组发送报文时，它不必担心组内某些进程没有收到这个报文。例如，在多副本的分布式数据库系统，假设某个进程向数据库的每个机器上发送一个生成新记录的报文，然后再发送一个对该记录更新的报文。如果某个成员没有收到产生新记录的报文，它就无法对新记录更新，就会产生不一致。

⑧消息的顺序要使组通信易于理解和使用，有两种性质是不可缺少的：首先是上面讨论的原子广播通信，它确保了一条消息要么被所有的组内成员收到，要么没有一个成员能收到。其次是性质涉及消息的顺序。在图 2-34 中，有五台机器，每一台机器有一个进程，进程 0、1、3、4 属于同一个进程组。进程 0 与 4 同时想给该组发送一条消息。假设没有多点传送和广播通信，这样每个进程只得发三条分开的消息（用单点传送）。进程 0 发送给进程 1、3、4；进程 4 发送给进程 0、1、3。六条消息在时间上的交错如图 2-34(a) 所示。

问题是，当两个进程竞相访问 LAN 时，在网中消息传送的顺序是无法确定的。我们看到在图 2-34(a) 中，进程 0 先占用网络向进程 1 发送了消息，随后进程 4 连续三次占用网络，先后向进程 0、1、3 发送了消息。在图 2-34 中的两部分以不同方式表示这六条消息的发送

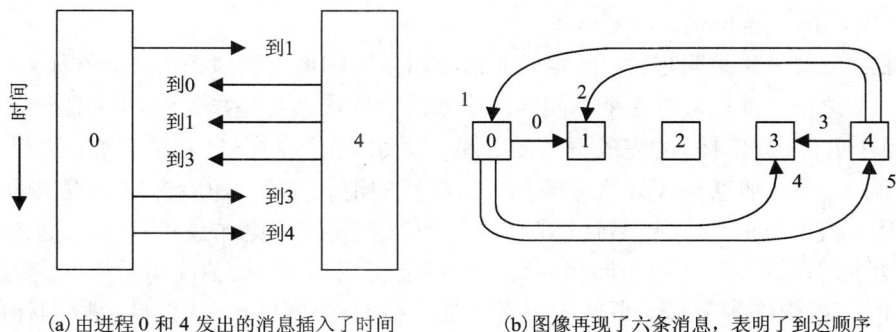

(a) 由进程 0 和 4 发出的消息插入了时间　　(b) 图像再现了六条消息，表明了到达顺序

图 2-34 消息的顺序

顺序。

　　下面我们来看看如图 2 - 34(b)所示的进程 1 和进程 3 的情形。进程 1 首先收到了来自进程 0 的消息，然后收到了来自进程 4 的消息。进程 3 开始没有收到消息，继而先后收到了来自进程 4 和进程 0 的消息。这样进程 4 与进程 0 的两条消息以不同的顺序到达了进程 1 和 3。如果进程 0 和进程 4 都想去改变数据库中的同一记录的值，那么，进程 1 和进程 3 执行的最终结果是不相同的。不用说，这与(真正的硬件多点传送)组内部分成员收到消息而部分成员未收到消息(原子性失败)的情形是一样糟糕的。为使编程更为合理，系统必须很好地定义关于消息传递顺序的语义。

　　最好的保证就是立即发送所有消息并让它们保持发送的顺序。如果进程 0 发送 A 消息，稍后进程 4 发送 B 消息，系统应先将消息 A 发送给组内各成员，然后再将消息 B 发送给组内各成员，这样所有接收者都可以同样的顺序收到消息。这种传递消息的模型程序员能理解而且它们的软件也可以它为基础。我们将这种方法称为全局时间顺序(global time ordering)，因为它能将消息精确地按发送顺序传递到目的地。

　　绝对时间顺序不易实现，因此有些系统提供了各种折中方法，其中一个方法是一致时间顺序(consistent time ordering)。使用该方法时，如有两条消息，A 和 B，以很小的时间间隔发送，系统先取其中一个作为"第一个"发送给所有组内成员，然后，再取下一个发送给组内各成员。选为"第一"的消息有可能实际不是最早发送的消息，但由于没有谁知道这一点，系统的行为可以不用考虑它。实际上，这种方法能保证组内成员按同样的顺序收到各条消息，但这个顺序可能并不是发送消息的顺序，甚至可以使用更差的时间顺序，比如基于因果关系的更差的时间顺序。

　　(3)ISIS 中的组通信。

　　作为组通信的例子，本节简单地介绍 Cornell 开发的 ISIS 系统。ISIS 是一个开发分布式应用程序的开发工具，它不是一个完全的操作系统，但是它的一套程序可以运行在 UNIX 或其他现存的操作系统之上，已用于许多的实际应用中。

　　①ISIS 中同步的形式。

　　ISIS 的主要思想是同步并且主要的通信原语是不同形式的原子广播(原子性)。在介绍 ISIS 的原子广播之前，需要首先介绍 ISIS 中同步的形式，ISIS 将同步按时间要求的严格程度分为三种：同步系统(synchronous system)、松弛同步系统(loosely synchronous system)和虚拟同步系统(virtually synchronous system)。

　　ISIS 中的关键思想是同步，它的主要通信原语是不同形式的原子广播。在了解 ISIS 如何实现原子广播之前，首先来看几个不同的同步系统。同步系统是指每个事件都严格按顺序发生，并且每个事件(如广播)的完成不需要时间。例如，在图 2 - 35(a)中，如果进程 A 发送消息给进程 B、C、D。消息从 A 发出立即到达所有目的地。同样，随后进程 D 发出的一条消息也立即到达所有的目的地。从系统外观察，系统包括了互不重叠的一些事件，这个性质可使我们更好地理解系统特性。由于同步系统不太可能实现，一个松弛同步系统就应运而生，见图 2 - 35(b)。松弛同步中每个事件占用有限的一段时间，但所有的事件会以同样的顺序在所有成员中出现。例如，所有的进程都能以同样的顺序收到消息。这个思想与我们前面讨论到的一致时间顺序是相同的。

　　松弛同步系统是能够实现的，但是对于某些应用程序来说，更为宽松的语义是可以接受

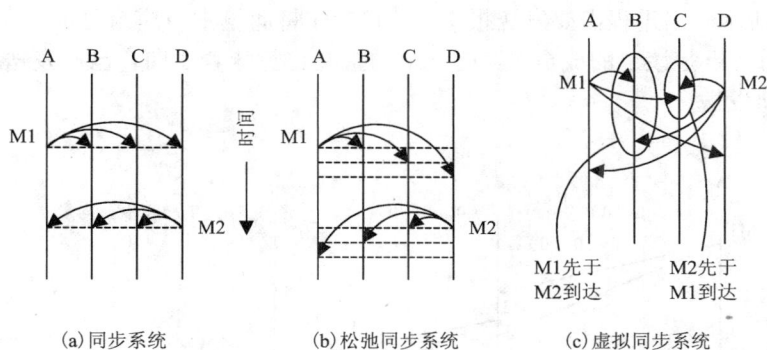

图 2-35 不同的同步系统

的，这样做的目的是为了提高程序的执行性能。第三种同步形式是虚拟同步，在虚拟同步系统中，对事件顺序的限制更进一步放松。但是在这种情况下，它的使用场合要仔细选择，以确保程序的正确性。图 2-35(c)就是虚拟同步系统，B 收到报文的顺序不同于 C 收到报文的顺序。

假设在分布计算系统中有两个事件，如果第二个事件的特征或行为无论以任何形式发送都会受到第一个事件的影响，则说这两个事件是因果相关的(causally related)。例如，进程 A 向进程 B 发送了一个报文，B 收到并检查了这个报文，然后向进程 C 发送了一个新的报文，那么第二个报文和第一个报文是因果相关的，因为第二个报文的内容可能依赖于第一个报文。如果两个事件没有任何关系，则说明这两个事件是并发(concurrent)的事件。例如，进程 A 向进程 B 发送一个报文，同时，进程 C 向进程 D 发送一个报文，这两个事件是并发的，因为这两个事件互不影响。对于虚拟同步系统来说，如果两个报文是因果相关的，那么所有的进程必须按同样的顺序接收这两个报文。如果两个报文是并发的，那么不同的进程可以按不同的顺序接收这两个报文。

②ISIS 中的通信原语。

ISIS 中定义了三种广播语义，分别是：ABCAST、CBCAST、GBCAST。ABCAST 提供松弛的同步通信，用于向进程组成员传输数据；CBCAST 提供虚拟同步通信，也用于发送数据；GBCAST 的语义和 ABCAST 一样，只是它用于组成员的管理，而不是用于发送一般的数据。

ABCAST 使用两阶段提交协议(two-phase commit protocol)。首先，发送者 A 向进程组中的所有成员申请时间戳(timestamp)，并将报文发送到进程组的所有成员。进程组的所有成员向发送者分配时间戳，该时间戳大于所有该成员所发送的和所接收的报文的时间戳。A 接收到所有成员分配的时间戳后，从中选择一个最大的时间戳作为要发送报文的时间戳，然后向所有组成员发送一个带有该时间戳的提交报文。提交报文按照时间戳的顺序传递给应用程序。使用该协议能够保证所有报文按照同样的顺序传递到所有进程。ABCAST 所使用的协议很复杂并且代价很高，所以速度很慢。

ISIS 提供了另外一种原语 CBCAST。使用 CBCAST 原语，只能保证因果相关的报文被所有的进程按同样的顺序接收。CBCAST 按照如下方式工作：如果进程组有 n 个成员，则每个成员保持一个有 n 个元素的向量，向量中的第 i 个元素是该成员从进程 i 那里收到的最后报文的号码。向量由运行时系统管理，而不是由进程自己管理，向量中的每个元素的初始值为0，如图2-36所示。当进程需要发送报文时，它首先将向量中对应自己的元素加1，对于发送者来说，因为自己是该组的成员，发向该组的报文也意味着发向自己。发送者将修改后的向量随报文一起发送。

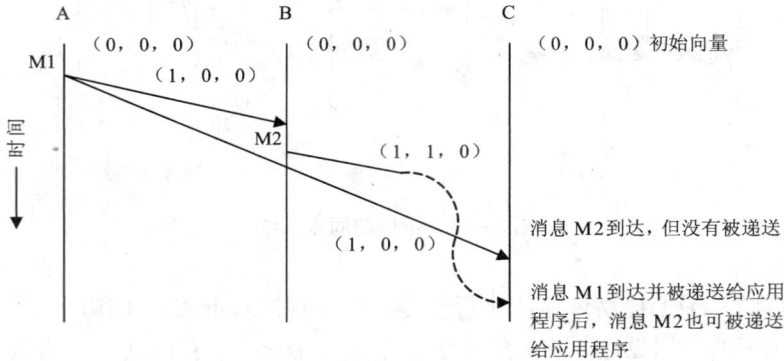

图2-36　ISIS的CBCAST报文顺序控制

在图2-36中，当M1(1,0,0)到达B，B检查该报文后，并没有发现该报文与任何报文相关。报文中的向量关于B的元素比B中向量关于B的元素大1，所以该报文是所期望的报文。又因为两个向量中的其他元素相同，所以可以接收该报文并将它传递给运行在B上的进程组成员。如果随报文传输过来的向量中其他的元素还大于B中向量的对应元素，则该报文不应该传递给B上的进程组成员，且运行时系统缓存该文件。

如果B收到M1后，现在要向进程组发送报文M2，B将报文M2(1,1,0)发向进程组。如果报文M2(1,1,0)先于M1(1,0,0)到达C，C经过检查M2的向量后知道B是收到A发送的报文后才发送报文M2的，而C还没有收到来自A的报文，所以C先将该报文保存起来并暂时不向C中的进程组成员传递。只有等到来自A的报文并将其传递给C中的进程组成员之后，M2才被传递给C中的进程组成员。

决定对到来的消息是接收还是推迟的算法描述如下：假设向量 V 是随消息传入的向量，向量 L 是本地的向量，V_i 和 L_i 是向量 V 和 L 的第 i 个元素。假如 j 是发送者，而 i 是接收者。消息到达后究竟是传递给用户进程还是暂时保存起来，需要判断两个条件是否满足，只有满足了这两个条件之后，消息才被传递给用户进程。第一个条件是 $V_j = L_j + 1$，这个条件说明此消息是 j 期望收到的消息，并且不会丢失消息。第二个条件是 $V_i \leq L_i (i \neq j)$，这个条件说明发送者发送的消息在接收者所有未收到消息之前。如果到来的消息通过了这两个条件，那么运行系统可将该消息送给本机上的用户进程。否则，该消息必须等待。

在图2-37中给出了这个向量机制的一个更详细的例子。这里进程0向其他五个成员发送消息，消息中包含向量(4,6,8,2,1,5)。进程1的除0以外的其他位与0进程的相同，表明进程0收到的那些消息进程1也收到了。而进程1刚发送一条消息，进程0未收到，但这并不影响进程1接收消息。此外，进程1对应0的位刚好比进程0的位小1，这样进程1接收进程0来的消息4。进程2的向量表明尚未收到进程1发来的消息6，因此，进程2还不能接收进程 0 发来的消息。进程 3 看上去也收到了发送者收到的其他消息，进程 3 甚至收到了进程 1 的消息 7，只是还没有收到来自进程 0 的消息，因而，进程 3 可以接收进程 0 来的消息 4。由于进程 4 中向量对应的进程 0 的位置上的值是 2，这就说明进程 4 丢失了进程 0 发来的消息 3，因而进程 4 就不能接收进程 0 发来的消息 4。在进程 5 中，该向量在进程 0 的位置上刚好比进程 0 少 1，而且它比进程 0 先收到了来自进程 1 的消息，因而，它可以接收进程 0 来的消息 4。

ISIS 还支持容错，使用 CBCAST 还支持重叠进程组的报文排序，不过算法更复杂，有兴趣的读者可以自行探究。

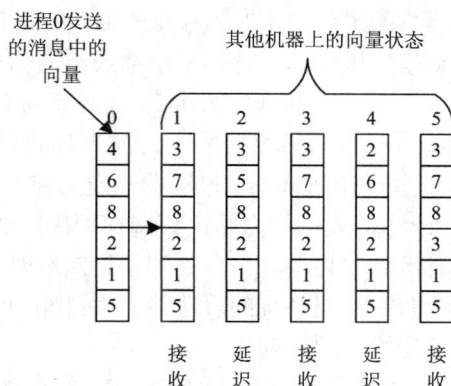

图 2 - 37 CBCAST 使用的向量的样例

2. 发布 - 订阅系统

发布 - 订阅系统有时也称为基于事件的分布式系统。在发布 - 订阅系统（图 2 - 38）中，发布者（ publisher ）发布结构化的事件到事件服务，订阅者（ subscriber ） 通过订阅（subscription）表达对特定事件感兴趣，其中订阅可以是结构化事件之上的任意模式。

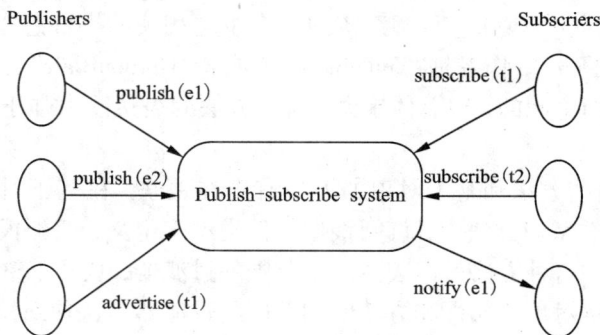

图 2 - 38 发布 - 订阅系统

发布 - 订阅系统的应用发布 - 订阅系统被应用于很多应用领域中，尤其是与大规模的事件分发相关的领域。例如，金融信息系统、支持协同工作，需要通知众多参与者共同感兴趣的事件、支持无处不在计算，管理来自无处不在基础设施的事件（如位置事件）、一系列监控应用及互联网上的网络监控。发布 - 订阅也是 Google 基础设施的一个重要组件，包括将与广告相关的事件（诸如"广告点击"）分发给感兴趣的人。

发布 - 订阅系统的任务是把订阅与发布的事件进行匹配，保证事件通知（ eventnotification）的正确传递。给定的事件将被传递到许多潜在的订阅者，因此，发布 - 订阅本质上是一对多的通信范型。此模型实质上也是消息系统模型。在该模型中，每条消息都与某一主题或事件相关。对某个事件感兴趣的应用程序可以订阅与该事件相关的消息。当订阅者等待的事件发生时，触发该事件的进程将发布一条消息来宣布该事件或主题。发布 – 订阅消息模型提供了一种用于组播或组通信的强大抽象机制。

由图 2 – 38 可见，发布 – 订阅系统的编程模型是基于一个小的操作集。发布者通过 publish(e) 操作分发事件 e，订阅者通过通过 subscribe(f) 操作订阅表明对某事件集感兴趣，这里，f 是一个过滤器，过滤器是定义在所有可能发生的事件集上的一个模式。过滤器（因而也是订阅）的表达能力是由订阅模型决定的。随后订阅者可以通过相应的 unsubscribe() 操作取消对事件的兴趣。当事件到达订阅者时，事件是使用 notify(e) 操作被传递的。

发布 – 订阅系统的表达能力由订阅（过滤器）模型决定，下面列出一些已知的模式，按照复杂度递增的顺序列出。

（1）基于渠道。在这种方法中，发布者发布事件到命名的渠道，订阅者订阅其中一个已命名的渠道，并接收所有发送到那个渠道的事件。这是相对原始的模式，也是唯一一个定义了物理渠道的模式；所有其他模式采用对事件内容的某种形式的过滤。这种模式已经被成功用于 CORBA 事件服务。

（2）基于主题。在这种方法中，我们假设每个通知用一定数量的域来表达，其中的一个域表示主题。订阅是根据感兴趣的主题来定义的。这个方法等价于基于渠道的方法，不同的是基于渠道的方法中的主题是隐式的，而基于主题的方法中的主题作为域被显式地声明了。通过层次化地组织主题，可以增强基于主题的方法的表达能力。

（3）基于内容。基于内容的方法是基于主题方法的一般化，它允许订阅表达式具有事件通知上的多个域。更具体来说，基于内容的过滤器是用事件属性值的约束组合定义的查询。例如，订阅者可以表达对与发布 – 订阅系统的某个主题相关的事件感兴趣，其中，要查询的系统是"CORBA 事件服务"，作者是"TimKindberg"或者"GordonBlair"。相关查询语言的复杂度是随着系统的不同而不同的，但总体来说，这种方法的表达能力强于基于渠道的和基于主题的方法。

（4）基于类型。这些方法和基于对象的方法有内在关联，在基于对象的方法中，对象有指定的类型。在基于类型的方法中，订阅根据事件类型来定义，匹配根据给定的过滤器的类型或者子类型来定义。这种方法可以表达一定范围的过滤器，从基于整体类型名称的粗粒度的过滤器到定义了给定对象的属性和方法的细粒度的过滤器。这种细粒度的过滤器在表达能力上和基于内容的方法相似。基于类型的方法的优点是它可以被很好地集成到编程语言中，可以检查订阅类型的正确性，忽略一些订阅错误。

除了这些经典的分类，还有一些商业系统采用基于直接订阅感兴趣的对象的方法。这些系统类似于基于类型的方法，这是因为它们和基于对象的方法有内在关联，不同之处在于关注的是感兴趣的对象状态的改变，而不是与对象类型关联的谓词。它们允许一个对象对另一个对象发生的改变做出反应。事件的通知是异步的，由通知的接收者决定。尤其是在交互应用中，用户在对象上执行的行动，例如，用鼠标操作按钮，用键盘在文本框中输入文本，都被看作事件，这些事件引起保存应用状态的对象的改变。每当状态改变时，负责展示当前状态视图的对象会得到通知。

发布 – 订阅系统的任务是很清楚的：保证所有事件被有效地传递到与事件匹配的所有订阅者。在此之上，可以有安全性、可伸缩性、故障处理、并发和服务质量等额外需求。这使得

发布 – 订阅系统的实现相当复杂。下面我们基于主要的实现问题,在考虑实现发布 – 订阅系统所需要的总的系统体系结构之前,先研究集中式和分布式实现(尤其是基于内容方法的分布式实现)。

集中式实现与分布式实现已经有许多实现发布 – 订阅系统的体系结构。最简单的方法是单节点服务器方式的集中式实现,使用那个节点上的服务器作为事件代理。发布者发布事件(可以选择是否发布广告)到该代理,订阅者发送订阅到代理并接收返回的通知。与代理的交互是通过一系列点对点的消息进行的;这个可以通过消息传递或远程调用来实现。

这种方法易于实现,但是设计缺少弹性和可伸缩性,因为集中式代理意味着可能的单点故障和性能瓶颈。因此,发布 – 订阅系统的分布式实现也是可用的。在这种模式下,集中式代理被代理网络(broker network)(图 2 – 39)所取代。这些方法有能力从节点故障中生存下来,并已被证明能够在互联网规模的部署中运作良好。更进一步来看,也可能以一种完全对等的方式实现发布 – 订阅系统。这是最近很流行的系统实现策略。在这种方法中,发布者、订阅和代理之间没有区别,所有节点都是代理,它们合作实现所需的事件路由功能。

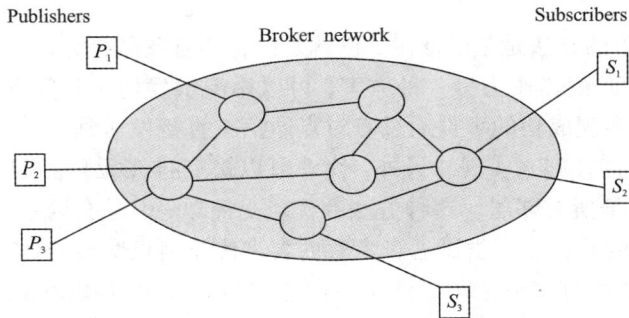

图 2 – 39　代理网络

集中式模式的实现相对简单,即用中央服务器维护订阅库,并用订阅匹配形成事件通知。类似的,基于渠道或基于主题的模式的实现也是相对简单的。例如,一个分布式实现可以通过将渠道或主题映射到相关的组,然后使用底层组播通信设施将事件传递到感兴趣的各方。基于内容、类型的分布式实现方法较为复杂,需要进一步考虑。图 2 – 40 中描述了这种方法体系结构选择的范围。

在底层,发布 – 订阅系统使用一系列进程间通信服务,例如,TCP/IP、IP 组播(如果可用)或者更专门的服务(如由无线网络提供的)。体系结构的核心是由网络覆盖基础设施支持的事件路由层提供。事件路由层的任务是保证事件通知句高效地路由到合适的订阅者,而这由覆盖基础设施通过建立适当的代理网络或 P2P 结构来支持。对于基于内容的方法,这个路由问题被称作基于内容的路由(content-based routing,CBR),目的是利用内容信息将事件有效地路由到指定的目的地。顶层实现匹配,也就是说,保证事件与一个给定的订阅进行匹配。虽然这可以作为一个独立的层实施,但匹配常常被推到事件路由机制中。

在这个总的体系结构内,有很多实现方法。我们会逐步通过一套精选的实现技术来说明基于内容的路由背后的一般原则。

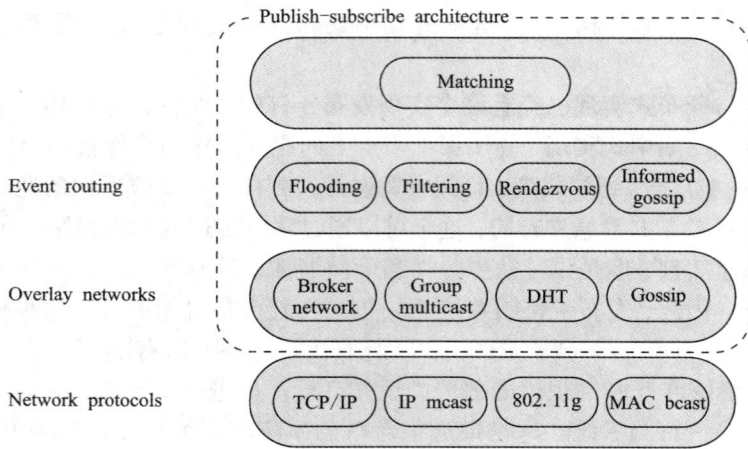

图 2 -40　发布 -订阅系统体系结构

（1）泛洪。最简单的方法是基于泛洪，也就是说，向网络中的所有节点发送事件通知，在订阅者端执行适当的匹配。作为另一种方案，可以用泛洪发送 -订阅到所有可能的发布者，在发布端执行匹配，匹配成功的事件通过点对点通信被直接发送到相关的订阅者。泛洪可以利用底层广播或者组播设施来实现。另外，代理可以被安排在无环图中，其中，每个代理把到达的事件通知转发给所有邻居。这种方法的优点是简单，但是会导致很多不必要的网络流量。因此，下面描述的替代方案尝试通过考察内容来优化消息交换的数量。

（2）过滤。一个支撑许多方法的原则是在代理网络中采用过滤（filtering），这种方法被称为基于过滤的路由。代理通过有路径到达的有效订阅者的网络转发通知。它的实现是通过先向潜在的发布者传播订阅信息，然后在每个代理上存储相关状态。更具体来说，每个节点必须维护邻居列表（该列表包含了该节点在代理网络中所有相连接的邻居）、订阅列表（该列表包含了由该节点为之服务的所有直接连接的订阅者）以及路由表。重要的是，这个路由表维护该路径上的邻居和有效订阅的列表。这个方法也需要在代理网络中的每个节点上实现匹配：匹配函数以给定的事件通知、一系列节点以及相关的订阅作为参数，返回通知与订阅成功匹配的节点集。

（3）广告。上述纯基于过滤的方法会由于订阅的传播产生大量的网络流量，订阅本质上是采用泛洪的方法向所有可能的发布者进行推送。在有广告的系统中，通过与订阅传播类似的（事实上是对称的）方式向订阅者传播广告，这样可以减少流量负担。

（4）汇聚。另外一种控制订阅传播和实现自然的负载均衡的方法是汇聚（rendezvous）方法。为了理解这种方法，需要将所有可能的事件集合看作一个事件空间，并且将事件空间的责任划分到网络中的代理集合上。特别地，这种方法定义了汇聚节点，汇聚节点是负责给定的事件空间的子集的代理节点。为了实现这种方法，一个给定的基于汇聚的路由（rendezvous based routing）算法必须定义两个函数。第一，$SN(s)$ 以一个给定的订阅 s 为参数，返回负责订阅 s 的一个或者多个汇聚节点。每个汇聚节点像上述过滤方法一样维护一个订阅列表，并将所有的成功匹配的事件转发到订阅节点集。第二，当事件 e 被发布，$EN(e)$ 函数也返回一个或多个汇聚节点，这些汇聚节点负责在系统中将 e 和订阅进行匹配。注意，如果考虑到可靠性，$SN(s)$ 和 $EN(e)$ 都可以返回多于一个节点。还要注意，这种方法仅在如下情况下可行：对于一个给定的与 s 进行匹配的 e，$EN(e)$ 和 $SN(s)$ 交集必须非空。

3. 消息队列系统

消息系统经常以队列的形式作为间接机制提供点对点的服务，充当了一些相当独立的进程之间的中介，即充当进程间消息传递的交换开关，从而实现所期望的时间和空间解耦性质，如图 2-41 所示。消息队列是点对点的，不同的进程以非耦合的方式，通过消息系统异步地交换消息。消息发送者（进程）在发送消息时，将一条消息放入消息队列中，后者接着将该消息转发到与各个接收者（进程）相应的消息接收队列中，一旦消息发送出去，发送者即可执行其他任务了。与基本的消息传递模型相比，点对点消息模型为实现异步消息操作提供了额外的一层抽象。如果要在基本的消息传递模型中达到同样的结果，就必须借助于线程或者子进程技术。

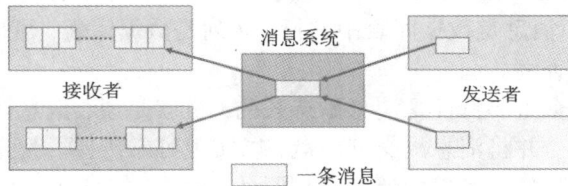

图 2-41　消息队列系统

消息队列也称为面向消息的中间件。这是一类重要的商业中间件，主要实现包括 IBM 的 Web Sphere MQ、Microsoft 的 MSMQ、Apache ActiveMq、Java 的消息服务 JMS 和 Oracle 的 Streams Advanced Queuing（AQ）。这类产品的主要用途是实现企业应用集成（enterprise application integration，EAI），即在企业中实现应用之间的集成，该目标是通过消息队列内在的松耦合实现的。由于其对事务的内在支持，它们还被广泛用作商业事务处理系统的基础。

消息队列提供的编程模型很简单。它提供了在分布式系统中通过队列进行通信的一种方法。尤其是，生产者进程发送消息到特定队列，其他（消费者）进程从该队列中接收消息。通常支持三种接收方式：

（1）阻塞接收：保持阻塞直到有合适的消息可用为止。

（2）非阻塞接收（轮询操作）：检查队列的状态，返回可用消息，或者不可用的指示。

（3）通知操作：当在相关的队列中有消息可用时，会发出事件通知。

图 2-42 形象地描述了所有的这些方法。

一些进程能将消息发送到同一个队列，同样也有一些接收者能从队列中取出消息。排队的策略通常是先进先出（FIFO），但大多数消息队列的实现也支持优先级概念，即高优先级的消息先被传递。

消费者进程也能基于消息的优先级从队列中选择消息。更具体来说，一条消息通常由目的地（即一个指定目的队列的唯一标识符）、与消息相关的元数据（如消息的优先级、传递模式等字段）和消息体组成。消息体通常是不透明的，且未被消息队列系统改变过。消息体相

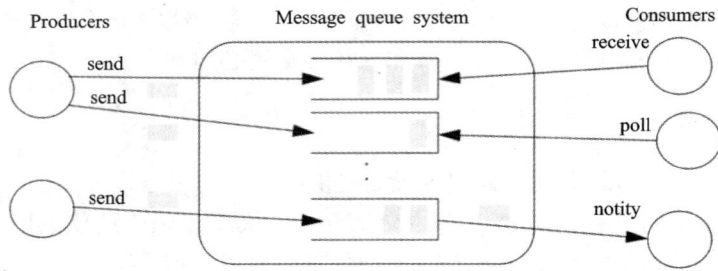

图 2 – 42　消息队列范型

关的内容可以进行序列化，也就是说，按数据类型编码、对对象进行序列化或者采用 XML 结构化消息。消息大小可以配置，可以很大，如可达 100 MB 的数量级。鉴于消息体不透明，通常通过定义在元数据上的谓词表示选择消息的规则。

Oracle 的 AQ 在基本想法上引入了一个有趣的改动，以更好地实现与（关系型）数据库的集成。在 Oracle AQ 中，消息是数据库表中的行，队列是数据库表，可以使用数据库查询语言的所有功能对队列进行查询。

消息队列系统的一个重要特性是消息是持久的，也就是说，消息队列会无限期存储消息（直到它们被消费为止），并将消息提交到磁盘，以实现可靠传递。发送的任何消息最终都会被收到（有效性），接收到的和发送的消息是相同的，没有消息被发送两次（完整性）。因此，消息队列系统确保消息将会被传递（且传递一次），但是不能保证传递的时间。

一些消息队列实现也提供安全性的支持。例如，Web Sphere MQ 使用安全套接字层（secure sockets layer，SSL）提供对保密数据传输的支持，也支持认证和访问控制。

消息队列在很多方面与消息传递系统很类似。不同的是，消息传递系统通过隐式队列与发送方和接收方相关（如在 MPI 中的消息缓冲区），而消息队列系统有显式的队列，它们是第三方实体，区分发送者队列和接收者队列。这个最重要的区别使得消息队列成为具有时空解耦关键特性的间接通信范型。

4. 共享内存方式

共享内存的抽象也是一种间接通信范型。这里讨论两个方面，分布式共享内存技术从理论上讲是为并行计算开发的，分布式共享内存在读和写字节级别操作，而元组空间以半结构化数据的形式提供更高层的视角。此外，分布式共享内存可以通过地址进行访问，而元组空间是关联的，它提供了一种内容可寻址的内存形式。

（1）分布式共享内存。

分布式共享内存（DSM）用于给不共享物理内存的计算机共享数据。进程通过读和更新看上去是其他地址空间中普通的内存来访问 DSM，然而，在底层运行时，系统透明地保证运行在不同计算机上的进程可以观察到其他进程的更新。表面上进程在访问单个共享内存，但是事实上，物理内存是分布式的（图 2 – 43）。

DSM 节省了程序员在写应用程序时对消息传递的考虑。在分布式系统中，消息传递不能被全部避免：在没有物理共享内存时，DSM 运行时支持通过计算机之间的消息传送更新。

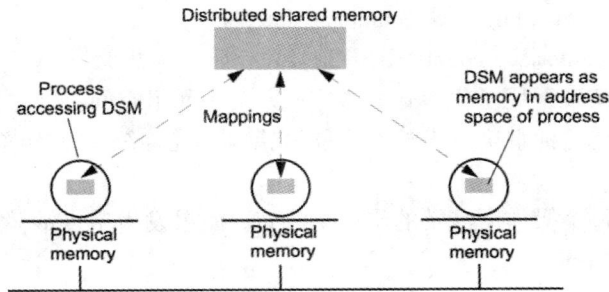

图 2 - 43　分布式共享内存

DSM 系统管理复制数据：为了加快访问速度，每台计算机都有存储在 DSM 中最近访问过的数据项的本地拷贝。

关于 DSM 实现的典型例子是 Apollo Domain 文件系统。在该系统中，不同工作站拥有的进程通过将文件同时映射到它们的地址空间来共享文件。这个例子说明：分布式共享内存可以是持久的。也就是说，它可以比任何访问它的进程或者进程组的运行更持久，并且它可以被不同进程组共享。

（2）元组空间通信。

元组空间的概念是被耶鲁大学的 David Gelernter 作为分布式计算的一种新形式首次引入的。在这种方法中，进程通过在元组空间放置元组间接地进行通信，其他进程可以从该元组空间读或者删除元组。元组没有地址，但是可以通过内容上的模式匹配进行访问。其所形成的 Linda 编程模型有很广泛的影响力，并在分布式编程方面带来了重大的发展，包括 Agora 系统、Sun 的 Java Spaces 和 IBM 的 TSpaces。元组空间通信在无处不在计算领域也产生了很大影响。

在元组空间编程模型中，进程通过元组空间（共享的元组集合）进行通信。而元组由一个或多个带类型的数据域组成，如序列 < "li"，1958 >、< "sid"，1964 > 和 <4，9.8，"Yes" >。元组类型的任何组合都可能存在于相同的元组空间中。进程通过访问同一元组空间实现共享数据：它们使用 write 操作将元组放置在元组空间中，使用 read 或者 take 操作从元组空间中读或提取元组。write 操作加入一个元组，但不影响元组空间中已存在的元组。read 操作返回一个元组的值，但并不影响元组空间的内容。take 操作也返回一个元组的值，但在这种情况下，它会从元组空间中删除该元组。

当从元组空间中读或者删除元组时，一个进程提供了一个元组规约，元组空间返回符合该规约的任何元组——关联寻址。为了使得进程能够同步其活动，read 和 take 操作都会阻塞，直到在元组空间中找到一个与之相匹配的元组。元组规约包括域的数量和所需的域值或者域类型。例如，take(<string，integer >) 可以提取 < "li"，1958 > 或者 < "sid"，1964 >；take(<string，1964 >) 只能提取到两者中的 < "sid"，1964 >。

在元组空间范型中，不允许直接访问元组空间中的元组，进程必须替换元组空间中的元组而不是修改它。因此，元组是保持不变的。假设一组进程在元组空间中维护一个共享的计数器，当前计数（也就是64）是在元组 < "counter"，64 > 中。一个进程为了增加 myTS 元组空间的计数器的值，必须执行以下形式的代码：

    $< s, count > : = myTS. take(<$ "counter", integer $>$);

    myTS. write($<$ "counter"1, count $+1 >$);

许多元组空间的实现采用了集中式的方案，方案中元组空间资源由服务器管理。这种方案的优势是简单，但是这种解决方案显然不能容错也不能伸缩。基于这个原因，人们提出了分布式解决方案。

图 2−44 总结了每个操作所涉及的步骤。注意，如果发生节点故障或者网络分区，需要单独的算法来管理视图的改变。

---

write

①发起请求的场所给视图中的所有成员组播 write 请求。

②接到该请求后，成员将元组插入到它们的副本，并确认该动作。

③重复第①步，直到收到所有的确认。

read

①发起请求的场所给视图中的所有成员组播 read 请求。

②接到该请求后，成员将匹配的元组返回给请求者；

③请求者返回第一个收到的匹配的元组作为操作结果（忽略其他的）。

④重复第①步，直到收到至少一个响应。

take

第 1 阶段：选择要删除的元组

①发起请求的场所给视图的所有成员组播 take 请求。

②接到该请求后，每个副本请求相关元组集合上的锁，如果不能获得锁，那么该 take 请求被拒绝。

③所有接受请求的成员用匹配的元组集合响应。

④重复第①步，直到所有场所接受请求并用它们的元组集合响应而且交集是非空的。

⑤选中一个元组作为操作的结果（从所有应答的交集中随机选择）。

⑥如果只有少量成员接受了请求，那么这些场所元组集合被请求释放它们的锁，然后重复第 1 阶段。

第 2 阶段：删除选中的元组

①发起请求的场所给视图中的所有成员组播 remove 请求，并在请求中引用这个要删除的元组。

②接到该请求后，成员从它们的副本中删除元组，发送确认，并释放锁。

③重复第①步，直到收到所有的确认。

图 2−44　复制和元组空间操作

对象元组空间模式可能是各种面向对象模式中最抽象的一种，它假设有称作"对象空间"的逻辑实体的存在，见图 2−45。某一应用程序的所有参与者都集中到公共对象空间中。提供者以元组的形式，将对象放入对象空间，预定该空间的请求者可以访问这些元组。进程通过在一个或多个对象之间共享状态数据，以及在必要时更新对象状态来实现交互。

进程可以将对象存放到空间中。与其他消息模型不同，进程不修改空间中的对象或直接调用对象方法。希望访问对象的进程将使用目录服务来定位空间中的对象。为修改对象，进程必须在对象空间中显式地删除、更新和重新插入该对象。

除其他模式提供的抽象外，对象空间模式还在网络资源的提供者和请求者之间提供了虚

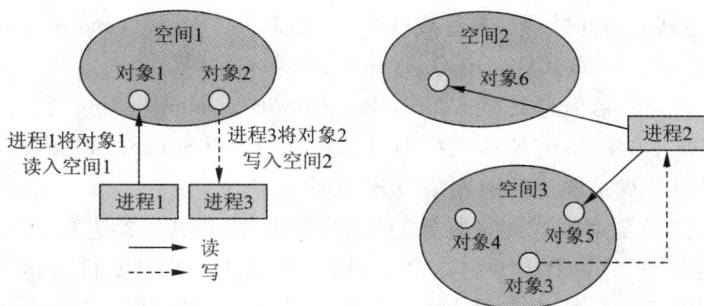

图 2 - 45   对象空间间通信

拟空间或会议室对象。这种抽象隐藏了资源及对象查找细节,而这些细节是在远程方法调用、对象代理或网络服务中必须包括的。此外,互斥是这种模式的固有特征,因为在同一时刻,对象空间的每个对象只能被一个参与者访问。

2.1.6 P2P 范型与覆盖网络

在 P2P 范型中,各参与进程的地位是平等的,都具有相同的性能和责任。每个参与者(进程)都可以向另一个参与者发起请求和接收响应,见图 2 - 46。在基于 P2P 范型的分布式应用中,每个参与的进程往往既承担服务器进程的角色(资源提供者),又承担客户进程的角色(资源请求者)。P2P 网络模型是一种具有较高扩展性的分布式系统结构,其对等概念是指网络中的物理节点在逻辑上具有相同的地位,而并非处理能力的对等。

覆盖网络(overlay network)简单说来就是应用层网络,它是面向应用层的,不考虑或很少考虑网络层、物理层的问题。详细说来,覆盖网络是指建立在另一个网络上的网络。该网络中的节点可以看作通过虚拟或逻辑链路而连接起来的。虽然在底层有很多条物理链路,但是这些虚拟或逻辑链路都与路径一一对应。例如,许多 P2P 网络就是覆盖网络,因为它运行在互联网的上层。覆盖网络允许对没有 IP 地址标识的目的主机路由信息,例如,Freenet 和 DHT(分布式哈希表)可以路由信息到一个存储特定文件的节点,而这个节点的 IP 地址事先并不知道。覆盖网络被认为是一条用来改善互联网路由的途径,例如,通过 QOS(服务质量)保障来实现高质量的流媒体。

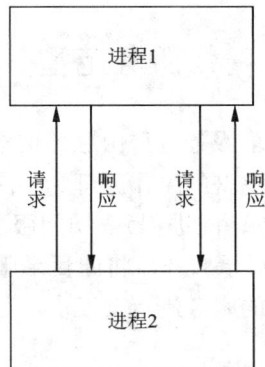

图 2 - 46   P2P 范型

与传统的分布式系统相比,P2P 技术具有无可比拟的优势和广阔的应用前景。Internet 上各种 P2P 应用软件层出不穷,用户数量急剧增加。P2P 计算技术正不断应用到军事领域、商业领域、政府信息、通信等领域。

P2P 的应用可以分为以下这些类型:

(1)提供文件和其他内容共享的 P2P 网络,如 Napster、Gnutella、eDonkey、emule、BitTorrent 等。

（2）挖掘 P2P 对等计算能力和存储共享能力，如 SETI@ home、Avaki、PopularPower 等。

（3）基于 P2P 方式的协同处理与服务共享平台，如 JXTA、Magi、Groove、.NET My Service 等。

（4）即时通信交流，包括 ICQ、OICQ、Yahoo Messenger 等。

（5）安全的 P2P 通信与信息共享，如 Skype、Crowds、OnionRouting 等。

（6）基于 P2P 技术的网络电视和网络游戏，如沸点、PPStream、PPLive、QQLive、SopCast 等，当前有许多网络游戏是通过对等网络方式实现的。

客户 - 服务器范型是集中式网络服务的理想模型（其中服务器进程提供服务，而客户进程通过服务器访问服务）。P2P 模型更适合于诸如即时消息、P2P 文件传输、视频会议、协同工作等应用。在即时消息环境中，成员状态指参与者状态（如参与者当前是在线还是离线的）以及其他一些表示状态的信息。Napster.com 是一个著名的 P2P 文件传输服务实例；与之类似的站点允许在互联网上的多个计算机之间传输文件（主要指音频文件）。在 Napster.com 中，除了 P2P 计算外，还设置了一台服务器来提供目录服务。

P2P 范型可以采用任何消息传递的工具来实现。针对即时消息和资源共享等复杂应用开发的高级协议和工具正在制定与开发之中。有关这些协议的示例及其辅助工具包括 JXTA 项目和 Jabber。Jabber 是一个有关即时消息及成员状态的基于 XML 的开放协议。

以 Napster 软件为代表的 P2P 技术的实质在于将互联网的集中管理模式引向分散管理模式，将内容从中央单一节点引向网络的边缘，从而充分利用互联网中的众多终端节点所蕴含的处理能力和潜在资源。相对于传统的集中式客户 - 服务器模型，P2P 弱化了服务器的概念，系统中的各个节点不再区分服务器和客户的角色关系，每个节点既可请求服务，也可提供服务，节点之间可以直接交换资源和服务而不必通过服务器。

P2P的4种子模型

P2P 通常有 4 种不同的子模型，具体内容可扫描二维码了解。

2.2　网络服务范型

网络服务范型由服务请求者、服务提供者（对象）和目录服务三者组成，见图 2 - 47。网络服务范型的工作原理为：首先，服务提供者将自身注册到网络上的目录服务器。其次，当服务请求者（进程）需访问服务时，则在运行时与目录服务器联系；再次，如果请求的服务可用，则目录服务器将向目录服务进程提供一个有关该服务的引用；最后，进程利用该引用来与所需的服务进行交互。

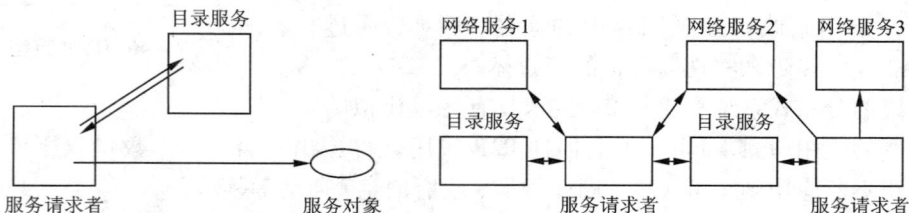

图 2 -47　网络服务范型

客户应用可使用一个或多个这样的设施。服务可以自动地添加到网络或从其中删除，客户可以通过目录服务定位可用的服务。

本质上，网络服务范型是对远程方法调用范型的扩展，区别在于服务对象在全局目录服务中注册，允许联邦网络中的服务请求者查询和访问这些服务。在理想情况下，可以采用全局唯一标识符注册和访问服务。在这种情况下，范型将提供额外的抽象——位置透明性。位置透明性允许软件开发者在访问对象或服务时，无须知道对象或服务所在的具体位置。

回调方法是由服务请求者提供的方法，以便服务的提供者可以向某个特定的请求者发出调用。回调方法还可以用在其他范型中，如 Java RMI 也提供回调方法。

2.3　移动代理范型

移动 Agent 是一种可移动的程序或对象。在该范型中，一个 Agent 从源主机出发，然后根据其自身携带的执行路线，自动地在主机间遍历。在每一站，Agent 访问所需的资源或服务，并执行必要的任务来完成其使命，见图 2 – 48。

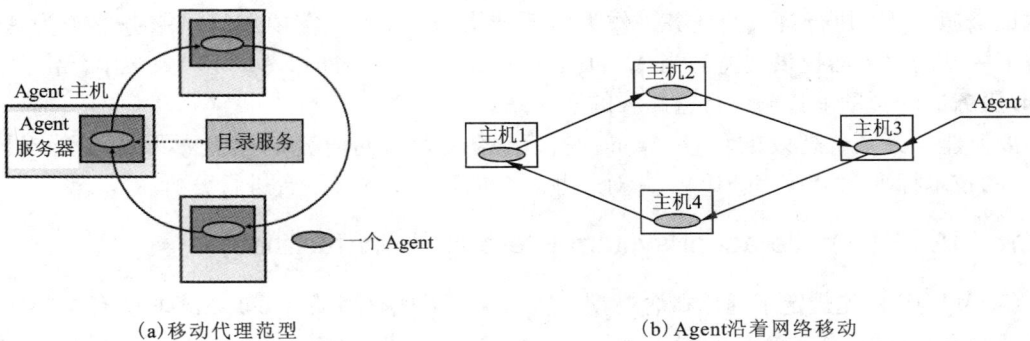

(a)移动代理范型　　　　(b)Agent 沿着网络移动

图 2 – 48　移动 Agent

该范型为可移动的程序或对象提供了抽象。在这种范型中，进行的不是消息交换，而是当程序/对象在各个参与节点间移动时，携带并传递数据。

移动 Agent 是模拟人类行为和关系，具有一定智能并能自主运行和提供相应服务的程序，能够在同构或异构网络主机之间自主地进行迁移的程序，该程序能够自主地决定什么时候迁移到什么地方。它能够在程序运行的任一点挂起，然后迁移到另一台主机上，并接着在这一点继续往下执行。

移动 Agent 具有以下优势：

（1）移动 Agent 允许高效而经济地使用通信信道，信道可以是低带宽、高延迟和易出错的。相反地，传统范型需要在网络链路上不断交换数据。如果包括大量数据，网络带宽消耗将非常大，而结果是延长了相应时间或延迟。在移动 Agent 中，只在网络上传输单个串行化对象，就能潜在地减少网络带宽消耗。此外，由于移动 Agent 只需在两个站点之间传输一次数据，因网络错误而导致的失败概率因此大大减少。由于这些原因，移动 Agent 非常适合于无线网络链路。

（2）移动 Agent 有利于我们使用便携式、低代价的个人通信设施执行复杂任务，即使在设施与网络断开连接的情形下也能做到。移动 Agent 可以从任何支持必要体系结构的设施发出，一旦发出，Agent 就离开发送源，并能够独立于原先设施执行自身任务。如果正确的话，移动 Agent 可以智能地绕开错误的主机或寻找某个可靠主机的临时庇护。

（3）移动 Agent 允许异步操作和完全分散。移动 Agent 的执行与发起主机和其他参与主机分离。任务以异步方式在各个站点单独执行，任何进程都不必充当协调者角色。

支持移动 Agent 范型的商业软件有 Concordia 系统（http：//www. meitca. com），IBM 的 Aglet 系统（http：//www. trl. ibm. co. jp/aglets/）。SFI 研制的 Swarm 是一个建模工具。这是一个分布式的新领域，比较完善的开发工具少。

移动代理范型使用下列属性：

（1）身份信息——标识 Agent 身份的信息。

（2）路线——Agent 将访问的主机地址列表。

（3）任务数据——Agent 执行任务所需的数据或被 Agent 收集的数据。

Agent 还携带执行任务的逻辑（代码）。

在每一站上，Agent 都要被服务器接收。移动 Agent 通过 Agent 服务器来使用所抵达主机的本地资源，以便执行自身的任务。作为体系结构的一部分，需要用目录服务器来为 Agent 查找下一站的服务器提供支持。当 Agent 在某一站点完成任务时，Agent 对象被串行化，并在 Agent 服务器的帮助下传输到行进路线的下一站。

如何建立灵活、高效的移动 Agent 平台已经成为人们研究的热点。下面将介绍移动 Agent 的技术标准 MASIF 和 FIPA，并对一些著名的移动 Agent 平台进行分析。

1. MASIF（mobile agent system interoperability facilities）

（1）MASIF 首先规定了通用概念模型，基本涵盖了现有移动 Agent 系统的所有主要抽象，定义了固定 Agent、移动 Agent、Agent 状态、Agent 授权者、Agent 名字、Agent 系统、位置或域、代码库和通信基础等一系列概念。

（2）MASIF 最大的贡献是定义了两个标准构件：MAF Finder 和 MAF Agent System。通过接口定义语言（IDL）对属性、操作和返回值进行了明确的规定。MAF Finder 构件通过提供名字和地址映像关系的动态数据库，实现了 Agent 位置和 Agent 系统的注册、注销和定位等操作。MAF Agent System 定义对 Agent 系统的操作，包括：接受、创建、暂停、恢复等。它详细定义了方法名、参数类型、含义、数量、返回值等，这些方法提供了 Agent 传输的基本功能。

2. FIPA（foundation for intelligent physical agents）

FIPA 是为促进 Agent 技术的发展而制定的国际性规范，以最大限度地使基于 Agent 的各种应用得以有机地结合。FIPA 规范从不同方面规定或建议了 Agent 在体系结构、通信、移动、知识表达、管理和安全等方面的内容，对于 Agent 技术起到了很大的推动作用。其中，Agent 管理、ACL、Agent 安全管理和 Agent 移动管理与移动技术关系较紧密。

（1）Agent 管理制定了一个标准性框架，与 FIPA 相兼容的 Agent 在此框架下可以存在、运行和被管理。与 MASIF 较相似，该部分定义了标准的开放式接口和管理服务，同时也规定了 Agent 管理本体和 Agent 平台消息传输。

（2）ACL 基于的是语言行为理论，消息被视为行为或通信行为，它们被发送去执行某种动作。ACL 定义了消息类型和对语言的描述。基于模态逻辑，通信行为被表述成叙述性表格和形式化语义。

（3）Agent 安全管理指出了安全危险存在于 Agent 管理的全过程：注册、Agent 间的交互、Agent 配置、Agent 平台间交互、用户与 Agent 间的交互和 Agent 移动。它分析了在 Agent 管理中的关键安全危险，并提出了在 FIPA 兼容的环境中如何维护 Agent 间的安全通信。

（4）Agent 移动管理提出了在 FIPA 环境中支持软件 Agent 移动的标准框架，此框架包含了所需的最基本的技术，并参考了该领域内的其他标准。它还支持非移动 Agent 的管理操作。

3. 著名的移动 Agent 平台

移动 Agent 平台主要分为两大类：一类是基于解释性语言的移动 Agent 平台；另一类是基于 Java 语言的移动 Agent 平台。相比较来说，基于 Java 的系统具有更强的功能和更大的灵活性，而且更易与 CORBA 实现无缝集成。下面我们将分析几个著名的移动 Agent 平台，从中可以得出一些启示。

（1）Telescript。

Telescript 平台是用 Telescript 语言来完成的，该语言是一种用于开发大型分布式系统的面向对象的解释性语言，它有点类似于 Java 和 C++，可以被编译成字节码运行在宿主机的虚拟机上。

Telescript Agent 之间的通信有两种方式：①两个 Agent 运行在同一个空间，互相调用对方；②在不同的空间之间建立连接，两个 Agent 可以相互传递对象。尽管 Telescript 是一个比较成功的移动 Agent 平台，它的安全性、容错性、执行效率都非常好，但是 Java 的迅速流行导致了它的失败。

（2）D'Agent。

D'Agent（以前称为 Agent TCL）是美国 Dartmouth 大学研究的移动 Agent 系统。它从支持单一语言 TCL 发展到目前支持多种语言（如 TCL、Java、Scheme）。D'Agent 提供一个 go 指令（仅适用于 TCL 和 Java），可以自动捕获和恢复移动 Agent 的完整状态，即意味着 Agent 可以在任意点中断执行，然后移动到其他环境中执行。D'Agent 服务程序的实现采用的是多线程方式，相比于多进程方式，虽然实现难度增加，但是进程间通信大大降低，提高了系统的执行效率。D'Agent 采用公钥系统来管理 Agent 对资源的访问，但可以授权访问某种资源，还可以限制使用（如 CPU 使用超时）。D'Agent 的通信方式可采用 RPC、RMI 等不同的方式，而且支持异步或同步的通信模式。

（3）Grasshoper。

Grasshoper 是 IKV++ 公司的产品。Grasshoper 环境包括 Agent 处（Agency）和域注册器，通过专有的 ORB（Grasshoper ORB）互联。Agency（相当于 MASIF 中的 Place）是 Agent 实际的运行环境，数个 Agency 结合构成域，由域注册器（相当于 MASIF 中的 MAFFinder）提供名字服务。Grasshoper 的通信基础设计非常巧妙，可以通过 CORBA 来进行通信，还可以通过 Java RMI 和 Socket 连接进行通信，整个通信结构实现采用插件技术，具有很好的扩充性，并同时支持异步或同步的通信，动态消息机制和多点发送。Grasshoper 的安全服务中采用 X.509 证书实现身份认证，采用 SSL 来保证传输中的安全性，通过用户定制的安全管理器来完成资源访问控制，并实现了数字签名。

（4）Voyager。

Voyager 的最大特点是以 Voyager ORB 作为核心，将 Agent 和分布式计算紧密结合在一起。但 Voyager 只支持纯 Java 的对象通信，与 CORBA 和 MASIF 不兼容。它还支持异步或同步的通信、动态消息机制和单向多点发送。在容错服务方面，Voyager 支持任意时间中显式地存储，其安全机制主要是通过 Voyager Security 类进行编程设置。

（5）Aglet。

Aglet 是由 IBM 公司用纯 Java 开发的移动 Agent 技术，并提供实用的平台——Aglet Workbench，让人们开发或执行移动 Agent 系统。Aglet 是一个较为成功和全面的系统（图 2 - 49），主要表现在：它提供了一个简单而全面的移动 Agent 编程模型；它为 Agent 间提供了动态和有效的通信机制；它还提供了一套详细且易用的安全机制。

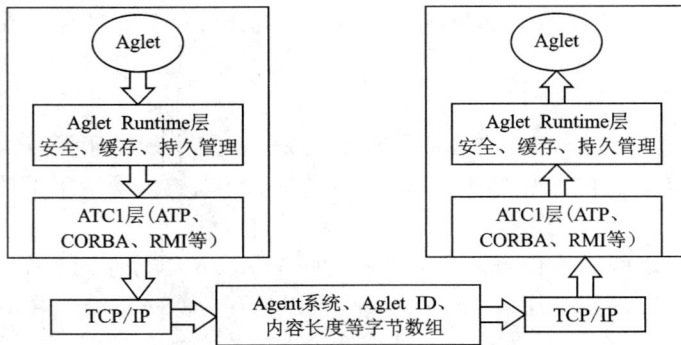

图 2 - 49   Aglet 的系统框架

Aglet 系统首先提供一个上下文环境（context）来管理 Aglet 的基本行为：如创建（create）Aglet、复制（clone）Aglet、分派（dispatch）Aglet 到远程机器、召回（retract）远端的 Aglet、暂停（deactive）、唤醒（active）Aglet 以及清除（dispose）Aglet 等。图 2 - 50 所示为 Aglet 的生命周期。

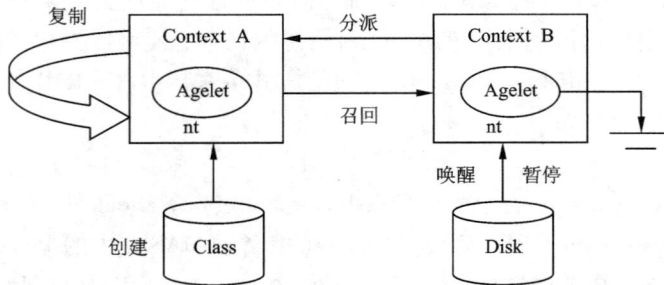

图 2 - 50   Aglet 的生命周期

Aglet 与 Aglet 之间可用消息传递的方法来传递消息对象。此外，基于安全上的考虑，Aglet 并非让外界直接存取其信息，而是透过代理提供相应的接口与外界沟通。这样做的好处是，Aglet 的所在位置会透明化，也就是 Aglet 想要与远端的 Aglet 沟通时，只在本地主机上的上下文环境中产生对应远端 Aglet 的代理，并与此代理沟通即可，不必直接处理网络连接与通信的问题。

Aglet Workbench 是一可视化环境，它被用来建立使用移动 Agent 的网络应用。它提供的工具包括：

（1）移动 Agent 的框架。

（2）ATP——Agent 传输协议。

（3）Tazza——可视化地开发应用所需的个性化的移动 Agent。

（4）JDBC——用于访问 DB2 数据库。

（5）JoDax——访问单位的数据。

（6）Tahiti——可视化 Agent 的管理页面。

（7）Fiji——通过 Web 页面对 Agent 实行生命周期控制。

2.4　云服务范型

美国国家标准与技术研究院定义了云计算的三种服务模型：IaaS、PaaS 和 SaaS（图 2−51）。

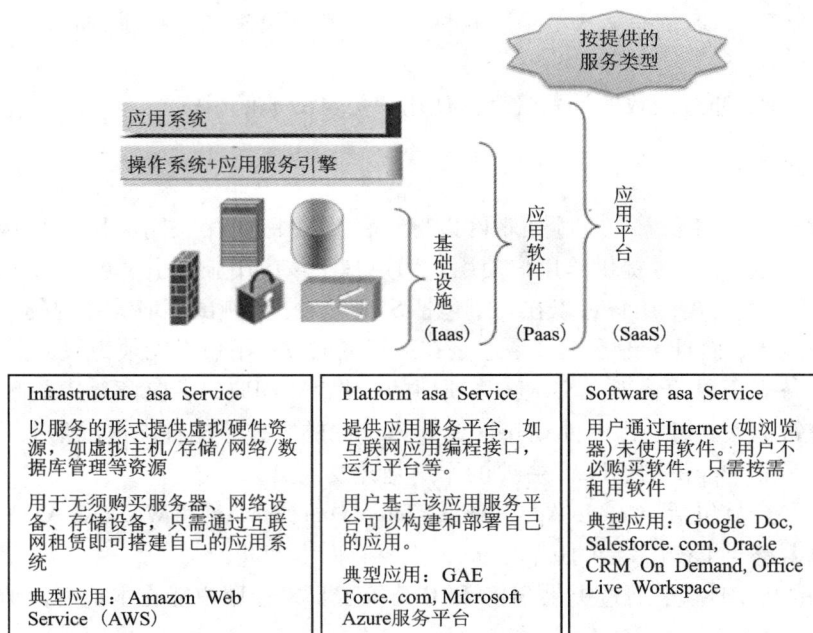

图 2−51　云服务范型

1.基础实施即服务(IaaS)

IaaS 通过创建虚拟的计算、存储中心,使其能够把计算单元、存储器、I/O 设备、带宽等计算机基础设施集中起来成为一个虚拟的资源池来对外提供服务。IaaS 以服务的形式提供虚拟硬件资源,用户无须购买服务器、网络设备、存储设备,只须通过互联网租赁即可搭建自己的应用系统。通过虚拟化技术,解决了资源灵活调度问题,提高了资源利用率。用户可以从供应商那里获得他所需要的虚拟机或者存储设备等资源来装载相关的应用,同时这些基础设施的烦琐的管理工作将由 IaaS 供应商来处理。IaaS 能通过对虚拟机的支持来处理众多的应用。IaaS 主要的用户是系统管理员。

IaaS 的主要产品包括:Amazon EC2、Linode、Joyent、Rackspace、IBM Blue Cloud 和 Cisco UCS 等。

IaaS 供应商需要在哪些方面对基础设施进行管理以给用户提供资源?或者说 IaaS 云有哪些功能?在《虚拟化与云计算》一书中列出了 IaaS 的七个基本功能:

(1)资源抽象:使用资源抽象的方法(如资源池)能更好地调度和管理物理资源。

(2)资源监控:通过对资源的监控,能够保证基础实施高效率地运行。

(3)负载管理:通过负载管理,不仅能使部署在基础设施上的应用能更好地应对突发情况,而且还能更好地利用系统资源。

(4)数据管理:对云计算而言,数据的完整性、可靠性和可管理性是对 IaaS 的基本要求。

(5)资源部署:将整个资源从创建到使用的流程自动化。

(6)安全管理:IaaS 安全管理的主要目标是保证基础设施和其提供的资源能被合法地访问和使用。

(7)计费管理:通过细致的计费管理能使用户更灵活地使用资源。

2.平台即服务(PaaS)

PaaS 提供应用服务引擎,通过互联网以服务的形式把如互联网应用编程接口、计算环境、开发环境、运行平台等提供给用户使用。用户基于该应用服务引擎可以构建该类应用。

通过 PaaS 这种模式,用户可以在一个包括 SDK、文档和测试环境等在内的开发平台上非常方便地编写应用,而且不论是在部署还是在运行的时候,用户都无须为服务器、操作系统、网络和存储设备等资源的管理操心。这些烦琐的工作都由 PaaS 供应商负责处理,而且 PaaS 在整合率上非常惊人,如一台运行 Google App Engine 的服务器能够支撑成千上万的应用,也就是说,PaaS 是非常经济的。PaaS 主要的用户是开发人员。

PaaS 的主要产品包括:Google App Engine、force.com、heroku 和 Windows Azure Platform 等。

为了支撑着整个 PaaS 平台的运行,PaaS 主要有四大功能:

(1)友好的开发环境:通过提供 SDK 和 IDE 等工具来让用户能在本地方便地进行应用的开发和测试。

(2)丰富的服务:PaaS 平台会以 API 的形式将各种各样的服务提供给上层的应用。

(3)自动的资源调度:也就是可伸缩性,PaaS 不仅能优化系统资源,而且能自动调整资源来帮助运行于其上的应用更好地应对突发流量。

(4)精细的管理和监控:通过 PaaS 能够提供应用层的管理和监控,例如,能够观察应用运行的情况和具体数值(如吞吐量和反应时间)来更好地衡量应用的运行状态;还能够通过精确计量应用使用所消耗的资源来更好地计费。

3. 软件即服务(SaaS)

SaaS 通过互联网以服务的形式把软件及应用程序按需提供给用户使用。用户通过 Internet 来使用软件,不必购买,只须按需租赁软件即可。通过 SaaS 这种模式,用户只要连接网络,并通过浏览器,就能直接使用在云端上运行的应用,而不需要顾虑安装等琐事,并且免去了初期高昂的软硬件投入。SaaS 主要面对的是普通的用户。

SaaS 的主要产品包括:Salesforce Sales Cloud、Google Apps、Zimbra、Zoho 和 IBM Lotus Live 等。

要实现 SaaS 的服务,供应商需要完成的功能主要有四个方面:

(1)随时随地访问:在任何时候、任何地点,只要连接上网络,用户就能访问 SaaS 服务。

(2)支持公开协议:通过支持公开协议(如 HTML4/5),能够方便用户使用。

(3)安全保障:SaaS 供应商需要提供一定的安全机制,不仅要保证存储在云端的用户数据绝对安全,而且也要在客户端实施一定的安全机制(如 HTTPS)来保护用户。

(4)多住户(multi-tenant)机制:通过多住户机制,不仅能更经济地支撑庞大的用户规模,而且能提供一定的可定制性以满足用户的特殊需求。

IaaS、PaaS、SaaS 之间的关系主要可以从两个角度进行分析:一是用户体验角度,从这个角度而言,它们之间的关系是独立的,因为它们面对不同类型的用户。二是技术角度,从这个角度而言,它们并不是简单的继承关系(SaaS 基于 PaaS,而 PaaS 基于 IaaS)。因为首先 SaaS 可以是基于 PaaS 或者是直接部署于 IaaS 之上;其次 PaaS 可以构建于 IaaS 之上,也可以直接构建在物理资源之上。图 2 - 52 列出了它们之间的层次关系以及典型的产品。

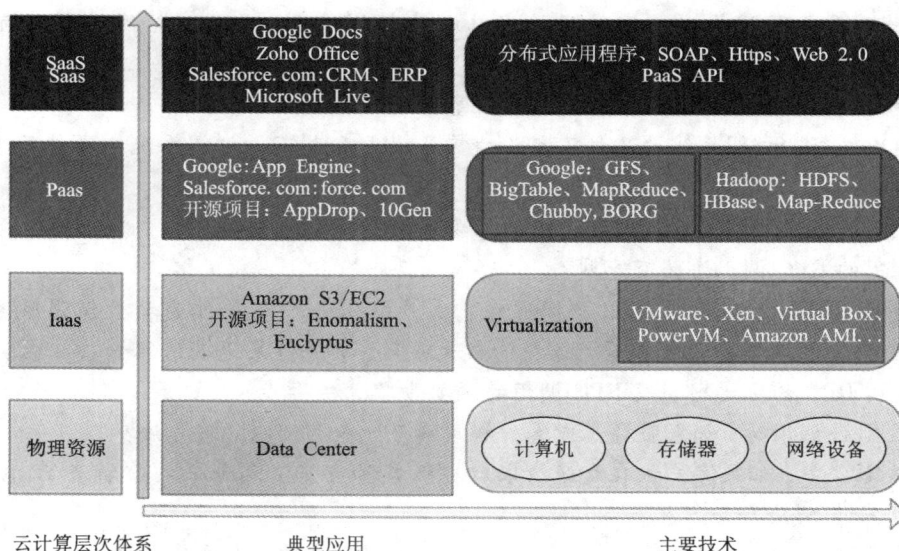

图 2 - 52　云服务范型间的层次关系

习　题

1. 在许多层次协议中，每层都有自己的头信息。如果在每一个报文前面用一个头信息包括所有的控制，相信比分开的头信息更有效，为什么不这样做呢？

2. 面向连接协议和非面向连接协议有何不同？

3. 在客户－服务器系统中通信原语是非阻塞的。在报文实际传送之前，对 send 的调用已经完成，为了减少开支，一些系统不拷贝数据到内核，而是直接从用户空间发送。对这样一个系统，请设计两种方法，发送者能知道传送已经完成，可以重新使用缓冲区。

4. 在许多通信系统中，调用 send 设置一个计数器，以保证当服务器崩溃时客户机不会永远挂起。假设一个容错系统，所有的客户机和服务器都用多处理机实现，因此，客户机或服务器的崩溃可能性为零。你认为在这个系统中能安全地避免超时吗？

5. 应用软件设计思想（隐式的与显式的、逻辑的与物理的等），对比分析各类典型分布式计算范型的技术特点。

6. 请从业务抽象粒度、建模方式的差异来对比并理解面向对象技术、面向组件技术、面向服务技术的异同点，以及不同技术的设计方法与软件体系架构。

7. 根据进程间同步方式的不同，对比分析同步通信、异步通信、单向通信的技术特点。

8. 编写一个使用消息队列进行通信的程序，消息队列的 key = 123，一个进程接收用户从键盘输入的一个字符串，并发送到另一个进程，另一个进程将所有的小写字符转换成大写字符，并返回给发送进程输出到用户屏幕上。要求只编写两个程序文件。

9. 编写一个父子进程的程序，父进程通过 pipe 向子进程发送乘数和被乘数，子进程计算它们的值并输出到屏幕上。

10. 用面向连接的 Socket 编写一个客户程序和一个服务程序，客户程序向服务程序发送一个字符串，服务程序将这个字符串的字符顺序颠倒过来，并返回给客户程序显示在屏幕上。

11. 什么是阻塞性通信原语？什么是非阻塞性通信原语？

12. 列出发布－订阅系统的几种已定义的常见模式及发布－订阅系统中事件路由的常见技术。

13. 设计和实现远程过程调用要考虑的主要问题有哪些？

14. 常用的 RPC 调用语义有哪些？

15. 用 RPCGEN 实现一个 RPC 应用程序。客户给出一个整数作为参数调用服务上的过程，服务上的过程计算小于或者等于该数的最大素数，并将结果返回给客户。

16. 说明 RPC 的主要思想及 RPC 调用的主要步骤。

17. 在 RPC 调用时，如果服务器或客户机崩溃了，各有哪些解决方法？

18. 在 RPC 中，如果客户机在发送请求后在服务器应答消息到来之前崩溃了，将会发生什么问题？如何解决？

19. 简述远程方法调用（remote method invocation，RMI）的基本通信原理。

20. 什么是间接通信？简述间接通信的基本策略。

21. 组通信的实现方式有哪些？

22. 设计组通信要考虑的问题有哪些？

23. 组通信中的报文接收顺序有哪几类？用组通信方式时，举例说明消息顺序的重要性，并说明解决方法。

24. 说明 ISIS 中同步的形式有哪些？

25. 对象适配器的作用是什么？

26. 请查询 CORBA、RMI 等技术文献，说明之所以认为分布式对象技术是分布式计算技术与面向对象技术相结合的原因。

27. 要使用 Lamport 时间戳实现全序多播，是不是每个消息都必须要被严格地确认？

28. 语言定义的接口和二进制接口之间有什么区别？

29. DCOM 的异步通信是如何实现的？DCOM 是如何实现持久性对象的？

30. 说明 Clouds 的线程模型。

31. 简述移动代理范型。

32. 简述云服务范型。

33. 考虑人际间通信：

(1)按照单播或组播对下列各场景进行分类：

①一个学生用无线电话和一个朋友通话。

②一执行官在电话会议上和位于不同城市的多个经理讲话。

③教师在教室里讲课。

④一个儿童用无线电对讲机和另一个儿童对话。

⑤总统向全国人民发表电视演讲。

(2)在面对面交流中，事件同步及数据表示是如何处理的？

(3)在远程交流中，事件同步及数据表示是如何处理的？

(4)在使用不同语言的两国领导人会议中，事件同步及数据表示是如何处理的？

第 3 章　分布式系统的同步

第 2 章介绍了分布式系统中进程之间是如何进行通信的，使用的方法包括消息传递、请求/应答消息传输机制（包括 RPC）以及间接通信等范型。通信非常重要，与此紧密相关的是进程之间如何协作以及如何彼此同步，这两个问题也是相当关键的。本章将研究这些内容及其他与分布式系统中进程合作及同步有关的一些问题。

在分布式计算系统中，共享资源是必要的，但是基于成本的考虑，不必或不能为每个用户分别配置充足的资源，不必或不能为若干个不同的用户程序分别配备相同的文件系统或数据库；此外，用户还常常需要使用他人的程序或数据文件为自己的工作服务。和共享资源相关的问题涉及资源分配、对文件或数据的同时访问、程序的同时执行以及防止相互干扰或破坏。

在单 CPU 系统中，临界区、互斥和其他同步问题经常使用信号量、管程等方法来解决，这些方法在分布式系统中并不十分适用。因为它们必须依赖于共享存储器的存在。显然，这不适合分布式系统，特别是松散耦合分布计算系统不存在共享主存，它们使用报文进行通信，所以采用的同步机制是不同的。

计算系统应该在所有时间内满足一定的外部规定或约束，如果计算系统确实在所有时间内满足了一定的外部规定或约束，这时称系统状态是一致的。同步机构的目的就是给进程提供某种手段，使系统保持一致状态。各处理机上的进程可以发起某些操作（operation），操作由若干活动（action）组成，它们对某些资源进行控制。资源可抽象成数据对象，例如，文件记录可由其内容抽象。对数据对象可以进行诸如读、写、创建、删除等操作。

分布式系统中共享资源可分成两类：一类是各进程可以同时访问的，如中央处理机（允许多个进程交叠使用一个处理机）、只读文件和不允许修改的存放子程序和数据的主存区域等；另一类是不允许多个进程同时访问的，每次只允许一个进程使用，如大多数外部设备（如打印机）、可写的文件以及主存中可修改的区域等。对不能同时访问的资源进行访问时要使用同步机构进行互斥控制，即每次只允许一个进程进入临界区对共享资源进行访问。互斥控制要使用同步机构对活动的执行进行排序。

3.1　分布计算系统中的同步机构

分布计算系统的同步机构可以是集中式的，也可以是分布式的。同步实体是指这样一些对象：物理时钟、事件计数器、逻辑时钟、循环令牌和顺序器、进程等。在集中式同步机构中，每个生产者每发起一次操作时均要访问该同步实体。集中式同步实体有一个为所有必须相互同步的进程都知道的名字，任何时候这些进程的任何一个均可访问这一同步实体。执行每个功能如进程调度、数据访问控制等均要经过集中的同步实体进行控制。分布式同步机构不存在集中的同步实体，执行各种功能时是分散控制的。

集中式同步机构的例子如单个物理时钟，生产者访问它后得到物理时间戳，为其发动的序列活动进行排序。尽管这种方法很简单，但由于生产者分散在各地，不可能在所有时刻都能得到当前的精确时间值。也可以使用一个集中的进程进行同步，例如，在分布式数据库中进行并发控制时有进程接收来自发起活动的生产者的请求，由此进程实现互斥达到同步。集中式同步机构最大的缺点是不可靠，一旦出现故障就可能造成全局不工作；另外在性能方面也受到较大限制，因为集中会产生瓶颈。

分布式同步机构在可靠性和性能方面要明显优于集中式同步机构，其同步实体也有很多种，主要有多重物理时钟、多重逻辑时钟、循环令牌等。

多重物理时钟的目的是在整个系统中获得唯一的物理时间，将系统中发生的所有活动按照物理时间次序进行全部排序。这里的主要问题是很多时钟必须同步，需要不断校正它们的误差。Thomas 在 1976 年首次建议使用时间戳（timestamp）对分布计算系统中的活动进行排序。

对于时间，我们十分熟悉也非常关心。比如说什么事情在什么时间发生，这种行为在实际上是对事件产生的时间次序感兴趣。但在分布计算系统中，有时不可能说明两个时间谁先发生。人们通常认为，如果事件 A 发生的时间比事件 B 发生的时间早，则说明事件 A 在事件 B 之前发生，这是按物理时间排序，这时系统中必须有真正的物理时钟。在分布计算系统中，要想在整个系统范围内各个地方、所有时刻都能精确读得物理时钟的精确时间，是很困难的。实际上，计算机系统并不像人们那样关心当前的实际物理时钟值，系统关心时间只是因为它要使用时间来决定事件的相对顺序，所以可以使用逻辑时钟的概念。L. Lamport 提出使用多重逻辑时钟对系统的全部活动进行排序，这一理念获得了广泛应用。

3.1.1　物理时钟

在分布计算系统中实现物理时钟服务需要考虑两个方面的问题：一是如何获得准确的物理时钟值；二是分布式系统中物理时钟的同步。

1. 准确时间值的获取和物理时钟的同步

自从 17 世纪发明了机械时钟以来，人们一直用天文宇宙方法测量时间，每天太阳都是从东方地平线升起，升到天空中的最高处，再落到西边。太阳到达的最高点称为中天（tranist of the sun），它在每天正午发生，两次连续的中天之间的时间称为太阳日（solar day）。因为每天 24 小时，每小时 3600 秒，所以太阳秒被精确地定义为 1/86400 个太阳日，太阳日的几何计算方法如图 3 - 1 所示。

19 世纪 40 年代出现了地球自转周期并不是常数的学说，天文学家通过测量很多天后取平均值的方法来确定一天的长短，然后除以 86400，所得结果称作平均太阳秒（mean solar second）。

1948 年出现了原子时钟，它能够更精确地测量时间。原子时钟与地球的摆动和振动无关。目前世界上约有 50 个实验室拥有铯 133 时钟，每个实验室都要定期地向巴黎的国际时间

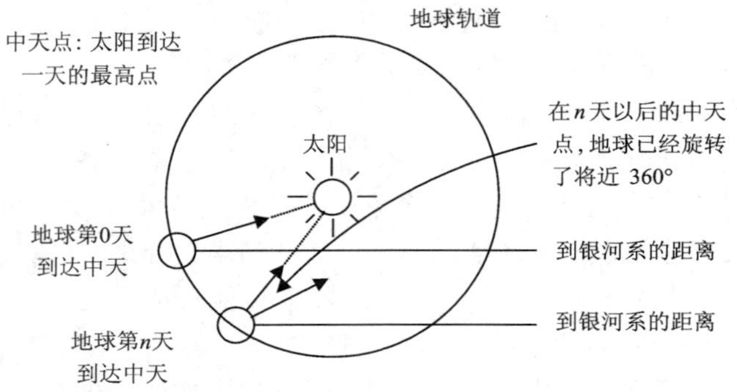

图 3-1　平均太阳日的计算

局 BIH 报告时钟时间，BIH 将这些值平均起来计算国际原子时间（international atomic time，TAI），这样 TAI 就意味着铯 133 时钟从 1958 年 1 月 1 日（午夜）以来被 9192631770 除后的平均滴答（tick）数。

　　尽管 TAI 相当稳定，但它仍然存在问题，86400 个 TAI 秒现在比一个平均太阳日少 3 微秒（因为平均太阳日会越来越长）。BIH 通过引入闰秒（leap second）解决了这个问题，当用原子秒计时和用太阳秒计时的差距增到 800 微秒时，使用闰秒，以和太阳的运动保持一致，称作统一协调时间，简称为 UTC（universal time coordinator）。UTC 是现代人使用的时间，它基本上取代了老标准——格林威治天文时间。

　　为了获取物理时钟的准确值，物理时钟服务器需要从 UTC 获得当前时间。UTC 为所有时钟提供当前的国际标准时间。提供 UTC 标准时间的著名站点有两个，一个是位于 Colorado 的 WWV 短波发射站，另一个是 GEOS（geostationary operational environmental satellites）。有些地球卫星也提供 UTC 服务。当用户从 UTC 那里得到时钟值时，因为有传输延迟，这个时钟值就立即过时了。根据网络情况或空间情况的不同，这个延迟的差别很大，为了获得当前的准确时间，必须很精确地计算出这个延迟时间。提供时间服务的计算机可以安装时间提供设备，该设备直接从 UTC 服务器获取时间，并根据通信延迟对时间进行准确的校正。根据它提供时间的精确程度不同，这种设备的价格相差可能很大。

　　在分布式系统中，物理时间服务的第二个方面是系统中各个服务时间的同步。物理时钟存在着固有的误差，这是不可避免的，所以要求分布式系统中的所有时钟始终保持准确的同步是不实际的，为此要允许和定义一个可以被接受的误差范围。两个时钟之间由于误差而造成的时间差异称为时间漂移（time skew）。分布计算系统中的时间服务定义了一个系统范围内最大的时间漂移值。当整个系统中任何两个时钟的时间差值小于这个最大的漂移值时，则认为整个系统的时钟是保持同步的。

　　所有算法都有相同的系统基础模型。每台机器上假设都有一个每秒产生 H 次中断的计时器。当时间到时，中断处理程序将软时钟加 1，软时钟记录从过去某一约定值开始的中断次数。把这个值记为 C。更特殊的，当 UTC 时间为 t 时，在机器 P 上的时间值是 $C_p(t)$，最完美的情况是对所有的 p 和 t，有 $C_p(t) = t$，换言之，$\mathrm{d}C/\mathrm{d}t$ 理想值为 1。

　　真正计时器并不是每秒精确地中断 H 次，理论上当 $H = 60$ 时，计时器每小时应该产生

216000 个滴答。实际上，用现代计时时钟芯片可以获得相关的延迟是 10^{-5}，这意味着，一台机器每小时可以获得 215998 ~ 216002 个滴答，若存在某一常数 ρ，便有：

$$1 - \rho \leqslant \frac{dC}{dt} \leqslant 1 + \rho$$

计时器可以在它规定的范围内工作，制造商标明的常数 ρ 是最大漂移速度。

现在的问题是如何判断系统中所有时钟之间的时间差值小于这个最大漂移速度。为了得到两个时钟之间的时间差值，任何一方应该能够读到另一方的时钟值。A 要想得到 B 的时钟值，需要经过如下步骤：

（1）A 通过网络向 B 发送请求。

（2）B 读取本地时钟值。

（3）B 将本地时钟值通过网络传递给 A。

（4）按照网络所需的传输延迟对 B 的时钟值进行校正。

（5）比较 A 的时钟值和 B 的时钟值。

其中第（4）步的准确实现是很困难的，因为报文在网络中的传输延迟随网络和系统负载以及传输路径的不同有很大的差别。另外由于网络的差错，报文可能会经过多次重发，重发的次数对延迟的影响是巨大的。

分布计算系统中物理时钟的同步可采用集中的方式，也可采用分布的方式实现。

2. 集中式物理时钟

分布计算系统中的集中式物理时钟可以通过两种方式实现：一种是基于广播的方式，另一种是请求驱动的方式。在小规模的分布计算系统中，集中式的实现方法还是很成功的。

在基于广播的集中式物理时钟的实现方案中，集中的时间服务器定期地向系统中的各个成员广播当前的时间。对所收到的广播时间的处理方式有两种，在第一种处理方式中，顾客只是简单地将本地时间同所接收到的时间进行对比，当然这种对比考虑到了通常的网络传输延迟，然后校正自己的本地时间。时间的校正按如下两种情况进行：

（1）如果客户的时间值大于时间服务器的时间值，客户将自己的时钟调慢，使之逐渐接近准确的时间。时间值不能往回调，因为映像到此时间的事件已经产生。

（2）如果客户的时间值落后于时间服务器的时间值，则客户将时间值向前拨（图 3 - 2），同时将时钟适当地调快。

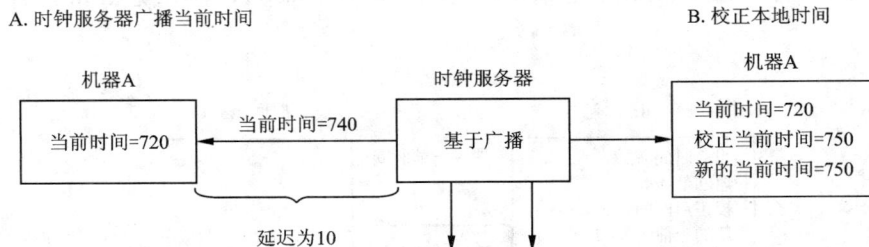

图 3 - 2 向前校正时间

集中式方式不支持容错，如果由于网络故障或重发，就可能造成时间服务器的广播报文的延迟远大于通常的网络延迟，对于这一点用户是不知情的，所以用户按照通常的标准网络延迟来校正它本地的时钟。

对所收到的广播时间的第二种处理方式是 Berkeley 算法，它是由 Gusella 和 Zatti 在 1989 年提出的，用于 Berkeley UNIX 4.3 系统中的时钟同步，不必要求时间服务器访问 UTC 获得准确的时间值。同前一种处理方式一样，集中的时间服务器周期性地广播当前时间。算法包括如图 3 - 3 所示的几个步骤。

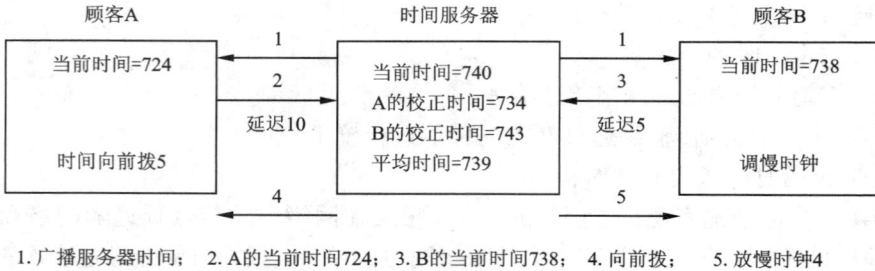

1. 广播服务器时间； 2. A 的当前时间 724； 3. B 的当前时间 738； 4. 向前拨； 5. 放慢时钟 4

图 3 - 3　Berkeley 物理时钟同步算法

（1）客户收到广播时间之后向集中的时间服务器发送它本地的当前时间值。

（2）每个客户到时间服务器有不同的平均延迟，这些延迟时间预先存放在时间服务器处。时间服务器根据这些延迟对不同客户传送来的当地时间进行校正。

（3）任何校正过的时间如果同时间服务器上的时间差值超过了对应节点到时间服务器的延迟时间常量，那么这个时间将不被列入考虑之列。因为这个时间可能是由于系统故障导致的，被认为是不准确的。

（4）剩余被校正的时间值连同时间服务器上的时间值一起平均，将这个平均值作为当前时间。

（5）时间服务器为每个用户计算误差，然后将每个误差发送给对应的用户。

（6）每个用户校正自己的时钟。时钟是不能往回拨的，但是可以按误差值将自己的时钟调慢。

集中式物理时钟的另一种实现方式是请求驱动式，它是由 Cristian 提出的。在这种实现方式中，每个用户向时间服务器发送请求获得当前时间。Cristian 算法包括如图 3 - 4 的所示几个步骤：

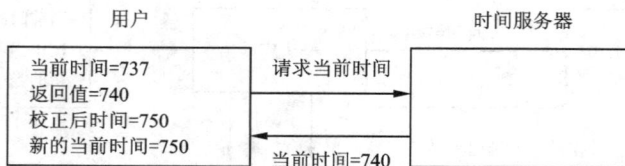

图 3 - 4　请求驱动的物理时钟同步

（1）用户向时间服务器发送请求，要求获得当前时间。

（2）时间服务器返回当前时间值。

（3）用户计算本地的时间值和服务器返回的时间值之间的差值，这个差值用于时间值的校正；它的实现不仅考虑了网络延迟，还包含了报文的响应和服务时间。

（4）如果校正值大于预先规定好的门限值，则被认为是不准确的，这可能是由于网络故障引起的，不准确的值被丢弃。

（5）如果服务器返回的时间值被认为是准确的，则对本地时钟进行校正，同样地，本地时钟不能往回拨，只能调慢。

3. 分布式物理时钟

在分布式物理时钟方案中，要求每个节点计算机以预先定义好的时间间隔定期地广播它的当前时间。由于时钟存在漂移，假定广播报文并不是很准确地在同一时刻发出，一旦节点广播了它的当前时间，就立即启动定时器，在定时期内接收其他节点的报文，每个报文标明了当地的当前时间，然后分别按对应的网络延迟对其他节点的时间值进行校正。最后计算所有节点的平均时间值，平均值的计算可按如下方法之一进行：

（1）计算所有节点的平均值，把这个值作为当前时间。这种方法可能会产生不准确的结果，因为某些报文的重发超出了通常的网络延迟。

（2）设定容错门限延迟，这个门限为单次发送的最大网络延迟，任何超过这个门限延迟的值被认为是错误的并被丢弃。对其他未被丢弃的值进行平均，平均值作为当前时间。如图 3－5(a)所示。

（3）丢弃 m 个最大的时间值和 m 个最小的时间值，这些值被认为是不准确的。剩下的进行平均，平均值作为当前时间。如图 3－5(b)所示。

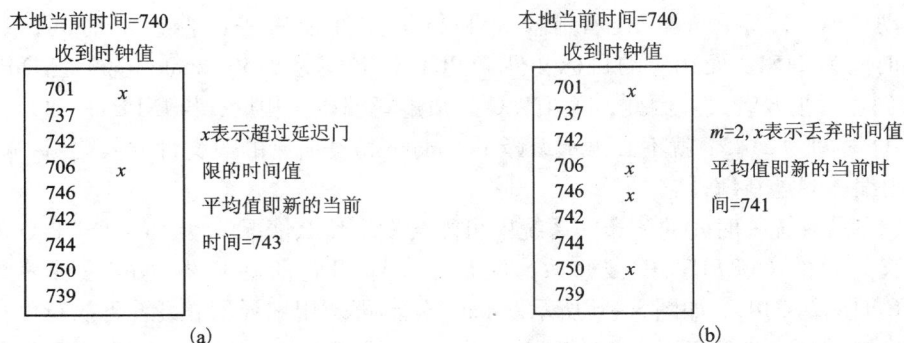

图 3－5　分布式物理时钟

分布式物理时钟的更新和集中式的更新方式是一样的。为了使分布式物理时钟更有效，实现过程中应尽量减少广播报文，如果任何一个节点都要向所有其他节点广播报文，那么在报文中会产生大量的报文。一种改进的办法是只将当前的时间值定期地向邻居广播，这样就可以大量地减少广播报文。

实际实现的物理时钟的同步算法有很多，读者可以到网上搜索。Internet 中使用最广泛的分布式算法是 NTP(network time protocol)，最初的算法标准发表在 1992 年，通过使用先进的时钟同步算法，其全局精度可达 1～50 ms，改进后的算法标准发表在 1995 年。

（1）时钟同步。

分布式系统的同步比集中式系统的同步要复杂些，因为前者必须使用分布式算法。一般说来，分布式算法有如下性质：

①相关信息分散在多台机器中。

②进程决策仅仅依赖于本地信息。

③系统中单点故障应该避免。

④没有公用时钟或其他精确的全局时间资源存在。

前三点都说明在一处收集所有信息并对它进行处理是不可接受的。例如，资源分配(以一种无死锁的方式分配)、向单一的管理进程发送所有 I/O 请求，由它来检查它们，根据表中的信息准予或拒绝请求是不实际的。在分布式系统中，这种解决方案会给某个进程带来太重的负担。进一步而言，一个单点故障会造成系统不可靠。最理想的情况是，一个分布式系统应该比单机系统更可靠，一台机器崩溃不影响其他机器的继续运行；最不希望的是，一台机器(如资源分配器)的故障使大量其他机器(它的用户)停滞不前。

上述性质的最后一点十分关键，在集中式系统中，时间的概念很清楚，当进程想知道时间时，它使用系统调用，由内核提供。如果进程 A 询问时间，之后进程 B 也询问时间，B 得到的时间值就大于或等于 A 所得到的时间值，但一定不会小于 A 得到的时间值。在分布式系统中，获得时间上的一致并不容易。

例如，在缺少全局时间时的 UNIX 下的 make 程序。一般，UNIX 系统中一个大程序通常可被分割成多个源文件，如果某个源文件发生变化，make 只须将该文件重新编译为目标代码即可，而不需要对所有的文件进行重编译，这样将大大提高编程人员的工作效率。

make 程序判断变化的方法就是比较源文件与目标文件的生成时间。当编程者修改完源文件后启动 make 程序，make 查看源文件和目标文件最后一次修改的时间，如源文件 INPUT. C 时间为 2151，而相应的目标文件 INPUT. O 时间为 2150，make 就知道 INPUT. C 在 INPUT. O 创建后被改动过。因此，INPUT. C 必须重新编译。相反，若 INPUT. C 时间为 2144，而 INPUT. O 时间为 2145，就不必再重编译了。make 检查所有的源文件并找出哪一个需要重编译，调用编译器重新编译它。

那么，在没有统一时间的分布式系统中可能会发生什么情况？假设 OUTPUT. O 的时间为 2144，紧随其后的 OUTPUT. C 被修改，但是由于编辑它所在机器上的时钟略慢，造成 OUTPUT. C 时间为 2143，如图 3－6 所示。make 将不再调用编译器，最终可执行的二进制程序将包括由老的源文件和新的源文件所产生的混合目标文件，这样将不能达到编程者的目的。编程者将不得不耗费大量精力去检查源代码以寻找错误所在。

（2）多个外部时钟源。

对使用 UTC 进行同步又要求特别精确的系统来说，可通过系统安装如 WWV、GEOS 或其他 UTC 源的多接收器来实现。但是，因为时间源自身固有的不精确性以及信号传送的不确定性，最好的操作系统能做的也只是建立一个 UTC 失效范围。一般来说，不同的时间源会产生不同的失效范围，这种范围需要机器和它们达成一致。

为了达到一致，每个具有 UTC 源的处理机定期地在每一 UTC 精确分的开始处广播它的

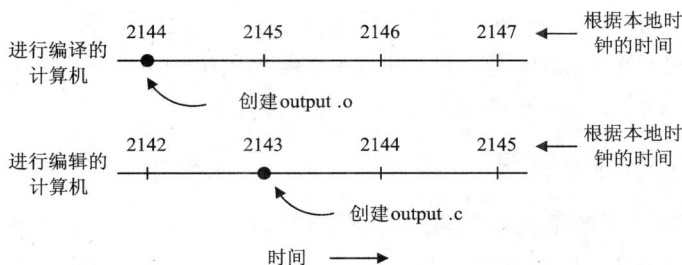

图 3 - 6 当每台机器有它自己的时钟时，一个发生于另一事件之后
的事件可能会被标记一个比另一个事件更早的时间

时间范围，但这样做没有处理机会同时获得时间包，而且，传输和接收延迟依赖于缆线的距离和包必须经过的网关数，它对于每一对 UTC 源和处理机之间都不相同。还有一些其他因素，如多台机器要同时在以太网上传输而发生碰撞。更进一步，如一台处理机忙于处理以前的包，它可能在几微秒内不去理会到来的时间包，从而导致了时间的不确定性。

（3）使用同步时钟。

目前，用于大规模系统（如 Internet）上同步时钟所需要的硬件和软件出现时间也不长，使用这种技术，使得上百万个时钟能够在几个 UTC 微秒内同步。同时也开始出现同步时钟的新算法。

Liskov同步
时钟方法示例

3.1.2 逻辑时钟

在集中式计算机系统中，总是可以确定分别属于两个不同进程的两个事件的发生顺序，因为在集中式计算机系统中，有单一的公共存储器和物理时钟。然而，在分布式计算机系统中，没有公共存储器和物理时钟，很难准确地获得每个机器的时钟值，各机器也很难做到准确地同步，所以在分布计算系统中使用物理时钟很难给事件一个唯一的排序。也就是说我们需要另外一种方法来给分布计算系统中的事件进行排序，逻辑时钟可以给分布计算系统中的事件一个唯一的排序。逻辑时钟的本质是基于 Lamport 定义的"在先发生关系"（happen-before relationship）。

1. 在先发生关系

假设分布式计算机系统是由一些进程组成的，每个进程包含一系列事件。一个事件就是一个活动，可以是一个子程序在机器上的执行，也可以是一条指令的执行，这由具体应用决定。我们知道，进程本身具有顺序性，因此，在单个进程中的事件是按时间完全定序的。此外，根据因果法则我们可以假设"发送"消息的事件发生在"接收"同一消息的事件之前。以上两点给系统中的事件提供了一个偏序，称之为在先发生关系（happened-before，简称 HB），并用"→"表示，其定义如下：

（1）$a \rightarrow b$ 当且仅当。

①若 a 和 b 是同一进程中的两个事件，且 a 在 b 前发生。

②若 a 是一个进程中发送消息的事件，且 b 是另一进程中接收同一消息的事件。

（2）该关系是传递的，即若 $a \rightarrow b$ 且 $b \rightarrow c$，则有 $a \rightarrow c$。

（3）该关系是非自反的，因为一个事件不可能在它自身之前发生。

（4）若两个不同的事件之间不存在这种关系，即 $\neg (a \rightarrow b)$ 且 $\neg (b \rightarrow a)$，则 a 和 b 称为并发事件。因而它们可以并发执行。

2. 在先发生关系的时空图

在先发生和并发关系的定义可以通过时空图很好地说明，水平方向代表空间，垂直方向代表时间，圆点代表事件，竖线代表进程，进程之间带箭头的线代表报文。图 3-7 所示为有三个进程 P、Q、R 的分布计算系统的时空图。

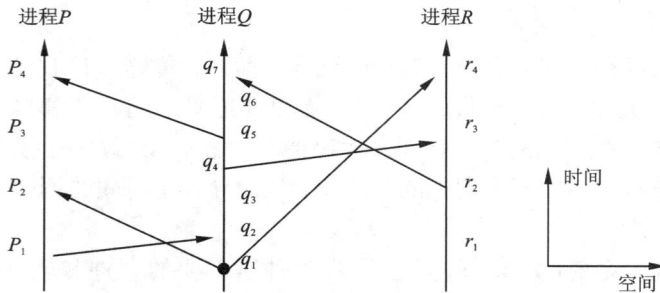

图 3-7   分布计算系统的时空图

根据在先发生关系的定义，事件的在先发生关系如下：

$$p_1 \rightarrow p_2 \rightarrow p_3 \rightarrow p_4$$

$$q_1 \rightarrow q_2 \rightarrow q_3 \rightarrow q_4 \rightarrow q_5 \rightarrow q_6 \rightarrow q_7$$

$$r_1 \rightarrow r_2 \rightarrow r_3 \rightarrow r_4$$

$$p_1 \rightarrow q_2 \rightarrow q_4 \rightarrow r_3 \rightarrow r_4$$

当然，还有 $q_1 \rightarrow p_2 \rightarrow p_3 \rightarrow p_4$ 等关系。两个不同的事件 a 和 b，如果 $a \rightarrow b$，或 $b \rightarrow a$，则事件 a 和 b 是因果关联的。如果 $a \rightarrow b$ 和 $b \rightarrow a$ 均不成立，则称事件 a 和 b 是并发的。

按照在先发生关系，分布计算系统中同一进程的事件发生的先后次序可以确定，而不同进程中发生的事件的先后次序有一部分可以确定，有一部分还不能确定，所以称为部分排序。

3. 标量逻辑时钟

可把逻辑时钟看作是一个函数 C，它分配给每个本地事件一个正整数，此数代表该事件发生的时刻，函数 C 可以由计数器实现。设 C_i 代表进程 i 的逻辑时钟，该逻辑时钟就是一个函数，它给进程 i 中的事件 a 分配一个正整数值 $C_i(a)$。

整个逻辑时钟系统用函数 C 表示，它是由多个逻辑时钟 C_i 组成的，所以称为多重逻辑时钟。$C(a)$ 表示整个系统中任何事件 a 的逻辑时钟值。之所以叫作逻辑时钟是因为它和物理时钟没有什么联系，没有真正的定时功能，只是个计数器而已，但是可以用逻辑时钟表示事件发生的先后顺序。

这个条件就是时钟条件：对任何事件 a 和 b，如果 $a \rightarrow b$，则 $C(a) < C(b)$。但相反的结论不能成立，即逻辑时钟值小的事件不一定先发生，因为对于两个并发事件的逻辑时钟值没有定义。下述两种情况满足时钟条件：

（1）若 a 和 b 是同一进程 P_i 中的两个时间，并且 $a \rightarrow b$，则 $C_i(a) < C_i(b)$。

（2）若 a 代表"P_i 进程发送报文"这个事件，b 代表"另一个进程 P_j 接收这个报文"这个事件，则 $C_i(a) < C_j(b)$。

在实际实现中，可以按如下的标量逻辑时钟方法来实现上述两个条件。在标量逻辑时钟模型中，每个进程 P_i 有一个逻辑时钟 LC_i，LC_i 被初始化为 init（init$\geqslant 0$）并且它是一个非减的整数序列。进程 P_i 发送的每个报文 m 都被标上 LC_i 的当前值和进程的标号 i，从而形成三元组 (m, LC_i, i)。任何逻辑时钟 LC_i 基于以下两条规则更新它的逻辑时钟值：

（1）当发生一个事件（外部发送或内部事件）之前，我们更新 LC_i：
$$LC_i := LC_i + d \quad d > 0$$

（2）当收到一个带时间戳的报文 (m, LC_j, j) 时，我们更新 LC_i：
$$LC_i := \max(LC_i, LC_j) + d \quad d > 0$$

假设每个 LC_i 被初始化为 init（$\geqslant 0$），对于不同的进程实际上可以有不同的 init 值。时间戳的方法也可以这样实现：只有当外部事件发生时才改变逻辑时钟。这可以通过在以上算法中删除内部事件条件来实现。

利用此实现方法可以确定图 3-7 中每个事件的逻辑时间，每个事件的逻辑时间见图 3-8，这里假设 init $=0$，$d=1$。

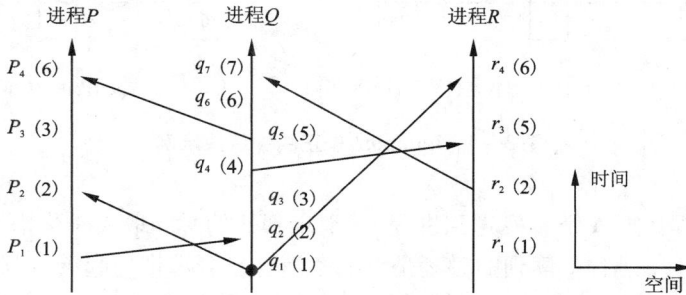

图 3-8　使用标量逻辑时钟方法确定的各事件的逻辑时间

容易证明，上述标量逻辑时钟方法满足时钟条件，即对任何事件 a 和 b，如果 $a \rightarrow b$，则 $LC(a) < LC(b)$，其中 $LC(a)$ 和 $LC(b)$ 是事件 a 和 b 的逻辑时间。但相反的结论并不成立，即当 $LC(a) < LC(b)$ 时，不一定有 $a \rightarrow b$。例如，图 3-8 中的事件 p_3 和 q_4，有 $LC(p_3) < LC(q_4)$，但不存在 $p_3 \rightarrow q_4$。

可使用满足时钟条件的时钟系统对系统中发生的全部事件进行排序，这就是全排序，全排序关系"$\Rightarrow$"可定义如下：
$$a(in\ P_i) \Rightarrow b(in\ P_j)$$

当且仅当：

（1）$LC(a) < LC(b)$

或者

(2)$LC(a) = LC(b)$ 且 $P_i < P_j$。

$P_i < P_j$ 中的"<"是进程集中的一种全排序关系，例如，"<"可以定义为 $P_i < P_j$ 当且仅当 $i < j$。根据这个定义，图 3 - 7 中的事件在假设 $P < Q < R$ 的情况下可以排序为：

$$p_1 \Rightarrow q_1 \Rightarrow r_1 \Rightarrow p_2 \Rightarrow q_2 \Rightarrow r_2 \Rightarrow p_3 \Rightarrow q_3 \Rightarrow q_4 \Rightarrow q_5 \Rightarrow r_3 \Rightarrow p_4 \Rightarrow q_6 \Rightarrow r_4 \Rightarrow q_7$$

再考虑图 3 -9(a)描绘的三个进程。各进程运行在不同的机器上，每台机器都有自己的时钟，以各自不同的速率工作。在进程 0 的时钟滴答(tick)了 6 下时，进程 1 的时钟滴答了 8 下，进程 2 的时钟滴答了 10 下，每个时钟均以其不变的速率工作，但由于晶体之间的差异，其工作速率不同。

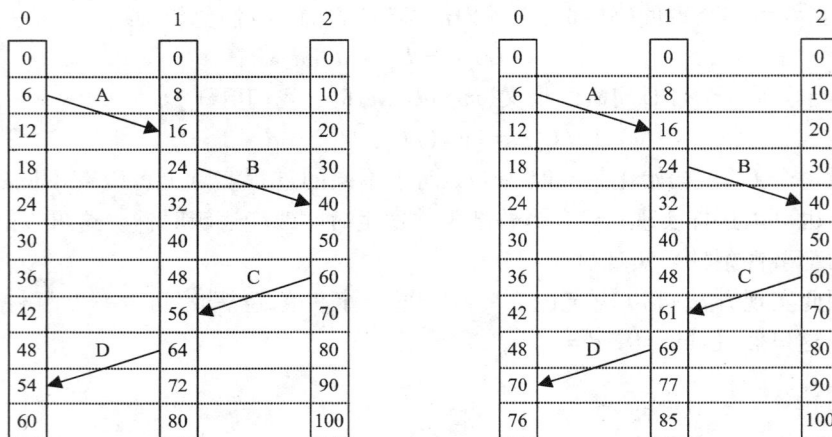

（a）三个进程，每个均有自己的时钟，每个时钟速率不同　　　（b）Lamport校正时钟的算法

图 3 -9　Lamport 校正的钟算法示例

在时刻 6，进程 0 把 A 消息发送到进程 1，消息到达的时间取决于你信任哪一个时钟，不管怎样，当它到达时，进程 1 读到的时刻是 16；若消息自身携带的起始时刻是 6，进程 1 会推算到它须滴答 10 下才到达，这个值是可能的。依次类推，消息 B 从进程 1 到进程 2 需要滴答 16 下这也是可能的。

现在出现了有趣的问题，消息 C 从进程 2 到进程 1 是在 60 时刻离开，56 时刻到达。同理，消息 D 从进程 1 到进程 0 是在 64 时刻离开，54 时刻到达，这是绝对不可能出现的，必须防止这种情况出现。

Lamport 的解决方案是直接使用在先发生关系，因为消息 C 在 60 时刻离开，它只能在 61 时刻或更晚时刻到达。所以每条消息都携带发送者的时钟以指出其发送的时刻，当消息到达时，接收者时钟若比消息发送时钟小，就立即将自己的时钟调到比发送时间大 1 或更多的值。在图 3 -9(b)中，我们看到消息 C 现在到达的时间是 61。同样消息 D 到达的时间是 70。

为适应全局统一时间的需要，只须对此作一点补充即可，即在每两个事件之间，时钟必须至少滴答一下，如果进程以相当快的速度连续发送或接收两条消息，它必须在这中间至少滴答一下。

在某些情况下需要一个附加条件：两个事件不会精确地同时发生，为了实现这个目标，我们可以将事件所在的进程号附加在事件发生时间的低位，并用小数点分开。这样，如果在进程 1 和进程 2 中同时发生了两个事件，发生时刻都是 40，则前者记为 40.1，后者记为 40.2。

使用这种方法，现在已有一套在分布式系统中将时间分配给所有事件的方法，它遵照如下规则：

(1)若在同一进程中 a 发生在 b 之前，则 $C(a) < C(b)$。

(2)若 a 和 b 分别代表发送消息和接收消息，则 $C(a) < C(b)$。

(3)对所有事件 a 和 b，$C(a) \neq C(b)$。

这个算法提供了对系统中所有的事件进行排序的一种方法，许多其他的分布式算法也采用这种排序，以避免混乱。

4.向量逻辑时钟和矩阵逻辑时钟

上述标量逻辑时钟使用线性的时间，也就是说，时间用一个普通的整数来表示。然而，线性的时钟系统不能区分时钟的前进是由于局部事件引起的，还是由于进程间的报文交换引起的。Lamport 的时间戳方法可以扩展为向量逻辑时钟和矩阵逻辑时钟。向量逻辑时钟使用 n 维的整数向量表示时间，而矩阵逻辑时钟则使用 $n \times n$ 的矩阵表示时间。使用向量逻辑时钟和矩阵逻辑时钟的目的在于：

基于标量逻辑时钟的规则 2，每个接收进程收到报文的同时还将收到一个逻辑的全局时间，这个时间是发送方在发送该报文时所确定的时间。这一点使得接收方可以更新它的全局时间视图。很明显，当时间戳中包含有更详细的信息时，接收方将得到更准确的全局时间视图。向量逻辑时钟和矩阵逻辑时钟的目的就是使接收方将得到更准确的全局时间视图。

在向量逻辑时钟中，每个进程 P_i 和一个时间向量 $LC_i[1, 2, \cdots, n]$ 相关联，其中：

(1)向量元素 $LC_i[i]$ 描述了进程 P_i 的逻辑时间进展情况，即自身的逻辑时间进展情况。

(2)向量元素 $LC_i[j]$ 表示进程 P_i 所知的关于进程 P_j 的逻辑时间进展情况。

(3)向量 $LC_i[1, 2, \cdots, n]$ 组成进程 P_i 对于逻辑全局时间的局部视图。

对于每个进程 P_i，标量逻辑时钟的规则(1)和规则(2)分别修改如下：

(1)当发生一个事件(一个外部发送或内部事件)之前，P_i 更新 $LC_i[i]$ $LC_i[i]$：

$$LC_i[i] := LC_i[i] + d (d > 0)$$

(2)每个报文捎带发送方在发送时的时钟向量，当收到一个带时间戳的报文(m, LC_j, j) 时，P_i 更新 LC_i：

$$LC_i[k] := \max(LC_i[k], LC_j[k]) \quad 1 \leqslant k \leqslant n$$
$$LC_i[i] := LC_i[i] + d \quad d > 0$$

图 3 –10 表示了系统中各事件的向量时钟值，其中 init = 0，d = 1。

当 init = 0 并且 d = 1 时，$LC_i[i]$ 对进程 P_i 的内部事件计数，$LC_i[j]$ 是对应于 P_j 产生的事件计数，P_j 所产生的这些事件处于 P_i 的当前事件之前。

LC_i 在进程 P_i 中读取，$\sum\limits^{j} LC_i(j) - 1$ 是在逻辑关系上对处于接收事件之前的所有事件的计数，这些事件包括进程的内部事件。

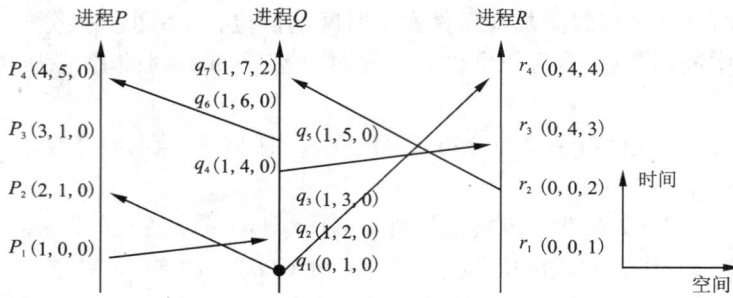

图 3 - 10 使用向量逻辑时钟方法确定的各事件的逻辑时间

假设两个事件 a 和 b 分别被 LC_i 和 LC_j 加盖时间戳，和一个事件相联系的时间戳是紧跟在这个事件之后但在下一个事件之前的时间值，我们可以定义它们的在先发生关系($\rightarrow$)和并发关系($||$)，即：

$$a \rightarrow b \Leftrightarrow LC_i < LC_j$$

和

$$a || b \Leftrightarrow LC_i || LC_j$$

其中，$LC_i < LC_j \Leftrightarrow \forall_k (LC_i[k] \leqslant LC_j[k]) \wedge \exists_l (LC_i[l] < LC_j[l])$；$LC_i || LC_j \Leftrightarrow \neg (LC_i < LC_j) \wedge \neg (LC_j < LC_i)$。

在矩阵逻辑时钟中，每个进程 P_i 和一个时间矩阵 $LC_i[1 \cdots n, 1 \cdots n]$ 相关联，其中：

①$LC_i[i, i]$ 是局部逻辑时钟。

②$LC_i[k, l]$ 表示 P_i 具有的关于进程 P_k 对于 P_l 的局部逻辑时钟所知的信息。

实际上，行 $LC_i[i, *]$ 是一个向量时钟，所以这一行继承了向量时钟系统的属性。另外，如果

$$\min(LC_i[k, i]) \geqslant t$$

那么 P_i 知道这样一个事实，即每一个其他进程都知道此进程在局部时间 t 之前的进展。

矩阵逻辑时间的更新可以类似地用上述规则(1)和规则(2)来实现。

逻辑时钟可以应用在动态产生和删除进程的系统。基本上，动态的方法同时考虑进程的创建和进程的终止。一个计算由一个或多个可能嵌套进程的实例组成。

(1)进程的创建。如果进程 a 和进程实例 Q 在进程实例 P 中发生，事件 b 在 Q 中发生，并且 Q 在 a 之后开始，则 $a \rightarrow b$。

(2)进程的终止。如果进程 a 和进程实例 Q 在进程实例 P 中发生，事件 b 在 Q 中发生，并且 a 在 Q 终止之后发生，则 $b \rightarrow a$。

当一个给定的分布计算系统中有大量的进程并且进程间有大量的通信时，向量逻辑时钟和矩阵逻辑时钟必须捎带大量的信息更新逻辑时钟。为此，Singhal 和 Kshemkalyani 提出了一个微分的方法来减少每次通信发送的信息量。这种方法基于以下事实：在连续两个事件之间，只有几个向量时钟的元素可能改变。当一个进程 P_i 向进程 P_j 发送报文时，P_i 只要捎带它的向量时钟中的那些自从上一次给 P_j 发送报文以来改变过的元素。然而，每个进程都需要维护额外的向量以存储上一次和其他进程交互时的时钟值信息。

3.2　系统的全局状态

根据分布计算系统的定义，分布计算系统可看作是一系列的处理单元 $PE = \{PE_1, PE_2,$ $\cdots, PE_N\}$，这些 PE 不共享存储器并且只通过报文传递进行通信。但是从逻辑的层次看，分布计算系统是一序列协同合作的进程 $P = \{P_1, P_2, \cdots, P_N\}$。以一个进程的观点看，系统只有两个部分：时钟和进程的局部状态。时钟可能是物理时钟，也可能是逻辑时钟。进程的局部状态是进程中变量的集合，局部状态只因其执行的事件而改变。进程执行的事件分为两类：一类是内部事件，另一类为外部事件。内部事件只改变进程自身的状态。外部事件分为发送报文事件和接收报文事件，外部事件能够影响其他进程的状态。每个全局状态可粗略地定义局部状态的集合。全局状态更精确的定义应该是全局状态是由局部状态集和通信通道的状态集组成。如果将全局状态仅定义为局部状态集可能会产生不完全的系统视图。

知道分布计算系统的全局状态在很多情况下是非常有用的。例如，当知道所有本地的计算已经停止并且也没有传送中的报文，那么就知道系统进入了一个不会再有进展的状态，这可能意味着需要处理死锁，或者是一个分布式计算正确地结束了。

3.2.1　全局状态的形式定义

令 LS_i 为进程 P_i 的局部状态，则全局状态 $GS = (LS_1, LS_2, \cdots, LS_n)$。这里的全局状态仅由局部状态定义，也就是说，不包括每个通信通道的状态，所以状态可能是一致的，也可能是不一致的。为了定义一致的状态，我们需要以下两个概念，它们是两个集合：

①$\text{transit}(LS_i, LS_j) = \{m \mid s(m) \in LS_i \wedge r(m) \notin LS_j\}$

②$\text{inconsistent}(LS_i, LS_j) = \{m \mid s(m) \notin LS_i \wedge r(m) \in LS_j\}$

集合 transit 包括了进程 P_i 和进程 P_j 之间的通信通道上的所有报文，集合 inconsistent 包括了所有接收事件记录在 P_j 而发送事件没有记录在 P_i 的报文。其中 m 是报文，$s(m)$ 是报文 m 的发送事件，$r(m)$ 是报文 m 的接收事件。

全局状态 GS 是一致的，当且仅当

$$\forall i, \forall j, \text{inconsistent}(LS_i, LS_j) = \varphi$$

全局状态 GS 是非传送中的，当且仅当

$$\forall i, \forall j, \text{transit}(LS_i, LS_j) = \varphi$$

如果一个全局状态是一致的并且是非传送中的，那么它就是强一致的，也就是说，局部状态集是一致的并且没有正在传送中的报文。

全局状态还可以通过时空视图中的切割（cut）来表示。分布计算系统的切割是一个集合 $C = \{c_1, c_2, \cdots, c_n\}$，其中 c_i 是 P_i 中的切割事件，它是局部状态 LS_i 的最后一个事件，对应于切割的一个局部状态。一个切割 C 是一致的，当且仅当没有两个切割事件是因果关联的，即任何两个切割事件是并发的。一个切割可以图形化地表示为由切割事件点连接起来的一条线。如图 3−11 所示，切割线可能与通信线交叉，也可能与通信线不交叉。在图 3−11(a) 和图 3−11(b) 中，切割线与通信线不交叉，所以对应的状态是一致的，并且是强一致的。在图 3−11(c) 中，虽然切割线与通信线交叉，但两个切割事件是并发的，所以它不会导致全局状态的不一致，实际上这种情况对应于报文正在传送中，这时状态是一致的，但不是强一致的。

在图 3-11(d)中，两个切割事件存在着在先发生关系，所以它们形成了一个不一致的切割。

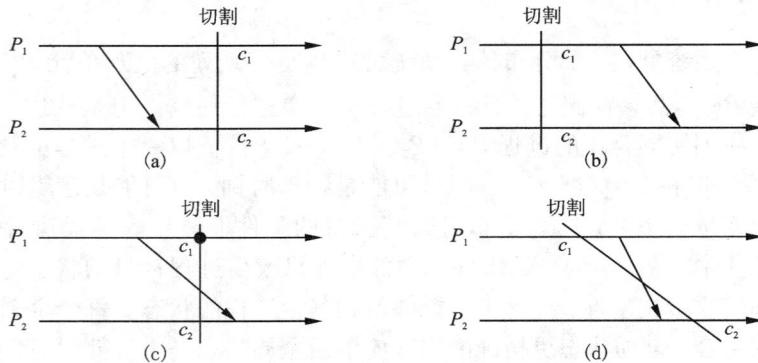

图 3-11　时空视图中的切割

3.2.2　全局状态的获取

Chandy 和 Lamport 提出了一个简单的分布式算法以获取一致的全局状态(也称为分布式快照, distributed snapshot)。一种分布式快照是分布计算系统中的一种可能的状态，分布式快照的一个重要特性是它反映了一致的全局状态。

为了简化分布式快照算法的描述，假设分布计算系统是由多个进程组成的，每个进程与其他进程之间用单向的通信通道连接。例如，进程之间进行通信之前先建立 TCP 连接。

任何一个进程都可以启动快照算法。假如启动算法的进程为 P，那么它首先记录自己的局部状态，然后它沿着它的输出通道发送一个标志(marker)，指示接收者应该参与记录全局状态的工作。

当接收者 Q 通过它的输入通道 C 收到标志，它将依据不同条件执行以下不同操作：

(1)如果 Q 还没有记录自己的局部状态，它将首先记录自己的局部状态，并记录通道 C 的状态为空报文序列，然后沿着它自己的输出通道发送标志。

(2)如果 Q 已经记录了自己的局部状态，通过通道 C 收到的标志用来指示 Q 应该记录的通道的状态。通道的状态是从 Q 记录它的局部状态以来到收到这个标志前所收到的报文序列。

如果进程已经沿着它的每个输入通道接收到标志，并对每个标志进行了处理，就称它已经完成了它的那部分算法。进程的局部状态连同它的所有输入通道的状态将被发送到这个快照的发起进程。快照的发起者对当前的状态进行分析，同时整个分布式系统能够照常继续运行。

值得注意的是，任何进程都可以启动快照算法，所以同时可能形成多个快照。正因为如此，标志可以附带标识符以区别于其他快照，这个标识符可以是启动这个快照的进程的标识符。

图 3-12 的例子表示了快照算法，它应用于一个有三个进程 P_i，P_j，P_k 的系统。每个进程通过双向通道与其他进程相连。$chan_{ij}$ 代表从进程 P_i 到进程 P_j 的通信通道。

假设进程 P_i 启动了快照算法，它同时执行三个动作：①记录局部状态；②发送一个标志到 $chan_{ij}$ 和 $chan_{ik}$；③设置一个计数器对来自输入通道 $chan_{ji}$ 和 $chan_{ki}$ 的报文进行计数。

一旦进程 P_j 从通道 $chan_{ij}$ 接收到标志，它也执行三个动作：①记录其局部状态并记录通道 $chan_{ij}$ 的状态为空；②发送标志到通道 $chan_{ji}$ 和 $chan_{jk}$；③设置一个计数器对来自输入通道 $chan_{kj}$ 的报文进行计数。类似地，进程 P_k 也执行三个动作。我们假定从进程 P_i 来的标志比从进程 P_k 来的标志早到达进程 P_j。一旦

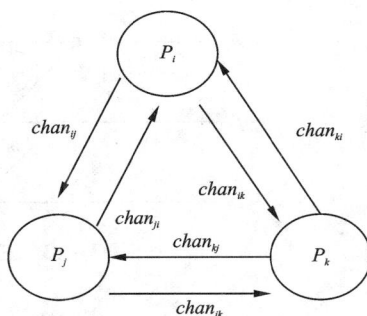

图 3－12　三个进程组成的系统

从进程 P_k 来的标志到达进程 P_j，P_j 就记录通道 $chan_{kj}$ 的状态为自设置计数器以来沿着这个通道接收到的报文的序列。于是进程 P_j 完成了自己的那部分算法，因为它已经从每个输入通道接收到标志并已经记录了自己的局部状态。类似地，进程 P_k 在接收到从 P_i 和 P_j 发来的标志后，属于它的那部分算法终止。进程 P_i 在接收到从 P_j 和 P_k 发来的标志后，属于它的那部分算法终止。

3.2.3　一致全局状态的充要条件

一致的全局状态在许多分布式应用中是很重要的。Netzer 和 Xu 通过对 Lamport 的在先发生关系进行推广，确定了一个局部状态或一个局部状态集属于一个一致的全局快照的确切条件。Netzer 和 Xu 对 Lamport 的在先发生关系进行的推广称为 Z 字形路径，在这里一个局部状态称为一个检查点。

一条 Z 字形路径存在于进程 P_i 的检查点 A 到进程 P_j 的检查点 B（P_i 和 P_j 可以是同一个进程），当且仅当存在报文 $m_1, m_2, \cdots, m_n (n \geqslant 1)$ 满足：

(1) m_1 是进程 P_i 在检查点 A 之后发送的。

(2) 如果 $m_l (1 \leqslant l \leqslant n)$ 被进程 P_k 接收，则 m_{l+1} 在同一个或后面的检查点间隔被 P_k 发出。注意，m_{l+1} 可能在 m_l 被接收之前或之后发送。

(3) m_n 被进程 P_j 在检查点 B 之前接收。

一个进程的检查点间隔是在连续的两个检查点之间进行的所有计算。检查点 C 包括在一个 Z 字形循环中，当且仅当存在一条从 C 到它自身的 Z 字形路径。

注意，Z 字形路径和基于 Lamport 的在先发生关系的因果关系路径有所不同。基本上，存在一条从 A 到 B 的在先发生关系的因果关系路径当且仅当存在一条 A 之后开始、B 之前结束的报文链，其中每个报文在链中的前一个报文被接收到之后发送。在 Z 字形路径中，因果关系路径中那样的报文链是允许的，另外还允许这样的报文链，即链中的任何报文在前一个报文被接收之前发送，只要发送和接收在同一个检查点间隔里即可。

在图 3－13 中，从 C_{11} 到 C_{31} 的由报文 m_1 和 m_2 组成的路径是一条 Z 字形路径。从 C_{11} 到 C_{32} 的由报文 m_1 和 m_3 组成的路径是一条 Z 字形路径，同时也是一条因果关系路径。检查点 C_{22} 形成一条由报文 m_4 和 m_1 组成的 Z 字形循环。

Netzer 和 Xu 提出了如下一致性定理：一个检查点集 S，其中每个检查点属于不同的进程，它们属于同一个一致性的全局状态当且仅当 S 中不存在这样的检查点，它有一条到 S 中

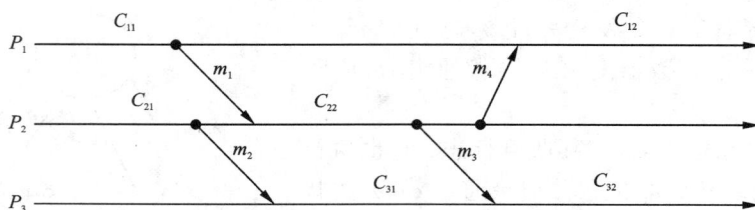

图 3 - 13　三个进程的分布式系统中的 Z 字形路径

任何其他检查点(包括它自身)的 Z 字形路径。根据该定理,有如下推论:

(1)检查点 C 可以属于一个一致性全局状态当且仅当 C 不属于一个 Z 字形循环;

(2)属于不同进程的两个检查点 A 和 B,它们可以属于同一个一致性全局状态当且仅当:

①没有包括 A 或 B 的 Z 字形循环。

②在 A 和 B 之间不存在 Z 字形路径。

一般地,每个进程包括两个虚拟的检查点,一个紧接在执行开始之前,另一个紧跟在执行结束之后。在图 3 - 13 中,检查点 C_{11} 和 C_{21} 可以属于同一个一致性全局状态,检查点 C_{12} 和 C_{32} 也可以属于同一个一致性全局状态,但 C_{22} 不属于任何一个一致性全局状态。

3.3　互斥

互斥保证了相互冲突的并发进程可以共享资源,是分布式系统设计的关键问题。互斥问题最初是在集中式计算机系统中为独占控制之间的同步而提出的。Dekker 提出了这个问题的第一个软件解决方案。Dijkstra 对 Dekker 的解决方案做了详尽的介绍并引入了信号量。硬件解决方案通常基于特殊的原子指令如:Test - and - Set、Compare - and - Swap（在 IBM 370 系列中）,和 Fetch - and - Add。本节讨论在分布式系统中临界区和互斥是如何实现的。

进程进入临界区 CS 的调度原则:

①如果有若干进程要求进入空闲的临界区,一次仅允许一个进程进入。

②任何时候,处于临界区内的进程不可多于一个。如已有进程进入自己的临界区,则其他所有试图进入临界区的进程必须等待。

③进入临界区的进程要在有限时间内退出,以便其他进程能及时进入自己的临界区。

互斥的主要目标是保证在一个时刻只能有一个进程访问临界区。分布式互斥的一个简单解决方案是使用一个协调者。每个要求进入临界区的进程向协调者发出请求,协调者对所有的请求进行排队并根据一定的规则进行(如根据它们的时间戳授予许可)。显然,这个协调者是个瓶颈。分布式互斥问题的一般解决方案分为非基于令牌的和基于令牌的。在非基于令牌的算法中,所有进程相互通信来决定哪个进程可以执行临界区。在基于令牌的算法中,一个唯一的令牌在不同的进程间共享。当一个进程拥有令牌时,它就可以进入临界区。所以,互斥是自动得以保证的。

对于一个互斥算法,当其行为独立于系统的状态时它是静态的;当其行为取决于系统状态时它是动态的。一个正常的互斥算法必须满足:

➢ 不死锁。当临界区可用时，进程不应该无限等待而没有一个进程可以进入。

➢ 无饥饿现象。每个对临界区的请求最后都必须得到满足。

➢ 公平性。对临界区的请求必须基于一定的公平原则予以批准，通常是基于由逻辑时钟确定的请求时间。饥饿现象和公平性是相互关联的，但后者所要求的条件更强。

互斥算法的性能由以下参数衡量：

➢ 每个请求的消息数。

➢ 同步延迟，以一个进程离开临界区到下一个进程进入该临界区之间的时间来衡量。

➢ 反应时间，以一个进程发出请求到该进程离开该临界区之间的时间间隔来衡量。

注意，上面 3 个参数中，第 1 和第 2 个参数用于衡量一个给定的互斥算法的性能。第 3 个参数更多地取决于系统的负载和或每个临界区执行时间的长短。系统可能是重负载的(有很多未决的请求)或轻负载的(没有很多未决的请求)。在很多情况下一个算法的性能取决于系统的负载。

进程间通过消息传递进行通信，网络在逻辑上是全连接的，传输是无错的，缺省的通信方式是异步的，也就是说，消息传输延迟是有限但不可预测的。除非特别说明，否则消息可以按照发送的顺序递交。

3.3.1 集中式算法

在分布式系统中获得互斥的最直接方法是仿照单处理机系统的方法，选一个进程作为协调者(如在最大网络地址机器上运行的进程)。无论什么时候进程要进入临界区，它将向协调者发送请求消息，说明它想进入哪个临界区并希望获得允许。如果当前该临界区内没有其他任何进程，协调者就发送允许进入消息，如图 3 – 14(a)所示。当应答到达时，请求者就可以进入临界区。

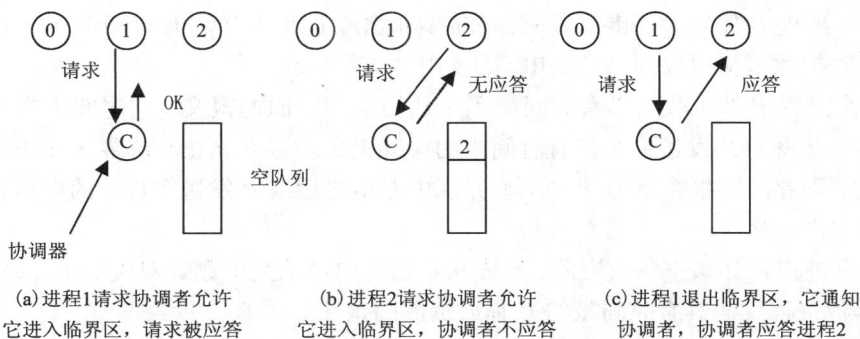

图 3 – 14　进程向协调者发进请求消息与应答

现在假设有另一个进程，如图 3 – 14(b)所示，请求进入同一个临界区，协调者知道该临界区已有一个进程，所以不能同意该请求，最好的办法是发出"拒绝允许"应答。而在图 3 – 14(b)中，协调者回避应答，这样就阻塞了进程 2，使它等待应答。另一方面，协调者还可以发送"拒绝请求"应答，把进程 2 的请求临时排在队列中。当进程 1 从临界区退出时，它向协调者发送释放互斥消息访问，如图 3 – 14(c)所示。协调者从推迟请求队列中取出最前面的进程，向它发送允许进入消息，如果该进程仍然阻塞（即这是第一条发给它的允许进入消息），它不被阻塞且进入临界区，如果明确发送一条消息拒绝它进入临界区，此进程应该查询输入的消息，或者接着将它阻塞。不管怎么样，当它发现允许进入时，它还可以进入临界区。如果进程在阻塞状态，它就会被唤醒进入临界区。

这个算法保证了互斥的实现，协调者仅能让某一进程在某一时刻进入临界区。它也很公平，因为允许请求的顺序同它们接收的顺序一致，没有进程永远等待（没有饥饿）。这种方案也容易实现，每用一次临界区只需 3 条消息（请求、允许、释放），它不仅能用于管理临界区，也可用于更普遍的资源分配。

集中式方法也存在缺点，即协调者是一个单点故障，如果它崩溃，整个系统将瘫痪，如果进程在请求之后被阻塞，以上这两种情况都没有消息返回，请求者不能从"拒绝请求"应答中辨认出协调者已崩溃。此外，大系统中单协调者会成为执行的瓶颈。

3.3.2　非基于令牌的解决方案

在非基于令牌的算法中，所有进程相互通信来决定哪个进程可以执行临界区，大多数这一类算法是真正分布式的。该算法第一次出现在 1978 年 Lamport 关于时钟同步的论文中，后来 Ricart 和 Agrawala 对它作了进一步的改进，本节将描述他们的算法。

1. Lamport 算法的简单扩展

在介绍 Lamport 时间戳互斥算法之前，我们做如下假设：最初只有一个进程获得资源，例如 P_0：P_i 向 P_j 发送报文时，P_j 能按发送的顺序接收到，并且最终总能收到；每个进程均可向其他任何进程直接发送报文；每个进程均有一个申请队列，队列中最初只有一项 T_0：P_0 申请，这里 P_0 是最初获得资源的进程，T_0 是比其他任何逻辑时钟值都小的初值。Lamport 时间戳互斥算法由以下 5 条规则组成，为方便起见，认为每条规则定义的活动形成单个事件：

（1）一个进程 P_i 如果为了申请资源，它向其他各个进程发送具有时间戳 T_m：P_i 的申请资源的报文，并把此报文也放到自己的申请队列中。

（2）一个进程 P_j 如果收到具有时间戳 T_m：P_i 的申请资源的报文，它把此报文放到自己的申请队列中，并将向 P_i 发送一个带有时间戳的应答报文。如果 P_j 正在临界区或正在发送自己的申请报文，则此应答报文要等到 P_j 从临界区中退出之后或 P_j 发送完自己的申请报文之后再发送，否则立即发送。

（3）一个进程 P_i 如果想释放资源，它先从自己的申请队列中删除对应的 T_m：P_i 申请报文，并向所有其他进程发送具有时间戳的 P_i 释放资源的报文。

（4）一个进程 P_j 如果收到 P_i 释放资源的报文，它从自己的申请队列中删除 T_m：P_i 申请报文。

（5）当满足下述两个条件时，申请资源的进程 P_i 获得资源：

① P_i 的申请队列中有 T_m：P_i 申请报文，并且根据时间戳将它排在所有其他进程发来的申请报文前面。

② P_i 收到所有其他进程的应答报文，其上面的时间戳值大于 T_m。

对多个申请报文的排序方法是先比较逻辑时间值，若相等再比较进程号。图 3－15 显示了有三个进程 P_1、P_2 和 P_3 共享互斥资源的情况，图中的粗横线表示对应的进程进入了临界区。图中显示了三种类型的消息：实线代表请求信号，虚线代表应答信号，点线代表释放信号。其中 P_1 和 P_2 请求进入临界区，P_1 的请求排在 P_2 的请求之前。从图 3 - 15 中我们可以看出，使用 Lamport 时间戳互斥算法，进入一次临界区共需要 $3(n-1)$ 个报文，n 为参加互斥的进程数。

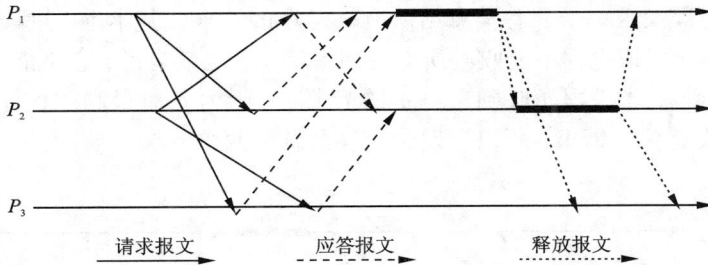

图 3 - 15　使用 Lamport 时间戳互斥算法的例子

很容易证明，Lamport 时间戳互斥算法满足互斥算法的三个条件。规则(5)中的①和按序接收报文的假设保证 P_i 已知所有请求均在其当前请求之后。条件(1)成立是因为规则(3)和规则(4)从队列中删除了已经被满足的申请报文。条件(2)成立是因为排序规则是一种全排序。规则(2)保证了 P_i 在申请资源后，规则(5)中条件②最终能够成立；规则(3)和规则(4)意味着若获得资源的每个进程在最终释放资源的情况下，规则(5)中条件①最终能够成立，所以条件(3)成立。

Lamport 时间戳互斥算法可以做如下改进：假设进程 P_j 在发出自己的请求后收到一个来自进程 P_i 的请求，而按照排序规则 P_j 的请求排在 P_i 的请求之后。在这种情况下，P_j 没有必要给 P_i 发送应答报文，这是因为当进程 P_i 收到进程 P_j 的请求时，它认为自己的请求自动得到 P_j 的承认。改进以后，进入一次临界区最多需要 $3(n-1)$ 个报文。图 3 - 16 是图 3 - 15 改进后的情况。

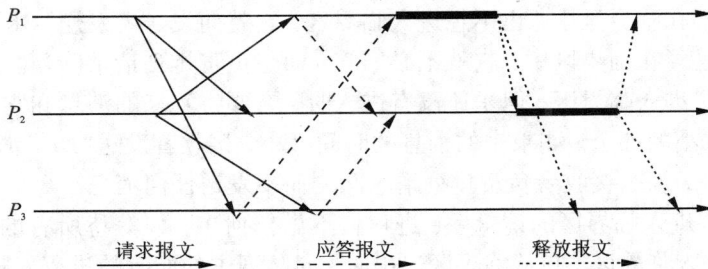

图 3 - 16　使用改进的 Lamport 时间戳互斥算法的例子

2. Ricart - Agrawala 的第一个算法

Ricart - Agrawala 算法需要 $2(n-1)$ 个消息交换：$(n-1)$ 个消息用于进程 p 通知所有其他进程它对临界区的请求，另外 $(n-1)$ 个消息用于传达同意信息(agreement)，也就是说，它把应答（acknowledge）消息和释放（realease）消息合并到一个消息中，即回答（reply）消息。回答消息是一种许可。一个进程只有收到所有其他进程的许可后才能访问临界区。与 Lamport 的方法相比，该算法不需要对回答消息进行任何逻辑操作来判定它的合格性（eligibility）。算法如下：当进程 p 收到来自 q 的请求时，如果 p 既不请求临界区也不执行临界区，或者它正请求临界区而且它请求的时间戳大于 q 请求的时间戳，那么进程 p 给 q 发回一个回答消息。释放临界区时，进程发送一个回答消息给所有被延迟的请求。基本上，进程会保存它的所有低优先级的请求，即使该进程不能收到所有的回答消息，也就是说，它不能访问临界区。

如图 3-17 所示，当进程 p_1 收到来自 p_2 的请求时，因为 p_1 有最高的优先级，它将保留应答消息。进程 p_3 没有任何请求，所以它发送应答消息给两个请求进程。

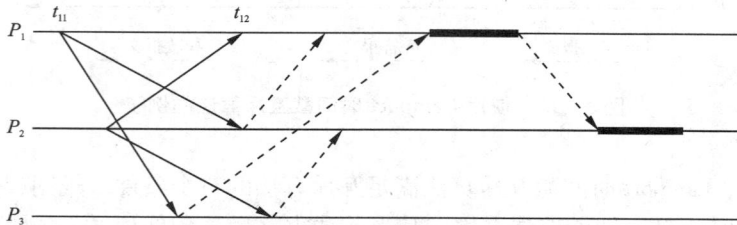

图 3-17 Ricart-Agrawala 算法应用

Ricart-Agrawala 算法要求系统中所有事件都是全序的，进程按请求的顺序获得对公共区的访问。进程若未收到所有的应答，就表明有优先级更高的请求存在。

算法如下：当一个进程想进入临界区时，它要建立一个包括它要进入的临界区的名字、处理机号和当前时间的消息，然后将消息发送给所有其他进程。概念上讲也包括发送给它自身，发送的消息假设是可靠的，即每条消息都应该被确认，如可能应该使用可靠的组通信，避免使用单个的消息通信。

当一个进程接收另一个进程请求消息时，它的反应取决于接收方的状态以及临界区的命名。有三种情况要加以区别：

➤ 若接收者不在临界区中，也不想进入临界区，它就向发送者发送"OK"消息。

➤ 若接收者已经在临界区中，它就不必回答，而是负责排列请求队列。

➤ 若接收者要进入临界区，但是还没有进入时，它要将发来的消息和它发送给其余进程的时间戳对比，取小的那个。如果来的消息的时间戳小，接收者发送"OK"消息。如果接收者本身的时间戳更小，那么接收者负责排列请求队列而不发送任何消息。

在发送完允许进入临界区的请求后，进程将不做任何事，仅等待所有的允许消息，一旦得到允许，它就进入临界区，它从临界区退出时，向队列中的所有的进程发送"OK"消息，并把它从队列中删除。

让我们来理解一下为什么要这样做，如果没有冲突，则正常工作。但是，假设两个进程要同时试图进入一个临界区，如图 3-18（a）所示。

进程 0 发出时间戳为 8 的请求，而同时进程 2 发出时间戳为 12 的请求。进程 1 不想进入临界区，所以它向 2 个发送者发回"OK"。进程 0 和 2 同时发现冲突，比较时间戳，进程 2 发现自己的大，它只好同意进程 0 进入临界区，向 0 发送"OK"，进程 0 就把进程 2 的请求排在

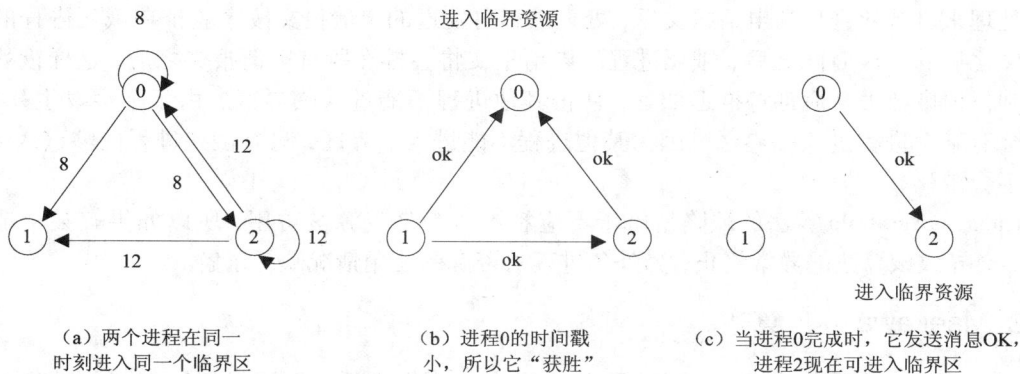

图 3 – 18 进程进入临界区

队列中，为以后处理用，自己进入临界区，如图 3 – 18（b）所示。当进程 0 结束退出临界区时，它把进程 2 的请求从队列中取出，并向进程 2 发送"OK"，允许进程 2 进入临界区，如图 3 – 18（c）所示。算法之所以能够使用，因为在产生请求冲突时，遵守按时间戳排序、小时戳优先的规则。

注意图 3 – 18 所示的情况，如果进程 2 比进程 0 早发送消息，进程 0 在它请求进入临界区之前获得了进程 2 的请求消息，它允许进程 2 进入临界区，当进程 2 接收到进程 0 的请求时，它发现自己已经在临界区了，所以把进程 0 排在等待队列中。

在 Ricart – Agrawala 的算法中，一个进程可以同时给许多进程授予许可。如果一个进程没有正在使用临界区或者它自己的请求的优先级更低时，它给请求进程授予许可。也就是说，决策是由请求进程做出的，但接收请求的进程可以通过发送或保留它的许可信号对决策进行一定程度的控制。一旦一个进程从所有其他进程处得到许可信号，它就可以进入临界区。注意，一个进程可能发送许多许可信号给不同的请求进程。显然，每次只有一个进程可以收集到所有的许可信号。

不难看出，这种方案要求系统中所有的进程都参与这一活动，从而导致：

（1）参与这一活动的进程需要知道彼此的名字。当一新进程加入这一活动的进程组时，须采取如下动作：

①该进程必须要知道这个进程组中所有进程的名字。

②该进程的名字必须通告给这个进程组的所有进程。

上述任务不是很容易完成的，因为当新进程加入这个进程组时，某些 request 和 reply 消息可能正在系统中转移，有兴趣的读者可以查阅 Ricart 和 Agrawala 的论文。

（2）如果参与这一活动的某进程发生故障，那么，该算法便崩溃了。当然，这个问题可以通过不断地监视系统中所有进程的状态来解决。若发现它们之一有故障，就立即通知所有其他的进程，使得它们不再向这个故障进程发送 request 消息。当故障进程恢复之后它还必须重启一特定进程，由此进程协助它重新加入这个进程组。

这种算法能够保证不发生死锁，因为在进程 – 资源图中，不会出现环路。它也不会产生饿死现象，即不会发生一个进程无限期地等待而不能进入临界区的现象。现在假设有饿死进程存在，收到申请报文的进程将在有限的时间内处理该报文，因为处理报文的进程不会阻塞。处理来自饿死进程的申请报文后，处理进程再发送的申请报文按序应排在饿死进程的申请报文之后。一段时间之后，饿死进程的申请报文将会排在所有申请报文之前，这样饿死进程收到任何申请报文后都将推迟回答，使得其他进程不能进入临界区。由于不会发生死锁，一定会有某个进程进入临界区。因为其他进程不能进入临界区，只有饿死进程能够进入，所以它不会饿死。

Ricart – Agrawala 算法的缺陷是由于不应答被认为是资源被占用，所以如果有某个节点故障，会导致该算法的异常终止，另外各进程对资源的使用情况缺乏了解。

3. Maekawa 互斥算法

在 Maekawa 互斥算法中，一个进程 P 在发出申请报文后，不用得到所有其他进程的回答，而只须得到一个进程子集 S 中的所有进程的回答即可进入临界区。称 S 是 P 的请求子集。假设 R_i 和 R_j 分别是进程 P_i 和 P_j 的请求子集，要求 $R_i \cap R_j \neq \varnothing$。由于每个进程对多个进程申请报文，按序同时只能选择一个申请给予回答，所以互斥自动得以维持。当进程 P_i 请求进入临界区时，它只向 R_i 中的进程发送请求报文。当进程 P_j 收到一个请求报文时，如果它自上一次临界区释放后还没有发出过回答报文给任何进程，且自己的请求队列中无任何请求，它就给该请求报文一个回答。否则，请求报文被放入请求队列中。注意，这里对请求报文的回答顺序不是基于时间戳，而是基于每个请求到达的顺序，也就是说，基于时间戳的强公平性在这里不被支持。然而，如果每个通道的通信延迟是有限的，就不会发生饿死现象。进程 P_i 只有收到 R_i 中的所有进程的回答后，才能进入临界区。在释放临界区时，进程 P_i 只给 R_i 中的所有进程发送释放报文。

如一个 7 进程的例子，每个进程的请求子集如下：

R_1：$\{P_1, P_3, P_4\}$；R_2：$\{P_2, P_4, P_5\}$；R_3：$\{P_3, P_5, P_6\}$；R_4：$\{P_4, P_6, P_7\}$；R_5：$\{P_5, P_7, P_1\}$；R_6：$\{P_6, P_1, P_2\}$；R_7：$\{P_7, P_2, P_3\}$。

在以上请求子集中，任何两个请求子集恰好有一个公共的进程。每个进程只能发出一个回答报文，从而使互斥得以保证。如果请求子集的大小为 k 并且每个请求子集大小都一样的话，进程数为 n，则 n 的最小值为 $k(k-1)+1$。显然，对每次临界区的访问，发出的请求报文的个数是 $k = O(\sqrt{n})$。

该算法有两个极端的情况：

（1）退化为集中式互斥算法。P_c（$c \in \{1, 2, \cdots, n\}$）作为协调者，对所有进程 P_i，有：

R_i：$\{P_c\}$，$1 \leqslant i \leqslant n$

（2）完全分布式的互斥算法。对所有进程 P_i，有：

R_i：$\{P_1, P_2, \cdots, P_n\}$，$1 \leqslant i \leqslant n$

Maekawa 互斥算法可能产生死锁。对于上述七个进程的例子，P_1、P_2、P_3 同时请求进入临界区，如果 P_3 给 P_1 回答，P_4 给 P_2 回答，P_5 给 P_3 回答，这时就发生了死锁。死锁可以通过时间戳机制得以解决。一种方法是，如果 P_i 和 P_j 都等待 P_k 的回答，而 P_i 请求的时间戳值大于 P_j 请求的时间戳值，则 P_i 放弃自己的请求。另一种保守的方法是保证进程只有在没有更小时间戳的其他请求存在时才对请求进程给予回答，也就是说对请求的回答是按请求的逻辑顺序进行的，而不是按接收顺序进行的。

3.3.3　基于令牌的互斥算法

在基于令牌的互斥算法中引入了令牌的概念,一个进程拥有令牌时就可以进入临界区,令牌可在所有的进程间传递。

1.简单的令牌环互斥算法

在有 n 个进程的系统中,将这 n 个进程组成一个首尾相连的逻辑环。每个进程在环中有一个指定的位置,位置可以按网络地址进行排列,当然也可以采用任何其他可行的方式排列,但每个进程必须知道在环中哪个进程是它后面的进程。

图 3-19 所示为一种在分布式系统中获得互斥的完全不同的方法,图 3-19(a)所示的总线网(以太网),进程没有固定次序。用软件的方法,构造出一个逻辑环,环中每个进程都有一个位置,如图 3-19(b)所示,环的位置可以用网络地址或其他方式得到一个序列,总之,每个进程都要知道谁在它的下一个位置。

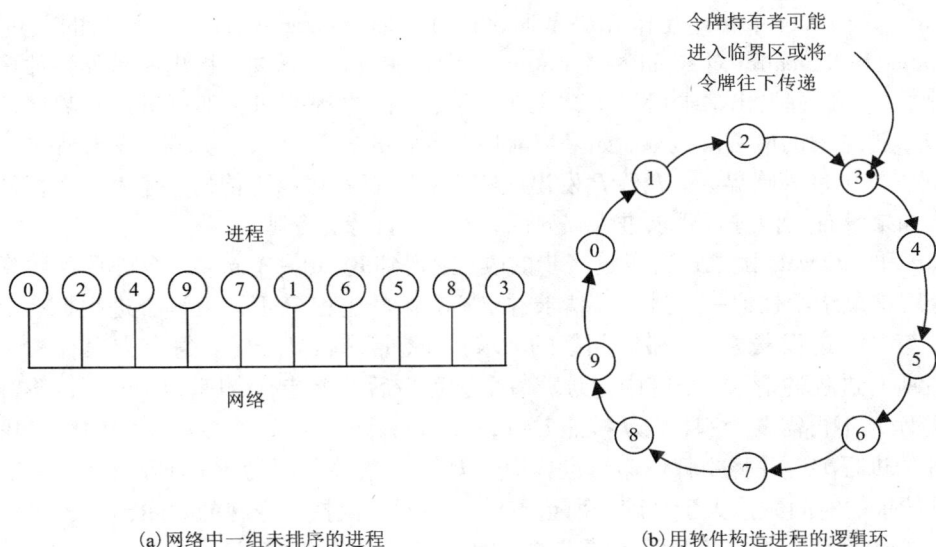

(a)网络中一组未排序的进程　　　　(b)用软件构造进程的逻辑环

图 3-19　分布式系统中获得互斥的不同方法

令牌环被初始化后,进程 0 首先获得令牌,这样,令牌开始绕环运动,它以点到点的方式从进程 K 传递到进程 $K+1$。当进程从它的前一个邻居手中得到令牌时,它要检查它所试图进入的临界区,如果该临界区是空的,则该进程可以进入临界区,做它要做的工作,然后离开临界区。它退出后,将令牌传递给它的下一个邻居,不允许使用同一令牌进入第二个临界区。若一个进程得到了它相邻进程传递来的令牌,但它并不想进入临界区,就将该令牌往下传递。这样,如果没有任何其他的进程想进入临界区时,令牌就会高速地沿环绕行。

这种算法的正确性是显而易见的,在任何时刻只有一个进程拥有令牌,所以只有一个进程可以进入临界区,能够达到互斥的目的。进程的请求通过令牌的循环传递得到很好的排序,所以不会出现死锁和饿死的现象。当每个进程都需要进入临界区时,最不理想的情况是等待所有其他进程进入后再退出临界区所用的时间之和。此时，令牌在环上的传递速度最慢；相反，当没有进程想要进入临界区时，令牌在环上的传递速度最快。

这种算法也存在一些问题，比如，令牌一旦丢失，它必须重新生成。实际上，检测令牌丢失是很困难的。可以采用超时的办法来检测令牌是否丢失，即当一个进程长时间不能获得令牌时，即认为令牌丢失。然而，超时的时间无法确定，因为在网络上，令牌两次出现的时间是不定的，一个小时没有发现令牌并不意味着它丢失了，也许是某个进程还在使用它。

另外一个问题是进程的崩溃，但进程的崩溃比较容易检测，恢复也比较容易。如果我们需要进程在接收到令牌后发回确认消息，且当相邻进程试图传递给它令牌但却没有成功时，它就会检测到死进程，这时就将死进程从进程组中移出。它的下个进程就会从令牌持有者的手中接收到令牌。当然，这样做需要每个进程都能维持当前环设置情况。

这个算法在高负载的情况下工作得很好，却不适合轻负载的情况，因为它会导致出现很多不必要的报文传递。

2. Ricart – Agrawala 令牌环互斥算法

Ricart – Agrawala 令牌环互斥算法是通过前述 Ricart – Agrawala 互斥算法的改进而得到的，Carvalho 和 Roucairol 对 Ricart – Agrawala 互斥算法进行了改进，提出了另外一种算法。在该算法中，一个进程发出请求后，只要得到持有令牌的进程的回答即可进入临界区，不必要得到所有其他进程的应答。例如，如果当前持有令牌的进程为 P_j，进程 P_i 发出请求后只要得到 P_j 的回答即可进入临界区。P_j 给 P_i 发出应答也意味着 P_j 将令牌传送给了 P_i，这时 P_j 不再持有令牌，如果没有其他进程要求进入临界区，P_i 将一直持有令牌。

Ricart 和 Agrawala 随之进行了进一步的改进，得到 Ricart – Agrawala 令牌环互斥算法。初始时，令牌被赋予给任何一个进程。请求进入临界区的进程 P_i 不知道哪个进程拥有令牌，所以它向所有其他进程发送一个带时间戳的请求报文，请求得到令牌。每个进程有一个请求队列记录着所有进程的请求，令牌中记录着每个进程最后一个持有令牌的时间。如果当前拥有令牌的进程 P_i 不再需要令牌，它就按照 $i+1$，$i+2$，…，n，1，2，…，$i-1$ 的顺序寻找第一个符合条件的进程 P_j，并将令牌传递给进程 P_j。P_j 符合条件是因为 P_i 的请求队列中有 P_j 的请求，并且请求的时间戳值大于令牌中所记录的 P_j 最后一次持有令牌的时间，即 P_j 有未被满足的请求。虽然该算法不是按照每个请求的时间顺序来满足的，但是，由于令牌是按一个方向绕环传递的，所以不会有饿死现象发生。

Ricart – Agrawala 令牌环互斥算法可以用 DCDL 语言描述。算法如下：

```
P(i):: = *[ request – resourse
    consume
        release – resource
        treat – request – message
        other
        ]
        distributed – mutual – exclusion:: = ||P(i: 1..n)
```

以下变量用于每个 P(i) 中：
clock：0，1，2，…，（初始化为 0）

token_present：Boolean（除了一个进程，对所有其他进程均为 F）

token_held：Boolean

token：array（1..n）of clock（初始化为 0）

request：array（1..n）of clock（初始化为 0）

注意，每个进程有一个局部 clock，它按照 Lamport 规则进行更新，系统中只有一个 token 数组的拷贝。每个 P(i) 中的函数定义如下：

other：：= all the other actions that do not request

consume：：= consumes the resource after entering the critical region

request – resource：：=
　[token_present ≠ T
　　→[send（request_signal, clock, i）to all；
　　　receive（access_signal, token）；
　　　token_present：= T；
　　　]
　　token_held：= T
]

release – resource：：=
　[token（i）：= clock；
　token_held：= F；
　min j in the order[i + 1, ⋯, n, 1, 2, ⋯, i − 2, i − 1] ∧（request（j）> token（j））
　　→[token_present：= F；
　　　send（access_signal, token）to P(j)
　　　]
]

treat – request – message：：=
　[receive（request_signal, k, j）
　　→[request（j）：= max（request（j）, k）；
　　　token_present ∧? token_held → release – resource
　　　]
　]

当请求进程不持有令牌时，该互斥算法需要 n 个报文，其中 $n-1$ 个为请求报文，一个用于传送令牌；当请求进程持有令牌时，该互斥算法需要 0 个报文。注意，在以上算法中，request – resource 可能在 token_present：= T 之后而在 token_held：= T 之前被 treat – request – message 所中断。在这种情况下，被中断的进程将不得不释放刚刚得到的令牌。解决这个问题的一种方法是让这两个语句合并为一个原子语句，也就是说，将这两个语句作为一个语句来对待。另一种解决方法是把 token_held：= T 放在 token_present：= T 之前。

容易证明该互斥算法是正确的。该算法保证了互斥，因为所有进程中只有一个 token_present 为真。它的公平性基于令牌的绕环传递。假设令牌的持有和传送时间是有限的，并且不会丢失令牌，那么所有请求的进程都能得到令牌并进入临界区。

3. 基于时间戳的令牌互斥算法

以上两个令牌互斥算法都是基于环的令牌互斥算法。I. Suzuki 等人于 1985 年发表了一个基于时间戳的令牌互斥算法，我国孙钟秀等也在同一时期独立地提出了相同的算法。

在基于时间戳的令牌互斥算法中，整个系统中只有一个令牌在各进程间流动。只有获得令牌的进程才能进入临界区。每个进程保持一张进程状态表，记录它所知的进程状态，进程状态包括该进程是否为请求进程，以及得到该状态的时间。令牌是一个特殊的报文，该报文中包含了发送该令牌的进程的状态表。

初始化时，每个进程的状态表中的各个进程均为非请求状态，时钟值为 0，并任意指定一个进程为令牌的持有者。

一个进程请求进入临界区时，如果它持有令牌，它不发送任何请求报文，但需要将自己的进程状态表中相应于自己一栏的状态改为请求态，并在记录该状态的时钟值后，直接进入临界区。如果它不持有令牌，则它向所有其他进程发送带有时间戳的请求报文。发出请求报文后，将自己的进程状态表中相应于自己一栏的状态改为请求态，并记录该状态的时钟值。

当进程 A 收到进程 B 的请求报文时，A 将 B 的请求报文中的时间戳同 A 的进程状态表中 B 的时间值进行比较。若 B 的请求报文中的时间戳大于 A 的进程状态表中 B 的时间值，则 A 修改自己的进程状态表。将 A 的进程状态表中对应于 B 的一栏改为请求状态，并记录此状态的时间。

进程 A 退出临界区后，将自己的进程状态表中关于自己的一栏改为非请求状态，时钟值加 1，并将该时钟值作为该状态的时间。然后检查其进程状态表中是否记录有某个进程处于请求状态，若有，则从处于请求状态的进程中选取一个请求最早的进程 B（具有最小的时间戳），将令牌传送给它，并在令牌中附上 A 的进程状态表。

收到令牌的进程把随令牌传来的进程状态表和自己的进程状态表进行比较。若随令牌传来的进程状态表中某进程的时间戳大于自己的进程状态表中相应进程的时间戳，则将自己的进程状态表中相应进程的状态和时间戳改成随令牌传来的进程状态表中相应的状态和时间戳。

当请求进程不持有令牌时，该互斥算法需要 n 个报文，其中 $n-1$ 个为请求报文，一个用于传送令牌；当请求进程持有令牌时，该互斥算法需要 0 个报文。

可以证明该算法满足互斥、能够避免死锁和饿死。它同 Ricart – Agrawala 令牌环互斥算法相比，具有更强的公平性，因为它是基于请求的先后顺序来满足的，而 Ricart – Agrawala 令牌环互斥算法是基于进程的逻辑环结构来满足的。

4. 一个基于令牌环的容错算法

动态单一控制点算法（dynamic single control point algorithm）有可能丢失控制点（令牌）。有的容错算法利用了超时机制，而有的算法不需要有关消息传播延迟或进程身份的知识。该算法使用两个令牌（ping 和 pong），其中每一个令牌负责检测另一个令牌是否丢失。如果一个进程被同一个令牌连续两次访问，令牌的丢失将被该进程检测到。每个令牌都和一个数相关联（n_ping，n_pong），这两个数满足以下条件：

n_ping + n_pong = 0

在基于令牌环的容错算法中，每个进程的控制过程如下：

$P(i: 0 . . n-1): : =$

[receive (ping, n_ping) from $P((i-1) \bmod n)$

$\rightarrow[m_i = n\_ping$

　　　　$\rightarrow[n\_ping : = (n\_ping + 1) \bmod n;$

　　　　　$n\_pong : = -n\_ping; / * 生成一个 npong * /$

　　　　　send (ping, n_ping) to $P((i+1) \bmod n)$

　　　　　send (pong, n_pong) to $P((i+1) \bmod n)$

　　　　$] / * 令牌 pong 丢失 * /$

$mi \neq n\_ping$

$\rightarrow[mi: = n\_ping;$

　　　send (ping, n_ping) to $P((i+1) \bmod n)$

　　$] / * 正常状态 * /$

]

receive (pong, n_pong) from $P((i-1) \bmod n)$

$\rightarrow$ (同上面程序，只需交换 ping 和 pong)

meet(ping, pong) at Pi

$\rightarrow[n\_ping : = (n\_ping + 1) \bmod n;$

　　$n\_pong : = (n\_pong - 1) \bmod n;$

　　send (ping, n_ping) to $P((i+1) \bmod n)$

　　send (pong, n_pong) to $P((i+1) \bmod n)$

　$] / * ping 和 pong 相碰 * /$

]

以下主程序初始化所有参数并调用所有的进程 P_i。

main – program : : = [n_ping : =1; n_pong: = -1 ; m_i: =0, $0 \leqslant i \leqslant n-1$;

||P(i: 0 . . n-1)

]

变量 m_i 用于保存最近刚访问过进程 P_i 的令牌的相关数字。因此，如果 m_i 的值和当前令牌的相关数字匹配，则意味着令牌的丢失。由于每个令牌在一次循环中被更新的次数不会多于 n 次，所以对令牌进行模 n 加 1 是足够的。

5. 基于令牌的使用其他逻辑结构的互斥

对基于令牌的互斥算法，除了环形结构，还经常用到图结构和树结构。在基于图结构的算法中，进程排列为一个有向图，其中的一个接收节点(sinknode)持有令牌。对令牌的请求和令牌的传递按照如下介绍的基于树的算法等类似的方式处理。

在基于树的算法中，进程被排为一棵有向树，根节点持有令牌。对令牌的请求沿着从请求者到根节点的路径向上传递。令牌从根节点传向请求者并经过从根节点到请求者的路径上的边。与此同时，沿着该路径的边的方向被反过来，于是请求者成了新的根节点。图 3 – 20 (a)表示一个从叶节点到根节点的请求。图 3 – 20(b)表示根节点把令牌传给叶节点(新的根节点)后的相应结果。如图3-20(b)所示，新的树中的每个节点仍然可以沿着一条有向路径把它的请求发给持有令牌的节点。

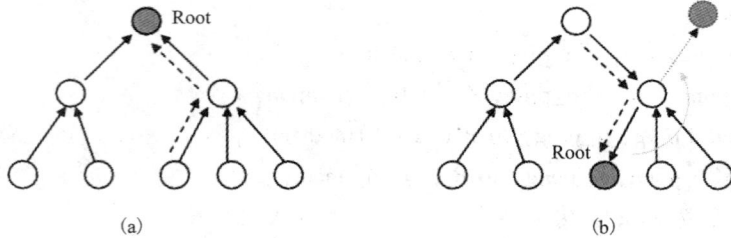

图3-20   基于树的互斥算法

6. 基于事件优先权算法

实时分布式系统是一个并发系统。上面讨论的基于时间的事件定序的分布式互斥算法不适合于实时分布式系统，因为首先系统缺乏公共的时钟。其次进程有各自的优先权，对进程的服务要按优先权进行，而时间的次序并不重要。在传输延时的上限条件下，设计开发一种基于优先关系的互斥算法是可能的。在基于消息传送的进程通信网络中，有两种算法能处理互斥问题，以适应优先权系统和实时系统的要求。在这里，进程具有优先权的系统称为优先权系统(P系统)，进程用其执行残留时间作为衡量进程优先关系的系统称为实时系统(RT系统)。存在多个竞争进程时按它们的优先关系(在队首的进程)进入临界区。

7. 共享 k 个相同资源的算法

前面的算法只允许一个进程进入临界区，因为竞争进程是共享单个资源。在实际的分布式系统中，一种共享资源往往有多个相同的副本。当有 k 个相同资源副本且它们要被 n 个竞争进程共享时，问题就出来了。1987年，Raymond提出了一种算法，它允许 k 个进程同时进入临界区。算法原理是：若 $n-1$ 个竞争进程中少于 $k-1$ 个进程在临界区中，则另一个进程可以进入临界区，这意味着 $(n-1)-(k-1)$ 个竞争进程不应在临界区。请求进入临界区的进程若能得到 $n-k$ 个应答消息，则它就可以进入临界区。

Raymond算法是在Ricart算法基础上发展起来的，它们基于相同的概念，每个竞争进程都维持一个推迟应答数组RD，数组元素用来表示相应进程是否推迟发出应答消息。主要区别在于应答消息到达的环境。在Ricart算法中，正在等待进入临界区的进程要得到 $n-1$ 个应答消息。在Raymond算法中，$N-k$ 个应答消息是在进程等待时到达，$k-1$ 个应答消息是进程已在临界区或等待进入临界区或离开临界区后到达。应答消息通过每个竞争进程维持一个未到达应答消息的计数来区别。

分布式互斥还可以通过选举(election)算法和自稳定性(self-stabilization)策略来实现，尽管这些算法主要用于其他目的。

3.4　选举算法

选举(election)是分布式系统中的一种常用的计算类型,它从进程集中选出一个进程执行特别的任务。例如,在分布式系统出现故障后,通常需要重新组织活动的节点使它们继续执行有用的任务。在这个重新组织和配置的过程中,第一步就是要选出一个协调者来管理这些操作。故障的检测通常是基于超时机制的。如果一个进程超过一定的时间没有收到协调者的响应,它就怀疑协调者出了故障并启动选举过程。

选举可以在以下领域得到应用:群服务器(group server)、负载平衡、重复数据更新、应急恢复、连接组(joining group)和互斥。

基于所使用的拓扑类型——完全图、环和树,人们提出了不同的分布式选举算法。这些算法还可以这样进行分类,即基于所使用的网络类型:①存储－转发网络,包括单向环、双向环、完全图、树和弦环;②广播网络。

一般一个选举过程需要两个阶段:①选择一个具有最高优先级的领导者;②通知其他进程谁是领导者(优胜者)。两个阶段都需要在系统中发布进程 id,这可以通过点对点通信或广播来实现。在全连接网络中可以轻易实现广播,否则,就静态选择或动态创建一个生成子图。例如,如果使用单向环作为生成子图,那么两个阶段中消息都在环中传递。另一个常用的生成子图是树,它可以静态选择或动态创建。

如果生成树是预先知道的,那么所有的叶节点启动选举过程并把它们的 id 向上传递给它们的祖先,沿着每条到根节点的路径只有最高优先级的 id 可以保留下来。当最高优先级的 id 到达根节点时,第一个阶段结束。接下来第二个阶段开始,它沿着生成树从根节点向所有的叶节点广播优胜者的 id。如果生成树是动态生成的,那么由一个进程(根节点)启动生成一个生成树的过程。这个过程终止在每个叶节点上,然后每个叶节点按照静态生成树的情况启动选举过程。

大部分选举算法是基于全局优先级的,其中,每个进程(处理机)预先分配一个优先级。这些算法也称作极值查找算法(extrema－finding),可以把节点的物理地址作为优先级,也可以使用进程号作为优先级。对极值查找算法的主要反对意见是一旦选中一个领导者时,就必须保证它是一个正确的选择。最近,在基于优先选择的算法方面有了更多进展,其中的选举更是一般地基于个人的优先选择,如局部性、可靠性估计等。同样,优先级也可以不是线性顺序的,就像在基于优先选择的算法中那样。

本节考虑三种类型的极值查找算法。Chang 和 Roberts 的算法是基于环形拓扑的,其中每个进程都不知道其他进程的优先级。Garcia－Molina 的 Bully 算法是基于全连接拓扑的,其中每个进程都知道其他进程的优先级。这两个算法都是基于比较的,通过比较所有进程的 id和发送接收消息中的 id 选出一个领导者。第三种类型是非基于比较的,其中消息被"编码"在以回合 (round)表示的时间中(这种类型的算法只能工作在同步系统中)。

选举和互斥之间的相似性是相当明显的。使用选举,所有希望进入临界区的进程将通过选举竞争决定哪个进程可以进入临界区。不同之处在于互斥算法必须保证不发生饥饿现象而选举算法更注重于快速的选举过程。同样,必须通知参与进程谁是选举的优胜者。在互斥算法中参与进程不关心当前谁在临界区中。

3.4.1 Chang 和 Roberts 的算法

以下是 Chang 和 Roberts 提出的针对互连成单向环的进程的选举算法，它使用选择性停止（selective extinction）的原则，只需要 $O(n\log n)$ 个消息，其中 n 是进程数。它是 LeLann 提出的算法的推广。

在该算法中，n 个进程按任意顺序排列在一个环上。我们假设所有进程的 id 各不相同，最小的 id 优先级最高。任何时候进程 P_i 收到一个选举消息（一个进程的 id），它把这个消息和自己的 id(i) 相比较并把小的那个 id 传给它的顺时针方向或逆时针方向的邻居。当 P_i 收到它自己的 id 时，它就成了协调者并通过发送被选中进程的 id 通知所有其他进程。

每个进程 P_i 中的参数：

id(i)：cons

participant：var Boolean（F）；

coordinator：var integer；

Chang 和 Roberts 的算法：

P (i：0.. n−1)：：=

□[initiate election→[participant ：= T；

　　　send(election，i，id(i)) to P((i+1) mod n)

　　　]

(receive(election，j，id(j))→[id(j) < id(i)→

　　[send(election，j，id(j)) to P((j+1) mod n)

　　　|| participant ：= T]

　　id(j) > id(i)∧participant→Φ

　　id(j) > id(i)∧¬participant →

　　　[send (election，i，id(i)) to P((i+1) mod n)

　　　|| participant：= T

　　　]

　　id(j) = id(i) →

　　　send(elected，i) to P((i+1) mod n)

　　]

□ receive (elected，j) →

　[coordinate ： = j

　|| participant ： = F

　|| j ≠ i → send(elected，j) to P((j+1) mod n)

　]

]

election − algorithm ：： = || P(i：0.. n−1)

这个算法可以分两部分来描述。

第一部分：

(1)"单向环路"中的每个进程设定为"non − participant"状态。

（2）某个进程意识到"单向环路"中没有"领导进程"，于是就发起一场"选举"。该进程创建一个"election"消息，消息中包含自身的 UID，然后把这个消息发送给顺时针方向的进程。

（3）每当一个进程发起或者传递一个"election"消息，就把进程自身设定为"participant"状态。

（4）每当一个进程接收到一个"election"消息，该进程就把消息中 UID 和自身的 UID 做比较，并做如下动作：

①若消息中的 UID 较大，那么进程就无条件地把该消息往顺时针方向传递。

②若消息中的 UID 较小，并且当前进程还不是"participant"状态，那么进程就把消息中的 UID 修改为自身的 UID，再往顺时针方向传递。

③若消息中的 UID 较小，并且当前进程已经是"participant"状态（即进程已经顺时针发送一个消息，并且该消息中的 UID 不比自身的 UID 小），那么进程就丢弃这个消息。

④若两 UID 大小相等，那么当前进程就自认为是"领导进程"。

当一个进程开始扮演"领导进程"，那么就开始算法第二部分：

（1）"领导进程"把自身状态设定为"non‑participant"并且向其顺时针邻居发送一个"elected"消息，该消息宣布它的"获选"和它的 UID。

（2）每当一个进程收到一个"elected"消息，进程就把自身状态设定为"non‑participant"，同时记录下消息中的 UID（即"领导进程"的 UID），最后顺时针传递"elected"消息（消息内容不变）。

（3）当"elected"消息传递到新获选的"领导进程"时，"领导进程"丢弃该消息，同时"选举"结束。

在图 3‑21 中我们看到，如果进程 2、5 同时发现前任协调者进程 7 失效时，它们各自建立一个选举消息沿环发送，最终，两条消息都将沿环运动。进程 2 和进程 5 分别将它们转化成协调者消息，消息中有完全一样的成员，相互顺序也相同，当两条消息再绕环一周时，都会被去掉。

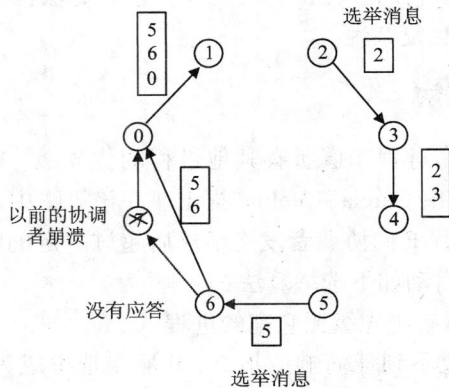

图 3‑21　环选举算法

显然，该算法选择一个而且仅选择一个 id——有进程中最小的 id。选出一个协调者所需要的时间是绕环一周所需时间的二到三倍。显然，类型为选中消息的传送次数为 n。为了计算类型为选举消息的传送次数，我们首先考虑两种极端的情况。一种情况是选举是由一个有最大优先级的进程启动的，这时选举消息正好绕环一周，终止在发起方。传送的消息数是 $O(n)$。另一种（最为不利的）情况是进程按降序排列而且每个进程同时启动选举过程。这样，P_i 发出的消息历经 $i+1$ 次传送，所以总的消息数是

$$\sum_{i=0}^{n-1}(i+1)=n(n+1)/2$$

即 $O(n^2)$。

一般地设 $P(i,k)$ 为消息 i 被传输 k 次的概率（或者说 P_i 的 $k-1$ 个邻居的 id 小于 i，而第 k 个邻居的 id 大于 i）。显然，

$$P(i,k)=\frac{\binom{i-1}{k-1}\times(n-i)}{\binom{n-1}{k-1}\times(n-k)}$$

携带数字 n 的消息被传输 n 次，消息 i 的平均传送次数为

$$E_i=\sum_{k=1}^{n-1}kP(i,k)$$

所以，平均总的传送次数是

$$E=n+\sum_{i=1}^{n-1}E_i$$

可以表示为 $O(n\log n)$。注意，以上复杂性是在平均情况下而不是在最坏情况下。Franklin 提出了一种在最坏情况下复杂性为 $O(n\log n)$ 的算法，但该算法是假设环形网络是双向的。初始时每个进程都是活动的，它把自己的 id 和两边方向上的相邻活动进程的 id 相比。如果它是三个 id 中最小的，它就保持活动状态；否则，它变为被动的。在每轮比较后只有一半的参与进程可以保留下来。所以，一共只需要 $\lg n$ 轮的比较。注意，当一个进程变为被动时，它不参与下一轮的比较但它仍会转发进来的 id。这个算法已经被扩展到单向环网络，但具有和双向环网络相同的消息复杂性。

3.4.2　Bully 选举算法

在一个系统中，如果每个进程知道所有其他进程的优先级，则 Bully 算法是一个可靠的选举算法，该算法于 1982 年由 Garcia-Molina 提出。在该算法中，具有最高优先级的进程被选中作为协调者。当一个进程 P 向协调者发送请求后超过一定的时间得不到响应，P 就认为协调者出了故障，于是它就启动如下选举算法：

（1）P 发送选举报文到所有优先级比它高的进程。

（2）如果在一定时间内收不到任何响应报文，P 赢得选举成为协调者。它向所有比它的优先级低的进程发送通知报文，宣布自己是协调者。

（3）如果收到一个优先级比它高的进程的回答，P 的选举工作结束。同时启动一个计时器，等待接收谁是协调者的通知报文，如果在规定时间内得不到通知报文，则它重新启动选举算法。

任何时候，一个进程可能从比它优先级低的进程那儿接收到一个选举报文，它就给发送者回答一个应答报文，同时启动如上所述的相同的选举算法，如果选举算法已经启动，就不必重新启动。最后只有一个进程启动了选举算法，而得不到任何进程的响应，这个进程就是协调者。

当然，如果一个进程知道自己有最高的优先级，它马上就可以宣布自己是协调者。图 3－22 给出了 Bully 怎样工作的一个实例。图中的例子以进程的进程号作为优先级，进程号大的进程具有高的优先级。进程 7 是以前的协调者，但是它已经崩溃。在图 3－22(a)中，进程 4 长时间没有得到协调者的响应，它认为协调者已经崩溃，于是启动选举算法，向比它优先级高的进程 5、6、7 发送选举报文。在图 3－22(b)中，进程 5、6 分别给进程 4 发送应答报文，进程 7 由于崩溃，当然不会向进程 4 发送应答报文。由于进程 4 收到了比它优先级高的进程的应答，所以它等待接收谁是协调者的通知报文。在图 3－22(c)中，进程 5 和进程 6 收到选举报文后分别启动选举算法，进程 5 向比它优先级高的进程 6、7 发送选举报文，进程 6 向比它优先级高的进程 7 发送选举报文。在图 3－22(d)中，进程 6 给进程 5 发送应答报文，但不会启动选举算法，因为进程 6 的选举算法已经启动。进程 7 由于崩溃，当然不会向

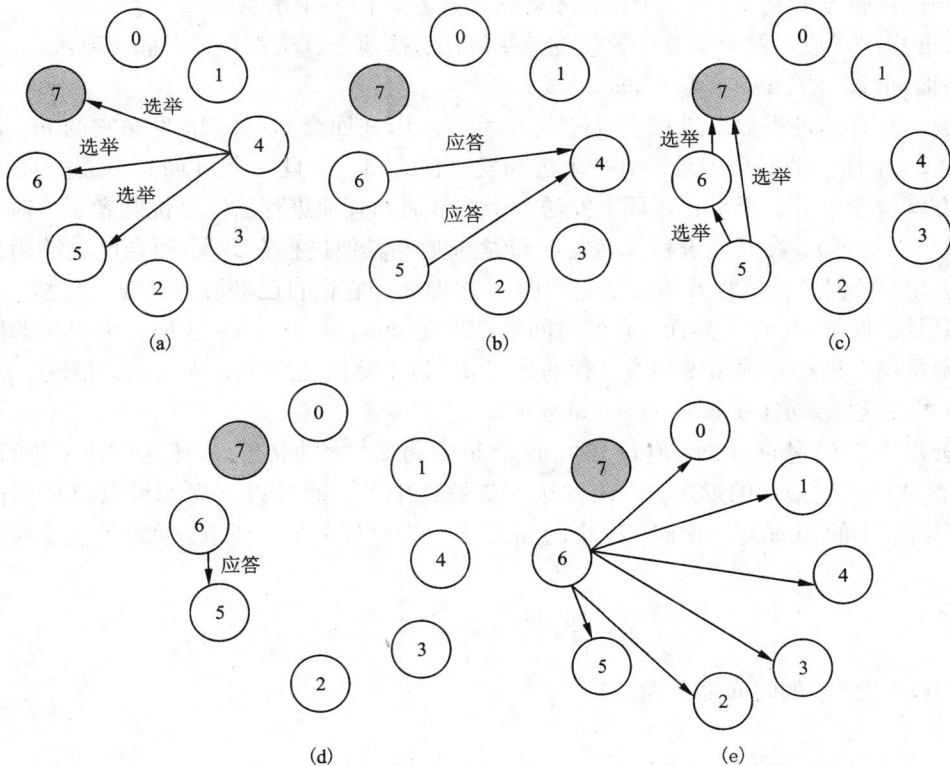

图 3－22　Bully 选举算法

进程5、6发送应答报文。进程5由于收到了比它优先级高的进程的应答,所以它等待接收谁是协调者的通知报文。在图3－22(e)中,进程6启动选举算法后,由于在规定的时间内得不到应答报文,所以它认为自己赢得了选举,自己是协调者。进程6向所有比它优先级低的进程发送通知报文,宣布自己是协调者。

3.4.3 非基于比较的算法

在非基于比较的算法中,领导者不是通过和其他进程比较 id 选出的。它是通过其他方式选出的,而且通常它的 id 是和用回合(round)表示的时间联系在一起的。所以,这些算法是面向同步系统的,其中,所有的进程根据回合协调它们的行为。在每个回合,进程执行本地更新并和其他进程交换消息。

以下过程用于把一个进程的 id 编码到时间里,也就是说,接收方可以得到发送方的消息而无须发送方物理上发送该消息:

➤ 如果发送方 P_i 的 id 是 $id(i)$,在回合 x, P_i 发送(start, i)给接收方 P_j。

➤ 在回合 $x+id(i)$, P_i 发送(end, i)给接收方 P_j。

➤ 如果 P_j 在回合 x 收到(start, i),在回合 $x+id(i)$ 收到(end, i),它就得到 P_i 的 id 为 $[x+id(i)]-x=id(i)$。

注意,以上算法虽然降低了消息的复杂性尤其是长消息的比特复杂性,但它增加了时间复杂性——接收方 P_j 花了 $id(i)$ 个回合才得到发送方 P_i 的一个消息。

Lynch 提出了以下两个非基于比较的选举算法,这两个算法都是针对同步系统的:

(1)时间片算法(time – slice algorithm)。

假设 n 是总的进程数。进程 P_i[它的 id 为 $id(i)$]在回合 $id(i).2n$ 发送它的 id,也就是说,在每 $2n$ 个连续的回合中最多有一个进程发送它的 id。一旦一个 id 回到它最初的发送方,该发送方就被选中了。于是它在环上发送一个信号通知其他进程已经是优胜者了。对于领导者(id 最小的进程),在其他进程开始发送 id 之前通知其他进程它 $2n$ 个回合已足够用来传递它的 id,并在任何其他进程开始传递它们的 id 之前通知它们自己获胜的情况。显然,以上算法的消息复杂性是 $O(n)$。然而,它的时间复杂性是 $\min\{id(i)\}.n$,这是一个很大的数。另一个限制是每个进程必须预先知道进程的数目 n。以下算法适用于 n 为未知的情况。

(2)可变速度算法(variable speed algorithm)。

当进程 A 发出它的 id 即 $[id(i)]$ 时,这个 id 以每 $2^{id(i)}$ 个回合一次传送的速率进行传送。如果一个 id 回到它最初的发送方,该发送方就被选中了。通过以下观测可以容易求得消息复杂性:当最小的 id 循环一次时,次小的 id 最多只能循环一半。所以,总的消息交换次数最多为:

$$n+\frac{n}{2}+\frac{n}{2^2}+\cdots+\frac{n}{2^{n-1}}<2n$$

也就是 $O(n)$,但它的时间复杂性是 $2^{\min(id(i))n}$。

3.5　投标

选举过程的一种特殊实现是投标，其中，每个竞争者从一个给定的集合中选择一个投标值，并把它的投标值发送给系统中的所有其他竞争者。每个竞争者都承认同一个优胜者。大多数投标方案本质上都是概率性的。参加这样一个概率性算法的竞争者首先通过抛硬币或通过产生一个随机数从给定的集合中选择一个值。接着它把自己的值和其他竞争者选择的值进行比较。

Chang 给出了一个满足防守竞争者保护原则的投标方案。如果进程从集合 B 中选择投标值，$|B| = n$，那么不管其他进程选择的投标值是多少，它取胜的概率为 $1/n$。这个方案基于以下四个假设：

➢ 竞争者只能通过交换消息互相通信。
➢ 通信是无错的。
➢ 每个竞争者都将在最后期限前发出它的投标值。
➢ 竞争者不能发送相互冲突的信息给不同的竞争者。

Chang 还提出了以下投标方案的变体和扩展。

➢ 不同加权的投标。
➢ 多于一个优胜者的投标。
➢ 竞争者个数未知的投标。

为了降低以交换的消息总数衡量的通信成本，Wu 和 Fernandez 建议采用一个基于群（gang）的概念的解决方案。一个群是一组一起工作、设法控制投标结果的竞争者。系统中可能存在多个群。定义非群子集（gang - free subset）为一组竞争者，其中至少包括一个不属于任何群的竞争者。定义 m 为最小的整数，满足所有元素个数大于等于 m 的子集都是非群 e。我们称那些元素个数为 m 的子集为最小非群子集（minimum gang - free subsets）（记做 MGFS）。在解决方案中，MGFS 的大小是预先知道的，而且大小为 m 的子集被任意选择参与投标。投标的结果在竞争者而不是在选择子集中发布。

以下符号用于投标过程：

n：系统中的竞争者数。

I：竞争者的索引。

P_i：第 i 个竞争者。

B_i：第 i 个竞争者选择的投标值，范围从 1 到 n。

k：优胜者（竞争者之一）的索引，范围从 1 到 n。

m：最小非群子集（MGFS）的大小。

f：决策算法。

在 Chang 的方法中：

$$f(b_1, b_2, \cdots, b_n) = P_k$$

并且

$$k = \sum_{i=1}^{n} b_i \bmod n + 1$$

　　在扩展投标方案中，我们选择一个元素个数为 m 最小的非群子集，其中竞争者的索引从 1 到 m。容易看出，如果这些在 MGFS 中的元素有分散的索引，这个方案仍然可行。投标问题的解决方案可以表示如下：

$$f(b_1, b_2, \cdots, b_m) = P_k$$

　　并且

$$k = \sum_{i=1}^{m} b_i \bmod n + 1$$

　　显然，优胜者的索引仍然处于 1 到 n 之间并取决于所有 MGFS 中的竞争者选择的投标值。由于 Chang 的解法只使用一个 MGFS，它是所有 n 个竞争者的集合，所以他的解法可以认为是一种特殊例子。

　　这两种方案的性能可以用一些特别的网络拓扑来评价。我们这里考虑两种类型的网络：全连接网络和超立方网络。我们假设每代表一个竞争者的进程被分配到不同的处理机（或节点）。

　　在一个全连接网络中，每对节点可以直接交换消息而且每个节点可以同时和所有其他节点交换消息。在这个假设下，Chang 算法需要 $n(n-1)$ 次消息交换和一个交换回合。建议的算法在选举优胜者阶段（阶段 1）需要 $m(m-1)$ 次消息交换，在发布结果阶段（阶段 2）需要 $n-m$ 次消息交换。显然，Chang 的算法需要比建议的算法多 $(n-m)(n+m-2)$ 次消息交换。当 $m=1$ 时，消息交换次数的差值达到最大值。

　　全连接网络虽然有一些很好的特性，却很少用在分布式系统中，尤其是大型并行系统。在其他网络结构中，超立方由于其规则性和对称性而成为占主导地位的拓扑结构之一。在 1 维超立方结构中，每个节点分配一个不同的二进制地址，从 0 到 2^{l-1}。当且仅当两个节点的二进制地址只有一位不同时，它们通过一条链路直接相连（所以它们是邻居）。为了减少选举优胜者过程中的消息交换总数，每个节点计算目前为止收集到的所有投标值的部分和，并将部分和的结果传给相邻的一个节点。

　　以下算法在一个 1 维超立方 Q_1 上实现 Chang 算法的方案，其中 $2^l = n$。每个竞争者 c 选择一个投标值作为每个 c 的初始积聚值 (v)。我们用 $c^{(d)}$ 表示 c 沿着第 d 维的相邻节点（它的初始积聚值为 v^d）。

```
P(c) :: = * [ [ send v to c^(d) || receive v^d from c^(d) ]
        v : = (v + v^d) mod n
        ]
hypercube - bidding :: = ∀_{c∈Ql} P(c)
```

　　在建议的方案中，我们假设 $w = 2^s$，$n = 2^l$，$s < 1$ 并且地址为 $00\cdots 0a_s\cdots a_1$ 的竞争者被选为 MGFS。算法中两个阶段的实现如下：

　　①优胜者的选择：在选定的 MGFS 上使用超立方 – 投标算法，即子立方 $00\cdots 0a_s\cdots a_1$。

　　②结果的发布：MGFS 中的每个 P 发送它的积聚值给 2^{l-s} 个竞争者，这些竞争者和 P 在地址码上有相同的 s 位最低有效位（LSB）。

　　图 3 – 23 和图 3 – 24 表示应用在一个 4 维超立方上的上述两种算法，其中，子立方 $0a_3a_2a_1$ 被选为 MGFS。在图 3 – 23 和图 3 – 24 中分别需要 64 次和 32 次消息交换。两种情况都需要 4 个消息交换回合，和每条链路相关联的数字指出了该链路上发生的双向消息交换的

回合。

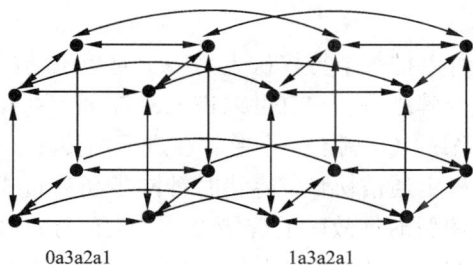

图 3-23　在 4 维超立方上实现的 Chang 算法

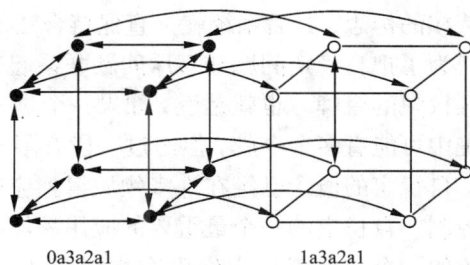

图 3-24　在 4 维超立方上实现的建议算法

在超立方上实现的 Chang 算法中，需要 $12^l = n\log n$ 个消息，是超立方中总链路数的两倍，还需要 1 次消息交换回合。在建议方法的实现中，如图 3-24 所示，没参与选举过程的节点用白色节点表示，实现的第一个阶段使用了 $m\log m$ 个消息，第二个阶段使用了 $n-m$ 个消息。总的消息数是 $m\log n + (n-m)$，同样也需要 1 次消息交换回合：其中的 s 次用于第一阶段，剩下的 $1-s$ 次用于结果的发布。总的来说，当建议的解决方案用于非全连接网络如超立方网络时，消息数减少了，但消息交换的回合数保持不变。所以建议的解决方案看来特别适合于非全连接网络。

3.6　自稳定算法

一个系统，如果无论它的初始状态是什么，总是能在有限的步骤内达到一个合法的状态，那么它是自稳定的。每个步骤都是一次由特权（privilege）定义的状态转换。与每个进程相关的特权是关于本地进程状态和邻居进程状态的布尔函数。当且仅当一个进程拥有特权时系统处于合法状态，否则，它就处于非法状态。当两个特权出现在两个相邻进程时将可能发生冲突。我们假定有一个中央守护进程能选择出现的特权之一。

一般来说，一个系统 S，如果它满足以下两个性质，那么它关于谓词 P 是自稳定的。

（1）终止性。P 在 S 的执行下是终止的（closed），也就是说，一旦 P 在 S 中被建立，它就不能被再被证明为假。

（2）收敛性。从任意全局状态开始，S 能保证在有限次状态转换内达到一个满足 P 的全局状态。

Dijkstra 给出了一个自稳定系统的例子，该例子是一个有限状态自动机的环。在这样一个系统中，有一个特别的进程，它对于状态转换使用独特的特权，其他进程使用另一个特权。给定 n 个 k 状态进程，$k > n$，标号分别为 P_0 到 P_{n-1}。P_0 是特别的进程，其他进程 $P_i (0 < i \leqslant n-1)$ 是一样的。

P_i 的状态转换如下：

$$P_i \neq P_{i-1} \rightarrow P_i: \ = P_{i-1}, \ 0 < i \leqslant n-1$$

P_0 的状态转换如下：

$$P_0 = P_{n-1} \rightarrow P_0: \ = (P_0 + 1) \ \bmod k$$

表 3 – 1 表示一个有三个进程的系统实例，$k = 4$。初始时，每个进程有一个特权，并且移动（move）的选择是随机的。移动两步之后，系统达到一个合法的状态，即正好只有一个进程有特权的标志，其后系统就一直保持合法的状态。

为了把自稳定问题和互斥问题联系起来，我们可以把每个特权认为是一个对应于访问临界区权限的令牌。也就是说，如果一个进程有这些令牌之一，它就可以进入临界区。刚开始系统中可能有多个令牌，但经过一段有限的时间，系统中只剩下一个令牌在进程间传递。

自稳定的概念已经在许多领域得到应用，如自稳定通信协议、容错时钟同步和分布式进程控制。自稳定的一个最重要的应用领域是用于解决暂时性故障的容错设计。大部分自稳定系统的一个弱点就是它们没有提供关于一个非法状态要多长时间才能收敛为合法状态的评价。

表 3 –1　Dijkstra 自稳定算法实例

P_0	P_1	P_2	特权进程	要移动的进程
2	1	2	P_0、P_1、P_2	P_0
3	1	2	P_1、P_2	P_1
3	3	2	P_2	P_3
3	3	3	P_0	P_0
0	3	3	P_1	P_1
0	0	3	P_2	P_2
0	0	0	P_0	P_0
1	0	0	P_1	P_1
1	1	0	P_2	P_2
1	1	1	P_0	P_0
2	1	1	P_1	P_1
2	2	1	P_2	P_2
2	2	2	P_0	P_0
3	2	2	P_1	P_1
3	3	2	P_2	P_2
3	3	3	P_0	P_0

习 题

1. 物理时钟的同步机构有哪几种?

2. 考虑一个分布式系统中的两台机器。这两台机器的时钟假设都是每毫秒滴答 1000 次, 但实际上只有一个是这样, 而另一个一毫秒仅滴答 990 次, 如果 UTC 每分钟更新一次, 那么时钟的最大偏移量将是多少?

3. 在使用租约实现缓冲一致性的方法中, 时钟同步是必须的吗? 如果不是, 需要有什么要求?

4. 试举例说明没有统一时钟的分布式系统会发生什么问题?

5. 说明在先发生关系的定义。

6. 说明什么是全局一致的状态。

7. 说明多重逻辑时钟的时钟条件。

8. 对于图 3–25 所示的由三个进程组成的分布式系统, 为所有的事件提供逻辑时间, 分别使用:

(1) 标量时间。

(2) 向量时间。

假设每个 LC_i 初始化为 0, 并且 $d=1$。

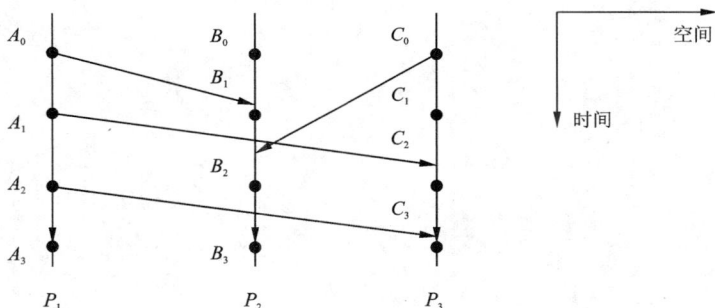

图 3–25 习题 8 图

9. 图 3–25 为习题 8 中的系统中的所有事件提供标量逻辑时钟。假设所有的 LC 初始化为 0, 而且 P_1、P_2、P_3 的 d 分别为 1、2、3。

10. 客户向服务器发出远程过程调用。客户花费 5 ms 时间计算每个请求的参数, 服务器花费 10 ms 时间处理每个请求。本地操作系统处理每次发送和接收操作的时间是 0.5 ms, 网络传递每个请求或者应答消息的时间是 3 ms, 编码或者解码每个消息花费 0.5 ms 时间。

计算下列两种条件下客户创建和返回消息所花费的时间:

(1) 如果它是单线程的。

(2) 如果它有两个线程, 这两个线程能在一个处理器上并发地处理请求。

你可以忽略上下文切换时间。如果客户和服务器处理器是线程化的, 需要异步 RPC 吗?

11. 互斥算法应该满足哪些条件?

12.说明集中式互斥算法的优缺点。

13.分别说明 Lamport 互斥算法和 Ricart 互斥算法中，一个进程对其他申请者进行应答的条件是什么？

14.假设一个由六个进程 P_1、P_2、P_3、P_4、P_5、P_6 组成的系统，若使用 Maekawa 互斥算法，请设计每个进程的请求集，要求每个请求集中不超过三个进程。

15.对以下系统：$n=3$，$k=5$，使用 Dijkstra 自稳定算法，请表示出状态的转换序列。假设 $P_0=3$，$P_1=1$，$P_2=4$。

16.举例说明 Bully 选举算法。

17.在实现互斥的集中式方法中，协调者在收到一个进程释放它互斥访问临界区的消息后，通常给等待队列中的第一个进程授权允许其访问临界区。请给出协调者另一种可能的算法。

18.Ricart 和 Agrawala 算法中存在这样一个问题：即如果一个进程崩溃并对另一个欲进入临界区的进程的请求未做应答，没有应答将意味着拒绝其请求。我们建议所有的请求应当立即被应答，以便很容易地检测到崩溃的进程。是否存在这样一些情况，即使是使用这种方法也不是足够的呢？请讨论。

第4章 分布式资源管理

由于分布式系统的资源规模庞大、关系复杂、种类多样，为系统资源的维护管理带来了很大的难度。分布式资源管理的目标就是对基于互联网的、分布式的、异构的、多功能的高性能计算机网络系统作为一个统一的计算资源对象实施监控，以管理基于高性能计算机网络系统的支撑分布式计算的各类主要受控资源，确保提供良好的计算环境，使业务系统得到高效运行，使资源得到合理使用。

分布式计算资源管理主要集中在解决以下三个方面的主要问题：①被管理的资源系统可能在地理上分布，资源规模是可伸缩的，因此资源管理一定要适应资源大规模的扩展；②被管理资源的类型多样且同类型的资源也可能异构，因此资源管理必须具备合适的资源表示模式以及模式处理和管理机制以适应信息的复杂性；③被管理的计算资源如果归属某个局部管理系统，那么资源管理一定要提供与局部管理系统的互操作机制，支持跨平台的多域管理。

从广义的角度讲，分布式资源泛指所有参与计算的物理或逻辑实体，如 Cluster、网络、节点、CPU、内存、磁盘以及文件系统、软件、服务，甚至用户和进程。分布资源管理的目的是把网络中分散的各种资源有机管理起来，使多个资源请求者可以共享使用网络中的同一个资源。

分布式资源管理与单机模式下的资源管理有很多不同之处。在单机操作系统控制下，不同用户总是通过同一个资源管理组件来申请资源的。但是，在分布式系统中，系统的资源分布于各台机器中，系统的用户也分布于各台机器上。如果像单机系统那样，分布于各机器的一类资源仅由位于某台机器上的一个资源管理来管理，则不仅开销大，而且不能达到可靠性的要求。所以，分布式系统的每台机器通常都有一个资源管理组件。用户使用资源时，总是向本机的资源管理组件提出申请。各机上的资源管理之间可以相互通信以做到系统资源的共享。从上面的讨论可以看到，分布式系统的资源管理和单机资源管理的不同在于资源管理不是唯一的而是分布于各机的，同时，它们之间又是紧密联系的，从而系统的资源可为位于不同机的不同用户共享。

4.1 资源共享

分布式系统为用户提供了使用系统中各种软、硬件资源的能力。本节讨论实现分布式资源共享的各种方法。

4.1.1 数据迁移

数据迁移是数据系统整合中保证系统平滑升级和更新的关键部分。当场点 A 的用户希望存取位于场点 B 的数据(如文件)时,系统有两种基本方法转移该数据。第一种方法是将整个文件转移给场点 A,然后,所有对该文件的存取都是局部的了。当用户不再需要访问该文件时,它的副本(如果它被修改过)被回送给场点 B。对一个文件的任何微小的修改,都必须将这整个文件传送回去。另一种方法是只将该文件中实际需要的部分转移给 A。一旦用户不再使用该文件,该文件的任何已作过修改的部分必须回送给场点 B。显然,如果只访问一个较大文件的小部分,那么采用后一种方法较好,否则采用第一种方法较合适。不过,仅仅从一个场点向另一个场点转移数据是不够的,系统还得执行各种数据转换(如果两个场点不是直接兼容的话)。例如,如果它们使用了不同的字符代码表示。

4.1.2 计算迁移

"计算"作为理论和实验二者之间的桥梁,已成为一种重要的科学研究方式,在很多领域中已经成为一种重要的甚至是不可替代的解决问题的方法和工具。但随着人们求解问题领域的不断拓展,所遇到的问题也越来越复杂,而且规模也越来越大,解决这些问题所需要的计算能力也在大幅度提高。在这些新问题的求解过程中,局部的计算资源已经无法满足这样的计算需求,因此打破地域的限制来实现更大粒度和更大范围的资源共享就成为一种必然的需求。在某些情形中,转移计算比转移数据更有效。例如,考虑这样一个作业,它需要存取位于不同场点上的若干较大的文件,以获得它们的概况。一种比较有效的办法是在它们驻留的场点上各自存取这些文件,然后分别回送所需要的值给初启该计算的那个场点。

在资源动态变化以及分布不均匀的环境中,为了实现有限资源的最大化利用,当本地的资源有限或剩余资源已不能满足用户计算任务的需求时,将计算任务迁移到资源丰富、运行环境良好的节点上继续运行,能得到更好的性能表现。即计算任务随资源的变化而进行迁移,实现"资源在哪里,就到哪里计算"。

这种计算可以若干不同的方式实现,例如,假设进程 p 希望存取位于场点 A 的文件,对该文件的存取可以在场点 A 进行,而且可用一个远程过程调用来初启。进程 p 引用场点 A 上预定义的一个过程,该过程执行完后向 p 回送所需要的结果。

另一种方式是进程 p 可以发送一条消息给场点 A,操作系统在场点 A 创建一个新进程 q,q 的功能是执行由该消息所指定的任务,当 q 完成其执行后,它又通过消息系统给 p 回送所需要的结果。注意,在这种方案中,进程 p 和 q 可以并发执行,而且事实上可以有若干进程在若干场点上并发地运行。

这两种方案都可用来存取驻留在各个场点上的若干文件。一个远程过程调用可能导致对另一远程过程的引用,或转移消息给另一个场点。类似地,进程 q 也可以在其执行期间发送一消息给另一场点,该场点据此创建另一进程。这个新进程或回送一条消息给 q,或重复上述过程。

4.1.3　作业迁移

当一个作业提交给系统后，系统可以在一特定的场点上执行这整个作业，或在不同的场点上执行它的某一部分。利用这种方案的主要原因是：

(1)负载均衡：作业(或子作业)可以分散到系统中，以均衡系统的工作负载。

(2)计算速度的提高：如果单个作业可以分解成若干子作业，这些子作业可以在不同的场点并发地执行，那么，整个作业的周转时间将会减少。

(3)硬件特性：该作业可能有这样一些特性，即它比较适合于在某些特殊的处理机上执行。例如，矩阵转换就比较适合于在阵列机上执行。

(4)软件特性：该作业可能需要特定场点上的软件或不能移动的软件，或者移动该作业比较划算。

通常有两种方法移动系统中的作业：

(1)隐式法。即程序员不必在它们的程序中明显地给出实现这种迁移的代码。作业迁移的最终实现由系统完成。

(2)显式法。即允许(或要求)用户显示在其程序中指明作业如何迁移，系统则按照用户的规定实现这种迁移。这种方法通常用于作业必须予以移动以满足某种软、硬件特性的场合。

4.2　分布式资源管理策略

资源的调度和管理是操作系统的一项最主要任务。在分布式计算机系统中，究竟使用哪种资源管理方式，必须根据总体要求和资源性质来决定。在具体设计有关的资源管理算法时，除考虑死锁问题外，还须考虑公平性，并应防止饥饿现象发生。

(1)根据单个资源与多个管理者的相互关系，可分为如下四种资源管理方式：

①全集中管理方式：只有一个管理者对该资源的各种活动进行统一管理，其他管理者对该资源均不具有管理职能和责任。该方式也称为专制(autocratic)管理方式。

②功能分布管理方式：多个管理者按照不同的资源活动分担管理职能和责任，且每种活动只由一个管理者管理。该方式也称为分担管理方式或分割(partitioned)管理方式。

③浮动管理方式：多个管理者均可同等地担负管理职能和责任，但在一段时间内，只有一个管理者行使职权，"任期"满后再由另一管理者接替，如此轮流下去。该方式也称轮流(successive)管理方式。

④全分散管理方式：多个管理者采取协商一致的原则对资源活动进行全面管理，其中各个管理者的地位和功能是完全平等的。该方式也称民主(democratic)管理方式。

(2)根据多个资源与多个管理者的相互关系，可分为如下四种管理方式：

①集中管理：每一类资源只由一个管理者管理。它控制该类全部资源。

②分管(集中分布管理)：每一类资源由多个管理者管理，但每一资源只由一个管理者管理。

③合管(完全分布管理)：不仅每一类资源由多个管理者管理，而且该类中每个资源都属全部管理者共同管理。

④部分管理：每一类资源由多个管理者管理，每一个资源属若干管理者管理。

如图 4 - 1 所示。其中圆圈表示管理者，三角形表示资源。

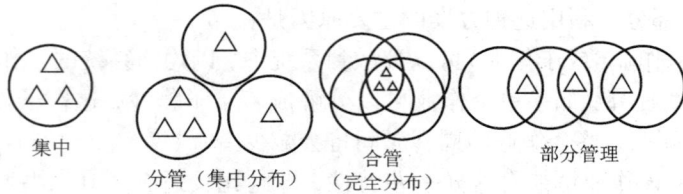

图 4 - 1　资源管理方式

分布式管理方式可以分为集中分布管理和完全分布（又称分散）管理两种方式。采用集中分布管理方式时，一类资源由多个管理者管理，但每一个具体资源只属一个管理者管理。譬如，尽管系统有多个文件管理者，但是，每个文件只依附一个文件管理者。采用完全分布管理方式时，一类资源由多个管理者共同管理。例如，一个具有多个副本的文件资源是由多个文件管理者共同管理的。

分布式管理方式和集中式管理方式的主要区别是对同类资源是采用多个管理者还是一个管理者。集中分布管理和完全分布管理的主要区别是前者让资源管理者对它管理的资源拥有全部控制权，而后者只允许资源管理者对它管理的资源拥有部分控制权。

从上述两种管理方式的角度来考虑系统资源的划分，系统资源可以分为两大类。一类是和处理机紧密相连的资源，如存储单元、显示器、键盘以及和一台计算机相连的打印机等，当与它们紧密相连的处理机失效时，这些资源也就随之失效了，对于这类资源通常采用集中分布管理方式。另一类则和处理机的关系不甚紧密，如多副本文件、网络打印机等，当一台处理机失效时，仍然可以通过别的计算机使用这类资源，对于这类资源常常采用完全分布管理方式。因此，一般来讲，一个分布式操作系统往往兼有两种分布式管理方式。

采用集中分布式管理资源，不仅要研究资源的搜索算法，而且要研究资源的调度算法。资源的调度算法应该能够高效地调度系统资源，使之能为程序提供良好的服务。例如，一个程序可以由若干个相对独立而又能相互通信的子程序或进程组成。如果将各个子程序或进程都置于一个节点内，则通信开销小但并行度不高，且实际上各个进程之间不可能真正地并行；如果将各个子程序或进程置于不同的节点内，则并行度较高但通信开销较大。合理地调度和分配资源，使得程序能发挥最大的并行度，同时又尽可能减少通信开销，这是资源调度的责任。

采用完全分布管理方式时，每个资源由位于不同节点上的资源管理共同来管。每个资源管理在决定分配它所管理的资源前，必须和其他资源管理者协商。因此，采用这种管理方式时必须设计一个算法，各资源管理按算法给出的原则共同协商资源的分配。这个算法应满足以下条件：

（1）按算法协商资源分配，应该保证每个资源在任何时刻最多被一个进程占有，即应该保证资源分配的互斥性。

（2）按算法协商资源分配，不应该产生饥饿。

（3）按算法协商资源分配，各资源管理应该处于平等的地位，没有集中的控制者。

　　从实用的角度讲，分布式系统中的资源管理方式主要有局部集中式、分散式和分级式。

4.2.1　局部集中管理方式

　　在这种方式下，每个资源由一个且仅由一个资源管理者管理。具体讲就是，资源按其在各场点上的分布情况分别由其所在的场点进行局部的集中管理，不存在全系统范围的集中管理者。就一个场点而言，这种方式与单机的管理相似，但增加了利用网络通信手段申请使用其他场点上的资源的功能。该方式对应于上节中的集中式。

　　这种管理方式主要适用于内存、键盘、显示器这类本身就属于各个场点单独管理且逻辑上相互比较独立的一些资源。

　　由于各场点都有隶属于自己管理的一部分资源，所以当一进程请求使用资源时，先向本场点的管理者提出要求，仅当本场点的管理者无法满足时，本场点管理者才向其他场点转发这一请求，而且可在提供所需资源的场点之中挑选出通信距离最短的场点，以获得相应资源，从而减少通信开销。

　　这种管理方式实现简单，也不存在全系统范围内的可靠性薄弱环节和通信瓶颈问题。

　　当多个并发进程同时申请某一资源，且该资源又是由某一场点上的管理者进行局部集中管理时，可把这一问题归结为访问临界段问题，可用类似解决"读者－写者"问题的原则来解决。"读者－写者"问题的解决原则是：

　　(1)读者优先：除非写者已经获得使用该资源的授权，否则不应让读者等待。

　　(2)写者优先：一旦写者占有该资源，任何新到来的读者都必须等待。

　　不过，在具体应用这些原则时，还应注意解决死锁和饥饿问题。

4.2.2　分散式管理方式

　　在这种方式下，一个资源由多个场点上的管理者在协商一致的原则下共同管理。换言之，一个资源由各副本所在的场点共同管理。因此，当某场点上的进程申请使用一资源时，即使本场点有可供使用的副本或者能在其他场点上找到，也不能由这一场点(或任一场点)单独对该资源的分配作出决策，而必须与所有参于管理的节点进行协商，在取得一致后才能作出决策。

　　之所以提出这种管理方式，是由于在分布式系统中，有些资源很难采用集中管理方式。例如，系统有一文件 A，它有若干副本分别存放在场点 1、2、3 上。系统允许多个用户同时读文件 A，但当某个用户在修改文件 A 时，任何其他的用户既不能读 A 也不得写 A(即典型的"读者－写者"问题)。因此，当场点 1、2、3 上的资源管理者之一接收到请求"写"文件 A 的要求时，它必须和其他有关的资源管理者协商，取得一致后才能决定是否满足申请者的要求。也就是说，文件 A 不是由一个管理者而是由多个管理者来管理，这就要求采用分散式管理方式。显然，该管理方式就是上节中的分散式，它适用于必须由多个场点共同管理且逻辑上有相互联系的一些资源，如多份拷贝的文件、数据、表格等。

　　这种管理方式实现比较复杂，通信开销较大，要求有较好的分散管理算法来提高对资源的响应速度。

4.2.3 分级式管理方式

分级式管理的基本原理是：

（1）针对实际的分布式系统对其中的各种资源进行分析，然后根据其重要性、常用性和隶属关系将资源分为两个级别：第一级是被多个场点经常使用的资源；第二级是仅被本场点使用的资源。

（2）采用不同的方式管理不同级别的资源。即对第一级资源，由于它们被系统中的多个场点经常使用，因此，必须采用分散式管理方式，由多个场点在协商一致的原则下共同管理。对第二级资源，由于它们属于某个场点，不被其他场点使用，可以采用集中式管理方式，由某个场点集中管理。

显然，对于逻辑上分属于某个场点的资源，分级式管理方式保持了集中管理方式的特点；同时，对于被系统中的多个场点经常使用的资源，它又具有分散式管理方式的特点。

4.2.4 一个分散式资源管理算法

1．基本说明

（1）占有资源的进程，必须先释放资源，系统才能把该资源分配给另一进程。

（2）多个进程申请同一资源时，必须按其请求的先后次序来分配。

（3）若每个分配到资源的进程都在有限时间内释放所占有的资源，则每个资源申请者都可能在有限时间内获得该资源。

（4）假定系统由 n 个场点组成，每个场点运行一个进程，它们的编号依次为 p_1，p_2，…，p_n。每个进程都有一个自己管理的申请队列，用以存放请求消息。

2．算法描述

该算法利用时间戳来标明申请资源的先后次序，以此来尽量消除对共享资源的竞争。

（1）当系统中的任一进程 P_i 申请资源 r_j 时，向系统中的其他每一进程发一 request(T_i，P_i，r_j) 消息，（其中 T_i 为此时的时间戳）并把它存入自己的请求队列中。

（2）进程 P_k 接收到这一消息后，将其存入自己的请求队列，若 P_k 当前未请求该资源，则马上给 P_i 发送一个带有时间戳的认可消息；若 P_k 也正在请求使用该资源，且其时间戳 T_k 先于 T_i，则暂不给 P_i 发送认可消息。

（3）仅当下列条件成立时，P_i 才可以分配该资源：

①在其请求队列中，它的 request(T_i，P_i，r_j) 消息中的 T_i 比所有其他请求消息中的时间戳都要小。

②P_i 已接收到所有其他进程发来的时间戳迟于 T_i 的认可消息。

（4）在释放资源时，P_i 从自己的请求队列中去掉 request(T_i，P_i，r_i) 消息，并向系统中每个正等待请求使用该资源的进程发一条 release(T_i'，P_i，r_i) 消息和一条带时间戳的认可消息。

（5）当进程 P_j 收到 P_i 发来的 release(T_i'，P_i，r_i) 消息后，从其请求队列中去掉 request(T_i，P_i，r_i) 消息。

4.2.5 招标算法

1.算法：招标算法

（1）资源管理者打算向其他场点的资源管理者申请资源时，先将招标消息广播出去。

（2）当资源管理者接收到这一招标消息后，若该场点有所需资源，则它根据一定方法计算出"标数"。然后，给申请者发一条投标消息，否则回复一条拒绝投标的消息。

（3）当申请者接收到所有的投标消息后，根据一定的策略选择一个投标者，并直接向它发送一条申请资源的消息。

（4）接收到此申请资源消息的资源管理者将申请者的名字排入其等待队列，并在可以分配所指资源时再发消息通知申请者。

（5）申请者在使用完所需资源后，通知分配资源者回收资源。

投标与选标策略可视具体情况而定，例如，可用等待队列中排队等待的申请者的个数作为标数来投标，选标时则选择标数最小的投标者中标，或者不仅考虑资源申请者的个数，还考虑到投标者与招标者之间的距离。如可规定标数为

$$x = c_1 \times a + c_2 \times b$$

选取最小的 x 中标，其中 a 为等待的申请者的个数，b 为投标者与招标者之间的距离，c_1 和 c_2 为两个常数。采用这种投标与选标策略考虑到了资源使用的均衡性和有效性。

（6）在考虑场点故障的情况下，可增加如下措施：

若资源申请者发出申请消息后久未获得所需资源，则向中标者发送询问消息，若中标者未发生故障将立即予以回复；若发出询问消息后仍无回复，则申请者重新广播招标消息。

此时，步骤（3）修改为："当申请者接收到所有的投标消息后，或等待时间超过预定时间值 T 后，根据一定的策略选择投标者，并直接向它发送一条申请资源的消息。"

容易看出，该算法有如下特点：

（1）不会出现饥饿现象，因为只要系统中有所申请的资源就必有一个中标者，只要每个资源占有者在有限长时间内归还所占资源，申请者总能从中标者处获得所需资源。

（2）在无场点故障情况下，从广播招标消息到接到获得资源的通知，一共交换了 $2 \times (n-1) + 2 = 2n$ 条消息。

（3）该算法特别适用于共享通路结构（如全互连、总线型）的分布式计算机系统，因为只要广播消息一发出，就可向系统中的各资源管理者招标。

2.适用于环形结构的招标算法

对于具有环形结构的分布式计算机系统，相应的招标算法为：

（1）申请资源者向其邻近场点发送招标消息。

（2）接收到招标消息后，若本场点上无所指资源，则它将招标消息沿环转移给下一邻近场点，否则：

①若此消息中未附投标信息，则它将本场点的投标信息附上，并将这一新形成的消息转移给下一邻近场点。

②若此消息中已附有投标消息，则它就将本场点的投标消息同此消息进行比较，优选一

个附上，转移给下一邻近场点。

（3）某场点接收到自己发出的招标消息后，从其中所附的投标信息可知中标者是谁，直接向中标的资源管理者发送申请资源的消息。

（4）中标者接收到申请消息后，将申请者的名字排入其等待队列，并在可以分配所需资源时向申请者发送通知。

（5）当资源使用完后，申请者通知分配资源者回收资源。

对于非环形结构的分布式计算机系统，也可采用上述算法，只要规定消息统一按"逻辑环"转移即可。所谓"逻辑环"是指一个虚拟的消息转移环路。例如，若系统由 n 个场点构成，规定消息从节点 $i(l \leq i < n)$ 总是发往 $i+1$，从节点 n 总是发往节点1。这样，n 个场点便按人为的次序1，2，…，n 构成一个逻辑环。

投标算法例子：A 节点上某进程发出申请打印机资源要求，采用投标算法应获得 F 节点的资源，如图4-2所示。

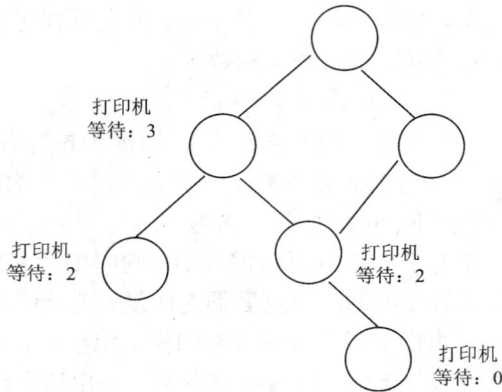

图4-2　投标算法例子

4.2.6　由近及远算法

这个算法让资源申请者由近及远地搜索，直至遇到具有所需要资源的节点为止。按照由近及远算法搜索资源，可使申请者总是在能够提供资源的节点之间，选择一个距离它最近的节点获得资源。例如，在图4-2所示的网络中，按照由近及远算法搜索的次序将是 B、C、D、E、F。假定 D、E、F 都具有 A 所需要的资源，那么 A 将从节点 D 获得资源。

（1）申请者向其某个邻节点发出搜索消息，附上对资源的需求及参数 p，p 为申请者的节点编号。

（2）邻节点接到搜索消息后，将发来搜索消息的节点编号和搜索消息中的参数 p 登记下来。我们定义发来搜索消息的节点为它的上邻节点，搜索消息中的参数 p 所规定的节点为它的前节点。如果接到搜索消息的节点具有所需要的资源，则向它的上邻节点发送成功消息，并附上自己的节点编号，否则它先向其前节点发送消息，声明自己是它的后节点。然后，发送消息给其上邻节点，请求继续搜索，并附上参数 p，p 为自己的节点编号。

（3）上邻节点接到继续搜索消息后，如果还有尚未搜索的下邻节点，那么就发送一条搜索消息给下邻节点，附上参数 p，p 是从继续搜索消息中复制的。如果所有的下邻节点都已经搜索过，但是它有后节点，则将继续搜索消息转发给它的后节点。如果既没有尚未搜索的下邻节点，又没有后节点，则表示与它相连的所有节点都已经搜索过。此时，它向其上邻节点发送失败消息。

（4）如果一个已经被搜索过的节点又接到搜索消息，则将搜索消息退回，发搜索消息的节点就认为该下邻节点不存在。

（5）接到成功或失败的消息后，如果该节点非申请者，则将此消息转发给它的上邻节点，否则搜索结束。申请者或者获得最近的能够提供所需的资源的节点编号，或者系统中没有所需的资源。

（6）为了增加算法的强健性，增加以下规则：

如果发搜索消息到下邻节点后，在某个 T 时间内没有收到回复消息，则认为该下邻节点已经失效。然后，向另外一个下邻节点发送搜索消息，或者向后节点发送继续搜索消息。

不难看出，在算法执行过程中不产生新的失效节点并且失效节点不被恢复的前提下，增加了上述规则后，由近及远算法是强健的。

扫描二维码可了解由近及远算法的工作情况。

由近及远算法例子

4.2.7　回声算法

1. 算法：回声算法

（1）申请资源者向其每一个邻节点发送搜索消息，并附上对资源的需求。

（2）若接收到搜索消息的节点是第一次收到这样的搜索消息，它就把传来搜索消息的邻节点定义为对该搜索而言的上邻节点，而把其余的邻节点定义为下邻节点。若不是第一次，它就向传来搜索消息的邻节点发送回声消息，参数为 0。

（3）接到上邻节点传来的搜索消息后，若有下邻节点，则将搜索消息复制分发各下邻节点，否则向上邻节点发送回声消息，参数 S 为下列值：
$$S = 0$$
当节点不具备所需资源时
$$S = w \times a + 1$$
当有 a 个申请者在等待资源时，式中 w 是一个常数。

（4）当一个节点接到它所有下邻节点发来的回声消息后，它就向其上邻节点发送回声消息，附上参数 S 及与之对应的节点编号。

$$S = \begin{cases} 0 & \text{若 } S_r = 0 \text{ 且所有回声消息所附参数均为 } 0 \\ \min(S_{r_1}+1, \cdots, S_{r_e}+1) & \text{若 } S_r = 0 \text{ 且回声消息所附参数不全为 } 0 \\ \min(S_{r_1}+1, \cdots, S_{r_e}+1), \; S_r & \text{其他} \end{cases}$$

式中，S_r 为本节点的资源参数，$S_{r_1}, \cdots, S_{r_e}$ 为所有回声消息中所附的非零资源参数。若 S 的值被选为 $S_{r_i}+1$，那么回声消息中所附的节点编号就是附有资源参数 S_{r_i} 的回声消息中所附的节点编号。若 S 的值被选为 S_r，那么回声消息中所附的节点编号就是本节点编号。

（5）申请者获得所有邻节点的回声消息后，按规则（4）中选定 S 的方法选择一个资源提供者，然后向它发送申请消息。

（6）当一个节点接到申请消息后，就将申请消息登记下来，并且在可能时将资源分配给它。

（7）资源使用完毕后，通知资源分配者收回资源。

（8）如果某个下邻节点在规定的时间内没有返回回声消息，则发送询问消息"你还在吗？"，如果得到肯定的回答，则继续，否则就假定它的回声消息已收到，且资源参数为零。

（9）如果发出申请消息后，在规定的时间内没有得到资源，则发送询问消息"你还在吗？"，如果得到肯定的回答，则继续，否则重发搜索消息。

不难看出，回声算法不会产生饥饿，并且能搜索到系统中每个场点。表面上回声算法所需的通信量似乎要比招标算法所需的通信量大，其实并非总是如此。可以看出，发送招标消息的通信量和发送搜索消息的通信量基本一样。然而，在某些情况下发送投标消息的通信量往往会大于发送回声消息的通信量。

扫描二维码可了解回声算法的搜索过程。

回声算法例子

如图 4-3 所示系统中，各节点给申请者 A 的投标信表面上只有 5 封，但实际上，从节点 F 至节点 A 的信至少经过两个节点中转。因此，它的实际通信量应该算作 3 而不是 1。按照这样计算，全部投标信的通信量应该为 9，因而招标算法所需的通信量为 20。而如果采用回声算法，回声消息的通信量只有 7，因而全部通信量为 16。但是如果节点 D、E 和 F 直接相连，那么采用回声算法的总通信量将是 24，高于招标算法所需的通信量。

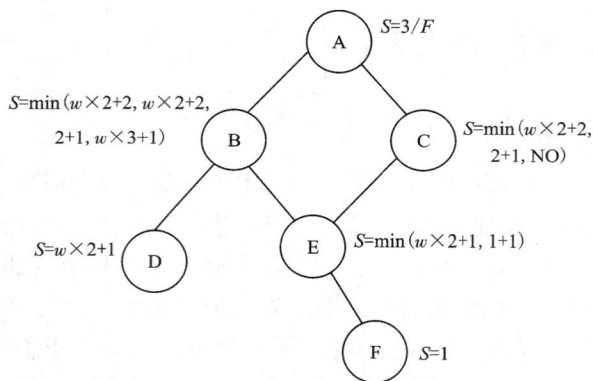

$A \quad S=3/F$

$S=\min(w\times2+2, w\times2+2, 2+1, w\times3+1)$

B

$C \quad S=\min(w\times2+2, 2+1, NO)$

$S=w\times2+1 \quad D$

$E \quad S=\min(w\times2+1, 1+1)$

$F \quad S=1$

图 4-3　回声算法例子

对于一个节点很多的系统往往没有必要搜索所有的节点，我们希望只要找到满意的资源就停止搜索。为此，我们可以将回声算法的步骤（2）、（3）、（4）和（5）改善如下：

（2）若接收到搜索消息的节点没有所需要的资源，并且没有收到过同样的搜索消息，它就把传来的搜索消息转发给它所有的下邻节点。

（3）若接搜索消息的节点未收到过同样的搜索消息，并且具有所需要的资源，则向传来搜索消息的节点发送回声消息。

（4）当一个节点接到满意的回声消息或者它所有下邻节点发来的回声消息后，它就向其上邻节点发送回声消息，并附上资源参数 S 及与之对应的节点编号。S 的计算仍旧一样。

（5）当申请者收到满意的回声消息后，就选择一个资源提供者，然后向它发送申请消息。

满意的含义可以有多种理解。例如，可理解为已收到几条回声消息或者已经等待了时间 T 或者已等到了一条资源参数小于 r 的回声消息等。

4.3　分布式系统中的死锁问题

分布式计算系统中的死锁和集中式系统中的死锁非常相似，只不过问题更为严重，因为一般地说，分布计算系统涉及更为广泛的资源和数据共享。同集中式系统相比，分布式计算系统中的死锁更难避免、更难防止、更难检测和纠正，因为通过多个机器才能得到相关的信息。在某些系统中，如分布式数据库系统中，死锁的问题可能会相当严重，因此理解分布式系统中的死锁与一般的死锁有何不同，以及如何处理就显得非常重要了。

4.3.1　死锁发生的条件

在计算机系统中，当一组进程中的某些成员由于无法访问到组中其他成员所占用的资源而被无限期阻塞时，就产生了死锁。说明死锁的最经典的例子就是哲学家就餐问题。在一个圆桌旁，五个哲学家要么吃饭，要么思考。有五把叉子——每两个哲学家之间一把。如果一个哲学家饿了，他必须拿起他左边和右边的两把叉子后，才能开始吃饭，吃完后，放下两把叉子。当所有的哲学家拿到右手边的叉子，想得到左手边的叉子时，便发生了死锁。

Peterson 指出了发生死锁的条件，严格地说，当且仅当下述四个条件同时成立时，会发生死锁：

（1）互斥。同一个资源在同一时刻最多只能被一个进程占用。

（2）占有并等待。必然有一个进程占用了至少一个资源，同时在等待获取被其他进程占用的资源。

（3）不可剥夺。一个进程不能剥夺被其他进程占用的资源。

（4）循环等待。在等待图中有一个循环。

4.3.2　死锁的图论模型

可用两种图模型来表示死锁，一种表示方法是等待图，另一种表示方法是资源分配图。在等待图中，节点代表进程，当且仅当进程 P_i 等待一个被进程 P_j 所占用的资源时，将边 (P_i, P_j) 加到等待图中，图中的边是有向的。

一个资源分配图（resource allocation graph） $G = (V, E)$，其中 V 是顶点的集合，它包含两部分：一是系统中所有进程的集合 $P = \{p_1, p_2, \cdots, p_n\}$，二是系统中所有资源类的集合 $R = \{r_1, r_2, \cdots, r_m\}$。$E$ 是所有有序对 (p_i, r_j) 或 (r_j, p_i) 的集合。资源分配图是等待图的一个变种。资源分配图中的节点有两种：一种是进程节点，另一种是资源节点。每个边是一个有序对 (P_i, R_j) 或 (R_j, P_i)，其中 P 代表进程，R 代表一个资源类型。边 (P_i, R_j) 表示进程 P_i 请求类型为 R_j 的一个资源，并且正在等待这个资源，一个资源类型中可能有多个资源。边 (R_j, P_i) 表示类型为 R_j 的一个资源已经分配给进程 P_i。由于等待图假定一个资源类型中只有一个资源，所以资源分配图是一个比等待图更加有力的工具。

假定一个进程只有得到所有需要的资源后才能继续运行，那么等待图中的一个有向回路就对应着一个死锁状态。然而，在资源分配图中，如果存在有向回路，则系统不一定处于死锁状态。图 4-4(a) 和图 4-4(b) 是两个资源分配图。图中圆圈代表进程，方框代表一个资源类型，方框中的圆点代表一个资源。图 4-4(a) 和图 4-4(b) 中都有回路，图 4-4(b) 处于死锁状态,而图 4-4(a)不处于死锁状态。因为在图 4-4(a)中,进程 P_1 可以释放资源类型 R_1 中的一个资源,然后这个资源被分配给进程 P_3,从而打破回路。

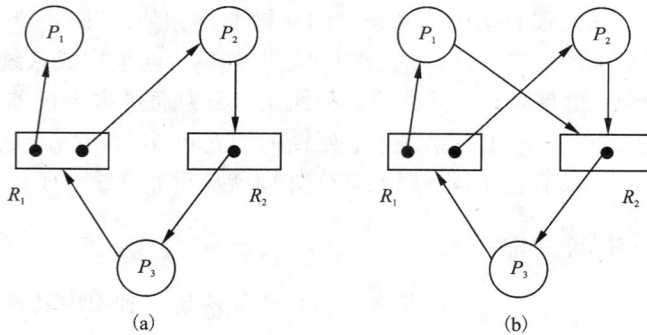

图 4-4 资源分配图

为描述简单起见,我们只考虑每个资源类型中只有一个资源的情况,在这种情况下,资源分配图可以转换为等待图。转换步骤如下:

(1)在资源分配图中找到一个未被处理的资源 R。如果所有的资源都已经处理,转向步骤(3)。

(2)在这个资源 R 的每个输入进程节点到每个输出进程节点之间加一条有向边。一个资源的输入进程节点是等待这个资源的进程节点,一个资源的输出进程节点是占有这个资源的进程节点。转向步骤(1)。

(3)删除所有的资源节点以及相应的边。

图 4-5(a)是一个资源分配图,对应着哲学家就餐问题的死锁状态。所有的哲学家拿到右手边的叉子,想得到左手边的叉子时,便发生了死锁。图 4-5(b)是将图 4-5(a)进行转换后,得到的等待图。

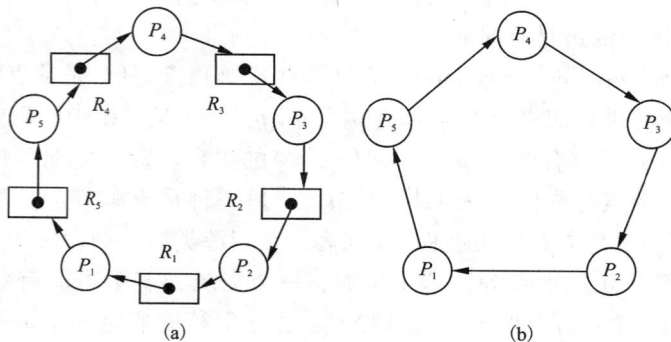

图 4-5 哲学家就餐问题

4.3.3　处理死锁的策略

有多种策略用于处理死锁，其中最常见的策略有：

（1）预防死锁。通过限制请求，保证四个死锁条件中至少有一个不能发生，从而预防死锁。

（2）避免死锁。如果结果状态是安全的，就将资源动态地分配给进程。如果至少有一个执行序列使所有的进程都能完成运行，那么这个状态就是安全的。

（3）检测死锁和从死锁中恢复。允许死锁发生，然后发现并解除死锁。

死锁预防和避免采用一种悲观方法，即认为死锁会经常发生并试图阻止或避免它。常用的死锁预防方法有：进程在启动时，就同时获得所需的所有资源；或者抢占持有所需资源的进程。前一种方法的缺点是效率低下，降低了系统的并发性，另外，一个进程刚启动时，往往不知道它需要哪些资源。后一种方法有时也行不通，因为它可能会中断不相干的进程。

虽然死锁避免策略在集中式系统中广为应用，并且有许多算法，但是在分布式系统很少使用。这是因为在分布式系统中没有全局时钟，检查安全性状态会涉及大量进程和资源的计算，这些会引起大量的开销。

死锁检测和恢复采用一种乐观方法，然而这种方法对于死锁发生频繁的应用程序可能并不有效。

4.3.4　死锁的 AND 条件和 OR 条件

有人将分布式死锁分成了两类：通信死锁和资源死锁。例如，进程 A 试图发送消息给进程 B，进程 B 试图给进程 C 发送消息，而 C 又试图给进程 A 发送消息，那么就会发生死锁。在这种情况下导致死锁的原因可能有多种，如无法得到缓冲区等。当多个进程为了互斥访问 I/O 设备、文件、锁或其他资源时就会发生资源死锁。资源死锁和通信死锁的真正区别在于资源死锁通常使用 AND 条件，而通信死锁通常使用 OR 条件。

所谓 AND 条件就是当进程取得所有所需资源时，它才能继续执行；所谓 OR 条件就是当进程得到至少一个所需资源，它就能继续执行。由于多数分布式控制结构是不确定的，一个进程可能在等待来自多个进程的报文，而不能确定被收到的报文究竟来自哪个进程，需要每收到一个报文就进行处理，所以通信死锁使用 OR 条件。

通常一个进程是按如下步骤使用一个资源的：①请求。如果请求不能立即被满足，该请求进程必须等待，直到得到所需资源。②使用。进程使用资源。③释放。进程释放资源。资源是进程可以请求和等待的任何对象。一般地，资源有重用型和消费型。重用型资源使用后并不消失，可以反复使用。CPU、内存和 I/O 设备等都是重用型资源。消费型资源使用后即消失，报文和信令等是消费型资源。

在使用 AND 条件的系统中，死锁条件是在等待图中存在回路。但在使用 OR 条件的系统中，等待图中的回路未必会引发死锁。在使用 OR 条件的系统中，死锁条件是等待图中存在结（knot）。一个结 K 是一个节点集合，对于 K 中的任何节点 a，都能到达 K 中的所有节点，并且只能到达 K 中的节点。例如，在图 4-6(a) 中，有一个回路 $P_4 \rightarrow P_2 \rightarrow P_3 \rightarrow P_4$；因而集合 $S = \{P_2, P_3, P_4\}$ 形成了一个回路，然而，P_4 的一个后继节点 $P_5 \notin S$，因此 S 不是结。图 4-6 (a) 中没有结。在 4-6(a) 中，P_4 在等待一个来自 P_2 和 P_5 的报文，若 P_4 收到一个来自 P_5

的报文，回路就会被打破。图 4 - 6(b)中的集合 $\{P_2, P_3, P_4, P_5\}$ 是一个结，所以图 4 - 6(b)中的等待图中有死锁。

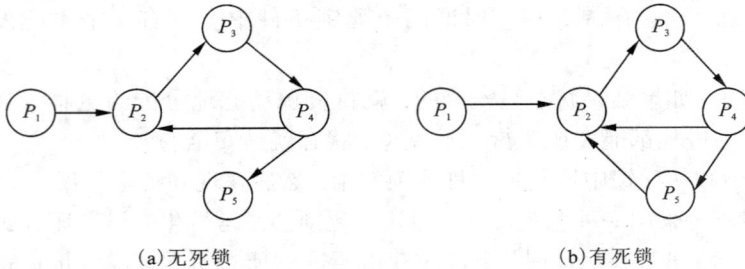

(a)无死锁   (b)有死锁

图 4 - 6   使用 OR 条件的系统

既然进程可以请求或释放通信通道、缓冲区等资源，它也可以按资源死锁处理，因此这里不区分这两种死锁。此外，在大部分系统中如上所述的环路通信类型是非常少见的。例如，在一个客户 - 服务器系统中某个客户可能要发送一条消息(或执行 RPC)到文件服务器，这可能会导致发送消息到磁盘服务器。然而磁盘服务器不会像一个客户端那样给最初的那个客户发送消息以期望它能像一个服务器那样进行响应。因此环路等待情况不会仅是由于通信而产生的。

处理死锁问题的策略有很多种，其中四种策略最著名，它们分别是：鸵鸟算法(忽略问题)；死锁检测(允许死锁发生，在检测到后想办法恢复)；死锁预防(静态地使死锁在结构上是不可能发生)；死锁避免(通过仔细地分配资源来避免死锁)。

在分布式系统中这四种方法都是可以使用的。鸵鸟算法在分布式系统中同在单处理机系统中一样好用，一样受欢迎。尽管在诸如分布式数据库等个人应用中，如果需要就可以实现它们自己的死锁机制。但是在编程、办公自动化、过程控制和许多用于其他应用的分布式系统中都没有系统级的死锁机制。

死锁检测与恢复算法也很流行，这主要是因为死锁预防算法和死锁避免算法太难了。后面将讨论几种用于死锁检测的算法。

尽管比在单处理机系统中困难得多，但是死锁预防还是有可能实现的。在原子事务提出之后，有一些新的想法可以采用。后文将进行讨论。

最后要说明的是，分布式系统中从来都不采用死锁避免策略。因为既然在单处理机系统中都不采用死锁避免机制，那么在更复杂的分布式系统中又何必采用它呢? 该策略的问题在于银行家算法和类似算法需要事先知道每个进程最终到底需要多少资源。而这样的信息即使有也非常少。因此本书关于分布式系统中的死锁问题的讨论将只集中于两种策略：死锁检测和死锁预防。

4.4　分布式死锁预防

4.4.1　预防死锁的一般方法

死锁预防是由细致的系统设计构成的,因此死锁从结构上来说是不可能的。不同的技术包括在某一时刻只允许进程占有一个资源,要求进程在初始阶段请求所有资源,当进程请求新资源时必须先释放所有资源。但在实践中这些方法都不太方便。有时采用的一种方法是必须预定资源,并要求进程以严格增序请求资源。这种方法意味着一个进程不可能既占有了一个高序资源又去请求一个低序资源,这就使得环路不可能出现了。

死锁预防算法通过限制进程的资源请求来达到预防死锁的目的。死锁预防通常是通过下列方法之一来实现的,它们都是通过打破四个死锁条件中的一个条件来实现的:

(1)进程在开始执行之前同时获得所有所需资源。这种方法打破了占有并等待的条件。在哲学家就餐问题中,每个哲学家都应该同时取得两把叉子。如果他失败了,并且他已经拿到了一把叉子的话,他就要放弃他已经拿到的叉子。

(2)所有的资源都要被赋予一个唯一的数字编号。一个进程可以请求一个有唯一编号 i 的资源,条件是该进程没有占用编号小于或等于 i 的资源。这样,就打破了循环等待的条件。如图 4-5(a)中的哲学家就餐问题,每个哲学家应拿起一个比他已经占有的叉子具有更大编号的叉子,即哲学家 P_1 应该先拿起叉子 R_5,再拿起叉子 R_1。其他哲学家 P_i 应该先拿起叉子 R_i,再拿起叉子 R_{i-1}。

(3)每个进程被赋予一个唯一的优先级标识。优先级标识决定了进程 P_i 是否应该等待进程 P_j,从而打破了不可剥夺的条件。在哲学家就餐问题中,假定哲学家的优先级是基于他们的标识,即若 $i>j$,则进程 P_i 的优先级高于进程 P_j 的优先级。那么 P_1 必须释放他已经取得的叉子。

方法(1)和方法(2)都是保守的、过分谨慎的策略。方法(3)的问题是可能发生饿死现象。具有最低优先级的进程可能总是得不到资源。这个问题可以通过在每次进程被拒绝时提高它的优先级的方法来解决。

4.4.2　基于时间戳的预防死锁方法

为了预防死锁,可以从破坏导致死锁成立的四个必要条件之一入手。这里所讨论的这种途径是通过抢占资源(如果必要)来破坏循环等待条件。为了控制抢占,给每个进程赋一个唯一的优先数,这些优先数用于决定进程 p_i 是否等待进程 p_j。例如,如果 p_i 的优先数高于 p_j 的优先数,可以让 p_i 等待 p_j,否则 p_i 被撤离。这种方法能防止死锁,因为对于等待图中的每一条边 (p_i, p_j),p_i 的优先数高于 p_j 的优先数,因此也就不存在循环等待现象。

采用这种方案的问题是可能会发生饥饿现象,即某些具有很低优先数的进程可能总被撤离。为解决这个问题,1978 年,Rostenkrantz 等人提出了使用时间戳作为优先数的方法。对于系统中的每一个进程使用,当创建它时,就赋给它一个时间戳,利用时间戳预防死锁有两种方法。

（1）wait – die 方法。

这是一种基于非抢占性技术的方法，当进程 P_i 申请当前已由 P_j 占有的资源时，仅当 P_i 的时间戳小于 P_j 的时间戳（即，P_i 比 P_j "年长"）时，让 P_i 等待，否则 P_i 被杀死。例如，假设进程 P_1、P_2 和 P_3 分别有时间戳 5、10 和 15，若 P_1 申请已由 P_2 占有的资源，P_1 就等待；如果 P_3 申请已由 P_2 占有的资源，P_3 就被杀死。

一个进程死亡后会释放它所占用的所有资源。在这里假设死亡的进程将带着同样的时间戳重新运行。由于具有较小时间戳的进程才等待具有较大时间戳的进程，因此很显然死锁不会发生。当进程在等待特定的资源时，不会释放资源。一旦一个进程释放一个资源，与这个资源相联系的等待队列中的一个进程将被激活。

设有两个进程 P_1 和 P_2，P_1 的时间戳比进程 P_2 的时间戳小，即 P_1 比 P_2 "年长"。它们需要访问两个资源 R_1 和 R_2，共有如图 4 – 7 所示的三种情况。

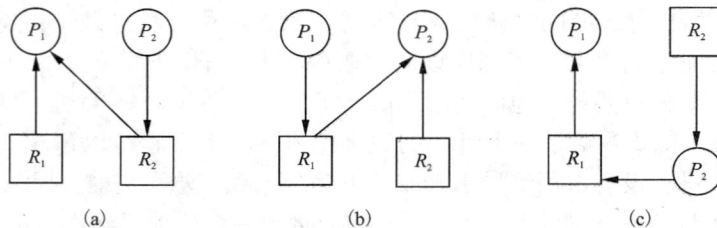

图 4 – 7　wait – die 方法和 wound – wait 方法

①如图 4 – 7(a) 所示，P_1 得到了资源 R_1 和 R_2，P_2 请求资源 R_2。P_2 将被杀死。当 P_2 以原有的时间戳重新运行时，它将有一个比任何新创建的进程都小的时间戳，将具有最高的优先级。

②如图 4 – 7(b) 所示，P_2 得到了资源 R_1 和 R_2，P_1 请求资源 R_1，P_1 将被阻塞。注意，可能也有其他的进程在请求资源 R_1 上被阻塞，在 R_1 上阻塞的进程可以按 F_1F_0 排序，也可以按时间戳进行排序。一旦 P_2 完成，将释放资源 R_1 和 R_2。而第一个在 R_1 上阻塞的进程，比如说 P_1，将被激活。

③如图 4 – 7(c) 所示，P_1 得到了资源 R_1，P_2 得到资源 R_2，P_1 请求资源 R_2，P_2 请求资源 R_1。P_2 在请求资源 R_1 时死亡，P_2 释放所占有的资源 R_2，P_1 将不被阻塞，得到所需的所有资源。

（2）wound – wait 方法。

这是一种基于抢占性技术的方法，而且与上述方法对应。当 P_i 申请当前已由 P_j 占有的资源时，如果 P_i 的时间戳大于 P_j 的时间戳（即 P_i 比 P_j 年轻）时，让 P_i 等待，否则 P_j 被卷回（roll – back），即杀死（即 P_j 被 P_i 致伤）。再考虑前面的例子，如果 P_1 申请已由 P_2 占有的资源，那么该资源从 P_2 手中抢占，而且 P_2 被杀死；如果 P_3 申请已由 P_2 占有的资源，则 P_3 就等待。

设有两个进程 P_1 和 P_2，P_1 的时间戳比进程 P_2 的时间戳小，即 P_2 比 P_1 "年轻"。它们需要访问两个资源 R_1 和 R_2，也将出现如图 4 – 7 所示的三种情况：

①如图 4 –7(a) 所示，P_1 得到了资源 R_1 和 R_2，P_2 请求资源 R_2。P_2 将被阻塞。一旦 P_1

完成，将释放资源 R_1 和 R_2。第一个在 R_1 上阻塞的进程，比如说 P_2，将被激活。

②如图 4-7（b）所示，P_2 得到了资源 R_1 和 R_2，P_1 请求资源 R_1。P_2 将被杀死。当 P_2 以原有的时间戳重新运行时，它将有一个比任何新创建的进程都小的时间戳，将具有最高的优先级。

③如图 4-7（c）所示，P_1 得到了资源 R_1，P_2 得到资源 R_2，P_1 请求资源 R_2，P_2 请求资源 R_1。P_1 在请求被 P_2 占有的资源 R_2 时，P_2 将被杀死。P_2 释放所占有的资源 R_2，P_1 将不被阻塞，得到所需的所有资源。

只要对被杀死的进程不再赋以新的时间戳，这两种方案都可以避免饥饿现象发生，因为时间戳总是递增的，因此，被杀死的进程最终将具有最小的时间戳，但它将不会再次被杀死。但这两种方案是有差别的：

（1）在"wait-die"方案中，"年长"的进程必须等待"年轻"的进程释放它的资源，因此进程越"年长"，它就越容易引起等待。与此相反，在"wound-wait"方案中，"年长"的进程决不会等待"年轻"的进程。

（2）在"wait-die"方案中，如果进程 P_i 因为申请已由进程 P_j 占有的资源而被杀死，那么当它再次激活时，它又可能再次发出相同的申请，此时，若资源仍由 P_j 占有，那 P_i 将再次死掉。因此在得到所需资源之前，P_i 可能被杀死若干次。但在"wound-wait"方案中，进程 P_i 因为 P_j 申请已由它所占有的资源而被杀和致伤，当 P_i 再次激活并申请正由 P_j 占有的资源时，P_i 就等待，因此，在"wound-wait"方案中杀死的次数较少。

4.5 分布式死锁检测

在分布式系统中找出一般的死锁预防和避免的解决方法是相当困难的，并且死锁预防算法甚至在不发生死锁时也可能抢占资源。因此许多研究人员都只是尝试为更简单的死锁来检测问题并找出一种解决方法，而不是想办法去禁止死锁的发生。

死锁检测有两个基本操作，第一个是维护一个等待图来描述资源分配状态，并在图中查找回路。分布式系统中的主要问题是如何管理等待图。下面讨论几种常用方法，这些方法要求每个站点管理一个局部等待图。图中的节点对应所有这样的进程（本地及远程的），这些进程当前正占有或者正在申请该站点的任何资源。例如，图 4-8 所示的系统由两个站点组成，每个站点都有管理它的局部等待图。注意进程 P_2 和 P_3 出现在两个图中，表示它们在两个站点中申请资源。

可按通常的方式为局部进程和资源构造局部等待图。当位于站点 A 的进程 P 需要位于站点 B 的进程 Q 所占有的资源时，则从 P 向 Q 发送一条请求消息，在这种情况下将边（P, Q）插入站点 B 的局部等待图中。显然，如果任何局部等待图中存在环路，则表明发生了死锁。但任何局部等待图中不出现环路并不意味着不存在死锁。例如，考虑图 4-8 中的情况，其中每个局部等待图中均无环路，但该系统却存在死锁，因为在它的所有局部等待图之中存在环路。图 4-9 所示的等待图就是图 4-8 中两个局部等待图之并，它的确含有环路，且该系统隐含了存在死锁。

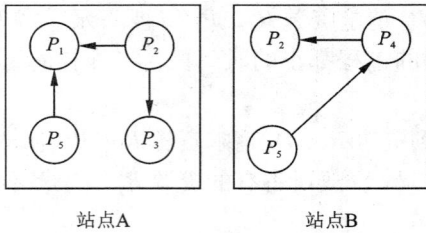

图 4 - 8   局部等待图

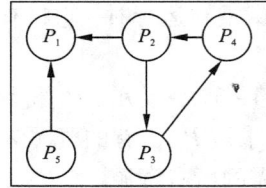

图 4 - 9   全局等待图

在分布式系统中有三种死锁检测方法：集中式死锁检测、分布式死锁检测和等级式死锁检测。

4.5.1   集中式死锁检测

集中式死锁检测算法模仿集中式系统的死锁检测算法，在集中式死锁检测方法中，利用所有的局部资源分配图(或等待图)建立一个全局资源分配图(或等待图)。任何一个机器为它自己的进程和资源维持一个局部的资源分配图。整个系统只有一个协调者，它维持全局的资源分配图，全局的资源分配图是由局部资源分配图组合而成的。

全局资源分配图可以通过如下方式建立：

（1）当在局部图中有边被加入或删除时，向协调者发送一个报文，协调者根据报文信息对全局图进行更新。

（2）定期地更新。每个机器定期地向协调者发送自上次更新以来所有添加的边和删除的边，协调者根据报文信息对全局图进行更新。这种方法所需的报文数目要比方法(1)所需的报文数目要少。

（3）当协调者认为需要运行回路检测算法时，它要求所有的机器向它发送局部图的更新信息，协调者对全局图进行更新。

当开始死锁检测时，协调者便查找全局等待图。如果发现回路，一个进程就会被卷回，从而打破循环等待。

第一种方法中，每当资源图中加入或删除一条弧时，相应的消息就应发送给协调者以提供更新。第二种方法中，每个进程可以周期性地把自从上次更新之后新添加和删除的弧的列表发送给协调者。这种方法比第一种方法发送的消息要少。第三种方法是在需要的时候协调者主动去请求信息。

现来考虑上述第(1)种情况。每当进程 A 插入或去掉其局部图中的一条边时，它必须发送一条消息给协调者，以通知它的这种修改。接收到这种消息后，协调者修改它的全局图。进程 A 可以在一条消息中传送若干这样的修改信息。如图 4 - 9 所示的系统，协调者进程管理图中的等待图，当站点 B 将边(P_3, P_4)插入它的局部等待图时，它要向协调者发送一条消息。类似地，当站点 A 删去边(P_5, P_1)时，因为P_1已经释放了曾经由P_5申请过的一个资源，所以应将这一消息发送给协调者。

不幸的是在这种死锁检测方法中，容易产生假死锁的情况。考虑这样一种系统，进程 A 和进程 B 运行在机器 0 上，C 运行在机器 1 上。一共有三种资源 R、S 和 T。开始的情况如图

4 - 10(a)和图 4 - 10(b)所示，A 拥有 S 并想请求 R，但它不可能得到，因为 B 正在使用 R；C 拥有 T 并想请求 S。协调者看到的情况如图 4 - 10(c)所示。这种配置是安全的。一旦 B 结束运行，A 就可以得到 R 然后结束，并释放 C 所等待的 S。

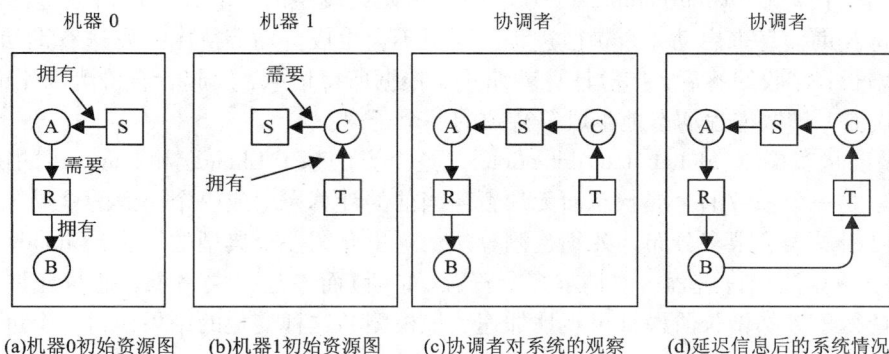

(a)机器0初始资源图　(b)机器1初始资源图　(c)协调者对系统的观察　(d)延迟信息后的系统情况

图 4 - 10　集中式死锁检测示例

假死锁的问题是由于局部状态的不完整性和报文延迟而造成的。假死锁的问题可以通过 Lamport 时间戳算法提供一个全局的逻辑时间的办法来解决。如上例所述，机器 0 发向协调者的报文所带有的时间戳 T_0 应该小于机器 1 发向协调者的报文所带有的时间戳 T_1，因为在该例中，B 先释放资源 R，后请求资源 T。当机器 1 的报文先到达协调者时，协调者更新全局资源分配图，发现有回路存在，协调者先不杀死某个进程，而是向所有机器发送一个询问报文，询问是否有时间戳小于 T_1 的报文需要向协调者发送。如果某个机器上有这样的报文应该立即发送。当协调者收到机器 0 发送的报文后，协调者将资源分配图中的边(R，B)删除，假死锁的问题得到解决。尽管这种方法消除了假死锁，但是它需要全局时间，而且开销很大。另外，其他的一些消除假死锁的方法运行起来也很困难。

集中式死锁检测算法的主要缺点是协调者的失效问题，以及协调者可能成为通信的瓶颈。但是集中式死锁检测算法在概念上很简单，并且容易实现。

4.5.2　分布式死锁检测

在分布式死锁检测算法中，每个机器都保持它们的自主性。一个局部的失效不会对算法产生致命的影响。分布式死锁检测算法一般分为两类。在第一类中，每个机器都有一个全局等待图的拷贝，从而每个机器都对系统有一个全局视图。在第二类中，全局等待图被分解并分布到不同的机器上。

Knapp 将分布式死锁检测算法分为以下四类：

(1)路径推动算法(path - pushing algorithm)。先在每个机器上建立形式简单的全局等待图。每当进行死锁检测时，各个机器就将等待图的拷贝送往一定数量的邻节点。局部拷贝更新后又被传播下去。这一过程重复进行直到某个节点获得了足够的信息来构造一个等待图以便作出是否存在死锁的结论。不幸的是，这类算法中有许多在实际中是错误的。主要原因是传输过程中的部分等待图并不能代表整个全局等待图，因为各个节点采集数据的方法是异步的。

（2）边跟踪算法（edge – chasing algorithm）。分布式网络结构图中的回路可以通过沿图边传播的一种叫探测器的特殊信息来检测。当一个发起者得到一个与自己发送的探测器相匹配的探测器时，它就知道它在图中的一个回路里。

（3）扩散计算（diffusing computation）。怀疑有死锁发生时，事务管理器通过向依赖于它的进程发送查询信息来启动一个扩散进程。这里不会生成全局等待图。发送查询信息时，扩散计算就增长；接收回答后，扩散计算就缩减。根据所得信息，发起者会检测到死锁的发生。典型的情况是，扩散进程动态地生成等待图的一个子树。

（4）全局状态检测（global state detection）。这个方法基于 Chandy 和 Lamport 的快照方法。可以通过建立一个一致的全局状态而无须暂停当前的计算来生成一个一致的全局等待图。

目前已经发表了很多分布式死锁检测算法。这里介绍一个典型的算法，Chandy – Misra – Haas 算法。该算法允许进程一次请求多个资源（如锁）而不是一次一个。通过允许多个请求同时进行使得事务的增长阶段被可观地加速。该模型的这种变化的结果使得一个进程可以同时等待两个或多个进程。

图 4 – 11 中给出了一种改进的资源图，图中只给出进程。每条弧穿过一个资源，但为简单起见将资源从图中删除了。可以看到机器 1 上的进程 3 正在等待两个资源，一个由进程 4 占有，一个由进程 5 占有。一些进程在等待本地资源，如进程 1。但也有一些进程，如进程 2 在等待其他机器上的资源。显然连接机器的弧使得寻找环路更加困难。当某个进程等待资源时，如进程 0 等待进程 1，将调用 Chandy – Misra – Haas 算法。此时，生成一个特殊的探测消息并发送给占用资源的进程。消息由三个数字构成：阻塞的进程号、发送消息的进程号、接收消息的进程号。由 0 到 1 的初始消息包含三元组（0, 0, 1）。

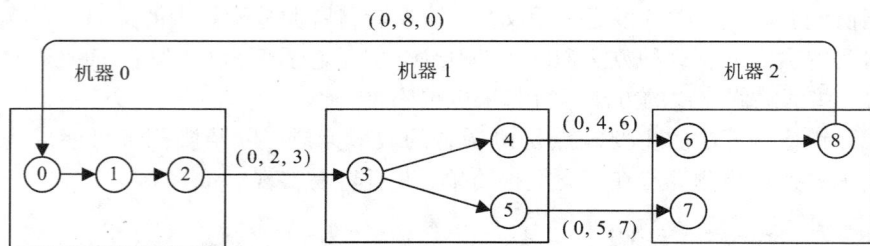

图 4 – 11   Chandy – Misra – Haas 分布式死锁检测算法

消息到达后，接收者检查以确认它自己是否也在等待其他进程。如果是，那么消息就要被更新，第一个字段保持不变，第二个字段改为当前进程号，第三个字段改为等待的进程号。然后消息接着被发送到等待的进程。如果在等待多个进程，就需要发送多个不同的消息。不论资源在本地还是在远程，该算法都要继续下去。在图 4 – 11 中我们可以看到标记为（0, 2, 3），（0, 4, 6），（0, 5, 7）和（0, 8, 0）的远程消息。如果消息转了一圈后又回到了最初的发送者，即第一个字段所列的进程，那么就说明存在一个有死锁的环路系统。

可以有不同的方法打破死锁。一种方法是使最初发送探测消息的进程自杀。然而如果有多个进程同时调用了此算法就会出现问题。例如，在图 4 – 11 中假设进程 0 到 6 同时阻塞，而且都初始化了探测消息。那么每个进程最终都会发现死锁，并且因此而自杀，然而这是不必要的。中止掉一个进程就足够了。

另一种算法是将每个进程的标识符添加到探测消息的末尾,这样当它返回到最初的发送者时完整的环路就可以列出来了。于是发送者就能看出哪个进程的编号最大,可以将它中止或者发消息给它请求其自杀。无论如何,如果多个进程同时发现了同一个环路,它们就一定会选择同一个牺牲者。

4.5.3 等级式死锁检测

同集中式方法类似,每个站点管理它自己的局部等待图,但与集中式方式不同的是全局等待图被分散给若干不同的控制者(controller)管理。这些控制者组织成树形结构,其中每片叶子包含单个站点的局部等待图。每个非叶子控制者管理着它下面子树的控制者管理的等待图。

在等级式死锁检测算法中,站点被分等级地放在一个树中。一个站点的死锁检测只涉及它的下一级站点。例如,设 A、B 和 C 是控制器,而 C 是 A 和 B 的最低的公共祖先。假设节点 P_i 出现在控制器 A 和 B 的局部等待图中,那么节点 P_i 也必定出现在如下控制器的等待图中:

(1)C 控制器。

(2)所有位于从 C 到 A 的路径上的控制器。

(3)所有位于从 C 到 B 的路径上的控制器。

而且,如果 P_i 和 P_j 出现在控制器 D 的等待图中,并且在 D 的一个下一级控制器(子控制器)的等待图中有一条从 P_i 到 P_j 的路径,那么边(P_i,P_j)一定存在于 D 的等待图中。如果这些等待图中的任何一个出现环路,那么,该系统处于死锁状态,必须引用相应的死锁解除算法。

例如,考虑图 4-8 所示的系统,该系统的树形结构如图 4-12 所示。由于 P_2 和 P_3 都在 A 和 B 中出现,所以它们也出现在 C 中。由于 A 中存在从 P_2 到 P_3 的路径,因此 C 中包含(P_2,P_3)。类似地,由于 B 中存在从 P_3 到 P_2 的路径,所以 C 中也包含边(P_3,P_2)。注意 C 的等待图中出现了环路,这表明该系统已出现死锁。

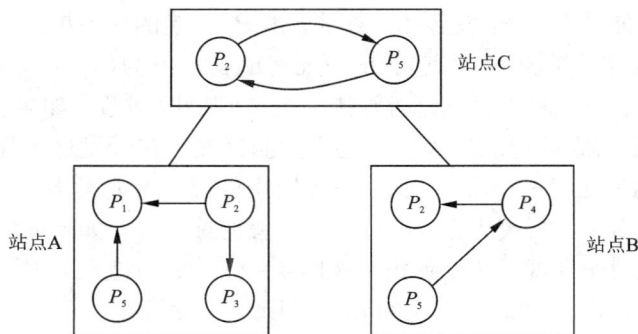

图 4-12 层次式等待图

有的算法中将站点分成为一些不相干的簇,定期地会有一个站点被选为中心站点,并由这个中心站点依次动态地为每个簇选择一个控制站点。

死锁检测之后就是解决死锁的过程。死锁的解决速度依赖于可用的信息，也就是死锁解决过程中取得的信息。在大多数情况下，一个"好的"死锁检测算法通常并不能为死锁解决提供很多的信息，因为太多的信息需要提供很多的报文。一般来说，解决死锁包括以下几个步骤：

➤ 选择一个受害者。

➤ 杀死受害者。

➤ 删除所有死锁信息。

Singhal 指出了下面五个关于死锁检测和恢复的研究方向：

(1)算法正确性。严格证明死锁检测算法的正确性是困难的，由于报文的传输延迟是不可预料的，所以得到一致的全局状态是很困难的。

(2)算法性能。需要在信息流量（监测和恢复算法的复杂性）和死锁持续时间（监测和恢复的速度）之间达成妥协。

(3)死锁解决。一个好而快的死锁检测算法可能并不能提供足够的信息用于解决死锁。

(4)假死锁。一个检测程序不仅要满足前进要求，即必须在有限的时间内发现死锁，还要满足安全要求。如果一个死锁被发现，那么这个死锁应该是确实存在的。

(5)死锁概率。检测和恢复算法的设计依赖于给定系统中死锁发生的概率。

这里对分布式死锁处理的问题不再作详细的介绍，关于分布式死锁处理问题文章目前有很多，有兴趣的读者可以阅读文献。

4.5.4   死锁检测的实例

下面介绍几个在 AND 和 OR 模型下的死锁检测和恢复算法。

1. AND 模型下的 Chandy – Misra – Hass 算法

这是一个边跟踪算法的例子。在 Chandy – Misra – Hass 算法中，分布式死锁检测算法使用一个特殊的报文，在等待图中该报文从一个进程传递到另一个进程，该报文称为探测报文（probe message）。如果报文回到发起者，那么就有死锁存在。探测报文包含一个三元组 (i, j, k)，表示该报文是一个由进程 P_i 发起的死锁检测报文，现在由进程 P_j 所在的站点发往进程 P_k 所在的站点。图 4 – 13 显示了使用该算法进行死锁检测的过程。

在图 4 – 13 中，如果进程 P_1 发起死锁检测，由 P_1 发起的探测报文会沿着等待图的边向各个方向传送，P_1 发起的探测报文所包含的三元组的初始值为 $(1, 1, 2)$。当一个进程接收到一个探测报文时，它首先检查自己是否等待某个（或某些）进程，如果它正在等待某个（或某些）进程，它将向所有它等待的进程转发这个探测报文。在转发这个探测报文前，需要对探测报文中所包含的三元组进行修改，保持三元组中的第一个元素不变，将第二个元素改为自己的标识符，将第三个元素改为它等待的那个进程的标识符。如果进程收到由它本身发起的探测报文，那么就说明发现了一个死锁。在图 4 – 13 中，当进程 P_1 从进程 P_6 收到一个带有三元组 $(1, 6, 1)$ 的探测报文时，就说明 P_1 检测到了一个死锁。

检测到死锁后，打破死锁的方法有多种。一种方法是由探测报文的发起者杀死自己，但是，当有多个进程同时检测到同一个死锁时，与同一个死锁有关的多个进程会被杀死，这样做的效率会很低。另一种方法是每个收到探测报文的进程将自己的标识符附加到探测报文的后面，当探测报文回到发起者进程时，发起者进程选取一个具有最大标识符的进程杀死，即

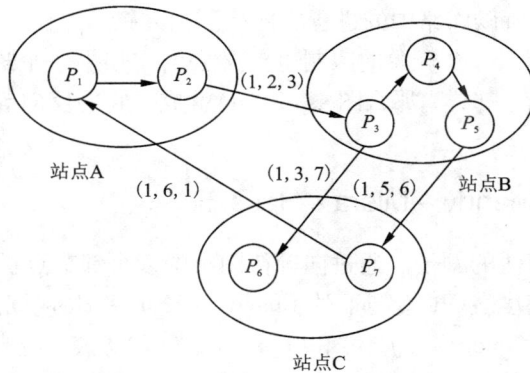

图 4 – 13 Chandy – Misra – Hass 算法

使有多个进程同时检测到同一个死锁，它们也会选择杀死同一个进程。

2. AND 模型下的 Mitchell – Merritt 算法

Mitchell 和 Merritt 提出了另一种边跟踪方案，Mitchell – Merritt 算法能保证系统中只有一个监测者。这是一个完全分布式的死锁检测算法，并且实现简单。其限制是每个进程每次只能请求一个资源。除了每个进程有一个独特的标识符以外，这个算法和 Chandy – Misra – Hass 算法很相似。探测报文在等待图中，沿等待方向的相反方向传送，这样的图叫反向等待图(reversed wait – for graph)。每当进程收到探测报文时，它将自己的标识符和探测报文发起者的标识符相比较，如果自己的标识符大于探测报文发起者的标识符，它就用自己的标识符取代探测报文发起者的标识符，自己变成探测报文的发起者。当一个进程收到一个探测报文，且该探测报文发起者的标识符和自己的标识符相同时，该进程就检测到了死锁。当几个进程同时发起死锁检测时，只有一个进程能够收到这样的检测报文，该报文发起者的标识符和该进程的标识符相同，且该进程是唯一的检测者，除非在等待图中有另外一个不同的回路，如图 4 – 14 所示。

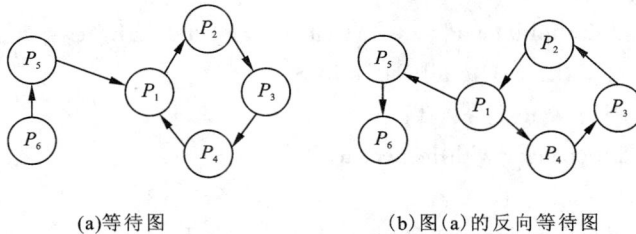

(a)等待图　　　　　　　　(b)图(a)的反向等待图

图 4 – 14 等待图与反向等待图

如果按照等待图原有的方向传送探测报文，那么这个算法就不能正确运行。如果一个进程不属于某个回路，但是它的标识符同所有那些死锁进程的标识符相比是最大的，那么这个标识符就有可能进入回路并传播，而回路中的进程却不能检测到死锁。例如，图 4 – 14(a)

中，P_5 启动检测，那么带有标识符 P_5 的探测报文就会进入回路，由于 P_5 的标识符比回路中所有进程的标识符都大，所以回路中的进程不能检测出死锁。

每个进程每次只能请求一个资源的限制也是必要的。如果一个进程允许请求多个资源，如图 4 – 14(b) 中的进程 P_1 那样，那么图 4 – 14(a) 就成了它的反向等待图，从而会出现我们刚刚提到的问题。

3. OR 模型下的 Chandy – Misra – Hass 算法

这是一个扩散计算算法的例子。通过向等待图中的多个邻节点扩散特殊的报文，这一算法通常可以达到较快的速度。OR 模型下的 Chandy – Misra – Hass 算法就是这一技术的一个应用。它使用两类报文：(query, i, j, k) 和 (reply, i, j, k)，表示这些报文属于由进程 P_i 发起的并由 P_j 送往 P_k 的扩散计算。通常，一个被阻塞的进程会通过向它的依赖集合中的进程发送查询并发起死锁计算。一个进程的依赖集合包括所有它在等待以便获得报文的进程。如果接收进程 P_k 是活动的，它会忽略所有的查询和应答报文。如果它被阻塞，它会向它的依赖集合中的进程发送查询。一旦收集到应答报文，接收进程将向发起者发送一个应答报文。发起者以及每个中间进程用一个计数器记录查询和应答的数目。如果这两个数字相同，即发起者的每个查询都得到了应答，就表明发起者处于死锁状态。当接收进程 P_k 处于阻塞状态时，会有几种可能：如果这是 P_i 发起的第一个来自 P_j 的报文（这个报文的发送者 P_j 叫作 P_k 关于 P_i 的结合者），它将向它的依赖集合中的所有进程发送这个查询，并且将查询数目存储在一个局部变量 num(i) 中。令局部变量 wait(i) 表示这一进程从它接收到它的第一个由 P_i 发起的查询起一直被阻塞这一事实。如果这个查询不是第一个，当 wait(i) 仍然成立时，P_k 将马上应答。如果从 wait(i) 变为假的那一时刻 P_k 运行过，那么这个查询就被丢弃。

初始时，对所有 k 都有 wait(k) = F，并假定 S 是 P_k 的依赖集合。对每个被阻塞的进程 P_k 我们有如下算法：

```
* [initiate a diffusing computation→
  [send (query, k, k, j) to all Pj's in S
  num(k): = |S|; wait(k): = T
  ]
receive(query, i, j, k)→
  [the first query from initiator Pi(i. e. , wait(i) = F)and |S| ≠ φ→
    [send (query, i, k, m) to all Pm's in S;
    num(i): = |S|; wait(i): = T;
    record Pj as the engager with respect to Pi
    ]
  the subsequent query for initiator Pi(i. e. , wait(i) = T)→
    send (reply, i, k, j) to Pj
  ]
receive(reply, i, j, k)→
  [wait(i)→
    [num(i) ≠ 0→num(i): = num(i) – 1
```

num(i) = 0→

　　[i = k→declare deadlock for P_k

　　i ≠ k→send(reply，i，k，n) to P_n

　　　　where P_n is the engager with respect to P_i

　　　]

　　]

　]

]

为了确保没有报文停留在通信连接中，每个活动进程都应该接收命令以便对信道进行清除，这里并不需要其他操作。上述算法的结果是：

（1）如果发起者发起上述算法之后是死锁的，那么它就要宣布自己死锁。

（2）如果发起者宣布自己死锁，那么它就属于一个死锁集合。

（3）如果每当进程变为被阻塞时它发起一个新的扩散计算，那么在每个死锁集合中都至少有一个进程报告死锁。

习　题

1. 死锁发生的条件是什么？

2. 如图 4 - 15 所示的资源分配图中是否存在死锁？

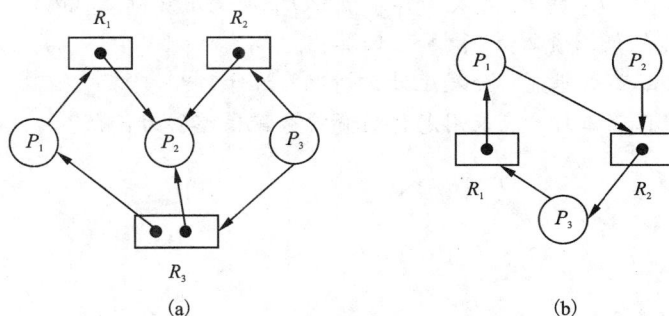

图 4 - 15　习题 2 图

3. 假设使用 OR 模型，确定图 4 - 16 是否存在死锁。

4. 将图 4 - 17 的资源分配图转换为等待图。

5. 基于时间戳的预防死锁方法有哪些？

6. 举例说明集中式死锁检测方法，说明为什么会出现假死锁的现象，如何解决假死锁？

7. 分布式死锁检测算法有哪几类？

8. 说明在 OR 条件的系统中出现死锁的条件。

9. 举例说明 OR 模型下的 Chandy - Misra - Hass 算法。

10. AND 模型下的 Chandy - Misra - Hass 算法确认检测到死锁的条件是什么？

11. AND 模型下的 Mitchell - Merritt 算法有什么应用上的限制？

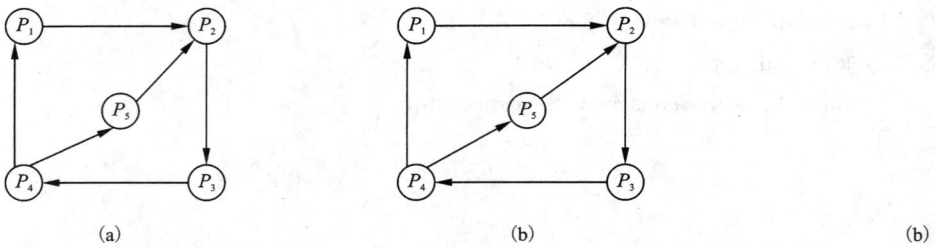

图 4 – 16   习题 3 图

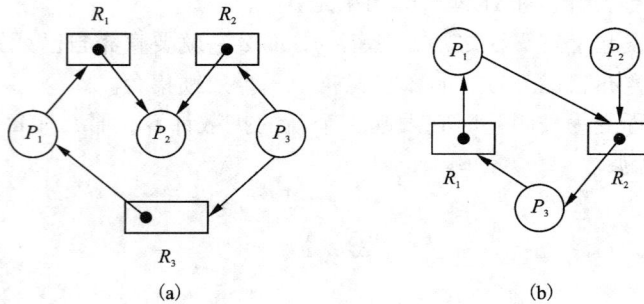

图 4 – 17   习题 4 图

12. 有三个进程 P_1, P_2 和 P_3 并发工作。进程 P_1 须使用资源 S_3 和 S_1；进程 P_2 须使用资源 S_1 和 S_2；进程 P_3 须使用资源 S_2 和 S_3。回答：

(1) 若对资源分配不加限制，会发生什么情况？为什么？

(2) 为保证进程正确工作，应采用怎样的资源分配策略？为什么？

第 5 章　分布式调度与负载均衡

分布式系统提供了巨大的处理能力。然而为了实现和充分利用这种能力，需要优良的负载分配方案。负载分配是分布式系统的资源管理模块，它的主要功能是合理和透明地在处理器之间分配系统负载，以达到系统的综合性能最优。

5.1　分布式进程与处理器管理

5.1.1　进程与线程

在大多数传统的操作系统中，每个进程有一个地址空间和单线程控制。事实上这几乎已成为进程的定义。然而，很多情况下人们希望多个线程共享一个地址空间并可并行运行，就好像它们是多个独立的进程。例如，假设文件服务器有时不得不因等待磁盘的响应而阻塞，如果这个服务器有多个线程，当第一个线程阻塞时第二个线程就可运行，以获得更高的吞吐量和更好的性能。不可能创建两个独立的服务进程来达到这个目的，因为它们共享同一缓冲区，要求它们在同一地址空间中。因而这需要一种新的机制，在单一处理机系统的历史上还未找到一种这样的机制。

图 5-1(a)中，可看到一台机器有三个进程，每个进程有它自己的程序计数器、堆栈、寄存器和地址空间，这些进程之间互不相干，它们能够通过系统进程间通信原语，如信号量、管程、消息进行通信。图 5-1(b)是另一台机器，有一个进程，它包含多个线程控制，通常称为线程或轻量级进程。在许多方面，线程像微小进程，每个线程按顺序执行，并有自己的程序计数器和堆栈来记录。

然而，同一进程中的不同线程并不像不同进程之间完全是相互独立的。所有线程有同一地址空间，也就是它们共享全局变量。由于每个线程能存取每个虚拟地址，每个线程能读写甚至清除另一线程的堆栈，线程之间没有保护。不同进程属于不同的用户，相互排斥，一个进程总是属于一个使用者，而用户创造多线程是为了相互合作，而不是冲突。

线程的引入是为了使并行执行与顺序执行相结合。再考虑文件服务器的例子，一种可能的结构，如图 5-2(a)所示：在这里某一线程是派遣者(dispatcher)，它从系统邮箱内读出输入请求，然后检查请求，选择一个空闲的工作者线程去处理它——可能是通过把指向那个请求消息的指针写入到一个与每个线程相关联的一个特殊字中，然后由派遣者唤醒睡眠的工作者。

当工作者被唤醒后，它检查任何一个线程可访问的共享块缓冲区是否可以满足这个请

计算机   计算机

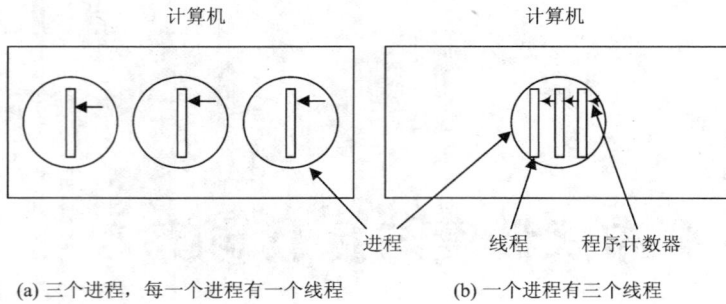

进程   线程   程序计数器

(a) 三个进程，每一个进程有一个线程   (b) 一个进程有三个线程

图 5 – 1   进程与线程

文件服务进程   调度线程   工作线程

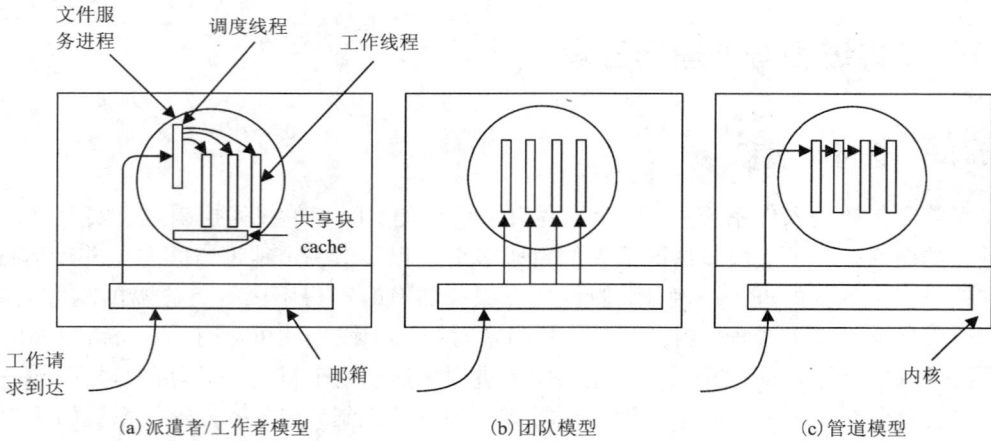

共享块 cache

工作请求到达   邮箱   内核

(a)派遣者/工作者模型   (b)团队模型   (c)管道模型

图 5 – 2   线程与进程的三种组织

求。如不能满足，给磁盘发出消息，要求所需的数据块(假设是 READ)，且进入休眠状态等待磁盘操作的完成。现在调用调度程序，开始另一个线程，为了获得更多的工作，此线程可能是派遣者，或者可能是另一个工作者在准备运行。

文件服务器在非多线程的情况下是怎样被写入的呢？一种可能是让它作为单独线程执行。文件服务器的主循环是接收一个请求并检查它，而且在下一个请求到来前完成它。当文件服务器等待磁盘操作时，它是空闲的且不处理另一请求，如果文件服务器运行于一个专用的机器上(实际中，大多数情况下是这样)，当文件服务器等待磁盘时，CPU 也是空闲的。实际结果是每秒钟可处理的请求大大减少，因而多线程能得到相当好的性能，但每个线程是以平常方式顺序执行的。

这里已经看到两种可能的设计——多线程文件服务器和单线程文件服务器。假设多线程不可用，但系统设计者又发现由于单线程而引起的性能降低是不可接受的。那么第三种可能是把服务器作为大的有限状态机运行，当请求到来后有唯一的一个线程检查它，如果缓冲区能满足，则进行运行，但是如果不能，就必须向磁盘发送一条消息。

　　然而，这时文件服务器并不阻塞，而是把当前请求的状态记录在一张表中，然后去获得下一条消息，下条消息可能是请求一个新工作或者是磁盘关于上次操作的应答。如果是请求一个新工作，就激活它。如果是从磁盘发来的应答，那么从表中取出相关信息并处理这个应答。由于这里不允许发送消息并且阻塞以等待应答，因此不能使用远程过程调用，原语应是非阻塞调用的 send 和 receive。

　　在此设计中，前两种情况没有使用"顺序进程"模型，对于表中每条发送和接收消息运算的状态都必须能清楚明确地保存并恢复。实际上，这是以一种生硬的方式模拟多线程和这些线程的堆栈。将进程作为一个有限状态机运行，它接收事件后根据事件本身特性响应处理它。

　　显然，多线程既保留顺序进程的思想又实现了并行性，阻塞系统调用使编程变得容易，而并行性提高了性能。单线程服务器虽保留了阻塞系统的优点，但放弃了性能，有限状态机方法通过并行性取得高性能，但使用非阻塞调用因而编程困难，这些模型概括在表 5－1 中。

表 5－1　构造服务器的三种方法

模式	特性
多线程	并行，阻塞系统调用
单线程进程	不并行，阻塞系统调用
有限状态机	并行，非阻塞系统调用

　　图 5－2(a)所示的派遣者结构不是组织多线程的唯一方法，图 5－2(b)所示的团队模型也是一种方法。在这种情况下所有的线程都是平等的，每个都能获得和处理自己的请求。这里没有派遣者，有时工作来了线程不能处理，尤其是如果每个线程用来处理一种特殊的工作时。这种情况下，可以维护一个作业队列，挂起的作业保持在作业队列中。使用这种组织结构，线程在查看系统信箱前应先查看作业队列。多线程也能用如图 5－2(c)所示的管道模型来组织。这种模型中的第一个线程产生一些数据传给下一个线程去处理。数据持续从一个线程传到另一个线程，经过的每一个线程都进行处理。尽管这对于文件服务器来说不适合，但对于其他问题如生产者－消费者问题来说可能是一种好的选择。

　　多线程对客户端来说通常也很有用。例如，如果一个客户端想把某文件复制在多个服务器上，它可用一个线程与每一个服务器通信。客户端多线程的另一用处是处理信号。像来自键盘的中断(DEL 或 BREAK)，不是让这些信号中断进程，而是让一个线程专用于等待这些信号，通常这个线程是被阻塞的，但当信号到来时，唤醒并处理该信号。因此使用线程能够消除用户层中断的需求。

　　对多线程的另一讨论是与 RPC 或通信无关的。有些应用使用并行处理很容易编程。例如，生产者－消费者问题，生产者和消费者是否真正的并行是次要的。这样编程是为了使软件设计更简单。由于它们共享缓冲区，让它们处于不同的进程做不到这点，多线程恰好适合这种情况。

　　最后，尽管在这里没有明确讨论多处理机系统的情况，但多线程可以真正地在同一地址空间的不同 CPU 中并行运行，实际上，这也就是在那些系统中实现共享的一种主要方法。另一方面，一个使用多线程的合理设计的程序，它应能保证在分时使用线程的单 CPU 的条件下运行与在一个真正多处理机条件下运行效果一样好。

5.1.2　分布式进程

所谓分布式进程(distributed processes)是能够真正在多个处理机上同时运行的诸进程。显然，一般的并发进程利用的是多个虚拟处理机的概念，而分布式进程利用的是多个真正的物理处理机。所以前者只不过是实现了逻辑上的并行性，而后者实现了物理上的并行性，两者的运行在时间、空间上都有较大差异。

在分布式环境下，进程的状态也有运行态、等待态、挂起态和就绪态四种，每种状态各有其自身的一些特点。

进程状态的切换(如图 5 - 3 所示)通过操作原语的控制来实现。操作原语是进程调度程序的主要组成部分。例如，suspended - process(挂起进程)，resume - process(唤醒进程)，test - event(测试事件)，wait(等待)等都是常用的操作原语。

应强调的是，分布式系统是以任务级并行为特征的。因此，分布式操作系统的基本调度单位不再是单机上的进程，而是在各处理机上运行着的并行进程所组成的任务队列。而且，同一任务队列的诸并发进程可分配到不同处理机上并行执行；同

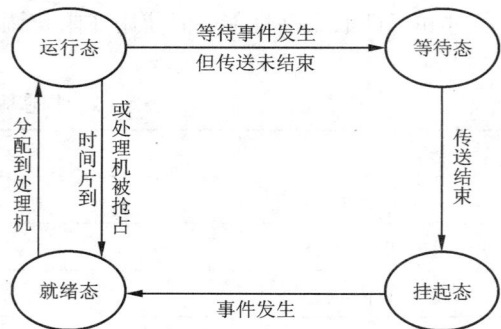

图 5 - 3　进程状态的切换

一处理机也可执行多个不同任务队列中的进程。这就使得在单机系统中许多行之有效的调度算法，如优先数法、时间片法等，都不完全适用于分布式系统。寻求合理、高效的进程调度算法仍是目前分布式系统的重要研究课题之一。

5.1.3　分布式进程的同步与互斥

进程同步主要是指彼此合作的进程在共享资源上协调其操作顺序。进程互斥则主要是指彼此竞争的进程严格按次序(排他性的)使用资源。

分布式进程的同步与互斥问题可以用第 3 章所述方法解决。分布式进程间的通信则可用第 2 章中所述的方法实现。

5.1.4　处理器管理

1. 处理器的状态

在单机操作系统中，处理器管理通常归结为进程管理。尽管在分布式系统中，处理器作为进程的执行者，对其管理上的许多问题也在进程管理上得到了一些反映和解决，但处理本身的一些问题，如处理器的状态及其转换、处理器通信和处理器分配等，仍需要专门讨论和解决。

事实上,处理器的状态与进程的状态不完全一样,通常处理器只有空闲、等待和运行三种状态,如图 5 - 4 所示。

(1)空闲态:系统开始工作之后,尚未分到任务的处理器的状态,或虽分配到任务,但已完成了任务的处理器状态,均认为是处于空闲状态。

(2)等待态:处理器在执行任务期间,所运行的进程由于某种原因被挂起但又没有新的进程运行时的状态。

图 5 - 4　处理器状态

(3)运行态:处理器接受任务后且正在执行进程时的状态。

三种状态的转换可通过操作原语进行控制,例如,可用 wait 原语控制进入等待态,用 continue 原语控制进入运行态,当处理器完成任务后,便回到了空闲态。当然,最理想的情况是,设法使所有处理器都始终保持运行状态。

一方面,分布式系统中各处理器间的通信表现在进程运行期间诸进程之间的通信上;另一方面,还表现在无进程运行或进程运行已经结束时的信息交换上。例如,各处理器之间的通信,常常在需要发出寻找、分配和撤销服务请求时发生,而此时有关的处理器上可能没有进程在运行,或运行的进程已经完成。这也是多处理器通信的一个特点。通信时,处理器执行的是操作系统的内核模块。

2. 处理器的通信

处理器通信,一般有点对点方式和广播方式两种。

(1)点对点方式。

点对点方式有两个基本特征:第一是事先要确定发送目标;第二是发送的消息只能由唯一接收机(目标机)所感知或接收。

这种方式容易实现,控制也比较简单,不足之处是发送机在发出消息之前必须确切知道由谁来接收信息;此外,当有多个发送机将消息发往同一接收机时,接收机可能由于忙碌而拒绝接收,而其他空闲的处理器又不能充当接收机来分担工作,从而影响了系统的效率。

(2)广播方式。

广播方式通常有如下两种理解:

①任何一个处理器发送消息,其他处理器都可以收听到,但在发送消息时,发送机已指明了接收机的地址(目标地址),只有与该目标地址相符的处理器才有权接收消息。由于任何一个处理器所发送的信息能为全部处理器感知,因此有利于通信控制的简化和通信冲突的检测。这是在总线局域网和环形局域网中常用的通信方式。

②发送者按一定算法发出消息,不具体指定接收者,真正的接收者要根据一定的条件选定。这种方式不需要事先指定接收者,也不会出现信息堆积情况,有很高的信息传输率,十分适合分布式系统。这种方式又称为散播方式。

在具体实现时,通常使处理器请求服务的要求尽可能就近完成。也就是说,当有多台处理器广播了它们的消息后,接收机也不必一一接收,而只须接收在海明距离(即所需经过的最少链路数量)上离它最近的处理器的消息。因此,当有广播消息时,每台接收机都将发送

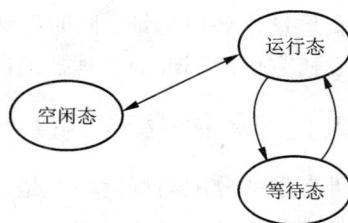

机上的地址同它目前所保留的地址加以比较，并根据距离作出取舍。若新地址近于旧地址，则用新地址代替旧地址，同时发送机停止继续往前散播消息。这样，消息就可限制在发送机的各发送方仅向邻近的处理器上散播。

3. 处理器的分配与调度

处理器的分配与调度一般是通过处理器间的互相通信来实现的。例如，一种可供选用的方法如下：

（1）当某台处理器在执行任务的过程中要求启动一个并行任务时，它就把"需要一台可供使用的处理器"的请求消息连同自己的地址广播出去。

（2）这一消息被存入所有接收该请求消息的处理器的消息缓冲区中（不论它们当前是否可供分配），直到发出请求消息的处理器自动撤销为止。

若有空闲的接收处理器，则它马上响应请求，投入运行，即转至步骤（3）；若暂无空闲的接收处理器，则接收处理器的消息缓冲区仍继续保存发出请求消息的处理器的地址，且根据"就近处理"的原则，仅保存距离该接收处理器最近的那个发出请求消息的处理器地址。

因此，每当一个处理器发出请求消息时，且仅当发出新请求的处理器比发出旧请求的处理器距离接收请求的处理器更近时，新请求才取代该接收处理器消息缓冲区中还未得到满足的旧请求，而且一旦出现这种情况，传递请求消息的广播接力过程便告终止。

（3）当接收处理器可接受任务时，就在其局部操作系统的控制下，在消息缓冲区找到发出请求消息的处理器的地址，并向发出请求消息的处理器发送应答消息及自己的地址信息。发出请求消息的处理器收到应答消息后，立即转入本机局部操作系统，并向对方发出任务分配信息，让它执行任务，然后回到原来的应用程序。

任务分配信息有一特别标志位，当该位为"1"时表示任务是其他机上的；当该位为"0"时，表示此任务是本机上的。任务的最后语句总是 return(p)，执行到此语句且特别标志位为"1"时，就产生局部操作系统的内部中断，然后把"任务已完成"的信号传送给发出请求消息的处理器，同时该接收处理器返回到空闲态。

当没有可供使用的接收处理器时，发出请求消息的处理器把派生的任务 p 作为一道普通子程序来执行。当执到 return(p) 时，因特别标志位为"0"，便知该任务是本机的任务，因而不产生中断，而只把 return(p) 作为普通的返回命令，实现从子程序返回主程序。

当任务已分配一台可供使用的（接收）处理器但又未执行完时，该机的局部操作系统使发出请求消息的处理器进入等待态，后者在收到该接收处理器发来的完成信号后，再从等待态回到运行态。

5.2   调度算法概述

众所周知，一般情形下（处理机个数大于3）的任务分配问题是 NP 完全的。人们不会盲目地去寻求解决这类问题的最优解。但对于具体的分布式系统，在适当的假设条件下，寻找不一定最优但实际可行且效果较满意的方法，仍是现今比较热门的研究课题。在这方面已经研究出了许多各具特色的算法，较有代表性的一些算法是：基于图论的分配算法、数学规划方法、启发式算法、各种负载共享策略、动态投标算法以及专家系统方法等。它们可粗略地分为两大类：静态分配策略和动态分配策略。前者是在系统运行的初始时刻，将用户提交的任务一次性分配给系统中各处理机，此后直到这些任务运行完毕，各处理机上的任务一般不再变更。其特点是实现简单，但效果有限。后者是在运行过程中，将任务分配给各处理机，并对其上的任务数进行动态调整，尽可能使系统中各处理机上的负载达到基本平衡。其主要特点是能充分发挥各处理机的能力，但实现起来复杂程度高。从知识处理的观点来看，这些任务分配算法又可分为知识确定型和知识非确定型两类。前者是将算法所需要的有关知识（信息）看作是不变的、确定的、完全的，而后者则视有关的知识（信息）是动态变化的、不确定的，甚至是不完全的。

　　本节介绍分布式系统中的几种任务分配（task allocation）策略，这些策略的着眼点就是设法减少系统中各处理机间的通信开销和执行模块所需的开销，以此来提高整个系统的性能。

　　处理机间的通信（简称 IPC）开销是由位于不同处理机上的模块互相传递数据所引起的。因此，IPC 是模块间的通信（简称 IMC）和模块分配的函数，这里 IMC 是指每对模块间的数据传递。通常，若干模块构成一个任务，一个任务是单一的处理实体。任务分解和任务分配是用于减少 IPC 的两个必要步骤。任务分解的目的是把一个提交的任务分划成若干独立的、具有最小 IMC 的模块；任务分配则是指把这些模块分配给处理机，使得它们由于 IPC 所引起的开销为最小。假定任务分解已由软件设计者在设计阶段完成，提交给系统的任务已经分解成若干模块。注意，模块的个数通常多于（甚至远远多于）处理机的个数，因此，多个模块可能分配给同一处理机。后面几节主要讨论如何以最优方式将模块分配给处理机。

5.2.1　调度算法的分类

Casavant 和 Kuhl 对调度算法所做的分类如图 5 – 5 所示。

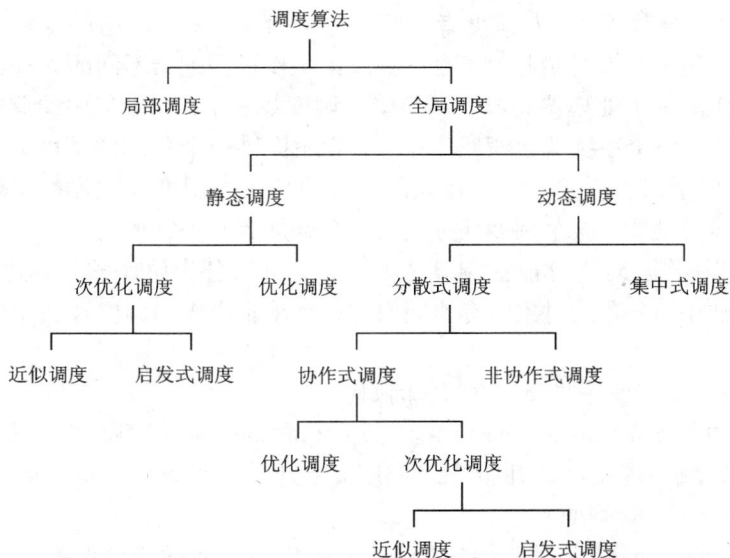

图 5 – 5　调度算法的一般分类

（1）局部和全局。分布式系统必须对调度层次作一个选择，而在集中式系统中则不必要考虑调度层次的问题。在分布式系统中，进程的调度有两个层次：局部调度和全局调度。局部调度解决在单个节点上为各作业分配处理资源的问题；而全局调度解决的是选择哪个处理机来执行给定的进程，即解决在各节点上如何分配整个系统的负载的问题。全局调度必须优先于局部调度，即先进行全局调度然后进行局部调度。这里主要考虑全局调度的问题。

（2）静态和动态。在全局调度中，调度算法又可以分为静态调度算法和动态调度算法。在静态调度算法中，进程到处理机的分配是在进程执行之前的编译阶段完成的；而动态调度算法要到进程在系统中执行时才作出分配。静态调度又叫作确定性调度。

（3）最优和次优。静态调度和动态调度都可以分为最优调度和次优调度。如果根据标准，如最短执行时间和最大系统流量，可以取得最优的负载分配，那么就可以认为这种调度是最优的。一般来说，调度问题是一个 NP 完全性问题。在某些情况下，次优方案也是可以接受的。

（4）近似和启发式。次优调度算法又分为近似的和启发式的。在近似算法中，算法仅仅搜索解空间的一个子集，当寻找到一个好的解时，终止算法的执行。在启发式算法中，算法使用某些特殊参数，用这些参数对真实系统进行近似地建模。

下面是在启发式调度算法中常采用的一些启发式规则：

①由于相互依赖性较大的进程之间常有比较多的进程通信，所以应该分配到比较接近的执行节点上，可能的话，应该在同一个节点上。

②访问共享文件的进程应该分配到比较接近的执行节点上，可能的话，应该分配在文件服务器节点上。

③很少有内在关系的进程可以分布在不同的机器上。

④如果一个节点已经是重负载的，不应该向该节点分配另外一个进程。

（5）集中控制和分散调度。从调度者的职责这个角度来看，动态调度算法又分为集中控制算法和分散调度算法。在分散控制算法中，决策工作被分配给不同的处理器。在集中控制算法中，决策工作由一个处理器完成。在集中式调度算法中，如果集中的调度处理器失效或者变得不可用，那么整个系统就会瘫痪，所以一般还提供一个备用的调度处理器，一旦集中的调度处理器出现错误，备用的调度处理器会接替原先的调度处理器的工作，执行调度任务。在分布式调度算法中，整个调度任务是由多个参加者共同完成的。

（6）协作和非协作。对于分散控制算法而言，又可以分为协作的和非协作的调度算法。在协作的调度算法中，分布式对象间有协同操作；而在非协作的调度算法中各处理器独立作出决策。

Lewis 等人讨论了其他一些分类方法，例如：

（1）非抢先式的（non-preemptive）和抢先式的（preemptive）。对非抢先式的调度算法，一个进程开始执行后就不能中断。在抢先式调度算法中，进程可以中断，从一个处理机上移走，到另一个处理机上继续执行。

（2）适应性（adaptive）和非适应性的（non-adaptive）。非适应性调度算法只使用一种负载分配策略，不会根据系统的反馈而改变自己的行为。适应性调度算法能够根据系统的反馈调整自己的行为，采用不同的负载分配策略。典型地，一个适应性调度算法是许多种调度算法的集合，是根据系统的各种参数来选择一种合适的算法的。

5.2.2   调度算法的目标和有效性评价

分布式调度的基本目标是尽快得到计算结果和有效地利用资源。具体来说，调度算法的目标有两个，一个目标是负载平衡(load balancing)，即维持整个分布式系统中各个资源上的负载大致相同。另一种目标是负载共享(load sharing)，它的目标仅仅是防止某个处理机上的负载过重。相对来说负载共享的目标要比负载平衡的目标容易达到。负载平衡的主要目的是提高整个系统的流量，而负载共享的主要目标是缩短特定程序的执行时间。

从调度算法的有效性来看，调度算法分为最优调度算法和次优调度算法。为了实现最优调度算法，调度者必须获得所有进程的状态信息和系统中所有相关的可用信息。最优性常用执行时间、资源利用率、系统流量以及这些参数的某种综合来进行评价。一般来说最优调度是一个 NP 完全性问题。所以在实际的系统中，常采用次优的调度算法。

有许多参数用于确定或测量一个调度算法的有效性。通信代价是其中使用得最多的一个参数。若要使用这个参数的调度算法，可能要考虑到向一个给定的节点传送或者从一个给定节点接收一个报文花费的时间，更为重要的是必须考虑到为一个进程分配一个执行地点而引起的通信代价。如果将某个进程分配到一个执行地点之后，这个进程不必和其他的任何进程进行通信，那么代价就低。同样，如果这个进程和它需要与之通信的进程被分配到同一个执行节点上，通信代价也被认为是很低的。

执行代价是另一个通用的参数。这个参数反映的是将一个进程分配到一个指定的执行节点，在这个节点的执行环境下，执行这个程序所需的额外开销。如果进程的执行环境和这个进程的基地环境完全一样，那么执行代价为 0。然而，如果进程的执行地点所运行的操作系统和该进程基地节点所运行的操作系统不同，或者具有不同的体系结构。例如，使用了不同的字符编码，不同的表示 0 的方法及不同的尾数表示等，那么由于需要在两个机器之间进行大量的翻译工作，所以需要相当高的执行代价。

资源利用率参数常用来表明基于分布式系统当前各个节点的负载情况，给一个进程分配的执行节点是否合适。资源利用率参数常用负载状态来表示，常用的负载参数有资源的队列长度、内存的使用等。

5.3   静态调度

静态调度算法是根据系统的先验知识作出决策。运行时负载不能够重新分配。静态调度算法的目标是调度一个任务集合，使它们在各个目标节点上有最短的执行时间。总体上来说，设计调度策略时要考虑的三个主要因素是处理机的互连、任务的划分和任务的分配。通常用图模型表示任务和处理机的结构，用任务优先图和任务交互作用图对任务集合建模。

任务优先图是一个有向无环图(DAG)，如图 5 - 6(a)所示。任务优先图中每个链接定义了任务间的优先关系，节点和链接上的标记表示任务的执行时间和任务完成后启动后续任务所需的时间间隔。任务交互作用如图 5 - 6(b)所示，它链接定义了两个任务间的相互关系，每个链接赋予一对数，分别表示这两个任务在同一个处理机上时的通信开销和在不同处理机上时的通信开销。

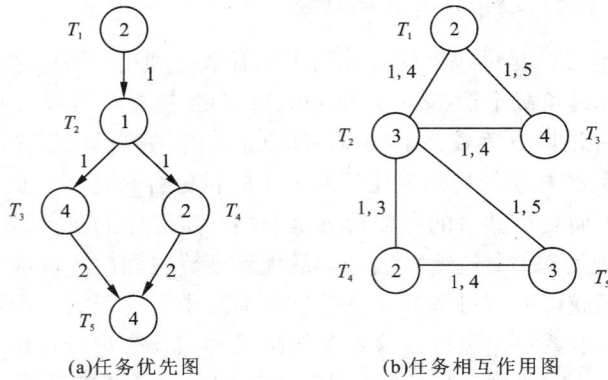

(a)任务优先图　　　　　(b)任务相互作用图

图5-6　任务优先图和任务相互作用图

5.3.1　任务划分与分配

一个给定任务划分的粒度定义是任务分解中影响通信开销的所有单元的平均尺度。一个给定任务划分的粒度被定义为任务的计算量与通信量的比值。算法可以分成细粒度、中粒度和粗粒度。

如果数据单元(即粒度)小,这种算法就是细粒度。如果数据单元大,算法就是粗粒度,介于细粒度和粗粒度之间的就是中粒度。如果粒度太大,就会限制并行性,因为潜在并行任务可能被划分进同一个任务并分配给同一个处理器。如果粒度太小,进程切换和通信的开销就会增加,从而降低性能。

任务划分的一个主要目标就是尽可能消除处理器间通信引起的开销。可以使用三种方法:

➤ 水平或者垂直划分。主要思想是在给定的任务优先图中进行垂直或者水平划分。关键路径(最长路径)的概念常常在垂直划分中使用。水平划分把给定的任务分成若干层,任务的优先级由它们所在的层次决定。

➤ 通信延迟最小划分。主要思想是把通信频繁的节点归成一类。然而,这些需要通信的任务分配在一个处理器上会丧失任务间的并发性。如果减小通信延迟的好处抵销了并行任务串行化的损失,就采用通信延迟最小划分。Stone证明了怎样把一个划分问题转换成一个网络流问题,这将在后面的小节中讨论。

➤ 任务复制。这是任务划分的一个可选方法。主要思想是通过在PE上复制任务来降低通信开销。这个方法保留了任务原有的并行性,但是存储空间要求和同步开销增加了。任务复制也被用来实现无错调度,以保证处理器出现错误时最后计算结果正确。

有时,任务划分被称作任务聚类,以强调在给定的图模型中对小任务分类。任务划分把任务图当作一个整体,将图中的小任务(节点)划分成不同的聚类,聚类中的小任务串行执行,不同的聚类之间并行执行。通常聚类的数目等于处理机的数目,以此简化下一步的聚类到处理机的映射。所以依据任务优先图的任务划分就是将一个DAG中的节点映射到m个聚类上,在任务聚类中可以使用两种策略:

（1）将不相关的任务映射到一个聚类中。

（2）将 DAG 中一条优先路径上的任务映射到一个聚类中。

前者称为非线性聚类，它通过串行化不相关任务来减少并行性，以防止较大通信开销的产生。后者称为线性聚类，它完全利用了 DAG 中的并行性。为了最大化并行性，任务应该尽量均匀地散布到各处理机上，以使得计算平衡。从这点上来讲，应该使用线性聚类。然而，进行通信的任务应该被分配到相同或邻近的处理机上，以保持数据的局部性和减少通信开销。那么，从这个角度来说就应该使用非线性聚类。图 5-7 给出了这两种聚类的例子。

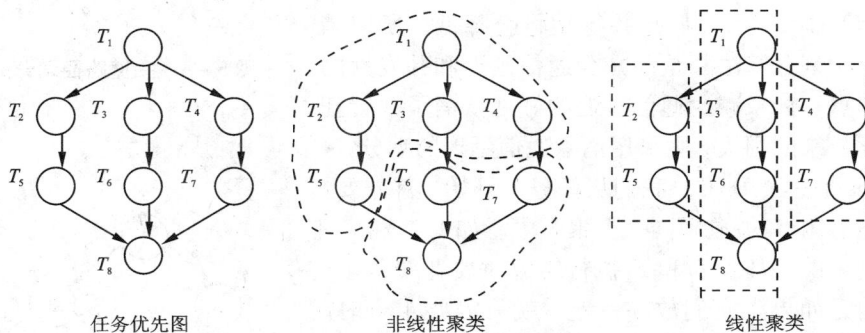

任务优先图　　　　　　　　非线性聚类　　　　　　　　线性聚类

图 5-7　非线性聚类和线性聚类

如果计算的粒度太大，就会限制并行性；如果粒度太小，又会因为通信延迟而降低性能。因此就需要对任务粒度这一因素进行折中性的分析。找到最优的聚类结果是一个 NP 完全性问题，但是对于线性聚类，它具有多项式时间的复杂度。知道什么时候使用线性聚类策略是非常重要的。

任务图的粒度对于结构参数和程序划分来说十分重要。很明显，非线性聚类应该被使用于细粒度的任务。在启发式算法中，选择一个合适的聚类策略时应该考虑到局部粒度的大小以及它对全局并行时间的影响。

对于固定大小的问题来说，处理机的数目也是与粒度相关的，因为当处理机数目增大时，执行在每个处理机上的子问题的粒度就要减小。有研究表明，对于通信额外开销能够在 N 个处理机上被完全分解的算法，加速比能够随着处理机个数的增大而增大。对于通信额外开销不能被分解的算法，加速比在处理机个数为某一个 N 值时会接近最大值，然后会随着处理机个数的增加而下降，直至接近为 0。其中，N 值是由处理与通信的比值决定的。

因此就必须对程序模块间并行性的个数和关联的额外开销进行平衡。在将任务聚集成类以后，这些划分就将被调度到处理机上。因此任务划分是调度的预处理步骤。下面介绍一些划分算法。

（1）关键路径划分。关键路径（最长路径）的概念常常在垂直划分中使用，即用在线性聚类中。应该清楚的是，依赖于任务优先图中关键路径的细粒度任务必须串行执行。因此，一旦关键路径上的节点被识别出来，它们就应该被聚集到一个划分当中，以便它们能够被分配到一个处理机上去执行。

图 5-8 给出了一个例子。每次搜索到图中关键路径的时候，就将路径上的节点聚集到

一个划分当中，并将它们从路径上删除。这个过程被迭代执行，直到图中已经没有节点了。

（2）消除通信延迟的划分。就像这个方法的名字所表明的，这个方法的关键之处在于消除通信的额外开销，所以要把通信频繁的节点聚集成一类。通常的方法是将一个节点的后继节点与节点自身聚集成一类，只要总的执行时间不会被延长。假如我们忽略处理机内部的通信开销，如果任务被聚集到一个类中，那么这些任务之间的通信开销变为 0，但是并行性将会降低。所以消除通信延迟的划分算法都是在减少通信延迟和并发性之间寻找平衡点。如果减少通信延迟的好处抵消了并行任务被串行化带来的损失，则采用消除通信延迟的划分。

图 5 - 9 是一个 DAG。我们从任务 1 开始，首先要判定 T_1 是否应该和 T_2 被放到同一个聚类中。如果 T_1 和 T_2 不在同一个划分中，那么 T_1 和 T_2 执行结束时要花费 7 个时间单元。但是如果将它们放在一起，就只需要 4 个时间单元。通过对 T_3 和其他剩余的任务迭代执行类似的过程，就能够得到图 5 - 9 中所示的最终划分。

（3）任务复制。为了消除任务间的通信开销，将任务在处理机上进行复制有时是最有效的方法。它是任务划分的一个可选方法。任务复制不仅能保留程序最初的并行性，同时也能减少通信开销。但这个方法在处理机的空间有限时就不大可行了，因为任务复制要占据很多空间。让我们来看一个简单的例子，如图 5 - 10 所示。

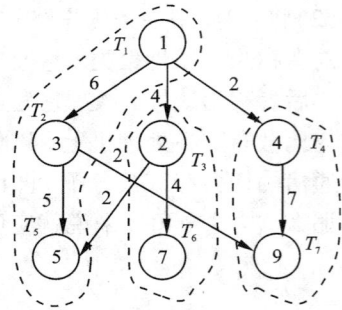

图 5 - 8 关键路径划分的例子

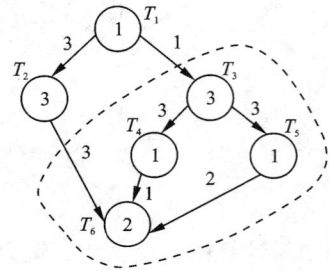

图 5 - 9 消除通信延迟的划分

时间	处理机 1	处理机 2	处理机 3
1	T_1	T_1	T_1
2	T_2	T_3	T_4
4	T_2	T_2	T_4
5	T_1	T_2	T_4
6	T_3	T_2	T_2
7	T_3	T_6	T_2
9	T_5	T_6	T_7

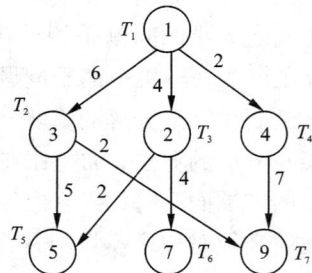

图 5 - 10 任务复制

从图 5 - 10 可以很清楚地看到，将 T_1 复制到每个处理机上有效地消除了 T_1 与 T_2、T_3、T_4 之间的通信开销。

（4）其他划分技术。

5.3.2　基于任务优先图的任务调度

下面以更为形式化的方法对任务优先图进行描述。有一个进程集合 $P = \{P_1, P_2, P_3, \cdots, P_n\}$，在一系列同样的处理机上执行。还给出了 P 上的偏序 $<$ 关系，构成 $(P, <)$ 关系集，用 $G = (V, A)$ 描述，称作任务优先图。其中，V 是顶点的集合，表示进程集；A 是弧集合，表示进程间的优先关系。A 中的一个链接表示为 (u, v)，u 和 v 是 V 中的两个连接进程（节点）。此外，对每个节点和链接都定义了代价函数 w。具体地说，$w(u) \in (0, \infty)$ 是节点 u 的代价，$u \in V$；$w(u, v) = (l, l')$ 是链接 (u, v) 的代价，其中 l' 是同一处理器内的代价。即如果节点 u 和 v 被分配在同一个处理器上时，u 和 v 为通信代价，l 是处理器间的通信代价。即如果节点 u 和 v 被分配在不同的处理器上时，u 和 v 为通信代价。

在任务优先关系图模型中不考虑处理器互连，它假设了每对处理器之间的通信延迟是一个固定的数值。事实上，处理器通信延迟在 l 中得到了体现。通常，处理器内部通信代价 l' 相对于处理器间通信代价要小，因此可以忽略，记作 $w(u, v) = l$。

甘特图（Gantt chart）能够最有效描述进程对处理器的分配情况。甘特图以处理器为纵坐标，以时间为横坐标，图中的每个方块表示进程在某个系统中的开始时间、持续时间和结束时间。处理器内的时间延迟和处理器间的时间延迟都能够在图中得到体现。

图 5-11（a）显示了一个实例的任务优先图，给出了处理器间的通信延迟和任务执行时间，假设没有处理器内的通信延迟。圆圈中的数对应任务的执行时间，与每个链接相关的数对应于处理器间的通信时间。两个连接任务在不同的处理器上时就会发生通信延迟。例如 $w(T_1) = 2$ 和 $w(T_1, T_2) = 1$ 表示 T_1 的执行时间是 2，T_1 和 T_2 被分配到不同处理机上时的通信延迟是 1。图 5-11（b）是根据图 5-11（a）的数据给出的对处理器 P_1 和 P_2 的调度结果。总的执行时间是 12。

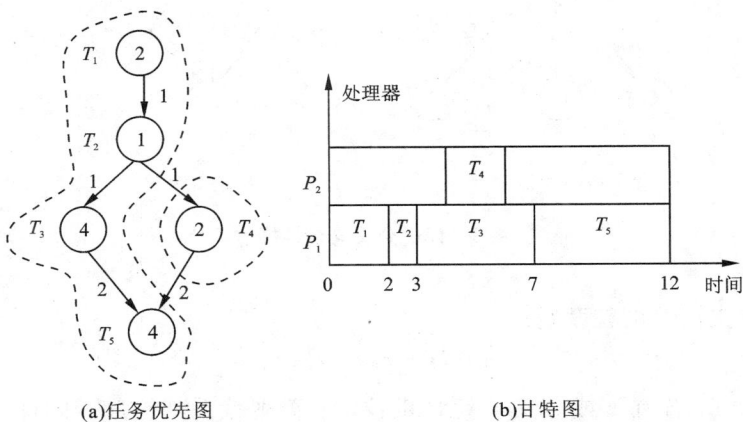

(a)任务优先图　　　　　　　　　(b)甘特图

图 5-11　任务优先图实例

通信延迟使得调度算法变得大为复杂。图 5-12 给出了三种不同调度的例子。如果通信延迟 d 大于任务 T_2 的执行时间，则图 5-12（c）的调度就比图 5-12（d）的要好。如果通信延迟太大的话，所有任务分配在一个处理器上是比较合适的。

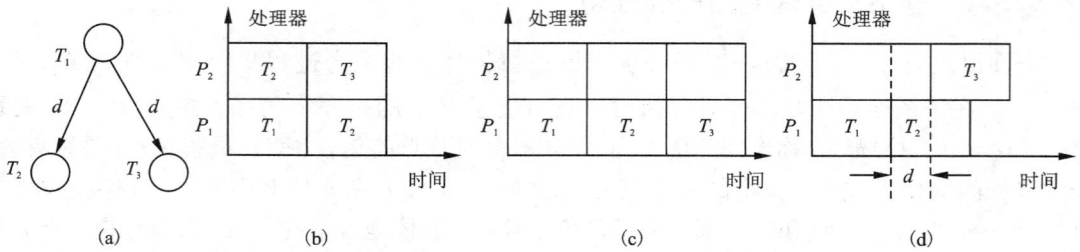

图 5 – 12   对同一个任务优先图的不同调度结果

通常我们总是尝试尽量增加并行度，同时尽可能降低通信延迟。然而在多数情况下，这两个目标是相互矛盾的。因此需要某种程度的折中。有时可以使用任务复制的方法减少通信需求。显然，因通过任务复制而避免了处理器间的通信，图 5 – 12(b) 的结果是最好的。

前面提到了任务划分（又称为任务聚类）中的粒度问题，即把指定应用程序的任务分成一个个任务聚类。典型地，任务聚类的数目应该等于处理器的个数。如果至少有一个聚类中包含两个独立的任务，则聚类是非线性的；否则，聚类就是线性的。

一个任务优先图可以认为是许多分叉和合并操作的集合，如图 5 – 13 所示。为了判别好的聚类算法，引入了对每个分叉或者合并的粒度的概念。如图 5 – 13 所示，分叉 x（合并 x）的粒度是：

$$g(x) = \min_{1 \leqslant k \leqslant n} \{C_k\} \big/ \max_{1 \leqslant k \leqslant n} \{l_k\}$$

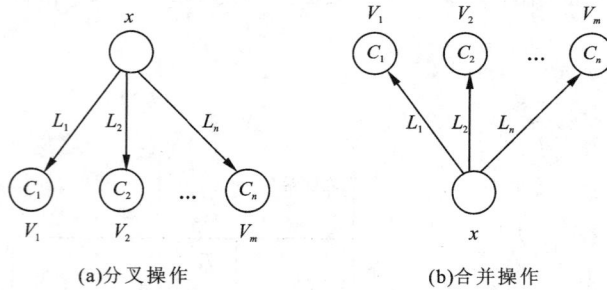

图 5 – 13   分叉与合并操作

给定任务优先图 G 的粒度是：

$$g(G) = \min_{\forall x \in G} \{g(x)\}$$

如果 $g(x) > 1$，合并 x 或分叉 x 就是粗粒度；否则就是细粒度。同样如果 $g(G) > 1$，图 5 – 13 中 G 就是粗粒度，否则就是细粒度。1993 年，Gerasoulis 和 Yang 证明了当表示一个应用程序的给定的有向无环图 DAG（任务优先图）是粗粒度时，也就是它的一个链接上的通信代价小于分叉或者合并操作连接的相邻节点的计算代价，任何非线性聚类可以被转换成具有更少或相等执行时间的线性聚类。注意，上面的结论暗示了一个粗粒度程序的线性聚类性能优于任何非线性聚类。然而，对细粒度程序而言，可能存在也可能不存在一个非线性聚类优于线性聚类。

图 5 - 14 的例子就是粗粒度的,因为最小的进程代价大于最大的连接代价 $[g(x) = 2]$。线性聚类的执行时间是 7,而非线性聚类的执行时间是 9。同样是这个例子,把 $w(T_1, T_2)$ 和 $w(T_1, T_3)$ 改成 4,相应的图变成细粒度分叉,非线性聚类的执行时间是 9,优于执行时间是 10 的线性聚类。

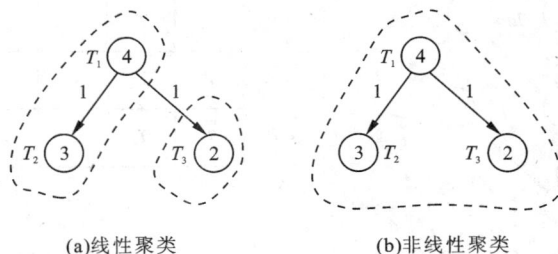

(a)线性聚类　　　　　　　　(b)非线性聚类

图 5 - 14　线性与非线性聚类

5.3.3　两种最优调度算法

多数调度算法是 NP 完全的。本节介绍两种有约束的调度问题,它们有多项式时间的执行复杂度。两种方法都假设通信代价可以忽略,优先图中每个节点的执行时间是一样的,即一个时间单元。具体限制如下:

(1)在第一种有约束的调度问题中,优先图是一棵树。

(2)在第二种有约束的调度问题中,只有两个处理器可用。

两种调度算法都是最高层优先(highest level first)方法,也就是说,通过节点的优先级来选择节点。

在第一种有约束的调度问题中节点 u 的等级是它到根节点的距离加 1。注意节点的等级越高,它的优先级就越高。当若干个节点有相同的等级时,所有先导节点都已执行的节点被第一个选中。如果还有若干个节点符合上述条件,则作随机选择。

图 5 - 15 显示了一个树结构的优先图和这个图在三个处理器上的最优调度。任务 T_1、T_2、T_3 和 T_4 在等级 5,任务 T_5、T_6 和 T_7 在等级 4,任务 T_8 和 T_9 在等级 3,任务 T_{10}、T_{11} 和 T_{12} 在等级 2,任务 T_{13} 在等级 1。等级 5 的任务有最高优先级,等级 1 的任务优先级最低。同一等级的任务有相同的优先级。从第一个时间槽开始根据优先级进行分配。有先后关系的任务不能分配在同一个时间槽中。例如 T_6 必须被分配在 T_4 后面的时间槽中。

为了高效实现算法,要用就绪队列。就绪队列包括这样的所有节点,它们的先导节点都已经执行完毕。根据优先级从就绪队列中选择后续节点执行。在图 5 - 15 的例子中,初始时的就绪队列是 $\{T_1, T_2, T_3, T_4, T_5, T_7, T_9, T_{10}, T_{12}\}$。为方便起见,就绪队列中的任务按优先级排序。队列的前三个任务分配在第一个时间槽,就绪队列变成 $\{T_4, T_5, T_7, T_9, T_{10}, T_{12}\}$。$T_4$、$T_5$ 和 T_7 分配在第二个时间槽,把 T_6 加入就绪队列:$\{T_6, T_9, T_{10}, T_{12}\}$。接着将就绪队列的前三个任务分配给下一个时间槽,把 T_8 加入就绪队列:$\{T_8, T_{12}\}$。T_8 和 T_{12} 被分配在时间槽 4,任务 T_{11} 加入到就绪队列。T_{11} 分配在时间槽 5,T_{13} 加入就绪队列。T_{13} 在时间槽 6

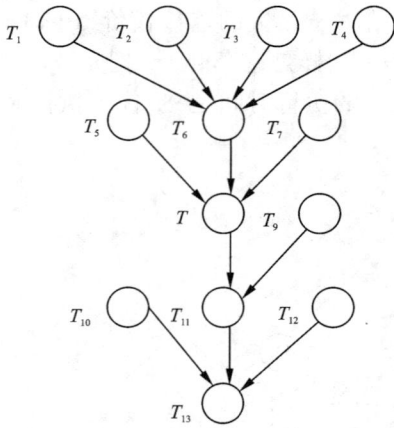

(a)树结构的任务优先图　　　　　(b)对三个处理器的调度

图5－15　树结构优先图与调度

执行。注意，一个节点被调度时，就绪队列就进行更新。事实上，队列更新可以延迟到队列中至少还剩下一个节点。

　　在第二种有约束的调度问题中只有两个处理器可供使用。不同的节点等级不相同。假定有 k 个终止节点，即没有后续节点的节点。从 1 到 k 依次标记这些终止节点。S 是没有被分配的节点的集合，其中节点没有未被标记的后继节点，从中选择一个标记为 i。lex(u) 是 u 的所有直接后继节点的标记的升序排列。如果对 S 中所有 $u'(u' \neq u)$，lex$(u) <$ lex(u')（字典序），那么 u 可以赋予 i。图 5－16(a) 表示一个优先图，每个节点都用上面的方法进行了标记，节点圆圈中的数字表示对应任务的标记。节点的标记可以当作它的优先级。图 5－16(b) 表示的是对图 5－16(a) 中任务的最优调度。任务按照优先级升序排序为：T_1，T_2，T_3，T_4，T_5，T_6，T_{11}，T_8，T_7，T_{10}，T_9。注意，终止节点 T_1，T_2，T_3 的顺序是随机选择的，它们分别被标记为 1、

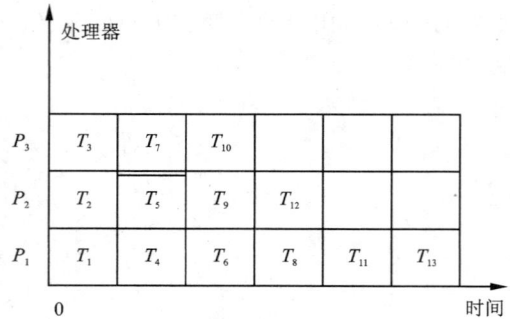

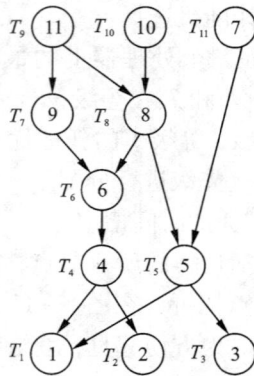

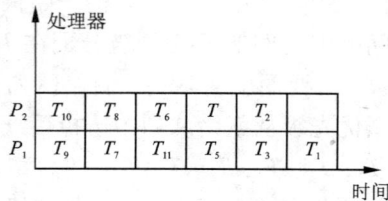

(a)优先级的标记　　　　(b)对双处理器的调度

图5－16　优先级标记

2、3。T_4 的直接后续节点是 T_1 和 T_2，因此 $\text{lex}(T_4) = (1, 2)$；而 T_5 的直接后续节点是 T_1 和 T_3，因此 $\text{lex}(T_4) = (1, 3)$。显然 $\text{lex}(T_4) < \text{lex}(T_5)$，所以 T_4 的标记是 4，T_5 的标记是 5。

5.3.4 基于任务相互关系图的任务调度

第二个任务调度模型是利用任务相互关系图和进程的集合来表示应用程序。任务相互关系图中的每条边表示两个通信进程间的相互作用关系。任务相互关系图由无向图 $G_t(V_t, E_t)$ 表示，V_t 是进程集合，E_t 是边集合，每条边用相关两个进程的通信代价标记。与任务优先图模型不同的是处理器间的通信在任务相互关系图调度模型中有重要作用。特别地，处理器图 $G_p(V_p, E_p)$ 用顶点集 V_p 和边集 E_p 表示，V_p 中的每个元素是一个处理器，E_p 中的每个元素是一个通信信道。一般来说，$|V_t| \leqslant |V_p|$，因此可以假定任务划分已经完成，然后进行分配 M：进行 $V_t \rightarrow V_p$ 的变换和执行时间的估计。假设 $w(u)$ 和 $w(u, v)$ 分别表示节点 u 和链接 (u, v) 的代价。

处理器 $p(p \in V_p)$ 的计算负载为：

$$\text{Comp}(p) = \sum_{u \in V_t} w(u) \mid M(u) = p$$

通信负载为：

$$\text{Comm}(p) = \sum_{(u, v) \in E_t} w(u, v) \mid M(u) = p \neq M(v)$$

在一个应用程序中总的计算和通信量是：

$$\text{Comp} = \sum_{p \in V_p} \text{Comp}(p) = \sum_{p \in V_p} \sum_{u \in V_t} w(u) \mid M(u) = p$$

$$\text{Comm} = \frac{1}{2} \sum_{p \in V_p} \text{Comm}(p) = \frac{1}{2} \sum_{p \in V_p} \sum_{(u, v) \in E_t} w(u, v) \mid M(u) = p \neq M(v)$$

注意链接的通信代价被计算了两次：两个节点各一次。因此，对每个处理器计算总的通信代价时必须除以 2。程序总的执行时间大概是：

$$T = \max\{\alpha\text{Comp}(p) + \beta\text{Comm}(p)\}, \ p \in V_p$$

α 是依据处理器的执行速度确定的值，β 是依据每个通信信道的通信速度和通信进程间的距离确定的值。注意，如果两个进程 u 和 v 在 G_t 中邻接，它们在 G_p 的映像（M 的映像结果）可能邻接也可能不邻接。理想的情况下，所有通信进程被分配在邻接的处理机上，以此减少处理器间通信。注意，通常两个进程不应该映射在一个处理器上，任务聚类时这两个进程应当聚类进同一进程。

评估映射质量的一个指标是任务图 G_t 中的边映射到处理器图 G_p 中的边的数目。这个数目被称作映射的势（cardinality），就是 G_t 中映射到 G_p 中邻接处理器的通信进程对的数目。映射的势不会超过 G_t 中的链接数目。如果一个映射的势最大，它就是一个理想的映射。

例如，图 5 - 17 中，任务相互关系图 5 - 17(a) 被映射到一个有 9 个处理器的图 5 - 17(b)，映射的势是 8，任务关系图中边为 13 条。

有时候映射的势可能不能准确地反映映射的质量。比如，它不能区分下面两种情况：

(1) 两个通信进程被映射到两个处理器上，这两个处理器在处理器图中的距离是 $k(k > 2)$。

(2) 两个通信进程被映射到两个处理器上，这两个处理器在处理器图中的距离是 2。

这里需要图嵌入技巧来区分上面两种情况。设想任务相互关系图和处理器图被各自看作

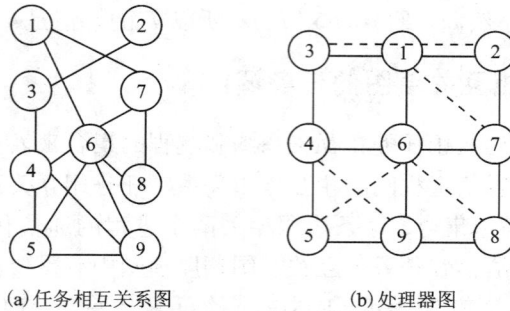

(a)任务相互关系图　　　　(b)处理器图

图5－17　把任务相互关系图映射到处理器图

为 G_t 和 G_p。为了通过 G_t 得到对 G_p 的有效模拟(emulation)，也就是在 G_p 中嵌入 G_t，必须优化嵌入的不同代价指标。

(1) G_t 的边的膨胀。G_t 的边的膨胀定义为被映射成 G_t 里的一条边的 G_p 中对应的路径的长度。嵌入的膨胀为 G_t 中的最大边膨胀。

(2)嵌入的扩大。嵌入的扩大定义为 G_t 里的节点数对 G_p 里的节点数的比率。

(3)嵌入的拥塞。嵌入的拥塞定义为包含 G_p 中的一条边的最大路径数，G_p 中的每条路径表示 G_t 中的一条边。

(4)嵌入的负载。嵌入的负载是 G_t 分配给 G_p 中任意处理器的进程的最大数目。

嵌入的负载要求被限制成1，也就是说映射是1对1的。直觉上膨胀表示进程间的最大通信延迟，扩大表示处理器的利用率，拥塞衡量一个链接上最大的拥塞。

理想情况是发现一个嵌入，有最小膨胀、最小扩大和最小拥塞。图5－17的例子中，膨胀是2，因为在最坏情况下，两个进程被分配给两个距离是2的处理器，例如，进程2和3。拥塞是3，拥塞需要更仔细地计算，因为它取决于每对处理器间的路由路径。我们应当仔细选择路由路径以使整个网络的拥塞最低。在图5－17(b)中，链接(5,6)可以映射成路径 $(5,4)\longleftrightarrow(4,6)$，或者路径 $(5,9)\longleftrightarrow(9,6)$。类似地，链接(4,9)可以被映射成路径 $(4,6)\longleftrightarrow(6,9)$，或者路径 $(4,5)\longleftrightarrow(5,9)$。任何一种方案至少有一个链接被使用两次，同时假设链接是无向的，如链接(6,9)。需注意的是，进程6和进程9本身是两个通信进程。因此，链接(6,9)就被利用了三次。扩大明显地是1，因为 $|V_t| = |V_p|$。

对许多实际程序也可以使用统计指标来比较，如方差 V、标准方差 σ(方差 V 的平方根)和任意两个处理器间的最大计算值差值 $\mathrm{Max_{comp}}$ 和通信值差值 $\mathrm{Max_{comm}}$。处理器计算的平均值和进程通信平均值表示成 $\mathrm{Mean_{comp}}$ 和 $\mathrm{Mean_{comm}}$。

$$\mathrm{Mean_{comp}} = \frac{1}{|V_p|} \sum_{p \in V_p} \mathrm{Comp}(p)$$

$$V_{\mathrm{comp}} = \frac{1}{|V_p|} \sum_{p \in V_p} (\mathrm{Comp}(p) - \mathrm{Mean_{comp}})^2$$

$$\mathrm{Max_{comp}} = \max\{\mathrm{Comp}(p) - \mathrm{Comp}(q)\}, \ p, q \in V_t$$

类似地，可以定义 $\mathrm{Mean_{comm}}$、σ_{comm}、V_{comm} 和 $\mathrm{Max_{comm}}$。理论上应当选择一个具有最小的计算、通信、$\mathrm{Mean_{comp}}$、$\mathrm{Mean_{comm}}$、σ_{comm}、σ_{comp} 等的调度。然而，实际上没有调度能够达到所有指

标的最小值，需要一定程度的折中。

5.3.5　基于遗传算法和模拟退火算法的任务分配策略

目前现有的多数启发式调度算法效果相同。它可能不是一种能够极大提高性能的更好的方法。这里以基于遗传算法和模拟退火算法的任务分配策略为例。

1. 遗传算法(genetic algorithm)

遗传算法最早是由美国 Michigan 大学的 Holland 提出的。这种算法是模拟达尔文的进化论创建的，它模拟生物遗传进化的过程，引入了选择、复制、交叉重组和变异等方法，并将进化论中的"物竞天择，适者生存"的概念引入到算法中，因此被命名为"genetic"。

由于遗传算法模拟了自然界的遗传过程，从而使得该算法贴近自然，贴近现实，所以在解决某些领域的疑难问题时有独到的优势，因此得到了广泛的应用。其范围不仅限于自然科学，也延伸到社会科学的某些领域，所以这一算法堪称边缘科学研究成果的典范。

2. 模拟退火算法

模拟退火算法(simulated annealing)最早见于 IBM 公司托马斯·J. 沃森研究中心的 S·Kirkpatrick 等人的文章。他们在对组合优化进行研究后，根据迭代改进的思想提出了"模拟退火算法"。这个算法的基本思想如下：

该算法的研究对象是由一个参数集所确定的某种配置。为了便于问题的分析，需要设计一个基于该配置的目标函数 cost，于是对配置的优化过程就转化为对 cost 的极小化过程。cost 的极小化过程模拟自然界的退火过程。由一个逐步冷却温度 temp 来控制。对每一个温度值，尝试一定的步骤。在每一个极小化步中，随机选择一个新的配置并计算 cost 函数。这时，如果 cost 小于以前的 cost，则选定新的配置方案；如果 cost 大于以前的 cost，则计算概率值：

$$\text{prob} = \exp\left\{ -\frac{\Delta\text{cost}}{k \cdot \text{temp}} \right\}$$

这里的 k 是玻尔兹曼常数。然后在 $(0, 1)$ 上产生随机数 rand，如果 rand $\leq$ prob，则选择新的配置方案，如果 rand > prob，仍保留原方案。重复这些步骤，直到系统冷却不再产生更好的配置为止。在执行过程中，为克服因强调局部优化而忽视全局优化的倾向，在极小化过程中允许使用"静态爬山"取代严格单调递减的抛物线方法。由上可知，模拟退火算法至少需要四个因素：

➤ 某个系统配置的准确描述。

➤ 重新分配的随机产生器。

➤ 一个定量的包含多种因素折中的目标函数。

➤ 一个冷却机制 $\text{temp}_{i+1} = \alpha\text{temp}_i$，$\alpha$ 称为收敛率，$0 < \alpha < 1$。

在对上述四个因素进行适当设计之后，就可以将之应用于实际。

3. 基于遗传算法和模拟退火算法的任务分配算法

在基本了解了遗传算法和模拟退火算法的机理之后，就可以将它们的思想应用到分布式系统的设计中,从而形成新的任务分配算法。

(1)算法说明。

设有一个由 n 个处理机 $P = \{p_1, p_2, \cdots, p_n\}$ 组成(可以是不同的处理机)的分布式系统,需要执行 m 个任务 $T = \{t_1, t_2, \cdots, t_m\}$,一般 $n < m$。为了便于分析问题,可以建立下述五元组:

$$\sum = (T, <, Q, C, X)$$

其中 $T = \{t_1, t_2, \cdots, t_m\}$ 是任务的集合;"$<$"是 T 上的任务优先关系,$t_i < t_j (1 \leqslant i \leqslant m,$ $1 \leqslant j \leqslant m)$ 表示任务 t_i 必须在任务 t_j 执行之前完成;Q 是一个 $m \times n$ 矩阵,其元素 q_{ij} 表示任务 t_i 在处理机 p_j 上的执行时间(假设每个任务的运行时间已知);C 是一个 $m \times n$ 矩阵,c_{ij} 表示任务 t_i 与 t_j 之间的通信开销;X 是一个 $m \times n$ 的任务分配矩阵,其中 $x_{ij} = 1$ 表示 t_i 分配到处理机 p_j 上执行,否则 $x_{ij} = 0$。

为了实现选择,还必须设计一个目标函数 cost。cost 是一个包含多种因素折中的函数,它应能体现出设计者对系统的性能要求,例如,可以采取下述方法:

$$\text{cost} = \sum_{i=1}^{m} \sum_{k=1}^{n} \left(q_{i,k} \cdot x_{i,k} + w \cdot \sum_{r=1}^{k-1} \sum_{j=1}^{i-1} c_{k,r} \cdot x_{i,k} \cdot x_{j,r} \right)$$

其中常数 w 用来调节通信开销和执行开销之间的差异。在实际设计过程中,还可以选取不同的 w 的值或其他目标函数。

(2)算法描述及简单分析。

第一阶段:初始化。

①随机产生一个任务分配矩阵集:先设定一个全零的任务分配矩阵 X,然后在 X 中的每一行由系统随机选定一个元素为 1。如图 5-18 所示,在 3 个处理机和 7 个任务的情况下,t_1、t_2、t_3 被分配给 p_1;t_4、t_5 被分配给 p_2;t_6、t_7 被分配给 p_3。用同样的方法可产生多个任务分配矩阵。

任务/处理机	p_1	p_2	p_3
t_1	1	0	0
t_2	1	0	0
t_3	1	0	0
t_4	0	1	0
t_5	0	1	0
t_6	0	0	1
t_7	0	0	1

图 5-18   任务分配矩阵

②描述和确定初始任务分配集:对一个给定的任务分配方案,可用一个数据结构 TA 来描述:

$$\text{TA} = \{S, R[1, \cdots, n]\}$$

其中 S 是一个 $\lceil \log_2 n \rceil \times m$ 位的二进制串,每 $\lceil \log_2 n \rceil$ 位称为一节,从左到右第 i 节表示

任务 t_i 所在的处理机情况，这样图 5 – 18 中的任务分配矩阵可以表示为 S = 00 00 00 01 011010。因为有 3 个处理机，所以两位为一节，00，01，10 分别表示任务被分配到 p_1，p_2，p_3 上执行，11 是无效编码。

R 是一个 n 元链表数组，R[i] 表示处理机 p_i 上的任务执行顺序，仍以图 5 – 18 为例，若任务之间满足"<"优先关系{ <t_1, t_2> <t_4, t_5> <t_6, t_7>}，则可确定三种任务分配方案。

p_1 上执行顺序为 t_1, t_2, t_3；p_2 上执行顺序为 t_4, t_5；p_3 上执行顺序为 t_6, t_7。R 表示为：

R[1]：1→2→3　　R[2]：4→5　　R[3]：6→7

R[1]：1→3→2　　R[2]：4→5　　R[3]：6→7

R[1]：3→1→2　　R[2]：4→5　　R[3]：6→7

由于分配到同一处理机上的任务之间有多种排列，所以从一个任务分配矩阵可以产生多种方案。在这些方案中，有一些是违背"<"优先关系的，称为无效分配方案，反之，称为有效分配方案。上面列出的就是三种有效分配方案。从每一个任务分配矩阵所产生的分配方案中各选取一种或几种有效分配方案，便形成初始任务分配方案集。

③设置模拟退火算法中的初始温度 $temp_0$ 和收敛率 α：温度 $temp_{i+1} = \alpha temp_i$ 逐步降低，这里 $0 < \alpha < 1$。下标 i 既表示第 i 次迭代，也指称遗传算法中的第 i 代个体。实验表明，在任务数较多的情况下，选取 $temp_0 = 1000$，$\alpha = 0.9$，可取得较好效果。

第二阶段：循环。

直到 $temp = 1$ 或者连续多代未产生更好的分配方案为止。在循环过程中若落入局部最优的"陷阱"时要采用静态爬山方法。

➤ 交叉繁殖：从整个任务分配方案集中以一定的百分比随机选择出一个供交叉的子集，利用它们进行交叉繁殖。具体实现方法是对前述 TA·S 中某些节进行重组，以 2 个处理机和 5 个任务为例，设有两个父代分配方案 TA_1 和 TA_2，其中：

TA_1·S = 0 0 0 0 1 1　　TA_1·R[1]：1→2→3，TA_1·R[2]：4→5

TA_2·S = 0 1 0 0 1 1　　TA_1·R[1]：1→3→4，TA_1·R[2]：2→5

在 TA_1·S 中随机选定几节替换到 TA_2·S 中就形成了一个新的二进制串 S'，假如选定 TA1·S 中的第 1、第 4、第 5 节（从左到右），替换后为 S' = 01011，其意义为：将 t_1、t_3 分配到 p_1，将 t_2、t_4、t_5 分配到 p_2。同时，为保持数组 R 的一致性，从 TA_1·R[1] 中删除任务 t_2，并插入到 TA_1·R[2] 中，这时有三种插入位置，对应三种分配方案，从中选取一种或几种有效分配方案，就得到下一代的一组分配方案。

➤ 变异：除了交叉之外，还要对任务分配方案集以某个较小的比例，选出一个子集进行变异。变异的方式有多种，可以是对 TA·S 中的某些节求反，也可以是互换一方案集中几个处理的任务，还可以是其他方式。由于变异不会造成个体数量变化，所以每次变异后对一种原方案只保留一种有效变异方案。

➤ 复制：对没有交叉和变异的方案，直接加入到新的任务分配方案集中。

➤ 选择：交叉和变异产生的方案称为新方案。计算新方案的目标函数 cost，并令 $\Delta cost = cost_{新方案} - cost_{原方案}$，这时会出现两种情况：

$\Delta cost < 0$。表明新方案优于原方案，将新方案加入到新任务分配方案集中。

$\Delta cost \geqslant 0$。表明原方案优于新方案，此时计算概率值：

$$prob = \exp\left\{ -\frac{\Delta cost}{k \cdot temp} \right\}$$

k 是玻尔兹曼常数，$temp$ 是当前温度。由系统产生一个$(0, 1)$上的随机数 rand，如果 prob > rand，则将新方案加入到新任务分配方案集中；如果 prob ≤ rand，则放弃新方案，仍保留原方案。

可以对 prob 算式作一个简单分析：k 是常数，在一定温度进行方案选择时，$temp$ 也可看作常数，所以此时 prob 只与 $\Delta cost$ 有关，而且随 $\Delta cost$ 递增而递减。$\Delta cost$ 越小，表明新方案虽次于原方案，但接近原方案，因而是较"好"的方案，而此时 prob 也就越大，prob > rand 成立的可能性也越大，越容易被接受。反之同理。

可以看出，选择过程选取了两种新方案：一是优于原方案的新方案，二是虽次于原方案，但目标函数比较接近原方案的新方案，从而使新方案集的整体水平优于原方案集。

5.4 动态调度

分布式系统中，许多算法包含不统一的计算和通信代价，它们不容易事先确定。在某些应用中，工作负载随着计算进度而变化，这意味着初始时好的映射随着计算的进行而可能变坏。动态调度能够用来恢复平衡。动态调度算法使用系统状态信息（处理机节点的负载信息）来作调度的决策，而静态调度算法没有使用这些信息。

在静态调度算法中，包含通信进程的系统会产生冲突，同时计算进程也可能发生加速，但是多数方法忽略这两种影响。相反地，动态调度很少假设诸如任务执行时间或者通信延迟的运行时参数的先验信息。动态调度在运行时重新分配进程，以达到提高性能的目标。动态调度更好地使用了系统的所有资源，提高了系统的性能。

5.4.1 动态调度的组成要素

典型的动态调度算法有六个策略：启动策略、转移策略、选择策略、收益性策略、定位策略和信息策略。

1. 启动策略

启动策略的责任是决定谁应该激活负载平衡活动。有三种方法：发送者发起、接收者发起和对称发起。在发动者发起的方法中，负载分配活动由重负载节点发动，它力图把一个进程发送到轻负载节点，其性能在系统的整体负载较轻的情况下比较有效。在接收者发起的方法中，轻负载的节点向重负载的节点请求获得一个进程。其性能在系统的整体负载较重的情况下比较有效。对称发起的方法使用兼有接收者发起的和发送者发起的方案，可根据当前负载切换。

2. 转移策略

转移策略决定一个节点是否在合适的状态参与负载转移。多数转移策略是使用静态门限策略（threshold policy）。门限用负载单元数表示。当一个节点的工作负载超过某个门限值时，该节点的工作负载可以转移到网络中的其他节点上。如果节点的负载小于某个门限值时，转移策略就认为它是一个远程任务的接收者。Lin 和 Keller(1987)使用两个门限,将节点的工作负载分类成轻的、中等的和重的,认为仅当超过重负载门限时才需要转移负载。某些转移策略决定负载转移的主要标准是使用两节点的工作负载差值。当两节点的负载差值超过某值时,则需要进行负载转移。Deriche(1989)指出应该根据不同的作业在不同的系统状态下对门限值进行动态地调整。

3. 选择策略

源处理器选择最适合转移最能起平衡作用的任务,并发送给合适的目标处理器。最简单的方法是选择最新生成的任务,这个任务导致处理器工作负载超出门限值。这些任务相对来说转移的代价不大,特别是对于非抢占式的负载转移来说更是如此。另一种方法是选择一个已经运行的任务,然而这时可能的结果是转移运行任务的代价抵消了转移响应时间的减少。转移的作业运行的时间应该足够长,否则相应时间的改进被转移的开销所抵消。1990 年,Svensson 根据作业的过去执行时间进行作业选择,即对一个命令事先测量其平均执行时间,把所有测量过的作业列表,并在运行一个作业前先查表,规定若其平均执行时间小于某个规定值,则只能在本地执行。Koch(1994)和 Wang(1993)使用人工神经网络通过学习作业过去的执行特征的知识来指导下次的作业选择。Stealth 和 Utopia 用查表方法支持作业的自动选择,表中列出了以前执行过的作业名及转移建议。

4. 收益性策略

不平衡因子量化了系统中负载不平衡程度,并且作为系统负载平衡潜在受益的估计,评估系统负载平衡是否是有收益的。负载平衡的决策基于关于平衡的收益函数 $\varphi(t)$ 的值,和平衡代价函数 $\psi(t)$ 的值。$\varphi(t)$ 是估计时刻 t 通过负载平衡能够取得的潜在收益的不平衡因子,可定义为平衡前最大处理器负载 L_{max} 和平衡后最大处理器负载 L_{bal} 的差值。

$$\varphi(t) = f(L_{max} - L_{bal})$$

通常,如果节约的大于付出的,负载平衡就是有收益的,即:

$$\varphi(t) > \psi(t)$$

负载代价来自三个方面:①处理器间负载信息的传播;②任务转移前的任务选择的决策过程;③任务转移的通信延迟。

5. 定位策略

定位策略是寻找合适的节点共享负载。最常用寻找节点的方法是询问(polling)。通常是开始负载平衡的节点询问其他节点,以决定被询问节点是否适用于负载共享。局部范围方法中,只有相邻节点才是询问的候选节点;相反,在全局范围方法中,系统的任一个节点都是询问的对象。从所有候选节点中选取一个节点要么是随机的,要么是基于上一次轮询收集的信息。轮询的替代方法是广播请求,适用于所有节点都能共享负载的情况。Lionel M. Ni(1985)使用的是局部范围的方法,每个处理器力求与负载差最大的一个邻居处理器组成对,负载的转移是在成对的处理器之间发生的。使用广播请求会接收到大量的应答报文,如果不追求最佳,可以只接收第一个应答报文或者有限的几个应答报文。

6. 信息策略

信息策略决定收集系统中其他节点状态信息的时机、收集的方法和收集的信息。在每个节点收集的信息越多的情况下，负载平衡过程就越有效。然而，信息收集过程会产生新的代价。

5.4.2 动态负载平衡算法的分类、设计决策和使用的参数

1. 动态负载平衡算法的分类

动态负载平衡算法必须是普适的、适应性的、稳定的、可扩展的、容错的和对应用程序透明的。动态负载平衡算法可以分成以下几类：

(1)全局的和局部的。局部负载平衡算法在相邻的节点间转移工作负载。全局负载平衡算法不仅在相邻节点间转移负载，还在全系统内计算负载，根据全局情况调整处理器负载。

(2)集中控制的和分散控制的。在集中控制算法中，中心控制器收集状态信息，作出负载平衡决策。分散控制算法把控制机制分散到全系统的各个节点。混合式负载平衡算法是集中控制和分散控制算法的折中。

(3)不协作的和协作的。在不协作方法中，各个节点不知道系统中其他节点的状态，独立决定自己的定位和负载转移规则。在协作算法中，节点间相互配合来作出负载平衡决策。

(4)适应性的和非适应性的。在适应性算法中，负载平衡策略根据系统状态变化而改变；而非适应性方法中，这些策略是不变的。

2. 负载平衡算法的设计决策

负载平衡算法的设计决策包括如下一些内容：

(1)静态算法和动态算法。当进程的执行时间和资源需求都精确定义而且到达率是事先知道时，负载平衡就相对容易实现。这种算法被称为静态调度算法。当问题涉及处理器上未知到达率的进程时，就要使用动态负载平衡算法。动态负载平衡算法分为非抢占式的和抢占式的，抢占式的主要目的是负载共享，节点只分配新到达的任务，又称为任务放置(placement)。抢占式算法的主要目的是充分利用系统资源，能够重新分配正在运行的任务，又称为进程迁移(migration)。非抢占式方法进一步分成一次完成分配(at-most-once-schedule)和可重复分配(multiple-schedule)两种。在一次完成分配算法中，一旦任务被分配到一个处理器，就不能重新分配，即使它还在等待队列中。可重复分配算法能够重新分配任务，只要它还在等待队列中，即还没有运行。通常进程迁移包括下列步骤：①挂起源节点上要被迁移的进程；②传送进程和状态信息到目标节点；③恢复在目标节点上的执行。

(2)信息策略。与信息策略有关的问题有：

①周期信息和非周期信息。

收集系统信息的一个方法是询问处理器的负载状态或者广播负载状态。一种情况是只有当关键情况如过负载或者空闲状态发生时，才可以询问或者广播。另一种情况是，询问和广播可以有规律地由系统中所有处理器完成。前者称为非周期的，后者称为周期的。

周期方法在负载变化不快时将造成额外负担，然而，它保证所有处理器在任何时候以足

够的精确度了解其他处理器的负载信息。两次信息交换间的时间周期是重要参数。但是周期本身可以根据系统性能动态改变。另一方面，非周期信息交换能够节省通信费用，但是当处理器过载或者空闲时必须花费时间去寻找合适的接收者和工作负载的给予者。

②全局信息和局部信息。

大型系统中收集全局信息可能代价太大。一个可选的方法的是在确定范围内收集局部信息。在特定的环境下，为负载移植寻找一个局部最小负载处理器比寻找一个全局最小负载处理器更合适。当处理器间距离过大时，长距离通信的代价会变得不可接受。所以如果传送大文件是负载移植的一部分，发送任务到一个较近的处理器上比较好，即使有一个较远的负载更轻的处理器存在。这个方法允许处理器较少了解系统负载信息。

③处理器负载信息。

处理器的工作负载通常是由 CPU 队列长度、服务率和进程数目决定的。处理器的物理区别，如速度、主存储器大小、分页活动和任务中进程活动与输入/输出活动比例是决定处理器工作负载的其他因素。

在有些情况下，进程反复执行，其中第一次执行的信息可以用来估计相关负载。可以用历史记录来检测重复执行的进程。1991 年，Kunz 研究了进程本身的工作负载信息对负载平衡算法有效性的影响。

（3）集中控制算法或分散控制算法。

集中控制算法中有一个中心处理器从系统中其他处理器收集负载信息。有些集中式系统中，中心处理器收到系统全部负载状态后，把这些信息发送给各个处理器，使它们要转移或者接收新进程时能够掌握系统状态。有可能设计一个系统，当处理器需要转移一个进程时向中心处理器发出请求，要求它基于收集的信息建议一个合适的目标。这样的系统不要求中心处理器向各个处理器发送全局状态信息。这种设计减少了通信代价。当集中处理器失效时，单一的中心处理器也会导致整个系统在任务移植过程中失效。

分散控制算法是通过每个处理器发送自己负载变化情况给所有处理器或者它的邻居来实现的。如果仅发送给邻居，则邻居会再发送给它的邻居。足够多的信息交换后，所有处理器会有一个同样的全局状态信息。分散控制算法具有更强的容错能力，但是收集系统状态信息的负担会从一个处理器向其他每个处理器扩散。因此，处理器花费在收集信息上的时间增加了。

（4）启动策略。前面已经介绍启动策略有三种：发送者发起的、接收者发起的和对称发起的。通常，发送者启动方法在轻负载系统上要优于接收者启动方法，而在重负载系统中则相反。Ferguson 1988 年提出的算法中，本地节点过载时，启动投标过程。它向其他节点发出出价请求，当从其他节点送回的出价收到后，就会评判出一个最低出价。Svensson 于 1990 年提出了一个分布式自适应负载共享算法，这个算法根据当前系统负载状态在发送者启动方法和接收者启动方法间动态切换，使系统在所有负载情况下达到最优性能。

（5）资源复制。任务转移的时候，涉及的文件和数据也必须被复制到目标处理器。如果要复制的文件和数据太大，传送的代价将十分高昂。为了减少转移的代价，常用的任务和数据可以事先被复制和分配到不同的处理器。

（6）进程分类。依据特征来区分进程类型。如果系统中运行的进程有很大的区别，它们就必须分在不同的类。当系统中有多个进程类型时，负载平衡算法必须考虑进程的类型，根据不同的类型作出改变。一些研究者讨论了多种进程类型下的负载平衡算法，然而多数负载平衡算法只考虑了单一任务类型。

（7）操作系统和独立任务启动策略。

操作系统可能和负载平衡策略互相协作，使负载平衡成为操作系统的一个组成部分。另一个可能性就是有独立的负载平衡进程。Sprite 的移植机制向应用程序和用户提供了高度的透明性。空闲进程会被确认并自动被逐出。

（8）开环控制和闭环控制。

开环控制算法作决策时不参考过去活动的结果。闭环控制则记录它的决策并修改自己的参数，以保证算法不偏离预定的功能和运行模式。闭环控制算法必须小心设计，否则会变得不稳定并且增大开销。假设邻居节点间的负载忽然变化而产生巨大的通信和移植活动，使任何计算都没有时间进行，这就需要闭环控制来修改不同的极值以减少移植的发生。

（9）使用硬件和使用软件。

负载平衡可以用软件跟踪不同处理器上的进程来进行。硬件系统同样也可以达到目的。比如，有研究者提出了一种新奇的负载平衡和用户分配机制，采用面向改进的基于对话的文件存储体系结构，可以提高整个系统的性能。这样一种体系结构包含若干局域网文件服务器来实现一个为分布式系统提供服务的全局分布式文件存储。负载平衡和用户分配是高层的协调者，既可以集中也可以分散。

3. 负载平衡算法使用的参数

负载平衡算法的选择和组成依赖于一个可计算对象的集合。这些对象是系统参数，包括：

（1）系统规模。系统中处理器的数目是影响负载平衡决策的一个参数。在有较多的处理器时候，能够使重负载处理器更容易找到一个轻负载处理器，用来转移它的工作负载。但是，大系统会产生较大的报文传递成本和管理成本。

（2）系统负载。即所有处理器上的负载。如果系统是重负载的，并且仍然有比较多的任务到达一个处理器，此时任何负载转移都可能会触发其他处理器上的负载转移。这就是所谓的颠簸现象，移向目标处理器的任务导致目标处理器过载，产生新的任务转移。在这种情况下，初始任务的转移就不该发生。

（3）系统交通强度。即各个处理器上任务的输入流量（到达率）。进程可以以任何随机模式到达处理器，如果处理器能够测定自己的输入流量并且和其他处理器比较，它就能比较容易地评估系统即时的负载水平，从而对任务转移作出更好的决策。

（4）移植极限。即触发任务移植的负载水平。系统中触发任务转移的负载门限是一个关键参数，因为选择不当会导致系统不平衡和任务转移的连锁反应。

（5）任务大小。即使得移植高效的任务大小。一般来说，转移一个运行时间太短的任务是不恰当的。类似的，太大的进程或者涉及大量数据和文件的进程最好在本地处理器上执行。因此，转移任务的最优大小也是一个重要参数。然而，确定任务大小并不容易，可以根据资源要求、任务类型（计算密集型的还是 I/O 密集型的）、存储器要求和数据文件要求来估计。

(6)管理成本。即通信和任务放置的成本。组成管理成本的主要因素是：处理器当前负载的测量、处理器决策使用的负载信息、决策发生的位置和处理器间任务的传送。

(7)响应时间。即任务结果的返回时间。任务的响应时间就是它的结果返回时间。为了估计处理器的负载，需要知道进程的响应时间。除非进程运行后才收集数据，一般进程的响应时间不长，问题是那些没有可用信息的进程。

(8)负载平衡视界。即决定移植任务目的节点时需要探测的邻节点的个数。一个节点能够在其邻节点范围内为一个任务寻找可能的目标节点，在其上运行该任务。这个邻节点范围的直径称为视界。这个参数设置了寻找目标节点过程中探测的邻节点的数量。在大系统中，探测活动开销很大，这样就必须在不为任务寻找最优目标带来的效率损失和探测引起的高开销之间寻找平衡。因此，通过选择视界，在处理器的视界范围内负载可以平衡，但是这时就有可能出现在视界范围外有一个更好的候选者没有被考虑到。

(9)资源需求。即任务需要的系统资源要求。任务对系统资源的要求会影响到它的转移。需要较多资源的进程可能会持续等待资源变得可用，这就可能影响系统的响应时间。从这个意义上说，资源要求影响了处理器的负载。

5.4.3 其他相关因素

1.编码文件和数据文件

在有专门文件服务器的系统中，负载平衡操作比较简单。此时，只要把编码文件传送到目标节点，文件服务器就会把数据文件送到目标处理器。但有时可能没有专门文件服务器，比如地理上分布的系统。因为必须考虑移动所需文件的额外管理费用，所以这使得算法设计更加复杂。

2.系统稳定性

若一个处理器同时被几个重负载处理器标记为目标处理器，它就很可能过载。此时，它会启动另一次负载平衡过程。因此，需要一种机制来终止向过载处理器发送进程。

3.系统体系结构

体系结构和配置的不同使负载平衡问题大大复杂化。同种处理器上的不同的任务到达率，也会增加这种异质性。有不同任务到达率的处理器组成的系统也是异质的。

系统连接方式也影响负载平衡算法。例如，维交换方法对基于立方体的系统或者其他高维度系统是有效的，但不适用于网状连接的系统或其他低维度系统。对于网状连接的处理器，处理器间的平均距离比较大，向一个目标处理器传送信息必须经过较多的处理器。

虽然增加系统尺寸可以增加接受更多负载的可能性，但是，总线连接系统就会成为一个潜在问题。这里，更多处理器意味着更多地使用总线，总线便会成为瓶颈。总线连接系统中传送文件的成本与所需配置比超立方体都要高。

大型和地理上分布的系统中多个节点维护的信息很快就会失效。由于信息落后于动态状态，多个节点上的信息不可用，用当前可用信息作出的决策不是最优的。

5.5　负载平衡

5.5.1　概述

负载平衡也称负载共享，是指对系统中的负载情况进行动态调整，以尽量消除或减少系统中场点负载不匀的现象。根据实现的环境，负载共享可分为静态负载共享策略和动态负载共享策略。前者是指在系统运行前，就把用户提交的任务比较均匀地分配到各场点，在运行过程中，各场点负责完成分配给它的任务，不再进行重新分配。这种方法实现简单，但由于事先难以准确知道每个进程的运行时间，再加上合作进程间的通信与同步容易造成不确定的时间依赖，以及系统中场点故障（进程故障）等因素，这种策略难以真正实现负载共享的目的。本节将重点讨论动态负载均衡方法。

动态负载共享策略是指把系统中各站点上已有的负载作为参考信息，在运行过程中，根据系统中各站点的负载状况，随时调整负载的分配，使各站点尽可能保持负载的平衡。Livny 和 Melman 于 1982 年证明了在一个由若干自治处理机组成的分布式系统中，存在着这样一种可能性，即当提交的任务在某些处理机上排队等候处理时，系统中至少有一个处理机空闲着。这是一个极其重要的结论，它清楚地指明了动态负载共享的必要性和收益。他们还提出了负载共享策略的分类方法，并用模拟法评估了其中的某些策略。

5.5.2　负载平衡算法分类

负载平衡算法可分为动态算法和自适应算法两大类。

1. 动态算法

根据系统状态，对可以接受任务的站点进行分析，可以将任务迁移到空闲站点，甚至可以将正在执行的任务迁移到其他空闲站点。但要注意的是，信息的收集、分析及作出决定会造成额外开销，不可小视。

2. 自适应算法

通过动态改变参数甚至策略来调整自身的行为，以适应正在改变的系统状态。自适应算法能够根据系统状态的变化选择合适的算法，在无法通过任务迁移提高系统性能的情况下，自适应算法是很好的选择。

另外，上述算法又可分为抢占式和非抢占式两类。抢占式任务迁移是指可以转移一部分执行的任务。这个操作通常是代价很高的，因为收集任务的状态信息非常困难。任务状态包括虚拟内存的映像、进程控制块、I/O 缓冲区、文件指针等。因此实现抢占式任务迁移开销很大。

非抢占式任务迁移只包含未开始执行的任务，所以不涉及任务状态信息的迁移。在这两种方式中，执行任务的一些环境信息将传送给远程节点，这些环境信息包括用户工作目录和任务特权等。其中，非抢占式任务迁移又称 task placement。动态负载平衡算法可以根据集中的程度加以区分，分为集中、分散、组合三种。但集中式算法隐含着不稳定性，因为当中央控制站点出现故障时会导致系统瘫痪。一种解决方案是保持一个冗余站点，当中央控制站点出现故障时，冗余站点自动激活，代行中央站点之责。集中式算法的缺点是易造成中央站点处的瓶颈。

5.5.3　负载平衡算法的组成

动态负载平衡策略包含四个部分：转移策略、选择策略、定位策略和信息策略。

1. 转移策略

决定一个站点是否处于合适的状态来参与任务转移时，它要么是发送者，要么是接收者。一个普遍认可的转移策略是阈值（threshold）策略：当某个站点产生一个新任务时，如果其负载超过 T_1，转移策略就将该站点确定为发送者；如果其负载小于 T_2，转移策略就将它确定为远程任务的接收者，这里 T_1 是发送阈值，T_2 是接收阈值，$T_1 > T_2$。另一个转移策略是相关转移策略，例如，若一个站点的负载在全系统中最低，则被确定为接收者。

转移策略相对来说比较容易实现。若用户提交作业时还同时提交了各进程间的依赖关系（如进程间的 IPC 等），则转移策略可选择那些（个）与本地进程无依赖关系（没进行通信）或依赖关系较弱（通信较少）的进程为转移对象。若系统不知道进程间的依赖关系，则可随机或按某种方式（如阈值方法）来选择转移的进程。

2. 选择策略

一旦转移策略决定了该站点为发送者，则选择策略就从本地选择一个任务来转移；如果选择策略不能找到一个合适的任务来转移，这个站点就不再被认为是发送者。最简单的办法是选一个导致站点成为发送者的新近产生的任务，这种任务转移的开销较小。选择策略时，要考虑以下几个因素：

（1）转移的额外开销要尽量小。

（2）被选择的任务应该足够大，值得花额外开销去处理它。

3. 定位策略

定位策略的作用是为准备转移的负载选择合适的"转移伙伴"。实现高性能的定位策略是比较困难的，因为它不仅要考虑到负载间的依赖关系，而且还要考虑到各场点的当前负载状况，况且各场点负载间的依赖关系可能会随着负载的执行有所变更。因此，考虑高性能的定位策略时，通常要参考基于系统的全面状态信息。

在非集中式算法中，一个广泛采用的方法是轮询，即由一个站点询问其他每个站点以确定是否可以共享负载。轮询可以采取串行和并行两种方式（并行即广播方式）。在集中式算法中，由一个指定的站点作为协调者来定位、收集系统信息，发送者从协调者处获得系统信息来选择接收者。

非集中式算法中
定位接收站点方案

4. 信息策略

信息策略决定系统中其他站点的状态信息如何收集、从哪里收集、收集哪些信息等。目前，有三种类型的信息策略：

(1)要求驱动策略：在非集中式策略中，一个站点只有在成为发送者或接收者时才能收集其他站点的信息。

(2)周期策略：定期地收集信息。可用于集中式算法，也可用于非集中式算法。

(3)状态改变驱动策略：在自身状态改变到一定程度时，站点向外发布它的状态信息。从排队论看，当任务到达的速度快于系统处理的速度时，会造成不稳定性；从算法看，当某引进参数或策略设置不恰当时，会使任务频繁转移，从而造成系统"抖动"。

为简化讨论，假定构成一个分布式系统的所有场点都是同构的，每个场点仅由单个处理器组成，这些场点经由局部广播信道(如以太网)互连，所有的场点有相同的任务平均到达率。此外，我们把任务转移开销作为处理器开销而不作为通信网络的开销，并忽略由于动态负载共享所强加的通信网络负担。下面几节将介绍几个有代表性的算法。

5.5.4　发送者主动算法

在发送者主动算法中，当一个站点超载时，它会尝试将任务发送给一个轻载站点(接收者)。图 5-19 给出了算法流程。下面介绍算法的四个组成策略：

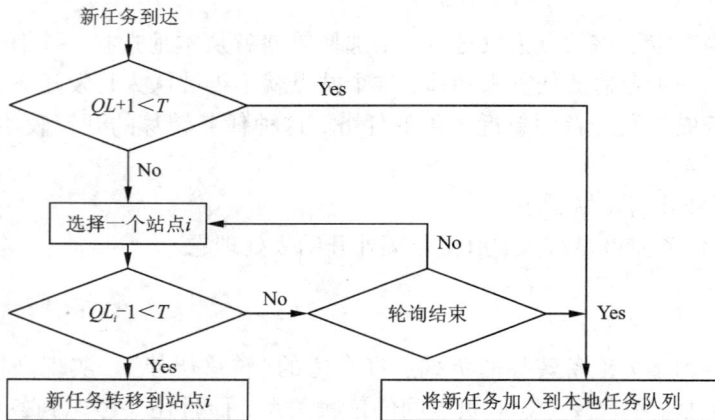

图 5-19　发送者主动算法

(QL 为任务队列长度，QL_i 为站点 i 的任务队列长度，T 为阈值)

(1)转移策略：这里采用的是阈值策略。当一个站点产生一个新任务时，若任务队列长度超过阈值 T，则该站点被确定为发送者。

(2)选择策略：本算法选择新到达的任务作为要发送的任务。

(3)定位策略：根据被轮询站点的任务队列长度，来判断是否超过阈值，若没有超过就转移到该站点。这是阈值定位策略。

(4)信息策略：在本算法中采用的信息策略是要求驱动策略，一个站点只有在成为发送者时才能收集其他站点的信息。

5.5.5 接收者主动算法

与发送者主动算法相反,当一个站点的任务队列长度小于阈值时,它会尝试从重载站点接收一个任务。图 5 - 20 给出了其算法流程。

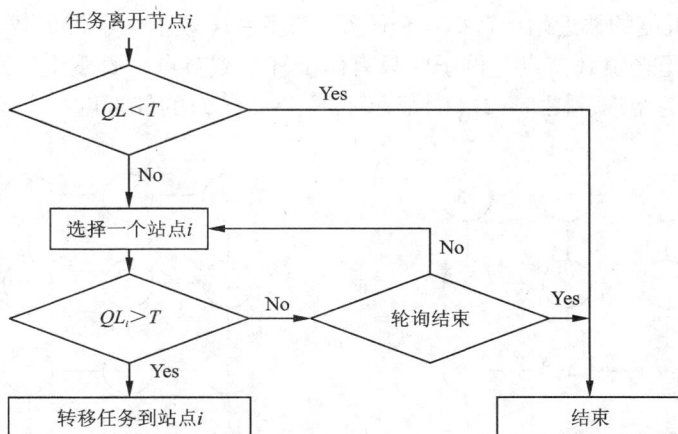

图 5 - 20 接收者主动算法

(QL 为任务队列长度,QL_i 为站点 i 的任务队列长度,T 为阈值)

(1)转移策略:这里采用的仍是阈值策略,当一个站点上有任务离开时,若任务队列长度小于阈值 T,则该站点被确定为接收者。

(2)选择策略:所有其他站点上的任务都可能成为接收对象。

(3)定位策略:根据被轮询站点的任务队列长度,判断是否超过阈值,若超过就转移任务到站点 i。这是阈值定位策略。

(4)信息策略:在本算法中采用的信息策略是要求驱动策略,即一个站点只有在成为接收者时才能收集其他站点的信息。

5.5.6 双向主动算法

在双向主动算法中,发送者和接收者都能转移任务,因此双向主动算法兼有两者的优点。在系统负载较低时,本算法中的发送者主动容易发现轻载站点;在系统负载较高时,接收者主动容易找到重载站点。但双向主动算法也有一些不足,如在系统负载较高时,使用发送者主动容易造成系统的不稳定性等。一个较好的解决方法是采用自适应算法,合理地设置阈值,在系统高负载时采用接收者主动,在系统低负载时采用发送者主动。

5.5.7 梯度模型

梯度模型不是试图将新产生的任务转移到其他站点上去,而是把新产生的任务加入到自己的任务队列,等待其他的站点来申请。每个站点上都有一个负载平衡进程,这个进程周期性地更新各站点的状态信息和邻近度信息。每个站点的状态信息由两个参数描述:低水线和高水线。当该站点的负载低于低水线时,状态信息为轻载;当负载高于高水线时,状态信息为超载，否则为平载。一个站点的邻近度信息反映着该站点到一个轻载站点最短距离的估计值，若一个轻载站点的邻近度为 0，则其他站点的邻近度取一个站点到它所有邻近站点中邻近度的最小值。当一个站点的邻近度大于网络的直径时，说明系统处于饱和状态，应令其邻近度为网络直径加 1，以避免其邻近度无限增大。当一个站点计算的邻近度的新值不同于旧值时，它将向它所有的邻近站点广播该信息。当一个站点超载且系统又不处于饱和状态时，该站点将向具有最小邻近度的邻近站点转移一个任务。图 5 – 21 表示一个带负载标记的 4×4 网络。假设小于 3 的节点是轻负载节点。例子中只有两个轻负载节点。直观上，处理器的传播压力是它到轻负载节点的距离。图 5 – 21(b) 显示了图 5 – 21(a) 的邻近度。

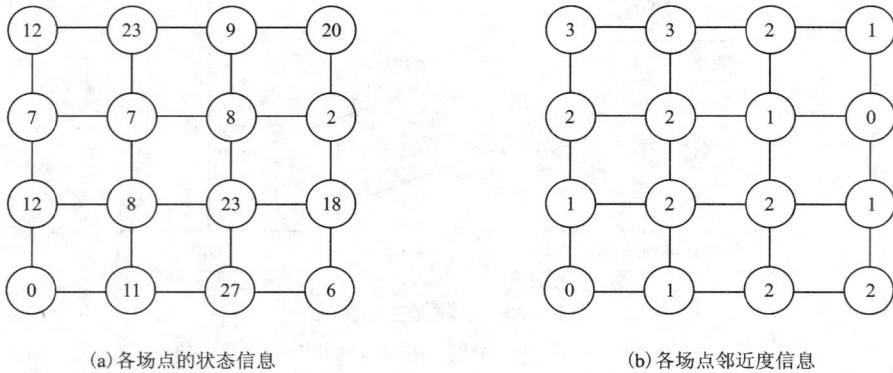

(a)各场点的状态信息　　　　　　　　　(b)各场点邻近度信息

图 5 – 21

(a)1 个带负载的 4×4 网络；(b)各个节点对应的传播压力(小于 3 的节点是轻负载节点)

5.5.8　接收者主动的渗透算法

接收者主动的渗透算法是通过相邻域的重叠部分的站点扩散负载而达到负载平衡的一类方法。负载信息是通过相邻站点进行交换的，当一个负载值 L_i 增加到 $(1/u)L_i$ 或降低到 uL_i 时，就会把更新消息发到各站点以更新其负载信息，其中，u 是负载的更新因子。当一个站点的负载低于 L_{low} 时，将启动该站点的负载平衡进程，计算出其自身和邻近站点的平均负载 $\bar{L}_i$。如果一个站点的负载与平均负载之差小于一个阈值 L_t，则执行负载平衡算法的第三个阶段。每个站点 k 被赋予一个超载值 h_k：

$$h_k = \begin{cases} L_k - \bar{L}_i, & L_k > \bar{L}_i \\ 0, & 其他 \end{cases}$$

设站点 i 所在区域总的超载量为 H_i：

$$H_i = \sum_{k=1}^{k} h_k$$

则站点 i 从其相邻站点申请的负载总数为：

$$\delta_k = (\bar{L}_i - L_i)h_k/H_i$$

申请负载的请求被送到合适的相邻站点，根据收到的请求，一个站点最多将其自身的一半负载传递给请求者。在这个算法中，L_{low}、L_t、u 需要调整到系统出现最优性能，但找到最佳参数是非常困难的。

5.5.9　预约策略

预约策略的基本思想为：一个轻载站点按一定的方式查询系统的状态，请求某个重载站点迁移一个尚未开始运行的任务给自己。若此时该重载站点尚没有这样的任务存在，则轻载站点与其进行一次"预约"，要求一旦有新创建的或到达的任务，就将它迁移给自己。因为迁移一个正在运行的任务通常是比较困难的。

5.5.10　投标策略

投标策略的基本思想为：重载站点向系统广播一个"请求迁移出负载"的请求消息。接收到这一请求消息的站点根据自己的状态决定是否参与投标；若参与，则向请求者发送一个标书（含可以接收的负载量）。投标后，该重载站点对接收到的标书进行筛选，选出其中负载最少的站点并把其希望迁移的负载迁移给它，如图 5 - 22 所示。

这种方法简单、直观，但需要一定开销。

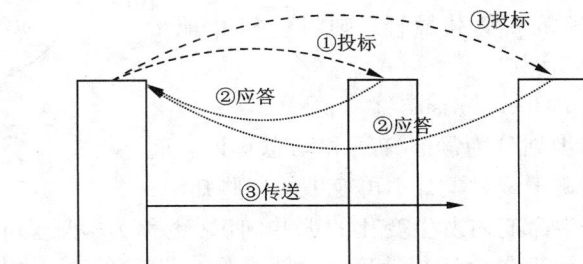

图 5 - 22　投标策略示例

5.5.11　广播策略

广播策略的基本思想为：每个站点都将自己当前的负载广播给系统中所有其他的站点。因此，重载站点可将一定量的负载直接迁移到负载最少的站点，或者轻载站点可直接向最高负载的站点请求接收一定量的负载给自己。

5.6　智能型任务调度算法

如前所述，在由任意多个处理器组成的系统中，实现最佳的任务调度是一个 NP 完全问题，因此，传统的研究一般都集中于寻找某种较优算法。但这仍存在如下问题：

（1）分布式系统中各站点的自治性和动态变化的远程对象状态，使局部调度算法所具有的全局状态信息是不确定的。

（2）从系统的观点来看，对一个任务组进行调度的性能需求应随着系统当前状态的变化而变化，即与时间有关，如当系统中某些站点重载、某些站点轻载时，负载平衡应是下次调度的主要目标之一。显然，这种自我调节的性能是传统调度算法很难满足的。

解决此问题的途径之一是采用智能型任务调度策略。

5.6.1　任务调度中的知识及其表示

任务调度中的知识主要有如下两类：

调度知识：设计任务调度算法的一些经验、原理、规则等，如就近调度原则、不要调度正在运行的任务等。

对象知识：构成任务调度算法的一些基本知识。根据面向对象的设计观点。计算机系统的所有资源都可视为对象。一个对象知识主要由对象体、作用在其上的操作以及相关知识三部分构成。例如，一个处理机对象知识的构成，如图 5 - 23 所示。

调度知识通常以算法或规则形式出现，例如，可用下述形式表示：

if 条件 1，条件 2，…，条件 j then 动作 1，动作 2，…，动作 j。

其中，"条件"即引用调度知识时的条件，而"动作"则是引用这些调度知识的一组动作。

例如，对于"若处理机 p_j 负载最轻，则将任务 t_m 配给它"这个调度规则，可表示为：

$$\text{if } minload(p_j) \text{ then } assign(t_m, p_j)$$

对象知识还可进一步划分为静态知识和动态知识。前者是指随对象创建就依赖于该对象且不再变更的那些知识；

图 5 - 23　处理机对象知识

后者则指在对象的整个生命期内发生变化的那些知识（也称为"状态知识"）。例如，前述的一个处理机对象的静态知识包含运行速度、存储容量、字长等；而动态知识则为负载状况、空闲存储空间的大小、等待队列中的进程数等。

为了判断对象知识的可信度，可用一个可信度因子（0～1 的某个数）来近似地指明。

而且任何一个对象知识的可信度均遵从下述规则：

➤ 初始规则：可信度的初始值是支持该对象知识的所有证据的度量。

➤ 更新规则：若获取了该对象知识的新证据或所期望的证据没有到达，则该对象知识的可信度应做修改。

➤ 衰减规则：所有对象知识的可信度都将随着时间的推移而降低。

5.6.2　任务调度程序的结构

位于分布式系统中某站点上的一个智能型任务调度程序的逻辑结构，如图 5 - 24 所示。状态管理模块由四个子程序组成。其中，解释子程序负责对调度信息的搜索、解释和实施；调度信息可分为调度数据、调度目标和调度指令三部分。当解释子程序收集到大量调度数据后，它将产生一组假设，这些假设试图去解释和说明这些收集到的信息。若有足够的证据支持某一假设，则此假设就成为具有一定可信度的事实存放于知识库中，并交给事实管理子程序管理。若存在两个以上的相互抵触的假设，则由学习子程序通过学习功能去搜索证据，以解决这类冲突。解释子程序根据现有的调度状态知识确定当前的调度目标。根据这些调度目标，决策管理模块将产生一个既能满足用户响应时间的要求，又能满足系统动态变化的性能要求的调度指令。同时，系统生成子程序将选定一个合适的硬件子系统来运行调度到的任务组。

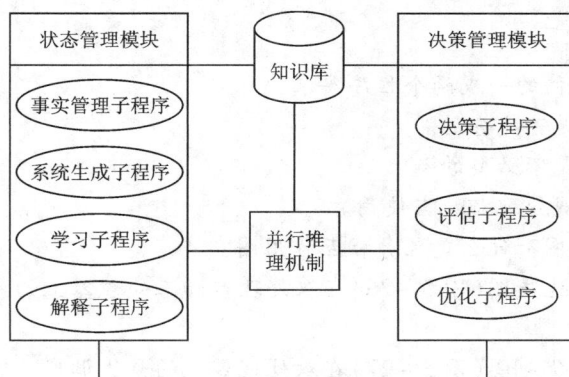

图 5－24　智能型任务调度程序的结构

决策管理模块由三个子程序组成。其中，决策子程序根据知识库中的调度知识和状态知识产生一组候选调度方案。评估子程序根据预定的评估标准对这些方案进行分析和筛选，若能从中选出一个可接收的方案，则采纳它并交给解释子程序实施；否则交给优化子程序处理。优化子程序根据一定方法对这些候选方案进行优化，得到一个可接收的或基本可接收的调度方案后，交给解释子程序实施。

知识库存放调度知识和状态知识，它由状态管理模块和决策管理模块共同负责维护。并行推理机制用以提高状态管理和决策管理过程中知识处理的速度，以期提高调度效率。

5.6.3　任务调度算法的实现

具体实现时，可考虑用分层方法进行，如图 5－25 所示。其中核心层主要包含两大功能：一是观察处理器的状态，以形成各种统计数据；二是将任务分配到指定的处理器，监督其运行状态，支持任务间的通信等。核心层的程序同操作系统内核一起常驻内存，协同完成上述功能。

图 5－25　任务调度程序的层次划分

决策层完成调度决策的任务，包括状态管理和决策管理两大功能。用户界面层提供一个友好的用户界面和学习功能，它将根据用户提供的作业说明书给出的有关任务的知识，以及从核心层得到的统计数据所形成的状态知识，提交给决策层进行调度决策。

习 题

1. 举出满足以下条件的一或两个程序要求：

(1) 静态负载分配是不充分的。

(2) 动态负载分配是不必要的。

(3) 静态和动态负载分配都应当使用。

2. 什么是任务优先图？什么是任务相互作用图？

3. 找出下面的任务优先图（图 5-26）在双处理器和三处理器上的最优调度。假设每个任务的执行时间是 1。

4. 找出下面的任务优先图（图 5-27）在双处理器上的最优调度。假设每个任务的执行时间是 1。

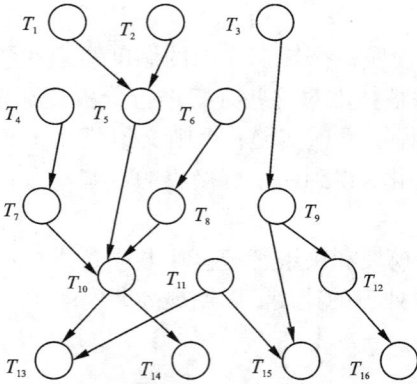

图 5-26　习题 3 图

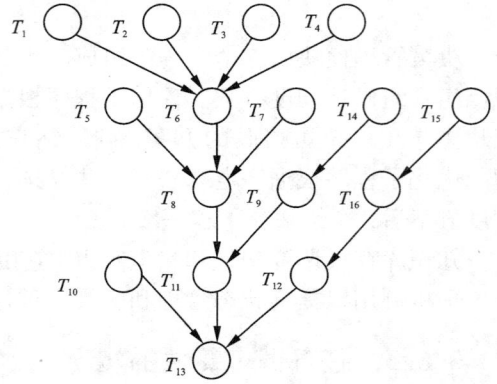

图 5-27　习题 4 图

5. 动态调度的主要组成要素有哪些？

6. 为什么集中式调度结构比分散式的可能支持较大规模？它的缺点是什么？

7. 怎样减少分散式调度结构中的报文数？

8. 对图 5-28 中的 4×4 网络，求每个节点的传播压力。设负载小于 2 的节点是轻负载节点。

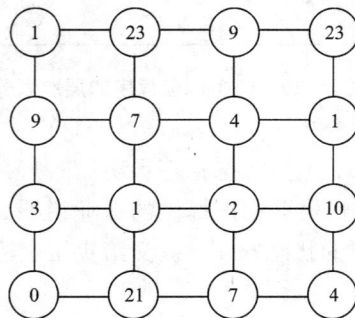

图 5-28　习题 8 图

第6章　分布式存储与文件系统

虽然分布式系统被研究了很多年，但是，直到近年来，互联网大数据应用的兴起才使得它被大规模地应用到工程实践中。Google、Amazon、Alibaba 等互联网公司的成功催生了云计算和大数据两大热门领域。无论是云计算、大数据还是互联网公司的各种应用，其后台基础设施的主要目标都是构建低成本、高性能、可扩展、易用的分布式存储系统。

相比传统的分布式系统，互联网公司的分布式系统具有两个特点：一是规模大，二是成本低。不同的需求造就了不同的设计方案，可以这么说，正是 Google 等互联网公司重新定义了分布式系统。

6.1　分布式存储概述

6.1.1　分布式存储系统的定义与实现问题

所谓分布式存储系统是指大量普通 PC 服务器通过网络（如 Internet）互联，对外作为一个整体提供存储服务。

分布式存储系统一般具有如下几个特性：

（1）可扩展。分布式存储系统可以扩展到几百台甚至几千台的集群规模，而且，随着集群规模的增长，系统整体性能表现为线性增长。

（2）低成本。分布式存储系统的自动容错、自动负载均衡机制使其可以构建在普通 PC 机之上。另外，它的线性扩展能力也使得增加、减少机器非常方便，可以实现自动运维。

（3）高性能。无论是针对整个集群还是单台服务器，都要求分布式存储系统具备高性能。

（4）易用。分布式存储系统需要能够提供易用的对外接口，另外，也要求具备完善的监控、运维工具，并能够方便地与其他系统集成。例如，从 Hadoop 云计算系统导入数据。

分布式存储系统的挑战主要在于数据、状态信息的持久化，要求在自动迁移、自动容错、并发读写的过程中保证数据的一致性。分布式存储涉及的技术主要来自两个领域：分布式文件系统和数据库。本章和下一章将主要研究这两个方面的内容。下面列出分布式存储系统所要考虑的典型问题：

（1）数据分布。如何将数据分布到多台服务器才能够保证数据分布均匀？数据分布到多台服务器后如何实现跨服务器读写操作？

（2）一致性。如何将数据的多个副本复制到多台服务器？即使在异常情况下，也能够保证不同副本之间的数据一致性？

（3）容错。如何检测到服务器故障？如何自动将出现故障的服务器上的数据和服务迁移到集群中 r 中的其他服务器？

（4）负载均衡。新增服务器和集群在正常运行过程中如何实现自动负载均衡？在数据迁移的过程中如何保证不影响已有服务？

（5）事务与并发控制。如何实现分布式事务？如何实现多版本并发控制？

（6）易用性。如何设计对外接口使得系统容易使用？如何设计监控系统并将系统的内部状态以方便的形式暴露给运维人员？

（7）压缩/解压缩。如何根据数据的特点设计合理的压缩/解压缩算法？如何平衡压缩算法节省的存储空间和消耗的 CPU 计算资源？

分布式存储系统面临的挑战大，研发周期长，涉及的知识面广。一般来讲，工程师只要能够深入理解分布式存储系统，理解其他互联网后台架构也不会有任何困难。

6.1.2　分布式存储系统分类

随着分布式应用的不断发展，分布式存储面临的数据需求也越来越复杂，概括起来大致可以分为三类：

（1）结构化数据：一般存储在关系数据库中，可以用二维关系表结构来表示。结构化数据的模式（Schema，包括属性、数据类型以及数据之间的联系）和内容是分开的，数据的模式需要预先定义。大多数系统都有大量的结构化数据，一般存储在 Oracle 或 MySQL 等关系型数据库中。

（2）非结构化数据：相对于结构化数据而言，不方便用数据库二维逻辑表来表现的数据即称为非结构化数据，包括所有格式的办公文档、文本、图片、XML、HTML、各类报表、图像和音频/视频信息等。分布式文件系统是实现非结构化数据存储的主要技术。

（3）半结构化数据：介于非结构化数据和结构化数据之间，HTML 文档就属于半结构化数据。它一般是自描述的。它与结构化数据最大的区别在于，半结构化数据的模式结构和内容混在一起，没有明显区分，也不需要预先定义数据的模式结构。半结构化数据模型具有一定的结构性，但比传统的关系和面向对象的模型更灵活。由于半结构化数据没有严格的 Schema 定义，所以不适合用传统的关系型数据库进行存储。适合存储这类数据的数据库被称作"NoSQL"数据库。

不同的分布式存储系统适合处理不同类型的数据。本章将分布式存储系统分为四类：分布式文件系统、分布式键值系统、分布式表格系统和分布式数据库。

1.分布式文件系统

互联网应用需要存储大量的图片、照片、视频等非结构化数据对象，这类数据以对象的形式来组织，且对象之间没有关联。这样的数据一般称为 Blob（binary large object，二进制大对象）数据。

分布式文件系统用于存储诸如 Blob 等对象，典型的系统有 Facebook Haystack 以及 Taobao file system（TFS）。另外，分布式文件系统也常作为分布式表格系统以及分布式数据库的底层存储，如谷歌的 GFS（Google file system，存储大文件）可以作为分布式表格系统 Google Bigtable 的底层存储，Amazon 的 EBS（elastic block store，弹性块存储）系统可以作为分布式数据库(Amazon RDS)的底层存储。

　　总体上看，分布式文件系统存储着三种类型的数据：Blob 对象、定长块以及大文件。在系统实现层面，分布式文件系统内部按照数据块(chunk)来组织数据，每个数据块的大小大致相同，每个数据块可以包含多个 Blob 对象或者定长块，一个大文件也可以拆分为多个数据块，如图 6 - 1 所示。分布式文件系统将这些数据块分散到存储集群，处理数据复制、一致性、负载均衡、容错等分布式系统难题，并将用户对 Blob 对象、定长块以及大文件的操作映射为对底层数据块的操作。

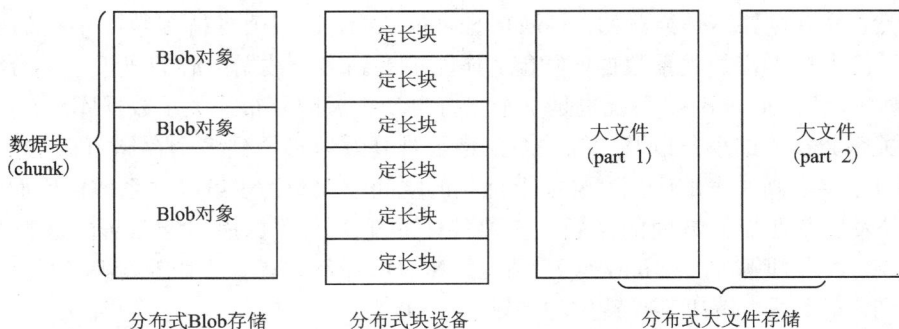

图 6 - 1　数据块与 Blob 对象、定长块、大文件之间的关系

2. 分布式键值系统

　　分布式键值系统用于存储关系简单的半结构化数据，它只提供基于主键的 CRUD(create、retrieve、update 和 delete)功能，即根据主键创建、读取、更新或者删除一条键值记录。

　　典型的系统有 Amazon Dynamo 以及 Taobao Tair。从数据结构的角度看，分布式键值系统与传统的哈希表比较类似，不同的是，分布式键值系统支持将数据分布到集群中的多个存储节点。分布式键值系统是分布式表格系统的一种简化实现，一般用作缓存，如淘宝 Tair 以及 Memcache。一致性哈希是分布式键值系统中常用的数据分布技术，因被 Amazon DynamoDB 系统使用而著名。

3. 分布式表格系统

　　分布式表格系统用于存储关系较为复杂的半结构化数据，与分布式键值系统相比，分布式表格系统不仅仅支持简单的 CRUD 操作，而且支持扫描某个主键范围。分布式表格系统以表格为单位组织数据，每个表格包括很多行，可通过主键标识一行，支持根据主键的 CRUD 功能以及范围查找功能。

　　分布式表格系统借鉴了很多关系数据库的技术，例如，支持某种程度上的事务，单行事务，某个实体组(entity group，一个用户下的所有数据往往构成一个实体组)下的多行事务。典型的系统包括 Google Bigtable 以及 Megastore、Microsoft Azure Table Storage、Amazon DynamoDB 等。与分布式数据库相比，分布式表格系统主要支持针对单张表格的操作，不支持一些特别复杂的操作，如多表关联、多表联接、嵌套子查询。另外，在分布式表格系统中，同一个表格的多个数据行也不要求包含相同类型的列，适合半结构化数据。

4. 分布式数据库

分布式数据库一般是从单机关系数据库扩展而来，用于存储结构化数据。分布式数据库采用二维表格组织数据，提供 SQL 关系查询语言，支持多表关联、嵌套子查询等复杂操作，并提供数据库事务以及并发控制。

典型的系统包括 MySQL 数据库分片（MySQL Sharding）集群，Amazon RDS 以及 Microsoft SQL Azure。分布式数据库支持的功能最为丰富，符合用户的使用习惯，但可扩展性往往受到限制。当然，这一点并不是绝对的。Google Spanner 系统是一个支持多数据中心的分布式数据库，它不仅支持丰富的关系数据库功能，还能扩展到多个数据中心的成千上万台机器。除此之外，阿里巴巴 OceanBase 系统也是一个支持自动扩展的分布式关系数据库。

传统关系数据库的事务以及二维关系模型很难高效地扩展到多个存储节点上，另外，关系数据库对于要求高并发的应用在性能上优化的空间较大。为了解决关系数据库面临的可扩展性、高并发以及性能等方面的问题，各种各样的非关系数据库风起云涌，这类系统成为 NoSQL 系统，可以理解为"not only SQL"系统。NoSQL 系统多得让人眼花缭乱，每个系统都有自己的独到之处，适合解决某种特定的问题。

6.1.3　存储引擎

存储引擎是存储系统的发动机，直接决定了存储系统能够提供的性能和功能。存储系统的基本功能包括：增、删、读、改；其中，读取操作又分为随机读取和顺序扫描。哈希存储引擎是哈希表的持久化实现，支持增、删、改，以及随机读取操作，但不支持顺序扫描，对应的存储系统为键值（key value）存储系统；B 树（B-tree）存储引擎是 B 树的持久化实现，不仅支持单条记录的增、删、读、改操作，还支持顺序扫描，对应的存储系统是关系数据库。当然，键值系统也可以通过 B 树存储引擎实现；LSM 树（log structured merge tree）存储引擎和 B 树存储引擎一样，支持增、删、改、随机读取以及顺序扫描，它通过批量转储技术规避磁盘随机写入问题，广泛应用于互联网的后台存储系统，例如，Google Bigtable、Google LevelDB 以及 Facebook 开源的 cassandra 系统。

LSM树存储引擎

6.1.4　数据模型

如果说存储引擎相当于存储系统的发动机，那么，数据模型就是存储系统的外壳。存储系统的数据模型主要包括三类：文件模型、关系模型以及随着 NoSQL 技术的发展流行起来的键值模型。传统的文件系统和关系数据库系统分别采用文件模型和关系模型。关系模型描述能力强，产业链完整，是存储系统的业界标准。然而，随着应用在可扩展性、高并发性以及性能上提出的要求越来越高，大而全的关系数据库有时显得力不从心，因此，产生了一些新的数据模型，比如键值模型，关系弱化的表格模型，等等。

1. 文件模型

文件系统以目录树的形式组织文件，以类 UNIX 操作系统为例，根目录为/，包含/usr、

/bin、/home 等子目录，每个子目录又包含着其他子目录或者文件。文件系统的操作涉及目录以及文件，例如，打开/关闭文件、读写文件、遍历目录、设置文件属性等。POSIX（portable operating system interface）是应用程序访问文件系统的 API 标准，它定义了文件系统存储接口及操作集、读写操作语义。例如，POSIX 标准要求读写并发时能够保证操作的原子性，即读操作要么读到所有结果，要么什么也读不到；另外，要求读操作能够读到之前所有写操作的结果。POSIX 标准适合单机文件系统，在分布式文件系统中，出于性能考虑，一般不会完全遵守这个标准。NFS（network file system）文件系统允许客户端缓存文件数据，但多个客户端并发修改同一个文件时可能会出现不一致的情况。举个例子，NFS 客户端 A 和 B 需要同时修改 NFS 服务器的某个文件，每个客户端都在本地缓存了文件的副本，A 修改后先提交，B 后提交，那么，即使 A 和 B 修改的是文件的不同位置，也会出现 B 的修改覆盖 A 的情况。

对象模型与文件模型比较类似，用于存储图片、视频、文档等二进制数据块。典型的系统包括 Amazon simple storage（S3）、Taobao file system（TFS）。这些系统弱化了目录树的概念，Amazon S3 只支持一级目录，不支持子目录，Taobao TFS 甚至不支持目录结构。与文件模型不同的是，对象模型要求对象一次性写入到系统，只能删除整个对象，不允许修改其中某个部分。

2. 关系模型

每个关系是一个表格，由多个元组（行）构成，而每个元组又包含多个属性（列）。关系名、属性名以及属性类型称作该关系的模式（schema）。例如，movie 关系的模式为 movie（title，year，length），其中，title、year、length 是属性，假设它们的类型分别为字符串、整数、整数。

SQL 查询还有一个强大的特性是允许在 where、from 和 having 子句中使用子查询，子查询又是一个完整的 select – from – where 语句。另外，SQL 还包括两个重要的特性：索引以及事务。其中，数据库索引用于减少 SQL 执行时扫描的数据量，提高读取性能；数据库事务则规定了各个数据库操作的语义，保证了多个操作并发执行时的 ACID 特性（原子性、一致性、隔离性、持久性），下一章会作专门介绍。

3. 键值模型

大量的 NoSQL 系统采用了键值模型（也称为 Key Value 模型），每行记录由主键和值两个部分组成，支持基于主键的如下操作：

Put：保存一个 Key Value 对。
Get：读取一个 Key Value 对。
Delete：删除一个 Key Value 对。

4. 表格模型

Key Value 模型过于简单，支持的应用场景有限。NoSQL 系统中使用比较广泛的模型是表格模型。表格模型弱化了关系模型中的多表关联，支持基于单表的简单操作。典型的系统是 Google Bigtable 以及其开源 Java 实现 HBase。表格模型除了支持简单的基于主键的操作，还支持范围扫描，另外，也支持基于列的操作。主要操作如下：

insert：插入一行数据，每行包括若干列。

delete：删除一行数据。

update：更新整行或者其中的某些列的数据。

get：读取整行或者其中某些列的数据。

scan：扫描一段范围的数据，根据主键确定扫描的范围，支持扫描部分列，支持按列过滤、排序、分组等。

与关系模型不同的是，表格模型一般不支持多表关联操作，Bigtable 这样的系统也不支持二级索引，事务操作支持也比较弱，各个系统支持的功能差异较大，没有统一的标准。另外，表格模型往往还支持无模式（schema less）特性，也就是说，不需要预先定义每行须包括哪些列以及每个列的类型，多行之间允许包含不同列。

5. SQL 与 NoSQL

随着互联网的飞速发展，数据规模越来越大，并发量越来越高，传统的关系数据库有时显得力不从心，非关系型数据库（NoSQL）应运而生。NoSQL 系统有很多新的理念，比如良好的可扩展性、弱化数据库的设计范式等，弱化一致性要求，在一定程度上解决了海量数据和高并发的问题，以至于很多人对"NoSQL 是否会取代 SQL"存在疑虑。然而，NoSQL 只是对 SQL 特性的一种取舍和升华，使 SQL 更加适应海量数据的应用场景，二者的优势将不断融合，不存在谁取代谁的问题。

总而言之，关系数据库很通用，是业界标准，但是在一些特定的应用场景中会存在着可扩展性和性能的问题。从技术学习的角度看，不必纠结 SQL 与 NoSQL 的区别，而是借鉴二者各自不同的优势，着重理解关系数据库的原理以及 NoSQL 系统的高可扩展性。

6.2　分布式文件系统

分布式文件系统（distributed file system，DFS）的目的是允许在物理上分散的计算机的用户使用公共的文件系统共享数据和存储空间。分布式文件系统作为分布式系统的一个子系统，是多用户单节点文件系统抽象的分布式实现。对任何分布式系统来说，文件系统都是其中的一个关键组成部分。分布式文件系统在许多方面类似于传统的文件系统，本章将着重讨论分布式文件系统不同于集中式文件系统的那些方面。

首先，在分布式系统中，区分文件服务和文件服务器这两个概念是非常重要的。文件服务是文件系统提供给客户内容的详细说明。它描述了可用的原语，以及原语所需的参数和执行的动作。对客户来说，文件服务精确地定义了他们所期望的服务，但并不涉及这些服务的实现。实际上，文件服务只说明了文件系统对客户的接口。

相反，文件服务器是运行在某台机器上的一个有助于实现文件服务的进程。一个系统可以有一个或多个文件服务器。特别是，客户可能不知道有多少个文件服务器以及每个服务器的位置和功能。

由于文件服务器通常仅仅是运行在某台机器上的一个用户进程（有时是一个核心过程），所以一个系统可包含多台文件服务器，每台服务器提供不同的文件服务。例如，一个分布式系统可以有两个文件服务器，分别提供 UNIX 文件服务和 MS – DOS 文件服务，每个用户进程可以分别地使用适合它的文件服务器。在这种方式下，分布式系统的终端就可能有多个窗口，如一些 UNIX 程序运行在一些窗口，而一些 MS-DOS 程序运行在另一些窗口而互不冲突。另外，服务器是否提供特殊的文件服务，如 UNIX 或 MS-DOS，或者更多的一般性服务取决于系统设计者。可用的文件服务的类型和数量甚至可以随着系统的发展而改变。

6.2.1 分布式文件系统的特点和基本要求

文件是一个没有结构的数据流，通常认为是一个无意义的字节流。文件系统是操作系统中的一个子系统，提供信息的长期存储和共享。Satyanarayanan 于 1989 年列出了数据文件系统的四个关键问题：

(1)命名。用户是怎样命名文件的？命名空间是平面的还是分层的？

(2)编程接口。应用程序是怎样访问文件系统的？

(3)物理存储。文件系统抽象是怎样映射到物理存储介质的？编程接口是否独立于存储介质？

(4)完整性。在能源、硬件、介质和软件失效后文件该如何保持一致性？

分布式文件系统是常规的分时系统(如 UNIX)中的文件系统的分布式实现，支持物理上分散的多个用户共享文件和存储资源。它是计算机系统中磁盘存储器的一个抽象，负责文件命名、文件访问和全面的文件组织和管理等。一般来说，单一分时操作系统的机器所提供的文件系统叫作常规(conventional)文件系统。

分布式文件系统有如下特点：分布式文件系统的客户、服务器和存储设备分散在各机器上，因此服务活动必须跨越网络完成；存储设备不是单一的、集中的数据存储器，而是有多个独立的存储设备；分布式文件系统的具体配置和实现可以有很大不同，有的服务器运行在专用的机器上，有的机器既是服务器又是客户。分布式文件系统可以作为分布式操作系统的一部分实现，也可以作为一个独立的软件层实现，此软件层负责管理常规操作系统之间和文件系统之间的通信。总之，分布式文件系统的特点是系统中的客户和服务器具有自治性和多重性。

理想的情况下，对于客户来说，分布式文件系统应表现为常规的集中式的文件系统，即服务器和存储器的多重性和分散性对客户应该是透明的。客户应该能使用访问本地文件的一套文件操作原语访问远程文件，即分布式文件系统的客户接口不应该区分本地与远程文件，应该由分布式文件系统而不是由客户确定文件的位置和安排数据的传输。分布式文件系统的这一重要性质被称作网络透明性。网络透明性的另一个方面是用户的可移动性，即用户可以在系统中的任何机器上登录。

分布式文件系统的最重要的性能参数是满足服务请求所需的时间。在常规文件系统中，这个时间包括磁盘访问时间和 CPU 的处理时间。在分布式文件系统中，远程访问还要增加一些时间，包括向服务器传送请求的时间、经过网络向客户返回应答的时间。每个方向上，除了信息的实际传送时间外还有 CPU 运行通信协议软件的时间。性能可以被看作为网络透明性的另一个方面：分布式文件系统的性能和常规文件系统的性能差不多。

分布式文件系统要求具有容错的能力。分布式文件系统可能产生各种故障，包括通信故障、机器故障、存储器故障、存储介质故障等。在发生各种故障时，分布式文件系统应该能正常工作，尽管其性能可能有所降低。

容错和可扩展性是相互关联的，如有故障的高负载的部分可能会瘫痪，同样，把一个负载从故障部分转移到另一个部件中，可能会使这个部件饱和。一般说来，使用空闲资源对于可靠性和控制峰值负载都是必要的。

Sinha 在 1997 年列出了分布式文件系统的十个期望属性：透明性、用户灵活性、高性能、简单易用性、可扩充性、高可用性、高可靠性、数据完整性、安全性和异构性。

6.2.2　分布式系统的命名要求

命名是指给各种服务、对象和操作起名字，并提供一种手段把这些名字变换成它们所代表的实体本身。分布式计算系统中的实体可以是任何实际的东西，也可以是系统资源，例如：主机、打印机、磁盘和文件等。其他的一些实体还有：进程、用户、邮箱、新闻组、网页、报文以及网络连接等。命名是指逻辑对象与物理对象之间的一种变换，用户使用文件名处理逻辑数据对象，系统对存储在磁盘磁道上的物理数据块进行操作。通常用户使用正文名字访问文件，正文名字变换成较低层的数字标识符，再变换成磁盘块。这种多层变换给用户提供一个文件的抽象，隐藏了该文件如何存放、在何处存放的细节。在多副本文件系统中，如果给出一个文件名，则名字变换时还应该给出此文件的复制件的所有位置。在此情况下，多副本的存在和它们的位置均被隐蔽起来。

与名字相关的一个重要问题是将一个名字解析为它所代表的实体，名字解析（name resolution）允许一个进程访问一个命名的实体。命名系统对一个名字进行解析。在分布式计算系统中，命名系统的实现本身就是分布式的，是跨越多个机器而实现的。命名系统的分布实现方式是影响命名系统的有效性和可扩充性的关键因素。

分布式计算系统对名字的要求和集中式系统对名字的要求基本一致，但也有不同的地方。名字应该能有效地支持系统面向事务处理和面向对话这两类服务和应用。前者要求在系统各层上尽量减少报文的延迟和不是用于执行所希望功能的报文数目。也就是说，要使名字变换过程具有最小的开销，就要尽量减少用于初始化或将某一层上的名字变换为另一层上可直接使用的名字所必须交换的报文数目。在面向对话的服务中，希望在进行第一次访问前或访问过程中最多进行一次名字变换。

分布式计算系统应允许在系统中以分散的方式产生全局唯一的名字，以提高效率和可靠性。所谓唯一的名字即整个系统中所有实体都有一个唯一的标识符与其对应。

对一个实体进行操作，需要访问该实体，对该实体来说需要提供一个访问点（access point）。访问点是分布式计算系统中另一种形式的特殊的实体，这种实体的名字被称为地址。一个实体的访问点的地址也称为这个实体的地址。在分布式计算系统中，一个访问点的例子是某个服务的地址，假如某个机器上运行了这个服务程序，它的地址包括一个 IP 地址和一个端口号。一个实体可能会提供一个或多个访问点，正如一个电话用户可能有多个电话号码一样。一个实体在它存在的过程中可能会更改它的访问点，例如，一台手提式计算机从一个地点转移到另一个地点时，它需要申请一个不同于以前的 IP 地址。

一个地址是一个特殊类型的名字，它用来指出一个实体的访问点。然而使用地址作为名字，在分布式计算系统中有其局限性，如它不支持实体的移动性，也不支持实体的复制。而在分布式计算系统中，实体是经常移动的，例如，将一台打印机从一个机器移动到另一个机器上，一个用户经常从一台机器移动到另一台机器上。如果使用地址来给实体命名的话，实体的名字就需要经常改变,这显然是很不实际的。同时,分布式计算系统中的资源由于容错和有效性的需要,常会有多个副本存在于系统中,如镜像 Web 文件和多副本数据文件等。对于这些文件,尽管它们存在于不同的地点,它们应该具有相同的名字,以便于用户使用同一个名字访问相同的资源。

无论是地址还是标识符命名都有两种形式,即面向机器的形式和面向用户的形式,这两种不同的形式分别用于不同的目的。在计算机系统中,许多实体的地址和标识符只用机器可读的形式表示,即二进制位串的形式。例如,以太网地址是一个 48 位的二进制位串,而内存地址则用 32 位或 64 位的二进制位串表示。面向用户的名字一般用字符串的形式来表示,例如,UNIX 系统中的文件名字可以是一个长达 255 个字符的字符串。一般来说,一个实体的名字指的是一个面向用户的名字。

对一个对象进行操作或访问时,往往需要将它的标识符变换为它的地址,而变换的过程中需要用到变换表,这个变换表就叫作上下文(context)。变换可能会经过多次。一个普通的例子是 UNIX 操作系统中的目录,它将文件名变换成文件。当然,文件系统中的目录也可以变换为其他子目录,从而形成一个命名网络。这样,可使用路径名间接访问一个对象(文件)。路径名是一串名字,除了最后一个外,其余的所有名字构成一个上下文名。

命名系统还要支持对本地或远程资源的访问,命名应与系统拓扑结构或具体的物理连接方式无关,并尽可能隐匿各部分的边界。应该把系统看作是被命名的对象的全局空间而不是只包含局部命名对象的主机空间。如果为了使用户可以知道和改变某一对象的位置,而要使用标识符表示各部分的边界,则此标识符应具有统一的结构,如分层的形式。

同一对象可以有用户定义的多个局部名字,也就是说,一个对象除了有一个唯一的全局标识符之外,至少还可以有一个局部名字。这样,就需要一种机制把局部名字和全局标识符结合起来。

在分布式系统中,一个实体可能包含多个不同的对象,这些对象可能需要使用同一个标识符。例如,一个进程组,就需要一个进程组标识符。这样就可以支持广播或小组标识符。

6.2.3 分布式文件系统中的命名方法

命名是实现分布式计算系统透明性的关键部分。为了达到名字透明,希望每个资源(数据、进程、设备等)使用唯一标识符。一个名字如果与它们的地址无关的话,那么,使用起来就更加容易和灵活。对于这样的名字,可称之为位置透明。为了达到位置透明,必须避免使资源位置信息成为资源名字的一部分。这样便可以在不改动名字的情况下将资源从一个地方移动到另一个地方,并可以使用多副本,用资源的一个副本去取代另一个,具有很大的灵活性。

对于文件系统来说,名字透明和位置透明和命名的层次有关,因为文件在不同层次上有不同的名字,如在用户层使用正文名字,而在系统层使用数字标识符。位置透明的命名方案是一种动态变换,因为它能够把相同的文件名在不同的时间变换为不同的位置,从而位置透明比名字透明具有更好的性质。位置透明又叫作文件迁移或文件移动性,即文件由系统迁移,用户不能察觉。

分布式文件系统有三种主要的命名方法,它们具有不同程度的透明性。

(1)把主机名和文件的本地名字结合起来给文件命名。这是一种最简单的命名方法,它能保证唯一的系统范围内的名字。本地名字是类似的 UNIX 的路径名。这种命名不是位置透明的，但是同一个文件操作原语可用于本地文件和远程文件，即至少提供基本的网络透明。

（2）把远程文件目录附加到本地名字空间中。Sun 工作站的 NFS 是这种方法的典型代表，它使用安装（mount）机制把远程文件目录附加到本地名字空间中。把远程目录安装到本地所产生的名字结构是通用的，通常它是 UNIX 树构成的森林，每个机器都有一个，有些子树是重叠的，而重叠的子树就是共享的部分。这个方案有一个重要性质是：共享名字空间在所有机器中可能不相同，这常被看作是一个严重的缺点。但是每个机器可根据用户的需要创建自己的名字空间。

（3）把所有各部分文件系统全部集成组成单一的全局名字空间结构。同一名字空间可被所有客户见到。理想上，合成的文件系统结构应和常规文件系统是同型的，但实际上存在着很多特殊文件，使此目标很难达到。例如，UNIX 中，输入输出设备被看作普通的文件，放在目录/dev 下；系统程序的目的代码放在目录/bin 下；还有一些特殊文件只对特别的硬件装置有效。

评价上述三种命名结构的重要标准是管理的复杂性。而结构最复杂和维护最困难的是 NFS 结构。机器失效或机器退出系统时，不同机器上的一些目录可能会成为不可用的。从一台机器迁移文件到另一台机器时，需要修改所有受影响的机器的名字空间。此外，还必须设计一个单独的鉴别机制类控制，用于决定允许向哪台机器的名字空间安装哪些目录。

6.2.4　名字的结构

名字按结构可分成绝对名字和相对名字两种。绝对名字与给出名字的上下文无关，也就是与发出此名字的地点、用户、应用程序无关。它总是代表同一对象，有利于资源共享，因为可以使用整个系统共用的名字指出对象。相对名字和给出名字的上下文有关，例如，和网络有关的邮箱名以及 UNIX 操作系统中的文件名。相对名字的优点是可以在每个上下文中自由选择对象的名字不必考虑其他上下文。这一优点在异构型分布式计算系统中更为重要，因为不同操作系统的命名方法具有根本不同的要求。所以，尽管由于共享资源很重要，现有大多数名字服务提供绝对名字，但是异构型分布式计算系统通常还提供某种相对名字。

地址结构也有两种：单层或平面（flat）地址和分层（hierarchical）地址。

分层地址由若干段组成，这些段反映了网络的层次结构，例如：

网络号	主机号	进程标识符	端口号

这些段分割了地址空间。知道了分层地址，也就得到了路由信息，从而能找到所要对象。注意，一个主机上的进程可以有若干个地址（端口号），以使两个进程之间进行并行的有差错控制和流量控制的对话，或者将若干服务划分开。平面地址与物理位置或其他层次没有任何关系，例如，可以使用一个单一的全系统范围的计数器进行平面地址的分配，任何时候需要一个新地址时读此计数器并且将计数器加 1，这样，地址是唯一的，但和位置无关。

两种地址结构各有优缺点。分层地址的第一个优点是使得路由选择容易实现。例如，每个网络只须知道如何将报文送到其他网络，不必知道那个网络内部的任何情况。另一个优点是容易创建新的地址，即可在每一个网络内单独决定主机号码。第三个优点是自动给出高位号码，即在主机内不用给出它所属的网络号，正如在城市内拨电话时不必拨国家和地区号码一样。分层地址的主要缺点是当一个进程迁移到另一台机器上时不能使用原来的地址。平面地址则相反，当进程迁移时仍可使用原来的地址，但路由选择比较困难，因为每个路由选择节点必须保持一个能对所有可能的地址进行变换的路由选择表，地址的赋值也比较复杂，必须确信每个地址是唯一的。

为了提高对于位置变换信息来说很重要的名字的可用性，可使用复制或者由客户在本地缓存位置变换信息的办法。有结构的标识符是位置透明的，它们完全不涉及服务器的位置。因此，这些标识符可以自由复制或缓存，迁移组成单元时仍然有效。文件迁移时，要改变的唯一信息是把组成单元变换为位置的较小的二级变换。

6.2.5　名字空间

和名字结构有密切联系的是名字空间。有两种名字空间，一种是单一的、全局的同构型的名字空间，另一种是多个局部名字空间。使用全局名字空间可以用名字唯一地表示对象，无论从什么地方给出一个名字都能指到同一对象上，这样，程序迁移不受影响。但在异构型分布式计算系统中，由于各子系统使用不同的命名方案，为了实现全局名字空间所须做的改动和配合工作量很大。

一般来说，分布计算系统中的名字会被组织到一个名字空间中去，或者以名字空间的形式将所有的名字有机地组织起来。一个名字空间可以用一个带标号的有向图来表示，图中有两类节点，一类是叶节点（leaf node），另一类是目录节点（directory node）。一个叶节点代表一个命名的实体，叶节点没有输出弧（outgoing edge），只有输入弧（incoming edge）。叶节点一般用来存放一个实体所表示的信息，这些信息可以包含这个实体的地址，如客户使用这个地址可以访问到这个实体；这些信息还可以包含这个实体的状态，如一个叶节点代表一个文件，它不仅包含整个文件，还包含这个文件的状态。

一个目录节点不仅有输入弧，而且还有一条或多条输出弧，每个输出弧被一个名字所标识。图 6 - 2 就是一个命名图。命名图中的每一个节点可以被当作分布计算系统中的另一类实体，并且也有一个标识符。每个目录节点保存了一个表，表中的一项代表了一条输出弧，每条输出弧由（弧标号、节点标识符）表示，这样的一个表被称为目录表（directory table）。

如图 6 - 2 所示的命名图中，有一个特殊的节点，该节点只有输出弧而没有输入弧，该节点被称为命名图中的根节点（root node），或简称为根。一个命名图中可能会有多个根，但为了简单起见，许多命名系统只有一个根。DOS 或 Windows 操作系统的文件系统就可能有多个根，而 UNIX 系统的文件系统就只有一个根。系统中的一个实体可以用命名图中的一个路径来命名，命名图中的一个路径是由一串弧的标号组成的，例如：

$$N：< label - 1, label - 2, \cdots, label - n >$$

这里 N 表示这个路径中的第一个节点，这样的一个标号串被称为路径名。如果路径名中的第一个节点是命名图中的根，则这个路径名被称为绝对路径名，否则称为相对路径名。

许多文件系统的实现是按照命名图的方式进行的，只不过在文件系统中，标号是用一个特殊字符隔开的，如在 UNIX 文件系统中，标号用"/"隔开。在图 6 - 2 中，路径名 n0：< home, xu, mbox > 用/home/xu/mbox 来代替。

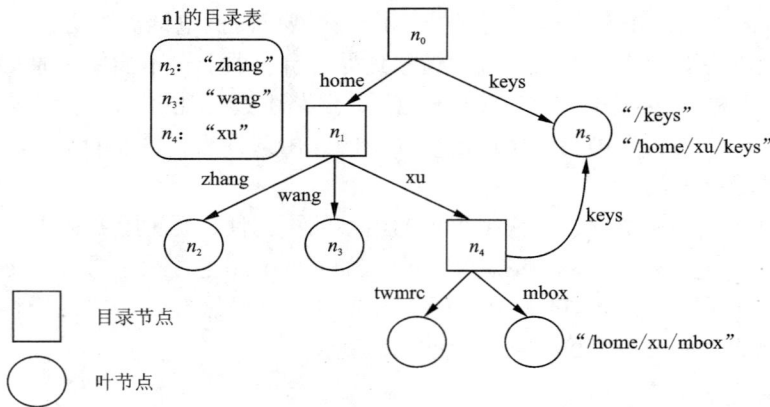

图 6 – 2　一个简单的命名图

值得注意的是，到达同一个节点的路径可能会有多个，如图 6 – 2 中的节点 n_5 可以用路径名/home/xu/keys 来访问，也可以用路径名/keys 来访问。图 6 – 2 所描述的命名图是一个有向无环图，图中虽然允许一个节点有多个输入，但是不允许有循环。而有些名字空间却无此限制。

命名图不仅用于文件系统的命名，也用于其他资源的命名。例如，Pike 在 1995 年将所有的资源放在一个名字空间中进行命名，这些资源包括进程、主机、I/O 设备、网络接口等。也就是说，所有资源的命名方式与传统文件的命名方式是统一的。

有许多不同的方式来构造名字空间。正如前面所提到的，大部分名字空间只有一个根节点，当然也可能会有多个根节点。在只有一个根节点的情况下，许多名字空间是严格按照分层的形式来组织的，这样，命名图实际上就是一个树形图。

6.2.6　名字解析

名字空间为通过名字存储和访问一个实体的信息提供了一个方便的机制。一般来说，只要给出一个路径名，就可以寻找到代表这个路径名的节点，从而就可以寻找到这个节点所存储的任何信息。这个查找的过程就称为名字解析。

以 N：< label – 1, label – 2, …, label – n > 为例说明名字解析的过程。解析从命名图中节点 N 开始，首先在节点 N 的目录表中查找名字 label – 1，得到 label – 1 所代表的节点的标识符；然后在 label – 1 所代表的节点的目录表中查找名字 label – 2，得到 label – 2 所代表的节点的标识符；此过程一直进行下去，如果 N：< label – 1, label – 2, …, label – n > 在命名图中是实际存在的，就能够得到 label – n 所代表的节点的标识符，从而得到该节点的内容。

由此可知，名字解析的每个过程可分为两步完成，第一步是找到对应节点的标识符，第二步是通过该标识符找到对应节点的内容。

上面所讨论的名字解析是发生在同一个名字空间中，名字解析也常发生在以透明方式合并的多个不同的名字空间中。比较常见的将多个不同的名字空间进行合并的机制有两种：一种是安装（mount）机制；另一种是设置一个新的根节点，现有的各名字空间的根节点则变成此新的根节点的子节点。

1. 安装机制

例如，将两个不同的文件系统进行合并，就可以采用安装的方法，这时需要在本地有一个目录节点，该节点存放一个外部名字空间的一个目录节点的标识符，本地的这个目录节点称为安装点(mount point)，外部名字空间的那个目录节点称为被安装点。Jade 命名系统采用了安装机制，许多分布式文件系统也采用了安装机制。

一般来说，一个合并的名字空间分布于不同的机器上，特别是每个名字空间由不同的命名服务器实现，并且运行在独立的机器上，所以不同的命名服务器之间应该能够相互通信。例如，要把一个外部名字空间 NS_2 安装到名字空间 NS_1 中去，那么 NS_1 的命名服务器应该能和 NS_2 的命名服务器通过网络通信，因为这两个命名服务器可能运行在不同的机器上。

在分布式计算系统中，要安装一个外部名字空间至少需要如下信息：访问协议名字、服务器名字以及外部名字空间中被安装点的名字。

这三个名字都需要被解析，访问协议名字要被解析成通信协议与外部名字空间的服务器进行通信；服务器名字要被解析成服务器的地址；而外部名字空间中被安装点的名字要被解析成外部名字空间中一个节点的标识符。

NFS名字解析

2. 设置新的根节点

安装是一种合并多个名字空间的方法，合并多个名字空间的另一种方法是设置一个新的根节点，现有的各名字空间的根节点变成了新的根节点的子节点。采用此方法的名字服务有 DEC 的 GNS(global name service)。如图 6 - 3 所示，通过增加一个新的根节点将名字空间 NS_1 和名字空间 NS_2 合并在了一起。

这种方案有一个问题是需要修改现有的名字。例如，名字空间 NS_1 中的绝对路径名/home/xu 需要改为相对路径名，若该相对路径名的起始节点为 n_0，则该相对路径名对应的绝对路径名为/cst/home/xu。为了解决这个问题，并允许今后合并其他的名字空间，GNS 总是隐含着一个节点的标识符。一般来说，名字的解析总是从该节点开始。例如，图 6 - 3 的名字空间 NS_1 中的名字/home/xu/keys 在解析的时候，总是在前面加上一个节点标识符 n_0，从而变成名字 n_0: /home/xu/keys。这种添加对用户来说是透明的。当然，要假定节点标识符是全局唯一的，即使是不同名字空间中的节点也应该具有不同的节点标识符。

为了合并名字空间 NS_1 和 NS_2，并且不用改变现有的名字，需要做如下处理：当增加一个新的根节点时，这个根节点需要保存一个变换表，用来将名字空间 NS_1 的根节点标识符变换为新的名字空间中的名字，并同样需要将名字空间 NS_2 的根节点标识符变换为新的名字空间中的名字。如果从一个新的名字空间的根节点开始进行名字解析，则先通过查找新的名字空间中的变换表，将诸如 n0: /home/xu 这样的名字转换为名字/cst/home/xu。

GNS 的一个潜在的问题是合并的名字空间的根节点需要维持一个将原来各个名字空间的根节点的标识符转换成对应名字的变换表。如果将许多名字空间合并在一起，这种方案会导致很严重的性能问题。

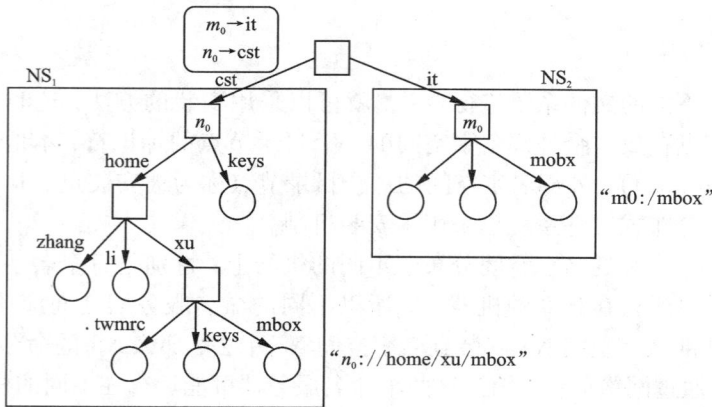

图 6-3　DEC 的全局名字服务(GNS)

6.2.7　分布式系统中的名字空间的实现

名字空间是命名服务的核心，命名服务应该能允许用户添加、删除和查询一个名字，命名服务是由命名服务器提供的。如果一个分布计算系统仅仅局限于一个局域网，那么由一个命名服务器提供命名服务是可行的，但是在一个大规模的分布计算系统中，由于有大量的实体，并且这些实体分布在一个大的地理范围内，那么名字空间就应该通过多个命名服务器进行分布式实现。

一般来说，大规模分布计算系统的名字空间被组织了成分层的结构。假设这样的一个名字空间只有一个根节点，为了有效地实现，它常被分成几个逻辑层次。Cheriton 和 Mann 将它分成如下三层：全局层(global layer)、组织层(administrational layer)和管理层(managerial layer)。

大规模分布计算系统中
名字空间的组织方式

大规模分布计算
系统中的名字解析

6.2.8　分布式文件系统设计

分布式文件系统通常包括两个截然不同的部分：真正的文件服务和目录服务。前者涉及单个文件上的操作，如读、写和追加；而后者涉及创建和管理目录，在目录中增加和删除文件等。本节先讨论文件服务接口，再讨论目录服务接口。

1. 文件服务接口

文件有多个属性，这些属性都是关于文件的一部分信息，而不是文件本身的一部分。典型的属性有：所有者、大小、创建日期和访问权限。文件服务通常提供读、写某些属性的原语，例如，有可能改变访问权限而不用改变文件大小(除非对文件追加数据)。在少数高级系统中，可以建立和使用除标准属性以外的用户自定义属性。

文件模型的另一个重要方面是文件创建后能否被修改。在某些分布式系统中，对文件的操作只有 create 和 read。一旦文件创建了，就不能改变它。这样的文件被称为是不可变的（immutable）。保持文件的不可变性，使支持文件高速缓存和复制变得更为容易，因为它消除了有关文件改变时必须修改所有文件拷贝的全部问题。

分布式系统的保护基本上使用了与单处理机系统相同的技术：权能（capability）和存取控制表。就权能而言，每个用户拥有访问每个对象的某种门票，称作权能。权能指定了允许的访问类型（例如，允许读但不允许写）。

所有的存取控制表模式把每个文件与可以访问它的用户以及访问方式联系起来。UNIX 模式就是一个简化了的存取控制表，它通过使用二进制位来分别控制所有者、所有者组以及其他每个人对每个文件的读、写以及运行。

根据是否支持上传/下载模式或远程访问模式，文件服务可以分成两大类。在上传/下载模式中，如图 6-4(a) 所示，文件服务只提供两种主要的操作：读文件和写文件。前一个操作是把整个文件从一个文件服务器传送到提出请求的客户；后一个操作是把整个文件从客户传送到服务器。因此这种概念模式是在任一方向上传送整个文件。这些文件可以存储在内存或本地的硬盘，具体视需要而定。

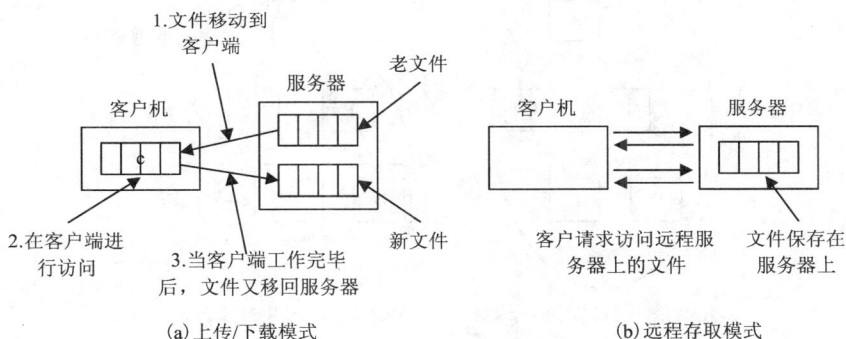

图 6-4　文件服务类型

上传/下载的优点是概念简单。应用程序取得它们所需的文件后，可在本地使用它们，任何修改过的文件或新创建的文件在程序结束时都要将它回写。使用这种模式不需要掌握复杂的文件接口，而且，整个文件传送是高效的。但是，客户端必须具有足够大的存储空间来存储所需的所有文件。而且，如果只需要文件的一小部分，而移动整个文件是很浪费的。

文件服务的另一种类型是远程访问模式，如图 6-4(b) 所示。在这种模式中，文件服务提供了大量的操作用于打开和关闭文件、读写文件的一部分、在文件中来回移动（lseek）、检查和改变文件属性等。而在上传/下载模式中，文件服务只提供物理存储和传送。在这里，文件系统是运行在服务器上而不是运行在客户端。远程存取模式的优点是客户端不需要很大的空间，在只需要文件的一小部分时，不需要传送整个文件。

2. 目录服务器接口

文件服务的另一部分是目录服务，它提供诸如创建和删除目录、命名和重命名文件以及把文件从一个目录移动到另一个目录等操作。目录服务的性质并不依赖于单个文件是整体传送还是远程访问。

目录服务定义了构成文件(目录)名的某种字母表和语法。文件名通常是从 1 到某一最大数的字母、数字和某些特殊字符。有些系统把文件名分成两个部分,通常用一个点分开,如用 prog. c 表示一个 c 程序或用 man. txt 表示一个文本文件。文件名的第二部分叫作文件扩展,用于标识文件的类型。其他的系统使用一个显式属性来达到此目的,而不是在文件名上添加一个扩展名。

所有的分布式系统都允许目录包含子目录,这使得用户可以把相关文件组合到一起。相应地,系统提供了创建和删除目录的操作,也提供了在目录中插入、移动和查找文件的操作。通常,每个子目录包含一个项目的所有文件,如一个大程序或文档(如一本书)。当显示该(子)目录时,只显示相关的文件,无关文件则在其他(子)目录中,这样就不会使显示列表凌乱。子目录可以包含它们自己的子目录,以此类推,这样就形成了一棵目录树,通常称为分层文件系统。如图 6 - 5(a)所示为一棵有五个目录的树。

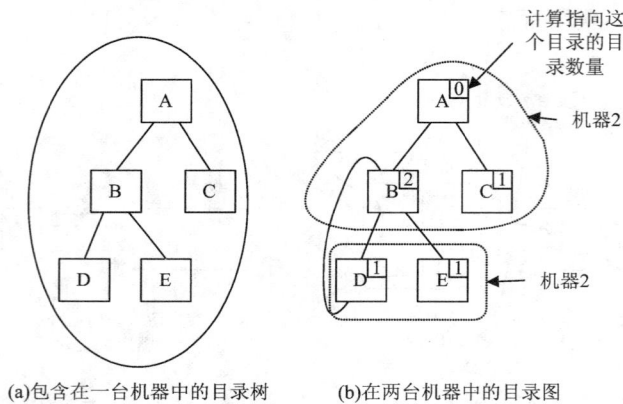

(a)包含在一台机器中的目录树　　　(b)在两台机器中的目录图

图 6 - 5　目录图

在某些系统中,可以对任意目录建立连接或指针。这种连接和指针可以放在任一目录中,使得不仅可以按树结构组织目录,而且可以把目录组织成更强有力的任意目录图。在分布式系统中,树和图的区别特别重要。

如图 6 - 5(b)所示的目录图中,目录 D 连接到目录 B 上。当删除 A 到 B 的连接时,就出现问题了。在树型层次结构中,仅当目录为空时,才能删除指向该目录的连接。在目录图中,一个目录只要存在至少另一条链接就可以删除指向该目录的链接。通过保存一个参考计数,如图 6 - 5(b)中的每个目录的右上角所示,就可以确定什么时候删除的链接是最后一个链接。

删除 A 到 B 的连接之后,B 的参考计数从 2 减为 1,这在理论上是行得通的。然而,现在文件系统(A)的根已不能达到 B,而 B、D 和 E 三个目录以及它们所有的文件在实际上是孤立的。

虽然这样的问题在集中式系统中也存在,但在分布式系统中显得更加严重。如果所有内容都在一台机器上，虽然花销有点昂贵，但是当发现孤立目录时，因为所有的信息都在一个地方，就可以停止所有的文件活动。并且从图的根开始遍历，标记所有可达到的目录。当这个过程结束时，所有未标记的目录便认为是不可达到的。在分布式系统中，涉及多台机器，不能停止所有机器的活动，因此得到一个"瞬态图"很困难。

在设计任何分布式系统时，一个关键的问题是：是否全部机器(和进程)都应该具有完全相同的分层目录结构视图。为说明这一问题，以图 6-6 为例。

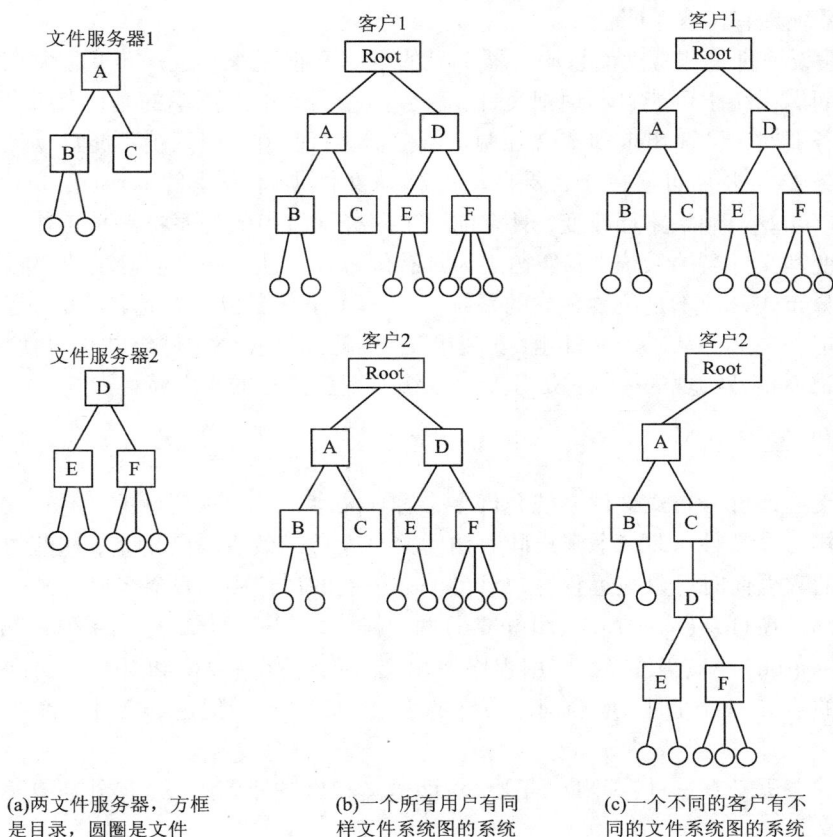

(a)两文件服务器，方框是目录，圆圈是文件　　(b)一个所有用户有同样文件系统图的系统　　(c)一个不同的客户有不同的文件系统图的系统

图 6-6　不同的分层目标结构视图示例

在图 6-6(a)中给出了两个文件服务器，每个文件服务器有三个目录和一些文件；在图 6-6(b)中，有一个系统，其中所有的客户(和其他机器)具有相同的分布式文件系统视图，如果路径/D/E/x 在一台机器上有效，则在所有的机器上都有效。相反，在图 6-6(c)中，不同的机器可能具有不同的文件系统视图。仍用前面的例子，路径/D/E/F 在客户 1 上可能是有效的，而在客户 2 上可能是无效的。在通过远程安装管理多个文件服务器的系统中，图 6-6(c)是一个标准。其实现灵活且简单，但缺点是不能使整个系统的行为变成像一个单个过时的分时系统一样。在分时系统中，对任何进程，文件系统看起来都是一样的[即图 6-6(b)所示的模型]。这个特性使得系统容易被编程和理解。

基于此，一个密切相关的问题是：是否存在一个全局根目录，所有的机器都认其为根。设置全局根目录的一个方法是使这个根只包含每个服务器的一个入口。在这种情况下，路径的形式为：/服务器/路径，尽管它有自身的缺点，但至少在系统中的任何地方都是一样的。

基于此，这种命名形成的主要问题就是：它不是完全透明的。在上下文中有必要区分位置透明性和独立性。第一种是位置透明性，是指路径名并不能对文件（或其他对象）存储位置给出任何提示。像路径/server1/dir1/dir2/x 说明 x 位于服务器 1 上，但是它并没有说明服务器 1 的位置。服务器在网络中可以自由地移动到任何它想去的地方而无须改变路径名。因此，这样的系统具有位置透明性。

然而，假设文件 x 非常大而且服务器 1 上的空间又很紧张。进一步，假设在服务器 2 上有足够的空间。系统很可能自动地把文件 x 移到服务器 2 上。不幸的是，当所有路径名的第一部分是服务器时，尽管 dir1 和 dir2 在两个服务器上都存在，但系统不能自动地把文件移动到其他的服务器上去。问题在于，要自动的移动文件须将路径名/server1/dir1/dir2/x 变为/server2/dir1/dir2/x。如果路径改变，具有前一个路径字符串的程序将停止工作。文件能够移动而无须改变其文件名的系统，我们称之为具有位置独立性。一个明确把机器或服务器名嵌入路径名的分布式系统不是位置独立的系统。基于远程安装的系统也不具备位置独立性，因为它不可能把一个文件从一个文件组（安装单元）移动到另一个文件组并仍可使用旧路径名。位置独立性是不容易实现的，但它是分布式系统所期望拥有的一个特性。

3. 文件共享的语义

共享语义是评价分布式文件系统允许多个客户共享文件的重要标准。它说明了分布式文件系统的这样一个特性，即多个客户同时访问共享文件的效果。特别是，这些语义应当说明被客户修改的数据何时可以被远程客户看到。在下面的讨论中，假定客户对某一文件的一系列读写操作都是在打开（open）和关闭（close）两个操作之间进行的，这一系列访问称为一个文件对话（file session）。应当注意，应用程序使用文件系统存储数据和对并发访问提出限制以保证其数据的语义一致性时，应当使用特殊的手段（如加锁），但这与文件系统提供的基本共享语义无关。

常用的共享语义有三种：UNIX 语义、对话语义和事务处理语义，另外还有不可改变的共享文件的语义。

当两个或更多个用户共享相同的文件时，必须精确地定义读和写的语义以避免产生问题。在 UNIX 语义中，对分布式文件系统中的文件进行每个读（read）操作时能看到以前所有对该文件执行写（write）操作的效果。特别是，客户对打开的文件进行的写操作可立即被其他同时打开此文件的客户看到，即使该客户在远程也是这样。客户可以共享文件当前位置的指针，这样一个客户移动文件指针将影响所有正在共享此文件的其他客户。在允许进程共享文件的单处理机系统中，在 read 操作紧跟在 write 操作后执行时，read 操作返回刚刚写入的值，如图 6 – 7（a）所示。同样地，当一个 read 操作跟在两个相连发生的 write 操作后，读入的值就是后一个写操作写入的值。实际上，系统对所有操作都要求有一个绝对时间顺序，并且总是返回最近的值。这种模式被称为 UNIX 语义，它易于理解且容易实现。

把对同一文件进行的所有访问操作进行交叠而不管访问是由谁发出时，为了保证上述语义，这一串交叠中的每个后续访问都能看见其前面的访问效果。

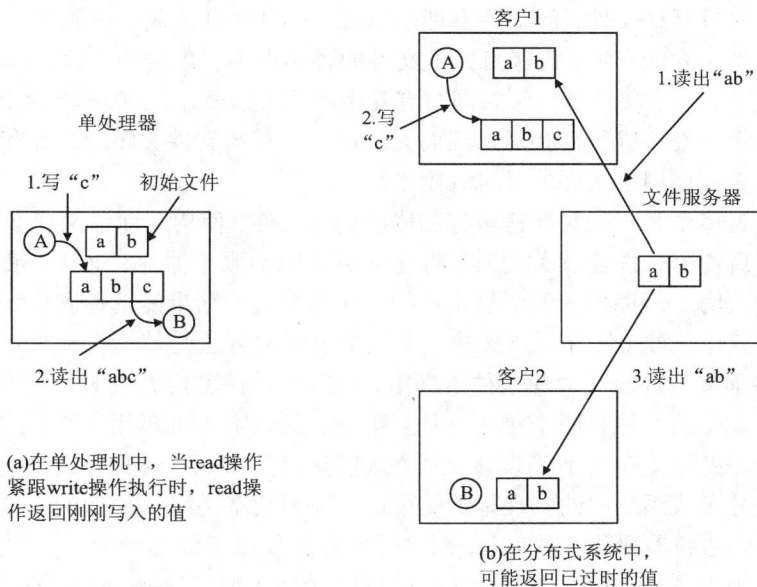

图 6 – 7　UNIX 语义

在文件系统中，这一交叠可以是完全任意的，因为与数据库管理系统不同，访问序列不定义成事务处理。这些语义为它们本身提供一个实现方法，即一个文件只有一个物理映像，而此映像为某个串行次序（即在上个序列中获得的次序）中的所有访问服务。对此单个映像的争用使得一些客户的访问被延迟。位置指针的共享是 UNIX 的一个产物，主要用于分布式 UNIX 系统和常规 UNIX 软件的兼容性。大多数分布式文件系统试图在某种程度上仿效这些语义的原因就在于其兼容性。

分布式系统中，只要仅有一个文件服务器并且客户不缓存文件，那么 UNIX 语义是很容易实现的。所有 read 和 write 操作直接送到文件服务器上，文件服务器严格地按顺序处理它们。

然而，如果分布式系统中所有的文件请求都必须送到某个服务器上去执行，那么这个系统的运行效率常常是很差的。解决这一问题的常用办法是允许客户在他们自己的高速缓存中保留经常使用的文件的局部拷贝。如果一个客户在本地修改了一个高速缓存文件，且紧接着另一个客户从这个服务器上读取这一文件，那么第二个客户就会得到一个过时的文件，如图 6 – 7(b) 所示。

解决这一问题的一个方法是立即把高速缓存文件的所有修改回写到服务器上。这种方法在概念上看起来很简单，但效率很低。另一种方法是放宽文件共享的语义，即为了替代一个读操作须看先前所有写操作的结果的需求。这里引入一个规则："对一个打开文件的修改仅对修改该文件的进程（也可能是机器）是初始可见的，仅当文件关闭时，其修改才对其他进程（或机器）可见。"这个规则的采用并不能改变图 6 – 7(b) 中的情形，但它确实正确地重新定义了实际的操作行为（B 得到了文件的初始值）。当 A 关闭文件时，它把拷贝发送到服务器，这样，后面的读操作得到了所需的新值，这个规则已得到了广泛应用并被称为对话语义。

对话语义符合以下两个规则：第一，对于打开文件的 write 可立即被本地客户看见，远程的客户虽然也同时打开该文件，但却看不见。第二，一旦文件关闭，对此文件所作的修改仅在以后开始的对话中才能看见，已经打开该文件的各副本不表现这些修改。

按照上述语义，一个文件可以暂时同时有几个映像，这几个映像可能不相同，所以多个客户可以对其映像并发地进行读和写访问而无延迟。注意当文件关闭时，所有远程正在进行的对话实际上是正在使用该文件的过时的副本。

如果两个或者多个客户同时高速缓存和修改同一文件，使用对话语义就会出现问题。一个解决办法是：当各个文件连续关闭时，将它的值送回到服务器上，这样，最后的结果取决于哪个文件最后关闭。一种稍差但更易实现的方法是最后的结果是选择候选者之一。

在分布式系统中，对文件共享语义的一个完全不同的方法是使所有文件都不可变，这就是不可改变的共享文件的语义。在这种语义中，一旦文件被创建者说明为共享的，它就不能再被修改。不可改变的文件有两个重要性质：第一，其名字不可再用；第二，其内容不可改变。这样，不可改变的文件名字代表该文件的固定内容，而不是把该文件作为可变信息容器。这种语义在分布式系统中的实现是最简单的，因为共享是只读类型的。这样，就没有办法打开一个文件来进行写操作。事实上，对文件的操作仅限于创建和读。

在分布式系统中，处理文件共享的方法还可以是使用原子事务处理，即事务处理语义：几个文件对话对一个文件的作用及其输出等效于以某个串行次序执行这些对话的作用及其输出。在对话期间锁定一个文件实现这个语义。在某些文件系统中，一个事务处理的开始和结束隐含打开文件和关闭文件操作，事务处理只对一个文件进行。这样，这些系统中的一个文件对话实际上是一个事务处理。

事务处理使编程更加容易的典型例子是银行系统。设想某一银行账号内有 100 美元，有两个进程都想往该账号上加 50 美元。在非约束的系统中，每一个进程都可能同时读包含当前余额（100 美元）的那个文件，各自计算新的余额（150 美元），用这个新值写入文件。最后的结果可能是 150 美元，也可能是 200 美元，这取决于读和写时的精确计时。通过把所有这些操作组成一个事务处理，这种交错就不会出现，即最后的结果总是 200 美元。

表 6-1　在分布式系统中，处理共享文件的四种方法

方法	描述
UNIX 语义	对一个文件的任何操作对所有进程都是即时可见的
会话语义	在文件关闭之前，文件的修改对其他进程是不可见的
不可更改文件	不能进行更改，只是简单地共享和复制
事务	所有的更改要么都完成，要么都不能完成

4. 系统结构

在分布式文件的使用过程中，可得出一些结论，其中，最重要的结论列于表 6-2。首先，大多数文件都小于 10 kB。这个结果表明，在服务器和客户之间传送整个文件而不是在磁盘块是可行的，并且更简单、更有效。当然，有些文件很大，所以对它们还必须做一些规

定。一个好的策略针对正常情况可以起到优化作用，而对非正常情况要进行特殊处理。

表 6 - 2　被测文件系统的特性

大多数文件比较小(小于 10 kB)
对文件的读操作多于对文件的写操作
对文件的读写是顺序进行的，随机访问非常少
大多数文件寿命比较短
文件共享非常少
一般进程只是使用某几个文件
用不同的属性区分文件类型

　　下面讨论文件服务器和目录服务器内部的某些组织方式，要特别注意那些抉择方式。先从一个简单的问题开始：客户和服务器不同吗？

　　在有些系统中，客户和服务器之间没有什么差别。所有的机器都执行基本相同的软件，因此，任何机器都可自由地为公众提供文件服务。提供文件服务就是输出所选择的目录名，以便其他的机器可访问它。在其他一些系统中，文件服务器和目录服务器仅是用户程序，因此可根据需要配置一个系统以便在同一机器上或者不同机器上执行客户和服务器软件。最后，另一个极端是：系统根据硬件或者软件将客户和服务器分配在完全不同的机器上。服务器甚至可以执行来自客户的不同操作系统的版本。虽然功能分开看起来更简洁些，但并没有根本理由说明一种方式优于其他的方式。

　　系统不同的第二个实现问题是文件和目录服务是怎样构造的。一种结构是把两者合并成一个服务器来处理所有的目录和文件自身的调用，而另一种结构是尽可能保持它们独立。在后一种情况下，打开一个文件需要进入目录服务器，以便把它们的符号名变换成二进制名（例如，机器 $+i$ - 节点），然后用二进制名进入文件服务器对文件进行读写。

　　赞成分开的理由是两个功能确实不相关，保持独立会更加灵活些。例如，可以实现 MS - DOS目录服务器和 UNIX 目录服务器，并且两者都使用相同的文件处理器供物理存储。功能可独立，还能产生较简单的软件。反对的理由是：两个服务器要求更多的通信。

　　下面首先考虑目录和文件服务器独立的情况。在正常情况下，客户发送一个符号名给目录服务器，接着目录服务器就返回一个文件服务器能理解的二进制名。然而，目录分层在多个服务器之间分配是可能的(图 6 - 8)。例如：假设有一个系统，系统中的当前目录在服务器 1 上，它包含在服务器 2 上的另一个目录的入口 a。同样，这个目录对另一个在服务器 3 上的目录包含一个入口 b。第三个目录包含文件 c 的入口和它的二进制名。

　　为了查找 a/b/c，客户发送一个消息给管理当前目录的服务器 1。服务器 1 找到 a，并发现其二进制名指向另一个服务器。现在可以选择：或者它告诉客户哪个服务器保存 b，并让它自己去查找 b/c，如图 6 - 8(a)所示；或者它把请求的剩余部分发送给服务器 2，并不作回答，如图 6 - 8(b)所示。前一种方法要求客户知道哪个服务器保存着哪个目录和更多的消息。后一种方法更有效，但不可能用正常的 RPC（远程进程调用）来处理，这是因为接收客户所发送消息的进程不是发送应答的进程。

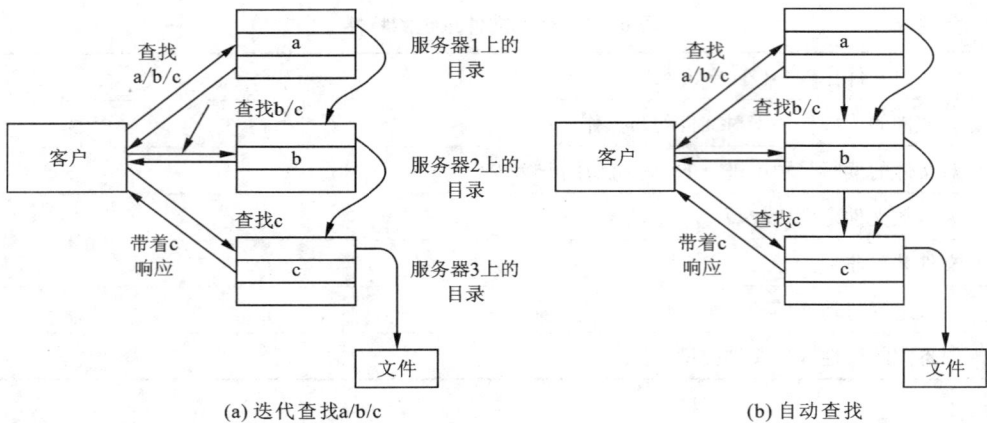

图 6-8　目录分层

　　总是查找路径名,特别是涉及多个目录服务器时,其代价是昂贵的。有些系统试图通过保存高速缓存提示来改善其性能。当一个文件打开时,先检查高速缓存中是否有该路径名。如果有,那么就不用逐个目录去查找,从高速缓存中直接读取其二进制地址即可。如果没有,再进行目录查找。

　　最后的结构问题是:文件、目录和其他的服务器是否应该保留客户的状态信息。当一个服务器在为客户请求进行服务的时候保存了客户的有关信息,则称该服务器是有状态的(stateful)。相反,如果服务器在为客户请求进行服务的时候不保存该客户的任何信息,则称该服务器是无状态的(stateless)。

　　一种观点认为:服务器应该是无状态的。换句话说,当客户发送一个请求给服务器,服务器完成请求,发送一个应答,然后从内部表中移出关于该请求的所有信息。在请求之间,服务器不应保存具体客户的信息。另一种观点则认为:服务器应该保存两个请求之间的客户的状态信息。

　　研究状态信息的另一种方法是考虑:如果服务器坏了并且它的所有表都永久性丢失了,将会发生什么情况。当服务器重新启动时,它已不能再知道哪些客户打开了哪些文件。以后对已打开文件进行读与写操作就会失败,而且如果有可能的话,将完全由客户决定恢复。其结果是:不保留状态的服务器比保留状态的服务器有助于更好地容错。

　　表 6-3 中总结了两种方式的优点。正如前文已提到的那样,无状态服务器在本质上有更多的容错。不需要 open 和 close 调用,这就减少了消息编号,特别对于那些整个文件用一次就可读出的普通情况,服务器不用浪费空间来存放表。使用表时,如果太多的客户一次打开太多的文件,则会将表填满,导致不能打开新的文件。对于状态服务器,如在文件打开时客户出了故障,服务器就会处于困境中。如果它对此束手无策,它的表最终将充满垃圾。如果它超时了还未打开文件,那么客户将因两个请求之间的等待时间太长而被拒绝服务,校正程序就会失去校正功能。而无状态服务不存在这些问题。

表 6 - 3　无状态和有状态服务器比较

无状态服务器的优点	有状态服务器的优点
容错	请求消息比较短
不需要 open/close 调用	更好的性能
没有服务器表空间的浪费	可以预读
没有打开文件数目的限制	易于实现幂等性
客户崩溃时不会造成服务器错误	可以对文件加锁

6.3　同步机制

对同一元数据的并发修改必须通过某种同步机制来使其按一定的顺序进行。无论对单机文件系统还是对分布式文件系统同步机制来说都是一个重要问题。单机文件系统通常用信号量或自旋锁(spinlock)来同步多个进程或线程对同一元数据的修改。分布式文件系统需要节点间的同步机制，目前主要有三种方式：

①分布式锁机制：GFS、GPFS 和 Lustre 都采用了这种同步机制。

②租赁方式：最早是 NFS v4 提出的，StorageTank 采用类似的机制。

③基于时间的机制：NFS v3 采用的机制，SANergy 等也采用了这种机制。

同步机制不仅对文件系统的性能有很大的影响，而且也影响着系统规模的扩展性。分布式锁机制对系统规模是有制约的，一般是几百个节点的规模。相比之下，租赁方式和基于时间的机制都有更好的扩展性。

不同的同步机制决定了不同的共享访问语义。GFS、GPFS 和 Lustre 都通过采用分布式锁机制来实现 UNIX 语义。StorageTank 实现的是本地文件系统语义，包括 UNIX 语义和 Windows 语义。SANergy 是 NFS 语义。StorNext 则不允许共享写操作。UNIX 语义最为严格，也是大多数应用所要求的语义。

6.4　缓存

6.4.1　文件的远程访问方法

远程服务和缓存是实现客户进程对远程文件进行访问的两个互相补充的方法。

(1)远程服务。在远程服务方法中，客户把访问请求传送给服务器，服务器执行访问，结果回送给客户。访问请求被变换成对服务器的报文，服务器的回答也打包成报文回送给客户。每次访问都由服务器处理，产生网络通信。例如，一次读操作对应一个发送给服务器的请求报文和一个给客户的含有被请求的数据的应答报文。

(2)缓存。如果请求的数据不在本地，则从服务器处取来那些数据的复制件给客户。通常取来的数据量比实际请求的要多得多，例如，整个文件或几个页面，所以随后的访问可在客户所在地的本地副本中进行。在缓存器中保留最近访问过的磁盘块，对这些信息的重复访问可在本地进行，以节省在网络上的传送时间。当文件访问流表现为访问的局部化时的缓存性能最好。

在常规文件系统中，缓存是为了减少磁盘的输入输出操作；而在分布式文件系统中缓存是为了减少网络通信量。单纯的远程服务方法是不实用的，必须结合缓存以改进性能。例如Locus 和 NFS 的实现基础是远程服务扩充了缓存；sprite 的实现基础是缓存，但在某些情况下，也使用远程服务的方法。

下面讨论的缓存方案是在客户的缓存器和服务器之间进行的，即分布式文件系统的缓存方案。对分布式文件系统的缓存方案的设计问题，主要考虑的是：

(1) 被缓存的数据的粒度。

(2) 客户缓存器的地点，即使用主存进行缓存，还是使用磁盘进行缓存。

(3) 如何传播被缓存的副本的修改。

(4) 如何决定各个客户缓存中的数据是否一致。

上述这些设计问题的考虑是相互交叠的，并且和所选择的共享语义有关系。

6.4.2 缓存的粒度和地点

被缓存的数据的粒度各种各样，可以从一个文件的一部分到整个文件。通常缓存的数据比一次访问所需的数据要多，应该能够为很多次访问服务。缓存单位愈大，则下次访问的数据在客户方的本地找到的可能性愈大，即命中率愈高，但传送数据的时间和一致性问题也同时增加了。选择缓存数据的粒度，即选择缓存单位的大小要涉及网络传送单位和远程过程调用协议(RPC)的服务单位。如果网络传输单位相对小些，如以太网包长约 1.5 kB，则在传送较大的缓存数据块时要分段，接收时还要重装，则会引起较大的额外开销。

块缓存的典型方案是使用先读(read-ahead)技术，它在连续地读一个大文件时很有效。这种方法可以从服务器磁盘读很多块，在实际需要前缓存到服务器和客户双方，以加快读的速度。

大缓存单位的一个优点是减少网络开销。在网络传输中，开销中占比很大部分的是运行通信协议。一次性传送大量数据比分成很多小的传送单位进行很多次传送更能减少协议的开销。

块的大小和全部缓存器大小对于块缓存方案是很重要的。在类 UNIX 系统中，通常块长为 4 kB 或 8 kB。对于大缓存器(大于 1 MB)，大的块长(大于 8 kB)是有利的，因为大缓存单位的优点占主要地位。对于小的缓存器，大的块长受益不大，因为缓存器中仅能够存放很少的几块，由于内部分段的原因大部分缓存器的空间是浪费的。

从缓存的地点来看，使用磁盘缓存具有可靠性的优点。如果缓存器设在主存中，发生崩溃时，已做修改缓存的数据会丢失。若缓存的数据放在磁盘中，且恢复过程中数据仍存在，则没必要再取。两种缓存地点强调的功能不一样，主存缓存器主要减少访问时间，磁盘缓存器主要提高可靠性和单个机器的自治性。使用大的主存缓存器在高的命中率、高的访问速度方面，优越性会超过磁盘缓存。

6.4.3　更新策略、缓存有效性检验和一致性

术语"修改块"（dirty block）代表一块被客户修改过的数据块，修改块要写到原本上。把修改块送回到服务器原本使用的策略对系统性能和可靠性有关键性的影响。假定缓存是在主存内进行的。最简单的策略是一旦数据写到缓存器中，就把此数据写到服务器磁盘上，这种策略叫作写直达（write – through）。它的优点是可靠性，当客户崩溃时丢失的信息很少。但是这个方法要求每个 write 访问要一直等到信息送到服务器，这使得 write 性能很差。这种缓存方法等效于使用远程服务进行 write 访问，仅对 read 访问使用缓存。

另一个写策略是写回法（write – back）。写回法是指把修改先写到缓存器中，晚些时候再写到服务器磁盘上。这个方法的优点有两个：第一，因为写是对缓存进行的，所以写访问完成比较快；第二，数据在写回之前可能被删除，在此情况下，它们完全不需要写了，即对一个数据的多次重复写，只有最后一次有效并被写到服务器的原本上。但是，写回法会产生可靠性的问题，因为客户崩溃时尚未写到服务器原本上的数据将会丢失。

写回策略有几个变种，它们的差别在于何时向服务器发送修改块。一个方法是当被修改过的数据块要被从缓存器中驱逐出去时，该数据块被发送到原本。这样能改进性能，但是有些块可能在客户缓存器中停留很长时间才写回到服务器。一个改进方法是周期地扫描缓存器，把从上次扫描以来已被修改过的块发送给原本。Sprite 使用这个方法，间隔时间为 30 s。

另一个写回的变种叫作关闭时写（write – on – close），当文件关闭时把数据写回到服务器。在文件打开很短时间或很少修改的情况下，这种方法不会很大地减少网络通信。

UNIX4.2 BSD 使用 400 kB 缓存各种大小的块（最常用的块大小为 4 kB）。模拟试验指出，块长为 4 kB 的 4 MB 的缓存器可消除 65% 到 90% 的磁盘访问。write through 方法会产生最高的不命中率，使用替换时写回的延迟写方法具有最低的不命中率。

更新策略和共享语义关系密切。"关闭时写"适合"对话语义"。而当并发更新文件操作发生比较频繁，并且是和 UNIX 语义相联系的情况时，使用任何写回方法均不合理并将产生长的延迟和复杂的控制机制，在此情况下，write – through 方法比较适合 UNIX 语义。

客户需要判定本地缓存的数据副本是否与原本一致。如果缓存的数据已经过时，则必须取来最新的数据。有两个基本方法验证其有效性：

（1）客户发动的方法。客户与服务器联系，检查本地数据与原本是否一致。这个方法的关键是有效性检验的频度。可以在每次访问前进行一次检验，也可以仅在对文件进行第一次访问时进行一次检验。通常有效性检验是比较文件头信息，例如，UNIX 中 inode 信息中的上次更新的时间戳可以作为检验的依据。根据其频度，这一类有效性检验可能产生大量的网络通信和消耗宝贵的服务器 CPU 时间。

（2）服务器发动的方法。服务器为每个客户登记被该客户缓存的文件或文件的某个部分。维持有关客户的信息有重大的容错意义。当服务器检测出可能不一致时，必须做出反应。当文件有两个不同客户以冲突方式（即至少有一个客户指定写）缓存时，可能会发生不一致。服务器发动方法的问题是违背客户 – 服务器模型，这个模型是由客户向服务器请求服务的方式发动活动，违背的结果是使客户和服务器程序不规则并且复杂化。

6.4.4　缓存和远程服务的比较

在对远程服务和缓存这两种方法进行比较前，先介绍这两种远程访问方法和前面介绍的共享语义的关系。

选择缓存还是远程服务的问题的本质上是选择改进性能的潜力还是选择简单性的问题。下面是这两种方法的优缺点。

6.4.5　高速缓存

在一个各自有主存和磁盘的客户 – 服务器系统中，有四个地方可用来存储文件或存储部分文件：服务器磁盘、服务器主存、客户磁盘（如果可用的话）或者客户主存，如图 6 – 9 所示。不同的存储位置具有不同的特性。

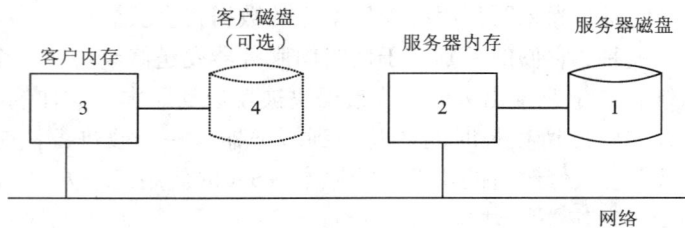

图 6 – 9　四个存储文件或部分文件的地方

存储所有文件最直接的地方是在服务器磁盘上。通常那里具有充足的空间，存放在那里的所有文件对所有客户都是可访问的。而且，由于每一个文件只有一个拷贝，所以不会产生一致性的问题。

使用服务器磁盘所产生的问题是运行效率。在客户读一个文件之前，文件必须从服务器磁盘传送到服务器主存中，然后再通过网络传送到客户的主存中。两次传送都需要花费时间。

获取可观的运行效率的一种方法是高速缓存（cache），通过把最近使用过的文件保留在服务器的主存中来实现。客户读取一个刚好存放在服务器主存中的文件，就消除了磁盘传送，但网络传送仍必须进行。由于主存总是比磁盘小得多，所以需要某些算法来确定哪些文件或文件的哪些部分应该保存在高速缓存中。

这里有两个问题需要解决。首先，什么是高速缓存管理单元？它可以是整个文件或磁盘块。如果整个文件被高速缓存，它应该连续存放在磁盘上（至少在一个很大块中），以使得在存储器和磁盘之间进行高速传送，并获得较好的运行效率。但是，磁盘块超高速缓存使用在高速缓存和磁盘空间时更有效。

其次，这个算法必须决定当高速缓存被填满且必须去掉一些内容时该怎么做。这里可以使用任何标准的高速缓存算法，但因为高速缓存访问比起主存访问来说更为少见，所以使用链接表的 LRU 的正确实现一般是可行的。当必须去掉一些内容时，选择最陈旧的内容去掉。

在服务器主存中设置高速缓存是很容易操作且对客户是完全透明的。尽管服务器高速缓存取消了每一次访问时的磁盘传送，但它仍然需要网络访问。消除网络访问的唯一方法是在客户端进行高速缓存。使用客户内存还是其磁盘取决于对空间和效率的考虑。当面对服务器主存的高速缓存与客户磁盘之间的选择时，前者通常更快些，而且总是简单得多。当然，如果使用大量的数据，客户磁盘高速缓存可能更好些。总之，大多数进行客户高速缓存的系统都是在客户主存中设置高速缓存。

如果设计者决定在客户主存中设置高速缓存，有三种可使用的选择来精确定义高速缓存的位置。最简单的选择是在每个用户进程的地址空间直接进行文件高速缓存，如图 6 - 10 (b)所示。典型地，高速缓存由系统调用库管理。当文件被打开、关闭、读和写时，该库只是保存最常用的文件。这种模式的系统开销很小，但它仅当单个进程重复地打开和关闭文件时才有效率。一个数据库管理程序进程可能满足这种要求，但是在通常的程序开发环境中，大多数进程对每个文件只读一次，因此库中的高速缓存是无收益可获的。

如图 6 - 10(c)所示，第二个设置高速缓存的地方是在内核中。缺点是在所有情况下都需要内核调用，甚至于高速缓存命中，但高速缓存使进程获益比补偿多。例如，假设一个两遍扫描编译器作为两个进程运行。第一遍扫描写一个中间文件而由第二遍扫描来读。在图 6 - 10(c)中，当第一遍扫描进程结束后，该中间文件可能在高速缓存中，所以在第二遍扫描进程读入时没有必要进行服务器调用。

设置高速缓存的第三个地方是在一个单独的用户级高速缓存管理者的进程中，如图 6 - 10(d)所示。用户级高速缓存器管理者的优点是：它保持了(微)内核独立于文件系统编码。因为它是完全孤立的，因此易于编程，并且更加灵活。

用户级高速缓存管理程序运行在一个具有虚拟内存的机器上时，可以确信的是，由内核来决定把高速缓存的部分或全部内容分页写入磁盘，所谓的"高速缓存命中"就需要换入一页或几页。显然，这就完全挫败了客户高速缓存的思想，但是，如果高速缓存器管理程序可以在内存中分配和锁定一些页码号，这个情形就可以避免。

评价高速缓存的价值时，要注意的是在图 6 - 10(a)中，它无论如何都要严密地通过一个RPC 来产生一个文件请求。在图 6 - 10(c)和图 6 - 10(d)中，它既可取一个也可取两个，取决于在没有超高速缓存器时，这个请求是否能满足。因此，当使用高速缓存时，RPC 的平均数总是要大一些。在 RPC 快而网络传送慢(快 CPU，慢网络)的情况下，高速缓存可以获得可观的运行效率。但是，如果网络传送特别快(例如，用超高速光纤网络)，网络传送时间是很小的，因此，额外的 RPC 可能会损失大部分提高的运行效率。这样，由高速缓存所获得的运行效率的提高在某种程度上取决于所用的 CPU 和网络技术，当然，也取决于应用。

1. 高速缓存一致性

客户高速缓存为系统带来了不一致性。如果两个客户同时读一相同文件，然后又都去修改它，就会出现几个问题：第一，当第三个进程从服务器读该文件时，它将得到原来的值，而不是两个新文件中的一个。此问题可用对话语义来定义它(正规的陈述是在文件关闭之前对文件的修改结果是不允许全程可见的)。换句话说，这种"不正确"的行为可简单地声明为"正确"的行为。当然，如果用户期待的是 UNIX 语义，这也就无意义了。第二，当两个文件被回写到服务器时，后回写的会覆盖掉前面的那个。这意味着客户高速缓存必须相当小心地设计。

表 6 - 4 总结了四种高速缓存管理算法。下面从总体上总结一下高速缓存这个主题。不管客户高速缓存是否存在，服务器高速缓存容易实现且大多数是值得去做的。从客户的角度

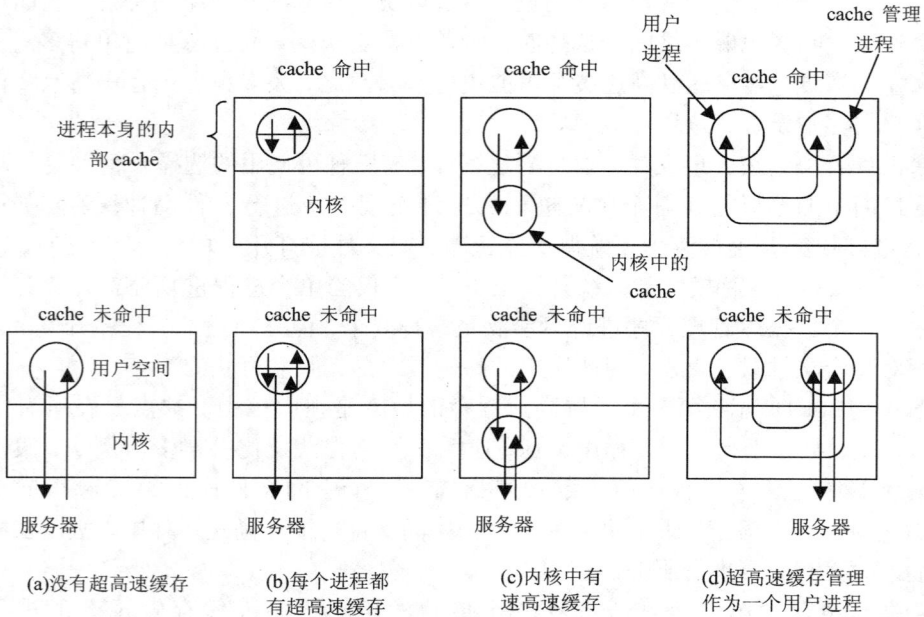

图 6-10   在客户存储器中进行超高速缓存的不同方法

来看,服务器高速缓存对文件系统的语义没有影响。相反,客户高速缓存以增加的复杂性和可能更为模糊的语义为代价来提供更好的性能。它的价值取决于设计者如何看待运行性能、复杂性以及编程的难易。

表 6-4   管理客户文件高速缓存的四种算法

方法	描述
写直达	有效,但不影响写流量
写回法	效率较高,但困难在于语义变得不清楚
关闭时写	与会话语义相配
集中控制	UNIX 语义,但不健壮,不能规模化

2. 复制

分布式系统通常提供文件复制作为对客户的一种服务。系统保持所选文件的多个拷贝,每个拷贝存放在一台单独的文件服务器上。提供这样一种服务的原因是多样的,但主要的原因有:

(1)通过对每个文件的独立备份来增加系统的可靠性。即使一个服务器出现问题,或永久性地损坏,数据也不会丢失。对许多应用系统来说,这一点是非常重要的。

(2)当一个文件服务器出现问题时,仍允许进行文件访问。在重新启动系统之前,一个服务器的崩溃不应导致整个系统的瘫痪。

（3）把工作量分配到多个服务器上。随着系统规模的增大，把所有文件放在一个服务器上会造成运行性能上的瓶颈。通过把文件复制到两个或多个服务器上，可使用负载最轻的服务器。

前面两条与改善可靠性和有效性有关，第三条关系到运行系统性能，这些都很重要。

有关复制的一个主要问题是透明性。

图 6－11 说明了实现复制的三种方法。第一种方法[图 6－11(a)]，是为程序员控制整个进程所用。当一个进程产生一个文件时，它只在一台指定的服务器上进行。如果需要的话，它可以在其他的服务器上生成另外的拷贝。如果目录服务器允许一个文件有多个拷贝，则所有拷贝的网络地址都可以和这个文件名联系起来[如图 6－11(a)中②所示]，这样当使用该文件名进行查找时，就能找到它所有的拷贝。当该文件随后被打开时，它将以某种顺序对其拷贝依次进行尝试，直到找到一个可用的为止。

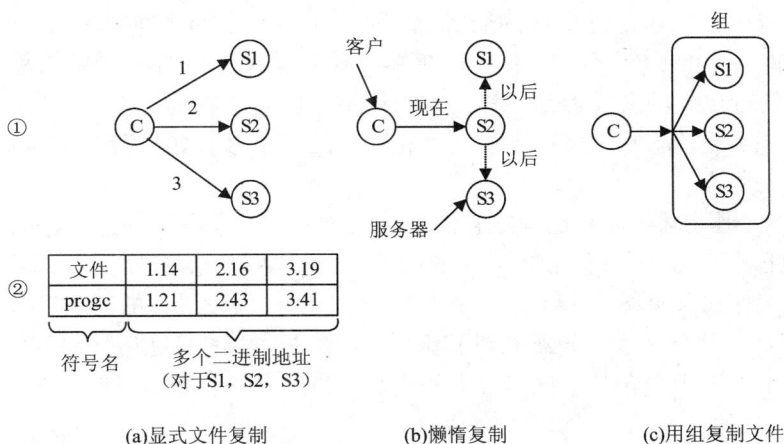

图 6－11　实现复制的三种方法

为了更熟悉显式复制的概念，考虑一个在 UNIX 中如何实现基于远程安装的系统。假设一个程序员的根目录是 machine1/usr/ast.，创建一个文件后，如文/machine1/usr/ast/xyz，程序员、进程、库都可使用命令 CP（或等价者）来产生拷贝/machine2/usr/ast/xyz 和/machine3/usr/ast/xyz。命令 CP 可以使程序接受像/usr/ast/xyz 的字符串作为参数，并依次去打开拷贝，直到成功。虽然这种模式可行，但非常麻烦。由于这个原因，分布式系统可能会更好一些。

图 6－11(b)是另一种可选择的方法，即懒惰复制（lazy replication）。只要在某个服务器上建立每个文件的一个拷贝，在程序员后来不知道的情况下，服务器自己在其他的服务器上也可自动地生成副本。系统必须足够智能以便能够从这些拷贝中找到任何一个所需的拷贝。在这种背景下产生拷贝时，必须注意到这种可能性：在产生拷贝之前，文件有可能已经改变。

最后一个方法是使用组通信[图 6－11(c)]。在此方案中，所有的写系统调用都同时传送到所有的服务器，这样，其他的拷贝在原文件产生的时候就产生了。懒惰复制和使用组复制有两个主要区别。首先，使用懒惰复制时，只有一个服务器被寻址而不是一个组。其次，懒惰复制是当服务器有一些空闲时在后台进行的，而使用组通信时，所有的拷贝都同时产生。

3. 更新协议

现在来看看怎样修改已存在的文件。有两个著名的算法可解决这个问题。

第一个算法称为主拷贝复制（primary copy replication）。使用时，指定一个服务器为主服务器，其他所有的服务器则为从服务器。当要更新一个复制文件时，就将该改变送至主服务器，在本地完成修改，然后向各从服务器发出命令，命令它们也完成修改。这样，可在任何一个（主或从）拷贝中进行读操作。

虽然这种方法简单，但它也有缺点：当主服务器停机时，所有的更新将不能进行。为避免这种不对称性，1979 年，Gifford 推荐了一种更健全的方法，即表决（voting）。其基本思想是在读或写一个复制文件之前要求申请并获得多个服务器的允许。

下面看一个简单的例子。假设一个文件在 N 个服务器上都有复制。建立一个更新文件的规则：首先客户必须和超过半数的服务器联系，并让它们同意它进行更新。如果它们同意，就改变文件，并将一个新的版本号和新文件联系起来。该版本号用来标识该文件的版本，这对所有新近更新的文件都是一样的。当读一个已有复制的文件时，客户必须和超过半数的服务器联系，并请求它们发送和该文件相联系的版本号。如果所有版本号是一致的，则说明这是最新的版本。

例如，有 5 个服务器，客户已确定它们中的三个的版本号是 8，则其他两个的版本号不可能是 9。因为任何从版本号 8 到版本号 9 的成功更新需要 3 个服务器同意，而不是两个。

该算法的工作情况见图 6 – 12(a)。$N_r = 3$，$N_w = 10$。假设最近的写法定数由从 C 到 L 的 10 个服务器组成，所有这些服务器得到了新版本和新版本号，且随后任何的由三个服务器组成的读法定数中将至少包含一个该集合中的成员。当客户查看版本号时，它将知道哪一个是最新的并得到它。

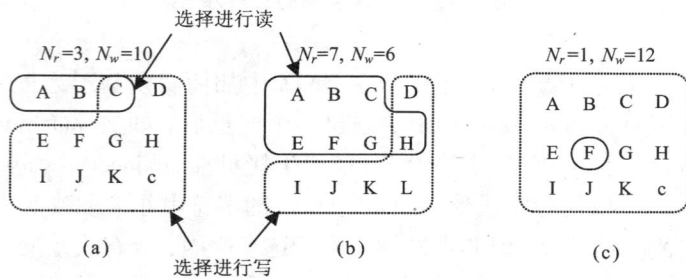

图 6 – 12　表决算法三个例子

图 6 – 12(b)和图 6 – 12(c)给出了另外两个例子。后者特别有趣，因为它把 N_r 设成了 1。这样，它可以通过查找任何一个拷贝并使用它来读一个已复制的文件。但是，其代价是写更新需要获得所有的拷贝。

表决法的一个有趣的变种是虚象表决（voting with ghosts）。在许多应用中，读比写平常得多，因此，N_r 通常是非常小的数字，而 N_w 几乎接近 N。这意味着，如果少数几个服务器崩溃时，要获得写法定数是不可能的。虚象表决通过为每个已崩溃的服务器建立一个没有存储器的虚拟服务器解决了这个问题。虚设者不允许出现在读法定数中（毕竟它没有任何文件），但它可以加入写法定数中。在这种情况下，它只须去掉写入的文件即可。只要有一个真实的服务器存在，写操作就能成功。

6.5　容错和可扩充性

分布式文件系统的容错是一个重要的、内容广泛的课题。本节介绍服务器在为客户服务产生故障时的两个服务风范——有状态服务和无状态服务，可用性的概念，以及作为增加可用性的另一个手段——复制。

6.5.1　无状态服务和有状态服务

6.2.8 节中介绍了有状态服务器和无状态服务器。有状态服务的优点是性能好，文件信息缓存在主存中，使用连接标识符很容易访问，避免访问磁盘。有状态服务方案中，容错的关键信息是由服务器在主存中保持的有关其客户的信息。

无状态服务器不需要这种状态信息。每个请求的信息是完整的（self-contained），能识别文件及其状态（读访问和写访问）。服务器不需要在主存中保持打开文件的表，此外，不需要使用打开和关闭操作建立和结束一个连接。建立和结束一个连接是完全多余的，因为每个文件操作是独立的，它不是对话期的一部分。

服务器在服务活动中间发生崩溃时，有状态和无状态服务器受到的影响有明显的不同。有状态服务器会丢失内存中所有状态信息，其中，较好的恢复通常使用基于和客户对话的恢复协议来恢复这个状态。稍差的恢复是当崩溃发生时使正在进行的操作夭折。客户故障时所产生的不同问题，服务器需要知道这种故障以便将分配的用来记录该客户状态的空间收回，这种现象一般称作孤儿检测与消除。无状态服务器避免了上述问题，因为可再产生一个服务器无任何困难地响应一个具有完整信息的请求。因此，服务器故障的影响和恢复几乎不明显。从客户观点来看，慢服务器和正在恢复的服务器没什么差别，如果得不到回答，客户会坚持重发请求。客户发生故障时，在服务器一侧没有过时的状态需要被清除。

无状态服务在设计分布式文件系统时要加上一些约束：第一，因为每个请求要能识别目标文件，所以需要一个唯一的、全系统范围的、低层的命名。对每个请求，将远程名翻译成本地名会使处理该请求的速度降低；第二，由于客户会重发对文件操作的请求，所以这些操作必须是幂等的（idempotent），一个幂等操作即使连续执行了多次，其效果仍相同。必须注意的是，当实现删除操作时，也必须使其成为幂等的。

在某些场合中有状态服务是必要的。如果使用远程网和网际网，收到报文的次序可能与其发送的次序不同。此时有状态的服务更为可取，因为使用所维持的状态可以把报文正确地排序。另一种场合，如果服务器使用服务器发动的方法进行缓存一致性检验，则不能提供无状态服务，因为它维持着一个哪些文件被哪些客户缓存的记录。相反地，在数据报文通信协议上建造一个无状态服务比建造一个有状态服务更容易些。

UNIX 使用文件说明符和隐含位移的方法在本质上是有状态的。服务器必须维持一些表把文件说明符变换成 iNode 并在文件中存储当前的位移。

6.5.2　可用性与文件复制

当对某个文件的操作失败，或有客户中止此操作时，如果文件能转换到原来的一致状态，则说明此文件是可恢复的。如果当某个存储器崩溃和存储介质损坏时某个文件能保证完好，则说明此文件是坚定的。坚定文件不一定是可恢复的，同样可恢复的文件也不一定是坚定的。实现这两个不同概念必须使用不同的技术，可恢复的文件使用原子更新技术实现，而坚定的文件使用冗余技术实现。如果无论何时一旦需要就可访问，甚至在某个机器和存储器崩溃时，或者在发生通信失效的情况下，某个文件仍然可被访问，则这种文件叫作是可用的。可用性常和坚定性混淆，原因是它们都使用冗余技术。坚定文件保证能从失效中生存下来，但它在失效部件恢复以前可能不能被利用。而可用性具有脆弱的、不稳定的性质。首先，它是暂时的，随系统状态的改变而改变。其次，它是相对于某个客户来说的，对于一个客户来说，某文件可能是可用的，而对另一个机器上的客户，该文件可能是不可用的。

复制文件可以增强其可用性。

6.5.3　可扩充性

设计大规模系统要考虑几个问题。首先是有界资源(bounded resources)原理："从系统的任何部分来的服务要求应该限于一个常数，此常数和系统中的节点数无关。"负载和系统规模成比例的任何服务器中，一旦系统扩充到超过某一范围则必然阻塞，再增加资源也缓解不了这个问题，此服务器的能力限制了系统的扩充。

有界资源原理也可以应用到通道和网络通信流中，从而阻止广播的使用。

网络拥挤和延迟是大规模系统的主要障碍。一个办法是使用缓存、提示和实施放松的共享语义等措施，使跨越机器的交互作用达到最少。但这是对分布式文件系统中的共享语义的严格性以及网络和服务器负载进行折中。语义越严格，扩充系统规模越困难。

不应当使用集中控制方案和集中的资源建立可扩充的和容错的系统是不舒适的。理想的方法是功能对称的配置，即所有机器在系统运行中具有相同的作用，因此每个机器具有某种程度的自治性。当然，现实中不可能完全遵守这一原理，例如，把无盘机并入系统就做不到功能对称。

接近对称性和自治性的配置是将系统划分为若干半自治的小组。每个小组包括一些机器和一个专用的小组服务器。为了尽量减少跨越小组的文件访问，大多数时间的，每个机器的请求应由其小组服务器满足。这样的请求依赖于文件访问局部化的能力和组成单元的相应放置位置。如果小组很均匀，即小组服务器能充分满足整个小组的大多数请求，则可用作一个模块，它是系统扩充规模时的一个基本组件。这里要注意到分组方法应不违背有界资源原理。本质上，分组的方法试图把一个服务器和一组固定客户以及一组它们经常访问的文件(而不是任意一组文件)联系起来。

6.5.4　用线程实现文件服务器

设计任何服务的一个主要问题是服务器的进程结构。服务器应该能在有几百个活动的客户需要同时服务的高峰期有效地工作。较好的一个办法是给每个客户分配一个服务进程，但是这样 CPU 完成进程切换会付出很大代价。所有服务器进程需要共享信息，如头文件和服务表。但是，操作系统一般不支持不同的进程之间共享地址空间。最好的解决方法是使用线程，同一个进程里的多个线程之间只有很少的非共享状态。一组同级线程共享程序、地址空间和操作系统资源，而单独的线程只有很少的非共享状态，如自己的寄存器状态。广泛的共享使同级线程的切换和线程的创建比起进程的切换和进程的创建要便宜得多。这样阻塞一个线程并切换到另一个线程是解决一个服务器为多个请求服务的问题的一个合理方法。

6.6　安全性

分布式文件系统的安全性还包括保护和加密两个方面。在保护方面，文件系统中的每个文件有一张小表格和文件相联系。在 UNIX 文件系统中，将这个小表格称为 inode，负责记录文件的所有者和分配的磁盘块。每个用户有一个用户标识符(UID)来访问文件。要访问远程文件，有四种方法：

（1）所有远程用户想要访问处理器 A 上的文件，应该首先用 A 的本地用户名登录到 A。

（2）任何用户可以不登录而访问任何处理机上的文件，除了具有对应于来宾(guest)或者其他公共访问名的 UID 的远程用户。

（3）操作系统提供 UID 间的映射，使本地处理机上 UID 为 A 的用户可以用它在远程处理器上的 UID B 来访问远程处理器。

（4）分布式系统设计中，每个用户应当有一个确定且唯一的 UID，这个 UID 在任何处理器上有效且不需要映射。

加密对于在分布式系统中实施安全性是不可缺少的部分，它的主要作用是防止未经授权的数据发布和数据修改。这一机制的关键是协议的握手类型，每一方都要证明自己的身份。

当前，多数系统选择使用以下方法的一种：

（1）一个认证服务器。它物理上安全地维护一个用户口令列表。

（2）SUN 公司的网络文件系统(NFS)。它通过使用的公共密钥机制，维护一个以用户口令加密后的确认密钥的公共可读数据库。

其中，后者比较好，因为它不要求认证服务器物理上的安全性。

6.7　GFS

提起分布式文件存储系统，最有名的莫过于谷歌技术"三宝"之一：Google 文件系统 GFS。GFS 是美国明尼苏达大学研制的基于 Linux 的共享磁盘模型的机群文件系统，采用无集中服务器结构，允许多台机器同时 mount 并访问共享设备上的文件，节点通过 SAN 直接连到存储设备上。在 GFS 中(图 6-13)，客户与机群中的共享磁盘都连接在光通道上，每个客户都将共享磁盘作为一个设备，可以直接访问。GFS 通过客户端启动的设备锁机制实现 UNIX 文件共享语义。GFS 之所以著名是因为它是最早的 FC-SAN 文件系统之一。而且 GFS 的设计者提出了 SAN 环境下的全局文件系统的概念，并把分布式文件系统划分为两类：基于消息传递的分布式文件系统和共享存储的分布式文件系统。传统的分布式文件系统，如著名的 NFS、AFS、Sprite、XFS、PVFS 等，都是基于消息传递的分布式文件系统，客户端只能通过相应的服务器才能存取数据。而 SAN 文件系统则是基于共享存储的文件系统，它的客户端都可直接存取存储设备上的数据。

虽然，GFS 运行于廉价的普通硬件上，但它可以提供容错功能。它可以给大量的用户提供总体性能较高的服务。它将服务器故障视为正常现象，通过软件的方式自动容错，在保证系统可靠性和可用性的同时，大大减少了系统的成本。GFS 是 Google 云存储的基石，并且其他存储系统，如 Google Bigtable、Google Megastore、Google Percolator 均直接或者间接地构建在 GFS 之上。另外，Google 大规模批处理系统 MapReduce 也需要利用 GFS 作为海量数据的输入输出。

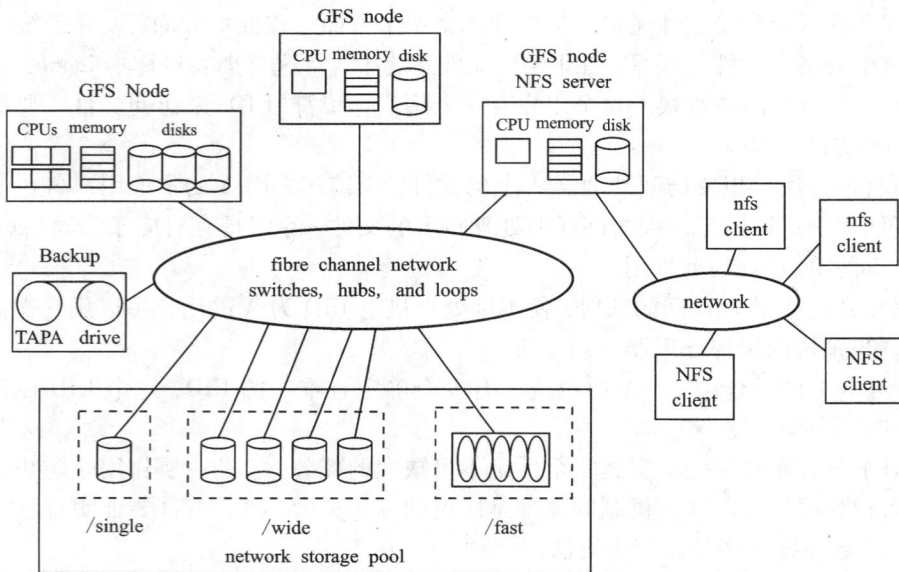

图 6 – 13 GFS 分布式环境

GFS 的组件失效不作为异常对待，作为正常事件对应；文件数量适中，大小较大，一般为 100 MB 以上；若以 GB 级文件为主，系统需要对 GB 级文件处理优化需要支持小文件处理，无须优化。在 Google，大部分文件的修改，不是覆盖原有数据，而是在文件末尾追加新数据。对文件的随机写几乎是不存在的。一般写入后，文件就只会被读，而且通常是按顺序读取。另外，数百个数据源可能同时写一个文件。文件末尾追加的写方式是性能优化和原子性保证的核心。

GFS 提供了一个类似传统文件系统的接口，虽然它并没有实现类似 POSIX 的标准 API。文件在目录中按照层次组织，用路径名来标识。支持常用的操作有：创建、删除、打开、关闭、读和写文件等。另外，GFS 有快照(snapshot)和记录追加(record append)操作。快照操作可以用很低的成本创建文件或者目录树的拷贝。记录追加操作可以在保证原子性的前提下，允许多个客户端同时在一个文件上追加数据。这对于实现多路结果合并以及"生产者 – 消费者"模型非常有好处，多个客户端可以同时在一个文件上追加数据，而不需要额外的锁定。

1. GFS 体系结构

GFS 的体系结构如图 6 – 14 所示。下面是 GFS 组成部分的介绍。

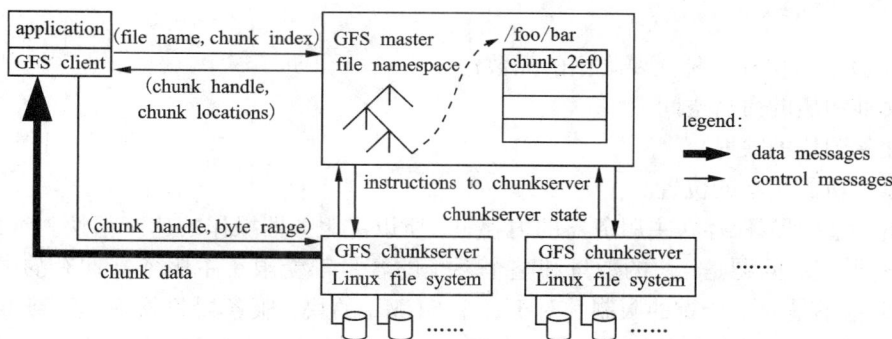

图 6 – 14　GFS 体系结构图

一个 GFS 集群由一个 master 和大量的 chunk server 构成，并被许多客户访问。

（1）master：单一的主服务器大大简化了设计，这样，主服务器可以通过全局的信息精确定位块的位置以及块的分配和复制决定。但是必须尽量减少其参与数据读写过程，避免使主服务器成为系统的瓶颈。

（2）chunk server（数据块服务器，简称 CS）：管理块，数据处理。

（3）client：GFS 提供给应用程序的访问接口，它是一组专用接口，不遵守 POSIX 规范，以库文件的形式提供。client 访问 GFS 时，首先访问 master 节点，获取与之进行交互的 CS 信息，然后直接访问这些 CS，完成数据存取工作。客户端通常在一次请求中查询多个块，而主服务器的回应也可以包含紧跟着这些请求块后面的块的信息。这些额外的信息在实际上没有代价的前提下，避免了客户端与服务器未来的几次通信。

（4）文件被分成固定大小的块（chunk）。每个块由一个不变的、全局唯一的 64 位的 chunk 句柄标识。chunk 句柄在块创建时由 master 分配。

（5）出于可靠性考虑，CS 以普通的 Linux 文件的形式将 chunk 存储在磁盘中。为了保证可靠性，chunk 在不同的 chunk server 复制多份，一般默认为三份。

（6）master 维护文件系统内所有的元数据，包括名称空间、访问控制信息、文件到块的映射信息以及块当前所在的位置。同时，它也控制系统范围的活动，如块租约（lease）管理、废弃块的垃圾收集、chunk server 间的块迁移。

（7）定期通过 heart beat 消息，master 与每一个 chunk server 通信，给 chunk server 传递指令并收集它的状态。

主服务器中维护了系统的元数据，包括文件及 chunk 名字空间、GFS 文件到 chunk 之间的映射和 chunk 位置信息。它也负责整个系统的全局控制，如 chunk 租约管理、垃圾回收无用 chunk、chunk 复制，等等。master 会定期与 CS 通过心跳的方式交换信息。它可以在后台，简单而高效地周期扫描自己的整个状态。这种周期性地扫描用来在块服务器间实现块的垃圾收集的功能，用来实现块服务器失效时复制新副本的功能，用来实现负载均衡的块移动的功能，以及用来实现统计硬盘使用情况的功能等。

需要注意的是，GFS 中的客户端不缓存文件数据，只缓存 master 中获取的元数据，这是由 GFS 的应用特点决定的。

2. 元数据组织

master 服务器保存三种主要类型的元数据：

（1）文件和块的命名空间。

（2）文件到块的映射。

（3）每个块的副本的位置。

所有的元数据都保存在主服务器的内存里，所以主服务器操作的速度很快。纯内存的机制中有一种可能的问题是：块的数量和整个系统的容量都受限于主服务器拥有的内存尺寸。不过实际上这不是一个严重的限制。对于每个 64 MB 的块，服务器只须管理不到 64 字节的元数据。同时，大多数块是满的，因为每个文件只有最后一块是部分填充的。

前两种类型（命名空间和文件到块的映射）的元数据，还会用日志的方式保存在主服务器硬盘上的操作日志内。操作日志是包含元数据关键性变化的历史记录，它作为逻辑时间线，定义了并发操作的执行顺序，并用于恢复文件系统状态。文件、块以及它们的版本号都由它们被创建时的逻辑时间而被唯一地、永久地标识。使用日志，让我们可以简单可靠地更新主服务器的状态，而且不用担心因服务器崩溃所带来的数据不一致的风险。

master 可以用操作日志来恢复它的文件系统的状态。为了将启动时间减至最小，日志就必须要比较小。每当日志的长度增长到超过一定的规模后，master 就要检查它的状态，它可以从本地磁盘装入最近的检查点来恢复状态。

操作日志被复制到数个远程的机器上，并且只有将相应的日志记录写到本地和远程的磁盘上之后才会应答用户的请求。

主服务器并不会持久化保存块的位置信息。主服务器在自己启动以及块服务器加入集群的时候，会询问块服务器它所包含的块的信息。

3. 副本放置策略

块副本创建有三种原因：块创建、重新复制和负载均衡。块副本放置策略服务于两个目标：最大化数据可靠性和可用性、最大化网络带宽利用率。GFS 副本放置策略主要是根据以下几点要求和特点而设计的：

（1）把新的副本放置在低于平均硬盘使用率的块服务器，平衡块服务器间的硬盘使用率。

（2）希望限制每一个块服务器上"近期"创建操作的数量。虽然创建操作本身是廉价的，但是它总是会紧跟着沉重的写操作，因为写入者需要写的时候才会进行创建，而在"追加一次读多次"的工作负载下，块一旦被成功写入就会变为只读。

（3）希望把块分布在机架之间，这样能充分利用带宽。

当一个块服务器（chunk server）变得不可用，或者块服务器报告存储在其中的副本损坏，或者副本数的目标被提高时（如之前一个存在 3 个副本而现在需要增加 1 个副本的时候），副本需要被重新复制。

重新复制的块的排序基于几个因素：

（1）块离它的副本数量目标的距离。例如，已经丢失两个副本的块比只丢失一个副本的块具有更高的优先级。

（2）优先重新复制活着的文件而不是属于那些近期删除的文件的块。

（3）为了减小对正在运行的应用程序的影响，提高阻塞客户机流程的块的优先级。

主服务器选择优先级最高的块，然后通知一些块服务器用直接从已有的可用副本复制数据的方式来"克隆"它。新副本位置的策略与创建类似：考虑平均硬盘使用率，限制同一块服务器上活动的克隆操作数量，在机架间分布副本。为了防止克隆所需的网络流量超过客户端流量，主服务器限制块和块服务器的活跃克隆操作数量。每个块服务器通过调节对源块服务器的读请求来限制它花在每个克隆操作上面的带宽。

最后，主服务器周期性地对副本进行负载均衡：它检查当前的副本分布情况，然后移动副本以得到更好的硬盘剩余空间以及负载的均衡。同时在这个过程中，主服务器逐渐地填满了一个新的块服务器，而不是用新块以及随之同时涌入的沉重的写通信淹没它。新副本的布置标准与上面讨论的相同。另外，主服务器必须选择哪些现有的副本要被移走。一般来说，它移动那些剩余空间低于平均值的块服务器上面的副本，这样就可以平衡硬盘使用率。

4. 多副本的写策略

多个副本需要保持变更顺序的一致性。GFS 使用租约来保证多副本的一致写操作。如图 6-15 所示，主服务器为其中一个副本签署一个块租约，这个副本叫作主块(primary)。主块负责决定对块所有的一系列操作的顺序。进行操作的时候所有的副本遵从主块确定的这个顺序。

（1）client 向主服务器询问哪一个块服务器保存了当前的租约，以及其他副本的位置，如果当前没有租约，master 指定一个块作为主块。

（2）主服务器回复主块的标识符以及其他副本的位置，client 保存此主块信息，在之后的通信中可以减少与 master 的通信。

（3）客户机把数据推进到所有的副本上。数据流和控制流分开。

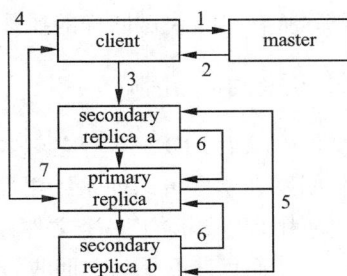

图 6-15　多副本写策略

（4）所有的副本都被确认已经得到数据后，客户机发送写请求到主块。

（5）主块把写请求传递到所有的二级副本。

（6）所有的二级副本回复主块并说明它们已经完成操作。

（7）主块回复 client 完成写操作。

租约机制的设计是为了最小化主服务器的管理负载。租约的初始超时是 60 s。然而一旦块被修改过，主块可以请求更长的租期，通常可以通过主服务器的确认来收到额外的时间。这些额外时间的请求和批准都通过服务器和块服务器之间的心跳信息来传递。即使主服务器和主块失去联系，它仍旧可以安全地在老租约到期后产生一个加诸于其他副本的租约。

5. 一致性策略

由于客户端缓存块位置，所以在信息刷新前，它们有可能从一个失效的副本读取数据。时间窗口由缓存的超时以及文件的下一次打开时间决定。文件打开后会清楚缓存中与文件有关的所有块信息。而且由于 GFS 文件的修改大多数都只是进行末尾追加，所以一个失效的副本通常会返回一个提前结束的块而不是过期的数据。读取者重新尝试并联系主服务器后，就会立即得到当前的块位置。

成功操作很久后，组件的失效当然也可以损坏或者毁掉数据。GFS 用主服务器和块服务器之间的握手来找到失效的块服务器，用校验和来检测数据的损坏。一旦发现问题，数据会尽快从有效的副本中恢复出来。只有一个块的所有副本在 GFS 做出反应之前全部丢失，这个块才会不可逆转地丢失。而通常 GFS 的反应是在几分钟内的，即使在这种情况下，块是笔不可用的状态，而不是损坏；应用程序会收到清晰的错误信息而不是损坏的数据。

保证数据一致性的关键是具有原子性的操作——记录追加操作。向同一个区间的并发的传统的写操作是不连续的，因此区间有可能包含来自多个 client 的数据碎片。GFS 提供一个叫作记录追加的原子性的附加操作。相比传统的写操作中，client 指定被写数据的偏移位置，在 record append 中，client 只是指定数据，而偏移的位置由 GFS 指定，具体是指写文件的块尾。GFS 在其选定的偏移处将数据保证原子性地添加到文件中，并将偏移返回给了 client。

记录追加操作在 GFS 的分布式应用中使用得非常频繁，许多客户机并行地追加数据到同一个文件。它是遵循租约的控制流程的一个操作，区别是仅在主块有点额外的控制逻辑：client 把数据推送给文件最后一个块的所有副本，然后发送请求给主块。主块检查对当前块的记录追加操作是否会造成块超过最大值(64 MB)。如果是这样，它首先要把块填充到最大值，告诉所有二级块做同样的操作，然后回复 client 说明需要对下一个块进行操作。

6. 垃圾回收机制

文件删除后，GFS 不会立刻收回可用的物理空间。对文件和块的常规垃圾收集非常惰性。我们发现这样可以使系统更简单、更可靠。

当应用程序删除了一个文件，主服务器立刻把删除的行为记录到日志里，就像其他的改变一样。然而，它不是马上回收资源，而是把文件改成一个包含删除时间戳的隐藏的名字。当主服务器对文件系统命名空间进行常规扫描的时候，它会删除所有包含此隐藏文件名的文件，如果它们已经存在超过 3 天了(这个时间间隔是可以被设置的)。直到此时，文件仍旧可以用新的特殊的名字访问读取，并且可以被反删除，通过改名把它变为正常文件。如果隐藏文件从名字空间中移走，它保存在内存中的元数据就被删除了。这有效地服务于对所有块的连接。

在相似的对块名字空间的常规扫描中，若主服务器找到了孤儿块(无法从任何文件到达的块)则会擦除它们的元数据。在与主服务器交换数据的心跳信息中，每个块服务器都会报告它拥有的块的信息的一个子集，然后主服务器会回复指出哪些块在主服务器的元数据中已经不存在了，块服务器就会删除这些块的副本了。

我们可以很容易地识别所有块的引用——它们都在服务器独立掌握的文件到块的映射表中，也可以轻易地找到所有块的副本——在每个块服务器上它们都是指定目录下的 Linux 文件。所有主服务器不知道的副本都是"垃圾"。

7. 容错机制

master 的容错与传统的方法类似，通过操作日志加 check point 的方式进行，并且有一台被称为"shadow master"的实时装备。

master 上保存了三种元数据信息：

（1）名字空间（name space）。即整个文件系统的目录结构以及 chunk 的基本信息。

（2）文件到 chunk 之间的映射。

（3）chunk 副本的位置信息，每个 chunk 通常有三个副本。

GFS master 的修改操作总是先记录操作日志，然后再修改内存，当 master 发生故障重启时，可以通过磁盘中的操作日志恢复内存数据结构；另外，为了减少 master 的宕机恢复时间，master 会定期将内存中的数据以 checkpoint 文件的形式转储到磁盘中，从而减少回放的日志量。为了进一步提高 master 的可靠性和可用性，GFS 还会执行实时热备，所有的元数据修改操作都必须保证发送到实时热备才算成功。远程的实时热备将实时接收 master 发送的操作日志，并在内存中回放这些元数据操作。如果 master 宕机，还可以秒级切换到实时热备继续提供服务。为了保证同一时刻只有一个 master，GFS 依赖 google 内部的 Chubby 服务进行选主操作。

master 需要持久化前的两种元数据，即命令空间及文件到 chunk 之间的映射关系。对于第三种元数据，即 chunk 副本的位置信息，master 可以选择不进行持久化，这是因为 chunk server 维护了这些信息，即使 master 发生故障，也可以在重启时通过 chunk server 的汇报来获取。

GFS 采用复制多个副本的方式实现 chunk server 的容错，每一个 chunk 有多个存储副本，分别存储在不同的 chunk server 上。对于每一个 chunk，必须将所有的副本全部写入成功，才能被视为成功写入。如果相关的副本出现丢失或不可恢复的情况，master 自动将给副本复制到其他 chunk server，从而确保副本保持一定的个数。

另外，chunk server 会对存储的数据维持校验和。GFS 以 64 MB 为 chunk 大小来划分文件，每一个 chunk 又以 block 为单位进行划分，大小为 64 kB，每一个 block 对应一个 32 位的校验和。当读取一个 chunk 副本时，chunk server 会将读取的数据和校验和进行比较，如果不匹配，就会返回错误，客户端将选择其他 chunk server 上的副本。

8. master 内存占用

master 维护了系统中的元数据，包括文件及 chunk 名字空间，文件到 chunk 的映射，chunk 副本的位置信息。其中，前两种元数据需要持久化到磁盘，chunk 副本的位置信息不需要持久化，可以通过 chunk server 汇报获取。

内存是 master 的稀有资源，下面估算 master 的内存使用量。chunk 的元信息包括全局唯一的 ID、版本号、每个副本所在的 chunk server 编号、引用计数等。GFS 系统中每个 chunk 大小为 64 MB，默认存储 3 份，每个 chunk 的元数据小于 64 字节。那么 1 PB 数据的 chunk 元信息大小不超过 $1 \text{ PB} \times 3/64 \text{ MB} \times 64 = 3 \text{ GB}$。另外，master 对命名空间进行了压缩存储。例如，有两个文件 foo1 和 foo2 都存放在目录/home/very_long_directory_name/中，那么目录名在内存中只需要存放一次。压缩存储后，每个文件在文件名字空间的元数据也不超过 64 字节，由于 GFS 中的文件一般都是大文件，因此，文件名字空间占用内存不多。这也就说明了 master 内存容量不会成为 GFS 的系统瓶颈。

9. 负载均衡

GFS 中副本的分布策略需要考虑多种因素，如网络的拓扑、机架的分布、磁盘的利用率等。为了提高系统的可用性，GFS 会避免同一个 chunk 的所有副本都存放在同一个机架的情况。

系统中有三种需要创建 chunk 副本的情况：chunk 创建、chunk 重新复制（replication）以及重新平衡（rebalancing）。

当 master 创建了一个 chunk 时，它根据如下因素选择 chunk 副本的初始位置：①新副本所在的 chunk server 的磁盘利用率低于平均水平。②限制每个 chunk server "最近" 创建的数量。③每个 chunk 的所有副本不能在同一个机架。第二点容易被忽略但却很重要，因为创建完 chunk 以后通常需要马上写入数据，如果不限制 "最近" 创建的数量，当一台空的 chunk server 上线时，由于磁盘利用率低，可能会导致大量的 chunk 瞬间迁移到这台机器，从而将它压垮。

当 chunk 的副本数量小于一定的数量后，master 会尝试重新复制一个 chunk 副本。可能的原因包括 chunk server 宕机或者 chunk server 报告自己的副本损坏，或者它的某个磁盘故障，或者用户动态增加了 chunk 的副本数等。每一个 chunk 复制任务都有一个优先级，它们按照优先级从高到低在 master 排队等待执行。例如，只有一个副本的 chunk 需要优先复制；又如，有效文件的 chunk 复制优先级比最近删除的文件的 chunk 高。最后，GFS 会提高所有阻塞客户端操作的 chunk 复制任务的优先级。例如，客户端正在往一个只有一个副本的 chunk 追加数据，如果限制至少需要追加成功两个副本，那么这个 chunk 复制任务会阻塞客户端写操作，需要提高优先级。

最后，master 会定期扫描当前副本的分布情况，如果发现磁盘使用量或者机器负载不均衡，将执行重新平衡操作。无论是 chunk 创建、chunk 重新复制，还是重新平衡，它们选择 chunk 副本位置的策略都是相同的，并且需要限制重新复制和重新平衡任务的拷贝速度，否则可能影响到系统正常的读写服务。

GFS 的负载均衡策略十分完备，已被众多开源实现并模仿。

10. 快照

快照（snapshot）操作是对源文件/目录进行一个 "快照" 操作，生成该时刻源文件/目录的一个瞬间状态存放与目标文件/目录中。GFS 中使用标准的 copy - on - write 机制生成快照，也就是说，"快照" 只是增加 GFS 中 chunk 的引用计数，表示这个 chunk 被快照文件引用了，等到客户端修改这个 chunk 时，才需要在 chunk server 中拷贝 chunk 的数据来生成新的 chunk，而后续的修改操作则落到新生成的 chunk 上。

为了对某个文件做 snapshot，首先需要停止这个文件的写服务，接着增加这个文件的所有 chunk 的引用计数，以后修改这些 chunk 时会拷贝生成新的 chunk。对某个文件执行 snapshot 的大致步骤如下：

（1）通过 lease 机制收回对文件每一个 chunk 写权限，停止对文件的写服务。

（2）master 拷贝文件名等元数据生成一个新的 snapshot 文件。

（3）对执行 snapshot 的文件的所有 chunk 增加引用计数。

例如，对文件 foo 执行快照操作生成 foo_backup，foo 在 GFS 中有三个 chunk C1、C2 和 C3。master 首先需要收回 C1、C2 和 C3 的写 lease，从而保证文件 foo 处于一致的状态，接着 master 复制 foo 文件的元数据生成 foo_backup，foo_backup 同样指向 C1、C2 和 C3。快照前，C1、C2 和 C3 只被一个文件 foo 引用，因此引用计数为 1；执行快照操作后，这些 chunk 的引用计数增加为 2。以后客户端再次往 C3 追加数据时，master 发现 C3 的引用计数大于 1，通知 C3 所在的 chunk server 本次拷贝 C3 并生成 C3′，客户端的追加操作也相应地转向 C3′。

GFS 采用快照技术来实现数据的回滚。

6.8　Hadoop HDFS

Hadoop 是当前互联网上最流行的海量数据分布式处理的软件框架。Hadoop 包括很多模块，其中 Hadoop 的分布式文件系统 HDFS（hadoop distributed file system，HDFS），基本是按照 Google 论文中的 GFS 的架构来实现的。HDFS 是模仿 Google GFS 实现的两个产品之一，另一个是 KFS。HDFS 的设计理念和 GFS 是高度一致的。

Hadoop

6.9　其他分布式文件系统及其比较

1. NFS

NFS 从 1985 年出现至今，已经历了多个版本的更新，被移植到了几乎所有主流的操作系统中，成为了分布式文件系统事实上的标准。NFS 利用 UNIX 系统中的虚拟文件系统（virtual file system，VFS）机制，将客户机对文件系统的请求，通过规范的文件访问协议和远程过程调用，转发到服务器端进行处理；服务器端在 VFS 之上，通过本地文件系统完成文件的处理，实现了全局的分布式文件系统。Sun 公司公开了 NFS 的实施规范，互联网工程任务组（the internet engineering task force，IETF）将其列为征求意见稿（request for comments，RFC）。这很大程度上促使了 NFS 的很多设计实现方法成为标准，也促进了 NFS 的流行。

NFS 不断发展，在第四版中提供了基于租赁（lease）的同步锁和基于会话（session）语义的一致性等。

2. FastDFS

FastDFS 是一个 C 语言实现的开源轻量级分布式文件系统。它支持 Linux、FreeBSD、AID 等 UNIX 系统，解决了大数据存储和读写负载均衡等问题，适合存储 4 kB ~ 500 MB 之间的小文件，如图片网站、短视频网站、文档、app 下载站等。UC、京东、支付宝、迅雷、酷狗等都有使用，其中 UC 基于 FastDFS 向用户提供网盘、广告和应用下载业务的存储服务。FastDFS 与 MogileFS、HDFS、TFS 等都不是系统级的分布式文件系统，而是应用级的分布式文件存储服务。

FastDFS 服务有三个角色：跟踪服务器（tracker server）、存储服务器（storage server）和客户端（client），如图 6 – 16 所示。

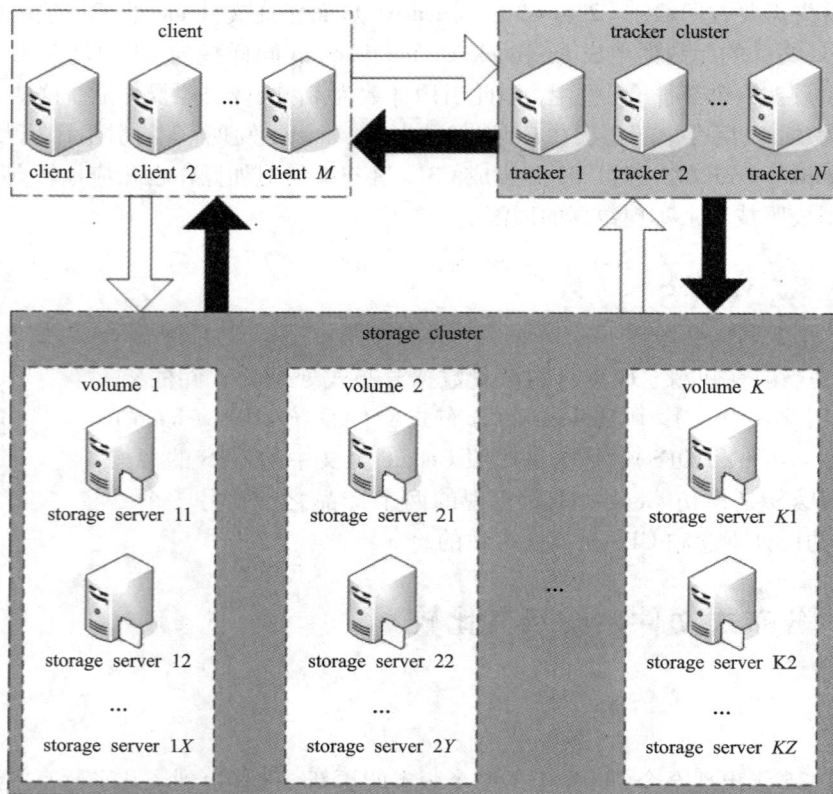

图 6 – 16　FastDFS 体系结构

3. AFS、DFS、Coda 和 InterMezzo

AFS 是由美国卡耐基 – 梅隆大学（CMU）和 IBM 公司联合成立的信息技术中心（ITC）所研制开发的分布式文件系统，是研制开发某些文件系统的基础，DFS 和 Coda 都是由 AFS 演变而来的。AFS 最初是为了支持大学校园内数千台工作站间的文件共享而开发的，目前已被某些单位的 Intranet 用作信息共享机制。AFS 性能与一般的分时系统相当。AFS 提供了对话期间文件共享语义（session semantics）。对话期间共享语义保证：当一个客户关闭文件后，它对该文件的所有修改可被随后打开该文件的其他客户可见。当某个客户打开一个文件，并对之作了修改，不能立即被其他客户看到，只有在由打开/关闭组成的对话期间完成之后，其他客户才可以看到被修改文件的最新数据。

AFS 在可扩展性方面强于 NFS。但是仍存在以下问题：第一，它采用有状态模型，服务器一旦失效，它提供的整个共享空间将失效。第二，AFS 不是 UNIX 语义。多个客户端同时打开同一个文件时，一个客户端对文件的修改并不能立即反应给其他客户端。

为了改进可用性，CMU 开发了 Coda 文件系统以及实现更加简单的 InterMezzo 文件系统。Coda 文件系统采用了两种新的机制来保证可用性：服务器端复制和断开连接操作。InterMezzo 的设计目标是用更加简洁方法实现 Coda 文件系统协议特点。它从以下三个方面简化了文件系统的实现：第一，服务器端和客户端缓存都直接利用本地文件系统，实际上都是在本地文件系统外面再封装一层。第二，使用了功能强大且更加高级的语言，如 Perl。第三，直接利用已有的高级协议，如利用 TCP 协议实现通信，利用 rsync 实现同步操作，利用 ssl/ssh 实现安全性。因此，为了实现细粒度的 UNIX 共享语义，DFS 被开发出来。

DFS 是分布式计算环境 DCE（distibuted computing environment）的重要组成部分和支持弱连接环境的分布式文件系统，它的协议特点在很多方面同 AFS 类似，但 DFS 实现的是 UNIX 文件共享语义。DFS 用令牌机制取代了 AFS 的 callback 机制，用来实现缓存副本数据的全局唯一性。通过对客户端发放和收回令牌来控制客户端对文件的操作权限。令牌本身还有生命期，只有在生命期期间对缓存数据的操作才是有效的。DFS 的结构复杂，不容易实现，而且高速缓存的一致性维护机制和死锁避免机制也是高度复杂的，这导致它没有得到广泛应用。

4. SpriteFS 和 Zebra

为了进一步提高分布式文件系统的访问性能，美国加州大学伯克利分校开发了 Sprite 文件系统。SpriteFS 是 Sprite 网络操作系统的一个重要组成部分。它通过使用大容量的主存来缓存文件数据，并且在服务器端和客户端都设置了缓存。客户端的一个进程发出一个文件访问请求后，先在客户端的缓存中查找缓存数据。如果数据不在客户端缓存中，这个请求才会被发送到服务器端。服务器端处理请求时也是先看内存中是否缓存有请求数据，只有数据不在内存中时，才会真正地从服务器端的磁盘读取数据，最后返回给客户端。Zebra 也是由加州大学伯克利分校开发的，它的设计目标是进一步提升文件系统的访问性能及可用性。Zebra 和 SpriteFS 都把提升性能作为设计的首要目标，但是所采用的策略却截然不同。SpriteFS 采用的是缓存技术；Zebra 采用的是分条存储技术。

5. XFS

20 世纪 90 年代初，面对广域网和大容量存储应用的需求，借鉴当时先进的高性能对称多处理器的设计思想，美国加利福尼亚大学设计开发的 XFS，克服了以前的分布式文件系统一般都运行在局域网（LAN）上的弱点，很好地解决了在广域网上进行缓存以减少网络流量的难题。它所采用的多层次结构很好地利用了文件系统的局部访问的特性。无效写回（invalidation-based write back）缓存一致性协议，减少了网络负载。通过对本地主机和本地存储空间的有效利用，使它具有较好的性能。

XFS 的与众不同之处在于它的无服务器设计，整个文件系统分布于多台机器，包括客户。这种方法完全不同于大多数其他文件系统，后者通常以集中的方式组织，即使系统中存在多个用于发送和复制文件的服务器，如 AFS 和 Coda。

XFS 被设计为运行在高速局域网之上，即其中的机器通过高速连接互连。很多现代网络都满足这一要求，特别是工作站的集群。通过将数据和控制完全地分布于局域网内的机器，XFS 的设计人员旨在达到比使用（可能是复制的）文件服务器的传统分布式文件系统更高的可扩展性和容错性。

在 XFS 的体系结构中，有三种不同类型的进程。存储服务器是负责存储文件的某些部分的进程。多个存储服务器共同地实现虚拟磁盘的阵列，此阵列类似于以 RAID 形式实现的磁盘阵列。元数据管理器是负责记录文件数据块的实际存储位置的进程。注意，同一文件的数据块可能分布于多个存储服务器，管理器将客户的请求转发到适当的存储服务器。由此看来，元数据管理器在作为文件数据块的定义服务器运行。最后 XFS 的客户是接受用户请求以执行文件操作的进程，每个客户都有缓存的能力，并且可以向其他客户提供被缓存的数据。

XFS 的基本设计原则是任何机器都可以担当客户、管理器和服务器的角色。在完全对称的系统中，每台机器都运行这三个进程。但是，使用专用机器运行存储服务器，而其他机器运行客户或管理器进程也是可能的。

6. DAFS

DAFS(direct access file system，直接存储文件系统)作为一种文件系统协议，可以在大量甚至过量负载时，有效地减轻存储服务器的计算压力，提高存储系统的性能。

DAFS 的基本原理就是通过缩短服务器读写文件时的数据路径来减少和重新分配 CPU 的计算任务。它提供内存到内存的直接传输途径，使数据块的复制工作不需要经过应用服务器和文件服务器的 CPU，而是在两个物理设备的预先映射的缓冲区中直接传输。也就是说，文件直接由应用服务器内存传输到存储服务器内存，而不必先填满各种各样的系统缓冲区和网络接收器。这样一来，文件的 I/O 操作加快了，而存储网络的流量反而降低了。同时，由于操作系统对文件操作的介入更少了，节省下来的处理能力就被释放出来用于其他方面的任务。

DAFS 的设计目的主要有三个。第一，它将大大简化文件读出和写入的步骤，把这一过程的系统负载降到最低。第二，它被设计成与底层传输无关的协议，因此可以在各种网络连接协议之上实现，包括光纤通道、千兆以太网甚至是 SCSI 这样的存储协议。第三，它将提高存储网络的可扩展性，给传统的 NAS 和 SAN 注入新的活力。其精髓就是融合 NAS 和 SAN 的优势，并在一个统一的体系结构下，既体现出 SAN 的高性能，又能够实现数据的共享。DAFS Collaborative 的主席、现工作于 Network Appliance 公司的 David Dale 介绍说："现在有一个发展方向是让共享文件能够接受多种并行的访问，这样，各种各样主机平台和应用程序产生的文件，就可以统一地存放在一个存储中心之上。然而这对于 SAN 来说十分困难，除非你使用新的协议，这个协议就是 DAFS。"

7. GPFS

通用并行文件系统(general parallel file system，GPFS)是 ASCI(accelerated strategic computing initiative)超级计算机的主要系统软件之一。美国能源部期望利用超级计算机来估测核试验的安全性、可靠性以及效果。这对存储和 I/O 速度的要求大大超过了以前，新的硬件已经可以满足需求，如：IBM RS/6000 SP；但它需要新的软件来发挥自己的潜能。GPFS 就是这样的软件的核心之一。GPFS 支持几十 TB 的文件系统，并且 I/O 可以达到每秒几 gigabytes 的速率。

GPFS 是用于 IBM Linux 集群系统的高性能、可扩展、并行文件系统，它的前身是

TigerShark，它与 TigerShark 的最大区别在于它是基于共享磁盘的。它可以通过所有的集群节点来共享文件。GPFS 可以充分利用 IBM Linux 集群系统中的"虚拟"共享磁盘，使得在多节点上运行的多个应用程序可以同时读写同一文件。它包含了 IBM 可扩展集群系统技术（RSCT），可将存储内容自动恢复到活动节点上。在发生故障时，记录（日志）能够快速恢复数据，并恢复数据的一致性。它具有文件访问的单一镜像，可以从任意节点访问文件，而无须改变应用程序。

8. Storage Tank

Storage Tank 是由 GPFS 进化而来的分布式文件系统。它的设计目标是为异构的分布式计算环境提供统一的存储管理。Storage Tank 的性能目标是与基于总线的高性能存储系统的性能相当。此外，还要提供高可用性、增强扩展性和集中、自动的管理机制。Storage Tank 利用存储域网技术使一个系统可以连接的设备多至数千个。大量的异构客户端可以高速、低延迟地直接访问共享的存储设备。Storage Tank 的一个显著特点是将数据和元数据通路分离。在传统的客户端 – 服务器模式的文件系统中，文件系统的数据和元数据都是合并在一起访问的，并且这些数据都保存在文件服务器中。Storage Tank 采用了另外一种不同的策略来更好地利用网络连接的属性。元数据存储与数据存储是分开的，只能通过元数据服务器才能访问，有利于保障元数据的访问安全性。所有的客户节点在和元数据服务器通信结束后，找到数据所在的具体位置就可以直接和磁盘完成数据传输。在数据传输过程中不需要元数据服务器的参与。一个元数据请求只会发到一个元数据服务器中，在这之前元数据服务器无须交互。Storage Tank 还采用了多元数据服务器结构，消除了单一元数据服务器的性能瓶颈。

9. Lustre

目前对象存储文件系统已成为 Linux 集群系统高性能文件系统的研究热点，如 Cluster File Systems 公司的 Lustre、Panasas 公司的 ActiveScale 文件系统等。Lustre 文件系统采用基于对象存储技术，它来源于卡耐基 – 梅隆大学的 Coda 项目研究工作，并于 2003 年 12 月发布了 Lustre 1.0 版，IBM 研制的 Blue Gene 系统也采用了 Lustre 文件系统来实现高性能存储。ActiveScale 文件系统技术来源于卡耐基 – 梅隆大学的 Dr. Garth Gibson，最早是由 DARPA 支持的 NASD（network attached secure disks）项目，目前已是业界比较有影响力的对象存储文件系统，荣获了 ComputerWorld 2004 年创新技术奖。

Lustre 的主要组件有三个：先进的集群文件系统，基于对象的存储设备和可堆叠的对象驱动模型。

Lustre 主要包含了 OSD 和 MDS。OSD 是智能对象存储设备，具有自身的 CPU、内存和存储介质，提供以对象为单位的访问，不提供对块的访问；MDS 管理整个文件系统的名字空间，包括文件系统的目录层次结构和数据的分布。因为 OSD 是智能型的，所以 MDS 上的很多数据分布的工作交给 OSD 完成，从而降低了 MDS 的负载。Client 端可以并发地从多个 OSD 上读写，达到线性叠加的高带宽。

除了直接的控制存储的驱动之外，还可以在这一层上面实现不同的驱动，如逻辑的对象存储驱动和客户端的对象驱动等。比如，可以很容易地实现逻辑的 RAID 磁盘阵列，只需要一个对象驱动能同时和多个直接的存储驱动交互即可。

Lustre 对象存储文件系统由客户端(client)、存储服务器(object storage target，OST)和元数据服务器(MDS)三个主要部分组成。Lustre 的客户端运行 Lustre 文件系统，它和 OST 进行文件数据 I/O 的交互，和 MDS 进行名字空间操作的交互。为了提高 Lustre 文件系统的性能，通常 client、OST 和 MDS 是分离的，当然这些子系统也可以运行在同一个系统中。Lustre 系统结构如图 6-17 所示。

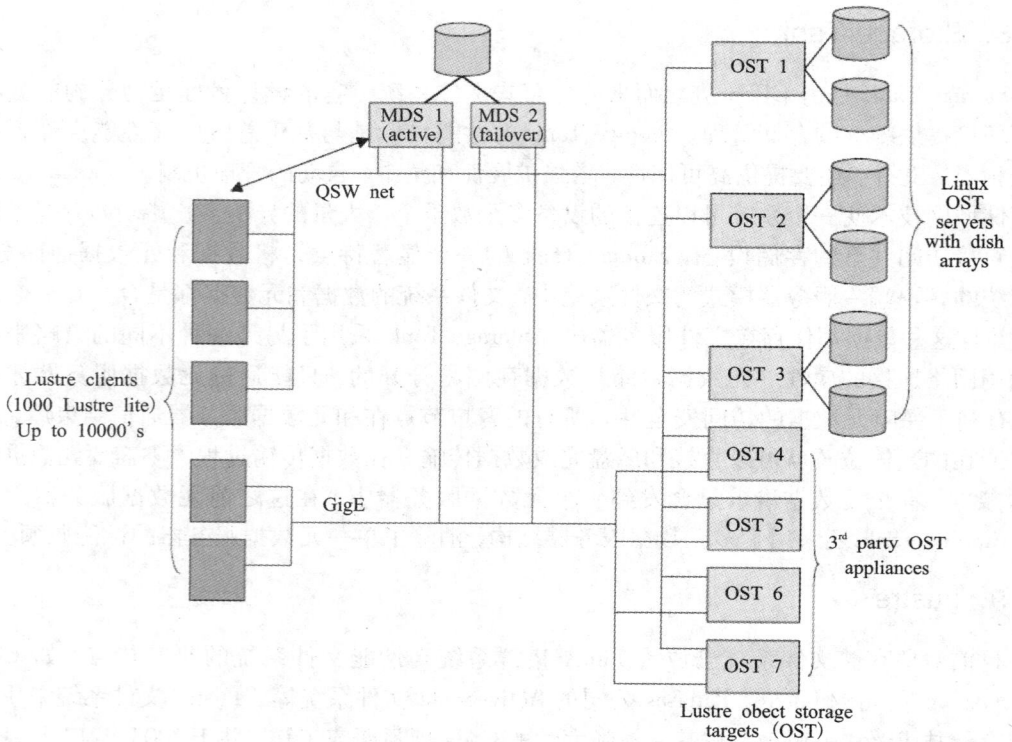

图 6-17　Lustre 文件系统结构示意图

Gluster fs 是代替 Lustre 的开源的分布式文件系统。

10. Ceph

Ceph 的设计目标很明确，即 PB 级数据存储。20 PB 的存储系统，1~10000 硬盘驱动器，1TB/sec 的聚合带宽，数十亿个文件，从 Bytes 到 terabytes，1~100000 以上的文件/目录，低延迟的元数据访问。功能方面，类 POSIX 的接口，标准的文件/目录语义，来自 100000 以上客户的高性能直接存取，通过清晰可见的工作站 w/QoS 进行性能适中的本地存取，广域通用目的的存取。

很多分布式文件系统采用了基于对象存储的体系架构(图 6-18)，主要包含 OSD 和 MDS。OSD 是智能的对象存储设备，自身具有 CPU、内存和存储介质，提供以对象为单位的访问，不提供对块的访问；MDS 管理整个文件系统的名字空间，包括文件系统的目录层次结构、数据的分布。因为 OSD 是智能型的，所以将 MDS 上的很多数据分布的工作交给 OSD 完成，从而降低了 MDS 的负载。client 端可以并发地从多个 OSD 上读写，达到线性叠加的高带宽。

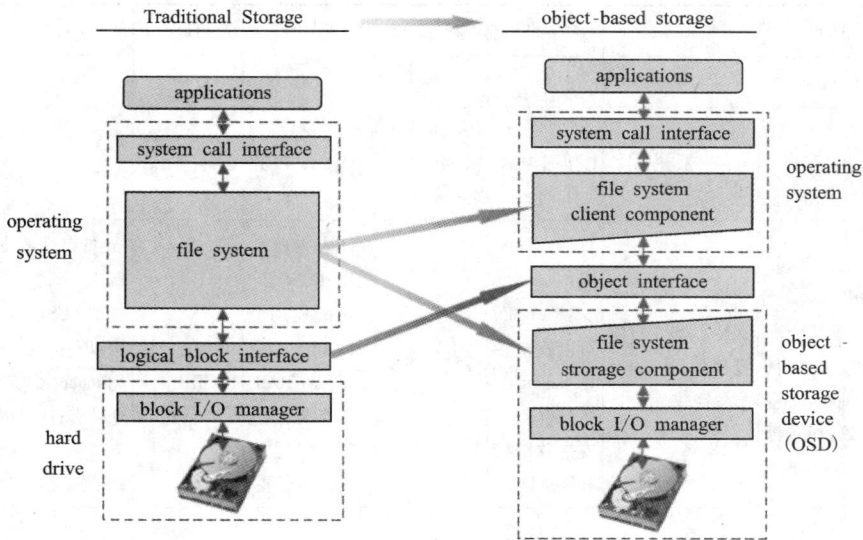

图 6 - 18　基于对象存储框架示意图

目前基于对象存储的分布式文件系统，没有提供足够的元数据聚合处理能力，使得系统的可扩展性仍然受到制约；而且对传统文件系统的管理机制的依赖，如分配表以及 inode 表，未充分发挥对象设备的处理能力，进一步限制了系统性能。

UCSC 的研究人员设计了基于对象存储的千兆级（petascale）文件系统——ceph，提供了基于对象的 PB 级存储系统体系结构（图 6 - 19），具有极高的可扩展性、性能以及可靠性。

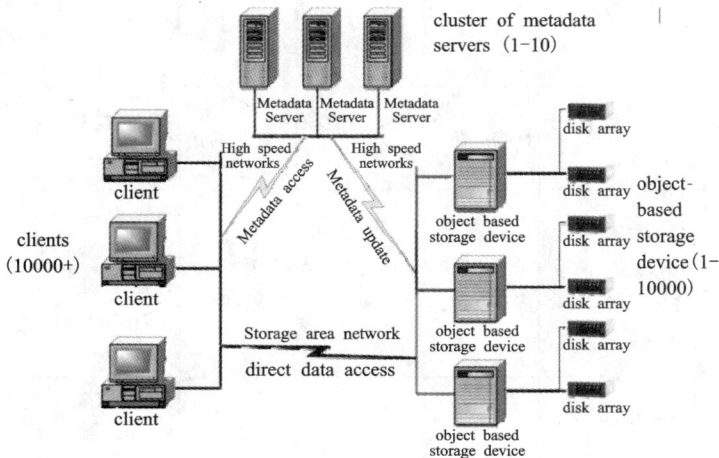

图 6 - 19　基于对象的 PB 级存储系统体系结构

表 6-5 有助于大家对比典型开源分布式文件系统的特性。

表 6-5　开源分布式文件系统特性对比

	HDFS	KFS	MooseFS	MogileFS	FastDFS	TFS	Ceph	GlusterFS
开发语言	Java	C++	C	Perl	C	C++	C++	C
支持的 client 语言	C/C++、Java、Python 支持 thrift	C++、Java、Python	C、Java、Perl	Perl、Java、Ruby、PHP、Python	C、Java、PHP	C++、Java		
文件系统操作	放宽了 POSIX 约束；支持 FUSE，可以直接使用 mount 命令挂载（怀疑涉及本地实现）	支持 FUSE，可以直接使用 mount 命令挂载	支持 POSIX；支持 FUSE，可以直接使用 mount 命令挂载；支持软链接和硬链接	支持 FUSE	不支持 POSIX、FUSE、不能使用 mount；可以在 RAID 服务器上运转，但是认为没有必要	不支持 POSIX	支持 POSIX；支持 FUSE，可以直接使用 mount 命令挂载；支持软链接和硬链接	支持 POSIX；支持 FUSE，可以直接使用 mount 命令挂载；磁盘上保存 client 上传的原文件
容错机制	支持	支持	支持	支持	支持	支持	支持	支持
集群/负载均衡	支持	支持	支持	支持	支持	支持	支持	支持
扩容能力	支持动态的增减	支持动态的增减	支持动态的增减		支持动态的增减	支持动态的增减	支持动态的增减	支持动态的增减
高可用	存在 Namenode 单点故障，须人工干预	不能确定是否存在 Metaserver 单点故障	严重的 master 单点故障	支持，不存在单点问题	支持，不存在单点问题	支持，不存在单点问题	多个 MDS，不存在单点故障和瓶颈。MDS 可以扩展，不存在瓶颈	无，不存在单点故障。靠运行在各节点上的动态算法代替 MDS，无须同步元数据，无 I/O 瓶颈
性能分析	性能一般	理论上优于 HDFS	性能一般	存在性能瓶颈	性能很高，"穷人的解决方案"	据说性能不错		据说性能不错
读写操作	一次写入，多次读取	可多次写，可以在任意位置写，也可以在文件尾 append	一次写入，多次读取	一次写入，多次读取	一次写入，多次读取	可多次写，可以在任意位置写，也可以在文件尾 append		一次写入，多次读取
安装和移植	安装简便；Java 应用，容易移植	安装比较简便			只能在有限的 Linux 版本上可用			

续表 6 – 5

	HDFS	KFS	MooseFS	MogileFS	FastDFS	TFS	Ceph	GlusterFS
其他特点			支持快照				已经进入 Linux 内核，前景光明	
其他缺陷	不支持快照（在计划中）；不支持用户磁盘配额和访问权限控制；不支持硬链接和软链接		master 很耗内存			还不成熟，不适合生产环境	没有元数据服务器，增加了客户端的负载，占用相当的 CPU 和内存；遍历文件目录时，实现较为复杂和低效，需要搜索所有的存储节点。因此不建议使用较深的路径	
开源支持	强大的社区支持，资料完备齐全；非常流行，几乎所有流行的分布式系统都可以和 HDFS 进行对接	资料很少，已经很长时间没有出新版本	文档齐全，社区活跃	文档少	因为是淘宝开发的，中文支持较好；文档齐全	因为是淘宝开发的，中文支持较好；文档齐全		资料齐全，较多人使用
适用场景	模仿 GFS，更适合大文件系统；吞吐力强，延迟高，适合离线云计算	后端的存储基础设施，密集型数据应用，如搜索引擎、数据挖掘、网格计算	模仿 GFS，更适合大文件系统	适合以文件为载体的在线服务，如相册网站、视频网站等	适合以文件为载体的在线服务，如相册网站、视频网站等等	海量小文件存储	海量小文件存储	适合大文件

习　题

1. 分布式文件系统的命名方案有哪些？各有何优缺点？
2. 什么是文件的共享语义？有几种？分别有什么区别？
3. 远程访问文件有几种方法？它们各有何优缺点？
4. 文件缓存的主要问题是什么？如何解决？
5. 什么是分布式文件系统？对它的基本要求有哪些？

6. 什么是有状态服务？什么是无状态服务？

7. 使用上传/下载模式的文件服务系统与使用远程访问模式的文件服务系统之间有什么区别？

8. 一个文件系统允许从目录连接到另一个目录。用这种方法一个目录可以"包含"一个子目录。那么，怎样区分一个树结构的目录系统与一个普通图形结构的目录系统？

9. 简要描绘全局唯一标识符的一个有效实现。

10. 试说出不可更改文件语义的两个有用的特性？

11. 为什么有些分布式系统使用两级命名法？

12. 在无状态服务器中，每个请求为什么要包括一个文件区段？在有状态服务器中是否也需要？

13. 在文章中一个有争议的论点是对打开的文件可以存放一个 i-节点，从而减少磁盘操作。设计一个实现方案，以无状态服务器形式实现所有相同的性能指标。如果可以，请在某方面将你的设计优于或差于有状态服务器。

14. 当使用会话语义时，常常出现：修改一个文件立即被修改它的进程所知但却不为其他机器上的进程所知晓。然而，就出现一个问题，这些文件是否能被同一台机子上的其他进程所知晓呢？给出每一方法及其理由。

15. 为什么文件高速缓存技术可以使用 LRU 而虚拟存储页算法不可以？试以相关图形进行说明。

16. 在 cache 一致性一节中，建议的方法是与服务器连接，我们讨论了客户机 cache 管理者如何知道其 cache 中的文件仍然有效。建议的方法是与服务器联系比较客户机与服务器的时间即可。但如果客户机与服务器的时钟不一致，该方法是否就失效呢？

17. 考虑这样一个系统，客户机高速缓存使用的是 write-through 算法，而且存储的仅是个别模块而不是整个文件。假设一个客户机相继读取整个文件，某些模块存放在 cache 中而有一些没有，会出现什么问题又如何解决呢？

18. 设想一个分布式文件使用客户机高速缓存技术，运用延迟回写策略。一台机器打开，修改并关闭一个文件。30 秒后，另一机器从服务器读取文件，它得到的是哪一版本？

19. 一些分布式文件系统中利用客户机高速缓存技术使用延迟回写算法或 write-on-close 算法，若加上语义问题，该系统又会导致另一个问题，这个问题是什么？

20. 测试表明，许多文件只有一个很短暂的寿命，这对客户机高速缓存技术有什么意义？

21. 一些分布式文件使用两级命名法——ASCII 码和二进制码；有些则不然，而全部使用 ASCII 码。类似的，有些文件服务器是无状态的，有些是有状态的，给出这两种特征的四种结合方式。其中一种结合方式和其他方式相比几乎是不可取的。是哪种？为什么不可取？

22. 文件系统复制文件时，一般不复制所有的文件，举例说出哪一类文件是不用复制的。

23. 一个文件在 10 个服务器上复制，试列举投票表决算法所允许的读数定额与写数定额的所有组合。

24. 调研常见的分布式文件系统。

第7章 分布式数据库技术与应用

分布式数据库系统（distributed data base system，DDBS）是数据库技术和网络技术两者相互渗透和有机结合的结果。分布式数据库由一组数据组成，这些数据在物理上分布在计算机网络的不同节点上，逻辑上是属于同一个系统。这些节点由通信网络联接在一起，每个节点都是一个独立的数据库系统，它们都拥有各自的数据库、中央处理机、终端以及各自的局部数据库管理系统。为了区别，一般称传统方式下的数据库系统为集中式数据库系统（DB），称分布式数据库系统中的各场地数据库为局部数据库（local DB，LDB）。

实际上，基于分布性和逻辑协调性的分布式数据库DDB（distributed data base），是虚拟的、逻辑的，即是由许多LDB逻辑组织而成的，是针对于全体用户的全局数据库，故分布式数据库又称为全局数据库（global DB，GDB）。只有局部数据库LDB才是物理的数据库（真正面向用户的数据库）。

分布式数据库管理系统和集中式数据库管理系统类似，是分布式数据库系统中的一组软件，负责管理分布式环境下逻辑集成数据的存取、一致性、有效性、完整性等。同时，由于分布性，在管理机制上还必须具有计算机网络通信协议上的分布管理特性。因此，它比集中式数据库管理系统更加复杂。由于各个LDB可能使用不同的数据模型，如关系型、网络型、层次型等，所以，为了使用户得到统一的数据，一般情况下，分布式数据库系统使用统一的数据模型，将经过转换的各局部数据库统一起来。

7.1 分布式数据库简介

7.1.1 分布式数据库系统概述

1. 分布式数据库系统的发展

分布式数据库系统作为数据库系统与计算机网络系统相结合的产物，产生于20世纪70年代末期。世界上第一个分布式数据库系统SDD－1是由美国计算机公司（CCA）于1976年至1978年设计，并于1979年在DEC－10和DEC－20计算机上实现的。

20世纪80年代分布式数据进入成长阶段。1987年，关系数据库的最早设计者之一C. J. Date（另一位是E. F. Codd）在《Distributed Database：A Closer Look》中提出了完全的真正的分布式数据库管理系统应遵循的12条规则。这12条规则现已被广泛接受，并作为分布式数据库系统的理想目标或标准定义。它们是：

(1)本地自治性(local autonomy)。

(2)不依赖于中心站点(noreliance on central site)。

(3)可连续操作性(continuous operation)。

(4)位置透明性与位置独立(location transparency and location independence)。

(5)数据分片独立性(fragmentation independence)。

(6)数据复制独立性(replication independence)。

(7)分布式查询处理(distributed query processing)。

(8)分布式事务管理(distributed transaction management)。

(9)硬件独立性(hardware independence)。

(10)操作系统独立性(operating system independence)。

(11)网络独立性(network independence)。

(12)数据库管理系统独立性(DBMS independence)。

显然,这12条规则既不是相互独立的,也不是同等重要的,完全实现的难度很大。但是,以这些规则为基础可以有助于理解分布式技术和规划一个特定的分布式系统的功能。这12条规则可以有助于区分一个真正的、普遍意义上的分布式数据库系统和一个只能提供远程数据存取的系统。在一个远程数据存取的系统中,用户可以操作远程站点上的数据,甚至可以同时操作多个远程站点上的数据。但是,"远程与本地不是无缝连接的",用户会或多或少地知道数据是在异地的,从而采取必要的相应操作。用户能感知远程与本地结合的接缝的存在。然而,在一个真正的、普遍意义上的分布式数据库系统中,远程与本地是无缝连接的,即"一个分布式系统应该看起来完全像一个非分布式系统"。

20世纪90年代,分布式数据库系统已进入商品化应用阶段。至今为止完全遵循分布式数据库系统的12条规则,特别是实现完全分布透明性的商用系统仍很难见到。现在,一些商品化的数据库系统产品,如Oracle、Ingres、Sybase、Informix、IBMDB2等,大都提供了对分布式数据库的支持。

值得注意的是,在以上系统中,无论是原型系统还是商品化系统,都是关系数据库系统,至少都支持SQL。G. J. Date 在《*Distributed Database: A Closer Look*》中指出:关系技术是(有效的)分布式技术的一个先决条件。事实上,一个分布式系统要获得成功,它一定是关系的。

2. 分布式数据库系统的优势与劣势

分布式数据库系统是在集中式数据库系统的基础上发展来的,通过比较分布式数据库系统与集中式数据库系统,可以发现分布式数据库系统具有下列优点:

对于一个企业或组织,可以采用分布式数据库技术在已建立的若干数据库的基础上开发全局应用,对原有的局部数据库系统作某些改动,形成一个分布式系统。这比重建一个大型数据库系统要简单,既省时间,又省财力、物力。也可以通过增加场地数的办法,迅速扩充已有的分布式数据库系统。

分布式数据库系统的劣势如下:

(1)通信开销较大,故障率高。

(2)数据的存取结构复杂。

(3)数据的安全性和保密性较难保证。

分布式数据库
系统的优点

7.1.2 分布式数据库的特点与分类

在分布式数据库系统中，一个用户或一个应用如果只访问它注册的那个站点上的数据，则称为本地（或局部）用户或本地应用；如果访问涉及两个或两个以上的站点中的数据，则称为全局用户或全局应用，由此可见，一个分布式数据库系统应该具有如下特点：

（1）物理分布性。

分布式数据库系统中的数据不是存储在一个站点上，而是分散存储在由计算机网络连接起来的多个站点上，而且这种分散存储对用户来说是感觉不到的。这是与集中式数据库系统的最大差别之一。

（2）逻辑整体性。

虽然分布式数据库系统中的数据在物理上是分散在各个站点中的，但这些分散的数据在逻辑上却构成了一个整体，它们被 DDBS 的所有用户（全局用户）共享，并由一个分布式数据库管理系统（DDBMS）统一管理。它使得"分布"对用户来说是透明的。这是分布式数据库的"逻辑整体性"特点，也是其与集中式数据库的最大区别。

相应地，分布式数据库系统中有全局数据库（GDB）和局部数据库（LDB）之分。所谓全局数据库是指从整个系统角度出发研究问题。全局数据库由全局数据库管理系统（GDBMS）进行管理。所谓局部数据库是指从各个站点自己的角度出发研究问题。局部数据库由局部数据库管理系统（LDBMS）进行管理。

全局用户所看到的是对全局数据模型的描述，对各场地的局部数据模型的描述不必关心。全局的数据模型转换成局部的数据模型的过程由系统自动完成，这就是系统透明性。

用户对所需数据的存放位置不必关心，可以像使用集中式数据库一样，认为所使用的数据就存放在本场地。不论是应用的改变还是实际数据驻留场地的变化，都不影响用户访问数据。这就是分布式数据库的位置透明性，它是对物理数据独立的一种扩充。

对关系而言，可以通过选择和投影等操作将关系划分成许多子关系，通过连接操作可使这些子关系合成为原关系，这时原关系的信息不会丢失也不会增加。每个子关系就是原关系的一个分片。所有的应用都不必了解分片的任何细节，对 DDB 的操作只针对用户所关心的视图，且视图可能是由若干子关系（即分片）组成的，其合成也是由系统完成的，这就是分片透明性，它是 DDB 对逻辑独立性的一种扩充。

（3）站点自治性。

站点自治性也称场地自治性，各站点上的数据由本地的 DBMS 管理，具有自治处理能力，能完成本站点的应用（局部应用）。

由以上这三个基本特点还可以导出其他特点，包括：

（1）数据分布透明性。

在分布式数据库系统中，数据独立性具有更多的内容。除了数据的逻辑独立性与数据的物理独立性外，还有数据分布独立性，亦称数据分布透明性（data distribution transparency），如图 7-1 所示。所谓数据分布透明性是指用户不必关心数据是如何被逻辑分片的（数据分片透明性），不必关心数据及其片段是否被复制以及复制副本的个数（数据复制透明性），不必关心数据及其片段的物理位置分布的细节（数据位置透明性），不必关心局部场地上数据库支持哪种数据模型。数据分布透明性也可以归入数据物理独立性的范围。

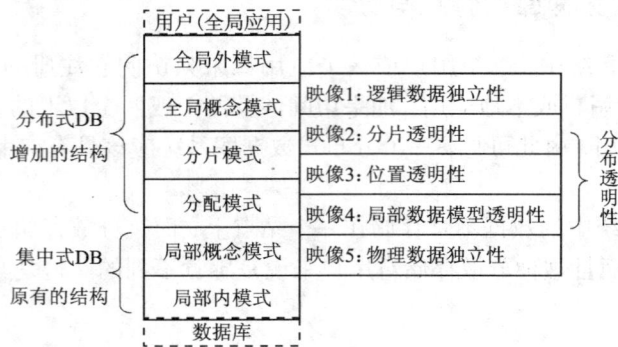

图7-1　分布透明性

（2）集中与自治相结合的控制机制。

在分布式数据库系统中，数据的共享有两个层次：一是局部共享。即同一站点上的用户可共享本站点局部数据库中的数据，以完成局部应用。二是全局共享。即分布式数据库系统上的用户都可共享在分布式数据库系统的若干个站点上存储的数据，以完成全局应用。因此，分布式数据库系统常常采用集中和自治相结合的控制机制。

（3）存在适当的数据冗余度。

在集中式数据库系统中，尽量减少冗余度是系统的目标之一。其原因是冗余数据不仅浪费存储空间，而且容易造成各数据副本之间的不一致性，为了保证数据的一致性，系统要付出一定的维护代价。而在分布式数据库系统中，冗余数据提高了系统的可靠性、可用性，可改善系统的性能。

当然，数据冗余同样会带来冗余副本之间数据不一致的问题，这是分布式数据库系统必须着力解决的问题。一般来说，增加数据冗余度方便了检索，提高了系统的查询速度、可用性和可靠性，但不利于数据的更新，这将增加系统维护的成本。

既然分布式数据库支持重复副本，则亦应支持重复副本透明性。重复副本的最小单位应是分片的片段（即子关系）。因此用户在使用时不必了解有多少个副本，只要指明所用的数据即可。

（4）事务管理的分布性。

大型数据库分布在多个站点上，数据的分布性必然造成事务执行和管理的分布性。一个全局事务的执行可分解为在若干个站点上子事务（局部事务）的执行，子事务的执行结果合并为全局事务的结果，这样的事务即为分布事务。此外，每个站点执行的事务量比把所有事务提交到一个单一集中的数据库时的事务量要小，而且通过将多个查询放在不同站点上分别执行或将一个查询分解成一组查询，以并行执行的方式来实现网间查询和网内查询并行，促使了执行性能的改进。同样事务的原子性、一致性、可串行性、隔离性和永久性，以及事务的恢复也都应考虑数据分布性。

（5）存取效率。

在分布式数据库系统中，全局查询被分解成等效的子查询，即全局查询执行计划被分解成多个子查询执行计划加以执行，而子查询计划又是在各场地上分布执行的。因而，分布式数据库系统中查询优化以两级进行，即全局优化和局部优化。全局优化主要决定在多副本中选取适当的场地副本，使场地间的数据传输量以及次数最少，从而减少系统通信开销。局部优化则与传统的数据库方式相同。

分布式数据库系统的分类没有统一的标准。广泛认同的分类方法有两种：一种按构成分布式数据库管理系统的数据模型进行分类，另一种按分布式数据库系统的全局控制系统类型进行分类。

按分布式数据库系统各站点中的局部数据库管理系统的数据模型对 DDBS 进行分类是常见的分类方法。按照这种分类方法，分布式数据库系统可以分为如下两大类。

（1）同构型（homogeneous）DDBS。

如果各个站点上的数据库的数据模型都是同一数据模型（如都是关系型），则称该数据库系统是同构型 DDBS。但是，具有相同类型的数据模型若为不同公司的产品，其性质（如数据表示的格式），也不尽相同。因此，同构型 DDBS 又可分为同构同质型和同构异质型两种。

同构同质型：如果各个站点上的数据库的数据模型都是同一类型（如都是关系型的），而且是同一种 DBMS（通常是同一个厂家的产品），则称该分布式数据库系统是同构同质型 DDBS。

同构异质型：如果各个站点上的数据库的数据模型都是同一类型，但不是同一种 DBMS（如分别为 Sybase、Oracle 等），则称该分布式数据库系统是同构异质型 DDBS。

（2）异构型（heterogeneous）DDBS。

如果各站点上数据库的数据模型的类型是各不相同的，则称该分布式数据库系统是异构 DDBS。

按分布式数据库控制系统的类型来进行分类，可以分为：

（1）全局控制集中型 DDBS。

如果 DDBS 中的全局控制机制和全局数据字典位于一个中心站点，且由中心站点完成全局事务的协调和局部数据库转换等所有控制，则称该 DDBS 为全局控制集中型 DDBS。全局控制集中型 DDBS 的控制方式简单，有助于实现数据更新一致性。但由于全局控制机制和全局数据字典集中存放在一个中心站点，不但容易产生瓶颈问题，而且系统较脆弱，一旦该中心站点失效，整个系统就将崩溃。

（2）全局控制分散型 DDBS。

如果 DDBS 中的全局控制机制和全局数据字典分散在网络的各个站点上，每个站点都能完成全局事务的协调和局部数据库转换，且每个站点既是全局事务的参与者又是协调者，则称该 DDBS 为全局控制分散型 DDBS。这种系统可用性好，站点独立自治性强，单个站点故障、进入或退出系统，都不会影响整个系统的运行。但是全局控制机制的协调和保持信息的一致性较困难，需要有复杂的设施。

（3）全局控制可变型 DDBS。

全局控制可变型 DDBS 也称主从型 DDBS。在这种类型的 DDBS 中，根据应用的需要，将 DDBS 系统中的站点分成两组：一组的站点中都包含全局控制机制和全局数据字典，称为主站点组，其中每个站点都是主站点；另一组中的站点都不包含全局控制机制和全局数据字典，称为辅站点组，每个站点都是辅站点或从站点（所以也称主从型）。全局控制可变型 DDBS 介于全局控制集中型 DDBS 和全局控制分散型 DDBS 之间，主站点组的站点数目等于 1 时为集中型；DDBS 中全部站点都是主站点时为分散型。

7.1.3　分布式数据库系统的体系结构和组成成分

1. 分布式数据库模式结构及分布式数据库

分布式数据库模式结构尚无统一标准，典型的是图 7-2 所示的四层模式：全局外层（或称全局视图）、全局概念层、局部概念层和局部内层。在各层间还有相应的层间映射。

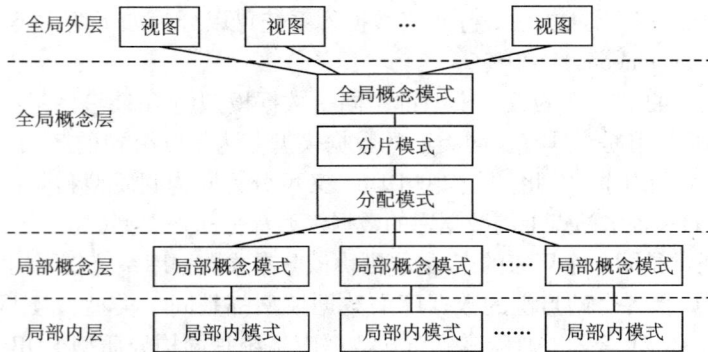

图 7-2　分布式数据库结构图

（1）全局外层。

分布式数据库的全局外层如同集中式数据库一样，由多个用户视图（简称视图）组成，是分布式数据库特定的全局用户对分布式数据库的最高层抽象。分布式数据库视图是从一个虚拟的各局部数据库逻辑集合中抽取的。对全局用户而言，在所有分布式数据库的各个场地上都可以认为所有的数据库都在本场地，而且他们只关心他们自己所使用的那部分数据。

（2）全局概念层。

全局概念层是分布式数据库的整体抽象，包含了全部数据特性和逻辑结构。在分布式数据库中，分布式数据库全局概念层应具有三种模式描述信息：

①全局概念模式（逻辑结构定义）：是指描述分布式数据库全局数据的逻辑结构，包含了全局概念模式名、属性名、每种属性的数据类型定义和长度。分片模式（逻辑分布定义）是指描述全局数据的逻辑划分，是全局数据逻辑结构根据某种条件的划分，划分的结果即成为局部的逻辑结构。每一个逻辑划分即是一个片段或称分片。分配模式（物理分布定义）：是指描述局部逻辑的局部物理结构，是划分后的片段（或分片）的物理分配视图。

②分布式数据库的定义：语言除了提供概念模式的定义语句外，还必须提供分片模式和分配模式的定义语句。全局模式与分片模式之间有一对多的映射关系，即一个全局概念模式有若干个分片模式与之对应。分片模式和分配模式之间是一对多的映射关系，也可以是一对一的映射关系，这由数据分布的冗余策略决定。一对多时，表明分片数据有多个副本存储在不同的场地，且一般情况下同一场地不允许有相同的副本存在。

全局概念模式由一组全局关系模式的定义组成；分片模式是对全局关系模式的逻辑划分定义，即片段定义，或由子关系模式定义组成，即逻辑片段；分配模式是对子关系模式的描述，它决定了子关系的物理场地，即决定了子关系的物理片段。

③从全局概念层观察分布式数据库：它定义了全局数据的逻辑结构、逻辑分布性和物理分布性，但并不涉及全局数据在每个局部场地上的物理存储细节，所以仍然是概念层视图，或全局 DBA 视图。因而，全局 DBA 将负责数据结构定义、逻辑分布定义、物理分布定义。

（3）局部概念层。

局部概念层由局部概念模式描述，是全局概念模式的子集（特殊情况下可能是全集），全局概念模式经逻辑划分后被分配在各局部场地上。在局部场地上，有该全局关系的若干个（可允许是全部）逻辑片段的物理片段集合，该集合是一个全局关系在某个局部场地上的物理映射，其全部组成局部概念模式。

如果分布式数据库只支持全局应用，则局部概念模式可理解为局部数据库的概念模式和外模式（在此情况下，外模式与概念模式全同）。如果分布式数据库还支持局部用户，而局部用户定义的局部数据不参与分布式数据库的全局数据，则局部概念层还应划分为局部外模式和局部模式，并且由局部 DBA 描述。这些将不属于全局概念模式。此时，全局数据和局部数据的管理分别由全局 DBA 和局部 DBA 管理。局部用户是否可以使用全局数据由全局 DBA 授权。局部 DBA 只能对局部数据进行授权。

当全局数据模型与局部数据模型不同时，则物理映像与各局部数据库的数据模型之间还必须有数据模型的转换。即使当数据模型相同时，也可能有数据类型和格式的各种转换。对于不同的规格化的统一，则称为一体化。这就是分布式数据库中的全局概念层到局部概念层的映像模式的描述。

（4）局部内层。

局部内层是分布式数据库中关于物理数据库的描述，相当于集中式数据库的内层。其描述的内容和方法与之大致相同。

总之，分布式数据库四层结构及其模式定义和映像关系，体现了分布式数据库是一组用网络连接的局部数据库的逻辑集合。

7.1.4　分布式数据库管理系统

分布式数据库管理系统与集中式数据库管理系统一样，是对数据库进行管理和维护的一组软件，是分布式数据库系统的重要组成部分，是用户与分布式数据库的接口。分布式数据库管理系统包括三个主要成分：全局数据库管理系统（GDBMS）、局部数据库管理系统（LDBMS）、通信管理程序（CM）。

1. 全局数据库管理系统（GDBMS）

全局数据库管理系统负责管理分布式数据库（DDB）中的全局数据。由于全局数据的分布性，所以一般应具有以下五种功能：

（1）链接。全局数据库管理系统是用户与局部数据库管理系统、用户与通信管理系统之间的接口。

（2）定位和查找。将请求的数据转换成带有局部场地标志的数据，以供形成子分布执行计划时使用。请求的数据可能不止只有一个场地可以满足（或者该数据有多个副本，或者请求的数据必须由多个场地数据加以合成），所以定位和查找都含有策略问题。

（3）策略。即对请求的处理对策（如多个副本时，有场地选择策略）。当请求涉及多个场地时，先将请求分解，决定请求中哪些数据在哪些场地上执行，根据最优方法决定一个操作执行序列。若请求包括更新操作，则必须给出保证更新一致性(在多副本情况下)的执行序列。策略包括查询分解及优化策略、多副本同步或异步更新策略、同一数据项具有冲突操作时并发控制策略等。原则包括：网上传输量最少；控制信息最少；利用分布性，增加并行处理能力，从而使响应时间最少。

(4)面向全网的恢复能力。故障场地被隔离后，剩余部分组成的分布式系统应能正常运行。当事务所需数据有多个副本，该事务应放弃该场地数据，以其他场地副本来替代并完成该事务。这由故障事务调度算法完成。另一种情况是事务所需数据只有一个副本，且在故障场地，这时事务只能中止。但系统应记载事务的执行状态。当场地故障恢复后，继续执行。如果多个并发执行的事务在运行时遇到故障，系统恢复要保证分布式数据库达到故障前的一致性状态，这就是所要求的分布恢复处理能力。

(5)转换。负责全局数据与局部数据之间的各个方向的转换。具体的转换有：数据模型的转换，包括同种化或一体化过程；数据集成，包括数据代码格式、字长、精度、单位等；操作命令；完整性规则；安全性规则等。

2. 局部数据库管理系统(LDBMS)

它是分布式数据库系统中各场地的数据库管理系统。在自治性强的场地，其功能将和集中式数据库管理系统一样。如果是作为分布式数据库管理系统的一个组成部分，在同构同质的情况下，其功能将弱化，而模式和操作都无须转换，可直接操作执行；若场地数据库系统和全局系统不一致，则必须承担各种转换(根据映射)并执行。

3. 通信管理程度(CM)

它保证分布式数据库系统中，场地间信息传送的部分。CM 就是正确使用各种网络协议，为分布式数据库提供正确而可靠的通信服务。

7.2　数据分布

在构成分布式数据库系统的运行环境时，决策部门必须考虑数据如何分布在系统的各个场地(或节点)上。或者说，必须考虑构成分布式数据库系统所应用的各个组成部分的各自如何使用数据(包括私有数据和公有数据，即共享数据)的问题。数据分布包括分布式数据库的逻辑划分和物理分配，以及用户对分布式数据库的划分或分配的感知程序(透明度)。

7.2.1　数据分布概念

以关系模型为例，数据分布的描述分成两个步骤：先从逻辑上将全局概念模式，即全局关系模式，划分成若干逻辑片段(子关系)；再按一定的冗余度将片段分配到各个节点上，这时逻辑片段就成为了具体的物理片段。这就是数据分布的概念。DDB 这种结构的建立是通过模式定义实现的。

1. 全局关系模式及关系

全局关系模式是一个多元组 $R(U, D, DOM, I, F, Q, S)$，其中 R 是关系名；U 是组成 R 的有限属性集；D 是 U 中属性的值域；DOM 是属性列到域的所有映像的集合；I 是一组完整性约束条件；F 是属性间的一组数据依赖；Q 是关系所满足的限定条件，是一谓词；S 是关系的分布结构。

一个关系 r 是相应于全局关系模式 $R(U, D, DOM, I, F, Q, S)$ 按分布结构 S 组织起来的从属性集 U 到值域 D 上的所有满足 Q 的映像的集合，其中每个元素被称为元组。每个关系有主键 $K \subseteq U$。

关系模式与关系是关系数据库中彼此密切相关且又有区别的两个概念。关系模式描述关系的结构及语义约束。对于全局关系模式，还具有按一定谓词条件 Q 划分成子关系(局部关系)模式和子关系物理存储模式的约束。为了把问题集中于数据分布，可以把全局关系模式简化成 $R(U, Q, S)$。

关系则是关系模式在某一时刻的"当前值"。全局关系被划分后按分布结构组成了子关系，以呈现现实世界某一时刻的状态。所有关系的"当前值"被称为关系数据库。为了讨论方便，用 $R(U, Q, S)$ 或关系名 R 表示关系。

2. DDB 中的三种关系

(1) 全局关系。

将一个关系 $R(U, Q, S)$ 称为全局关系(GR)，指在分布式数据库系统中对用户是可见的。在 DDB 中，全局关系实际上是由若干子关系的逻辑片段和物理片段按分布结构 S 组成，具有 $Q =$ 真(true)，$S \neq \varnothing$ 的特点，且 GR 是虚拟的。

(2) 逻辑片段。

将一个关系 $R(U, Q, S)$ 称为逻辑片段，是指这个关系在 DDB 中是实际存在的关系，不需要由其他关系组成，因而它是基本关系，即是构成 DDB 的实体。它是全局关系在某个场地上的子关系的逻辑成分，所以逻辑片段可简称为 GR 的逻辑关系；而全局关系与逻辑关系间有一定的映像，使用分片模式定义，它们之间的映射性质为 $1 : n$。

(3) 物理片段。

将一个关系称为物理片段，是指这个关系在某一场地上的逻辑片段，即在某场地上的基本关系，其特点是 $S \neq \varnothing$。物理片段由分配模式定义。逻辑片段映射为某场地上的物理片段，亦可称为某个场地的副本，或直接称物理关系，其映像有 $1 : 1$ 和 $1 : n$ 两种性质。因此，一个逻辑关系可以对应一个物理关系，也可对应多个物理关系。

这三种关系之间的联系是：一个全局关系由分片操作(分片模式定义)分解成多个逻辑关系；一个逻辑关系在几个场地上放置副本(分配模式定义)就产生几个物理关系。这些分片信息和分配信息构成了全局关系的分布结构 S。

3. DDB 中的三种数据库

全局(虚拟)数据库：由所有全局关系组成的数据库可称为全局(或虚拟)数据库(GDB)。

逻辑数据库：由所有逻辑片段(基本关系)组成的数据库可称为逻辑数据库(LgDB)。

物理数据库：由所有物理关系组成的数据库可称为物理数据库 PDB。

三种数据库之间的关系可表示如下：

$$GDB \xrightarrow{\text{分片模式}} LgDB \xrightarrow{\text{分配模式}} PDB$$

这里的"逻辑""物理"的含义，是 DDB 的全局概念层中的抽象。当用户查询或更新操作时，对应的是虚拟的全局数据库，它并不实际存在，而是由若干"片段"组成的(或若干片段的并操作和自然联接操作实现的)，这些片段映射为一个"物理关系"存在于物理数据库中。DDB 中的三种数据库是通过分片模式定义和分配模式定义联系起来的。

4. 分片模式(FS)定义

分片模式 FS 定义为一组操作，它将 GDB 中的每个 GR 分解成 LgDB 中的片段，即 FS(GDB) = LgDB。这种操作还应具有可逆性，即 $FS^{-1}(LgDB)$ = GDB。这是分布式数据库系统的基本要求。

5. 分配模式(AS)定义

分配模式定义为一组操作，它将 LgDB 中的每个逻辑关系映射到 PDB 中的一组物理关系上，即 AS(LgDB) = PDB。分配模式的逆操作用 AS^{-1} 表示，其含义是从 PDB 中选择出适当的物理关系作为逻辑关系，即 $AS^{-1}(PDB)$ = LgDB。

6. 关系的分布结构 S

关系 $R(U, Q, S)$ 的分布结构 S 是有关 R 被划分和分配的信息的集合。如果 R 是物理关系，那么它无须划分和分配，因此 $S = \varnothing$；如果 R 是逻辑关系，那么它还需要分配场地，因此 S 记载的是 R 的分配信息；如果 R 是全局关系，那么 S 记载了 R 如何被分解成逻辑关系和物理关系。

事实上，在全局关系与逻辑关系之间，还存在着若干关系，但只是起到从全局关系到逻辑关系的过渡作用。它的分布结构 S 同全局关系的一样，记载了如何被分解成逻辑关系和物理关系。中间关系与全局关系有同样的性质，可用一个统一的名称——组合关系来表示。

7. 组合关系

组合关系 $R(U, Q, S)$ 是由若干逻辑关系和物理关系按分布结构 S 组成的关系。它可以是全局关系，也可以是中间关系。基本特点为 $S \neq \varnothing$。

7.2.2　数据划分原则和分片方法

数据划分是指将 DDB 的全局关系划分成相应的逻辑片段(逻辑关系)，划分是对 DDB 的一种分片操作。

1. 分片操作原则

分片时主要根据应用的需要，首先按 DDB 外部特征进行划分，然后从 DDB 内部特征来检查划分的正确性。

（1）按 DDB 外部特征划分的原则。

外部特征指的是用户看到的 DDB。按外部特征划分即按构成 DDB 的属性群集特性进行逻辑划分。一种是按数据值集进行划分，如按部门所在地（SCITY = ' Changsha '，SCITY = ' Beijing '）进行划分；一种是按数据项集进行划分，如财务部对 tax（税收）、sal（工资）等属性感兴趣，而人事部对 wage（工龄）、mgr（所属领导）等属性感兴趣。

（2）按 DDB 内部特征划分的原则。

DDB 内部特征是指 DDB 的组成性质。当对 DDB 进行划分后，仍应保持 DDB 原有的性质。所以，划分后的各逻辑关系之间应遵守下列原则：

完整性原则：全局关系的所有数据项（属性）必须包括在任何一个片段中。

重构性原则：所有片段必须能重构（逆操作）成全局关系。只有通过重构操作才能建立全局数据库。

不相交原则：不相交原则不是必须的，但有了这条原则可以使划分不致过于复杂。划分是不相交的，所以分配的冗余可以得到控制。有时允许键属性相交，从而使重构操作简单（垂直分片中使用）。

2.分片操作

在 DDB 中的关系有两类：第一类为描述实体，第二类为描述关联（联系）。所以，对于关系的划分，基本上也有两类：一类是基于关系本身（实体）的划分，称为独立划分，有水平分片、垂直分片、混合分片；另一种是基于关联的划分，即一个关系的划分是基于另一个关系而被划分，称为相关划分，比如诱导分片。

（1）水平分片。

水平分片是将关系按行横向（水平方向）以某些条件划分成元组的子集，每个子集含有一定的逻辑意义，称为一个逻辑片段。

定义 7.1 组合关系 $R(U, R, S)$ 上的水平分片（H）是一操作，它将 R 按照一组给定的谓词 $P_1, \cdots, P_n$ 划分成一组关系模式 $R_1(U_1, Q_1, S_1), \cdots, R_n(U_n, Q_n, S_n)$，满足：

$$U_1 = U_2 = \cdots = U_n = U; \text{//子关系属性集不变}$$

$$K_1 = K_2 = \cdots = K_n = K; \text{//子关系键不变}$$

$$Q_i = Q \wedge P_i; \text{//子关系在原有条件基础上加新的谓词形成的条件}$$

$$S_i = \varnothing。\text{//一层分布}$$

其中，$i, j \in \{1, \cdots, n\}$，$P_i \wedge P_j = \varnothing$，$\vee P_i = \text{True}$（即 $P_1 \vee P_2 \vee \cdots \vee P_n$ 为真，即这些谓词中至少有一个为真），记作 $R(H) <P> = \{R_1, \cdots, R_n\}$，式中 $P = \{P_1, \cdots, P_n\}$。

由定义可知，水平分片实际上是关系的选择操作。其中谓词的形式如"属性 = 值"，因此片段可以用 $\sigma_p(R)$ 表示。

例： 全局关系供应商 Supplier(Sno, Sname, Scity) 按供应商所在地 Scity 属性值划分。设有两个城市 London 和 Paris，则其水平分片为：

$$\text{Supplier1} = \sigma_{\text{Scity} = ' \text{London}'} \text{Supplier}$$

$$\text{Supplier2} = \sigma_{\text{Scity} = ' \text{Paris}'} \text{Supplier}$$

（2）垂直分片。

垂直分片是将关系按列纵向（垂直方向）以属性组划分成若干片段。在垂直分片时，为了保证片段的重构性，应将键属性属于各个片段中（放松的不相交性）。

定义 7.2　组合关系 $R(U, Q, S)$ 上的垂直分片（V）是一操作，它将 R 按照一组给定的属性 $A_1, \cdots, A_n$ 划分成一组关系模式 $R_1(U_1, Q_1, S_1), \cdots, R_n(U_n, Q_n, S_n)$，满足：

$$K_1 = K_2 = \cdots = Kn = K; //键属性相交$$

$$U_i = A_i; //按属性划分$$

$$Q_1 = Q_2 = \cdots = Q_n = Q; //关系条件不变$$

$$\Pi K_1(R_1) = \Pi K_2(R_2) = \cdots = \Pi K_n(R_n) = \Pi K(R); //键值相同$$

$$S_i = \varnothing。//一层分布，没有子分布$$

其中，$i, j \in \{1, \cdots, n\}$，$A_i \subseteq U$，$A_i \cap A_j = K$，$\cup A_i = U$，记为 $R(V) < A > = \{R_1, \cdots, R_n\}$，式中 $A = \{A_1, \cdots, A_n\}$。

由定义可知，实际上关系的垂直分片是对指定属性集上的投影操作。所以，垂直分片片段是 R 的部分属性组合的子关系 R_i，可用 $\Pi A_i(R)$ 表示，其中 $K \subseteq A_i$。

例：可将职员关系 Emp(eno, ename, sal, tax, mgr, dno) 划分成两个子关系。一个包括财务信息，只关注 sal 和 tax；一个包括工作信息，关注 eno、mgr 和 dno。为了保证划分后的重构，将 eno 作为公共属性分别包括在两个片段中。得到：

$$emp1 = \Pi_{eno, sal, tax} emp$$

$$emp2 = \Pi_{eno, mgr, dno} emp$$

（3）混合分片。

混合分片是上述两类分片的内部混合。

定义 7.3　组合关系 $R(U, Q, S)$ 上的混合分片（M）是一操作，它将关系按照一组属性 $A_1, \cdots, A_n$ 和一组谓词 $P_1, \cdots, P_n$ 划分成 $R_1(U_1, Q_1, S_1), \cdots, R_n(U_n, Q_n, S_n)$，满足：

$$U_i = A_i; //按 A_i 划分$$

$$K_1 = K_2 = \cdots = K_n = K; //键属性相交$$

$$Q_i = Q \wedge P_i; //又按条件划分$$

$$S_i = \varnothing。//一层分布$$

其中，$i, j \in \{1, \cdots, n\}$，$A_i \subseteq U$，$A_i \cap A_j = K$，$\cup A_i = U$，$P_i \wedge P_j = \varnothing$，$\vee P_j = True$，记为 $R(M) < AP > = \{R_1, \cdots, R_n\}$，式中 $AP = \{ <A_i, P_i> | i = 1, \cdots, n\}$。

上述定义说明混合分片是水平分片和垂直分片的混合操作，即对关系的选择和投影。垂直分片和水平分片的先后次序可以视应用需要而定。重构时，需要按相应的次序执行并（union）操作和连接（join）操作。

例：将 emp 划分成 emp1、emp2 后，对 emp2 可按部分号 Dno 进行划分，设 Dno = 1 或 2 在一个片段中，而 Dno = 3 在另一片段，则 emp 可划分为：

$$emp1 = \Pi_{eno, sal, tax} emp$$

$$emp2 = \sigma_{dno = '1' \text{ or } dno = '3'} (\Pi_{eno, ename, mgr, dno} emp)$$

$$emp3 = \sigma_{Dno = '2'} (\Pi_{eno, ename, mgr, dno} emp)$$

（4）诱导分片。

如果一个关系的分片不是基于关系本身的属性，而是根据另一个与其有关联性质的关系的属性来划分，这种划分是只基于水平分片的诱导。

定义 7.4 组合关系 $R(U, Q, S)$ 按另一个组合关系 T, 它是一个已经水平分片成 $T_1(U_1, Q_1, S_1)$, $\cdots$, $T_n(U_n, Q_n, S_n)$, 在公共属性 A 上的诱导分片是一操作, 它将 R 划分为 $R_1(U'_1, Q'_1, S'_1)$, $\cdots$, $R_n(U'_n, Q'_{-n}, S'_n)$, 满足:

$$U'_1 = U'_2 = \cdots = U'_n = U; \quad //属性集不变$$

$$K'_1 = K'_2 = \cdots = K'_n = K; \quad //键相同$$

$$\Pi_A(R_i) \subseteq \Pi_A(T_i); \quad //连接部分相同$$

$$Q'_i = Q_i; \quad //条件由 T 的谓词给定$$

$$S'_i = \varnothing。 \quad //一层分布$$

记 $R(DH) < T > = \{R_1, \cdots, R_n\}$, 式中 $T = \{T_1, \cdots, T_n\}$。

其实质是, 通过 A 将 R 与 T 连接起来形成新的关系。此时就可以根据 T 原有的属性形成新的谓词进行水平划分。

诱导分片是一种相关分片操作, 它是一种半连接操作。半连接操作是关系代数中连接 (join) 操作的一种缩减。将关系 R 和 S 的半连接记为 $R \propto S$, 其结果关系是 R 和 S 的自然连接 (natural join) 后在 R 的属性上的投影, 可用下述表达式表示:

$$R \propto S = \Pi_R(R \bowtie S)$$

计算 $R \propto S$ 的另一种等价的方法是: 将 S 中与 R 有相同属性名的属性集投影出来, 然后与 R 完成自然连接。其等价公式为:

$$R \propto S = R(R \bowtie S)$$

半连接操作是一种不对称操作, 即 $R \propto S \neq S \propto R$。

在分布式数据库的查询优化中, 常常用半连接操作实现连接操作的操作数(关系)的缩减(归约)。

例: 设有供应关系 Supply(Sno, Pno, Qty), 它的划分要求按供应商所在地 Scity 属性值划分。虽然 Scity 不是 Supply 关系的属性, 但 Supply 是 Supplier 与另一个零件关系 Part 的关联 (多对多关系的关系表示)。就 Supply 与 Supplier 而言, Sno 是它们的公共属性, 并充当 Supply 的外码(foreign key)。所以, Supply 的划分可以通过公共属性 Sno 实现, 并在 Scity 属性值上完成水平诱导划分。这时, Scity 可称为 Supply 的诱导属性。

例: 已经有 Supplier1 = $\sigma_{\text{Scity} = \text{'London'}}$ Supplier

$$\text{Supplier2} = \sigma_{\text{Scity} = \text{'Paris'}} \text{Supplier}$$

通过半连接操作实现对 Supply 的划分, 则有:

$$\text{Supply1} = \text{Supply} \propto \text{Supplier1}$$

$$\text{Supply2} = \text{Supply} \propto \text{Supplier2}$$

代入已有 Supplier1 和 Supplier2, 分别得到:

$$\text{Supply1} = \Pi_{\text{Sno, Pno, Qty}}[\text{Supply} \bowtie (\sigma_{\text{Scity} = \text{'London'}} \text{Supplier})]$$

$$\text{Supply2} = \Pi_{\text{Sno, Pno, Qty}}[\text{Supply} \bowtie (\sigma_{\text{Scity} = \text{'Paris'}} \text{Supplier})]$$

可以看到, Supply 的诱导水平分片的谓词有两部分, 一部分是它与关联关系的公共属性; 另一部分是它应满足的关于诱导属性的谓词。可表示为:

$$Q_1: \text{Supply. Sno} = \text{Supplier. Sno and Scity} = \text{London}$$

$$Q_2: \text{Supply. Sno} = \text{Supplier. Sno and Scity} = \text{Paris}$$

设相关划分的两个关系为 R、T。A 为两个关系的公共属性，F 为诱导属性，则诱导水平分片的谓词 Q_i：R. A = T. A AND T. F = 值，具有合取性。

7.2.3   数据分配的原则和方法

如果全局关系划分后得到的一组逻辑片段（基本关系）各自放在一个场地（节点）上，则数据分配问题很简单。但是，为了提高 DDB 的可靠性，需要将划分后的逻辑片段放在一个以上的场地上。这样，当一个场地出现故障时，这个场地的数据由于在其他场地上有副本，整个系统非故障场地仍可正常工作；此外，为了减少通信代价，改进数据的可用性，减少响应时间，需要将某一场地上的常用数据直接放置在本场地上，使其就近使用。因此建立 DDB 时存在数据分配问题。

定义 7.5   对于逻辑片段 $R(U, Q, S)$ 的分配操作（AO），是将 R 分配到一组场地 r_1，…，r_n 上，使得每个 r_i 上有一个相应的物理关系 $Rr_i(Ur_i, Qr_i, Sr_i)$，满足：$Ur_i = U$；$Qr_i = Q$；$Sr_i = \varnothing$。

记为 $R(AO) < r > = \{Rr_1, Rr_2, \cdots, Rr_n\}$，$r = \{r_1, r_2, \cdots, r_n\}$。

从定义可知，分配操作就是将逻辑片段分配到各场地形成各个物理关系的过程。

1. 数据分配的一般准则

分配类型大致有四种：集中型、分割型、全复制型和混合型。对其进行评估，原则上参考四个因素：存储代价、可靠性、检索代价和更新代价，如表 7 - 1 所示。其中存储代价和可靠性是需要综合平衡的，检索代价与更新代价也是一对矛盾因素。

表 7 - 1   数据分配类型

类型	说明	存储代价	可靠性	检索代价	更新代价
集中型	所有逻辑片段完全集中在一个场地上，如集中式数据库一样。没有片段间的通信问题	没有额外开销	可靠性差（一旦发生故障就可能使整个系统无法使用）	外场地的查询都必须经通信到 DDB 存储的唯一场地上检索，检索代价猛增	没有副本，不需要同步更新
分割型	所有逻辑片段各自分配在一个场地，所有场地上的分配都是全局的一个子关系	存储代价没有增加	可靠性优于集中型，某场地故障只影响该场地及该子关系	只通过局部应用，不共享，故没有通信代价	没有副本，不需要副本同步更新代价
全复制型	所有逻辑片段在每个场地上均重复设置	存储代价急剧上升	可靠性极好，某场地故障不影响其他场地	场地间无须通信，检索代价低，其值与更新代价有关（详见后文）	更新同步机制使更新代价增大。①集中式同步技术（主副本法）；②全局锁技术
混合型	逻辑片段根据需要分配。共享片段在需要共享的场地上重复设置，高度私用的片段只在所需要的场地上	共享部分存储代价提高	共享部分可靠性好，私用部分可靠性差	主要用于检索、少更新，则设副本；更新频繁，则集中，减少副本	更新/检索比

从某种角度讲,同步更新代价往往远高于远程检索通信代价。

这里介绍两种同步更新机制:

(1)集中式同步技术(主副本法)。在场地 r_1,…,r_n 中,假设 d_1 在场地 r_i 上为主副本,则更新时不论从任何场地发出,均须对 r_i 场地之 d_1 更新,更新结束后,再将更新传播到所有场地的 d_1 上。

当用户 USER1 在场地 r_1 发出检索 d_1 请求时,没有更新请求,则检索无通信代价;但若有另一用户 USER2 对 d_1 有更新请求时,d_1 将被 r_i 场地锁住。此时,有两种检索代价情形。一种是不考虑更新数据,直接从本场地获取 d_1,不需要通信开销,但需要在适当的时间内维护一致性所需的代价(或称异步一致性代价)。这种检索到的数据只维持了 DDB 的弱一致性;另一种是维护 DDB 的强一致性,即 USER1 必须等 r_i 场地对 d_1 更新的结束并将更新数据送到各场地。此时检索代价包含了更新数据从 r_i 传送到 r_1 的通信代价(或者直接到 r_i 场地检索,也包含了非本场地存取所需的通信代价)。

(2)全局锁技术。如果有用户对 d_1 有更新操作,则所有场地上的 d_1 同时锁住,若有用户对 d_1 发出检索请求与之同步,则用户须等待直到 d_1 被释放。此时虽没有通信代价,但检索效率低。

由上可知,数据分配的一般准则为:

(1)处理局部性。提高局部处理能力,减少远程访问次数。

(2)数据的可用性和可靠性。提高只读应用的可靠性和全系统的可用性,充分发挥 DDB 的优点。

(3)工作负载分布的均匀性。提高系统的并行处理能力,但会与处理的局部性矛盾。

这些准则不可能全部满足,但可以一个目标为主、其他目标为其约束条件来考虑数据分配。

2.数据分配的方法

当前这方面的研究还没有一种“标准”,特别是要对各种应用的划分与分配进行大量的性能测试和“应用”优化。从分配的一般准则出发,DDB 中数据的分配强调局部自治,即以尽量减少远程存取为主。

(1)非冗余分配(1:1)。这种方法比较容易,即计算每一种非冗余分配方案,然后选择一个收益最好的方案,称之为“最佳”法。不足之处在于,没有考虑给定场地上的两个相关片段间的影响。

(2)冗余分配(1:n)。比较复杂,涉及查询或更新时选择哪一个副本的问题,同时每个片段的冗余度也是一个变量(n 值的确定)。

(3)选择所有收益场地法。在全场地中选择一组场地,当片段的副本分配在这一组场地时,其收益高于代价,则该副本就放置在这一组场地。

(4)添加副本法。先用“最佳”法决定非冗余分配方案,然后增加副本,使其仍能收益,直到添加没有收益为止。

表 7-2 中列举了不同数据分配方法及其收益计算。

第一种方法没有考虑同一个片段的不同副本分配时的相互影响;第二种方法是典型的启发式方法,但从总的代价因素考虑,增加副本数与提高系统的可靠性之间不是线性关系。

表7-2 数据分配方法及其收益计算

说明	分片类型	分配方法	收益计算
i：片段 *j*：场地 *k*：应用 f_{kj}：应用*k*在场地*j*上出现的频率 r_{ki}：应用*k*对片段*i*检索访问的次数 u_{ki}：应用*k*对片段*i*进行更新的次数 $n_{ki} = r_{ki} + u_{ki}$：应用*k*对片段*i*的访问次数 $f_{kj}n_{ki}$：应用*k*在场地*j*上对片段*i*的访问频度 $f_{kj}r_{ki}$：应用*k*在场地*j*上对片段*i*的检索频度 $f_{kj}u_{ki}$：应用*k*在场地*j*上对片段*i*的更新频度	水平分片	非冗余分配之"最佳"法	将片段 R_i 放在对 R_i 访问次数最多的场地上。 $B_{ij} = \sum_k f_{kj}n_{ki}$
		冗余分配之"选择所有场地收益"法	检索收益(*k*个应用)：将 R_i 分配到所有*j*上，有： $B_{ijr} = \sum_k f_{kj}r_{ki}$ 更新收益(*k*个应用)：将 R_i 分配到除*j*以外的其他任何场地上，即 $j' \neq j$； $B_{ij'u} = \sum_k \sum_{j' \neq j} f_{kj}u_{ki}$ 总收益：*C*是一常数，一般 $C \geqslant 1$，即更新有大量控制信息和局部操作，代价大于检索代价： $B_{ij} = B_{ijr} - CB - B_{ij'u}$
		冗余分配之"添加副本"法	意大利学者 S. Ceri 用函数 $\beta(d_i)$ 来估算收益，其公式如下：其中 d_i 表示 R_i 的冗余度，F_i 表示 R_i 在每个场地上全复制时的收益： $\beta(d_i) = (1 - 2^{1-d_i})F_i$ 故 $B_{ij} = B_{ijr} - CB_{ij'u} + \beta(d_i)$
	垂直分片	示例，把 R_i 划分成 R_1 和 R_2 两个属性，分配在 S_1 和 S_2 两个场地 ①应用 A_1、A_2 检索更新都局部进行，并且不涉及相交属性 ②A_3 在 S_3 上对相交属性 *I* 更新 ③A_4 在 S_1、S_2、S_3 场地外，对 *I* 更新	①A_1、A_2 收益： $\sum_{k \in A_1} f_{k,S_1}n_{k,R_1}$ 和 $\sum_{k \in A_2} f_{k,S_2}n_{k,R_2}$ ②A_3 收益： $\sum_{k \in A_3} 2f_{k,S_3}n_{k,(R_1,R_2)}$ ③A_4 收益： $\sum_{k \in A_4} \sum_{j \notin S_1,S_2,S_3} f_{kj \neq S_1,S_2,S_3}n_{k,(R_1,R_2)}$ 总的收益计算公式(其中，*s*、*t*、*r* 表示场地 S_1、S_2、S_3，*R* 关系未划分前的驻留地为*r*)： $B_{ost} = \sum_{k \in A_1} f_{k,S_1}n_{k,R_1} + \sum_{k \in A_2} f_{k,S_2}n_{k,R_2} - \sum_{k \in A_3} 2f_{k,S_3}n_{k,i} - \sum_{k \in A_4} \sum_{j \neq S_1,S_2,S_3} f_{kj \neq S_1,S_2,S_3}n_{k,i}$

7.3 数据分布方式

所谓分布式系统，顾名思义就是利用多台计算机协同解决单台计算机所不能解决的计算、存储等问题。要使用分布式解决一个单机问题，首先要解决的就是如何将问题拆解为可以使用多机分布式解决，使分布式系统中的每台机器负责原问题的一个子集。由于无论是计算还是存储，其问题的输入对象都是数据，所以如何拆解分布式系统的输入数据成为分布式系统的基本问题，即数据分布方式。本节将介绍几种常见的数据分布方式，最后对这几种方式加以对比讨论。

7.3.1　哈希方式

哈希方式是最常见的数据分布方式，其方法是按照数据的某一特征计算哈希值，并将哈希值与机器中的机器建立映射关系，从而将不同哈希值的数据分布到不同的机器上。数据特征可以是 Key-Value 系统中的 key，也可以是其他与应用业务逻辑相关的值。例如，一种常见的哈希方式是按属的用户 id 的数据计算哈希值。集群中的服务器按 0 到机器数减 1 编号，哈希值除以服务器的个数，结果的余数作为处理该数据的服务器编号。工程中，往往需要考虑服务器的副本冗余，将每数台（例如 3）服务器组成一组，用哈希值除以总的组数，其余数为服务器组的编号。图 7 - 3 给出了哈希方式分数据的一个例子。

只要哈希函数的散列特性较好，哈希方式就可以较为均匀地将数据分布到集群中去。哈希方式需要记录的元信息也非常简单，任何时候，任何节点只需要知道哈希函数的计算方式及模的服务器总数，就可以计算出处理具体数据的机器是哪台。

哈希分布数据的缺点同样明显，突出的缺点表现为可扩展性不高。一旦集群规模需要扩展，则几乎所有的数据需要被迁移并重新分布。

图 7 - 3　哈希方式分数据

针对哈希方式扩展性差的问题，一种思路是不再简单地将哈希值与机器做除法取模映射，而是将对应关系作为元数据。由专门的元数据服务器管理。访问数据时，首先计算哈希值并查询元数据服务器，获得该哈希值对应的机器。同时，哈希值的取模个数往往大于机器个数，这样同一台机器上需要负责多个哈希取模的余数。在集群扩容时，将部分余数分配到新加入的机器并迁移对应的数据到新机器上，从而使扩容不再依赖于机器数量的成本增长。

哈希分布的数据倾斜

另一种思路就是采用分布式一致性哈希（distributed Hash table，DHT）算法。算法思想如下：给系统中每个节点分配一个随机 token，这些 token 构成一个哈希环。执行数据存放操作时，先计算 key（主键）的哈希值，然后存放到顺时针方向的第一个大于或者等于该哈希值的token 所在的节点。一致性哈希的优点在于节点加入/删除时只会影响到在哈希环中相邻的节点，而对其他节点没有影响。

7.3.2　按数据范围分布

按数据范围分布是另一个常见的数据分布式，将数据按特征值的值域范围划分为不同的区间，使得集群中每台（组）服务器处理不同区间的数据。

已知某系统中用户 id 的值域范围是[1,100)，集群有 3 台服务器，使用按数据范围划分数据的数据分布方式。将用户 id 的值域分为三个区间[1,33)，[33,90)，[90,100)，分别由 3 台服务器负责处理，如图 7 - 4 所示。

值得注意的是，每个数据区间的数据大小和区间大小是没有关系的。如上例中有的用户

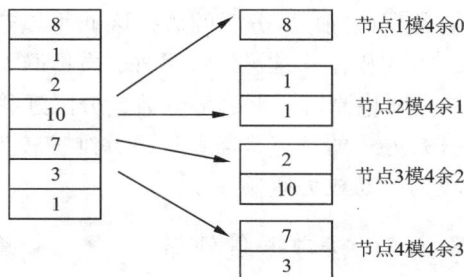

id 数据量大，有些用户 id 数据量小。工程中，为了数据迁移等负载均衡操作的方便，往往利用动态划分区间的技术，使每个区间中服务的数据量尽可能地一样多。当某个区间的数据量较大时，通过将区间"分裂"的方式拆分为两个区间，使每个数据区间中的数据量都尽量维持在一个较为固定的阈值之下。

使用数据范围分布的方式的最大优点就是可以灵活地根据数据量的具体情况拆

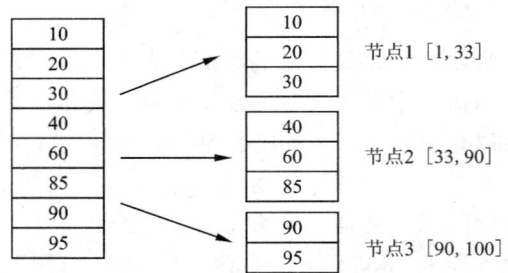

图 7 - 4　按范围分布

分原有数据区间。拆分后的数据区间可以迁移到其他机器。一旦需要集群完成负载均衡时，与哈希方式相比非常灵活。另外，当集群需要扩容时，可以随意添加机器，而不限于倍增的方式，只须将原机器上的部分数据分区迁移到新加入的机器上就可以完成集群扩容。按数据范围分布方式的缺点是需要记录并维护较为复杂的元信息。随着集群规模的增长，元数据服务器较为容易成为瓶颈。

7.3.3　按数据量分布

与哈希方式和按数据范围分布方式不同，数据量分布数据与具体的数据特征无关，而是将数据视为一个顺序增长的文件，并将这个文件按照某一较为固定的大小划分为若干数据块（chunk），不同的数据块分布到不同的服务器上。与按数据范围分布数据的方式类似，按数据量分布数据也需要记录数据块的具体分布情况，并将该分布信息作为元数据来使用元数据服务器进行管理。

由于与具体的数据内容无关，按数据量分布数据的方式一般没有数据倾斜的问题，数据总是被均匀切分并分布到集群中。当集群需要重新负载均衡时，只须通过迁移数据块即可完成。集群扩容也没有太大的限制，只须将部分数据库迁移到新加入的机器上即可以完成扩容。按数据量划分数据的缺点是需要管理较为复杂的元信息。与按范围分布数据的方式类似，当集群规模较大时，元信息的数据量也变得很大。如何高效地管理元信息成为新的课题。

7.3.4　副本与数据分布

分布式系统容错、提高可用性的基本手段就是使用副本。数据副本的分布方式主要影响着系统的可用性与可扩展性。

一种数据副本策略是以机器为单位，若干机器互为副本，副本机器之间的数据完全相同。这种策略适用于上述各种数据分布方式，其优点是非常简单；其缺点是恢复数据的效率不高、可扩展性也不高。

首先，在使用该方式时，一旦出现副本数据丢失，则需要恢复副本数据时的效率不高。假设有 3 个副本机器（如图 7 - 5），某时刻的某台机器磁盘损坏，丢失了全部数据，此时选择使用新的机器替代故障机器。为了使新机器也可以提供服务，需要从正常的两台机器上拷贝数据。全盘拷贝数据一般都较为消耗资源，为了不影响服务质量，实践中往往采用两种方式：第一，将一台可用的副本机器下线，专门作为数据源拷贝数据。这样做的缺点是造成实际正常副本数只有 1 个，对数据安全性造成巨大隐患。而如果服务由于分布式协议设计或压力的要求必须两个副本才能正常工作时，则该做法完全不可行。第二，以较低的资源使用限速的方法从两个正常副本上拷贝数据。此方法不停服务，但可以选择服务压力较小的时段进行。该方法的缺点是速度较慢，如果需要恢复的数据量巨大（如数 TB）、限速较小（例如 10 MB/s），则往往需要数天才能够完成恢复。

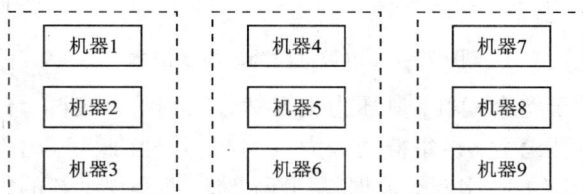

图 7 – 5 以机器为单位的副本

再者，该种方式不利于提高系统扩展性。一个极端的例子是，假设系统原有 3 台机器，互为副本，现在如果只增加 2 台机器，由于 2 台机器无法组成新的副本组，则无法扩容。这样，虽集群增加了 66% 的机器，却扩容失败。

最后，这种方式不利于系统容错。当出现 1 台机器宕机时，该机器上的原有压力只能被剩下的副本机器承担。假设有 3 个副本，宕机 1 台后，剩下两台的压力将各种增加 50%，有可能直接超过单台的处理能力。理想的情况是，若集群有 N 台机器，宕机一台后，该台机器的压力可以均匀地分散到剩下的 $N-1$ 台机器上，而每台机器的压力仅仅增加 $1/(N-1)$。

更合适的做法不是以机器作为副本单位，而是将数据拆为较合理的数据段，以数据段为单位作为副本。实践中，常常使每个数据段的大小尽量相等且控制在一定的大小以内。数据段的选择与数据分布方式直接相关。对于哈希方式，每个哈希分桶后的余数可以作为一个数据段。为了控制数据段的大小，常常使桶个数大于集群规模。例如，有 3 台服务器，10 GB 数据，为了使每个数据段都是 100 MB 左右大小，哈希后按 100 取模，得 1000 个数据段，每台服务器可以负责 333 个数据段。对于按数据范围分布的方式，可以将每个数据区间作为一个数据段，并控制数据区间中数据的大小。对于按数据量分布的方式，可以自然地将每个数据块作为数据段。对于一致性哈希分布数据的方式，通常的做法是将一致性哈希环分为若干等长分区，分区个数一般远大于节点个数。假设哈希函数均匀，则每个分区中的数据可以作为一个数据段。

一旦将数据分为数据段，则可以数据段为单位管理副本，从而副本与机器不再硬相关，每台机器都可以负责一定数据段的副本。假设某系统中的数据有 3 个数据段 o、p、q，每个数据段都有 3 个副本，系统中有 4 台机器，第一台机器上有数据段 o、p、q，第二台机器上有数据段 o、p，第三台机器上有数据段 p、q，第四台机器上有数据段 q、o，如图 7 –6 所示。

一旦副本分布与机器无关，数据丢失后的恢复效率将非常高。因为，一旦某台机器的数据丢失，其上数据段的副本将分布在整个集群的所有机器中，而不是仅在几个副本机器中。因此，可以从整个集群同时拷贝恢复数据，而集群中的每台数据源机器都可以非常低的资源做拷贝。作为恢复数据源的机器即使都限速 1 MB/s，若有 100 台机器参与恢复，恢复速度也能达到 100 MB/s。再者，副本分布与机器无关却也利于集群容错。如果出现机器宕机，由于

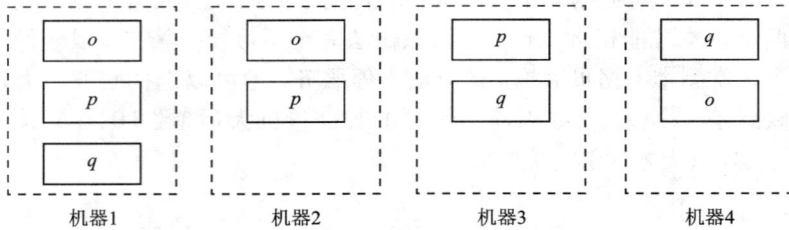

机器1　　　　机器2　　　　机器3　　　　机器4

图7-6　以数据段为单位的副本

宕机机器上的副本分散于整个集群，其压力也自然分散到整个集群。最后，副本分布与机器无关也利于集群扩展。理论上，设集群规模为 N 台机器，当加入一台新的机器时，只须从各台机器上迁移 $1/N \sim 1/(N+1)$ 比例的数据段到新机器，即实现了新的负载均衡。由于是从集群中的各机器迁移数据，与数据恢复同理，因此效率也较高。

工程中，完全按照数据段建立副本会引起需要管理的元数据的开销增大，副本维护的难度也相应增大。一种折中的做法是将某些数据段组成一个数据段分组，按数据段分组为粒度进行副本管理。这样做可以将副本粒度控制在一个较为合适的范围内。

7.3.5　本地化计算

在分布式系统中，计算节点和保存计算数据的存储节点可以在同一台物理机器上，也可以位于不同的物理机器。如果计算节点和存储节点位于不同的物理机器，则计算的数据需要通过网络传输。此种方式的开销很大，甚至网络带宽会成为系统的总体瓶颈。另一种思路是，将计算尽量调度到与存储节点在同一台物理机器上的计算节点上进行，这称之为本地化计算。本地化计算是计算调度的一种重要优化，体现了一种重要的分布式调度思想，即"移动数据不如移动计算"。

7.3.6　数据分布方式的选择

在实际工程实践中，可以根据需求及实施复杂度合理地选择上述数据分布方式。另外，如果可以灵活组合使用上述数据分布方式，往往可以兼备各种方式的优点，收到较好的综合效果。几乎所有的分布式系统都会涉及数据分布问题。表7-3列举了几个常见的分布式系统的数据分布方式。

表7-3　常见分布式系统的数据分布

GFS & HDFS	按数据量分布
Map reduce	按 GFS 的数据分布做本地化
Big Table & HBase	按数据范围分布
PNUTS	哈希方式/按数据范围分布(可选)
Dynamo & Cassandra	一致性哈希
Mola & Armor	哈希方式
Big Pipe	哈希方式
Doris	哈希方式与按数据量分布组合

7.4 一致性模型

当数据有多个副本的时候，一个重要的问题是如何保持多个副本的一致性。也就是说，当一个副本更新后，需要保证其他的副本也同样得到更新，否则的话，两个副本的内容就会不同。

一致性模型是进程和数据存储之间的一个基本约定。也就是说，如果进程对数据的访问遵守特定的规则，那么数据存储就能够正确地进行。一般来说，一个进程如果对一个数据项施加一个读操作，那么期望读操作的返回值就是最后一次对该数据项进行写操作后所得的结果。由于在分布式系统中没有一个全局的时钟，很难精确地定义哪个写操作是最后一个。为此，需要提供其他的一些定义，不同的定义对应着不同的一致性模型。每个一致性模型对施加在一个数据项上的读操作所能返回的值进行了限制。下面按这种限制由强到弱的顺序逐步介绍各种不同的一致性模型。

7.4.1 严格一致性

严格一致性(strict consistency)模型是限制最严格的一致性模型。对于严格一致性模型来说，对一个数据项所进行的任何读操作所返回的值总是对该数据项最近一次进行写操作的结果，因此，单机系统上采用严格一致性模型是理所当然的。但是在分布式系统中，数据可能存在多个副本并且分布在多个机器上，可以被多个进程访问，所以实现严格一致性协议是非常困难的。

即使存在一个全局时钟，并且数据只有一个副本存放在一个机器上，要实现严格一致性模型也是很困难的。例如，一个数据 X 存放在机器 B 上，机器 A 上的一个进程 P 读这个数据，虽然读的时候，数据是最新的，但是当这个最新值在机器 B 向机器 A 传送时，机器 B 上的另一个进程 Q 对该数据 X 进行了写操作；当进程 P 得到数据 X 的值的时候，该值可能已经过时了。

为了方便地描述一致性模型，本图 7-7 中的时间轴用横线表示，从左到右的方向是时间前进的方向。进程 P_i 对数据项 x 写入值 a 的操作用 $W_i(x)a$ 来表示，$R_i(x)b$ 表示进程 P_i 对数据项 x 进行读操作，返回值为 b。假定任何数据的初始值为 NIL。

在图 7-7(a)中，数据 X 有两个副本分别在进程 P_1 和进程 P_2 的所在节点。P_1 对数据项 x 写入值 a。首先，对 x 在 P_1 处的副本进行修改，随后将此修改传播到其他副本。P_2 随后读 x，读得的值为 a，所以符合严格一致性的规定。而在图 7-7(b)中，P_2 的第一次读操作在 P_1 的写操作之后，但写的结果还没有传播到 P_2 所在节点的副本上，所以 P_2 的第一次读操作得到的返回值为 NIL。而 P_2 进行第二次读操作时，P_1 写的结果已经传播到 P_2 所在节点的副本上，P_2

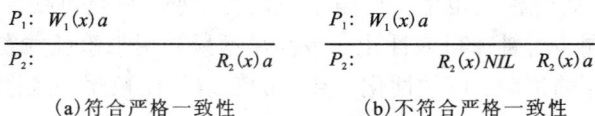

$$P_1:\ W_1(x)a \qquad\qquad\qquad P_1:\ W_1(x)a$$
$$P_2:\ \qquad\qquad R_2(x)a \qquad\quad P_2:\ \qquad R_2(x)NIL \quad R_2(x)a$$

(a)符合严格一致性　　　　　(b)不符合严格一致性

图 7-7 严格一致性模型

的第二次读操作得到的返回值为 a，所以不符合严格一致性的规定。

7.4.2　顺序一致性和可线性化一致性

比严格一致性模型的限制稍弱的一致性模型是顺序一致性（sequential consistency）模型，它最初是由 Lamport 定义的。作为多处理机系统共享内存的语义，顺序一致性模型需要满足下列条件：

所有进程对数据项的所有操作可以认为是按照某个顺序进行的，任何进程对这个顺序的观点是一样的。当然，这个顺序不一定是物理意义上的顺序。这说明，当进程在不同的机器上并发执行的时候，对数据项的读写操作的任何合法的交叠顺序都是可以接受的，所有进程所见到的交叠是完全相同的。这里并不涉及时间的问题，也不涉及"最近"写操作的问题。

图 7-8 表示有四个进程对同一个数据项进行操作。在图 7-8(a)中，进程 P_1 对数据项 x 写入 a，"随后"（物理时间意义上的）进程 P_2 对数据项 x 写入 b。然而进程 P_3 和进程 P_4 都是先读到值 b，后读到值 a。即从所有进程的观点来看进程 P_2 的读操作表现在进程 P_1 的读操作之前，所以符合顺序一致性。

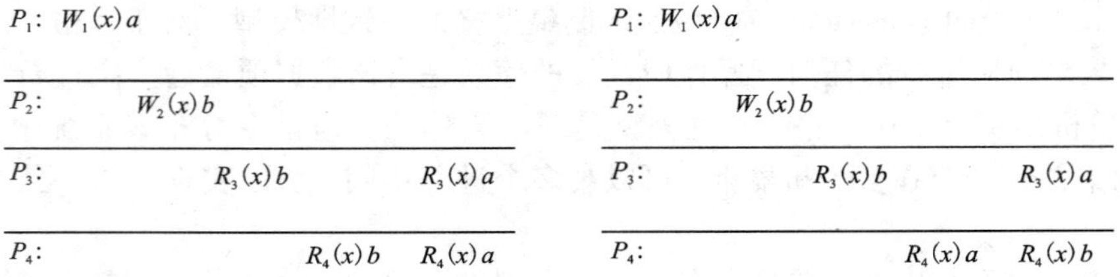

图 7-8　顺序一致性模型

相反图 7-8(b)中的情况不符合顺序一致性的要求，因为从不同进程的观点来看，写操作的交叠顺序是不同的。进程 P_3 认为 P_2 的写操作在前，而进程 P_4 认为 P_1 的写操作在前。

可线性化一致性（linearizable consistency）模型是介于严格一致性与顺序一致性之间的一致性模型。在这种一致性模型中，任何一个操作都有一个来自全局时钟系统的时间戳。使用 $ts_{OP}(x)$ 代表对数据项 x 所施加的 OP 操作的时间戳，OP 可以是读操作 R 或写操作 W。如果每个操作带有时间戳，则可线性化一致性模型必须满足如下条件：

所有进程对数据项的所有操作可以认为是按照某个顺序进行的，任何进程对这个顺序的观点是一样的。并且如果 $ts_{OP_1}(x) < ts_{OP_2}(y)$，那么在这个顺序中，操作 $OP_1(x)$ 要排在 $OP_2(y)$ 之前。

显然，可线性化一致性模型也是一种顺序一致性模型，只是可线性化一致性模型在操作的排序中使用了一套同步时钟。可线性化一致性模型最初用于验证并发算法的正确性。由于增加了使用时间戳排序的限制，可线性化一致性的实现要比顺序一致性的实现付出的代价更昂贵。

顺序一致性的表示方法有多种，下面是一种常用的表示方法。每个进程 P_i 对应一个相关的执行 E_i，E_i 是进程 P_i 对数据的读操作和写操作一个序列，这个序列是进程 P_i 对应的程序所规定的一个内在固有的顺序。如图 7 – 8(a)中的四个进程的执行可描述为：

$$E_1 : W_1(x)a$$
$$E_2 : W_2(x)b$$
$$E_3 : R_3(x)b, R_3(x)a$$
$$E_4 : R_4(x)b, R_4(x)a$$

为了得到各个操作的相对执行顺序，需要将各个 E_i 中的操作合并到一个单一的操作串 H 中，每个 E_i 中的操作在 H 中只能出现一次，即称 H 为历史(history)。要使 H 的值是合法的，必须遵守如下两个限制条件：

(1)程序内的操作顺序必须得到维持；

(2)必须保持数据的一致性(coherence)。

第一条限制意味着如果在 E_i 中操作 OP_1 并排在 OP_2 之前，那么在 H 中操作 OP_1 也必须排在 OP_2 之前。数据的一致性意味着对数据 x 读操作的返回值必须是 H 中该读操作前面最近一次写操作对 x 写入的值。数据一致性的检验可以独立地对施加在每个数据项上的操作进行，而不用考虑其他的数据项。一致性模型却不同，它还需要处理对不同数据项的写操作以及这些操作的排序。在分布式共享存储器中，如果用存储器地址代表数据项，那么数据一致性便可称为内存一致性(memory coherence)。

下面的 H 就是图 7 – 8(a)中的四个进程的一个合法的历史值。

$$H = W_1(x)b, R_3(x)b, R_4(x)b, W_2(x)a, R_3(x)a, R_4(x)a$$

但是无法为图 7 – 8(b)中的四个进程的执行找到一个合法的历史。对某一个实例来说，可能会存在多个合法的历史。如果一个程序的操作顺序符合某些合法的历史值，就称这个程序的行为是正确的。

尽管顺序一致性模型是一个面向程序员友好的模型，但它存在着严重的性能问题。Lipton 和 Sandberg 于 1988 年证明了在顺序一致性模型中，如果读时间为 r，写时间为 w，节点之间报文的最短传输时间为 t，则必须满足 $r + w \geq t$。即对顺序一致性数据存储而言，提高读的性能必然降低写的性能，反之亦然。

7.4.3　相关一致性

相关一致性(causal consistency)模型是一种比顺序一致性模型限制要弱的一致性模型。这种模型将事件分为因果相关的和因果无关的。如果事件 B 是由一个更早的事件 A 引起的，或者受事件 A 的影响，则称这两个事件是因果相关的。相关性要求任何进程先看到事件 A，后看到事件 B。非因果相关的操作称为并发的操作。

假如一个进程 P_1 对变量 x 写，进程 P_2 读变量 x，然后写变量 y。进程 P_2 中的读操作和写操作是潜在相关的，因为计算 y 的值可能依赖于 x。从而，P_1 对变量 x 的写和 P_2 对 y 的写也是潜在相关的。如果两个进程同时自发地对两个不同的变量进行写操作，那么这两个写操作就是因果无关的。

如果数据存储遵守下列条件，那么此数据存储就是相关一致的：具有潜在因果关系的所有写操作能够被所有的进程以相同的顺序看见，而并发的写操作可以被不同的进程以不同的顺序看见。

图 7-9 是一个相关一致性的例子。在这个例子中，操作 $W_2(x)b$ 和 $W_1(x)c$ 是并发的，所以并不要求所有的进程以相同的顺序看见这两个操作。而这种情况在顺序一致性存储和严格一致性存储中是不被允许的。

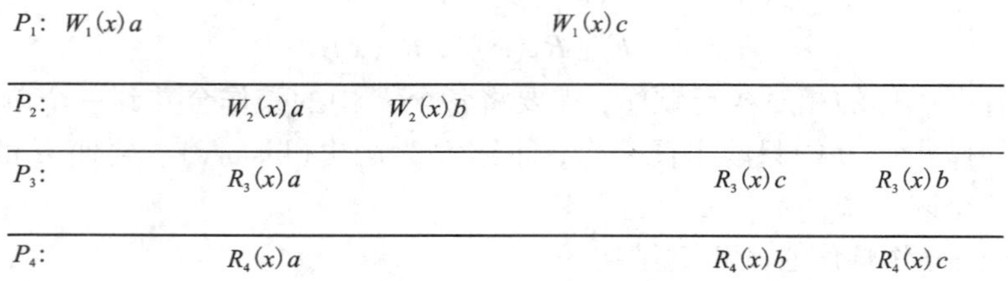

P_1:	$W_1(x)a$			$W_1(x)c$		
P_2:		$W_2(x)a$	$W_2(x)b$			
P_3:		$R_3(x)a$			$R_3(x)c$	$R_3(x)b$
P_4:		$R_4(x)a$			$R_4(x)b$	$R_4(x)c$

图 7-9　相关一致性(一)

图 7-10 是关于相关一致性的另一个例子。在图 7-10(a)中，$W_2(x)b$ 和 $W_1(x)a$ 是潜在相关的，因为计算 b 可能要依赖于读操作 $R_2(x)a$。因为这两个写操作是因果相关的，所以所有进程见到这两个写操作的顺序应该是一样的。而 P_3 和 P_4 所见到的这两个写操作的顺序是不同的，所以图 7-10(a)不符合相关一致性。图 7-10(b)中删除了 $R_2(x)a$，所以 $W_2(x)b$ 和 $W_1(x)a$ 是并发的，所以图 7-10(b)符合相关一致性。

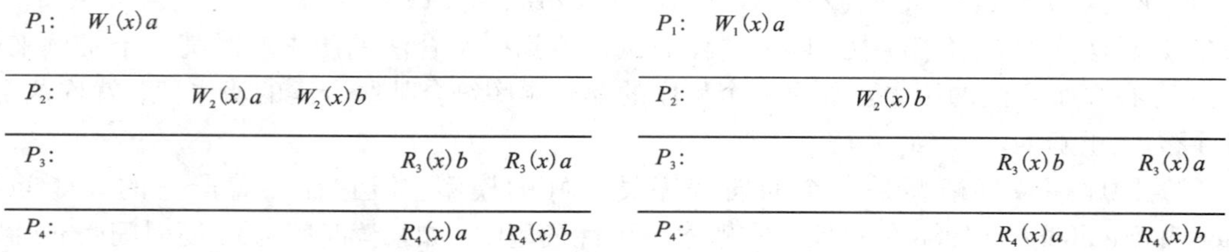

P_1:	$W_1(x)a$				
P_2:		$W_2(x)a$	$W_2(x)b$		
P_3:				$R_3(x)b$	$R_3(x)a$
P_4:				$R_4(x)a$	$R_4(x)b$

P_1:	$W_1(x)a$			
P_2:		$W_2(x)b$		
P_3:			$R_3(x)b$	$R_3(x)a$
P_4:			$R_4(x)a$	$R_4(x)b$

(a)不符合相关一致性　　　　　　　　(b)符合相关一致性

图 7-10　相关一致性(二)

7.4.4　FIFO 一致性

FIFO 一致性模型需要满足以下条件：一个进程中的所有写操作能够以它在该进程中出现的顺序被所有其他进程看见。但是不同进程中的写操作在不同的进程看来具有不同的顺序。

FIFO 一致性在分布式共享存储器系统中被称为 PRAM(pipelined random access memory)一致性，因为一个进程的写操作可以通过管道输送，这也意味着一个进程不用等待前一个写操作的数据存储完毕，即可开始下一个写操作。

FIFO 一致性和相关一致性的比较可以用图 7-11 表示，$W_1(x)a$ 和 $W_2(x)b$ 是相关的。图 7-11 中所示的例子符合 FIFO 一致性，但是不符合相关一致性。在 FIFO 一致性模型中，一个进程的写操作应该被其他进程按顺序看见，而不同进程产生的写操作则是并发的。所以 FIFO 一致性模型可以给每个写操作附加上一个标志来实现，这个标志是(进程号、顺序号)，每个进程的写操作按其顺序来执行。

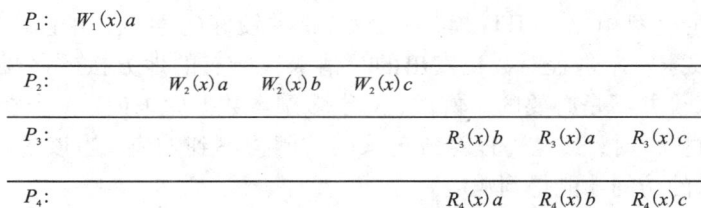

P_1:　$W_1(x)a$

P_2:　　　　$W_2(x)a$　　$W_2(x)b$　　$W_2(x)c$

P_3:　　　　　　　　　　　　　　　$R_3(x)b$　　$R_3(x)a$　　$R_3(x)c$

P_4:　　　　　　　　　　　　　　　$R_4(x)a$　　$R_4(x)b$　　$R_4(x)c$

图 7 – 11　FIFO 一致性

在某些情况下，FIFO 一致性会导致一个和直觉相违背的结果。图 7 – 12 就是这样一个例子。

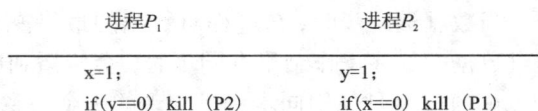

进程P_1	进程P_2
x=1;	y=1;
if(y==0) kill（P2）	if(x==0) kill（P1）

图 7 – 12　两个并发进程

假定在图 7 – 12 中 x 和 y 的初始值都是 0，则可直观地认为有三种可能的结果：P_1 被杀死；P_2 被杀死；两个进程都不被杀死。但是，如果在 FIFO 一致性模型下，两个进程都可能被杀死，因为 P_1 可能在看见 P_2 的写操作之前读到 y 的值，同时 P_2 在看见 P_1 的写操作之前读到 x 的值。而在顺序一致性模型中，尽管语句存在 6 种可能的交叠顺序，但是没有一种会导致两个进程都被杀死的情况。

比普通的 FIFO 一致性的限制要严格一些的一种特殊的 FIFO 一致性模型是处理机一致性（processor consistency）模型。在这种模型中，不仅要求一个进程中的所有写操作能够以它在该进程中出现的顺序被所有其他进程看见，还要求不同进程对同一个数据项的写操作，应该被所有进程以相同的顺序看见。图 7 – 11 中的例子虽然符合 FIFO 一致性的限制条件，但它并不符合处理机一致性的限制条件。如果将图 7 – 11 改为图 7 – 13 的形式，便符合了处理机一致性的限制条件。

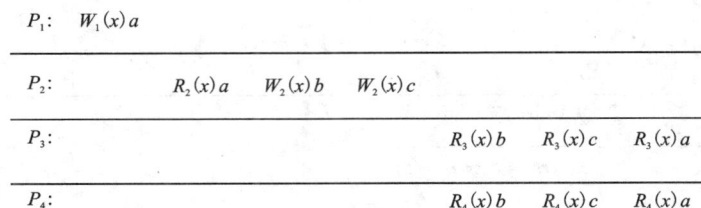

P_1:　$W_1(x)a$

P_2:　　　　$R_2(x)a$　　$W_2(x)b$　　$W_2(x)c$

P_3:　　　　　　　　　　　　　　　$R_3(x)b$　　$R_3(x)c$　　$R_3(x)a$

P_4:　　　　　　　　　　　　　　　$R_4(x)b$　　$R_4(x)c$　　$R_4(x)a$

图 7 – 13　处理机一致性

其实，FIFO 一致性和处理机一致性的区别在于，处理机一致性对数据的一致性（data coherence）作了要求，而 FIFO 一致性则没有。

7.4.5 弱一致性

同强的一致性模型相比，FIFO 模型已经能提供较好的性能，并且比较容易实现。但 FIFO 一致性模型要求一个进程对数据发出的写请求被所有的地方按顺序见到，而这一要求对某些应用程序来说并不是必要的。例如，对在多副本数据库来说，一个在临界区的进程正在对记录进行修改操作时，其他进程对该记录的访问得不到响应。当该进程离开临界区后，其他进程对该记录的访问才能得到响应。

对于诸如数据库这样的系统，处于临界区中的进程对数据库的写操作只在本地副本上进行。当要退出临界区时，才将最终的结果传播到其他副本上，而不必将中间结果按顺序传播到其他副本上去。所以其他机器上的进程并不能也不必见到该进程的所有操作。对这类应用的一般解决办法是引入一个同步变量(synchronization variable)。与同步变量 S 相对应的操作只有一个，即同步操作 synchronize。该操作用于对所有的数据副本进行同步。一个进程 P 只对本地数据副本进行操作，当数据被同步时，P 进程对数据的最终操作结果才被传播到其他副本上。当然，其他进程对数据的最终操作结果在同步时，会传播到进程 P 的副本上。

弱一致性(weak consistency)模型是使用同步变量实现的一个一致性模型，其特性如下：

（1）访问与数据存储有关的同步变量时，必须遵守顺序一致性模型。

（2）以前的所有写操作在每个副本上没有完成之前，对同步变量进行的操作不允许执行。

（3）以前的所有对同步变量的操作完成之前，对数据项进行的任何读或写的操作不允许执行。

弱一致性模型同其他一致性模型不同的是：第一，弱一致性模型在一组操作上实施一致性管理，而其他一致性模型是在单个的读写操作上实施一致性管理；第二，若一致性模型不必要对进程的全程进行一致性管理，则只须对上次取得一致性之后到当前这一段时间进行管理。同步变量对一组操作进行定界。

图 7 – 14 使用了一个简单的例子对弱一致性进行了说明，图中的 S 代表同步。在图 7 – 14(a)中，进程 P_1 对数据项进行了两个写操作，然后执行同步。如果进程 P_2 和 P_3 没有执行同步，就不能保证两个进程得到的究竟是哪个写操作的值，所以图 7 – 14(a)中的情况是符合弱一致性的规定的。在图 7 – 14(b)中，进程 P_2 已经进行了同步，进程 P_2 的本地副本应该得到了更新，所以它应该得到最近一次写操作的值，它应该得到的值为 b，而不是 a，因此图 7 – 14(b)不符合弱一致性的规定。

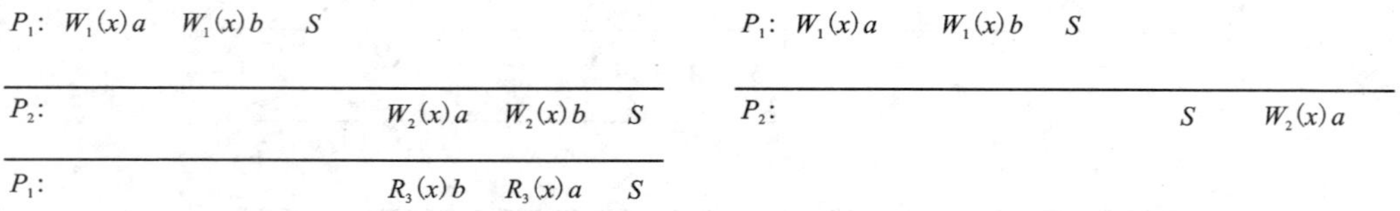

P_1: $W_1(x)a$ $W_1(x)b$ S			P_1: $W_1(x)a$ $W_1(x)b$ S	
P_2:	$W_2(x)a$ $W_2(x)b$ S		P_2:	S $W_2(x)a$
P_1:	$R_3(x)b$ $R_3(x)a$ S			

(a)符合弱一致性	(b)不符合弱一致性

图 7 – 14　弱一致性模型

弱一致性模型同其他一致性模型相比，能够获得更好的性能。特别是在下列情况中更是如此：

（1）大多数进程不需要知道每一个写操作。

（2）大多数进程不需要知道对数据项的中间操作结果。事实上，这些中间结果是在临界区中产生的，那么它们对其他进程来说是不应该知道的。

事实上，在分布计算系统中，大部分应用是符合上述两种情况的。

7.4.6　释放一致性

在弱一致性模型中，当执行同步操作时，对如下两种情况没有区分：①进程完成了写操作，即完成了向其他进程传播写的最终结果；②进程要开始读数据，其他进程对数据的更新结果传播到了本地副本上。所以，当执行同步时，必须确保本地发起的所有写操作已经完成，即已经传播到了其他副本上，也收集到了其他副本上的写操作。如果能区分这两种情况，数据存储需要提供对同步变量的两种操作，一种用于应用程序告诉数据存储系统要进入临界区，另一种用于应用程序告诉数据存储系统要离开临界区。

释放一致性为用户提供了这两种同步操作：一种是 acquire 操作，它用于告诉系统调用进程要进入一个临界区。在这种情况下，其他进程对远程副本的修改应该传播到本地，并且要对本地的副本进行更新。另一种是 release 操作，用于告诉系统调用进程要离开一个临界区。在这种情况下，本地进程对本地数据副本的修改应该传播到所有的远程副本上。由于释放一致性的每个同步操作只执行弱一致性中同步操作的部分活动，所以它进一步提高了性能。

同弱一致性模型相同，释放一致性模型要求在用户程序中明确地加入特定的程序代码来说明要执行这些同步操作。例如，可以通过调用 acquire 和 release 库函数，或 enter_critical_region 和 leave_critical_region 库函数来实现。

释放一致性除了使用临界区的方式来同步外，还可以通过提供关卡（barrier）的方式来实现同步。关卡是一种同步机制，它用于确保在其他所有进程完成程序的第 n 个阶段之前，任何进程不能率先进入程序的第 $n+1$ 阶段。当一个进程到达一个关卡时，它必须在那儿等待，直到所有的进程都到达那里。当最后一个进程到达某个关卡时，所有共享数据得到同步，并且所有相关进程都可以重新开始执行。当进程离开一个关卡（进入一个新的阶段）时，执行一个 acquire 访问；而到达一个关卡时，执行一个 release 访问。

一般来说，可以用一个集中的服务器来保证所有的相关进程已经完成了一个给定的阶段，当这个服务器确定某一个阶段已经完成时，它会通知所有进程可以执行下一个阶段。例如，在一个多副本的分布式数据库系统中，一个进程为了执行一个 acquire 操作，它向一个集中的同步管理员发送一个报文，请求获得一个特定的锁。如果不存在竞争，请求得到满足，acquire 操作完成。然后，在本地副本上可以对共享数据施加任意顺序的读写操作，对本地副本作的任何修改不会传播到其他数据副本上。当执行 release 操作时，被修改的数据需要发送到所有其他的副本上，当每个副本已经回答接收到了被修改的数据后，会通知同步管理员完成释放操作。采用这种实现方式，无论 acquire 和 release 操作之间对共享数据有多少读写操作，代价都是一样的。

无论采用什么样的方式来实现释放一致性模型，都必须遵守如下规则：

（1）前面的所有 acquire 操作完全成功完成以前，对共享数据的读写操作不能执行。

（2）在一个释放操作被允许执行之前，所有以前的读写操作都必须完成。

（3）对同步变量的访问必须遵守 FIFO 一致性模型。

如果遵守了上述条件，并且进程正确地使用了 acquire 和 release，那么程序的执行结果和在顺序一致性模型下执行的结果就没有什么区别。在 acquire 原语和 release 原语之间的一组对共享数据的读写操作被原子化了（不可再分），防止了这些读写操作与其他进程的读写操作之间的交叠。

图 7-15 所描述的事件顺序符合释放一致性模型。进程 P_1 执行 acquire 操作，对数据项 x 进行了两次修改，然后执行释放操作。进程 P_2 执行 acquire 操作并读取数据项 x。P_2 读取的值是 b，除非 $Acq_2(L)$ 发生在 $Acq_1(L)$ 之前。如果 $Acq_2(L)$ 发生在 $Rel_1(L)$ 之前，则 $Acq_2(L)$ 将被延迟到 $Rel_1(L)$ 之后。进程 P_3 在读取数据之前没有执行 Acquire 操作，则它从本地数据读取副本数据项 x，那么，读取的值为 a 是可能的。

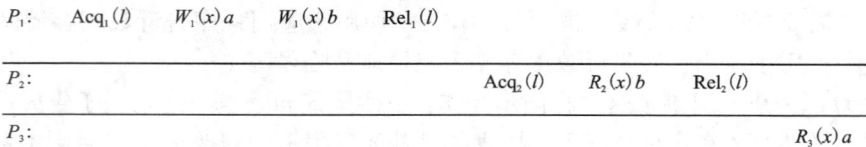

P_1:	$Acq_1(l)$	$W_1(x)a$	$W_1(x)b$	$Rel_1(l)$			
P_2:					$Acq_2(l)$	$R_2(x)b$	$Rel_2(l)$
P_3:							$R_3(x)a$

图 7-15　释放一致性

7.4.7　数据项一致性

同释放一致性模型相似，另一个使用临界区的一致性模型是数据项一致性（entry consistency）模型。同释放一致性模型一样，一致性模型要求程序员或编译程序使用 acquire 原语进入临界区，使用 release 原语离开临界区。然而，与同释放一致性模型不同的是，数据项一致性模型要求每一个共享的数据项具有一个对应同步变量（如锁或关卡），而释放一致性是一类共享变量只有一个同步变量。例如，对于一个数组来说，如果要求对数组中的每个元素进行独立的并行处理，那么不同的数组元素应该和不同的锁相联系。当对一个同步变量进行 acquire 操作时，只有被同步变量保护的那些数据才能维持一致性。这种方法可以减少获得和释放一个同步变量所需的开销，因为被这个同步变量保护的少量数据项必须同步。如果多个临界区没有交叉的共享数据，那么，多个临界区可以同时执行，从而提高并行性。其代价是程序设计变得复杂，并且更容易出错。

在数据项一致性模型中，同步变量按如下方式使用。每个同步变量有一个当前所有者，这个当前所有者就是最后一个对该同步变量执行 acquire 操作的进程，所有者进入和退出临界区不必重复地在网络上发送报文。若一个要访问共享数据的进程不拥有对应的同步变量，则它需要向当前的所有者发送一个报文请求来获得所有权。多个进程可以非互斥的方式同时拥有一个同步变量。这时它们只能对相应的数据进行读操作，而不能进行写操作。

数据项一致性模型的数据存储必须符合以下条件：

（1）被保护数据的所有更新完成之前，一个进程对相应同步变量的 acquire 操作不能执行。

（2）如果有其他进程持有某个同步变量，即使是以非互斥的方式持有这个同步变量，一个进程以互斥的方式对这个同步变量的访问仍不能执行。

（3）当一个对同步变量的互斥方式访问完成以后，其他进程对这个同步变量的非互斥方式的访问也不能立即执行，除非在这个同步变量的所有者的访问完成之后执行。

第一条说明，当一个进程执行 acquire 操作时，在所有的被保护数据更新之前，acquire 不会返回，其下一条语句不能执行。也就是说，在执行 acquire 语句之后，所有远程进程对对应共享数据的修改必须是可见的。

第二条说明，当一个进程对共享数据项进行更新之前，必须确保没有其他进程在同时试图对该共享数据项进行更新，也没有其他进程读共享数据项。

第三条说明，当一个进程要以非互斥的方式进入临界区时，它必须通过该同步变量的所有者的检查，以确保获得被保护的共享数据的最新副本。

图 7 - 16 是一个数据项一致性的例子。在这个例子中，每个数据项有一个对应的锁，而不是整个系统有一个锁。进程 P_1 获得数据项 x 的锁，对数据项 x 进行写；之后又获得数据项 y 的锁，对数据项 y 进行写。进程 P_2 只获得了数据项 x 的锁，所以读得 x 的值为 a，由于没有取得数据项 y 的锁，所以读得 y 的值为 NIL。进程 P_3 获得了 y 的锁，所以读得 y 的值为 b。

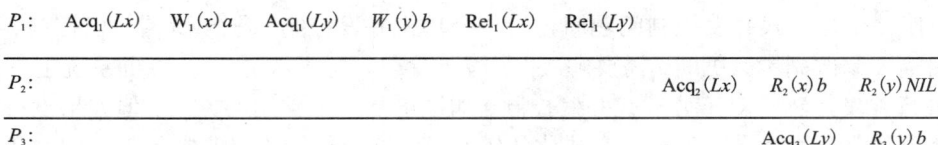

P_1:	$Acq_1(Lx)$	$W_1(x)a$	$Acq_1(Ly)$	$W_1(y)b$	$Rel_1(Lx)$	$Rel_1(Ly)$		
P_2:							$Acq_2(Lx)$ $R_2(x)b$	$R_2(y)NIL$
P_3:							$Acq_3(Ly)$	$R_3(y)b$

图 7 - 16　数据项一致性

数据项一致性模型在 Orca 程序设计语言中得到了实现，后来又在 CRL 得到了实现。在这两种语言中，每个临界区都有一个对应的同步变量，同步变量由程序设计语言的底层运行时系统来提供。当一个临界区被访问时，由运行时系统来实现同步。

表 7 - 4 反映了不同一致性模型的主要特性。

表 7 - 4　不同一致性模型的主要特性

一致性模型	特性
严格一致性	所有对共享数据的访问操作按绝对时间的顺序排序
可线性化一致性	所有对共享数据的访问操作在每个进程看来是按照同样的顺序执行的，它们是按照全局时间戳来排序的
顺序一致性	所有对共享数据的访问操作在每个进程看来是按照同样的顺序执行的，但它们的排序不依赖于时间
相关一致性	所有因果相关的对共享数据的访问操作在每个进程看来是按照同样的顺序执行的
FIFO 一致性	一个进程内部的所有写操作以它们在该进程中执行顺序被所有其他进程看见。不同进程的写操作在不同进程看来具有不同的顺序
弱一致性	只有在一个同步操作执行以后，才可以认为共享数据是一致的
释放一致性	当从一个临界区中退出后，共享数据才获得一致
数据项一致性	当进入一个临界区时，与这个临界区对应的共享数据项获得一致

7.4.8 基本副本协议

副本控制协议是指按特定的协议流程控制副本数据的读写行为，使副本满足一定的可用性和一致性要求的分布式协议。副本控制协议要具有一定的容错能力，从而使系统具有一定的可用性，同时副本控制协议要能提供一定的一致性级别。由 CAP 原理可知，要设计一种满足强一致性且在出现任何网络异常时都可用的副本协议是不可能的。为此，实际中的副本控制协议总是在可用性、一致性与性能等各要素之间按照具体的需求折中。

本节将副本控制协议分为两大类："中心化（centralized）副本控制协议"和"去中心化（decentralized）副本控制协议"。

1. 中心化副本控制协议

中心化副本控制协议的基本思路是由一个中心节点来协调副本数据的更新、维护副本之间的一致性。图 7-17 给出了中心化副本协议的通用架构。中心化副本控制协议的优点是协议相对较为简单，所有副本相关的控制都交由中心节点完成。因并发控制将由中心节点完成，从而使一个分布式并发控制问题简化为一个单机并发控制问题。所谓并发控制，即多个节点同时需要修改副本数据时，需要解决"写写""读写"等并发冲突。单机系统上常用加锁等方式进行并发控制。对于分布式并发控制，加锁也是一个常用的方法，但如果没有中心节点统一进行锁管理，就需要完全分布式化的锁系统，这会使得协议非常复杂。中心化副本控制协议的缺点是系统的可用性依赖于中心节点。当中心节点异常或与中心节点通信中断时，系统将失去某些服务（通常至少失去更新服务），导致存在一定的停服务时间。

本节着重介绍一种非常常用的 primary - secondary（也称 primary - backup）中心化副本控制协议。在 primary - secondary 类型的协议中，副本被分为两大类，其中有且仅有一个副本作为 primary 副本，除 primary 以外的副本都作为 secondary 副本。维护primary 副本的节点作为中心节点，中心节点负责维护数据的更新、并发控制、协调副本的一致性。

图 7-17 中心化副本控制

primary - secondary 类型的协议一般要解决四大类问题：数据更新流程、数据读取方式、primary 副本的确定和切换、数据同步（reconcile）。以下依次进行分析。

（1）数据更新基本流程。

primary - secondary 协议的数据更新流程如图 7-18 所示。

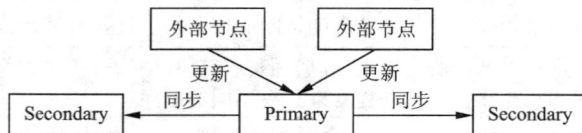

图 7-18 primary - secondary 基本更新流程

① 数据更新都由 primary 节点协调完成。

②外部节点将更新操作发给 primary 节点。

③节点进行并发控制即确定并发更新操作的先后顺序。

④primary 节点将更新操作发送给 secondary 节点。

⑤primary 根据 secondary 节点的完成情况决定更新是否成功是否将结果返回外部节点。

在第④步中，primary 节点将更新操作发送到 secondary 节点，发送的往往也是更新的数据。在工程实践中，如果由 primary 直接同时发送给其他 N 个副本发送数据，则每个 secondary 的更新吞吐受限于 primary 总的出口网络带宽，最大为 primary 网络出口带宽的 $1/N$。为了解决这个问题，有些系统（如 GFS）使用接力的方式同步数据。即 primary 将更新发送给第一个 secondary 副本，第一个 secondary 副本发送给第二个 secondary 副本，依次类推。由于异常，第④步可能在有些副本上成功，有些副本上失败，在有些副本上超时。不同的副本控制协议对于第④步异常的处理都不一样。例如，在提供最终一致性服务的系统中，secondary 节点可以与 primary 不一致，只要后续 secondary 节点可以慢慢同步到与 primary 一致的状态即可满足最终一致性的要求。

（2）数据读取方式。

数据读取方式是 primary – secondary 类型协议需要解决的第二个问题。与数据更新流程类似，读取方式也与一致性高度相关。如果只需要最终一致性，则读取任何副本都可以满足需求。如果需要会话一致性，则可以为副本设置版本号，每次更新后递增版本号，用户读取副本时验证版本号，从而保证用户读到的数据在会话范围内单调递增。使用 primary – secondary 比较困难的是实现强一致性。

Primary – secondary 类型协议一般都会遇到 secondary 副本与 primary 不一致的问题。此时，不一致的 secondary 副本需要与 primary 进行同步（reconcile）。

通常不一致的形式有三种：①由于网络分化等异常，secondary 上的数据落后于 primary 上的数据。②在某些协议下，secondary 上的数据有可能是脏数据，需要被丢弃。所谓脏数据是由于 primary 副本没有进行某一更新操作，而 secondary 副本上反而进行了多余的修改操作，从而造成了 secondary 副本数据错误。③secondary 是一个新增加的副本，完全没有数据，需要从其他副本上拷贝数据。

对于第一种 secondary 数据落后的情况，常见的同步方式是回放 primary 上的操作日志（通常是 redo 日志），从而追上 primary 的更新进度。对于脏数据的情况，较好的做法是设计的分布式协议不产生脏数据。如果协议一定有产生脏数据的可能，则应该使产生脏数据的概率降到非常低，从而一旦产生脏数据就可以简单地直接丢弃有脏数据的副本，这样相当于副本没有数据。另外，也可以设计一些基于 undo 日志的方式，从而可以删除脏数据。如果 secondary 副本完全没有数据，则常见的做法是直接拷贝 primary 副本的数据。这种方法往往比回放日志追更新进度的方法要快很多。但拷贝数据时，primary 副本需要能够继续提供更新服务，这就要求 primary 副本支持快照（snapshot）功能。即对某一刻的副本数据形成快照，然后拷贝快照，拷贝完成后使用回放日志的方式追快照形成后的更新操作。

2. 去中心化副本控制协议

去中心化副本控制是另一类较为复杂的副本控制协议。与中心化副本系统协议最大的不同是，去中心化副本控制协议没有中心节点，协议中所有的节点都是完全对等的，节点之间通过平等协商达到一致。因此，去中心化协议没有因为中心化节点异常而带来停服等问题。图 7 - 19 给出了去中心化副本控制协议的示意图。

然而，没有什么事情是完美的，去中心化协议的最大缺点是协议过程通常比较复杂。尤其当去中心化协议需要实现强一致性时，协议流程变得复杂且不容易理解。由于流程的复杂，去中心化协议的效率或者性能一般也较中心化协议低。举一个不恰当的比方就是，中心化副本控制协议类似专制制度，系统效率高但高度依赖于中心节点，一旦中心节点异常，系统受到的影响较大；去中心化副本控制协议类似民主制度，节点集体协商，效率低下，但个别节点的异常不会对系统总体造成太大影响。

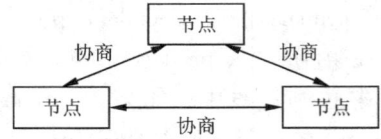

图 7 - 19　去中心化副本控制协议

与中心化副本控制协议具有某些共性不同，各类去中心化副本控制协议则各有各的巧妙。Paxos 是在工程中得到应用的强一致性去中心化副本控制协议。

7.5　分布式数据库系统的设计

7.5.1　分布式数据库系统设计概述

1. 分布式系统的创建方法

分布式数据库系统的实现方法大致可以分为两种：组合法和重构法，如图 7 - 20 所示。

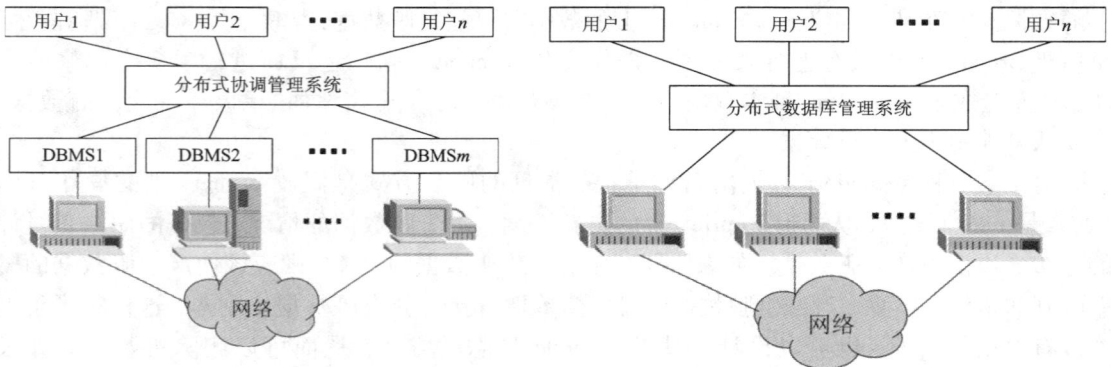

图 7 - 20　组合法（左）与重构法（右）

（1）利用组合法创建分布式数据库系统。

组合法也称为集成法，这是一种自底向上的创建方法。它利用现有的计算机网络和独立存在于各个站点的现存数据库系统，通过建立一个分布式协调系统，将它们集成为一个统一的分布式数据库系统。

用这种方法建立的分布式数据库系统，一方面要对网络系统的功能进行分析，另一方面还须要对各个站点上原有的数据库系统进行分析，除此之外，还需解决数据的一致性、完整性以及可靠性问题。如果各站点上的 DBMS 不相同的话，就会使这种方法，且无论在理论上还是在实践中，都存在很大的困难。但是，这种方法是利用现存的网格和既存的数据库系统，仅需要一个分布式协调管理系统。因此，相对来说，如果该系统不是很大的话，工作量就会比较小，实现的周期会短些，花费的人力、物力会少些，用户也比较容易接受，因为它有利于保护现有的投资。

采用组合法的分布式数据库系统往往是异构或同构异质的分布式数据库系统。这是因为被集成的各个站点上的局部数据库管理系统的数据模型或生产厂家通常是各不相同的。

（2）采用重构法创建分布式数据库系统。

重构法是根据系统的实现环境和用户需求，按照分布式数据库系统的设计思想和方法，采用统一的观点，从总体设计做起，包括各站点上的数据库系统，重新建立一个分布式数据库系统。

重构法的优点在于可以按照统一的思想来考虑分布式数据库系统中的各种问题，有效地解决分布式数据库系统的数据一致性、完整性和可靠性问题。但是花费的人力、物力会比较多，研制周期也比较长，系统建设的代价会比较大。在实际应用中，究竟应该采用哪种方法要根据具体情况做具体分析后决定。

采用重构法创建的分布式数据库系统通常是同构异质甚至是同构同质的分布式数据库系统。因为，同构型分布式数据库系统远远比异构型分布式数据库系统更容易实现。无特殊要求的情况下，一般在采用重构法创建 DDBS 时，大多选择同构型分布式数据库系统。如著名的 POREL 系统、SDD-1 系统、SIRIUS-DELTA 系统和 MICROBE 系统等都是采用重构法创建的分布式数据库系统。

2. 分布式数据库系统设计的内容

与集中式数据库系统设计类似，分布式数据库系统设计的内容也可分为分布式数据库的设计和围绕分布式数据库而展开的应用设计两个部分。分布式数据库系统的设计远比集中式数据库系统的设计困难和复杂，因为其涉及单个站点上的数据库系统的许多关键技术问题和组织问题，在分布式系统中会变得更加复杂。

作为数据库系统设计的核心部分——数据库设计，其主要问题是模式（也称概念模式，是指描述数据库应用所使用的全部数据）和内模式（也称物理模式，是指描述概念模式映射到存储区域，并确定合适的访问方法）的设计。这两个问题在分布式数据库中变为了全局模式设计和每个站点的局部数据库设计的问题，其中的关键是数据库的全局模式应如何划分，并如何映射到合适的站点上。这就产生了分布式数据库设计所特有的两个新问题：数据的分片设计和片段的位置分配设计。

这两个问题在概念上是有差别的：分片设计研究的是全局模式分片的"逻辑准则"，而片段的位置分配设计研究的是处理数据在各站点上的"物理布局"。但是，在对待这个差别时必须谨慎，因为通常这两个问题是相互关联的，不可能通过独立地解决它们而确定最优的分片和分配。

另外，在需求分析中，要弄清数据需求和应用需求，因为应用提出的要求会影响到分片设计和片段的位置分配设计。因此，在分布式数据库系统设计中，为使分片设计和片段的位置分配设计得到的模式能够高效地支持应用，还要知道应用的确切要求，包括：

（1）各个应用的"原发站点"，即发出该应用的站点。

（2）各个应用在每个站点被激活的频率（单位时间内被激活的次数）。

（3）各个应用对所要求访问的每个数据对象的访问次数、类型和统计分布。

注意，本节对分布式数据库系统的设计，将主要阐述对分布式数据库的设计，而不讨论围绕分布式数据库展开的应用设计问题。

3. 分布式数据库设计的目标

在理想的情况下，分布式数据库系统的用户可以不关心数据的物理分布，而由系统负责处理在不同站点上的分布数据。然而，数据的实际分布情况会影响系统的总体性能。访问多个数据对象所需的时间和费用，会因为这些数据对象是存放在同一站点，还是分布在多个站点而有很大差别。如果分布在多个站点上，就要进行站点与站点之间的通信，通信将需要一定时间和很高的费用，另外，数据是否被复制、复制副本的多少也会影响系统的性能。因为同一数据的每个副本在故障独立的假设下都是可用的，数据的多副本不但可以提高系统的可用性和可靠性，而且还可以提高系统处理的并发度。然而，为了维护数据的一致性，若对某个数据进行更新，则需要对该数据的所有副本同时做同样的更新。因此，DDBS 的数据库设计者必须仔细考虑数据是否分片，片段如何复制，以及数据或片段如何分布。

了解分布式数据库设计的其他目标请扫描二维码。

上述的设计目标都要达到是非常困难的。因为这会使优化模型变得非常复杂。因此，可以将上面的某些特征考虑为约束条件而不是目标。例如，可以在初始设计时仅考虑最重要的准则，而在以后优化中再考虑其他准则。

分布式数据库设计
的其他目标

4. 分布式数据库设计的方法

分布式数据库系统的创建方法有重构法和组合法，相应地，分布式数据库设计方法也有两种方法，即自顶而下方法和自底向上方法。前一种方法是从头开始设计分布式数据库，而后一种方法则是通过聚集现存数据库来设计分布式数据库。

（1）自顶向下方法。

假定设计者理解用户的数据库应用要求，并将其变换为形式规格说明。在这一过程中，设计者历经概念设计、逻辑设计和物理设计阶段，将高级的、与计算机系统无关的规格说明逐渐转成低级的、与计算机系统有关的规格说明。在概念设计期间，设计者不考虑有关物理实现（特别是数据分布）的任何细节。概念设计和逻辑设计的结果是数据库的全局模式，它包含了数据库的所有数据元素及使用形式。专门针对分布式数据库的一个设计阶段称作分布设计，它将全局模式映像成几个可能交叠的子集模式，每一个子模式表示与一个站点有关的信息子集，然后完成每一个数据库的设计。

（2）自底向上方法。

假定由于需要互连一些现存数据库以形成一个多数据库系统，或由于已对各站点独立完成了数据库的概念说明，所以各站点上数据库的规格说明已是现存的。无论在上述哪种情况下，为了产生一个全局规格说明，都必须综合各站点的规格说明，以便得到分布式数据库的全局概念模式。

显然自顶向下方法和自底向上方法看起来是表示两种极端情形,但在许多实际情况中,设计者都是一部分使用自顶向下方法,另一部分使用自底向上方法。下面将分别介绍这两种方法和讨论它们之间的相互联系。

7.5.2 自顶向下设计分布式数据库

1. 自顶向下设计分布式数据库的步骤和内容

设计集中式数据库的一般方法包括四个阶段:需求分析、概念设计、逻辑设计和物理设计。分布式数据库设计还要增加一个新的阶段,叫作分布设计。它位于逻辑设计与物理设计之间,以一个全局的、与站点无关的模式作为输入,以产生分布式数据库各站点的子模式(局部概念模式)作为结果输出(图 7 – 21)。分布设计包括数据的分片设计和片段的位置分配设计。原则上讲,应在逻辑设计阶段开始时进行分布设计。因为数据和操作的精确描述,有助于评估不同分布的性能。另外,只有当给定数据库分布时,才应决定有关实现细节,以便能独立地集中考虑各局部数据库的物理设计。如果各站点 DBMS 是异构的,则各站点的物理设计必须独立进行。

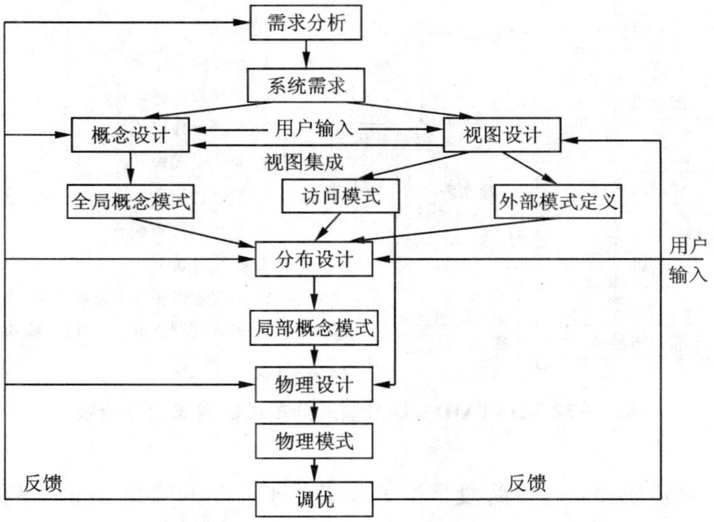

图 7 – 21   自顶向下设计过程

自顶向下的设计过程,是从需求分析开始进行概念设计、模式设计、分布设计(分片设计和分配设计)、物理设计以及性能调优等一系列设计过程。

第一步:系统需求分析。首先,根据用户的实际应用需求进行需求分析,形成系统需求说明书。该系统说明书是所要设计和实现的系统的预期目标。

第二步：根据系统需求说明书中的数据管理需求进行概念设计，得到全局概念模式，如 E‐R 模型。同时根据系统说明中的应用需求，进行相应的外模式定义。

第三步：根据全局概念模式和外模式定义，结合实际应用需求和分布设计原则，进行分布设计（包括数据分片和分配设计），得到局部概念模式以及全局概念模式到局部概念模式的映像关系。

第四步：根据局部概念模式实现物理设计，包括片段存储、索引设计等。

第五步：进行系统调优。确定系统设计是否最好地满足系统需求，包括同用户沟通、系统性能模拟测试等，可能需要进行多次反馈，以使系统能最佳地满足用户的需求。

2. DATAID‐D 方法

DATAID‐D 方法是自顶向下设计分布式数据库的一个典型方法，由意大利米兰工业大学提出。它强调的是给设计者提供一种方法学框架结构并指明有关的设计问题，即为解决这些问题需要哪些参数，以及如何解决这些问题。

DATAID‐D 是作为集中式数据库设计 DATAID‐1 方法论的扩充而构造的，后者分成四个阶段：需求分析、概念设计、逻辑设计和物理设计。DATAID‐D 要求对其增加两个阶段：分布要求分析阶段和分布设计阶段，如图 7‐22 所示。

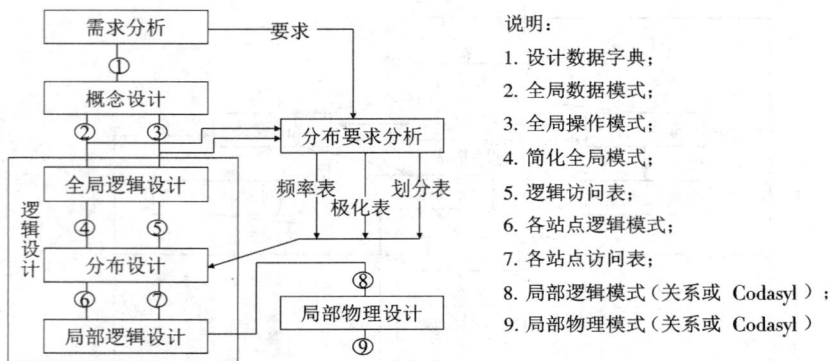

图 7‐22 DATAID‐D 方法的分布式数据库设计步骤

（1）分布要求分析阶段：这一阶段是为了收集关于分布的信息，如水平分片的划分谓词，每一应用在各站点激活的频率等。为了收集关于数据和应用分布的信息，必须从概念设计阶段的某些结果出发来收集有关的分布要求。因此，分布要求分析阶段将位于概念设计阶段之后。

（2）分布设计阶段：这一阶段始于全局数据库模式的规格说明和所收集的分布要求，然后产生全局数据的分片模式和片段的位置分配模式。分配模式描述了分配在各站点上的数据情况。

分布设计阶段的输入是以前设计阶段产生的数据与应用规格说明，其形式为全局数据库模式和逻辑访问表。全局数据库模式使用简单的实体联系（ER）模型来描述。逻辑访问表指明各应用在每个实体上所执行的数据库访问操作的类型和频率。逻辑设计的最初部分，即全局逻辑设计，将扩充的 ER 模型变换成简化 ER 模型，并且全局逻辑设计在分布设计之前进行。逻辑设计的最后部分，即将 ER 模型变换成一个关系模式或 Codasyl 模式后，被推迟到分布设计之后进行，并且最后部分对各站点的逻辑设计可独立进行。

为了便于讨论，假定分布设计前的一些阶段的结果都是可用的，并且把设计过程作了简化。这里只讨论分布式数据库所强调的分片与分布问题。分布式数据库的实际设计过程中，将需要在阶段间的若干次反馈。

（1）分布要求分析阶段。

分析分布要求的目的是收集以后用于推动分布设计所需要的信息。收集此类信息是一个困难的过程，需要与用户交流思想，理解他们的需要。不过，这里只强调应该产生的结果，即应被收集的信息的类型。

这一阶段的输入是用户对分布的要求和全局数据概念模型与操作模式。可建立三种类型的表作为这一阶段的输出：应用的频率表、实体的划分表和数据与应用的极化（polarization）表。

①频率表。给出各站点上每一应用的激活次数。假设所有应用在所有站点上都有可能执行，显然，一个应用在一个站点上从不执行时，相应位置中的频率项为零。

②划分表。指明可使用于模式中各实体的潜在水平分片规则。在实践中，每条分片规则指明引入水平分片的可能理由，并与在一给定站点访问一给定数据子集的一个或多个应用有关。

③极化表。基于定量分析方法来说明分片如何影响着应用处理的本地性。一个极化表指明由一给定站点发出的一给定应用所访问一给定片段的概率。

（2）分布设计阶段。

分布设计的目标是从全局数据模式、逻辑访问表和分布要求出发，将数据分配在站点上。分布设计阶段的输出是各站点的逻辑模式和逻辑访问表。在以后的局部逻辑设计阶段和在各站点上独立进行的物理设计阶段，都要使用这些逻辑模式和访问表。

DATAID－D 中的分布设计分为四个阶段：分片设计、非冗余分配、冗余分配和局部模式的重新构造。

（1）分片设计。

分片设计对实体进行水平分片和垂直分片，以便为以后设计阶段确定可能的分配单位。要使每一片段成为一个合适的分配单位，就必须保证由各站点上执行的各应用大约以同一方式（即相同频率）访问在片段中的实体（元组）。这种一致行为可以把片段看成以后分配阶段的一致分配单位。显然，这一准则应用得太严，就可能引起分片降低到单个属性或单个元组的程度。为此，设计一个阈值条件，超过该阈值则无法进一步分片。分片设计主要包括逻辑判定，它从极化表中选择某些谓词，并用它们定义逻辑片段。

（2）非冗余分配。

非冗余分配的执行是把各片段映射到使用最多的站点上，在该站点发出的所有事务上，求极化值与该片段使用频率之积的和，可以得到各片段在每一站点上可能的使用频率，因此有可能识别最频繁访问该片段的站点,因而将该片段分配到这一站点上。

根据频率表与极化表,采用下述分配方法,一般可得到从一给定站点访问一给定片段次数的定量测度,并可从中选出该片段的定位站点。

令 F_{ij} 表示应用 i 使用站点 j 的频率;P_{ijk} 应用 i 使用站点 j 时片段 k 的极化值。

于是应用 i 从站点 j 访问片段 k 的次数给出如下:

$$N_{kj} = \sum F_{ij} \times P_{ijk}$$

因此,片段 k 被分配到站点 j',使得 $N'_{kj} = \max_{all-j} N_{kj}$

(3)冗余分配。

冗余分配的执行是使用"贪婪"启发式,也可以采用"所有得益站点法"或"附加复制法"来执行。在每次迭代时,计算因增加一副本使其变成本地的检索访问的得益与为维护该副本一致性所需要的附加远程修改访问的损失之差值。若这个数字是个较大的正数时,便会把读片段的副本存储到得益站点,说明了增加冗余度的必要性,否则就不增加。

(4)局部模式重新构造。

局部模式的重新构造是重新构造片段分配在站点上的局部模式。这一阶段也负责 ER 全局模型中的联系分配。大多数联系是以对应实体标识符间的结合实现的。DATAID – D 方法建议把联系放置在具有最大基数性的实体或片段的站点上,使必须传送的实体标识符尽可能少。

7.5.3 自底向上设计分布式数据库

1. 自底向上设计分布式数据库要解决的问题

把现有数据库集成起来构成分布式数据库时,可采用自底向上的方法。这种方法的重点是把现有的各种不同的数据库模式集成为全局模式。所谓集成就是把公用数据定义合并起来,并解决对同一个数据的不同表示方法之间的冲突。

注意,自底向上的设计方法不适用于水平分片关系的设计。事实上,同一个全局关系的各个水平分片必须具有相同的关系模式,这在自顶向下的设计方法中很容易实现。但是,自底向上的设计方法是先独立地设计各数据库,然后再把它们集成起来,很难"发现"水平分片。而水平分片是分布式数据库设计中的一个重要且有用的特点,所以在集成的过程中应该设法调改本地关系的定义,把这些本地关系看成是公共全局关系的水平分片。

把现有数据库集成为分布式数据库时,这些现有数据库很可能使用的是不同的 DBMS。这将构成异构系统,从而增加了数据集成的复杂性。此时,可以在每对不同的 DBMS 之间进行一对一的翻译。在异构系统中使用最多的方法是选择一公用数据模型,然后再把涉及这个DBMS 的所有的不同模式都翻译成这种唯一的表示方法。

综上所述,分布式数据库的自底向上设计方法需要解决的问题是构造全局模式的设计问题,它包括如下三个问题,而这三个问题在异构分布式数据库的设计中特别重要。

(1)选择公用数据库模型来描述数据库的全局模式。

(2)把每个站点上的本地模式翻译成公用的数据模型。

(3)把各站点上的本地数据模式集成为一个公用的全局模式。

2. 构造全局模式的设计问题和解决方法

（1）构造全局模式设计问题的分析。

多数据库系统使用自底向上设计方法设计分布式数据库，其中的主要问题是需要构造一个全局模式（亦称超视图）。这是一个综合过程，为了综合多数据库，必须为要创建的全局模式选择一个合适类型的数据模型。如果把分布式数据库中在各站点上的数据库模式看作是全局模式的视图，则寻求全局模式的问题可以看成视图综合问题。视图综合问题的经典解法是生成三个实体：一个具有共同属性，另外两个具有非相交属性。在全局视图中，共同属性与子类型相关联，并对包含非相交属性的各个视图生成子类型，用双线箭头表示概括分层。在这里使用概括分层扩充 ER 模型（EER 模型）。在图 7 - 23 的例子中，班机实体的两个视图具有一些共同属性。在全局视图中，生成的概括分层结构有一个超类型和两个子类型。超类型具有共同属性，而子类型各对应一个视图，"差"属性与子类型有关。

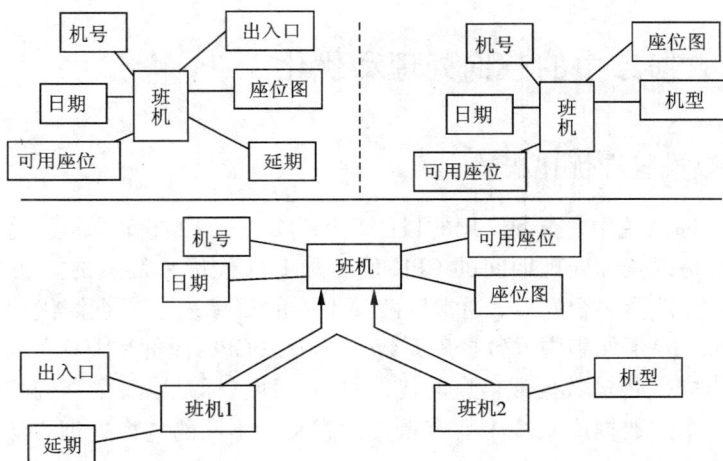

图 7 - 23　使用概括分层的视图合并

当出现多个视图时，一般把一个视图和全局模式合并来进行综合，逐步构造全局视图。首先综合最大或最重要的视图，然后综合最小的或最不重要的视图。

①识别相似性。

综合两个模式的第一步是识别它们的相似性，这些相似性是综合模式的出发点。因为模式相交部分的命名相似性或结构相似性是可以识别匹配的。从先前存在的数据库中数据的相似性可以推得匹配，相似的值集表明相交。通过比较属性，可以识别匹配属性域。如果在不同站点上有相似的应用使用了各自数据库中的数据副本，那么这两个站点上的数据库之间肯定有某些相交。

②识别冲突。

在综合两个模式时，还应弄清楚冲突，即弄清不同模式中相似数据的不同表示或域定义。通过在全局模式中引入差异或在源模型中做一些折中，可以解决冲突。对于设计时不能解决的冲突，需要设计可供选择的策略，以回答针对不一致数据的查询。

　　模式差异包括命名冲突、域差异、定标差异和结构差异。

　　在进行综合之前应报告和确定上述种种冲突，接着应修改局部系统以反映可能出现的综合。

　　（2）处理操作期间的不一致数据。

　　数据库设计者必须决定处理全局数据库在工作期间所出现的不一致性的策略。例如，存储在不同站点的雇员实体的两个实例碰巧有相同的标识符，但薪水属性值不同的情况。这种情形可能有几个原因：第一，同一标识符对应于两个不同雇员是可能的。当从数据库抽取值时进行系统的修改，就可以解决这种情况。例如，引入系统范围的独特标识符，把所有局部标识符和站点串起来。第二，同一雇员在两个站点有两种不同的工作，并且薪水属性正好涉及这两种不同的工作。在模式综合时，可以考虑把两个薪水属性处理成异物同名。第三，可能是逐渐过时所致。这种情况也可以在模式级解决，把两个薪水处理成异物同名（即老薪水和新薪水），否则，有可能在查询修改时指明应使用的最新值（在这种情况，薪水属性必须盖上时间戳）。第四，由于不符合逻辑错误的实际存在的不正确性。

7.6　分布式数据库中的查询处理和优化

7.6.1　分布式查询优化概述

　　在集中式数据库系统中，查询优化的目的在于为每个用户查询寻求总代价最小的执行策略。通常，总代价是以查询处理期间的 CPU 代价和 I/O 代价来衡量的。在分布式数据库系统中，一个查询可能涉及多个站点，通常以两种不同的目标来考虑查询优化：一种目标是以总代价最小为标准。除了如集中式数据库系统一样考虑 CPU 代价和 I/O 代价外，总代价还包括通过网络在站点之间传输数据或信息的代价。另一种目标是以每个查询的响应时间最短为标准。这一点在分布式数据库系统中具有重要的意义。不同的查询处理方法，其查询的通信费用和并行处理程度是大不一样的。

　　在分布式查询优化中也常常同时使用这两种标准。根据系统应用的不同，一种作为主要标准，另一种作为辅助标准。例如，可能先找到一个总代价最小的执行方案，然后在总代价不增加的条件下修正方案，使响应时间尽可能的短。

　　分布式查询处理是数据传递和局部处理相交织的过程，分布式查询处理的过程实质是利用数据传递策略和局部数据处理策略，把分布查询转化为局部查询的过程。

　　分布式数据库中的查询过程可分为逻辑分解、评议转换和优化组合这三个部分。用户可以用全局查询评议对多个数据库同时进行查询，即为全局查询。全局查询一般经过以下几个过程：首先，将全局查询逻辑分解成几个子查询，每个子查询对应一个局部数据；其次，若全局查询评议与局部查询评议不同，则进行语言的等价转换；最后，各个子查询的结果优化组合后返回。

　　分布式查询处理可分为下列四个层次结构：

　　（1）查询分解。

　　查询分解是将查询问题（如 SQL 语句）转换成一个定义在全局关系上的关系代数表达式。这一层的做法与集中式 DBMS 相同，因为它并未涉及分布问题。本层转换所需要的信息可在全局概念模式中得到。

（2）数据本地化。

数据本地化是把一个在全局关系上的操作具体化为合适片段上的操作。这一变换所需要的信息在分片模式和片段的分配模式中获得。

（3）全局优化。

全局优化（global optimization）输入是分片查询，全局优化是找出分片查询的最佳操作次序，包括使代价函数最小。全局优化的一个重要方面是关于连接操作的优化。全局优化处理层输出是一个优化的、片段上的关系代数查询。这层转换所需要的信息来自数据库的统计信息，包括各站点片段统计信息、资源信息和通信信息等。

（4）局部优化。

局部优化（local optimization）由与查询有关片段的各个站点执行。它由该站点上的 DBMS 进行优化，采用集中式数据库系统中查询优化的算法，所需要的信息来自于局部模式。

分布式查询优化通常在分布式查询层次结构中的数据本地化层和全局优化层。数据本地化阶段一般采用的是基于关系代数等价变换的优化算法。而全局优化阶段采用的算法，可具体分为基于半连接算法的查询优化和基于直接连接算法的查询优化两大类。

7.6.2　全局查询及局部查询处理

查询处理在集中式数据库环境中将用户查询（由查询语言表达）转换成物理查询处理，其中包括了物理优化和逻辑优化两个层次。物理优化就是对关系（数据库）的基本操作符的运算在实现中的优化，如每个基本操作可配合有诸如索引、排序、聚集（聚簇）等，其实现效率大不相同。逻辑优化是指在进行物理优化前先应有的一个合理的（最优的）操作符次序或一些操作策略的选择，它是物理优化的先导。

分布式查询对应全局层三种数据库有三种查询方式：

（1）用户查询（QU），是 DDB 在全局数据库（GDB）上的查询。

（2）逻辑查询（QL），是 DDB 在逻辑数据库（LgDB）上的查询。

（3）物理查询（QP），是 DDB 在物理数据库（PDB）上的查询。

三种查询之间有一定的关系，由定义 7.6 描述。

定义 7.6　对于任一用户查询 Q_U，相应的逻辑查询为 $Q_U \cdot FS^{-1}$，相应的物理查询为 $Q_U \cdot FS^{-1} \cdot AS^{-1}$。

定义 7.1 讨论是的全局层查询处理，其中对用户查询，在系统中实际存在了两次转换：全局查询到逻辑查询的转换和逻辑查询到物理查询的转换。如图 7-24 所示。

定义 7.7　分布式数据库系统的查询处理 Q_P 是一算法：算法的输入是用户查询 Q_U；算法的输出是相应的物理查询 Q_P；算法的功能是将用户查询按照每个全局关系的分布结构转换成一个最优的物理查询。

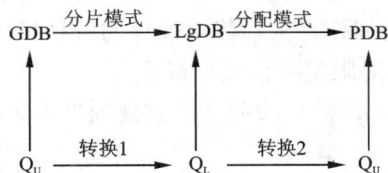

分布式查询优化的准则和代价估算

图 7-24　三种查询间的关系

这一定义实质上给出了 DDB 的全局处理，包括全局查询的转换（分解）及优化。对物理查询的具体执行就相当于在一个集中式数据库上的操作（即对局部数据库的操作），其中的查询处理属于局部查询处理。

7.6.3　全局查询转换基础知识

1. 查询表示及等价转换性质

关系数据模型有三种等价的查询语言：代数语言、元组演算语言、域演算语言。SQL 语言是关系数据库的标准语言，它是完备的（与上述三种语言等价）。假设 DDBMS 提供完全透明，则全局用户可用 SQL 操纵语句来表达全局查询；或者说，SQL 语句是对 DDB 进行查询的外部表达式（一种非过程化的）。

查询要得到结果，必须对关系进行具体操作。关系有五种基本的操作：并（∪）、差（−）、笛卡尔积（×）、选择（σ）、投影（π）。其中前三种是关系代数中的集合操作，后两种是关系数据库定义的。此外，还有五种基于上述五种基本操作导出的操作：交（∩）、商（÷）、联接（∞）、自然联接（∞）、半联接（$\propto$）。前两种是关系代数基本操作导出的，后三种是因关系数据库操作而定义的。非过程化的查询表达式（外部表达式）必定可以用直接相应的十种关系操作符表示。

例：select ename, dno from emp where dno = '15'。

其相应的代数操作表达式为：$\pi_{ename, dno}(\sigma_{dno = '15'} emp)$ 或者 $\sigma_{dno = '15'}(\pi_{ename, dno} emp)$。

代数表达式可表达一定的操作序列，不同表达式可表示出相同结果，这就是等价性定义。

2. 分布查询中关系代数的扩充

（1）逻辑片段（逻辑关系）性质。

查询转换中第一次转换就是将对全局关系的查询转换成对逻辑关系的查询。逻辑关系是全局关系进行选择、投影和连接操作得到的。从对关系的操作而言，逻辑关系是带一定限定条件的关系，称它为限定关系。它的限定条件是谓词或属性集。用户查询中有对逻辑关系和物理关系的查询，其中对逻辑关系的查询就是对这种限定关系的操作。也就是说，对关系的操作可以进一步地再作用到限定关系上。

限定关系的简化表示为[R：Q]，其中 Q 是限定关系即逻辑关系应满足的谓词。对[R：Q]的操作是关系代数操作的一种扩充，使用限定关系作为操作数。显然，在处理关系以外还要求对限定条件进行操作。

（2）扩充的关系代数规则见表 7 − 5 所示。

表 7 – 5　扩充的关系代数规则

$\sigma_F [R: Q_R] => [\sigma_F (R): F \wedge Q_R]$	对一个全局关系进行选择操作(谓词为 Q_R)得到逻辑关系后再做选择操作(谓词为 F),相当于对全局关系做了一次选择操作,但其谓词为 F AND Q_R,即谓词的合取性;F 是在 Q_R 所有选定的元组中的限定
$\pi_A [R: Q_R] => [\pi_A R: Q_R]$	对限定关系投影出某些属性(A),即使计算谓词条件的属性不在 A 中,所得到的限定关系的谓词也不会改变,仍是 Q_R。这是因为谓词是一种内涵,而不是外延。属性个数变化,元组数不变
$[R: Q_R] \times [S: Q_{s_-}] => [(R) \times (S): Q_R \wedge Q_S]$	同样有谓词合取性
$[R: Q_R] - [S: Q_{s_-}] => [(R) - (S): Q_R]$	两个限定关系的差操作是不对称的
$[R: Q_R] \cup [S: Q_{s_-}] => [(R) \cup (S): Q_R \vee Q_S]$	谓词具有析取性
$[R: Q_R] \cap [S: Q_{s_-}] => [(R) \cap (S): Q_R \wedge Q_S]$	谓词有合取性,可由差操作推导出: $[R: Q_R] \cap [S: Q_{s_-}] => [(R): Q_R] - ([R: Q_R] - [S: Q_S])$ $=> [R: Q_R] - [(R) - (S): Q_R])$ $=> [(R) - (R) - (S): Q_R] => [(R) \cap (S): Q_R]$ $[S: Q_S] \cap [R: Q_R] => [(S): Q_S] - ([S: Q_S] - [R: Q_R])$ $=> [S: Q_S] - [(S) - (R): Q_S])$ $=> [(S) - (S) - (R): Q_S] => [(S) \cap (R): Q_S]$ 其中 $Q_R \wedge Q_S$ 蕴含了 Q_S 和 Q_R 两者
$[R: Q_R] \underset{F}{\infty} [S: Q_{s_-}] => [(R) \underset{F}{\infty} (S): Q_R \wedge Q_S \wedge F]$	也是导出操作 $[R: Q_R] \underset{F}{\infty} [S: Q_{s_-}] => \sigma_F([R: Q_{R_-}] \times [S: Q_S])$ $=> \sigma_F([(R) \times (S): Q_R \wedge Q_S \wedge F]$ $=> [\sigma_F(R) \times (S): Q_R \wedge Q_S \wedge F]$ $=> [(R) \underset{F}{\infty} (S): Q_R \wedge Q_S \wedge F]$
$[R: Q_R][S: Q_{s_-}] => [(R)(S): Q_R \wedge Q_S \wedge F]$	

定义 7.8　所有关系代数具有的等价转换同样适用于限定关系。

(3)谓词合取性质。

在上面讨论的限定关系变换规则的选择和连接中有谓词合取性:QR ∧ F, QR ∧ QS ∧ F。这种合取性本身可能会引起一些矛盾。如 Supplier 划分为两个逻辑关系应有两个限定关系,其中 Q1:CITY = 'London', Q2:CITY = 'Paris' 就可能有表达式:

$$\sigma_{CITY = 'Paris'} [S1: CITY = 'London'] => \varnothing$$

其意思是,当限定关系的谓词合取具有矛盾的限定条件时,实际上将是一种空操作。这种性质可称之为谓词的合取可能为空。它对查询转换(执行)很有用,可以根据逻辑片段所具有的内涵性质,对其操作中可能遗留下的一些有矛盾的表达式为空的情况进行处理,以简化查询的执行。当然,这要求在分片时须考虑到操作数谓词的正确性。前面讨论了在关系的单个操作变换规则中,空操作均适用于谓词合取性有矛盾的情况。这种空操作虽然作用于查询执行时,但在查询转换时就应先考虑进去。

7.6.4 全局查询到逻辑查询的转换

转换的具体原则见表 7 - 6,在每一次转换过程中应尽量考虑分布查询的代价因素,在转换过程中逐步实现优化。

表 7 - 6　六个准则

编号	内容	应用环境
C1	缩减二元操作数关系(即缩减操作数的元组数),用一元操作对二元操作的分配律将一元操作向下移动	全局查询转换成查询树
C2	用一元操作幂等律对操作数关系产生适当的一元操作或分解成多个一元操作,以缩减操作数关系	
C3	在全局查询转换成逻辑查询的过程中,可以消去谓词合取具有矛盾的子树,即可消去选择操作结果为空的子查询树	分解树的化简处理
C4	在全局关系转换成逻辑关系查询的过程中,也可以消去连接操作结果为空的子树	
C5	在全局查询中具有分布连接时,可将连接下属的并操作上推	分布连接
C6	当全局查询中成组查询和聚集函数的计算满足 GB 计算等价性及具有聚集函数 AF 的分布计算性时,则下属的并操作可以上推	成组查询和聚集函数

1. 全局查询到逻辑查询的转换原则

原则上可以按两步实现分布式查询的第一次转换,每一步可遵守一些转换规则,以实现部分优化。

第一步:将全局查询表达式(如 SQL 语句)转换成查询内部结构——查询树。在转换过程中可以利用等价变换规则归纳出的两个转换准则(C1、C2)。

第二步:将全局查询树与模式分解树合并转换成部分优化的逻辑关系查询树,或称分解树的化简操作。其中包括了将全局查询树叶节点按分片模式定义的逻辑关系名取代全局关系名(查询树与分解树合并)和分别运用变换规则化简成部分优化的逻辑查询树。其实现过程中除了利用 C1、C2 准则外,还可以归纳出 C3 ~ C6 准则。

2. 等价转换原则

(1)全局查询转换成查询树。

对全局查询树中的一元操作,应尽量下移到叶节点,以及如果查询树中有二元操作,则应尽量先缩减二元操作数。(注:这里的操作数是指操作对象集合的元组数。)

图 7-25 是对 Q_1 ($\pi_{S\#} \sigma_{AREA='North'}$ ($S_{P_{D\#=D\#}} \infty$ Dept)) 查询树所作的等价变换规则转换过程。

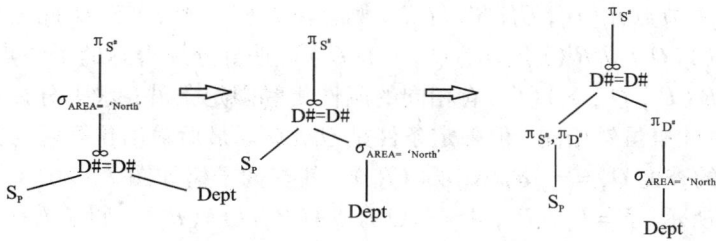

图 7-25　等价转换示例

根据等价变换规则,可归纳 C1、C2 两准则为:

C1:缩减二元操作数关系,用一元操作对二元操作的分配律将一元操作向下移动。

C2:用一元操作幂等律对操作数关系产生适当的一元操作,或分解成多个一元操作以缩减操作数关系。

这两条准则可以先从全局关系级考虑逻辑优化。

(2)用逻辑关系取代全局关系。

分解树表明了全局关系由哪些逻辑关系组成,按什么方式组合。要将全局查询转换成逻辑查询,则需要对分解树进行处理才行。对于一个全局查询而言,并非构成全局关系的所有逻辑关系都将涉及,往往只会使用其中的某一些。因此应根据查询树对分解树进行处理,这称之为分解树的化简。

当全局查询用查询树表示,并经过 C1、C2 准则处理后,查询要用到的逻辑关系的条件就表现在查询树中了。根据这些条件可以消去一些与查询无关的逻辑关系,即去掉一些操作为空的子树。

假设在查询树中,全局关系 $R(U, \text{true}, S)$ 上的所有一元操作为 $U_n U_{n-1} \cdots U_1$,如图 7-31 所示。令 F 为 $U_1, \cdots, U_n$ 中所有选择操作谓词的逻辑合取,即有 $F = \bigwedge_i P_i (U_i = \sigma_{pi})$。如果没有选择操作,则 $F = \text{True}$。令 A 为 $U_1, \cdots, U_n$ 中所有投影操作的属性和谓词 P_i 中所涉及的属性的并,即有 $A = (\bigcup_i A_i) \cup (\bigcup_i A(P_i))$,$U_j = \sigma_{pi}$,$U_i = \pi_{Ai}$;令 $Q_S = U_n U_{n-1} \cdots U_1 (R)$,此称为关系 R 上的子查询。

定义 7.9　一个关系 $R_i (U_i, Q_i, S_i)$ 对于子查询 Q_S 是无用的,当 $F \wedge Q_i = \text{False}$,$U_i \cap A = \varnothing$ 或 $U_i \cap A = K_i (K_i \subseteq U_i)$;反之则是有用的。如果 R_i 是诱导分片所得的关系,当其主关系为无用的,则它也无用。

算法 7.1:作为参考的分解树化简。

输入:在全局关系 R 上的子查询 Q_S 和 R 的分解树 T(非诱导分片)。

输出:一个化简的分解树 T'。

算法:设根节点 $R(U, Q, S)(O_j)$ 有子节点 $R_1(U_1, Q_1, S_1)(O_1) \cdots R_n(U_n, Q_n, S_n)$ (O_n)。

对每个节点 $R_i(U_i, Q_i, S_i)(O_j)$ $(i = 1, \cdots, n)$,如果 $F \wedge Q_i = \varnothing$,或者 $U_i \cap A = \varnothing$ 或 $U_i \cap A = K_i (K_i \subseteq U_i)$,那么将该节点为根节点的子树并从 T 中删除(无用的)。当 $O_j = V$ 时,将 U

修改成 $U-(U_i-K_i)$；否则对 $R_i(U_i, Q_i, S_i)(O_j)$ 的子节点进行同样的处理，直到节点是逻辑关系（从根节点一致处理到逻辑关系——倒数第二层）。处理后，如果一节点 $R_j(U_j, Q_j, S_j)(O_j)$ 仅有一个子节点 $R'_j(U'_j, Q'_j, S'_j)(O'_j)$，则去掉 $R_j(U_j, Q_j, S_j)(O_j)$。当 $O_j=H$ 或 M 时，修改 $R'_j(U'_j, Q'_j, S'_j)(O'_j)$ 成 $R'_j(U'_j, Q_j \wedge Q'_j, S'_j)(O'_j)$。垂直分片得到的子节点 $R'_j(U'_j, Q'_j, S'_j)(O'_j)$ 与其父节点 $R_j(U_j, Q_j, S_j)(O_j)$ 有相同的属性集和限定条件；水平分片或混合分片的父子节点合并时，属性集虽然相同，但限定条件是 $Q_j \wedge Q'_j$。最后输出化简后的分解树 T'。

设关系 R_0 上的查询 $Q_S = \pi_{A2}\sigma_{P2}\pi_{A1}\sigma_{P1}(R_0)$，其查询子树如图 7-26(a) 所示，$R_0$ 的分解树如图 7-26(b) 所示。$F=P_1 \wedge P_2$，$A=A_1 \cup A_2 \cup A(P_1) \cup A(P_2)$。设 $F \wedge Q_1 = $ false，$A \cap U_{221} = \varnothing$，则化简后的分解树如图 7-26(c) 所示。

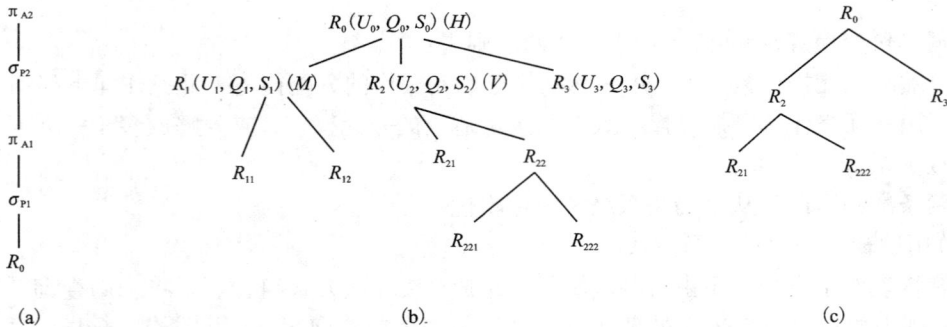

图 7-26　分解树化简

化简过程如下：①$F \wedge Q_1 = $ False，故删除 R_1 子树；②$A \cap U_{221} = \varnothing$，故删除 R_{221} 子树；③R_{22} 只剩 R_{222} 节点，故删除 R_{22} 节点。

从中归纳出准则 C3、C4。

C3：在全局查询转换成逻辑查询的过程中，可以消去谓词合取具有矛盾的子树。即可以消去选择操作结果为空的子查询树。

C4：在全局关系转换成逻辑关系查询的过程中，可以消去连接操作结果为空的子树。

在分解树简化处理时应该与查询树合并。虽然这是两种性质不同的树，但由于分解树是由全局关系经过分片操作形成的（一组代数操作），是查询树是对全局关系的查询操作，亦是一组代数操作，因此可以使用下述算法转化。

算法 7.2　简化的分解树转化为逻辑查询树。

输入：已经简化后的分解树。

输出：从全局查询转换为逻辑查询树。

方法：从根节点开始，如果节点上操作 $O_j=H$ 或 DH，则将其转换为并操作节点；如果节点上的操作 $O_j=V$，则将其转换为连接操作节点，连接属性为 K；如果节点操作 $O_j=AO$（分配操作），则不必转换，直到将所有节点处理完毕，最后输出为对逻辑片段的查询树。

得到了逻辑片段（关系）的查询树后，还应按 C1、C2 准则反复变换，使得一元操作下移，二元操作的操作数尽量缩减。

（3）一元操作的合并。

在得到逻辑查询树后可能还有一些性质，如在逻辑关系与二元操作之间或在二元操作之上存在若干一元操作。这时，就应按集中式数据库逻辑优化中的某些技术，如对同一逻辑关系的多个选择、投影应合并成一个选择操作后接一个投影操作，且尽可能使查询树上相连的一元操作最多只有 2 个。

（4）分布连接的化简。

在查询树中，如果有两个全局关系 R 和 S 连接，则 R 和 S 的所有元组都应进行比较。所以当这两个全局关系的逻辑关系不在同一场地时，就须经过通信形成分布连接。下图是一分布连接的连接图，节点表示全局关系的逻辑关系（分片后），边表示两节点连接不为空。图 7 – 27 表示 R 和 S 的全连接图，即 R 的所有逻辑关系（R_1，…，R_n）与 S 的所有逻辑关系（S_1，…，S_n）进行完全分布连接。

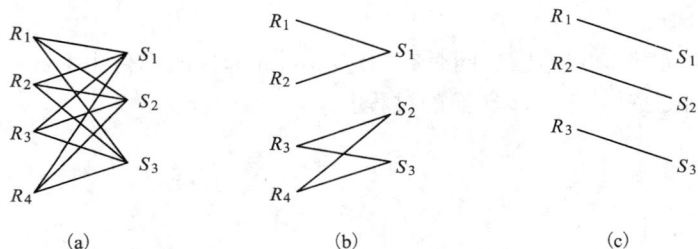

图 7 – 27　R 和 S 的全连接图

对于 DDB 来说，这种连接的代价极大。所以，在设计 DDB 时，对于有两个连接操作的关系应尽量使其划分合理（在同一场地，或在相近的场地等）。

对于完全连接的化简法有两种：一种是部分分布连接［图 7 – 27（b）］，使完全联接图形成两个或两个以上的子图；另一种是简化为简单分布联接图［图 7 – 27（c）］，每对节点间只有一条边。

DDB 中分片操作支持的诱导操作实际上是简单分布联接，可以先做局部联接，再做分布联接，降低通信开销。先做局部联接，就是先在逻辑关系之间完成联接，然后再合并（即将联接操作尽量安排在本场地或相近场地进行，然后再将联接后得到的元组用并操作合起来，从而减少不同场地间的通信和控制）。

如图 7 – 28（a）所示的查询树，其中虚线框表示由分解树转化而来的查询子树，S_1、S_2 是按 R_1、R_2 诱导分片操作所得到的逻辑关系。该查询树可以依等价变换规则转换成图 7 – 28（b）所示（先交换、再结合、再交换）。而图 7 – 28（c）表示简单分布联接的查询树。

对于图 7 – 28（c）的查询树，它表示先做联接操作再做并操作，有利于进一步优化查询树。其基础是有可能消去谓词合取有矛盾的子树，即在某一查询中［图 7 – 28（c）］的叶节点 R_1 和 S_1，或者 R_2 和 S_2 中会有一个可能再被消去，由此归纳出分布联接的转换准则 C5。

C5：在全局查询中具有分布联接时，可将联接下属的并操作上推。

再考虑 $Q_1\left[\pi_{S\#}\sigma_{\text{AREA} = \text{'North'}}\left(\text{SP} \underset{D\# = D\#}{\infty} \text{Dept}\right)\right]$ 中根据上述准则进行优化处理。假设全局关系 Dept 按部门号水平分片，其谓词为：

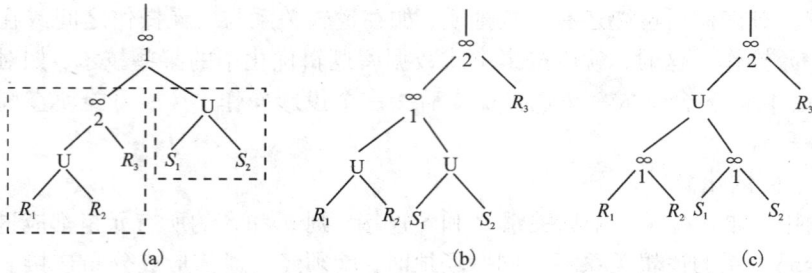

图 7 - 28　简单分布联接

Q_1: D# = 1 ~ 10

Q_2: D# = 11 ~ 20

Q_3: D# = 21 ~ 30

且 D# = 1 ~ 10 在"North"地区。同时有约定：North 地区的零件由 London 供应商供应，图 7 - 29 是利用上列准则对其进一步转换的过程。

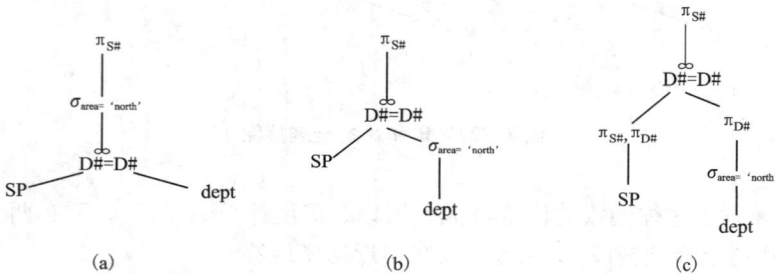

图 7 - 29　全局查询树转换示例

（5）分布式成组查询与聚集函数的等价性。

在分布式数据库中，同样可以有成组（group by，GB）查询和聚集函数（aggregate function，AF）计算。

这些计算通常有两个方面：

（1）把元组分成不相交的子集，以便进行统计和分类，这类计算在 SQL 语句用 Group BY 子句表达。

（2）对这些不相交子集进行聚集函数的计算，它们是：sum、count、max、min、avg。

在分布式查询中的处理方法如下：

（1）增加关系代数操作符。

除了 10 种基本的关系代数操作外，增加新的操作符 $GB_{G, AF}R$，其中：

①G 是对 R 关系须进行分组的属性，即相当于 Group BY 子句的条件。

②AF 是对每组进行计算的聚集函数。

③$GB_{G, AF}R$ 是一个关系，它具有由 G 的属性和 AF 的聚集函数组成的关系模式，元组数

按 R 的分组决定；G 的属性取分组值；AF 属性取对成组进行计算的聚集函数值。

例： 对全局关系 SP 有查询 Q2：P# = 'P1' 的平均供应数。其对应的 SQL 语句为：

select AVG(QTY) from SP where P# = 'P1';

代数表达式为：

$$GB_{AVG(QTY)} \sigma_{P\# = 'P1'} SP$$

该查询没有成组运算，G 为空，但有聚集函数计算 AVG(QTY)，其查询树转换如图 7 - 30 所示。

对全局关系 SP 有查询 Q3：将 SP 分组，每一组有相同的供应商号和零件号（但是其部门号和供应量不同），求出每一组的供应量。其 SQL 语句为：

select S#, P#, SUM(QTY) from SP group BY S#, P#；

相应的代数表达式为：

$$GB_{S\#, P\#, SUM(QTY)} SP$$

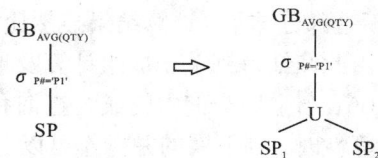

图 7 - 30 查询转换树

该查询有成组运算(S#, P#)和聚集函数计算(SUM(QTY))。

对全局关系 SP 的查询 Q4："对 SP 关系在上例查询的基础上仅保留 QTY > 300 的组"。其 SQL 语句为：

$$\text{select S\#, P\#, sum(QTY) from SP Group BY S\#, P\#}$$
$$\text{having sum(QTY)} > 300$$

相应的代数表达式为：

$$\sigma_{SUM(QTY) > 300} GB_{S\#, P\#, SUM(QTY)} SP$$

SQL 语句中 HAVING 子句表示对成组运算做一次选择操作。

（2）给出 GB 操作的等价性。

成组运算在分布（并操作）中的等价性，GB 操作的联接分配律如下：

$$GB_{G, AF}(R_1 \cup R_2) \Rightarrow GB_{G, AF} R_1 \cup GB_{G, AF} R_2$$

当且仅当对每个分组 G_i 及每个操作数关系 R_j 满足：

① $G_i \subseteq R_j$。

②或者 $G_i \cap R_j = \varnothing$。

这一分配律的充要条件可以解释为每个分组必须完整地包含在一个逻辑片段（关系）中。很显然，先在并操作的每个操作数上做分组操作，取得分组结果后再做并操作等价于直接对两个操作数先做并操作后再做分组操作。

（3）聚集函数分布计算的可能性。

在 Q_2 的查询中只有聚集函数，不满足上述分配律充要条件的查询。

假设 S 是全局关系 R 在给定列上的值的多重集(multiset)，其中 $S_1, \cdots, S_n$ 是 R 的逻辑关系 $R_1, \cdots, R_n$ 在同一列上值的多重集合，若 S 的这种分解成立，则聚集函数 AF 对它们有分布式计算（对 S 的计算可以转换成对某一分解 $S_1, \cdots, S_n$ 的计算的合成），可以确定一组聚集函数 $F_1, \cdots, F_m$ 和一个表达式 $E(F_1, \cdots, F_m)$，满足：

$$F(S) = E(F_1(S_1), \cdots, F_1(S_n), \cdots, F_m(S_1), \cdots, F_m(S_n))$$

对于一个聚集函数，可以找到函数 F_i 及表达式 $E(F_i)$，这个聚集函数就是"平均值

（AVG）函数"，即

同样，可以有：

$$\min(S) = \min(\min(S_1)，\cdots，\min(S_n))$$

$$\max(S) = \max(\max(S_1)，\cdots，\max(S_n))$$

$$\text{count}(S) = \text{sum}(\text{count}(S_1)，\cdots，\text{count}(S_n))$$

$$\text{sum}(S) = \text{sum}(\text{sum}(S_1)，\cdots，\text{sum}(S_n))$$

聚集函数计算的分布性在 DDB 中同样是一个重要的特性，可以把函数 $F_1(S_1)$，$\cdots$，$F_m(S_n)$ 的部分结果传送到一个公共场地上，在该场地上计算表达式 E 的值，而不必将所有数据（而不是部分结果，计算结果显然比数据本身的量小）传送到某场地。

由此归纳得到关于成组计算及聚集函数的转换准则 C6。

C6：当全局查询中的成组查询和聚集函数计算满足 GB 计算等价性及聚集函数 AF 的分布计算性时，则下属的并操作可以上推。

对于 Q4 的查询，可以将其作如下转换，如图 7 – 31 所示。

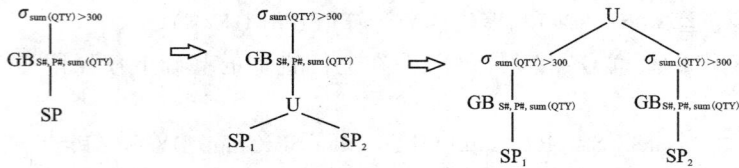

图 7 – 31　Q4 的查询转换

若聚集函数计算不满足 GB 等价性的充要条件时，不能用转换准则 C6，但可以利用聚集函数分布计算性生成子查询，并分别在逻辑关系上进行计算。Q2 就是属于这种情况。可以先分别在 SP_1、SP_2 上独立地进行操作，各自求出 sum 和 count 值。其独立操作的子查询操作表达式如下：

$$\text{GB}_{\text{sum}(\text{QTY})，\text{count}}\ \sigma_{\text{P\#}='\text{P1}'}\ SP_i，\ i = 1，2$$

令 S_1、C_1 为送至 SP_1 场地上的表达式所属性 sum（QTY）和 count 的值；S_2、C_2 是 SP_2 场地上表达式属性相应的值。这样平均值 $\text{AVG}(\text{QTY}) = (S_1 + S_2)/(C_1 + C_2)$，可以把 S_1、C_1、S_2 和 C_2 传送到查询的场地上再进行计算。Q1 的进一步查询树转换如图 7 – 32 所示。

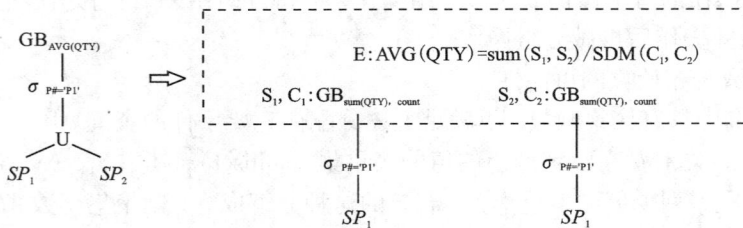

图 7 – 32　Q1 的进一步查询树转换

7.6.5　逻辑查询到物理查询的转换

物理查询转换是指将逻辑查询得到的(主要是根据等价变换规则所得到的)简化了的查询树转换成具体的每个场地上的局部操作命令和数据传输命令序的过程。即全局查询须两次转换后才形成一个具体的分布执行计划，并交付各个局部场地去执行(其间将进行分布事务管理模块的分布调度及恢复等)。在实际执行过程中也同样存在查询处理的优化，即分布式查询处理中的局部层优化。

逻辑转换时，主要集中在如何将一元操作尽量合并、先选择后投影、消去公共因子、消去无用子表达式(子树)、减少二元操作数等。但在物理转换时因更多地涉及场地因素，即执行环境，尤其是二元操作数不在同一场地时或者有多个副本可选择时，更值得讨论。一般注意的因素包括：操作副本选择、操作执行次序的选择、操作方法的选择等。当有场地间传送时，还要注意通信代价的开销，尽量减少数据量的传输以及控制信息的传输。另外，如何评估数据量也很重要。

1. 物理转换的基本内容

物理转换的基本内容包括三个方面：操作副本的选择、操作执行次序的选择、操作方法的选择。这三个方面是互相联系的。例如，为查询选定最好的副本依赖于操作执行的次序，而操作执行次序的好坏取决于执行方法的选择。

为了方便起见，还是分开进行讨论，其中操作执行次序的选择是相对需要重点考虑的，因为操作副本的选择可以基于几个原则，而操作方法的选择可以大部分依赖于系统所具有的环境。

(1)操作副本的选择。

操作副本的选择是选定逻辑关系相对应的物理关系有多个副本时的具体化。原则上，不同的查询有不同的具体选择。各个物理关系的副本的使用情况、路径代价和使用要求不完全一样。

副本的使用状态可分为可用和不可用。不可用是指副本所在场地可能出现了故障或到往场地的通信有了故障；而可用时，又可能处于繁忙或轻松状态。

副本选择的一般原则如下：

①本场地(相对于查询始发场地)物理关系优先。如果查询始发场地上有逻辑关系的一个相应的物理关系，就应尽量地选择该物理关系。

②同场地上有二元操作。应尽量选择同一场地上的相应物理关系完成二元操作，以减少网上传送。

③在查询等候中数据最小的物理关系应被优先选中。

④代价最小的应优先选中。这里的代价指网络信息的选取代价。

(2)操作执行次序的选择。

在全局查询到逻辑查询转换时产生的查询树已经部分地蕴含了部分操作次序，如执行时从叶到根向上执行。然而，这并没有全部地给出最好的执行次序。一方面，从叶子到根向上执行时，未必会产生最好效果；另一方面，还须指出同一层叶子上表达式执行的先后，特别是对查询树上有二元操作(如并操作和联接操作)时，其执行次序有许多"优化"的方法。

（3）操作方法的选择。

操作方法的选择，更多地取决于对局部数据库的存取方式。在物理转换时应尽量注意到对同一次数据库存取中的一些代数操作是否能组合在一起完成。应尽量避免多次内/外存调用，这与局部层优化有很大关系。一般来说，在物理转换时，在对同一场地上的数据库存取时，要注意对同一物理关系的全部操作序列统一考虑，对于如何完成相应的数据库的存取，可以由局部层去考虑。

对于场地选择，包含在逻辑关系转换成物理关系的过程中。选择了物理关系，逻辑关系就有了确定的场地。但是还应考虑查询结果场地是否就是查询始发场地？中间的每个操作在何处完成？完成后送到何处？这一系列问题都是场地的选择问题。场地确定也包含优化策略。根据系统设计的总目标和相应的优化策略，须有具体的场地选定的算法。下面给出一些原则：

①在选择物理关系时，本场地物理关系优先处理。如果始发场地上有与逻辑关系相应的物理关系，就不必传送了（直接从本场地取数据）。

②同场地上有二元操作的两个操作数关系，则同场地上的物理关系（选择本场地的副本）优先。

③费用最小的优先。根据网络传输信息的费用来选择费用最小（经过估算才能得到）的场地上的物理关系。

7.6.6　基于关系代数等价变换的优化算法

基于关系代数等价变换的优化算法是一种既能减少操作量又能减少操作次数的算法。其基本原理为：把查询问题转变为关系代数表达式，通过分析得到查询树（语法树）；进行从全局到片段的变换后，得到基于片段上的查询树，然后利用关系代数等价变换规则的优化算法，尽可能地先执行选择和投影操作。这样，一方面可以减少其后操作的操作量，另一方面可以减少操作次数。

关系代数等价变换规则的优化算法：利用关系代数等价变换规则，把查询树中联接和合并操作尽可能地上提（向树根方向移），选择和投影操作尽可能下移（向树叶方向移）到片段的定义处。也就是说，尽可能先执行选择和投影操作，后执行联接和合并操作。经过选择和投影操作不但可以减少其后操作的操作量，而且还可以减少操作次数，这是因为：

（1）如果是水平分片，把分片的限定语句（分片条件）与选择条件进行比较，并判别它们之间是否存在矛盾。若有矛盾，则去掉存在矛盾的片段，如果只剩下一个水平分片的片段，就可以去掉一个"并"操作（至少可以减少一次并操作），从而达到优化查询的目的。

（2）如果是垂直分片，把片段中的属性集与投影操作涉及的属性集进行比较，去掉无关的所有片段。如果只剩下一个垂直分片的片段，就可以去掉一个"连接"操作（至少可以减少一次连接操作），达到优化查询的目的。

7.6.7　基于半连接操作的查询优化算法

基于半连接操作的查询优化的思想是经过半连接操作，可减少操作关系的数据量，从而减少站点间数据的传输量。其基本思想：数据以整个关系在网络中传输。这显然是一种冗余的方法，在一个关系传输到另一场地后，并非每个数据都参与连接操作或都是有用，因此，不参与连接的数据或无用的数据不必在网络中来回传输。基于半连接的优化策略的原理就是采用半连接操作，在网络中只传输参与连接的数据。连接查询的优化问题几乎是分布式数据库的分布式查询优化算法的全部。在分布式数据库中连接查询的主要手段是半连接技术。各种不同算法的差异主要是在连接顺序上，即在保证结果一致的情况下，以什么样的顺序将这些表连接起来最优。优化的对象是一般数据传输量的总和。

7.6.8　基于直接连接操作的查询优化算法

基于直接连接操作的查询优化是一种完全在连接的基础上考虑查询处理的策略，有时直接联接也可能会产生好的效果，特别是当有以下情况时：

①查询目标表中的属性很少，也不是某联接条件属性。

②半联接的缩减效果较差时。例如，对一个涉及存储在不同场地的两个关系进行联接的查询，首先把一个关系传送给第二个关系所在地，然后进行联接运算，接着再把运算结果传送到第二个关系所在地，计算它们的联接并产生查询结果。

究竟用直接联接还是半联接方案，取决于数据传输和局部处理的相对费用。如果认为传输费用是主要的，那么采用半联接策略比较有利，如果认为局部处理费用是主要的，则采用直接联接策略比较有利。

7.7　分布式数据库中的事务管理和恢复

7.7.1　原子事务与性质

1. 原子事务

暂时不一致性在所有顺序计算过程中是固有的，因此，在一个事务处理结束前一般不应该要求一致性。从用户的角度来看，一个事务处理应该是对数据库进行的一种不可分割的操作，即具有全有或全无(all or nothing)的特性。也就是说，一个事务处理的执行有两种结果，一种是事务处理完全正确地执行完毕，另一种是当事务处理夭折或取消时便相当于该事务处理根本没有执行，不会对数据库系统有任何影响。具有这种特性的事务处理被称为原子事务处理。

2. 原子事务处理的性质

事务处理的全有或全无特性要求事务处理失效的时候，系统能够将状态恢复到该事务处理执行前的状态。因为当事务处理中途夭折时，本来是暂时不一致的状态，由于该事务处理的停止，使其成为一种永久的不一致状态。Harder 和 Reuter 使用了一个单词 ACID 来帮助人们记住原子事务处理的特性。

7.7.2　事务处理的分类

以上讨论的事务处理称为平面事务处理(flat transaction)，也称为简单的事务处理。平面事务处理是一种最简单的事务处理，也是最常用的一种事务处理。除了平面事务处理外，还出现了其他类型的事务处理，其中最重要的两种类型是：嵌套事务处理（nested transaction）和分布式事务处理（distributed transaction）。

平面事务处理的最主要的局限性正是由于它的原子性引起的，由于它不能提交部分结果，对于一个大的事务处理来说，可能会需要执行很长的时间。例如，一个 Web 主页，它包含有许多指向其他 Web 站点或页面的双向超级联接。所谓双向超级联接，就是一个 Web 页面 W_1 包含一个指向叶面 W_2 的 URL，那么 W_2 知道 W_1 有一个指向它的联接。假如一个页面 W 移动到另外一个位置上，或者由一个新的页面来取代，那么所有指向该页面 W 的所有超级联接都要更新。从理论上来说，这个更新工作可以由一个平面事务处理来完成，这个事务处理由更新页面 W 的操作和其他一系列操作组成，其中的每一个都用来更新一个页面中指向页面 W 的超级联接。采用平面事务处理来实现这一功能可能需要很长时间才能完成。这是因为要更新的页面可能遍布在 Internet 的各个位置，要更新的页面可能成千上万。如果一个更新使用一个事务处理来完成也不是一个好的办法，因为在这种情况下，而某些页面的联接是正确的，某些页面的联接却是不正确的。一个好的办法是提交对页面 W 的更新，同时为那些还没有更新指向 W 的超级联接的页面保持 W 的旧的页面。嵌套事务处理能够自动实现这一功能。

一个嵌套事务处理是由多个子事务处理组成的，而顶层的事务处理会产生多个子事务处理，这些子事务处理在不同的机器上并行执行。每个子事务处理也可以产生自己的子事务处理。一个嵌套的事务处理可以用一个树来表示。嵌套事务处理有如下好处：

（1）可以提高并发性。

（2）可以提高性能。

（3）可以提高容错性。

处于同一层中的所有子事务处理可以同时执行，这提高了并发执行的能力，同时也提高了性能。在嵌套事务处理中，每个子事务处理是独自提交或夭折的。如果一个子事务处理夭折了，它的父事务处理有多种选择来完成这个子事务处理。

分布式事务是指事务的参与者、支持事务的服务器、资源服务器以及事务管理器分别位于分布式系统的不同节点之上。通常一个分布式事务中会涉及对多个数据源或业务系统的操作。可以设想一个最典型的分布式事务场景：一个跨银行的转账操作涉及调用两个异地的银行服务，其中一个是本地银行提供的取款服务，另一个则是目标银行提供的存款服务。这两个服务本身是无状态并且是互相独立的，共同构成了一个完整的分布式事务。如果从本地银行取款成功，但是因为某种原因存款服务失败了，那么就必须回滚到取款前的状态，否则用户可能会发现自己的钱不翼而飞了。

从这个例子中可以看到：一个分布式事务可以看作是由多个分布式的操作序列组成的。例如上面例子中的取款服务和存款服务，通常可以把这一系列分布式的操作序列称为子事务。分布式事务处理也是由一些子事务处理组成的，在某些方面它和嵌套事务处理之间的差别并不明显，但理解它们之间的区别还是很重要的。嵌套事务处理中的子事务处理是将原来的事务处理的工作进行逻辑上的划分得来的，一个嵌套事务处理被分成多层子事务处理。而分布式事务处理在逻辑上是平面的，是施加在分布式数据对象上的一系列在逻辑上不可分的操作组成的。分布式事务处理的各个操作是由系统根据数据对象的分布情况而分散到不同机器上的，每个机器上的操作都会组成一个子事务处理，它们是同一个事物处理的参加者。

7.7.3　基于原子事务处理的局部恢复

对于分布式事务处理，不仅存在着单个节点上的局部恢复问题，还存在着全局的恢复问题。下面介绍各节点用来对失效局部进行恢复的技术。为了满足原子性和永久性的要求，原子事务处理系统提供恢复操作，它支持对事物处理失效、服务器失效、节点失效和介质失效的恢复。

事务处理失效是当参加事务处理的服务器之一决定夭折该事务处理时发生的。这时所有参加此事务处理的服务器必须将该事务处理的全部结果作废。在通信失效的情况下，系统要夭折那些报文不能通过的事务处理。

服务器失效是在数据服务器崩溃时发生的。这些服务器崩溃的原因是缺少资源或者瞬间软件差错等。因此，这些服务器不能参加该事务处理且该服务器参加的所有正在进行的事务处理都将夭折。当该服务器重新启动时，所有夭折的事务处理的结果将作废，但所有提交的事务处理的结果将用于对对应的数据对象进行更新。

节点失效是当处理机由于硬件差错或软件失效而崩溃时产生的。这时该节点参加的所有正在进行的事务处理都要夭折。当该节点重新启动时，所有夭折的事务处理的结果将作废，但所有提交的事务处理的结果将用于对对应的数据对象进行更新。

介质失效是当节点磁盘的某些部分损坏时发生的，这时由坚固存储器（stable memory）完成恢复。

用于局部实现事务处理原子性和永久性的技术有多种，包括意图表（intensions lists）、影子页（shadow paging）、先写运行记录（write – ahead logging）以及混合方法等。

7.7.4　CAP 和 BASE 理论

CAP 理论告诉我们，一个分布式系统不可能同时满足一致性（consistency，C）、可用性（availability，A）和分区容错性（partition tolerance，P）这三个基本需求，最多只能同时满足其中的两项，因此在进行对 CAP 定理的应用时，就需要抛弃其中的一项，表 7 – 7 所示是抛弃 CAP 定理中任意一项特性的场景说明。

表 7 – 7　CAP 定理应用

放弃 CAP 定理	说明
放弃 P	如果希望能够避免系统出现分区容错性问题，一种较为简单的做法是将所有的数据（或者仅仅是那些与事务相关的数据）都放在一个分布式节点上。这样虽然无法 100% 地保证系统不会出错，但至少不会碰到由于网络分区带来的负面影响。但同时需要注意的是，放弃 P 的同时也就意味着放弃了系统的可扩展性
放弃 A	相对于放弃“分区容错性”来说，放弃可用性正好相反，其做法是，一旦系统遇到网络分区或其他故障，那么受到影响的服务需要等待一定的时间，因此在等待期间系统无法对外提供正常的服务，即不可用
放弃 C	放弃一致性指的是放弃数据的强一致性，而保留数据的最终一致性。这样的系统无法保证数据保持实时的一致性，但是能够承诺的是，数据最终会达到一个一致的状态。这就引入了一个时间窗口的概念，具体多久能够达到数据一致取决于系统的设计，主要包括数据副本在不同节点之间的复制时间长短

对于一个分布式系统而言，分区容错性是一个最基本的要求。因此系统架构设计师往往需要把精力花在如何根据业务特点在 C(一致性)和 A(可用性)之间寻求平衡。

BASE 是 basically available(基本可用)、soft state(软状态)和 eventually consistent(最终一致性)三个短语的简写，是由来自 eBay 的架构师 Pritchett 第一次明确提出的。BASE 是对 CAP 中一致性和可用性权衡的结果，其核心思想是即使无法做到强一致性(strong consistency)，但每个应用都可以根据自身的业务特点，采用适当的方式来使系统达到最终一致性(eventual consistency)。

基本可用是指分布式系统在出现不可预知故障的时候，允许损失部分可用性——但请注意，这绝不等价于系统不可用。

弱状态也称为软状态，与硬状态相对，是指允许系统中的数据存在中间状态，并认为该中间状态的存在不会影响系统的整体可用性。

最终一致性强调的是系统中所有的数据副本，在经过一段时间的同步后，最终能够达到一个一致的状态。因此，最终一致性的本质是需要系统保证最终数据能够达到一致，而不需要实时保证系统数据的强一致性。亚马逊首席技术官 Vogels 认为最终一致性是一种特殊的弱一致性：系统能够保证在没有其他新的更新操作的情况下，数据最终一定能够达到一致的状态。因此所有客户端对系统的数据访问都能够获取到最新的值。

在工程实践中，最终一致性存在以下五类主要变种。

(1)因果一致性。

因果一致性是指如果进程 A 在更新完某个数据项后通知了进程 B，那么进程 B 之后对该数据项的访问都应该能够获取到进程 A 更新后的最新值，并且如果进程 B 要对该数据项进行更新操作的话，必须基于进程 A 更新后的最新值，即不能发生丢失更新情况。

(2)读己之所写(wr/to)。

读己之所写是指，进程 A 更新一个数据项之后，它自己总是能够访问到更新过的最新值，而不会看到旧值。对于单个数据获取者来说，其读取到的数据，一定不会比自己上次写入的值旧。因此，读己之所写可以被看作是一种特殊的因果一致性。

(3)会话一致性(session consistency)。

会话一致性将对系统数据的访问过程框定在一个会话当中：系统能保证在同一个有效的会话中实现"读己之所写"的一致性。也就是说，执行更新操作之后，客户端能够在同一个会话中始终读取到该数据项的最新值。

(4)单调读一致性。

单调读一致性是指如果当一个进程从系统中读取出一个数据项的某个值后，那么系统对于该进程后续的任何数据访问都不应该返回更旧的值。

(5)单调写一致性。

单调写一致性是指一个系统需要能够保证来自同一个进程的写操作被顺序地执行。

在实际系统实践中，可以将其中的若干个变种互相结合起来，以构建一个具有最终一致性特性的分布式系统。

总的来说，BASE 理论面向的是大型高可用可扩展的分布式系统，它完全不同于 ACID 的强一致性模型，而是提出通过牺牲强一致性来获得可用性，并允许数据在一段时间内为不一致，但最终会达到一致状态。在具体的分布式系统架构设计过程中，ACID 特性与 BASE 理论往往会结合在一起使用。

7.7.5　分布式事务架构的演进

下面以交易系统为例，来分析分布式事务架构的演进。即在支付、交易、订单等强一致性系统中，需要使用分布式事务来保证各个数据库或各个系统之间的数据一致性。

1. 单数据库事务

先来看看需要实现的交易系统：游戏中的玩家使用金币购买道具，交易系统需要负责扣除玩家金币并为玩家添加道具。

把交易系统的一次交易流程归纳为两步：

（1）扣除玩家金币。

（2）为玩家添加道具。

这个需求并不复杂，系统为金币系统在数据库中添加金币表，为道具系统在数据库中添加道具表，扣除金币与添加道具的操作只须执行相应的 SQL 即可。

这里假设金币表与道具表在同一个数据库中，于是可以使用单数据库事务来保证数据的一致性。

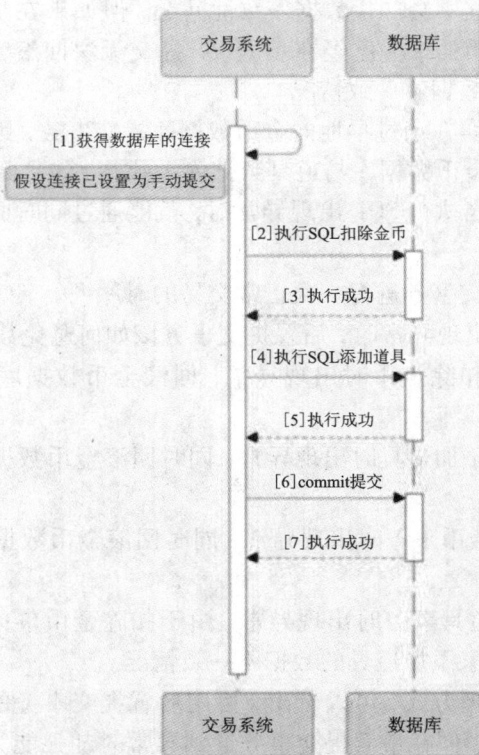

图 7-33　单数据库事务一次正常交易

图 7-33 是使用单数据库事务进行一次正常交易的时序图，它演示了一次正常交易的流程，一般情况下正常的交易流程不会产生数据不一致问题。

下面讨论，当出现异常时，如何使用单数据库事务保证数据一致性：

①在步骤[2]执行 SQL 扣除金币时出现异常，回滚事务即可保证数据一致。

②在步骤[4]执行 SQL 添加道具时出现异常，回滚事务即可保证数据一致。

③在步骤[6]提交事务时出现异常，回滚事务即可保证数据一致。

通过上面三种异常的处理方式不难看出，其实使用单数据库事务保证数据一致性特别简单。

2. 基于后置提交的多数据库事务

随着玩家数量激增，金币表与道具表的总行数与访问量都急剧扩大，单台数据库不足以支撑起这两张表的读写请求，这时将金币表与道具表放在不同的数据库中是个不错的选择。

假设金币表被放入了金币数据库中，而道具表被放入了道具数据库中，这种按不同业务拆分数据库的方式称为数据库垂直拆分。数据库垂直拆分能大大缓解数据库的压力问题，但多个数据库的存在意味着不能通过简单的单数据库事务来保证数据的一致性。

回到交易系统。先不考虑多数据库之间的数据一致性问题，简单的交易流程如图 7-34 所示。

正常情况下，上面的流程不会产生数据一致性问题，但如果在步骤[7]执行 SQL 添加道具时出现异常，由于扣除金币的事务已经在步骤[5]提交无法回滚，因此会出现扣除玩家金币后没有为玩家添加道具的数据不一致情况。

上面问题产生的原因其实在于过早地向金币数据库提交事务，因此可采取后置提交事务策略来解决此问题。即先在金币数据库与道具数据库上执行 SQL，最后再提交金币数据库与道具数据库上的事务。这样当执行 SQL 出现异常时，就能通过同时回滚两个数据库上事务的方式来保证数据一致性。

图 7-35 是使用后置提交事务进行一次正常交易的时序图。

结合图 7-35 讨论，当出现异常时，后置提交事务该如何避免数据不一致问题：

①在步骤[3]执行 SQL 扣除金币时出现异常，回滚金币数据库上的事务即可保证数据一致。

②在步骤[5]执行 SQL 添加道具时出现异常，同时回滚金币数据库与道具数据库上的事务即可保证数据一致。

③在步骤[7]提交扣除金币事务时出现异常，同时回滚金币数据库与道具数据库上的事务即可保证数据一致。

④在步骤[9]提交添加道具事务时出现异常，由于扣除金币事务已提交无法回滚，会出现扣除玩家金币后没有为玩家添加道具的数据不一致情况。

通过上面四种异常的处理方式，可以看出，使用后置提交事务的策略，虽然能避免 SQL 执行异常导致的数据不一致，但在最后提交事务遇到异常时却无能为力，所以需要引入新的事务提交方式。

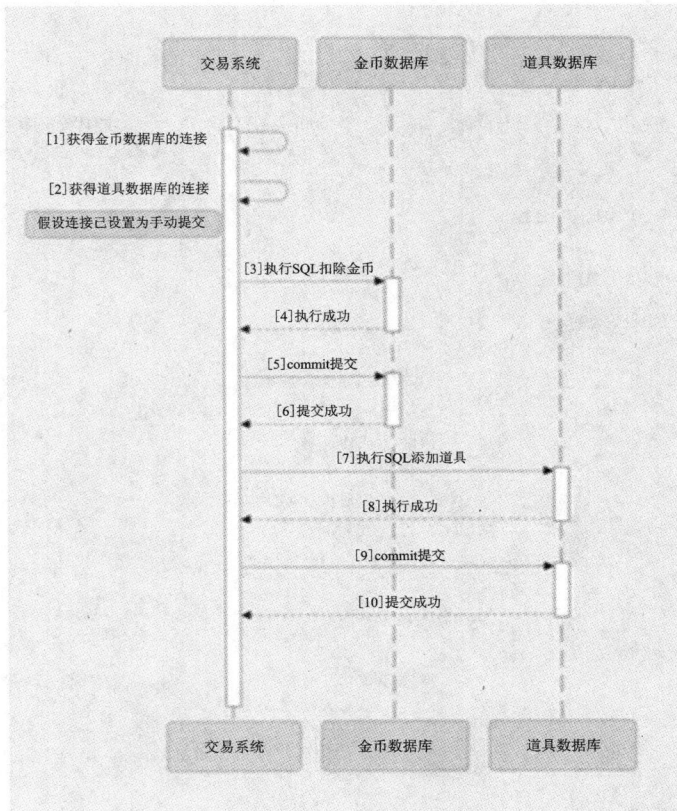

图 7 – 34　多数据库间交易流程

3. 两段式事务

如前所述,若在最后提交事务时,前面的事务提交成功,最后的事务提交失败,则那些已经提交成功的事务无法回滚,同样会产生数据不一致问题。因而计算机科学家们引入了两段式事务。

两段式事务将事务提交操作拆分成为两步:prepare 预提交与 commit 确认提交。在两段式事务中,预提交是一个很"重"的操作,它几乎执行了整个事务提交的所有操作;而最后的确认提交则是一个很"轻"的操作,用于最终确认事务完成。

假设有 A、B、C 3 个数据库,下面使用后置事务提交策略与两段式事务来实现跨 A、B、C 数据库的分布式事务:

①分别获取到 A、B、C 数据库的联接并开启事务。

②分别在 A、B、C 数据库上执行 SQL。

③分别在 A、B、C 数据库上执行事务预提交。

④分别在 A、B、C 数据库上执行事务确认提交。

其中步骤③事务预提交处理了整个事务提交的大部分操作。一般情况下,如果步骤③事务预提交执行成功,则可以认为步骤④事务确认提交一定会执行成功;而如果在步骤③事务预提交过程中出现异常,则只须回滚所有事务即可保证数据的一致性。

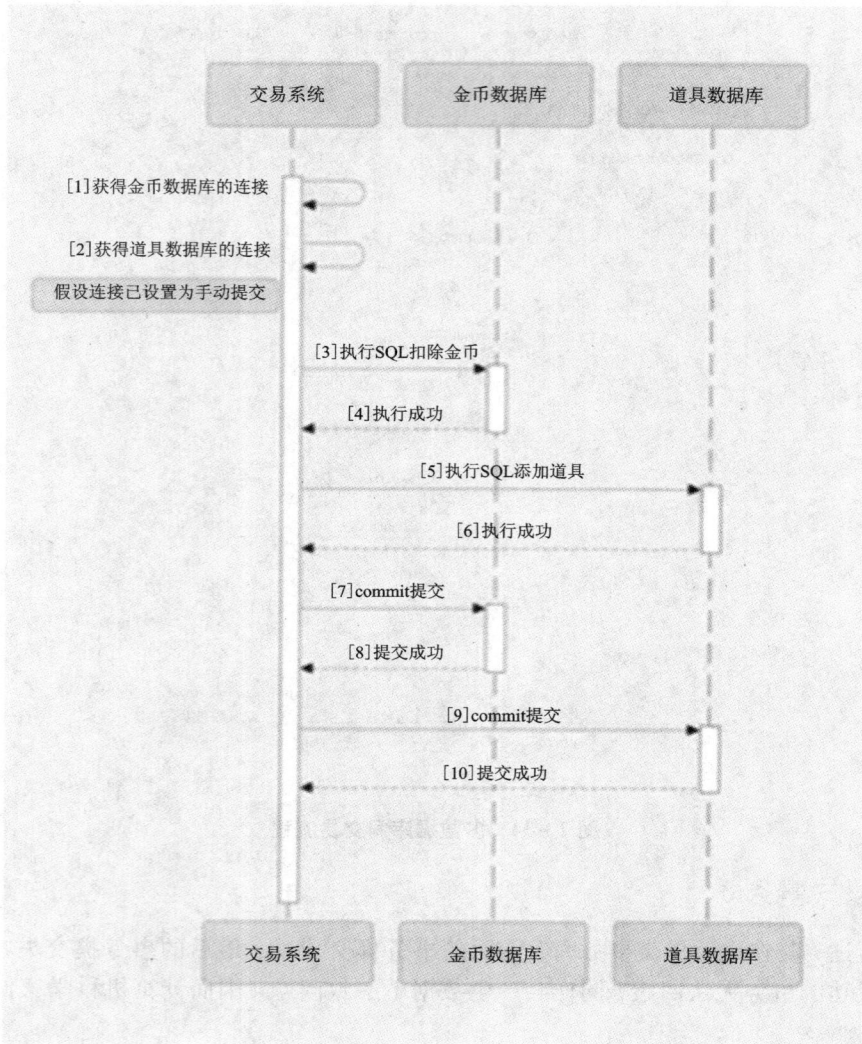

图 7 - 35   使用后置提交事务一次正常交易

当然在极端情况下，会出现在步骤③事务预提交成功，而在步骤④事务确认提交失败的情况。不过这种情况发生的概率极低，可以先记录错误日志，后续使用定时任务修复数据或直接人工修复数据。

将购买道具的交易流程改为两段提交，时序图如图 7 - 36 所示。

其实两段式事务也就是著名的 XA 事务。XA 是由 X/Open 组织提出的分布式事务的规范，也是使用最为广泛的多数据库分布式事务规范。目前市面上主流的数据库 MySQL、Oralce、SQLserver 等都支持 XA 事务。

一般情况下，在使用 XA 规范编写多数据库分布式事务代码时，不用自己去实现两段提交代码，而是使用 atomikos 等开源的分布式事务工具。下面是一个使用 atomikos 实现简单分

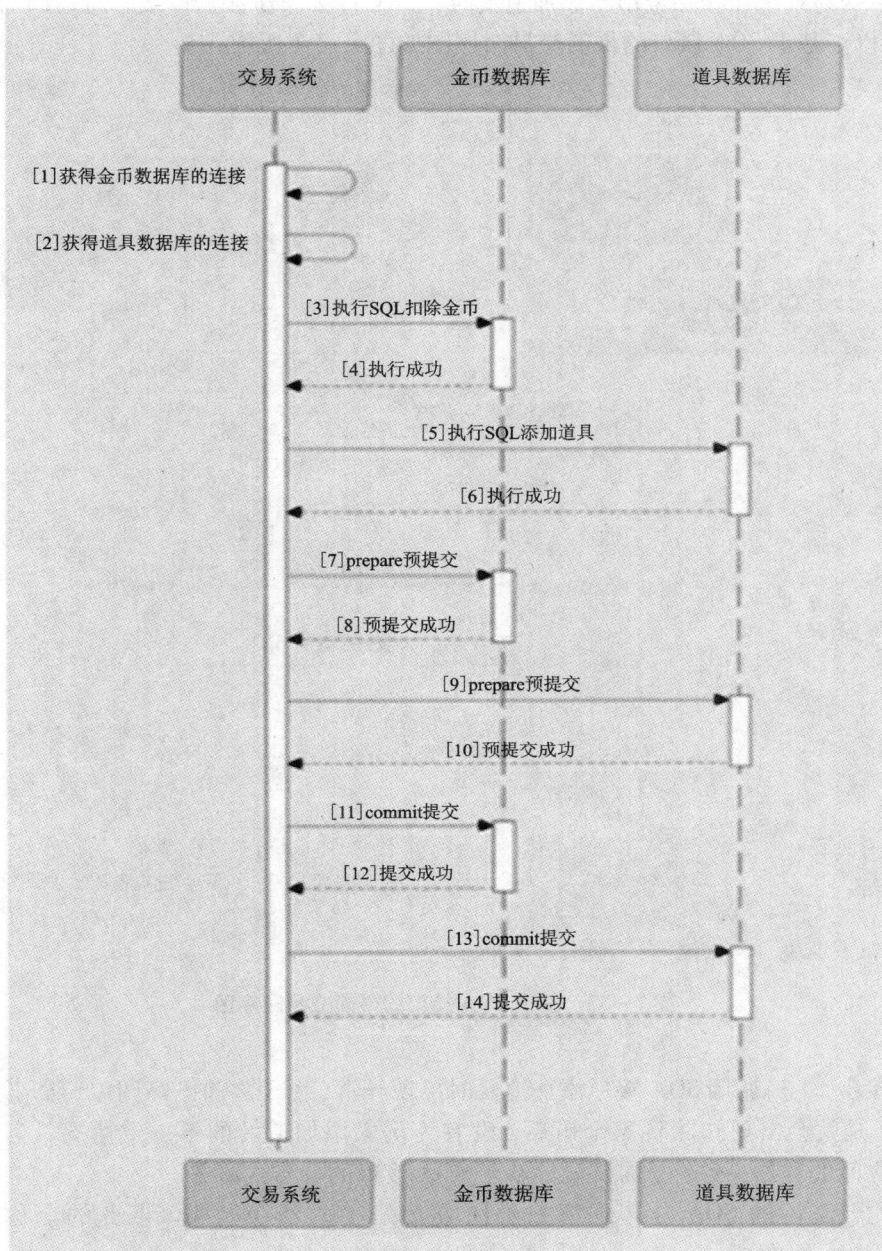

图 7 – 36 两段式提交

布式事务（XA 事务）的源码：github. com/liangyanghe/xa – transaction – demo。

4. TCC 事务

之前的交易系统在进行购买道具时，都是直接操作金币表与道具表。下面对交易系统的架构进行升级：将与金币相关的操作独立成一套金币服务，将与道具相关的操作独立成一套道具服务，交易系统在扣除金币与添加道具时，不再直接操作数据库表，而是调用相应服务的 SOA 接口。基于 SOA 接口的最简交易时序图如图 7 – 37 所示。

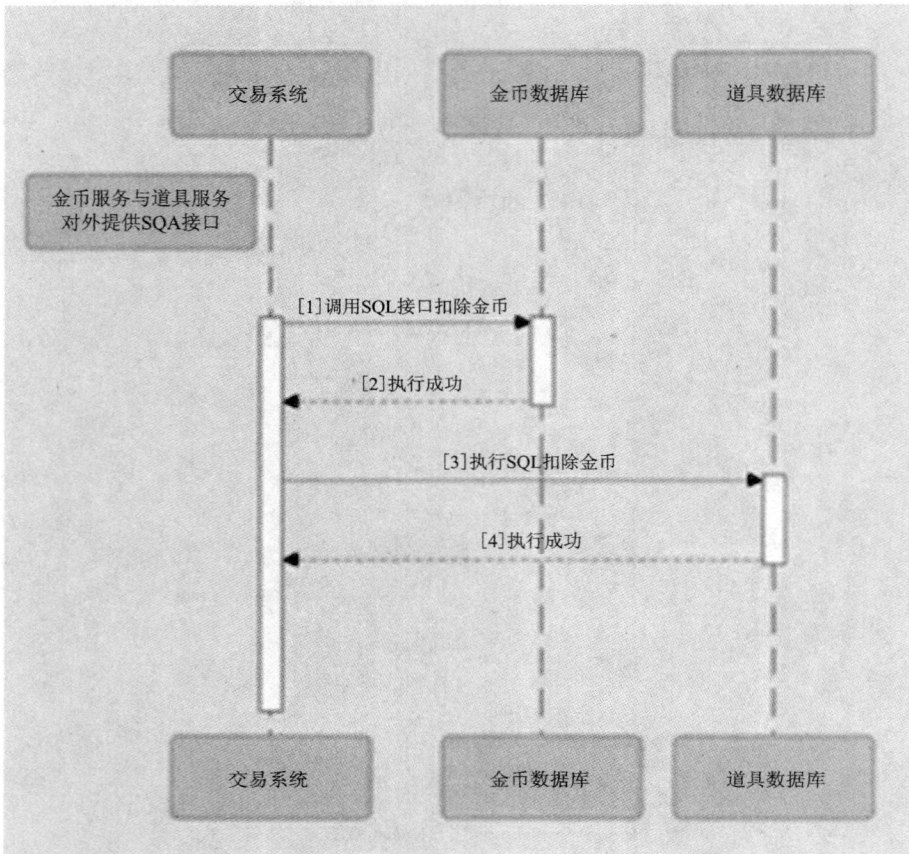

图 7 – 37　基于 SOA 接口的最简交易时序图

考虑在步骤[3]调用 SOA 接口添加道具时出现异常，由于之前已经调用 SOA 接口扣除金币成功，于是就会出现扣除玩家金币后，没有为玩家添加道具的不一致情况。为保证各个 SOA 服务之间的数据一致性，需要设计基于 SOA 接口的分布式事务。

目前比较流行的 SOA 分布式事务解决方案是 TCC 事务。TCC 事务的全称为：try – confirm/cancel，即尝试、确定、取消。简单来说，TCC 事务是一种编程模式。如果 SOA 接口的提供者与调用者都遵从 TCC 编程模式，那么就能最大限度地保证数据一致性。

非 TCC 模式的扣除金币操作，接口提供者只需要提供一个 SOA 接口即可，接口的作用就是扣除金币。而在 TCC 模式的扣除金币操作中，接口提供者针对扣除金币这一操作需要提供三个 SOA 接口：

①扣除金币 try 接口，尝试扣除金币。这里只是锁定玩家账户中需要被扣除的金币，并没有真正扣除金币，类似于信用卡的预授权。假设玩家账户中 100 金币，调用该接口锁定 60 金币后，锁定的金币不能再被使用，玩家账户中还有 40 金币可用。

②扣除金币 confirm 接口，确定扣除金币，这里将真正扣除玩家账户中被锁定的金币，类似于信用卡的确定预授权完成刷卡。

③扣除金币 cancel 接口，取消扣除金币，被锁定的金币将返还到玩家的账户中。这里类似于信用卡的撤销预授权取消刷卡。

SOA 接口调用者先执行扣除金币 try 接口，再去执行其他任务（比如添加道具），当其他任务执行成功时，调用者执行扣除金币 confirm 接口确认扣除金币，而当其他任务执行异常时，调用者则执行扣除金币 cancel 接口取消扣除金币。

这里假设添加道具的 SOA 接口也满足 TCC 模式，使用 TCC 事务进行道具购买的时序图如图 7－38 所示。

对照图 7－38，分析一下 TCC 事务如何在各种异常情况下，保证数据的一致性：

①在步骤[1]调用扣除金币 try 接口时出现异常，调用扣除金币 cancel 接口即可保证数据一致。

②在步骤[3]调用添加道具 try 接口时出现异常，调用扣除金币 cancel 接口与添加道具 cancel 接口即可保证数据一致。

③在步骤[5]调用扣除金币 confirm 接口时出现异常，调用扣除金币 cancel 接口与添加道具 cancel 接口即可保证数据一致。

④在步骤[7]调用添加道具 confirm 接口时出现异常，由于扣除金币操作已经确定不能再取消，所以这里会引发数据不一致。

通过上面四种异常可以看出，即使使用了 TCC 事务，也无法完美地保证各个 SOA 服务之间的数据一致性。但 TCC 事务屏蔽了大多数因异常导致的数据不一致，同时，进行 confirm 或 cancel 操作时产生异常的概率极小，所以对于一些强一致性系统，还是会使用 TCC 事务来保证多个 SOA 服务之间的数据一致性。

5. 最终一致性

TCC 事务能够保证多个 SOA 服务之间的数据一致性，但 TCC 事务存在着不小的性能问题。为了描述性能问题的产生，将交易系统的需求略作修改：游戏中的玩家使用金币购买道具 A，系统将自动赠送给玩家道具 B、道具 C 与道具 D。

这里假设道具服务不支持批量添加道具，而只有基于 TCC 模式的添加单个道具的接口。为保证数据一致性，交易系统需要先调用扣除金币 try 接口，然后再依次调用添加道具 A、B、C、D 的 try 接口，最后再依次调用对应的 confirm 接口。

由于 TCC 事务是先 try 再 confirm 的模式，接口调用量会翻倍。在接口调用量小时性能影响并不明显，但随着交易需求的增大而扣除金币，且添加道具 A、B、C、D 共有 5 个接口调用，翻倍后变为 10 个，系统性能会大大降低。

那么是否有既能保证数据一致性又能保证性能的分布式事务方案？前文已经提到，一致性事务有强一致性事务和最终一致性事务之分。上面使用的基于后置提交的多数据库事务与 TCC 事务都属于强一致性事务。使用强一致性事务能保证事务的实时性，但却很难在高并发环境中保证性能。

最终一致性事务说白了就是异步数据补偿，即在核心流程只保证核心数据的实时数据一致性，对于非核心数据，通过异步程序来保证数据一致性。由于最终一致性事务引入了异步

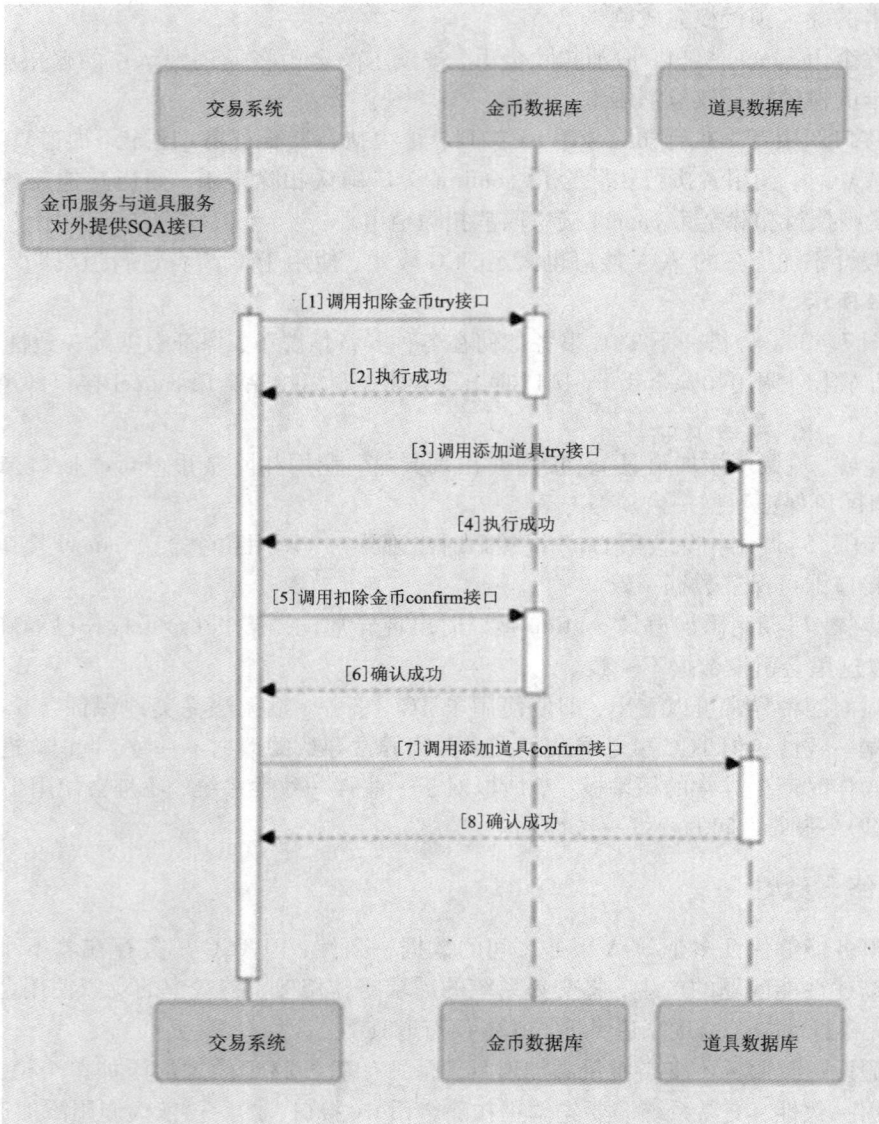

图 7 - 38 采用 TCC 道具购买时序图

数据补偿机制，主流程的执行流程被简化，性能自然得到提高。

回到上面的新版交易系统：游戏中的玩家使用金币购买道具 A，系统将自动赠送给玩家道具 B、道具 C 与道具 D。图 7 - 39 是使用消息队列实时触发数据补偿实现最终一致性的时序图。图 7 - 39 中，使用 TCC 事务保证了扣除金币与添加道具 A 数据一致，然后发送赠送消息并结束请求，赠送系统收到消息后负责添加道具 B、C、D，并最终保证数据一致。如果消息队列或赠送服务出现异常，最终一致性将难以保证，所以再引入一个定时任务，周期性地触发异常数据补偿。这样就实现了一个既能保证最终数据一致，又能保证性能的道具买赠系统。

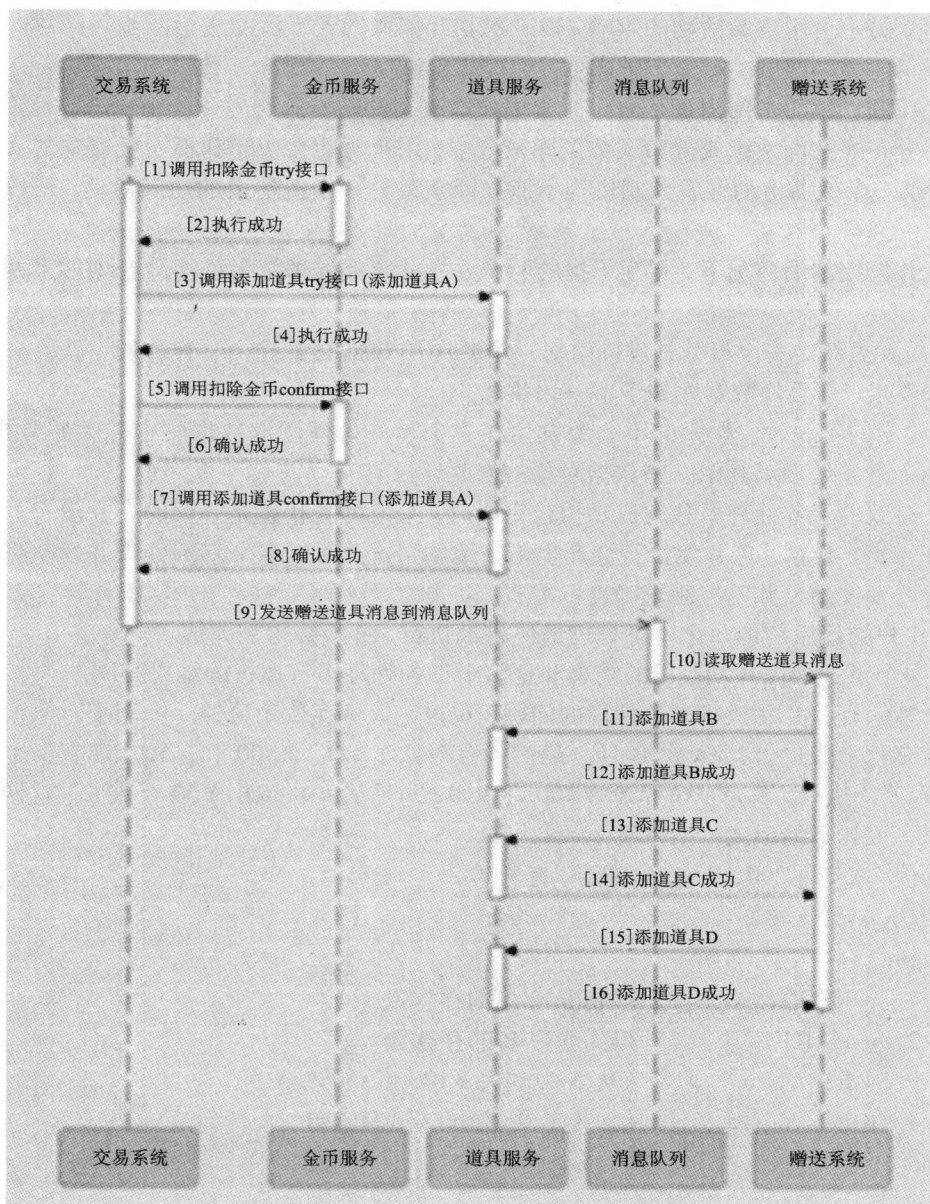

图 7 – 39 使用消息队列实现最终一致性的时序图

7.7.6 并发控制

1. 并发控制的目标与事务处理

共享资源，特别是共享信息资源（如数据库和文件系统）时要求并发（concurrency）活动。并发控制的目的是在有多个用户的情况下允许每个用户像单个用户那样访问共享资源，并且多个用户同时访问时互相不干扰。并发控制要解决多个用户活动之间的切换，保护一个用户的活动不受另一个用户的活动的影响，以及对相互依赖的若干活动进行同步等问题。并发控制并不一定能提高速度。

并发控制目标的主要困难是防止一个用户修改文件时妨碍到另一个用户进行检索和修改操作。在分布式文件系统或分布式数据库系统中，用户可能会访问到不同机器中的文件或数据库，而某一个机器上的并发控制机构不能立即知道另一个机器上的访问活动，所以问题更加突出。

在无并发控制的情况下，相互干扰的两个并发的事务处理结果可能会产生如下两种不正常的情况：

(1)丢失更新。多个事务处理同时对一个共同的数据对象进行写操作时，就会有丢失更新的现象发生，并且使数据库处于不一致状态。

(2)检索的不一致。检索的不一致发生在一个事务处理读取数据库中的某些数据对象，但是另一个事务处理对其中一些数据对象的修改还没有完成。

一个有效的事务处理单独地成功执行完毕时，系统的新状态是一致的。在没有并发控制的情况下，多个事务处理并发执行会产生不一致的情况，所以多个事务处理并发执行的时候需要进行并发控制。并发控制正确性标准有：

(1)用户交给系统的每个事务处理最终将被执行，并最终得到完成。

(2)多个事务处理并发执行的结果和这多个事务处理串行执行的结果相同。

为了理解有关并发执行事务处理的问题，现讨论银行存款的另外一个例子。

假设有三个账户(对象)A、B、C，最初各有存款￥200、￥100 和￥50。现有两个事务处理 T_1 和 T_2 等待执行，T_1 是从 A 取出￥100 存入 B，T_2 是从 B 中取出￥50 存入 C。这两个事务处理可以写成如下的形式：

初始值：A 有￥200，B 有￥100，C 有￥50。

T_1：
```
begin
  1   read(A)        得到账户 A 的存款数
  2   read(B)        得到账户 B 的存款数
  3   write(A)       (从 A 中减去￥100 后)写入 A
  4   write(B)       (加入 B 中￥100 后)写入 B
end
```

T_2：
```
begin
  1   read(B)        得到账户 B 的存款数
  2   read(C)        得到账户 C 的存款数
  3   write(B)       (从 B 中减去￥50 后)写入 B
  4   write(C)       (加入 C 中￥50 后)写入 C
end
```

很明显，这个例子中的一致性约束条件是所有账户中的存款总和不变，即￥350。尽管

T_1 和 T_2 单独执行后满足这个一致性约束条件，但在执行过程中会出现下列现象：

(1)暂时不一致性。在 T_1 和 T_2 的第一次写操作之后、第二次写操作之前，账户存款之和是不一致的。

(2)冲突。如果事务处理 T_2 被安排到 T_1 中的两次写操作之间运行，则账户存款总和为¥400，而不是¥350，它包含着一个不一致状态。

暂时不一致性在所有顺序计算过程中是固有的，因此，在一个事务处理结束前一般不应该要求一致性。两个事务处理产生冲突、当且仅当它们同时对同一个数据对象进行操作并且至少有一个操作是写操作时，有三种冲突存在：r－w(读－写)、w－r(写－读)和 w－w(写－写)。当发生冲突时，就可能发生丢失更新和检索不一致这两种不正常的情况发生。

为了达到一致性，必须避免冲突。而解决冲突的一个办法是让各事务处理串行执行，一个时刻只执行一个事务处理。因为如果每个事务处理是正确的，那么每个事务处理单独执行时系统可以从一个一致状态转变为另一个一致状态。否则的话，事务处理就是不正确的。

让各事务处理串行执行的调度方法虽然能确保系统状态的一致性，但是它排除了各事务处理的各步骤在时间上的交叠，即不能同时执行各事务处理。并发控制就是控制相互冲突操作的相对执行顺序，完成这种控制的算法也叫同步技术。使用这样的同步技术能使各个非冲突的操作交叠执行，以便进行各事务处理时具有最大的并发性。

一组事务处理中各个操作的交叉次序叫作调度。如果一个调度给每个事务处理一个一致的状态点，则这种调度叫作一致调度(consistent schedule)。一致调度的充分条件是这种调度执行的结果和所有事务处理串行执行的结果是一样的。满足这个条件的调度叫作可串行化调度或线性化调度。

如果调度 L 有两个操作 $w_i(x)$ 和 $r_j(x)$，则 $r_j(x)$ 读自 $w_i(x)$ 当且仅当：

(1)$w_i(x) < r_j(x)$。

(2)没有 $w_k(x)$，使得 $w_i(x) < w_k(x) < r_j(x)$。

在事务处理系统上，两个调度等价当且仅当：

(1)两个调度中每个对应的读操作读自同一个写操作。

(2)两个调度中有同样的最终写。

如果一个调度等价于一个串行调度时，它就被称为可串行调度。可用可串行图来检查一个调度的可串行性。

假设一组事务处理 $T = \{T_1, T_2, \cdots, T_n\}$，对于一个给定调度 L，串行化图定义如下：对某个 x，如果 $r_i(x) < w_j(x)$、$w_i(x) < r_j(x)$，或者 $w_i(x) < w_j(x)$，则有一条从 T_i 到 T_j 的边。对给定调度 L 是可串行的当且仅当对应串行化图是无环路的。如果从 T_i 到 T_j 有一条路径存在，则可以删除从 T_i 到 T_j 的边。若 L 的串行化图是有环路的，那么它是不可串行的。

分布式数据管理的目标是提供一个系统方法，以可串行的调度模式来执行并发事务处理。

并发控制方法分为悲观的方法和乐观的方法。乐观的方法是指假设事务处理间的冲突不经常发生，对事物处理的执行方式不进行限制的方法。但是冲突毕竟是有可能发生的，所以需要进行验证并保证更新没有冲突。悲观的方法是指假设事务处理间的冲突经常发生，对事物处理的执行方式进行限制，强制事务处理间的相互操作来满足可串行性要求的方法。基于锁的并发控制和基于时间戳的并发控制是悲观的方法。乐观的方法还没有在实践中得到应用。

2.基于锁的并发控制

最流行的并发控制机制是基于锁的方法，它在事务处理中插入一系列封锁和解锁操作，但不提供显式调度。通常，一个封锁的对象是不可以共享的，除非所有的操作都是读操作。事务处理访问数据对象前必须对它封锁。某些程序使用了两种锁：读锁和写锁。读锁是共享锁，写锁是互斥锁。因此，一个事务处理可以把数据对象锁定在两种模式上：互斥模式和共享模式。如果一个事务处理把数据对象锁在互斥模式上，则其他事务处理就不能再给它封锁。如果一个事务处理把数据对象锁在共享模式上，则其他事务处理也可以把它锁在共享模式上，但不能封锁在互斥模式上。依据对象的封锁方式和时间，封锁机制可以分为静态封锁和动态封锁。

在静态封锁方式中，事务处理在执行操作前，对所有需要的数据对象封锁。这个方法相对简单，然而它限制了并发性，因为有冲突的事务处理必须串行执行。在动态封锁方式中，事务处理在执行的不同阶段对不同的对象进行封锁。

封锁范围是一个很重要的设计问题。显然，既可以对整个文件进行封锁，也可以对特定的记录进行封锁。封锁的范围越小，则并发性越好。如果两个用户要修改同一个文件，并且它们是对这个文件的两个不同部分进行修改的话，则可以让他们同时进行。

一个动态封锁方法是两阶段封锁（two phase locking，2PL）。两阶段封锁可以保证一致性，实现正确的并发控制。两阶段封锁的主要内容如下：访问一个对象前先封锁它，为此，必须先获得锁；对所有要访问的对象封锁前不对任何对象进行解锁；不要封锁已经被封锁的对象，为此，不同的事务处理不可同时获得冲突的锁；事务处理执行结束前，为每个被它封锁的对象解锁；一旦一个事务处理释放一个锁，该事务处理就不能再获得另外的锁。每个事务处理锁的过程可分成两个阶段：锁的增长阶段和锁的收缩阶段。增长阶段中，事务处理获得所有的锁而不释放任何锁；收缩阶段中，释放所有的锁而不取得另外的锁。由2PL所完成的串行化次序由各事务处理获得锁的次序决定。

上面银行的实例中如果加入明确的封锁和解锁操作，可以表示如下：

T_1:
```
  begin
    1   lock(A)
    2   read(A)          得到账户 A 的存款数
    3   lock(B)
    4   read(B)          得到账户 B 的存款数
    5   write(A)         (从 A 中减去￥100 后)写入 A
    6   unlock(A)
    7   write(B)         (加入 B 中￥100 后)写入 B
    8   unlock(B)
  end
```
T_2:

```
    begin
    1   lock(B)
    2   read(B)              得到账户 B 的存款数
    3   lock(C)
    4   read(C)              得到账户 C 的存款数
    5   write(B)             (从 B 中减去¥50 后)写入 B
    6   unlock(B)
    7   write(C)             (加入 C 中¥50 后)写入 C
    8   unlock(C)
    end
```

这个事务处理过程中，lock 和 unlock 操作都是用户程序的一部分。某些系统当用户发出 read 和 write 请求时自动产生这些请求。可以看出上面两个事务处理都是两阶段封锁的。

lock 和 unlock 操作给事务处理各步骤的交叠增加了额外的约束条件以形成一个调度，特别是，仅当它不封锁当前已被某一个其他事务处理封锁的对象时，此调度是合法的。打算对一个已被封锁的对象进行封锁事务处理时必须等待。遵守两阶段封锁协议，可以动态地构成一个一致的合法的可串行调度。

两阶段封锁潜在问题

3. 基于时间戳的并发控制

基于时间戳的并发控制方法给每个事务处理分配一个时间戳，每个站点跟踪记录对每个数据对象最近进行读和写的时间戳。使用 Lamport 时间戳算法，可以保证每个时间戳值是唯一的。每个事务处理 T 在它启动的时候会被分配一个时间戳 $ts(T)$，一个事务处理 T 中的每个操作被加盖一个时间戳 $ts(T)$。对数据对象最近一次读时的时间戳用 $ts_{RD}(x)$ 表示，对数据对象最近一次写时的时间戳用 $ts_{WR}(x)$ 表示。设 $read(T, x, ts)$ 表示来自事务处理 T 对数据对象 x 读操作请求，该请求带有时间戳 ts。设 $write(T, x, ts)$ 表示来自事务处理 T 对数据对象 x 写操作请求，该请求带有时间戳 ts。在 r – w 冲突中，如果读操作请求的时间戳比最近一次写时的时间戳 $ts_{WR}(x)$ 小，但是到达时间比最近一次写操作的晚，对应的事务处理就会被取消。类似地，在 w – r 或者 w – w 冲突中，如果第一个写操作有较小的时间戳但是却晚于读操作或者第二个写操作的到达，相应的事务处理就要被取消。对于读或写操作请求按下面方式处理。

(1)读请求 $read(T, x, ts)$。如果 $ts < ts_{WR}(x)$，则说明有一个对 x 的写操作发生在事务处理 T 启动之后，读请求被拒绝，事务处理 T 被取消。反之，让 T 执行该读操作，并把 $\max\{ts_{RD}(x), ts\}$ 赋给 $ts_{RD}(x)$。

(2)写请求 $write(T, x, ts)$。如果 $ts < ts_{WR}(x)$，或者 $ts < ts_{RD}(x)$，则说明有一个对 x 的写操作或者有一个对 x 的读操作发生在事务处理 T 启动之后，写请求被拒绝，事务处理 T 被取消。反之，让 T 执行该写操作，并把 ts 赋给 $ts_{WR}(x)$。

假设数据对象 x 的最近一次读和写的时间戳分别为 $ts_{RD}(x) = 4$ 和 $ts_{WR}(x) = 6$，对数据对象 x 有下列读写操作顺序：

read(5，x，5)，write(6，x，7)，read(7，x，9)，read(8，x，8)，write(9，x，8)

第一个 read(5，x，5)操作请求被拒绝，对应的事务处理 5 被取消，因为 ts = 5 < $ts_{WR}(x)$ = 6。第二个 write(6，x，7)操作请求被接受，对应的事务处理 6 继续执行，$ts_{WR}(x)$ 更新为 7。第三个 read(7，x，9)被接受，对应的事务处理 7 继续执行，$ts_{RD}(x)$ 更新为 9。第四个 read(8，x，8)也被接受，对应的事务处理 8 继续执行，但是 ts = 8 < $ts_{RD}(x)$ = 9，所以 $ts_{RD}(x)$ = 9 保持不变。第五个 write(9，x，8) 操作请求被拒绝，对应的事务处理 9 被取消，因为 ts = 8 < $ts_{RD}(x)$ = 9。

为了减少或消除事务处理的取消和重启，可使用下列保守时间戳顺序，并且所有的站点须严格地按照时间戳顺序执行请求。每个站点有一个写队列（W – queue）和一个读队列（R – queue），按照请求的时间戳排序。假设通信是保留顺序的，这个算法类似 Lamport 的互斥算法。只有在确保系统中没有来自其他具有更小时间戳的站点的请求时，一个请求（读获写）才会被执行。

（1）如果所有写队列非空，而且每个队列的第一个写的时间戳大于 ts，读请求 read(T，x，ts)可以被执行；反之，该读请求在读队列中缓存。

（2）如果所有读队列和写队列非空，而且每个队列的第一个请求的时间戳大于 ts，写请求 write(T，x，ts)可以被执行；反之写请求在写队列中缓存。

无论读写请求是执行还是缓存，都要检查缓存的请求以确定是否有基于上面两个条件可以执行的请求。

4. 乐观的并发控制

基于锁和基于时间戳的并发控制算法在本质上来说都是悲观的（pessimistic）。也就是说，上面所讨论的并发控制算法都是假设事务处理间的冲突是经常性的。而另一类并发控制算法首先假设没有冲突，所以应先在本地尝试更新，如果没有一致性冲突就保留更新并扩散更新。Kung 和 Robinson 讨论了基于时间戳的乐观（optimistic）并发控制算法。这个方法有三个阶段：读、确认和写。读阶段，在临时存储空间中读入相关数据对象并进行更新。确认阶段，检查所有更新，确认是否违反了数据库一致性。检查阶段要检查所有其他事务处理，确认自该事务处理启动以来是否有其他的事务处理对它所访问的数据对象进行了修改。如果有则该事务处理取消，否则检查通过，进入写阶段，把所有更新写进数据库。

注意，通常的悲观互斥控制中，三个阶段依次是：确认、读和写。如果检查失败就不会有更新发生。乐观并发控制算法的最大优点是没有死锁，并且可以最大限度地提供并行，因为没有一个事务处理会等待。它的缺点是：一旦在确认阶段不能通过检查，事务处理就要重新执行。在重负载的情况下，冲突的可能性会增加，而失败后的重新执行会使得负载更重。所以在重负载的情况下，使用乐观并发控制算法是一种很差的选择。乐观的并发控制最初主要是针对非分布的系统，很难在商用或原型系统上实现。

7.8   分布式提交协议

分布式提交（distributed commit）的问题是分布式系统中一个常见的问题。在分布式事务处理中，分布式提交就是要保证参加同一个事物处理的所有参加者要么都提交该事务处理，要么都不提交该事务处理。分布式提交用于分布式事务处理的全局恢复。

X/Open 组织(即现在的 open group)定义了分布式事务处理模型 DTP。X/Open DTP 模型(图 7 - 40)包括应用程序(AP)、事务管理器(TM)、资源管理器(RM)、通信资源管理器(CRM)四部分。一般来说，常见的事务管理器(TM)是交易中间件，常见的资源管理器(RM)是数据库，常见的通信资源管理器(CRM)是消息中间件。

图 7 - 40　X/Open DTP 模型

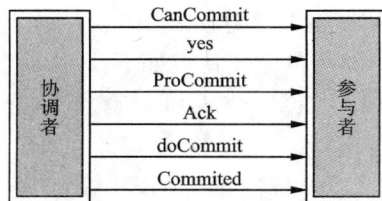

通常把一个数据库内部的事务处理作为本地事务看待。数据库的事务处理对象是本地事务，而分布式事务处理的对象是全局事务。在一个 DTP 环境中，交易中间件是必须的，由它通知和协调相关数据库的提交或回滚。而一个数据库只将其自己所做的操作(可恢复)映射到全局事务中。

XA 就是 X/Open DTP 定义的交易中间件与数据库之间的接口规范(即接口函数)，交易中间件用它来通知数据库事务的开始、结束以及提交、回滚等。XA 接口函数由数据库厂商提供。

二阶段提交协议和三阶段提交协议就是根据这一思想衍生出来的。二阶段提交(two phase commit, 2PC)其实就是实现 XA 分布式事务的关键(确切地说，两阶段提交主要保证了分布式事务的原子性，即所有节点要么全做要么全不做)。

1. 2PC

二阶段提交是指在计算机网络以及数据库领域内，为了使基于分布式系统架构下的所有节点在进行事务提交时保持一致性而设计的一种算法(algorithm)。二阶段提交也被称为是一种协议(protocol)。二阶段提交的算法思路可以概括为：参与者将操作成败通知协调者，再由协调者根据所有参与者的反馈情报决定各参与者是否要提交操作还是中止操作。

由于二阶段提交存在着诸如同步阻塞、单点问题、数据不一致等缺陷，所以，研究者们在二阶段提交的基础上做了改进，提出了三阶段提交。

2. 3PC

三阶段提交(three - phase commit)，也叫三阶段提交协议(three - phase commit protocol)，是二阶段提交(2PC)的改进版本(图 7 - 41)。

与二阶段提交不同的是，三阶段提交有两个改动点：

(1)引入超时机制。同时在协调者和参与者中都引入了超时机制。

(2)在第一阶段和第二阶段中插入了一个准备阶段，保证了在最后提交阶段之前各参与节点的状态是一致的。

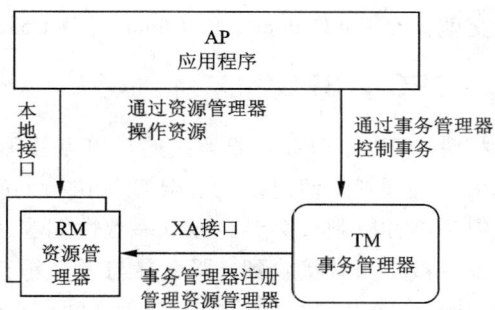

图 7 - 41　3PC

也就是说，除了引入超时机制之外，3PC 把 2PC 的准备阶段再次一分为二，这样，三阶段提交就会有 CanCommit、PreCommit、DoCommit 三个阶段。

3. 2PC 与 3PC 的区别

相对于 2PC，3PC 主要解决的是单点故障问题，并减少阻塞。因为一旦参与者无法及时收到来自协调者的信息之后，会默认执行 commit，而不会一直持有事务资源并处于阻塞状态。但是这种机制也会导致数据一致性问题，因为，由于网络原因，协调者发送的 abort 响应没有及时被参与者接收到，那么参与者在等待超时之后执行了 commit 操作。这样就和其他接到 abort 命令并执行回滚的参与者之间存在数据不一致的情况。

了解了 2PC 和 3PC 之后，可以发现，无论是二阶段提交还是三阶段提交都无法彻底解决分布式的一致性问题。Google Chubby 的作者 Mike Burrows 说过，"there is only one consensus protocol, and that's Paxos – all other approaches are just broken versions of Paxos."意即世上只有一种一致性算法，那就是 Paxos，所有其他一致性算法都是 Paxos 算法的不完整版。有关 Paxos 的内容请读者自行查阅相关文献。

7.9　分布式数据库实例简介

7.9.1　HBase 分布式数据库

HBase 是一种构建在 HDFS 之上的分布式、面向列的存储系统。在需要实时读写、随机访问超大规模数据集时，可以使用 HBase。

HBase 是 Google Bigtable 的开源实现，类似 Google Bigtable 利用 GFS 作为其文件存储系统，HBase 利用 Hadoop HDFS 作为其文件存储系统；Google 运行 MapReduce 来处理 Bigtable 中的海量数据，HBase 同样利用 Hadoop MapReduce 来处理 HBase 中的海量数据；Google Bigtable 利用 Chubby 作为协同服务，HBase 利用 Zookeeper 作为对应。

图 7－42 描述了 Hadoop EcoSystem 中的各层系统。其中，HBase 位于结构化存储层，Hadoop HDFS 为 HBase 提供了高可靠性的底层存储支持，Hadoop MapReduce 为 HBase 提供了高性能的计算能力，Zookeeper 为 HBase 提供了稳定服务和 failover 机制。此外，Pig 和 Hive 还为 HBase 提供了高层语言支持，使得在 HBase 上进行数据统计处理变得非常简单。Sqoop 则为 HBase 提供了方便的 RDBMS 数据导入功能，使得传统数据库数据向 HBase 中迁移变得非常方便。

HBase 的主要特点如下：

（1）大：一个表可以有上亿行、上百万列。

（2）面向列：面向列表（簇）的存储和权限控制，列（簇）独立检索。

（3）稀疏：对于为空（NULL）的列，并不

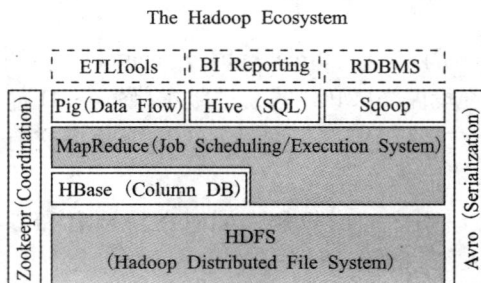

图 7－42　Hadoop 生态系统

占用存储空间。因此，表可以设计得非常稀疏。

（4）无模式：每一行都有一个可以排序的主键和任意多的列，列可以根据需要动态增加，同一张表中不同的行可以有截然不同的列。

（5）数据多版本：每个单元中的数据可以有多个版本，默认情况下，版本号自动分配，版本号就是单元格插入时的时间戳。

（6）数据类型单一：HBase 中的数据都是字符串，没有类型。

HBase 以表的形式存储数据。表由行和列组成。列划分为若干个列族（column family），如图 7 - 43 所示。

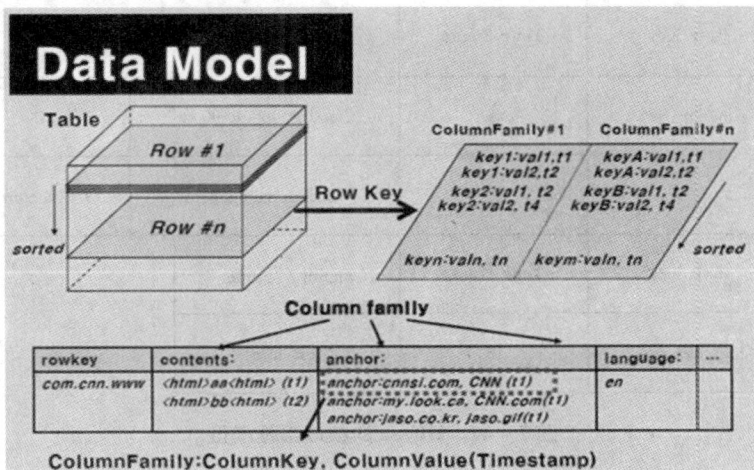

图 7 - 43　列与列族

HBase 的物理数据模型（实际存储的数据模型）示例如图 7 - 44 所示。

逻辑数据模型中空白 cell 在物理上是不存储的，因为根本没有必要存储，因此若一个请求为要获取 t8 时间的 contents：html，结果就是空。相似的，若请求为获取 t9 时间的 anchor：my. look. ca，结果也是空。但是，如果不指明时间，将会返回最新时间的行。

HBase 架构图如 7 - 45 所示。

从 HBase 的架构图上可以看出，HBase 中的组件包括 client、Zookeeper、HMaster、HRegionServer、HRegion、Store、MemStore、StoreFile、HFile、HLog 等。接下来介绍它们的作用。

HBase 中的每张表都通过行键按照一定的范围被分割成多个子表（HRegion），默认一个 HRegion 超过 256 MB 就要被分割成两个。这个过程由 HRegionServer 管理，而 HRegion 的分配由 HMaster 管理。

client 包含访问 HBase 的接口，并维护 cache 来加快对 HBase 的访问。

HBase 依赖 Zookeeper，默认情况下 HBase 负责管理 Zookeeper 实例（如启动或关闭 Zookeeper），master 与 RegionServers 启动时会向 Zookeeper 注册。

Zookeeper 的作用如下：

（1）保证任何时候，集群中只有一个 master。

Row Key	Time Stamp	Column "contents."	
"com. cnn. www"	t6	"〈htm1〉..."	
	t5	"〈htm1〉..."	
	t3	"〈htm1〉..."	

Row Key	Time Stamp	Column "anchor."	
"com. cnn. www"	t9	"anchor:my. look. ca"	"CNN"
	t8	"anchor:cnnsi. com"	"CNN. com"

Row Key	Time Stamp	Column "mime."
"com. cnn. www"	t6	"text/htm1"

图 7 – 44   HBase 的物理数据模型

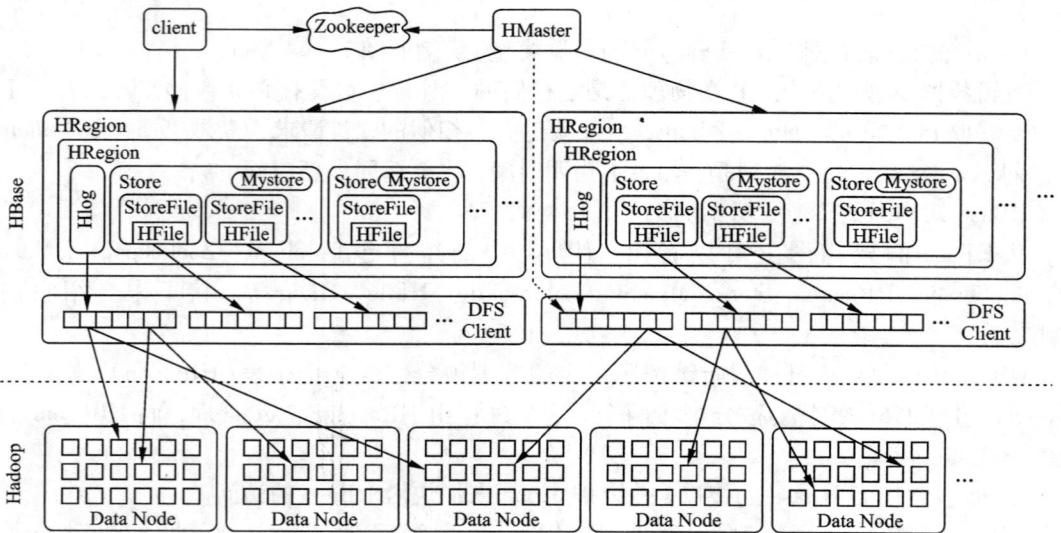

图 7 – 45   Hbase 体系结构

（2）存储所有 region 的寻址入口。

（3）实时监控 RegionServer 的上线和下线信息，并实时通知给 master。

（4）存储 HBase 的 schema 和 table 元数据。

HMaster 主要负责为 RegionServer 分配 region；负责 RegionServer 的负载均衡；发现失效的 RegionServer 并重新分配其上的 region；HDFS 上的垃圾文件回收以及处理 schema 更新请求。

注意：client 访问 HBase 上的数据时不需要 master 的参与，因为数据寻址访问 Zookeeper 和 RegionServer，而数据读写访问 RegionServer。master 仅仅维护 table 和 region 的元数据信息，而 table 的元数据信息保存在 Zookeeper 上，因此 master 负载很低。

HRegionServer 负责维护 master 分配给它的 region，处理对这些 region 的 I/O 请求以及负责切分正在运行过程中变得过大的 region。

table 在行的方向上分隔为多个 region。region 是 HBase 中分布式存储和负载均衡的最小单元，即不同的 region 可以分别在不同的 RegionServer 上，但同一个 region 是不会拆分到多个 server 上。

region 按大小分隔，一般每个表只有一个 region。随着数据不断地插入表中，region 不断增大，当 region 的某个列族达到一个阈值（默认 256 MB）时就会分成两个新的 region。事实上，HRegion 由一个或者多个 Store 组成，每个 store 保存一个 columns family。

每个 Strore 又由一个 MemStore 和 0 至多个 StoreFile 组成，如图 7-46 所示。StoreFile 以 HFile 格式保存在 HDFS 上。

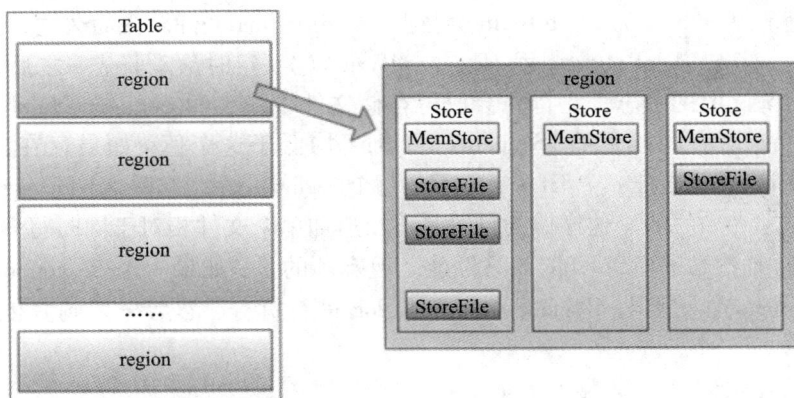

图 7-46 HBase 的 region

每个 region 由以下信息标识：< 表名，startRowkey，创建时间 >

由目录表负责（-ROOT- 和 . META. ）记录该 region 的 endRowkey。region 被分配给哪个 RegionServer 是完全动态的，所以需要机制来定位 region 具体在哪个 RegionServer。

每一个 region 由一个或多个 store 组成，至少是一个 store。HBase 会把一起访问的数据放在一个 store 里面，即为每个 ColumnFamily 建一个 store；如果有几个 ColumnFamily，也就有几个 store。一个 store 由一个 MemStore 和 0 或者多个 StoreFile 组成。HBase 以 store 的大小来判断是否需要切分 region。

MemStore 是放在内存里的。保存修改的数据即 Key-Values。当 MemStore 的大小达到一个阀值（默认 64 MB）时，MemStore 会被 flush 到文件，即生成一个快照。目前 HBase 会有一个线程来负责 MemStore 的 flush 操作。

MemStore 内存中的数据写到文件后就是 StoreFile，StoreFile 底层是以 HFile 的格式保存。

HLog(WAL log)：WAL 意为 write ahead log，是用来做灾难恢复的。HLog 记录数据的所有变更，一旦 RegionServer 宕机，就可以从 log 中进行恢复。HLog 文件就是一个普通的 Hadoop SequenceFile。SequenceFile 的 value 是 key 时 HLogKey 对象，其中记录了写入数据的归属信息，除了 table 和 region 名字外，还同时包括 SequenceNumber 和 TimeStamp。TimeStamp 是写入时间，SequenceNumber 的起始值为 0，或者是最近一次存入文件系统中的 SequenceNumber。SequenceFile 的 value 是 HBase 的 KeyValue 对象，即对应 HFile 中的 Key-Value。

前面提到，数据以 Key-Value 形式到达 HRegionServer，写入 WAL 之后，写入一个 SequenceFile。但是在数据流写入文件系统时，经常会缓存以提高性能。这样，有些本以为在日志文件中的数据，实际在内存中。这里，提供了一个 LogFlusher 的类。它调用 HLog. optionalSync()，后者根据 hbase. regionserver. optionallogflushinterval（默认是 10 s），定期调用 Hlog. sync()。另外，HLog. doWrite() 也会根据 hbase. regionserver. flushlogentries（默认 100 秒）定期调用 Hlog. sync()。Sync() 本身调用 HLog. Writer. sync()，它由 SequenceFileLogWriter 实现。

Log 的大小通过 $ HBASE _ HOME/conf/hbase – site. xml 的 hbase. regionserver. logroll. period 限制，默认为 1 h。所以每 60 min 会打开一个新的 log 文件。久而久之，会有一大堆的文件需要维护。首先，LogRoller 调用 HLog. rollWriter()，定时滚动日志，之后，利用 HLog. cleanOldLogs() 清除旧的日志。它首先会取得存储文件中最大的 SequenceNumber，之后检查是否存在一个 log 所有的条目的"SequenceNumber"均低于这个值，如果存在，将删除这个 log。每个 RegionServer 维护一个 HLog，而不是每个 region 一个，这样，不同 region(来自不同的 table)的日志会混在一起。这样做的目的是不断追加单个文件相对于同时写多个文件而言，可以减少磁盘寻址次数、提高 table 的写性能。但麻烦的是，如果一个 RegionServer 下线，为了恢复其上的 region，需要将 RegionServer 上的 log 进行拆分，然后分发到其他 RegionServer 上进行恢复。

若需要更加详细学习请查阅 HBase 的相关文档。

7.9.2 Google Spanner——全球级的分布式数据库

Spanner 是一个可扩展的、全球分布式的数据库，是在谷歌公司设计、开发和部署的。在最高抽象层面，Spanner 就是一个数据库，把数据分片存储在许多 Paxos 状态机上，这些机器位于遍布全球的数据中心内。复制技术可以用来服务于全球可用性和地理局部性。客户端会自动在副本之间进行失败恢复。随着数据的变化和服务器的变化，Spanner 会自动把数据进行重新分片，从而有效应对负载变化和处理失败。Spanner 被设计成可以扩展到几百万个机器节点，跨越成百上千个数据中心，具备几万亿数据库的规模。应用可以借助于 Spanner 来实现高可用性。通过在一个洲的内部和跨越不同的洲之间复制数据，以保证即使面对大范围的自然灾害时数据依然可用。

　　Spanner 的主要工作就是管理跨越多个数据中心的数据副本。Bigtable 无法应用到一些特定类型的应用上面，如具备复杂可变的模式，或者对于在大范围内分布的多个副本数据具有较高的一致性要求。Spanner 已经从一个类似 Bigtable 的单一版本的键值存储，演化为一个具有时间属性的多版本的数据库。数据被存储到模式化的、半关系的表中，数据被版本化，每个版本都会自动以提交时间作为时间戳，因此旧版本的数据会更容易被垃圾回收。应用可以读取旧版本的数据。Spanner 支持通用的事务，提供了基于 SQL 的查询语言。

　　作为一个全球分布式数据库，Spanner 提供了几个有趣的特性：第一，在数据的副本配置方面，应用可以在一个很细的粒度上进行动态控制。应用可以详细规定：哪些数据中心包含哪些数据，数据距离用户有多远（控制用户读取数据的延迟），不同数据副本之间的距离有多远（控制写操作的延迟），以及需要维护多少个副本（控制可用性和读操作性能）等。数据也可以被动态地和透明地在数据中心之间进行移动，从而平衡不同数据中心内资源的使用。第二，Spanner 有两个重要的特性，很难在一个分布式数据库上实现。即 Spanner 提供了读和写操作的外部一致性，以及在一个时间戳下面的跨越数据库的全球一致性的读操作。这些特性使得 Spanner 可以支持一致的备份、一致的 MapReduce 执行和原子模式变更。

　　之所以支持这些特性，是因为 Spanner 可以为事务分配全球范围内有意义的提交时间戳，即使事务可能是分布式的。这些时间戳反映了事务串行化的顺序。这些串行化的顺序满足了外部一致性的要求：如果一个事务 T1 在另一个事务 T2 开始之前就已经提交了，那么，T1 的时间戳就要比 T2 的时间戳小。Spanner 是第一个可以在全球范围内提供这种保证的系统。

　　实现这种特性的关键技术就是一个新的 TrueTime API 及其实现。这个 API 可以直接暴露时钟不确定性而 Spanner 时间戳的保证就是取决于这个 API 实现的界限。如果这个不确定性很大，Spanner 就通过降低速度来等待这个大的不确定性结束。谷歌的簇管理器软件提供了一个 TrueTime API 的实现。这种实现可以保持较小的不确定性（通常小于 10 ms），因为它主要是借助于现代时钟参考值（比如 GPS 和原子钟）。

　　Spanner 的数据模型不是纯粹关系型的，它的行必须有名称。更准确地说，每个表都需要有包含一个或多个主键列的排序集合。这种需求，让 Spanner 看起来仍然有点像键值存储：主键形成了一个行的名称，每个表都定义了从主键列到非主键列的映射。当一个行存在时，必须要求已经给行的一些键定义了一些值（即使是 NULL）。采用这种结构是很有用的，因为这可以让应用通过选择键来控制数据的局部性。

　　图 7-47 包含了一个 Spanner 模式的实例，它是以每个用户和每个相册为基础来存储图片元数据的。这个模式语言和 Megastore 的类似，同时增加了额外的要求，即每个 Spanner 数据库必须被客户端分割成一个或多个表的层次结构（hierarchy）。客户端应用会使用 interleave in 语句在数据库模式中声明这个层次结构。这个层次结构上面的表，是一个目录表。目录表中的每行都具有键值 K，和子孙表中的所有以 K 开始（以字典顺序排序）的行一起，构成了一个目录。on delete cascade 意味着，如果删除目录中的一个行，也会级联删除所有相关的子孙行。这个图也解释了这个实例数据库的交织层次（interleaved layout）。例如，Albums(2，1) 代表了来自 Albums 表的、对应于 user_id = 2 和 album_id = 1 的行。它允许客户端来描述存在于多个表之间的位置关系，这对于一个分片的分布式数据库的性能而言是很重要的。没有它的话，Spanner 就无法知道最重要的位置关系。

　　要注意区分 Spanner 客户端的写操作和 Paxos 看到的写操作，把 Paxos 看到的写操作称为

```
CREATE TABLE Users {
  uid INT64 NOT NULL, email STRING
} PRIMARY KEY (uid), DIRECTORY;

CREATE TABLE Albums {
  uid INT64 NOT NULL, aid INT64 NOT NULL,
  name STRING
} PRIMARY KEY (uid, aid),
  INTERLEAVE IN PARENT Users ON DELETE CASCADE;
```

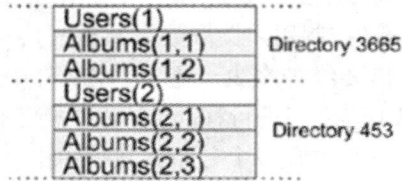

图 7 −47　一个 Spanner 模式示例

Paxos 写操作。例如，二阶段提交会为准备提交阶段生成一个 Paxos 写操作，这时不会有相应的客户端写操作。

　　Spanner 可以支持读写事务、只读事务(预先声明的快照隔离事务)和快照读。独立写操作会被当成读写事务来执行，非快照独立读操作会被当成只读事务来执行。二者都是在内部进行 retry，客户端不用进行这种 retry loop。一个只读事务具备快照隔离的性能优势。一个只读事务必须事先被声明不会包含任何写操作，因为它并不是一个简单的不包含写操作的读写事务。在一个只读事务中的读操作，在执行时会采用一个系统选择的时间戳，且不包含锁机制，因此，后面到达的写操作不会被阻塞。在一个只读事务中的读操作，可以到任何足够新的副本上去执行。一个快照读操作，是针对历史数据的读取，执行过程中，不需要锁机制。一个客户端可以为快照读操作确定一个时间戳，或者提供一个时间范围让 Spanner 来自动选择时间戳。不管是哪种情况，快照读操作都可以在任何具有足够新的副本上执行。

7.9.3　SequoiaDB 分布式存储原理

　　SequoiaDB 是国内一款自主研发的分布式文档型数据库，基本结构如图 7 −48 所示。它与过去开发者所熟悉的关系型数据库不同，它的数据结构是 BSON 类型，一种与 JSON 结构非常相近的数据类型。

　　SequoiaDB 与关系型数据库除了在数据类型上有比较明显的差异外，还支持分布式存储。用户在搭建一个能够应对海量数据以及包含高并发操作的系统时，不再需要像过去一样，在业务层面做复杂的分表分库工作。在定义数据表时，明确告诉数据库此表需要根据哪个字段以及何种规则进行分布式存储。数据分布式存储对于用户来说变得透明，用户可以更加专注于业务逻辑开发，而不是关注如何分表分库。

　　SequoiaDB 巨杉数据库是一款企业级分布式 NewSQL 数据库。SequoiaDB 具有支持标准 SQL、事务操作、高并发、分布式、可扩展、双引擎存储等特性，并已经作为商业化的数据库产品开源。

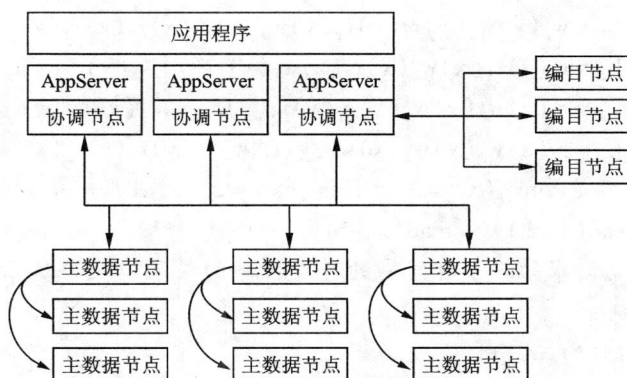

图 7 – 48　SequoiaDB 基本结构

　　SequoiaDB 核心引擎提供了分布式块存储模式，可以将非结构化大文件按照固定大小的数据块进行切分并存放于不同分区。这一功能可以实现海量非结构化文件的存储，可以应用于影像存储等场景。

习　题

　　1. 简述分布式数据库系统的特点及分类。
　　2. 什么是数据分布？什么是数据分片？
　　3. 简述不同的数据分布方式。
　　4. 简单描述各种一致性模型的主要特性。
　　5. 试分别解释严格一致性、顺序一致性、因果一致性、PRAM 一致性等几种以数据为中心的一致性模型的含义。图 7 – 49 中的事件序列对上述哪几种一致性模型是有效的？

图 7 – 49　习题 5 图

　　6. 论述分布式数据库系统的设计方法。
　　7. 理解分布式事务的演变。
　　8. 什么是原子事务处理的 ACID 特性？
　　9. 指出两种原子事务处理的局部恢复技术，指出一种原子事务处理的全局恢复技术。
　　10. 并发控制的正确性标准是什么？

11. 指出下列调度中的可串行化调度:

$$L_1 = w_2(y)w_1(y)r_3(y)r_1(y)w_2(x)r_3(x)r_3(z)r_2(z)$$
$$L_2 = r_3(z)r_3(x)w_2(x)r_2(z)w_1(y)r_3(y)w_2(y)r_1(y)$$
$$L_3 = r_3(z)w_3(y)w_2(x)r_1(y)r_3(y)r_2(z)r_3(x)w_1(y)$$
$$L_4 = r_2(z)w_2(y)w_2(x)w_1(y)r_1(y)r_3(y)r_3(z)r_3(x)$$

12. x 的初始时间戳是 $Time_r(x) = 3$ 和 $Time_w(x) = 2$。对数据对象 x 有下列读写操作:
write(x, 2)， read(x, 1)， read(x, 4)， write(x, 3)， write(x, 5)， read(x, 6)
给出对每个读和写请求的基于时间戳的并发控制的结果以及每次请求后的 $Time_r(x)$ 和 $Time_w(x)$。

13. 说明二阶段封锁的主要内容。

14. 简述 2PC 与 3PC。

15. 学习典型分布式数据库系统(如 HBase)。

第 8 章　分布式系统中容错技术

分布式系统区别于单机系统的一个特点是：在分布式系统中存在着部分失效的情况。当分布式系统某个部件出现问题的时候就发生了部分失效。分布式系统的一个重要设计目标是当系统中出现部分失效的时候，系统应该能自动从失效中恢复过来，并且不会对整个系统的性能产生严重的影响。本章讨论的就是分布式系统中的容错技术。

8.1　分布式系统中的故障模型

容错是计算机科学中的一个重要研究领域。在这一节里，我们首先介绍与故障处理有关的一些基本概念和分布式计算系统中的故障模型。

8.1.1　基本概念

分布式计算系统是一个可信赖的系统，容错是与可信赖系统紧密相联系的一个概念。分布式计算系统的可信赖性包括如下几个方面：

（1）可用性（availability）。可用性反映的是系统随时可被用户使用的特性。也就是说，在任何给定的时刻，用户都可以使用此系统正确地执行用户给定的任务。

（2）可靠性（reliability）。可靠性指的是在错误存在的情况下，系统持续服务的能力。尽管可靠性和可用性容易混淆，但它们并不是同一个概念。可靠性反映的是一段时间的特性，而可用性反映的是某个时刻的特性。高可靠性系统能够持续运行一个相当长的时间而不会中断。如果一个系统，每个小时都有并且仅有 1 毫秒的时间失效，那么它的可用性可达99.9999%，但它仍然是一个高度不可靠的系统。

（3）安全性（safety）。安全性指的是在系统出现暂时错误的情况下，不出现灾难性后果的能力。例如，核电厂的控制系统和宇宙飞船的控制系统要求具有很高的安全性。

（4）可维护性（maintainability）。可维护性指的是系统一旦出现故障，系统易于修复的能力。高可维护性的系统意味着具有高的可用性。

（5）保密性（security）。保密性要求系统资源不被非法用户访问。

从错误的时间特性来看，错误可分为暂时性的（transient）、间歇性的（intermittent）和永久性的（permanent）。暂时性的错误一旦发生后就会消失，当相关的操作重复执行后，错误就消失了。间歇性的错误是一会儿出现，一会儿又消失的错误。这种错误是十分令人烦恼的一种错误，因为它十分难于诊断。永久性错误是一种持续性错误，这种错误一旦出现，将会长时间存在，直到出现错误的部件被修复为止。

8.1.2　基本的故障模型

在分布式系统中，若系统不能胜任它所提供的服务，便意味着系统中的服务器、通信信道或者二者都不能完全胜任它们所应当具有的服务功能。在分布式系统中，错误的检测往往很困难并且很复杂。例如，一个失效的服务器可能不是由这个服务器本身的故障造成的。如果一个服务器只有依赖于其他的服务器才能充分提供它所具有的服务功能，且当一个服务器不能提供它所具有的某项服务或某几项服务时，错误可能是由该服务器本身造成的，也可能是由其他服务器间接引起的。分布式系统中的各部件的相互依赖性是很普遍的，例如，一个硬盘错误可能会导致文件服务器不能提供正常的文件服务。如果这个文件服务器是一个分布式数据库系统的一个组成部分，那么这个数据库系统的正常工作就处于危险之中，可能会导致数据库系统中只有一部分数据是可以访问的。所以，了解分布式系统中常见的错误类型是十分必要的。按照不同的标准，有不同的划分故障类型的方法。Cristian、Hadzilacos 和 Toueg 将发生在分布式系统中的故障划分为如表 8 – 1 所示的几种类型。

表 8 – 1　分布式系统中故障类型

故障类型	说明
崩溃性故障	服务器停机，但是在服务器停机之前工作是正常的
遗漏性故障	服务器对输入的请求没有响应
接收性遗漏	服务器未能接收到输入报文
发送性遗漏	服务器未能发送出输入报文
时序故障	服务器对请求的响应不是按特定的时间间隔进行的
响应故障	服务器的响应是错误的
值错误	服务器给出了错误的响应值
状态转换错误	服务器背离了正确的控制流程
随意性故障	服务器在随意的时刻产生了一个随意的响应

崩溃性故障一般发生在服务器过早地停机时。正常的情况下，一个服务器停机之前需要发送一些通告性信息，使系统能够做一些相应的处理，如重新启动另外一个服务器替换该服务器的服务等。如果一个服务器在没有发出任何提示信息的情况下突然停机，就会带来一系列的错误，如电源掉电和操作系统死机的情况都可以导致崩溃性故障。

遗漏性故障发生在生存的服务器对某个服务请求没有响应时。遗漏性故障的第一种情况是服务器接收不到输入请求。例如，一个服务器在处理某个请求时，服务器没有一个线程用来侦听到达的服务请求。其中接收性遗漏故障不会改变服务器的当前状态，因为它没有意识到有请求报文发送给它。发送性遗漏故障是服务器对所收到的服务请求进行了服务，但在发送响应报文的时候出现了故障。例如，服务器在发送响应报文时，发送缓冲区溢出，而服务器没有处理这种情况的措施。上述两种遗漏性故障属于通信故障。另一种遗漏性故障与软件的错误有关而与通信无关，如服务器进入死循环，或是由于不适当的内存管理，使服务器程序长时间被挂起。

时序故障是一种与定时有关的故障。时序故障是指服务器对请求的响应超过了特定的时间间隔，特别是在实时系统中，服务器对服务请求的响应太过于迟缓。

响应故障是一类比较严重的故障，这类故障是指服务器对客户的服务请求给出了不正确的响应。一般来说，响应故障分为两类：一类是响应值出现错误，即服务器给服务请求的回答信息是不正确的。例如，用一个搜索引擎在 Internet 上搜索信息，返回的结果却与所给出的搜索引擎无关，这是出现了值故障，即服务器给出了错误的响应值。另一类响应故障是状态转换错误。当服务器对所收到的服务请求做出了不符合期望的反应时，就会出现状态转换错误。例如，当一个服务器接收到一个它不能识别的报文，而程序中并没有确定如何处理这样的报文时，这种状态转换错误最容易出现。

实际中最严重的一类错误是随意性故障，即拜占庭故障。随意性故障是一种随机性的故障，在正常情况下，服务器不会出现故障，在某些不明因素的影响下，服务器偶尔会对服务请求给出错误的结果，这种错误很难被检测出来。当一个出错的服务器和其他服务器一起协同工作时，出错的服务器会影响到其他服务器，因而做出错误的决定。

容错是建立在冗余的基础上的，冗余是指设置超过正常系统操作所需的信息、资源或时间。下面是典型的四种冗余类型：

（1）硬件冗余。附加额外的处理器、I/O 设备等。

（2）软件冗余。附加软件模块的额外版本等。

（3）信息冗余。如使用了额外位数的错误检测代码等。

（4）时间冗余。如增加用来完成系统功能的额外时间。

也有些研究者将冗余分为三类，即物理冗余、信息冗余和时间冗余。物理冗余可以用硬件冗余的方式或软件冗余的方式来实现，因为硬件和软件在逻辑上是等同的。信息冗余的一个例子是海明码，使用海明码技术可以纠正信息在传输中产生的错误。时间冗余的典型例子是原子操作和原子事务处理。若原子操作和原子事务处理在执行中出现故障，则相当于它们没有被执行，系统的状态保持不变。所以它们可以重新执行，只是需要额外的时间。

故障的基本处理方法有三种：

（1）主动复制。所有的复制模块协同进行，并且它们的状态紧密同步。

（2）被动复制。只有一个模块处于动态，其他模块的交互状态由这一模块的检查点定期更新。

（3）半主动复制。是主动复制和被动复制的混合方法。使用此种方法所需的恢复开销相对较低。

主动复制用到了错误屏蔽的概念，即隐藏出现的故障或防止故障造成错误。被动复制又称为动态方法，是指通过从系统中检测错误的存在，并采取一定的措施移去错误部件来达到容错的方法。在这一方案中，通过定期检查、自检循环和监视时钟等手段来检测错误。系统层错误诊断是指研究在系统中识别错误部件的方法，对于分布式系统来说，这是十分困难的研究领域。

失效的检测可分为外部检测和内部检测两类。外部检测是指将检测节点失效的职责赋予被检测节点的外部附件。例如，用另外一个节点 A 来检测节点 B。如果节点 A 正常，则假设通过预期的动作节点 A 能够检测到节点 B 的任何偏差。如果 A 出现错误，则其诊断结果是随机的。内部检测将节点的失效检测机制置于该节点内部，通常检测部件被假定为一个可以完全信赖的"硬核"。通过内部检测和外部检测的联合应用可以得到有效的错误检测方案。例如，编码技术就是这样的错误检测方案，它为数据总线、存储器和寄存器提供了低成本的错误检测方法。

8.2 容错系统的基本构件

容错系统的基本构件包括稳定存储器、故障－停止处理器和原子操作三类。

8.2.1 稳定存储器

稳定存储器（stable storage）是对一个可以经受系统失效的特定存储器的逻辑抽象。也就是说，坚固存储器里的内容不会被一个失效所毁坏。系统失效之后需要恢复到以前的状态，而以前的状态信息也需要能够安全地存储，以便需要的时候能够恢复。坚固存储器在分布式系统的恢复中充当着重要的角色。

存储器按坚固性分为三类。第一类是 RAM。它在掉电和机器崩溃的情况下会丢失所存信息。第二类是磁盘存储器。它在掉电和机器崩溃的情况下，能够维持已经保存的信息，但是当磁头损坏时，会丢失所存信息。第三类是坚固存储器。除非发生诸如洪水、地震等灾难性的事件，它所保存的数据可以在发生其他任何事故的情况下生存下来。

坚固存储器的每一个块由两个独立的磁盘块组成，分别位于不同的驱动器上，使它们同时由于硬件故障受到损坏的概率最小。坚固存储器的算法保证至少有一块总是有效的。每一块进行写操作时，都紧跟着一个读操作来验证写得是否正确。两块中有一个出错或失效时，则由另一块修正或代替。

上述实现坚固存储器的技术称为磁盘镜像（disk shadowing）技术。另一种实现坚固存储器的方法是使用廉价磁盘冗余阵列（redundant arrays of inexpensive disks，RAID）。RAID 是通过运用位交错技术将数据分布到多个磁盘中，从而提供高 I/O 性能。RAID 与传统磁盘相比有显著的优点，并可承受多个失效。

8.2.2 故障－停止处理器

当一个处理器失效时，最可能的原因是它不进行任何不正确的操作，而是简单地停止运行。这样的处理器被称为故障－停止处理器。当出现一个故障时，故障－停止处理器会有以下效果：①处理器停止运行；②易失性存储器的内容丢失，而坚固存储器不受影响；③任何其他处理器均可以检测到故障－停止处理器的失效状态。

如果一个处理器不是故障－停止处理器，则可以通过一个精心设计的程序使它变成故障－停止处理器。假如有一个可靠的坚固存储器、一个可靠的存储处理器（控制存储媒介的处理器）以及 $k+1$ 个处理器，将它们转变成故障－停止处理器的方法如下：$k+1$ 个处理器中的每一个都运行着同样的程序并通过存储处理器访问同一个坚固存储器。如果任何一个请求是不同的，或者任何一个请求没有在指定的期间到达，则意味着检测到一个失效事件，因而应该丢弃所有请求。这时系统表现为一个故障－停止处理器。这一方法产生一个 k－故障－停止处理器，除非系统中 $k+1$ 个或更多的部件失效。

8.2.3　原子操作

一个原子操作就是由硬件独立执行的一系列动作。也就是说，或者每一个动作有被完全彻底地执行，或者所有的动作根本没有执行，系统的状态保持不变（原子操作的全有或全无性）。原子操作中的每一个动作都是孤立的，当执行这一动作时，在进程中感觉不到外界活动的存在，也意识不到外界状态的变化。与此相似，任何外界的进程均感觉不到一个孤立的原子操作的内在状态的变化。

8.3　节点故障的处理

节点故障的处理的基本方法有基于软件的和基于硬件的两种方案。由于软件和硬件在逻辑上是等同的，这里仅讨论基于软件的方案。在基于软件的方案中，一系列同样的进程被复制并被分配到不同的处理器中执行。

对于永久性的故障，常用硬件冗余的方法来屏蔽；而对于暂时性的故障，常通过时间冗余的方法进行重试。当使用主动复制的方法时，通常使用 N - 模块化冗余（NMR）。如在 3 - 模块化冗余（TMR）中，同样的进程被复制三遍来对输出结果作出整体表决。如果其中的一个处理器出现故障，则其余的两个拷贝在执行整体表决时就会屏蔽故障处理器的结果。然而，在分布式系统中使用主动复制的方法相对比较昂贵。

在被动复制中可以使用向前式恢复和向后式恢复。在向前式恢复中，假定可以完全准确地得到系统中的故障和损失的性质，这样就有可能去掉这些故障，从而使系统继续向前执行。向后式恢复适用于系统的故障无法预知和去掉的情况。在这种情况下，要定时地存储系统的状态，当失效导致系统处于不一致的状态时，系统可以恢复到从前没有发生故障的状态，并在此状态下重新执行。

8.3.1　向后式恢复

尽管向前式恢复比向后式恢复简单，但它的要求十分苛刻。向后式恢复的通用性使它向分布式系统提供了一个通用的恢复机制。在向后式恢复中，进程被恢复到了一个先前的正确的状态。进程执行中的一些点被称为"检查点"（check point），在以后发生错误的情况下，进程可以被恢复到这些点。当一个活动模块为一个进程或一个处理器时，有两种方法来保存检查点：①每一个检查点被组播到每一个被动模块；②每个检查点被存储在它的本地坚固存储器中。

通常检查点被存储在坚固存储器中。当进程正确地从一个旧的检查点运行到一个新的检查点时，旧的检查点就要被新的检查点替换。当进程执行到两个检查点之间时发生错误，那么进程应该卷回到旧的检查点处重新执行。

当使用新的检查点替换旧的检查点的过程中，系统也会发生失效。这可以通过检查点的原子更新过程来解决。也就是说，在检查点的更新中，要么旧的检查点被新的检查点替换，要么旧的检查点被完整地保留。假设系统状态最初被存储在内存中，并将被复制到坚固存储器中。有两种检查点库：在检查点更新的过程中，A 库用于存放旧的检查点，B 库用于存放新的检查点。A 库中的检查点更新完毕后，进行 B 库中的检查点的更新。当整个检查点更新过程完成后，A 库和 B 库中的内容都被新的检查点取代。在后面的操作中，这两个库的角色可以轮换。在刷新之前和刷新之后，在库中各写入一个固定的时间戳（刷新前：A 库 T_{a1}，B 库 T_{b1}；刷新后：A 库 T_{a2}，B 库 T_{b2}）。由于这四个时间戳是顺序写入的，则可通过不同的时间戳描述一个失效。表 8-2 表示了如何通过这四个时间戳来描述一个失效。

表 8-2　识别在检查点更新过程中发生的失效

条件	失效	措施
$T_{a1} = T_{a2} = T_{b1} = T_{b2}$	没有	没有
$T_{a1} > T_{a2} = T_{b1} = T_{b2}$	在刷新库 A 的过程中失效	将库 B 复制到库 A 中
$T_{a1} = T_{a2} > T_{b1} = T_{b2}$	在库 A 刷新完成之后、库 B 开始刷新之前失效	将库 A 复制到库 B 中
$T_{a1} = T_{a2} = T_{b1} > T_{b2}$	在刷新库 B 的过程中失效	将库 A 复制到库 B 中

向后式恢复除了使用检查点方案外，还有一个基于影像页面技术的方案。在基于影像页面技术的方案中，当进程需要修改一个页面时，系统复制该页面并保留在坚固存储器中。系统中的每个页面都有两个拷贝，当进程在执行的过程中，只有其中的一个拷贝被进程修改，另一个拷贝就作为影像页面。如果进程失效，则丢弃被修改的拷贝，系统根据影像页面进行恢复。如果进程成功运行，则每一份影像页面被相应的修改后的页面替换。

8.3.2　向前式恢复

在主动复制中，大多数分布式算法都是非确定性的，一个进程的所有拷贝均需要以一种可识别的方式解决其非确定性。向前式恢复方案是半主动复制的一个特例。在这个方案中，通过对两个活动模块的不匹配比较，或通过一个 3-模块冗余（TMR）在三个活动模块中的表决来启动一个确认步骤，就可以检测半主动复制的失效位置。

一个向前式恢复策略是一种回卷的前瞻性运行。一个进程或任务的初始拷贝是由不同的处理器来运行。这些版本的结果在检查点进行表决或比较，如果表决是成功的，则可以获得一个储存在坚固存储器中的正确结果。在这个结果的基础上，再执行下一项任务的拷贝。如果表决是失败的，就基于以前任务的每一个结果来执行下一项任务的拷贝，并对以前的任务进行一次回卷执行。即在后备处理器上再运行以前的任务，目的是获得正确的结果。这种方式避免了在回卷运行上浪费时间。尽管在所有版本都失效（所有结果都不正确）或者重新运行以前的任务也不能获得正确结果的情况下，回卷运行是不可避免的。但由于利用了现存的正确结果而不必从头重新开始，因此还是节省了回卷时间。

图 8-1(a)显示了向前式恢复方案。其中 I_i，I_{i+1} 和 I_{i+2} 是检查点间隔。两个进程 X 和 Y 均运行一个进程的同一个版本。在每一个检查点之前，需要对它们的结果进行比较并确认是否正确。S 代表对两个间隔 I_i 和 I_{i+1} 进行验证的后备处理器。现有以下四种可能的情况：

（1）没有并发重试。X 和 Y 都在间隔 I_i 正确运行。

（2）有非回卷的并发重试。这种情况发生在当单个处理器（X 或 Y）有错误，但在连续的两个检查点间隔中没有错误的情况下。也就是说，在 I_i 中出现了错误，但在两个合法的检查点间隔 I_{i+1} 和 I_{i+2} 中间没有错误。

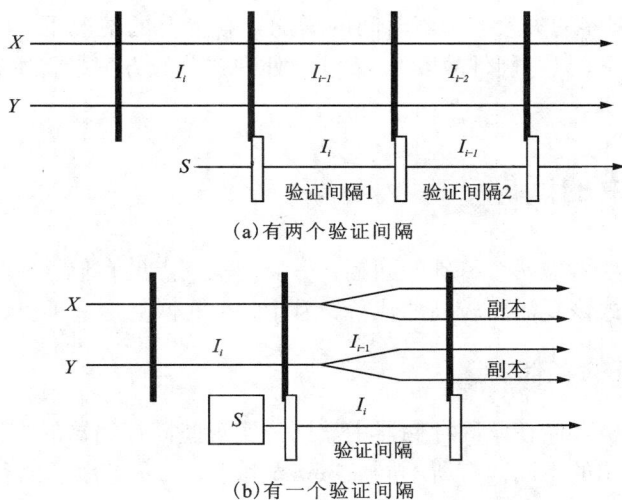

(a) 有两个验证间隔

(b) 有一个验证间隔

图 8 - 1　两个向前式恢复方案

（3）在一次并发重试的间隔后进行回卷。若重试不成功，系统回卷到 I_i 的开始处。这种情况对应于在 I_i 中有两个进程均在同一个检查点间隔 I_i 处有错误的情况（尽管 S 的 I_i 确实发生在 X 和 Y 的 I_i 之后）。注意，在该情况下，X 和 Y 均通过两个检查点间隔回卷，并且发生在当后备处理器完成了一个合法的检查点间隔之后。如果用（X_i，Y_i，S_i）代表在间隔 I_i 之中 X、Y 和 S 的状态，并且用 0 代表错误，1 代表正确，d 代表没有关系（也就是说，或者错误或者正常），就得到三种情况：（1，0，0），（0，1，0），（0，0，d）。这三种情况是在一次并发重试的间隔后进行回卷。

（4）在并发重试的两次间隔之后回卷。在该情况下，检查点间隔 I_{i+1} 处出现了一个额外的错误，系统回卷到间隔 I_{i+1} 的起始处。如果用（X_i，Y_i，S_i，X_{i+1}，Y_{i+1}，S_{i+1}）代表在间隔 I_i 和 I_{i+1} 中 X、Y 和 S 的状态，这种情况对应于以下描述的四种情形：（1，0，1，d，d，0），（1，0，1，0，d，d），（0，1，1，d，d，0），（0，1，1，d，0，d）。在该情况下，当后备处理器完成了两个合法的间隔之后，X 和 Y 均通过两个间隔点回卷到 I_{i+1}。

图 8 - 1（b）显示了由 Long、Fuchs 和 Abraham 提出的向前式恢复方案。在此方案中，I_i 之后的发散处理器自身在 X 和 Y 的间隔 I_{i+1} 中间进行了二重复制，用以确保两个处理器继续被二重复制。在 S 的 I_i 的验证步骤的结尾，对二重复制的拷贝进行比较，用以确保在 X 和 Y 的间隔 I_{i+1} 中间没有发生错误。在 Pradhan 和 Vaidya 的方案中，用第三个处理器来执行验证步骤。因为在验证步骤中，运算没有进行二重复制，处理器 X 和 Y 可能发生分歧。所以，自身可能在间隔 I_i 中发生错误的后备处理器必须进行第二次验证（S 的 I_{i+1}）。这个验证是在间隔 I_i 之后检验正确的处理器 X 或 Y 在间隔 I_{i+1} 的正确性。

Hang、Wu 和 Fernandez 通过在 n 个版本中进行表决，而不是在两个版本之间进行比较，从而扩展了向前式恢复检查点的概念，并讨论了可靠性优化的问题。一般来说，一个（n，m）- 图代表正常运行的 n - 版本和进行验证的 m - 版本。Long、Fuchs 和 Abraham 的方案对应于一个（2，1）- 图。当一个运算被二重复制时，怎么才能把处理器（新的和用过的）分配给不同的二重复制组？在本方案中，有三个新的处理器和两个用过的处理器（在以前的间隔中被用过）。在假设处理器的失效率随着时间的增加自动上升的情况下，可以证明在获得最高的系统可靠性的条件下（只有硬件故障），最佳的处理器分配方案是将所有用过的处理器分配到单一的二重复制组中。

8.4   向后恢复中的问题

在向后恢复中需要考虑两个特殊的问题：一个是检查点的存储，另一个是检查点本身的方法问题。由于向前式恢复需要较高的代价，因此向后式恢复是一种更为常用的恢复技术。

8.4.1   检查点的存储

通常检查点应该被存储在坚固存储器中。因为实现坚固存储器的方法有很多，所以检查点的存储也是随着应用的不同而有所不同。Bowen 和 Pradhan 考虑了两种存储和检索检查点数据的有效方法，在这种方法中，检查点数据包括检查点、活动数据以及一般数据。

一个分层方案是虚拟内存的一个简单映射是：第一层为最高层，是寄存器和高速缓存；第二层为内存；第三层为磁盘。这需要较高层的存储器保存那些还没有在较低层的存储器中得到反映的更改的数据。显然，活动数据不能写到一个比存储检查点的层次更低层的存储器中。可能的分配方案有：

（1）在第一层存储活动数据，在第二层和第三层存储检查点。
（2）在第一层和第二层存储活动数据，在第三层存储检查点。

在基于高速缓存的检查点中，活动数据存储在 CPU 的寄存器和高速缓存中，检查点数据存储在主存中。

检查点和回卷的要求如下：
检查点：
（1）将局部状态（CPU 寄存器）保存在一个特定的内存区域。
（2）将更改过的高速缓存中的数据写到主存中。
回卷：
（1）从特殊的内存区域装入 CPU 寄存器。
（2）将高速缓存中的所有被修改的数据设定为无效。

一个重要的问题是：为了保持一致，应以何种频率将更改过的高速缓存中的数据写入主存中。在写直达（write-through）高速缓存中，高速缓存被修改时，被修改的数据将立刻写入主存。在写回（write-back）高速缓存中，只有高速缓存失效时才会将被修改的数据写入主存。在写回方法中，因为在处理器失效的情况下没有必要改写内存，因此恢复时会更快。高速缓存的存在可能导致对于同一片数据存在多个拷贝，从而引起内存和高速缓存的不一致。不一致的问题可以通过使其他拷贝无效的办法，或者通过写更新（write-update）更新其他拷贝的办法来解决。

上述基于高速缓存的检查点方法不能控制检查点频率，因为检查点频率依赖于高速缓存的大小和命中率。在双模式中，将两块叫作活动的数据和检查点的数据映射到存储层次的同一个层次上。这两个数据拷贝也叫作双胞胎页面，当使用新的检查点时，它们就彼此交换角

色。也就是说,将活动数据变成检查点数据,而检查点数据变成活动数据。可能的分配策略有:

(1)将活动数据和检查点数据存储在同一个存储层次上。比如第二层或者第三层。

(2)将活动数据和检查点数据存储在几个相邻的层次上。比如从第一层到第三层或者从第二层到第三层。

8.4.2　检查点方法

假定每个进程都定期地在坚固存储器中对状态设置检查点,而且进程之间设置检查点的过程是独立的。一种全局状态的定义是一系列局部状态的集合,这里的局部状态就是一个进程的检查点,每个局部进程有一个局部状态。向后式恢复方案要求利用局部检查点状态构造一个一致的全局状态,但是局部检查点可能会组成如下两种不一致的全局状态:

(1)丢失报文。进程 P_i 的检查点状态显示它给进程 P_j 发送了报文 m,但是进程 P_j 并没有关于该报文的记录。

(2)孤儿报文。进程 P_j 的检查点状态显示它收到了一个来自进程 P_i 的报文 m,但是进程 P_i 的状态显示它没有向进程 P_j 发送过报文 m。

一个报文的丢失可能是由于通信链路的故障等原因。可能报文 m 真的丢失了,但也可能不是,例如,这个报文可能正在传输过程中,且通信双方 P_i 和 P_j 的检查点设置不合理[图 8-2(a)]。出现报文丢失的另一种情况是:P_j 在收到报文 m 之后但是在开始下一个检查点之前崩溃了[图 8-2(b)]。孤儿报文可能是由失效所致。例如,P_i 在发送完报文 m 后失效,并且被回卷到前一个检查点。在这种情况下,P_j 记录了报文 m 的接收,但是 P_i 却没有记录报文 m 的发送[图 8-2(c)]。

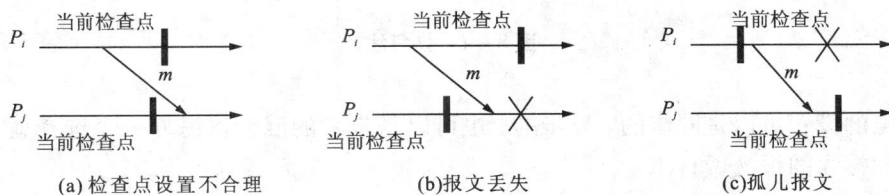

(a) 检查点设置不合理　　　　(b)报文丢失　　　　(c)孤儿报文

图 8-2　不合理检查点设置

如图 8-3 所示,为了解决孤儿报文的问题,进程 P_j 回卷到上一个检查点时,要清除对孤儿报文的记录。然而,这样一来就有可能出现这样一种情况:在最近的检查点和上一个检查点之间,P_j 向 P_i 发送了一个报文 n。假定 P_i 在当前检查点之前收到了报文 n,现在这个报文 n 成了孤儿报文。这样,P_i 需要进一步回卷。这种由于一个进程回卷导致另外一个或多个进程的回卷的效应叫作多米诺效应(domino effect)。显然,有必要在建立检查点的时候或者是恢复开始的时候在进程之间进行协调。从图 8-3 可以看出,P_i 和 P_j 会回卷到初始检查点。

一个强一致(strongly consistent)的检查点集合是由一系列的没有孤儿报文和没有丢失报文的局部检查点组成。一个一致的检查点集合是由一系列没有孤儿报文的局部检查点组成。显然,一个强一致的检查点集合包括一系列局部检查点。在这些检查点之间,进程之间没有报文传送。如果每个进程都在发送一个报文之后生成一个检查点,那么最近的检查点集合将

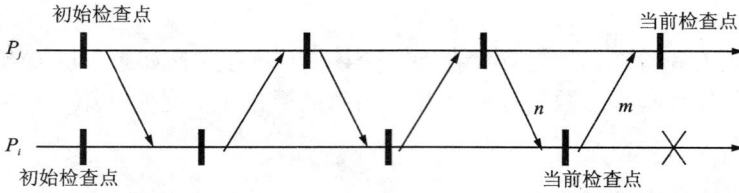

图 8 – 3 多米诺效应的例子

永远是一致的,因为每个进程的最近检查点都对应这样一个状态:所有标记为接收的报文都已经被发送进程标记为发送了。因而,将一个进程回卷到上一个检查点不会产生孤儿报文。然而,这种情况不一定是强一致的。

在向后式恢复方案中,每个进程在不断地将自己的状态记入到自己本地的坚固存储器中。当一个进程或系统失效的时候要求利用这些局部状态重新构造一个全局一致的状态。在第 5 章中我们已经介绍了一个分布式快照对应一个全局一致的状态,这个分布式快照可以作为一个恢复线(recovery line)用于恢复。只要发现一个最近的分布式快照,就可以进行恢复。如图 8 – 4 所示,一个恢复线对应于最近的一个一致性切割线。

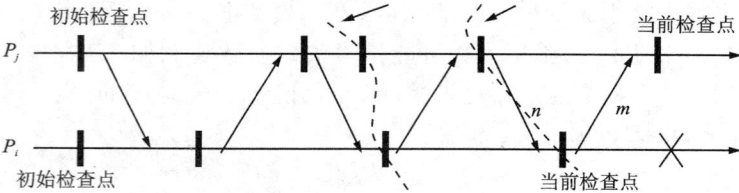

图 8 – 4 恢复线

检查点的设置可以是同步的、异步的,也可以是二者的混合。另外一个选择就是给一个进程发送和接收的报文做日志。

8.4.3 异步检查点

异步检查点算法中,程序的检查点状态的保存过程较为简单。程序中各进程周期性地相互独立地保存自己的运行状态,程序中的各进程间不需要相互协商。在恢复过程中,各进程间则需要相互协商通过复杂的回卷算法各自回卷到合适的检查点时刻,以使整个程序的各个进程恢复到最近的一个一致的全局状态。由于每个进程是在没有任何协调的情况下设置自己的检查点,所以在恢复的过程中需要查找最近的一致的检查点集合。而查找最近的一致的检查点集合依赖于检测孤儿报文的方法。一种检测方法是通过比较发送的和接收的报文数量来检测孤儿报文的存在。如果接收到的报文数目和任何发送报文的进程发送的报文的数目是一致的,那么就可认为找到了一个局部检查点的一致集合。

另一种更为精确的方法是使用间隔依赖图(interval dependence graph)来进行检测。间隔依赖图表示了不同进程之间间隔的依赖关系。一个间隔是接收连续两个报文之间的时间间隔。间隔依赖图可以通过和每个进程相联系的向量时钟得到。如果每个进程 i 的向量时钟是 LC_i，则一个检查点集合是一致的，当且仅当不存在 i 和 j 满足 $LC_i < LC_j$。注意条件 $LC_i < LC_j$ 对应于进程 P_i 和进程 P_j 之间存在一个孤儿报文。

异步检查点算法的优点是允许分布式程序的各个进程拥有最大程度的自治性，因而算法的延迟较小。缺点之一是由于每个进程需要保存若干时刻的检查点信息，因而空间开销较大；缺点之二是在恢复过程中可能会重复回卷，甚至出现多米诺效应，一直回卷到初始状态。

8.4.4　同步检查点

在同步检查点算法中，各相关的进程协调它们的局部检查点的建立行为，以保证所有的最近检查点都是一致的。由于很难使所有的进程同时设置检查点，Koo 于 1987 年提出了临时的和永久的检查点概念。临时检查点可以在第二阶段变为永久检查点，或者被撤销。而永久检查点是不能被撤销的。

在同步检查点中，只有最近的一致的检查点集合才需要被维护和保存。一致集合中的进程的数量应该最少，因此没有必要将两个独立的进程放在一个集合中。只有在另外一个进程 P_j 接收到了一个来自进程 P_i 的报文并且对这个接收设置了检查点，而且 P_i 尚未设置发送这个报文的记录时，P_i 才有必要设置一个检查点。这种方法不会产生孤儿报文，并且所有的局部检查点都是一致的，但不一定是强一致的。

由于使用同步检查点算法，各进程的局部检查点组成的集合是一个全局一致的状态，所以在恢复时，各个进程只需要简单地从检查点处重新开始执行。同步检查点算法的优点是每个进程只须保存最近时刻的检查点信息，空间开销较小，且在恢复的时候没有多米诺效应。其缺点是，在建立检查点时，各进程间的同步使程序运行中止时间较长，且牺牲了分布式程序的自治性。

8.4.5　混合检查点

混合检查点方法利用了同步检查点方法和异步检查点方法的优点。其基本思想是在一个较长的时间段中使用同步检查点，而在较短的时间段内使用异步检查点。即在一个同步时间段里，会有若干个异步时间段。因此，可以有一个可以控制的回卷，保证不会在建立检查点的过程中引入过多的开销。

一个相似的方法叫作准同步检查点。这个方法允许每个进程异步地设置检查点，从而保证了进程的独立性。同时，对恢复线的扩展采用了发起通信的检查点协调方法，从而可以限制恢复过程中回卷的传播。

8.4.6　报文日志

为了减少回卷时撤销的计算工作量，将所有接收的和发送的报文都记录下来。前者叫作接收者日志，后者叫作发送者日志。

当 P_i 的检查点被恢复到一个没有孤儿报文而且所有要发送的报文都已经是发送的一致状态的时候，可以用 P_i 的接收者日志减少回卷工作量。即只需要将 P_i 所收到的报文重新向 P_i 发送一遍即可。在图 8 − 2（b）中，如果进程 P_j 记录了报文 m 的接收者日志，那么 P_i 和 P_j 的当前检查点集合就可以看作是一致的。一旦由于 P_j 由于失效回卷到当前检查点重新执行的时候，报文 m 就可以通过 P_i 的接收者日志重新发送给进程 P_j，而不会引起进程 P_i 的任何回卷。

发送者日志可以在其他处理器没有一同失效的前提下提供无须回卷的恢复。在图 8-2 (c)中，如果 P_i 在发送完报文 m 后失效，那么当进程 P_i 恢复到当前检查点后，它会根据发送者日志的记录知道曾经发送过报文 m，这样就没有必要再发送一次了。如果接收者 P_j 失效，而且没有接收者日志，它仍然可以根据从发送者日志中得到的报文正确恢复。

一般地说，所有基于报文日志的恢复方法都要求进程是决定性的；否则，日志中的报文可能和重新运行这个进程之后的报文不一致。

如果一个报文不再会丢失，则称这个报文是坚固的，例如，当一个报文已经被写入到坚固存储器中，就可以说这个报文是坚固的。坚固的报文可以重新发送给失效后重新恢复的进程。一个报文 m 对应于一个进程集合 dep(m)，该集合包含了与报文 m 传输有关的所有进程。dep(m)包含了所有接收该报文 m 的进程，另外，如果另外一个报文 m' 和报文 m 有因果依赖性关系，并且 m' 是传递给进程 Q 的，那么 dep(m) 集合中应该包含进程 Q。如果 m' 和 m 是由同一个进程发送的，并且 m 的发送先于 m' 的发送，则说明 m' 和报文 m 的传输有因果依赖性关系。同样地，如果 m'' 和 m' 有因果依赖性关系，且 m' 和 m 有因果依赖性关系，则说明 m'' 和 m 有因果依赖性关系。

对应于报文 m 的另外一个进程集合是 copy(m)，如果一个进程有报文 m 的一个拷贝，但是这个拷贝还没有写入到它的局部坚固存储器中的话，该进程就属于集合 copy(m)。当一个进程发送了报文 m，它也属于集合 copy(m)。值得注意的是，copy(m)集合中所包含的进程是那些拥有报文 m 的拷贝，并且在出现失效的时候，能够重新传输报文 m 的进程。当 copy(m)中的所有进程都失效时，显然报文 m 就不能被重新传输。

使用上面两个概念，可以很容易地定义一个孤儿进程。假设在一个分布式系统中，某个或某些进程失效了，Q 是一个存活下来的进程，且有一个报文 m。如果进程 Q 是集合 dep(m) 中的一个元素，而集合 copy(m) 中的所有进程都失效了，那么 Q 就是一个孤儿进程。也就是说，当一个进程依赖于报文 m，但是无法向该进程重发报文 m，该进程就是一个孤儿进程。

为了避免孤儿进程的出现，需要确保当集合 copy(m) 中的进程都失效的时候，dep(m) 中没有存活的进程。当一个进程成为 dep(m) 中的一个成员的时候，须强制它也成为 copy(m) 的一个成员。也就是说，当一个进程依赖于报文 m 的传输的时候，它将保持报文 m 的一个副本。

记录报文日志的方式有两种，一种是悲观日志协议(pessimistic logging protocol)，另一种是乐观日志协议(optimistic logging protocol)。悲观日志协议关注每一个非坚固的报文 m，确保最多只有一个进程依赖于报文 m。也就是说，对于每一个非坚定的报文 m，悲观日志协议确保该报文最多只传给了一个进程。值得注意的是，一旦一个非坚定的报文 m 传递给了进程 P，P 就成为集合 copy(m)的一个成员。

在悲观日志协议下，最坏的情况是，在报文 m 写入到坚固存储器之前，进程 P 失效了。因为在此协议下，在报文 m 写入到坚固存储器之前，不允许 P 发送任何报文，所以不会有其他进程依赖于报文 m，也就不会有重发报文 m 的可能性。所以，使用悲观日志协议避免了孤儿进程的问题。

相反，在乐观的日志协议下，实际的工作是在失效发生之后进行的。假定对某个报文 m 来说，集合 copy(m) 中的每个进程都失效了，dep(m) 中的每个孤儿进程一直要回卷到以前的某个状态，在这个状态下，该进程不再是集合 $dep(m)$ 中的一个成员。很明显，乐观日志协议需要保持追踪依赖性关系，从而使它的实现变得复杂。

Elnozahy 指出，悲观日志协议比乐观日志协议要简单得多，在实际的分布式系统设计中，悲观日志协议是一种值得提倡的记录报文日志的方式。

8.5　拜占庭故障的恢复

在故障 – 停止模型中，一个处理器将停止工作并且不再恢复运转。在其他情况下，一个故障可能做出破坏性的行为。例如，一个有故障的处理器可能会向不同的处理器发送不同的令它们费解的报文，这种故障叫作随意性故障或拜占庭式故障。

在考虑出错的处理器之前，先看一种处理器正常但通信线路可能丢失消息的简单情况。这儿有一个著名的问题：两军问题。它描述了两个很正常的处理器要达成关于一信息的协同一致，有多么的困难。红色军队有 5000 人，驻扎于山谷；两队蓝色军队各 3000 人，分别驻扎于周围山上，可俯瞰山谷。两队蓝色军队若能协同攻击红色军队，将会获胜。若仅一支出击，将被屠杀。蓝色军队的目的就是实现协同出击，问题是它们只能通过一条不可靠的通道来通信：通过派遣信差，但信差经常被红色军队俘虏。

设想，蓝一军的指挥官 A 将军，发信给蓝二军的指挥官 B 将军说："我有一个计划——明天黎明时一起攻击。"消息传到蓝二军后，B 遣回信差并回复说："好主意，A，咱们明天黎明见。"信差安全回到他的基地，把回复的消息告诉 A，A 就告诉他的部队准备黎明时攻击。

然而，在那之后，A 意识到：B 不知道信差是否安全返回，因此，他可能不敢出击。结果是，A 再派一个信差去告诉 B，他（B）的应答消息已到，已经准备好战斗了。同样，信差安全到达并传达了确认消息，但现在 B 担心 A 不知道其确认是否已到，B 推测：如果 A 认为自己的信差被俘，将对他的这次计划不确信，也许不会冒险出击。因此，B 又让信差返回。

即使信差每次都通过敌营到达了蓝军，但很显然，不管他们派信差多少次，A 和 B 都永远不会达成协同一致。若这个消息传递失败，战争将失败。然而，最后这个消息的发送者不能得知其是否到达。因此，协议将不能完成协同一致，另一将军将不会攻击。最后这个消息的发送者不知是否按原计划进行战斗，也就不能安全指挥军队。同样，因为最后一个消息的接收者知道发送者不确信，他也不会冒险出击，因此没有达到双方的协同一致。即使对无故障的处理器（本例中的将军），在不可靠通信的情况下，两个进程间达成协同一致也是不可能的。

现在假设通信很正常但处理器出错的情况。这个经典问题也设想发生在军队中，称为Byzantine 将军问题（Byzantine generals problem）。在这个问题中，红军仍驻扎在山谷，但附近山头上有 n 个蓝军将军，他们各领一个军队。通信是两两通过电话线安全正常地进行。但蓝军将军中有 m 个是叛变将军（出错），他们通过提供给忠诚将军们错误的和矛盾的消息（模仿失灵的处理器）来阻止忠诚将军们达成协同一致。现在的问题是忠诚将军们是否仍能达到协同一致。

为使问题更具普遍性，假定每个将军都知道各自的军队人数，问题的目标是将军们能互相交换军队数量信息，在算法的最后，每个将军都有一个 n 维关于所有军队数量的向量。若 i 号将军是忠诚的，那么第 i 维元素是他的军队数。否则，它是不确定的。

处理拜占庭式故障的一个主要方案是将多个完全相同的进程设置成为一个进程组而达到容错的目的。对于一个进程组来说，当有一个报文发往这个进程组，那么进程组中的所有进程都要接收这个报文。通过这种方式，当进程组中有一个进程出现错误，希望进程组中的其他进程能够克服这种错误，接管这个进程。

Lamport 等人于 1982 年设计了一种递归算法，可在特定条件解决这一问题，如图 8－5 所示。算法工作条件是：$n=4$，$m=1$。对这样的参数，算法运行四步。第一步，每个将军发送可靠的消息给其他所有的将军，声明他自己真实的军队人数。忠诚将军声明的是真值，叛变将军则可能对其他每个将军都撒一个不同的谎。在图 8－5(a)，我们可看到将军 1 报告他有 1K 军队，将军 2 报告他有 2K 军队，将军 3 对其他三个将军分别谎称有：若将军 i 是忠诚的，则第 i 维元数是他的军队数，否则是不确定的，X、Y、Z 军队，将军 4 报告他有 4K 军队。第二步，把第一步声明的结果收集组成向量形式，如图 8－5(b)。

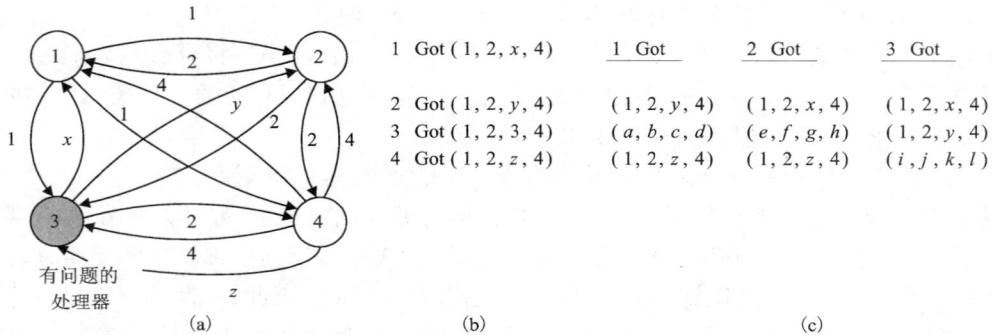

图 8－5　3 个忠诚将军和一个叛变将军的拜占庭(**Byzantime**)将军问题

(a)各个将军通报各自部队的战斗力(1K 单位)；(b)每个将军根据(a)汇编出的向量；(c)每个将军从第二步得到的向量

第三步，每个将军把图 8－5(b)中各自的向量传递给其他每一个将军。在这里，将军 3 又谎报军情，使用了 12 个新值，从 a 到 l。第三步的结果如图 8－5(c)所示。最后，第四步，每个将军检查所有新接收向量的第 i 个元素。若有某个值占多数，则将该值放入结果向量中。若没有一个值占多数，结果向量中的相应元素标记为不知道(unknown)。从图 8－5(c)可以看到 1、2、4 号将军产生协同一致向量：(1，2，unknown，4)。这是正确结果。叛变将军不能得偿所愿。

现在，再来看 $m=3$，$n=1$ 的情况。即两个忠诚将军，一个叛变将军，如图 8－6 所示。在图 8－6(c)中，没有一个忠诚将军认为元素 1、2、3 中占多数，因此它们都被标以不知道(unknown)。算法失败不能产生协同一致。

在 Lamport 等人的论文中，已证明了一个有 m 个处理器出错的系统中要实现协同一致，只有当有 $2m+1$ 个正常处理器时才可能。处理器总数为 $3m+1$。即换种说法是，只有大于 2/3 的处理器正常工作时，协同一致才是可能的。

然而糟糕的是，Fischer 等人于 1985 年证明：对一个具有异步式处理机和对传输时延没有限制的分布式系统，哪怕仅一个处理器失效(即使是 fail_silent 型)，协同都是不可能的。

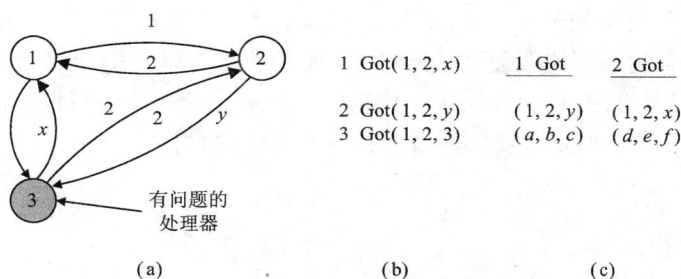

图 8 – 6　2 个忠诚将军和一个叛变将军的拜占庭问题

异步式系统的问题是不可能区别特别慢的处理器和失效的处理器。目前已经有了一些关于什么情况下协同一致是可能的，以及什么时候是不可能的其他的理论成果，有兴趣的读者可以自行查阅。

8.5.1　恢复中的设计问题

进程组可能是动态的。在分布式系统中，一个新的进程组可能随时产生，一个旧的进程组也可能随时被删除。同样地，一个进程可能会随时加入到了一个进程组中去，进程组中的一个进程也可能会随时从这个进程组中退出。一个进程也可能同时是多个进程组中的成员。由于进程组的复杂性，所以需要一个管理进程组和进程组成员的有效机制。

1. 进程组的内部结构

按照进程组的内部组织结构可以将进程组分成两种类型，一种类型是平面结构的进程组[图 8 –7(a)]，另一种是分层结构的进程组[图 8 –7(b)]。

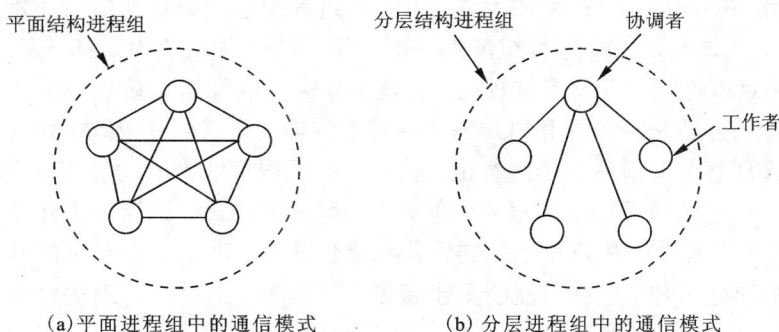

(a)平面进程组中的通信模式　　　(b)分层进程组中的通信模式

图 8 –7　进程组类型

在平面结构的进程组中，所有的进程是平等的，没有任何一个进程处于领导地位，任何决定都是共同作出的。在最简单的层次结构的进程组中，一个进程是协调者，其他所有的进程为工作者。无论是进程组外的一个客户，还是进程组中的一个工作者向进程组发出一个工作请求，都由协调者决定哪一个工作者最适合这项工作，并且将此工作请求转交给它。

这两种结构的进程组各有自己的优缺点。平面结构进程组的优点是它是对称的并且允许单点失效。如果进程组中的某个进程失效了，进程组只是变小了，但仍可继续提供它的功能。它的缺点是决策的过程比较复杂，例如，任何一项决定常常需要经过投票来完成，从而会引起较大的延迟和额外开销。而层次结构进程组具有完全相反的特性。协调者的失效会导致整个进程组不能工作，但是只要协调者存在，它就可独自作出决策，而无须进程组中其他进程的参与。

2.进程组管理

对于进程组通信来说，需要一定的办法实施进程组的创建和删除，同时还要允许进程能加入到一个进程组中去以及允许一个进程离开一个进程组。进程组管理的一个办法是设置一个进程组服务器，所有的服务请求都会发送给进程组服务器。进程组服务器使用一个数据库来保存所有进程组的信息和一个进程组中所有成员的有关信息。这种方法是一种直接、有效和易于实现的方法，但是这种方法的一个缺点是，进程组服务器一旦失效，系统就不能提供组通信服务。

另外一个进程组管理的办法是采用分布式的方式管理进程组。例如，当一个组外的进程要加入到这个进程组时，它向这个进程组中的所有成员发送一个报文，申明自己要加入到这个进程组。但是分布式的管理方式存在着如下几个方面的问题。

第一个问题是一个进程离开进程组的问题。理想的情况下，进程组中的一个成员要离开进程组，它需要向进程组中的每个成员发送一个报文，通知它们自己将要离开。问题是在一个进程主动离开一个进程组的时候，可以向进程组中的每个成员发送一个报文，通知它们自己将要离开。但是当一个进程失效之后，它实际上是离开了这个进程组，无法事先通知进程组中的其他成员。在这种情况下，其他进程只有通过向此进程发送测试报文，才能确定该进程失效。一个失效的进程对任何请求报文都不会响应。一旦一个进程确实失效了（而不是因为负载过重变慢了），该进程就被从进程组中删除。

另外一个棘手的问题是，进程加入和离开一个进程组必须和数据报文的发送同步。也就是说，从一个进程加入到一个进程组的那一时刻起，它必须接收发送给该进程组的所有报文。同样的，一旦该进程离开这个进程组，它就不会再接收发送给该进程组的所有报文。一个确保这种同步的方法是将加入和离开一个进程组的报文集成到一个数据报文流中。

与进程组管理有关的最后一个问题是，如果一个进程组中失效的进程太多，使得该进程组再也不能够提供它所应该提供的服务该怎么办？这就需要某种协议来重建这个进程组。一般来说，总有一个进程会承担进程组的初始化和重建任务，但同时也有可能有多个进程同时启动了进程组的重建工作。这就可能会重建起多个进程组，进程组管理协议应该能够处理这个问题。

8.5.2　错误屏蔽和进程复制

进程组是构造容错系统问题的一部分。特别是，如果用相同的进程来构成一个进程组，那么就能够屏蔽进程组中一个或多个出错的进程。也就是说，可以用多个相同的进程构造一个进程组，用这个容错的进程组取代相对脆弱的单个进程。

利用进程组进行容错的一个重要问题是，究竟需要多少个进程副本？如果一个系统中有

k 个部件发生错误，而系统仍然能实现它所规定的功能，则该系统被称为是 k 故障容错的（k fault tolerant）。对于故障 – 停止模型来说，很明显，如果进程组中有 $k+1$ 个进程，那么就足以提供 k 故障容错，如果 k 个进程由于故障而停止了，仍然可以从剩下的一个没有出错的进程那儿得到正确的结果。

当故障类型不是故障 – 停止类型，而是表现为拜占庭式的故障时，即出错的进程对请求给出的是错误的回答或者是一个随意性的回答，那么为了取得 k 故障容错，至少需要 $2k+1$ 个进程。在最坏的情况下，即使是有 k 个进程出现错误，并且这 k 个错误进程给出的错误结果是一样的，但是另外 $k+1$ 个没有出错的进程会给出 $k+1$ 个相同的正确结果，这样根据大多数就可以得到正确的结果。

上述情况是每个进程独立运行，多个进程是完全一样的，不存在由于多个进程相互合作而产生一个错误结果的问题。一般来说，如果要求不同进程根据不同条件获得部分结果，多个进程根据协商获得一个一致的全局结果的话，问题就会变得更为复杂。在实际应用中，有许多情况需要由多个进程相互协商取得一致而达到容错。例如，选择一个协调者的问题、决定一个事务处理是否提交的问题、在多个工作者之间划分任务的问题和同步的问题等。

上述情况还假设了对进程的所有请求都是以完全相同的顺序到达进程组中的所有进程，即所谓的原子组播问题。如果出现通信的问题，问题也会变得复杂起来。

8.5.3　容错系统中的一致性协议

1. 容错系统中一致性算法的目标和正确性条件

分布式一致算法（distributed agreement algorithm）的基本目标是对于某个问题来说，所有非出错的进程能够达成一致，并且能够在有限的步骤内达成一致。具体可考虑如下简单的分散式决策算法：

（1）进程组中的每个参加者都将自己的局部决策（一个布尔值）发往进程组中所有的其他参加者。

（2）每个参加者根据自己的局部决策值和收到的其他参加者的局部决策值作出决策，例如采用少数服从多数的策略。

1980 年，Pease 首次对有敌意的错误进行了研究，随后 Lamport 于 1982 年将其形式化，称为拜占庭将军问题。在对敌军进行考察后，将军们必须制订一个战略计划，所以要设计一个满足下面两个要求的算法：

不同故障模型例

（1）所有忠诚的将军取得一致的行动计划。

（2）一小撮叛徒不会导致忠诚的将军们使用错误的计划。

更确切地说，如果满足如下条件，一个一致性协议就是正确的：

（1）一致性。所有正确的进程取得一致的结果，而且是最后的结果。

（2）合法性。所有进程同意的结果必须来自某个正确的进程输入。

（3）有限性。每个进程在有限的步骤内取得一致的结果。

2. 交互一致性算法

假设系统中的每个非出错进程都使用来自进程 P_i 的同样的值来进行决策。这样，一般的一致性问题就会变为系统中的进程都同意一个特殊的进程（如 P_0）的值。确切地说：

（1）所有非出错进程都使用进程 P_0 的同样的值 v_0。

（2）如果发送进程 P_0 是非出错的，那么所有非出错进程都使用 P_0 发送的值。

这个要求叫作交互一致性（interactive consistency）。达到上述要求的困难在于一个进程发往另一个进程的报文是不完全可信的。所以，为了同意一个进程发送的值，除了从那个进程取得值以外，其他进程还要对收到的值进行确认，以便确定它是原来的值。然而，那些转发的进程也可能是出错的，它们的报文也需要核实。Pease 在 1980 年证明了在有 k 个出错节点的情况下，只有进程的总数至少为 $3k+1$ 时才能获得一致。假定每个非出错进程执行协议的时候都是正确的，一个出错进程的行为是不确定的。并且，每个由进程发送的报文都是正确传送的，即通信是可靠的。报文的接收者知道是谁发送的报文，且报文的丢失可以通过超时来检测到。在这种情况下，接收者将使用一个缺省值。

这个协议在进程之间进行 $k+1$ 轮的信息交换。在第一轮，发送者（发起者）把它的报文发送给其他 $n-1$ 个进程。由于每个接收者都不能确信它接收到的值的正确性，因此它必须收集其他接收者收到的值。也就是说，每个接收者 P_i 都作为发送者将所收到的报文转发给除了开始的发送者和它本身之外的所有其他的进程，总共有 $n-2$ 个报文拷贝被发送出去。然而像第一轮一样，第二轮中的每个报文拷贝仍然不能被确信。这样，就需要第三轮。值的大部分（一个来自第二轮的 P_i 的报文，$n-3$ 个来自第三轮中的其他进程的报文）被用来决定第二轮中 P_i 发送的值。在第 k 轮，每个接收者仅向那些没有发送过这一特别报文的接收者发送这一轮的值。这样，每个报文就附加了一个发送者的列表 S。

递归过程一直继续，直到第 $k+1$ 轮。一个直觉的解释是至多有 k 个故障。也就是说，各轮中最多有 k 个报文是不可信的。需要有 $3k+1$ 个进程的原因是在最后一轮，需要 $(3k+1)-k=2k+1$ 进程。在最坏的情况下，所有的出错进程仍然在这个组里，且进程的大部分是没有故障的。

Lamport 于 1982 年提出的交互一致性算法 IC 如下：

$$\text{IC}(l),\ l<k,\ \text{开始时}\ l=0,\ S=\{\}$$

（1）发送者将它的值和发送者列表 S 发送给其他的进程，共 $(n-1-l)$ 个。

（2）设 v_i 是进程 P_i 从发送者接收到的值或者是没有收到值时使用的缺省值。在 IC($l+1\neq k$) 时进程 P_i 作为发送者，将结果 v_i 和发送者列表 $S\cup\{P_i\}$ 发送给其他不在发送者列表中的 $n-2-l$ 个进程。如果 $l+1=k$，则调用 IC(k)。

（3）对每个进程 P_i，设 v_j 是进程 P_j 接收到的值（但是由 P_j 转发给 P_i）。节点使用值 majority(v_j)，$j\notin S$。

IC(k)：

（1）发送者将它的值发送给其他 $n-1$ 个进程。

（2）每个进程使用从接收者处收到的值，或者，如果它没有收到任何值，就使用缺省值。

3. 交互一致性算法的扩充

可以通过对每个发送者都重复同样的协议将交互一致性扩展到多个发送者的情况。已经证明，当且仅当 $n \geqslant 3k+1$ 的时候，这个问题才是可解的，这里 n 是将军的总数，k 是叛变将军的个数。解决这个问题的算法需要至少 K 轮的报文交换。

下面这个算法显示了如何通过两轮信息交换屏蔽一个故障，这里 $n=4$，$k=1$：

（1）每个进程将它的局部值发给其他三个进程。

（2）每个进程将它从第一轮得到的信息转发给所有的其他进程。

（3）每个进程对自己的局部值和在上两步收到的值执行一个决策过程（少数服从多数）。

表 8 - 3 中，v_i 是进程 P_i 的局部值，v_i^k 表示不同类型的故障值，符号" - "表示空值。假定 P_1 是叛徒，它恶意地将不同的值发往其他进程 P_i。每个将军的结果向量可以通过对每列的四个向量进行多数投票获得。P_2、P_3 和 P_4 的结果向量相同，都是 (v_1^8, v_2, v_3, v_4)，除了 v_1 以外的其他元素都对应于原来的报文。注意，v_1^8 是通过对 v_1^1、v_1^2 和 v_1^3 进行多数投票获得的。这样所有忠诚的将军都可以通过某种决定性函数（如多数投票、取平均值等）取得同样的决策。

注意上述扩充的交互一致性算法与前面的交互一致性算法有所不同。在这里，在第 k 轮收到的值将被发送到所有的其他节点，而不仅是那些没有被发送过的节点。而且最初的值 v_i 并不参加在每个 P_i 的最终的多数表决决策中。这证明，上一节的算法对本节的例子也是适用的。

表 8 - 3　一个取得一致的算法

	P_1^*	P_2	P_3	P_4
第一轮	$(-, v_2, v_3, v_4)$	$(v_1^1, -, v_3, v_4)$	$(v_1^2, v_2, -, v_4)$	$(v_1^3, v_2, v_3, -)$
第二轮	$(v_1^1, -, v_3, v_4)$ $(v_1^2, v_2, -, v_4)$ $(v_1^3, v_2, v_3, -)$	$(-, v_2^4, v_3^4, v_4^4)$ $(v_1^2, v_2, -, v_4)$ $(v_1^3, v_2, v_3, -)$	$(-, v_2^5, v_3^5, v_4^5)$ $(v_1^1, -, v_3, v_4)$ $(v_1^3, v_2, v_3, -)$	$(-, v_2^6, v_3^6, v_4^6)$ $(v_1^1, -, v_3, v_4)$ $(v_1^2, v_2, -, v_4)$
结果向量	$(v_1^7, v_2^7, v_3^7, v_4^7)$	(v_1^8, v_2, v_3, v_4)	(v_1^8, v_2, v_3, v_4)	(v_1^8, v_2, v_3, v_4)

4. 一致性协议对系统的要求

上面介绍的一致性协议是在假定系统是同步的基础上进行讨论的。如果所有的处理器都是在可以预料的速度下运行，那么这个系统就是同步的。确切地说，处理器是同步的当且仅当存在一个常量 $s \geqslant 1$，每当任何一个处理器运行了 $s+1$ 步，则其他的所有处理器都至少运行了一步；否则这个系统就是异步的。Fisher、Lynch 和 Paterson 证明了在异步的分布式系统中不可能达到一致。

Turek 和 Shasha 给出了如下以布尔变量表示的能否达到一致的一些参数：

（1）系统是同步的（$A=1$）还是异步的（$A=0$）。

（2）通信延迟是有限的（$B=1$）还是无限的（$B=0$）。

（3）报文是有序的（$C=1$）还是无序的（$C=0$）。

（4）传输机制是广播的（$D=1$）还是点对点的（$D=0$）。

可以对一致性问题建立如表 8 - 4 所示的卡诺图（Karnaugh map），得到一致性对系统的要求为：

$$AB + AC + CD = True$$

即在下面三种情况下，系统满足一致性协议的要求：

（1）（AB = 1），处理器是同步的，通信延迟是有限的。

（2）（AC = 1），处理器是同步的，报文是有序的。

（3）（CD = 1），报文是有序的，传输机制是广播。

表 8 – 4 可以取得一致的条件

		CD			
		00	01	11	10
AB	00	0	0	1	0
	01	0	0	1	0
	11	1	1	1	1
	10	0	0	1	1

在所有的其他条件下，都不可能取得一致。例如，当 $\overline{ABCD} = 1$ 时，即使系统是异步的，通信延迟是无限的，报文是有序的，传输机制是点对点的，仍不可能取得一致。前面提到的两军问题（two – army problem）就是非常典型的例子。但是如果信道是可靠的，延迟是有限的，蓝军 2 的首领在一定的时间内会做出回应，那么问题就可以得到解决。如果蓝军 1 的首领能够通过电话将自己的作战计划告诉给蓝军 2 的首领，他们就能够达成一致，因为电话线是可靠的，并且延迟是有限的。

对一致性问题的研究不仅具有理论意义，在实践上也很重要。从理论上说，这项研究有助于理解分布式系统中的许多基本算法，尤其是报文的传播。从实践上说，从这里得到的结果可以用于解决故障环境中的时钟同步问题和分布式数据库系统中的提交问题。

5. 使用验证机制对一致性算法进行简化

在一般的一致性模型中，一个有故障的接收者可能会将一个报文进行篡改而将不同的值转发出去。在接收者不能改变原来报文的情况下，一致性问题就变得简单多了。可以通过给报文增加一个数字签名来实现这一点。然而，有故障的接收者仍然可能给一个节点发送报文的原件，而给另一个节点发送更改过的报文。但是，更改过的报文会被相应的接收者检测出来并被丢弃，有故障的发送者可能会给不同的接收者发送不同的报文。这些报文虽然可能不会被接收者丢弃，但这些报文不能被进一步修改。所以，在这种情况下，一致性协议的关键就是收集发送者发出的报文的足够多的版本。

考虑在有 k 个故障的系统中，交互一致性的情况。同时，还假定网络本身是完全联接的和可靠的。每个报文 m 都附加一个发送者列表 S，也叫签名。每个进程 P_i 有一个集合 V_i 用来保存收到的报文，其初始值为 {}。

P(0):: = send(signed message, {0}) to all

P(i):: = [receive (m, s) and m is not tampered →

$V_i = V_i \cup m$; $S = S \cup \{i\}$;

$|S| \leqslant k \rightarrow send(m, S \cup \{i\})$ to all the Processes not in S

]

注意在上述算法中，P_0（发送者）没有包含在进程集合中。最后的结果可以通过对集合 V_i 执行一个决定函数来取得。因为不同的非出错进程的 V_i 是相同的，所以它们的结果也是一样的。注意，V_i 是集合，所有冗余的元素都将被删除。在上述算法中，条件 $|S| > k$ 保证了报文在不同的进程中至少被传递了 k 次。至少有一个中间节点（转发进程）是没有故障的，也就是说，一定有一个没有故障的进程将相同的报文发送给了那些还没有收到这个报文的所有进程。决定函数可以是中间值、均值或最大值。注意，如果发送者是正常的，那么 V_i 中就只有一个值。

上述算法与前面的 IC 算法相比，并没有减少报文复杂度。然而，条件 $n \geqslant 3k + 1$ 变成了弱得多的条件 $n \geqslant k + 2$。也就是说，上述算法可以在任何使用报文鉴别的系统上使用，只要接收者的数目（$k + 1$）多于错误的数目（k）。

8.5.4　带有可信部件的拜占庭系统

上面介绍的拜占庭系统都是构建在一个服务器完全不可信的环境中。在这样的环境下，任何服务器都可能"说谎话（equivocation）"，因此至少需要 $3k + 1$ 台服务器才能容忍 k 个拜占庭错误，比传统的非拜占庭容错协议多 k 台。但是在某些服务器的设计中，如果加入某些可信部件，则可以大大降低拜占庭系统的开销。最初，研究人员使用可信部件主要是负责服务器的检测，控制服务器定期的维护等与提升系统性能无关的方面。例如，PBFT 采用一个检测器（watch dog）定期启动服务器的修复功能；PRRW 则是通过构建一个可信的内部同步网络（wormhole）来控制服务器的修复；VM-FIT 使用虚拟化技术使修复完成的服务器可以快速同步数据；文献则是引入一块可信的存储空间，通过定期同步正确的数据并且将服务器重置，从而保证系统长期可靠运行。

最近，研究者尝试通过可信计算部件降低系统构建所需要的服务器数量。Chen 等人于 2007 年提出在拜占庭服务器中加入不可删改的只增存储器（attested append only memory），将搭建状态机拜占庭系统所需的服务器数量减少为 $2k + 1$。这类存储器需要可信计算平台的支持，做到不可删改，只能增添。因此，使用这类存储器保存服务器，对于每一个请求的操作日志，在服务器进行交互的时候，每一个请求操作的日志被作为证明发送给其他的服务器，以起到防止服务器"说谎话"的作用。

虽然只增存储器实现了将服务器数量减少 k 台的目的，但是需要较大的空间开销，因此，D. Levin 提出采用一种更为简便的可信部件——可信计数器（trusted incrementer 或 TrInc）来降低空间开销。可信计数器是可信平台（trusted platform module）的核心部件，常见于当代的计算机中，容易广泛部署。TrInc 使用计数器为每次操作编号，每编号一次，计数器都会加一。这样，一旦计数器为某一个操作编号为 n，那么其他的操作就不再可能被编号为 n。如果服务器之间交互的信息都是通过计数器编号的，那么服务器也就不能否认其行为，因此就不能"说谎话"。

8.6　可靠的组通信

在许多情况下，分布式系统中的容错问题主要集中于出错的进程，然而分布式系统中的通信故障也值得考虑。前面所讲的容错技术都是假定系统中的通信通道为良好，然而通信通道也可能出现失效、遗漏、时序和随意性错误。在实际的实现中，构建一个可靠的通信通道主要侧重于屏蔽失效和遗漏性错误。随意性通信错误可能以重复报文的形式出现，这是由于一个报文在计算机网络中缓存了一个相当长的时间，因超时报文的原始发送者重发该报文造成的。

在许多分布式系统中，可靠的点对点通信是使用可靠的传输层协议实现的，如 TCP。TCP 屏蔽了遗漏性错误，它通过应答和重发机制防止了报文的丢失。这一类错误完全由 TCP 客户方通过重发机制隐藏起来。

然而像 TCP 连接崩溃这样的错误，TCP 本身是无法屏蔽的。TCP 连接崩溃可能会由于各种原因随时发生，TCP 连接的突然断开会造成此通信通道不再能够传送报文。在大多数情况下，通信协议会通过一个意外中断告诉客户 TCP 连接已经断开。屏蔽此类错误的唯一方法是让分布式系统试图自动重新建立一个新的连接。这里我们仅考虑如何将报文可靠地传送给一组进程。

8.6.1　基本的可靠组播方案

尽管大多数传输层协议提供了可靠的点对点通信机制，但很少提供可靠的组播通信机制。可靠的组播通信可以通过重复的、可靠的点对点通信机制来实现，但是这种实现方式是一种非常低效的实现方式，它会消耗大量的网络带宽并且引起较长的网络延迟。但是，如果在进程组的成员数目较少的情况下，这种方法是一种简单和比较直接的实现方法。

所谓可靠的组播通信，就是要求发送给某个进程组的报文必须确保传送到进程组中的每一个成员。然而，这里会出现这样的问题，假如在通信的过程中，有一个进程加入到这个进程组中，是否要求这个新加入的进程也收到这个报文呢？同样地，当一个发送进程在通信的过程中失效的时候，应当确定会发生什么样的情况。

如果向一个进程组发送一个报文之前能够确定该进程组有哪些进程，上述问题就比较容易解决。特别是假定如果没有失效的进程，在通信的过程中没有新的进程加入到该进程组，进程组中也没有现有的进程离开进程组的情况下，可靠的组播通信仅仅要求每个报文传送到进程组中所有的当前成员。在此假设下，可靠的组播通信可以使用报文号来实现。

图 8-8 显示了可靠的组播通信的一个简单的实现方法。这里假设低层的组播机制是不可靠的，也就是说，组播报文可能只传送给了进程组中的某些进程，而不是所有的进程。发送进程给每个组播报文赋予一个顺序号，假定报文是按顺序号顺序发送的，那么接收进程很容易检测出报文的丢失。发送者发送的每个报文都在其历史缓冲区中保存一个副本，当发送者收到了所有的来自接收者的对该报文的应答报文后，发送者才从其历史缓冲区中删除此报文的副本。如果接收者检测到一个报文的丢失，它会向发送者发送一个否定应答报文，要求发送者重发。发送者如果在规定的时间内没有收到所有接收者的肯定应答，则该报文会自动重发。

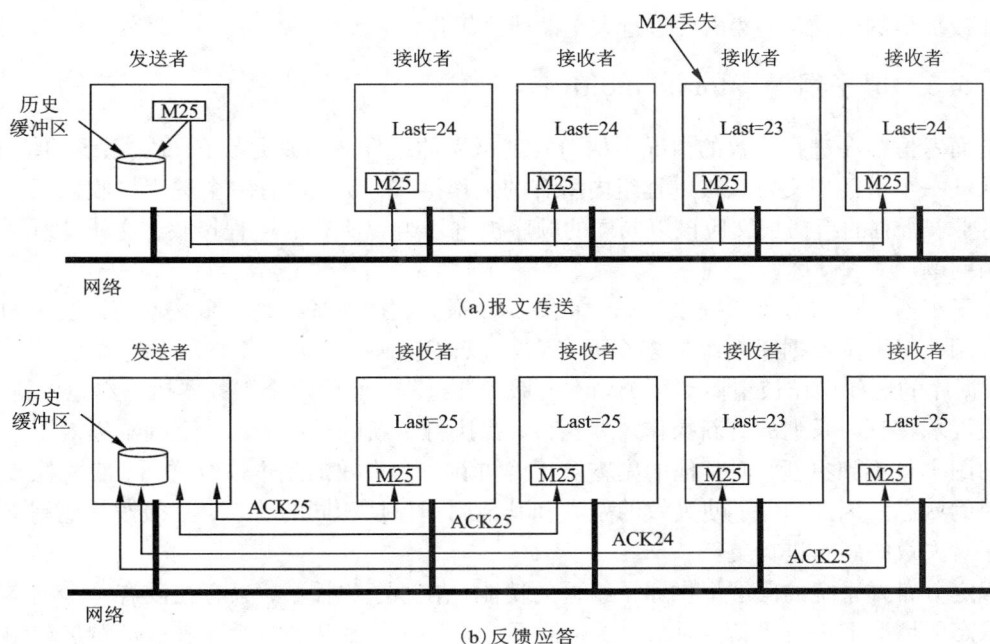

图 8-8　可靠的组播通信的一种简单实现方法

在实际工作实践中，可以采用不同的实现方案。例如，为了减少返回给发送者的应答报文数目，可以使用其他的报文捎带应答。可靠的组通信可以通过向每个进程组成员发送一个点对点报文的方式来实现，也可以通过向所有的组成员只发送一个组播报文的方式来实现。

8.6.2　可靠的组播通信中的可扩充性

上述可靠性组播通信技术的主要问题是其可扩充性差，不能支持有许多接收者的情况，即不能支持大规模的进程组。如果进程组中有 N 个接收者，发送者必须要接收 N 个应答报文。当有许多接收者的时候，发送者需要接收并处理大量的反馈报文，因此会出现反馈拥塞的情况。特别是在广域网的环境下，情况更是如此。

解决该问题的一个方案是，当接收者收到组播报文后，不向发送者发送应答报文，只有在接收者发现丢失一个报文后，才向发送者发送一个反馈报文，指出某个报文丢失了。一般来说，采用仅向发送者返回否定应答报文的方法可以很好地改善系统的可扩充性，但是它不能保证不会出现反馈报文拥塞的情况。

采用仅向发送者返回否定应答报文的方法还会引起另外一个问题，即发送者必须在其历史缓冲区中长时间保存它发送的每一个广播报文。因为发送者不知道它发送的报文是否被所有的接收者接收，所以它必须将该报文在其历史缓冲区中保存，以备某个接收者要求重发。在实际的实现中，发送者每隔一段时间会从其历史缓冲区中删除一个报文以防止缓冲区溢出。然而从历史缓冲区中删除一个报文可能会造成重发该报文的请求得不到满足。

总而言之,在广域网中实现可靠的组播是一个非常困难的问题。现有的解决方案都存在着这样或那样的问题,仍然需要进行大量的研究工作。

8.6.3 原子组播(atomic multicast)

下面考虑存在进程失效的情况下如何实现可靠的组播。特别是在分布式系统的情况下,必须保证一个组播报文要么被进程组内所有的进程接收,要么没有一个进程接收该报文。另外,还要求所有的组播报文应该以同样的顺序被进程组中所有的进程接收,这就是所谓的原子组播问题。

原子组播对许多应用问题来说非常重要。多副本数据库系统是分布式系统顶层中的一个典型应用。多副本数据库系统的多个服务器可以构造成一个进程组,一个进程负责一个副本,数据库的更新操作被组播到每个副本的服务器进程,然后每个服务器执行本地更新。

假设现在有一系列的更新操作需要执行,在执行更新的过程中,一个副本失效了。结果失效的副本得不到更新,而其他的副本被正确更新。当失效的副本恢复之后,它将恢复到失效之前的状态。因此,为了使失效的副本和其他副本保持相同的状态,必须按其他副本的更新顺序对失效的副本进行更新。

假定分布式系统的底层提供原子组播的功能。在原子组播中,只有在没有一个副本处于错误状态的情况下进行更新,即在原子组播下,只有在进程组中的所有进程都对进程组成员的状态达成一致的情况下才进行更新。也就是说,只有在所有正确的副本都同意失效的副本不再属于这个进程组的时候才执行更新。

失效的副本恢复后,必须先加入这个进程组,在加入这个进程组之前,失效后恢复的副本不能进行更新操作。若要加入到这个进程组,则失效后恢复的副本必须先保证和进程组中其他的副本相同。所以原子组播能够保证所有非出错的副本对数据库有一个一致的全局视图(view),并且失效后恢复的副本服从于这个视图才能重新加入进程组。

1. 虚同步(virtual synchrony)

在进程失效的情况下可靠的组播能够用进程组和进程组成员的改变来精确地定义。下面用图 8 - 9 来区分组播报文的接收和组播报文的传递。在图 8 - 9 的分布式系统模型中包含了

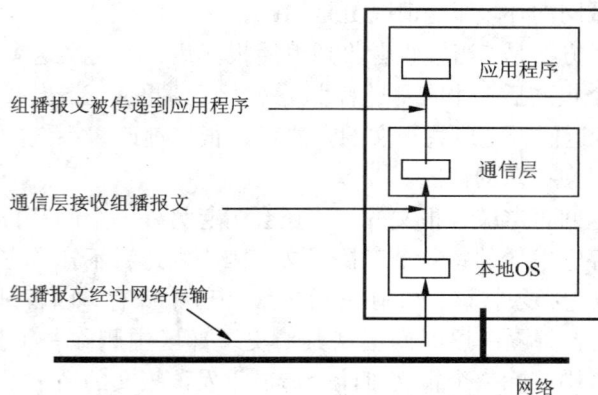

图 8 - 9 组播报文的接收和传递

一个通信层，在通信层负责组播报文的发送和接收。通信层接收到的组播报文被传递到它的逻辑上层的应用程序之前，一直缓存在通信层。

原子组播的实质是一个组播报文 m 唯一地和需要收到这个报文的一组进程相联系。需要收到这个报文的进程表是包含在这个进程组中所有进程集合的一个视图，这个视图为组视图（group view）。发送者在发送这个报文 m 时拥有这个组视图。重要的是进程组中的所有进程有相同的组视图，也就是说，进程组中的所有进程就是否接收这个报文 m 达成一致，要么所有进程都收到这个报文，要么所有进程都不会收到这个报文。

虚同步的原理其实就是每一个组播通信发生在视图改变之间。也就是说，一个视图改变扮演着一个栅栏的作用，组播不能跨越栅栏。任何一个组播通信都是发生在一个视图改变之后，并且在下一个视图改变起效之前完成。

2. 报文顺序

虚同步只保证了在进程组成员改变期间不允许组播通信的实际发生，它并不关心组播报文的顺序。按照组播报文的排序规则，组播可以分为如下 4 类：

（1）无序组播（unordered multicasts）。
（2）FIFO 顺序组播（FIFO – ordered multicasts）。
（3）因果关系顺序组播（causally – ordered multicasts）。
（4）全局顺序组播（totally – ordered multicasts）。

可靠的无序组播是一个虚同步组播，它不保证不同的接收进程对不同的组播报文的接收顺序。假设支持可靠组播的库函数为用户程序提供了一个 send 原语和一个 receive 原语，其中，receive 原语会阻塞调用进程，直到它收到一个组播报文。如表 8 – 5 所示，进程 P_1 发送了组播报文 m_1 之后又发送组播报文 m_2，进程 P_2 先收到报文 m_1，后收到 m_2，而进程 P_3 先收到报文 m_2，后收到 m_1，这在可靠的无序组播中是允许的。

表 8 – 5　无序组播

进程 P_1	进程 P_2	进程 P_3
send m_1	receive m_1	receive m_2
send m_2	receive m_2	receive m_1

在 FIFO 顺序组播中，通信层保证同一个进程发送的不同的组播报文，不同接收进程会按报文的发送顺序接收。但是不同的进程发送的不同组播报文，不同的接收进程可能会有不同的接收顺序。如表 8 – 6 所示的情况在 FIFO 顺序组播中是允许的。

表 8 – 6　FIFO 顺序组播

进程 P_1	进程 P_2	进程 P_3	进程 P_4
	receive m_1	receive m_3	
send m_1	receive m_3	receive m_1	send m_3
send m_2	receive m_2	receive m_2	send m_4
	receive m_4	receive m_4	

在因果关系顺序组播中，所有接收进程必须按报文固有的因果关系顺序接收。例如，报文 m_1 按因果关系排在报文 m_2 之前，那么所有的接收进程必须先接收报文 m_1 后接收报文 m_2，不管 m_1 和 m_2 是否是由同一个发送者发送的。如果报文之间不具有因果关系的先后顺序，则不同的接收进程可以有不同的接收顺序。

在全局顺序组播中，不同的接收者必须按完全相同的顺序接收所有的报文。无论是无序组播、FIFO 顺序组播还是因果关系顺序组播，都可以附加一个全局顺序的约束条件。全局顺序的虚同步组播称作原子组播（atomic multicasting）。

8.6.4　处理软件故障

软件容错也是靠冗余来完成的：主动冗余（N 版本编程）或者被动冗余（恢复块）。

（1）N 版本编程（N – version programming）。不同的 PE 并发执行几个独立开发的软件版本；一个最终决策算法（比如多数表决）将输出当前结果。

（2）恢复块。几个独立开发的软件版本在同一个 PE 上依次执行（也可以是不同的 PE）。在执行第一个（首要的）版本前，计算状态被保存在恢复点中。这个块结束后，会执行一个可接收测试。如果测试失败，将使用恢复点来重新启动计算，并且选择另外一个版本执行。这个过程会一直继续下去，直到测试成功或者计算失败。

N 版本编程和恢复块都只用于连续执行的应用程序。首要版本将在首要节点上运行，而候选版本将在备份节点上运行。两种节点将同时（从以前的计算）收到输入数据并且并发执行它们的版本。每个版本的结果将在它的本地节点进行检查。如果首要版本通过检测，它将把结果转发给下一个计算进程；否则，候选版本将收到通知（首要版本失败了），并发送它的结果。备份节点上有一个监督进程，如果首要节点不能在有限的时间内生成结果，备份节点将取代首要节点的位置。下面把重点放在一系列连续通信的处理器的软件容错方案上。

会话是设计可靠软件的最有希望的方法之一。对于一个通信进程的集合而言，会话被定义为一个原子操作。使用会话的原因是为了防止多米诺效应，一个会话涉及两个或更多的进程，并且组成一个由一系列的边界围成的原子操作。一个会话的边界包括一条恢复线、一条测试线和两个边墙（图 8 – 10）。恢复线是一系列在开始通信之前建立的恢复点。测试线是针对交互进程的一系列相互关联的可接收测试的集合。两个边墙用来阻止会话内的进程与会话

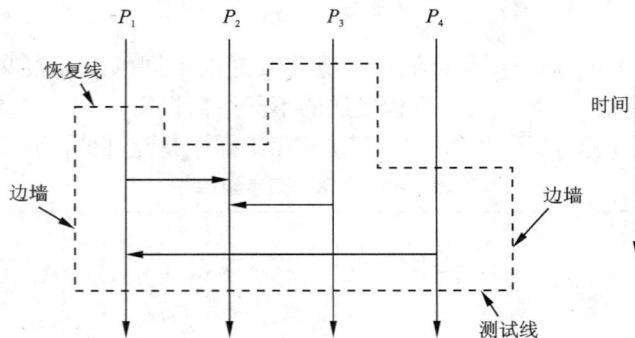

图 8 – 10　一个会话

外的进程进行交互。只有会话的所有进程在测试线通过可接收测试时，才能说会话是成功的。如果有任何一个测试失败，这个会话中的所有进程都将回到它们的恢复线（用保存在恢复点中的数据替换必要的变量，回到以前的状态），并且用替换块重新尝试。

对会话有几种修订的版本，比如谈话（colloquy）就是会话的一种扩展一致性恢复块（consensus recovery block），是 N 版本编程和会话思想的综合。

容错软件的方法要求用户编写尽可能不同的软件版本，以便避免相关性错误（导致所有或大多数版本在同样的输入下失效的错误）。这些方法是：①不同的编程小组；②不同的问题规格说明；③不同的编程语言；④不同的编程范例。

设计会话的另外一个重要方面是定义它们的边界。这是实现原子操作的一个例子。关键是要保证内部变化不应被外部见到，反之亦然。一般地，这些边界可以事先确定，也可以动态决定。动态边界确定方法在恢复点的开销方面要承受代价，尤其是对于那些有很多进程间通信的系统。这些方法原子化地定义边界，而不管系统的功能如何。因而，它们不能根据系统中各个功能的重要程度定义会话。主要缺点是，虽然它们可以动态地定义边界，但是新的版本必须静态定义。因而采用一个事先指定的方法更好些。

8.7 分层故障屏蔽和成组故障屏蔽

Cristian 提出了分层故障屏蔽和成组故障屏蔽两种故障屏蔽方法。

8.7.1 分层故障屏蔽

分层故障屏蔽是指服务器依靠低层服务的情况。高层次服务器屏蔽低层次故障，在某些情况下服务器故障可能完全隐藏，例如，请求 - 应答协议通过重新发送请求消息的方式屏蔽消息传送服务中的遗漏故障。当不能屏蔽某低层故障时，可将它转换成一个高层异常。如请求 - 应答协议通过向客户报告异常来屏蔽服务器失效故障。一般而言，在每个层次上，故障要么完全隐藏，要么转换为高层异常，从而在高层上试图屏蔽该故障。当最终到达用户界面层次时，大多数故障已经得到屏蔽。此时若还有故障不能屏蔽，则必须将故障报告给用户。对用户而言，只须报告所有的异常及它们的当前任务，不必报告低层服务器的行为。

8.7.2 成组故障屏蔽

成组故障屏蔽可通过在一系列位于不同计算机上的服务器上执行同一服务以使得该服务具有容错能力，这样即使某些服务器发生了故障，其他服务器还可继续提供服务。成组故障屏蔽通过组处理机制隐蔽单个成员的故障，由每个成员的结果最后得出组结果。如没有服务器发生故障，则可任意选择一台服务器的结果。如果有些服务器发生了执行故障，则可选择最快产生的结果以缩短客户延迟。

如果在最多只有 t 台服务器同时发生故障的情况下，服务器组仍可正常工作，则称该服务器组是 t - 容错的。如果服务器组的每个成员都失败停止并执行故障语义，则 $t+1$ 台服务器组成的组是 t - 容错的。但若服务器组中每台服务器可能发生随机故障（或者认证消息发送者的 Byzantine 故障），则需要 $2t+1$ 台服务器进行 t - 容错，此时需要 $t+1$ 个成员的表决结果相互一致并作为表决结果的主体。

为了保证服务器组中每个成员可以提供相同服务，所有成员必须从相同的开始状态开始，并以相同的次序执行相同的请求，在某些情况下这些条件可适当放宽。若希望服务器程序正常工作，则对服务器程序也有一些要求：第一，程序必须是确定性的，即程序中每步操作的影响仅由操作语义和数据项的值决定。若某操作使用了外部值，如某天的时间、随机数、文件中的项目或从操作系统中获取的值（如进程标识符）等，则此操作是不确定的。第二，相对于其他操作而言，每步操作都是原子化的。

服务器组可以是紧密同步的，也可以是松散同步的。所谓服务器紧密同步组，是指组中所有成员在接收到请求后立即执行该请求。这种方法最早由 Cooper 于 1985 年在 Circus 系统中提出。在该系统中，每台服务器执行一个确定性程序，并假定服务器是失败停止的。客户请求通过调用一个复制过程传送到组中所有服务器，所有服务器以相同顺序执行一系列过程，只要有一台服务器正常工作就能继续提供服务。

Schneider 于 1990 年提出了执行具有容错能力服务的状态机方法。状态机是服务器程序的理想形式，它将程序的每个操作定义为确定的并且是原子化的。状态机通过因果排序执行系列请求。容错状态机可用来实现服务器紧密同步组，组中每台服务器在不同计算机上运行同一状态机程序。

Schneider 提出：不一定要求状态机组的所有成员以相同的顺序执行相同的请求，只读请求不要求所有的成员都执行，客户需要的应答数目由服务器故障语义决定，若服务器是失败停止的，则只需一个应答就足够了。若服务器可发生随机故障，则客户需要的相同应答数目应在服务器数目的一半以上。如果服务器的操作可进行相互交换，则状态机组的成员可以不按相同的顺序执行请求系列。

Schneider 讨论了保证状态机组所有成员以相同顺序执行相同请求的方法。Schneider 指出：原子化多点传送可以保证所有服务器接到相同请求，而全排序原子化多点传送可保证以相同的顺序接收请求。为满足状态机的因果要求，多点传送必须是按因果定序的。若服务器可能发生 Byzantine 故障，那么所设计的多点传送协议必须能对 Byzantine 故障进行容错处理。

在要求实时响应或服务器可能出现 Byzantine 故障的情况下，比较适合于选择服务器紧密同步组。若很少发生故障行为，并且即使发生了故障行为，也会进行失败停止处理，那么可以选择服务器松散同步组。

在服务器松散同步组中，若主服务器正常，则只使用主服务器，只有在主服务器发生了故障时才使用备份服务器。若某时刻主服务器发生故障，备份服务才开始接管并执行登录中的客户请求。主服务器向备份服务器发送关于自身状态的检查点，备份服务器收到检查点后就可删除登录中的已完成的请求。

松散同步组的优点在于只有主服务器执行客户请求，而在紧密同步组中所有服务器都执行客户请求，因此松散同步组使用的可用计算资源更少。而另一方面，对松散同步组进行恢复将花费更多的时间，因此不适合于有响应时间限制的应用程序。

主服务器/备份服务器结构可以屏蔽失效故障，但不能屏蔽 Byzantine 故障，因为组的结果与主服务器的结果完全一致，因此无法检测主服务器何时开始产生随机故障，例如，产生值故障。

8.7.3 稳定存储器

稳定存储器是磁盘块层次成组屏蔽的例子,它是由 Lampson 设计的。当发生任何单一的系统故障时,包括磁盘写操作过程中的系统故障及任何单一的磁盘破坏,稳定存储器都可恢复存储器中相应数据。稳定存储器通过复制存储服务的方式进行成组屏蔽。所谓存储服务,是指只存在遗漏故障语义学,即通过将值故障转换成遗漏故障,然后读操作利用存储在每个块中的校验和屏蔽该故障。稳定存储器使用的存储单元称为稳定块,两个包含相同内容的复制磁盘块代表一个稳定块。尽可能地将这样两个磁盘块放在不同的磁盘驱动器中,这样可以减少它们被同一机制故障破坏的可能性。

稳定存储器服务的读操作只读取两个磁盘块中的某一个磁盘块,若此时发生遗漏故障,则读取另一磁盘块,从而能屏蔽稳定存储器读操作中发生的存储服务的遗漏故障。

8.7.4 主服务器与备份服务器

通过主服务器 – 备份服务器结构可以实现可屏蔽单一服务器故障的服务。

某些系统,如 Stratus(Cristian, 1991),通过硬件复制来提供容错能力。同一服务在两台不同的服务器上执行,每台服务器都有自身的失效故障语义。两台服务器执行同样的客户请求并任意选择一台服务器的应答作为应答。若某台服务器发生故障,另一台服务器可以继续提供服务。硬件复制方式在故障发生后可以立即恢复成功,如果利用某系统开发实时应用程序(如控制反应堆、监测病人的心跳、指挥救护车到达目的地等),则该系统必须能在特定的时间限制内完成恢复工作。

恢复过程中许多应用程序允许一定的时间延迟,这时适合于采用主服务器 – 备份服务器结构,因为在主服务器正常工作时(大部分时间如此),备份服务器相对处于不活跃状态,这样就可以利用备份服务器来进行其他工作。

Borg 等人于 1989 年提出了分布式 UNIX 的容错版本——Auragen 系统,它是基于主服务器 – 备份服务器结构的。Auragen 系统是为允许有一定恢复延迟的事务处理环境而设计的。在此系统中相对较少执行 Checkpointing 过程,这样备份服务器也就相应只使用小部分的计算资源。执行 Checkpointing 的过程是透明的,这就使得任何用户程序无须重新编译就具有容错能力。

在 Auragen 系统中,每台主服务器都有一台运行于不同计算机上的备份服务器,当主服务器发生故障时,备份服务器具备足够的信息,可继续执行相应服务。当主服务器发生故障时,备份服务器首先读取检查点,然后执行主服务器所执行的消息,最后接管主服务器的工作。主服务器接收到一个消息可能导致它向其他地方发送另一条消息,恢复过程中备份服务器不能再次发送这一消息。为了满足这一条件,必须对从最后一个检查点开始时主服务器发送的消息数目进行计数。

从某主服务器到另一主服务器的请求消息需要发送到三个目的地:发送者备份服务器、接收者主服务器和接收者备份服务器。图 8 – 11 表示将消息从主服务器 A 传送到主服务器 B,同时也传送到 A 的备份服务器 A′和 B 的备份服务器 B′。

每个请求都是三路完全定序的原子化多点传送,这样就可以保证主服务器和备份服务器以同样的次序接收相同的消息,同时也使得发送方备份服务器对已发送消息的数目进行

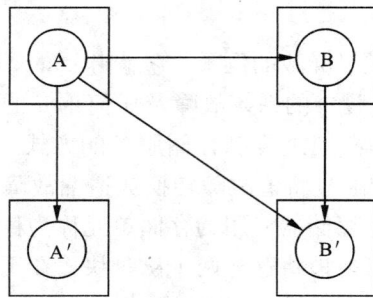

图 8 - 11　主备服务器消息传送

计数。

如图 8 - 11 所示，每台服务器接收到从 A 到 B 的消息后执行的一个相应操作，具体情况如表 8 - 7 所示。

表 8 - 7　Auragen 系统中服务器接收到消息后执行的操作

服务器	作用
主服务器	执行请求的操作并返回一个应答消息
备份服务器	在登录中保存该消息，以便在随后的恢复工作中备用
发送者备份服务器	发送者从最后一个检查点开始计算消息的数目

本章所介绍的是容错的一般性原理和技术，第 7 章里的原子事务处理和二阶段提交协议是针对分布式数据库系统的容错技术。

习　题

1. 分布计算系统的可信赖性包括哪几个方面？

2. 容错系统的基本构件有哪几种？

3. 什么是向前式恢复？什么是向后式恢复？它们各自的主要实现技术是什么？

4. 如何识别在检查点更新的过程中所发生的失效？

5. 比较同步检查点和异步检查点的优缺点。

6. 举例说明什么是一个一致性检查点集合。

7. 在检查点恢复方案中采用报文日志的目的是什么？采用报文日志对进程有什么要求？

8. 什么是一个孤儿进程？

9. 什么是拜占庭式故障？处理拜占庭式故障的主要方案是什么？

10. 简述三模冗余的基本思想，并举例说明三模冗余能否处理 Byzantine 故障。

11. 如果故障为故障 - 停止模型，要实现 k 故障容错，进程组至少需要多少个进程？如果是拜占庭式故障并且进程组中进程之间没有交互呢？

12. 容错系统中一致性算法的目标和正确性条件是什么？
13. 用有 7 个进程组成的进程组的例子说明交互一致性协议。
14. 什么是可靠的组播通信？什么是原子组播？什么是虚同步？
15. 按照组播报文的排序规则，组播分为哪几类？

参考文献

[1] Coulouris G. 分布式系统：概念与设计[M]. 北京：机械工业出版社，2013.

[2] Kshemkalyani A D, Singhal M，等. 分布式计算：原理、算法与系统[M]. 北京：高等教育出版社，2012.

[3] Liu M L，顾铁成，等. 分布式计算原理与应用[M]. 影印版. 北京：清华大学出版社，2004.

[4] 特南鲍姆，范施特恩，杨剑峰. 分布式系统原理与范型[M]. 北京：清华大学出版社，2004.

[5] 林伟伟，刘波. 分布式计算、云计算与大数据[M]. 北京：机械工业出版社，2015.

[6] 胡亮，徐高潮，魏晓辉. 分布计算系统[M]. 北京：高等教育出版社，2012.

[7] 黄光球，陆秋琴，李艳. 分布式系统设计原理与应用[M]. 西安：西北工业大学出版社，2008.

[8] 李文军. 分布式计算[M]. 北京：机械工业出版社，2012.

[9] 彭渊. 大规模分布式系统架构与设计实战[M]. 北京：机械工业出版社，2014.

[10] 胡建平，胡凯. 分布式计算系统导论：原理与组成[M]. 北京：清华大学出版社，2014.

[11] Lynch N A. 分布式算法[M]. 北京：机械工业出版社，2004.

[12] 加利. 分布式操作系统：原理与实践[M]. 北京：机械工业出版社，2003.

[13] 何炎祥，苏开根，刘栋臣. 分布式操作系统导论[M]. 北京：学术期刊出版社，1989.

[14] 贾丽云，张向利，张红梅. 分布式系统下的启发式任务调度算法[J]. 计算机工程与应用，2017，53（12）：68 – 74.

[15] 孟宪福. 分布式对象技术及其应用[M]. 第 2 版. 北京：清华大学出版社，2014.

[16] 谢太军. 分布式系统高精度时钟同步的研究与实现[D]. 上海：上海交通大学，2015.

[17] 李滚，等. 分布式系统中的时钟同步新方法[J]. 天文学报，2016，57(2)：196 – 210.

[18] 厄兹叙，瓦尔杜里兹. 分布式数据库系统原理[M]. 北京：清华大学出版社，2014.

[19] 拉希米. 分布式数据库管理系统实践[M]. 北京：清华大学出版社，2014.

[20] 于戈，申德荣. 分布式数据库系统[M]. 北京：机械工业出版社，2016.

[21] 徐俊刚，邵佩英. 分布式数据库系统及其应用[M]. 北京：科学出版社，2012.

[22] 周龙骧. 分布式数据库管理系统实现技术[M]. 北京：科学出版社，1998.

[23] 陆嘉恒. 分布式系统及云计算概论[M]. 北京：清华大学出版社，2013.

[24] Hwang K，等. 云计算与分布式系统[M]. 北京：机械工业出版社，2013.

[25] Erl T，等. 云计算：概念、技术与架构[M]. 北京：机械工业出版社，2014.

[26] 顾炯炯. 云计算架构技术与实践[M]. 第 2 版. 北京：清华大学出版社，2016.

[27] 胡毅时，怀进鹏. 基于 Web 服务的单点登录系统的研究与实现[J]. 北京航空航天大学学报，2004，30(3)：236 – 239.

[28] 虚拟化与云计算小组. 云计算宝典：技术与实践[M]. 北京：电子工业出版社，2011.

[29] 祁伟. 云计算：从基础架构到最佳实践[M]. 北京：清华大学出版社，2013.

[30] 郎为民. 大话云计算[M]. 北京：人民邮电出版社，2012.

[31]　朱朝悦. 面向移动设备的志愿者分布式计算[D]. 广州：华南理工大学，2016.

[32]　朱近之，岳爽. 智慧的云计算：物联网的平台[M]. 北京：电子工业出版社，2011.

[33]　童晓渝，张云勇. 智能普适网络[M]. 北京：人民邮电出版社，2012.

[34]　丘群业. 企业私有云计算基础架构研究与设计[D]. 广州：华南理工大学，2012.

[35]　王鹏. 云计算的关键技术与应用实例[M]. 北京：人民邮电出版社，2010.

[36]　刘鹏. 云计算[M]. 第 2 版. 北京：电子工业出版社，2011.

[37]　雷葆华. 云计算解码[M]. 北京：电子工业出版社，2012.

[38]　雷万云. 云计算——技术、平台及应用案例[M]. 北京：清华大学出版社，2011.

[39]　沈伟. 云计算平台下分布式缓存系统的性能优化研究[D]. 西安：西安电子科技大学，2014.

[40]　邓子云. SOA 实践者说：分布式环境下的系统集成[M]. 北京：电子工业出版社，2010.

[41]　李林锋. 分布式服务框架原理与实践[M]. 北京：电子工业出版社，2016.

[42]　Linthicum D S. 云计算与 SOA[M]. 北京：人民邮电出版社，2011.

[43]　Josuttis N M，约祖蒂斯，等. SOA 实践指南：分布式系统设计的艺术[M]. 北京：电子工业出版社，2008.

[44]　柴晓路. Web 服务架构与开放互操作技术[M]. 北京：清华大学出版社，2002.

[45]　高攀攀，王健，黄颖，等. 互联网上基于 SOAP 和 REST 的 Web 服务的对比分析[J]. 小型微型计算机系统，2015，36(11)：2417 - 2421.

[46]　杨传辉. 大规模分布式存储系统：原理解析与架构实战[M]. 北京：机械工业出版社，2013.

[47]　刘刚，侯宾，翟周伟. Hadoop 开源云计算平台[M]. 北京：北京邮电大学出版社，2011.

[48]　王庆波. 虚拟化与云计算[M]. 北京：电子工业出版社，2009.

[49]　Hess K，Newman A，等. 虚拟化技术实战[M]. 北京：人民邮电出版社，2012.

[50]　广小明. 虚拟化技术原理与实现[M]. 北京：电子工业出版社，2012.

[51]　王春海. VMware 虚拟化与云计算应用案例详解[M]. 北京：中国铁道出版社，2016.

[52]　任永杰，单海涛. KVM 虚拟化技术实战与原理解析[M]. 北京：机械工业出版社，2013.

[53]　范伟，孔斌，张珠君，等. KVM 虚拟化动态迁移技术的安全防护模型[J]. 软件学报，2016，27(6)：1402 - 1416.

[54]　金华敏. 云计算安全技术与应用[M]. 北京：电子工业出版社，2012.

[55]　陈晓峰. 云计算安全[M]. 北京：科学出版社，2016.

[56]　Bruce G，Dempsey R. 分布式计算安全原理[M]. 北京：机械工业出版社，2002.

[57]　Winkler V. 云计算安全：架构、战略、标准与运营[M]. 北京：机械工业出版社，2013.

[58]　Ronald L，Krutz，等. 云计算安全指南[M]. 北京：人民邮电出版社，2013.

[59]　张玉清，等. 云计算环境安全综述[J]. 软件学报，2016，27(6)：1328 - 1348.

[60]　中国电信网络安全实验室. 云计算安全：技术与应用[M]. 北京：电子工业出版社，2012.

[61]　王于丁，杨家海，等. 云计算访问控制技术研究综述[J]. 软件学报，2015，26(5)：1129 - 1150.

[62]　于新征，蒋哲远. 面向服务的云工作流模型与调度研究[J]. 微电子学与计算机，2016，33(7)：44 - 48.

[63]　张型龙，李松犁，肖俊超. 面向服务集成的工作流模型及其实现方法[J]. 计算机应用，2015，35(7)：1993 - 1998.

[64]　王斌锋，苏金树，陈琳. 云计算数据中心网络设计综述[J]. 计算机研究与发展，2016，53(9)：2085 - 2106.

[65]　Joysula V，等. 云计算与数据中心自动化[M]. 北京：人民邮电出版社，2012.

[66]　袁玉宇，刘川意，郭松柳. 云计算时代的数据中心[M]. 北京：电子工业出版社，2012.

[67]　郑叶来，陈世峻. 分布式云数据中心的建设与管理[M]. 北京：清华大学出版社，2013.

[68]　陈康贤. 大型分布式网站架构设计与实践[M]. 北京：电子工业出版社，2014.

图书在版编目（CIP）数据

分布式系统与云计算——原理、技术与应用／余腊生
编著. 一长沙：中南大学出版社，2019.6
ISBN 978 - 7 - 5487 - 2472 - 8

Ⅰ.①分… Ⅱ.①余… Ⅲ.①分布式操作系统－研究
②云计算－研究 Ⅳ.①TP316.4②TP393.027

中国版本图书馆 CIP 数据核字（2018）第 071037 号

分布式系统与云计算——原理、技术与应用
FENBUSHI XITONG YU YUNJISUAN——YUANLI、JISHU YU YINGYONG

余腊生　编著

□**责任编辑**　韩　雪
□**责任印制**　易红卫
□**出版发行**　中南大学出版社
　　　　　　　社址：长沙市麓山南路　　　　邮编：410083
　　　　　　　发行科电话：0731 - 88876770　　传真：0731 - 88710482
□**印　　装**　长沙印通印刷有限公司

□**开　　本**　787×1092　1/16　□**印张** 48　□**字数** 1221 千字
□**版　　次**　2019 年 6 月第 1 版　□2019 年 6 月第 1 次印刷
□**书　　号**　ISBN 978 - 7 - 5487 - 2472 - 8
□**定　　价**　108.00 元